Holzfrei

Nr. 38
S. 8773—9008

1955
21. September

Chemisches Zentralblatt

Vollständiges Repertorium für alle Zweige der reinen und angewandten Chemie

1830 gegründet. 1897—1945 von der Deutschen Chemischen Gesellschaft fortgeführt.
Im Auftrage der Deutschen Akademie der Wissenschaften zu Berlin, der Chemischen Gesellschaft in der Deutschen Demokratischen Republik, der Akademie der Wissenschaften zu Göttingen und der Gesellschaft Deutscher Chemiker

herausgegeben von Prof. Dr. **Maximilian Pflücke**

126. Jahrgang

1955

Chefredakteure: Dr. Eugen Klever und Prof. Dr. Maximilian Pflücke

Akademie-Verlag GmbH., Berlin — Verlag Chemie, GmbH., Weinheim/Bergstr.

Inhalt

Geschichte, Unterricht . . . —
A. Allgemeine und physikalische Chemie . . . 8773
A_1 Kernphysik und Kernchemie . . . 8773
A_2 Optisches Verhalten der Materie . . . 8782
A_3 Elektrizität. Magnetism. Elektrochem. 8786
A_4 Thermodynamik. Thermochemie . . . 8792
A_5 Kolloidchemie. Grenzschichtforschung 8794
A_6 Strukturforschung . . . 8796
A_7 Gleichgewichte. Kinetik . . . 8806
B. Anorganische Chemie . . . 8808
C. Mineralogische und geologische Chemie . . . 8810
D. Organische Chemie . . . 8812
D_1 Allgem. u. theoretische organ. Chemie 8612
D_2 Präparat. organ. Chemie. Naturstoffe 8828
Mono- und Oligosaccharide. Glykoside 8864
Alkaloide . . . 8865
Natürliche Farbstoffe . . . —
Terpene. Sapogenine . . . 8871
Sterine. Gallensäuren . . . —
Hormone. Vitamine. Enzyme . . . 8871
Antibiotica . . . 8872
Andere Naturstoffe . . . 8874
D_3 Makromolekulare Chemie . . . 8875
E. Biologische Chemie. Physiologie. Medizin . . . 8881
E_1 Allgemeine Biologie und Biochemie . . . 8881
E_2 Enzymologie. Gärung . . . 8883
E_3 Mikrobiolog. Bakteriolog. Immunolog. 8888
E_4 Pflanzenchemie. Pflanzenphysiologie. Pflanzenpathologie . . . 8892
E_5 Tierchemie. Tierphysiologie. Tierpathologie . . . 8894
E_6 Pharmakologie. Therapie. Toxikologie. 8902 Hygiene . . .
F. Pharmazie. Desinfektion . . . 8914
G. Analyse. Laboratorium . . . 8927
H. Angewandte Chemie . . . 8936
I. Allgemeine chemische Technologie . . 8936
II. Betriebsschutz. Feuerschutz . . . —
III. Elektrotechnik . . . 8938
IV. Wasser. Abwasser . . . 8940
V. Anorganische Industrie . . . 8941
VI. Silicatchemie. Baustoffe . . . 8942
VII. Agrikulturchemie. Schädlingsbekämpfung . . . 8946
VIII. Metallurgie. Metallographie. Metallverarbeitung . . . 8949
IX. Organische Industrie . . . 8960
X. Färberei. Organische Farbstoffe . . . 8972
XI. a) Farben. Anstriche. Lacke. Naturharze . . . 8976
b) Plaste (Kunstharze. Plastische Massen) . . . 8983
XII. Kautschuk. Guttapercha. Balata . . . 8977
XIII. Ätherische Öle. Parfümerie. Kosmetik . . . 8986
XIV. Zucker. Kohlenhydrate. Stärke . . . 8987
XV. Gärungsindustrie . . . 8988
XVI. Nahrungs-, Genuß- und Futtermittel 8990
XVII. Fette. Seifen. Wasch- u. Reinigungsmittel. Wachse. Bohnermassen usw. 8993
XVIII. a) Holz. Cellulose. Zellstoff. Papier. Papierdruck. Celluloid. Linoleum 8994
b) Textilfasern . . . 8906
XIX. Brennstoffe. Erdöl. Mineralöle . . . 9000
XX. Schieß- und Sprengstoffe. Zündmittel —
XXI. Leder. Gerbstoffe . . . 9006
XXII. Leim. Klebstoffe usw. . . . 9007
XXIII. Tinte. Hektographenmassen u. a. Spezialpräparate . . . —
XXIV. Photographie . . . 9008

Bibliographien: 8773. 8782. 8792. 8796. 8806. 8810. 8812. 8881. 8883. 8902. 8914. 8926. 8936. 8938. 8946. 8977. 8996. 9006.

Namenregister

Abadie 8995.
Abu-Shady 8855.
Adams 8980.
Adank 8832.
Afanassenko 8987.
Agethen 8976.
Agfa Akt.-Ges. für Photofabrikation 8982. 9008.
Aggarwal 8878.
Aitken 8929.
Ajzenberg 8777.
Akers 8819.
Aksnes 8800.
Aktiebolaget Bofors 8960.
Aktiebolaget Pluria 8973.
Akulow 8790.
Albert 8985.
Albisetti jr. 8968.
Albrecht 8947.
Alexander 8789.
Alexejew 8888.
Alford 8777.
Alfsprung 8930.
Allen, J. A. 8801.
Allen, W. M. 8883.
Allgemeine Elektricitäts-Gesellschaft 8980. 8982.
Allied Chemical & Dye Corp. 8969.
Allison, E. B. 8944.
Allison, J. B. 8882.
Allison, S. K. 8781.
Altschule 8898.
Altshuller 8788.
Altvater 8882.
Aluminum Co. of America 8959.
Ambler 8792.
American Chemical Paint Co. 8975.
American Cyanamid Co. 8970. 8973.
Amiard 8871.
Amidon 8840.
Amos 8969.
Anderson, E. L. 8838.
Anderson, J. M. 8786. 8787.
Anderson, T. F. 8980.
Anderson, W. S. 8778.
Andino jr., de 8899.
André, E. 8993.
André, H. G. 8939.
Angenent 8888.
Apelgot 8932.
Arajärvi 8904.
Araschkewitsch 8936.
Arbusow 8844. 8845.
Archer 8884.
Armitage 8980.
Armstrong Cork Co. 8986.
Arnold, M. H. M. 8941.
Arnold, R. C. 9004.
Arnold, R. T. 8917.
Artmann 8797.
Asai 8814.
Asami 8846.
Asper jr. 8897.
Aspergen 8846. 8847.
Assayag 8793.
Assratjan 8904.
Atterton 8949. 8950.
Attwell 8819.
Audric 8781.
Auten 8980.
Autenrieth [8936].
Averbach 8805.
Babijan 8830.
Babko 8931.
Babudieri 8797.
Bacq 8903.
Badische Anilin- & Soda-Fabrik Akt.-Ges. 8937. 8964. 8982. 9007.
Badoz 8794.
Baermann 8958.
Baes jr. 8794.
Bailey 8829.
Bailley 8954.
Bain 8912.
Bains 8991.
Balabanow 8946.
Balachowski 8901.
Balboni 8881.
Baldini 8902.
Baldwin 8964.
Ballun 8995.
Balzer 8887.
Barak 8939.
Barber 8927.
Barkas 8773.
Barker 8994.
Barlow 8998.
Barnett 8787.
Barrett, J. P. 8936.
Barrett, P. T. 8779.
Barriol 8784.
Barrueto 8885.
Barry 8906.
Barschall 8774.
Batts 8985.
Bauer, F. 9008.
Bauer, J. 8897.
Baume 8913.
Baumgarten 9005.
Bausch 8989.
Bazin 8910.
Beasley 8908.
Becker, I. M. 8910.
Becker, J. H. 8784.
Becker, J. J. 8805.
Behrens 8937.
Beiler 8822.
Beklemischew 8908.
Belkin 8884.
Bell 8828.
Bellet, P. 8868.
Bellet, S. 8912.
Belleville 8909.
Belloc 8841.
Beneš 8987.
Benesch 8971.
Benic 8903.
Bennett 8969.
Benson 8893.
Berckhemer 8798.
Berducou 8881.
Bergendahl 8997.
Berger, L., & Sons Ltd. 8980.
Bergische Stahl-Industrie 8957.
Bergmann 8787.
Bergstrom 8994.
Bernal 8798.
Berry 8885.
Bersworth 8967.
Berthier 8797.
Bertram 8948.
Best 8782.
Bestian 8981.
Bethune 8953.
Bettelheim 8885.
Bever 8802.
Bianchetti 8865.
Biedenharn 8776.
Bienz 8990.
Biezunski 8899.
Billimoria 8837.
Binkhorst 8954.
Birchenall 8793.
Bird 8776.
Bisdom 8928.
Bissell 8865.
Bister 8934.
Black 8962.
Blackwood [8782].
Blair 8947.
Blaise 8785.
Blakeley 8948.
Blangey 8839.
Blin-Stoyle 8775.
Bljuger 8905.
Blomfield 8947.
Blomstrand 8927.
Bloomfield 8983.
Blue 8947.
Blume 8979.
Blunt 8784.
Bobkowa 8901.
Bock, E. 8807.
Bock, R. 8807.
Bocklage 8896.
Böhler 8809.
Böhme Fettchemie G. m. b. H. 8999.
Boelhouwer 9002.
Bönicke 8907.
Boersch 8793.
Bogdanowa 8945.
Boissonnas 8833.
Bollman 8991.
Bolotow 8992.
Bonebrake 8883.
Bonnier 8795.
Borchers 8995.
Borden Co. 8979.
Borgel 8838.
Boucaud, de 8909.
Boulloud 8787.
Bourdon 8841.
Boxall 8929.
Boyd 8778.
Boyer, L. H. 8964.
Boyer, R. F. 8876.
Brabender 8987.
Bradford Dyers' Association Ltd. 8999.
Bradley 8972.
Brady, A. P. 8976.
Brady jr., L. W. 8897.
Bragg 8797.
Bramley 8786.
Bramstedt 8883.
Brandt 8823. 8931.
Brattain 8789.
Braunstein 8976.
Brecht 8995.
Breitling 8798.
Breyer 8956.
Brickstock 8797.
Brinton 8826.
Brion 8775.
Bristol 8979.
British Celanese Ltd. 9000.
British Driver-Harris Co. Ltd. 8959.
British Sidac Ltd. 8977.
British Thomson-Houston Co. Ltd. 8939.
Britton 8979.
Brocher 8998.
Brockmann 8880.
Brooksbank 8778.
Broulik 8933.
Brown, A. P. 8976.
Brown, D. S. 8928.
Brown, J. M. 8919.
Brown, S. C. 8786.
Bru 8796.
Bruch 8804.
Bruchhausen, v. 8914.
Bruhns [8812].
Bruins 8942.
Bruner 8965.
Brunner 8955.
Bryner 8998.
Budde 8880.
Budnick 8882.
Bütikofer 8914.
Bufalo, Del [8881].
Buffleb 8970.
Bugher 8892.
Buhrke 8997.
Bukeichanowa 8908.
Bumm 8958.
Bungardt 8952.
Burdick 8896.
Burksser 8828.
Burney 8966.
Burns 8819.
Burt 8895.
Burtner 8918. 8919.
Burton 8883.
Bus 8988.
Butenandt 8925.
Butler 8936.
Buu-Hoï 8834.
Buus 8885.
Cabona 8986.
Cagniant 8842.
Cagniant, P. 8842.
Caillère 8809.
Cailleux 8894.
Calderwood 8788.
Caldwell 8782.
Califano 8881.
California Research Corp. 8948. 9005.
Calloway 8991.
Calvet 8907.
Campbell 8924.
Canals 8795.
Cappelle, van 8937.
Carlson, W. W. 8884.
Carretta 8812.
Carstensen 8902.
Carter 8965.
Case 9003.
Cassella Farbwerke Mainkur Akt.-Ges. 8981.
Casson 8781.
Castellan 8789.
Castle 8970.
Cauchois 8783.
Celanese Corp. of America 9000.
Celjuska 8903.
Centre National de la Recherches Scientifique 8939.
Cerveny 8966.
Chabbal 8785.
Chakrabarti 8874.
Chakraburtty 8806.
Chakravarti 8892.
Chakraverti 8996.
Chalmers 8799.
Chamberlain 8783.
Chamberlin 8948.
Chang 8889.
Chapelle 8784.
Chapman 8826.
Chemische Fabrik J. A. Benckiser G. m. b. H. 8999. 9006.
Chemische Fabrik Pfersee G. m. b. H. 8999.
Chemische Werke Albert 8972. 8982.
Chempatents, Inc. 8971.
Chemstrand Corp. 9000.
Chen, N. K. 8805.
Chen, S. L. 8893.
Chester 8947.
Chiarotti 8792.
Chitil 8903.
Chloride Electrical Storage Co. Ltd. 8939.
Chodroff 8924.
Chouard 8893.
Chow 8892.
Christensen 8922.
Christiani 8792.
Christoph 8899.
Ciba Akt.-Ges. 8981. 8999. 9008.
Cines 8962.
Clark, E. L. 9002.
Clark, G. L. 8997.
Clarke 8789.
Class 8776.
Clausen 8936.
Clayton 8921.
Cleaver 8954.
Clercq, de 8961.
Coats 8896.
Cobine 8955.
Cohen, M. 8805.
Cohen, M. H. 8775. 8786.
Cohen, S. G. 8876.
Coheur 8951.
Coleman 8878.
Colgate-Palmolive-Peet Co. 8923. 8987.
Coll 8907.
Collin 8800.
Collin-Asselineau 8871.
Collins jr. 8994.
Columbian Carbon Co. 8975.
Comp. Française Thomson-Houston 8980.
Compton 9007.
Conalty 8906.
Conrad II 8805.
Conway 8932.
Coöperatieve Verkoopen Productievereniging van Aardappelmeel en Derivaten „Avebe" G. A. 8988.
Cook, C. J. 8780.
Cook, D. B. 8927.
Cook, G. S. 8983.
Cook, L. G. 8929.
Cook, R. R. 8957.
Cookson 8813.
Cooper, F. C. 8863.
Cooper, R. 8788.
Copp 8947.
Corbett 8994.
Cordero 8913.
Cordier 8795.
Cornelissen 9002.
Cornely 8991.
Cornwell 8977.
Corti 8913.
Corwin 8782.
Cosack 8914.
Cottrell 8798. [8806].
Coulson 9001.
Craggs 8787.
Craig 9000.
Craighead 8802.
Cramer, D. L. 8991.
Cramer, G. 8965.
Crandall 8888.
Cransberg 8960.
Creasey 8996.
Crofts 8961.
Cromeans 8965.
Crossley, F. S. 8917.
Crossley, M. L. 8882
Cruickshank 8797.
Cryns 8991.
Cserny 8982.
Cummings 8977.
Cuscolcca 8951.
Cvetanović 8807.
Cyr 8949.
Dahl 8804.
Dalton 9007.
Damiens 8854.
Dammann 8911.
Danby, C. J. 8927.
Danby, J. P. 9006.
Dandegaonker 8813
Danhier 8955.
Dannenberg 8980.
Dannöhl 8959.
Dassanayaka 8912.
Data 8831.
Daubach 8808.
Daubin 8781.
Daudel 8775.
Daujat 8946.
Dauvergne 8952.
Dauvillier 8782.
Davey 8983.
Davie 8886.
Davis 8984.
Dawson 8789.
Daynes 8912.
Decius 8785.
Degenkolbe 8795.
Degens jr. 8941.
Dehler 8958.
DEHYDAG Deutsche Hydrierwerk G. m. b. H. 8963.
Delaby 8854.
Delaunay 8910.
Delaveau, F. 8845.
Delaveau, P. 8993.
Delay 8910.
Deniker 8910.
Dermer 8860.
Derra 8850.
Derra-Scherrer 8848
Detcher 8995.
Deutsche Erdöl-Akt.-Ges. 8938. 9003.
Deutsche Shell Akt.-Ges. 8984.
Dexter 8789.
Diaz 8980.
Diaz Rivera 8899.
Dick 8778.
Dieckmann 8946.
Dierkes 8972.
Dietz 8925
Dillon jr. 8795.
Dimroth 8969.
Dinwiddie 8968.
Dippy 8818.
Dirr 8985.
Dobrowolska 8891.
Dodé 8793.
Doisy jr. 8896.
Dolmetsch 8994.
Domleo 8997.
Donald 8947.
Donaldson 8820.

Dorsy 8896.
Douthitt 8967.
Dow Chemical Co. 8967. 8969. 8977. 8982.
Dow Corning Ltd. 8939. 8982.
Drion 8992.
Drumm 8957.
Dubrowo 8942.
Duchange 8945.
Dufraisse 8841. 8843.
Dulmage 8879.
Dunkley 8992.
Dunn 8901.
Dunning 9003.
Duperon 8892.
Dupont [8881].
Du Pont de Nemours, E. I., & Co. 8920. 8938. 8961. 8965. 8967. 8968. 8970. 8979. 8981. 8985.
Durand 8838.
Dyer 8776.
Dziewiatkowski 8900.
Eastman Kodak Co. 8969.
Eberhard 8780.
Ebner 8937.
Edelmann 8882.
Edeson 8905.
Edwards, G. 8936.
Edwards, H. 8948.
Egli 8973.
Ehrhardt, G. 8925.
Ehrhardt, K. 8832.
Eisenlohr 8783. 8916.
Ekco Products Co. 8960.
El Dorado Oil Works 8976.
Electric Storage Battery Co. 8959.
Elliott 8896.
Emerick 8951.
Emig 8938.
Emmerich 8778.
Emmert 8937.
Emschermann 8955.
Engelbrecht 8785.
Enrico 8882.
Erdmann-Jesnitzer 8955.
Ergun 8937.
Eriksen 8773.
Erlemann 8813.
Ernsting 8908.
Escales 8982.
Esquevin 8809.
Esso Standard Soc. An. Française 9005.
Estrada 8948.
Ethyl Corp. 8969. 8984.
Étienne 8841. 8843.
Evans, G. E. 8787.
Evans, J. G. 8999.
Eysenbach 8922. 8926.
Fahlenbrach 8791.
Fairchild 8819.
Falk 8773.
Farbenfabriken Bayer Akt.-Ges. 8968. 8976. 9006.
Farbwerke Hoechst Akt.-Ges., vorm. Meister Lucius & Brüning 8925. 8963. 8966. 8974. 8981.
Faris 8806.
Farnsworth 8795.
Fassell jr. 8807.
Federico 8882.
Fedorowa 8901.
Fellowes 8885.
Fenner 8954.
Ferguson 8777.
Ferns 8940.
Ferroni 8773.
Ferstl 8899.
Fiedler 8980.
Filtrol Corp. 8942.
Finály 8940.
Finch 8802.
Finholt 8897.
Finn 8977. 8978.
Firestone Tire & Rubber Co. 8985.
Fischer 8938. 9003.
Fischer-Bobsien 8972.
Fisher, J. W. 9000.
Fisher, N. G. 8968.
Fishman 8779.
Fitch 8983.
Fitzer 8931.
Fleisher 8925.
Fleming 8867.
Flood jr. 8784.
Flury 8915.
Foka 8828.
Foldy 8773.
Folomin 8994.
Ford 8904.
Forschungsinstitut für Kraftwesen u. Fahrzeug-Motoren an der Technischen Hochschule Stuttgart 9006.
Forsham 8896.
Foss 8800.
Foster 8777.
Fournet 8969.
Fournial 8909.
Fragen 8963.
Frain 8910.
Fram 8991.
Frank 9002.
Franklin 8795.
Franzen 8777.
Fraser 8885.
Fredericq 8898.
Frederikse 8784.
Freund 8971.
Frevel 8967.
Frisch 8973.
Fritsch 8925. 8992.
Fromm 8901.
Frosst 8827.
Frost 8933.
Fubini 8773.
Fuchs 8836. 8976.
Fürste 8908.
Fujiwara 8829.
Funt 8876.
Furman 8792.
Fysh 9007.
Gable 8969.
Gabrielson 8922.
Gaffney 8906.
Gagnaire 9001.
Gaier 8911.
Gaillard 8906.
Galanin 8991.
Galinovsky 8865.
Gall 8938.
Gallagher 8955.
Galzy 8988.
Gammel 8774.
Gantz, E. S. C. 8823.
Gantz, M. E. 8959.
Gaoni 8830.
García del Amo 8880.
Gardin 8804.
Garrett 8789.
Garson 8904.
Garthe 8969.
Gartland 8908.
Gaskin 8934.
Gasparini 8894.
Gassparjan 8830.
Gatowskaja 8983.
Gattermayer 8822.
Gaumeton 8853.
Gauna 8902.
Gautheret 8893.
Gebauer 8901.
Geffriaud 8906.
Gehant 8936.
Gehle 8992.
Gehring 8976.
Gehrke 8930.
Geigy, J. R., Akt.-Ges. 8974.
Geisler 8797.
Gellay 8975.
Gelsenberg Benzin Akt.-Ges. 9005.
General Electric Co. 8938. 8960. 8976.
General Mills, Inc. 8975. 8981.
Gerbeaux 8955.
Gergely 8886.
Gerke 8931.
Ghosh 8991.
Giacoma, di 8959.
Giersberg 8903.
Giljarow 8821.
Gilman [8881]
Ginsberg 9002.
Gitsch 8895.
Giulotto 8792.
Givens 8801.
Glacet 8853.
Glaschkina 8913.
Gleave 8941.
Gliessman 8790.
Gobeil 8967.
Gochstein 8929.
Goerdeler 8852.
Götz 8949.
Goffinet 8872.
Goin 8916.
Golber 8906.
Goldberg 8924.
Goldstein 8786. 8787.
Goldtrap 8963.
Golendberg 8911.
Gollmar 9003.
Golowkin 8991.
Goncz 8898.
Gontscharowa 8932.
Goodmann 9004.
Goodwin 8788.
Gorbman 8882. 8883.
Gordon 8929.
Gornall 8934.
Gottsacker 8891.
Gould 8923.
Goupil 8783.
Gouvea 8886.
Graber 8925.
Graf 8965. 8966.
Grajewskaja 8903.
Granderath 8911.
Grandis 8935.
Grass 8786.
Gray 8977.
Grebenkemper 8927.
Greeger 8899.
Green, J. A. 8897.
Green jr., L. 8806.
Greenberg 8887.
Greenshields 8948.
Greer 8834.
Gribowa 8932.
Grignard [8881].
Grigorjewa 8890.
Grodde 9003.
Grodzinski 8954.
Grönegress 8950.
Gröppel 9005.
Gróh 8880.
Grollman 8901.
Groote, de 8979.
Gross 8911.
Grüner 8908.
Grundmann 8963.
Gruschke 8965.
Gry 8917.
Gubitz 8915.
Guerrant 8977.
Guihaumé 8803.
Guilizzoni [8936].
Guinot 8978.
Gump 8810.
Gutowsky 8817.
Gutsche 8867.
Haas 8876.
Hackmann 8923.
Hadidian 8926.
Haede 8925.
Hageman 8964.
Hagen 8781.
Hager 8914.
Hain 8960.
Hale 8966.
Hall 8989.
Hallock 8908.
Ham 8902.
Hamann 8793.
Hamilton 8777. 8781.
Hammond 8980.
Handley 8778.
Hands 8934.
Haney 9003.
Hanke 8903.
Hanna 8776.
Hansel 8905.
Hanson-Van-Winkle-Munning Co. 8960.
Hanszen 8793.
Harbottle 8779.
Hard Aluminium Surfaces Ltd. 8960.
Hardegg 8884.
Harder, A. 8941.
Harder, H. 8810.
Harding 8991.
Hardman 8858.
Harrington 8979.
Harris, R. G. 8991.
Harris, S. A. 8921.
Harting 8961.
Hartley 8877.
Haruna 8904.
Hasegawa 8774.
Haskell 9005.
Havinga 8827.
Haward 8977.
Hawkes 8952.
Hayek 8809.
Headland 8960.
Healy 8963.
Hearon 8883.
Hechter 8926.
Heckenhahn 8911.
Hedelund 8967.
Heertjes 8961.
Heger 8964.
Heiligenstaedt 8957.
Heim 8894.
Hein 8970.
Heine 8993.
Held 8913.
Helferich 8911.
Heller 8784.
Hemminger 8962.
Hemstreet 8790.
Hendricks 8938.
Hendrickson 8824.
Hénin 8809.
Henschke 8883.
Henze 8943.
Herman, F. 8789.
Herman, R. 8783.
Herrmann 8850.
Hershberg 8921. 8925.
Herve 8903.
Herz, v. 8948.
Hess 8780.
Heydenburg 8777.
Heyder 8941.
Heymès 8872.
Hiebert 8781.
Hiemstra 8988.
Hilfer 8986.
Hill, D. L. 8780.
Hill, E. F. 8984.
Hill, H. E. 8909.
Hill, R. 8998.
Hindle 8973.
Hindley 8920.
Hinton 8894.
Hirschmann 8921.
Hoar 8950.
Hobbs 8879.
Högl 8933.
Hoeven, van der 9003.
Hoffmann, E. J. 9005.
Hoffmann's Stärkefabriken Akt.-Ges. 8987.
Hoffmann-La Roche, F., & Co., Akt.-Ges. 8920.
Hoffmann-La Roche Inc. 8920. 8924.
Hofmann, A. 8869.
Hofmann, E. 8988.
Hofmann, P. 9005.
Hofmann, W. 8955.
Hofstetter 8805.
Hogan 8897.
Hohpz jr. 8924.
Holden 8805.
Holfs 9001.
Holik 8802.
Holland 8810.
Holliman 8838.
Hollway 8781.
Holmberg, G.D. 8980.
Holmberg, T. F. 8958.
Holmes, J. C. 8928.
Holmes, J. M. 8999.
Holmes, R. L. 8994.
Holtan jr. 8788.
Holve 8961.
Holzmüller 8798.
Homer 8939.
Honig 8785.
Horlock 8940.
Horoszewicz 8890.
Horsfall jr. 8892.
Horton 9000.
Hostetler 8810.
Houdremont 8791.
Houseman 8950.
Hovorka 8992.
Howard, G. A. 8988.
Howard, H. L. 8975.
Howard, J. J. 8950.
Howk 8970.
Hrostowski 8784.
Hruschka 8991.
Huber 8926.
Hudson 8792.
Hückel [8810].
Hünig 8813.
Hürny 8940.
Huffmann 8811.
Hughes 8818.
Hull 8969.
Hultzsch 8976.
Hummel 8915. 8917.
Hung 8790.
Hunter, B. A. 8985.
Hunter, M. S. 8802.
Hurd 8933.
Hutchinson 8781.
Hyams 8960.
I. G. Farbenindustrie Akt.-Ges. 8962. 8971.
Iimori 8943.
Ikanyan 8985.
Immendörfer 9007.
Imperial Chemical Industries Ltd. 8941.
Indugas Industrie & Gasofen-Bauges. m. b. H. 8957.
Industrielackwerke G. m. b. H. 8976.
Ingols 8890.
Inhoffen 8922.
Injuschin 8817.
International Standard Electric Corp. 8939.
Irving 8828.
Isabell 8940.
Island 8896.
Isler 8920.
Istas 8996.
Iwanow 8978.
Jackson 8782.
Jacobsen 8926.
Jakobson 8948.
Jacques 8839.
Jacquinot 8785.
Jäniche 8952.
Jaenicke 8984.
Jaffee 8802.
Jagushinskaja 8904.
James, A. G. 8883.
James, H. M. 8788.
Janossy [8782].
Janowskaja 8818. 8819.
Jaroschenko 8891.
Jaumot jr. 8774.
Javan 8785.
Jeanloz 8926.
Jebsen-Marwedel 8944.
Jimeno 8940.
Jindra 8917.
Jobin 8940.
Jörgensen 8899.
Johnson, S. C., & Son, Inc. 8987.
Johnson, Matthey & Co. Ltd. 8960.
Jomain 8973.
Jones, F. A. 8983.
Jones, R. G. 8921.
Jones, R. M. 8995.
Jones, S. 8976.
Josefsson 8951.
Julia 8853.
Jung 8898.
Jungr 8917.
Junker 8898.
Juretzek 8958.
Jurik 8905.
Juschkewitsch 8805.
Kabatschni 8821.
Kalintschenko 8931.
Kamai 8813.
Kammerl 8831.
Kano 8901.
Kantorowicz 8913.
Kanzler 8906.
Kappeler 8974.
Karabinos 8995.
Kardos 8960.
Karetnikow 8794.
Kargin 8983.
Karibian 8886.
Karl 8897.
Karrer 8832. 8973.
Kasakowa 8799.
Kasanski 8837.
Kaspareck 8969.
Katagiri 8889.
Katchalski 8899.
Kato 8943.
Katz 8939.
Katzman 8883.
Kaufman 8991.
Kayas 8775.
Kearby 8962.
Keeling 8932.
Kehn 8819.
Keiser 8979.
Keller 8877.
Kelley 8819.

Kellogg 8794.
Kemisk Vaerk Køge A/S 8977.
Kendall, E. C. 8925.
Kendall, V. V. 8957.
Kennedy 9004.
Kern 8985.
Kerr 8879.
Kessel 8940.
Kiefer 8943.
Kilby 8973.
Kilgore 8819.
Killander 8901.
King, E. J. 8935.
King, E. R. 8897.
Kinnory 8887.
Kirby 8942.
Kircher 8899.
Kirchhoff 8902.
Kirchner 8998.
Kirejew 8826.
Kirschenbauer 8923.
Kirshenbaum 8962. 8964.
Kissin 8899.
Kistler 8912.
Kitaigorodski 8941.
Kittel, C. 8791.
Kittel, W. 8937.
Klare 8903.
Klaveren, van 9002.
Kleibel 8905.
Klemm 8995.
Klima 8912.
Klöckner-Humboldt-Deutz Akt.-Ges. 8958.
Klosa 8835.
Klüken 8907.
Kluyskens 8907.
Knapp 8924.
Knol 8923.
Kobayasi 9001.
Koch 8804.
Koecher 8902.
Koehler 8810.
Koelle 8888.
Kohn 8792.
Kojima 8810.
Kommer 8941.
Komori 8993.
Konno 8894.
Kononenko 8903.
Koppers Co, Inc. 9003.
Korbecki 8890.
Kortleven 8946.
Koslow 8936.
Kosmider 8951.
Kosyrewa 8930.
Kowalew 8995.
Kowalewski 8912.
Krässing 8997.
Kraheck 8911.
Krahnstöver 8914.
Kraintz 8897.
Kramers 8937.
Krause 9004.
Kresstnikowa 8795.
Kreulen 9003.
Kröncke 8883.
Kroepelin 9006.
Krohn 8791.
Krohs 8851.
Krüger 8951.
Krumin 8906.
Krupko 8910.
Kuchtewitsch 8928.
Kudrjawina 8909.
Küchle 8910.
Küntscher 8958.
Küssner 8914.
Kuivila 8824. 8825.
Kumabe 8780.
Kunz 8805.
Kurbatov 8778.
Kurtz 8968.
Kusnetzow 8930.
Kusnetzowa 8903.
Kutjanin 9006.
Kutscherenko 8909.
Kwapinski 8890.
Kyle 8898.
Labéguerie 8907.
Laboratoires Grémy 8926.
Labruto, A. 8812.
Labruto, G. 8812.
Lacey 9007.
Lachnit 8899.
Lain 8975.
Lallier 8900.
La Mer 8796.
Land, A. H. 8918.
Land, T. 8927.
Landells 8999.
Landon 8773.
Lane 8970.
Langerbaerg 8952.
Langhein 9001.
Langhof 8894.
Lanter 8782.
Lanz, H., Akt.-Ges. 8959.
Lanzi 8792.
Lapkin 8835.
Larsen, H. 8927.
Larsen, R. A. 8991.
Larssen 8800.
Lasausse 8906.
Laskowski jr. 8879.
Lass 8906.
La Vier 8776.
Lax 8789.
Laxton 8818.
Layton 8802.
Lanedri 8817.
Leatherman 9005.
Leavenworth 8975.
Lechleitner 8809.
Lechner 8912.
Leddicotte 8778.
Lederer 8871.
Lee jr., L. L. 8777.
Lee, P.-K. 8796.
Lee, Y. C. 8930.
Leesemann 8968.
Leffler 8825.
Lehman 8788.
Lehmann 8968.
Leichtmetallwerke Rackwitz VEB 8959.
Leinhart 8790.
Leinzinger 8895.
Lejeune 8834.
Lemen 8936.
Lemon 8885.
Lemonick 8781.
Lena 8952.
Lenning 8802.
Leonard 8918.
Lepp 8958.
Leprevost 8994.
Lester 8877.
Le-Van-Thoi 8841.
Lever Brothers & Unilever N. V. 8986.
Levesque 8953.
Levitas 8789.
Levy, H. 8926.
Levy, H. M. 8901.
Levy, J. B. 8826.
Levy, L. W. 8948.
Lewis, D. M. 8950.
Lewis, G. M. 8777.
Lewis, J. A. 8895.
Leydhecker 8911.
Libbey-Owens-Ford Glass Co. 8980.
Liberman 8911.
Liddle 8896.
Lien 9004.
Liese 8992.
Lilly, E., & Co. 8921.
Lincoln 8996.
Linden 8781.
Lindner 9006.
Lindsay 8948. 8952.
Linford 8956.
Lingner 8914.
Link 8919.
Linser 8893.
Lippincott 8815.
Lippmann 8811.
Lipscomb, F. J. 8808.
Lipscomb, T. G. 8819.
Lipson 8927.
Litwin 8886.
Litzenburger 8959.
Ljublina 8908.
Loasby 8997. 8998.
Løvens Kemiske Fabrik ved. A. Kongsted 8925. 8926.
Logemann 8922.
Long, F. A. 8878.
Long, J. V. P. 8781.
Lonza Elektrizitätswerke und Chemische Fabriken Akt.-Ges. (Gampel) 9008.
Looney 8786.
López Morales 8975.
López Ruiz 8940.
Loquin [8881].
Lord 8877.
Lorenz 8968.
Losco 8789.
Luce 8981.
Lücke 8804.
Lugowkin 8844. 8845.
Lukina 8837.
Lukomskaja 8884.
Lundquist 8885.
Lupant-André 8934.
Lurgi Gesellschaft für Wärmetechnik m. b. H. 8965.
Lurje 8799.
Lusiani 8900.
Luther 8993.
Lyle, G. G. 8856.
Lyle, R. E. 8856.
Lynch 8962.
Maass 8995.
Mabbitt 8946.
Mac Ausland 8908.
McCabe 8793.
McCandlish 9006.
McClellan 8815.
McCourt 8927.
McDonald, H. 8948.
MacDonald, M. P. 8934.
McEntee 8905.
McEwen 8994.
Macfadyen 8788.
McGregor 8946.
MacGugan 8994.
MacKenzie 8912.
McKewan 8807.
McKinney 8994.
Maclagan 8837.
McManamey 8793.
Macmillan 8996.
MacPherson 8908.
Maddin 8805.
Mäder 8959.
Magat 8939.
Mahlman 8778.
Major 8776.
Malhiac 8907.
Malin 8941.
Malmberg 8953.
Malyschew 8906.
Mandel 8785.
Manegold [8796].
Manery 8998.
Mannesmann Akt.-Ges. 9004.
Manoilow 8903.
Manwell 8905.
Marchon Products Ltd. 8986.
Marecek 8962.
Marignan 8795.
Markarian 8970.
Markina 8822.
Markow 8792.
Marquez 8778.
Marrè 8893.
Marriott 8787.
Mars 8932.
Marshall, C. W. 8926.
Marshall, H. E. 8936.
Marteau 8988.
Martell 8967.
Martin, E. 8954.
Martin, F. 8964.
Martius 8799.
Maschkowski 8911.
Mason 8897.
Masonite Corp. 9008.
Masslow 8819. 8820.
Masterman 9001.
Mathias 8955.
Mathieson Chemical Corp. 8964.
Mathieu 8874.
Matthies 8898.
Mau 8940.
Maurer 8913.
Mauthe 9006.
Mayer, O., & Co., Inc. 8993.
Mayor & Cie., Société encommandite par actions 8946.
Mayr 8929.
Mazzeo 8891. 8907.
Meckbach 8976.
Meister 9006.
Meitner 8779.
Meldau [9006].
Melechin 8829.
Menšík 8933.
Merck & Co., Inc. 8921. 8925.
Meredith 8998.
Merkling 8832.
Merritt 8969.
Metallgesellschaft Akt.-Ges. 8984.
Metze 8863.
Metzeler Gummiwerke Akt.-Ges. 8986.
Meuschke 8911.
Meyer, L. H. 8817.
Meyer, R. O. 8937.
Miag Mühlenbau u. Industrie G. m. b. H. 8992.
Michael 8802.
Micheel 8814.
Michl 8849.
Mickelson 8942.
Mikhail 8935.
Milakowa 8988.
Milburn 8792.
Miller, E. E. 8795.
Miller, H. J. 8954.
Miller, M. W. 8840.
Miller, R. H. 8777.
Miller, R. R. 8931.
Millis 8951.
Milne 8935.
Miyasawa 8791.
Mizushima 8814.
Mndshojan, A, L. 8830.
Mndshojan, O. L. 8830.
Mo och Domsjö Aktiebolag 8922. 8946.
Moffett 8846. 8847.
Moffitt 8812.
Mohnike 8898.
Moller 8910.
Moncrieff 8993.
Monsanto Chemical Co. 8957. 8981. 9007.
Montañez 8901.
Montel 8780.
Montequi 8975.
Moore, J. D. 9003.
Moore, J. W. 9003.
Moosmüller 8831.
Morell 8928.
Morgan 8877.
Moros 8803.
Morren 8920.
Morris 8910.
Morse 8881.
Morton 8892.
Moser 8812.
Moshinsky 8775.
Mosnier, M. 8969.
Mosnier, M. M. 8920.
Moss 8956.
Mossel 8992.
Mowery jr. 8998.
Moyer 8904.
Moyon 8906.
Mrost 8956.
Mühlemann 8864.
Müller, C. 8897.
Mueller, D. W. 8782.
Müller, G. L. 8783.
Mueller, H. [8782].
Müller, H. G. 8958.
Müller, W. 8942.
Mündel 8916.
Muenger 8927.
Münzel 8914. 8915.
Muenzen 8882.
Muetgeert 8988.
Müting 8894.
Muller 8874.
Munden 8998.
Murdoch 8777.
Murin 8799.
Murnane 8898.
Musty 8978.
Muth, H. W. 8935.
Muth, M. J. 8938.
Myers, A. T. 9003.
Myers, E. M. 9000.
Myers, W. G. 8883.
N. V. de Bataafsche Petroleum Mij. 8961. 8980.
N. V. Koninklijke Veenendaalschen Sajet-en Vijfschachtfabriek v/h Wed. D. S. van Schuppen & Zoon 8923.
N. V. Metallic Industry 8960.
N. V. Organon 8921.
N. V. Philips' Gloeilampenfabrieken 8938.
Nachimson 8897.
Naeser 9004.
Nagasaka 8943.
Nahm 8872.
Nakabayashi 8774.
Nasirow 8913.
Natarajan 8991.
National Distillers Products Corp. 8967.
Naujoks 8883.
Néel 8791.
Nemir jr. 8912.
Neporent 8817.
Neschtschadimowa 8945.
Neumann 8959.
Neurath 8886.
Newberg 8936.
Nicholson 8960.
Nickl 8809.
Niederhauser 8964.
Niehrs 8796.
Niggemann 8988.
Nikitin [8996].
Nikitina 8809.
Nishihara 8891.
Nix 8774.
Nixon 8950.
Nochratjan 8944.
Noerr 9006.
Noller 8820.
Nopco Chemical Co. 8923. 8924.
Norrish 8808.
Norton Co. 8912.
Nowotny 8802.
Nunez 8912.
Nurse 8943.
Nyilasi 8880.
Nyrop 8983.
Obrecht 8906.
Ockenden 8857.
Odiot 8775.
Oita 8932.
Okawa 8993.
O'Keeffe 8928.
Okpala 8905.
Olafson 8905.
Oliveto 8925.
Olson 8778.
Onnen 8898.
Oosterhout, Van 8960.
Or, D' 8785.
O'Reilly jr. 8815.
Oreščanin-Majhofer 8850.
Orr 8824.
Orthner 8965.
Osborne 8893.
Ossanowa 8827.
Ossipowa 8908.
Osstaschkow 8904.
Otto 8915.
Ouang 8780.
Ovelhoff 8923.
Pacces 8935.
Pagenstedt 8987.
Pal 8996.
Pallaud 8845.
Pangonis 8784.
Pappalardo 8773.
Panntier 8780.
Pappalardo 8773.
Parker, P. T. 8965.
Parker, R. 8791.
Partridge 8858. 8863.
Pasqualini 8895.
Pauschkin 8837.
Pauson 8970.
Pawlaschkin 8941.
Pearce 8927.
Pearse 8793.
Pearson 8834.
Pease 8981.
Peaslee [8782.]
Pedersen 8920.
Pelchowitch 8780.
Pelipetz 9002.
Peltzer 8956.
Perelman 8916.
Perfogit 9000.
Perks 8775.
Peschkowa 8932.
Pesle 8907.
Peterson 8896. 8985.
Petit 8872. 8874.
Petitcolas 8860.
Petkus 8978.
Petras 8983.
Petrenko 8952.
Petrie 8979.
Petrocarbon Ltd. 8978.
Petrolite Corp. Ltd. 8979.
Petrow, A. A. 8828.
Petrow, A. D. 8829.
Pettit 8955.
Pfender 8955.
Pfizer, C., & Co., Inc. 8993.

Pfleger 8969.
Phillips, C. E. 8954.
Phillips, N. E. 8901.
Phillips Petroleum Co. 8962. 8963. 8964. 8965. 8982. 8984. 9005. 9006.
Picard 8780.
Piccard 8927.
Pigford 8937.
Piguet 8913.
Piller 8811.
Pimentel 8815.
Pincus 8926.
Pinegina 8835.
Pipkin 8781.
Pirie 8926.
Pitts 8806.
Pittsburgh Plate Glass Co. 8922. 8945.
Plewes 8936.
Pölzguter 8950.
Pohl 8799.
Pollack 8956.
Ponomarewa 8835.
Pons jr. 8899.
Pople 8797.
Porter, C. W. 8773.
Porter, G. 8808.
Porter, K. R. 8899.
Portner 8933.
Possenti 8950.
Posspelowa 8822.
Prader 8894.
Pree, De 8984.
Preece 8988.
Preitner 8833.
Preuss 8940.
Pre-Vest, Inc. 8957.
Prévost 8830.
Prévot 8939.
Prisselkow 8890.
Pritchard, G. O. 8827.
Pritchard, H. O. 8827.
Pritzkow 8823.
Pucher 8787.
Pusdrenkowa 8932.
Putman 8954.
Puzicha 8953.
Pyrene Co. Ltd. 8980.
Pytlik 8987.
Quelet 8838.
Querouil 8989.
Raboy 8791.
Raelen 8980.
Raisskina 8902.
Ramakrishnan 8887.
Ramos Morales 8899
Ramsay 8895.
Rao, B. S. V. 8930.
Rao, M. N. 8930.
Rasuwajew 8827.
Rathgeber, K., Fabrik orthopädischer Fußmittel 8999.
Rathgeber, P. 8999.
Rathje 8913.
Ray 8806.
Raynor 8953.
Reconstruction Finance Corp. 8984
Redlich 8969.
Reese 8997.
Régnier 8868.
Rehbinder 8822.
Reibnitz, v. 9007.
Reich 8882.
Reif 8907.
Reiner 8973.
Reiz 8782.
Renfrew 8975. 8981.
Rentschler 8989.
Research Corp. 8925.
Revie 8991.
Reynolds, J. H. 8927.
Reynolds, J. M. 8790.
Reynolds, M. M. D. 8885.
Rhein-Chemie G. m. b. H. 8985.
Rheinpreußen Akt.-Ges. für Bergbau und Chemie 8962.
Rice 8960.
Richter 8798.
Richter, I. 8891.
Riede 8788.
Rieken 8884.
Riester 9008.
Rimpau 8906.
Rinfret 8896.
Ritter 8987.
Robert 8889.
Roberts 8948.
Robertson 8820.
Robichet 8809.
Robinson, D. L. 8802.
Robinson, J. A. 8819.
Robinson, K. 8803.
Robinson, R. S. 8974. 8975.
Robson 8905.
Rochow 8982.
Rodman 8985.
Rodriguez 8796.
Roe 8860.
Rössler 8967.
Roff 8999.
Rogers, G. C. 8999.
Rogers, M. T. 8928.
Rogozinski 8780.
Rohm & Haas Co. 8964. 8965. 8980.
Rolla 8817.
Romeyn jr. 8983.
Roper 8978.
Rosano 8884.
Rosenblum 8789.
Rosenbluth, A. W. 8875.
Rosenbluth, M. N. 8875.
Rosenmund [8936].
Rosenthal, H. L. 8933.
Rosenthal, J. E. 786.
Ross 8885.
Rosscup 8836.
Rossiter 8947.
Roughton 8881.
Rouse 8896.
Ruderman 8791.
Rudge 8941.
Rudy 8999.
Rütgerswerke Akt.-Ges. 8971.
Ruge 8955.
Ruhrchemie Akt.-Ges. 8964. 8965. 8980.
Ruigh 8923.
Rumsey 8774.
Runowa 8909.
Ruschig 8925.
Russell 8960.
Russell-Hill 8826.
Russum 8963.
Rutkowski 8994.
Rutland 8885.
Saffre 8974.
Sagisman 8805.
Saitzewa 8906.
Sakai 8778.
Sakurai 8797.
Salah 8935.
Salkowski 8971.
Salotto 8900.
Samuelson 8930.
Sandermann 8923.
Sandoz Akt.-Ges. 8973. 8974.
Sanesi 8817.
Sanko 8928.
Santler 8896.
Saubestre 8956.
Sauer 8981.
Sauerwald 8795.
Saunders 8842.
Savy [8914].
Scado Kunstharzindustrie N. V. 8978.
Scanlan 8812.
Schaaf, K. H. 8923.
Schaaf, M. 8898.
Schaarwächter 8959.
Schadel jr. 8793.
Schäfer, H. 8808. 8809.
Schäfer, K. 8794.
Schanin 8983.
Schappi 8989.
Scharlau 8916.
Scharrer [8883].
Schaschkina 8807.
Schatz 8957.
Schawlow 8786.
Scheller 8882. 8912.
Schenker 8926.
Scheraga 8879.
Scherber 8903.
Schering Akt.-Ges. 8922. 8924. 8926.
Schering Corp. 8921. 8925.
Scherrer 8773.
Scheuermann 8962.
Schiermaier 8977.
Schiff 8775.
Schimmelschmidt 8965.
Schipow 9002.
Schlack 8967. 8968. 8981.
Schlenkar 8976.
Schleppinghoff 8814.
Schlichenmaier 8986.
Schlosser 8884.
Schmahl 8810.
Schmalz 8884.
Schmid 8989.
Schmidt, E. 8831.
Schmidt, H. 8815. 8816.
Schmidt, J. A. 8942.
Schmidt-Kessen 8895.
Schmidt-Thomé 8925.
Schmidtmann 8945.
Schmitt 8895.
Schmitz 8920.
Schneider 9004.
Schneiderhöhn 8928.
Schoen, B. F. 8921.
Schoen, W. 9008.
Schofield 8857.
Schopp 8782.
Schormüller 8992.
Schraaf, van der 8937.
Schrader 8968.
Schreiner 9002.
Schreyer 8810.
Schtscherban 8937.
Schubert 8914.
Schütze 8937.
Schulte 8957.
Schultheis 8990.
Schulze 8941.
Schumann 8923.
Schunk 8895.
Schwarz 8968.
Schweitzer 8984.
Scorer 8914.
Scott 8924.
Screeton 8999.
Searle, G. D., & Co. 8918. 8919. 8926.
Sears 8799.
Seartazzini 8794.
Seeborg 8991.
Seidel 8987.
Seidman 8919.
Seitz 8789.
Seiwerth 8850.
Sen, D. 8806.
Sen, N. K. 8874.
Senkowa 8908.
Seouloudi 8801.
Sergio 8882.
Sersale 8943.
Seruto 8973.
Severson 8836.
Shafrir 8899.
Shafroth 8776.
Shah 8775.
Sharp & Dohme, Inc. 8917. 8918.
Shaw 8900.
Shea 8910.
Sheehan 8865.
Sheffield Bronze Paint Corp. 8976.
Sheldon 8947.
Shell Development Co. 8969. 8977.
Sheridan 8929.
Sherman 8883.
Sherr 8777.
Sherwin-Williams Co. 8976.
Shibuya 8790.
Shimanouchi 8814.
Shimomura 8810.
Shinsugi 8993.
Shnitka 8912.
Shoemaker 9004.
Shomow 8837.
Sibbitt 8806.
Siedel 8872.
Siegel 8898.
Siemens & Halske Akt.-Ges. 8939. 8958. 8959.
Siemons 8909.
Siller 8949.
Silverstein 8976.
Simpson 8892.
Sinclair Refining Co. 9003.
Singer 8778.
Singletary 8782.
Sinn 8937.
Sippel 8997.
Sjöström 8930. 8933.
Skarstrom 8964.
Skevington 8954.
Slawinski 8901.
Slawjanski 8795.
Sloan 8993.
Slotnick 8876.
Slowik 8958.
Smallman 8781.
Smevige 8972.
Smith, A. M. 8946.
Smith, B. B. 8825.
Smith, C. A. 8806.
Smith, M. D. 8902.
Smith, M. L. 8889.
Smith, Kline & French Laboratories 8917.
Soboczenski 8825.
Soc. An. Sarmio 8986.
Soc. d'Électro-Chimie, d'Électro-Métallurgie et des Aciéries Électriques d'Ugine 8958.
Soc. des Usines Chimiques Rhône-Poulenc 8919. 8920. 8969.
Socony-Vacuum Oil Co., Inc. 9003.
Soderquist 8969.
Sofield 8924.
Sogn 8969.
Sognnaes 8900.
Soh 8892.
Soine 8855.
Sommer, A. 8782.
Sommer, E. 8907.
Sonnenfeld 8984.
Sonoda 8780.
Sosa, de 8916.
Spangenberg-Werke W. Spangenberg 8923.
Sparks jr. 8897.
Speakman 8997.
Spencer 8947.
Spenke [8792].
Spies 8942.
Sprague, J. M. 8918.
Sprague Electric Co. 8970.
Spreter von Kreudenstein 8913.
Spurr 8904.
Squibb, E. R., & Sons 8924.
Ssachatzki 8955.
Sselski 9002.
Ssemenido 9001.
Ssementschenko 8807.
Ssirotkina 8912.
Ssischnenko 8991.
Ssokolow 8936.
Ssuschtschinski 8829.
Stadlmann 8809.
Stalder 8907.
Standard Oil Co. 8963. 8966. 9004.
Standard Oil Development Co. 8962. 8964. 8965. 8966. 8968. 8969. 9005.
Standfast Dyers & Printers Ltd. 8973.
Stanford 8777.
Starschow 8813.
Stavely 8924.
Stayner 8948.
Steele 8949.
Stehlik 8822.
Stein, H. 8914.
Stein, R. S. 8820.
Steinbrecher 9006.
Steinemann 8974.
Steiner 8978.
Steinheisser 8958.
Stepanowa 9002.
Steve-Bocciarelli 8797.
Stier 8787.
Stilbert jr. 8977.
Stitch 8785.
Stoll, A. 8869.
Stoll, H. G. 8882.
Stowbun 8891.
Strandberg 8928.
Straumann 8959.
Strawinski 8991.
Streckebach 9003.
Streeter 8876.
Streitenberg 8911.
Strepetowa 8907.
Strotmeyer 8914.
Stützel 8944.
Suciu 8806.
Sun Oil Co. 9004.
Sunday 8991.
Sutherland 8876.
Sutton 8831.
Sy 8834.
Sychrovsky 8952.
Sydow, H. 9003.
Sydow, R. 8938.
Syke 8954.
Sylvania Electric Products, Inc. 8939.
Szamosi 8774.
Szwarc 8978.
Taat 8978.
Tabone 8889.
Takazawa 8784.
Takeda 8887.
Takei 8943
Taldykin 8811.
Talmage 8897.
Talsma 8961.
Tamburino 8891. 8907.
Tamm 8892.
Tanaka, Y. 8943.
Tanaka, Y. G. 8846.
Tanner, C. B. 8795.
Tanner, H. 8989.
Tanner, N. W. 8776.
Tardieu 8910.
Tarte 8785.
Tate 8928.
Taubina 8988.
Taupitz 8810.
Taurel 8784.
Tawney 8840.
Taylor, A. 8986.
Taylor, L. 8988.
Tchernoff 8853.
Tegtmeyer 8852.
Teller 8908.
Temmer 8777.
Terentjew 8818. 8819.
Terentjewa 8818.
Texaco Development Corp. 8991.
Texas Co. 9005.
Thaesler 8908.
Thimann 8893.
Thoma 8996.
Thomas 8933.
Thompson, G. E. 9004.
Thompson, H. B. 8928.
Thomson 9000.
Thorn Electrical Industries Ltd. 8939.
Thorne 8886.
Thorsteinsson 8885.
Thring 8949.
Titan Co., Inc. 8941. 8967.
Tocantins [8902].
Todrick 8885.
Tomotika 8784.
Tonachella 8943.
Torregrosa 8899.
Townes 8785.
Treibs 8848. 8849. 8850.
Triantos 8790.
Trillat 8801.
Troost 8989.
Trotman-Dickenson 8827.
Tscharny 8905.
Tschelinzew 8820.
Tscheremuschkina 8790.
Tschernjak 8952.
Tsuboi 8814.
Tsubokawa 8810.
Tuajew 8913.
Tulzer 8895.
Tumerman 8991.
Turk 8782.
Turkeltaub 9002.
Turkewitsch 8997.
Turnbull 8979.
Turner 8782.
Turowski 8970.
Uebergang 8776.
Uhlig 8796.
Ullyot 8917.
Underwood 8781.
Union Chimique Belge, Soc. An. 8920.

Union Oil Co. of California 8938.
United States Rubber Co. 8983. 8985.
Universal Oil Products Co. 8978.
Upjohn Co. 8924.
Uraneck 8984.
Urion 8990.
Usines de Melle 8978.
Utermann 8813.
Vachaspati 8775.
Vahlquist 8901.
Valeton 8811.
Varney 8787.
VEB Elektrochemisches Kombinat Bitterfeld 8941. 8942.
Vega 8796.
Velluz 8871. 8874.
Veran 8906.
Vereinigte Glanzstoff-Fabriken Akt.-Ges. 9000.
Versorgungsministerium 8945.
Victor 8973.
Vieweg 8986.
Vihovde 8800.
Villforth, F. 8989.
Villforth jr., F. J. 8927.
Vincendon 8839.
Viscontini 8832. 8836.
Visscher 8846. 8847.
Vitelli 8935.
Vogelsang 8979.
Vogl 8865.
Volman 8826.
Volz 8999.
Vosburgh 8792.
Votava 8987.
Vries, A. de 8899.
Vries, J. E. De 8823.
Wachs 8993.
Wadley 9005.
Wagner, H. 8965.
Wagner, W. F. 8810.
Wain 8893.
Wainio 8882.
Wakeford 8980.
Walentynowicz-Stańczyk 8891.
Walker 8885.
Wallgren 8904.
Walsh, F. 8940.
Walsh, S. 8939.
Walt 8774.
Walters 8938.
Walz 8944.
Wang 8789.
Wanner 8912.
Wargo 8955.
Warnecke, G. 8905.
Warnecke, W. 8912.
Warner-Hudnut, Inc. 8918.
Warren 8787.
Wassileisskaja 8829.
Waterman 9002.
Watkins 9003.
Watson, G. A. 8989.
Watson, J. 8996.
Watson, K. D. 8810.
Watts jr., C. H. 8957.
Watts, R. J. 8781.
Webb 8777.
Webber 8988.
Weber 8945.
Wechsler 8876.
Wedepohl 8811.
Weghofer 9004.
Wegner 8993.
Wehrli 8974.
Weidmann 8906.
Weiler 9002.
Weill 8780.
Weimann 8972.
Weisglass 8903.
Weiss 8911.
Weissman 8783.
Weisz 8791.
Welitschkina 8784.
Weller 8904.
Wenderott 8956.
Wendler 8921. 8925.
Wenzel 8964.
Werner 8887. 8954.
Wernli, S. à r. l. 8960.
Wessels 8827.
West 8994.
Wheatley, E. W. 9000.
Wheatley, G. H. 8784.
White, H. E. 8773.
White, J. G. 8820.
White, J. L. 8846. 8847.
White, W. J. 8948.
Whiteside-Carlson 8884.
Whitman 8970.
Whitney 9006.
Whittle 8807.
Whyte 8987.
Wiant 8991.
Widmaier 9006.
Widmer 9008.
Wieninger 8910.
Wigand 8912.
Wilburn 8941.
Wild 8909.
Wildbolz 8906.
Wilde 8905.
Wilder 8987.
Wildman 8842.
Wilhelm 8948.
Wille 8992.
Williams, A. E. 8945.
Williams, H. L. 8824.
Williams, R. M. 8825.
Williams, W. J. 8886.
Williamson, G. K. 8781.
Williamson, M. B. 8901.
Willig 9002.
Wilson, A. N. 8921.
Wilson, H. W. 8773.
Wingfoot Corp. 8978.
Winkler, P. E. 8932.
Winkler, S. 8785.
Winn 8776.
Winter 8992.
Winthrop Chemical Co., Inc. 8926.
Wisconsin Alumni Research Foundation 8919.
Witkop 8822.
Wittcoff 8981.
Witten 8786.
Wörner 8913.
Wohinz 8900.
Wolf 8953.
Wolff, A. R. 8896.
Wolff, J. H. 8934.
Wolfson 9002.
Wood 8959.
Woods 8944.
Woolf 8953.
Wootton 8935.
Wortmann 8894.
Wosskressenskaja 8901.
Wulzinger 8914.
Wyngaarden 8896.
Wyssotzki 8906.
Yahnke 8963.
Yamamoto, M. 8791.
Yamamoto, Z. 8903.
Yamamura 8774.
Yoneyma 8894.
Yost 8980.
Young, G. W. 8960.
Young, L. E. 8773.
Yuk 8860.
Zaller 8831.
Zanussi 8894.
Zee, van der 8941.
Zeiger 8789.
Zeiss 9008.
Zeller 8920.
Zellstoffabrik Waldhof 8923.
Zentler-Gordon 8956.
Zerbe 8984.
Zerweck 8971.
Zetler 8884.
Zindler jr. 8781.
Zobkallo 8909.
Zoeller 8977.
Zörkendorfer 8999.
Zoss 8806.
Zýka 8917.

Chemisches Zentralblatt

1955 Nr. 38 21. September

A. Allgemeine und physikalische Chemie.

Gottfried Falk, *Die Struktur des Größenbereiches von klassischer Mechanik und Quantenmechanik.* Durch Umformung der klass. Relativitätsmechanik in eine invariante kanon. Form wird der Übergang zur relativen Quantenmechanik vollzogen. Das Problem der Elementarteilchen wird dabei auf das Eigenwertproblem $R^2\psi = (mc^2)^2\psi$ zurückgeführt, wobei die Elementarteilchen durch zu ψ gehörende diskrete Eigenwerte gegeben sind. (Z. Physik **135.** 431—72. 1953. Marburg, Inst. für Struktur der Materie.) G. HEINSOHN. 10

A. Pappalardo, Chimica e mineralogia. Edizione rifatta. Bologna: Patron. 1954. (250 S. m. 72 Abb.) L. 1,500,—.

Harvey Elliot White, Descriptive college physics. New York: Van Nostrand. 1955. (495 S. m. Abb. u. Diagrs.). $ 5,75.

L. E. Young and C. W. Porter, General chemistry: a first course. 3rd edn. London: Bailey Bros. & S. Agents. 1955. (608 S. m. Abb. u. Diagr.). 61 s. 6 d.

A_1. Kernphysik und Kernchemie.

Willy Scherrer, *Zur linearen Feldtheorie.* 1. Mitt. *Ein Wirkungsprinzip und seine Anwendung in der Kosmologie.* (Vgl. C. **1955.** 6441.) Durch Erweiterung der l. c. angegebenen Wirkungsfunktion u. Anwendung auf das einfachste kosmolog. Modell ergibt sich ein Weltalter von $t = 4{,}1 \cdot 10^9$ Jahren, wenn für die Materiedichte $\mu = 6{,}6 \cdot 10^{-28}$ g cm^{-3} u. für die HUBBLE-Konstante $k = 3{,}15 \cdot 10^{-28}$ cm^{-1} gesetzt wird. (Z. Physik **139.** **44**—55. 1954. Bern, Univ., Math. Sem.) GERHARD SCHMIDT. 80

H. W. Wilson und **Walter H. Barkas,** *Eine Prüfung der Ladungssymmetriehypothese.* (Sitzungsbericht.) Vgl. C. **1955.** 1895. (Physic. Rev. [2] **92.** 537—38. 15/10. 1953. Berkeley, Univ. of California, Radiat. Labor.) M. WIEDEMANN. 90

Leslie L. Foldy und **Erik Eriksen,** *Einige physikalische Folgerungen der Vakuumpolarisation.* Die Erscheinung der Vakuumpolarisation wird getrennt von anderen elektrodynam. Effekten höherer Ordnung durch die Änderung der elektrostat. Wechselwrkg. schwerer, geladener Teilchen untersucht. Von den Hauptabweichungen der 2p bis 1s-Niveautrennungen von der BOHRschen Formel in leichten μ-Mesonatomen ($Z < 6$) wird angenommen, daß sie eher durch Vakuumpolarisationseffekte als durch relativist. Effekte oder endliche Kerngröße hervorgerufen werden. Der Beitrag der Vakuumpolarisation zur elektrostat. Wechselwrkg. zweier Protonen erfordert geringe Änderungen in der gewöhnlichen Analyse der p—p-Streudaten, um Kenntnis über Kernkräfte zu erhalten. Die Wrkg. der Vakuumpolarisation auf die elektrostat. Energien der Kerne wird diskutiert. (Physic. Rev. [2] **95.** 1048—51. 15/8. 1954. Kopenhagen, Inst. for Theoret. Phys.; Cleveland, O., Case Inst. of Technol.; Blindern, Univ. of Oslo.) GERHARD SCHMIDT. 90

S. Ferroni und **S. Fubini,** *Streuung von Elektronen hoher Energie an polarisierten Kernen.* Ohne die DIRACsche Gleichung für eine asymm. Ladungsverteilung zu lösen, leiten Vff. eine Gleichung für die Winkelverteilung ab. Ist **h** die Richtung des magnet. Feldes, so ist $\sphericalangle$ (**p**, **h**) u. Θ in der Größenordnung von 90° die günstigste experimentelle Bedingung. Für ^{181}Ta, polarisiert nach dem OVERHAUSER-Effekt, ergibt sich mit $H = 10700$ Gauß, $T = 2^0$ K, $\mu = 0{,}66$ als Koeff. des OVERHAUSER-Effektes, ein Azimutaleffekt in der Größenordnung von 40% für Elektronen von 100 MeV. Die bei dieser Berechnung vorgenommene BORNsche Näherung ist jedoch nicht zuverlässig. (Nuovo Cimento [10] **1.** 263—65. 1/1. 1955. Torino, Univ., Ist. di Fis., Ist. Naz. di Fis. Nucl.) H. LIEPACK. 90

H. H. Landon, *Doppler-Effekt bei der Resonanz langsamer Neutronen an Rhodium.* Bei der Beobachtung der Temperaturabhängigkeit der Durchlässigkeit einer Rh-Folie für Neutronen von 1,26 eV wurde eine Änderung der Durchlässigkeit von ~ 2% pro 100° zwischen 120° u. 860° K festgestellt. Der maximale Wirkungsquerschnitt ergibt sich nach Korrekturen für DOPPLER-Effekt u. Auflösung der App. zu 4850 ± 200 barn (theoret. Wert 5000 ± 200 barn). (Physic. Rev. [2] **94.** 1215—17. 1/6.; Sitzungsbericht: **93.** 931. 15/2. 1954. Upton, N. Y., Brookhaven Nat. Labor.) H. C. WOLF. 90

M. Walt und **H. H. Barschall,** *Streuung von 1 MeV-Neutronen an mittleren und schweren Elementen.* Die Winkelverteilung elast. gestreuter Neutronen von 1 MeV-Energie wird zwischen 30 u. 150° an 28 Elementen (Ti—Th) gemessen. Zum Nachw. dient ein He-Rückstoßproportionalzählrohr, wobei die Messung elast. gestreuter Neutronen durch einen Diskriminator ausgeschaltet wird. Benachbarte Elemente zeigen ähnliche Winkelverteilung. Bei allen Elementen werden Maxima in der Vorwärtsrichtung beobachtet, bei A < 140 ein weiteres Maximum bei 180°, bei A ≈ 200 eins bei 110°. (Physic. Rev. [2] **93.** 1062—68. 1/3. 1954. Madison, Wis., Univ. of Wisconsin.) G. HERRMANN. 90

H. H. Barschall, *Untersuchungen mittlerer und schwerer Kerne mit Neutronen.* (Vgl. vorst. Ref.) Vf. berichtet zusammenfassend über Messungen der Wirkungsquerschnitte, Winkelbeziehungen u. Polarisationseffekte bei der elast. u. unelast. Streuung von Neutronen an mittleren u. schweren Kernen. Die Messungen sprechen gegen das BOHRsche Compoundkernmodell, vielmehr muß angenommen werden, daß Neutronen mit großer Wahrscheinlichkeit den Kern durchdringen können, ohne vom Compoundsyst. absorbiert zu werden. (Amer. J. Physics **22.** 517—23. Nov. 1954.) G. HERRMANN. 90

V. H. Rumsey, *Die Analyse von Versuchen unter Berücksichtigung der Kinetik von Reaktoren mit Reflektoren.* Berücksichtigung der Theorie der Reaktorkinetik zur Analyse der Messungen der mittleren Lebensdauer u. Wanderungslänge von Neutronen. Zu einer besseren Verifizierung der Theorie gelangt Vf. durch Verwendung eines Zweigruppenmodells, das die Ggw. eines Reflektors berücksichtigt. Den Berechnungen liegen die Daten aus dem Chalk River ZEEP zugrunde. (Canad. J. Physics **32.** 435—49. Juli 1954. Chalk River, Ont., A. E. C. L.) GERHARD SCHMIDT. 90

Frank E. Jaumot jr. und **Foster C. Nix,** *Über ein einfaches Verfahren zur Ermittlung der Absorptionskoeffizienten von Metallen und Legierungen für komplexe radioaktive Spektren.* Metalle u. Legierungen werden sehr fein gepulvert u. in eine wss. Polyvinylalkohol-(I)-Lsg. eingerührt. Die Mischung wird auf eine Metallplatte gegossen. Nach dem Trocknen wird die Folie aus I u. Metallpulver abgezogen u. deren Absorption gemessen. Der Koeff. einer reinen I-Folie wird gemessen u. der Wert der metallhaltigen Folie entsprechend korrigiert. Der Metallgeh. der Folie wird durch Erhitzen über 150° ermittelt, wobei I in sein Monomeres zerfällt u. verdampft. Vgl. dieser Meth. mit der gewöhnlichen zeigt bei *Co* eine Übereinstimmung innerhalb 3%, bei *Al* innerhalb 1%. (J. appl. Physics **22.** 1294. Okt. 1951. Philadelphia, Pa., Univ. of Pennsylvania, Randal Morgan Labor. of Phys.) MAX SCHMIDT. 90

K. Nakabayasi, K. Hasegawa und **I. Yamamura,** *Berechnungen vierter Ordnung der Meson–Proton-Streuung in der symmetrischen Ps(Ps)-Theorie.* Aufstellung von FEYNMAN-DYSON-Graphen für Meson–Proton-Streuprozesse bis zur vierten Ordnung. Für 5 Energien der auftreffenden Mesonen u. 5 Streuwinkel (0, 45, 90, 135 u. 180° Laborsyst.) werden numer. Ergebnisse (±10%) erhalten. (Progr. theoret. Physics [Kyoto] **10.** 694—95. Dez. 1953. Tohoku Univ., Phys. Inst. [Orig.: engl.]) GERHARD SCHMIDT. 90

K. Nakabayasi, K. Hasegawa und **I. Yamamura,** *Phasenverschiebungen vierter Ordnung für Meson–Proton-Streuung in der symmetrischen Ps(Ps)-Theorie.* (Vgl. vorst. Ref.) Anwendung der Phasenverschiebungsanalyse der Meson–Proton-Streuung auf die kovarianten Störungsrechnungen vierter Ordnung (l. c.). (Progr. theoret. Physics [Kyoto] **10.** 696—97. Dez. 1953. Erratum: **11.** 230. Febr. 1954. [Orig.: engl.]) GERHARD SCHMIDT. 90

John L. Gammel, *Elastische Streuung von π-Mesonen an Nucleonen und Erzeugung von π-Mesonen bei Nucleon–Nucleon-Zusammenstößen.* Vf. berechnet mit Hilfe numer. Methoden exakte Lsgg. der Integralgleichung der zweiten TAMM-DANCOFF-Näherung für die Streuamplitude bei der Streuung von π-Mesonen an Nucleonen. Entsprechende Rechnungen werden für eine ähnliche Integralgleichung, die in der Theorie der π-Mesonen-Erzeugung bei Zusammenstößen von Nucleonen auftritt, durchgeführt. (Physic. Rev. [2] **95.** 209—16. 1/7. 1954. Los Alamos, N. Mex., Univ. of California, Los Alamos Scient. Labor.) D. GEISSLER. 90

G. Szamosi, *Über die Spin–Bahn-Wechselwirkung zwischen Nucleonen.* Vf. untersucht die Energieterme von Nucleonen auf Grund des Schalenmodells. Als Wechselwrkg. zwischen zwei Nucleonen wird ein gewöhnliches YUKAWA-Potential mit der Kopplungskonstanten g = 5 Elektronenladungen angenommen. Das Gesamtpotential, das auf ein Nucleon wirkt, wird nach dem HARTREE-Verf. unter Berücksichtigung der COULOMB-Kräfte zwischen Protonen berechnet, wobei die Nucleonendichte einmal als konstant u. zum anderen als GAUSSsche Verteilung vorausgesetzt wird. Für die charakterist. Konstante γ der Spin–Bahn-Wechselwrkg. wird der Wert 10 verwendet. Die Ergebnisse hängen empfindlich von der Wahl der Dichteverteilung, von g u. γ ab. Die Annahme konstanter Dichte führt zu guter Übereinstimmung der theoret. mit den beobachteten bevorzugten Nucleonenzahlen. Es werden Protonen- u. Neutronen-Termschemata für verschied. Kerne angegeben. (Acta physica Acad. Sci. hung. **3.** 243—54. 1954. Budapest, Central Research Inst. for Physics.) D. GEISSLER. 95

R. J. Blin-Stoyle und **M. A. Perks**, *Die Abweichungen der magnetischen Kernmomente von den Schmidtschen Linien.* Es wird gezeigt, daß das magnet. Moment eines Kerns sehr empfindlich gegen Zumischung bestimmter Konfigurationstypen ist, bes. gegen solche, die in 1. Ordnung zum magnet. Moment beitragen. Befindet sich mehr als ein Nucleon in einem $j = l + {}^1/_2$-Zustand oder mehr als eine Fehlstelle in $j = l - {}^1/_2$, so kann erwartet werden, daß das magnet. Moment erheblich von den SCHMIDTschen Linien abweicht. (Proc. physic. Soc., Sect. A **67.** 885—94. 1/10. 1954. Birmingham, Univ., Dep. of Math. Phys.) F. WEIGEL. 95

Vachaspati und **S. M. Shah**, *Übereinstimmung der Kernradien aus Elektronenstreu- und Coulomb-Energie-Daten.* Aus Elektronenstreudaten ergibt sich bei Annahme eines Modells mit homogener Ladungsverteilung ein Kernradius von $1{,}0 \cdot 10^{-13}\, A^{1/3}$ cm, aus den Energiedifferenzen von Spiegelkernen dagegen $1{,}45 \cdot 10^{-13}\, A^{1/3}$ cm. Diese scheinbare Diskrepanz läßt sich beseitigen, wenn mit einem Ansatz gerechnet wird, in dem der Kern in seinem Innern eine negative Ladung von $3Ze/4$, außerhalb davon eine positive Ladung von $7Ze/4$, die nach außen hin langsam abfällt, besitzt. Mit diesem Ansatz ergibt sich in Übereinstimmung mit der Theorie, daß der COULOMB-Radius um den Faktor 1,43 größer als der Streuradius ist. (Proc. physic. Soc., Sect. A **67.** 950—51. 1/10. 1954. Ahmedabad, India, Physic. Res. Labor.) F. WEIGEL. 95

Hélène Brion, Raymond Daudel und **Simone Odiot**, *Theorie der Lokalisierbarkeit der Teilchen.* 4. Mitt. *Verwendung des Zellenbegriffs in der Untersuchung der chemischen Bindungen.* (3. vgl. C. **1955.** 7598.) Vff. untersuchen die Kern- u. Bindungszellen des Li_2-Mol., wodurch Aussagen über die Korrelationen zwischen den Elektronenlagen in diesem Mol. erhalten werden. Diese Aussagen ermöglichen die genaue Best. des Begriffs der chem. Bindung. Die Wrkg. der chem. Bindung auf die tiefen Bereiche der Atome wird diskutiert. Das Problem der Unterscheidungsmöglichkeit zwischen den beiden Hüllelektronen π u. σ wird behandelt. (J. Chim. physique Physico-Chim. biol. **51.** 553—55. Okt. 1954. Paris, Inst. du Radium, u. Inst. de Mécan. Ond.) GERHARD SCHMIDT. 95

G. Kayas, *Beitrag zur Untersuchung der Methoden der Trennung und Identifizierung von Kernisomeren.* 1. Mitt. Nach einem Überblick über Kernisomerie beschreibt Vf. die Abtrennung des Grundzustandes (18 Min.) von ^{80}*Br* vom angeregten Zustand ($4^1/_2$ Std.) durch Behandlung von 10 cm³ neutroneninduziertem Bromäthylen mit 0,5 g des Anionenaustauschers Amberlite IR4B in chlorierter Form. Nach sorgfältigem Waschen kann der Grundzustand am Harz radioakt. rein gewonnen werden, im Filtrat läßt sich mit ^{82}Br (34 Std.) als Indicator der angeregte Zustand von ^{80}Br nachweisen. Mit synthet. dargestelltem, ^{80}Br enthaltendem $C_2H_4Br_2$ wurde maximal eine Ausbeute von 75% des Grundzustandes erhalten. Da eine Trennung mit dem Kationenaustauscher Amberlite IR100 nicht möglich war, schließt Vf., daß es sich um einen Austausch nach $RCl + Br^- \rightarrow RBr + Cl^-$ handelt. Fraktionierte Destillationen von $C_2H_4BrBr^* + C_2H_5Br$, $C_2H_4 \cdot BrBr^* + C_2H_5OC_2H_5$ sowie von Bromphenol (markiert) mit Ae., C_2H_5Br u. Bzl. ergaben die Abtrennung einer kleinen Menge des Grundzustandes von ^{80}Br, vermutlich infolge der Bldg. einer flüchtigen Verb. während des isomeren Überganges. Bei ^{69}*Zn* wurde weder mit Ionenaustauschern noch durch Isotopenaustausch-Rkk. eine Trennung erzielt. Auch die Analyse der Abfallskurven der Aktivität beweist diese Isomerie nicht. Vf. führt das auf die geringe innere Konversion der ausgesandten Photonen zurück. (Ann. Physique [12] **7.** 802—51. Nov./Dez. 1952. Paris, Coll. de France, Labor. de Chim. nucl.) M. WIEDEMANN. 95

M. H. Cohen, *Zerlegung des skalaren Produktes zweier symmetrischer Tensoren.* Anwendung der Meth. zur Zerlegung des skalaren Prod. zweier symm. Tensoren in Prodd. ihrer irreduziblen Komponenten auf die Dipol–Dipol- u. elektrostat. Multipolwechselwirkung. (Physic. Rev. [2] **95.** 674—75. 1/8. 1954. Chicago, Ill., Univ. of Chicago, Inst. for Stud. of Metals.) GERHARD SCHMIDT. 95

Marcos Moshinsky, *Geschwindigkeitsabhängige Tensorkräfte.* Die geschwindigkeitsabhängige Tensorkraft liefert für das Problem zweier Nucleonen die gleiche Mischung von ^3S- u. ^3D-Zuständen wie die gewöhnlichen Tensorkräfte. In einem Spezialfall führen die geschwindigkeitsabhängigen Tensorkräfte zu Bewegungsgleichungen, die mathemat. mit den Elastizitätsgleichungen ident. sind. (J. Physique Radium **15.** 725—32. Nov. 1954. Paris, Inst. Henri Poincaré.) GERHARD SCHMIDT. 95

Harry Schiff, *Elektroneneinfangquerschnitte.* Vf. berechnet die Elektroneneinfangquerschnitte in der ersten BORNschen Näherung für α-Teilchen, die durch H laufen,

u. für einfach geladene He-Ionen, die durch He laufen, unter Verwendung der vollständigen HAMILTON-Wechselwirkung. Schätzungen der Einfänge in angeregte Zustände werden mit Hilfe der partiellen Querschnitte angestellt, die in einer einfachen geschlossenen Form unter alleiniger Verwendung der Wechselwrkg. des einfallenden Ions mit dem Elektron erhalten werden. Die Ergebnisse zeigen, daß die erste BORNsche Näherung bei vollständiger Wechselwrkg. im Geschwindigkeitsbereich, der durch $e^2/\hbar \cdot v \lesssim 1$ gegeben ist, völlig ausreichend ist. Die Ergebnisse der Berechnungen eines Stoßparameters für Protonen in H werden diskutiert. (Canad. J. Physics **32**. 393—405. Juni 1954. Montreal, Quebec, McGill Univ., Dep. of Math.) GERHARD SCHMIDT. 103

J. K. Major und **L. C. Biedenharn**, *Sargent-Diagramm und ft-Werte für Elektroneneinfangübergänge.* (Sitzungsbericht.) Ein SARGENT-Diagramm wird für Umwandlungen durch Elektroneneinfang zusammengestellt, deren Halbwertszeit, Verzweigungsverhältnis u. Zerfallsenergie bekannt sind. Die erlaubten Übergänge liegen unterhalb der von FEATHER vorgeschlagenen Linie. Eine Unterscheidung nach verschied. Verbotsgraden ist wegen der Streuung nicht möglich. Die log *ft*-Werte werden berechnet u. mit denen von β-Strahlern verglichen. (Physic. Rev. [2] **94**. 779. 1/5. 1954. Yale Univ.) G. HERRMANN. 103

S. S. Hanna, E. C. LaVier und **C. M. Class**, *β + α-Korrelation beim Zerfall von ^8Li.* ^{8}Li wird durch ^{7}Li(d,p) gewonnen u. die β–α-Winkelbeziehungen beim Zerfall ^{8}Li → ^{8}*Be* → ^{4}*He* untersucht. Die α- u. β-Strahlen werden mit NaJ-Kristallen unter verschied. Winkeln gemessen. Die untere Nachweisgrenze des β-Spektr. wird zwischen 1 u. 10,0 MeV variiert. Eine eindeutige Anisotropie ist nicht feststellbar, im Mittel ergibt sich für die Winkelbeziehung $1 + A_2 \cos^2 \Theta$ ein Wert $A_2 = 0{,}01 \pm 0{,}03$. (Physic. Rev. [2] **95**. 110—11. 1/7. 1954. Baltimore, Md., Johns Hopkins Univ., Dep. of Phys.) G. HERRMANN. 103

A. J. Dyer und **J. R. Bird**, *Bei der Zertrümmerung von Beryllium durch Deuteronen emittierte Neutronen.* Die beim Beschuß eines dicken Be-Targets mit 600 keV-Deuteronen entstehenden Neutronen wurden mit Kernplatten bei Emissionswinkeln von 0, 90 u. 150° untersucht. Früher mitgeteilte Neutronengruppen, die in ^{10}B Energieniveaus von 0,73, 1,75, 2,20 u. 3,64 MeV ergeben, wurden bestätigt u. eine weitere Gruppe, die einem Niveau von 2,85 MeV entspricht, beobachtet. Der Q-Wert für den Übergang in den Grundzustand wird zu $4{,}35 \pm 0{,}02$ MeV ermittelt. (Austral. J. Physics **6**. 45—52. März 1953. Melbourne, Univ. of Melbourne, Phys. Dep.) H.-J. EICHHOFF. 103

M. M. Winn, *Die Reaktion $^9Be(d, {}^3He)^8Li$.* Vf. beschießt dicke Be-Targets mit $4 \cdot 10^{-9}$ A Strömen von 19,3 MeV-Deuteronen in einzelnen Stößen von 0,360 Sek. Dauer u. mißt unter einem Laboratoriumswinkel von 90° in einem ZnS-Schirm mit Photomultiplier die auftretenden Sekundärteilchen. Deren Emission klingt nach Abstellen der Primärstrahlung mit $T_{1/2} = 0{,}84 \pm 0{,}04$ Sek. ab; sie werden dem ^{8}Li zugeschrieben. Für die Rk. ^{9}Be(d, ^{3}He)^{8}Li wird der Q-Wert zu $-11{,}37 \pm 0{,}07$ MeV berechnet, entsprechend einem Schwellenwert von 13,9 MeV. Wird die Energie der Primärdeuteronen durch in das Bündel eingeschobene Al-Absorber variiert, so ergibt sich aus der Ausbeute als Funktion von E_d der gleiche Schwellenwert. Oberhalb des Schwellenwertes steigt die Ausbeutekurve parabol. an. (Proc. physic. Soc., Sect. A **67**. 946—48. 1/10. 1054. Birmingham, Univ., Dep. of Phys.) F. WEIGEL. 103

M. M. Winn, *Kurzlebige α-Strahler aus dem Beschuß mit ^3He und schweren Ionen.* (Vgl. vorst. Ref.) Vf. beschießt Targets aus *Li* u. *Be* mit Deuteronen, *Bi* u. *Pb* mit α-Teilchen, *Au* mit $^{14}N^{6+}$-Ionen u. Li mit $^3He^{2+}$-Ionen u. mißt die auftretenden α-Halbwertszeiten mit Hilfe eines ZnS-Schirms mit Photomultiplier. Die Targets werden mit Hilfe einer Sonde direkt in das umlaufende Ionenbündel des Cyclotrons eingebracht, das Nachweisgerät ist mit in die Sonde eingebaut. Folgende Halbwertszeiten (in Klammern die wahrscheinlichste Zuordnung) werden beobachtet: $0{,}88 \pm 0{,}05$ Sek. (^{8}Li); $0{,}80 \pm 0{,}13$ Sek. (^{8}Li); $0{,}22 \pm 0{,}03$ Sek. (^{212}*At*); $0{,}5 \pm 0{,}1$ Sek. (^{211}*Po*); $27{,}0 \pm 5{,}0$ Sek. (^{211}Po*); $7{,}0 \pm 1$ Min. (Em?) u. 0,6—0,9 Sek. (^{8}B oder ^{8}Li). (Proc. physic. Soc., Sect. A **67**. 949—50. 1/10. 1954.) F. WEIGEL. 103

R. G. Uebergang und **N. W. Tanner**, *Winkelbeziehungen zwischen α-Teilchen und γ-Strahlen bei der Reaktion $^9Be(d,\alpha)^7Li^*\gamma^7Li$.* Bei der Unters. der Winkelbeziehung der α-Teilchen u. γ-Strahlen bei der Rk. ^{9}Be(d,α)^{7}Li*γ^{7}Li mit zwei Scintillationszählern in Koinzidenzschaltung konnte eine Anisotropie nicht festgestellt werden. Dementsprechend wird für ^{7}Li im niedrigsten Anregungszustand der Spin $^1/_2$ angenommen. (Austral. J. Physics **6**. 53—59. März 1953. Melbourne, Univ. of Melbourne, Phys. Dep.) H.-J. EICHHOFF. 103

S. M. Shafroth und **S. S. Hanna**, *Zerfallsschema und γ–γ-Korrelationen in ^{10}B.* (Vgl. C. **1955**. 273.) Vff. beschießen Be-Targets mit Deuteronen u. messen die auftretenden γ-Strahlen in zwei in Koinzidenz geschalteten Scintillationsspektrometern. Gefunden werden γ-Strahlen von 2,86 (I), 2,15 (II), 1,43 (III), 1,02 (IV), 0,72 (V) u. 0,41 (VI) MeV. Folgende γ-Paare treten in Koinzidenz auf: I—V, II—III, III—III, III—IV, III—V, III—VI, IV—V, IV—VI u. V—VI. Das sich aus diesen Befunden ergebende Zerfallsschema entspricht weitgehend dem von AJZENBERG (C. **1954**. 9218) angegebenen, ausgenommen, daß zwischen den Niveaus bei 3,58 u. 2,15 MeV in ^{10}B ein weiterer 1,43 MeV-Übergang erfolgt. (Physic. Rev. [2] **95**. 86—91. 1/7. 1954. Baltimore, Md., Johns Hopkins Univ.) F. WEIGEL. 103

Fay Ajzenberg und **Wolfgang Franzen**, *Neutronen aus dem Protonenbeschuß von* ^{14}N. Ausführliche Darst. der C. **1955**. 5470 referierten Arbeit. (Physic. Rev. [2] **94**. 409—11. 15/4. 1954. Boston, Mass., Univ., Dep. of Phys.; Cambridge, Mass., MIT, Labor. for Nucl. Sci.; Princeton, N. J., Univ., Dep. of Phys.) F. WEIGEL. 103

G. M. Lewis und **A. T. G. Ferguson**, *Über das Vernichtungsspektrum von Positronen in Freon und Sauerstoff.* Vff. untersuchen mit Hilfe einer Scintillationszähleranordnung die in Freon u. O_2 auftretende Vernichtungsstrahlung von ^{22}Na-Positronen, wobei Koinzidenzen mit der 1,28 MeV-Kern-γ-Strahlung gemessen werden. Das auf diese Weise in Freon erhaltene Vernichtungsspektr. wird mit dem theoret., kontinuierlichen Dreiquantenspektr. verglichen. Unter Berücksichtigung der Eigg. des Spektrometers sind die Kurven weitgehend ähnlich. Das Spektr. in O_2 zeigt dahingegen eine einzige γ-Linie bei 510 keV. (Philos. Mag. [7] **44**. 1011—18. Sept. 1953. Glasgow, Univ., Dep. of Natural Philos.) F. WEIGEL. 103

W. Parker Alford und **Donald R. Hamilton**, *Rückstoßspektrum beim β-Zerfall von* ^{19}Ne. (Sitzungsbericht.) Koinzidenzen zwischen Rückstoßkernen u. Positronen werden beim Zerfall von ^{19}Ne gemessen. Die Unters. des Rückstoßspektr. deutet auf eine skalare Wechselwrkg. beim β-Zerfall von ^{19}Ne hin. (Physic. Rev. [2] **94**. 779. 1/5. 1954. Princeton Univ.) G. HERRMANN. 103

B. P. Foster, G. S. Stanford und **L. L. Lee jr.**, *γ-Strahlen aus Ne.* Vff. messen p-γ-Koinzidenzen bei der Rk. ^{19}F(α,p)^{22}Ne, um Energie u. Zerfallsart der niedrigen Anregungszustände von ^{22}Ne zu ermitteln. Teflon $(CF_2)_x$ wird mit 7,6 MeV-α-Teilchen beschossen u. aus dem Protonenspektr. durch Al-Absorber vor einem Zählrohr einzelne Gruppen ausgewählt. In Koinzidenz stehende γ-Strahlen werden mit einem Scintillationsspektrometer registriert. Anregungszustände von 1,28, 3,3 u. 4,9 MeV, jedoch kein 0,57 MeV-Niveau werden beobachtet. Der 1,28 MeV-Zustand zerfällt direkt, der 3,3 MeV-Zustand in Kaskade über den 1. angeregten Zustand sowie zu ca. 30% direkt, der 4,9 MeV-Zustand zu etwa gleichen Teilen über den 1. angeregten sowie direkt in den Grundzustand. Die Spins u. Paritäten der Niveaus werden diskutiert. (Physic. Rev. [2] **93**. 1069—72. 1/3. 1954. New Haven, Conn., Yale Univ., Sloane Physic. Labor.) G. HERRMANN. 103

N. P. Heydenburg und **G. M. Temmer**, *γ-Strahlen aus* ^{7}Li, ^{19}F, ^{22}Ne *und* ^{22}Na *durch Beschuß von Lithium und Fluor mit α-Teilchen.* Bei Unters. der γ-Strahlen, die auf die unelast. Streuung von α-Teilchen an dünnen F- u. Li-Targets folgen, werden neue Energieniveaus der Compoundkerne ^{23}Na u. ^{11}B aufgefunden. Das 1,28 MeV-Niveau des ^{22}Ne-Kerns wird als dessen 1. angeregter Zustand durch eine Rk. ^{19}F(α,n)^{22}Ne nachgewiesen. Der 1. angeregte Zustand von ^{22}Na (T = 1, I = +0) wird durch Unters. einer Rk. ^{19}F(α,p)^{22}Na festgestellt. Das Energieniveauschema aller Kerne, die beim Beschuß von ^{19}F mit α-Teilchen entstehen, wird angegeben. Oberhalb der 0,958 MeV-Resonanzstelle bei der Rk. ^{7}Li(α,γ)^{11}B existieren keine Einfang-γ-Strahlen. (Physic. Rev. [2] **94**. 1252—57. 1/6. 1954. Washington, D. C., Carnegie Inst. of Washington, Dep. of Terrestr. Magnetism.) J. ROESMER. 103

R. Sherr und **R. H. Miller**, *Elektroneneinfang beim Zerfall von* ^{22}Na. ^{22}Na zerfällt durch β^+-Strahlung sowie Elektroneneinfang in das 1,28 MeV-Niveau von ^{22}Ne. Vff. verwenden eine Koinzidenzanordnung mit einem 4π-Proportionalzählrohr für die β-Strahlen u. einem Scintillationsspektrometer für die γ-Strahlen. Gemessen wird das Verhältnis der Koinzidenzrate C zur γ-Zählrate N bei verschied. Diskriminatoreinstellungen des γ-Spektrometers, das heißt bei verschied. Verhältnis α der Zählrate der 1,28 MeV-γ-Strahlung (N_n) zur Zählrate der Gesamt-γ-Strahlung N; $\alpha = N_n/N$. Nach $C/N = \varepsilon_\beta(1-\alpha K)$ ist ε_β, die Nachweiswahrscheinlichkeit der β-Strahlung im Zählrohr, durch Extrapolation $\alpha \to 0$ zugänglich. Damit ist K, der mittlere Anteil des Elektroneneinfangs am Gesamtzerfall, bestimmbar. Gefunden wird K = 0,099 ± 0,006. Es folgt ein Verhältnis K-Einfang zu Positronenzerfall von 0,110 ± 0,006, berechnet wird für einen erlaubten Übergang 0,1135. Daraus wird gefolgert, daß der FIERZsche Interferenzterm beim β-Übergang nur klein ist; das Verhältnis der Kopplungskonstanten für Axialvektor- u. Tensorwechselwrkg. C_A/C_T ist (— 1 ± 2)%. (Physic. Rev. [2] **93**. 1076—81. 1/3. 1954. Princeton, N. J., Princeton Univ., Palmer Physic. Labor.) G. HERRMANN. 103

H. S. Murdoch und **A. J. Webb**, *Isomerie bei* ^{46}Ti. Nach WAG u. Mitarbeiter (Indian J. Physics Proc. Indian. Assoc. Cultivat. Sci. **72**. [1950.] 888) hat der erste an geregte Zustand von ^{46}Ti, der beim β-Zerfall von ^{46}Sc erreicht wird, eine Lebensdauer von 12,14 μsec. Dieser Wert ist mit dem Zerfallsschema von ^{46}Sc u. der WEISSKOPFschen Formel nicht vereinbar. Vff. suchen nach verzögerten Koinzidenzen in ^{46}Ti u. finden keine Lebensdauer >1 μsec. (Proc. physic. Soc., Sect. A **67**. 286—88. 1/3. 1954. Sydney, Univ., School of Phys.) G. HERRMANN. 103

S. E. Singer, W. S. Emmerich und **J. D. Kurbatov**, *Strahlender Elektroneneinfang bei* ^{55}*Fe*, ^{37}*Ar und* ^{59}*Ni.* (Sitzungsbericht.) Die γ-Strahlen beim Elektroneneinfang in ^{55}Fe, ^{37}Ar u. ^{59}Ni werden mit einem NaJ-Scintillationsspektrometer gemessen u. Endpunktsenergien von 227 ± 10, 815 ± 20 bzw. 1065 ± 30 keV gefunden. Die beobachteten Energieverteilungen entsprechen den berechneten. Für ^{59}Ni wird Übereinstimmung zwischen beobachteter u. erwarteter Intensität gefunden, wenn der Rechnung eine Halbwertszeit von $7 \cdot 10^4$ Jahren zugrundegelegt wird. (Physic. Rev. [2] **94**. 779. 1/5. 1954. Ohio State Univ.) G. HERRMANN. 103

M. Sakai, J. L. Dick, W. S. Anderson und **J. D. Kurbatov**, *Zerfallsschema des* ^{56}*Co.* 99,84%ig, ^{56}Fe wird mit 10 MeV-Protonen beschossen u. das Fe durch Ätherextraktion aus 6nHCl u. $Fe(OH)_3$-Fällungen bei p_H 4,5 u. 8,5 entfernt. Gemessen werden β^+-Strahlen sowie Sekundärelektronen mit einem Solenoid-Spektrometer u. γ-Strahlen u. γ-γ-Koinzidenzen mit einem Scintillationsspektrometer. Gefunden werden β^+-Übergänge von $1,50 \pm 0,01$ (96%) u. $0,44 \pm 0,03$ MeV (4%); γ-Übergänge von $0,845 \pm 0,015$ (Intensität 1,00), $1,24 \pm 0,02$ (0,55), $1,75 \pm 0,04$ (0,24), $2,30 \pm 0,03$ (0,12), $2,60 \pm 0,04$ (0,14) u. $3,25 \pm 0,03$ (0,24) MeV. Beide β-Übergänge sind erlaubt. Ein Zerfallsschema von ^{56}Co wird aufgestellt, das neben den β^+-Zerfällen noch 5 verschied. K-Einfänge enthält. (Physic. Rev. [2] **95**. 101—04. 1/7. 1954. Columbus, O., Ohio State Univ.) G. HERRMANN. 103

M. Sakai, J. Dick und **J. D. Kurbatov**, *Der Zerfall des Kobalt 56.* (Vgl. vorst. Ref.) (Sitzungsbericht.) (Physic. Rev. [2] **94**. 779. 1/5. 1954.) G. HERRMANN. 103

G. E. Boyd, *Technetiumaktivitäten mit der Masse 97.* Tc wird aus natürlichem Mo u. aus 78%ig. ^{97}*Mo* mit 14—19 MeV-Deuteronen sowie aus *Ru* mit Reaktorneutronen gewonnen u. sein Zerfall über 1800—2250 Tage in einem fensterlosen Proportionalzählrohr verfolgt. Nach Zerfall des $90,5 \pm 1,0$ Tage-^{97m}Tc wird ein langlebiger Untergrund mit bis zu 320 Impulsen/Min. beobachtet. Mit einem Kr-Proportionalspektrometer werden Mo-K-Röntgenstrahlen nachgewiesen, die Absorptionskurven in Al zeigen weiter eine 0,3 MeV-β-Strahlung, die auf eine Beimischung von ^{99}Tc zurückgeführt wird. Als Ursache der langlebigen Aktivität wird ^{97}Tc angesehen, das übereinstimmend mit theoret. Voraussagen durch K-Einfang zerfällt. Die Halbwertszeit wird durch Vgl. seiner Intensität mit der des 90 Tage-^{97m}Tc auf 10^4—10^5 Jahre geschätzt. In terrestr. oder meteorit. Material kann ^{97}Tc nicht vorkommen, dagegen dürfte ^{98}Tc eine genügend lange Lebensdauer besitzen. (Physic. Rev. [2] **95**. 113—14. 1/7. 1954. Oak Ridge, Tenn., ORNL.) G. HERRMANN. 103

Luis Marquez, *Der Zerfall von* ^{102}*Rh.* ^{102}Rh wird aus bestrahltem Ag gewonnen, indem Ag in HNO_3 gelöst wird, AgCl u. Pd-Dimethylglyoxim gefällt werden, Ru durch $HClO_4$—H_3PO_4—$NaBiO_3$ verflüchtigt u. Rh schließlich durch Pyridinextraktion gereinigt wird. Nach Zerfall der kurzlebigen Rh-Isotope wird metall. Rh durch $TiCl_3$ gefällt u. das Präp. in einem magnet. Doppellinsenspektrometer mit 3,5% Auflösung gemessen. Gefunden werden β^--Strahlen von 1150 ± 20 keV (Intensität 100,0), β^+-Strahlen von 400 ± 30 (3,9), 760 ± 30 (21,3) u. 1240 ± 20 (58,8) keV; die log *ft*-Werte sind 9,8, 8,0, 8,7 bzw. 9,1. Folgende γ-Strahlen werden beobachtet: γ_1 86, γ_2 124, γ_3 195, γ_4 353 u. γ_5 475 keV. Die Intensität ihrer Konversionselektronen beträgt ($\beta^- = 100$): γ_1 (K) >66, γ_1 (L) 26, γ_2 (K) 28, γ_2 (L) 3,8, γ_3 (K + L) 10,0, γ_4 (K + L) 1,5 u. γ_5 (K + L) 3,0. (Physic. Rev. [2] **95**. 67—68. 1/7. 1954. Chicago, Univ. of Chicago, Inst. for Nucl. Stud.) G. HERRMANN. 103

Thomas H. Handley und **Elmer L. Olson**, *Ytterbium 167.* Vff. bestrahlen reinstes Tm_2O_3 mit 24 MeV-Protonen. Eine anschließende Ionenaustauschertrennung an Dowex 50 liefert eine 18,5 Min.-Aktivität; ihre Massenzuordnung geschieht sowohl durch Nachw. ihres Zerfallsprod. ^{167}*Tm* als auch durch Aufnahme der Anregungsfunktion. Diese zeigt einen Schwellenwert von $19,0 \pm 0,5$ MeV, was einer (p, 3n)-Rk. entspricht u. der entstandenen Aktivität die M. 167 zuweist. Das γ-Spektr., aufgenommen mit einem NaJ(Tl)-Scintillationsspektrometer, zeigt ein Maximum bei 0,118 MeV sowie schwache Maxima bei 0,18 MeV u. 0,33 MeV. (Physic. Rev. [2] **94**. 968—69. 15/5. 1954. Oak Ridge, Tenn., O. R. N. L.) J. ROESMER. 103

W. A. Brooksbank, G. W. Leddicotte und **H. A. Mahlman**, *Analyse für Verunreinigungsspuren durch Neutronenaktivierung.* (Sitzungsbericht.) Über die Anwendung der Aktivierungsanalyse zur Spurenbest. wird berichtet. Die bei der Reaktorbestrahlung erzielbare Aktivität A läßt sich für ein gegebenes Ausgangsisotop nach der Formel

$A = N \cdot f \cdot \sigma\,(1-e^{-\lambda t})$ berechnen, wobei N = Zahl der Atome des Ausgangsisotops, f = Neutronenfluß in $cm^{-2}sec^{-1}$, σ = Aktivierungsquerschnitt in cm^2/Atom, $\lambda = 0{,}693/T_{1/2}$ u. t = Bestrahlungszeit. Sind A, f, σ, λ u. t bekannt, so läßt sich N berechnen u. daraus die Gewichtsmenge W des aktivierten Isotops. Die Meth. wird auf die Best. der folgenden Elemente angewandt (in Klammern entstehendes aktives Isotop; Nachweisgrenze in γ, t): *V* (^{52}V, 0,003 γ, 7 Min.); *Mn* (^{56}Mn, 0,001 γ, 3 Std.); *Sr* (^{87m}Sr, ^{89}Sr, 0,6 γ, 3 Std.); *Co* (^{60}Co, ^{60m}Co, 0,04 γ, 2,0 Wochen); *Ga* (^{70}Ga, ^{72}Ga, 0,01 γ, 16 Std.); *Cd* (^{107}Cd, ^{111}Cd, ^{113}Cd, ^{115}Cd, ^{117}Cd, 0,10 γ, 3,0 Tage). Die chem. Abtrennungsmethoden für Co, Sr, Ga u. Cd werden mitgeteilt u. folgende Beleganalysen angegeben: V in Rohöl, Mn in Metallegierungen, Co in biol. Rohmaterial, Sr in tier. Gewebe, Ga in Al u. Cd in Vinylitharzen. Die erhaltenen Werte werden zum Teil. mit spektrograph. Werten verglichen. (J. physic. Chem. **57.** 815—19. Nov. 1953. Oak Ridge, Tenn., ORNL., Anal. Chem. Div.) F. Weigel. 104

P. T. Barrett, *Die elektrische Abscheidung radioaktiver Ionen von Brom, Technetium und Indium.* Unters. des Mechanismus elektr. Trennungen von in fl u. gasförmiger Phase durch innere Konversion, β-Zerfall u. K-Einfang gebildeten Kernisomeren. Die bei Bestrahlung von Äthylbromid mit langsamen Neutronen aus einer Ra–Be-Quelle gebildeten ^{80}Br-Aktivitäten wurden in einem Glasrohr mit aufgekitteten Al-Elektroden bei 400 V/cm getrennt. Die Mehrzahl der gebildeten Ionen trägt negative Ladung. Beim Übergang $^{80}Br^* \rightarrow {}^{80}Br$ bilden sich stabile positive Ionen, welche prakt. nicht rekombinieren. Die Unters. einer Lsg. von $^{99}MoCl_5$ in absol. Ae. zwischen Ni-Elektroden ergab die Bldg. positiver Ionen von $^{99}Tc^*$. $^{113}SnCl_4$-Dampf von 12 Torr, untersucht zwischen Pt-Elektroden in einem Feld von 300 V/cm, lieferte positive Ionen von ^{113}In. (Proc. Roy. Soc. [London], Ser. A **218.** 104—10. 9/6. 1953. Birmingham, Univ., Dep. of Phys.) H.-J. Eichhoff. 104

Lise Meitner, *Radioisotope in Wissenschaft und Technik.* Anwendungsmöglichkeiten der Tracermethode. — Beispiele. (Appl. sci. Res. B **4.** 68—72. 1954. Stockholm, Kungl. Tekn. Högskolan.) Max Schmidt. 106

Garman Harbottle, *Die Szilard-Chalmers-Reaktion in kristallinen Chromoverbindungen.* Vf. bestrahlt eine Anzahl Cr^{3+}- u. Cr^{6+}-Salze mit verschieden hohen Dosen therm. Reaktorneutronen sowie mit ^{60}Co- u. ^{182}Ta-γ-Strahlung u. untersucht den durch Szilard-Chalmers-Rk. auftretenden Valenzwechsel der aktivierten Cr-Atome in folgender Weise: Bestrahlte Cr^{6+}-Salzkristalle werden in einer Cr^{3+}-haltigen, bestrahlte Cr^{3+}-Salze in einer Cr^{6+}-haltigen Trägerlsg. gelöst, auf p_H 2 eingestellt u. 2 aliquote Teile (I u. II) entnommen. Zu I wird ein $Pb(NO_3)_2$-Überschuß gegeben, ausgefallenes $PbCrO_4$ abfiltriert, das Cr^{3+}-haltige Filtrat in einem Meßkolben aufgefüllt u. zur Cr^{3+}-Best. benutzt. Das ausgefällte $PbCrO_4$ wird in konz. HNO_3 gelöst, ebenfalls im Meßkolben aufgefüllt u. zur Cr^{6+}-Best. benutzt. II wird mit NaOH alkal. gemacht, mit Na_2O_2 oxydiert, überschüssiges Na_2O_2 durch Erhitzen zerstört, auf p_H 2,5 $\pm$ 0,5 eingestellt u. wie oben $PbCrO_4$ ausgefällt. Das $PbCrO_4$ wird wie oben beschrieben in HNO_3 gelöst u. zur Gesamt-Cr-Best. aufgefüllt. Gezählt werden die 325 keV-γ-Strahlen von ^{51}Cr in einem bes. konstruierten Flüssigkeitszähler, bestehend aus einer Glasküvette, die unter einem NaJ(Tl)-Scintillationszähler montiert ist. Die von ^{51}Cr herrührenden Photomultiplierimpulse werden ausgefiltert u. registriert. Folgende Ergebnisse werden erhalten (Neutronenfluß Durchmesser: $6 \cdot 10^8$ n/sec/cm², Gesamtdosis $4 \cdot 10^{14}$ n): I: Retention von Cr^{6+} in Chromaten in %: Li_2CrO_4 66,0 $\pm$ 0,5; $Li_2Cr_2O_7$ 54,5 $\pm$ 0,6; Na_2CrO_4 73,6 $\pm$ 1,4; $Na_2Cr_2O_7$ 79,9 $\pm$ 0,6; K_2CrO_4 60,8 $\pm$ 0,3; $K_2Cr_2O_7$ 89,9 $\pm$ 0,9; $(NH_4)_2CrO_4$ 17,5 $\pm$ 1,0; $(NH_4)_2Cr_2O_7$ 31,9 $\pm$ 1,2; $Na_2CrO_4 \cdot 4$ aq 87,8 $\pm$ 1,1; $Na_2Cr_2O_7 \cdot 2$ aq 72,7 $\pm$ 0,4; $MgCrO_4$ 55,3 $\pm$ 0,6; $ZnCrO_4$ 34,6 $\pm$ 1,0. II: Retention von Cr^{3+} in Cr(III)-Salzen: $KCr(SO_4)_2 \cdot 12$ aq 91,6 $\pm$ 0,4; $(NH_4)Cr(SO_4)_2 \cdot 12$ aq 90,2 $\pm$ 1; $Cr_2(SO_4)_3 \cdot 18$ aq 96,3 $\pm$ 0,2; $Cr(NO_3)_3 \cdot 9$ aq 92,4 $\pm$ 0,3. Die Retention von K_2CrO_4–K_2SO_4- u. K_2CrO_4–K_2BeF_4-Mischkristallen wird unter verschied. Bestrahlungsbedingungen untersucht. Der Einfl. verschied. anorgan. u. organ. Lösungsmittel auf die Retention wird für den Fall von K_2ClO_4 untersucht; die Abhängigkeit der Retention in der gleichen Verb. von der Strahlenart u. -dosis wird gemessen. Die erhaltenen Daten werden theoret. gedeutet. (J. chem. Physics **22.** 1083—88. Juni 1954. Upton, Long Island, N. Y., BNL., Chem. Dep.) F. Weigel. 108

Lawrence M. Fishman und **Garman Harbottle,** *Die Szilard-Chalmers-Reaktion in wässerigen Lösungen von drei- und sechswertigem Chrom.* (Vgl. vorst. Ref.) Vff. bestrahlen Cr^{3+}- u. Cr^{6+}-Lsgg. in Polythenfläschchen mit einem Reaktorneutronenfluß Durchmesser $6 \cdot 10^8$ n/cm²/sec bei 20—25°, bestimmen, wie l. c. beschrieben, den Geh. an $^{51}Cr^{3+}$, $^{51}Cr^{6+}$ u. Gesamt-^{51}Cr. Untersucht werden therm. Austausch $Cr^{3+} \longleftrightarrow Cr^{6+}$, strahlungsinduzierter Austausch $Cr^{3+} \longleftrightarrow Cr^{6+}$, Red. von Cr^{6+} (als Chromat) durch Strahlungseinw., Retention als Funktion der Bestrahlungsdauer, des p_H-Wertes u. der Cr^{3+}- bzw. Cr^{6+}-Konzentration. Folgende Ergebnisse werden erhalten: 1. Die Retention ist stark p_H-abhängig, sie ist jedoch stets > 0% u. < 100%, 2. sie ist bei p_H 2 u. 10,5 von der Cr^{6+}-Konz. abhängig, 3. im alkal. Bereich (p_H 9 u. 10) wird die Retention durch NH_4^+-Ion herabgedrückt, u. 4. die Bestrahlung von Cr^{3+}-Salzen liefert ~ 10% Cr^{6+}. Es wird versucht, die erhaltenen Ergebnisse durch einen Austauschmechanismus zu deuten, an dem Cr^{4+}- oder Cr^{5+}-Ionen als Zwischenprodd. beteiligt sind. (J. chem. Physics **22.** 1088—93. Juni 1954.) F. WEIGEL. 108

Te-Tchao Ouang, E. Montel und **P. Pannetier,** *Über ein Einfadenelektrometer großer Empfindlichkeit.* Vff. konstruieren ein Einfadenelektrometer, das mit einem Wollastondraht von 1 μ Durchmesser ausgerüstet ist. Die Technik der Präparierung des Wollastondrahtes sowie einige mechan. Verbesserungen werden beschrieben. Das Instrument besitzt eine Empfindlichkeit von $3 \cdot 10^{-15}$ Coulomb/mm. (J. Physique Radium **14.** 627—29. Nov. 1953.) R. CONRAD. 112

I. Pelchowitch und **J. Weill,** *Unterdruckionisationskammer zur Messung der Neutronenverteilung in einem Reaktor.* Vff. beschreiben eine Ionisationskammer mit B-Nd. u. -Niederdruck, die eine direkte Messung des Flusses therm. Neutronen bis zu 10^{13} Neutronen/sec/cm² bei $5 \cdot 10^{-8}$ A gestattet. Wegen des schnellen Ansprechens des Syst. läßt sich die Kammer zur Messung der Dichteverteilung der Neutronen in einem Reaktor verwenden. (J. Physique Radium **15.** 119 A—120 A. Okt. 1954. Saclay, Centre d'Études nucl., Commiss. à l'Énergie atom.) GERHARD SCHMIDT. 112

C. J. Cook, *Eine „Zipper"-Streukammer.* (Sitzungsbericht.) (Physic. Rev. [2] **96.** 835. 1/11. 1954. Univ. of Nebraska.) GERHARD SCHMIDT. 112

David L. Hill, *Die Eigenschaften des Reichweitenmessers (Ranger).* (Sitzungsbericht.) Eine Kombination von vier Proportionalzählern in Verbindung mit einem Koinzidenz–Antikoinzidenz-Verstärker erlaubt die Messung von Reichweiten von 0,15 bis 200 cm in Luft. Die Einschaltung von Absorptionsfolien von 0,3 mm Stärke zwischen Strahlenquelle u. Zähler u. zwischen diese untereinander gestattet Messungen ohne Änderung des Gasgeh. im Meßraum. Es wurden Unterss. an Neutronen-, Protonen- u. α-Spektren durchgeführt. Durch geeignete Einstellung der Verstärkerarbeitspunkte können Teilchen verschied. M. durch die Höhe der von ihnen bewirkten Ionisation voneinander unterschieden werden. (Physic. Rev. [2] **81.** 305. 15/1. 1951. Vanderbilt Univ.) W. REUSSE. 112

Raymond E. Hess und **David L. Hill,** *Eine Anwendung des „Ranger" auf die Neutronenenergieverteilung.* (Vgl. vorst. Ref.) (Sitzungsbericht.) Die hohe Auflsg. u. Empfindlichkeit des „Rangers" zeigt, daß weniger als 10% der von Ra α–Be emittierten Neutronen Energien unter 200 keV besitzen, was im Gegensatz zu früheren Messungen steht. (Physic. Rev. [2] **83.** 484. 15/7. 1951. Vanderbilt Univ.) F. SPEER. 112

Isao Kumabe und **Masateru Sonoda,** *Über den Proportionalzähler mit äußerer Kathode.* Vff. finden für Proportionalzähler mit äußerer Kathode (dünne Aquadagschicht auf die Außenfläche der Glashülle aufgetragen) ähnliche Charakteristiken wie für einen gewöhnlichen Proportionalzähler. Bei einer Methanfüllung von 40—57 cm Hg wächst der Multiplikationsfaktor um das 1,7fache bei einer Zunahme der Zählerspannung um 100 V. Nach Betrieb bei hohen Zählgeschwindigkeiten (5000 pro Min.) wird keine Änderung der Impulshöhen beobachtet. Bei hohen Zählerspannungen zeigt sich β- u. γ-Empfindlichkeit. (J. physic. Soc. Japan **9.** 877—78. Sept./Okt. 1954. Kyoto, Univ., Fac. of Sci., Dep. of Phys. [Orig.: engl.]) H. LIEPACK. 112

E. Picard und **A. Rogozinski,** *Über die Verteilung der Verzögerungen in Geiger-Müller-Zählern.* Nach einer oscillograph. Meth. messen Vff. die Gesamtzeit zwischen dem Durchgang des Teilchens in einem vorgegebenen Bereich des GEIGER-MÜLLER-Zählers u. dem Ansprechen des mit dem Zähler gekoppelten Verstärkers. Die Auswahl der die Entladung im Zähler auslösenden Teilchen (Höhenstrahlen) wird mit Hilfe eines Teleskops zweier Zähler in Koinzidenz erhalten, dessen Öffnungswinkel durch eine Gruppe von 4 Zählern in Antikoinzidenz mit den ersteren begrenzt ist. Der zu untersuchende Zähler wird so angeordnet, daß die Mittelebene des Teleskops den Zähler bei einer variablen Entfernung d von seinem axialen Draht durchquert. Die Messungen werden für verschied. Werte von d u. der an den Zähler angelegten Überspannung V_s durchgeführt. Es zeigt sich, daß die statist. Verteilung der Verzögerungen um so ausgedehnter ist, je größer d u. je kleiner V_s ist. Die Mittelwerte der beobachteten Verzögerungen liegen zwischen $7 \cdot 10^{-8}$ sec für d = 0 u. V_s = 200 V u. $90 \cdot 10^{-8}$ sec für d = 1,9 cm u. V_s = 50 V. Für die Beweglichkeit eines freien Elektrons bei einem Druck von 10 cm Hg wird der Wert von $(2,1 \pm 0,2) \cdot 10^4$ cm²/sec/V gefunden. (J. Physique Radium **15.** 767—75. Nov. 1954. Saclay, C. E. N., Div. des Construct. électr.) GERHARD SCHMIDT. 112

Philippe Eberhard, *Ein Detektor für 0,5—6 MeV-Neutronen gleichmäßiger Empfindlichkeit als Funktion der Energie.* Für einen Proportionalzähler mit BF_3 (12 cm Hg) von 15 mm Durchmesser u. 370 mm Länge, dessen Kathode von einem Messingmantel mit 56 mm Durchmesser umgeben ist, werden die geometr. Bedingungen gleichmäßiger Empfindlichkeit beim Einfall eines Neutronenbündels parallel zur Zählerachse angegeben. Der Wirkungsquerschnitt berechnet sich zu 1,75 cm² $\pm$ 10%. Die Zählung wird durch einen γ-Fluß $< 10^7\ \gamma/cm^2/sec$ nicht beeinflußt. (J. Physique Radium **15**. 765—66. Nov. 1954. Paris, Coll. de France, Labor. de Phys. atom. et mol.) Gerhard Schmidt. 112

G. K. Williamson und **R. E. Smallman**, *Ein leistungsfähiger Geiger-Zähler für Molybdän-Kα-Röntgenstrahlung.* Beschreibung eines aus Glas gefertigten Zählrohres mit Kathode aus Ni-Blech u. Endfenster aus einem Deckglas für mkr. Präpp., welches ~ 60% der auffallenden Mo-Kα-Strahlung zählt. Bei einer Füllung mit 30 cm Kr u. 5 cm Äthylformiat ergibt sich eine Arbeitsspannung von 2100 V, eine Totzeit von 300 μsec u. ein Plateau von 200 V mit einer Neigung von 0,1%/V bei einer Zählrate von 30/sec u. einem Nulleffekt von 20/Minute. (J. sci. Instruments **30**. 486. Dez. 1953. Birmingham, Univ., Metallurgy Dep.) H.-J. Eichhoff. 112

Samuel K. Allison und **Harvey Casson**, *Scintillationsansprechen von NaJ(Tl) beim Beschuß mit positiven Ionen von 60—600 keV Energie.* Ausführliche Darst. der C. **1955**. 5472 referierten Arbeit. (Physic. Rev. [2] **90**. 880—85. 1/6. 1953. Chicago, Ill., Univ., Inst. for Nucl. Stud.) G. Zaeschmar. 112

B. N. Audric und **J. V. P. Long**, *Untergrund und ^{14}C-Nachweisempfindlichkeit eines Flüssigkeitsscintillationszählers.* (Vgl. C. **1953**. 805.) Beschreibung einer Koinzidenz- u. Diskriminatoranordnung mit Abschirmung unter Benutzung von 2 Photomultipliern u. einem Filter vor einem Multiplier zur Herabsetzung des Nulleffektes. Bei einem Zählvol. von 20 ml (0,5% ig. Lsg. von p-Terphenyl in Bzl.) wird eine Zählausbeute von 40% für ^{14}C bei einem Nulleffekt von 30/Min. erreicht. (J. sci. Instruments **30**. 467—69. Dez. 1953. Teddington, Middlesex, Chem. Res. Labor.) H.-J. Eichhoff. 112

R. D. Hiebert und **R. J. Watts**, *Koinzidenzkreis hoher Auflösung für ^3H- und ^{14}C-Messungen.* Beschreibung u. Schaltskizze eines Verstärkerdiskriminatorkreises mit 0,06 μsec Auflösungszeit zur Zählung von T u. ^{14}C mit einem Wirkungsgrad von 10—15% bzw. 60—70%. Durch einen Spezialdiskriminator in Antikoinzidenz läßt sich die Ausschlagsrate für das Probe/Untergrund-Verhältnis verbessern. (Nucleonics **11**. Nr. 12. 38—41. Dez. 1953. Los Alamos, N. Mex., Los Alamos Scient. Labor.)
Gerhard Schmidt. 112

Francis M. Pipkin, Scott M. Daubin, Aaron Lemonick und **Donald R. Hamilton**, *Ein schneller Dreifachkoinzidenzstromkreis.* (Sitzungsbericht.) Die von Vff. entwickelte Schaltung (1 N 56 Dioden, parallel geschaltet) wurde für β-γ-Polarisations-Korrelationsmessungen benutzt. Von größter Bedeutung erwies es sich, daß die Ge-Dioden den gleichen Gegenwiderstand haben u. mit ~ 5 μA belastet sind. Die Auflösungszeit beträgt ~ $2 \cdot 10^{-8}$ Sekunden. (Physic. Rev. [2] **90**. 353—54. 15/4. 1953. Princeton, Univ.)
G. Zaeschmar. 112

D. L. Hollway, *Eine Dezimalzählerelektronenröhre.* Beschreibung einer 10stufigen Zählröhre, bei welcher ankommende Signale durch Steuerung eines Elektronenstrahles durch eine geschlossene Folge von stabilen Zuständen gezählt werden. Jeder stabile Zustand ergibt sich aus Potentialabfällen, welche durch die Verteilung des Strahlstromes an den Ablenkelektroden aufrechterhalten werden. Für die optimalen Abmessungsverhältnisse des Elektrodensyst. wird eine Formel angegeben. (Austral. J. Physics **6**. 96—115. März 1953. Sydney, Univ. Grounds, Div. of Electrotechnol.)
H.-J. Eichhoff. 112

G. B. Hagen, *Über die Konstruktion von Elektronenbahnen in Potentialfeldern.* Meth. zur Konstruktion von Elektronenbahnen für vollautomat. arbeitende Elektronenschreiber. (Ann. Physik [6] **13**. 259—84. 1953. Berlin-Adlershof, Heinrich-Hertz-Inst. für Schwingungsforsch.) H. Nelkowski. 112

G. W. Hutchinson, *Anwendungen von „Kicksorter“ (Impulshöhenanalysatoren).* Diskussion der Vor- u. Nachteile verschied. Typen von Analysatoren u. der Anwendung der Impulshöhenanalyse auf die Koinzidenzzählung. Zur Messung der Teilchenenergien muß der „Kicksorter“ in Verbindung mit einem Detektor verwendet werden. (Nucleonics **11**. Nr. 2. 24—27. Febr. 1953. Glasgow, Univ., Dep. of Nat. Philos.)
Gerhard Schmidt. 112

Newton Underwood und **G. F. Zindler jr.**, *Ein Schwachstrom-Gleichstrom-Verstärker.* (Sitzungsbericht.) (Physic. Rev. [2] **95**. 304. 1/7. 1954. North Carolina State Coll. of Agric. and Engng.) Gerhard Schmidt. 112

Bernard R. Linden, *Neue Photomultiplier und Arbeitsdaten.* (Vgl. C. **1955**. 4032.) Es werden weitere Arbeitsdaten der Du Mont-Multiplier K 1198, K 1231, K 1193,

K 1213 u. K 1209 mitgeteilt. Die Röhren haben kästchenförmige Prallelektroden mit aktivierten *Ag–Mg*-Oberflächen. Bei den letzten beiden Röhren wird durch Verwendung breiterer Prallelektroden eine Vervielfachung von $3-7 \cdot 10^6$ bei 90 V/Stufe u. von $7 \cdot 10^7$ bei 105 V/Stufe erreicht. (Nucleonics **12.** Nr. 3. 20—23. März 1954. Passaic, N. J., Allen B. Du Mont Labors., Inc., Tube Res. Div.) H. Liepack. 112

R. L. Caldwell und **S. E. Turner,** *Leistungsschwankung von Photomultiplierröhren.* Kontinuierliche Änderungen der γ-Spektrometerleistungen bei Verwendung von Ra- u. Cs-Quellen werden auf Schwankungen der Ausgangsleistungen von Photomultipliern zurückgeführt, die sich bes. bei Ggw. hoher Intensitäten energiearmer Strahlung bemerkbar machen. Verss. zur Herabminderung dieses Effektes werden angeführt. (Nucleonics **12.** Nr. 12. 47—48. Dez. 1954. Dallas, Tex., Magnolia Petrol Comp., Field Res. Labors.) Gerhard Schmidt. 112

Donald W. Mueller, George Best, Jasper Jackson und **John Singletary,** *Nachpulsieren in Photomultipliern.* Messungen über das Nachpulsieren von Photomultipliern bei der Scintillationszählung ergeben, daß das Nachpulsieren eine frühe u. eine späte Komponente besitzt. Letztere wird durch eine Abschirmungsanordnung ausgeschaltet. Bei Photomultiplierröhren ohne Nachpulsieren ist das Ansprechen geringer als bei den üblichen Röhren. (Nucleonics **10.** Nr. 6. 53—55. Juni 1952. Los Alamos, N. Mex., Univ. of California, Los Alamos Scient. Labor.) Gerhard Schmidt. 112

Robert J. Lanter und **Robert W. Corwin,** *Störimpulse bei dem Photomultiplier, Typ 5819.* Bei der Verwendung von Photomultipliern zum Nachw. von Scintillationen werden mitunter störende Impulse beobachtet, die nicht durch Scintillationen ausgelöst werden, diesen aber unmittelbar zu folgen pflegen. Die Unters. dieser Stöße mittels eines logarithm. Verstärkers am Multiplierausgang (Röhrentype 5819) u. eines Oscillographen zeigte folgendes: Sowohl solche Impulse, die durch Scintillationen ausgelöst werden, als auch solche, die als Signale bestimmter Höhe u. Dauer unmittelbar an den Eingang des Multipliers gelegt werden, zeigen diese Nachimpulse. Höhe u. Anzahl derselben schwanken, wenn man verschied. Multiplier unter gleichen Bedingungen betreibt. Als Ursachen der Störimpulse werden diskutiert: Ionenbewegung, bes. negativer Ionen, von Dynode zu Dynode, Entstehung von Röntgenstrahlen an den Elektroden, Restgase u. Gasbeladungen der Elektroden. (Rev. sci. Instruments **23.** 507—08. Sept. 1952. Univ. of California u. Los Alamos, N. Mex., Los Alamos Scient. Labor.) W. Reusse. 112

A. Sommer und **W. E. Turk,** *Neue Photomultiplier hoher Empfindlichkeit.* Das für den Wirkungsgrad eines Photomultipliers wichtige Verhältnis Rausch/Nutzpegel wird analyt. untersucht, die Möglichkeiten seiner Verringerung werden diskutiert. Dann wird der Aufbau der beiden Typen 4150 u. 5311 beschrieben: Die Photokathode u. die Dynoden bestehen in beiden Fällen aus einer massiven *Sb–Cs*-Schicht. Der 5311-Multiplier kann zur Unterdrückung der Thermoemission der Kathode in fl. Luft getaucht werden. Der Multiplikationsfaktor beträgt $\sim 10^5$, die Anzahl der Dynoden 9 bzw. 11. Restliche Thermoemission bei Zimmertemp. 10^{-13} A. (J. sci. Instruments **27.** 113—17. Mai 1950. Hayes, Middlesex, Res. Labors.) W. Reusse. 112

Oswald Hance Blackwood and others, An outline of atomic physics. 3rd ed. New York: Wiley 1955. (511 S. m. Abb. u. Diagrs.) $ 7.50.

L. Janossy, Raggi cosmici e Fisica nucleare. Milano: Bompiani. 1954. (280 S.) L. 900,—.

D. C. Peaslee and **H. Mueller,** Elements of atomic physics. New York: Prentice-Hall. 1955. (403 S. u. Diagrs.) $ 10,—.

A$_2$. Optisches Verhalten der Materie.

Alexander Dauvillier, *Der Ursprung der chemischen Elemente und die Entstehung des Universums.* Zusammenfassender Vortrag. Behandelt werden die kosm. Häufigkeit u. die Genese der Elemente, die Entstehung der Sterne, die Struktur des Universums u. die Ausdehnung des Raumes. (Rev. sci. **91.** 90—100. März/April 1953.) C. Gottfried. 113

Anders Reiz, *Die Struktur von Sternen mit vernachlässigbarem Gehalt an schweren Elementen.* Um die Lage der Unterzwerge mit hohen Geschwindigkeiten vom F-Typ im Hertzsprung-Russell-Diagramm der Population II zu erklären, wurde ein Sternmodell konstruiert unter der Annahme eines vernachlässigbaren Geh. an schweren Elementen. Diese Annahme impliziert, daß die Energieproduktion durch Proton–Proton-Rk. geliefert wird. Man findet, daß diese Konfiguration im Gebiet der Unterzwerge im H.-R.-Diagramm liegt. Es werden kurz die Ursachen der Abweichung des Modells von tatsächlichen Unterzwergen diskutiert. (Astrophysic. J. **120.** 342—52. Sept. 1954. Yerkes Observ. u. Lund Observ.) H. Preuss. 113

John D. Schopp, *Eine Bestimmung der unteren Grenzen des Überschußverhältnisses von ^{12}C zu ^{13}C in den Atmosphären der G 8- bis K 5-Riesensterne.* Es wurde eine Analyse gemacht von Spektren hoher Dispersion von 28 roten Riesensternen der Typen

G 8 bis K 5. Durchgeführte Tiefenmessungen an $^{12}C^{14}N$-Linien ergeben relative Anzahlen von absorbierenden Moll., welche es ermöglichen für jeden Stern eine untere Grenze für das Überschußverhältnis von ^{12}C zu ^{13}C zu bestimmen. Geringere Verhältnisse als 6,5 ergeben nur 7 von den Sternen, welche alle vom Typ K 2 oder später sind u. relativ schwache CN-Stärke haben. Für die anderen 21 Sterne, mit hinreichender Stärke im CN-Band, wurden die unteren Grenzen größer als 6,5 gefunden. Für diese Sterne, die vermutlich n. rote Riesen darstellen, kann geschlossen werden, daß, falls der C-Cyclus jemals im Innern stattgefunden hat, wenig oder keine Vermischung zwischen dem Innern u. der Atmosphäre stattfand. In dieser Hinsicht scheinen sich die n. roten Riesensterne von der Mehrheit der R- u. N-Sterne zu unterscheiden. (Astrophysic. J. **120.** 305—15. Sept. 1954. Princeton, Univ., Observ.) H. PREUSS. 113

Joseph W. Chamberlain, *Die Anregung von Wasserstoff im Nordlicht.* Es wird mit der Meth. des statist. Gleichgewichts die BALMER-Emission während eines Nordlichtes betrachtet, die erzeugt wird, wenn Protonen die Atmosphäre durchdringen. Die $H\alpha$-Helligkeit für verschied. einfallende Protonenenergien wird berechnet u. mit der Helligkeitsverteilung in anderen Emissionen verglichen. Man findet, daß jedes einfallende Proton einen Betrag von ca. 50 Quanten von $H\alpha$ produzieren sollte, was zu einer rohen Schätzung eines Protonenflusses von $6 \cdot 10^7\ cm^{-1}\ sec^{-2}$ während des Bogenzustandes eines gemäßigt starken Nordlichtes führt. Das BALMER-Dekrement ist berechnet, u. das theoret. $H\alpha$-Profil für einen Bogen im magnet. Zenith wird mit MEINELs beobachtetem Profil verglichen. Dieser Vgl. deutet darauf hin, daß die einfallenden Protonen beträchtlicher Streuung unterliegen, welche auf das beobachtete Profil u. die Helligkeitsverteilung einen Effekt ausübt. (Astrophysic. J. **120.** 360—66. Sept. 1954. Yerkes Observatory.) H. PREUSS. 113

René Goupil und **Renée Herman,** *Emissionsbedingung und Ursprung der Gruppe 4050 Å der Kometenkerne* (Vgl. C. **1954.** 706.) Vff. untersuchen experimentell u. theoret. ein Bandensyst. zwischen 3900 u. 4100 Å, bekannt unter dem Namen „Gruppe 4050 Å“, entdeckt im Spektr. der Kometenkerne u. im Labor. beobachtet. Man fand, daß die Anwesenheit von H u. dem Radikal CH für das Auftreten dieser Banden unerläßlich ist. Bemerkenswerterweise lieferte die theoret. Berechnung eines Elektronenüberganges bei C_3 einen Wert von 4050 ± 5 Å. Eine neue empir. Meth. wurde nutzbar gemacht, um approximativ die Verteilung der Intensität der Vibrationsbanden des Mol. C_3 zu bestimmen. (Ann. Astrophysique **16.** **444**—**65.** 1953. Sorbonne, Labor. de Rech. Phys., Observatoire de Meudon.) H. PREUSS. 113

S. I. Weissman, *Hyperfeinaufspaltung in polyatomaren freien Radikalen.* (Vgl. C. **1955.** 1206.) Es wird theoret. die Hyperfeinwechselwrkg. in polyatomaren Moll. in den Dublettzuständen untersucht. Es ergibt sich, daß für Moll., die schnellen Bewegungen unterworfen sind, der Dipolanteil der Wechselwrkg. verschwindet. (J. chem. Physics **22.** 1378—79. Aug. 1954. St. Louis, Mo., Washington Univ., Dep. of Chem.) J. v. HARLEM. 114

H. Eisenlohr und **G. L. Müller,** *Dispersion von Röntgenstrahlen im Gebiet der K-Kante und der L-Kanten schwerer Atome.* Auf Grund der wellenmechan. Dispersionstheorie wurde die Röntgenstreuung an schweren Atomen für einen geschlossenen Spektralbereich von sehr kurzwelliger Strahlung bis einschließlich der K- u. L-Absorptionskanten berechnet. Für *Te* wurden Winkel- u. Frequenzabhängigkeit der Streustrahlung getrennt untersucht, für *W* wurde nur die Frequenzabhängigkeit diskutiert. Die Streukurven zeigen zum Teil gute Übereinstimmung mit der Erfahrung. (Z. Naturforsch. **8a.** 429—32. Juli 1953. Freiburg/Br., Inst. für theoret. Phys.) A. FAESSLER. 116

Y. Cauchois, *Einige Ergebnisse der Röntgenspektroskopie: Von der Farbe des Silbers bis zur Elektronenkonfiguration der „Actiniden“.* Es wird gezeigt, daß die langwelligen Röntgenemissions- u. Absorptionsspektren von Cu u. Ag die Best. der Energien gestatten, bei denen die im Sichtbaren oder UV liegende starke opt. Absorption dieser Elemente einsetzt. Diese entsteht durch Übergang eines d-Elektrons in die unbesetzten Niveaus der Energiebänder. Die Mindestenergie hierfür ergibt sich aus der Energiedifferenz zwischen dem Maximum der d-Emissionsbande u. der Absorptionskante in guter Übereinstimmung mit der opt. Absorptionskurve, das heißt der Farbe der Elemente. Weiter wird gezeigt, daß das Auftreten einer weißen Absorptionslinie in der Nähe von Absorptionskanten, für die die Röntgenniveaus p-Charakter haben, eine unvollständige d-Schale des betreffenden Atoms anzeigt. — Zwischen dem berechneten u. dem direkt gemessenen Wert von M_{IV} u. M_V besteht bei einigen Atomen eine Differenz. Beobachtungen in dieser Richtung an Th u. U sowie über das Auftreten von weißen Linien an den Absorptionskanten scheinen die von SEABORG vorgeschlagene Elektronenkonfiguration der „Actiniden“ zu bestätigen. (J. Physique Radium **14.** 73 S—76 S. Jan. 1953.) A. FAESSLER. 116

R. F. Blunt, H. P. R. Frederikse und **J. H. Becker,** *Optische Absorption von AlSb.* (Sitzungsbericht.) Die Absorption bei 300, 78 u. 4,2° K wird untersucht a) für eine n-leitende Te-gedopte, leicht polykristalline AlSb-Probe (Trägerkonz. $5 \cdot 10^{17}/cm^3$), b) für einen p-leitenden AlSb-Einkristall (Tägerkonz. $2 \cdot 10^{17}/cm^3$). Beide Proben zeigen eine scharfe Absorptionskante entsprechend einer verbotenen Zone zwischen Leitungs- u. Valenzband von 1,55 eV in guter Übereinstimmung mit den elektr. Daten. Die Temperaturabhängigkeit der verbotenen Zone ist ca. $-4 \cdot 10^{-4}$ eV/° K zwischen 300 u. 78° K. Das p-AlSb besitzt eine kleine Absorptionsbande bei 0,75 eV, die bei tiefen Tempp. schärfer wird. Das n-AlSb zeigt eine breite Bande mit einem Maximum bei 0,33 eV; die Bandenhöhe wächst mit sinkender Temperatur. Die Absorption durch freie Träger bei längeren Wellen scheint bei tiefen Tempp. größer zu sein. (Physic. Rev. [2] **94.** 1431. 1/6. 1954. Nat. Bur. of Stand.) J. Rudolph. 118

H. J. Hrostowski, G. H. Wheatley und **W. F. Flood jr.,** *Anomales optisches Verhalten von InSb und InAs.* Burstein hat eine Erklärung des anomalen opt. Verh. von InSb, wie es Tanenbaum u. Briggs gefunden haben, gegeben. Dieselbe Erklärung gilt auch für InSb vom degenerierten p-Typ. Vff. berichten über Messungen des Transmissionsspektr. bei Zimmertemp. einer Anzahl InSb-Proben vom degenerierten n-Typ, die durch Impfen von reinem InSb mit Te, Ni u. Fe erhalten worden waren. Die Ergebnisse der Verss. sind im allg. in Übereinstimmung mit der Theorie von Burstein. Für In As zeigte sich ein ähnliches jedoch nicht so großes anomales opt. Verhalten. (Physic. Rev. [2] **95.** 1683—84. 15/9. 1954. Murray Hill, N. J., Bell Telephone Labors.) J. v. Harlem. 119

Kazunori Takazawa und **Tosiro Tomotika,** *Über die optische Absorption dünner BaO-Filme im Ultravioletten.* Die Absorption aufgedampfter BaO-Filme im Vakuum beginnt merklich bei 3200 Å u. steigt schnell an bis zu einem Maximum bei 3000 Å, dann langsamer bis zu einem zweiten Maximum bei 2800 Å. Ein weiterer Anstieg beginnt bei 2500 Å, der zu einem wahrscheinlichen Maximum dicht unterhalb 2000 Å führt. Das erste Maximum wurde bisher noch nicht mit der Meth. der opt. Durchlässigkeit gefunden. Der Einfl. von O_2-Dampf auf dünne BaO-Filme läßt die Absorptionsbanden im Gebiet von 3200—2500 Å verschwinden u. den Film oberhalb 2500 Å durchlässig werden. (J. physic. Soc. Japan **9.** 996—1000. Nov./Dez. 1954. Kyoto, Univ., Fac. of Sci., Phys. Inst. [Orig.: engl.]) H. Lindberg. 119

W. J. Pangonis und **W. Heller,** *Raumwinkelkorrekturen für Lichtstreuungsmessungen.* (Sitzungsbericht.) Basierend auf den Mieschen Gleichungen wurde eine systemat. Serie von Normalisationsfaktoren K zusammengestellt, die zur Korrektion des Streuwinkels bei geöffneten Büscheln bei verschied. Versuchsanordnungen dienen. (Physic. Rev. [2] **90.** 345. 15/4. 1953. Wayne, Univ.) H. Lindberg. 119

W. Heller und **W. J. Pangonis,** *Korrektion des Brechungsindex für das aus Lichtstreuungsmessungen bestimmte Molekulargewicht.* (Sitzungsbericht.) Die Debye-Gleichung zur Best. des Mol.-Gew. aus Lichtstreuungsmessungen gilt nur bis m = ca. 1,0, wo m das Verhältnis der Brechungsindices von gelöstem Stoff u. Lösungsm. ist, für größere m muß eine Korrektur angebracht werden. Bei Volumenadditivität von gelöstem Stoff u. Lösungsm. wird ein einfacher Korrekturfaktor, der bei asymm. Streuung mit dem Mol.-Gew. zunimmt, angegeben. (Physic. Rev. [2] **90.** 345. 15/4. 1953. Wayne, Univ.) H. Lindberg. 119

J. Barriol, J. Chapelle und **L. Taurel,** *Untersuchung der Rayleigh-Streuung durch anisotrope Kristalle.* Theoret. Untersuchung. (J. Chim. physique Physico-Chim. biol. **51.** 331—40. Juli/Aug. 1954. Nancy, Fac. des Sci., Centre d'Etudes Cristallograph.) C. Gottfried. 119

T. Ss. Welitschkina, *Molekulare Lichtstreuung in viscosen Flüssigkeiten und festen amorphen Körpern.* Für *Triacetin* (I) u. *β-Chloräthylbenzolsulfonsäureester* (II) wurden Intensität u. Depolarisation des gestreuten Lichtes, Brechungszahlen, D. u. Elastizitätskonstanten im gesamten Bereich des Überganges aus dem fl. in den Glaszustand untersucht. Die Best. der Intensität des gestreuten Lichtes erfolgte visuell mit Hilfe eines Polarisationsphotometers. Die Intensität der Lichtstreuung in I u. II, die im Bereich +20 bis —70° untersucht wurde, nahm beim Übergang in den Glaszustand nur um 20—30% ab. Die Depolarisation blieb in II bei Abnahme der Temp. prakt. unverändert; in I nahm sie hierbei etwas zu. Die im Bereich +20 bis —80° gemessenen Brechungswerte zeigten eine lineare Temperaturabhängigkeit. Der Neigungswinkel der Linien änderte sich beim Übergang in den Glaszustand. Ein ähnliches Verh. zeigten die Dichtewerte. Die Schallgeschwindigkeit nahm in I u. II beim Übergang in den festen Zustand stark zu, zeigte sonst eine lineare Abhängigkeit von der Temperatur. Aus der Schallgeschwindigkeit wurden adiabat. u. isotherm. Kompressibilität berechnet. Aus den Versuchsergebnissen schließt Vf., daß die Lichtstreuung in festen amorphen Stoffen mehr Ähnlichkeit mit der in Fll. als in krist. Stoffen hat. (Известия Академии Наук СССР, Серия Физическая [Nachr. Akad. Wiss. UdSSR, physik. Ser.] **17.** 546—52. Sept./Okt. 1953. Lebedew-Inst. für Physik der Akad. der Wiss. der UdSSR.) O. LEBTAG. 119

J. C. Decius, *Zusätzliche Intensitätsregeln für Isotopenmoleküle.* Als Analogon zu einer von CRAWFORD gegebenen Beziehung gibt Vf. für nichtpolare Moll. eine Gleichung für die Intensitätssummen einer Reihe isotroper Moll. u. untersucht dabei bes. die Rk. $C_2H_2 + C_2D_2 = 2\,C_2HD$. (J. chem. Physics **20.** 1039. Juni 1952. Corvallis, Ore., State Coll., Dep. of Chem.) H.-U. WOELK. 120

L. D'Or und **P. Tarte,** *Spektroskopische Untersuchungen der salpetrigen Säure. Das Infrarotspektrum der gasförmigen salpetrigen Säure.* In Fortsetzung der Unterss. von TARTE (vgl. C. **1954.** 6166) über das UV-Absorptionsspektr. der HNO_2 untersuchten Vff. das infrarote Absorptionsspektr. von gasförmiger HNO_2 u. DNO_2 zwischen 1 u. 23 μ. Es wurden die 6 Fundamentalfrequenzen der HNO_2 u. 5 der 6 Fundamentalfrequenzen der DNO_2 beobachtet, die den Schwingungen des Mol. zugeordnet wurden. Die in den Gebieten von 6 μ u. 12—14 μ auftretende Verdoppelung der Frequenzen ist auf die Existenz einer cis- u. einer trans-Form zurückzuführen. Bei der cis-Form handelt es sich um eine tatsächliche intramol. Assoziation. Die beobachtete sehr schwache zentrale N—O-Bindung ist eine Bestätigung der Hypothese, daß HNO_2 amphoter ist u. in wss. Lsgg. gemäß den folgenden Gleichungen dissoziiert: $HONO \rightleftharpoons H^+ + NO_2^-$ bzw. $HONO \rightleftharpoons OH^- + NO^+$. (Bull. Soc. roy. Sci. Liège **20.** 478—96. Aug./Okt. 1951. Liège, Univ., Labor. de Chim. Gén. et de Chim. Phys., Centre d'Analyse spectrale mol.) C. GOTTFRIED. 120

J. Blaise, R. Chabbal und **P. Jacquinot,** *Hyperfeinstruktur einer infraroten Quecksilberlinie.* Mit einem photoelektr. Spektrometer vom Typ FABRY-PÉROT, welches ein Auflösungsvermögen von $^1/_{100}$ Kayser (1 K = 1 cm^{-1}) besitzt, wurde die Hyperfeinstruktur der Hg I-Linie λ 15295 ($7\,s^3\,S_1 - 5\,d^9\,6\,s^2\,6\,p^3\,P^0_2$) untersucht. Die Unterss. gestatteten eine gute Trennung der geraden Hg-Isotopen. Die beiden stärksten Linien wurden den relativ häufigsten Isotopen ^{202}Hg u. ^{200}Hg zugeteilt, wobei als Ursprung die Lage der ^{200}Hg-Linie angenommen wurde. Gefunden wurde für die Isotopenverschiebung $\Delta\nu$ (200—202) = 143,1 mK sowie die folgenden relativen Isotopenverschiebungen: (198): —0,897 mK; (199): —0,806 mK; (200): 0; (201): 0,30 mK; (202); 1; (204): 2,0 mK. Für die Abstände des Terms $d^9\,s^2\,p^3\,P^0_2$ ergaben sich die folgenden Werte: $\Delta\nu$ (199) = 300 u. $\Delta\nu$ (201) = —332 mK. (J. Physique Radium **15.** 749—52. Nov. 1954. Bellevue, C. N. R. S., Labor. Aimé Cotton.) C. GOTTFRIED. 120

Stanley Winkler, *Ungleichförmige Mikrowellentransmissionslinien und Lösungen von Riccati-Gleichungen.* (Sitzungsbericht.) Es wurden Beziehungen abgeleitet zwischen den Transmissionslinienverteilungsparametern u. den Nichtintegrierbarkeitskriterien für RICCATI-Gleichungen. Diese Technik ist für die Fälle anwendbar, bei denen die Transmissionslinienparameter kontinuierliche Funktionen der Linienlänge sind. Eine mögliche Erweiterung führt zu einem Annäherungsverf. für die Lösung von Transmissionslinien mit Diskontinuitäten. (Physic. Rev. [2] **94.** 778. 1/5. 1954. U. S. Naval Material Labor.) C. GOTTFRIED. 121

A. Honig, M. Mandel, M. L. Stitch und **C. H. Townes,** *Mikrowellenspektren der Alkalihalogenide.* Ausführliche Wiedergabe der C. **1955.** 15 referierten Arbeit mit Versuchsergebnissen. (Physic. Rev. [2] **96.** 629—42. 1/11. 1954. New York, N. Y., Columbia Univ.) C. GOTTFRIED. 121

Ali Javan und **A. Engelbrecht,** *Mikrowellenabsorptionsspektren von MnO_3F und ReO_3Cl.* Untersucht wurden die Mikrowellenspektren der beiden gasförmigen Verbb. MnO_3F u. ReO_3Cl. Aus den beobachteten Spektren ergab sich, daß die Moll. symm. Spitzenmoll. sind. Die 3 O-Atome liegen an den Ecken eines gleichseitigen Dreiecks, welches die Grundfläche einer Pyramide mit dem Metall an der Spitze bildet. Das bzw. die Halogenatome liegen auf der Symmetrieachse. Tabellar. sind für MnO_3F die beobachteten u. berechneten Frequenzen des Grundschwingungszustandes u. des ersten angeregten Zustandes $v_6 = 1$ zusammengestellt. Die beobachtete Hyperfeinstruktur bestätigte für ^{55}Mn einen Spin von 5/2 u. ergab die Kernquadrupolkopplungskonstante e q Q = 16,8 MHz u. $B_0 = 4129{,}106 \pm 0{,}004$ MHz. Aus den Spektren von $Mn(^{16}O_2)^{18}OF$ wurden die folgenden 3 Rotationskonstanten erhalten $A = 4488{,}81 \pm 0{,}3$ MHz; $B = 4098{,}088 \pm 0{,}01$ MHz u. $C = 3963{,}552 \pm 0{,}01$ MHz. Für das Mol. ergaben sich die folgenden Parameter: Mn—O = $1{,}586 \pm 0{,}005$ Å; Mn—F = $1{,}724 \pm 0{,}005$ Å u. $\sphericalangle$ O—Mn—F = $108^0\,27' \pm 7'$. Für $Mn^{16}O_3F$ ergab sich aus einer Unters. des STARK-Effektes in dem Übergang $J = 3 \leftarrow 2$ ein Dipolmoment μ von 1,5 D. — Von dem Mol. ReO_3Cl wurden die Rotationsübergänge $J = 5 \leftarrow 4$ u. $6 \leftarrow 5$ für Feinstruktur untersucht. Aus der Analyse der beobachteten Linien ergab sich zunächst eine Bestätigung eines Spins von 5/2 für ^{187}Re u. ^{185}Re sowie die folgenden Konstanten: e q Q_{187Re} = 253 ± 6 MHz; e q Q_{185Re} = 270 ± 6 MHz; e q Q_{35Cl} = −34 MHz; B_0 für $^{185}Re^{16}O_3{}^{35}Cl$ = 2094,20 MHz u. für $^{187}Re^{16}O_3{}^{35}Cl$ = 2093,58 MHz. Aus dem e q Q-Wert für ^{187}Re u. dem bekannten opt. Wert des Quadrupolmoments von ^{187}Re erhält man einen Einblick in die Elektronenstruktur der Molekülbindungen, aus der man einen angenäherten Wert für das Kernquadrupolmoment erhalten kann; es ergab sich zu $Q = 0{,}55 \cdot 10^{-24}$ cm^2. (Physic. Rev. [2] **96.** 649—58. 1/11. 1954. New York, N. Y., Columbia Univ., Dep. of Phys.; u. Philadelphia, Pa., Temple Univ., Res. Inst.) C. GOTTFRIED. 121

M. H. Cohen, *Kernquadrupolspektren in festen Stoffen.* (Vgl. C. **1954.** 2552.) Es werden numer. Werte für die Energieniveaus, die Parameter der ZEEMAN-Aufspaltung u. der Intensität des reinen Quadrupolspektr. für zehn Werte des Asymmetrieparameters für die Spins 5/2, 7/2 u. 9/2 sowie die Intensitätsparameter für den m → −m-Übergang in einem magnet. Feld für große asymm. Quadrupolwechselwrkg. gegeben. Sie zeigen, daß die entsprechenden Linien beobachtbar sein sollten. Es wird ferner eine Meth. entwickelt, die Genauigkeit der Störungsrechnung für den Fall der ZEEMAN-Aufspaltung u. für den Fall des starken Magnetfeldes zu steigern. (Physic. Rev. [2] **96.** 1278—84. 1/12. 1954. Chicago, Ill., Univ. of Chicago, Inst. for Study of Metals.) J. v. HARLEM. 121

A. L. Schawlow, *Kernquadrupolresonanzen in festen Brom- und Jodverbindungen.* (Vgl. C. **1954.** 1407.) Reine Quadrupolresonanzen von Br- oder J-Kernen wurden beobachtet in *p-Dibrom-* u. *p-Dijodbenzol*, $SnBr_4$, $GeBr_4$, $SiBr_4$, CBr_4, GeJ_4, SnJ_4, $NaBrO_3$, $KBrO_3$, $CsBrO_3$, $SbBr_3$, SbJ_3 u. *BrCN.* Bei den meisten dieser Verbb. wurden die Messungen bei Zimmertemp. u. der Temp. des fl. N_2 durchgeführt. Die Ergebnisse werden mit der chem. Bindung u. Daten über die Kristallstruktur in Zusammenhang gebracht. (J. chem. Physics **22.** 1211—14. Juli 1954. Murray Hill, N. J., Bell Telephone Labors. Inc.) J. v. HARLEM. 121

Günther Grass, *Zur Anwendung der Drudeschen Theorie der freien Elektronen auf das optische Verhalten der Metalle im Sichtbaren und Ultraviolett.* In Erweiterung der DRUDEschen Theorie für das Reflexionsvermögen R der Metalle im Kurzwelligen werden 3 neue Näherungen der DRUDEschen Dispersionsformeln abgeleitet, mit deren Hilfe der spektrale Verlauf von R bei verschied. charakterist. Wellenlängen λ_1 u. λ_2 der Metalle ermittelt wird. Auch die Temperaturabhängigkeit des opt. Verh. — wie sie an Al, den Alkalien u. gewissen Legierungen (Mg, Al) festgestellt wurde — kommt wegen $\lambda_2 \sim 1/T$ in den Formeln zum Ausdruck. (Z. Physik **139.** 358—64. 1954. Duisburg-Wanheim, Mannesmann-Forschungsinst. G. m. b. H.) J. RUDOLPH. 121

Arthur Bramley und **Jenny E. Rosenthal,** *Kurzzeitspannungsindicator und Anzeigetafel.* (Vgl. C. **1954.** 5007.) Die Elektroluminescenz von in Glas eingebettetem Zn_2SiO_4 liefert höhere Leuchtintensität (45 ft-L.) als bisher bekannte Einbettungen von Leuchtstoffen in Harzen. Die lichtelektr. gemessene Helligkeit einer extrem kleinen Fläche kann als Spannungsmesser hoher Impedanz angewendet werden. Die Anzeige ist frequenzunabhängig. Zur Messung der Spannung bei extrem kurzen Spannungsstößen wird die Luminescenzschicht in Serie mit einer photoleitfähigen Tl_2S-Zelle geschaltet. Vff. beschreiben kurz eine Kombination beider Elemente in einer Baueinheit. (Rev. sci. Instruments **24.** 471—72. Juni 1953. Long Branch, N. J., Bramley Consultants.) W. REUSSE. 125

A₃. Elektrizität. Magnetismus. Elektrochemie.

Duncan H. Looney und **Sanborn C. Brown,** *Die Anregung von Plasmaschwingungen.* Beim Einschuß eines Elektronenstrahls hoher Energie in das Plasma einer Gleichstromentladung ergeben sich Schwingungen der Plasmaelektronen u. außerdem stehende Wellen im Plasma, deren Wellenlänge von der Frequenz der Plasmaelektronenschwingungen unabhängig ist u. die mit dem Energieübergang vom Elektronenstrahl auf die Plasmaelektronen u. mit der dadurch bedingten Geschwindigkeitsmodulation im Plasma zusammenhängen. (Physic. Rev. [2] **93.** 649. 1/2. 1954. MIT.) H. PIEPLOW. 131

Louis Witten, *Über Ionisierung und Aufheizung eines Plasmas.* (Sitzungsbericht.) Ein rechteckförmig variierendes axiales Magnetfeld oder ein sinusförmig variierendes axiales elektr. Feld (letzteres unter Umständen in Verbindung mit einem stationären axialen Magnetfeld) können beide totale Ionisierung eines Plasmas hervorrufen. Beide Methoden werden im einzelnen untersucht. (Physic. Rev. [2] **89.** 335. 1/1. 1953. Princeton Univ.) H. PIEPLOW. 131

J. M. Anderson und **L. Goldstein,** *Phänomene bei kleinen Temperaturschwankungen um 300° K im Elektronengas eines Entladungsplasmas.* 1. Mitt. *Kreuzmodulation.* Schickt man eine impulsmodulierte Mikroströrwelle u. eine rechtwinklig dazu polarisierte kontinuierliche Signalwelle durch das Entladungsplasma eines Wellenleiters, so erhält man eine Impulsmodulation der Signalwelle, die ganz analog zum LUXEMBURG-Effekt ist u. rechner. auf eine aus der Absorption der Störwellenenergie resultierende Temperaturschwankung des an sich isothermen Elektronengases mit im Mittel 300 °K zurückgeführt werden kann. Der Effekt wird bei Vorhandensein eines magnet. Gleichfeldes von Gyroresonanzstärke für die Störwelle verstärkt. (Physic. Rev. [2] **93.** 648. 1/2. 1954. Univ. of Illinois.) H. PIEPLOW. 131

L. Goldstein und **J. M. Anderson**, *Phänomene bei kleinen Temperaturschwankungen um 300° K im Elektronengas eines Entladungsplasmas.* 2. Mitt. *Dauer des Nachleuchtens.* (1. vgl. vorst. Ref.) Die l. c. niedergelegten Ergebnisse führten dazu, auch andere bes. stark temperaturabhängige Erscheinungen des Elektronengases, bes. Rekombination u. Diffusion, zu untersuchen. Dies wird im Nachleuchten der impulsmodulierten Mikrostörwellen durchgeführt. (Physic. Rev. [2] **93.** 648. 1/2. 1954. Univ. of Illinois.) H. PIEPLOW. 131

Wilfried H. Bergmann, *Untersuchungen über Entladungen in magnetischen Feldern. Ein Beitrag zu Righis magnetischen Strahlen.* Beschreibung einer experimentellen Anordnung, mit der photograph. gezeigt wird, daß die von einer sehr kleinen (0,3 mm Durchmesser) Plankathode ausgehende Strahlung aus den üblichen, im Magnetfeld spiralig abgelenkten Kathodenstrahlen, ferner aus einer unablenkbaren Strahlung in Richtung der Kathode u. aus einer geradlinigen Strahlung in Richtung des Magnetfeldes besteht. Die verschied. Strahlungsanteile werden bei verschied. Stärken des Magnetfeldes bes. deutlich. (Acta physica austriaca **5.** 425—28. 1952. Wien, Univ., I. Phys. Inst.) H. PIEPLOW. 131

W. Pucher, *Negativer Durchschlag von Luft in der Funkenstrecke Kugel–Platte bei Stoßspannungen.* (Vgl. C. **1954.** 5007.) Aus der Vorstellung, daß bei einer negativen Kugel in genügend großem Abstand die kathod. Vorentladungen einen Teil der Entladungsstrecke gleichsam kurzschließen u. daß infolgedessen mit der Einleitung einer Entladung der wirksame Kugelradius zu wachsen beginnt, folgt eine verhältnismäßig einfach zu berechnende Feldveränderung: das elektr. Feld durchläuft mit wachsendem Kugelradius ein Minimum u. strebt dann über alle Grenzen. Die Berechnung des Kugelradius für das Feldminimum entscheidet darüber, ob immer ein Überschlag erfolgt (wenn nämlich die Kugel an sich schon größer ist), ob es bei einer Corona bleibt (wenn die Feldstärke im Minimum zu klein bleibt) oder ob nach Durchlaufen einer Corona ein Überschlag eintritt. (Ark. Fysik **6.** 375—82. 1953. Uppsala, Univ., Inst. f. högspanningsforskning.) H. PIEPLOW. 131

André Boulloud, *Der elektrische Durchschlag in komprimierten Gasen.* Inhaltlich ident. mit der C. **1953.** 8778 referierten Arbeit. (Ann. Physique [12] **8.** 909—55. Nov./Dez. 1953. Grenoble, Labor. d'Electrostatique et de Phys. du Métal.) H. PIEPLOW. 131

J. W. Warren, **J. Marriott** und **J. D. Craggs**, *Die Bildung negativer Ionen in Gasen hoher Durchschlagsfestigkeit.* Es werden hauptsächlich in Hinblick auf CCl_4 u. SF_6 einige mögliche Entladungsprozesse diskutiert, um bei vielatomigen Gasen die hohe Durchschlagsfestigkeit mit der Bildungsrate negativer Ionen durch Elektronenanlagerung u. dadurch mit der Verringerung des ersten TOWNSENDschen Koeff. plausibel zu verknüpfen. (Nature [London] **171.** 514—15. 21/3. 1953. Liverpool, Univ., Dep. of Electr. Engng.) H. PIEPLOW. 131

P. M. Stier, **C. F. Barnett** und **G. E. Evans**, *Ladungszustände von Bündeln schwerer Ionen beim Durchgang durch Gase.* (Vgl. C. **1955.** 1441.) Die Anteile der Ladungszustände (—1, 0, +1, +2) nach Durchgang von H^+, He^+, N^+, Ne^+ u. Ar^+ durch H_2, He, N_2, O_2, *Luft*, *Ne* u. *Ar* wurden im Energiebereich 20—250 keV untersucht. Für den einfach ionisierten u. neutralen Zustand ist die Geschwindigkeitsabhängigkeit des Ladungsverhältnisses bestimmt durch $\sigma_{01}/\sigma_{10} = K_1 v^m$, σ_{if} = Querschnitt für den Übergang vom Zustand i nach f, v = Geschwindigkeit, K_1 u. m für jede Kombination charakterist. Konstanten. Für das Verhältnis zwischen doppelt u. einfach ionisiertem Zustand gilt $\sigma_{12}/\sigma_{21} = K_2(v - v_c)^m$, wobei v_c ebenfalls eine charakterist. Konstante ist. Die Werte von v_c u. m sind für die verschied. Kombinationen tabellar. gegeben. Negative Ionen waren nur in H-Bündeln nachweisbar. Ihr Anteil betrug bei 30 keV ca. 1% u. nahm dann mit höheren Energien stark ab. (Physic. Rev. [2] **96.** 973—82. 15/11. 1954. Oak Ridge, Tenn., Oak Ridge Nat. Labor.) H. LIEPACK. 131

Robert N. Varney, *Ionen-Driftgeschwindigkeiten in Krypton und Xenon.* Driftgeschwindigkeiten u. Beweglichkeiten von Kr-Ionen in Kr u. von Xe-Ionen in Xe werden für E/p-Werte zwischen 40 u. 2000 V/cm je mm Hg nach der von HORNBECK angegebenen Meth. (C. **1951.** II. 10) gemessen. In beiden Gasen treten atomare u. mol. Ionen auf. Für kleine E/p wachsen die Driftgeschwindigkeiten linear mit E/p, für große E/p proportional der Wurzel aus E/p. Die gemessenen Beweglichkeiten stimmen mit der Theorie von LANGEVIN sehr gut überein. (Physic. Rev. [2] **88**. 362—64. 15/10. 1952. Murray Hill, N. J., Bell Telephone Labors.) H. PIEPLOW. 131

D. Riede, *Anregungs- und Ionisierungsfunktionen beim Stoß schneller Elektronen.* (Vgl. C. **1954**. 2762.) Es wurden Anregungs- u. Ionisierungskurven von *Hg* bis zu 10 bzw. 20 kV gemessen. Aus den Anregungsfunktionen folgt nach Korrektur des Sekundärelektroneneinfl., daß das Intensitätsverhältnis der Spektrallinien bei Anregung durch schnelle Elektronen von der Beschleunigungsspannung unabhängig ist. Die ab 500 V gemessenen Ionisierungsfunktionen schließen sich an die Messungen von SMITH an (Physic. Rev. **36**. [1930.] 1293), die Anregungsfunktionen bis auf das Triplett ($6\ ^3P_j - 7\ ^3S_1$) an die von THIEME (Z. Physik **78**. [1932.] 412). Der flachere Abfall bei diesem oberhalb 60 V nach THIEME wird auf Sekundärelektronen zurückgeführt. Übereinstimmend mit der Theorie haben für verschied. Gase u. Spektrallinien die Ionisierungs- u. Anregungsfunktionen oberhalb einiger 100 V gleiche Form. Sie unterscheiden sich nur durch den Absolutwert der Wirkungsquerschnitte. (Z. Physik **137**. 313—17. 1954. Gießen, Justus-Liebig-Hochschule, Phys. Inst.) H. LIEPACK. 131

Aubrey P. Altshuller, *Über die Ionisierung von gasförmigem Thallochlorid.* Der Vers., das Dipolmoment von gasförmigem TlCl elektrostat. zu berechnen (vgl. C. **1954**. 7122), ergab einen um 0,7 D zu kleinen Wert. Es wird nunmehr ergänzend angenommen, daß die Bindung nicht vollständig polar ist (15—20% Beitrag aus s-p-Hybriditation). Daraus ergibt sich u. a. das Bestehen eines Beitrags der Atomdipole, die im Tl- u. Cl-Atom entstehen, zum Gesamtmoment. Es wird vermutet, daß deren resultierendes Moment das Ionenbindungsmoment verstärkt. (J. chem. Physics **22**. 573—74. März 1954. Cleveland, O.) K. L. WOLF. 132

D. W. Goodwin und **K. A. Macfadyen,** *Elektrische Leitfähigkeit und Durchschlag in flüssigen Dielektrika.* Es wird über Messungen des elektr. Durchschlags an polaren u. nichtpolaren organ. Fll. (CH_3OH, C_2H_5OH, C_6H_6, C_6H_{14}, C_7H_{16}, $C_{10}H_{22}$, $C_{14}H_{30}$, CH_2Cl_2, $CHCl_3$, CCl_4) an verschied. Kathodenmaterial (Cu, Phosphorbronze, Stahl) mit Hilfe rechtwinkliger Spannungsimpulse von 0,2—20 Mikrosek. Dauer berichtet. Aus dem Einfl. des Kathodenmaterials, der Wrkg. von γ-Strahlung, den Änderungen der Impulsdauer, dem Verh. bei unterschiedlichen Elektrodenabständen u. dem Temperaturkoeff. wird auf die Elementarvorgänge während des Durchschlags geschlossen. Sowohl die Elektronenemission an den Kathoden als auch die Wanderung von durch Elektronenstoß gebildeten Ionen erzeugen Feldverzerrungen, die für die Durchschlagsspannung von Bedeutung sind. (Proc. physic. Soc., Sect. B **66**. 85—96. 1/2. 1953. Birmingham, Univ., Dep. of Phys.) J. BLOCK. 132

J. H. Calderwood und **R. Cooper,** *Änderung der elektrischen Durchschlagsfestigkeit von KCl- und NaCl-Kristallen mit der Temperatur.* Mit Hilfe von Gleichstrom u. gerichteten Spannungsimpulsen von $^1/_{50}\,\mu$sec Dauer wird die Durchschlagsfestigkeit zwischen -74 u. $+140^0$ an KCl- u. NaCl-Proben von 0,005—0,030 in. Stärke gemessen. Zwischen Gleichstrom- u. Impulsmessungen ergaben sich im Gegensatz zu früheren Ergebnissen anderer Autoren auch bei verschied. Schichtdicken keine Unterschiede, was darauf hindeutet, daß eine Ionenwanderung im Gitter bis $+140^0$ ohne Einfl. auf den Durchschlag bleibt. Es werden an KCl u. NaCl zwei unterschiedliche Temperaturbereiche gefunden, unterhalb der krit. Temp. (50^0) hat die Durchschlagfestigkeit einen positiven, oberhalb einen negativen Temperaturkoeffizienten. Dieses Verh. wird qualitativ mit der FRÖHLICHschen Theorie des Durchschlags in Einklang gebracht. (Proc. physic. Soc., Sect. B **66**. 74—80. 1/2. 1953. Liverpool, Univ., Electronics Dep.) J. BLOCK. 132

Hans Holtan jr., *Thermoelektrische Phänomene in galvanischen Zellen.* Vf. erweitert die Theorie reiner Thermozellen auf Zellen des Typs E_{A_T}; Elektrolyt; $_{T+\Delta T}E_B$. Es ergibt sich, daß die Potentialdifferenzen einer galvan. Zelle, die auch Temperaturgradienten enthält, durch die Potentialdifferenzen der isothermen Zelle u. die Potentialdifferenzen der entsprechenden reinen Thermozelle gegeben werden. Dabei werden SORET-Effekte vernachlässigt. (Proc., Kon. nederl. Akad. Wetensch., Ser. B **57**. 592—95. Nov./Dez. 1954. Utrecht, Univ., Inst. für theoret. Phys.) H.-U. WOELK. 133

Hubert M. James und **Guy W. Lehman,** *Spannungsschwankungen in homogenen Halbleitern.* (Sitzungsbericht.) Berechnung der in einem Halbleiter unter dem Einfl. von Fremdmetallen auftretenden Spannungsschwankungen. Der Effekt ist um so größer, je höher die D. des Fremdmetalls, je niedriger dessen Aktivierungsenergie u. je tiefer die Temp.; er ist bes. groß, wenn die Konz. N^+ u. N^- der Ladungsträger vom p- u. n-Typ etwa gleich groß sind. Er beträgt z. B. ca. kT für *Ge* mit $N^+ = N^- = 10^{16}$ cm^{-3} bei 300^0 K. (Physic. Rev. [2] **79**. 216. 1/7. 1950. Purdue Univ.) O. FUCHS. 135

G. W. Castellan und **F. Seitz**, *Der Übergang vom isolierenden zum metallischen Verhalten von halbleitendem Silicium.* (Sitzungsbericht.) Die von PEARSON u. BARDEEN (vgl. C. **1949**. I. 962) beschriebene Erscheinung der Abnahme der Ionisationsenergie der Ladungsträger in Si bei Zusatz von P oder B hängt nach den Verss. der Vff. vor allem von der D. der Ladungsträger u. nicht von der D. der Fremdatome ab; sie verschwindet bei sehr geringer Trägerdichte. (Physic. Rev. [2] **79**. 216. 1/7. 1950. Univ. of Illinois.) O. FUCHS. 135

E. F. Losco, *Silicium–Leistungs-Gleichrichtereinheit für 1200 Watt.* Vf. berichtet über die elektr. Eigg. von Si–pn-Gleichrichtern mit einer wirksamen Fläche von 0,05 cm^2. Zur Dotierung wird dabei *Al* für das p-Si verwandt. Die gesamte Einheit hat einen elektr. Widerstand von 1—5 $\Omega\cdot$cm, sie ist in einen Cu-Hohlkörper von 1 in. Durchmesser eingebaut. Bei 1 V Gleichspannung erhält man in Durchlaßrichtung einen Strom von 10 A (200 A/cm^2), in Sperrichtung bei 30 V von ca. 1 mA. Mit wachsender Temp. steigt dieser Strom in Sperrichtung an. Das Verhältnis von Durchlaßstrom zu Sperrstrom ist bei Zimmertemp. ca. $5\cdot10^5$, bei 150° $1,3\cdot10^4$ u. bei 200° $3\cdot10^3$. Die Bedeutung guter Konvektionskühlung ist bes. groß bei Belastung mit Wechselspannung. Bei Zimmertemp. u. Belastung mit 6,5 A u. maximaler Sperrspannung von 100 V ergibt sich für Einphasenhalbwellengleichrichtung eine effektive Leistungsabgabe von 510 W, bei zusätzlicher Luftkühlung erhält man maximal 1200 W. Bei 70 V Sperrspannung werden 1540 W erzielt. Verschied. Kennlinien werden mitgeteilt. (Electronics **27**. Nr. 12. 157—59. Dez. 1954. East Pittsburgh, Pa., Westing House Electric Corp., Materials Engng. Dep., Semiconductor Developm. Sect.) W. REUSSE. 135

M. H. Dawson und **B. H. Alexander**, *Metallographische Untersuchung von Germanium-Punktkontaktgleichrichtern.* (Sitzungsbericht.) Der *Ge*-Punktkontaktgleichrichter wurde in Polymethylmethacrylat eingebaut. Für eine Teilchengröße des Ge von weniger als $8\cdot10^{-3}$ in. fallen die Spitze der Umkehrspannung u. die Stromstärke in der Vorwärtsrichtung ab. Während der Vorwärtsstrom durch die Kontaktfläche fließt, fließt der Rückstrom nur an der Peripherie des Kontaktes. (Physic. Rev. [2] **79**. 217. 1/7. 1950. Sylvania Electric Prod., Inc.) O. FUCHS. 135

Edward N. Clarke, *Elektrische Leitfähigkeit von Ge-Oberflächen.* Es werden Oberflächen–Energie-Niveaus von Ge untersucht. Der Hauptteil der Arbeit ist bereits C. **1955**. 2603 referiert. Darüber hinaus wird der Einfl. von adsorbiertem O_2 auf vorher im Hochvakuum aufgeheizte Ge-Einkristalle untersucht. Beim Erhitzen des Ge bis nahe an den F. wandelt sich ein großer Teil vom n- zum p-Typ um. Adsorption von Ar hat keinen Einfluß. Eine Einw. von 0,3 Torr O_2 für 1 Min. erhöht die Leitfähigkeit um den Faktor 10. Nach 12maligem Ausheizen u. O_2-Adsorbieren fällt die Leitfähigkeit infolge Bldg. einer Oxydschicht. nicht mehr stark ab. (Ann. New York Acad. Sci. **58**. 937—45. 15/9. 1954. Bayside, N. Y., Sylvania Electric Products, Inc.) PETER WOLF. 135

W. H. Brattain und **C. G. B. Garrett**, *Oberflächeneigenschaften von Germanium und Silicium.* (Vgl. C. **1955**. 2836.) Analogien zwischen Halbleitern u. starken Elektrolyten in bezug auf ihre Leitfähigkeit u. deren mathemat. Behandlung werden aufgezeigt. Aus dem Vorhandensein eines DONNAN-Potentials an der Membran zwischen 2 Elektrolyten unterschiedlicher Konz. wird auf Raumladungsdoppelschicht an der Grenzfläche zwischen p- u. n-Leiter geschlossen (Breite 10^{-4} bis 10^{-6} cm), deren Potentialsprung berechnet u. experimentell bestätigt. Durch Anlegen eines Außenpotentials an einen die p–n-Grenzfläche enthaltenden Ge-Kristall lassen sich die Sättigungsstromdichten der im Unterschuß befindlichen Ladungsträger (p im n-Leiter u. n im p-Leiter) experimentell ermitteln. Es wird mit einer Meth. bekannt gemacht, die es ermöglicht, die Abweichung der Konz. der im Unterschuß befindlichen Ladungsträger vom Gleichgewicht zu bestimmen. (Ann. New York Acad. Sci. **58**. 951—58. 15/9. 1954. Murray Hill, N. Y., Bell Telephone Labors.) PETER WOLF. 135

Frank Herman, *Spekulationen über die Energiebänderstruktur von Ge–Si-Legierungen.* Kurze theoret. Betrachtung. (Physic. Rev. [2] **95**. 847—48. 1/8. 1954. Princeton, N. J., RCA Labors. Div.) R. STEIN. 135

A. Levitas, C. C. Wang und **B. H. Alexander**, *Bandabstand von Germanium–Silicium-Legierungen.* Kurze Mitt. über die Best. der Breite der verbotenen Zone aus der Temperaturabhängigkeit der Leitfähigkeit von Ge–Si-Legierungen in Abhängigkeit von deren Zusammensetzung. Der Bandabstand von Ge steigt mit wachsendem Zusatz von Si u. erreicht bereits bei ca. 50 At.-% den Wert für reines Si. Bei ca. 75 At.-% Si scheint der dann prakt. konstante Bandabstand noch ein schwach ausgeprägtes Maximum zu besitzen. (Physic. Rev. [2] **95**. 846. 1/8. 1954. Ipswich, Mass., Sylvania Electr. Prod., Inc., Electronics Div.) R. STEIN. 135

Benjamin Lax, H. J. Zeiger, R. N. Dexter und **E. S. Rosenblum**, *Richtungsabhängige Eigenschaften der Cyclotronresonanz beim Germanium.* Vff. berichten über Messungen der Cyclotronresonanz bei 8895 MHz bei der Temp. des fl. He an Ge vom n- u. p-Typ. Die Proben waren so geschnitten, daß das transversale Magnetfeld in alle Richtungen der (1 1 0)-Ebene, also unter Einschluß von [1 0 0], [1 1 1] u. [1 1 0] gedreht werden konnte. Das elektr. Feld war kleiner als daß „Lawinenionisation" eintreten konnte. Es wurde eine merkliche Richtungsabhängigkeit beim Ge vom n-Typ festgestellt. Die Ergebnisse lassen sich darstellen durch eine Struktur des Leitungsbandes, in dem die BRILLOUIN-Energieoberflächen aus 8 Rotationsellipsoiden bestehen, die längs den [1 1 1]-Achsen liegen mit der longitudinalen M. m_1 u. der transversalen M. m_2. Es werden für [1 0 0], [1 1 1] u. [1 1 0] die effektiven Massen berechnet. Aus Messungen in [1 1 0] ergeben sich die Werte $m_1 = 1{,}3\,m_0$, $m_2 = 0{,}08\,m_0$ (m_0 = M. des freien Elektrons). Proben aus relativ reinem p-Ge zeigten keine Richtungsabhängigkeit. Die Lagen der Spitzen für die Resonanz, die $0{,}04\,m_0$ entsprachen, sind in Übereinstimmung mit den früher von DRESSELHAUS, KIP u. KITTEL (C. **1954**. 8977) beobachteten. Die Proben waren so gewählt, daß der Einfl. der Probengröße auf die Resonanz ausgeschlossen werden konnte. (Physic. Rev. [2] **93**. 1418—20. 15/3. 1954. Cambridge, Mass., MIT, Lincoln Labor.) J. v. HARLEM. 135

C. S. Hung und **J. R. Gliessman**, *Spezifischer Widerstand und Hall-Effekt von Germanium bei tiefen Temperaturen.* Vff. berichten über Messungen des HALL-Effektes u. des spezif. Widerstandes von Ge-Legierungen im Temperaturgebiet von Zimmertemp. bis zur Temp. des fl. He. Es wurden Ge-Proben mit verschied. Arten von Verunreinigungen u. verschied. Konzz. benutzt. Bei höheren Tempp. besteht genügende Übereinstimmung zwischen Theorie u. Versuchen. Die Aktivierungsenergie der Verunreinigungszustände ist von der Größenordnung 10 mV. Die Streuung der Ladungsträger im Leitungsband u. in den gefüllten Bändern besteht hauptsächlich aus Gitterstreuung u. Streuung an ionisierten Verunreinigungen. Bei tiefen Tempp. jedoch werden Anomalien in den HALL-Kurven beobachtet. Die HALL-Kurve geht bei jeder durchgemessenen Probe durch ein Maximum, wenn die Temp. verringert wird. Gleichzeitig erreicht der spezif. Widerstand einen Sättigungswert. Die HALL-Kurve für Proben mit kleinem spezif. Widerstand verläuft schließlich bei sehr tiefen Tempp. flach. Diese Anomalien werden durch die Annahme einer kleinen, aber doch vorhandenen Beweglichkeit der Träger in den Verunreinigungszuständen gedeutet. Diese Leitung in den Verunreinigungszuständen wird von Bedeutung bei tiefen Tempp., wenn die Konz. der Träger im Leitungsband sehr klein wird. Wenn diese gleichzeitige Leitung im Leitungsband u. im Verunreinigungsband in Betracht gezogen wird, so läßt sich das Verh. der HALL-Kurven u. der Kurven des spezif. Widerstandes hinreichend erklären. Die Beweglichkeit im Verunreinigungsband wächst mit der Verunreinigungskonz., ist jedoch ziemlich temperaturunabhängig. (Physic. Rev. [2] **96**. 1226—36. 1/12. 1954. Lafayette, Ind., Purdue Univ., Dep. of Phys.) J. v. HARLEM. 135

Motoichi Shibuya, *Der Effekt der magnetischen Widerstandsänderung in einem kubischen Halbleiter mit sphäroidaler Energieoberfläche.* Vf. behandelt theoret. die Widerstandsänderung im Magnetfeld eines Halbleiters mit kub. Symmetrie u. sphäroidaler Energieoberfläche. Die von SEITZ aufgestellten Konstanten bei schwacher Widerstandsänderung im Magnetfeld werden berechnet u. tabellar. zusammengestellt. Ferner werden die Sättigungswerte für $\Delta\varrho/\varrho$ im Magnetfeld ∞ sowohl für den Longitudinal- als auch für den Transversaleffekt berechnet. Der HALL-Koeff. für Sättigung R_∞ wird stets $\pm(Nec)^{-1}$, unabhängig von den Richtungen des Stromvektors u. des Magnetfelds. Das Verhältnis der HALL-Beweglichkeit zur Leitfähigkeitsbeweglichkeit ist gleich dem Verhältnis der n. Konstanten R in schwachen Feldern zu R_∞. Die große Widerstandsänderung im Magnetfeld unter Einschluß des von PEARSON u. SUHL gefundenen Longitudinaleffektes in Ge ist qualitativ nach diesem Modell zu verstehen. (J. physic. Soc. Japan **9**. 134—35. Jan./Febr. 1954. Tokyo, Electrotechn. Labor. [Orig.: engl.]) J. v. HARLEM. 135

J. M. Reynolds, H. W. Hemstreet, T. E. Leinhart und **D. D. Triantos**, *Hall-Effekt von Wismut bei tiefen Temperaturen.* Ausführliche Darst. der C. **1954**. 9937 referierten Arbeit. Die Abhängigkeit der Amplitude der Schwingungen von Feld u. Temp. ist von der allg. Form, wie sie die Theorie von GRIMSAL u. LEVINGER ergibt. (Physic. Rev. [2] **96**. 1203—07. 1/12. 1954. Baton Rouge, La., Louisiana State Univ., Phys. Dep.) J. v. HARLEM. 136

N. Ss. Akulow und **A. W. Tscheremuschkina**, *Zur Theorie des Hall-Effektes in Ferromagnetika.* Unter Berücksichtigung der Wechselwrkg. zwischen den d- u. s-Elektronen findet AKULOW für die HALL-EMK. $e = \varrho a_2 I i = [a_0\varrho_0 + a_2(\varrho_T - \varrho_0)] I_S i$. Zur Prüfung der Formel wird der HALL-Effekt in einer Legierung 45% *Ni*, 55% *Fe* (0,025% *C*, 0,18% *Si*, 0,66% *Mn*, 46% *Ni*) untersucht, dabei zeigt sich, daß e der Magnetisierung I im Bereich techn. Magnetisierung bei Zimmertemp. proportional ist. Ferner wird der-

Sättigungswert der Magnetisierung I_s, der spezif. Widerstand ϱ u. die HALL-EMK. e im Temperaturintervall von Temp. der fl. Luft bis zum CURIE-Punkt bei äußerem Feld von 184 Oe. gemessen. Wird e_0 u. ϱ_0 für $T = 0$ absol. extrapoliert u. $e - e_0$ über $(\varrho_T - \varrho_0)I_s$ aufgetragen, ergibt sich eine Gerade, wie die Theorie fordert. Daraus folgt, daß die Abnahme der HALL-Konstanten bei tiefer Temp. durch die Temperaturabhängigkeit des Widerstandes bedingt ist. (Доклады Академии Наук СССР [Ber. Akad. Wiss. UdSSR][N. S.] **98.** 35—38. 1/9. 1954. Moskau, Lomonossow-Univ.) J. GEIGER. 136

R. Parker, *Die magnetische Widerstandsänderung von ferromagnetischen Al–Si–Fe-Legierungen.* Die Widerstandsänderung ferromagnet. Legierungen in einem Magnetfeld wurde früher (C. **1952.** 2128) berechnet. Diese Theorie wird weitergeführt, wobei Beziehungen zwischen dem Sättigungswert des Widerstandes bei hohen Feldstärken u. der chem. Zus. von Mischkristallen einerseits u. der Temp. andererseits erhalten werden. Eine Prüfung an drei Fe–Si–Al-Legierungen mit Si-Gehh. zwischen 0,46 u. 1,24% u. Al-Gehh. zwischen 0,44 u. 0,96% bestätigt die Gültigkeit der Theorie. (Proc. physic. Soc., Sect. B **65.** 616—20. 1/8. 1952. Nottingham, Univ., Dep. of Phys.) H. FAHLENBRACH. 136

R. S. Weisz, *Magnetische Anisotropiekonstanten ferromagnetischer Spinelle.* Die Konstante der Kristallanisotropie K_1 wird unter der Annahme von Drehprozessen gegen diese Anisotropieenergie aus der Anfangspermeabilität μ_0 einiger kub. Ferrite (*Mn-, Fe-, Co-, Ni-, Cu-* u. *Mg-Ferrite*) berechnet, wobei die Konstante k in der Beziehung: $\mu_0 - 1 = kI_s^2/K_1$ aus den bekannten Ergebnissen von Magnetit mit 21 eingesetzt wird — I_s ist dabei die Sättigungsmagnetisierung. Für $NiFe_2O_4$ u. $CoFe_2O_4$ standen außerdem Einkristalle zur Verfügung, die allerdings mit Fe_3O_4 verunreinigt waren, jedoch die ungefähre Richtigkeit der aus den Meßwerten der Anfangspermeabilität ermittelten Kristallanisotropien bestätigten. Außerdem wurden bei den erwähnten kub. Ferriten die Werte der Sättigungsmagnetostriktion λ_s gleichfalls an gesinterten Proben bestimmt. Co-Ferrit besitzt danach sowohl eine hohe Konstante der Kristallanisotropie K_1 von über 10^6 erg/cm^3 wie auch ein hohes λ_s von ca. 10^{-4}. Zu den Nachbarn im Period. Syst. des Ni, Cu u. Mg einerseits u. Fe, Mn andererseits fallen die Werte in beiden Fällen ähnlich um ein bis zwei Zehnerpotenzen steil ab. (Physic. Rev. [2] **96.** 800—01. 1/11. 1954. Princeton, N. J., David Sarnoff Res. Center, RCA Labor.) H. FAHLENBRACH. 137

L. Néel, *Das Permalloyproblem.* Vf. versucht, den verbessernden Einfl. einer Magnetfeldabkühlung auf die Permeabilität von Permalloy (70—80% Nickeleisen) durch eine „Orientierungsüberstruktur" zu erklären. Diese Überstruktur soll dadurch zustandkommen, daß die Komponenten einer Legierung, in vorliegendem Fall Fe- u. Ni-Atome, um ein Zentralatom gerichtet im Raum verteilt sind. Die Orientierung der Atome bei solchen Überstrukturen ist im allg. zu schwach, um röntgenograph. nachweisbar zu sein, jedoch ist die daraus resultierende magnet. Anisotropie mit den experimentellen Ergebnissen verträglich. Vor allem spricht für diese Theorie, daß ein Magnetfeldabkühlungseffekt bisher noch nicht bei reinen Metallen, sondern immer nur bei Legierungen gefunden wurde. (J. Physique Radium **15.** 92S—93S. Dez. 1954. Grenoble, Fac. des Sci.) H. FAHLENBRACH. 137

H. Fahlenbrach und **E. Houdremont,** *Erhöhung der Anfangspermeabilität von niedriglegierten Eisen–Silicium- und Eisen–Aluminium-Legierungen durch oxydierendes Glühen bei niedrigen Temperaturen.* Kurze Mitt. zu der C. **1955.** 7380 referierten Arbeit. (Techn. Mitt. Krupp **12.** 175—76. Dez. 1954.) H. FAHLENBRACH. 137

Mikio Yamamoto und **Ryôfu Miyasawa,** *Über die Magnetostriktionskonstanten kubisch-flächenzentrierter Nickel-Kobalt-Legierungen.* Die Sättigungsmagnetostriktionen in [1 0 0]- u. [1 1 1]-Kristallrichtung λ_{100} u. λ_{111} bei Einkristallen glauben Vff. für kub. flächenzentrierte Ni–Co-Legierungen allg. durch folgende Formeln darstellen zu können: $\lambda_{100} = (-49 + 1{,}966\ C)\cdot 10^{-6}$ u. $\lambda_{111} = (-30 + 0{,}09\ C)\cdot 10^{-6}$, wo C die Gew.-% Kobalt angeben. Auch die Sättigungsmagnetostriktion λ_s polykristalliner Proben solcher Legierungen sei allg. darstellbar durch $\lambda_s = (-38 + 0{,}84\ C)\cdot 10^{-6}$. (Sci. Rep. Res. Inst. Tôhoku Univ., Ser. A **5.** 113—23. April 1953. [Orig.: engl.]) H. FAHLENBRACH. 137

S. Raboy und **V. E. Krohn,** *Gyromagnetisches Verhältnis des ^{181}Ta (10^{-8} sec).* Vff. berichten über Messung des g-Faktors des 480 keV isomeren Zustandes des ^{181}Ta ($T_{1/2} = 1{,}1\cdot 10^{-8}$ sec). Meßmeth. u. Herst. der Probe werden kurz beschrieben. Die für die Ausrechnung des g-Wertes erforderlichen Kerndaten werden eingehend diskutiert, als Endwert ergibt sich $g = +1{,}20 \pm 0{,}12$ Kerneinheiten. Über die Größe des Spins (u. damit über die Größe des magnet. Kernmoments) können noch keine Aussagen gemacht werden. (Physic. Rev. [2] **95.** 1689—90. 15/9. 1954. Lemont, Ill., Argonne Nat. Labor.) J. v. HARLEM. 137

M. A. Ruderman und **C. Kittel,** *Indirekte Austauschkopplung von magnetischen Kernmomenten durch Leitungselektronen.* Es wird eine Berechnung der indirekten Austauschkopplung vom Typ $I_i \cdot I_j$ der magnet. Kernmomente in einem Metall durchgeführt, die durch die Hyperfeinwechselwrkg. mit den Leitungselektronen zustande kommt. Diese Wechselwrkg. scheint qualitativ für die breiten Kernspinresonanzlinien in natürlichem metall. Ag Rechnung zu tragen. Es ist zu erwarten, daß diese Wechselwrkg. die Resonanzen in aus reinen Isotopen bestehenden Proben verengert. Die Linienform des in einem bin. Gemisch in geringerer Menge vorhandenen Isotops kann zur Form nach GAUSS, die des in größerer Menge vorhandenen Isotops zur Form nach LORENTZ streben, wenn die indirekte Austauschwechselwrkg. vorherrschend ist. (Physic. Rev. [2] **96.** 99—102. 1/10. 1954. Berkeley, Calif., Univ. of California, Dep. of Phys.) J. v. HARLEM. 137

W. Kohn, *Wechselwirkung zwischen Leitungselektronen und magnetischen Kernmomenten in metallischem Lithium.* Die Wahrscheinlichkeitsdichte am Kern des Leitungselektrons von metall. Li an der FERMI-Oberfläche wurde berechnet mittels der sphär. Näherung, wobei der Wert $P_F = 0{,}11 \pm 0{,}01$ Atomeinheiten gefunden wurde. Dies ist in guter Übereinstimmung mit Messungen der magnet. Kernresonanzverschiebung von KNIGHT u. mit neuen Bestimmungen der paramagnet. Susceptibilität von SCHUMACHER, CARVER u. SLICHTER. (Physic. Rev. [2] **96.** 590—92. 1/11. 1954. Pittsburgh, Pa., Carnegie Inst. of Technol., Dep. of Phys.) J. v. HARLEM. 137

G. Chiarotti, G. Christiani, L. Giulotto und **G. Lanzi,** *Ein Kerninduktor für Messungen der thermischen Relaxationszeiten in Flüssigkeiten.* Es wird eine Einrichtung zur Messung der Kernrelaxationszeiten in Fll. beschrieben, die im Bereich von 10^{-2} sec bis zu den längsten beobachteten Zeiten verwendbar ist. Zwei gleichwertige Methoden werden benutzt, die auf der Aufzeichnung des „in Phase" befindlichen Signals, hervorgerufen durch die vollständige Umpolung der Kernmagnetisierung, beruhen. (Nuovo Cimento [9] **12.** 519—25. 1/10. 1954. Pavia, Univ., Ist. di Fis.) J. v. HARLEM. 137

E. Ambler und **R. P. Hudson,** *Messungen an Chromkaliumalaun unterhalb 1° K.* Vff. berichten über Messungen der realen u. imaginären Komponente, χ' bzw. χ'', der Wechselfeldsusceptibilität, der ballist. Susceptibilität u. der Remanenz von Chromkaliumalaun unterhalb 1° K. Die Ergebnisse bestätigen frühere Messungen im Temperaturgebiet oberhalb 0,1° K. Bei tieferen Tempp. werden jedoch einige Diskrepanzen beobachtet, bes. im Verh. von χ''. Es wurden ferner einige Bestimmungen der absol. Temp. im Gebiet des CURIE-Punktes durchgeführt. (Physic. Rev. [2] **95.** 1143—44. 1/9. 1954. Washington, D. C., Nat. Bur. of Stand.) J. v. HARLEM. 137

Ronald M. Milburn und **W. C. Vosburgh,** *Eine spektroskopische Untersuchung der Hydrolyse des Eisen(III)-Ions.* 2. Mitt. *Polynucleare Form.* (1. vgl. C. **1952.** 4273.) Bei einer Temp. von 25° wurde die Hydrolyse von Fe(III)-Ionen in einem weiten Bereich der Ionenkonz. u. Ionenstärke untersucht. Messungen der Absorption u. der opt. Dichte im Bereich von 320—360 mμ an *Fe(III)-Perchlorat*-Lsgg. führen bei Ionenkonzz. von 10^{-3} u. 10^{-2} zu dem Ergebnis, daß in diesem Bereich eine polynucleare Hydrolyse, zum mindesten eine Dimerisation des ersten Hydrolyseprod. einsetzt, deren Gleichgewichtskonstanten bestimmt werden. Mit steigender Ionenstärke sinkt die Konstante der ersten Hydrolyse, während die der Dimerisation steigt, ein Befund, der mit der DEBYE-HÜCKELschen Theorie in Einklang ist. (J. Amer. chem. Soc. **77.** 1352—55. 5/3. 1955. Durham, N. C., Duke Univ., Chem. Dep.) E. HAHN. 139

Eberhard Spenke, Elektronische Halbleiter. Eine Einf. in d. Physik d. Gleichrichter u. Transistoren. Berlin, Göttingen, Heidelberg: Springer. 1955. (XX + 379 S. mit 184 z. T. mehrfarb. Abb.). DM 34,50.

A_4. Thermodynamik. Thermochemie.

W. K. Markow, *Über die Dimension des Parachors und ihre physikalische Bedeutung.* (Vgl. C. **1953.** 2558.) Bei der Temp. T', bei der die Oberflächenspannung $\sigma = 1$ ist, steht der Parachor Π zum Vol. der gesätt. Fl. (W) u. des gesätt. Dampfes (V, Druck P_T, bei T') bzw. deren krit. Werten V_{kr}, P_{kr} in der Beziehung $\Pi/V = W/(V - W)$ u. $\Pi = (P_{T'}/P_{kr})V_{kr}$. In der Gleichung $\sqrt[m]{\sigma_T/\sigma_{T'}} = [1/(D - d)_{T'}](D - d)_T$ (D = D. der Fl., d = D. des Dampfes) ist $[1/(D - d)_{T'}]$ der spezif. Parachor, also das spezif. Vol. der ungesätt. Fl. bei T', m eine Stoffkonstante, in vielen Fällen annähernd 4. Der mol. Parachor hat die Dimension eines Vol. u. läßt sich berechnen nach $\Pi = \sqrt[m]{\sigma_T/\sigma_{T'}}[M/(D - d)_T] = [M/(D - d)_{T'}]$; er stellt das Vol. eines g-Mols ungesätt. Dampfes bei T' dar. Ohne Messung von σ kann Π ermittelt werden aus der Tatsache, daß die Kurve $M/(D - d)P = f(T)$ bei $T = T'$ durch ein Minimum geht. (Журнал Физической Химии [J. physik. Chem.] **28.** 703—12. April 1954.) R. K. MÜLLER. 146

D. E. Furman, *Thermische Ausdehnungsdaten rostfreier Stähle zwischen —300 und 1000° F.* Für 6 austenit. Cr-Ni-Stähle wurde die therm. Ausdehnung nach näher beschriebener Meth. gemessen u. tabellar. sowie graph. dargestellt; die Stähle mit höchstem Fe-Geh. ergaben im allg. die stärkste momentane u. mittlere Ausdehnung. (J. Metals **2**. Nr. 4. AIME Trans. **188**. 688—91. April 1950. Bayonne, N. J., Int. Nickel Co.) H. ECKHARD. 148

S. D. Hamann, W. J. McManamey und **J. F. Pearse,** *Die Kräfte zwischen vielatomigen Molekülen.* Vff. bestimmen die 2. Virialkoeffizienten der vielatomigen nichtpolaren Gase SiF_4, SF_6, C_2N_2 u. *Propadien* in der Nähe der krit. Tempp. bei niedrigen Drucken. Die Ergebnisse werden diskutiert im Zusammenhang mit den intermol. Potentialenergien zwischen vielatomigen Molekülen. — Einzelergebnisse: 2. Virialkoeffizienten [— B (T) in cm³/Mol] von SiF_4: bei 293,16° K, 145,6; bei 303,16° K, 132,3 (132,6); 313,16°, 121,3; 323,16°, 109,4; 333,16°, 100,4; 343,16°, 92,5; 353,16°, 83,7. — SF_6: 323,16°, 232,4; 348,16°, 198,6 (195,6); 373,16°, 162,8; 398,16°, 139,9; 423,16°, 119,2; 448,16°, 94,1 (96,8). — C_2N_2: 308,16°, 352,0; 323,16°, 316,2; 348,16°, 262,5; 373,16°, 216,7 (210,8); 398,16°, 174,9; 423,16°, 147,2. — *Propadien*: 293,16°, 396,8; 303,16°, 371,8; 313,16°, 351,4; 323,16°, 324,8; 333,16°, 306,8; 343,16°, 283,7; 353,16°, 266,9. (Trans. Faraday Soc. **49**. 351—57. April 1953. Sydney, Univ., High Pressure Labor., C.S.I.R.O. Div. of Ind. Chem.) G. WINKLER. 149

Hans Boersch und **Karl-Joseph Hanszen,** *Abbildung von Verdampfungsquellen mit dem Lochkameraverfahren.* Vff. stellten mit Hilfe des Metalldampfes selbst Lochkamerabilder von Verdampfungsquellen — Tropfen von *Au*, *Ag* u. *Al* an *Wolfram*-Drähten — her. Bei langsamer Verdampfung von Au- u. Al-Tropfen zeigt sich neben der Verdampfung vom Tropfen eine erhebliche bis stärkere Verdampfung vom angrenzenden Draht. Dies ist auf die vollständige Benetzbarkeit des W durch Au bzw. durch Legierungsbldg. mit Al zu erklären. Bei unvollständig benetzenden Metallen, wie Ag, gibt es diese Erscheinung nicht, die Abb. zeigt nur den Tropfen. Bei schneller Verdampfung konnte aus der Vergrößerung u. Unschärfe der Bilder auf die Ausbildung von Metalldampfwolken um die Strahlenquelle geschlossen werden. (Z. Physik **139**. 243—50. 1954. Braunschweig, Physikal. Techn. Bundesanstalt.) I. KARUTZ. 150

Pierre Assayag und **Maurice Dodé,** *Experimentelle thermodynamische Untersuchung der Überstruktur Platin–Kupfer, PtCu.* Vff. untersuchten das Oxydationsgleichgewicht von Pt–Cu-Legierungen in Abhängigkeit von dem Cu-Gehalt. In Abwesenheit anderer Komponenten verläuft die Dissoziation des CuO monovariant nach der Gleichung $4\,CuO = 2\,Cu_2O + O_2$; Cu kann nicht im Gleichgewicht mit CuO sein. Dies ist nicht mehr der Fall in Ggw. eines Edelmetalles, da dieses als Lösungsm. gegenüber dem Cu wirkt. Es sind daher die beiden folgenden Dissoziationsgleichgewichte beobachtbar: $2\,CuO = 2\,Cu$ (gelöst) $+ O_2$ u. $2\,Cu_2O = 4\,Cu$ (gelöst) $+ O_2$. Trägt man die beobachteten O_2-Druckgleichgewichte von Pt–Cu-Legierungen graph. gegen den Cu-Geh., u. zwar für die Tempp. 752 u. 778°, graph. auf, dann zeigen die beiden Kurven je zwei Stufen, die beiderseits der Zus. PtCu liegen. Aus der Analyse der Kurven folgt, daß in dem untersuchten Bereich nur CuO im Gleichgewicht mit den verschied. Legierungen ist. Trägt man die Tempp. gegen die Zus. graph. auf, dann erhält man die Grenzen der Zweiphasenbereiche, die die geordnete von der regellosen Phase trennen. Es handelt sich demnach eindeutig um das Auftreten einer Umwandlung erster Ordnung. Die krit. Temp. der Überstruktur selbst liegt bei 802°. (C. R. hebd. Séances Acad. Sci. **239**. 762—64. 27/9. 1954.) C. GOTTFRIED. 150

C. L. McCabe, H. M. Schadel jr. und **C. E. Birchenall,** *Dampfdruck von Silber über Silber–Gold-Legierungen.* Die mittels des Ausströmens von Dampf durch enge Öffnungen an 4 Legierungen gemessenen Dampfdrucke von Ag über Ag–Au-Legierungen stimmen in befriedigender Weise mit den Werten überein, die sich aus einer Berechnung der Dampfdrucke aus den sich bei der Best. der EMK. in Ag–Au-Legierungen ergebenden Aktivitätskoeffizienten u. dem Dampfdruck von reinem Ag ableiten. Die Aktivitätskoeffizienten bei 900 u. 1000° sind durch Extrapolieren ermittelt. (J. Metals **5**. Nr. 5. Sect. 2. Trans. AIME **197**. 709—11. Mai 1953. Pittsburgh, Pa., Carnegie Inst. of Technol.) F. VIER. 150

C. Law McCabe und **C. Ernest Birchenall,** *Dampfdruck von Silber.* Der Dampfdruck wurde bestimmt mittels Ausströmens von Dampf durch enge Öffnungen. Die Bestimmungen wurden an *Ag* mit 99,99% bei einem Vakuum von 10^{-5} mm Hg vorgenommen. Der Dampfdruck wurde berechnet nach der Gleichung für das Ausströmen von Dampf aus engen Öffnungen: $p = G\sqrt{2\,R\,T}/a\,t\sqrt{M}$, wobei p der Druck, G der Gewichtsverlust, R die Gaskonstante, T die Temp., a die Weite der Öffnung, t die Zeit u. M das Mol.-Gew. des ausströmenden Dampfes ist. Besonderer Wert wurde darauf gelegt, die Öffnung sehr klein zu halten im Verhältnis zur mittleren freien Weglänge der Ag-Atome. Für die Verdampfungswärme bei absol. Nullpunkt wurde der Wert von

67,87 ±0,10 kcal pro g-Atom errechnet, in guter Übereinstimmung mit von anderen Autoren angegebenen Werten. An anderer Stelle genannte niedrigere Werte wurden auf zu weite Öffnungen u. zu schwache Vakua zurückgeführt. — 14 Schrifttumsstellen. (J. Metals 5. Nr. 5. Sect. 2. Trans. AIME **197.** 707—09. Mai 1953. Pittsburgh, Pa., Carnegie Inst. of Technol.) F. Vier. 150

Hubert Scartazzini, *Die Verbrennung von Magnesiumpulver in Sauerstoff.* Vf. bestimmte an *Mg-Pulver* (I) (Korngröße: Siebweite <100), von dem 16 g/Min. in 7,5 Liter/Min. zugeführtem O_2 verbrannten (= Bedingung für die vollkommene Verbrennung), aus pyrometr. Messungen unter Anwendung der Kurlbaum-Meth. die Temp. der ca. 15 cm großen Flamme. Das dabei gebildete MgO zeigte auf Grund elektronenmkr. Aufnahmen Teilchengrößen von 0,02—1,5 μ. Aus der roten Wellenlänge $\lambda = 0{,}665\ \mu$ bestimmte Vf. in 2, 4, 6, 8 u. 10 cm Abstand über der Flammenbasis die Tempp. 2500, 2225, 2075, 1900 u. 1810°; entlang der Flammenlänge ergab sich der Emissionsgrad $E_{Rot}=0{,}95$. Bei Annahme der Gültigkeit des Kirchhoffschen Gesetzes ergeben sich bei Anwendung der Kurlbaum-Meth. auf grünes Licht (zwischen 0,535 u. 0,540 μ) für die gleichen Abstände von der Flammenbasis die Tempp. 2620, 2460, 2320, 2225 u. 2030°, $E_{Grün} \cong 1$. Die Differenzen gegen die Messungen im Roten erklären sich durch die Emission vieler grüner Banden u. Linien, so daß die für Rot gemessenen Tempp. den wahren Verhältnissen am nächsten kommen. Die vom Vf. bestimmte Farbtemp., die aus den Lichtintensitäten im Roten u. Grünen zu 4000° K ermittelt wurde, verträgt sich gut mit dem früher von Eder photometr. bestimmten Wert. (C. R. hebd. Séances Acad. Sci. **230.** 97—98. 2/1. 1950.) E. Roeder. 157

Ju. P. Karetnikow, *Untersuchung der Wärmeabgabe an den Film einer siedenden Flüssigkeit.* In Verss. mit H_2O wird festgestellt, daß der Wärmeabgabekoeff. im sd. Film bis zum Benetzungsverbrauch von 0,167 kg/sec etwa doppelt so groß ist wie im nichtsd. Film. Mit zunehmender Benetzung wird dieser Unterschied geringer: bei 0,233 kg/sec ist der Wärmeabgabekoeff. im sd. Film der gleiche wie im nichtsd. Film, bei weiterer Steigerung der Benetzung geringer. Die auf der wärmeabgebenden Oberfläche entstehenden Dampfblasen bewirken eine „Abtötung" dieser Oberfläche. Einer bestimmten Benetzung entspricht ein Grenzwert der Erwärmung, bei welchem der sd. Film von der wärmeabgebenden Oberfläche in Form verschieden großer Tropfen losgelöst wird. Bei konstanter Benetzung zeigt der Wärmeabgabekoeff. im laminar fließenden nichtsd. Film eine Tendenz zur Steigerung mit zunehmendem Temperaturgefälle. Bei turbulenter Bewegung des Films bleibt er mit zunehmendem Temperaturgefälle konstant u. hoch. Im sd. Film neigt der Wärmeabgabekoeff. zur Abnahme mit steigendem Temperaturgefälle. Aus dem Vgl. der Wärmeabgabe im Film mit der Wärmeabgabe in der „Säule" der sd. Fl. bei anderen Eindampfapparaturen geht hervor, daß die Vorteile der Filmeindampfung (hoher Wärmeabgabekoeff.) sich bes. deutlich bei starkerBenetzung u. bei geringem Temperaturgefälle im Film sich zeigen. (Журнал Технической Физики [J. techn. Physik] **24.** 193—99. Febr. 1954.) O. Lebtag. 158

J. Badoz, *Akustische Doppelbrechung einer Lösung deformierbarer Moleküle.* Theoret. Untersuchung. (J. Physique Radium **15.** 777—78. Nov. 1954. Paris, École supér. de Phys. et Chim.) C. Gottfried. 159

A5. Kolloidchemie. Grenzschichtforschung.

Kl. Schäfer, *Thermodynamik und Statistik der Grenzflächen.* Theoret. Betrachtungen. Die Begriffe Oberflächen- u. Grenzflächenspannung, Capillardruck u. Gleichgewichtsform einer Grenzfläche werden erläutert u. abgeleitet. Der Zusammenhang zwischen Oberflächenspannung u. Temp. wird thermodynam.-statist. abgeleitet. Auf die Eötvössche Regel, die Gibbssche u. Lippmann-Helmholtzsche Gleichung, die den Einfl. gelöster Stoffe u. Oberflächenladungen auf die Oberflächenspannung beschreiben, wird eingegangen u. die Änderung der Oberflächenspannung durch gelöste Elektrolyte berechnet u. mit eigenen Messungen (Lsgg. von *KCl* u. *KJ*) verglichen. Auf die Erscheinungen bei capillarakt. Lsgg. wird kurz eingegangen. (Z. Elektrochem., Ber. Bunsenges. physik. Chem. **59.** 233—45. Mai 1955. Heidelberg, Univ., Inst. für physikal. Chem.) H. Hofmann. 166

C. F. Baes jr. und **H. H. Kellogg,** *Die Wirkung von gelöstem Schwefel auf die Oberflächenspannung von flüssigem Kupfer.* Die Wrkg. wurde durch Best. der Dimensionen eines fl. Tropfens auf einer horizontalen Fläche bei 1120° gemessen. S ist in fl. Cu hoch oberflächenaktiv. Durch einen Geh. von 0,6% S wird die Oberflächenspannung von Cu um 650 dyn/cm herabgesetzt. Der Adsorptionsgrad von S auf fl. Cu-Oberfläche wurde berechnet. Die dabei verwendete App. wird beschrieben. — 11 Schrifttumsstellen. (J. Metals 5. Nr. 5. Sect. 1, Trans. AIME **197.** 643—48. Mai 1953. New York, N. Y., Columbia Univ., School of Min.) F. Vier. 166

W. T. Slawjanski und **Je. N. Kresstnikowa.** *Viscosität von Borsäureanhydrid als Eichsubstanz für Viscosimeter.* Geschmolzenes B_2O_3 (I) wurde einige Zeit über 1200° erhitzt, auf 866° abgekühlt u. auf die Viscosität untersucht. Nach erneuter 1std. Erhitzung auf über 1200° zwecks Entfernung des restlichen H_2O wurde die Viscosität erneut bestimmt. Danach ist das nach dem Erhitzen über 1200° zurückbleibende H_2O ohne Einfl. auf die Viscosität. Die für sowjet. u. KAHLBAUM-I erhaltenen Durchschnittswerte für die Viscosität können bei der Eichung von Viscosimetern eingesetzt werden, wenn I auf 1200—1300° vorerwärmt wird. (Журнал Физической Химии [J. physik. Chem.] **26.** 1844—46. Dez. 1952.) O. LEBTAG. 172

J. Degenkolbe und **F. Sauerwald,** *Die innere Reibung von schmelzflüssigen Kaliumamalgamen.* (Vgl. C. **1954.** 8520.) Vff. schließen auf Grund eines ausgeprägten Maximums in der Viscositäts–Konzentrations-isotherme der K-Amalgame, daß diese den Charakter intermetall. Verbb. haben. (Naturwissenschaften **37.** 539. Dez. 1950. Halle-Wittenberg, Univ., Inst. für physikal. Chem.) X. KUBRAK. 172

E. E. Miller und **C. B. Tanner,** *Fallrichtung sich absetzender Teilchen.* (Sitzungsbericht.) Wegen ihrer Bedeutung für die Best. von Teilchengrößenverteilungen durch Sedimentation wurde das Verh. natürlich gebildeter, asymm. Teilchen untersucht. Ein kontinuierlicher, dünner Strom von solchen wurde von einem Punkt aus in ruhendes, therm. stabiles W. eingelassen. Die Teilchen fielen in engen Spiralen. Die seitliche Abtrift war vernachlässigbar klein. Proben von Bodenerde (soil) zeigten weniger Streuung als pulverisierter Glimmer. (Physic. Rev. [2] **77.** 761. 1/3. 1950. Univ. of Wisconsin.) H. NIEHRS. 174

Rosalind E. Franklin, *Einige Ansichten über die Ultrafeinstruktur von Kohlen und Koks.* Der koll. Stoff Kohle besitzt Oberflächen, die zwischen 10 u. 200 m^2/g variieren. Die (inneren) Oberflächen sind teils zugänglich, teils nicht einmal für He auffüllbar. Man kann die Kohlen in graphitisierende (A) u. nichtgraphitisierende (B) einteilen (dazwischenstehende, die nur schwach graphitisieren, bilden einen nur engen Ausschnitt). A sind reich an H_2 im Gegensatz zu B, die außerdem viel O_2 enthalten. Die Kristallite von A sind kompakt, dicht u. in nahezu parallelen Schichten orientiert. Man unterscheidet daher: den mittleren Durchmesser der Schichten L, die mittlere Anzahl Schichten je parallele Gruppe M, den Geh. an geordneter u. ungeordneter Kohle, den mittleren Durchmesser der Teilchen. Anthrazit ist fein porös mit nahezu parallelen Kristalliten, die bei Temperatursteigerung hochgraphit. A-Kohlen liefern. (Гласник Хемиског Друштва Београд [Ber. chem. Ges. Belgrad] **18.** Nr. 4. 203—12. 1953. London, King's Coll.) A. v. WILPERT. 176

J. A. Dillon jr. und **H. E. Farnsworth,** *Die Adsorption von Kohlendioxyd an Nickeleinkristallflächen unter Verwendung einer Radiotracertechnik.* $^{14}CO_2$ wird bei Raumtemp. an den (1 1 0)- u. (1 0 0)-Flächen von Ni-Einkristallen bei $1 \cdot 10^{-6}$ bis $6 \cdot 10^{-2}$ mm Hg adsorbiert. Restliche Gasbelegungen adsorbieren stärker als durch Entgasung erzielte reinste Oberflächen. Die Adsorptionsgeschwindigkeit beträgt $1{,}5 \cdot 10^{11}$ Mol/Min. für beide Flächen. Nach 54std. Entgasung bei 985° sind die Gleichgewichtsbelegungen für beide Flächen gleich, nach weiterer 32std. Entgasung bei 1085° u. 10^{-7} mm Hg adsorbiert die (1 1 0)-Fläche die doppelte Menge wie die (1 0 0)-Fläche. Im Gleichgewicht ist die (1 1 0)-Fläche zu 2% bedeckt. Die Gleichgewichtsbedeckung der (1 0 0)-Fläche sinkt linear um 80% zwischen 30 u. 110°. (J. chem. Physics **22.** 1601—05; Sept.; Sitzungsbericht: Physic. Rev. [2] **94.** 753. 1/5. 1954. Providence, R. I., Brown Univ.) G. HERRMANN. 176

E. Canals, R. Marignan und **S. Cordier,** *Adsorption einiger Metallionen aus sehr verdünnten Lösungen.* 2. Mitt. *Adsorptionskoeffizienten; Zahl der aktiven Stellen.* (1. vgl. Ann. pharmac. franç. **7.** [1949.] 502.) Die aus sehr verd. wss. Lsgg. mit $5—240 \cdot 10^{-7}$ g-Ion Cu^{2+} bzw. Zn^{2+} im Liter bei 25° an $CaCO_3$-Pulver adsorbierten Metallionen werden polarograph. bestimmt u. die Ergebnisse nach der Adsorptionsisotherme von FREUNDLICH sowie von CHAKRAVARTI u. DHAR ausgewertet. Als Affinitätskoeff. K ergibt sich daraus für Cu $36 \cdot 10^4$, für Zn $6{,}3 \cdot 10^4$. Ferner läßt sich aus den Adsorptionsisothermen berechnen, daß bei Cu ein akt. Zentrum auf 5 Ionen u. bei Zn zwei akt. Zentren auf 3 Ionen entfallen. (Ann. pharmac. franç. **8.** 368—72. Mai 1950. Montpellier, Fac. Pharmac., Labor. Phys.) W. HENTSCHEL. 176

E. Canals, R. Marignan, S. Cordier und **J. Bonnier,** *Adsorption einiger Metallionen aus sehr verdünnten Lösungen.* 3. Mitt. *Der Einfluß der Temperatur.* (2. vgl. vorst. Ref.) Es wird die Adsorption von Zn-Ionen an $CaCO_3$ aus sehr verd. wss. Lsgg. mit $5—50 \cdot 10^{-7}$ g-Ion/Liter bei 57, 90 u. 100° gemessen. Während für 57 u. 90° die Adsorptionsisothermen, in logarithm. Maßstab aufgetragen, parallele Geraden mit gleicher Neigung gegen die Abszisse darstellen, verläuft diejenige für 100° sowohl bei einer Adsorptionsdauer von 15 Min. wie von 60 Min. etwas weniger steil, u. in diesem Fall ist die Adsorptionsgleichung von FREUNDLICH oder von CHAKRAVARTI u. DHAR anwendbar. (Ann. pharmac. franç. 8. 372—75. Mai 1950.) W. HENTSCHEL. 176

Herbert H. Uhlig, *Passivität und Adsorption.* Vf. zeigt eine Parallelbeziehung zwischen Chemisorption u. Passivität. In beiden Fällen müssen die das Metall umgebenden Moll. 1. eine hohe Affinität zur Metalloberfläche u. 2. eine große Aktivierungsenergie bei der Rk. mit dem Metall besitzen. Dem entspricht eine langsame Bldg. einer stöchiometr. Oberflächenverbindung. Eine Beziehung zwischen Austrittsarbeit u. Verdampfungswärme von Metallen wird aufgestellt. Wenn $\Phi/\Delta H_s > 1$, sind die Bedingungen für Chemisorption u. Passivität gegeben. Bei $\Phi/\Delta H_s > 1$ findet Durchoxydation des Metalls statt. Es wird ferner festgestellt, daß die Passivität von der Elektronenkonfiguration des Metalls abhängig ist. Die Übergangsmetalle mit nicht aufgefüllten d-Bändern zeigen neben guten katalyt. Eigg. Passivität, beides geht verloren durch Auffüllung der d-Bänder, z. B. durch Legierung. (Ann. New York Acad. Sci. 58. 843—54. 15/9. 1954. Cambridge, Mass., Massachusetts Inst. of Technol., Dep. of Metallurgy, Corrosion Labor.) PETER WOLF. 176

Pui-Kum Lee und **Victor K. La Mer,** *Kamera für vorwärts gestreutes Licht zur Bestimmung der Größenverteilung in Aerosolen.* Zur Best. der Teilchenkonz. u. der Größenfrequenzverteilung in Aerosolen registrierten Vff. photograph. das Licht, das von in einem Strom bekannter Dicke fließenden Tropfen, welche durch eine elektron. Blitzröhre hoher Intensität beleuchtet werden, unter kleinen Winkeln nach vorwärts gestreut wurde. Die Verss. wurden an Aerosolen von Dioctylphthalat mit Teilchen von 0,35 u. 0,15 μ Radius durchgeführt. Bei den Aufnahmen liegt die Filmoberfläche etwas außerhalb des Brennflecks, so daß die im Brennpunkt als Punkte erscheinenden Bilder in Beugungsbilder entartet sind. Die opt. Dichte jedes Beugungsbildes wurde als Maß für die jeweilige Tropfengröße benutzt. Mit einer Reihe von Aerosolen bekannter Teilchengröße u. Größenverteilung wurde eine Beziehung zwischen opt. Dichte u. Tropfengröße festgelegt. Diese Beziehung erlaubt die Umwandlung der gemessenen Frequenzkurve für opt. Dichte in eine Größenfrequenzverteilung. Die Meth. ist geeignet für Messungen von Teilchen mit Radien zwischen 0,12 u. 0,50 μ. (Rev. sci. Instruments **25.** 1004—10. Okt. 1954. New York, N. Y., Columbia Univ.) C. GOTTFRIED. 180

Erich **Manegold,** Kapillarsysteme. Bd. 1. Heidelberg: Straßenbau, Chemie u. Technik Verlagsges. 1955. (763 S. m. 378 Abb.). DM 100,—.

A₆. Strukturforschung.

L. Bru, M. P. Rodriguez und **R. Vega,** *Analogien zwischen der Lichtbeugung und der Beugung von Elektronen an Gasmolekülen.* Vff. geben eine opt. Anordnung von Keilen u. Spalten an, die eine modellmäßige quantitative Behandlung der Elektronenbeugung an Gasmoll. gestattet. Die Rechnung ergibt für die Intensitäten der opt. Beugungsmaxima einen ähnlichen Ausdruck, wie er für die Intensität von gebeugten Elektronen schon bekannt war. Die Anwendung bei Bzl. u. CCl_4 zeigt für die Beugungsmaxima u. -minima, sowie für die Atomabstände in den Moll. Übereinstimmung mit den aus Elektronenbeugungsverss. ermittelten Werten. (Proc. physic. Soc., Sect. B **65.** 249—55. 1/4. 1952. Sevilla, Univ., Labor. de Fis. Alonso de Santa Cruz.) G. HEINSOHN. 181

H. Niehrs, *Das Strahlungsfeld auf der Kristallrückseite bei Elektroneninterferenzen.* Bei Elektroneninterferenzen an durchstrahlten Kristallen treten im Kristall 2 Wellenfelder auf, die beim Austritt ins Vakuum an einer zur Eintrittsfläche nicht parallelen Rückfläche unabhängig voneinander in insgesamt 4 Wellen zerfallen. Das Strahlungsfeld der sich überlagernden Wellen im Kristall u. im Vakuum auf der Kristallrückseite wird berechnet. Im Elektronenmikroskop wird die Teilchenstromdichte einer Ebene senkrecht zur Abbildungsachse beobachtbar. Wo diese Ebene innerhalb des Kristalls verläuft, wird ein virtuelles Objekt, die analyt. Fortsetzung des Strahlungsfeldes des Vakuums in den Kristall hinein, abgebildet. Aus der Gesamtheit der Wellen wählt die Abbildungsart in der Regel entweder die Nullstrahlen oder die Interferenzstrahlen aus, deren resultierende Teilchenstromdichte dann in bekannter Weise als period. Streifung parallel zu den brechenden Kristallkanten sichtbar wird. Für Hellfeld- u. Dunkelfeldabbildungen mit kleiner Aperturblende ergeben sich aus dem Verlauf des Strahlungsfeldes Formeln für die Streifenperioden, die in 1. Näherung mit den bisher verwendeten übereinstimmen. Das vollständige Strahlungsfeld im Vakuum ist period. nach 3 Raumrichtungen u. würde im Bild zu einem Intensitätsraster führen, in welchem sich in äquidistanten Fleckreihen auch „Bilder" der Netzebenen der Interferenz abzeichnen. (Z. Physik **138.** 570—97. 1954. Berlin-Dahlem, Fritz-Haber-Inst. der Max-Planck-Ges.) H. NIEHRS. 181

B. Babudieri und **D. Steve-Bocciarelli,** *Anwendung der Abdrucktechnik auf die Beobachtung biologischer Objekte mit dem Elektronenmikroskop.* Das Abdruckverf. gestattet eine Unters. der Morphologie des Objektes, wie sie im frischen Zustand erscheint, während bei direkter Unters. des Objekts Irrtümer infolge Einschrumpfens beim Austrocknen entstehen können. (Rend. Ist. super. Sanità **17.** 456—62. 1954. Roma, Ist. Superiore di Sanità, Labor. di Microbiologia e Labor. di Fis.) C. GOTTFRIED. 181

Kurt Artmann, *Unter welchen Bedingungen ist Interferenzdoppelbrechung von Kathoden- und Röntgenstrahlen an Kristallen beobachtbar?* Durch Anwendung einer elementaren wellenopt. Überlegung auf bekannte Formeln der dynam. Theorie der Elektronen- bzw. Röntgeninterferenzen an Kristallen wird gezeigt, daß DEBYE-SCHERRER-Ringe infolge Interferenzdoppelbrechung nur dann aufspalten, wenn die Lineardimensionen der Kristalle zwischen einer unteren u. oberen Grenze L_u u. $\bar{L}_o$ liegen. L_u ist mit derjenigen Grenze ident., oberhalb derer die dynam. Theorie an die Stelle der geometr. Theorie der Elektronen- bzw. Röntgeninterferenzen treten muß. $\bar{L}_o$ ergibt sich aus der Forderung, daß keine FRESNELsche, sondern FRAUNHOFERsche Beugung vorliegt. Bei Kathodenstrahlen der Energie $E = 40$ kV ist $L_u \approx 8 \cdot 10^{-6}$ cm, $\bar{L}_o \approx 4 \cdot 10^{-5}$ cm. Für Röntgenstrahlen ist bei einem Plattenabstand $R = 30$ cm jedoch $L_u > \bar{L}_o$. Deshalb spalten hier die DEBYE-SCHERRER-Ringe nicht auf; es sei denn, daß man zu experimentell schwer realisierbaren wesentlich größeren Plattenabständen R überginge. (Z. Physik **133.** 576—88. 1952. Hamburg. Univ., Inst. für theoret. Phys.) W. KRÖNERT. 181

W. L. Bragg, *Ein Apparat zur Berechnung von Strukturfaktoren.* Es wird eine einfache maschinelle Vorr. zur Berechnung von Strukturfaktoren der Form $\sum$ f cos (sin)· 2 π h x/a · cos (sin) 2 π ky/b beschrieben. (Acta crystallogr. [Copenhagen] **5.** 474—75. Juli 1952. Cambridge, Cavendish Labor.) C. GOTTFRIED. 181

Kiichi Sakurai, *Eine graphische Methode für die Anwendung der Harker-Kasperschen Ungleichungen auf die Strukturbestimmung.* Beschreibung der Methode. (Acta crystallogr. [Copenhagen] **5.** 546—48. Juli 1952. Osaka, Univ., Fac. of Sci., Dep. of Phys.) C. GOTTFRIED. 181

D. W. J. Cruickshank, *Über die Beziehungen zwischen der Fourier-Methode und der Methode der kleinsten Quadrate bei der Strukturbestimmung.* Mathemat. Betrachtungen. (Acta crystallogr. [Copenhagen] **5.** 511—18. Juli 1952. Leeds, Univ., Chem. Dep.) C. GOTTFRIED. 181

A. H. Geisler, *Unechte Bereiche in Polfiguren.* Vf. weist darauf hin, daß in Polfiguren, welche auf Grund von Röntgenbeugungsmessungen mit dem GEIGER-Zählerspektrogoniometer konstruiert werden, häufig unechte Maxima auftreten, deren Ursprung man kennen muß, um eine falsche Deutung der Polfigur zu vermeiden. In den meisten Fällen genügt eine photograph. Aufnahme, um den Ursprung dieses falschen Maximums festzustellen. Ganz allg. handelt es sich bei diesen unechten Maxima um die Beugung der weißen Strahlung durch eine stark beugende (h k l)-Ebene, u. zwar bei einem Winkel 2 ϑ, entsprechend der K_α-Beugung der untersuchten (h k l)-Ebene. Vf. bringt einige typ. Beispiele. So wurden in den Polfiguren von Fe u. kalt gewalzten Fe-Legierungen unechte (1 1 0)- u. (1 1 2)-Maxima in den (2 0 0)-Polfiguren gefunden; unechte (1 1 1)- u. (2 2 0)-Maxima traten in der (2 0 0)-Polfigur von Ni auf. In diesen Fällen konnten die Maxima durch Filterung der benutzten Mo-Strahlung, durch Änderung der Röhrenspannung oder durch Verwendung eines anderen Zählertyps unterdrückt werden. Bei Verwendung von CuK_α-Strahlung traten unechte (1 0 $\bar{1}$ 1)-Maxima in den (0 0 0 2)-Polfiguren von Ti u. Zr auf. Sie traten nicht auf bei Erhöhung der Auflsg. des Schlitzsystems. (J. appl. Physics **25.** 1245—49. Okt. 1954. Schenectady, N. Y., General Electric Res. Labor.) C. GOTTFRIED. 181

Gaston Berthier, *Unvollständige Elektronenkonfigurationen.* 1. Mitt. *Die Methode des self-consistent-Molekularfeldes und die Untersuchung der Zustände mit unvollständig besetzten Bahnen.* Ausführliche Wiedergabe der C. **1955.** 32 referierten Arbeit. (J. Chim. physique Physico-Chim. biol. **51.** 363—71. Juli/Aug. 1954. Paris, Inst. du Radium.) C. GOTTFRIED. 182

A. Brickstock und **J. A. Pople,** *Die räumliche Wechselbeziehung von Elektronen in Atomen und Molekülen.* 2. Mitt. *Zweielektronensysteme in angeregten Zuständen.* (1. vgl. C. **1954.** 10872.) Angeregte Zustände in Zweielektronensystemen sind nicht kugelsymmetrisch. Vff. zeigen ein Verf., wie man mit Hilfe einer Entw. des elektrostat. Terms $1/r_{12}$ nach Kugelflächenfunktionen die SCHRÖDINGER-Gleichung des vorliegenden Problems lösen kann. Es wird dabei an die Ergebnisse einer früheren Arbeit von LENNARD-JONES u. POPLE angeknüpft. Als bemerkenswertes Ergebnis der Rechnung resultiert, daß sich in ^{1}P-Zuständen die beiden Elektronen nahe beieinander auf der-

selben Seite des Kerns aufhalten, in ^{3}P-Zuständen dagegen weit voneinander entfernt auf zwei verschied. Seiten des Kerns. Die elektrostat. Abstoßung wirkt im Singulettzustand dem durch das Antisymmetrieprinzip verursachten Nähern der Elektronen entgegen. Im Triplettzustand ist die elektrostat. Abstoßung geringfügig. Vff. wenden zum Schluß die theoret. Ergebnisse auf angeregte Zustände des *Be*-Atoms an. (Philos. Mag. [7] **43.** 1090—98. Okt. 1952. Cambridge, Univ., Dep. of Theoretic. Chem.)
J. VOITLÄNDER. 182

M. J. M. Bernal, *Analytische Wellenfunktionen für Methan und das Ammoniumion.* Unter Benutzung des von BUCKINGHAM, MASSEY u. TIBBS (Proc. Roy. Soc. [London], Ser. A **178.** [1941.] 119) verwendeten Variationsprinzips zur Berechnung des self consistent-Feldes für CH_4 erhielt Vf. die analyt. antisymm. Wellenfunktionen für die Grundzustände von CH_4 u. NH_4^+ u. die entsprechenden Abstände C—H u. N—H. Der berechnete Abstand C—H stand in guter Übereinstimmung mit dem experimentellen Wert. Da für den Abstand N—H in dem freien NH_4^+ in der Literatur kein Wert vorliegt, wird darauf hingewiesen, daß der berechnete Abstand N—H nur um ca. 5% von dem experimentellen Wert abweicht, der für den Abstand N—D in ND_4Cl gefunden worden ist. (Proc. physic. Soc., Sect. A **66.** 514—18. 1/6. 1953. London, Univ. College.)
C. GOTTFRIED. 182

W. Holzmüller, *Thermisches und mechanisches Verhalten amorpher Festkörper als Folge molekularer Platzwechsel.* Theoret. Beitrag zur mol.-kinet. Erklärung der elast. u. plast. Eigg. amorpher Festkörper, wie kautschukelast. Verformung, Zerreißen, Erweichen mit steigender Temp., Schmelzen, Thermorückfederung, Thixotropie, elast. Hysterese, Diffusion, dielektr. Verluste, Ionenleitfähigkeit, sowie Temperaturabhängigkeit der genannten Vorgänge u. therm. Ausdehnung. Vf. kommt zu dem Schluß, daß die Temperaturabhängigkeit von Platzwechseln für Kristalle wesentlich geringer ist als für amorphe Festkörper, da wegen der geringen Schwankungen der kinet. Energie im Kristall von Gitterpunkt zu Gitterpunkt die plast. Verformungen wenig von der Temperaturbewegung beeinflußt werden. (Z. physik. Chem. **202.** 440—59. Jan. 1954. Leipzig, Univ., Physikal. Inst.)
R. STEIN. 188

H. Richter, H. Berckhemer und **G. Breitling,** *Struktur des amorphen Antimons.* (Vgl. C. **1954.** 7362.) Bei der Darst. von amorphem Sb durch Aufdampfen im Hochvakuum auf —185° kalte Flächen in Ggw. von Fremdatomen (KW-stoffen) wird eine Gruppe von Präpp. mit sehr großer Ordnung in den amorphen Bereichen, eine andere mit amorphen u. feinstkrist. Bereichen, wobei die Ordnung in den amorphen Bezirken nur gering ist, gefunden. Jedes Sb-Atom hat wie im Gitter auch im amorphen Zustand 3 nächste Nachbarn. Die amorphen Aufdampfschichten besitzen Schichtstruktur, doch folgen die Schichten mit größerem Abstand (r_{K_1} = 3,85 Å) als im Gitter ($r_2 = r_{K_1}$ = 3,37 Å). Beim Liegen der amorphen Sb-Präpp. erfolgt eine stärkere Ordnung der Atome innerhalb der Einzelschicht wie auch von Schicht zu Schicht. Bei mechan. Erschütterung oder beim Tempern (T $\approx$ 80°) gehen die amorphen Schichten plötzlich in den zugehörigen krist. Zustand über; eine bestimmte Umwandlungstemp. $Sb_{amorph} \rightarrow Sb_{krist.}$ existiert nicht (40—100°). Die Farbe der Aufdampfschicht ist kein Maß für das Vorliegen amorpher oder krist. Phasen. Form u. Beständigkeit der Schichten hängen stark von den Mengen der eingebauten Fremdatome ab. Das amorphe Sb besteht aus einzelnen, sehr kleinen, nicht krist. Bereichen mit weitgehend geordneten, aber loser als im Gitter gepackten Atomen. Durch eingebaute Fremdatome ist der Aufbau der n. Gitterstruktur verhindert. (Z. Naturforsch. **9a.** 236—52. März 1954. Stuttgart, TH, Röntgeninst., u. Max-Planck-Inst. für Metallforsch., Inst. für Metallphysik.)
U. WANNAGAT. 188

A. H. Cottrell, *Die Bildung unbeweglicher Versetzungen während des Gleitvorganges.* Nach LOMER können sich gewisse Versetzungen im flächenzentrierten kub. Gitter auf der Schnittgeraden zweier Gleitflächen (1 1 1 u. 1 1 $\bar{1}$) treffen u. eine neue Versetzung bilden, a/2 [1 0 $\bar{1}$] + a/2 [0 1 1] → a/2 [1 1 0], wobei die elast. Energie des Kristalls erniedrigt wird. Die entstandene Versetzung wird sehr unbeweglich, wenn sie nach a/2 [1 1 0] → a/6 [1 1 $\bar{2}$] + a/6 [1 1 2] + a/6 [1 1 0] zerfällt u. wenn die 3 Versetzungen dann die Eckpunkte eines gleichschenkligen Dreiecks darstellen. 2 Seiten dieses Dreiecks bilden Grundzüge der Stapelfehler. Sobald die beiden Originalversetzungen Paare von Halbversetzungen nach HEIDENREICH u. SHOKLEY sind, a/2[1 0 $\bar{1}$] → a/6 [1 1 $\bar{2}$] + a/6 [2 $\bar{1}$ $\bar{1}$] u. a/2 [0 1 1] → a/6 [1 1 2] + a/6 [$\bar{1}$ 2 1], so können die Ergebnisse von LOMERs Rk. auch auf anderem Wege direkt erhalten werden, wenn die zweiten Versetzungen jedes Paares, a/6 [1 1 $\bar{2}$] + a/6 [2 $\bar{1}$ $\bar{1}$] + a/6 [1 1 2] + a/6 [$\bar{1}$ 2 1] → a/6 [1 1 $\bar{2}$] + a/6 [1 1 2] + a/6 [1 1 0], sich miteinander verbinden. Diese unbeweglichen Versetzungen sind bei der Bearbeitungshärtung in flächenzentrierten kub. Kristallen von Wichtigkeit. (Philos. Mag. [7] **43.** 645—47. Juni 1952. Birmingham, Univ., Dep. of Metallurgy.) J. KLEFFNER. 190

Bruce Chalmers und **Ursula M. Martius,** *Die sich selbst fortsetzende Stufe im Kristallwachstum aus der Schmelze.* Bei dem Wachstum von Kristallen aus einer Schmelze, das bisher noch nicht genügend betrachtet wurde, bilden die Wärmebedingungen einen wichtigen Faktor. Während allg. durch Atomzufuhr aus einer Lsg. immer die am wenigsten dichtgepackten Flächen des Kristalls wachsen u. der Kristall so zu einem Körper größter Vollkommenheit wird, ändert sich das wesentlich durch ein Temperaturgefälle in der Schmelze. Hier besteht z. B. in der Nähe der Oberfläche eine begrenzte unterkühlte Zone, während der Rest der Schmelze über der Erstarrungstemp. liegt. Die Trennfläche fest–fl. besteht dann aus dichtgepackten Flächen. Einspringende Ecken bilden bevorzugte Lagen für das Festwerden. So sind weder eine zweidimensionale Keimbldg. noch eine Störstellenstufe für das fortlaufende Festwerden notwendig, da die gestufte Grenzfläche durch die fortlaufende Bewegung der unterkühlten Zone vervollständigt wird, wobei die Stufenstruktur der wachsenden Oberfläche asymm. sein wird. (Philos. Mag. [7] **43.** 686—87. Juni 1952. Toronto, Can., Univ., Dep. of Metall. Engng.) J. KLEFFNER. 190

G. W. Sears, *Quecksilberbärte.* Bringt man eine auf —63,5° abgekühlte Glasplatte in Kontakt mit Hg-Dampf bei einem Druck von $6 \cdot 10^{-6}$ mm Hg u. —50°, dann wachsen auf der Glasoberfläche Hg-Bärte auf, die keine bevorzugte Orientierung senkrecht zu der Substratoberfläche zeigen. Steigt der Hg-Druck, dann nimmt ebenfalls die Anzahl der Bärte pro Flächeneinheit der Glasunterlage zu. Die Bärte oscillieren um ihren Anhaftungspunkt in BROWNscher Bewegung. Die Wachstumsgeschwindigkeit entlang der Faserachse ist ca. 5000mal größer, als sie auf Grund der Auftreffgeschwindigkeit der Hg-Atome auf die Bartspitze aus der Dampfphase sein dürfte. Betreffs des Mechanismus des Bartwachstums wird angenommen, daß die Glasoberfläche Schraubenversetzungen enthält, an denen der Hg-Dampf niedergeschlagen wird u. so den Bart in Form einer Schraubenversetzung wachsen läßt. Haben die Bärte eine Länge von ca. 1 mm erreicht, dann hört das Wachstum in der Achsenrichtung auf, u. das Wachstum setzt sich nach allen Richtungen mit gleicher Geschwindigkeit fort, die von der Auftreffgeschwindigkeit der Atome aus der Dampfphase bestimmt wird. (Acta metallurg. [New York] **1.** 457—59. Juli 1953. Schenectady, N. Y., Knolls, Gen. Electric Res. Labor.) C. GOTTFRIED. 190

Robert G. Pohl, *Querschnitt gezogener Kristalle.* Für die Dimensionen der wachsenden Kristalle beim Ziehen aus der Schmelze nach CZOCHRALSKI wird eine Gleichung abgeleitet, die im wesentlichen die Temp. der Schmelze, die Wachstumsgeschwindigkeit u. die Oberflächenspannung enthält. Die Gleichung stimmt qualitativ mit experimentell bekannten Gesetzmäßigkeiten überein; ein nach dieser Gleichung errechneter Wert für die Oberflächenspannung von Ge gibt die richtige Größenordnung. Gültigkeitbereich: Vernachlässigbar kleine Kohäsion der Schmelze, geringe Kohäsion zwischen Schmelze u. Kristall, nicht zu kleiner Querschnitt der wachsenden Kristalle. (J. appl. Physics **25.** 668—69. Mai 1954. Chicago, Ill., Rauland Corp., Res. Dep.) H. C. WOLF. 190

A. Murin und **B. Lurje,** *Versuche zur Untersuchung der Diffusion von Silber- und Bleiionen im Silberbromid.* (Vgl. C. **1952.** 5055.) Die Selbstdiffusionskoeffizienten D der Ag^+ werden bei 200—350° nach der Meth. des „idealen" Kontaktes u. nach dem Absorptionsverf. (mit $^{110}AgNO_3$ u. $^{110}Ag_2SO_4$) ermittelt. Die gemessenen D sind doppelt so groß wie die berechneten, im Einklang mit der Best. der Aktivierungsenergie (16500 cal/Mol). Bei der Unters. der Diffusion von Pb^{2+} in AgBr bei 150—250° wird als Indicator ThB benutzt; es ergibt sich $D_{Pb^{2+}} \sim 0{,}04\, e^{-30\,400/RT}$ cm²/Sekunde. Danach ist anzunehmen, daß in reinem AgBr keine Komplexe $Pb^{2+}Ag_{\square}$ gebildet werden; diese Annahme kann aber auf andere Beimengungen (Cd^{2+}, Zn^{2+}, Ca^{2+}) nicht ausgedehnt werden, da die Form der Existenz von Ionen einer Beimengung im Kristall individuellen Charakter hat. (Доклады Академии Наук СССР [Ber. Akad. Wiss. UdSSR] [N. S.] **99.** 53—55. 1/11. 1954. Chlopin-Radiuminst. der Akad. der Wiss. der UdSSR, u. Leningrad, Shdanow-Univ.) R. K. MÜLLER. 190

A. N. Murin, G. N. Kasakowa und **B. G. Lurje,** *Versuche zur Untersuchung der Diffusion von Brom in festem Silberbromid.* (Vgl. C. **1952.** 5055.) Der Diffusionskoeff. D_{Br^-} von Br^- in reinem AgBr u. in AgBr mit Br-Überschuß wird im Temperaturbereich 250—350° untersucht. Dabei werden unter 180 kg/cm² gepreßte Tabletten u. als Indicator ^{82}Br verwendet. Die Best. des Absorptionskoeff. der β-Strahlen des ^{82}Br erfolgt mittels Al- u. Sn-Filtern. Die Ergebnisse können durch die Gleichung $D_{Br^-} = 0{,}50\, e^{-24\,000/RT}$ (cm²/Sek.), beim bromierten AgBr durch $D_{Br^-} = 1{,}0 \cdot 10^{-5}\, e^{-12\,500/RT}$ dargestellt werden. Für den Koeff. der Selbstdiffusion des überschüssigen Br_2 ergibt sich $D_{Br} = (1{,}0 \cdot 10^{-5}/1{,}5 \cdot 10^{-6})\, e^{-12\,500/RT} \cong 6{,}7\, e^{-12\,500/RT}$. Wenn man rein kation. Leitfähigkeit des AgBr annimmt, läßt sich die Verminderung der Leitfähigkeit durch Bromieren als Ergebnis des Ersatzes vakanter Stellen des kation. Teils des AgBr-Gitters durch Br-Atome erklären; aber auch Entfernung von Leitfähigkeitselektronen durch überschüssige Br-Atome ist denkbar. Die bromierten Proben sind deutlich weniger plast. als reines AgBr. (Доклады Академии Наук СССР [Ber. Akad. Wiss. UdSSR] [N. S.] **99.** 529—31. 1/12. 1954. Chlopin-Radiuminst. der Akad. der Wiss. der UdSSR, u. Leningrad, Shdanow-Univ.) R. K. MÜLLER. 190

Robert L. Collin, *Die Kristallstruktur von festem Chlor.* Aufnahmen an Einkristallen von festem Chlor bei —160° ergaben eine rhomb. Zelle mit a = 6,29 Å; b = 4,50 Å; c = 8,21 Å. Raumgruppe ist D_{2h}^{18} — Cmca; Z = 4 Cl_2. Die 8 Cl liegen in der Punktlage 8 (f). Die so gefundene Struktur unterscheidet sich sehr von der, welche KEESOM u. TACONIS (Physica **3.** [1936.] 237) gefunden hatten. Der kürzeste Abstand zwischen 2 Cl-Atomen beträgt 2,02 ± 0,04 Å. In dem Gitter ist jedes Cl zwei anderen in einem Abstand von 3,34 ± 0,04 Å derart benachbart, daß sich Schichten von Cl-Moll. in der a—c-Ebene bilden. Der Abstand von Cl-Atomen in benachbarten Schichten ist nie größer als 3,69 ± 0,04 Å. Br u. J bilden ganz ähnliche Strukturen wie Chlor. (Acta crystallogr. [Copenhagen] **5.** 431—32. Juli 1952. Pittsburgh, Pa., Mellon Inst. of Ind. Res.) C. GOTTFRIED. 195

Olav Foss und **Eva Hadler Vihovde,** *Die Kristallstruktur von Tellurdimethanthiosulfonat.* Tellurdimethanthiosulfonat, $Te(CH_3S_2O_2)_2$, krist. monoklin prismat. in Form von Nadeln oder Prismen, die nach der b-Achse gestreckt u. in den meisten Fällen nach der a-Achse abgeflacht sind. Die Dimensionen der Elementarzelle sind a = 11,43 Å; b = 5,29 Å; c = 16,32 Å; β = 91°. Raumgruppe ist C_{2h}^5 — $P2_1/n$; Z = 4. Die Struktur wurde mit Hilfe von PATTERSON- u. FOURIER-Projektionen aufgeklärt. Hierbei ergaben sich die folgenden Parameter S_1: (x =) 0,383; (y =) —0,031; (z =) 0,362. S_2: 0,371; —0,058; 0,232. S_3: 0,672; 0,101; 0,195. S_4: 0,686; —0,134; 0,087. Te: 0,484; 0,279; 0,182. C_1: 0,384; 0,301; 0,393. C_2: 0,680; 0,119; 0,015. O_1: 0,487; —0,140; 0,393. O_2: 0,279; —0,142; 0,393. O_3: 0,592; —0,317; 0,078. O_4: 0,792; —0,271; 0,099. Das Mol. besteht aus einer unverzweigten u. nichtebenen S—S—Te—S—S-Kette mit 2 O-Atomen u. einer CH_3-Gruppe an jedem der Endschwefelatome. Die Kette tritt in der trans-Form auf, wobei die Endschwefelatome um 81° aus der Ebene der S—Te—S-Atome nach entgegengesetzten Seiten der Ebene herausgedreht sind. Die mittleren Te—S- u. S—S-Abstände betragen 2,36 u. 2,15 Å. Der Valenzwinkel S—Te—S ist 100° u. die Te—S—S-Valenzwinkel im Mittel 105°. (Acta chem. scand. **8.** 1032—41. 1954. Oslo, Univ., Kjemiske Inst.) C. GOTTFRIED. 195

Olav Foss und **Per A. Larssen,** *Die Kristallstruktur von Ammoniumtellurpentathionat.* (Vgl. vorst. Ref.) Ammoniumtellurpentathionat, $(NH_4)_2Te(S_2O_3)_2$, krist. monoklin prismat. in Form gelber Prismen, die nach der c-Achse gestreckt sind. Aus Schwenk- u. WEISSENBERG-Aufnahmen wurden die folgenden Elementarkörperdimensionen erhalten: a = 5,03 Å; b = 18,90 Å; c = 11,61 Å; β = 100°. Raumgruppe ist C_{2h}^5 — $P2_1/c$; Z = 4. Die Struktur wurde mit Hilfe von PATTERSON-u. FOURIER-Projektionen festgelegt. Die gefunden Parameter sind S_1: (x =) 0,434; (y =) — 0,022; (z =) 0,309. S_2 :0,419; 0,005; 0,132. Te: 0,134; 0,105; 0,102. S_4: 0,432; 0,199; 0,161. S_5: 0,539; 0,236; 0,003. N_1: 0,067; 0,097; 0,455. N_2: 0,033; 0,334; 0,270. O_1: 0,622; —0,077; 0,320. O_2: 0,151; —0,030; 0,330. O_3: 0,565; 0,034; 0,375. O_4: 0,746; 0,288; 0,052. O_5: 0,317; 0,270; —0,063. O_6: 0,646; 0,182; —0,063. — In dem Gitter treten unverzweigte u. nichtebene Ketten der Form S—S—Te—S—S auf, wobei die Endschwefelatome um 86 bzw. 95° aus der S—Te—S-Ebene nach entgegengesetzten Seiten herausgedreht sind. Die Kette tritt in der trans-Form auf, wobei die Endschwefelatome von 3 O-Atomen in einem mittleren Abstand von 1,43 Å umgeben sind. Die Abstände S_1—S_2 u. S_4—S_5 betragen 2,11 bzw. 2,12 Å, die Abstände Te—S_2 u. Te—S_4 2,36 bzw. 2,35 Å. In der Struktur bildet jedes NH_4-Ion H-Bindungen zu 4 O-Atomen, die stets verschied. Tellurpentathionationen angehören. Die Anordnung ist die eines verzerrten Tetraeders mit einem mittleren N—O-Abstand von 2,83 Å für N_1 u. 2,88 Å für N_2. Die 6 O-Atome eines Tellurpentathionations haben H-Bindungen zu 8 verschied. NH_4-Ionen; 2 O-Atome, eines von jeder Sulfonatgruppe, bilden nur eine H-Bindung. Ganz allg. sind die Tellurpentathionationen in Schichten senkrecht zu der a-Achse angeordnet mit Zwischenschichten von NH_4-Ionen. 12 N—H···O-Bindungen gehen durch jede a-Fläche u. halten die Schichten zusammen. (Acta chem. scand. **8.** 1042—52. 1954.) C. GOTTFRIED. 195

Ola Aksnes und **Olav Foss,** *Die Struktur von Selendiselenocyanat.* Schwenk- u. WEISSENBERG-Aufnahmen an Selendiselenocyanat, $Se(SeCN)_2$, ergaben für die rhomb. Zelle die Dimensionen a = 10,07 ± 0,03 Å; b = 13,35 ± 0,04 Å; c = 4,48 ± 0,02 Å. Raumgruppe ist D_{2h}^{16} — Pnma; Z = 4. PATTERSON-Projektionen entlang den 3 Hauptachsen u. folgende FOURIER-Synthesen lieferten die Parameter Se_1 (x =) 0,540; (y =)

0,250; (z =) 0,492. Se_2: 0,442; 0,115; 0,249. C: 0,295; 0,112; 0,488. N: 0,203; 0,095; 0,586. Das Mol. besitzt eine Spiegelebene. Die 3 Se-Atome u. die Cyanogruppen bilden eine unverzweigte, nichtplanare Kette mit einem Se—Se-Abstand von 2,33 Å u. dem Valenzwinkel Se—Se—Se = 101°. (Acta chem. scand. **8**. 702—03. 1954. Oslo, Univ., Kjemiske Inst.) C. GOTTFRIED. 195

Helen Scouloudi, *Die Kristallstruktur von Quecksilbertetrathiocyanat-Kupferdiäthylendiamin*, $[Hg(SCN)_4][Cu(en)_2]$. Purpurfarbene Kristalle von $[Hg(SCN)_4][Cu(en)_2]$ krist. aus Aceton u. H_2O als prismat. Plättchen mit den Formen {0 1 1}, {1 1 0}, {1 0 1} u. vorherrschendem {0 1 0}. Die Parameter der monoklinen Elementarzelle sind: a = 7,51; b = 18,03; c = 14,20 Å, β = 96°32′. Aus der gemessenen D. von $2{,}12_7$ folgt Z = 4. Als Raumgruppe wird $P2_1/c$ bestimmt. Die Struktur wird mit Hilfe von 2- u. 3dimensionalen FOURIER-Synthesen unter Anwendung der „Meth. der schweren Atome“ (vgl. ROBERTSON u. WOODWARD, J. chem. Soc. [London] **1940**. 36) aufgeklärt. Die 4 S -Atome der $Hg(SCN)_4$-Gruppe sind tetraedr. um Hg mit einem mittleren Abstand von 2,56 Å u. einem mittleren Winkel S—Hg—S von 109°16′ angeordnet. Die SCN-Gruppe liegt gewinkelt zu der Hg—S-Bindung vor, Hg—S—C = 102°5′, u. ist nicht gestreckt. Der Winkel S—C—N beträgt 163° u. die Atomabstände S—C u. C—N im Mittel 1,57 bzw. 1,33 Å. Die S—C—N-Gruppen folgen also nicht der tetraedr. Anordnung der S-Atome um Hg. Entsprechend dem Vorhandensein von zwei kristallograph. verschied. Cu-Atomen existieren zwei Paare von $Cu(en)_2$-Gruppen mit voneinander unabhängiger Orientierung. Jedes Cu ist über N-Bindungen mit zwei Äthylendiamingruppen so verbunden, daß es von 2 fünfgliedrigen Ringen symm. umgeben wird. Die Ringe sind nicht eben, nur die Amino-N-Atome liegen quadrat. mit Cu in einer Ebene. Die mittleren Abmessungen der $Cu(en)_2$-Ringe sind: Cu—N = 2,07, N—C = 1,41, C—C = 1,53 Å u. N—Cu—N ≈80°. Zwei N-Atome der (SCN)-Gruppen sind zu jedem Cu koordiniert, so daß sich insgesamt sechsfache Koordination ergibt. Diese Koordinationsrichtung steht senkrecht auf der Ebene des Cu u. der 4 Amino-N-Atome. (Acta crystallogr. [Copenhagen] **6**. 651—57. 10/7. 1953. London, Birkbeck Coll., Res. Labor.) W. KRÖNERT. 195

J. A. Allen, *Aufgedampfte Metallfilme*. Zusammenfassender Überblick über die Darst. von aufgedampften Metallfilmen, ihre elektr., magnet. u. opt. Eigg., ihre Struktur u. Kristallisation. Ferner werden Fragen der Adsorption, Katalyse u. Oberflächen-Rkk. sowie verschied. Anwendungsmöglichkeiten besprochen. — 381 Literaturzitate. (Rev. pure appl. Chem. **4**. 133—70. Juni 1954. Univ. of Tasmania.) C. GOTTFRIED. 196

M. Parker Givens, *Herstellung dünner Folien von metallischem Selen*. Zur Herst. dünner Filme von metall. Se von Dicken zwischen 0,2—0,1 μ wurde zunächst auf die Glasplatte eine 2—3 Atome dicke Schicht von Te u. auf diese dann Se aufgedampft, das sich jedoch in glasiger Form niederschlug. Zur Umwandlung in metall. Se genügte eine mehrstd. Erhitzung des Films auf ca. 75°. Verss., Filme von Se auf Celluloidunterlagen aufzubringen, blieben zunächst erfolglos, da bei der Wärmebehandlung infolge der Volumenabnahme des Se bei der Umwandlung der Celluloidfilm riß. Um dies zu vermeiden, wurde der Celluloidfilm auf ein Metallblech gebracht, welches ein rundes Loch von 2 in. Durchmesser enthielt. Dieses wurde in dem Aufdampfapp. hinter einer Maske aus Messing angebracht, die ein Loch von 1 in. Durchmesser enthielt. Die beiden Löcher lagen angenähert konzentr., so daß sich das aufgedampfte Se nur im Zentrum des Celluloidfilms niederschlug, während um die Kanten ein ca. ½ in. breiter Streifen frei blieb. Bei diesen Filmen war die Wärmebehandlung des Films von glasigem Se ohne Einfl. auf den Celluloidfilm. (Rev. sci. Instruments **25**. 1130. Nov. 1954. Rochester, N. Y., Univ., Inst. of Optics.) C. GOTTFRIED. 196

Jean-Jacques Trillat, *Über die Umwandlung von Silberbromid in Silber*. Inhaltlich ident. mit der C. **1955**. 533 referierten Arbeit. (C. R. hebd. Séances Acad. Sci. **233**. 1188—89. 12/11. 1951.) C. GOTTFRIED. 196

Jean-Jacques Trillat, *Über die Umwandlung von Silberbromid in Silber*. (Vgl. vorst. Ref.) Filme von AgBr wurden dargestellt durch Aufdampfen auf Kollodium- oder Gelatinefilme, auf Glycerin u. eine frische (1 0 0)-Spaltfläche von NaCl. Während sich der AgBr-Film auf dem NaCl als Einkristallfilm ausgebildet hatte, waren in den anderen Fällen die AgBr-Kristallite regellos angeordnet. Der AgBr-Einkristallfilm wurde hierauf verschieden lange mit Elektronen beschossen. Ganz allg. ergab sich, daß mehr oder weniger schnell Beugungsringe von Ag auftraten, die den AgBr-Interferenzen überlagert waren. In allen Fällen waren die Ag-Kristallite regellos angeordnet. Die Geschwindigkeit der Ag-Bldg. hängt von den Darstellungsbedingungen u. dem jeweiligen Punkt der Elektronenbeschießung ab; ebenso spielt die Dicke des AgBr-Films eine Rolle. Wurden die AgBr-Filme nach der Beschießung mit Entwickler behandelt, dann erhielt man ein Diagramm von polykristallinem Ag ohne jede Orientierung. (J. Physique Radium **13.** 39 S—40 S. Mai 1952. Bellevue, Labor. de Rayons X du C.N.R.S.) C. GOTTFRIED. 196

G. I. Finch und **D. N. Layton,** *Die Kristallstruktur von elektrolytischen Metallniederschlägen.* Mit Hilfe der Beugung von Elektronenstrahlen wurde der Einfl. der Abscheidungsbedingungen, wie Badzus., Temp., Stromdichte oder -ausbeute, Rotation der Kathode, Einw. elektr. oder magnet. Felder sowie der Einfl. der Unterlage auf die Kristallstruktur einer Reihe von Metall-Ndd. untersucht. Die physikal. Eigg. der Metall-Ndd. werden durch die Kristallgröße beeinflußt. Die Hauptfaktoren, welche die Kristallgröße beeinflussen, sind u. a. die Kristallgröße der Unterlage u. die Verteilungsdichte der Kristallisationskeime. Die Haftung der Ndd. ist schlecht, wenn das Kristallwachstum nicht durch die Kristallstruktur der Unterlage beeinflußt wird. Kleinkristalline Ndd. liefern die am besten haftenden Schichten, vorausgesetzt, daß das Kristallwachstum waagerecht erfolgt. Die im Nd. vorhandene Spannung ist stets Zugspannung. Sie wird größer, wenn sich die Richtung des Kristallwachstums ändert. (J. Electrodepositors' techn. Soc. **27.** 215—32. 1950/51. London, Imperial Coll.) F. MARKHOFF. 196

Hans Nowotny und **Ludmilla Holik,** *Mikroskopische Untersuchungen an Aluminiumfolien.* Vff. untersuchten eine Reihe von Al-Folien mkr. mit Rücksicht auf ihre Verwendbarkeit in Elektrolytkondensatoren. Die Folien werden vor der Unters. elektrolyt. poliert u. in BOHNERscher Lsg. geätzt. Es wurde beobachtet, daß die Gefügeentw. beim Ätzen bei den verschied. Folien ungleich ist; so erhält man bei feinkörnigen Folien nur schwer ein deutliches Gefügebild, andere Folien wieder zeigen deutlich die Kristallite. Hierauf wurden kurzzeitig in BOHNER-Lsg. angeätzte Folien mit ca. 12%ig. HCl geätzt. Hier erfolgt der Angriff bei einzelnen Folien stets in kristallograph. ausgezeichneten Richtungen, bei anderen wieder führte die Ätzung zu einer Art Schwammstruktur. Die ersten Folien liefern beim Formieren gute Reststromwerte, während die Folien mit Schwammstruktur unter gleichen Bedingungen höhere Restströme bei einer geringeren Kapazitätserhöhung zeigten. (Mikroskopie [Wien] **5.** 31—36. 1950. Wien, Univ., I. Chem. Labor., u. Vereinigte Telephon- u. Telegraphenfabriks-Akt.-Ges., Czeiga, Nissl & Co.) C. GOTTFRIED. 197

Ludmilla Holik und **Hans Nowotny,** *Mikroskopische und röntgenographische Untersuchungen an Aluminiumfolien.* In Fortsetzung der Unters. von NOWOTNY u. HOLIK (vgl. vorst. Ref.), in der die Bedingungen über die Eignung von Al-Folien als Anodenmaterial in Elektrolytkondensatoren untersucht u. ein Zusammenhang zwischen Korngröße u. Ätzfaktor bzw. Formierbarkeit festgestellt worden war, untersuchten Vff. mkr. u. röntgenograph. eine Reihe von handelsüblichen Al-Folien. Die Folien wurden zuvor auf ihr Ätz- u. Formierverh. sowie auf ihre mechan. Eigg. hin untersucht. Die Ergebnisse sind in einer Tabelle zusammengestellt. Zur Gefügebeobachtung wurden die Folien elektrolyt. poliert u. mit BOHNER-Lsg. angeätzt. Diese Unterss. in Verbindung mit den Röntgenaufnahmen zeigten, daß ein enger Zusammenhang zwischen Korngröße sowie Textur einerseits u. dem Ätzfaktor andererseits besteht. Die günstigste Anätzung ergab feines rekrist. Gefüge. (Mikroskopie [Wien] **6.** 47—51. 1951. Wien, Univ., I. Chem. Inst.) C. GOTTFRIED. 197

A. B. Michael und **M. B. Bever,** *Über die Verteilung von Natrium in den mit Natrium veredelten Aluminium–Silicium-Legierungen.* Die Verteilung wurde durch Unterss. an mit radioakt. Na versetzten Al–Si-Legierungen beobachtet. Es wurde festgestellt, daß bei Legierungen mit 3 u. 7% Si Na nicht vorzugsweise im Eutektikum konz., sondern annähernd gleich über den Bereich des Eutektikums u. der prim. festen Lsg. verteilt ist. Diese Beobachtungen können nicht als Stütze für eine der Hypothesen dienen, mit denen die Wrkg. des Na-Zusatzes erklärt wird. (J. Metals **5.** Nr. 5. Sect. 1. Trans. AIME **197.** 679—80. Mai 1953. Cambridge, Mass., Massachusetts Inst. of Technol.) F. VIER. 197

M. S. Hunter und **D. L. Robinson,** *Feststellung von Unterkornstruktur von Aluminium.* Die Bldg. einer besonderen Unterkornstruktur auf den einzelnen Körnern von *Al* u. *Al-Legierungen* konnte bei der elektronenopt. Unters., bes. nach dem chem. Glänzen nach dem *Alcoa R5 Bright Dip*-Verf., einem der ALUMINUM CO. OF AMERICA lizenzierten Glänzverf., beobachtet werden. Es konnte festgestellt werden, daß chem. u. elektrochem. Ätzen zuerst an den Korngrenzen der Unterkornstruktur wirksam wird, woraus geschlossen werden kann, daß diese Unterkornstruktur für das chem., elektrochem. u. metallurg. Verh. von Bedeutung ist. (J. Metals **5.** Nr. 5. Sect. 2. AIME Trans. **197.** 717—22. Mai 1953. New Kensington, Pa., Aluminum Co. of America, Res. Labors.) F. VIER. 197

G. A. Lenning, C. M. Craighead und **R. I. Jaffee,** *Aufbau und mechanische Eigenschaften von Titan–Wasserstoff-Legierungen.* H_2 bildet mit Ti ein β-stabilisiertes

Syst. mit einem β-Eutektoid bei ca. 300° u. 44 At.-% H_2. Die feste Löslichkeit von H_2 im α-Ti nimmt von ca. 8 auf ca. 0,1 At.-% von 300° auf Raumtemp. ab. H_2 hat nur einen geringen Einfl. auf die Zugfestigkeit, erniedrigt jedoch die Kerbschlagzähigkeit in starkem Maße. Diese letzte Wrkg. scheint ein Ergebnis der erhöhten Kerbempfindlichkeit zu sein. — 11 Schrifttumsangaben. (J. Metals **66.** Nr. 3. Trans. AIME **200.** 367—76. März 1954. Columbus, O., Battelle Memorial Inst.) H. HOCHSTEIN. 197

Keith Robinson, *Die Struktur von β-(AlMnSi)-Mn_3SiAl_9.* Kristalle von β-(AlMnSi) bis zu einer Größe von 2—3 mm wurden elektrolyt. aus einer Anzahl von langsam abgekühlten oder abgeschreckten Schmelzen erhalten, welche alle 6 Gew.-% Mn u. Si-Mengen bis zu 6 Gew.-% enthielten. Kristalle mit niedrigem Si-Geh. bilden sehr dünne hexagonale Tafeln; mit zunehmendem Si-Geh. werden die Tafeln unter gleichzeitiger Entw. von Seitenflächen größer. Pulveraufnahmen eines Kristalls mit 21,08 (At.-%) Mn, 5,68 Si u. 73,24 Al ergaben eine hexagonale Zelle mit a = 7,519 Å; c = 7,768 Å. Mit zunehmendem Si-Geh. nehmen die Längen von a u. c ab, so hat ein Kristall mit 19,60 Mn, 8,8 Si u. 71,52 Al a = 7,500 Å u. c = 7,722 Å. Diese Zelle enthält 26 Atome. Auf Grund einer PATTERSON-Synth. ergeben sich die folgenden Punktlagen: 6 Mn_1 in 6 (h); x, 2x, $^1/_4$ mit x = 0,1199; 2 Al_0 in 2 (a); 0 0 0; 6 Al_1 in 6 (h); x, 2x, $^1/_4$ mit x = 0,4578 u. 12 Al_2 in 12 (k); x, 2x, z mit x = 0,2007 u. z = —0,067. Während des Verfeinerungsprozesses der (h k i 0)-Projektion der Elektronendichte war es möglich, zwischen den Si- u. Al-Atomen zu unterscheiden. Danach besetzen die Si-Atome die obige Punktlage der 2 Al_0. Mit dieser Feststellung erhält man für die Strukturformel von β (AlMnSi) die Formel Mn_3SiAl_9 mit 2 Mol in der Elementarzelle. In der Zelle bilden die Atome Schichten parallel der Basisebene, u. zwar gefaltete Schichten in z = 0 u. z = ½, u. flache Schichten in z = $^1/_4$ u. $^3/_4$. Außerdem sind noch gut definierte Schichten parallel {1 1 $\bar{2}$ 0} zu erkennen. Bemerkenswert ist, daß die Mn-Atome von 10 Atomen umgeben sind, wobei bes. auffällt, daß der Abstand von Mn zu 2 Al_1-Atomen mit 2,420 Å kleiner ist als der von Mn zu den 2 kleineren Si-Atomen mit 2,486 Å. Der Abstand dieser 4 Atome ist wesentlich kleiner als man bei einer 10er-Koordination erwarten sollte. Die größeren Mn–Al_2-Abstände mit 2,68 bzw. 2,67 Å entsprechen etwa denen, die man für die Atomabstände von Mn u. Al in den reinen Metallen erwarten sollte. Bei einem Vgl. mit der ähnlichen Struktur des Co_2Al_5 fällt die Ähnlichkeit der regulären Anordnung der leeren Atomgitterplätze auf. Das Zentrum jedes Hohlraumes wird von einer Gruppe von 9 Al-Atomen umgeben, u. zwar von 6 Al_2 in einem Abstand von $2{,}23_5$ Å u. von 3 Al_1 in einem Abstand von 2,72 Å. Es wäre nur eine kleine Verschiebung der Al-Atome notwendig, damit der Hohlraum mit einem Mn- oder Si-Atom besetzt werden könnte. Im Co_2Al_5 wird dieser Hohlraum durch 1 Co-Atom ersetzt. Die strukturelle Ähnlichkeit zwischen den beiden Verbb. wird durch eine BRILLOUIN-Zone mit einer eingeschriebenen FERMI-Verteilung entsprechend 1,68 Elektronenzuständen pro Atom erklärt. Es wird angenommen, daß die Löcher in der Struktur von Mn_3SiAl_9 so auftreten, daß sie ein Verhältnis Elektron: Atom in der Gegend von 1,68 erhalten. (Acta crystallogr. [Copenhagen] **5.** 397—403. Juli 1952. Cambridge, Cavendish Labor., Crystallogr. Labor.) C. GOTTFRIED. 197

Roger Guihaumé, *Über den Einfluß der Deformation bei der sekundären Rekristallisation von weichem Eisen.* (Vgl. C. **1955.** 6932.) *Armco-Fe* wurde verschieden stark kalt ausgewalzt, wobei der Grad der Auswalzung definiert wurde durch E% = 100 · [1 — (f/i)], wo i u. f die Anfangs- u. Enddicken der Probe bedeuten. Nach dem Auswalzen wurden die Proben 50 Std. bei 875° in H_2-Atmosphäre erhitzt, mit einem Gemisch von 10% HNO_3 u. 90% A. angeätzt u. mkr. untersucht. Folgende E-Werte wurden untersucht: 83,81; 85,61; 88,85; 90,29; 91,10; 93,89; 94,96 u. 95,50%. In einem Fall betrug E 50%. Zunächst wurde festgestellt, daß bei der letzten Probe ein Sekundärwachstum nicht stattgefunden hatte. Für die beiden ersten Werte von E schwankte die Oberfläche der Körner zwischen 0,5 u. 12 cm^2, für die 3 nächsten war kein Kristallkorn größer als 5 cm^2. Von E = 93,89% an tritt eine deutliche Änderung ein: Das sek. Korn ist sehr viel kleiner, seine Oberfläche liegt zwischen einigen mm^2 u. 1 cm^2. Die röntgenograph. Unters. ergab, daß für die beiden ersten Werte von E die Textur (1 1 0) [0 0 1] vorherrschend ist, wobei ca. 40% der Kristalle die Orientierung (1 1 0) [1 $\bar{1}$ 4] oder (1 1 0) [1 $\bar{1}$ 2] haben; einige Einschlüsse haben die Orientierung (1 1 2) [1 $\bar{1}$ 0]. Für die 3 nächsten E-Werte wächst der Anteil der Kristalle mit der Orientierung (1 1 2) [1 $\bar{1}$ 0]; bei nicht mehr als 20—40% der Kristalle liegt die (1 1 0)-Ebene in der Walzebene. In den Proben mit E > 93,89% ist die Deutung der Diagramme wegen der Kleinheit der Körner schwierig; es konnten alle obigen Orientierungen beobachtet werden. (C. R. hebd. Séances Acad. Sci. **238.** 2418—20. 21/6. 1954.) C. GOTTFRIED. 197

L. Ss. Moros, *Einfluß der inneren Kaltverfestigung von Legierungen bei der polymorphen Umwandlung γ-Fe → α-Fe.* Die zwischen den Volumänderungen bei der

$\gamma \rightarrow \alpha$-Umwandlung des Fe u. dem inneren Aufbau u. den mechan. Eigg. bestehenden Zusammenhänge wurden an Proben aus 2 mit Ni bzw. Cr legierten Fe-Legierungen der Zus. C = 0,02; Si = 0,04; Mn = 0,06; Cr = 0,98; Ni = 4,3; Mo = 0,44; S = 0,025; P = 0,017% (I) u. C = 0,02; Si = 0,04; Mn = 0,2; Cr = 8,0; Ni = 0,45; P = 0,022% (II) untersucht, die in weich ausgeglühtem, von 1000—1100° gehärtetem u. gehärtetem u. bei Tempp. bis 670° angelassenem Zustand vorlagen. Zum Vgl. wurden auch geglühte u. durch Kaltverformung (bis 50%) verfestigte Proben mit herangezogen. Die Unters. erstreckte sich auf Zerreißverss., Härtebest. u. Röntgenbefund. Die den Verlauf der Entfestigung der gehärteten Proben beim Anlassen charakterisierenden Härtekurven wurden zur Berechnung der Aktivitätsenergie der Entfestigung ausgewertet, wobei sich ergibt, daß sie wertmäßig der Aktivierungsenergie für Selbstdiffusion von reinem Fe sehr nahe kommt. Es wird gefolgert, daß dem Mechanismus der Entfestigung beim Anlassen gehärteter C-freier Legierungen Selbstdiffusion von Fe-Atomen zugrunde liegt. Der röntgenograph. Befund der gehärteten bzw. durch Kaltverformung verfestigten Proben läßt, trotz Ähnlichkeit des mechan. Zustandes der α-Kristalle (prakt. gleiche Festigkeitseigg. der Proben), erkennen, daß ein wesentlicher Unterschied hinsichtlich der Intensität der lokalen Gitterverzerrungen besteht; bei den gehärteten Proben sind sie gegenüber den kaltverfestigten äußerst gering. Aus einer Gegenüberstellung der den Abfall der Streckgrenze u. die Größenzunahme der Mosaikblöckchen im Kristall mit steigender Anlaßtemp. wiedergebenden Kurven geht hervor, daß die Temp. der beginnenden Entfestigung (bei ca. 500°) mit der des Beginns intensiven Wachstums der Blöckchen gut übereinstimmt. Zusammengefaßt ergibt sich die Vorstellung, daß die im Härtungsprozeß durch die Volumänderungen bei der Phasenumwandlung γ-Fe $\rightarrow$ α-Fe verursachte „innere Kaltverfestigung" der α-Fe-Kristalle mit einer Fragmentierung der Mosaikstruktur in geringere Bereiche gleicher kristallograph. Orientierung u. damit Entstehung neuer, die Gleitvorgänge hemmender Trennebenen in Verbindung zu bringen ist. (Журнал Технической Физики [J. techn. Physik] **24**. 705—14. April 1954.) V. Ehmcke. 197

Winfrid Dahl und **Kurt Lücke**, *Die Ausscheidung des Kohlenstoffs in α-Eisen während der Auslagerung.* Die Änderung des elektr. Widerstandes an *Carbonyleisen* mit 0,002—0,02% C wird sowohl im unverformten Zustand als auch nach 5% Dehnung bei Lagertempp. von 90—150° in Abhängigkeit von der Zeit verfolgt. Aus der Widerstandsänderung wurde auf die Änderung des C-Geh. des Mischkristalls geschlossen. Diese Konzentrationsabnahme verlief danach anfänglich parabol. mit der Zeit. Während der Auslagerung ging der Widerstand nur um $^2/_3$ der durch die Lösungsaufnahme von C bewirkten Widerstandszunahme zurück; es stellte sich dann ein Endwert ein. Die hohe, sich einstellende Endkonz. wird durch die Kleinheit der Ausscheidungen, das heißt durch hohe Keimdichte, gedeutet. Da sich bei sehr kleinen Ausscheidungen die Gleichgewichtskonz. sehr stark mit dem Radius ändert, ist in diesem Fall die Voraussetzung zur Anwendung der Theorie von Zener nicht gegeben. Wird der Draht vor der Auslagerung plast. gedehnt, so tritt eine Beschleunigung des Widerstandsabfalles auf. — Diskussion. (Arch. Eisenhüttenwes. **25**. 241—50. Mai/Juni 1954. Göttingen, Univ.) H. Hochstein. 197

Walter Koch und **Joachim Bruch**, *Beiträge zur Analyse der Gefügebestandteile in Roh- und Gußeisen.* Bei Einhaltung bestimmter elektrochem. Bedingungen kann eine Reihe von Gefügebestandteilen in Roh- u. Gußeisen, wie Graphit, Carbid u. Phosphide, nahezu vollständig isoliert werden. Die Zus. von Ferrit wird aus der Elektrolytlsg. ermittelt. Die gewonnenen Isolate werden mittels Lsgg. von geeigneter D. in einen Graphit- u. einen Carbidanteil getrennt. Diese Trennung läßt sich durch eine voraufgehende Ultraschallbehandlung der Isolate noch verbessern. Die Unters. der Fraktionen wurde mittels Mikroanalysen, Röntgenstrukturanalysen, magnet. Analysen u. Unterss. der Wachstumsformen mit dem Mikroskop u. Übermikroskop durchgeführt. Hierbei zeigte sich, daß die Verteilung von Mn auf Ferrit u. Carbid bei den meisten untersuchten Roh- u. Gußeisensorten der auch bei Stählen bei langsamer Abkühlung beobachteten entsprach. Bei fleckigem Hämatitroheisen wich diese Verteilung stark von der üblichen ab. Die P-Gehh. waren im Ferrit vergleichsweise niedriger; es traten stets große P-Anteile im Carbidanteil auf. Im Gußeisen mit Kugelgraphit reicherte sich Mg nicht im Graphitanteil an. (Arch. Eisenhüttenwes. **24**. 457—64. Nov./Dez. 1953. Düsseldorf, Max-Planck-Inst. für Eisenforschung.) H. Hochstein. 197

A. I. Gardin, *Über die Temperaturabhängigkeit der zwischenlamellaren Abstände in den Produkten des isothermen Austenitzerfalls.* Auf Angaben des Schrifttums u. eigene experimentelle Unterss. sich stützende theoret. Betrachtungen über die zwischen der Temp., dem C-Geh. u. den zwischenlamellaren Abständen im Umwandlungsgefüge von C-Stählen beim isothermen Austenitzerfall in der Perlit- u. Zwischenstufe sich ergebenden Beziehungen. Es besteht ein umgekehrtes Proportionalitätsverhältnis zwischen den zwischenlamellaren Abständen u. der Unterkühlungstemperatur. (Журнал Технической Физики [J. techn. Physik] **24**. 686—93. April 1954.) V. EHMCKE. 197

P. M. Juschkewitsch, *Über die Natur der Anlaßvorgänge im Schnelldrehstahl.* Magnetometr., röntgenograph. u. mkr. Unterss. an Proben von aus dem fl. Zustand erkaltetem Schnelldrehstahl mit C = 1,5; W = 18; Cr = 4,3; V = 1,6% nach ein- u. mehrmaligem isothermem Anlassen bei Tempp. von 540—660° führen zu den Feststellungen: Das Gefüge des Stahles nach einmaligem Anlassen besteht aus Ferrit, nichtangelassenem Martensit u. einer geringen Menge Austenit; nach mehrmaligem Anlassen aus Ferrit, angelassenem Martensit u. einer geringen Menge nichtangelassenem Martensit. Ein einzelner Anlaßturnus besteht aus den Vorgängen: Beim isothermen Halten auf Anlaßtemperatur erfolgt Verarmung des Austenit an Cu u. Legierungselementen, Carbidausscheidung, Umwandlung des verarmten Austenits in Ferrit, Zerfall von Martensit in ein Ferrit–Carbid-Gemenge; beim Abkühlen von der Anlaßtemperatur erfolgt Umwandlung von Austenit in Martensit. Beim mehrmaligen Anlassen verlaufen die Umwandlungen mit erheblich größerer Geschwindigkeit als beim einmaligen. Eine bedeutsame Rolle kommt hierbei der Umwandlung Austenit → Ferrit zu. Auf den Mechanismus u. die kinet. Gesetzmäßigkeiten der Anlaßvorgänge wird näher eingegangen. Die Aktivierungsenergie für die $\gamma \rightarrow \alpha$-Umwandlung wird mit 61000 cal/Mol errechnet. (Журнал Технической Физики [J. techn. Physik] **24**. 715—21. April 1954.) V. EHMCKE. 197

Muzaffer Sagisman, *Die Härte des Martensits in Abhängigkeit von seinem Kohlenstoffgehalt.* Die Mikrohärte des Martensits in unlegierten Stählen mit ca. 0,3—1,7% C wird gemessen u. dabei ein Höchstwert der Härte zwischen 0,8 u. 1,0% C gefunden. Dieses Maximum läßt sich nicht mit der Annahme von MAURER erklären, daß die Härte des Martensits durch die erzwungene Einlagerung von C in das α-Gitter hervorgerufen wird. Es wird vermutet, daß es durch den besonderen Umwandlungsmechanismus bedingt wird, worauf Beobachtungen an C-armen Fe–Ni-Legierungen hindeuten. (Arch. Eisenhüttenwes. **25**. 271—72. Mai/Juni 1954. Istanbul, Türkei, TH, bzw. Stuttgart, Max-Planck-Inst. für Metallforschung.) H. HOCHSTEIN. 200

A. N. Holden und **F. W. Kunz,** *Bemerkung über die Spannungsalterung von Eiseneinkristallen.* Vff. stellten durch Wachstum von sehr reinem Fe Einkristalldrähte dar, u. zwar unter Bedingungen, die es erlaubten, daß das Fe noch 0,005 At.-% C enthielt. Es wurde nun beobachtet, daß solche Drähte nach Anlassen entweder eine nur sehr kleine Anfangsstreckgrenze oder überhaupt keine zeigten. Wurden diese Drähte nun einer 1std. Zugspannung ausgesetzt, u. zwar in einer Höhe, die ca. $^2/_3$ der untersten Fließgrenze entsprach, dann wurde eine deutliche Erhöhung in der oberen Streckgrenze gegenüber dem nichtbehandelten Draht festgestellt. Bei einem weiteren Vers. wurde beobachtet, daß, wenn ein Kristall durch Zug deformiert u. unter hoher Beanspruchung gealtert wird, bei nachfolgenden Zugverss. eine höhere obere Streckspannung zu beobachten ist als bei Kristallen, die ohne Beanspruchung gealtert worden waren. Alle untersuchten Kristalle, auch solche, die keine oder nur eine kleine Anfangsstreckgrenze in den Zugverss. gezeigt hatten, hatten in dem Anfangsteil ihrer Fließkurve ein konkaves Gebiet, in dem offensichtlich Spannungshärtung mit zunehmender Geschwindigkeit stattfindet. (J. appl. Physics **23**. 799. Juli 1952. Schenectady, N.Y., Knolls Atomic Power Labor.) C. GOTTFRIED. 200

G. P. Conrad II, B. L. Averbach und **Morris Cohen,** *Plastisches Biegen von Zinkkristallen.* Aus dem Asterismus der Flecken bei LAUE-Aufnahmen läßt sich erkennen, daß beim Biegen von Metallkristallen u. nachfolgender Wärmebehandlung oder beim Biegen bei höheren Tempp. segmentierte Kristallite oder Unterkörner auftreten, die verhältnismäßig unverzerrt sind, aber in ihrer Orientierung leicht voneinander abweichen. Von den verschied. Autoren ist dieser Vorgang als Rekristallisation, als Polygonisation oder als Zellbldg. aufgefaßt worden. Auf Grund von Verss. an Zn-Einkristallen kommen Vff. zu der Überzeugung, daß die Kristallumbldg. in der Hauptsache auf eine Polygonisation zurückzuführen ist. — Schrifttumsstellen. (J. Metals **5**. 1036—37. Aug. 1953. Cambridge, Mass., Massachusetts Inst. of Technol.) F. VIER. 200

R. Maddin und **N. K. Chen,** *Plastizität von Niobeinkristallen.* Nb-Einkristalle wurden unter Druck u. Spannung verformt. Unterss. durch Röntgenstrahlen u. stereograph. Projektion der Gleitspuren ergaben, daß die {1 1 0}-Fläche als Gleitebene zu betrachten ist. Das plast. Verh. der Nb-Einkristalle ist ähnlich dem bei der Verformung von Mo-Einkristallen. (J. Metals **5**. Nr. 9. Sect. 1. Trans. AIME **197**. 1131—36. Sept. 1953. Baltimore, Md., Johns Hopkins Univ.) F. VIER. 200

J. J. Becker und **J. N. Hobstetter,** *Plastische Verformung von Kupfereinkristallen.* Gleitlinien in verformten Cu-Einkristallen weisen eine stark ausgeprägte Quergleitung u. Haufenbldg. auf, wenn die Kraftwirkungsachsen nicht zu weit von (1 0 0) entfernt sind.

Diese Orientierungsabhängigkeit scheint auch zu bestehen, gleichgültig ob die Biegebeanspruchungen der n. mechan. Prüfungen verringert werden oder nicht. (Vgl. hierzu C. **1955**. 8567.) (J. Metals **5**. Nr. 9. Sect. 2. Trans. AIME **197**. 1231—34. Sept. 1953; **6**. Nr. 5. Sect. 2. Trans. AIME **200**. 665—66. Mai 1954. Schenectady, N. Y., Gen. Electric Res. Labor.; Murray Hill, N. J., Bell Telephone Labors.) H. HOCHSTEIN. 200

F. E. Faris, L. Green jr. und **C. A. Smith,** *Die Temperaturabhängigkeit der Elastizitätsmoduln von polykristallinem Graphit.* Es werden Elastizitätsmodul u. Scherungsmodul von geschmolzenem Graphit (SA-25) u. stranggepreßtem Graphit (AUF) als Temperaturfunktion zwischen Tempp. von 25 u. 2000° gemessen. Bei dem gepreßten Material werden die Änderungen der beiden Moduln mit Lage u. Richtung gegenüber der Preßachse untersucht. Die Moduln wachsen mit der Temp., ein Verh., welches im Gegensatz zu dem der meisten Materialien steht. Maxima in den Werten des Schermoduls bei niederen Frequenzen u. ein Anwachsen der inneren Reibung beider Graphitsorten zwischen 1550 u. 1750° können möglicherweise als Ausdruck einer Korngrenzenrelaxation gedeutet werden. Der Druckmodul u. die POISSONsche Konstante bei Raumtemp. werden aus den Daten für den isotrop. SA–25-Graphit zu $6 \cdot 10^{10}$ dyn/cm² bzw. zu 0,27 errechnet. (J. appl. Physics **23**. 89—95. Jan. 1952. Downey, Calif., North Amer. Aviat., Atom Energy Res. Dep.) J. KLEFFNER. 200

A. H. Cottrell, Theoretical structural metallurgy. 2nd. edn. London: E. Arnold. 1955. (VIII + 251 S. u. Diagrs.) 25 s.

Alan Howard Cottrell, Métallurgie structurale théorique. Traduit par **Adrien Saulnier.** Paris: Dunod. 1955. (330 S. m. Abb.). fr. 2450,—.

A_7. Gleichgewichte. Kinetik.

E. Pitts, *Die Theorie des radioaktiven Ionenaustauschs.* Die Versuchsergebnisse von LANGER (J. chem. Physics **10**. [1942.] 321; **11**. [1943.] 11) sowie von KOLTHOFF u. O'BRIEN (J. chem. Physics **7**. [1939.] 401; J. Amer. chem. Soc. **61**. [1939.] 3409) zeigen, daß beim Schütteln eines AgBr-Nd. mit einer entweder Ag- oder Br-Ionen enthaltenden Lsg. (von den Ionen sind einige radioakt.) die Radioaktivität der Lsg. abnimmt. Der erreichte Endwert entspricht einer gleichförmigen Verteilung des akt. Materials auf Festsubstanz u. Lösung. In der Auslegung dieser Resultate wurde bisher keine Übereinstimmung erzielt. Vf. diskutiert 2 mögliche Mechanismen der Austausch-Rk., von denen der eine auf Diffusion, der andere auf einer Rk. basiert, deren Geschwindigkeit durch die jeweilige Größe der Grenzfläche Festsubstanz—Fl. bestimmt wird. Theoret. Überlegungen berücksichtigen den Einfl. der Streuung bei den Kristallgrößen; dies war bei den bisherigen Diskussionen stets außer acht gelassen worden. Ferner wird eine Meth. zum Vgl. der prakt. Ergebnisse mit den theoret. Überlegungen beschrieben; sie gestattet eine klare Interpretation der Resultate. Die Ergebnisse zeigen eindeutig, daß der Austausch der Ag-Ionen mit der Annahme einer Diffusion der Ionen durch die Festsubstanz übereinstimmt. Der Austausch der Bromid-Ionen kann nicht auf diese Weise erklärt werden. Die für die Diffusionskonstante des Ag erhaltenen Werte sind in guter Übereinstimmung mit früheren Ergebnissen. — Die verschied. Annahmen anderer Autoren werden in Beziehung zu den eigenen Resultaten diskutiert. (J. chem. Physics **22**. 56—65. Jan. 1954. Harrow, Middlesex, Kodak Ltd., Res. Labors.) H. GEDSCHOLD. 221

Amiya Kumar Chakraburtty, Debabrata Sen und **Priyadaranjan Rây,** *Eine Untersuchung über die Komplexbildung von Salicylamid mit Uranylion und eine colorimetrische Bestimmungsmethode für Uran. Salicylsäureamid* (I) u. UO_2-Salze bilden in wss. Lsg. einen lösl. gelben Komplex (II) (vgl. nebenst. Formel), dessen Bldg. in 2 Stufen gemäß $UO_2^{2+} + C_6H_4(OH)CONH_2 \rightleftharpoons [UO_2 \cdot O \cdot C_6H_4 \cdot CONH_2]^+ + H^+$ u. $[UO_2 \cdot O \cdot C_6H_4 \cdot CONH_2]^+ + C_6H_4(OH)CONH_2 \rightleftharpoons [UO_2(O \cdot C_6H_4CONH_2)_2] + H^+$ verläuft. Aus der Gleichgewichts- u. der Dissoziationskonstante von I ergibt sich die Stabilitätskonstante von II zu pK 11,37.

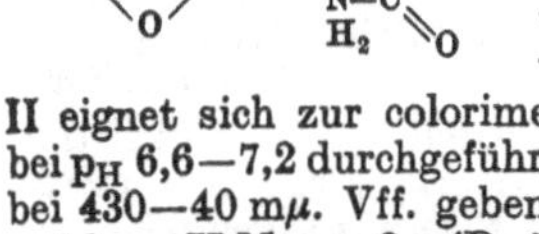

II eignet sich zur colorimetr. Best. von Uran. Diese wird zweckmäßig unterhalb 35° bei p_H 6,6—7,2 durchgeführt. Zur Absorptionsmessung verwendet man das UV-Maximum bei 430—40 mμ. Vff. geben als kleinste mit einem photoelektr. Filtercolorimeter nachweisbare U-Menge 2 γ (D. 5,7) an. Na^+, K^+, NH_4^+, Cl^-, NO_3^- u. SO_4^{2-} stören die Best. nicht. Über den Einfl. von 13 anderen Ionen machen Vff. Angaben. (J. Indian chem. Soc. **30**. 491—95. Juli 1953. Calcutta, Univ., Coll. of Sci. and Technol., Inorg. Chem. Labor.) H.-G. PLUST. 223

L. M. Zoss, S. N. Suciu und **W. L. Sibbitt,** *Die Löslichkeit von Sauerstoff in Wasser.* Bei 35, 70, 105 u. 140 atü u. 0—330° wurde die Löslichkeit von O_2 in W. experimentell ermittelt. In einem evakuierten Hochdruckkessel aus rostfreiem Stahl wird eine

gewogene u. erhitzte Menge W. unter ständigem Rühren bei konstantem Druck u. Temp. mit O_2 bis zum Phasengleichgewicht gesätt. u. nach dem Trennen der Dampf- u. fl. Phase jede gemessen. Ergebnisse in 3 Diagrammen. Löslichkeit in cm^3 O_2/g H_2O fällt bei allen Drucken von 0—111° u. steigt dann mit steigender Temp., die maximale beträgt 5 cm^3 bei 140 atü u. 275°. (Trans. ASME **76.** 69—71. Jan. 1954. Rochester, N. Y., Taylor Instr. Co.; Schenectady, N. Y., Gen. Electric. Comp.; Lafayette, Ind., Purdue Univ.)
H. MÜHLMEISTER. 224

W. K. Ssementschenko und **T. I. Schaschkina,** *Der Einfluß der Konzentration von Beimengungen auf die reziproke Löslichkeit geschmolzener Salze.* (Vgl. C. **1946.** I. 829.) Am Beispiel des Syst. *$TlBr$–KNO_3* wird der Einfl. von Zusätzen von *NaCl* (I), *Na_2SO_4*, *LiCl*, *AgCl* u. *$BeSO_4$* in Konzz. von 0,5—10% auf die gegenseitige Löslichkeit untersucht, wobei die elektr. Leitfähigkeit als Kriterium für die Best. der Lösungstemp. T_L benutzt wird. Die weit oberhalb des F. aufgenommenen Kurven verschieben sich durch den Zusatz ohne wesentliche Änderung ihrer Form. Mit steigender Konz. der Zusätze nimmt die mol. Größe ihres Einfl. auf T_L stark ab u. strebt einem konstanten Wert zu. Bei Konzz. über 2—3 Mol-% ist eine parallele Zunahme des Moments u. der Wrkg. der Zusätze nicht mehr zu beobachten. Im obigen Syst. bestätigt der Einfl. von I den ionisierten Zustand. Bei Einführung von *$BaCl_2$* in das Syst. AgCl–KNO_3 wird vollständige Verschiebbarkeit im Gebiet der Teillöslichkeit u. Verbreiterung des Gebietes der vollständigen Mischbarkeit beobachtet. (Журнал Физической Химии [J. physik. Chem.] **28.** 735—44. April 1954. Moskau, Lomonossow-Univ. u. Inst. für Kristallographie der Akad. der Wiss. der UdSSR.) R. K. MÜLLER. 224

Rudolf Bock und **Eleonore Bock,** *Über eine Verteilungsreaktion des Wolframs.* Vff. bestätigen die Angaben von CORLEIS [1886], wonach die durch Einleiten von H_2S in eine ammoniakal. WO_4-Lsg. erhaltene Gelbfärbung nach Ansäuern mit Ae. ausgeschüttelt werden kann. Dabei geht nur ein sehr kleiner Teil des W in die Ae.-Schicht. Die Ausbeuten an W im Ae. lassen sich wie folgt steigern: 0,5 g WO_3 wurde mit 4 g einer Mischung von Na_2CO_3 u. S (1 : 1) geschmolzen, die Schmelze in W. gelöst, angesäuert (Nd. von WS_3) u. mit Ae. ausgeschüttelt, wobei ein Teil des W in den Ae. geht. Die Ausbeuten schwanken stark. Als günstigste Bedingungen sind nach den bisherigen Verss. anzusehen: Lange Anheiz- u. Abkühlungsdauer beim Aufschluß (1—2 Std.); Aufschlußdauer bei mittlerer BUNSEN-Brennerhitze ca. $^1/_2$—1 Std.; Zugabe von H_2S-gesätt. Ae. zur Schmelzlsg., schnelles Ansäuern mit verd. HCl in einem Guß u. sofortiges Ausschütteln, das mit frischem Ae. wiederholt wird, bis dieser farblos bleibt. Dadurch Ausbeuten bis 40% W im Ae. Die W-Verb. ist auch in anderen organ. Lösungsmitteln (Amylacetat) löslich. Vorbehandlung u. Korngröße des Ausgangsmaterials scheinen für die Ausbeute von Bedeutung zu sein. Auch Schmelzen von W-Metall mit Na_2S + S geben diese Reaktion. Von anderen Elementen (As, Sb, Sn, Ge, V, Mo) reagiert nur Mo entsprechend. Dazu müssen die Schmelzen höher erhitzt werden. Die Ausbeuten im Ae. sind geringer als beim Wolfram. Vff. halten die Rk. zur Herst. sehr reiner W-Präpp. für verwendbar u. vermuten, daß dabei eine Thiowolframsäure entsteht, die in organ. Lösungsmitteln beständiger als in W. ist. (Angew. Chem. **67.** 327. 21/6. 1955. Hannover, TH, Inst. für Anorgan. Chemie, u. Farbwerke Hoechst Akt.-Ges., Analyt. Labor.)
H. HOFMANN. 224

William McKewan und **W. Martin Fassell jr.,** *Oxydationsgeschwindigkeit von Metallen bei hohem Druck. Kupfer in Sauerstoff.* Die Oxydationsgeschwindigkeiten von Cu wurden bei Tempp. von 600—900° in O_2 mit Drucken von 14,7—400 lbs./sq.in. (1—28 kg/cm^2) bestimmt. Innerhalb dieses Bereiches ist die Oxydationsgeschwindigkeit unabhängig vom O_2-Druck. Folgender Oxydationsmechanismus wird für das Syst. Cu/Cu_2O/CuO/O_2 angenommen: 1. Bldg. von Cu^+-Ionen u. Elektronen an der Cu/Cu_2O-Zwischenschicht. 2. Wanderung der Cu^+-Ionen u. Elektronen durch den Cu_2O-Film. 3. Rk. der Cu^+-Ionen u. Elektronen mit CuO unter Bldg. von Cu_2O an der Cu_2O/CuO-Zwischenschicht. 4. Wanderung der restlichen Cu^+-Ionen u. Elektronen durch den CuO-Film. 5. Rk. der Cu^+-Ionen u. Elektronen mit O_2 unter Bldg. von CuO. Wenn das gesamte Cu oxydiert ist, wird für das Syst. Cu_2O/CuO/O_2 folgender Mechanismus angenommen: 1. Zers. von Cu_2O in der Zwischenschicht Cu_2O/CuO unter Bldg. von CuO u. Cu^+-Ionen u. Elektronen. 2. Wanderung der Cu^+-Ionen u. Elektronen durch den CuO-Film. 3. Rk. der Cu^+-Ionen u. Elektronen mit O_2 unter Bldg. von CuO. (J. Metals **5.** Nr. 9. Sect. 1. Trans. AIME **197.** 1127—30. Sept. 1953. Salt Lake City, Ut., Univ. of Utah.) F. VIER. 225

R. J. Cvetanović und **E. Whittle,** *Schwankungseffekte freier Radikalkonzentrationen bei der Berechnung der relativen Geschwindigkeitskonstanten.* Schwankungseffekte der Konzz. freier Radikale bei der Berechnung der relativen Geschwindigkeitskonstanten

wurden für eine Anzahl idealisierter Modellfälle zahlenmäßig bestimmt; Vff. untersuchten obigen Effekt an folgenden Typen: Stetiger Anstieg der Radikalkonz., sporad. Schwankungen u. aussetzende Illumination, daneben Konzentrationsabstufungen, die bei Rk. der Radikale mit der Wand sowie bei uneinheitlicher Lichtabsorption auftreten. (Canad. J. Chem. **32.** 63—70. Febr. 1954. Ottawa, Can., Nat. Res. Council.)
M. Minsinger. 225

E. Daubach, *Geschwindigkeit und Geschwindigkeitskonstanten der Zersetzung des Siloxens durch alkalische Pufferlösungen.* Es wurden die Geschwindigkeiten der Umsetzungen der Si—Si- u. Si—H-Bindungen des Siloxens, $(Si_6O_3H_6)_n$, mit alkal. Pufferlsgg. von verschied. p_H gemessen, u. zwar einmal mit isopropylalkoholfeuchtem (I), dann mit äther- oder pentanfeuchtem (II) Siloxen. Aus den gemessenen Umsetzungsgeschwindigkeiten wurden die Geschwindigkeitskonstanten bestimmt. In bezug auf die Zuordnung der erhaltenen Geschwindigkeitskonstanten bei I läßt sich a priori nicht folgern, daß die rascher reagierenden Bindungen Si—Si-Bindungen sind. Bei der Umsetzung von I mit ganz schwach alkal. Isopropylalkohol erhält man jedoch Alkoxysilane, die keine Si—Si-Bindungen mehr enthalten, in denen aber die Si—H-Bindungen des Siloxens fast unverändert sind. Aus diesem Grunde werden die kleineren Geschwindigkeitskonstanten den Si—H-Bindungen zugeordnet. Der hydrophobe Charakter der Oberfläche, der durch die Si—H-Gruppen bestimmt wird, ändert sich erst durch deren Oxydation, welche ihrerseits erst nach der Oxydation der Si—Si-Bindungen der betreffenden Stelle erfolgt. Zersetzt man anderseits II, so wird die Geschwindigkeit der H_2-Entw. gegenüber den bei gleichem p_H bei I ausgeführten Verss. verringert, u. zwar bei Pentan noch etwas mehr als bei Äther. Betreffs einer Erklärung der Wrkg. der oberflächenakt. Stoffe kommt Vf. zu dem Ergebnis, daß die Wrkg. von hydrophoben, oberflächenakt. Stoffen, wie Pentan u. Ae., zu einer Verringerung der Anzahl der wirksamen, zur Umsetzung führenden Stöße führt gegenüber den Verss. mit I, bei welchen hydrophiler Isopropylalkohol die Oberfläche bedeckte. Diese Schutzwrkg. von Ae. u. Pentan läuft auf eine Konzentrationsverringerung der einwirkenden Teilchen (H_2O u. OH'-Ionen) auf die Siloxenoberfläche hinaus u. steigt offensichtlich mit zunehmendem hydrophoben Charakter des oberflächenakt. Stoffes. (Z. Naturforsch. **7b.** 329—33. Juni 1952. Marburg, Univ., Inst. für Siliciumchem.)
C. Gottfried. 225

F. J. Lipscomb, R. G. W. Norrish und **G. Porter,** *Photolyse von Chlordioxyd und absolute Geschwindigkeiten der Chlormonoxydreaktionen.* ClO wurde in der photochem. Rk. von Cl_2 u. O_2 durch sein Absorptionsspektr. nachgewiesen, u. seine Rkk. wurden in diesem Syst. untersucht, wobei bisher alle Reaktionsgeschwindigkeiten u. Konzz. durch eine bisher unbekannte Konstante ausgedrückt werden mußten, die numer. gleich dem Extinktionskoeff. des ClO bei einer gegebenen Wellenlänge ist. ClO zerfällt nach 2 ClO $\rightarrow Cl_2 + O_2$, die Geschwindigkeitskonstante dieser Rk. ist gegeben durch $k_1 = 7{,}2 \cdot 10^4$ $\varepsilon_s \cdot \exp[(0 \pm 650)/RT]$ Liter/Mol·Sekunde. Zur Berechnung von ε_s ist eine Best. der Konz. des ClO notwendig, die Vff., wie folgt, vornehmen: ClO_2 wird durch Lichtblitz (100 μsec, 250 J) photochem. zers., Primär-Rk. ist $ClO_2 \xrightarrow{h\nu} ClO + O$. Die spektroskop. bestimmbare Abnahme von $[ClO_2]$ ergibt [ClO], aus der Vff. ε_s zu 1190 ± 100 Liter/Mol·cm berechnen u. damit für k_1 (20°) = $8{,}6 \cdot 10^7$ Liter/Mol·sec erhalten. Ferner messen Vff. direkt die Zerfallsgeschwindigkeit des bei der Photolyse von ClO_2 gebildeten ClO, wobei sie k_1 (20°) = $5{,}7 \cdot 10^7$ Liter/Mol·sec erhalten. Aus der guten Übereinstimmung beider Werte folgt, daß ClO_2 ebenso wie Cl_2 u. O_2 keinen Einfl. auf die Zerfallsgeschwindigkeit des ClO hat. (Nature [London] **174.** 785—86. 23/10. 1954. Cambridge, Univ., Dep. of Phys. Chem.)
M. Schenk. 226

B. Anorganische Chemie.

Harald Schäfer, *Bemerkungen zur Entstehung höhermolekularer Siliciumchloride im Abschreckrohr.* Die von Schwarz u. Mitarbeitern im Hinblick auf die Reaktionsprodd. eingehend untersuchten Umsetzungen von $SiCl_4$ zu höhermol. Si-Chloriden im Abschreckrohr deutet Vf. in ihrem Bildungsmechanismus. $SiCl_4$ wird durch H_2 oder SiC an der heißen Wand des Silitstabes prim. zu $SiCl_2$ red. ($SiCl_4 + H_2 \rightarrow SiCl_2 + 2\,HCl$; $SiCl_4 + SiC \rightarrow 2\,SiCl_2 + C$), das sich beim Abschrecken nach $SiCl_4 + (n-1)SiCl_2 \rightarrow Si_nCl_{2n+2}$, bei langsamem Abkühlen jedoch nach $2\,SiCl_2 \rightarrow SiCl_4 + Si$ umsetzt, zum Teil auch nach $n\text{-}SiCl_2 + H_2 \rightarrow Si_nCl_{2n}H_2$ u. $SiCl_2 + HCl \rightarrow SiHCl_3$ weiterreagiert. Bei Erhöhung der Silitstabtemp. (mit inertem Trägergas, wie Ar, N_2) oder auch in Ggw. von H_2 nimmt der $SiCl_2$-Geh. u. damit das Mol-Gew. des höheren Siliciumchlorids („$Si_{25}Cl_{52}$") zu. Aus Berechnungen der $SiCl_2$-Gleichgewichtsdrucke bei der Red. von $SiCl_4$ mit a) Si, b) H_2 oder c) SiC ergibt sich p_{SiCl_2} von b > a > c; daraus folgt, daß sich bei Red. mit H_2 elementares Si auf dem Silitstab abscheiden muß. (Z. anorg. allg. Chem. **274.** 265—70.

Dez. 1953. Stuttgart, Max-Planck-Inst. für Metallforsch., Inst. für Physikal. Chem. der Metalle.) U. WANNAGAT. 261

Harald Schäfer und **Julius Nickl,** *Über das Reaktionsgleichgewicht $Si + SiCl_4 = 2\,SiCl_2$ und die thermochemischen Eigenschaften des gasförmigen Silicium(II)-chlorids.* Aus stat. Gleichgewichtsmessungen zwischen 1125° u. 1300° läßt sich ableiten, daß $SiCl_4$ in reversibler Rk. mit Si (in geringem Maße schon >800°) nach $Si_{fest} + SiCl_{4gas} \rightleftharpoons 2\,SiCl_{2\,gas}$ reagiert. Für eine mittlere Versuchstemp. 1500°K ergibt sich die Reaktionswärme Wp_{1500} zu $+75{,}2 \pm 1{,}4$ kcal, die Reaktionsentropie ΔS_{1500} zu $+46{,}1 \pm 0{,}9$ cl; mit geschätzten spezif. Wärmen für $SiCl_4$ u. $SiCl_2$ berechnet sich weiterhin $Wp_{298} = 83{,}2$ kcal u. $\Delta S_{298} = 58{,}5$ cl, die Bildungswärme für gasförmiges $SiCl_2$ aus den Elementen $Wp_{(SiCl_2,\,298)}$ 29,9 kcal, die Normalentropie $S_{(SiCl_2,\,298)}$ 71,1 cl. Eine merkliche Bldg. von SiCl oder $SiCl_3$ ist bei der Rk. nicht zu beobachten. $SiCl_4$ zerfällt bei 1600°K in geringem Maße in $SiCl_2$, Cl_2 u. Cl, die Gaszus. entspricht dann P_{SiCl_4} 760 mm, P_{SiCl_2} 0,85 mm, P_{Cl_2} 0,22 mm u. P_{Cl} 1,26 mm. (Z. anorg. allg. Chem. **274.** 250—64. Dez. 1953. Stuttgart, Max-Planck-Inst. für Metallforsch., Inst. für Physikal. Chem. der Metalle.) U. WANNAGAT. 261

E. Hayek, J. Lechleitner und **W. Böhler,** *Hydrothermalsynthese von Hydroxylapatit.* Die Darst. von lichtmkr. homogenen regelmäßigen Einkristallen des *Hydroxylapatits* (I), $Ca_5(PO_4)_3OH$, unter Bedingungen der Hydrothermalsynth. wird beschrieben. Etwa 1—2 g eines aus NH_4OH-Lsg. gefällten u. geglühten Präp. der ungefähren Zus. von I werden mit 15 cm³ 2 mol. NaOH 24 Std. auf 380° erhitzt. Man erhält im ruhenden Syst. 6seitige Prismen von bis zu 0,15 mm Länge u. 0,02 mm Breite, durch zusätzliche Zirkulationsströmung Kristalle bis zu 1 mm Länge. NaOH wirkt hier als spezif. „Mineralisator". Reines W., LiOH, $Ca(OH)_2$ u. KOH geben wesentlich schlechter ausgebildete Kristalle. Der Glühverlust bei 600° beträgt 0,01%. Das Röntgenpulverdiagramm ist schärfer als das in üblicher Weise gefällter u. auch geglühter I-Präparate. (Angew. Chem. **67.** 326. 21/6. 1955. Innsbruck, Univ., Chem. Inst.) H. HOFMANN. 283

E. Hayek und **W. Stadlmann,** *Darstellung von reinem Hydroxylapatit für Adsorptionszwecke.* Als „Tricalciumphosphat" bezeichnete Adsorbentien bestehen im wesentlichen aus *Hydroxylapatit* (I), $Ca_5(PO_4)_3OH$. Die Darstellungsmöglichkeiten für I werden kurz erörtert u. nachst. Vorschrift zur Darst. von I in oberflächenreichster Form angegeben. 79 g $(NH_4)_2HPO_4$ werden mit NH_4OH bei einem Vol. von 1600 cm³ auf p_H 12 gebracht (zuerst verd., sonst $[NH_4]_3PO_4$-Nd.) u. unter Rühren einer mit NH_4OH auf p_H 12 eingestellten Lsg. von 236 g $Ca(NO_3)_2 \cdot 4\,H_2O$ (1200 cm³) zugegeben. Danach wird 10 Min. gekocht, filtriert u. der Filterrückstand zur Zers. von NH_4NO_3 bei 250° getrocknet. Glühen bis 800° verfestigt das Prod. bedeutend, ohne die Adsorptionsfähigkeit wesentlich zu beeinträchtigen. Etwa 100 g Ausbeute. Durch Anwendung genau äquivalenter Mengen in den Ausgangslsgg. kommt man dem stöchiometr. Ca/P-Verhältnis beliebig nahe. (Angew. Chem. **67.** 327. 21/6. 1955.) H. HOFMANN. 283

Simonne Caillère, Stéphane Hénin und **Jacques Esquevin,** *Synthese von eisenhaltigen Phylliten bei tiefer Temperatur.* Vff. synthetisierten Phyllite, wobei als Kationen Fe^{3+}, Fe^{2+} u. Mg benutzt wurden. Die erhaltenen Prodd. wurden röntgenograph. identifiziert. Aus den Diagrammen, die durch chem. Analysen kontrolliert wurden, sowie durch thermogravimetr. Messungen ergab sich, daß es sich bei den erhaltenen Prodd. um *Saponite* oder einen quellfähigen *Chlorit* handelt. Im Elektronenmikroskop erscheinen die Kristallite als dünne, zerknitterte Papierblättchen u. erinnern an gewisse Typen von Montmorilloniten. (C. R. hebd. Séances Acad. Sci. **237.** 1724—26. 21/12. 1953.) C. GOTTFRIED. 294

Stéphane Hénin und **Olivier Robichet,** *Neue Ergebnisse bei der Darstellung von Tonmineralien im Laboratorium. Synthese des Antigorits.* Im Anschluß an eigene frühere Arbeiten (vgl. vorst. Ref.) gelang es, durch Einhalten bestimmter Bedingungen, wie p_H-Wert, Temp., Konz. u. Elektrolytzusätze, synthet. Antigorit, $Mg_6Si_4O_{10}(OH_8)$, u. geringe Mengen Montmorillonit darzustellen, so daß das Verf. Aussichten für eine experimentelle Unters. der Diagenese bietet. (C. R. hebd. Séances Acad. Sci. **238.** 2554—56. 28/6. 1954.) H. ECKHARD. 294

Je. A. Nikitina, *Herstellung von Kaliumsiliciummolybdaten.* Zur Herst. von $KH_7[Si(Mo_2O_7)_6] \cdot x\,H_2O$ (I) wurde die Lsg. von $H_8[Si(Mo_2O_7)_6] \cdot x\,H_2O$ (II) mit einer genau berechneten wss. Lsg. von KOH neutralisiert. Die erhaltene I-Lsg. wurde isotherm über H_2SO_4 im Exsiccator bei ca. 18° eingedampft. Durch Zusatz je eines Äquivalentes KOH zu II in Abständen von 10—15 Min. wurden erhalten: $K_2H_6[Si(Mo_2O_7)_6] \cdot x\,H_2O$ (III), $K_3H_5[Si(Mo_2O_7)_6] \cdot x\,H_2O$ (IV) u. $K_4H_4[Si(Mo_2O_7)_6] \cdot x\,H_2O$ (V). Die Ausbeute von I, III, IV u. V betrug ca. 80% der Theorie. Die Salze I u. III wurden erstmalig gewonnen. I wurde in Form goldgelber feiner Schuppen erhalten, II als feine Schuppen u. prismat. Kristalle. Bei Zusatz des 5. Äquivalentes KOH zu II konnte kein 5fach substituiertes

K-Salz erhalten werden. Durch Zerfall des Heteropolyanions entstand hierbei das K-Trimolybdat mit einer Beimengung von K-Silicat. (Журнал Общей Химии [J. allg. Chem.] 22 (84). 1085—88. Juli 1952. Moskau, 2. Med. Stalin-Inst., Lehrstuhl für allg. Chemie.) O. Lebtag. 336

Norbert G. Schmahl, *Das System Eisen–Schwefel–Sauerstoff und seine Bedeutung als Grundlage der Umsetzungen von Eisensulfiden mit Schwefeldioxyd zu Eisenoxyden und Schwefeldampf.* Aus dem im Syst. Fe–S–O möglichen Rkk. werden durch Gleichgewichtsbetrachtungen die möglichen Rkk., ihre Existenzbereiche u. Gleichgewichtslagen festgestellt. Diese werden in Tafeln u. Schaubildern für die Tempp. 600, 700, 800 u. 900° wiedergegeben. Ein neues Verf. zur graph. Behandlung derartiger Dreistoffsysteme wird erörtert. (Arch. Eisenhüttenwes. 25. 315—319. Juli/Aug. 1954. Aachen, TH.) H. Hochstein. 354

J. R. Gump, W. F. Wagner und **J. M. Schreyer,** *Darstellung und Analyse von Bariumferrat(VI).* Zur Darst. von $Ba(FeO_4)$ fällten Vff. Lsgg. von $K_2(FeO_4)$ mit $BaCl_2$-Lösungen. Die besten Präpp. (86,5% ig.) wurden mit Eiswasser unter Ausschluß von CO_2 (in N_2) erhalten. Zur Analyse wurden 0,1—0,2 g Ferrat mit 20 ml gesätt. NaOH-Lsg. u. 3 ml $CrCl_3$-Lsg. (25 g $CrCl_3 \cdot 6\,H_2O$ in 150 ml W.) versetzt. Nach 15 Min. Stehen wurde mit 50 ml W. verd. u. $2^1/_2$ Std. auf ca. 100° erhitzt. Nach dem Abkühlen wurde mit H_2SO_4–H_3PO_4 (60 ml konz. H_2SO_4 + 150 ml 85% ig. H_3PO_4 in 240 ml dest. W.) angesäuert u. die entstandene Dichromatlsg. durch eingestellte $Fe(NH_4)_2(SO_4)_2$-Lsg. mit Na-Diphenylaminsulfonat als Indicator titriert. Die hauptsächlichsten Verunreinigungen bestanden in $Fe(OH)_3$ u. $BaCO_3$. (Analytic. Chem. 26. 1957. Dez. 1954. Lexington, Ky., Univ. of Kentucky, Dep. of Chem.) H. Pluskal. 354

Yasumitsu Shimomura, Ichiro Tsubokawa und **Morio Kojima,** *Über Nickeloxyde mit hohem Sauerstoffgehalt.* Vff. untersuchen Nickeloxyde mit hohem O-Überschuß, die durch unvollständigen Abbau von Nitrat dargestellt wurden, röntgenograph. u. magnetisch. Die Struktur dieser Präpp., die einen O-Überschuß bis zu 0,2 g-Atom/Mol hatten, war nicht wesentlich von reinem NiO verschieden; der Parameter der kub. Struktur ist jedoch größer als der einer rhomboedr. deformierten. Bei hohen O-Gehh. wurde Ferromagnetismus beobachtet. Die beobachteten Erscheinungen werden nicht allein auf Ni-Fehlstellen, sondern auf den Überschuß an Anionen zurückgeführt. (J. physic. Soc. Japan 9. 521—24. Juli/Aug. 1954. Naniwa, Univ., Dep. of Physics. [Orig.: engl.]) J. Siewert. 356

Walter Hückel, Lehrbuch der Chemie. T. 1: Anorganische Chemie. 6. neubearb. Aufl. Leipzig: Geest & Portig. 1955. (XXI + 726 S. m. 75 Abb., 5 Taf. u. 1 farb. Spektraltaf.). DM 18,—.

C. Mineralogische und geologische Chemie.

George F. Koehler, P. Blair Hostetler und **Heinrich D. Holland,** *Geochemische Schurfarbeiten auf Kobalt, Ontario.* Ein Vers., geochem. in glazialen Ablagerungen, oberhalb von Co-haltige Gänge führendem Gestein, das Co nachzuweisen, wurde in einer Gegend des präcambr. Schildes von Canada unternommen. Eine an einer Stelle abnorm hohen Co-Geh. im Boden angesetzte Bohrung war fündig. Die Meth. soll geeignet sein, Erzkörper im Untergrund zu lokalisieren. (Econ. Geol. 49. 378—88. Juni/Juli 1954. Princeton Univ., Dep. of Geol.) W. Baur. 378

Karl-Christoph Taupitz, *Erze sedimentärer Entstehung auf alpinen Lagerstätten des Typs „Bleiberg".* Unterss. an kalkalpinen Erzlagerstätten des Typs „Bleiberg" zeigten, daß ein großer Teil der Erze sedimentären Ursprungs ist. In rinnenartigen Vertiefungen des Meeresbodens konnte eine reduzierende Faulschlammfacies bestehen. Durch den dort erzeugten H_2S wurden die Metalle des Meerwassers als Sulfide gefällt. Bei der Gesteinsdiagenese u. durch Grundwasserströmungen nach tekton. Zerklüftung des Gebirges wurden die Sedimentärerze umgelagert, so daß typ. hydrothermal aussehende Erze entstanden. (Z. Erzbergbau Metallhüttenwes. 7. 343—49. Aug. 1954. Clausthal-Zellerfeld.) H. Hochstein. 378

Hermann Harder, *Beitrag zur Petrographie und Genese der Hämatiterze des Lahn-Dill-Gebietes.* Durch petrograph. u. chem. Unterss. u. Vgl. mit anderen sedimentären Eisenerzen wird ein Beitrag zur Klärung der Genese der Hämatiterze des Lahn-Dill-Gebietes geleistet. Die Roteisensteine sind hiernach durch Ausflocken von Eisen- u. Kieselsäuresolen, die sehr wahrscheinlich aus der Hydrolyse von magmat. Exhalationen herzuleiten sind, als Sediment im Meerwasser gebildet worden. (Heidelberger Beitr. Mineralog. Petrogr. 4. 54—66. 1954. Göttingen, Univ., Sedimentpetrograph. Inst.) J.-E. Hiller. 378

K. D. Watson, *Paragenese der Zink–Blei–Kupfer-Lagerstätten der Mindamar-Mine, Nova Scotia.* Beispiel einer sogenannten „massive sulphide deposit", wie sie in metamorphen Gesteinen häufig ist. In ein Gangsyst., das einen *Sericitschiefer* cambr. Alters durchsetzt, sind linsenförmige Erzkörper eingeschaltet. Mineralinhalt: *Pyrit* u. *Zinkblende* (beide sehr feinkörnig), wenig *Kupferkies, Bleiglanz, Tennantit* u. sehr wenig *Au, Ag* u. *Realgar.* Gangart: Dolomit, Magnesit, Quarz, Sericit, Talk u. Chlorit. Die Bildungsfolge ist: 1. Pyrit u. Zinkblende verdrängen den Sericitschiefer. 2. Dolomit, Magnesit u. Quarz werden als Kluftfüllung u. durch Verdrängung abgesetzt. 3. Bleiglanz, Kupferkies werden in 1. u. in 2. abgelagert. (Econ. Geol. **49.** 389—412. Juni/Juli 1954. Univ. of California.) W. Baur. 378

Ss. I. Taldykin, *Über die Altersbeziehungen zwischen den Spessartinen und den Blei–Zink-Vorkommen der Priargunzone des östlichen Baikalgebietes.* Durch Beobachtungen auf Gruben u. Halden wurde festgestellt, daß die zahlreichen kleinen *Spessartin* (I)-Körper von unregelmäßiger Form epigenet. Gebilde in den massiven u. gestreiften Erzen sind. Die Bruchstücke des schwarzen monomineral. *Sphalerit* (II)- oder *Galenit* (III)–II-Erzes sind in eine Silicatmasse eingeschlossen. In vielen Tiefendenudationen wird eine Breccienbldg. durch I, ferner eine Zementierung der I-Bruckstücke durch III-Erzmasse beobachtet. Hieraus folgt, daß die I eine Intrusion im Erz darstellen, welche die vorwiegende Zn-Mineralisation von der des Pb zeitlich trennt. Der genaue Zeitpunkt der Intrusion läßt sich zwar nicht feststellen, doch können I u. die Zn–Pb-Mineralisation auf den gleichen Ursprung zurückgeführt werden. (Доклады Академии Наук СССР [Ber. Akad. Wiss. UdSSR] [N. S.] **95.** 629—30. 21/3. 1954. Allunions Wiss. Geol. Forschungsinst.) O. Lebtag. 378

Horst Piller, *Über den Verwitterungszustand des Granitgruses vom Fliegenberg, westlich Thiersheim (Fichtelgebirge) mit besonderer Berücksichtigung der Schwerminerale.* Es werden der qualitative Mineralbestand u. die Korngrößenverteilung im Verwitterungsgrus des Granites vom Fliegenberg, westlich Thiersheim, angegeben. Trotz des starken mechan. Zerfalls des Gesteins sind keine nennenswerten chem. Mineralumwandlungen festzustellen. Bei der Unters. der Schwerminerale fällt der häufige *Apatit,* der fast frisch ist, auf. Da dieser sonst chem. instabil ist, muß die Verwitterung jüngeren rezenten Einfll. zugeschrieben werden. Die Schwermineralassoziation gehört in die Gruppe der pneumatolyt. Bildungen. Die Beobachtungen deuten auf eine geringe Tiefenstufe des aufgeschlossenen Teiles des Granitkörpers u. auf eine besondere Anlage zur Grusbldg. hin. (Heidelberger Beitr. Mineralog. Petrogr. **4.** 151—62. 1954. Göttingen, Zeiss-Winkel, Mikrolabor., Abt. Mineralogie.) J.-E. Hiller. 380

Friedrich Lippmann, *Über einen Keuperton von Zaisersweiher bei Maulbronn.* Durch röntgenograph. u. differentialthermoanalyt. Unterss. wurde in einem roten Keuperton von Zaisersweiher ein quellfähiges chlorit. Mineral gefunden, das sich durch den doppelten Basisabstand von 28 Å auszeichnet. Es wird *Corrensit* genannt. Daneben treten *Illit* u. *Quarz,* untergeordnet *Hämatit* u. *Feldspat,* auf. (Heidelberger Beitr. Mineralog. Petrogr. **4.** 130—34. 1954. Göttingen, Univ., Sedimentpetrogr. Inst.) J.-E. Hiller. 380

Helga Huffmann, *Mineralogische Untersuchungen an fünf Bodenprofilen über Basalt, Muschelkalk und Buntsandstein.* Vf. untersucht 3 Bodenprofile über Basalt, 1 über Trochitenkalk u. 1 über Buntsandstein. Die Korngrößenverteilung der über Basalt liegenden Böden ist sehr ähnlich, während die beiden anderen Profile ihnen erst an der Erdoberfläche ähnlich werden. Der Mineralinhalt der Böden wird untersucht. Die Tonfraktionen werden röntgenograph. bestimmt, wobei *Halloysit* als einziges Tonmineral in den Basaltprofilen u. in mürbem Gestein festgestellt wurde. Im Trochitenkalk finden sich *Illit* u. *Montmorillonit,* im Boden darüber ebenfalls Illit. Im Boden über Buntsandstein konnte neben *Kaolinit* etwas Illit nachgewiesen werden. (Heidelberger Beitr. Mineralog. Petrogr. **4.** 67—88. 1954. Göttingen, Univ., Sedimentpetrogr. Inst.) J.-E. Hiller. 380

Karl Hans Wedepohl, *Der trachydoleritische Basalt (Olivin-Andesin-Basalt) des Backenberges bei Güntersen, westlich von Göttingen.* Vf. beschreibt das Vork. eines trachydolerit. Basaltes aus dem Gebiet westlich des Leinetales bei Göttingen. Außer den Komponenten gewöhnlicher olivinführender Feldspatbasalte enthält das Gestein *Oligoklas, Anorthoklas, Alkalipyroxen, Nephelin* u. *Zeolithe.* Innerhalb des untersuchten Vork. u. im Vgl. mit benachbarten lassen sich Differentiationserscheinungen nachweisen. Der Basalt entstammt einem gabbroiden-gabbrodiorit. Magma. Die späteren Mineralparagenesen werden als Prodd. von Restlsgg. betrachtet u. einige Analysenergebnisse von Spurenelementen geochem. gedeutet. (Heidelberger Beitr. Mineralog. Petrogr. **4.** 217—32. 1954. Göttingen, Univ., Mineralog.-Petrogr. Inst.) J.-E. Hiller. 380

Ida Valeton, *Beitrag zur Petrographie des mittleren Muschelkalkes Süddeutschlands.* Der prim. klast. Anteil des mittleren Muschelkalkes besitzt ein über weite Strecken konstantes Maximum in den Korngrößen von 6—20 μ u. besteht aus *Quarz, Feldspat,*

Glimmer u. vielleicht *Kaolinit*. Durch Grundwassereinw. bildet sich ein 2. Maximum von 0—2 μ, wobei eine Zunahme an *Illit* u. Kaolinit u. das Neuauftreten von *Montmorillonit* zu beobachten ist. Bei der Verwitterung verschwindet das 1. Maximum zugunsten des 2., dessen Fraktionen sich aus einem illitähnlichen Mineral zusammensetzen. (Heidelberger Beitr. Mineralog. Petrogr. **4**. 207—16. 1954. Hamburg, Geolog. Staatsinst.) J.-E. HILLER. 382

Umberto Carretta, *Neue Untersuchungen über die hyperthermalen Wasser der Euganeen.* An 133 hyperthermalen Heilquellen werden Unterss. der Temp., der Radioaktivität, des Trockenrückstands u. des Gesamtgeh. an Halogenen durchgeführt u. ihre Ergebnisse in mehreren Tabellen mitgeteilt. Die Quellen liefern insgesamt über 1 Million Liter stündlich. (Ann. Chimica **44**. 407—23. Mai/Juni 1954. Padova, Univ., Ist. di Chim. farmac.) R. K. MÜLLER. 393

Gaetano Labruto und **Andrea Labruto,** *Untersuchungen über den Schlamm der Thermen von Granata-Cassibile in Ali Marina (Messina).* Der untersuchte Schlamm besteht aus 78,57% toniger Substanz u. 21,43% SiO_2-haltigem Rückstand. Die Analyse ergibt 1,29% W., 21,37% Glührückstand u. als Hauptbestandteile 36,02 (%) SiO_2, 14,98 CO_2, 14,22 Al_2O_3, 16,15 CaO. Es wird angenommen, daß der Schlamm durch langsame Veränderung von roten u. grünen krist. Schiefern u. Gneis entstanden ist. Der Schlamm kann als koll. Komplex betrachtet werden, der 53,61% W. u. aus diesem größere Mengen Ionen aufnehmen kann. Der lange die Wärme erhaltende Schlamm gibt allmählich J_2 u. NaCl ab. (Ann. Chimica **44**. 380—96. Mai/Juni 1954. Messina, Univ., Ist. di Chim. generale.) R. K. MÜLLER. 393

Willy Bruhns, Petrographie. Neubearb. v. **Paul Ramdohr.** 4. durchges. Aufl. Berlin: de Gruyter. 1955. (104 S. m. 10 Abb.) = Sammlung Göschen. Bd. 173. DM 2,40.

Franz Linke u. **Fritz Möller,** Hrsg., Handbuch der Geophysik. Bd. 8: Physik der Atmosphäre. Lfg. 4. Berlin-Nikolassee: Borntraeger. 1955. (S. 724—786 m. 22 Textabb. u. 21 Tab.). DM 16,—.

D. Organische Chemie.

D_1. Allgemeine und theoretische organische Chemie.

Carl M. Moser, *Die π-Elektronenniveaus des Äthylens.* Für die N → V- u. V → T-Übergänge des π-Elektronensyst. in ungesätt. Verbb. werden mit den bekannten analyt. Mol.-Näherungsfunktionen zu hohe Werte gefunden; Vf. diskutiert verschied. Ansätze, die geeignet erscheinen, diese Unstimmigkeit zu überwinden. Ihre Ergebnisse werden für *Äthylen* (I) untereinander u. mit den beobachteten Werten verglichen. Die Meth. von MOFFITT (Proc. Roy. Soc. [London], Ser. A **210**. [1951.] 224. 246) liefert danach zwar für **I** ausgezeichnete Werte, ist aber für die Berechnung größerer konjugierter Systeme umständlich. (J. chem. Physics **21**. 2098—99. Nov. 1953. Oxford, Univ., Math. Inst.) K. FRENKLER. D 10

W. Moffitt und **J. Scanlan,** *Einige Berechnungen über das Äthylenmolekül.* Vff. wenden auf das *Äthylen*-Mol. die von MOFFIT (Proc. Roy. Soc. [London], Ser. A **210**. [1951.] 246) entwickelte Meth. der „atoms in molecules" an, um einige unbefriedigende Ergebnisse, die nach anderen Rechenmethoden erhalten wurden, zu überprüfen u. den experimentellen Tatsachen anzugleichen. Die Unterss. erstrecken sich sowohl auf den Fall des n. ebenen als auch des verdrehten Moleküls. Vff. diskutieren zunächst das verwendete Mol.-Modell u. führen dann die Berechnung nach der ASMO-Meth. durch. Dann wird die Berechnung mittels der „atoms in molecules"-Theorie durchgeführt u. die Resultate beider Methoden verglichen. Für die vertikale Anregungsenergie des N → V-Bandensyst. gibt ASMO 11,7 eV, „atoms in molecules" 7,3 eV, beobachtet 7,6 eV. Über das Bandensyst. bei 2000 Å sagt ASMO nichts aus, „atoms in molecules" gibt richtige Werte. Die ASMO-Näherung gibt die energet. Trennung zwischen Ionen- u. kovalenter Struktur nur unvollkommen wieder. Der Beitrag der Ionenstrukturen zum Grundzustand des Äthylens wird unterschätzt u. die Wichtigkeit der Konfigurationswechselwrkg. übertrieben. Nach ASMO beträgt der Unterschied zwischen Triplet- u. Grundzustand 8,3 eV, „atoms in molecules" findet 1,8 eV, beobachtet wurden 2,2 eV. Als Resonanzenergie für die beiden Ionenstrukturen finden Vff. 2,8 eV, ASMO 0,8 eV. Für das nichtebene Mol. werden von Vff. unter Vernachlässigung der Hyperkonjugation zwischen π- u. C–H-Bindung für die Frequenz der Deformationsschwingung der beiden CH_2-Gruppen 1158 cm^{-1} berechnet. Beobachtet wurden 1027 $\pm$ 3 cm^{-1}. Die Differenz entspricht gerade dem Betrag, der für die Hyperkonjugation in Rechnung zu stellen wäre. ASMO gibt 995 cm^{-1} an. (Proc. Roy. Soc. [London], Ser. A **218**. 464—86. 23/7. 1953. Welwyn Garden City, Herts., Brit. Rubber Producers Res. Assoc.) K. FRENKLER. D 10

W. Moffitt, *Die Elektronenspektra konjugierter Kohlenwasserstoffe.* Vf. entwickelt für konjugierte KW-stoffe ganz allg. die Vorstellungen, die zur Berechnung der

verschied. Mol.-Zustände u. Elektronenübergänge führen u. die bes. die theoret. Erfassung der experimentell kaum zu identifizierenden sub-Rydberg-Übergänge erlauben. Nach der Meth. der „anti-symmetrized molecular orbitals“ (ASMO) werden die Mol.-Zustandsfunktionen aufgestellt u. mit den entsprechenden Funktionen verglichen, die die semiempir. Meth. der electron pairing theory liefert. Die Aussagen beider werden diskutiert u. ihre Transformation ineinander u. Gleichwertigkeit gezeigt. Ausgehend von diesen Ergebnissen führt Vf. die von ihm entwickelte „atoms in molecules“-Meth. ein u. vergleicht deren Resultate mit den nach den anderen Methoden erhaltenen. Es wird gezeigt, welche grundsätzlichen Näherungen erlauben, die zu berechnenden Energiematrizen ohne zu viel Arbeit zu erhalten. Schließlich wird die Theorie auf das Syst. des Allylradikals angewandt. Die ASMO-Meth. sagt den 1. N → V-Übergang bei 5040 Å voraus, während nach „atoms in molecules“ 3540 Å gefunden werden. Experimentell wurde keine Absorption über 3000 Å festgestellt. ASMO erwartet ebenfalls eine wesentlich größere Konfigurationswechselwrkg. als „atoms in molecules“. Da die Werte der Integrale mit 3 Zentren nur näherungsweise bekannt sind, liefert die Berechnung, wie Vf. sie durchführt, keine sehr genauen Resultate. Vf. diskutiert die unterschiedlichen Aussagen der ASMO- u. seiner Theorie. (Proc. Roy. Soc. [London], Ser. A **218.** 486—506. 23/7. 1953. Welwyn Garden City, Herts., Brit. Rubber Producers' Res. Assoc.)
K. FRENKLER. D 114

Siegfried Hünig, Jasper Utermann und **Gustav Erlemann,** *Farbreaktionen auf ungesättigte Carbonylverbindungen.* 2. Mitt. *p-Aminodimethylanilin als Farbreagens.* (1. vgl. C. **1955.** 7511.) Ebenso wie Azobenzolhydrazinsulfonsäure-(4) gibt *p-Aminodimethylanilinhydrochlorid* (I) mit ungesätt. Carbonylverbb. eine empfindliche Farb-Rk., wobei die auftretenden Farben von der Zahl der zur Carbonylgruppe konjugierten Doppelbindungen abhängen. Für die vinylogen Polyenale $CH_3-[CH{=}CH]_n-CHO$, Phenylpolyenale $C_6H_5-[CH{=}CH]_n-CHO$, Furylpolyenale $C_4H_3O-[CH{=}CH]_n-CHO$ (n = 0—6) u. Furylpolyenone $C_4H_3O-[CH{=}CH]_n-CO-CH_3$ (n = 0—3) wird die Farb-Rk. mit I durchgeführt. In den meisten Fällen ist eine Unterscheidung auch ohne Vergleichslsg. möglich. Quantitative Unterss. der Rk. mit Furylpolyenaldehyden (n = 0—5) u. -ketonen (n = 0—2) ergeben mit wachsender Doppelbindungszahl ein Ansteigen der Bildungsgeschwindigkeit sowie eine Abnahme der Beständigkeit der Farbstofflösungen. Furfurol macht hier in beiden Fällen eine Ausnahme. Die Absorptionsspektren der Farbstofflsgg. unterscheiden sich im wesentlichen nur durch die Lage u. Höhe der Hauptbande. Das Absorptionsmaximum der Furylpolyenale bzw. -polyenone wird durch die Farb-Rk. mit I um 150—200 mμ bathochrom verschoben, während die mol. Extinktion etwa gleichbleibt. — Die Rkk. werden in Methanol mit unterschüssigem Aldehyd durchgeführt. Die Lsgg. des oxydationsempfindlichen I werden stabilisiert durch Einsatz des Zinn(II)-chloriddoppelsalzes. (Chem. Ber. **88.** 708—12. 1955. Marburg, Univ., Chem. Inst.)
J. KNAUL. D 118

R. C. Cookson und **S. H. Dandegaonker,** *Absorptionsspektren von Ketonen.* 2. Mitt. *Die Konfiguration einiger Bromderivate des 6-Oxocholestanylacetats. Absorptionsspektren von α-Ketolen.* (1. vgl. J. chem. Soc. [London] **1954.** 282.) Vff. fanden, daß das *3β.5α-Diacetoxy-7β-bromcholestan-6-on* (II) bei der Acetolyse von *3β-Acetoxy-5α.7β-dibromcholestan-6-on* u. das 7α-Epimere bei der Bromierung von *3β.5α-Diacetoxycholestan-6-on* entsteht. An Hand von UV-Absorptionsspektren (in A.) von verschied. α-Ketolen wurde festgestellt, daß die Verschiebung der Absorptionsbande des Cyclohexanons, welche durch Substitution einer α-ständigen OH- oder OC_2H_5-Gruppe hervorgerufen wird, parallel der durch ein α-Bromatom hervorgerufenen Verschiebung geht. Die OH-Gruppe hat einen größeren Effekt als die OC_2H_5-Gruppe. Folgende Verbb. wurden gemessen: *3β-Acetoxycholestan-6-on,* λ_{max} 279 mμ (log ε = 1,65); *3β-Acetoxy-5α.7α-dibrom-,* (F. 152—153°, $[\alpha]_D$ —140°) 339 (2,12); *3β-Acetoxy-5α.7β-dibrom-* (I, F. 129°, $[\alpha]_D$ —57°), 304 (2,03); *3β-Acetoxy-5α-oxy-,* 299,5 (1,77); *3β.5α-Diacetoxy-7β-brom-* (II, F. 198—199°, aus I mit K-Acetat u. Essigsäure, 7 Std. Dampfbad), 284 (1,96); *3β.5α-Diacetoxy-* (F. 170—171°, aus II mit Zn in Essigsäure), 290 (1,93); *3β-Acetoxy-7α-brom-5α-oxy-* (F. 170—171°, $[\alpha]_D$ +7°), 333,5 (2,04) u. *3β.5α-Diacetoxy-7α-bromcholestan-6-on* (F. 215—216°, $[\alpha]_D$ +39°), 317 (1,69). *Cholestan-2-on,* 279,5 (1,39); *3α-Chlor-,* 305 (1,79) u. *3α-Bromcholestan-2-on,* 312 (2,04); *2β-Chlorcholestan-3-on,* 299,5 (1,53) u. *Cholestan-3-on,* 285 (1,40); *3α-Acetoxy-11-oxocholansäuremethylester,* 298 (1,47); *Cevagenin,* 279 (1,71) u. dessen *Orthoacetatdiacetat,* 283 (1,49); *3β-Acetoxyolean-28-säuremethylester,* 287 (1,47); *3α-Oxycampher,* 297,5 (1,47) u. *Campher,* 289 (1,51). (J. chem. Soc. [London] **1955.** 352—55. Febr. London, Birkbeck Coll.)
M. L. KLAAR. D 118

Gilm Kamai und **I. M. Starschow,** *Über die Atomrefraktion von Arsen in einigen organischen Arsenverbindungen.* (Vgl. C. **1951.** I. 704; **1954.** 9002; Сборник Статей по Общей Химии [Samml. Aufsätze allg. Chem.] **1.** [1953.] 228.) Aus den in der Literatur angegebenen physikal. Konstanten errechnen sich nach der LORENZ-LORENTZschen Formel folgende Werte für die Atomrefraktion (AR_D) des As: in R_3As 11,51, $(RO)_3As$ 9,52, $(RO)_2As(OR')$ 9,70, $R'AsO(OR)_2$ 7,36, $(RO)_3AsO$ 6,97. Auch bei As ist wie bei P die AR_D des As(V) kleiner als die des As(III). Innerhalb einer Verbindungsklasse ist sie konstant. Bei Ersatz einer an As gebundenen Alkoxygruppe durch eine KW-stoffgruppe nimmt die AR_D zu. Experimentell ergibt sich bei den *Phenylalkylarsinoxyden*, $[(C_6H_5)\cdot(R)As]_2O$, die AR_D im Mittel (für $R = CH_3$, C_2H_5, $n\text{-}C_3H_7$, $n\text{-}C_4H_9$) zu 11,75, bei den *Estern* der *phenylalkylarsinigen Säure*, $(C_6H_5)(R)AsOR'$, zu 11,78. Bei den *n-Butylestern* der *arsenigen* u. der *phenylarsinigen Säure* wird gefunden: $(C_4H_9O)_3As$ 9,75; $C_6H_5As\cdot(OC_4H_9)_2$ 10,46. — *Phenylalkylarsinoxyde* $[(C_6H_5)(R)As]_2O$. $R = CH_3$; $D.^{20}{}_0$ 1,4381; $n_D{}^{20}$ 1,6252. $R = C_2H_5$; 1,3564; 1,6062. $R = n\text{-}C_3H_7$; 1,2925; 1,5900. $R = n\text{-}C_4H_9$; 1,2460; 1,5746. — *Phenylalkylarsinigsäureester* $(C_6H_5)(R)AsOR'$. $R = R' = CH_3$; $D.^{20}{}_0$ 1,2945; $n_D{}^{20}$ 1,5628. $R = CH_3$, $R' = C_2H_5$; 1,2473; 1,5559. $R = CH_3$, $R' = n\text{-}C_3H_7$; 1,1987; 1,4503. $R = CH_3$, $R' = n\text{-}C_4H_9$; 1,1645; 1,5338. $R = R' = C_2H_5$, 1,1980; 1,5425. $R = C_2H_5$, $R' = n\text{-}C_3H_7$; 1,1692; 1,5345. $R = C_2H_5$, $R' = n\text{-}C_4H_9$; 1,1448; 1,5295. $R = n\text{-}C_3H_7$, $R' = C_2H_5$; 1,1700; 1,5360. $R = R' = n\text{-}C_3H_7$; 1,1397; 1,5260. $R = n\text{-}C_3H_7$, $R' = n\text{-}C_4H_9$; 1,1253; 1,5270. $R = n\text{-}C_4H_9$, $R' = CH_3$; 1,1747; 1,5380. $R = n\text{-}C_4H_9$, $R' = C_2H_5$; 1,1454; 1,5318. $R = n\text{-}C_4H_9$, $R' = n\text{-}C_3H_7$; 1,1158; 1,5220. $R = R' = n\text{-}C_4H_9$, 1,1038; 1,5198. — *Arsenigsäuretri-n-butylester*, $D.^{20}{}_0$ 1,0670; $n_D{}^{20}$ 1,4450. — *Phenylarsinigsäuredi-n-butylester*, $D.^{20}{}_0$ 1,1424; $n_D{}^{20}$ 1,5102. (Доклады Академии Наук СССР [Ber. Akad. Wiss. UdSSR] [N. S.] **96.** 995—97. 11/6. 1954. Kasan, Chem.-Technol. Kirow-Inst.) R. K. MÜLLER. D 119

Fritz Micheel und **Bernhard Schleppinghoff**, *Infrarotspektren von N-Acetyl-α-aminosäuren und Azlactonen.* Vff. nahmen die Infrarotspektren von N-Acetyl-α-aminosäuren (**A**) u. Azlactonen (**B**) in KBr (zum Teil auch in CCl_4 u. Chlf.) auf u. geben tabellar. die wichtigsten Banden an von: *N-Acetylglycin*, *-DL-alanin*, *-DL-valin*, *-L-leucin*, *-DL-phenylalanin*, *-L-tyrosin*, *-DL-tryptophan* (I). *-L-glutaminsäure* (II), *-L-methionin*, *-glycylglycin*, *O.N-Diacetyl-L-tyrosin* (III) u. *N-Chloracetyl-DL-serin*. Die **A** zeigen bei 3350 cm^{-1} eine scharfe Bande (NH-Valenzschwingung), I hat ferner eine um 60 cm^{-1} kurzwellig verschobene Bande, die der NH-Valenzschwingung im Ring zugeschrieben wird. **II** zeigt dagegen 2 Banden bei 3260 u. 3100 cm^{-1}. Sämtliche **A** absorbieren schwächer bei 2500 cm^{-1} sowie stark bei 1700—1720 cm^{-1} (scharfe CO-Bande der COOH-Gruppe). **III** absorbiert zusätzlich bei 1780 cm^{-1}, diese Bande dürfte der $\nu_{C=O}$ der O-Acetylgruppe zukommen. Die längerwellige Verschiebung der N-Acetylgruppe wird durch Schwächung des Doppelbindungscharakters der CO-Gruppe durch die Mesomerie $RNHC(=O)R' \longleftrightarrow R\overset{+}{N}H{=}C(O^-)R'$ erklärt. Weitere Banden der **A** befinden sich bei 1225 u. 1275 cm^{-1}, sowie zur analyt. Identifizierung geeignete zwischen 650 u. 1000 cm^{-1}. Die ungesätt. **B** (untersucht:

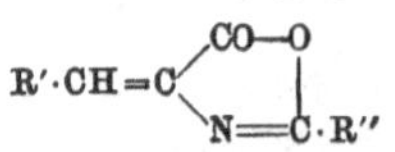

2-Phenyl-4-benzal-, *2-Methyl-4-benzal-*, *2-Phenyl-4-[o-oxybenzal]-*, *2-Methyl-4-[o-oxybenzal]-*, *2-Phenyl-4-[p-oxybenzal]-*, *2-Phenyl-4-[o.p-dioxybenzal]-*, *2-Phenyl-4-[p-oxy-m-methoxybenzal]-*, *2-Methyl-4-[p-oxy-m-methoxybenzal]-*, *2-Phenyl-4-[o-nitrobenzal]-*, *2-Phenyl-4-[m-nitrobenzal]-*, *2-Phenyl-4-methylen-*, *2-Phenyl-4-furfural-*, *2-Phenyl-4-cinnamal-* u. *2-Phenyl-4-benzyloxazolon-(5)* [**IV**]) zeigen zwischen 1850 u. 1600 cm^{-1} 4 charakterist. Banden, deren Lage von der Art des aromat. Restes R′ (vgl. vorst. Formel) abhängt. Die stärkste Bande liegt bei ca. 1800 cm^{-1} (Lactonbande), 2 sind zwischen 1750 u. 1650 cm^{-1}. Bei Verbb. mit OH-Gruppe in o-Stellung in R′ werden die 3 Banden um ca. 80 cm^{-1} langwellig verschoben (sowohl in KBr als auch in Lsg.), was bei einer Annahme von H-Brücken (vgl. nebenst. Formel) ein ziemlich hoher Wert ist. **IV** zeigt ein abweichendes Spektr. (starke Bande bei 1815 u. 1825, keine Absorption bei 1750 cm^{-1}). (Chem. Ber. **88.** 763—66. 1955. Münster/Westf., Univ., Organ.-Chem. Inst.) B. GNAUCK. D 120

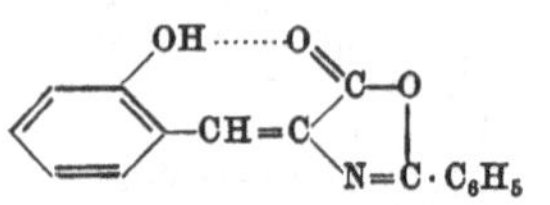

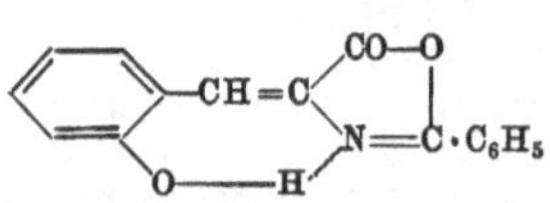

Masatomo Asai, **Masamichi Tsuboi**, **Takehiko Shimanouchi** und **San-Ichiro Mizushima**, *Infrarotspektren von Polypeptiden und verwandten Verbindungen.* 1. Mitt. (Vgl. MIZUSHIMA u. Mitarbeiter, C. **1954.** 6022 u. früher.) Es wurden die Infrarotspektren zwischen 5000 u. 600 cm^{-1} von fl. *N-Methylacetamid*, *Acetylglycin-N-methylamid* (in Nujol), *Acetylglycylglycin-N-methylamid* u. der Polypeptide [Mol.-Gew. in ()] *Polyglycin* (I, 135200), *Poly-DL-alanin* (III, 22400), *Copolymerem aus Glycin u. DL-Alanin* (1:1) (IV, 11500), *Polyglycyl-DL-alanin* (period. abwechselnde Bausteine, V,

34800), *Poly-DL-phenylalanin* (59400), *Poly-β-alanin* (II, 43500), *Polyglycyl-DL-phenylalanin* (30600), *Seidenfibroin* (krist. Anteil, VI) u. *Poly-ε-capramid* (als Film untersucht) in Nujol bei 20° aufgenommen. Allen Polypeptiden gemeinsame Banden liegen bei 3300, 3080, 1640, 1550, 1480—1340, 1280—1230 u. 725 cm^{-1}. Neben der NH-Valenzschwingung bei 3300 cm^{-1} wurde oft die kurzwelligere Wasserbande als Schulter gefunden. Diese verschwand meist bei Trocknung über konz. H_2SO_4, nur II war erst nach 10 Std. bei 135° über P_2O_5 wasserfrei. Die Bande bei 1550 cm^{-1} wird der NH···O=C-Brücke zugeschrieben, wobei sich die NH- u. C=O-Bindung in trans-Stellung zueinander befinden. Die Banden bei 1280 u. 1230 cm^{-1}, die bei den meisten Polypeptiden auftreten, werden der NH-„in-der-Ebene"-Schwingung u. der C–N-Valenzschwingung zugeordnet, die Deutung als NH_3^+-Schwingung in der Seitenkette wird abgelehnt. Die Bande bei 1015 cm^{-1} wird der Glycylglycingruppe zugeschrieben, da sie bei I scharf u. intensiv ist, bei II u. III u. in Polypeptiden, die nicht zwei benachbarte Glycinreste enthalten, nicht auftritt, wohl aber in IV, dessen Absorption bei 965 cm^{-1} vermutlich der Alanylalaninstruktur zuzuschreiben ist. V zeigt im Gegensatz zu IV Banden bei 998 u. 975 cm^{-1} an Stelle von 1015 u. 965. VI weist ebenfalls Absorption bei 996 u. 976 cm^{-1} auf, nicht aber bei 1015 u. 965 cm^{-1}. Hieraus ist zu schließen, daß in VI Glycin- u. Alaninreste abwechselnd wie in V angeordnet sind. (J. physic. Chem. 59. 322—25. April 1955. Hongo, Tokyo, Japan, Tokyo Univ., Fac. of Sci., Chem. Labor.) B. GNAUCK. D 120

Ellis R. Lippincott und **Edward J. O'Reilly jr.**, *Schwingungsspektren und Zuordnung von Naphthalin und Naphthalin-d_8*. Vff. untersuchten die Infrarot- u. RAMAN-Spektren von *Naphthalin* (I) u. I-d_8 zwischen 4000 u. 400 bzw. 180 cm^{-1} (in Nujol, CS_2 bzw. CCl_4, RAMAN-Spektren von fl. I bei 98°). I hat D_{2h}-Symmetrie u. 48 Grundschwingungen, die sämtlich zugeordnet werden, außerdem sind schemat. die Schwingungsarten des Skeletts sowie die Auswahlregeln für D_{2h}-Struktur angegeben. Ferner wird zur Best. der Verschiebungen durch Isotopensubstitution die Größe R (Verhältnis der Frequenz im n. Mol zu der entsprechenden Frequenz im isotop. substituierten, bestimmt bei C_6H_6—C_6D_6) verwendet. Die TELLER-REDLICH-Produktregel wurde zur Kontrolle der Zuordnungen verwendet, beobachtete u. berechnete Werte hierzu sind angegeben. Bei der Zuordnung der RAMAN-Linien treten folgende Schwierigkeiten auf: Im Spektr. von I-d_8 ist keine der I-Linie bei 1460 cm^{-1} entsprechende zu finden. Der Linie bei 1376 cm^{-1} (I) entspricht die bei 1380 cm^{-1} (I-d_8). Die Richtung der Verschiebung kann jedoch nicht mit isotop. Substitution, sondern nur durch FERMI-Resonanz mit der 1460 cm^{-1}-Linie (Oberschwingung einer A_u-Grundschwingung bei ca. 700 cm^{-1}) erklärt werden. Die Linie bei 1376 bzw. 1380 cm^{-1} wird als A_g–ν_4-Frequenz (symm. γ-Schwingung) angesehen. Die Beziehung zwischen der stärksten Infrarotbande von I bei 782 cm^{-1} u. der bei 791 cm^{-1} von I-d_8 bleibt ungeklärt, auch die Zuordnung der 6 starken Banden von I-d_8 zwischen 791 u. 886 cm^{-1} ist unsicher. Die 4 infrarotinakt. A_u-Frequenzen des I sind nach der Rechnung bei 1000, 875, 700 u. 400 cm^{-1}. — I-d_8, F. 82,6—83°, a) aus I, CaO u. D_2O, 24 Std. bei 400° in einer Stahlbombe; b) aus I in CCl_4 u. D_2SO_4, 197 Std. am Rückfluß bei vermindertem Druck unter N_2, daneben ca. 35% I-d_7. — Ein Vers. zur Darst. von 1.4.5.8-Tetradeuteronaphthalin mißlang. (J. chem. Physics 23. 238—44. Febr. 1955. Manhattan, Kans., Kansas State Coll., Dep. of Chem., u. Storrs, Conn., Univ. of Connecticut, Dep. of Chem.) B. GNAUCK. D 120

A. L. McClellan und **George C. Pimentel**, *Schwingungszuordnung und thermodynamische Eigenschaften von Naphthalin*. Vff. geben vollständige Schwingungszuordnungen von *Naphthalin* (I) u. I-d_8, die denen von LIPPINCOTT u. O'REILLY (vgl. vorst. Ref.) zum Teil sehr ähnlich sind. Nur die Abschätzung der niedrigsten Banden für die Skelettdeformationen ist stark verschieden, auch die 4 Grundschwingungen der B_{3g}-Klasse u. 3 der A_u-Klasse werden abweichend zugeordnet. Mit den Banden bei 176 sowie 191 oder 285 cm^{-1} als Grundschwingungen (B_{1u} ν_{25}, B_{2g} ν_{28} bzw. B_{3g} ν_{40}) werden für 451,0 u. 522,7° K Cp^0- u. S^0-Werte berechnet, die jeweils erhaltenen Ergebnisse stimmen gut mit den experimentellen Werten überein. Für den idealen Gaszustand sind ferner zwischen 273,16 u. 1500° K die Funktionen Cp^0, $(H^0 - E_0^0)/T$, $-(F^0 - E_0^0)/T$ u. S^0 angegeben. (J. chem. Physics 23. 245—48. Febr. 1955. Berkeley, Calif., Univ. of California, Dep. of Chem. and Chem. Engng.) B. GNAUCK. D 120

Harry Schmidt, *Zur Konfiguration der raumisomeren Dihydrosobrerole* (*Dihydrocarveolhydrate*). Bei der Hydrierung der opt.-akt. cis–trans-isomeren Sobrerole entstehen je zwei diastereomere Glykole, die mit den Dihydrocarveolhydraten strukturident. sind u. in der Konfiguration den zugrundeliegenden Dihydrocarveolen entsprechen, aus (+)-trans-Sobrerol (I) (—)-*Neodihydrocarveolhydrat* (II) u. (—)-*Isodihydrocarveolhydrat* (III), aus (+)-cis-Sobrerol (IV) (+)-*Dihydrocarveolhydrat* (V) u. (—)-*Neoiso-*

dihydrocarveolhydrat (VI). Die von WALLACH [1918] beschriebenen Hydrierungsprodd. von natürlichem (+)-Sobrerol u. dessen Racemat sind F.-ident. mit II u. dessen Racemat. Die Hydrierung von I u. IV erfolgte mit einem neutralen Ni-Katalysator in A. bei 100—150° unter Druck. Zu hohe Temp. u. zu akt. Katalysator bewirken Wasserabspaltung unter Bldg. von *Dihydropinol* u. *Carvomenthol*. Hydrierung der Sobrerolbenzoesäureester gelang nicht. II konnte aus hydriertem I durch Kristallisation abgeschieden werden. III u. VI lassen sich als feste Monobenzoesäureester aus dem Reaktionsgemisch isolieren, III besser als Nitrobenzoat. Die räumliche Lage der Oxygruppe des im Kümmelöl vorkommenden „Isodihydrocarveols" muß der Neoisoform entsprechen, da sein Hydrat mit dem Hydrierungsprod. von IV ident. ist. Die Verseifungsgeschwindigkeiten der Ester stehen nicht im Einklang mit den Vorstellungen über die ster. Hinderung. Durch Oxydation erhält man aus V u. II (—)-*trans-Dihydrocarvonhydrat* (VII), aus III u. VI (—)-*cis-Dihydrocarvonhydrat* (VIII). VII u. VIII sind fl., unterscheiden sich in den Konstanten wenig, stark im Drehvermögen. Die Semicarbazone sind ident., die Oxyketone daraus nicht unverändert regenerierbar, die Oxime verschieden. Reinigung über die Hydrogensulfitverb. ergibt Invertierung. Bei der Hydrierung von (+)-Carvonhydrat zum Gemisch der stereoisomeren Dihydrocarveolhydrate ist nur II krist. abscheidbar. Selektive Hydrierung der Doppelbindung führt vorwiegend zu (—)-*Isohydrocarvonhydrat*.

Versuche: Hydrierung von Sobrerol. 100 g (+)-cis-Sobrerol (IV), F. 108°, $[\alpha]_D$ +15° (A.), in 100 g A. mit 10 g RANEY-Katalysator bei 125—135° u. H_2 bis zur Sättigung ergibt 90 g Gemisch (IX), $[\alpha]_D$ +1° (A.). — 100 g (+)-trans-Sobrerol (I), F. 149 bis 150°, $[\alpha]_D$ +150° (A.), analog vorst. Verb. gibt 93 g Gemisch (X), F. 103—107°, $[\alpha]_D$ —27° (A.). — *Neoisodihydrocarveolhydratbenzoesäureester*, $C_{17}H_{24}O_3$, F. 103—104° (80%ig. A.), aus 75 g IX u. Benzoylchlorid in Pyridin u. Abtrennen der festen Anteile, $[\alpha]_D$ — 28,0° (A.); 20 g (Ausbeute). — (—)-*Neoisodihydrocarveolhydrat* (VI), $C_{10}H_{20}O_2$, F. 93—94° (Bzl.), aus vorst. Verb. durch alkoh. Verseifung; $[\alpha]_D$ —26,6° (A.), aus W. mit Kristallwasser, F. 65—75°, $[\alpha]_D$ —34°. *p-Nitrobenzoat*, F. 84—86°, $[\alpha]_D$ —24° (Chlf.). *Dinitrobenzoat*, F. ca. 95°, $[\alpha]_D$ —16° (Chlf.). — (+)-*Dihydrocarveolhydrat* (V), F. 111—112° (Bzl.), aus den fl. Benzoatanteilen von IX nach Verseifung; $[\alpha]_D$ +20,5° (A.). *Benzoat*, fl., $[\alpha]_D$ +60,2° (A.). *p-Nitrobenzoat*, F. ca. 60°, $[\alpha]_D$ +40,8°. *Dinitrobenzoat*, F. 116—117°, $[\alpha]_D$ +46,3°. — (—)-*Neodihydrocarveolhydrat* (II), F. 157—158°, aus 80 g X durch Lösen in H_2O-Methanol u. Kristallisieren; Nadeln aus W.; $[\alpha]_D$ —40,1° (A.); 15 g; auch durch vollständige Hydrierung von (+)-Carvonhydrat u. Kristallisation aus Bzl.; 20%. — (—)-*Isodihydrocarveolhydratbenzoesäureester*, $C_{17}H_{24}O_3$, F. 56—58°, aus der Mutterlauge vorst. Verb. durch Benzoylierung u. Extraktion mit wss. Methanol; $[\alpha]_D$ —12° (A.). — (—)-*Isodihydrocarveolhydrat* (III), F. 120—120,5° (Bzl.), durch alkoh. Verseifung vorst. Verb.; $[\alpha]_D$ —24,2° (A.). *p-Nitrobenzoat*, F. 108—110° (A.-Essigester 3:1), aus X; $[\alpha]_D$ — 1° (Chlf.). — (—)-*trans-Dihydrocarvonhydrat* [*Oxycarvomenthon*] (VII), aus 20 g V durch Chromsäureoxydation in Eisessig; $D._{15}$ 1,0016, $[\alpha]_D$ —15,2° (fl.), n_D^{20} 1,4767; 12 g; auch aus II (5 g) analog; $D._{15}$ 1,0023, $[\alpha]_D$ — 17,5°, n_D^{20} 1,4763; 2,5 g. *Semicarbazon*, $C_{11}H_{21}O_2N_3$, F. 150—151° (Methanol), $[\alpha]_D$ —45,1° (A.). *Oxim*, $C_{10}H_{19}O_2N$, F. 121—122° (Methanol). — (—)-*cis-Dihydrocarvonhydrat* (VIII), aus 5 g III mit Chromsäure in Eisessig; $D._{15}$ 1,0192, $[\alpha]$ —60,6° (fl.), n_D^{20} 1,4768; 3 g; auch analog aus VI, $D._{15}$ 1,0195, $[\alpha]_D$ —59,3°, n_D^{20} 1,4777, u. aus (+)-Carvonhydrat (30 g) mit Ni-Katalysator in Methanol bei 120° u. H_2; $D._{15}$ 1,0131, $[\alpha]_D$ —49,5°, n_D^{20} 1,4798; 20 g. *Semicarbazon*, F. 150—151° (Methanol), $[\alpha]_D$ —43,2° (A.). *Oxim*, flüssig. (Chem. Ber. 88. 453—59. 1955. Miltitz b. Leipzig, VEB Schimmel, Labor.) B. WITT. D 123

Harry Schmidt, *Zur Dehydratation der raumisomeren Dihydrosobrerole* (*Dihydrocarveolhydrate*). Die Monodehydratation der 4 opt.-akt. raumisomeren Dihydrocarveolhydrate [p-Menthandiole-(2.8)] mit H_2SO_4 verläuft stereospezif. unter Bldg. der Antipodenpaare von 2 cis-trans-isomeren *2.8-Dihydropinolen*. Den aus *Dihydro-* (I) u. *Isodihydrocarveolhydrat* (II) entstehenden Oxyden kommt trans-, den aus *Neo-* (III) u. *Neoisodihydrocarveolhydrat* (IV) entstehenden cis-Konfiguration zu. Die Werte für D. u. Brechung der Dihydropinole entsprechen nicht der AUWERS-SKITAschen Regel. Da durch die Oxydbrücke die asymm. C-Atome $C_{(2)}$ u. $C_{(4)}$ cis-ständig festgelegt sind, tritt bei II u. III WALDENsche Umkehrung am $C_{(4)}$ ein, unter Änderung der räumlichen Lage der Oxyisopropylgruppe. Die Zugehörigkeit der Dihydropinole zur d- oder l-Reihe ergibt sich aus der Hydrierung des opt.-akt. Pinols zum cis-Dihydropinol. Hydrolyt. Ringöffnung führt bei cis-Dihydropinol unter WALDENscher Umkehrung am $C_{(4)}$ zu III. Bei der Abspaltungs-Rk. bilden sich aus den Dihydrocarveolhydraten zu ca. 70% Alkohole. Bei der Rk. von I u. II läßt sich opt.-akt. *trans-p-Menthen-(4$^{(8)}$)-ol-(2)* (V) isolieren. Aus der (—)-Form von V entsteht bei der Hydratisierung (+)-I, bei der Hydrierung (+)-*Carvomenthol*, aus der (+)-Form die opt. Antipoden. Die Dehydratation der Dihydrocarveolhydrate mit H_2SO_4 zum Dihydropinol geht also über die cis–trans-isomeren, semicycl. Alkohole p-Menthen-(4$^{(8)}$)-ol-(2), es entsteht vorwiegend 2.8-Oxyd; Bldg. strukturisomerer Oxyde läßt sich nicht ausschließen. Mit Oxalsäure verläuft die Rk. ähnlich.

Versuche: Dehydratation von **I, II, III** u. **IV** durch Dampfdest. in 10 g-Portionen mit der 10fachen Menge 5%ig. H_2SO_4 oder 20%ig. Oxalsäure. Trennung des Destillats mit Borsäure in alkoh. u. oxyd. Anteile (Konstanten der Anteile). Umsetzung der oxyd. Anteile mit $KMnO_4$-Lsg., Dest. über metall. Na im Vakuum; Ausbeuten 10%. Nach vorst. Meth. folgende Dihydropinole: (+)-*trans-Dihydropinol* (**VI**), $C_{10}H_{18}O$, $Kp._{758}$ 188—190°, aus (+)-**I**; $D._{15}$ 0,943, $[\alpha]_D$ +74,5° (A.), n_D^{20} 1,4641. — (—)-*cis-Dihydropinol* (**VII**), $Kp._{758}$ 187—189°, aus (—)-**II**; $D._{15}$ 0,935, $[\alpha]_D$ —103° (A.), n_D^{20} 1,4597. — (—)-*trans-Dihydropinol* (**VIII**), $Kp._{758}$ 187—190°, aus (—)-**III**; $D._{15}$ 0,943, $[\alpha]_D$ —67,9° (A.), n_D^{20} 1,4638. — (+)-*cis-Dihydropinol* (**IX**), $Kp._{758}$ 187—188°, aus (—)-**IV**; $D._{15}$ 0,940, $[\alpha]_D$ +107° (A.), n_D^{20} 1,4601. — Hydratisierung der Dihydropinole: aus 10 g Dihydropinol u. 27 g Eisessig–HBr (19% HBr) bei 25 std. Stehen u. 10 std. Rühren in 500 g 4%ig. NaOH bei Raumtemp.; Umkristallisieren aus Bzl., 20—30% Ausbeute. Nach vorst. Meth.: (+)-*Dihydrocarveolhydrat* (**I**), F. 111—112°, aus **VI**; $[\alpha]_D^{20}$ +19,8° (A.); auch aus **V** durch Hydratisierung. — (—)-*Dihydrocarveolhydrat*, F. 111—112°, aus **VIII**; $[\alpha]_D^{20}$ —20,1° (A.); auch aus **V** durch Hydratisierung oder Hydrolyse des Hydrobromids. (±)-*Dihydrocarveolhydrat*, F. 107—108°, durch Umkristallisieren gleicher Teile antimerer Glykole aus Benzol. — (+)-*Neodihydrocarveolhydrat* (**III**), F. 158—159°, aus **IX**; $[\alpha]_D^{20}$ +39,5° (A.). — (—)-*Neodihydrocarveolhydrat*, F. 158—159°, aus **VII**; $[\alpha]_D^{20}$ —40,5° (A.). — (±)-*Neodihydrocarveolhydrat*, F. 139—140°, aus gleichen Teilen antimerer Glykole. — (—)-*trans-p-Menthen-(4$^{(8)}$)-ol-(2)* (**V**), $C_{10}H_{18}O$, F. 63—64° (PAe.), aus den Alkoholen der Dehydratation von **I**; $Kp._{760}$ 227°, $[\alpha]_D$ —19,5° (A.). *Dinitrobenzoat*, F. 134 bis 135° (A.–Essigester); $[\alpha]_D$ +10° (Bzl.). — (+)-*trans-p-Menthen-(4$^{(8)}$)-ol-(2)*, F. 63 bis 64° (PAe.), analog vorst. Verb. aus **II**; $[\alpha]_D$ + 19,7° (A.). *Dinitrobenzoat*, F. 134—135° (A.–Essigester), $[\alpha]_D$ —10° (Bzl.). *Phthalat*, zähfl., mit Phthalsäureanhydrid u. Pyridin; $[\alpha]_D$ —10,5° (A.). — (±)-*trans-p-Menthen-(4$^{(8)}$)-ol-(2)*, F. 49—50° (PAe.), aus gleichen Teilen antimerer Menthenole. (Chem. Ber. **88**. 459—67. 1955. Miltitz b. Leipzig, VEB Schimmel, Labor.) B. WITT. D 123

B. Ss. Neporent und **A. I. Injuschin**, *Fluorescenz- und Phosphorescenzspektren von Phthalimid und seinen Derivaten in gefrorenen Lösungen.* Die Absorptions-, Fluorescenz- u. Phosphorescenzspektren von *Phthalimid* (**I**) u. seinen Derivv. in äther. Lsg. bei 77 u. 293° K [*3-Oxyphthalimid* (**II**), *3-Acetamidophthalimid* (**III**), *3-Aminophthalimid* (**IV**), *3-Monomethylaminophthalimid* (**V**), *3-Dimethylaminophthalimid* (**VI**), *3.6-Diacetamidophthalimid* (**VII**), *6-Amino-3-acetamidophthalimid* (**VIII**). *3.6-Diaminophthalimid* (**IX**), *6-Dimethylamino-3-acetamidophthalimid* (**X**), *3.6-Bis-[dimethylamino]-phthalimid* (**XI**), *6-Amino-3-dimethylaminophthalimid* (**XII**)] bestätigen, daß die Beziehungen zwischen den Spektren, wie sie früher für Dampf u. andere Lösungsmittel (NEPORENT, SELINSKI u. KLOTSCHKOW, C. **1955**. 774) festgestellt wurden, vollständig erhalten bleiben. Die Verbb. **II**—**VII** werden durch spiegelsymm. Modulationsspektren, **VIII**—**XII** durch Abklingspektren charakterisiert. Phosphorescenz wird nur bei den Verbb. der 1. Gruppe u. bei **I**, dessen Spektr. Spuren einer Struktur aufweist, beobachtet. In der Reihe der Acetamidophthalimide (**I, III, VII, VIIII, X**) u. der Amino- u. Methylaminophthalimide (**I, IV, V, VI, VIII, IX, X, XI, XII**) nimmt beim Übergang von **I** zu den Derivv. die relative Intensität der Phosphorescenz (im Vgl. zur Fluorescenz) allmählich ab u. verschwindet schließlich bei den Verbb. mit Abklingspektrum. (Доклады Академии Наук СССР [Ber. Akad. Wiss. UdSSR] [N. S.] **98**. 197—200. 11/9. 1954.) J. GEIGER. D 125

Mario Rolla, Manlio Sanesi und **Giuseppe Leandri**, *Die elektrischen Momente einiger Derivate des Diphenylsulfids.* 2. Mitt. (1. vgl. C. **1953**. 4994.) Die elektr. Momente μ (± 0,01—0,03 in DEBYE) der *Dichlordiphenylsulfide* werden wie folgt bestimmt: *4.4'*-, 0,56; *3.3'*-, 1,93; *2.2'*-, 3,29; *4.3'*-, 1,42; *4.2'*-, 2,09; *3.2'*-, 2,58. Der Gang der Werte wird mit dem der Monochlorderivv. verglichen. Die μ der asymm. Isomeren liegen zwischen denen der entsprechenden symm. Isomeren. (Ann. Chimica **44**. 424—29. Mai/Juni 1954. Pavia, Univ., Ist. di Chim. fis., u. Bologna, Univ., Ist. di Chim. ind.) R. K. MÜLLER. D 132

L. H. Meyer und **H. S. Gutowsky**, *Elektronenverteilung in Molekülen.* 2. Mitt. *Magnetische Resonanzverschiebungen für Protonen und Fluor in den Halogenmethanen.* (1. vgl. C. **1953**. 6644.) Vff. untersuchen die „chem. Verschiebungen" in den magnet. Resonanzen von Protonen u. Fluoratomen für die einfachen Halogenmethane u. für die Chlorfluormethane. Eine Unters. der Verschiebungen u. ihre Beziehung zu anderen elektronenabhängigen Parametern, wie Bindungsabstand u. Chlorquadrupolkopplung, zeigt qualitativ das Vorhandensein von sowohl ion. als auch doppelbindungsanalogen Elektronenverteilungen in diesen Verbindungen. Die Ergebnisse werden diskutiert im Hinblick auf die elektron. Effekte der Halogene als Substituenten in Benzol. Die proton- u. fluormagnet. Resonanzen in den Fluormethanen sind Multipletts, deren Entstehung mit einer indirekten Kupplung von Fluor- u. Protonkernspins durch die Valenzelektronen (prim. abhängig vom p-Charakter der Bindungen) zu erklären ist. Ferner werden von Vff. die Verschiebungen einer Reihe von substituierten Fluorbenzolen gemessen u. für die m- u. p-Verbb. die entsprechenden HAMMETT-σ-Konstanten berechnet (vgl. 1. Mitt.). — Diskussion. — E i n z e l e r g e b n i s s e: „Chem. Verschiebungen" δ_H bzw. δ_F [$\delta \equiv 10^5 \cdot (H_r - H_c/H_r)$, wobei H_r = angelegtes Feld für die gegebene Kernresonanz in einer Bezugssubstanz, H_c = Resonanzfeld für die zur Unters. kommende Verb.] der Halogenmethane in fl. Zustand (δ_H bezogen auf CH_4 u. δ_F auf CF_4): *CH_3F*, δ_H +0,71; δ_F −21,00; *CH_2F_2*, +0,88, −8,09; *CHF_3*, +1,03, −1,82; *CH_3Cl*, +0,71, —; *CH_2Cl_2*, +0,99, —; *$CHCl_3$*, +1,18, —; *CH_3Br*, +0,73, —; *CH_2Br_2*, +1,01, —; *$CHBr_3$*, +1,24, —; *CH_3J*, +0,76, —; CH_2J_2 +0,99, —; *CHJ_3* (in CCl_4) +0,65, —; *CF_3Cl*, —, +3,68; *CF_2Cl_2*, —, +6,04; *$CFCl_3$*, —, +7,67. — δ_F (bezogen auf Fluorbenzol) u. daraus berechnete σ-Werte für folgende monosubstituierte Fluorbenzole: *o-CHO*, δ_F −0,96, σ —; *m-CHO*, +0,10, +0,17; *p-CHO*, +0,98, +0,82; *o-CH_2Cl*, −0,54, —; *m-CH_2Cl*, +0,02, +0,03; *p-CH_2Cl*, −0,07, +0,23; *o-$CHCl_2$*, −0,51, —; *m-$CHCl_2$*, +0,14, +0,24; *p-$CHCl_2$*, +0,25, +0,41. (J. physic. Chem. **57.** 481—86. Mai 1953. Urbana, Ill., Univ., Noyes Chem. Labor.) G. WINKLER. D 137

J. F. J. Dippy, S. R. C. Hughes und **J. W. Laxton,** *Chemische Konstitution und Dissoziationskonstanten von Monocarbonsäuren.* 13. Mitt. *Einige Alkylbenzoesäuren, die sterische Effekte zeigen.* (12. vgl. HAWKINS u. Mitarbeiter, J. chem. Soc. [London] **1944.** 411.) Vff. bestimmen konduktometr. die thermodynam. Dissoziationskonstanten von 11 Alkylbenzoesäuren, sowie von 1- u. 2-Naphthoesäure. 9 der Benzoesäuren haben Substituenten in o-Stellung; die resultierende Erhöhung der Säurestärke ist in Einklang mit der Theorie der ster. Behinderung der Mesomerie (je größer der Substituent in o-Stellung, um so stärker ist das Herausdrehen der Carboxylgruppe aus der Ringebene, um so schwächer dadurch der —M-Effekt). Auffallende Regelmäßigkeiten treten bei den Inkrementen der Säurestärke auf bei Einführung von Methylgruppen in die 2- u. 6-Stellung. — E i n z e l e r g e b n i s s e für folgende Alkylbenzoesäuren: *o-Äthyl-*, F. 65,6° (alle FF. korr.), aus o-Bromäthylbenzol ($Kp._{15}$ 88—89°; Darst. durch Nitrierung von Äthylbenzol zu o-Nitroäthylbenzol, $Kp._{36-37}$ 132—134°, Red. mit Fe/HCl zu o-Äthylanilin u. Umsetzung nach GATTERMANN) nach GRIGNARD; 60% (Ausbeute), $K \cdot 10^5$ 16,1, Λ_0 379,2; *o-Isopropyl-*, F. 59,4—59,9°, $K \cdot 10^5$ 23,1, Λ_0 378,1 (für alle folgenden Verbb. in gleicher Anordnung); *o-tert.-Butyl-*, F. 68,5°, 29,2, 376,0; *2.3-Dimethyl-*, F. 144,5—145,0°, 18,3, 379,7; *2.4-Dimethyl-*, F. 125,0—126,0°, 6,57, 379,9; *2.5-Dimethyl-*, F. 134,0 —134,4°, $10,5_5$, 379,9; *2.6-Dimethyl-*, F. 116,3—116,7°, 56,8, 379,4; *3.4-Dimethyl-*, F. 168,0—168,5°, 3,91, 379,5; *3.5-Dimethyl-*, F. 171,2—171,7°, 5,00, 379,0; *2.4.6-Trimethyl-*, F. 156,6—157,1°, 36,6, 376,9; *4-tert.-Butyl-2.6-dimethyl-*, F. 168,0—169,0°, 36,1, 376,5. — *1-Naphthoesäure*, F. 160,3°, 20,2, 379,4. — *2-Naphthoesäure*, F. 184,2°, 6,90, 379,2. (J. chem. Soc. [London] **1954.** 1470—76. Mai. London, Chelsea Polytechnic, Chem. Dep.) G. WINKLER. D 139

A. P. Terentjew, L. A. Janowskaja und **Jew. A. Terentjewa,** *Sulfurierung und Sulfonsäuren acidophober Verbindungen.* 19. Mitt. *Polarographische Untersuchung von Pyrrolsulfonsäuren.* (18. vgl. C. **1952.** 6194.) Bei der Sulfurierung einiger Pyrrolderivv. mit Pyridin-Schwefeltrioxyd entstehen Gemische von Pyrrolsulfonsäuren. Um die Zus. solcher Gemische einwandfrei identifizieren zu können, werden eine Reihe von Sulfonsäuren von Pyrrol u. Pyrrolderivv. sowie Gemische von Pyrrolsulfonsäuren bekannter u. unbekannter Zus. in Form ihrer Ba-Salze an der Hg-Tropfelektrode polarograph. untersucht u. ihre Halbwellenpotentiale gemessen. Die polarograph. Messungen werden mit ~ 0,003n Lsgg. der Pyrrolsulfonsäuren in 0,5n KCl–0,003n HCl durchgeführt, die Potentiale werden im Verhältnis zu einer 0,5n Kalomelelektrode gemessen. Die Halbwellenpotentiale der *Ba-Salze* folgender *Pyrrolsulfonsäuren* werden bestimmt: *Pyrrol-2-sulfonsäure* (I) zu 0,022 V; *1-Methylpyrrol-2-sulfonsäure* zu 0,018 V; *2.4-Dimethylpyrrol-5-sulfonsäure* zu 0,015 V; *2.4.5-Trimethylpyrrol-3-sulfonsäure* zu 0,052 V; *1.2.5-Trimethylpyrrol-3-sulfonsäure* (II) zu 0,044 V. Da sich die Halbwellenpotentiale von α- u. β-Pyrrolsulfonsäuren erheblich unterscheiden, können Gemische von α- u. β-Pyrrolsulfonsäuren polarographiert werden. Ein Gemisch (1 : 1) von I u. II zeigte 2 Halbwellenpotentiale bei 0,021 u. 0,044 V. — Es werden ferner die bei der Sulfurierung der entsprechenden Pyrrolderivv. mit Pyridin-Schwefeltrioxyd erhaltenen *1-Phenylpyrrolsulfonsäure* (III), *1-Phenylpyrroldisulfonsäure* (IV), *1-[p-Nitrophenyl]-pyrrolsulfonsäure* (V), *1-[o-Tolyl]-pyrrolsulfonsäure* (VI), *1-Phenyl-2-methylpyrrolsulfonsäure* (VII), *1-Acetylpyrrol-*

disulfonsäure (**VIII**) u. *2-Acetylpyrrolsulfonsäure* (**IX**) polarograph. untersucht. Die Halbwellenpotentiale von **III** werden zu 0,026 u. 0,052 **V** bestimmt, so daß **III** ein Gemisch, vermutlich aus *1-Phenylpyrrol-2-* u. *-3-sulfonsäure* ist, die Halbwellenpotentiale von **IV** betragen 0,020 u. 0,042 V, so daß **IV** aus *1-Phenylpyrrol-2.5-* u. *-2.4* (?)*-disulfonsäure* besteht. **V** erwies sich analog **III** als ein Gemisch aus α- u. β-Sulfonsäure, **VI** u. **VII** dagegen hatten nur je ein Halbwellenpotential von 0,024 bzw. 0,019 **V** u. werden als reine *1-[o-Tolyl]-pyrrol-2-sulfonsäure* bzw. *1-Phenyl-2-methylpyrrol-5-sulfonsäure* angesprochen. **VIII** erwies sich als ein Gemisch aus *1-Acetylpyrrol-2.4-* u. *-2.5-disulfonsäure* u. möglicherweise einem dritten Isomeren (3 Halbwellenpotentiale, 0,014, 0,024 u. 0,053 V), **IX** ebenfalls als ein Gemisch von *2-Acetylpyrrol-5-* u. *-4-sulfonsäure*. (Журнал Общей Химии [J. allg. Chem.] **22** (**84**). 859—65. Mai 1952. Moskau, Lomonossow-Univ., Labor. für organ. Chemie.) G. FROELICH. D 142

A. P. Terentjew und **L. A. Janowskaja,** *Sulfurierung und Sulfonsäuren acidophober Verbindungen.* 20. Mitt. *Polarographische Untersuchung von Indolsulfonsäuren.* (19. vgl. vorst. Ref.) Nach der im vorst. Ref. beschriebenen Meth. werden *Indolsulfonsäuren* in Form ihrer Ba-Salze polarographiert u. ihre Halbwellenpotentiale wie folgt bestimmt: *Indol-2-sulfonsäure* (erhalten durch Sulfurierung von Indol mit Pyridin-Schwefeltrioxyd bei 110—120°) zu 0,034 V; *3-Methylindol-2-sulfonsäure* zu 0,027 V; *[2-Sulfoindolyl-(3)]-essigsäure* zu 0,026 V; *Indol-3-sulfonsäure* zu 0,092 V; *2-Phenylindol-3-sulfonsäure* zu 0,058 V; *Indol-1-sulfonsäure* zu 0,025 V. Die höchsten Oxydationspotentiale zeigen somit die β-Indolsulfonsäuren, das niedrigste die Indol-1-sulfonsäure. Die Halbwellenpotentiale der Ba-Salze von *2-Methylindol-5-sulfonsäure* u. *[Indolyl-(3)]-methansulfonsäure* werden zu 0,020 bzw. 0,018 V bestimmt. Es werden ferner Indolsulfonsäuren unbekannter Struktur untersucht. 1-Acetylindolsulfonsäure erwies sich als *1-Acetylindol-2-sulfonsäure* (Halbwellenpotential 0,028 V), durch Sulfurierung von 3-Acetylindol mit Oleum erhaltene 3-Acetylindolsulfonsäure als *3-Acetylindol-6-sulfonsäure* (0,019 V) u. durch Sulfurierung von 2-Methylindol mit Pyridin-Schwefeltrioxyd erhaltene 2-Methylindolsulfonsäure als *[Indolyl-(2)]-methansulfonsäure* (0,017 V). (Журнал Общей Химии [J. allg. Chem.] **22** (**84**). 866—70. Mai 1952.) G. FROELICH. D 142

W. W. Akers, J. F. Burns und **W. R. Fairchild,** *Niedertemperatur-Phasengleichgewichte. Methan–Propan-System.* Vff. haben den Gleichgewichtsdruck in Abhängigkeit von der Zus. vom Syst. *Methan* (99% rein)–*Propan* (> 99% rein) bei —176, —146 —109, —76, —52, —25, 2 u. 32° F gemessen u. die krit. Punkte ermittelt. (Ind. Engng. Chem. **46.** 2531—34. Dez. 1954. Houston, Tex., Rice Inst.) L. FISCHER. D 150

W. W. Akers, R. E. Kelley und **T. G. Lipscomb,** *Niedertemperatur-Phasengleichgewichte. Kohlendioxyd–Propan-System.* Vff. untersuchten das Fl.–Dampf-Gleichgewicht von CO_2 (99,5% ig)–*Propan* (99 Mol-% ig)-Gemischen bei —40, —4 u. +32° F u. bestimmten die Abhängigkeit des Druckes von der Zus. bei T = constans, die Abhängigkeit der Temp. von der Zus. bei P = constans, die krit. Punkte, sowie das Gleichgewichtsverhältnis K = y/x (y = Molenbruch in der Dampfphase, x = Molenbruch in der fl. Phase) in Abhängigkeit vom Druck bei T = constans für die reinen Komponenten (Ind. Engng. Chem. **46.** 2535—36. Dez. 1954.) L. FISCHER. D 150

W. W. Akers, D. M. Kehn und **C. H. Kilgore,** *Volumen- und Phasenverhalten von Stickstoff–Kohlenwasserstoff-Systemen. Stickstoff–n-Heptan-System.* Es wurden die Dichten von mit N_2 (99,99% ig) gesätt. fl. u. dampfförmigem *n-Heptan* (99,58% ig) in Abhängigkeit vom Druck bei 90, 175, 260 u. 360° F gemessen. Aus der bei T = constans ermittelten Abhängigkeit der Zus. der Phasen vom Druck ergab sich eine Zunahme der Löslichkeit von N_2 mit steigender Temperatur. Ferner wurde das Dampf–Fl.-Gleichgewicht, K = y/x, der reinen Komponenten bestimmt u. die krit. Punkte abgeschätzt. (Ind. Engng. Chem. **46.** 2536—39. Dez. 1954.) L. FISCHER. D 150

W. W. Akers, L. L. Attwell und **J. A. Robinson,** *Volumen- und Phasenverhalten von Stickstoff–Kohlenwasserstoff-Systemen. Stickstoff–Butan-System.* Es wurden die Abhängigkeit der Zus. der fl. u. dampfförmigen Phase des N_2–*n-Butan*-Syst. vom Druck u. die Gleichgewichtsverhältnisse der Komponenten, K = y/x, in Abhängigkeit vom Druck bei 100, 200, 260 u. 300° F bestimmt u. die krit. Punkte abgeschätzt. (Ind. Engng. Chem. **46.** 2539—40. Dez. 1954.) L. FISCHER. D 150

P. G. Masslow, *Über die Temperaturabhängigkeit der freien Energie, der chemischen Gleichgewichtskonstanten und der Bildungswärme aus den Elementen der Klasse der n-Alkylbenzole.* 4. Mitt. *zur Thermodynamik individueller Kohlenwasserstoffe.* (3. vgl. C. **1955,** 5985.) Mit Hilfe einer Meth., die sich bei den früheren Unterss. bewährt hat, berechnet Vf. die freie Energie ΔZ^0 der Dämpfe der n-Alkylbenzole. In der Formel: $\Delta Z^0 = a_1(T) +$

$(Z - 9)a_2(T) + a_3(n, m, s_0, \Phi, T)$ bedeutet $a_1(T) = 45310 + 30094$ (0,01 T — 3) th (0,2 ln T), $a_2(T) = 25{,}5(T) - 5919 + 100\,Oe^{-0{,}0002\,T^{1,5}}$, $a_3(n, m, s_0, \Phi, T) = 9958\,(n - 5)\,[(n - 4)^2\,(m - 4)^2]^{-1}\sqrt[3]{T}$, n u. m ist die Zahl der C- u. H-Atome im Molekül. Die errechneten Werte stimmen mit den aus der Literatur bekannten gut überein. Aus der freien Energie werden weiter die Gleichgewichtskonstanten u. Bildungswärmen berechnet. (Журнал Прикладной Химии [J. angew. Chem.] **26.** 543—46. Mai 1953. Leningrad, Militär-Inst. für Mechanik.) G. ADOLPHI. D 156

P. G. Masslow, *Einheitliche Gesetze der Temperaturabhängigkeit der freien Energie und der chemischen Gleichgewichtskonstanten der Dämpfe von n-Alkylcyclopentanen, berechnet aus den Elementen.* 5. Mitt. *zur Thermodynamik individueller Kohlenwasserstoffe.* (4. vgl. vorst. Ref.) Vf. berechnet die freie Energie ΔZ^0 der Dämpfe der n-Alkylcyclopentane. In der Formel $\Delta Z^0 = a_1(T) + (Z - 9)a_2(T) + a_3(T)$ bedeutet $a_1(T) = 25470 + 37129$ (0,01 T — 3) th (0,2 ln T), $a_2(T) = 25{,}5\,(T) - 5919 + 100\,Oe^{-0{,}0002\,T^{1,5}}$ u. $a_3(T) = 0{,}411\sqrt[3]{T}$. Die errechneten Werte stimmen mit den aus der Literatur bekannten gut überein; aus der freien Energie werden weiter die Gleichgewichtskonstanten u. Bildungswärmen berechnet. (Журнал Прикладной Химии [J. angew. Chem.] **26.** 749—52. Juli 1953.) G. ADOLPHI. D 156

P. G. Masslow, *Über die Temperaturabhängigkeit der freien Energie, der chemischen Gleichgewichtskonstanten und der Bildungswärme aus den Elementen der Dämpfe von n-Alkylcyclohexanen.* 6. Mitt. *zur Thermodynamik individueller Kohlenwasserstoffe.* (5. vgl. vorst. Ref.) Aus bereits vorliegenden Versuchswerten entwickeln Vff. eine Formel für die Berechnung der freien Energie ΔZ^0 für die Bldg. der Dämpfe der n-Alkylcyclohexane: $\Delta Z^0 = a_1(T) + (Z - 9)a_2(T) + a_3(T)$, in der $a_1(T) = 24420 + 40190$ (0,01 T — 3) th (0,21 ln T); $a_2(T) = 25{,}5\,(T) - 5919 + 100\,Oe^{-0{,}0002\,T^{1,5}}$; $a_3(T) = 0{,}340\sqrt[3]{T}$ bedeuten. Das letzte Glied gilt nur für Cyclohexan (ΔZ^0 in cal/Mol). Aus der freien Energie werden weiter die Gleichgewichtskonstanten u. Bildungswärmen berechnet. Die errechneten Werte stimmen mit den gemessenen Werten anderer Vff. auf 0,2—2,4% überein. (Журнал Прикладной Химии [J. angew. Chem.] **26.** 868—73. Aug. 1953.) G. ADOLPHI. D 156

G. W. Tschelinzew, *Über die Theorie der chemischen Struktur von A. M. Butlerow und ihre neuen Fortschritte.* Diskussionsbeitrag. (Журнал Общей Химии [J. allg. Chem.] **22** (**84**). 350—60. Febr. 1952.) R. KNOBLOCH. D 182

Richard S. Stein, *Die Polarisierbarkeit und Konfiguration von n-Paraffinen.* Vf. berechnet aus den Bindungspolarisierbarkeiten der C—C- u. C—H-Bindung unter Zugrundelegung einer Additivität die Hauptpolarisierbarkeiten flexibler Paraffin-KW-stoffmoleküle. Das Ergebnis der Berechnung ist abhängig von der Durchschnittskonfiguration des Mol. u. kann verglichen werden mit den aus der Depolarisation des Streulichtes experimentell bestimmten Werten. Daraus ergibt sich eine bevorzugte Konfiguration der C—C-Einfachbindungen in trans-Anordnung gegenüber gauche-Anordnung. Zur Verbesserung der Übereinstimmung zwischen berechneten u. experimentell bestimmten Daten wird von Vf. bei der Mittelwertsbldg. der Depolarisation a) der stärkere Anteil der trans-Anordnung u. b) die Wechselwrkg. zwischen den H-Atomen entsprechend berücksichtigt. Trotz dieser Korrektur liegen die berechneten Depolarisationen unterhalb der experimentell bestimmten. Die möglichen Ursachen der Diskrepanz werden vom Vf. diskutiert u. eine Neubest. der experimentellen Depolarisationswerte vorgeschlagen. Die Ergebnisse von MC COUBREY u. Mitarbeitern (C. **1952.** 5548), wonach die Paraffinmoll. stärker kompakt sind, als nach der statist. Theorie zu erwarten ist, sind nicht mit den vorst. Berechnungen in Einklang zu bringen. (J. chem. Physics **21.** 1193—98. Juli 1953. Amherst, Mass., Univ., Dep. of Chem.) G. WINKLER. D 182

Carl R. Noller, *Bemerkung über die Darstellung der Elektronenstrukturen von Acetylen und Benzol.* Verbesserung zu einer Arbeit des Vf. (vgl. C. **1951.** I. 1433). Die Elektronenwolken von Acetylen u. Bzl. werden zylindr. bzw. sechseckig mit abgerundeten Enden bzw. Ecken dargestellt. (J. chem. Educat. **32.** 23. Jan. 1955. Stanford, Calif., Stanford Univ.) K. BLUMRICH. D 182

D. M. Donaldson, J. M. Robertson und **J. G. White,** *Die Kristall- und Molekularstruktur von Perylen.* Perylen krist. aus Amylacetat in monoklin-prismat., nach (0 0 1) entwickelten Platten. Die Elementarkörperdimensionen sind a = 11,35 ± 0,02 Å; b = 10,87 ± 0,03; c = 10,31 ± 0,03 Å; β = 100,8 ± 0,2°. Raumgruppe ist $C_{2h}^5 - P\,2_1/a$; Z = 4. Erste Anhaltspunkte für die Struktur ergaben Intensitätsähnlichkeiten in Drehkristallaufnahmen von Pyren u. 1.12-Benzoperylen, deren Strukturen bekannt sind. Die endgültige Struktur wurde durch zweidimensionale FOURIER-Analysen erhalten. Bezeichnet man mit L u. M die in der nebenst. Figur angegebenen Molekülachsen u. mit N die zur Molekülebene senkrechte Achse, dann bilden diese Achsen mit den a- u. b-Achsen, sowie zu der senkrecht zu a u. b stehenden c'-Achse die folgenden Winkel: $\chi_L = 83{,}3^0$; $\psi_L = 89{,}2^0$; $\omega_L = 6{,}8^0$; $\chi_M = 55{,}4^0$, $\psi_M = 35{,}0^0$; $\omega_M = 94{,}5^0$; $\chi_N = 144{,}5^0$; $\psi_N = 55{,}0^0$; $\omega_N = 84{,}9^0$. Die 4 Moll. in der Elementarzelle sind in Paaren um die Symmetriezentren angeordnet. Die endgültig bestimmten Parameter (wegen der Bezeichnung vgl. nebenst. Figur) sind: Atom A (x =) 0,258; (y =) −0,046; (z =) 0,377; B: 0,301; 0,046; 0,306; C: 0,263; 0,046; 0,166; D: 0,185; 0,043; −0,119; E: 0,144; 0,039; −0,261; F: 0,067; −0,055; −0,313; G: 0,025; −0,146; −0,241; H: 0,064; −0,144; −0,099; I: 0,145; −0,047; −0,042; J: 0,186; −0,045; 0,105; K: −0,051; −0,239; −0,294; L: −0,094; −0,330; −0,223; M: −0,056; −0,331; −0,080; N: 0,021; −0,327; 0,202; O: 0,062; −0,323; 0,344; P: 0,139; −0,229; 0,396; Q: 0,181; −0,139; 0,324; R: 0,142; −0,140; 0,182; S: 061; −0,238; 0,125; T: 0,021, −0,239; −0,022; Molekülzentrum: 0,103; −0,142; 0,042. Die C—C-Abstände innerhalb des koplanaren Mol. sind aus der nebenst. Figur zu ersehen, wobei ausdrücklich betont wird, daß der abnorme Abstand der beiden C-Atome I u. J real ist. Dies wird auch durch chem. u. physikal. Daten gestützt. So gibt die diamagnet. Susceptibilität des Perylens einen Hinweis darauf, daß das zentrale Sechseck eine nicht benzoide Struktur besitzt, was durch die vorliegenden Ergebnisse bestätigt wird. Die chem. Eigg. des Perylens stehen in Übereinstimmung mit den gefundenen Bindungslängen. Das beobachtete schwache Dipolmoment des Perylens (1,45 D) deutet dagegen auf eine Abweichung von einer vollkommen symm. u. planaren Formel hin. Auch das Absorptionsspektr. läßt ein nicht vollständig koplanares Mol. erwarten. Vff. nehmen an, daß ein Grund hierfür sein könnte, daß die H-Atome in der 1.12- u. 6.7-Stellung, welche benachbart zu den Bindungen liegen, die die 2 Naphthalinringe verbinden, von der mittleren Molekülebene abweichen. Der Abstand zwischen den 1.12-C-Atomen (C u. D) beträgt 2,88 Å. Nimmt man an, daß der C—H-Abstand 1,1 Å beträgt u. daß die H-Atome ferner radial von den C-Sechsecken weg gerichtet wird, dann beträgt der Abstand zwischen diesen 2 H-Atomen unter Annahme eines streng ebenen Mol. nur 1,8 Å. Das ist deutlich weniger als der VAN DER WAALSsche Abstand für H, der allg. mit ca. 2,4 Å angenommen wird. Es ist daher anzunehmen, daß wenigstens die H-Atome von den symm. Lagen in irgendeiner Form abweichen. (Proc. Roy. Soc. [London], Ser. A **220**. 311—21. 8/12. 1953. Glasgow, Univ., Chem. Dep.) C. GOTTFRIED. D 195

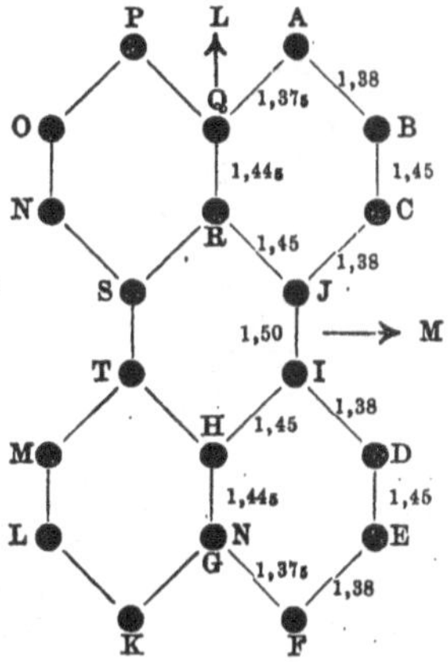

M. I. Kabatschnik und **W. A. Giljarow**, *Zur Theorie des Tautomeriegleichgewichts. Konstitution und Eigenschaften von Dialkylanilidophosphiten.* (Vgl. C. **1952**. 6669.) Die durch Umsetzung von Phosphorigsäuredialkylesterchloriden mit Anilin in Ae. erhaltenen *Phosphorigsäuredialkylesteranilide* (**I**) liegen in den Formen $(RO)_2PNHC_6H_5$ (**Ia**) u. $(RO)_2P(H){=}NC_6H_5$ (**Ib**) vor (*R* = CH_3, C_2H_5, *n*- u. *iso*-C_3H_7, *n*-C_4H_9). Sie lagern in Bzl. oder CS_2 leicht S an zu *Thiophosphorsäuredialkylesteraniliden.* Mit Cu(I)-salzen bilden sie *Komplexverbb.*, z. B. $(C_2H_5O)_2PNHC_6H_5 \cdot CuJ$ (Kristalle F. 116—116,5⁰). Mit CH_3J lagern sie sich nach ARBUSOW um, z. B. $(CH_3O)_2PNHC_6H_5$ zu $(CH_3O)(CH_3)P({=}O)NHC_6H_5$, das mit der aus Methylphosphonsäuredichlorid, Methylalkohol u. Anilin erhaltenen Verb. ident. ist. In Ae. oder Bzl. bilden sie mit Na Salze $(RO)_2PNNa(C_6H_5)$, die mit Alkylhalogeniden Verbb. des Typs **Ib**, $(RO)_2P(R'){=}NC_6H_5$ (**II**), liefern; diese reduzieren Hg^{2+} nicht zu Hg^+, werden unter Bldg. von Anilin hydrolysiert, enthalten nach der Alkoxylbest. mit HJ 2 RO-Gruppen. Die Verb. mit R=R' = C_2H_5 wird auch durch Einw. von Phenylazid auf $(C_2H_5O)_2PC_2H_5$ erhalten; sie bildet mit CS_2 *Phenylisothiocyanat* u. *Äthylthionphosphonsäurediäthylester.* Es wird versucht, bei den Verbb. **I** die Rk. mit CS_2 zu benutzen, um den Geh. an der Form **Ib** mittels der gebildeten Menge Phenylisothiocyanat zu bestimmen. Es entsteht zwar ca. 20% von diesem, doch läßt die erhaltene Ausbeute keinen Rückschluß zu, da Neben-Rkk. störend wirken. — Die Konstanten der dargestellten Verbb. werden tabellar. mitgeteilt. **I**: *R* = CH_3; $Kp._2$ 87⁰; $D.^{20}_4$ 1,1318; n_D^{20} 1,5476; 49% (Ausbeute). *R* = C_2H_5; $Kp._{2,5}$ 102—104⁰; 1,0682; 1,5261; 43%. *R* = *n*-C_3H_7; $Kp._{2,5}$ 120—121,5⁰; 1,0329; 1,5167; 48%. *R* = *iso*-C_3H_7; $Kp._3$ 103—103,5⁰; 1,0260; 1,5120; 42%. *R* = *n*-C_4H_9; $Kp._2$ 132—133⁰; 1,0076; 1,5108; 32%. — *Verbb.* $(RO)_2PN\cdot(CH_3)(C_6H_5)$. *R* = CH_3; $Kp._2$ 82—82,5⁰; 1,0998; 1,5420; 35%. *R* = C_2H_5; $Kp._{2,5}$ 99,7 bis 101⁰; 1,0482; 1,5225; 38%. — *Verbb.* $(RO)_2P({=}S)NHC_6H_5$. *R* = CH_3; $Kp._2$ 129,5 bis 130,5⁰; 1,2333; 1,5730; 55%. *R* = C_2H_5; $Kp._2$ 134⁰; 1,1537; 1,5482; 78%. *R* =

n-C_3H_7; Kp.$_2$ 148—149°; 1,1146; 1,5388; 55%. R = *iso*-C_3H_7; F. 89—90°; 60%. R = n-C_4H_9; Kp.$_{2,5}$ 160—163°; 1,0801; 1,5315; 83%. — $(CH_3)(CH_3O)P(=O)NHC_6H_5$; F. 76,5 bis 77,5°; 19%. — II: $R = R' = CH_3$; Kp.$_2$ 111—112,5°; 1,1365; 1,5395; 27%. $R = R' = C_2H_5$; Kp.$_2$ 105°; 1,0487; 1,5200; 69%. R = *iso*-C_3H_7, $R' = CH_3$; Kp.$_3$ 108,5—109°; 1,0204; 1,5082; 52%. (Доклады Академии Наук СССР [Ber. Akad. Wiss. UdSSR] [N. S.] **96.** 991—94. 11/6. 1954. Inst. für metallorgan. Verbb. der Akad. der Wiss. der UdSSR.) R. K. MÜLLER. D 221

B. Stehlík und **M. Gattermayer,** *Zur Struktur des Hexamethylentetraminmonohydrochlorids.* Durch Messungen an Mischungen von 0,25 mol. *Hexamethylentetramin-* u. 0,5 mol. *HCl*-Lsgg. wird die Abhängigkeit der Anfangsgeschwindigkeit der Osmose von der Zus. der Mischung festgestellt (Diagramm) u. gefunden, daß der 1. Wendepunkt der Kurve dem n. Hydrochlorid $(CH_2)_6N_4 \cdot 4\,HCl$, der 2. einem anomalen $(CH_2)_6N_4 \cdot HCl$ entspricht. Die nähere Unters. dieses Monohydrochlorids führt zur Aufstellung einer räumlichen Strukturformel: Das dem einen N-Atom zugeordnete H-Ion führt durch Anziehung der übrigen 3 N-Atome zu deren erhöhter Polarität. Die Deformation der Bindungen der 3 C-Atome verursacht das Aufreißen dieser Bindungen bei der Herst. von Hexogen. (Chem. Zvesti **8.** 173—77. April 1954. Brünn [Brno], Vojenská techn. akad.) E. ROTTER. D 223

S. N. Markina, K. A. Posspelowa und **P. A. Rehbinder,** *Abhängigkeit der Kolloidlöslichkeit einiger organischer Flüssigkeiten von der Konzentration der lösenden Substanz.* Es wurde die koll. Löslichkeit fl. KW-stoffe — *Octan, Dodecan, Bzl., Cyclohexan* — sowie polarer Fll. — *Octylalkohol, Cyclohexanol, Nitrobenzol, Acrylonitril, Methylmethacrylat* — in Seifenlsgg. — Na- u. K-Oleat — untersucht, u. zwar nach dem Verf. der Drucksenkung des gesätt. Dampfes (Ergebnisse etwas zu niedrig) u. nach dem refraktometr. Verf. von JURSHENKO (Журнал Общей Химии [J. allg. Chem.] **16 (78).** [1946.] 1171). Die Löslichkeit der Fll. in W. wurde rechner. berücksichtigt. Als Emulgator wurde Na-Mersolat (Gemisch der Na-Salze aliphat. Sulfonsäuren) angewandt. Die Seifenlsg. variierte von 2—24 g/100 ml. Es ergab sich, daß bis zur Konz. 9 g/100 ml die Löslichkeit der Fll. prakt. von der Konz. der Seifenlsg. unabhängig war, ab 9 g/100 ml (der „krit. Konz. der Strukturbldg.") stieg jedoch die Löslichkeit unverhältnismäßig hoch an: wesentliche Micellenstrukturveränderung der Seifenlösung. Erreichung des Gleichgewichts in 1—6 Tagen, bei gelförmigen Systemen in 1 Monat. Bei den Acrylverbb. übertraf Na-Oleat das K-Oleat an Wirksamkeit (löste stärker). (Коллоидный Журнал [Kolloid-J.] **16.** 366—75. Sept./Okt. 1954. Moskau, Univ., Lehrstuhl für Kolloidchem.) A. v. WILPERT. D 224

Bernhard Witkop und **Theodore W. Beiler,** *Untersuchungen an Schiffschen Basen im Zusammenhang mit dem Mechanismus der Transaminierung.* Vff. untersuchen Bldg. u. Eigg. SCHIFFscher Basen aus biol. interessanten Stoffen. In zweibas. Aminosäuren bildet die e n d s t ä n d i g e Aminogruppe bei der Kondensation mit aromat. Aldehyden SCHIFFsche Basen. Sowohl *Lysin* u. *Ornithin* als auch deren innere Cu-Komplexe, bei denen die α-Aminogruppen beansprucht sind, liefern (im 2. Fall nach anschließender Zers. des Komplexes mit H_2S) die gleichen SCHIFFschen Basen. Auch UV- u. Infrarotspektren dieser Prodd. stimmen besser mit denen der Zwitterionen von α-Aminocapronsäure als der ε-Aminocapronsäure überein. Zweibas. Aminosäuren unterliegen daher auch nicht der physiol. Transaminierung. — Wie die Bldg. des inneren Halbacetals im *Pyridoxal* (**III**) erfolgt bei dessen SCHIFFschen Basen Ringschluß mit Ringkettentautomerie, wobei die phenol. OH-Gruppe das Gleichgewicht zur Kette verschiebt, wie der Vgl. mit den Azomethinen aus o-Aminobenzylamin mit o- u. p-Oxybenzaldehyd bzw. Benzaldehyd zeigt. Die p-Oxyverb. ist farblos u. wird beim Erwärmen u. Reiben in Nujol gelb, beim Abkühlen wird die Verb. wieder farblos, beide Infrarotspektren sind identisch. Diese Tribochromoisomerie kann mit Ringkettentautomerie nicht erklärt werden. Bei 110° bildet sich eine permanent gelbe Form. — Die Transaminierung der Aminosäuren zu Ketosäuren kann über die SCHIFFschen Basen mit Pyridoxalphosphorsäureester durch Prototropie nach Rk. 2. Ordnung erfolgen ($RCH{=}N \cdot CH_2R' \rightleftharpoons RCH_2 \cdot N{=}CHR'$). Das Gleichgewicht nachst. Verbb. beim Sieden mit Na-Äthylat ist zur Seite des Pyridoxylamins verschoben bei *Pyridoxylbenzylamin* (⇌ Benzalpyridoxamin), *Pyridoxal-o-oxybenzylamin* (**I**) (⇌ Salicylalpyridoxamin [**II**]) u. *Pyridoxal-p-oxybenzylamin* (⇌ p-Oxybenzalpyridoxamin). Bei der Darst. von **I** wurde aus der alkal. Mutterlauge auch 30% Salicylal-o-oxybenzylamin isoliert, entstanden durch Umkondensation aus **II** mit o-Oxybenzylamin. — Bei der Kondensation von p-Oxybenzylamin mit **III** wurden 2 isomere Verbb. isoliert, die wahrscheinlich cis–trans-Azomethinisomere sind.

V e r s u c h e (alle FF. korr.): *Kupfer-N*^{ε}*-benzyliden-*L*-lysinat* (**IV**), F. 240—241° (Zers.), L-Lysinmonohydrochlorid (**VIII**) in wss. NaOH (p_H 8,8) mit $(Cu)_3PO_4$ 25 Min. schütteln, bei p_H 8,5—8,8 Benzaldehyd (**V**) in Methanol zugeben; 72% (Ausbeute), oder nachst. Verb. mit Cu-Acetat in W. schütteln; 62%. — *N^{ε}-Benzyliden-L-lysin* (VI), F. 205 bis 207° (Zers.) aus **IV** in wss. A. u. H_2S, 1 Std. in der Kälte, oder aus L-Lysin u. **V** in NaOH in der Kälte; 91,5%. — *L-Lysinmethylesterdihydrochlorid* (VII), $C_7H_{18}O_2N_2Cl_2$, F. 207—208°, aus **VIII** in absol. Methanol, 2 Std. mit HCl-Gas; 95,5%. — *L-Lysinmethylester*, aus **VII** mit Na_2CO_3; 60%. — *p-Oxybenzylamin*, F. 114—115°, durch Red. von p-Oxybenzaldoxim in A. mit Na-Amalgam; 58,5%, *Pikrat*, F. 208,5—209,5°. — *o-Oxybenzlyamin*, F. 125—130°, aus Salicylaldoxim wie vorst.; 68%. — *Bis-o-oxybenzylamin*, F. 172—173°, durch Hydrieren von α-Salicylaldoxim in A. in Ggw. von PtO_2, 18 Std. bei 1 at; 70%. — *N^{δ}-Benzyliden-L-ornithin*, $C_{12}H_{16}O_2N_2$, F. 198—201° (λ_{max} u. log ε vom UV-Spektr.), 247 [mμ], 4,19. — *N^{δ}-Benzyliden-DL-ornithin*, $C_{12}H_{16}O_2N_2$, F. 187°, 247, 4,12. — *N^{δ}-Salicyliden-L-ornithin*, $C_{12}H_{16}O_3N_2$, F. 202° (Zers.), 256, 3,94. — *N^{δ}-Salicyliden-DL-ornithin*, $C_{12}H_{16}O_3N_2$, F. 199° (Zers.), 255, 3,95. — *N^{ε}-Salicyliden-L-lysin*, $C_{13}H_{18}O_3N_2$, F. 205 bis 207°, 259, 3,87. — *N^{ε}-Carbobenzoxy-L-lysin*, F. 230°. — *L-Arginin*, F. 244°; *N^{α}-Benzyliden-L-arginin*, F. 208°. — *N-Salicyliden-o-aminobenzylalkohol*, $C_{14}H_{13}O_2N$, F. 121,5—122°; 93%. *Hydrochlorid*, F. 146—148°. — *N-p-Oxybenzyliden-o-aminobenzylalkohol*, $C_{14}H_{13}O_2N$, F. 137—139°; 84%. *Hydrochlorid*·H_2O, Zers. bei 150°. — *Benzylidenpyridoxamin*, $C_{15}H_{16}O_2N_2 \cdot \frac{1}{2}\, C_6H_5CHO$, F. 135—145°; 43%. $C_{15}H_{16}O_2N_2 \cdot \frac{1}{2}\, H_2O$, F. 183—210°; 48%. — *N-Salicylidenpyridoxamin* (II), $C_{15}H_{16}O_3N_2$, F. 172—173°; 91%. — *N-Pyridoxyliden-o-oxybenzylamin* (I), $C_{15}H_{16}O_3N_2$, F. 169—170°; 68%. — *p-Oxybenzylidenpyridoxamin*, $C_{15}H_{16}O_3N_2$, F. 145—148°; 62% u. F. 160—161°; 66%. — *Pyridoxyliden-p-methoxybenzylamin*, $C_{16}H_{18}O_3N_2$, F. 104—105°; 98%. *Pyridoxylidenbenzylamin*, F. 112,5°. *Salicyliden-o-oxybenzylamin*, $C_{14}H_{13}O_2N$, F. 183—184,5°. (J. Amer. chem. Soc. **76**. 5589—97. 20/11. 1954. Bethesda, Md., Nat. Inst. of Health, Inst. of Arthritis and Metabolic Diseases.) K. BECKER. D 225

Warren W. Brandt, John E. DeVries und **E. St. Clair Gantz**, *Reduktion von Nitroguanidin durch Titan(III)-chlorid.* Vff. untersuchen den Mechanismus der Red. von *Nitroguanidin* (I) durch $TiCl_3$ in Ggw. von Fe(II). In Abwesenheit von Fe(II) wird in salzsaurer Lsg. (1 : 1) ein Verbrauch von 4 Äquivalenten $TiCl_3$ gefunden, wenn das Reduktionsmittel in 20fachem Überschuß angewandt wird. Bei Ggw. von 20 Mol Fe(II) pro Mol **I** werden ca. 8 Mol $TiCl_3$ verbraucht. Als Endprodd. erscheinen *NH_3* u. Guanidin. Vff. diskutieren folgendes Reaktionsschema: **I** wird über das Nitrosoguanidin zum Hydroxylaminoguanidin (II) durch 4 Äquivalente $TiCl_3$ reduziert. In Abwesenheit von Fe(II) setzt hier hydrolyt. Spaltung zu $H_2N_2O_2$ ein, das seinerseits weiter zerfällt. Fe(II) stabilisiert **II** u. ermöglicht reduktive Spaltung u. Red. durch weitere 4 Äquivalente $TiCl_3$ zu den Endprodd. NH_3 u. Guanidin. Verss., **II** darzustellen, waren erfolglos. (Analytic. Chem. **27**. 392—95. März 1955. Inyokern, China Lake, Calif., U. S. Naval Ordnance Test Stat., Analyt. Chem. Branch.) K. FRENKLER. D 225

Wilhelm Pritzkow, *Über die Autoxydation von Ketonen.* 2. Mitt. *Die Zersetzung von α-Hydroperoxyketonen.* (1. vgl. C. **1955**. 4074.) Zur Unters. des Verh. der bei der Autoxydation der Ketone prim. entstehenden α-Hydroperoxyketone wurde *2.4.6-Trimethyl-β.β-diphenylpropiophenon-α-hydroperoxyd* (I) bei 80° in Bzl. zu Mesitylencarbonsäure (II) u. Diphenylacetaldehyd (III) zersetzt. Die Rk. unterliegt der Autokatalyse durch **II**, in Cyclohexanon unter Zusatz von Essigsäure (**IV**) wird H^+-Katalyse angenommen. Dagegen liefert die Zers. von *α-Methyl-β.β-diphenylpropiophenonhydroperoxyd* (V) bei 90° in Bzl. (k = 0,083 [$Std.^{-1}$]) Chlorbenzol (0,083) u. Nitrobenzol (0,030) zu α.α-Diphenylaceton (**VI**) u. Benzoesäure (**VII**) keine äquivalenten Mengen **VI** u. **VII** u. wird durch **IV** nicht katalysiert, in Cyclohexanon (k = 0,932) bildet sich die äquivalente Menge **VII**, mit **IV** steigt die Reaktionsgeschwindigkeit bis zu 4% **IV** an u. wird dann konstant. Ebenso beschleunigt **IV** die Zers. von *Cyclohexanonhydroperoxyd* (**VIII**) bei 90°, des Primäroxyds von 1-Methylcyclohexanon-(2) (**IX**) in 1-Methylcyclohexanon-(2) bei 90° zu ε-Ketoönanthsäure (**X**), des Primäroxyds von Methyläthylketon (**XI**) in Methyläthylketon bei 100° zu Acetaldehyd u. **IV**, u. des Primäroxyds von Di-n-propylketon (**XII**) in Di-n-propylketon zu Propionaldehyd u. Buttersäure (**XIV**). Die Rkk. sind ebenfalls H^+-katalysiert u. liefern 75—100% der erwarteten Säuremengen. Die Zers. von *Diisopropylketon-α-hydroperoxyd* (**XV**) wird dagegen durch **IV** wegen ster. Hinderung nicht beschleunigt. Nach SEUBOLD u. VAUGHAN (C. **1954**. 1215) wird Ionenmechanismus u. Wanderung der Acylgruppe von C zum O als geschwindigkeitsbestimmender Schritt angenommen. Die Katalyse durch Mn-Laurinat (**XVI**) wird dagegen radikal. gedeutet. **I** in Cyclohexanon bei 80° ohne **XVI**: k = 0,31; mit 0,01% **XVI** 1,95 (28% **III**). **VIII** in Cyclohexanon bei 90° ohne **XVI**: k = 0,267; mit **XVI** k = 0,795 (82% Adipinsäure). — **IX** in Methylcyclohexanon bei 90° ohne **XVI** k = 0,138; mit **XVI** k = 0,345 (72% **X**). — **XII** in Di-n-propylketon bei 90° ohne **XVI** k = 0,023; mit **XVI** k = 0,307 (50% **XIV**). — **XV** in Diisopropylketon bei 90° ohne **XVI** k = 0,152; mit **XVI** k = 0,53 (15% Säure).

Versuche: *2.4.6-Trimethyl-β.β-diphenylpropiophenonhydroperoxyd* (I), aus Chlf. + PAe., F. 117°, aus 2.4.6-Trimethyl-ω-benzalacetophenon nach KOHLER [1937]. — *α-Methyl-β.β-diphenylpropiophenonhydroperoxyd* (V), F. 127°, analog. — *Acetoin*, Kp. 125 bis 130°, aus XI in Ggw. von Pd–$BaSO_4$ durch Hydrierung bei 1 at, *Semicarbazon*, $C_5H_{11}O_2N_3$, F. 185°. — *Mesitylencarbonsäure* (II), F. 144°. — *Diphenylacetaldehydsemicarbazon*, F. 164—167°. (Chem. Ber. **88**. 572—81. 1955. Rostock, Inst. für Katalyseforschung der Dtsch. Akad. der Wiss. zu Berlin.) K. BECKER. D 225

R. J. Orr und **H. Leverne Williams**, *Kinetik der Reaktionen zwischen Eisen(II) und einigen Hydroperoxyden, die von Cumol und Cyclohexan abgeleitet sind.* Vff. bestimmen die Geschwindigkeit der Red. von *Phenylcyclohexanhydroperoxyd* (I), *p-Menthanhydroperoxyd* (II) u. *p-Nitrocumolhydroperoxyd* (III) durch Fe(II). Damit soll ein Beitrag zur Aufklärung der verschied. Wirksamkeit von Hydroperoxyden bei Emulsionspolymerisationen gegeben werden. Für III gilt $k = 8 \cdot 10^{10}\, e^{-13100/RT}$ Liter·Mol⁻¹·sec⁻¹, für II $k = 6{,}3 \cdot 10^{-9} \cdot e^{11100/RT}$ Liter·Mol⁻¹·sec⁻¹, für I $2{,}4 \cdot 10^{9} \cdot e^{-10600/RT}$ Liter·Mol⁻¹·sec⁻¹. Im Verlauf der Rk. muß auf Grund der Ergebnisse Komplexbldg. zwischen Hydroperoxyd u. Fe(II) eintreten. Zwischen Frequenzfaktor u. Aktivierungsenergie besteht ein Zusammenhang. Der Mechanismus des Elektronenübergangs wird mit ROLLEFSONS (C. **1955**. 319) Ansichten über die Frequenzfaktoren erklärt. Das Verh. der verschied. Hydroperoxyde bei der Emulsionspolymerisation wird beschrieben, u. es wird versucht, ihr Verh. mit den Charakteristika der untersuchten Rkk. in Verbindung zu bringen. (J. physic. Chem. **57**. 925—31. Dez. 1953. Sarnia, Ontario, Can., Polymer Co. Ltd., Res. and Developm. Div.) R. MATTNER. D 225

Henry G. Kuivila und **Alfred R. Hendrickson**, *Elektrophile Substitutionsreaktionen.* 2. Mitt. *Geschwindigkeiten der Bromolyse substituierter Benzolboronsäuren.* (1. vgl. C. **1953**. 3059.) Die Kinetik der Bromolyse folgender substituierter Benzolboronsäuren [**A** = $RB(OH)_2$] bzw. ihrer Anhydride wurde bei 25° in 20%ig. Essigsäure bei Ggw. von 0,4 Mol NaBr wie l. c. beschrieben verfolgt. Die k-Werte ($\cdot 10^5$ Liter/Mol·Sek.) betrugen [in ( ) F. des Anhydrids] bei: *Benzolboronsäure* (I) 484 (214—216°), *p-Methoxy-* $> 7 \cdot 10^{0}$ (204—207°), *m-Nitro-* (II) 1,46 (280—281°), *p-Chlor-* 261 (261 bis 262,5°), *m-Chlor-* 16,9 (178—179°), *p-Methyl-* 38000 (246—248°), *m-Methyl-* 1610 (160 bis 161,5°), *p-Carbäthoxy-* 5,04 (198—200°), *m-Carbäthoxy-* (III) 21,0 (136—138°) u. *p-Brombenzolboronsäure* (IV) 200 (279—282°). Da I u. sein Anhydrid den gleichen k-Wert ergeben, wurden zum Teil die freien Säuren (III u. IV), zum Teil die Anhydride mit Br_2 umgesetzt, wobei $[Br_2] = 0{,}080$ mol. u. $[\mathbf{A}] = 0{,}010$ mol. betrug, [II] war dagegen 0,080 molar. Beim Auftragen der log k/k_0-Werte gegen die HAMMETTschen σ-Konstanten ergaben die m-substituierten Verbb. eine Kurve, von den p-substituierten Verbb. lagen OCH_3, CH_3, Cl u. Br über dieser, $COOC_2H_5$ dagegen darunter. Diese Abweichungen von der HAMMETTschen Gleichung sind mit der Annahme in Übereinstimmung, daß der geschwindigkeitsbestimmende Schritt der Rk. zur Bldg. des Zwischenzustandes **B** führt. Die Form obiger Kurve (konkav gegen die σ-Achse) wird durch die Fähigkeit der elektronenabstoßenden Gruppen erzeugt, durch Resonanzwrkg. die Kapazität für die positive Ladung zu vergrößern; das trifft bes. für die p-Substituenten zu, wo entsprechend höhere k-Werte zu finden sind. Die starke Abweichung von p-$COOC_2H_5$ gibt seine Unfähigkeit zur Stabilisierung eines Kations wieder. — Literaturdaten der aromat. Nitrierungs-Rkk. werden mit den Ergebnissen verglichen u. diskutiert. (J. Amer. chem. Soc. **74**. 5068—70. 20/10. 1952. Durham, N. H., Univ., Dep. of Chem.)

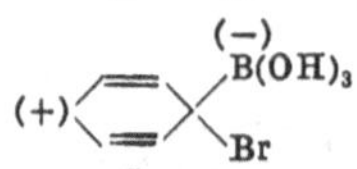

B

B. GNAUCK. D 225

Henry G. Kuivila, *Elektrophile Substitutionsreaktionen.* 3. Mitt. *Kinetik der Reaktion zwischen Wasserstoffperoxyd und Benzolboronsäure.* (2. vgl. vorst. Ref.) Die Rk. mit H_2O_2 ist die einzige Substitution, die aliphat. u. aromat. Boronsäuren unter vergleichbaren Bedingungen eingehen. Die Rk. zwischen *Benzolboronsäure* (I) u. H_2O_2 nach der Gleichung $C_6H_5B(OH)_2 + H_2O_2 \rightarrow C_6H_5OH + B(OH)_3$ wurde in wss. Lsg. bei 25° im p_H-Intervall 2—6 jodometr. bzw. colorimetr. untersucht. In Abwesenheit anderer Substanzen ist die Kinetik komplex. Es lassen sich zwei gleichzeitig ablaufende ion. Mechanismen unterscheiden, beide sind von 1. Ordnung hinsichtlich H_2O_2, einer von 1., der andere von 2. Ordnung hinsichtlich der Konz. von I. Durch Zusatz von Phenol, Acetanilid oder Borsäure bei p_H 4,44 wird die Reaktionsgeschwindigkeit nicht beeinflußt, mit steigendem p_H nimmt sie allg. zu. Bei höheren p_H-Werten wirkt $B(OH)_3$ beschleunigend, besitzt jedoch z. B. bei p_H 5,24 nur ca. $^1/_6$ der katalyt. Wirksamkeit von I. Die Pufferkonz. (Phthalat, Acetat, Chloracetat) hat keinen Einfl. auf die Geschwindigkeit. Die Rk. weist einen positiven Salzeffekt auf. $Zn(ClO_4)_2$, Citrat u. Tartrat katalysieren, die beiden letzten zeigen jedoch verschied. Wirkungsweise. Die spezif. Lyationenkatalyse führt zu dem Schluß, daß die Geschwindigkeit der Rk. proportional der Konz. der OOH^--Ionen sein muß. Auf dieser Basis wird folgender Reaktionsmechanismus vorgeschlagen mit k_1 u. $k_{-1} \gg k_2$: $I + OOH^- \underset{k_{-1}}{\overset{k_1}{\rightleftharpoons}} [C_6H_5B(OH)_2OOH]^- \xrightarrow{k_2} [C_6H_5B(OH)_2{-}O^+](II) + OH^-$, $II \xrightarrow{k_3} C_6H_5OB(OH)_2 \xrightarrow[\text{schnell}]{H_2O} C_6H_5OH + B(OH)_3$. — Die Katalyse durch Tartrat wird durch Chelatisierung u. ster. bedingte größere Reaktivität des Komplexes gegenüber OOH^- erklärt. (J. Amer. chem. Soc. **76**. 870—74. 5/2. 1954.) G. LOHAUS. D 225

Henry G. Kuivila und **Edward J. Soboczenski**, *Elektrophile Substitutionsreaktionen. 4. Mitt. Kinetik der Bromolyse von m-Chlorbenzolboronsäure in wässeriger Lösung.* (3. vgl. vorst. Ref.) *m-Chlorbenzolboronsäure* reagiert mit Br_2 in wss. Lsg. mit meßbarer Geschwindigkeit. Die Rk. wurde bei 25° im p_H-Bereich 2,10—4,74 in Ggw. hoher Bromidionenkonzz. in gepufferter Lsg. kinet. untersucht u. ein bedeutender Unterschied zwischen der Basenkatalyse in W. u. der in 50% CH_3COOH gefunden. Die Rk. ist von 2. Ordnung. Es wird gezeigt, daß das bromierende Agens mol. Brom ist, während Br_3^- wirkungslos ist. Mit steigendem p_H nimmt die Geschwindigkeit stark zu (bei p_H 3,71 k = 0,0370, bei p_H 4,74 k = 0,355 Liter·Mol^{-1}·sec^{-1} in ungepufferter Lsg.). Entgegen den Erwartungen wird durch Zunahme der Konz. an Acetatpuffer die Geschwindigkeit verringert. Dieser Effekt kann nicht durch Acetation oder Essigsäure allein, sondern nur durch das Zusammenwirken der beiden Komponenten erklärt werden. Er wird durch die Gleichung $k = k_0 (I - \alpha[AcOH] - \beta[AcO^-])$ (k_0 extrapoliert für Pufferkonz. 0, α = 0,233, β = 0,070) quantitativ erfaßt. Der Einfl. der Essigsäure auf k wird durch die Veränderung der Gleichgewichtskonstanten der Br_3^--Bldg. infolge Veränderung der Lösungsmittelzus. hervorgerufen, die Natur des Effektes der Acetationen ist nicht bekannt. Da das bromierende Agens Br_2 ist, dessen Konz. im untersuchten Bereich p_H-unabhängig ist, muß es das Substrat sein, dessen Konz. mit dem p_H zunimmt, es reagiert demnach das Benzolboronation. Es werden quantitative Angaben über die katalyt. Wirksamkeit von NaF u. 5 chelatisierenden Verbb. [Glykolsäure, α-Oxyisobuttersäure, d-Weinsäure, Citronensäure u. cis-Cyclohexandiol-(1.2)] gemacht u. ein Reaktionsmechanismus im Hinblick auf die mögliche Wirkungsweise der Katalysatoren diskutiert. (J. Amer. chem. Soc. **76**. 2675—78. 20/5. 1954.) G. LOHAUS. D 225

Henry G. Kuivila und **Robert M. Williams**, *Elektrophile Substitutionsreaktionen. 5. Mitt. Kinetik der Jodolyse von p-Methoxybenzolboronsäure.* (4. vgl. vorst. Ref.) Die Resultate der Jodolyse von *p-Methoxybenzolboronsäure* (I) bei 25,1° in wss. Lsg. im p_H-Bereich 3,58—5,58 sind denen der Rk. zwischen m-Chlorbenzolboronsäure u. Br_2 (l. c.) in jeder Hinsicht sehr ähnlich. In Ggw. eines großen Überschusses an Jodid u. bei konstant gehaltenem p_H ist die Geschwindigkeit dem Prod. der Konzz. der beiden Komponenten proportional, bei p_H 3,58 k = 0,402, bei p_H 5,58 k = 26,3 Liter·Mol^{-1}·min^{-1} in ungepufferter Lösung. Sie nimmt mit steigender Konz. an Acetatpuffer ab u. gehorcht einer entsprechenden Gleichung, wie im vorst. Ref. angegeben, mit α = 0,216, β = 0,145. Die Rk. unterliegt nicht der allg. Säuren- oder Basenkatalyse. Die katalyt. Wirksamkeit von NaF, Borsäure u. chelatisierenden organ. Verbb. wurde quantitativ bestimmt u. auf der Grundlage der ster. bedingten Stabilität der mit I gebildeten Komplexe diskutiert. Die Versuchsergebnisse sind im Einklang mit einem Mechanismus, dessen geschwindigkeitsbestimmende Stufe die Rk. von elementarem Jod mit vierfachkovalentem Boronatanion ist. (J. Amer. chem. Soc. **76**. 2679—82. 20/5. 1954.) G. LOHAUS. D 225

Bill B. Smith und **J. E. Leffler**, *Spezifische Lösungsmitteleffekte bei der Hydrolyse von p-Nitrobenzhydrylbromid.* Vff. verfolgten titrimetr. die Kinetik der Hydrolyse von *p-Nitrobenzhydrylbromid* (I) in wss. Aceton (III) zwischen 50 u. 92° ($\Delta H^{\neq}$ 20,13 kcal/Mol; $\Delta S^{\neq}$ —21,82 cal/Mol·Grad). Die gleiche Rk. wurde ferner unter Zugabe von Hexan (II), p- (IV) u. m-Dimethoxybenzol, Nitrobenzol u. Bzl. verfolgt sowie die Abhängigkeit der Reaktionsgeschwindigkeiten v vom Wassergeh. untersucht. Durch Zugabe vorst. Verbb., wie mit steigendem Wassergeh., wurde eine geringe, aber deutliche Zunahme von v (14 bis 39%) gefunden. Überraschend ist dabei, daß II am stärksten die Aktivierungsenthalpie $\Delta H^{\neq}$ herabsetzte. Da hier Bldg. von π-Komplexen sicher vernachlässigt werden kann u. II dem Lösungsm. keine stärker polaren Eigg. verleiht, wird als Erklärung angenommen, daß I offenbar im Übergangszustand der Hydrolyse von den zugegebenen organ. Moll. umgeben ist, von denen II am leichtesten durch angreifende Wassermoll. verdrängt werden kann. III u. die aromat. Verbb. bilden dagegen festere Komplexe mit I im Übergangszustand, wobei die Benzolderivv. durch Komplexbldg. untereinander die Festigkeit des Komplexes mit I im Übergangszustand vermindern u. daher durch ihre Ggw. $\Delta H^{\neq}$ obiger Hydrolyse herabsetzen. Die Zugabe von W. veränderte dagegen nicht $\Delta H^{\neq}$, sondern vergrößerte $\Delta S^{\neq}$ (bei 6 Mol W.: $\Delta H^{\neq}$ 20,07, $\Delta S^{\neq}$ —20,39). Hieraus ergibt sich, daß die Wirksamkeit unpolarer Lösungsmittel nicht mit einer Verdrängung von

Wassermoll. aus W.–III-Komplexen erklärt werden kann. — Zugabe von **IV** zu **I** in **III** erzeugt einen gelben Farbton, dies wird jedoch nicht auf einen Ladungsübergang in einer Mol.-Verb. zurückgeführt, da die Form des UV-Spektr. von I dabei unverändert bleibt. — *p-Nitrobenzhydrol*, F. 73,0—75,5°, aus p-Nitrobenzophenon. — *p-Nitrobenzhydrylbromid*(I), $C_{13}H_{10}O_2NBr$, Kp.$_{10^{-3} \text{bis} 10^{-4}}$ 155—165°, hell gelbes Öl, durch Zugabe vorst. Verb. zu 48%ig. HBr in konz. H_2SO_4 bei n. Temp., 20 Std. rühren. (J. Amer. chem. Soc. **77**. 2509—11. 5/5. 1955. Tallahassee, Fla., Florida State Univ., Dep. of Chem.)
B. GNAUCK. D 225

N. B. Chapman und **D. Q. Russell-Hill**, *Kinetik der Reaktionen von chlorierten Heterocyclen mit Piperidin und Äthylationen in Äthanol.* (Vgl. BROWER, SAMUELS, WAY u. AMSTUTZ, J. org. Chemistry **18**. [1953.] 1648.) Vff. geben die Ergebnisse der Unterss. über die Kinetik der Solvolyse einiger Chlorchinoline u. 2-Chlorpyridin (**III**) durch Piperidin (**IV**) zwischen 90 u. 110° bzw. durch Äthylation in 98%ig. A. zwischen 70 u. 90° bekannt. Für die Aktivierungsenergien E u. Stoßzahlfaktoren log A wurde bei Rk. mit **IV** gefunden: *2-Chlorchinolin* (I), [E] 15600 cal; [log A] 4,8. — *1-Chlorisochinolin* (**II**), 14500; 4,2. — *2-Chlorpyridin* (**III**) (130—160°), 19900; 5,6. — Bei Rk. mit Ä t h y l a t i o n: **I**, 23100; 10,7. — **II**, 22000; 10,0. — *4-Chlorchinolin*, 20600; 8,9. — **III** (120—140°), 26700; 10,9. (Chem. and Ind. **1954**. 281. 6/3. Southampton, Univ., Dep. of Chem.)
G. PÖTZSCHER. D 225

W. A. Kirejew, *Chemische Reaktionsfähigkeit und thermodynamische Eigenschaften einiger Kohlenwasserstoffe. Isomerisierung und thermische Zersetzung.* Zusammenfassende krit. Besprechung der thermodynam. Eigg. von KW-stoffen in gasförmigem Zustand bei der Isomerisierung u. Zers., wobei als charakterist. Funktion die freie Energie bei konstantem Druck diente. Im einzelnen wurden besprochen: die Entropie, die Berechnung von chem. Gleichgewichten u. die Beurteilung der Reaktionsfähigkeit, die Dissoziation von zweiatomigen Moll. u. die therm. Zers. von KW-stoffen. In der Schlußfolgerung wird darauf hingewiesen, daß die Gleichgewichtskonstante sehr empfindlich gegenüber den Δ S-Werten ist, wobei bei gleichen Veränderungen in den Werten von Δ S bei beliebiger konstanter Temp. eine gleiche relative Änderung der Gleichgewichtskonstante resultiert. — 20 Literaturangaben. (Успехи Химии [Fortschr. Chem.] **23**. 921—42. 1954. Moskau.)
E. KLEVER. D 225

Joseph B. Levy, *Die thermische Zersetzung von Salpetersäureestern.* 2. Mitt. *Der Einfluß von Zusätzen auf die thermische Zersetzung von Äthylnitrat.* (1. vgl. C. **1954**. 9971.) Der Einfl. von Zusätzen von NO_2, O_2, Äthylnitrit (I), NO, Acetaldehyd (**II**) u. Diäthylperoxyd (**III**), Kp. 62,5—63,5°, auf die Kinetik der therm. Zers. von *Äthylnitrat* (**IV**) bei Tempp. zwischen 161 u. 181° u. bei ca. 20 Torr wird infrarotspektrophotometr. untersucht. Die Wrkg. der Zusätze wird beschrieben u. bzgl. Mechanismus u. Kinetik der Rk. gedeutet. NO_2 erniedrigt die Zerfallsgeschwindigkeit; Vf. nimmt an, daß die Rück-Rk. der Gleichgewichtseinstellung **IV** $\rightleftharpoons C_2H_5O^{\bullet} + NO_2$ (**A**) beschleunigt wird (vgl. PHILLIPS, C. **1951**. II. 2856). O_2 wirkt als Inhibitor, was Vf. mit der Oxydation des während der Rk. als Zerfallsprod. auftretenden NO erklärt. **I** beeinflußt die Reaktionsgeschwindigkeit nicht. Zugabe von NO verursacht ein scharfes Ansteigen der Reaktionsgeschwindigkeit unter Bldg. größerer Mengen NO_2 u. I als Reaktionsprodd., bis zu einem Grenzwert, an dem der Schritt $C_2H_5O^{\bullet} + NO \rightarrow$ I so beschleunigt worden ist, daß die Rück-Rk. von **A** vernachlässigbar klein ist. Gleiche Wrkg. hat die Zugabe von **II**. Vf. erklärt das mit der Rk. von **II** mit NO_2, wodurch das Gleichgewicht der Rk. **A** nach rechts verschoben wird. Zusatz von **III** beschleunigt die Zerfalls-Rk., aus den beobachteten Reaktionsgeschwindigkeiten schließt Vf. auf eine Red. des NO_2 durch Formaldehyd, der durch den Zerfall der Äthoxylradikale gebildet wird. Zur Klärung der Kinetik der Rk. wird bei 161°, 171° u. 181° die Abnahme der Konz. von **IV** nach Zusatz von NO u. **II**, wodurch die Rück-Rk. der Rk. **A** unterdrückt wird, gemessen. Die Rk. ist 1. Ordnung. Aus den erhaltenen k-Werten berechnet Vf. die Aktivierungsenergie E mit $-41,320 \pm 0,495$ kcal u. den log des Stoßzahlfaktors mit 16,85. Die Aktivierungsentropie wird mit ca. 15 cal/Mol·Grad angegeben. (J. Amer. chem. Soc. **76**. 3790—93. 20/7. 1954. Silver Spring, Md., U. S. Naval Ordnance Labor., Explosives Res. Dep.) G. PAULIG. D 225

David H. Volman und **Robert K. Brinton**, *Reaktionen freier Radikale mit Aldehyden.* 2. Mitt. *Die Reaktion von Methylradikalen mit Propionaldehyd.* (1. vgl. J. chem. Physics **20**. [1952.] 1764.) Vff. untersuchen die Rk. von Methylradikalen (erzeugt durch therm. Zers. von Di-tert.-butylperoxyd) mit *Propionaldehyd* (I) bei 122—155°. Die gasförmigen Reaktionsprodd. sind CO, CH_4 bis C_4H_{10} u. C_2H_4. Ein Reaktionsmechanismus, der die induzierte Kettenzers. u. Bldg. der Reaktionsprodd. erklärt u. H-Abspaltung durch Radikale, Radikalzers., -kombination u. -disproportionierung umfaßt, wird von Vff. diskutiert. Die H-Abspaltungsenergie ist annähernd die gleiche für Methyl- u. Äthylradikale, ca. 7,5 kcal/Mol (ster. Faktor $\sim 10^{-3}$) u. ist innerhalb experimenteller Fehler ident. mit der für Acetaldehyd. Bei beiden Aldehyden erfolgt die H-Abspaltung am Carbonyl-H-Atom, jedoch könnte bei I auch noch die Abspaltung am sek. C-Atom möglich sein. (J. chem. Physics **22.** 929—33. Mai 1954. Davis, Calif., Univ., Dep. of Chem.) G. Winkler. D 225

G. O. Pritchard, H. O. Pritchard und **A. F. Trotman-Dickenson,** *Die Reaktionen von Methylradikalen mit Aceton, Diäthylketon und Di-tert.-butylperoxyd.* Vff. führen eine Neubest. der therm. Zers. von *Di-tert.-butylperoxyd* (I) zwischen 130 u. 155° durch (vgl. Raley u. Mitarbeiter, C. **1949.** I. 278) u. finden für die Geschwindigkeitskonstante der prim. Spaltung der Peroxydbindung $4 \cdot 10^{16}\ e^{-39000/RT}\ sec^{-1}$. Die Geschwindigkeitskonstanten der H-Abspaltung aus I, *Aceton* (II) u. *Diäthylketon* (III) durch therm. CH_3-Radikale ergeben sich zu $25 \cdot 10^{11}\ e^{-11700/RT}$, $6{,}4 \cdot 10^{11}\ e^{-9500/RT}$ u. $6{,}4 \cdot 10^{11}\ e^{-8000/RT}\ cm^3\ Mol^{-1}\ sec^{-1}$. Die Ergebnisse für I u. II sind in guter Übereinstimmung mit denen anderer Autoren. Der von Kutschke u. Mitarbeitern (C. **1953.** 6852) für die H-Abspaltung aus III mit $C_2H_5\cdot$ gefundene niedrigere Wert der Aktivierungsenergie im Vgl. zu $CH_3\cdot$ ist nach Vff. überraschend; für die hohe Aktivierungsenergie der H-Abspaltung aus I können Vff. keine Begründung geben. (J. chem. Soc. [London] **1954.** 1425—28. Mai. Manchester, Univ.) G. Winkler. D 225

G. A. Rasuwajew und **N. A. Ossanowa,** *Photozerfall von Pentachloräthan.* Bei UV-Bestrahlung von Pentachloräthan (I) bilden sich unter Entw. von HCl *Oktachlorbutan* (II), *Nonachlorbutan* (III) u. *Dekachlorbutan* (IV), außerdem enthält das Reaktionsprod. *Hexachloräthan* (V). Es ist anzunehmen, daß nachst. Rkk. ablaufen: I zerfällt in das Radikal $C_2HCl_4\cdot$ u. atomares Cl. Durch Dimerisation von $C_2HCl_4\cdot$ entsteht II. Die übrigen Reaktionsprodd. bilden sich aus I bzw. II durch Chlorierung unter der Einw. des atomaren Cl. Da bei der Bestrahlung auch Harz entsteht, so laufen noch andere Rkk. ab. Das bei der Fraktionierung des Reaktionsprod. isolierte *Heptachlorbuten* (VI) dürfte aus II durch Abspaltung von HCl während der Dest. gebildet werden.

V e r s u c h e: *Pentachloräthan* (I), Kp. 159—162°; aus bestrahltem Trichloräthylen durch Chlorieren; n_D^{20} 1,5030. — P h o t o z e r f a l l v o n I. Der UV-Bestrahlung wurde I in Mengen von je 30 ml während 250—500 Std. unterworfen. Bei der längeren Bestrahlungsdauer vergrößert sich die Ausbeute an IV auf Kosten der Ausbeute an II. Bei einem 500 std. Vers. mit 500 g I wurden nach Abtrennen unveränderten Ausgangsmaterials 17 g V u. 50,5 g eines Öls erhalten, das bei der Dest. 39 g Polychlorderivv. von Butan u. 9 g Harz gab. Weitere Fraktionierung lieferte 6,5 g VI, 5,5 g eines Gemisches von 70% VI u. 30% II, 24,4 g eines Gemisches von 66,6% III u. 33,4% IV u. nochmals 2,6 g Harz. — *Heptachlorbuten* (VI), C_4HCl_7, Kp.$_5$ 110—120°; n_D^{20} 1,5539; vgl. Roedig, C. **1954.** 55. Hieraus mit alkoh. KOH *Hexachlorbutadien*, C_4Cl_6, Kp.$_{760}$ 210°; n_D^{20} 1,5532; vgl. Roedig (l. c.) — *Oktachlorbutan* (II), $C_4H_2Cl_8$, F. 78°; vgl. Miller, J. Amer. chem. Soc. **62.** [1940.] 341. — *Nonachlorbutan* (III), C_4HCl_9, Kp.$_5$ 150—160°; n_D^{20} 1,5798; vgl. Roedig (l. c.). Hieraus mit alkoh. KOH *Oktachlorbuten*, C_4Cl_8, Kp.$_6$ 125—130°; n_D^{20} 1,5784; vgl. Roedig (l. c.). — *Dekachlorbutan* (IV), C_4Cl_{10}, F. 98° (Methanol); vgl. Roedig (l. c.). — *Hexachloräthan* (V), F. 185°. (Журнал Общей Химии [J. allg. Chem.] **24** (86). 1771—75. Okt. 1954. Gorki, Univ.) R. Knobloch. D 226

J. S. C. Wessels und **E. Havinga,** *Untersuchungen über die Hill-Reaktion.* 2. Mitt. (1. vgl. C. **1955.** 4320.) Vff. untersuchen mit Hilfe von Redoxpotentialmessungen unter Verwendung von Redoxindicatoren den Einfl. der Ggw. von O_2 auf die Hill-Rk. u. zeigen, daß sich die kinet. u. anderen experimentellen Daten am besten mit einem Reaktionsschema in Einklang bringen lassen, nach dem prim. die Bldg. einer spezif. reduzierenden Verb. erfolgt, die dann mit dem Oxydationsmittel reagiert. Ferner werden Untersuchungsbefunde über den Einfl. von Inhibitoren (o-Phenanthrolin, 2.4-Dinitrophenol, Thymol, Phenylurethan u. Hydroxylamin. Dipyridyl-(2.2'), 3.3'-Dimethyldipyridyl-(2.2'), KCN, NaN_3 u. NaF inhibieren nicht; Äthylendiamintetraessigsäure stimuliert), bes. im Zusammenhang mit den möglichen Ursachen für in der Literatur aufgetretene Unstimmigkeiten über die Wrkg. der Inhibitoren, diskutiert. Untersucht wurde die photochem. Red. folgender Chinone bzw. Farbstoffe durch Chloroplasten bei O_2-Ausschluß: Tetrachlor-o-benzochinon, p-Benzochinon (I), 2.6-Dichlorphenolindophenol (II), K-1.4-Naphthochinon-2-sulfonat, Toluylenblau, Thionin, Methylenblau, 2-Methyl-1.4-naphthochinon, Indigomono-, -di-, -tri- u. -tetrasulfonat, 2.5-Dioxybenzochinon, Na-Anthrachinon-2.7-disulfonat u. -2-sulfonat. Da p-Chlormercuribenzoat u. p-Aminophenyldichlorarsin, welche auf SH-Gruppen desaktivierend wirken, sowie Jodacetamid die Hill-Rk. nicht beeinflussen, scheinen freie SH-Gruppen für den Prozeß nicht notwendig zu sein. Zugabe von DPN, Riboflavin, Dehydroascorbinsäure, oxydiertem Glutathion, Dioxyphenylalanin u. ATP hatte keine Wrkg. auf die Photored. von I u. II. (Recueil Trav. chim. Pays-Bas **72.** 1076—82. Nov. 1953. Leiden, Univ., Labor. for Organ. Chem., u. Eindhoven, N. V. Philips, Res. Labors.) W. Niemitz. D 226

A. A. Petrow und **A. W. Frosst,** *Disproportionierung des Wasserstoffs bei Olefinkohlenwasserstoffen am Aluminiumsilicatkatalysator.* Beim Überleiten ungesätt. KW-stoffe [Olefine (I), Cycloolefine (II)] über Al-Silicat unter nichtspaltenden Bedingungen (250°; Spaltungsbeginn ca. 350°) erfolgt teilweise Aufsättigung. Da der monomere Anteil der Prodd. keine H-ärmeren KW-stoffe als das Ausgangsmaterial enthält, der polymere Anteil ebenfalls teilweise aufgesätt. ist u. weniger H-ärmere KW-stoffe enthält als der H-Aufnahme entspricht, muß die aufgenommene H-Menge auf Kosten der „Koks"-Bldg. am Katalysator gehen. Im Durchschnitt entstehen auf 1 g gebildeter gesätt. KW-stoffe 0,45—0,52 g „Koks". II werden stärker aufgesätt. als I, unter diesen am stärksten die mit Doppelbindung am tert. C-Atom. Wenn der Katalysator als $(HAlSiO_4)_x$ (= HA) aufgefaßt wird, ist folgender Reaktionsverlauf anzunehmen: $CH_2{=}CH{-}R + HA \rightarrow CH_3CHA{-}R$; $CH_3{-}CHA{-}R + CH_2{=}CH{-}R \rightarrow R{-}CH(CH_3){-}CH{=}CH-R + HA$ usw. Behandelt werden *Hexen-(1), 3-Methylpenten-(3), 2-Methylpenten-(2), 2.3-Dimethylbuten-(2), 2.2-Dimethylbuten-(3), Hepten-(1), Hepten-(3), 2-Methylhexen-(2), 3-Methylhexen-(2), 5-Methylhexen-(1), 2.4-Dimethylpenten-(2), Octen-(1), 3-Äthylhexen-(1), 3-Äthylhexen-(2), 4-Methylhepten-(3), Nonen-(1), Nonen-(4), Decen-(1), 5-Methylnonen-(4), 4-Propylhepten-(3), Cyclohexen, 1-Methylcyclohexen-(1), 1-Methylcyclohexen-(3), 1-Propylcyclohexen-(1), 1-Methylcyclopenten-(1), Allylcyclohexan* u. *1-Butylcyclopenten-(1).* (Vgl. auch C. **1955.** 5517.) (Журнал Общей Химии [J. allg. Chem.] **22** (**84**). **1773**—80. Okt. 1952. Erdölinst. der Akad. der Wiss. der UdSSR.) R. K. Müller. D 227

A. A. Petrow, *Zerfall der Olefinkohlenwasserstoffe in Gegenwart des Aluminiumsilicatkatalysators.* Während der Zerfall der meisten C_6—C_9-Olefine an Al-Silicat erst bei 300° beginnt, entstehen aus einigen C_6—C_9-KW-stoffen schon bei 250° *Isobutan* (I), *Butylen* (II) u. *Isobutylen* (III) als Spaltprodukte. Nachst. die Ausbeuteangaben in Gew.-%: Aus *2.2.4-Trimethylpenten* (α.β-Isomeres): 30 Gas, davon 53 I, 8 II, 39 III; *2.2.3-Trimethylpenten-(3)*: 29,4 Gas, davon 39 I, 8 II, 53 III; *2.3.4-Trimethylpenten-(2)*: 24,4 Gas, davon 49 I, 12 II, 39 III; *2.2.3-Trimethylhexen-(3)*: 20,4 Gas, davon 38 I, 12 II, 50 III; *Triisobutylen*: 25,5 Gas, davon 40 I, 5 II, 55 III; *2.4-Dimethylhexen-(4)*: 10,3 Gas. Daneben entstehen andere fl. KW-stoffe. Keine Spaltung erfahren 4.4-Dimethylpenten-(1), 4.4-Dimethylhexen-(1), 2.3.3-Trimethylbuten-(1), 3.4- u. 2.5-Dimethylhexen-(2). (Доклады Академии Наук СССР [Ber. Akad. Wiss. UdSSR] [N. S.] **90.** 195—98. 11/5. 1953. Erdölinst. der Akad. der Wiss. der UdSSR.) O. Pollak v. Emhofen. D 227

D_2. Präparative organische Chemie. Naturstoffe.

M. N. Foka und **L. Je. Burksser,** *Die Beweglichkeit des Schwefels in Thiosäuren. Austauschreaktionen zwischen elementarem Schwefel und Kaliumäthylxanthogenat.* Der mit radioakt. S (S*) untersuchte S-Austausch der Thiosäuren ergibt bei Thioessigsäure eine geringe Beweglichkeit des S (Gleichgewicht bei 125° in 1½—2 Std.). Für den Reaktionsmechanismus wird angenommen: $CH_3{-}C({=}O)SH \rightleftharpoons CH_3{-}C({=}S)OH \xrightarrow{+S_n^*} CH_3{-}C(OH){-}S{-}S_n^* \xrightarrow{-S_{n-1}^*S} CH_3{-}C({=}S^*)OH$. Der Austausch zwischen S u. Kaliumäthylxanthogenat (I) erfolgt in Toluol-A.-Lsg. langsamer als in CS_2-A.-Lösung. Es wird eine Beteiligung des CS_2 am Austausch angenommen; nach erfolgtem Austausch tritt Alkoholyse ein: $C_2H_5O{-}C({=}S^*)S^{*-} + C_2H_5OH \rightarrow C_2H_5OH + CS_2^* + C_2H_5O^-$; K-Äthylat reagiert mit CS_2 u. bildet inakt. I: $C_2H_5O^- + CS_2 {-} C_2H_5O{-}C({=}S)S^-$. Ohne Ggw. von I erfolgt kein S-Austausch des CS_2 mit S*. Die Beobachtungen werden mit dem Vorhandensein beweglicher, leichtpolarisierbarer Elektronen im S-Mol erklärt. (Доклады Академии Наук СССР [Ber. Akad. Wiss. UdSSR] [N. S.] **99.** 1011—14. 21/12. 1954. Kiew, Med. stomatolog. Inst.) R. K. Müller. 480

H. Irving und **C. F. Bell,** *Untersuchungen mit Dithizon.* 5. Mitt. *Ein Vergleich der Synthesewege für* ^{35}*S-Dithizone.* (4. vgl. C. **1953. 1148.**) Von den bekannten Methoden zur Darst. von *Diarylthiocarbazonen* („*Dithizonen*") ist die Umsetzung von 1.5-Diaryl-3-chlorformazanen mit $NaH^{35}S$ am besten zur Einführung von ^{35}S geeignet, da bei der Synth. nach Fischer [1878] die Hälfte des mit $C^{35}S_2$ eingeführten akt. S als $H_2{}^{35}S$ abgespalten wird u. da auch die Oxydation von Diarylthiocarbaziden nur mit schlechten Ausbeuten verläuft. Diese Oxydation ist auch bei der Synth. aus 1.5-Diaryl-3-nitroformazanen u. $(NH_4)_2S$ erforderlich (vgl. Bamberger u. Mitarbeiter [1925]). — Die direkte Bromierung von 1.5-Diphenylformazan (II) lieferte auch mit 1 Äquivalent Br_2 stets *3-Brom-1.5-bis-[p-bromphenyl]-formazan* (I), das auch durch Bromierung von 1.5-Bis-[p-bromphenyl]-formazan erhältlich ist. I gab mit NaHS *Bis-[p-bromphenyl]-thiocarbazon* (IV, „*Dibromdithizon*"), das dem Dithizon in seinen Rkk. u. seinem Absorptionsspektr. sehr ähnlich ist.

Versuche: *1.5-Bis-[p-bromphenyl]-formazan*, $C_{13}H_{10}N_4Br_2$, F. 177—178° (wss. Dioxan), aus diazotiertem p-Bromanilin u. Malonsäure in H_2O. — *3-Brom-1.5-bis-[p-bromphenyl]-formazan* (I; „*Tribromdiphenylformazan*"), $C_{13}H_9N_4Br_3$, F. 214—215° (aus wss. Dioxan winzige orangefarbene Kristalle), a) durch Bromierung vorst. Verb. in Eisessig; b) ebenso aus II. Red. von I mit konz. $HCl/SnCl_2$, Alkalisieren u. Wasserdampfdest. ergab *p-Bromanilin* (*Acetylderiv.*, F. 167—168,5° [W.]; *Benzoylderiv.*, F. 202 bis 203° [W.]). — *1-[2.4-Dibromphenyl]-5-phenylformazan*, $C_{13}H_{10}N_4Br_2$, F. 198—200° (aus Bzl.-Aceton orangerote Kristalle), aus Glyoxylsäurephenylhydrazon (F. 136°) in wss. NaOH u. diazotiertem 2.4-Dibromanilin bei 0°. Die Bromierung lieferte eine von I verschied. *Verb. vom F. 270°*, die wegen ihrer Unlöslichkeit nicht näher untersucht wurde. — *Diäthylchlormalonat*, Kp.$_{10}$ 113°, durch 1std. Kochen von Diäthylmalonat u. SO_2Cl_2. — *K-Chlormalonat*, aus vorst. Verb. mit alkoh. KOH. — *3-Chlor-1.5-diphenylformazan* (III), F. 150—151° (aus A. dunkelrote Nadeln), aus vorst. Verb. in W. + Na-Acetat u. diazotiertem Anilin bei 0°. — *3-Chlor-1.5-bis-[β-naphthyl]-formazan* (VI), F. 206 bis 207° (aus Essigsäure dunkelbraune Kristalle), analog III mit diazotiertem β-Naphthylamin. — *Bis-[p-bromphenyl]-thiocarbazon* (IV), $C_{13}H_{10}N_4Br_2S$, F. 145—147°, a) durch Sättigen einer Lsg. von Na in A. mit H_2S, 15 Min. Kochen mit I, Durchleiten von Luft u. Ansäuern mit verd. HCl; nach Reinigung durch Ausschütteln aus der CCl_4-Lsg. mit wss. NH_4OH u. Ansäuern der wss. Schicht aus Chlf. + PAe. blauschwarze Kristalle mit kupferartigem Reflex; b) durch Sättigen einer Lsg. von 1.5-Bis-[p-bromphenyl]-3-nitroformazan (V; F. 156—158°) in A. abwechselnd mit NH_3 u. mit H_2S u. Erwärmen mit 5%ig. alkoh. KOH. — Die spektroskop. bestimmten Ausbeuten betrugen: An *Diphenylthiocarbazon* aus III 33,3—39,8%; an IV aus I 3,9%, aus V 5,6%; an *Bis-[β-naphthyl]-thiocarbazon* aus VI 2,8%. (J. chem. Soc. [London] **1953**. 3538—43. Nov. Oxford, Inorgan. Chem. Labor.) E. VOGEL. 480

A. D. Petrow, W. M. Melechin und **W. L. Ssuschtschinski**, *Synthese von 2.3.4.5-Tetramethylhexan und 2.3.5-Trimethylheptan.* Es wird der Einfl. der Lösungs- u. Kondensationsmittel sowie der Zeit auf 3-Chlormethylbuten-(1) (I) untersucht. Während bei der Kondensation mit Mg in Ae. nur *2.3.5-Trimethylheptadien-(1.5)* (II; Kp. 157 bis 159°; n_D^{20} 1,4438; $D.^{20}_4$ 0,7740; MR_D 47,43) erhalten wird, entstehen mit Na in Ae. nach einigen Tagen bei Zimmertemp. 80% II u. 20% *2.3.4.5-Tetramethylhexadien-(1.5)* (III), in sd. Ae. dagegen nach 24 Std. die Verbb. im Verhältnis 1:2. Bei noch höherer Temp. (Toluol, 60 u. 90°) entsteht als Hauptprod. II. Mit Li wurden in sd. Ae. nach 4 Tagen 5% III, 34% II u. 61% *3.6-Dimethyloctadien-(2.6)* (IV), mit K 64% III, 20% II u. 16% IV gefunden. Die maximale Ausbeute an III wurde bei 16° in Ae erhalten: 76% (neben 13% II u. 11% IV). Hydrierung der Olefine bei 120—140°/120—41 at lieferte *2.4.3.5-Tetramethylhexan* (Kp.$_{746}$ 155,5°; n_D^{20} 1,4204; $D.^{20}_4$ 0,7494; MR_D 4808), *2.3.5-Trimethylheptan* (Kp.$_{740}$ 158,7°; n_D^{20} 1,4169; $D.^{20}_4$ 0,7451; MR_D 48,01) u. *3.6-Dimethyloctan* (Kp.$_{748}$ 159,7°; n_D^{20} 1,4139; $D.^{20}_4$ 0,7342, MR_D 48,42). (Доклады Академии Наук СССР [Ber. Akad. Wiss. UdSSR] [N. S.] **89**. 487—90. 21/3. 1953.) O. POLLAK V. EMHOFEN. 500

G. A. Rasuwajew und **N. Ss. Wassileisskaja**, *Reaktionen von freien Radikalen des Kohlenstofftetrachlorids.* Ausführlicher Überblick über Bldg., Eigg. u. Rkk. der Radikale $CCl_3^{\cdot}$ u. $CF_3^{\cdot}$. — 105 Literaturhinweise. (Успехи Химии [Fortschr. Chem.] **22**. 36—61. Jan. 1953. Gorki.) G. FROELICH. 510

William J. Bailey und **Edward Fujiwara**, *Acetylene.* 1. Mitt. *Gemischte Dihalogenide und Halogenhydrine aus Butindiol. 4-Chlorbutin-(2)-ol-(1)* (I) entsteht durch Einw. von $SOCl_2$ in Pyridin auf Butin-(2)-diol-(1.4) (II). Daneben bildet sich *1.4-Dichlorbutin-(2)*. I dient zur Darst. des *Brom-* u. *Jodderiv.* sowie gemischter Halogenbutine. Von diesen bilden außer *1-Brom-4-jodbutin-(2) 1-Chlor-4-brom-* u. *1-Chlor-4-jodbutin-(2)* GRIGNARD-Verbb., die beim Stehen Polymerisate bilden.

Versuche (FF. korr.): *4-Chlorbutin-(2)-ol-(1)* (I), C_4H_5OCl, Kp.$_{0,5}$ 50°; zu einer Lsg. von 860 g II in 1 Liter Bzl. u. 869 g Pyridin werden innerhalb 6 Std. bei 10—20° 1309 g $SOCl_2$ hinzugefügt; danach rührt man 1 Std., läßt über Nacht stehen u. gießt in Eiswasser; die wss. Schicht wird ausgeäthert u. mit der Benzolschicht vereinigt; $D.^{25}_4$ 1,2049; n_D^{25} 1,4980; 62% (Ausbeute). Daneben *1.4-Dichlorbutin-(2)*, Kp.$_{20}$ 70°; 15%. — *4-Brombutin-(2)-ol-(1)*, C_4H_5OBr, Kp.$_{0,1}$ 46°; die Lsg. von NaBr u. I in absol. CH_3OH wird 12 Std. erwärmt, abgekühlt, filtriert, eingeengt u. mit kaltem W. verd.; $D.^{25}_4$ 1,4742; n_D^{25} 1,5200; 62%. — *4-Jodbutin-(2)-ol-(1)* (III), C_4H_5OJ, F. 35,5—36°; eine mit I versetzte Lsg. von NaJ in Aceton wird 12 Std. stehengelassen, das NaCl abfiltriert, das Filtrat eingeengt u. mit Chlf. verd.; aus Chlf./PAe. blättchenförmige Kristalle; 95%. — *1-Chlor-4-jodbutin-(2)*, C_4H_4ClJ, Kp.$_{0,6}$ 61°; eine Lsg. von III in Chlf. wird tropfenweise unter Kühlung innerhalb 4 Std. mit einer Lsg. von PCl_3 in Chlf. versetzt, über Nacht bei Zimmertemp. gerührt u. mit Eiswasser verd.; $D.^{25}_4$ 1,9890; n_D^{25} 1,5920; 37%. — *1-Chlor-4-brombutin-(2)*, C_4H_4ClBr, Kp.$_2$ 45°; aus I u. PBr_3 analog

Vorst.; $D.^{25}_4$ 1,6174; n_D^{25} 1,5470; 70%. — *1-Brom-4-jodbutin-(2)*, C_4H_4BrJ, F. 20—22°; aus III wie vorst., jedoch unter N_2; aus Chlf./PAe. blaßgelbe Nadeln; 90%. (J. Amer. chem. Soc. **77**. 165—66. 5/1. 1955. Detroit, Mich., Wayne Univ., Dep. of Chem.)

O. POLLAK V. EMHOFEN. 530

Charles Prévost und **Yehiel Gaoni,** *Über die gleichzeitige Darstellung zweier isomerer Chlorketone R—CHCl—CO—CH₃ und R—CH₂—CO—CH₂Cl.* 2.3-Dichlorpropen-(1) wird durch Lösen in kalter verd. H_2SO_4, Verdünnen mit W., teilweises Neutralisieren u. Behandeln mit Wasserdampf, wahrscheinlich über *2.3-Dichlorpropyl-(2)-hydrogensulfat* u. *3-Chlorpropen-(1)-yl-(2)-hydrogensulfat* in *Chloraceton* ($Kp._{760}$ 119°, $n^{19,5}$ 1,434, $D.^{19,5}$ 1,148) übergeführt. Homologe, isomere *3-Alkyl-2.3-dichlorpropene-(1)* u. *1-Alkyl-2.3-dichlorpropene-(1)* werden durch Einw. von GRIGNARD-Verbb. auf Acrolein, Umsetzung der *3-Alkylpropen-(1)-ole-(3)* mit PCl_3, Chlorierung der *1-Alkyl-3-chlorpropene-(1)* bzw. *1-Alkyl-1-chlorpropene-(2)* u. Dest. der *Trichlorhydrine* über KOH gewonnen. Die Isomeren werden über eine Kolonne getrennt u. wie oben hydrolysiert, wobei keine Isomerisation zu erfolgen scheint. Es wurden nachst. Ketone erhalten: *3-Chlorbutanon-(2)*, $Kp._{33}$ 34°, $D.^{12}$ 1,063, n^{12} 1,4255. — *1-Chlorbutanon-(2)*, $Kp._{13}$ 39°, $D.^{17,5}$ 1,1006, $n^{17,5}$ 1,439. — *3-Chlorpentanon-(2)*, $Kp._{16}$ 34°, $D.^{18}$ 1,022, n^{18} 1,1429. — *1-Chlorpentanon-(2)*, $Kp._{15}$ 50°, $D.^{14}$ 1,086, n^{14} 1,455. (C. R. hebd. Séances Acad. Sci. **240**. 2243—45. 6/6. 1955.)

R. PASEDAG. 710

A. L. Mndshojan, O. L. Mndshojan und **O. Je. Gassparjan,** *Untersuchung auf dem Gebiet der Synthese von Derivaten zweibasischer Carbonsäuren.* 1. Mitt. *Derivate der Bernsteinsäure.* Zur Unters. der physiol. Eigg. wird eine Reihe von *Bernsteinsäurediestern* dargestellt. Die Darstellungsmethoden u. die Ergebnisse der biol. Unterss. werden später veröffentlicht.

V e r s u c h e: Es werden folgende *Bernsteinsäureester* der allg. Formel *ROCOCH₂·CH₂COOR* dargestellt: $R = -CH_2CH_2N(CH_3)_2$, $C_{12}H_{24}O_4N_2$, $Kp._2$ 135°; $D.^{20}_4$ 1,0241; n_D^{20} 1,4470; 64,1% (Ausbeute); *Dihydrochlorid*, F. 182—183°; *Dioxalat*, F. 184°; *Dimethojodid*, F. 247°; *Diäthojodid*, F. 193°. $R = -CH_2CH_2CH_2N(CH_3)_2$, $C_{14}H_{28}O_4N_2$, $Kp._2$ 146°, $D.^{20}_4$ 0,9965; n_D^{20} 1,4498; 41,2%; *Dihydrochlorid*, F. 158°; *Dioxalat*, F. 123°; *Dimethojodid*, F. 150—151°; *Diäthojodid*, F. 132°. $R = -CH(CH_3)CH_2CH_2N(CH_3)_2$, $C_{16}H_{32}O_4N_2$, $Kp._2$ 147°; $D.^{20}_4$ 0,9725; n_D^{20} 1,4478; 40,0%; *Dihydrochlorid*, F. 150—151°; *Dioxalat*, F. 127°; *Dimethojodid*, F. 221—222°; *Diäthojodid*, F. 195—196°. $R = -CH(CH_3)CH(CH_3)CH_2N(CH_3)_2$, $C_{18}H_{36}O_4N_2$, $Kp._2$ 161°; $D.^{20}_4$ 0,9643; n_D^{20} 1,4498; 60%; *Dihydrochlorid*, F. 165—166°; *Dioxalat*, F. 140—141°; *Dimethojodid*, F. 223°; *Diäthojodid*, F. 168°. $R = -CH_2C(CH_3)_2CH_2N(CH_3)_2$, $C_{18}H_{36}O_4N_2$, $Kp._2$ 152°; $D.^{20}_4$ 0,9578; n_D^{20} 1,4494; 50,0%; *Dihydrochlorid*, F. 135—136°; *Dioxalat*, F. 183°; *Dimethojodid*, F. 203°; *Diäthojodid*, F. 165—166°. $R = -CH_2CH_2N(C_2H_5)_2$, $C_{16}H_{32}O_4N_2$, $Kp._2$ 180°; $D.^{20}_4$ 0,9748; n_D^{20} 1,4478; 43,0%; *Dihydrochlorid*, F. 128°; *Dioxalat*, F. 133°; *Dimethojodid*, F. 144°; *Diäthojodid*, F. 164°. $R = -CH(CH_3)CH_2CH_2N(C_2H_5)_2$, $C_{20}H_{40}O_4N_2$, $Kp._4$ 193°; $D.^{20}_4$ 0,9485; n_D^{20} 1,4518; 62,0%; *Dimethojodid*, F. 150—151°; *Diäthojodid*, F. 186°. $R = -CH(CH_3)CH(CH_3)CH_2N(C_2H_5)_2$, $C_{22}H_{44}O_4N_2$, $Kp._3$ 178°; $D.^{20}_4$ 0,9480; n_D^{20} 1,4526; 65%; *Dimethojodid*, nicht destillierbare Fl.; *Diäthojodid*, F. 200°. $R = -CH_2\cdot C(CH_3)_2CH_2N(C_2H_5)_2$, $C_{22}H_{44}O_4N_2$, $Kp._3$ 178°; $D.^{20}_4$ 0,9496; n_D^{20} 1,4530; 81%; *Dihydrochlorid*, F. 144—148°; *Dimethojodid*, F. 193—194°; *Diäthojodid*, nicht kristallisierbare Flüssigkeit. (Доклады Академии Наук Армянской ССР [Ber. Akad. Wiss. ArmenSSR] **18**. 11—12. 1954. Labor. für pharmazeut. Chemie der Akad. der Wiss. der ArmenSSR.)

G. FROELICH. 820

A. L. Mndshojan, O. L. Mndshojan und **N. A. Babijan,** *Untersuchung auf dem Gebiet der Synthese von Derivaten zweibasischer Carbonsäuren.* 2. Mitt. *Derivate der Bernsteinsäure.* (1. vgl. vorst. Ref.) In Fortsetzung der vorst. referierten Arbeit werden folgende *gemischte Ester* der *Bernsteinsäure* der allg. Formel *ROCO·CH₂CH₂·COOR'* dargestellt: $R = CH_3$, $R' = -CH_2CH_2N(CH_3)_2$. $C_9H_{17}O_4N$, $Kp._2$ 108°; $D.^{20}_4$ 1,0547; n_D^{20} 1,4350; 80,2% (Ausbeute); *Hydrochlorid*, F. 91°; *Methojodid*, F. 110°. $R = C_2H_5$, $R' = -CH_2CH_2N(CH_3)_2$, $C_{10}H_{19}O_4N$, $Kp._{1,5}$ 104—105°; $D.^{20}$ 1,0316; n_D^{20} 1,4345; 70,6%; *Hydrochlorid*, F. 100°; *Methojodid*, F. 76°. $R = n\text{-}C_3H_7$, $R' = -CH_2CH_2N(CH_3)_2$, $C_{11}H_{21}O_4N$, $Kp._2$ 118°; $D.^{20}_4$ 1,0116; n_D^{20} 1,4351; 84,6%; *Hydrochlorid*, F. 102°; *Methojodid*, F. 105°. $R = iso\text{-}C_3H_7$, $R' = -CH_2CH_2N(CH_3)_2$, $C_{11}H_{21}O_4N$, $Kp._{10}$ 141°; $D.^{20}_4$, 1,0077; n_D^{20} 1,4334; 77,6%; *Hydrochlorid*, F. 119°; *Methojodid*, F. 118°. $R = n\text{-}C_4H_9$, $R' = -CH_2CH_2N(CH_3)$, $C_{12}H_{23}O_4N$, $Kp._2$ 132°; $D.^{20}_4$ 0,9995; n_D^{20} 1,4370; 76,2%; *Hydrochlorid*, F. 82°; *Methojodid*, F. 101°. $R = iso\text{-}C_4H_9$, $R' = -CH_2CH_2N(CH_3)_2$, $C_{12}H_{23}O_4N$, $Kp._4$ 135°; $D.^{20}_4$ 0,9946; n_D^{20} 1,4342; 79,8%; *Hydrochlorid*, F. 120°; *Methojodid*, F. 104°. $R = iso\text{-}C_5H_{11}$, $R' = -CH_2CH_2N(CH_3)_2$, $C_{13}H_{25}O_4N$, $Kp._3$ 141°; $D.^{20}_4$ 0,9892; n_D^{20} 1,4370; 72%; *Hydrochlorid*, F. 115°; *Methojodid*, F. 88°. $R =$ *Cyclohexyl-*, $R' = -CH_2\cdot CH_2N(CH_3)_2$, $C_{14}H_{25}O_4N$, $Kp._4$ 160°; $D.^{20}_4$ 1,0342; n_D^{20} 1,4579; 86,8%; *Hydrochlorid*,

F. 128°; *Methojodid*, F. 110°. $R = C_6H_5$, $R' = -CH_2CH_2N(CH_3)_2$, $C_{14}H_{19}O_4N$, Kp.$_2$ 163°; D.$^{20}_4$ 1,0994; n_D^{20} 1,4947; 80,6%; *Hydrochlorid*, F. 115°; *Methojodid*, F. 136°. $R = CH_3$, $R' = -CH_2CH_2N(C_2H_5)_2$, $C_{11}H_{21}O_4N$, Kp.$_2$ 120—121°; D.$^{20}_4$ 1,0206; n_D^{20} 1,4390; 68,8%; *Hydrochlorid*, F. 76°; *Äthojodid*, F. 63°. $R = C_2H_5$, $R' = -CH_2CH_2N\cdot(C_2H_5)_2$, $C_{12}H_{23}O_4N$, Kp.$_{1,5}$ 123°; D.$^{20}_4$ 1,0045; n_D^{20} 1,4380; 67,3%; *Äthojodid*, F. 95°. $R = n\text{-}C_3H_7$, $R' = -CH_2CH_2N(C_2H_5)_2$, $C_{13}H_{25}O_4N$, Kp.$_2$ 135°; D.$^{20}_4$ 0,9916; n_D^{20} 1,4391; 86,2%; *Äthojodid*, F. 61°. $R = iso\text{-}C_3H_7$, $R' = -CH_2CH_2N(C_2H_5)_2$, $C_{13}H_{25}O_4N$, Kp.$_3$ 130°; D.$^{20}_4$ 0,9822; n_D^{20} 1,4360; 51,5%; *Äthojodid*, F. 58°. $R = n\text{-}C_4H_9$, $R' = -CH_2\cdot CH_2N(C_2H_5)_2$, $C_{14}H_{27}O_4N$, Kp.$_{10}$ 171°; D.$^{20}_4$ 0,9818; n_D^{20} 1,4400; 75%; *Äthojodid*, F. 56°. $R = iso\text{-}C_4H_9$, $R' = -CH_2CH_2N(C_2H_5)_2$, $C_{14}H_{27}O_4N$, Kp.$_4$ 148°; D.$^{20}_4$ 0,9760; n_D^{20} 1,4376; 63,8%; *Äthojodid*, F. 49°. $R = iso\text{-}C_5H_{11}$, $R' = -CH_2CH_2N(C_2H_5)_2$, $C_{15}H_{29}O_4N$, Kp.$_3$ 151°; D.$^{20}_4$ 0,9762; n_D^{20} 1,5503; 72,4%; *Äthojodid*, F. 45°. R = *Cyclohexyl*-, $R' = -CH_2CH_2N(C_2H_5)_2$, $C_{16}H_{29}O_4N$, Kp.$_{5,0}$ 155°; D.$^{20}_4$ 1,0131; n_D^{20} 1,5487; 79,3%; *Hydrochlorid*, F. 98°; *Äthojodid*, F. 71°. $R = C_6H_5$, $R' = -CH_2CH_2N(C_2H_5)_2$, $C_{16}H_{23}O_4N$, Kp.$_2$ 165—166°; D.$^{20}_4$ 1,0021; n_D^{20} 1,4570; 73%; *Hydrochlorid*, F. 141°; *Äthojodid*, F. 136°. (Доклады Академии Наук Армянской ССР [Ber. Akad. Wiss. ArmenSSR] **18**. 45—49. 1954.) G. FROELICH. 820

Erich Schmidt, Franz Zaller, Fritz Moosmüller und **Erich Kammerl,** *Zur Kenntnis aliphatischer Carbodiimide.* 7. Mitt. (6. vgl. C. **1953**. 6870.) Einige für die Darst. von Carbodiimiden wichtige *Isothiocyanate* werden in befriedigender Ausbeute erhalten, wenn wss.-alkal. Hypochloritlsg. auf die Ammoniumsalze von N-monosubstituierten Dithiocarbamidsäuren einwirkt: $RNHCS_2H[RNHCSNHR'] + 4\,NaOCl + 2\,NaOH \rightarrow RNCS\,[RNCNR'] + 4\,NaCl + Na_2SO_4 + 2\,H_2O$.

Versuche: Darst. der *Ammoniumsalze N-monosubstituierter Dithiocarbamidsäuren* aus Monoaminen: a) Eintropfen von 1 Mol Monoamin in 1,25 Mol CS_2 + 2,21 Mol 25%ig. NH_4OH u. mehrstd. Aufbewahren; b) wenn 1 Mol Monoamin in 166 cm³ 25%ig. NH_4OH lösl. ist (z. B. n-Butylamin, Cyclohexylamin), wird entweder die Lsg. in der Kälte in 95,2 g CS_2 eingetropft, oder es werden 1,25 Mol CS_2, mit W. überschichtet, in der Kälte in die Aminlsg. getropft (z. B. bei Isopropylamin); aus Diaminen: c) 1 Mol Diamin wird in 500 cm³ CH_2Cl_2 oder PAe. zu 95,2 g CS_2 in 100 cm³ CH_2Cl_2 oder PAe. getropft u. 1½ Std. gerührt. — Darst. der *Isothiocyanate*: Die auf einem der vorst. Wege erhaltene Lsg. wird mit W. u. CH_2Cl_2 versetzt, u. es wird in der Kälte NaOCl-Lsg. langsam zugetropft (<8°); die CH_2Cl_2-Lsg. wird aufgearbeitet. Folgende Isothiocyanate wurden so gewonnen: *Isopropyl*-, Kp.$_{10}$ 29—30°; n_D^{20} 1,4934; D.$^{20}_4$ 0,9475; 79,5% (Ausbeute). — *n-Butyl*- (I), Kp.$_9$ 58—59°; n_D^{20} 1,5010; D.$^{20}_4$ 0,9546; 79,2%. — *Cyclohexyl*- (II), Kp.$_9$ 94—95°; n_D^{20} 1,5381; D.$^{20}_4$ 1,0339; 89,2%. *N-[n-Butyl]-N'-cyclohexylthioharnstoff*, $C_{11}H_{22}N_2S$, F. 80—81° (Bzl.), aus I u. Cyclohexylamin oder II u. n-Butylamin. — *Phenyl*-, Kp.$_9$ 89—90°, aus Anilin nach a); n_D^{20} 1,6508; 88,1%. — *3-Dimethylaminopropyl*- (III), $C_6H_{12}N_2S$, Kp.$_{10}$ 91—92°, aus 1-Amino-3-dimethylaminopropan nach c) in CH_2Cl_2; Abdest. des CH_2Cl_2, Aufnehmen in PAe.; n_D^{20} 1,5072; D.$^{20}_4$ 0,9747; 71,4%. Gibt mit Isopropylamin in Ae. *N-[γ-Dimethylaminopropyl]-N'-isopropylthioharnstoff*, F. 79—80°. III-*Pikrat*, $C_{12}H_{15}O_7N_5S$, F. 108—109°, aus A. gelbe Blättchen; 91,3%. — *4-Diäthylaminopentyl-(2)*-, $C_{10}H_{20}N_2S$, Kp.$_9$ 124—126°, aus 1-Diäthylamino-4-aminopentan nach a) in PAe.; n_D^{20} 1,4925; D.$^{20}_4$ 0,9288; 79,3%. (Liebigs Ann. Chem. **585**. 230—34. 1954. München, Bayr. Akad. der Wiss., Chem. Labor.) H.-J. NITZSCHKE. 890

Blaine M. Sutton und **John B. Data,** *Vasoconstriktoren: 2-Aminoderivate einiger Alkoxyalkane.* 2-Aminoalkane zeichnen sich durch gefäßverengende Wrkg. aus, wobei das Optimum bei Verbb. mit 7 C-Atomen in der Kette zu liegen scheint. Vff. stellten 2-Aminoalkoxyalkane dar u. untersuchten deren Wrkg. auf den Blutdruck. Die wirksamsten dieser Verbb. enthalten wiederum 7 C-Atome. Auch die Stellung der Ätherbindung ist von Bedeutung. Von *2-Amino-3-butoxypropan*, *2-Amino-4-propoxybutan* u. *2-Amino-5-äthoxypentan* war die letztere die aktivste. Synthetisiert wurden die Verbb. durch Umsetzung von Methylmalonsäurediäthylester mit einem Alkoxyalkylbromid oder -chlorid in Ggw. von $NaOC_2H_5$, Verseifung des Alkoxymalonesters, Decarboxylierung u. Überführung der Monocarbonsäure nach SCHMIDT mit HN_3 in das Amin, oder durch Umsetzung von Acetessigester mit einem Alkoxyalkylbromid, Verseifung u. Decarboxylierung u. Umwandlung des Ketons mit Formamid in das Amin.

Versuche (FF. im geschlossenen Röhrchen im Aluminiumblock): *β-Propoxyäthylalkohol*, Kp. 140—150°, 158 g Äthylenoxyd wurden bei 35—40° unter Rühren mit 69 g Na in 720 g Propanol umgesetzt; 61% (Ausbeute). — Durch Umsetzung eines Alkohols mit Formalin u. HCl wurden folgende Alkoxymethylchloride dargestellt: *Methoxymethylchlorid*, Kp. 55—60°; 40%. — *Äthoxymethylchlorid*, Kp.$_{740}$ 66—70°; 38,6%. — *n-Propoxymethylchlorid*, Kp.$_{34}$ 29—35°; 24%. — *n-Butoxymethylchlorid*, Kp.$_{30}$ 44—48°; 63,5%. — *Isobutoxymethylchlorid*, Kp.$_{25}$ 35—37°; 61%. — *n-Pent-*

oxymethylchlorid, Kp.$_{30}$ 50—55°; 50%. — Die nachst. A l k o x y ä t h y l b r o m i d e wurden aus einem Alkoxyäthanol u. PBr_3 in Ggw. von Pyridin dargestellt: *β-Methoxyäthylbromid*, Kp. 105—110°; 48,5%. — *β-Äthoxyäthylbromid*, Kp. 125—126°; 61%. — *β-n-Propoxyäthylbromid*, Kp.$_8$ 53—55°; 54,4%. — Folgende substituierte M e t h y l m a l o n s ä u r e d i ä t h y l e s t e r wurden dargestellt: *Methoxymethyl-*, Kp.$_2$ 81 bis 90°; 84%. — *Äthoxymethyl-*, Kp.$_4$ 101—115°; 72%. — *n-Propoxymethyl-*, Kp.$_3$ 104—110°; 70%. — *n-Butoxymethyl-*, Kp.$_2$ 108—111°; 61,5%. — *Isobutoxymethyl-*, Kp.$_4$ 112 bis 118°; 67%. — *n-Pentoxymethyl-*, Kp.$_3$ 119—128°; 55%. — *β-Methoxyäthyl-*, Kp.$_6$ 104 bis 106°; 61%. — *β-Äthoxyäthyl-*, Kp.$_7$ 118—120°; 63,8%. — *β-n-Propoxyäthyl-*, Kp.$_6$ 130—133°; 54%. — Durch Verseifung u. Decarboxylierung vorst. Malonester wurden folgende A l k o x y c a r b o n s ä u r e n dargestellt: *β-Äthoxy-α-methylpropionsäure*, $C_6H_{12}O_3$, Kp.$_{13}$ 110—111°; 48%. — *β-Propoxy-α-methylpropionsäure*, $C_7H_{14}O_3$, Kp.$_{12}$ 123—124°; 45%. — *β-Butoxy-α-methylpropionsäure*, $C_8H_{16}O_3$, Kp.$_5$ 117—119°; 69%. — *β-[2-Methylpropoxy]-α-methylpropionsäure*, Kp.$_7$ 120—121°; 54%. — *β-Pentoxy-α-methylpropionsäure*, $C_9H_{18}O_3$, Kp.$_4$ 122—124°; 64,4%. — *γ-Methoxy-α-methylbuttersäure*, $C_6H_{12}O_3$, Kp.$_{13}$ 120—121°; 63,7%. — *γ-Äthoxy-α-methylbuttersäure*, Kp.$_{10}$ 123—126°; 75,5%. — *γ-Propoxy-α-methylbuttersäure*, $C_8H_{16}O_3$, Kp.$_8$ 133—134°; 67,5%. — *β-Methoxy-α-methylpropionsäure*, Kp.$_{14}$ 104—109°. — *5-Äthoxypentanon-(2)*, Kp.$_{750}$ 164—167°, aus Na-Acetessigester u. β-Äthoxyäthylbromid; 25,2%. *Semicarbazon*, F. 84—85°. — *2-Amino-5-propoxypentan*, Kp.$_{17}$ 81—82°, 0,09 Mol 5-Propoxypentanon-(2), 0,36 Mol Formamid u. 12 ml 80%ig. HCOOH werden 8 Std. bei 170—180° erhitzt, danach gekühlt u. in W. gegossen; nach Sättigung mit K_2CO_3 wird die obere Schicht abgetrennt u. 1 Std. mit 10 ml konz. HCl gekocht. Die Base wird mit KOH frei gemacht u. mit Ae. extrahiert; 48,6%. *Sulfat*, $C_{16}H_{40}O_6N_2S$, F. 294 bis 295° (Zers.). — Entsprechend wurde dargestellt: *2-Amino-5-äthoxypentan*, Kp.$_{748}$ 164,5—166°; 32,7%. *Sulfat*, $C_{14}H_{36}O_6N_2S$, F. 284,5—286° (Zers.). — *2-Amino-3-methoxypropan*, Kp.$_{743}$ 92,5—93,5°, 0,127 Mol β-Methoxy-α-methylpropionsäure, 0,445 Mol 96%ig. H_2SO_4 u. 150 ml trocknes Chlf. werden auf 61° erwärmt u. zur lebhaft gerührten Mischung 0,152 Mol NaN_3 zugegeben, daß die Temp. 43° nicht übersteigt. Danach wird 6 Std. bei 50—55° erhitzt, die Lsg. abgekühlt, die Chloroformschicht abgetrennt u. die saure Lsg. mit 50%ig. NaOH unter Kühlen alkalisiert. Die Lsg. wird einer Wasserdampfdest. unterworfen, das Destillat schwach angesäuert, auf 10 ml konzentriert, mit festem NaOH alkal. gemacht u. mit Ae. extrahiert; 35,4%. *Sulfat*, $C_8H_{24}O_6N_2S$, F. 265—266° (Zers.). — Entsprechend: *2-Amino-3-äthoxypropan*, Kp. 111—115°; n_D^{20} 1,4092; 36%. *Sulfat*, $C_{10}H_{28}O_6N_2S$, F. 262—263,5° (Zers.). — *2-Amino-3-propoxypropan*, Kp.$_{745}$ 135 bis 137°; n_D^{20} 1,4145; 43,8%. *Sulfat*, $C_{12}H_{32}O_6N_2S$, F. 265—266° (Zers.). — *2-Amino-3-butoxypropan*, Kp.$_{740}$ 153—154°; n_D^{20} 1,4190; 46%. *Sulfat*, $C_{14}H_{36}O_6N_2S$, F. 288,5 bis 290° (Zers.). — *2-Amino-3-[2'-methylpropoxy]-propan*, Kp.$_{748}$ 144—145°; 10%. *Sulfat*, $C_{14}H_{36}O_6N_2O$, F. 285—286° (Zers.). — *2-Amino-3-pentoxypropan*, Kp.$_{748}$ 177—178°; n_D^{20} 1,4230; 39%. *Sulfat*, $C_{16}H_{40}O_6N_2S$, F. 295—296° (Zers.). — *2-Amino-4-methoxybutan*, Kp.$_{740}$ 123—126°; n_D^{20} 1,4160; 13%. *Sulfat*, $C_{10}H_{28}O_6N_2S$, F. 278—279° (Zers.). — *2-Amino-4-äthoxybutan*, Kp.$_{748}$ 137—140°; 22%. *Sulfat*, $C_{12}H_{32}O_6N_2S$, F. 286—287° (Zers.). — *2-Amino-4-propoxybutan*, Kp.$_{750}$ 157—158°; n_D^{20} 1,4226; 8,5%. *Sulfat*, $C_{14}H_{36}O_6N_2S$, F. 287—288° (Zers.). — Alle Sulfate wurden aus Isopropanol umkristallisiert. (J. Amer. pharmac. Assoc., sci. Edit. **41**. 328—32. Juni 1952. West Lafayette, Ind., Purdue Univ., School of Pharmacy, Res. Labors.) K. Nezel. 920

M. Viscontini, K. Adank, N. Merkling, K. Ehrhardt und **P. Karrer**, *Eine neue Synthese des Pantethins*. (Vorl. Mitt.) Bromäthylphthalimid wurde mit $Na_2S_2O_3$ in das Bunte-Salz (I) verwandelt, dieses durch J_2 zum *Bis-[phthalimidoäthyl]-disulfid* oxydiert, letzteres durch HBr oder Hydrazin gespalten, wobei neben Phthalsäure bzw. deren Hydrazid *Cystamin* entstand. Dieses ließ sich durch Phthalyl-β-alanylchlorid in *Bis-[phthalyl-β-alanyl]-cystamin* u. letzteres mit Hydrazin in *Di-[β-alanyl]-cystamin* überführen. Schließlich reagiert letzteres mit 2 Mol D-(—)-α.γ-Dioxy-β.β-dimethylbutyro-γ-lacton [D-(—)-Pantolacton] unter Bldg. des *Pantethins*.

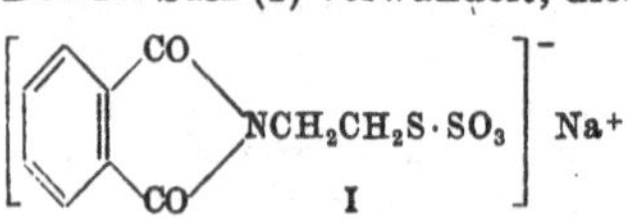
I

V e r s u c h e (Einzelheiten sind nicht angegeben): *Bis-[phthalimidoäthyl]-disulfid*, $C_{20}H_{16}O_4N_2S_2$, F. 138°. — *Cystamindihydrochlorid*, $C_4H_{14}N_2Cl_2S_2$, F. 209—210°. *Dihydrobromid*, F. 238—239°. — *Bis-[phthalyl-β-alanyl]-cystamin*, $C_{26}H_{26}O_6N_4S_2$, F. 210°. — *Di-[β-alanyl]-cystaminoxalat*, $C_{10}H_{22}O_2N_4S_2 \cdot (COOH)_2$, F. 186°. — *Pantethin*, $C_{22}H_{42}O_8 \cdot N_4S_2$, $[\alpha]_D^{22}$ +17,7 ± 0,3° (W.), leicht lösl. in W., ziemlich gut in Alkoholen, gibt positive Biuret-Rk. u. ist in Ggw. von ATP u. des spezif. Apoferments Coenzym A wirksam. (Helv. chim. Acta **36**. 835—36. 15/6. 1953. Zürich, Univ., Chem. Inst.)

G. Mohr. 950

R. A. Boissonnas und **G. Preitner**, *Vergleichende Untersuchung über die Abspaltung verschiedener, die α-Aminofunktion von Aminosäuren schützender Gruppen.* Vff. haben die Abspaltung verschied., die α-Aminofunktion von Glycin, Alanin, Leucin u. Phenylalanin schützender Gruppen (*Carbobenzyloxy-* [CBzO], *Carbophenyloxy-* (CPhO], *Tosyl-*[Tos], *Formyl-*[For], *Carbo-p-chlorbenzyloxy-* [CClO], *Phthalyl-* [Phth], *Carboallyloxy-*[CAlO], *Carbo-p-tolyloxy-* [CToO], *Carbo-sek.-butyloxy-* [CBuO] u. *Carbäthoxygruppe* [CÄthO]) durch verschied. Spaltreagentien u. unter verschied. Bedingungen (mit an Pt katalyt. errentem H_2 in Eisessig bei 20°, Na in fl. NH_3 bei —33°, PH_4J in Eisessig bei 50 u. 100°, HJ, HBr u. HCl in Eisessig bei 20 u. 100° u. HCl in Methanol bei 20 u. 100°) untersucht, indem die Menge der von den Spaltreagentien in Freiheit gesetzten α-Aminogruppen mit Hilfe einer photometr. Meth. (Genauigkeit ±5%) in Abhängigkeit von der Zeit bestimmt wurde. Wo die Reproduzierbarkeit gleicher Reaktionsbedingungen (z. B. bei den katalyt. Hydrierungen) nicht gegeben war, wurden Gemische von verschiedenartig N-blockierten verschied. Aminosäuren den Spalt-Rkk. unterworfen, die gebildeten Aminosäuren papierchromatograph. getrennt u. dann quantitativ bestimmt. Die Geschwindigkeit der Spaltung ist bei allen Derivv. nur abhängig von der Art der schützenden Gruppen u. nicht von der Natur der α-Aminosäure oder der Form, in der deren Carboxylgruppe vorliegt. — Ferner wurde eine Anzahl von Peptiden u. Peptidderivv. den Spalt-Rkk. unterworfen, um den Einfl. der Reagentien auf die Peptidbindungen zu studieren. Vff. stellten fest, daß bei gleicher Molarität die Zahl der gespaltenen Peptidbindungen mit der Anzahl der im Mol. vorhandenen Peptidbindungen wächst, z. B. wurden bei *Phthalylglycyl-glycyl-glycyl-glycin* 3mal mehr freie NH_2-Gruppen bestimmt als beim *Phthalylglycyclglycin.* — Im einzelnen wurden folgende Erkenntnisse gewonnen: Bei der Spaltung mit H_2/Pt werden CBzO u. CClO etwa gleich schnell abgespalten. CAlO wird etwas schneller abhydriert, hat aber den Nachteil, daß der Allylrest teilweise zum schwer entfernbaren Propylrest hydriert wird. CPhO u. CToO werden langsamer abhydriert, wobei CPhO mit Rücksicht auf gegebenenfalls hydrierbare Gruppen im Mol. (z. B. bei Phenylalanin) vorzuziehen ist. — Mit Na/fl. NH_3 werden CBzO, CClO, CAlO, CPhO, CToO u. Tos etwa gleich schnell abgespalten. Bei CAlO findet wieder teilweise Red. zum Carbopropyloxyrest statt. — Die Spaltung mit PH_4J in Eisessig gelingt nur vollständig bei 100° bei den Gruppen CBzO, CClO, CAlO, CÄthO, CPhO u. Tos. Bei dieser Temp. ist PH_4J teilweise zu HJ gespalten, so daß Acidolyse von Peptidbindungen stattfinden kann. — Bei den Spaltungen mit Halogenwasserstoffsäuren in Eisessig ist HJ bei gleicher Konz. am wirksamsten; HBr ist jedoch wegen der geringeren Zersetzlichkeit vorzuziehen. HCl kann wegen geringer Löslichkeit nur in höchstens 0,4mol. Lsg. Verwendung finden. 100%ig gespalten wird bei 20° innerhalb 25 Min. mit HJ nur CBzO, mit HBr innerhalb 60 Min. CBzO u. innerhalb 3 Tagen CClO u. CAlO. Bei 100° werden nach kürzerer oder längerer Zeit alle Gruppen bis auf Tos, For u. Phth abgespalten, Allerdings wächst die Zahl der gespaltenen Peptidbindungen mit der Reaktionsdauer. — Der Spaltung mit HCl in Methanol unterliegt leicht die For-Gruppe; Peptidbindungen sind sensibler gegen Methanolyse als gegen Hydrolyse. — Aus den Ergebnissen folgt, daß die zur vorübergehenden Blockierung der NH_2-Gruppe bei α-Aminosäuren geeigneten Gruppen in der Reihenfolge CBzO, CPhO, Tos, For u. Phth theoret. nacheinander abgespalten werden können. Erst könnte CBzO mit HBr in Eisessig bei 20° entfernt werden, dann CPhO durch katalyt. Hydrierung, anschließend Tos mit Na/fl. NH_3, For u. Phth schließlich mit HCl/Methanol u. durch Behandlung mit Hydrazin oder Phenylhydrazin.

Versuche (FF. korr.): *Chlorameisensäure-p-chlorbenzylester,* $C_8H_6O_2Cl_2$, aus p-Chlorbenzylalkohol u. $COCl_2$ in Ae. bei —15°; Öl. — N-[Carbo-p-chlorbenzyloxy]-Verbb.: *-glycin,* $C_{10}H_{10}O_4NCl$, F. 130° (Methanol/W.), aus Glycin u. vorst. Verb. in 4nNaOH bei 0°; 83% (Ausbeute). — *-DL-alanin,* $C_{11}H_{12}O_4NCl$, F. 133,5° (Methanol/W.); 84%. — *-DL-leucin,* $C_{14}H_{18}O_4NCl$, F. 75,5° (Ae./PAe.); 88%. — *-DL-phenylalanin,* $C_{17}H_{16}O_4NCl$, F. 136° (wss. Methanol); 87%. — N-[Carbo-sek.-butyloxy]-Verbb.: *-glycin,* $C_7H_{13}O_4N$, F. 49,5° (Ae./PAe.), aus Glycin u. dem Chlorameisensäure-sek.-butylester in 4nNaOH; 81%. — *-DL-alanin,* $C_8H_{15}O_4N$, F. 59° (Ae./PAe.); 82%. — *-DL-phenylalanin,* $C_{14}H_{19}O_4N$, F. 91° (Chlf./PAe.), Darst. mit 2nNaOH; 85%. — N-[Carbäthoxy]-Verbb.: *-glycin,* $C_5H_9O_4N$, F. 75° (Ae./PAe.), Darst. entsprechend dem Carbo-sek.-butyloxyderiv.; 85%. — *-DL-alanin,* $C_6H_{11}O_4N$, F. 84,5° (Ae./PAe.); 87%. — *-DL-phenylalanin,* $C_{12}H_{15}O_4N$, F. 82° (Ae./PAe.); 89%. — N-[Carbophenyloxy]-Verbb.: *-glycin,* $C_9H_9O_4N$, F. 109° (Ae./PAe.), aus Chlorameisensäurephenylester; 64%. — *-DL-alanin,* $C_{10}H_{11}O_4N$, F. 156° (Ae./PAe.); 68%. — *-DL-phenylalanin* $C_{16}H_{15}O_4N$, F. 122° (Aceton/PAe. oder CH_3OH/W.); 78%. — N-[Carbo-p-tolyloxy]-Verbb.: *-glycin,* $C_{10}H_{11}O_4N$, F. 132° (Ae./PAe.), aus Chlorameisensäure-p-tolylester; 70%. — *-DL-leucin,* $C_{14}H_{19}O_4N$, F. 108° (verd. Essigsäure); 68%. — *-DL-phenyl-*

alanin, $C_{17}H_{17}O_4N$, F. 156° (Aceton/W. oder Bzl.); 81%. — Die Spaltung wurde ferner bei folgenden Verbb. untersucht: *N-[Carbobenzyloxy]-glycin*, F. 122°. — *-DL-alanin-* F. 115°. — *-DL-leucin*, F. 46°. — *-DL-phenylalanin*, F. 104°. — *N-[Carboallyloxy]-glycin*, Öl. — *-DL-alanin*, F. 63°. — *-DL-leucin*, F. 41°. — *-DL-phenylalanin*, F. 83°. — *N-[p-Toluolsulfonyl]-glycin*, F. 149°. — *-DL-alanin*, F. 138°. — *-DL-leucin*, F. 141°. — *-DL-phenylalanin*, F. 136°. — *N-Formylglycin*, F. 153°. — *-DL-leucin*, F. 115°. — *-DL-phenylalanin*, F. 169°. — *N-Phthalylglycin*, F. 192°. — *-DL-alanin*, F. 161°. — *-DL-leucin*, F. 140°. — *-DL-phenylalanin*, F. 175°. — Außerdem folgende Peptide: *Glycylglycin*, *-L-leucin*, *-glycinäthylester*, *L-Leucylglycyclglycin*, *Phthalylglycylglycinäthylester*, *Phthalylglycylglycylglycylglycinäthylester*, *N-Carbobenzyloxy-DL-alanylglycinäthylester*, *N-Carbobenzyloxy-L-leucyl-D-phenylalanyl-L-prolinmethylester*, *N-Carbobenzyloxy-DL-phenylalanyl-L-alanin*, *N-[Carbo-p-chlorbenzyloxy]-DL-phenylalanyl-L-alanin* u. *N-Carboallyloxy-DL-phenylalanyl-L-alanin*. Best. des Geh. an freien NH_2-Gruppen mit Ninhydrin–Hydrindantin-Reagens (vgl. Helv. chim. Acta **36**. [1953.] 576) im Photometer bei 570 mμ. — Abspaltung der schützenden Gruppen: 1. Mischungen, die je 0,25 Millimol von 2—3 Aminosäurederivv. in 2,5 cm³ Eisessig enthielten, wurden an 8 mg PtO_2 unter n. Druck katalyt. hydriert. In gleichmäßigen Zeitabständen wurden Proben entnommen, deren Bestandteile papierchromatograph. getrennt u. photometr. bestimmt wurden. Phenylalaninderivv. wurden bei langer Versuchsdauer zum Teil zu Hexahydrophenylalanin reduziert. 2. 5 cm³ von 0,02mol. Lsgg. der Derivv. in fl. NH_3 wurden portionsweise mit 10 Äquivalenten Na versetzt, NH_4Br wurde zugefügt, NH_3 abgedampft, in W. aufgenommen u. photometr. bestimmt. 3. 0,25mol. Lsgg. der zu untersuchenden Aminosäurederivv. in Eisessig wurden mit 3,5 Äquivalenten PH_4J versetzt. 4. Eine Anzahl zugeschmolzener Ampullen, die je 0,25mol. Aminosäurederivv. in 1 cm³ einer mol. HJ- oder HBr–Eisessig-Lsg. enthielten, wurden bei 20 bzw. 100° gehalten. In gegebenen Zeitabständen wurden die Inhalte entsprechender Ampullen photometr. bestimmt. 5. Je 0,06mol. Lsgg. der Aminosäurederivv. in 0,4n HCl–Eisessig-Lsgg. wurden wie vorst. in zugeschmolzenen Ampullen behandelt. 6. 0,25mol. Lsgg. der Aminosäurederivv. in 1,5mol. HCl–Methanol wurden wie vorst. behandelt. (Helv. chim. Acta **36**. 875—86. 15/6. 1953. Genf, Univ., Labor. de chim. organ.) G. Mohr. 950

N. P. Buu-Hoï, Guy Lejeune und **Michel Sy**, *Über eine Methode zur Gewinnung von Polymethylhomologen der Kresole*. Mono- oder Polymethylphenolmethyläther mit freier o- oder p-Stellung wurden in guten Ausbeuten durch Dimethylformamid (I) in Ggw. von $POCl_3$ formyliert. Die eingeführte Aldehydgruppe wird mit Hydrazinhydrat/KOH zur CH_3-Gruppe red., die erhaltenen *Polymethylphenolmethyläther* werden mit Pyridinhydrochlorid (II) in die *Polymethylphenole* übergeführt. Bei der Formylierungs-Rk. erweist sich die p-Stellung in bezug auf die CH_3O-Gruppe gegenüber der o-Stellung als reaktionsfähiger.

V e r s u c h e: *4-Methoxy-3-methylbenzaldehyd*, Kp. 250—251°, durch 6std. Kochen von o-Kresolmethyläther, I u. $POCl_3$ u. Rühren mit einer konz. wss. Na-Acetatlsg. u. Bzl.; 70% (Ausbeute). *Semicarbazon*, $C_{10}H_{13}O_2N_3$, F. 208°. — *2.4-Dimethylphenolmethyläther*, a) durch Erhitzen vorst. Verb. mit $N_2H_4 \cdot H_2O$ u. KOH in Diäthylenglykol; 90%; b) analog aus nachst. Verbindung. — *2-Methoxy-5-methylbenzaldehyd*, Kp. 250 bis 252°, aus p-Kresolmethyläther; 68%. — *2.4-Dimethylphenol*, durch 3std. Kochen vorvorst. Verb. mit II. — *4-Methoxy-2-methylbenzaldehyd*, $Kp._{24}$ 150°, aus m-Kresolmethyläther; 72%. *Oxim*, F. 81°. — *3.4-Dimethylphenolmethyläther*; 90%. — *4-Methoxy-2.5-dimethylbenzaldehyd*, F. 33—34°, $Kp._{35}$ 172—173°, aus 2.5-Dimethylphenolmethyläther; 80%. — *Pseudocumenolmethyläther* (*2.4.5-Trimethylphenolmethyläther*), Kp. 211 bis 212°, n_D^{26} 1,5234; 90%. — *Pseudocumenol*, F. 70°; 90%. — *6-Methoxy-2.3.5-trimethylbenzaldehyd*, $C_{11}H_{14}O_2$, F. 74° (Ligroin), $Kp._{20}$ 168—170°, durch Formylierung vorvorst. Verb.; Prismen; 66%. — *Isodurenolmethyläther*, $Kp._{21}$ 119—120°, n_D^{26} 1,5209. — *Isodurenol* (*2.3.4.6-Tetramethylphenol*), F. 81°, durch etwas langsamere Entmethylierung infolge ster. Hinderung. — *4-Methoxy-2.6-dimethylbenzaldehyd*, $Kp._{16}$ 156—158°, F. 18 bis 19°, aus 1.3.5-Xylenolmethyläther; 70%. *Semicarbazon*, F. 216°. — *symm.-Hemellitenolmethyläther* (*3.4.5-Trimethylphenolmethyläther*), Kp. 220°, n_D^{27} 1,5239. — *symm.-Hemellitenol*, F. 109°. — *6-Methoxy-2.3.4-trimethylbenzaldehyd*, $C_{11}H_{14}O_2$, $Kp._{25}$ 179—180°, F. 65° (Ligroin), Nadeln; 70%. *Semicarbazon*, $C_{12}H_{17}O_2N_3$, F. 201° (A.), glänzende Nadeln. — *Prehnitenolmethyläther* (*2.3.4.5-Tetramethylphenolmethyläther*), $Kp._{30}$ 137 bis 138°, F. 40—41° (PAe.), Nadeln, n_D^{25} 1,5338. — *Prehnitenol*, F. 82°. — *6-Methoxy-2.3.4.5-tetramethylbenzaldehyd*, $C_{12}H_{16}O_2$, $Kp._{28}$ 188—190°, F. 81° (Ligroin), Prismen; 68%. — *Pentamethylanisol*, $Kp._{23}$ 155—156°. — *Pentamethylphenol*, F. 123°. (C. R. hebd. Séances Acad. Sci. **240**. 2241—43. 6/6. 1955.) R. Pasedag. 1060

D. E. Pearson und **Frances Greer**, *Die 2.4-Dinitrophenylhydrazone einiger behinderter Ketone*. Vff. gelang es, die *2.4-Dinitrophenylhydrazone* des *2.6-Dimethyl-*,

2.4.6-Trimethyl- u. *2.6-Dimethyl-4-tert.-butylacetophenons* trotz ihrer CH_3-Gruppe in o-Stellung auf direktem Wege darzustellen.

Versuche (FF. korr.): Die *2.4-Dinitrophenylhydrazone* nachst. *Ketone* wurden durch Kochen von je 1 g Keton u. 2.4-Dinitrophenylhydrazin mit 5 ml konz. HCl, 5 ml W. u. 40 ml A. u. Waschen der Kristalle mit heißer 10%ig. HCl u. dann mit W. erhalten: *2.4.6-Trimethylacetophenon-*, $C_{17}H_{18}O_4N_4$, F. 148—149° (CH_3OH–Essigester [25 : 4]), Prismen; 57% (Ausbeute). — *4-tert.-Butyl-2.6-dimethylacetophenon-*, $C_{20}H_{24}O_4N_4$, F. 164,5—166°, orangegelbe Nadeln aus Methylcyclohexan. — *2.6-Dimethylacetophenon-*, $C_{16}H_{16}O_4N_4$, F. 158,5—159,5°, aus *2.6-Dimethylacetophenon* (Kp.$_2$ 69—70°, n_D^{25} 1,5132, dargestellt aus 2.6-Dimethylanilin u. Rk. des erhaltenen *2.6-Dimethylbenzonitrils* [F. 88,5 bis 89,5°; 16%] mit CH_3MgJ in Anisol; 34%); gelbe Nadeln aus Methylcyclohexan; 28%. (J. Amer. chem. Soc. **77.** 1294—95. 5/3. 1955. Nashville, Tenn., Vanderbilt Univ., Dep. of Chem.) HORST BAGANZ. 1160

I. I. Lapkin, N. K. Ponomarewa und **L. Ju. Pinegina,** *Sterische Hinderungen bei magnesiumorganischen Reaktionen.* 12. Mitt. *Reaktion von Dimethyloxalat mit di-o-substituierten Arylmagnesiumhalogeniden.* (11. vgl. C. **1952.** 2324.) Bei der Rk. von Dimethyloxalat (**I**) mit Mesityl-MgBr (**II**) bei 100° entsteht *2.4.6-Trimethylmandelsäuremethylester* (**III**). Analog entstehen aus Duryl-, Isoduryl- u. Pentamethylphenyl-MgBr u. **I** *2.3.5.6-Tetramethyl-* (**IV**), *2.3.4.6-Tetramethyl-* (**V**) u. *Pentamethylmandelsäuremethylester* (**VI**). Neben **III**—**VI** bilden sich die n. Prodd. der GRIGNARD-Synth., die aber unter den Reaktionsbedingungen verseift werden. Erhalten werden *2.4.6-Trimethyl-* (**VII**), *2.3.5.6-* (**VIII**) u. *2.3.4.6-Tetramethyl-* (**IX**) u. *Pentamethylphenylglyoxylsäure* (**X**). Die für den Verseifungsmechanismus in Betracht kommenden Möglichkeiten werden besprochen. Bzgl. des Mechanismus bei der Bldg. von **III**—**VI** wird auf frühere Arbeiten verwiesen.

Versuche: Substituierte Mandelsäuremethylester: *2.4.6-Trimethyl-* (**III**), $C_{12}H_{16}O_3$, F. 90—91° (PAe.); 30 g **I** in Ae. werden langsam mit **II** (50 g Mesitylbromid; 6,5 g Mg) versetzt, der Ae. wird abdest., durch Toluol ersetzt, das Gemisch 20 Std. auf dem sd. Wasserbad behandelt, mit W. u. 10%ig. HCl zerlegt u. die Toluollsg. mit W. u. 10%ig. Sodalsg. gewaschen; 6 g (Ausbeute), neben 12,5 g **VII** aus der Sodalösung. — *2.3.5.6-Tetramethyl-* (**IV**), $C_{13}H_{18}O_3$, F. 119—120°, aus Duryl-MgBr u. **I**; ca. 2,75 g neben 7,5 g **VIII**. — *2.3.4.6-Tetramethyl-* (**V**), $C_{13}H_{18}O_3$, F. 80—81°, aus Isoduryl-MgBr u. **I**; ca. 3 g neben 14 g **IX**. — *Pentamethyl-* (**VI**), $C_{14}H_{20}O_3$, F. 128—129°, aus Pentamethylphenyl-MgBr u. **I**; ca. 6 g neben 20% **X**. — Substituierte Phenylglyoxylsäuren: *2.4.6-Trimethyl-* (**VII**), $C_{11}H_{12}O_3$, F. 115—116° (PAe. + Toluol); gelbe Kristalle. — *2.3.5.6-Tetramethyl-* (**VIII**), $C_{12}H_{14}O_3$, F. 125—128°. — *2.3.4.6-Tetramethyl-* (**IX**), flüssig. Red. mit Na-Amalgam ergibt *2.3.4.6-Tetramethylmandelsäure*, F. 153°. — *Pentamethyl-* (**X**), $C_{13}H_{16}O_3$, F. 131—132°. (Журнал Общей Химии [J. allg. Chem.] **22** (**84**). 1363—66. Aug. 1952. Molotow, Gorki-Univ., Labor. für organ. Chem.) O. POLLAK v. EMHOFEN. 1250

Josef Klosa, *Synthese von spasmolytisch wirkenden α-Aminoalkyl-α-phenylessigsäureestern.* 2. Mitt. (1. vgl. C. **1955.** 1737.) Es wird die Synth. einiger *α-Alkylamino-α-phenylessigsäureester* beschrieben, denen bei einiger Ähnlichkeit mit Morphin u. Dolantin jedoch das quartäre C-Atom dieser Verbb. fehlt. Die dargestellten Substanzen besitzen sehr starke spasmolyt. u. schwache analget. Eigenschaften.

Versuche: *α-Äthylamino-α-phenylessigsäuremethylesterhydrochlorid*, $C_{11}H_{15}O_2N \cdot HCl$, F. 187—188°. 1 g Brom-α-phenylessigsäuremethylester in 30 ml Bzl. wird 10 Min. mit 3 ml 30%ig. wss. Äthylaminlsg. geschüttelt, nach 24 Std. auf 60° erwärmt, mit Ae. versetzt u. die Verb. mit verd. HCl ausgezogen; aus HCl-saurem A. wird das Salz mit Ae. gefällt. Entsprechend folgende *Hydrochloride*: *Äthylester*, $C_{12}H_{17}O_2N \cdot HCl$, F. 166 bis 167°. *Isopropylester*, $C_{13}H_{19}O_2N \cdot HCl$, F. 199°. *n-Propylester*, F. 142°. *Isobutylester*, $C_{14}H_{21}O_2N \cdot HCl$, F. 152°. *Isoamylester*, $C_{15}H_{23}O_2N \cdot HCl$, F. 143°. — *α-Methylamino-α-phenylessigsäuremethylesterhydrochlorid*, $C_{10}H_{13}O_2N \cdot HCl$, F. 155—156°. Entsprechend folgende *Hydrochloride*: *Äthylester*, $C_{11}H_{15}O_2N \cdot HCl$, F. 125°. *Isopropylester*, $C_{12}H_{17}O_2N \cdot HCl$, F. 158—159°. *n-Propylester*, F. 127—129°. *Isobutylester*, $C_{13}H_{19}O_2N \cdot HCl$, F. 144 bis 145°. *n-Butylester*, F. 104—106°, Sternchen. *Isoamylester*, $C_{14}H_{21}O_2N \cdot HCl$, F. 124 bis 125°, lange Nadeln. — *α-Dimethylamino-α-phenylessigsäuremethylesterhydrochlorid*, $C_{11} \cdot H_{15}O_2N \cdot HCl$, F. 177° (Zers.). Desgleichen: *Äthylester*, $C_{12}H_{17}O_2N \cdot HCl$, F. 109—110° (hygroskop.). *Isopropylester*, $C_{13}H_{19}O_2N \cdot HCl$, F. 151—152°. *n-Propylester*, F. 108—110° (sehr hygroskop.). *Isobutylester*, $C_{14}H_{21}O_2N \cdot HCl$, F. 130°. *n-Butylester*, F. 118°. *Isoamylester*, $C_{15}H_{23}O_2N \cdot HCl$, F. 138—140°. — *α-Diäthylamino-α-phenylessigsäuremethylesterhydrochlorid*, $C_{13}H_{19}O_2N \cdot HCl$, F. 154°. Desgleichen: *Äthylester*, $C_{14}H_{21}O_2N \cdot HCl$, F. 115°. *n-Propylester*, $C_{15}H_{23}O_2N \cdot HCl$, F. 98—100° (sehr hygroskop.). *Isopropylester*, F. 131 bis 132°. *Isobutylester*, $C_{16}H_{25}O_2N \cdot HCl$, F. 92—94°. *Isoamylester*, $C_{17}H_{27}O_2N \cdot HCl$, F. 80—82°. — *α-Isopropylamino-α-phenylessigsäuremethylesterhydrochlorid*, $C_{12}H_{17}O_2N \cdot HCl$, F. 182

bis 183°. Desgleichen: *Äthylester*, $C_{13}H_{19}O_2N \cdot HCl$, F. 145—146°. *Isopropylester*, $C_{14}H_{21}O_2N \cdot HCl$, F. 154—156°. *n-Propylester*, F. 154—156°. *n-Butylester*, $C_{15}H_{23}O_2N \cdot HCl$, F. 142—144°. *Isobutylester*, F. 129—130°. *Isoamylester*, $C_{16}H_{25}O_2N \cdot HCl$, F. 125°. — *α-Isobutylamino-α-phenylessigsäuremethylesterhydrochlorid*, $C_{13}H_{19}O_2N \cdot HCl$, F. 192°. Desgleichen: *Äthylester*, $C_{14}H_{21}O_2N \cdot HCl$, F. 127°. *n-Propylester*, $C_{15}H_{23}O_2N \cdot HCl$, F. 125°. *Isopropylester*, F. 131°. — Nachst. Verbb. gaben weder krist. Hydrochloride noch Hydrobromide: *α-Äthylamino-α-phenylessigsäure-n-butylester*, $C_{14}H_{21}O_2N$, Öl. — *α-Diäthylamino-α-phenylessigsäure-n-butylester*, $C_{16}H_{25}O_2N$. — *α-Isobutylamino-α-phenylessigsäureisobutylester*, $C_{16}H_{25}O_2N$. — *α-Isobutylamino-α-phenylessigsäure-n-butylester*, $C_{16}H_{25}O_2N$. — *α-Isobutylamino-α-phenylessigsäureisoamylester*, $C_{17}H_{27}O_2N$. Alle freien Basen waren ölige Flüssigkeiten. (Arch. Pharmaz. Ber. dtsch. pharmaz. Ges. **285/57.** 401—08. Nov. 1952.)

K. Nezel. 1350

M. Viscontini und **E. Fuchs**, *Zur Frage der Konstitution des Allo-DL-3-phenylserins.* Vff. haben das aus *Allo-DL-phenylserinäthylesterhydrochlorid* (I) zugängliche u. bereits von Erlenmeyer [1899] ohne Konfigurationsbeweis beschriebene *Allo-DL-phenylserin* über den bekannten *erythro-dl-2.5-Diphenyloxazolin-4-carbonsäureäthylester* (**III**) u. *threo-dl-2.5-Diphenyloxazolin-4-carbonsäureäthylester* (**IV**) in das (bekannte) *threo-DL-Phenylserin* umwandeln u. damit seine Konfiguration sicher der *Allo*-Reihe zuordnen können. Der Konfigurationswechsel **III** → **IV** wurde durch Einw. von Na-Äthylat bei 0° erreicht, wogegen bei Behandlung von **III** mit NaOH oder HCl keine Änderung an den Asymmetriezentren erfolgt. **III** wird wegen des Vorliegens nicht abtrennbarer geringer Mengen von **II** als Nebenprod. nicht nach dem früher von Vff. angegebenen Verf. (vgl. Helv. chim. Acta **36.** [1953.] 1), sondern besser nach Elphimoff-Felkin u. Mitarbeitern (C. **1953.** 2770) hergestellt.

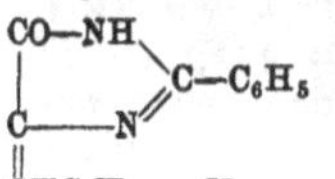

II

V e r s u c h e: *Allo-DL-phenylserin*, $C_9H_{11}O_3N$, F. 187—188° (W.-A.), a) aus **I** durch 3std. Kochen mit n-HCl u. nachfolgende Neutralisation mit NaOH; Nadeln; b) aus **I** mit 5nNaOH durch 1tägiges Stehenlassen bei Zimmertemp.; c) aus Allo-N-benzoyl-DL-phenylserin durch Kochen mit n-HCl; d) aus Allo-O-benzoyl-DL-phenylserin durch Hydrolyse mit HCl. — *threo-dl-2.5-Diphenyloxazolin-4-carbonsäureäthylester* (**IV**), $C_{18}H_{17}O_3N$, F. 87°, aus 2 g **III** mit Na-Äthylat in absol. A. bei 0° (5 Min.); Ausbeute 1,1 g. — **II**, $C_{16}H_{12}ON_2$, F. 268—271°, aus rohem **III** (dieses aus Allo-DL-phenylserinester u. Benzimidoätherhydrochlorid) nach 10minütigem Stehen mit Na-Äthylat u. Neutralisation mit äthanol. HCl; aus A. gelbe Prismen. Aus der Mutterlauge wurde **IV** isoliert. — *Na-Salz der erythro-dl-2.5-Diphenyloxazolin-4-carbonsäure*, $C_{16}H_{12}O_3NNa$, Zers. $>300°$, aus **III** beim Erwärmen mit NaOH bis zur Lsg.; gelbe Nadeln. — *Allo-N-benzoyl-DL-phenylserin*, $C_{16}H_{15}O_4N$, F. 140° (A.), aus **III** mit wss.-alkoh. NaOH beim $^1/_4$std. Kochen mit anschließender Neutralisation mit HCl bei 0°. — *Allo-O-benzoyl-DL-phenylserinhydrochlorid*, $C_{16}H_{16}O_4NCl$, F. 178° (verd. HCl), aus **III** durch $^1/_2$std. Kochen mit 2nHCl. — *Allo-O-benzoyl-DL-phenylserin*, $C_{16}H_{15}O_4N$, F. 136° (wss. A.), aus vorst. Verb. beim Neutralisieren mit NaOH. (Helv. chim. Acta **36.** 660—64. 30/4. 1953. Zürich, Univ., Chem. Inst.)

G. Mohr. 1350

Roland G. Severson und **Robert J. Rosscup**, *Substituierte Phenylsilane.* 1. Mitt. *Die Autoxydation von o-, m- und p-Trimethylsilyläthylbenzol.* o-, m- u. p-Bromäthylbenzol wurden in die entsprechenden Li-Verbb. übergeführt u. diese mit Trimethyläthoxysilan zu *o-* (I), *m-* (II) bzw. *p-Trimethylsilyläthylbenzol* (III) umgesetzt. Die Behandlung von **III** mit O_2 in Ggw. von CrO_3 u. $CaCO_3$ bei 200—214° lieferte *p-Trimethylsilylacetophenon* u. *p-Trimethylsilylbenzoesäure*, wobei die Bestrahlung mit UV-Licht die Ausbeute steigerte. Die Oxydation von **I** lieferte bei UV-Bestrahlung bessere Ausbeute an *Keton*, während bei der Oxydation von **II** beide Prodd. in niedrigerer Ausbeute erhalten wurden. Wichtig für alle Rkk. sind Tempp. von mindestens 200°.

V e r s u c h e: *o-Trimethylsilyläthylbenzol* (I), $C_{11}H_{18}Si$, Kp. 210—211°, durch Zutropfen von o-Bromäthylbenzol in Ae. zu feinverteiltem Li in Ae., dann langsames Zufügen von Trimethyläthoxysilan, 1std. Kochen u. Hydrolyse mit W. u. wss. HCl; n_D^{20} 1,5030, $D.^{20}_4$ 0,8870; 55% (Ausbeute). — *m-Trimethylsilyläthylbenzol* (II), Kp. 202°, aus m-Äthylphenyllithium wie vorst.; n_D^{20} 1,4914, $D.^{20}_4$ 0,8672; 76%. — *p-Trimethylsilyläthylbenzol* (III), Kp. 207—208,5°, aus p-Äthylphenyllithium; n_D^{20} 1,4930, $D.^{20}_4$ 0,8672; 82%. — *p-Trimethylsilylbenzoesäure*, F. 116—117,5° (wss. Essigsäure, PAe.), aus **III** mit CrO_3 u. $CaCO_3$ unter Durchleiten von O_2 bei 200—214° (6 Std.), Filtrieren durch Kieselgur, Nachwaschen mit Ae., Extrahieren mit 10% ig. Na_2CO_3-Lsg. u. Ansäuern des wss. Auszuges mit verd. HCl; 11,8%. *Amid*, F. 158—159,5°. — *p-Trimethylsilylacetophenon*, $C_{11}H_{16}OSi$, $Kp._{17}$ 136°, aus der Ae.-Lsg.; n_D^{20} 1,5170, $D.^{20}_4$ 0,9648; 11%. *2.4-Dinitrophenylhydrazon*, $C_{17}H_{20}O_4N_4Si$, F. 203—207°. *Semicarbazon*, $C_{12}H_{19}ON_3Si$,

F. 198—200°. Daneben wurden 25—30% III zurückgewonnen. Versuchsdurchführung unter UV-Bestrahlung gab 14,8% Säure, 24,6% Keton u. 22,8% III zurück. — *m-Trimethylsilylacetophenon*, Kp. 132°, wie vorst. aus II unter UV-Bestrahlung; n_D^{20} 1,5120, $D._4^{20}$ 0,9554; 14,8%. *2.4-Dinitrophenylhydrazon*, F. 160—163°. *Semicarbazon*, F. 166 bis 168°. — *m-Trimethylsilylbenzoesäure*, F. 113—114°, neben vorst. Verb.; 10,8%. *Amid*, F. 133—134°. — *o-Trimethylsilylacetophenon*, Kp. 116—117°, aus I; n_D^{20} 1,5200, $D._4^{20}$ 0,9627; 10,9%. *2.4-Dinitrophenylhydrazon*, F. 135—137°. — Daneben *o-Trimethylsilylbenzoesäure*, $C_{10}H_{14}O_2Si$, F. 99—100°; 12%. *Amid*, F. 126—127,5°. Versuchsdurchführung unter UV-Bestrahlung gab 14,6% Säure u. 19% Keton. (J. Amer. chem. Soc. **76.** 4552—54. 20/9. 1954. Grand Forks, N. D., Univ., Dep. of Chem.) I. AHRLÉ. 1380

B. A. Kasanski und **M. Ju. Lukina**, *Synthese von 1-Methyl-3-propylcyclobutan.* Ausgehend von 1-Methyl-3-propionylcyclobutan, das aus 1-Methylcyclobutancarbonsäure-(3) u. Propionsäure nach einer früher beschriebenen Meth. (C. **1954.** 7860) erhalten wird, wird über das Hydrazon durch Zerlegen mit Ätzkali ein Gemisch aus *cis-* u. *trans-1-Methyl-3-propylcyclobutan* gewonnen. Die Trennung des Gemisches durch fraktionierte Dest. gelingt nicht vollständig. Die Konfiguration der getrennten Isomeren wird auf Grund der AUWERS-SKITAschen Regel angenommen.

Versuche: *1-Methyl-3-propionylcyclobutan*, $C_8H_{14}O$, $Kp._{753}$ 164—170°, $D._4^{20}$ 0,8757, n_D^{20} 1,4332. *Semicarbazon*, F. 130—131,2° (Methanol). — *1-Methyl-3-propionylcyclobutanhydrazon*, $Kp._{15}$ 104—110°, aus 31,5 g vorst. Verb. in A. u. 32 g Hydrazinhydrat durch 4std. Kochen. — Durch Zerlegen des Hydrazons mit KOH ein Gemisch der nachst. Cyclobutane, das fraktioniert dest. wird: *1-Methyl-3-propylcyclobutan, trans-Form*, C_8H_{16}, Kp. 116,1—116,3°, $D._4^{20}$ 0,7370, n_D^{20} 1,4088; *cis-Form*, Kp. 118,5—118,7°, $D._4^{20}$ 0,7453, n_D^{20} 1,4128. (Известия Академии Наук СССР, Отделение Химических Наук [Nachr. Akad. Wiss. UdSSR, Abt. chem. Wiss.] **1954.** 173—74. Jan./Febr. Inst. für organ. Chem. der Akad. der Wiss. der UdSSR.) H. RAUBACH. 1810

Ja. M. Pauschkin und **A. K. Shomow**, *Cycloalkylierung von Isobutan und Isopentan mit Cyclohexen unter Bildung von Alkylnaphthenen.* Die Rk. von Isopentan mit Cyclohexen (I) in Ggw. von 94,2%ig. H_2SO_4 liefert nur hochsd. Polymerisationsprodd.; mit $AlCl_3$ entsteht ein Prod. vom Kp. 180—210°, aber ohne scharf begrenzte Fraktionen; nur mit $H_3PO_4 \cdot BF_3$ (II) wird *2-Cyclohexyl-2-methylbutan* („*Isoamylcyclohexan*") in Ausbeuten von 36—37% erhalten. Aus Isobutan u. I entstehen in Ggw. von II 20% *Isobutylcyclohexan*. — *2-Cyclohexyl-2-methylbutan*, Kp. 194—196°, $D._4^{20}$ 0,8251, n_D^{20} 1,4513. — *Isobutylcyclohexan*, Kp. 170—174°, $D._4^{20}$ 0,8183, n_D^{20} 1,4481. (Доклады Академии Наук СССР [Ber. Akad. Wiss. UdSSR] [N. S.] **90.** 1047—49. 21/6. 1953.) R. K. MÜLLER. 1810

J. D. Billimoria und **N. F. Maclagan**, *Einfache Analoge des Cortisons.* 3. Mitt. *Einige monocyclische Verbindungen.* (2. vgl. C. **1954.** 2613.) Vff. stellen *1-Glykoloylcycloheptanol* (**X**) u. *methylsubstituierte 1-Glykoloylcyclohexanole* aus den entsprechenden Äthinylcarbinolen über die Acetyl- u. *Bromacetylcarbinole* her.

Versuche: *1-Acetylcycloheptanol* (**II**), $C_9H_{16}O_2$, $Kp._9$ 100—101°, n_D^{21} 1,4765. Meth. **A**: Zu H_2SO_4 u. $HgSO_4$ in W. wurde unter Rühren 1-Äthinylcycloheptanol (I) in CCl_4 so zugegeben, daß die Temp. nicht über 25° anstieg. Nach 2std. Rühren wurde die organ. Schicht unter Dampfdest. zu einer aus H_2SO_4, $HgSO_4$ u. W. bestehenden Lsg. gegeben u. das Destillat mit CCl_4 extrahiert; 60% (Ausbeute). *Semicarbazon*, $C_{10}H_{19}O_2N_3$, F. 198°, aus A. Nadeln. Meth. **B**: 2std. Kochen von I in Methanol–W. mit einem Hg-Ionenaustauscher (Zeo-Karb 225); 80%. — *1-Bromacetylcycloheptanol* (**III**), $C_9H_{15}O_2Br$, $Kp._{10-5}$ 75°, n_D^{21} 1,5150, aus 100 g II in Essigsäure–HBr mit Br_2; 100 g. — *1-Glykoloylcycloheptanol* (**X**), $C_9H_{16}O_3$, F. 62—63°. 110 g III wurden in Ae.–W. (3 : 2) mit NaOH in A. geschüttelt, das nach Eindampfen erhaltene Öl wurde in Ae. gelöst; aus Ae.–PAe. Platten; 21 g. — *1-Äthinyl-4-methylcyclohexanol*, $C_9H_{14}O$, F. 36° (PAe.), aus 4-Methylcyclohexanon in fl. NH_3 mit Na-Acetylid; 80%. — *1-Acetyl-4-methylcyclohexanol*, $C_9H_{16}O_2$, $Kp._{10}$ 99—100°, aus vorst. Verb. wie **II** (Meth. **B**); 80%. *Semicarbazon*, $C_{10}H_{19}O_2N_3$, F. 182 bis 183° (A.). — *1-Bromacetyl-4-methylcyclohexanol* (**VI**), $C_9H_{15}O_2Br$, $Kp._{10-6}$ 75—80°, aus 31,2 g vorst. Verb. in Ae. mit 50 g Dioxandibromid in Ae. unter Belichtung; 38 g. *Pyridiniumaddukt*, $C_{14}H_{20}O_2NBr$, F. 194—195° (Methanol–Ae.), aus 3 g **VI** in Ae. mit Pyridin durch 24std. Stehen bei 0°; Nadeln; 4 g. — *1-Glykoloyl-4-methylcyclohexanol* (**VII**), $C_9H_{16}O_3$, F. 80—81°. 20 g **VI** wurden in Methanol–W. (7 : 2) mit 50 g De-Acidite F.F. 20 Std. unter Rühren gekocht, das Filtrat wurde eingedampft u. der Rückstand in Ae. aufgenommen; aus PAe. Platten; 8 g. — *1-Äthinyl-3-methylcyclohexanol*, $C_9H_{14}O$, $Kp._1$ 56—60°, dargestellt mit Na-Acetylid in fl. NH_3; 80%; Reinigung über die Ag-Verb.; n_D^{25} 1,4702. — *1-Acetyl-3-methylcyclohexanol*, $C_9H_{16}O_2$, $Kp._1$ 68°, n_D^{21} 1,4641, aus 200 g vorst. Verb. wie **II** (Meth. **A**); 140 g. *Semicarbazon*, $C_{10}H_{19}O_2N_3$, F. 211—212°, aus Methanol Nadeln. — *1-Bromacetyl-3-methylcyclohexanol*, Kp.$_{10-6}$ 75°, aus 31 g vorst. Verb. wie **III**; 29 g. *Pyridiniumaddukt*, $C_{14}H_{20}O_2NBr$, F. 172—173°, aus Methanol-Ae. Nadeln. — *1-Glykoloyl-3-methylcyclohexanol*, $C_9H_{16}O_3$, Kp.$_{10-6}$ 60°, n_D^{20} 1,4921, aus 20 g vorst. Verb. wie **X**; 6 g. *Thiosemicarbazon*, $C_{10}H_{19}O_2N_3S$, F. 208° (Zers.; Methanol). — *1-Acetyl-2-methylcyclohexanol*, F. 36°, aus 100 g 1-Äthinyl-2-methylcyclohexanol wie **II** (Meth. **B**); 92 g. — *1-Bromacetyl-2-methylcyclohexanol*, F. 62—63°, aus vorst. Verb. wie **VI**. — *1-Glykoloyl-2-methylcyclohexanol* (**IV**), F. 81—82°, aus 7,8 g vorst. Verb. wie **VII**; 3,9 g. — *1-Äthinyl-2.2-dimethylcyclohexanol*, $C_{10}H_{16}O$, Kp.$_6$ 78°, n_D^{22} 1,4788, aus 126 g 2.2-Dimethylcyclohexanon in fl. NH_3 mit Na u. Acetylen; 120 g. — *1-Acetyl-2.2-dimethylcyclohexanol*, $C_{10}H_{18}O_2$, Kp.$_8$ 101°, n_D^{21} 1,4733, aus 100 g vorst. Verb. wie **II** (Meth. **A**); 80 g. *Semicarbazon*, $C_{11}H_{21}O_2N_3$, F. 204—205°, aus A. Kuben. — *1-Bromacetyl-2.2-dimethylcyclohexanol* (**V**), $C_{10}H_{17}O_2Br$, F. 65° (PAe.), aus vorst. Verb. wie **III**. **V** wurde in wss. A. mit NaOH neutralisiert, die Lsg. eingeengt, mit W. versetzt, ausgeäthert u. das aus dieser Lsg. erhaltene Öl aus Pentan an Al_2O_3 unter N_2 chromatographiert; Elution mit PAe. gab nur eine Spur des *Oxyketols*, $C_{10}H_{18}O_3$, F. 56°, aus PAe. Nadeln. Der nach Ansäuern der wss. Lsg. erhaltene Ae.-Extrakt lieferte aus wss. Essigsäure *2.2-Dimethylcyclohexylidenessigsäure* (?), $C_{10}H_{16}O_2$, F. 145—146°. — *Cyclopentyliden-cyclopentanon*, $C_{10}H_{14}O$, Kp.$_8$ 119°, $n_D^{20,5}$ 1,5220, neben 1-Äthinylcyclopentanol (**IX**), Kp.$_2$ 52—54°, F. ca. 20°, 280 g, aus 420 g Cyclopentanon in fl. NH_3 mit Na u. Acetylen; 130 g. — *1-Acetylcyclopentanol* (**VIII**), $C_7H_{12}O_2$, Kp.$_{11}$ 71—74°, n_D^{20} 1,4650, aus **IX** wie II (Meth. **B**), *Semicarbazon*, $C_8H_{15}O_2N_3$, F. 185—186°. — *2-[1'-Oxycyclopentyl]-2-methyl-1.3-dioxolan*, $C_9H_{16}O_3$, Kp.$_1$ 69—70°, $n_D^{23,5}$ 1,4695. Zu einem aus HgO, BF_3-Ätherat u. Äthylenglykol bestehendem Gemisch wurden unter Kühlung 35 g **VIII** in Äthylenglykol zugetropft, über Nacht wurde stehen gelassen, mit K_2CO_3 versetzt u. zentrifugiert; 34 g. Hydrolyse des vorst. Ketals lieferte nach Zugabe von Semicarbazid das Semicarbazon von **VIII**. — Die Infrarotabsorptionsbanden von **X** u. **VII** sind angegeben, ebenso die adrenocorticale Wrkg. von **VII**, **X** u. **IV** (Tabelle). (J. chem. Soc. [London] **1954.** 3257 bis 3262. Okt. London, Westminster Med. School, Dep. of Chem. Pathol.) G. SCHORRE. 1980

E. L. Anderson und **F. G. Holliman**, *2-[o-Oxymethylphenyl]-2-phenylpropanol-(1) und seine Reaktion mit Bromwasserstoff.* (Vgl. ANDERSON u. HOLLIMAN, C. **1951.** I. 1134.) Vff. erhalten bei der Red. von α-Methyl-α-phenylhomophthalsäureanhydrid mit $LiAlH_4$ *2-[o-Oxymethylphenyl]-2-phenylpropanol-(1)*, das mit HBr unter Neopentylumlagerung u. Ringschluß *3-Methyl-2-phenylinden* (**I**) liefert. Der Reaktionsmechanismus der Bldg. von I wird diskutiert.

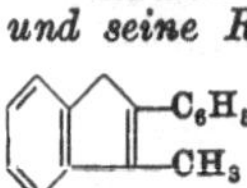

I

Versuche: *3-Methyl-3-phenylindandion-(1.2)*, F. 113—116° (A.), durch 30 Min. Erwärmen von 2-Oximino-3-methyl-3-phenylindanon (vgl. KOELSCH u. Mitarbeiter, J. Amer. chem. Soc. **65.** [1943.] 59) mit 40%ig. Formaldehyd u. konz. HCl, Stehenlassen über Nacht u. weiteres 48std. Erwärmen unter gelegentlicher Zugabe von HCHO u. HCl; 92% (Ausbeute). — *α-Methyl-α-phenylhomophthalsäureanhydrid*, $C_{16}H_{12}O_3$, F. 67 bis 68,5° (Leichtbenzin), durch Oxydation vorst. Verb. in wss. Methanol mit 3%ig. H_2O_2/Na_2SO_3 in der Kälte (3 Std.), Isolierung der freien Säure u. 3std. Erhitzen auf 140°; 65%; gibt bei 2std. Erhitzen mit überschüssigem Anilin auf 160° *α-Methyl-α.N-diphenylhomophthalimid* [$C_{22}H_{17}O_2N$, F. 114,5—115,5° (A.)]; *isomere Monoäthylester der freien Säure*, $C_{18}H_{18}O_4$, F. 125—127°, u. F. 129,5—132° (getrennt durch fraktionierte Kristallisation aus Leichtbenzin), Misch-F. 110—116°, durch 20std. Kochen des Anhydrids mit überschüssigem A. in Ggw. von Pyridin oder durch 7std. Erhitzen mit A. in geschlossenem Rohr auf 155°. — *2-[o-Oxymethylphenyl]-2-phenylpropanol-(1)*, $C_{16}H_{18}O_2$, Kp.$_{0,6}$ 185—188°, durch Zugabe einer äther. Lsg. vorst. Anhydrids zu $LiAlH_4$ u. 3std. Kochen; blaufluorescierendes Glas; 95%. *Bis-[p-nitrobenzoat]*, $C_{30}H_{24}O_8N_2$, F. 162—164° (A.). — *3-Methyl-2-phenylinden* (**I**), F. 76—78° (Leichtbenzin), Kp.$_{0,6}$ 140—144°, durch 11std. Erwärmen von 19 g vorst. Verb. mit 50%ig. HBr in Essigsäure im Rohr auf 100°, Reinigung durch Chromatographie an Al_2O_3 in PAe.; 3,5 g; oder aus nachst. Verb. wie vorst.; 26%. — *2-[o-Äthoxymethylphenyl]-1-phenylpropanol-(2)*, $C_{18}H_{22}O_2$, Kp.$_{0,3}$ 143—144°, durch Umsetzung der GRIGNARD-Verb. von o-Brombenzyläthyläther mit Phenylaceton (3 Std.); 69%. (J. chem. Soc. [London] **1955.** 181—84. Jan. Kapstadt, Südafrika, Univ.) G. WINKLER. 2650

Raymond Quelet, Colette Borgel und **René Durand**, *Untersuchung der durch Kondensation von Chloral mit Naphthalin in Gegenwart von Aluminiumchlorid erhaltenen Produkte.* Vff. stellen auf Grund der nachst. Rkk. fest, daß es sich bei den durch Einw. von Chloral (I) auf Naphthalin (II) in Ggw. von $AlCl_3$ bei Raumtemp. erhaltenen beiden *1.1-Dinaphthyl-2.2-dichloräthylenen* (α- bzw. β-**III**) vom F. 221° bzw. 146° entgegen der Ansicht von FRANKFORTER u. KRITSCHEWSKY [1915] nicht um die β.β- bzw. α.α-, sondern um die α.α- u. β.β-Isomeren handelt: *1-[β-Naphthyl]-2.2.2-trichloräthanol*, $C_{12}H_9$-

OCl_3, F. 103° (PAe.), durch portionsweises Zugeben von $AlCl_3$ zu II u. I in Cyclohexan bei Raumtemp. unter Schütteln u. Trennung von α- bzw. β-III durch fraktionierte Dest.; Nadeln; 24% (Ausbeute). Hydrolyse mit KOH → *β-Naphthylglykolsäure* (F. 158°), die beim Abbau *β-Naphthoealdehyd* (F. 64°) gibt. Oxydation mit CrO_3 → *β-Naphthoesäure* (F. 184°). — *1-[α-Naphthyl]-2.2.2-trichloräthanol*, F. 59°, $Kp._{1,15}$ 165—167°, aus α-Naphthyl-MgBr (IV) u. I. — *1.1-Bis-[α-naphthyl]-2.2-dichloräthylen* (α-III), F. 221° (Bzl.). — *1.1-Bis-[β-naphthyl]-2.2-dichloräthylen* (β-III), F. 146° (A.), Nadeln. — *Bis-[α-naphthyl]-methyl-carbinol*, durch Kondensation von IV mit Äthylacetat. — *1.1-Bis-[α-naphthyl]-äthylen*, F. 107°, durch Dehydratation vorst. Verbindung. — *1.1-Bis-[α-naphthyl]-äthan*, F. 136°, a) durch Hydrierung vorst. Verb.; b) durch Hydrierung von α-III. — Die UV-Absorptionsspektren bestätigen die Strukturen. (C. R. hebd. Séances Acad. Sci. **240.** 1900—02. 9/5. 1955.) R. PASEDAG. 2700

Jean Jacques, *Molekularstruktur und östrogene Aktivität.* 14. Mitt. *α.α-Dimethyl-β-[6-methylmercaptonaphthyl-(2)-valeriansäure.* (13. vgl. C. **1954.** 4170.) Zur Feststellung der biol. Eigg. wird das S-Analoge der α.α-Dimethyl-β-äthylallenolsäure, die *α.α-Dimethyl-β-[6-methylmercaptonaphthyl-(2)]-valeriansäure* (II), aus α.α-Dimethyl-β-[6-oxynaphthyl-(2)]-valeriansäure (III) über das daraus mit der BUCHERER-Rk. erhaltene *Amin* (I), die *Diazoverb.* u. den *Xanthogenester* dargestellt. Der Weg, von 6-[Methylmercapto]-2-propionylnaphthalin (IV) ausgehend über die REFORMATSKI-Rk. mit Bromisobuttersäureester, Dehydratation des Carbinolesters, Verseifung zur ungesätt. Säure u. Hydrierung zu II zu gelangen, scheitert an der Unmöglichkeit der Hydrierung der S-haltigen Verbindung. — Durch Aufstellen des F.-Diagramms der Gemische von *2-Methylmercapto-* u. *2-Methoxynaphthalin* wird eine charakterist. Synkristallisation in allen Verhältnissen aufgefunden. Das gleiche gilt für IV u. die analoge *6-Methoxyverb.* wie auch für die *Δ^3-2.2-Dimethyl-3-[6-methylmercaptonaphthyl-(2)]-pentensäure* u. ihr *Methoxy-Analoges* (4 Diagramme). Hingegen liefern die Gemische *6-Methylmercapto-* u. *7-Methoxy-2-propionylnaphthalin* eine von den vorigen deutlich verschied. Kurve, die ein Eutektikum aufweist. — I u. II zeigen an kastrierten Ratten bei Dosen von 100 γ keine östrogene Wirkung.

Versuche (unter Mitarbeit von **D. Vincendon**): *Naphthalin-β-sulfochlorid*, F. 70 bis 73°, aus trockenem naphthalin-β-sulfonsaurem Na u. PCl_5; 82% (Ausbeute). — *β-Thionaphthol*, F. 78—79,5°, durch 24 std. Red. der vorigen Verb. mit verd. H_2SO_4 u. Zn; 83%. — *Methyl-β-naphthylsulfid*, F. 60—61° (A.), $Kp._{15}$ 165—169°, aus 32,7 g der vorigen Verb. in 2nNaOH u. 32 cm³ Dimethylsulfat unter Rückfluß; 26 g. — *6-[Methylmercapto]-2-propionylnaphthalin* (IV), F. 100—101° (A.), $Kp._{13}$ 230—235°, nach BUU-HOI u. Mitarbeitern (C. **1953.** 9470). — *α.α-Dimethyl-β-oxy-β-[6-methylmercaptonaphthyl-(2)]-valeriansäureäthylester*, $C_{20}H_{26}O_3S$, F. 94—95°, nach Chromatographie aus Hexan mikrokrist. Nadeln, aus 3 g IV, 2 cm³ α-Bromisobuttersäureäthylester in Bzl.-Ae. u. 0,6 Mg. mit J_2 unter 3 std. Rückfluß u. Hydrolyse; 3,97 g Rohprod., ca. 136 mg Reinprodukt. — *Δ^3-2.2-Dimethyl-3-[6-methylmercaptonaphthyl-(2)]-pentensäureäthylester*, $C_{20}H_{24}O_2S$, F. 60° (Methanol), durch 1 std. Erhitzen von 1 g des vorigen Rohprod. mit 10 cm³ HCOOH auf dem Wasserbad u. Chromatographie aus Bzl.-Cyclohexan; 0,3955 g. Daneben weitere Fraktionen. *Säure*, $C_{18}H_{20}O_2S$, F. 108—108,5° (Block) (wss. Methanol), aus 6,9 g des obigen Ketons wie vorher u. Verseifung mit NaOH (36° Bé) u. Methoxyäthanol; 6,14 g Rohsäure. — *α.α-Dimethyl-β-[6-aminonaphthyl-(2)]-valeriansäure* (I), $C_{17}H_{21}O_2N$, F. 165 bis 168° (Block), aus A. rosafarbene Nadeln, aus III u. NH_4OH in Ammonsulfit im Autoklaven bei 150° (12—16 Std.); 75%. *Hydrochlorid*, $C_{17}H_{22}O_2NCl \cdot H_2O$, aus konz. HCl u. einer wss. warmen Suspension von I. *Nitrat*, $C_{17}H_{22}O_5N_2 \cdot H_2O$, Schuppen. — *α.α-Dimethyl-β-[6-acetamidonaphthyl-(2)]-valeriansäure*, $C_{19}H_{23}O_3N$, F. 195—196° (wss. Essigsäure), aus I u. Essigsäureanhydrid unter Kochen. — *α.α-Dimethyl-β-[6-äthylxanthonaphthyl-(2)]-valeriansäuremethylester*, $C_{21}H_{28}O_3S_2$, F. 78—80° (Hexan), aus I in salzsaurer Lsg. u. $NaNO_2$, Behandlung mit K-Äthylxanthogenat u. Soda bei 5° u. Veresterung mit CH_2N_2 in Ae.; 47% (Tabelle der chromatograph. Fraktionen). — *α.α-Dimethyl-β-[6-methylmercaptonaphthyl-(2)]-valeriansäure* (II), $C_{18}H_{22}O_2S$, F. 159°, aus wss. A. feine Nadeln, durch 2 std. Kochen der vorigen Verb. mit NaOH (36° Bé) u. Methoxyäthanol, anschließend mit Na-Hydrosulfit; Veresterung mit Dimethylsulfat durch $^1/_2$ std. Kochen; 80%. (Bull. Soc. chim. France, Mém. [5] **1955.** 231—36. Febr. Paris, Coll. de France, Labor. d'Endocrinol. et de Morphol. Exp.) E. ROTTER. 2700

L. Blangey, *Über die Nitrierung einiger 1.2-Diazoxynaphthalinsulfosäuren.* Beim Nitrieren der 1.2-Diazoxynaphthalin-7- u. -8-sulfosäure tritt die Nitrogruppe einheitlich in 6-Stellung, aus der -6-sulfosäure entsteht *8-Nitro-1.2-diazoxynaphthalin-6-sulfosäure* (I) u. daneben unter Verdrängung der Sulfogruppe *6-Nitro-1.2-diazoxynaphthalin* (II).

Durch Abspaltung des Diazorestes u. Red. erhält man aus 1.2-Diazoxy-6-nitronaphthalin-7-sulfosäure *6-Amino-2-naphthol-7-sulfosäure.*

V e r s u c h e: *1.2-Diazoxynaphthalin-6-sulfosäure,* durch Diazotierung von 1-Amino-2-naphthol-6-sulfosäure; 74% (Ausbeute). — *8-Nitro-1.2-diazoxynaphthalin-6-sulfosäure* (I), durch Nitrierung vorst. Verb. mit HNO_3/Monohydrat 1:2 unterhalb —5°; gelb; 88%; daneben *6-Nitro-1.2-diazoxynaphthalin* (II); 6,7%. — *8-Nitro-2-naphthol-6-sulfosäure* (III), aus I durch 1std. Erhitzen mit A. u. Al-Pulver; 60%. — *6-Nitro-2-naphthol,* F. 156—157° (Bzl.), aus 1,31 g II analog III in 30 Std.; 0,79 g. — *8-Amino-2-naphthol-6-sulfosäure* (IV), a) aus dem K-Salz von III durch Red. mit Fe in sd. wss. Essigsäure; 87,4%; b) aus 8-Amino-2-naphthol durch Sulfonierung mit H_2SO_4 (8 Std. Kochen); 76%; c) durch Alkalischmelze von 1-Naphthylamin-3.7-disulfosäure. — *1.2-Diazoxynaphthalin-8-sulfosäure,* durch Diazotierung von 1-Amino-2-naphthol-8-sulfosäure; 74%. — *6-Nitro-1.2-diazoxynaphthalin-8-sulfosäure,* aus vorst. Verb. analog I; 100%. *K-Salz,* Nadeln aus H_2O. — *6-Nitro-2-naphthol-8-sulfosäure,* aus vorst. Verb. analog III; 72,4%. — *1.2-Diazoxynaphthalin-7-sulfosäure,* aus 1-Amino-2-naphthol-7-sulfosäure (aus dem Na-Salz der 2-Naphthol-7-sulfosäure durch Kuppeln mit Diazobenzol u. Red. mit $Na_2S_2O_4$) durch Diazotieren; 87%. — *6-Nitro-2-naphthol-7-sulfosäure,* aus vorst. Verb. analog I u. III in 5 Std.; daneben 4'-Oxy-5.6-benzochinaldin-8-sulfosäure (?), $C_{14}H_{11}O_4NS$. — *6-Amino-2-naphthol-7-sulfosäure,* durch Red. vorst. Verb. analog IV; 100%. — *5.6-Diamino-2-naphthol-7-sulfosäure,* aus vorst. Verb. u. 2.5-Dichlorbenzoldiazoniumchlorid in Ggw. von $Na_2S_2O_3$ u. Red. des *Azofarbstoffes* mit $Na_2S_2O_4$; 30%; oder analog aus 5-Amino-2-naphthol-7-sulfosäure u. Benzoldiazoniumchlorid. — *6'-Oxynaphtho-[2'.1':4.5]-2-methylimidazol-3'-sulfosäure,* $C_{12}H_{10}O_4N_2S \cdot 2H_2O$, durch Rk. vorst. Verb. mit Acetanhydrid in Sodalsg., 1/2 Std. bei 90—95°. (Helv. chim. Acta **38**. 744—52. 2/5. 1955. Zürich, ETH, Organ.-techn. Labor.) H. BERTSCH. 2700

Max W. Miller, Roger W. Amidon und **Pliny O. Tawney,** *Einige meso-substituierte Anthracene. 1. Mitt. 9.10-Bis-[chlormethyl]-anthracen als Zwischenprodukt bei Synthesen.* Die Chlormethylierung von Anthracen (I) gibt in guter Ausbeute *9.10-Bis-[chlormethyl]-anthracen* (II), aus dem durch verschied. Umsetzungen *meso-substituierte Anthracene* dargestellt werden. Mit fl. NH_3 im Autoklaven wird *9.10-Bis-[aminomethyl]-anthracen* erhalten, dessen *Dihydrochlorid* mit Phosgen das *Diisocyanat* gibt. *9.10-Bis-[mercaptomethyl]-anthracen* (III) wird über das *Diisothiuroniumchlorid* dargestellt. Alkal. Hydrolyse des *Anthracen-9.10-diacetonitrils* führte zu der *Diessigsäure.*

V e r s u c h e: *9.10-Bis-[chlormethyl]-anthracen* (II), F. 258—260° (Zers.; Toluol), aus I u. Paraformaldehyd durch 5std. Kochen in Dioxan-konz. HCl unter Rühren, 2std. Durchleiten von trockenem HCl u. 16std. Stehen; gelbe Blättchen; 65% (Ausbeute). — *9.10-Bis-[aminomethyl]-anthracen,* $C_{16}H_{16}N_2$, F. 238—240° (nach Sublimation bei 190—210°/0,3 mm), aus II durch 4tägiges Behandeln mit fl. NH_3 im Autoklaven bei 20—27° u. Reinigen über das *Dihydrochlorid;* gelbe glänzende Blättchen; 97%. *N.N'-Diacetylderiv.,* $C_{20}H_{20}O_2N_2$, F. 395—400° (Zers.; Dimethylformamid); hellgelbe Prismen; 98%. — *9.10-Bis-[isocyanatomethyl]-anthracen,* $C_{18}H_{12}O_2N_2$, F. 214—215° (Toluol), sublimiert bei 195—200°/0,7 mm, durch 3std. Einleiten von Phosgen in eine sd. Lsg. des vorst. Dihydrochlorids in o-Dichlorbenzol unter Rühren u. Abkühlen unter N_2; gelbe glänzende Blättchen; 95%. — *9.10-Bis-[methoxymethyl]-anthracen,* $C_{18}H_{18}O_2$, F. 183 bis 185° (Dioxan), sublimiert bei 170°/1 mm, aus II mit methanol. KOH durch 80 Min. Kochen; 70%. — *9.10-Bis-[äthoxymethyl]-anthracen,* $C_{20}H_{22}O_2$, F. 139—141° (W.-Äthylenglykoldimethyläther), sublimiert bei 130°/0,2 mm, analog mit absol. A. in 1 Std. unter Rühren; strohfarbene fettige Blättchen; 54%. — *9.10-Bis-[oxymethyl]-anthracen* $C_{16}H_{14}O_2$, F. 287—289° (Anisol), aus dem Diacetat durch 2std. Kochen mit KOH in Methanol unter Rühren u. Eingießen in W.; gelbe glänzende Blättchen; 98%. *Diacetat,* F. 224—225° [Butanon-(2)], a) aus vorst. Diäthyläther durch Erhitzen mit Essigsäure-konz. H_2SO_4 (50:1) unter Rühren; 95%; b) durch Umsetzung von II mit K-Acetat in Essigsäure; gelbe Nadeln; 93%. — *9.10-Bis-[mercaptomethyl]-anthracen* (III), $C_{16}H_{14}S_2$, F. 217—218° (Dioxan), aus II u. Thioharnstoff durch 1std. Kochen in Dioxan, 10std. Kochen des gebildeten *Bis-isothiuroniumchlorids* mit 20%ig. NaOH unter Rühren, Verdünnen mit W., 2std. Kochen → *Na-Salz des Dithiols,* das mit 50%ig. H_2SO_4 behandelt wird; gelbe Prismen; 80%. *Diacetat,* $C_{20}H_{18}O_2S_2$, F. 212—215° (Essigester), blaßgoldene Kristalle; 81%. — *9.10-Bis-[carbomethoxymethylmercaptomethyl]-anthracen,* $C_{22}H_{22}O_4S_2$, F. 130—133° (Dioxan-W. u. Essigester), aus III durch 1,5std. Kochen mit methanol. KOH unter Rühren, Zugeben von Chloressigsäuremethylester in Methanol in wenigen Min. u. 2std. Stehen; 67%. — *9.10-Bis-[β-cyanäthylmercaptomethyl]-anthracen,* $C_{22}H_{20}N_2S_2$, F. 200—201° (Dioxan), durch 1,5std. Rühren von III mit Acrylonitril in Ggw. von Triton B bis zum Abklingen der exothermen Rk.; gelbe Nadeln; 89%. — *Anthracen-9.10-diacetonitril,* $C_{18}H_{12}N_2$, F. 335—338° (Zers.), sublimiert bei 190—200°/

0,1 mm, durch Zugeben von II zu einer sd. Lsg. von KCN u. CuCN in Methylisobutylketon–Dioxan–W. in 2 Std., 7std. Kochen unter Rühren u. Stehen über Nacht; gelbe glänzende Nadeln u. Blättchen; 45%. — *Anthracen-9.10-diessigsäure*, $C_{18}H_{14}O_4$, F. 310 bis 315° (Zers.; Dioxan–W.), aus vorst. Verb. durch 66std. Kochen mit KOH in sek.-Butylalkohol, Einengen, Lösen in W., Ansäuern mit konz. HCl, Extrahieren mit Chlf., Ausziehen mit 10%ig. Na_2CO_3-Lsg. u. Ansäuern; glänzende braungelbe Blättchen; 92%. *Dimethylester*, $C_{20}H_{18}O_4$, F. 190—192° (Acetonitril), sublimiert ab 155°, durch 3,5tägiges Stehen des Dinitrils mit absol. Methanol–HCl u. Dioxan im Rohr, Eingießen in W. u. Extraktion mit Methanol; gelbe Nadeln; 20%. *Diamid*, $C_{18}H_{16}O_2N_2$, F. 380 bis 385° (Zers.; Dimethylformamid), sublimiert ab 370°, neben dem Ester als in CH_3OH unlösl. Anteil; hellglänzende gelbe Prismen; 76%. — *9.10-Bis-[β-oxyäthyl]-anthracen*, $C_{18}H_{18}O_2$, F. 215—217° (wss. A.), aus vorst. Ester durch Red. mit $LiAlH_4$ in Tetrahydrofuran; gelbe Nadeln; 76%. — *Anthracen-9.10-dipropionsäure*, F. 251—253°, durch Umsetzung von II mit Na-Malonester u. Decarboxylierung in Diphenyläther. *Dimethylester*, $C_{22}H_{22}O_4$, F. 145,8—147° (Methanol), sublimiert bei 170°/1 mm; strohfarbene Nadeln; 97%. *Diamid*, $C_{20}H_{20}O_2N_2$, F. 310—315° (Zers.; Methanol), feine gelbe Nadeln; 77%. — *9.10-Bis-[γ-oxypropyl]-anthracen*, $C_{20}H_{22}O_2$, F. 173,5—175° (95%ig. A.), sublimiert bei 200—210°/0,9 mm, durch Red. vorst. Esters in Tetrahydrofuran mit $LiAlH_4$; strohfarbene Kristalle; 100%. (J. Amer. chem. Soc. **77**. 2845—48. 20/5. 1955. Passaic, N. J., U. S. Rubber Co., General Labors.) W. Gehrmann. 2800

Charles Dufraisse, André Étienne und **Jean Bourdon**, *Polyphenole, Fuchsone und o-Chinone in der meso-Diphenylanthracenreihe.* Im Rahmen der Verss. zur Darst. von 9.10-Diphenylanthrachinon-(2.3) werden zunächst Unterss. mitgeteilt, die sich mit der Bldg. von *3-Oxy-9.10-diphenylanthrachinon-(1.2)* (I) u. zwei seiner Derivv. befassen. — *2-Keto-3.9-dioxy-9.10-diphenyl-2.9-dihydroanthracen* (II), $C_{26}H_{18}O_3$, F. 296° (Chlf.), durch Phenylieren von Hystazarindiacetat; rote Nadeln. — *2.3-Dioxy-9.10-diphenylanthracen*(III), $C_{26}H_{18}O_2$, FF. 226 u. 241° (Bzl.), durch Red. von II mit KJ in Essigsäure; luftempfindliche Prismen. — *1-Phenylazo-2.3-dioxy-9.10-diphenylanthracen*, $C_{32}H_{22}O_2N_2$, F. 274° (Bzl.), aus III u. Benzoldiazoniumchlorid; carminrote Nadeln. — *1-Diacetylamino-9.10-diphenyl-2.3-diacetoxyanthracen*, $C_{34}H_{27}O_6N$, FF. 222 u. 252° (Essigsäure), durch acetylierende Red. der vorst. Verb. mit Zn in Essigsäureanhydrid u. Na-Acetat; Nadeln. — *1-Acetylamino-2.3-dioxy-9.10-diphenylanthracen*, $C_{28}H_{21}O_3N$, F. 285—287° (Ae.), durch Verseifen von Vorst. mit methanol. KOH in der Kälte. — *1-Acetylimino-3-oxy-9.10-diphenylanthrachinon-(1.2)* (IV), $C_{28}H_{19}O_3N$, F. 241° (Bzl.), durch Oxydation, vorst. Verb. mit $K_2Cr_2O_7$ in Essigsäure; rote Kristalle; bei der Verseifung dieser Verb. entstanden nur Harze. — *2-Keto-3.9-dimethoxy-9.10-diphenyl-2.9-dihydroanthracen* (V), $C_{28}H_{22}O_3$, F. 254° (A.), durch Methylieren von III mit CH_3J in Ggw. von KOH; gelbe Nadeln. — *2-Oxy-3-methoxy-9.10-diphenylanthracen*, $C_{27}H_{20}O_2$, F. 199° (Cyclohexan), durch Red. von V wie III. — *1-Phenylazo-2-oxy-3-methoxy-9.10-diphenylanthracen*, $C_{33}H_{24}O_2N_2$, F. 230° (Essigsäure), rote Nadeln. — *3-Methoxy-9.10-diphenylanthrachinon-(1.2)* (VI), $C_{27}H_{18}O_3$, F. 249—250° (Ae.), aus Vorst. durch Red. zum 1-Aminoderiv. u. anschließende Oxydation; rote Prismen. *Phenazinderiv.*, $C_{33}H_{22}ON_2$, F. 287—288° (Essigsäure), mit o-Phenylendiamin; gelbe Nadeln. — I ist auf diesem Wege nicht zugänglich. — Absorptionsspektren von II, IV, V u. VI vgl. Original. (C. R. hebd. Séances Acad. Sci. **237**. 1126—29. 9/11. 1953.) H. Gold. 2800

Le-Van-Thoi und **André Belloc**, *Über 5.6-Benzoreten.* Im Verlauf der Unterss. über *Dehydroabietinsäure* (I) wurde ausgehend von I eine sechsstufige Synth. für *5.6-Benzoreten*, von dem eine carcinogene Wirksamkeit erwartet wird, durchgeführt. — *Dehydroabietinsäure* (I), F. 172°, durch partielle Dehydrierung von Abietinsäure mit Schwefel, [α] +62°. *Methylester*, F. 62°, $[α]_J$ +60° (A.). — *6-Succinoyldehydroabietinsäuremethylester*, F. 163° (Ae. + PAe.), mit Bernsteinsäureanhydrid in Nitrobenzol in Ggw. von $AlCl_3$, Nadeln $[α]_J$ +72° (A.); 60%. *Pyridazinonderiv.*, F. 195°, bei der Huang-Minlon-Red., $[α]_J$ +104° (A.). — *6-Carboxypropyldehydroabietinsäuremethylester*, F. 92° (Ae. + PAe.), aus Vorst. durch Clemmensen-Martin-Red., Nadeln, $[α]_J$ +90° (A.); 100%. — *1'-Keto-1'.2'.3'.4'-tetrahydro-5.6-benzodehydroabietinsäuremethylester*, F. 125° (Ae. + PAe.), durch Cyclisierung vorst. Verb. mit kalter H_2SO_4 (mit $SnCl_4$ oder $AlCl_3$ schlechte Ausbeute), Blättchen, $[α]_J$ +80°; 40%. *2.4-Dinitrophenylhydrazon*, F. 285° (Methanol), rote Nadeln. *Semicarbazon*, F. 305° (A.). — *1'.2'.3'.4'-Tetrahydro-5.6-benzodehydroabietinsäuremethylester*, F. 72° (Methanol), aus Vorst. durch Clemmensen-Martin-Red. Nadeln, $[α]_J$ +72° (A.); 100%. — *5.6-Benzoreten*, F. 198° (A.), aus Vorst. durch Dehydrieren mit Se oder Pd-Kohle, Nadeln; 30—40%, berechnet auf I 10% (vgl. auch Adelson u. Bogert, J. Amer. chem. Soc. **59**. [1937.] 1776). (C. R. hebd. Séances Acad. Sci. **239**. 500—02. 9/8. 1954.) H. Gold. 2850

W. C. Wildman und **D. R. Saunders,** *Umlagerung von 2-Aminobicyclo-[2.2.2]-octen-(5) mit salpetriger Säure.* *2-Aminobicyclo-[2.2.2]-octen-(5)* (I) liefert mit $NaNO_2$ u. einer Spur konz. HCl *Bicyclo-[3.2.1]-octen-(3)-ol-(2)* (II), dessen Konst. durch Hydrierung zu dem bekannten *gesätt. Alkohol* u. durch den F. des *p-Nitrobenzoats*, das nicht das des I entsprechenden Alkohols sein kann, bewiesen ist. Für die Umlagerung von I bei der Rk. mit HNO_2 wird ein Mechanismus diskutiert.

I

II

Versuche (FF. korr.): *2-Aminobicyclo-[2.2.2]-octen-(5)* (I)-*Hydrochlorid*, C_8H_{14}·NCl, F. 305—306° (Zers.; geschlossenes Rohr), aus 2-Nitrobicyclo-[2.2.2]-octen-(5) nach ALDER u. Mitarbeitern (vgl. C. **1939.** I. 1558); 79% (Ausbeute); Reinigung durch Sublimation u. Kristallisation aus wss. Aceton. *Phenylthioharnstoffderiv.*, $C_{15}H_{18}N_2S$, F. 168,5° (wss. A.). — *2-Aminobicyclo-[2.2.2]-octan*, F. 140—141,5° (geschlossenes Rohr), durch Hydrierung von I·HCl in A. in Ggw. von 30%ig. Pd-Kohle unter n. Bedingungen (das *Hydrochlorid* sublimiert in geschlossener Capillare bei 345—350°; 89%) u. Alkalisieren der Lsg. des Salzes. *Pikrat*, F. 222—223° (Zers.), aus wss. CH_3OH lange, gelbe Prismen. — *Bicyclo-[3.2.1]-octen-(3)-ol-(2)* (II), durch langsame Zugabe von $NaNO_2$-Lsg. zu I·HCl in W., dann von einigen Tropfen konz. HCl, mehrstd. Stehen, 4 std. Erhitzen auf 100°, Dampfdest. u. Ausäthern des Destillats; blaßgelbes Wachs; 61%. *p-Nitrobenzoat*, $C_{15}H_{15}$·O_4N, F. 81—81,5° (wss. A.). *Phenylurethan*, $C_{15}H_{17}O_2N$, F. 126—126,5° (PAe.). — *Bicyclo-[3.2.1]-octanol-(2)*, F. 183—184° (geschlossene Kapillare), durch Hydrierung von II in A. mit 30%ig. Pd-Kohle bei n. Temp. u. Druck; aus Pentan Prismen; 89%. *Phenylurethan*, F. 128—129° (PAe., dann wss. A.). — *Bicyclo-[2.2.2]-octen-(5)-ol-(2)*, F. 166 bis 167° (*p-Nitrobenzoat*, F. 108,5—110°) wird nach 12 std. Stehen in verd. HCl bei 0° u. 4 std. Erhitzen auf dem Dampfbad zu 68% zurückgewonnen. — *Bicyclo-[3.2.1]-octen-(3)-on-(2)*, durch CrO_3-Oxydation von 160 mg II in verd. CH_3COOH; Öl; 81 mg. (J. Amer. chem. Soc. **76.** 946—47. 5/2. 1954. Princeton, N. J., Univ., Frick Chem. Labor.)

H.-J. NITZSCHKE. 2950

P. Cagniant und **Mme. P. Cagniant,** *Phenalane, Homophenalane und ihre Derivate.* 1. Mitt. *Synthese des 1-Methylhomophenalans und des 1.8-Dimethylhomophenalans.* In Fortsetzung der Arbeiten von KLYNE u. ROBINSON (J. chem. Soc. [London] **1938.** 1992) u. BUU-HOI u. CAGNIANT (Rev. sci. **79.** [1941.] 644; **80.** [1942.] 130. 271) wird zur Herst. von *Homophenalanen* [*Homoperinaphthanen, 7.8-Dihydrohomophenalenen, 7.8.9.10-Tetrahydrocyclohepta-[d.e]-naphthalinen*] folgender Weg eingeschlagen: *2-Methylnaphthalin* → *1-Brom-2-methylnaphthalin* → *β-[2-Methylnaphthyl-(1)]-äthanol* (**Ia**), aus der Mg-Verb. des vorigen Prod. u. Äthylenoxyd → *Bromid des Alkohols* (I) → *β-[2-Methylnaphthyl-(1)]-äthylmalonsäurediäthylester*, durch Malonesterkondensation → Hydrolyse zur *freien Säure* → Decarboxylierung zur *γ-[2-Methylnaphthyl-(1)]-buttersäure.* Diese Säure läßt sich leicht zum *1-Methylhomophenalanon-(7)* (II) cyclisieren. Die Red. nach WOLFF-KISHNER gibt das *1-Methylhomophenalan* (III). Wird die Kondensation des I mit Na-Methylmalonsäurediäthylester durchgeführt, dann gelangt man auf dem oben beschriebenen Weg zur *α-Methyl-γ-[2-methylnaphthyl-(1)]-buttersäure*, die zum *1.8-Dimethylhomophenalanon-(7)* (**IV**) cyclisiert u. dieses zum *1.8-Dimethylhomophenalan* (**V**) red. wird. — **III** u. **V** sind im Gegensatz zu den niedrigeren Homologen (l. c.) an Licht u. Luft stabile KW-stoffe. — UV-Spektren von **II, III** u. **V** (Diagramm) sowie Infrarotspektren von **III** (Diagramm) s. Original. — Um 1.9-Dimethylhomophenalan zu erhalten, wurde die Mg-Verb. von 1-Brom-2-methylnaphthalin mit Propylenoxyd zur Rk. gebracht u. das erhaltene *1-[2'-Methylnaphthyl-(1')]-propanol-(2)* zum *1-[2'-Methylnaphthyl-(1')]-2-brompropan* umgesetzt. Dieses gibt jedoch bei der Malonesterkondensation, vermutlich durch HBr-Abspaltung u. Bldg. eines ungesätt. KW-stoffs, nur Spuren des Malonsäureesters. — Bei der Rk. von **Ia** mit $SOCl_2$ wird das *β-[2-Methylnaphthyl-(1)]-äthylchlorid* erhalten, dessen Cyclisation mit $AlCl_3$ nicht zum 1-Methylacenaphthen, sondern fast ausschließlich zu einem hochmol. harzartigen Prod. führt.

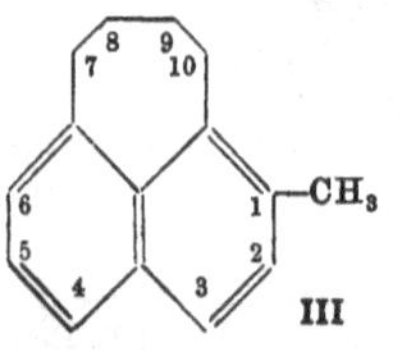

III

Versuche (M.=F. im MAQUENNE-Block): *1-Brom-2-methylnaphthalin*, nach HALL u. MITCHELL (J. chem. Soc. [London] **1951.** 1375). — *β-[2-Methylnaphthyl-(1)]-äthanol* (**Ia**), $C_{13}H_{14}O$, Kp.$_{17}$ 196—197°, Kp.$_{11}$ 187—187,5°, F. 36—36,5° (Bzl.-PAe.), aus der Mg-Verb. vorst. Verb. u. Äthylenoxyd in Bzl., 2 Std. bei n. Temp. u. nach Entfernung des Ae. 30 Min. bei 75°; $D.^{25}_4$ 1,115; n_D^{23} 1,6216; ca. 80% (Ausbeute). *Phenylurethan*, $C_{20}H_{19}O_2N$, F. 116°, aus Bzl. Kristalle. *p-Nitrobenzoat*, $C_{20}H_{17}O_4N$, F. 124°, aus Bzl. feine, hellgelbe Kristalle. *3.5-Dinitrobenzoat*, $C_{20}H_{16}O_6N_2$, F. 205—206°, aus Bzl. hellgelbe Kristalle. — *β-[2-Methylnaphthyl-(1)]-äthylbromid* (I), $C_{13}H_{13}Br$, Kp.$_{15}$ 181°, F. 33—33,5°, aus PAe. große transparente Kristalle, durch 2std. Kochen von **Ia** mit einer homogenen Mischung von HBr (66%ig) u. Essigsäure; 64%; oder mit PBr_3 in Chlf.; 72%; daneben Harze. — *β-[2-Methylnaphthyl-(1)]-äthylmalonsäurediäthylester*, $C_{20}H_{24}O_4$, $Kp._{15}$ 245 bis 247°, $Kp._1$ 205°, Öl, durch 36std. Kochen von **I** u. einer alkoh. oder benzol. Lsg. von Na-Äthylmalonat unter Rückfluß; $D.^{24}{}_4$ 1,103; $n_D{}^{23}$ 1,5461; 70%. *Freie Säure*, $C_{16}H_{16}O_4$, F. 179° (M.), aus Bzl.–PAe. Kristalle, durch alkal. Hydrolyse des Esters. — *γ-[2-Methylnaphthyl-(1)]-buttersäure*, $C_{15}H_{16}O_2$, $Kp._{16}$ 140°, $Kp._{0,8}$ 202,5°, F. 117°, aus Bzl.–PAe. Plättchen, durch Decarboxylierung der vorigen Säure im Vakuum. *Amid*, $C_{15}H_{17}ON$, F. 129,5°, aus Bzl.–PAe. lange Nadelbüschel, mit $SOCl_2$ in Chlf. unter Rückfluß u. Behandlung mit einem großen Überschuß von konz. NH_3. — *1-Methylhomophenalanon-(7)* (**II**), $C_{15}H_{14}O$, $Kp._{15}$ 211,5—213°, fast farbloses Öl von ausgeprägtem Geruch, $Kp._{1,7}$ 174°, aus dem Semicarbazon durch Kochen mit einer konz. Lsg. von Oxalsäure regeneriert; $D.^{22,7}{}_4$ 1,146; $n_D{}^{22}$ 1,6371; 1. durch Zugabe von 6 g $AlCl_3$ zu 10 g des vorigen Säurechlorids in thiophenfreiem Bzl. bei 0° u. 5std. Verweilen bei n. Temp., 5 g; in CS_2 4,5 g; 2. aus 11,5 g der vorigen Säure in Bzl. u. 10,7 g PCl_5, 3 Std. bei n. Temp., 20 Min. bei 40°, Zugabe von 14 cm³ $SnCl_4$ bei 0° u. 20 Min. Erhitzen auf 45°; 9 g u. 0,5 g Harze. *Semicarbazon*, $C_{16}H_{17}ON_3$, F. 201° (M.), aus wss. A. Plättchen; daneben in sd. A. sehr schwer lösl. Kristalle, vermutlich *γ-[2-Methylnaphthyl-(1)]-butyrophenonsemicarbazon*, $C_{22}H_{23}ON_3$, F. ca. 273° unter Sublimation. *Oxim*, $C_{15}H_{15}ON$, F. 163—164° (Bzl.–PAe.). *2.4-Dinitrophenylhydrazon*, $C_{21}H_{18}O_4N_4$, F. 267° (M.), aus sd. Bzl. ockergelbe Kristalle. *p-Nitroso-N.N-dimethylanilinverb.* (vermutlich ein *Triazomethin*), $C_{39}H_{38}ON_6$, F. 223° (M.), aus A. grünlich-goldkäferfarbene Plättchen, aus 1,25 g **II** u. 1 g p-Nitroso-N.N-dimethylanilin in A. durch Zugabe von 1 cm³ wss. 10%ig. NaOH. — *1-Methylhomophenalan* (**III**), $C_{15}H_{16}$, $Kp._{6,5}$ 164,5°, viscose Fl., aus **II**, Hydrazinhydrat, KOH u. Diäthylenglykol; 2malige Dest. über Na; $D.^{24,5}{}_4$ 1,063; $n_D{}^{20}$ 1,6299; 95%. *Pikrat*, $C_{21}H_{19}O_7N_3$, F. 109° (M.), aus absol. A. ockerfarbene Nadeln, Zers. am Licht u. im Laufe der Zeit. *Styphnat*, $C_{21}H_{19}O_8N_3$, F. 146° (M., Zers.), aus absol. A. orangegelbe Nadeln. *1.3.5-Trinitrobenzolat*, $C_{21}H_{19}O_6N_3$, F. 121° (M.), aus Bzl. feine orangefarbene Nadeln. — *β-[2-Methylnaphthyl-(1)]-äthylmethylmalonsäurediäthylester*, $Kp._7$ 218—220°, Öl, durch 36std. Erhitzen von **I** u. Äthylmethylmalonat + Na in Xylol; 70%. *Freie Säure*, $C_{17}H_{18}O_4$, F. 200° (M.), aus Bzl.–PAe. Kristalle, durch Hydrolyse des Esters. — *α-Methyl-γ-[2-methylnaphthyl-(1)]-buttersäure*, $C_{16}H_{18}O_2$, $Kp._{15}$ 239°, F. 84,5°, aus Bzl.–PAe. Kristalle, durch Decarboxylierung der vorigen Säure im Vakuum; 92%. *Amid*, $C_{16}H_{19}ON$, F. 159°, aus Bzl.–PAe. Nadeln. — *1.8-Dimethylhomophenalanon-(7)* (**IV**), $C_{16}H_{16}O$, $Kp._{15}$ 213,5°, Öl, durch Cyclisation der vorigen Säure unter Anwendung von $SnCl_4$ wie bei **II**; $D.^{19,5}{}_4$ 1,127; $n_D{}^{18,4}$ 1,6255; 90%; das Semicarbazon bildet sich unter n. Bedingungen nicht. *Oxim*, $C_{16}H_{17}ON$, F. 178°, aus Bzl.–PAe. Kristalle. *2.4-Dinitrophenylhydrazon*, $C_{22}H_{20}O_4N_4$, F. 254° (M.), aus Bzl. gelbe Kristalle. — *1.8-Dimethylhomophenalan* (**V**), $C_{16}H_{18}$, $Kp._2$ 155°, durch Red. von **IV** wie bei **III**; $D.^{21}{}_4$ 1,065; $n_D{}^{19,6}$ 1,6182; 90%. *Pikrat*, $C_{22}H_{21}O_7N_3$, F. 102° (M.), aus A. orangegelbe Kristalle, die sich langsam zersetzen. *Styphnat*, $C_{22}H_{21}O_8N_3$, F. 137° (M.), aus A. orangegelbe Nadeln, beständiger als das Pikrat. *1.3.5-Trinitrobenzolat*, $C_{22}H_{21}O_6N_3$, F. ca. 95°, aus Bzl. sehr unbeständige gelbe Kristalle. — *1-[2'-Methylnaphthyl-(1')]-propanol-(2)*, $C_{14}H_{16}O$, $Kp._2$ 158—159°, Öl, aus 1-Brom-2-methylnaphthalin + Mg in Ae. u. Bzl. u. Propylenoxyd in Bzl. bei 0°; $D.^{19,3}$ 1,098; $n_D{}^{19,4}$ 1,6126; 61%. *Phenylurethan*, $C_{21}H_{21}O_2N$, F. 113°, aus Bzl. Plättchen. *p-Nitrobenzoat*, $C_{21}H_{19}O_4N$, F. 83,5—84°, aus Bzl.–PAe. hellgelbe Kristalle. — *1-[2'-Methylnaphthyl-(1')]-2-brompropan*, $C_{14}H_{15}Br$, $Kp._{14}$ 184°, aus vorst. Verb. u. PBr_3; $n_D{}^{22,6}$ 1,6220; 78%; Malonesterkondensation auf verschied. Art gibt nur sehr wenig der gesuchten Verb., in der Hauptsache eine *Fl.*, $Kp._{15}$ 140—150°. — *β-[2-Methylnaphthyl-(1)]-äthylchlorid*, $C_{13}H_{13}Cl$, $Kp._{14}$ 169—169,5°, F. 39,5°, aus PAe. Kristalle, aus **Ia**, Dimethylanilin u. $SOCl_2$, 2 Std. bei n. Temp., dann bei 120°; 87%. Beim Vers. der Cyclisation mit $AlCl_3$ in CS_2 wird ein in den üblichen organ. Lösungsmitteln unlösl. Prod. vom Mol.-Gew. ca. 1200 erhalten. (Bull. Soc. chim. France, Mém. [5] **19**. 970—75. Nov./Dez. 1952. Straßburg, Univ., Labor. de Rech.) E. ROTTER. 2950

Charles Dufraisse und **André Étienne**, *Oxycarbonylierung und Naphthacensynthesen.* Vortrag über Arbeiten der Vff. u. Mitarbeiter über *Naphthacensynthesen* (vgl. C. **1954**. 1952; **1955**. 3133. 7902; C. R. hebd. Séances Acad. Sci. **232**. [1951.] 2061; **236**. [1953.] 642). — Nach Erfahrungen von COPE u. HANCOCK (C. **1939**. I. 2403) wird Dibenzylketon (**I**) mit Cyanessigsäureäthylester in Ggw. von NH_4-Acetat zu *Dibenzylmethylencyanessigsäureäthylester* (**II**) kondensiert, der Reaktionsmechanismus untersucht (Schema) u. die Rolle der Salze besprochen, die gleichzeitig mit ihrem bas. u. sauren Charakter die verschied. Stadien der Rk. katalysieren. — In analoger Weise findet die einfachere Rk. zwischen **I** u. Malonitril zu *Dibenzylmethylenmalonitril* (**III**) statt. **II** u. **III** können in *peri-aminocarbonylierte* (**IV**), *-diaminierte*,

-oxycarbonylierte (**V**) u. *-dioxylierte Naphthacene* umgewandelt werden. — **IV** - u. **V** - Naphthacenderivv.: **II** cyclisiert sich in der Wärme zu *3-Benzylcyannaphthol*; dieses cyclisiert sich in Ggw. von P_2O_5–H_3PO_4–$ZnCl_2$ weiter zu einem Gemisch der beiden tautomeren Formen *12-Aminonaphthacenon-(9)* (**VI**) (gelb) u. *9-Oxynaphthacenonimin-(12)*(**VII**) (rot). Die Umwandlung von **VI** in **VII** erfolgt in Ggw. starker Säuren im wasserfreien Lösungsm. (z. B. HCl in Bzl.) leicht. Der umgekehrte Weg findet bei einfacher trockener Erhitzung oder in Ggw. wss. starker Säuren statt. Die Aminoform **VI** mit dem niedrigeren F. ist die stabilere. Nachw. der Konst. durch Red. mit $LiAlH_4$ zu *12-Amino-9.10-dihydronaphthacen* u. S-Dehydrierung zu *12-*(oder *9*)*-Aminonaphthacen.* Die CO-Gruppe in 9-Stellung reagiert mit Phenyl-Li unter Bldg. von *meso-Aminophenylnaphthacenol*, welches in *9-Phenyl-11-aminonaphthacenon* überführbar ist. **VI** kann ferner in *12-Oxynaphthacenon-(9)* u. die tautomere Form *9.12-Dioxynaphthacen* übergeführt werden. Ersteres liefert mit Alkyl- u. Aryl-Mg- oder -Li-Verbb. die entsprechenden *9-Alkyl-* oder *-Aryl-9.12-dioxy-9.10-dihydronaphthacene*, die mit Säuren zu den *9-Alkyl-* oder *-Aryl-12-oxynaphthacenen* dehydratisiert werden. Letztere reagieren in der Naphthacenonform mit Organometallverbb. unter Bldg. von *Dialkyl-*, *Alkylaryl-* oder *Diaryldihydronaphthacenol*, welches wieder mit Säuren zu *peri-Dialkyl-*usw.*-naphthacen* dehydratisiert wird. — Die peri-aminierten u. -oxylierten Naphthacenone neigen, analog den meso-carbonylierten u. -aminierten Anthracenen, leicht zu Autoxydation zu den entsprechenden Chinonen. — **VI** u. noch mehr die N-Acetyl- oder -Benzoylderivv. autoxydieren sich an Luft in alkal. Milieu zu den entsprechenden *Naphthacenchinonen-(9.10)*, 10-Oxynaphthacenon-(9) zu *12-Oxynaphthacenchinon-(9.12)*. — Diaminonaphthacene: Das durch Cyclisierung von **III** entstandene *3-Benzyl-2-cyannaphthylamin-(1)* wandelt sich mit H_2SO_4 in das *9.12-Diaminonaphthacen*, tautomere Form *12-Aminonaphthacenonimin-(9)*, um u. zeigt mit **VI** große Analogien: Es liefert mit Acylhalogeniden die *peri-Pyrimidonaphthacene*, wird zu *12-Oxynaphthacenon-(9)* hydrolysiert u. zu *11-Aminonaphthacenchinonimin-(9.10)* autoxydiert. — Diskussion: **Rumpf, Eistert, Welwart, Maroni** u. **Tchoubar.** (Bull. Soc. chim. France, Mém. [5] **1955.** 265—68. Febr. Coll. de France, Labor. de Chim. Organ.) E. ROTTER. 2950

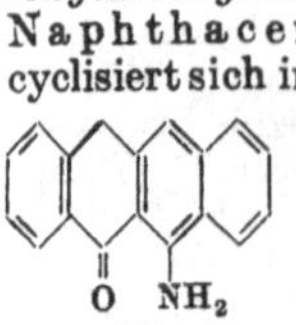

VI

B. A. Arbusow und **B. P. Lugowkin,** *Synthese von heterocyclische Substituenten enthaltenden Phosphonsäureestern.* 2. Mitt. *Phosphonsäureäthylester mit sauerstoffhaltigen heterocyclischen Substituenten.* (1. vgl. C. **1952.** 6212.) Durch Rk. von diäthylphosphorigsaurem Na (I) oder Triäthylphosphit (II) mit Epijodhydrin, Furfurylbromid, α-Brommethyltetrahydrofuran, α-Bromtetrahydropyran sowie einigen Derivv. des 4-Chlormethyldioxolans-(1.3) werden die entsprechenden *Phosphonsäurediäthylester* erhalten. Bei der alkal. Verseifung der α-Furfuryl- u. α-Tetrahydrofurfurylphosphonsäureester entstehen die entsprechenden Phosphonsäuren, saure Verseifung führt zur Verharzung. Die alkal. Verseifung der 4-Phosphonomethyldioxolane führt unter Ringspaltung zur Bldg. von *β.γ-Dioxypropylphosphonsäure* (**IV**) u. der entsprechenden Aldehyde bzw. Ketone. Bei der Rk. von α.β-Dibromtetrahydropyran mit I wird das entsprechende Phosphonsäurederiv. nicht erhalten, es entsteht unter NaBr-Abspaltung *β-Bromdihydropyran.*

Versuche: Folgende Phosphonsäurediäthylester werden dargestellt: *α-Furfuryl-*, $C_9H_{15}O_4P$, Kp.$_2$ 117—120°; zu I [17,4 g $(C_2H_5O)_2POH$ u. 2,6 g Na] in Ae. gibt man innerhalb 45 Min. 18,4 g α-Furfurylbromid, filtriert u. dest.; D.$^{20}{}_{20}$ 1,1473; n_D^{20} 1,4670; 14,1 g (Ausbeute); daraus durch Kochen mit NaOH *α-Furfurylphosphonsäure* [*Ba-Salz,* $(C_5H_6O_4P)_2Ba$]. *α-Tetrahydrofurfuryl-*, $C_9H_{19}O_4P$, Kp.$_2$ 110 bis 112°; a) zu 9 g **II** gibt man bei 150—160° in 30 Min. 8 g α-Brommethyltetrahydrofuran u. erhitzt 1 Std. auf 160—165°; D.$^{20}{}_{20}$ 1,1075; n_D^{20} 1,4492; 3,6 g; b) **I** [10,5 g $(C_2H_5O)_2POH$ u. 1,3 g Na] in Ae. wird mit 9 g α-Brommethyltetrahydrofuran 1½ Std. u. nach Zugabe von 100 ml Bzl. noch 3 Std. gekocht; D.$^{20}{}_{20}$ 1,1011; n_D^{20} 1,4482; 3,6 g; durch Verseifung mit NaOH *α-Tetrahydrofurfurylphosphonsäure* [*Ba Salz,* $(C_5H_{10}O_4P)_2Ba$]. *α-Tetrahydropyran-* (**III**), $C_9H_{19}O_4P$, Kp.$_3$ 123—125°; aus **I** in Ae. mit α-Bromtetrahydropyran; D.$^{20}{}_{20}$ 1,1085; n_D^{20} 1,4535; 46%; daneben *diäthylphosphorige Säure*, Kp. 182—185°. Aus **III** durch 6std. Erhitzen im Rohr auf 100—105° mit HCl (1 : 2) *Pentandiol (1.5)-phosphonsäure-(5)* [*Ba-Salz,* $(C_5H_{12}O_5P)_2Ba$]. — *α-Diäthylphosphono-β.γ-epoxypropan*, $C_7H_{15}O_4P$, Kp.$_{13}$ 131—133°; aus 8 g **II** u. 6,8 g Epijodhydrin bei 140—150°, dann 20 Min. bei 155—160°; D.$^{20}{}_{20}$ 1,1373; n_D^{20} 1,4405; 3,4 g; durch alkal. Verseifung *α-Phosphono-β.γ-epoxypropan* [*Ba-Salz,* $(C_3H_6O_4P)_2Ba$]. — Folgende Dioxolane-(1.3): *4-Diäthylphosphonomethyl-*, $C_8H_{17}O_5P$, Kp.$_{3,5}$ 120—121°; 7,7 g **II** u. 6 g 4-Chlormethyldioxolan-(1.3) werden 6 Std. auf 220—230° im Rohr erhitzt; D.$^{20}{}_{20}$ 1,1716; n_D^{20} 1,4440; 2,3 g. *4-Diäthylphosphonomethyl-2.2-dimethyl-*, $C_{10}H_{21}O_5P$, Kp.$_4$ 117—119°; aus 9 g **II** u. 9 g 4-Chlormethyl-2.2-dimethyldioxolan-(1.3), 30 Std. bei 157—164°; D.$^{20}{}_{20}$ 1,1029; n_D^{20}

1,4380; 2 g; durch alkal. Verseifung *β.γ-Dioxypropylphosphonsäure* (IV) [*Ba-Salz*, $(C_3H_8O_5P)_2Ba$] u. *Aceton* (*2.4-Dinitrophenylhydrazon*, F. 126°). *4-Diäthylphosphonomethyl-2-phenyl-*, $C_{14}H_{21}O_5P$, Kp.$_3$ 184—186°; aus 8,4 g II u. 9,4 g 4-Chlormethyl-2-phenyl-dioxolan-(1.3), 12 Std. bei 172—196° (langsame Steigerung der Temp.); D.$^{20}_{20}$ 1,1737; n_D^{20} 1,4498; 5,4 g; bei alkal. Verseifung *Benzaldehyd* (*Phenylhydrazon*, F. 155°) u. IV. *4-Diäthylphosphonomethyl-2-anisyl-*, $C_{15}H_{23}O_6P$, Kp.$_5$ 229—231°; aus 6,3 g II u. 6,9 g nachst. Verb. durch 15std. Erhitzen auf 165—205°; D.$^{20}_{20}$ 1,1935; n_D^{20} 1,5065; 4 g; durch alkal. Verseifung *Anisaldehyd* (*Phenylhydrazon*, F. 120—121°) u. IV. — *4-Chlormethyl-2-anisyldioxolan-(1.3)*, $C_{11}H_{13}O_3Cl$, Kp.$_5$ 168—171°; aus 15 g Anisaldehyd u. 14 g α-Chlorhydrin durch 30std. Erhitzen auf 110—125°; D.$^{20}_{20}$ 1,2465; n_D^{20} 1,5394; 8 g. — Bei Zugabe einer äther. Lsg. von α.β-Dibromtetrahydropyran zu einer äther. Lsg. von I u. Dest. des Reaktionsprod. wird *β-Bromdihydropyran* (Kp.$_{14}$ 50—52°; D.$^{20}_{20}$ 1,5375; n_D^{20} 1,5111) erhalten. (Журнал Общей Химии [J. allg. Chem.] **22** (**84**). 1193—98. Juli 1952. Kasan, Univ., Wiss. Chem. Butlerow-Forschungsinst.)

O. POLLAK V. EMHOFEN. 3000

B. A. Arbusow und **B. P. Lugowkin**, *Synthese von heterocyclische Substituenten enthaltenden Phosphonsäureestern.* 3. Mitt. *Einwirkung von diäthylphosphorigsaurem Natrium und Triäthylphosphit auf einige Halogenderivate des Pyridins und Piperidins.* (2. vgl. vorst. Ref.) Durch Rk. von diäthylphosphorigsaurem Na (I) mit N-[β-Bromäthyl]- (II) u. N-[γ-Brompropyl]-piperidin (III) werden *N-[β-Diäthylphosphonoäthyl]-* (IV) u. *N-[γ-Diäthylphosphonopropyl]-piperidin* (V) erhalten, die bei der Verseifung mit HCl in die Hydrochloride der entsprechenden Phosphonsäuren übergehen. Mit Triäthylphosphit reagieren II u. III unter Bldg. von Verbb. nicht aufgeklärter Struktur. I reagiert nicht mit α-Brom- u. α-Jodpyridin. Bei der Rk. von I mit 2-[β-Bromäthyl]-pyridin entsteht als Hauptprod. *α-Vinylpyridin*, daneben vermutlich *2-[β-Diäthylphosphonoäthyl]-pyridin.*

Versuche: *N-[β-Diäthylphosphonoäthyl]-piperidin* (IV), $C_{11}H_{24}O_3NP$, Kp.$_2$ 123 bis 125°; I [15,7 g $(C_2H_5O)_2POH$, 2,6 g Na] in 150 ml Ae. wird 4 Std. mit 20,3 g II gekocht; D.$^{20}_{20}$ 1,0438; n_D^{20} 1,4615; 15 g (Ausbeute). *Jodäthylat*, $C_{13}H_{29}O_3NJP$, F. 163° (A. + Ae.). *Bromäthylat*, $C_{13}H_{29}O_3NBrP$, F. 127—128° (Ae.). Durch 6std. Erhitzen von IV auf 110 bis 115° im Rohr mit HCl (1 : 1) *N-[β-Phosphonoäthyl]-piperidinhydrochlorid*, $C_7H_{16}O_3NP \cdot HCl$, F. 170—172° (A., dann Ae.). — Beim Erhitzen von II mit $(C_2H_5O)_3P$ werden 3,6 g einer *Verb.* $(C_7H_{14}NBr)_4 \cdot P(OC_2H_5)_3$, F. > 350°, erhalten. — *N-[γ-Diäthylphosphonopropyl]-piperidin* (V), $C_{12}H_{26}O_3NP$, Kp.$_3$ 136—137°; aus I u. III in Ae., 6 Std. Kochen; D.$^{20}_{20}$ 1,0243; n_D^{20} 1,4602; 52,6%. *Jodäthylat*, $C_{14}H_{31}O_3NJP$, F. 83—84°. *Bromäthylat*, nicht kristallisierendes Öl. Durch Hydrolyse von V, 6 Std. bei 100—115° im Rohr, *N-[γ-Phosphonopropyl]-piperidinhydrochlorid*, $C_8H_{18}O_3NP \cdot HCl$, F. 158—159°. — *α-Vinylpyridin*, Kp.$_4$ 50—55° [mit $(C_2H_5O)_2POH$ verunreinigt], durch 3std. Kochen von I mit 2-[β-Bromäthyl]-pyridin; 50,5%. *Chloraurat*, F. 144° (W.). *Pikrat*, F. 157—158° (A.). Daneben wenig unreines *2-[β-Diäthylphosphonoäthyl]-pyridin* (?), Kp.$_5$ 150—153°; D.$^{20}_{20}$ 1,1290; n_D^{20} 1,5020. (Журнал Общей Химии [J. allg. Chem.] **22** (**84**). 1199—1203. Juli 1952.)

O. POLLAK V. EMHOFEN. 3000

Robert Pallaud und **Françoise Delaveau**, *Katalytische Hydrierung einiger Furfurylidenketone zu den entsprechenden sekundären Alkoholen.* 2. Mitt. (1. vgl. C. **1954**. 10942.) In *Furfurylidenketonen* werden in Ggw. von RANEY-Ni bei n. Druck u. n. Temp. nur die Doppelbindung u. die Ketogruppe, nicht aber der heterocycl. Ring, hydriert, wobei die entsprechenden *sek. Alkohole* entstehen. Letztere sind meist viscose Öle.

Versuche: Die *Furfurylidenketone* werden durch CLAISEN-Kondensation eines Gemisches von Aldehyd u. Keton in A. bei Tempp. unter 15° in Ggw. von wss.-alkoh. NaOH oder Na-Äthylat in A. oder eines sehr stark bas. Ionenaustauschharzes (Amberlite IRA-400, Allassion AW) erhalten. Sie fallen in fester Form aus u. geben aus A.–Äthylacetat (1 : 1) gelbe Kristalle, die in H_2SO_4 rot oder violett lösl. sind. Es wurden dargestellt: *Furfuryliden-o-methylcyclohexanon*, *Difurfuryliden-p-methylcyclohexanon*, *Furfuryliden-p-methylacetophenon*, *Furfuryliden-p-phenylacetophenon*, *Furfuryliden-α-* (I) u. *-β-naphthylmethylketon*. I ist ein hellgelbes, etwas viscoses, gegen Basen u. Temp. empfindliches Öl. — Durch Hydrierung in A.–Äthylacetat (1 : 1) werden folgende Alkohole erhalten: *2-Methyl-6-[furylmethyl]-cyclohexanol* [*2-Methyl-6-furfurylcyclohexanol*], $C_{12} \cdot H_{18}O_2$, hellgelbes Öl, Kp.$_{25}$ 158°; D.^{20} 1,49; 60% (Ausbeute). — *4-Methyl-2.6-bis-[furylmethyl]-cyclohexanol* [*4-Methyl-2.6-bis-furfurylcyclohexanol*], $C_{17}H_{22}O_3$, hellgelbes Öl, Kp.$_{25}$ 188—190°; D.^{20} 1,034; 41%. — *1-[p-Tolyl]-3-[α-furyl]-propanol-(1)*, $C_{14}H_{16}O_2$, gelbes Öl, Kp.$_{18}$ 192—195°; D.^{20} 1,541; 74%. — *1-[p-Diphenyl]-3-[α-furyl]-propanol-(1)*, $C_{19} \cdot H_{18}O_2$, F. 92°, aus Dioxan perlmutterfarbene Plättchen; Kp.$_{17}$ 240°. — *1-[α-Naphthyl]-3-[α-furyl]-propanol-(1)*, $C_{17}H_{16}O_2$, etwas viscoses hellgelbes Öl, Kp.$_{18}$ 215—218°; D.^{18},

1,606; n_D^{20} 1,605; 75%. — *1-[β-Naphthyl]-3-[α-furyl]-propanol-(1)*, $C_{17}H_{16}O_2$, F. 54°, aus Dioxan Nadeln, $Kp._{25}$ 250°; 60%. (Bull. Soc. chim. France, Mém. [5] **1955**. 35—37. Jan. Paris, École Nat. Supér. de Chim., Labor. de Chim. organ.) E. ROTTER. 3061

Yutaka G. Tanaka und **Yoshiyuki Asami**, *Untersuchungen über Penicillinderivate.* 1. Mitt. *N.N'-Bis-furfuryliden-1.2-diaminoäthan.* Zur Synth. neuer Penicillinsalze mit Depotwrkg. bei wirksamer Penicillinkonz. im Blut sollen N.N'-Difurfuryl-1.2-diaminoäthane dargestellt werden. Vff. beschreiben die Darst. des als Ausgangsprod. benötigten *N.N'-Bis-furfuryliden-1.2-diaminoäthans.*

Versuche: *N.N'-Bis-furfuryliden-1.2-diaminoäthan*, $C_{12}H_{12}O_2N_2$, F. 58°, zu Furfurol, Ae. u. Na_2SO_4 wird unter —8° 1.2-Diaminoäthan getropft, danach 3 Std. gerührt u. am nächsten Tag aufgearbeitet; aus PAe. Nadeln; $Kp._{11}$ 162,5° (geringe Zers.). Rohausbeute 96,4%; an der Luft bei Zimmertemp. nicht beständig. (J. sci. Res. Inst. [Tokyo] **48**. 197—201. Sept. 1954. [Orig.: engl.]) W. SCHWENKE. 3061

Yutaka G. Tanaka und **Yoshiyuki Asami**, *Untersuchungen über Penicillinderivate.* 2. Mitt. *N.N'-Difurfuryl-1.2-diaminoäthan und seine hydrierten Derivate.* (1. vgl. vorst. Ref.) Es wird die Darst. von *N.N'-Difurfuryl-1.2-diaminoäthan* (I) u. einige seiner *Salze* beschrieben; das *Benzylpenicillinsalz* kann medizin. Bedeutung haben. Ferner wird **I** stufenweise hydriert.

Versuche: N.N'-Bis-furfuryliden-1.2-diaminoäthan (II; vgl. vorst. Ref.), absol. Methanol u. $PtO_2 \cdot H_2O$ wurden 57 Std. mit H_2 bei 8—16° geschüttelt: *N.N'-Difurfuryl-1.2-diaminoäthan* (I), $Kp._8$ 138°; $pK_{18°}$ 6,0 u. 9,8. *Diacetat*, $C_{16}H_{24}O_6N_2$, F. 113—113,5°, Nadeln aus CH_3OH; Ausbeute 69,6%, bezogen auf II. *Dihydrochlorid*, $C_{12}H_{18}O_2N_2Cl_2$, F. 236° (Zers.; CH_3OH). *Dipikrat*, $C_{12}H_{16}O_2N_2 \cdot 2\, C_6H_3O_7N_3$, F. 166—167° (Zers.), gelbe Kristalle aus Aceton. *Dinitrat*, $C_{12}H_{18}O_8N_4$, F. 158,5° (Zers.; wss. CH_3OH). *Diformiat*, $C_{14}H_{20}O_6N_2$, F. 96°, Nadeln aus CH_3OH. *Dibenzoat*, $C_{26}H_{28}O_6N_2$, F. 86° (W.). *Disalicylat*, $C_{26}H_{28}O_8N_2$, F. 127—128° (W.). *Bis-[trichlorphenolat]*, $C_{24}H_{22}O_4N_2Cl_6$, F. 116°, Nadeln aus CH_3OH. *Bis-[pentachlorphenolat]*, $C_{24}H_{18}O_4N_2Cl_{10}$, F. 151°, Nadeln aus CH_3OH. I-*Benzylpenicillinsalz*, $C_{44}H_{52}O_{10}N_6S_2$, aus der wss. Lsg. des Penicillins bei p_H 6,8—7,0; F. 112—113° (Zers.), Nadeln aus Aceton; biol. Prüfung: 1,310 E./mg, Toxizität: LD_{50} 1,100 mg/kg (Maus); Löslichkeit in W. bei 37°: 2,2 mg/ml. — 34 g I-Diacetat in W. mit $PtO_2 \cdot H_2O$ 10 Std. bei 23—25° hydriert: 30 g *N.N'-Bis-[dihydrofurfuryl]-1.2-diaminoäthandiacetat*, $C_{16}H_{28}O_6N_2$, F. 139,5°, Nadeln. Unter gleichen Bedingungen wurde nach 31 Std. *N.N'-Bis-[tetrahydrofurfuryl]-1.2-diaminoäthan* erhalten; *Pikrat*, F. 112—113° (Zers.; Aceton-CH_3OH). Weitere Red. führt zum *N.N'-Bis-[5-oxypentyl]-1.2-diaminoäthan; Dipikrat*, $C_{24}H_{34}O_{16}N_8$, F. 150° (CH_3OH). (J. sci. Res. Inst. [Tokyo] **48**. 202—07. Sept. 1954. [Orig.: engl.]) W. SCHWENKE. 3061

Robert Bruce Moffett, **John L. White**, **Brooke D. Aspergen** und **Frank E. Visscher**, *Antispasmodica.* 6. Mitt. *Pyrrolidylalkylester und ihre quaternären Salze.* (5. vgl. J. Amer. pharmac. Assoc., sci. Edit. **42**. [1953.] 717; 4. vgl. C. **1952**. 2505.) Eine Reihe von *Pyrrolidylalkylestern* wurde nach den früher beschriebenen Methoden (MOFFETT u. HUNTER, C. **1953**. 6477) dargestellt u. ihre Hydrochloride auf die antispasmod. Wrkg. untersucht. Keine der dargestellten Verbb. erwies sich als so wirksam wie die früher dargestellten. Ihre quaternären Salze besitzen keine größere antispasmod. Wirksamkeit als die Basen. Einige der Salze wurden auf ihre antisekretor. Eigg. untersucht.

Versuche: *Phenyl-Δ^2-cyclopentenylessigsäure-β-[pyrrolidyl-(1)]-äthylester, Bromisopropylat*, $C_{22}H_{32}O_2NBr$, F. 131—134° (Essigester), durch 24 std. Erhitzen des Esters mit Isopropylbromid im Rohr auf 100° u. Zugabe von Ae.; 36% (Ausbeute). — Nachst. *Brommethylate* wurden dargestellt durch Überführung des Esterhydrochlorids mit wss. Soda in den freien Ester, Extraktion mit Bzl., Zugabe von CH_3Br zu der stark gekühlten trockenen Benzollsg. u. mehrtägiges Stehen. *β-[Pyrrolidyl-(1)]-propylester, Brommethylat*, $C_{21}H_{30}O_2NBr$, F. 117—119° (Bzl.); 62%. — *Phenyl-Δ^2-cyclohexenylessigsäure; β-[2-methylpyrrolidyl-(1)]-äthylester, Brommethylat*, $C_{22}H_{32}O_2NBr$, F. 150—155° (A.-Ae.)- 36%. — *n-Propylcyclopentylessigsäure-β-[2-methylpyrrolidyl-(1)]-äthylester, Brommethylat*, $C_{18}H_{34}O_2NBr$, F. 153—156° (A.-Ae.); 58%. — *Phenyl-Δ^2-cyclopentenylessigsäure-γ-[2-methylpyrrolidyl-(1)]-n-propylester, Brommethylat*, $C_{22}H_{32}O_2NBr$, F. 162—165° (Bzl.); 76%. — β-[2.2-Dimethylpyrrolidyl-(1)]-äthylester: *Phenyl-Δ^2 cyclohexenylessigsäure-, Brommethylat*, $C_{23}H_{34}O_2NBr$, F. 175—178° (Bzl.); 78%. — *Phenylcyclopentylessigsäure-, Brommethylat*, $C_{22}H_{34}O_2NBr$, F. 184—186° (A.-Methyläthylketon); 60%. — *n-Propylcyclopentylessigsäure-, Chlormethylat*, $C_{19}H_{36}O_2NCl$, F. 180,5—181,5° (Essigester); 22%. *Brommethylat*, $C_{19}H_{36}O_2NBr$, F. 206—209° (Methyläthylketon); 85%. — *Äthyl-n-amylessigsäure-*, $C_{17}H_{33}O_2N$, $Kp._{0,05}$ 80°; n_D^{25} 1,4510; 71%. *Hydrochlorid*, $C_{17}H_{34}O_2NCl$, F. 92,5—95° (Essigester-Ae.); 77%. — *Isopropyl-n-butylessigsäure-*, $C_{17}H_{33}O_2N$, $Kp._{0,01}$ 77°; n_D^{25} 1,4513; 37%. *Hydrochlorid*, $C_{17}H_{34}O_2NCl$,

F. 112—113° (Essigester–C_6H_{14}); 84%. — *Äthylisoamylessigsäure-*, $C_{17}H_{33}O_2N$, $Kp._{0,03}$ 80°; n_D^{25} 1,4500; 50%. *Hydrochlorid*, $C_{17}H_{34}O_2NCl$, F. 121,5—122,5° (Essigester–C_6H_{14}); 80%. — *n-Propylisoamylessigsäure-*, $C_{18}H_{35}O_2N$, $Kp._{0,01}$ 88°; n_D^{25} 1,4510; 60%. *Brommethylat*, $C_{19}H_{38}O_2NBr$, F. 197—198° (Bzl.); 77%. *Hydrochlorid*, $C_{18}H_{36}O_2NCl$, F. 115 bis 117° (Essigester–Ae.); 89%. — *Di-n-amylessigsäure-*, $C_{20}H_{39}O_2N$, $Kp._{0,01}$ 102°; n_D^{25} 1,4532; 70%. *Hydrochlorid*, $C_{20}H_{40}O_2NCl$, F. 129—131,5° (A.–C_6H_{14}); 70%. — *Allyl-[2-phenyläthyl]-essigsäure-*, $C_{21}H_{31}O_2N$, $Kp._{0,02}$ 120°; n_D^{25} 1,5020; 87%. *Hydrochlorid*, $C_{21}H_{32}O_2NCl$, F. 72—76° (Essigester–Ae.); 58%. — *n-Propyl-[2-phenyläthyl]-essigsäure-*, *Hydrochlorid*, $C_{21}H_{34}O_2NCl$, F. 85,5—88° (Essigester–Ae.), durch Hydrierung vorst. Verb. in Ggw. von PtO_2; 83%. — *n-Propylcyclopentylessigsäure-β-[2.2-dimethylpyrrolidyl-(1)]-propylester*, $C_{19}H_{35}O_2N$, $Kp._{0,07}$ 118°; 68%. *Hydrochlorid*, $C_{19}H_{36}O_2NCl$, F. 108,5 bis 110° (Essigester–C_6H_{14}); 75%. — *Phenyl-Δ²-cyclohexenylessigsäure-β-[2.5-dimethylpyrrolidyl-(1)]-äthylester, Brommethylat*, $C_{23}H_{34}O_2NBr$, F. 177—180° (Bzl.); 91%. — *Phenyl-Δ²-cyclopentenylessigsäure-β-[2.5-dimethylpyrrolidyl-(1)]-äthylester, Brommethylat*, $C_{22}H_{32}O_2NBr$, F. 130—133° (A.–Methyläthylketon); 65%. — *n-Propylcyclopentylessigsäure-β-[2.5-dimethylpyrrolidyl-(1)]-äthylester, Brommethylat*, $C_{19}H_{36}O_2NBr$, F. 181 bis 183° (Bzl.); 75%. — *Phenyl-Δ²-cyclopentenylessigsäure-β-[2.2.3-trimethylpyrrolidyl-(1)]-äthylester*, $C_{22}H_{31}O_2N$, $Kp._{0,05}$ 142°; n_D^{25} 1,5160; 75%. *Hydrochlorid*, $C_{22}H_{32}O_2NCl$, F. 120 bis 132° (Essigester); 65%. — *n-Propylcyclopentylessigsäure-β-[2.2.3-trimethylpyrrolidyl-(1)]-äthylester*, $C_{19}H_{35}O_2N$, $Kp._{0,06}$ 104°; n_D^{25} 1,4690; 33%. *Hydrochlorid*, $C_{19}H_{36}O_2 \cdot NCl$, F. 153—154° (Essigester); 56%. — *Phenyl-Δ²-cyclohexenylessigsäure-β-[2.2.4-trimethylpyrrolidyl-(1)]-äthylester*, $C_{23}H_{33}O_2N$, $Kp._{0,045}$ 150°; 76%. *Hydrochlorid*, $C_{23}H_{34}O_2 \cdot NCl$, F. 148,5—150° (Methyläthylketon); 81%. *Brommethylat*, $C_{24}H_{36}O_2NBr$, F. 164 bis 166° (Bzl.); 52%. — *Phenyl-Δ²-cyclopentenylessigsäure-β-[2.2.4-trimethylpyrrolidyl-(1)]-äthylester*, $C_{22}H_{31}O_2N$, $Kp._{0,02}$ 132°; n_D^{25} 1,5117; 88%. *Hydrochlorid*, $C_{22}H_{32}O_2 \cdot NCl$, F. 153—156,5° (Methylisobutylketon); 73%. — *Propylcyclopentylessigsäure-β-[2.2.4-trimethylpyrrolidyl-(1)]-äthylester*, $C_{19}H_{35}O_2N$, $Kp._{0,01}$ 96°; n_D^{25} 1,4650; 73%. — *Phenyl-Δ²-cyclopentenylessigsäure-β-[2.2.5-trimethylpyrrolidyl-(1)]-äthylester*, $C_{22}H_{31}O_2N$, $Kp._{0,04}$ 136°; n_D^{25} 1,5138; 79%. *Hydrochlorid*, $C_{22}H_{32}O_2NCl$, F. 108—112° (Essigester); 83%. — *n-Propylcyclopentylessigsäure-β-[2.2.5-trimethylpyrrolidyl-(1)]-äthylester*, $C_{19} \cdot H_{35}O_2N$, $Kp._{0,03}$ 107°; n_D^{25} 1,4660; 86%. *Hydrochlorid*, $C_{19}H_{36}O_2NCl$, F. 95—97,5° (Essigester–Ae.); 41%. — *Phenyl-Δ²-cyclohexenylessigsäure-β-[2.4.4-trimethylpyrrolidyl-(1)]-äthylester*, $C_{23}H_{33}O_2N$, $Kp._{0,01}$ 136°; n_D^{25} 1,5131; 90%. *Hydrochlorid*, $C_{23}H_{34}O_2 \cdot NCl$, F. 138—140° (Essigester); 75%. — *Δ²-Cyclopentenyl-Δ²-cyclohexenylessigsäure-β-[2.4.4-trimethylpyrrolidyl-(1)]-äthylester*, $C_{22}H_{35}O_2N$, $Kp._{0,015}$ 128°; n_D^{25} 1,4932; 61%. *Hydrochlorid*, $C_{22}H_{36}O_2NCl$, F. 137—138° (Essigester); 91%. — *Phenyl-Δ²-cyclopentenylessigsäure-β-[2.4.4-trimethylpyrrolidyl-(1)]-äthylester*, $C_{22}H_{31}O_2N$, $Kp._{0,02}$ 130°; 85%. *Hydrochlorid*, $C_{22}H_{32}O_2NCl$, F. 140—141° (Essigester); 86%. — *n-Propylcyclopentylessigsäure-β-[2.4.4-trimethylpyrrolidyl-(1)]-äthylester*, $C_{19}H_{35}O_2N$, $Kp._{0,015}$ 99°; n_D^{25} 1,4610; 80%. *Hydrochlorid*, $C_{19}H_{36}O_2NCl$, F. 145,5—146,5° (Methyläthylketon–Essigester); 89%. — *Phenyl-Δ²-cyclohexenylessigsäure-β-[2-äthylpyrrolidyl-(1)]-äthylester*, $C_{22}H_{31}O_2N$, $Kp._{0,02}$ 147°; n_D^{25} 1,5227; 87%. *Hydrochlorid*, $C_{22}H_{32}O_2NCl$, F. 146,5—149° (Methyläthylketon); 76%. — *Phenyl-Δ²-cyclopentenylessigsäure-β-[2-äthylpyrrolidyl-(1)]-äthylester*, $C_{21}H_{29}O_2N$, $Kp._{0,03}$ 132°; n_D^{25} 1,5179; 72%. *Hydrochlorid*, $C_{21}H_{30}O_2NCl$, F. 120—125° (Essigester); 81%. — *Phenylcyclopentylessigsäure-β-[2-äthylpyrrolidyl-(1)]-äthylester*, $C_{21}H_{31}O_2N$, $Kp._{0,015}$ 126°; n_D^{25} 1,5110; 85%. *Hydrochlorid*, $C_{21}H_{32}O_2NCl$, F. 138—144° (Methyläthylketon); 62%. — *n-Propylcyclopentylessigsäure-β-[2-äthylpyrrolidyl-(1)]-äthylester*, $C_{18}H_{33}O_2N$, $Kp._{0,02}$ 104°; n_D^{25} 1,4685; 61%. *Hydrochlorid*, $C_{18}H_{34}O_2NCl$, F. 96,5—98,5° (Essigester–Ae.); 81%. — *Phenyl-Δ²-cyclopentenylessigsäure-β-[2-methyl-2-äthylpyrrolidyl-(1)]-äthylester*, $C_{22}H_{31}O_2N$, $Kp._{0,03}$ 143°; n_D^{25} 1,5069; 50%. *Hydrochlorid*, $C_{22}H_{32}O_2NCl$, F. 165—167° (Dimethylketon); 73%. — *n-Propylcyclopentylessigsäure-β-[2-methyl-2-äthylpyrrolidyl-(1)]-äthylester*, $C_{19}H_{35}O_2N$, $Kp._{0,06}$ 110°; n_D^{25} 1,4675; 35%. *Hydrochlorid*, $C_{19}H_{36}O_2NCl$, F. 148—150° (Essigester); 21%. — *n-Propylcyclopentylessigsäure-β-[2.4-dimethyl-3-äthylpyrrolidyl-(1)]-äthylester*, $C_{20}H_{37}O_2N$, $Kp._{0,01}$ 129°; n_D^{25} 1,4608; 54%. *Hydrochlorid*, $C_{20}H_{38}O_2NCl$, F. 109—112° (Tetrahydrofuran–C_6H_{14}); 55%. (J. Amer. chem. Soc. **77**. 1562—65. 20/3. 1955. Kalamazoo, Mich., Upjohn Comp., Res. Labors.) HILDEGARD BAGANZ. 3081

Robert Bruce Moffett, John L. White, Brooke D. Aspergen und **Frank E. Visscher**, *Antispasmodica. 7. Mitt. Aminoäthylester substituierter Glykol- und Essigsäuren.* (6. vgl. vorst. Ref.) Eine Reihe von Pyrrolidyläthylestern substituierter Glykolsäuren wurde durch Rk. der Säure mit dem entsprechenden Aminoalkylchloridhydrochlorid in Ggw. von K_2CO_3 dargestellt. Ihre antispasmod. Eigg. wurden mit denen von methylsubstituierten Piperidyl- u. Hexamethyleniminoäthylestern disubstituierter Essigsäuren verglichen.

Versuche: *2-[2.2-Dimethylpyrrolidyl-(1)]-äthylchlorid, Hydrochlorid* (I), $C_8H_{17}\cdot NCl_2$, F. 201—202° (Isopropylalkohol), durch Einleiten von HCl in die Lsg. von 2-[2.2-Dimethylpyrrolidyl-(1)]-äthanol in Bzl., 1 std. Erhitzen mit $SOCl_2$ auf dem Dampfbad u. Stehen über Nacht. — *α-Isoamylmandelsäure*, $C_{13}H_{18}O_3$, F. 125,5—126,5° (Hexan u. dann A.-W.), durch Zugabe von Isoamyl-MgBr in Tetrahydrofuran zu Benzoylameisensäure in Tetrahydrofuran unter Kühlung, nach 1 std. Rühren Gießen in Eiswasser, Ansäuern mit HCl, Extraktion mit Ae., Extraktion der äther. Lsg. mit wss. Soda u. Ansäuern der alkal. Lsg.; 19,4% (Ausbeute). *2-[2.2-Dimethylpyrrolidyl-(1)]-äthylester, Hydrochlorid*, $C_{21}H_{34}O_3NCl$, F. 113,5—116° (Essigester–Heptan), durch 8 std. Kochen von 0,036 Mol Säure mit 0,036 Mol I u. 0,15 Mol K_2CO_3 in Methylisobutylketon, Zugabe von W., Extraktion mit Ae. u. Einleiten von HCl in das äther. Filtrat; 81%. *2-[Pyrrolidyl-(1)]-äthylester, Hydrochlorid*, $C_{19}H_{30}O_3NCl$, F. 161—161,5° (Methyläthylketon); 60%. *2-[2-Methylpyrrolidyl-(1)]-äthylester, Hydrochlorid*, $C_{20}H_{32}O_3NCl$, F. 140—141° (Essigester–Ae.); 61%. *Brommethylat*, $C_{21}H_{34}O_3NBr$, F. 148—151° (Bzl.); 70%. — *Mandelsäure-2-[pyrrolidyl-(1)]-äthylester, Hydrochlorid*, $C_{14}H_{20}O_3NCl$, F. 144—144,5° (Isopropanol); 35%. — *α-Phenylmandelsäure-2-[pyrrolidyl-(1)]-äthylester, Hydrochlorid*, $C_{20}H_{24}O_3NCl$, F. 173—173,5° (Isopropanol–Methyläthylketon); 28%. *2-[2.2-Dimethylpyrrolidyl-(1)]-äthylester, Hydrochlorid*, $C_{22}H_{28}O_3NCl$, F. 143—145° (Methyläthylketon–Essigester); 70%. — *α-Cyclopentylmandelsäure-2-[2.2-dimethylpyrrolidyl-(1)]-äthylester, Hydrochlorid*, $C_{21}H_{32}O_3NCl$, F. 162—163,5° (Methyläthylketon); 60%. *Brommethylat*, $C_{22}H_{34}O_3NBr$, F. 192—194° (Isopropanol–Methyläthylketon); 60%. — *α-Methylmandelsäure-2-[N-methyl-N-phenylamino]-äthylester, Brommethylat*, $C_{19}H_{24}O_3NBr$, F. 195 bis 197° (A.). — *α-Oxymethylmandelsäure-2-[pyrrolidyl-(1)]-äthylester, Citrat*, $C_{21}H_{29}O_{10}N$, aus Alkohol. *2-[2-Methylpyrrolidyl-(1)]-äthylester, Hydrochlorid*, $C_{16}H_{24}O_3NCl$, F. 139 bis 141° (CH_3OH–Methyläthylketon); 27%. — *n-Propylcyclopentylessigsäure-2-[2-methylpiperidyl-(1)]-äthylester*, $C_{18}H_{33}O_2N$, Kp.$_{0,7}$ 131°; n_D^{25} 1,4733; 89%. *Hydrochlorid*, $C_{18}H_{34}O_2NCl$, F. 130,5—132° (Essigester); 80%. — *Phenyl-Δ^2-cyclohexenylessigsäure-2-[2-methylpiperidyl-(1)]-äthylester*, $C_{22}H_{31}O_2N$, Kp.$_{0,07}$ 164°; 93%. *Diastereomere Hydrochloride*, $C_{22}H_{32}O_2NCl$: *α-Isomeres*, F. 142,5—143,5° (Aceton), durch fraktionierte Kristallisation aus Aceton u. Essigester; *β-Isomeres*, F. 131—132,5°; 98%. *Brommethylat*, $C_{23}H_{34}O_2NBr$, F. 140—143° (A.–Methyläthylketon); 92%. — *Phenyl-Δ^2-cyclopentenylessigsäure-2-[2.6-dimethylpiperidyl-(1)]-äthylester*, Kp.$_{0,1}$ 163°; n_D^{25} 1,5202; 71%. *Hydrochlorid*, $C_{22}H_{32}O_2NCl$, F. 120—122° (Methyläthylketon). *Brommethylat*, $C_{23}H_{34}O_2NBr$, F. 135—137° (Bzl.). — *2-[2.2.4.6-Tetramethylpiperidyl-(1)]-äthanol*, $C_{11}H_{23}ON$, Kp.$_{12}$ 120°, durch langsames Erhitzen von 2.2.4.6-Tetramethylpiperidin u. Äthylenchlorhydrin auf 155°, Zugabe von überschüssiger 50%ig. NaOH u. Extraktion mit Ae.; n_D^{25} 1,4761; 34%. — *2-Hexamethyleniminoäthanol*, $C_8H_{17}ON$, Kp.$_{15}$ 103°, aus Hexamethylenimin u. Äthylenchlorhydrin; n_D^{25} 1,4826. — *n-Propylcyclopentylessigsäure-2-[2.2.4.6-tetramethylpiperidyl-(1)]-äthylester, Hydrochlorid*, $C_{21}H_{40}O_2NCl$, F. 124—134° (Isopropanol–Methyläthylketon). *2-Hexamethyleniminoäthylester*, $C_{18}H_{33}O_2N$, Kp.$_{0,08}$ 125°; n_D^{25} 1,4763; 85%. *Hydrochlorid*, $C_{18}H_{34}O_2NCl$, F. 156—158° (Methyläthylketon–Essigester); 71%. — *Phenyl-Δ^2-cyclopentenylessigsäure-2-hexamethyleniminoäthylester*, $C_{21}H_{29}O_2N$, Kp.$_{0,02}$ 135°; n_D^{25} 1,5259; 89%. *Hydrochlorid*, $C_{21}H_{30}O_2NCl$, F. 110—118° (Essigester); 76%. — *Phenyl-Δ^2-cyclohexenylessigsäure-2-hexamethyleniminoäthylester*, $C_{22}H_{31}O_2N$, Kp.$_{0,012}$ 148°; 84%. *Hydrochlorid*, $C_{22}H_{32}O_2NCl$, F. 143,5—144,5° (Methyläthylketon); 75%. — *Phenylcyclopentylessigsäure-2-[N-methyl-N-isopropylamino]-äthylester, Brommethylat*, $C_{20}H_{32}O_2NBr$, F. 197—199° (A.–Ae.); 63%. — *Phenyl-Δ^2-cyclohexenylessigsäure-2-[N.N-diisopropylamino]-äthylester*, $C_{22}H_{33}O_2N$, Kp.$_{0,03}$ 136°, aus Phenyl-Δ^2-cyclohexenylacetylchlorid u. β-Diisopropylaminoäthanol; n_D^{25} 1,5104; 77,5%. *Brommethylat*, $C_{23}H_{36}O_2NBr$, F. 177—179° (A.–Ae.); 32%. (J. Amer. chem. Soc. **77**. 1565—68. 20/3. 1955.) HILDEGARD BAGANZ. 3081

Alfred Treibs und **Hildegard Derra-Scherer**, *Reduktionen mit Lithiumaluminiumhydrid in der Pyrrolreihe*. 2. Mitt. (1. vgl. C. **1953**. 3075.) Auf Grund der bisherigen Verss. über Redd. der funktionellen Gruppen in Pyrrolen mit $LiAlH_4$ (I) leiten Vff. einige Regeln ab: Die Reduzierbarkeit in Kernstellung ist gegenüber anderen Verbindungsreihen stark vermindert. Die Red. der COOH-Gruppe gelingt am leichtesten; es ergibt sich in abnehmender Reihe der Angreifbarkeit folgende Anordnung der funktionellen Gruppen: —COOH, —CHO, COR, $-COOC_2H_5$, $COOC(CH_3)_3$, $-CONH_2$, $-NO_2$. Während Alkylgruppen in α-Stellung wesentlich reaktionsfähiger sind als in β-Stellung, ist eine deutlich erhöhte Reaktionsfähigkeit der funktionellen Gruppen gegen I in β-Stellung gegenüber der α-Stellung zu beobachten. COOH-Gruppen in β-Stellung sind jedoch fester gebunden als in α-Stellung.

Versuche: *Phyllopyrrol*, F. 68° (Blättchen nach Sublimation bei 60—90°/0,2 mm, a) durch Red. von 2.4-Dimethyl-3-äthyl-5-carbäthoxypyrrol mit I in absol. Ae. (8 Std.

Kochen); 70% (Ausbeute); b) ebenso aus 2.4-Dimethyl-3-acetylpyrrol-5-carbonsäure; 33%. *Pikrat*, F. 104°. — *2.3.4-Trimethylpyrrol*, $Kp._{11}$ 70—75°, durch Red. von 2.4-Dimethyl-3-carbäthoxypyrrol mit I in absol. Ae. (16 Std. Kochen); 90%. *Pikrat*, F. 139°. *N-Benzoylderiv.*, $C_{14}H_{15}ON$, F. 136°. — *2.3.4.5-Tetramethylpyrrol*, $C_8H_{13}N$, F. 110° (perlmutterglänzende Kristalle nach Sublimation bei 70—100°/0,2 mm), durch I-Red. von 2.4-Dimethylpyrrol-3-aldehyd-5-carbonsäure (16 Std. Kochen; 34%), 2.4-Dimethylpyrrol-3.5-dicarbonsäure (38%) oder 2.4-Dimethyl-3-carbäthoxypyrrol-5-carbonsäure (61%). *Pikrat*, F. 127°. — *2.4-Dimethyl-5-carbäthoxy-3-[ω-oxypropyl]-pyrrol*, $C_{12}H_{19}O_3N$, F. 101° (Sublimation), aus 2.4-Dimethyl-5-carbäthoxypyrrol-3-propionsäure u. I in absol. Ae. (16 Std.); 49%. — *2.4-Dimethyl-3.5-diäthylpyrrol*, $C_{10}H_{17}N$, $Kp._{0,4}$ 40—60° (Bad), aus 2.4-Dimethyl-3.5-diacetylpyrrol u. I (8 Std. Kochen); 84%. *Pikrat*, F. 86°. — *2.4-Dimethyl-3-butyl-5-carbäthoxypyrrol*, $C_{13}H_{21}O_2N$, F. 84° (Sublimation), aus 2.4-Dimethyl-3-butyryl-5-carbäthoxypyrrol u. I (8 Std. Kochen); 74%. — *2.4-Dimethyl-3-benzylpyrrol*, $C_{13}H_{15}N$, F. 71°, aus 2.4-Dimethyl-3-benzoylpyrrol u. I; 63%. *Pikrat*, F. 84°. *N-Benzoylderiv.*, $C_{20}H_{19}ON$, F. 113°. — *2.4-Dimethyl-3-benzylpyrrol-5-carbonsäureanilid*, F. 190°, lange Prismen, aus vorst. Verb. nach Treibs u. Ott (vgl. C. **1953.** 3074). — *2.4-Dimethyl-5-butyrylpyrrol*, $C_{10}H_{15}ON$, F. 141° (Sublimation bei 120—150°/0,2 mm), a) durch Red. von 2.4-Dimethyl-5-acetoacetylpyrrol mit I (6 Std. Kochen); 86%; b) durch Sättigen von Butyronitril u. 2.4-Dimethylpyrrol in absol. Ae. mit HCl, 24std. Stehenlassen, Abdampfen u. 2std. Erwärmen auf dem Wasserbad mit verd. NaOH; 79%. — *2.4.5-Trimethylpyrrol*, $Kp._{16}$ 75—80°, durch Red. von 2.4-Dimethylpyrrol-5-aldehyd mit I. *N-Benzoylderiv.*, $C_{14}H_{15}ON$, F. 168°, Prismen. — 2.4-Dimethyl-5-carbäthoxy-, 2.4-Dimethyl-3.5-dicarbo-tert.-butoxy-, 2.4-Dimethyl-5-carbäthoxy-3-nitropyrrol, 2.4-Dimethylpyrryl-5-carbäthoxypyrrol-3-aldehyd u. 2.4-Dimethyl-5-carbäthoxypyrrol-3-carbonsäureamid wurden durch I nicht oder nur geringfügig verändert; 3.3'.5.5'-Tetramethyl-4-acetyl-2.2'-dipyrrylketon wurde von I zwar angegriffen, doch konnte das erwartete Dipyrrolmethan nicht gefaßt werden. 3-Methyl-4-brompyrrol-5-aldehyd-2-carbonsäure lieferte mit I ein sich beim Vers. der Hochvakuumdest. zers. dunkles Öl. (Liebigs Ann. Chem. **589.** 188—95. 1954. München, TH, Organ.-chem. Inst.)

G. Bratfisch. 3081

Alfred Treibs und **Karl-Heinz Michl**, *Anlagerung von Acrylsäure und ihren Derivaten an Pyrrole. Substitutionsreaktionen der Pyrrole.* 4. Mitt. (3. vgl. C. **1953.** 3074.) Vff. untersuchten die Anlagerung von Acrylsäure (I)-Derivv. an die Pyrrol (II)-Methingruppe mit folgenden Substanzen: **II** u. die bes. reaktionsfähigen Alkylderivv. 2-Methylpyrrol (**III**) u. 2.4-Dimethylpyrrol (**IV**) u. BF_3-Ätherat (**VII**) als Katalysator. **II** u. **III** reagieren stark mit Acrylonitril (**V**), aber unter völliger Verharzung, **IV** dagegen ergab ein destillierbares Öl, wahrscheinlich *2.4-Dimethylpyrrol-5-propionsäurenitril*. **I**, **I**-Methyl-(**VI**) sowie **I**-Äthylester waren reaktionsfähiger als **V**. Eine Anlagerung gelang Vff. bei allen bisher untersuchten **II**-Derivv. mit freier α-Stellung, nicht aber mit **II**-Derivv., die nur freie β-Stellungen aufweisen. Auch tetrasubstituierte **II**-Derivv., die am N-Atom keinen Substituenten tragen, reagierten nicht, im Gegensatz zur Arbeitsweise mit **V** u. Na-Alkoholat.

Versuche: *Pyrrol-2.5-dipropionsäuredimethylester*, $C_{12}H_{17}O_4N$, F. 47°, $Kp._1$ 140°, aus **II**, **VI** u. **VII** unter Kühlung, Aufnehmen in Ae. u. Einengen; 27% (Ausbeute). — *Pyrrol-2.5-dipropionsäurediäthylester*, $C_{14}H_{21}O_4N$, F. 58,5°, analog; 31%. — *2-Methylpyrrol-5-propionsäure*, $C_8H_{11}O_2N$, F. 111°, $Kp._1$ 130°, a) aus **III**, **I** u. **VII**, Anteigen des Reaktionsgemisches mit Ae., Schütteln mit 2nNa_2CO_3-Lsg., Ansäuern mit 10%ig. HCl auf p_H 3 u. Ae.-Extraktion; b) durch 2std. Erhitzen von **III** mit β-Propiolacton (**IX**) auf dem Wasserbad. *Methylester*, $C_9H_{13}O_2N$, F. 51°, $Kp._1$ 140°, Platten, aus **III** u. **VI** mit **VII**. *Äthylester*, F. 33°, $Kp._1$ 75°; 36%. — *2.4-Dimethylpyrrol-5-propionsäure*, $C_9H_{13}O_2N$, $Kp._1$ 130°, a) aus **IV** u. **I** mit **VII**; b) aus **IV** mit **IX**. *Methylester*, $C_{10}H_{15}O_2N$, aus **IV** u. **VI** mit **VII**; sehr unbeständig. *Äthylester*, $C_{11}H_{17}O_2N$, F. 54°, bündelförmig angeordnete Prismen; 55%. — *2.4-Dimethylpyrrol-5-propionsäurenitril*, $C_9H_{12}N_2$, $Kp._1$ 128°, aus **IV** u. **V** mit **VII**. — *2.4-Dimethyl-3-äthylpyrrol-5-propionsäure*, *Methylester*, $C_{12}H_{19}O_2N$, $Kp._{1,5}$ 145°, aus 2.4-Dimethyl-3-äthylpyrrol u. **VI** mit **VII**; sehr unbeständig. *Äthylester*, $C_{13}H_{21}O_2N$, $Kp._{1,5}$ 133°. — *2-Methyl-3-carbäthoxypyrrol-5-propionsäure*, $C_{11}H_{15}O_4N$, F. 179° (Sublimation bei 150°/1 mm), aus 2-Methyl-3-carbäthoxypyrrol (**X**) u. **I** mit **VII**; 80%. *Methylester*, F. 114°, rechteckige Säulen nach Sublimation bei 110°/1 mm, aus **X**, **VI** u. **VII**; 75%. *Äthylester*, $C_{13}H_{19}O_4N$, F. 106,5°. — *2.4-Dimethyl-3-carbäthoxypyrrol-5-propionsäure*, $C_{12}H_{17}O_4N$, F. 119°, aus 2.4-Dimethyl-3-carbäthoxypyrrol (**XI**), **I** u. **VII**; 73%. *Methylester*, $C_{13}H_{19}O_4N$, F. 65°, $Kp._1$ 180°, aus **XI**, **VI** u. **VII** unter Kühlung; 70%. *Äthylester*, F. 78°, $Kp._1$ 105°; 66%. — *2.4-Dimethyl-3-carbäthoxypyrrol-5-propionsäureamid*, $C_{12}H_{18}O_3N_2$, F. 159° (Sublimation bei 150—160°/1 mm), durch 10std. Rk. von **XI**, Acrylsäureamid in Bzl. u. **VII**; 90%. — *2.4-Dimethyl-3-acetylpyrrol-*

5-propionsäure, $C_{11}H_{15}O_3N$, F. 178° (Essigester), aus 2.4-Dimethyl-3-acetylpyrrol (XII), I u. VII; ist nicht unzers. sublimierbar; 73%. *Methylester*, $C_{12}H_{17}O_3N$, F. 106°, Kp.$_1$ 125°, aus XII, VI u. VII; 72%. *Äthylester*, $C_{13}H_{19}O_3N$, F. 99°; 74%. — *3-Methyl-4-carbäthoxypyrrol-5-essigsäureäthylester-2-propionsäure*, $C_{15}H_{21}O_6N$, F. 147° (Sublimation im Hochvakuum), aus 3-Methyl-4-carbäthoxypyrrol-5-essigsäureäthylester (VIII), I u. VII; 61%. *Methylester*, $C_{16}H_{23}O_6N$, F. 66°, aus VIII, VI u. VII. *Äthylester*, $C_{17}H_{25}O_6N$, F. 42°, Kp.$_1$ 200° (Liebigs Ann. Chem. **589**. 163—73. 1954. München, TH, Organ.-chem. Inst.) G. Bratfisch. 3081

Alfred Treibs und **Rolf Derra**, *Über die Umsetzung von Pyrrolen mit Carbaminsäurechlorid. Substitutionsreaktionen der Pyrrole.* 5. Mitt. (4. vgl. vorst. Ref.) Carbaminsäurechlorid (I; Harnstoffchlorid) reagiert leicht mit Pyrrolen, die freie Methingruppen besitzen, unter Bldg. der *Amide von Pyrrolcarbonsäuren*. Katalysatoren waren nicht erforderlich. Die Substitution gelingt sowohl in α-Stellung als auch in der weniger reaktionsfähigen β-Stellung. Die Rk. ist zur Charakterisierung von Pyrrolen geeignet, da die Amide der Pyrrolcarbonsäuren stabil sind.

Versuche: Durch Zutropfen des Pyrrols in Ae. zu I in Ae., $^1/_4$std. Erwärmen, Abdestillieren des Ae., Zugabe von W. u. Ae.-Extraktion wurden mit 60—90% Ausbeute dargestellt: *Pyrrol-2-carbamid*, $C_5H_6ON_2$, F. 174°. — *2.4-Dimethylpyrrol-3.5-dicarbamid*, $C_8H_{11}O_2N_3$, F. 227°. — *2.4-Dimethyl-3-carbäthoxypyrrol-5-carbamid*, $C_{10}H_{14}O_3N_2$, F. 191°. — *2.4-Dimethyl-5-carbäthoxypyrrol-3-carbamid*, F. 265°. — *2-Methyl-3-carbäthoxypyrrol-5-carbamid*, $C_9H_{12}O_3N_2$, F. 224,5°. — *2-Methyl-5-carbäthoxypyrrol-3-carbamid*, $C_9H_{12}O_3N_2$, F. 206°. — *3-Methyl-1.2-diphenylpyrrol-5-carbamid*, $C_{18}H_{16}ON_2$, F. 194 bis 195°. (Liebigs Ann. Chem. **589**. 174—75. 1954.) G. Bratfisch. 3081

B. Oreščanin-Majhofer und **R. Seiwerth**, *Über 3-Methylpyrrolizidin (2-Methyl-1-azabicyclo-[0.3.3]-octan).* Das durch Einw. von rauchender HBr auf 4-[Tetrahydrofuryl-(2)]-butanol-(2) (I) entstehende *Tribromderiv.* läßt sich glatt mittels methylalkoh. NH_3 nach der Meth. von Prelog (vgl. Liebigs Ann. Chem. **532**. [1937.] 69) in *3-Methylpyrrolizidin* überführen.

Versuche [Ausbeuten in ()]: *1.4.7-Tribromoctan*, $C_8H_{15}Br_3$, Kp.$_{0,45}$ 110°, aus I u. 69%ig. HBr, 4 Std. bei 100° im Bombenrohr, u. Aufnahme des Reaktionsprod. in Bzl.; (99%). — *3-Methylpyrrolizidin (2-Methyl-1-azabicyclo-[0.3.3]-octan)*, $C_8H_{15}N$, Kp. 158—159°, aus Vorst. u. NH_3 in Methanol, 4 Std. bei 130° im Rohr, Wasserdampfdest. u. Trennung des Basengemisches mit Benzolsulfochlorid; (80%). *Pikrat*, $C_8H_{15}N \cdot C_6H_3O_7N_3$, F. 216,5°, citronengelbe Tafeln aus Alkohol. *Pikrolonat*, $C_8H_{15}N \cdot C_{10}H_8O_5N_4$, F. 176,5° (Zers.), gelbe Prismen aus Alkohol. (Mh. Chem. **38**. 1298—1300°. S.-B. österr. Akad. Wiss., math.-naturwiss. Kl., Abt. II b **161**. 1298—1300. 1952. Zagreb, Jugoslawien, Inst. für ind. Forschungen.) W. Mengel. 3081

Alfred Treibs und **Erwin Herrmann**, *Über Cyclotrimethinfarbstoffe der Pyrrol- und Indolreihe.* 1. Mitt. *über Pyrrolfarbstoffe.* 2.4-Dimethyl- (II) u. 2.4-Dimethyl-3-carbäthoxypyrrol (III) kondensieren sich mit Cycloalkanonen in Ggw. von HBr zu *Cyclotrimethinfarbstoffen* (I), bei denen die gesamte Trimethinkette dem carbocycl. Ring angehört. An Stelle von HBr können auch andere Mineralsäuren verwendet werden.

a R = $COOC_2H_5$, n = 3
b R = H, n = 3
c R = $COOC_2H_5$, n = 2
d R = H, n = 2
e R = $COOC_2H_5$, n = 4
f R = H, n = 5

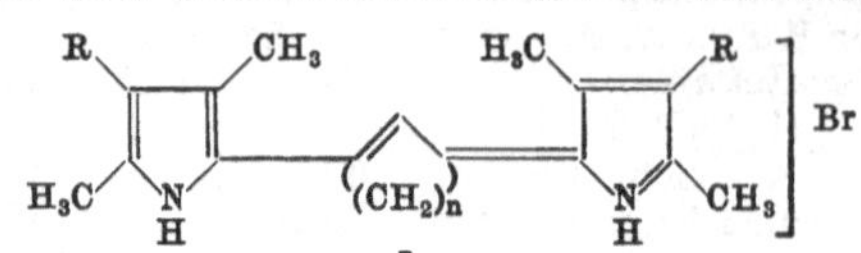

I

Ia wurde zum Vgl. auch aus **III** u. Dihydroresorcin (**V**) dargestellt. Pyrrole mit freier β-Stellung reagieren ebenfalls, wenn auch langsamer, zu den analogen *β-Cyclotrimethinen*. Auch Indolderivv., bei denen die β-Stellung reaktionsfähiger ist als die α-Stellung, liefern Farbsalze. Beim Behandeln der Farbsalze mit Lauge tritt zunächst kaum eine Farbänderung ein, nach wenigen Sekunden erfolgt aber Entfärbung, u. es läßt sich die mit der Farbbase isomere stabile *Carbinolbase* isolieren. Die Farbsalze lassen sich schon mit Zn u. A. zu den autoxydablen *Leukoverbb.* reduzieren. Der Mechanismus der Bldg. der Farbstoffe wird diskutiert; in einigen Fällen gelang die Isolierung von Zwischenprodukten. Die I bilden keine Metallkomplexe, da die trans-Verknüpfung an der Ringdoppelbindung einen großen Abstand der N-Atome erzwingt.

Versuche: *3.5.3'.5'-Tetramethyl-4.4'-dicarbäthoxydipyrryl-(2.2')-hexacyclotrimethinbromid* (**Ia**), $C_{24}H_{30}O_4N_2 \cdot HBr$, F. 257 (Nadeln mit blauviolettem Oberflächenglanz aus A.), a) durch 5 Min. Erwärmen von 1,7 g **III**, 0,5 cm³ Cyclohexanon (**IV**) u. 0,8 cm³ konz. HBr in A. auf dem Wasserbad; 2 g (Ausbeute); b) durch 5 Min. Erwärmen von **III** in A., **V** u. konz. HBr. *Chlorid*, F. 235°. *Nitrat*, F. 205°. *Sulfat*, F. 207°. *Perchlorat*, F. 241°. *Carbinolbase*, $C_{24}H_{32}O_5N_2$, F. 224°, durch Titration von **Ia** in A. mit n/10 NaOH u. Zusatz von wenig W.; fast farblose Prismen; 100%. *Leukobase*, $C_{24}H_{32}O_4N_2$, F. 218° (rhomboedr. Prismen aus A./W.), durch Red. von **Ia** in A. mit Zn-Staub im Überschuß (Erwärmen bis zur Entfärbung) u. Versetzen mit W.; 70%. Die Hydrierung der Carbinolbase in Ggw. von RANEY-Ni in sd. A. lieferte eine *Di- oder Tetrahydroverb. vom F. 194°.* — *3.5.3'.5'-Tetramethyldipyrryl-(2.2')-hexacyclotrimethinbromid* (**Ib**), $C_{18}H_{22}N_2 \cdot HBr$, F. 230°, analog **Ia** aus **II** u. **IV** bzw. **V**; 40%. *Perchlorat*, F. 224°. — *3.5.3'.5'-Tetramethyl-4.4'-dicarbäthoxydipyrryl-(2.2')-ms-2-methylhexacyclotrimethinbromid*, $C_{25}H_{32}O_4N_2 \cdot HBr$, F. 150° (blaue Nadeln, lösl. in A. mit rotvioletter Farbe), analog **Ia** mit 2-Methylcyclohexanon (**VI**). — *3.5.3'.5'-Tetramethyldipyrryl-(2.2')-ms-2-methylhexacyclotrimethinbromid*, $C_{19}H_{24}N_2 \cdot HBr$, F. 180° (blaue Nadeln, lösl. in A. mit rotvioletter Farbe), analog **Ib** mit **VI**. — *2.5.2'.5'-Tetramethyldipyrryl-(3.3')-pentacyclotrimethinbromid*, $C_{17}H_{20}N_2 \cdot HBr$ (orangefarbene Nadeln), analog **Ia** aus 2.5-Dimethylpyrrol u. Cyclopentanon (**VII**). — *2.4.2'.4'-Tetramethyl-5.5'-dicarbäthoxydipyrryl-(3.3')-hexacyclotrimethinbromid*, $C_{24}H_{30}O_4N_2 \cdot HBr$, F. 258° (Nadeln mit blauviolettem Oberflächenglanz, lösl. in A. mit rotvioletter Farbe), analog **Ia** aus 2.4-Dimethyl-5-carbäthoxypyrrol u. **IV**. *Carbinolbase*, F. 219° (Zers.). — *3.5.3'.5'-Tetramethyl-4.4'-dicarbäthoxydipyrryl-(2.2')-pentacyclotrimethinbromid* (**Ic**), $C_{23}H_{28}O_4N_2 \cdot HBr$, F. 330° (rote Nadeln), aus **III** u. **VII**; 25%. *Carbinolbase*, F. 340° (Zers.). — *3.5.3'.5'-Tetramethyldipyrryl-(2.2')-pentacyclotrimethinbromid* (**Id**), F. 310°, aus **II** u. **VII**; 25%. — *3.5.3'.5'-Tetramethyl-4.4'-dicarbäthoxydipyrryl-(2.2')-heptacyclotrimethinbromid* (**Ie**), Nadeln mit blauviolettem Oberflächenglanz, lösl. in A. mit rotvioletter Farbe, aus **III** u. Cycloheptanon (**VIII**). — *3.5.3'.5'-Tetramethyldipyrryl-(2.2')-octacyclotrimethinbromid* (**If**), orangefarbene Nadeln, aus **II** u. Cyclooctanon (**IX**). — *1.1-Bis-[3.5-dimethyl-4-carbäthoxypyrryl-(2)]-cyclohexan*, $C_{24}H_{34}O_4N_2$, F. 177° (Prismen aus A.), durch 5 Min. Erwärmen auf dem Wasserbad von 1,7 g **III** in A. mit 0,5 g **IV** u. 1 Tropfen HBr; 2,5 g. — *1.1-Bis-[3.5-dimethyl-4-carbäthoxypyrryl-(2)]-cycloheptan*, $C_{25}H_{36}O_4N_2$, F. 207° (Prismen), analog aus **III** u. **VIII**; 63%. — *2.4-Dimethyl-3-carbäthoxy-5-[cycloocten-(1)-yl]-pyrrol*, $C_{17}H_{25}O_2N$, F. 134° (Prismen aus A.), durch 2std. Erwärmen auf dem Wasserbad von 1,67 g **III** u. 0,63 g **IX** in A. u. HBr; 500 mg. — *Kondensationsprod.* $C_{19}H_{21}O_2N$, F. 131° (braune Blättchen aus A.), durch 10 Min. Erwärmen von **III** in A. mit β-Tetralon u. HBr. — *1.1-Bis-[3.5-dimethyl-4-carbäthoxypyrryl-(2)]-cyclohexanon-(2)*, $C_{24}H_{32}O_5N_2$, F. 221° (Nadeln aus A./W.), durch 10 Min. Erwärmen von 0,42 g **III** u. 0,14 g Cyclohexandion-(1.2) (**XI**) in A. u. konz. HBr u. Zusatz von W.; 130 mg. — *1.4-Bis-[3.5-dimethyl-4-carbäthoxypyrryl-(2)]-cyclohexadien-(1.3)*, $C_{24}H_{30}O_4N_2$, F. 268° (Nadeln), durch 5 Min. Erwärmen von **III** u. Cyclohexandion-(1.4) (**X**) in A. u. HBr. — *1.4-Bis-[5-methyl-4-carbäthoxypyrryl-(2)]-cyclohexadien-(1.3)*, F. 332° (schwachgelbe Nadeln), analog aus 2-Methyl-3-carbäthoxypyrrol u. **X**; 85%. — *1.4-Bis-[3.5-dimethyl-4-benzoylpyrryl-(2)]-cyclohexadien-(1.3)*, $C_{32}H_{30}O_2N_2$, orangefarbene Nadeln, aus 2.4-Dimethyl-3-benzoylpyrrol u. **X**; 20%. — *3.5.3'.5'-Tetramethyldipyrryl-(2.2')-ketohexacyclotrimethinbromid*, $C_{18}H_{20}ON_2 \cdot HBr$, braunrote Nadeln, durch 15 Min. Erwärmen von **XI** u. **II** in A. u. konz. HBr; Ausbeute gering.— *Diindolyl-(3.3')-hexacyclotrimethinbromid*, F. 252°, violette Nadeln, analog **Ia** aus Indol u. **IV** oder **V**; 30%. — *2.2'-Dimethyldiindolyl-(3.3')-hexacyclotrimethinbromid*, $C_{24}H_{22}N_2 \cdot HBr$, F. 257° (Blättchen mit grünem Oberflächenglanz), analog **Ia** aus α-Methylindol (**XII**) u. **IV** oder **V**; 35%. — *Leukobase*, F. 232° (Zers.), Prismen. — *Diindolyl-(3.3')-pentacyclotrimethinbromid*, F. 300° (rote Nadeln), analog **Ia** aus Indol u. **VII**; 20%. — *2.2'-Dimethyldiindolyl-(3.3')-pentacyclotrimethinbromid*, $C_{23}H_{20}N_2 \cdot HBr$, F. 330° (rote Nadeln), analog **Ia** aus **XII** u. **VII**. *Carbinolbase*, F. 305° (Zers.), Nadeln. *Leukobase*, F. 335° (Zers.), Prismen. — *[3-Methylindolyl-(2)]-cyclohexen-(1)*, $C_{15}H_{17}N$, F. 215° (Prismen aus A./W.), durch 30 Min. Erwärmen von 0,26 g β-Methylindol (**XIII**) in A. mit 0,1 cm^3 **IV** u. 0,16 cm^3 konz. HBr u. Zusatz von W.; 120 mg. — *[3-Methylindolyl-(2)]-cyclopenten-(1)*, F. ca. 250°, aus **XIII** u. **VII**; Ausbeute mäßig. — *1.1-Bis-[2-methylindolyl-(3)]-cyclohexanon-(2)*, $C_{24}H_{24}ON_2$, F. 175° (Nadeln), aus **XII** u. **XI**; 20%. — *1.4-Bis-[2-methylindolyl-(3)]-cyclohexadien-(1.3)*, $C_{24}H_{22}N_2$, F. 261° (schwachgelbe Nadeln), aus **XII** u. **X**; 50%. — Die Absorptionsmaxima aller Farbsalze sind angegeben. (Liebigs Ann. Chem. **589**. 207—21. 1954. München, TH, Organ.-chem. Inst.)

G. BRATFISCH. 3081

Walter Krohs, *Über Pyrazolone und Pyrazoläther. 1.5-Dimethylpyrazolon-(3)* (**I**) konnte durch hydrierende Abspaltung der Benzylgruppe in salzsaurer Lsg. in Ggw. von Pd aus 1-Benzyl-2.3-dimethylpyrazolon-(5) (**III**) erhalten werden. Das mit $NaNH_2$ in Xylol unter NH_3-Entw. gewonnene Na-I gab bei der Umsetzung mit 2-Brompyridin (**II**), 2-Bromthiazol (**VII**) bzw. 2-Chlor-4.6-dimethylpyrimidin (**VI**) nicht die erwarteten Antipyrinanalogen, sondern *1.5-Dimethyl-3-[pyridyl-(2)-oxy]-*, *-[thiazolyl-(2)-oxy]-* bzw. *-[4.6-dimethylpyrimidyl-(2)-oxy]-pyrazol.* — Die Nitrierung von **I** mit 65%ig. HNO_3 lieferte *1.5-Dimethyl-4-nitropyrazolon-(3)*, das in Ggw. von Ni u. CH_2O zu *1.5-Dimethyl-*

4-dimethylaminopyrazolon-(3) (**IV**) hydriert wurde. Auch bei der Umsetzung von Na-**IV** mit **II**, **VII** bzw. **VI** wurden nur die *3-Oxy-1.5-dimethyl-4-dimethylaminopyrazoläther* erhalten, die eine negative $FeCl_3$-Rk. geben. **III** konnte über seine *4-Nitrosoverb.* in *1-Benzyl-2.3-dimethyl-4-dimethylaminopyrazolon-(5)* übergeführt werden, das auch bei der Umsetzung von Na-**IV** mit Benzylchlorid (**V**) entstand. Als Nebenprod. letzterer Rk. bildete sich *1.5-Dimethyl-4-dimethylamino-3-benzyloxypyrazol.* Die gleichen Reaktionsprodd. entstehen auch mit Pseudocumol als Lösungsm. bei Zutropfen von **V** zu Na-**IV**. Mit 3-Bromcyclohexen-(1) (**VIII**) entsteht bei 170° im Autoklaven das N-Deriv., in Pseudocumol bei 140° das O-Deriv., mit n-Octylbromid (**IX**) im Autoklaven bei 200° beide Isomeren. Eine energet. Betrachtung bestätigt die beobachtete Bildungstendenz der O- u. N-Derivv., die Infrarotspektren im Vgl. mit 1-Phenyl-2.3-dimethyl-4-dimethylaminopyrazolon-(5) (Pyramidon) bestätigen die Struktur der Produkte. Die heterocycl. Pyrazoläther besitzen keine besondere antipyret. u. analget. Wirksamkeit.

Versuche: *1.5-Dimethylpyrazolon-(3)* (**I**), F. 174°, durch Hydrieren von **III** in CH_3OH u. konz. HCl bei 40—50° in Ggw. von Pd unter Schütteln, Abdestillieren, Lösen des Rückstandes in W. u. Fällen mit Na-Acetat; 85% (Ausbeute). — *1.5-Dimethyl-3-[pyridyl-(2)-oxy]-pyrazol*, $C_{10}H_{11}ON_3$, F. 66° (Cyclohexan u. wenig Äthylacetat), durch 1std. Erhitzen von **I** mit $NaNH_2$ in Xylol bis zur Beendigung der NH_3-Entw., 4std. Erhitzen mit **II** im Autoklaven auf 180°, Versetzen mit W. u. Ae., Ausziehen der organ. Phase mit 20%ig. HCl, Alkalisieren u. Ausäthern (Meth. **A**); 71%. — *1.5-Dimethyl-3-[thiazolyl-(2)-oxy]-pyrazol*, $Kp._{0,7}$ 135—137°, nach **A** aus **I** u. **VII**; 89%. *Hydrochlorid*, $C_8H_9ON_3S \cdot HCl$, F. 136° (Isopropanol), aus Aceton mit alkoh. HCl. — *1.5-Dimethyl-3-[4.6-dimethylpyrimidyl-(2)-oxy]-pyrazol*, $C_{11}H_{14}ON_4$, F. 116° (Äthylacetat), nach **A** mit **VI**; 82%. — *1.5-Dimethyl-4-nitropyrazolon-(3)*, $C_5H_7O_3N_3$, F. 217°, durch Eintragen von **I** bei 40—45° in 65%ig. HNO_3, kurzes Erhitzen auf 50° u. Gießen in Eiswasser; 89,5%. — *1.5-Dimethyl-4-dimethylaminopyrazolon-(3)* (**IV**), $C_7H_{13}ON_3$, F. 190°, durch Hydrieren vorst. Verb. in CH_3OH + 38%ig. alkoh. CH_2O in Ggw. von RANEY-Ni; 94,4%. — 4-Dimethylaminopyrazole: *1.5-Dimethyl-3-[pyridyl-(2)-oxy]-* $C_{12}H_{16}ON_4$, F. 79° (Cyclohexan), nach **A** aus 16 g **IV** u. $NaNH_2$ bei 140° u. mit **II** in 5 Std. bei 200°; 10 g (roh). — *1.5-Dimethyl-3-[thiazolyl-(2)-oxy]-*, $Kp._{0,6}$ 146—147°, nach **A** aus 48 g **IV** in 5 Std. bei 180°; 37 g. *Hydrochlorid*, $C_{10}H_{14}ON_4S \cdot HCl$, F. 157° (A.). — *1.5-Dimethyl-3-[4.6-dimethylpyrimidyl-(2)-oxy]-*, $C_{13}H_{19}ON_5$, F. 100° (Äthylacetat), nach **A** aus 48 g **IV**; 50 g (roh). 1std. Erhitzen mit konz. HCl auf dem Wasserbad, Verdünnen, Alkalisieren u. Ansäuern des Na-Salzes mit wss. Essigsäure → **IV**. — *1-Benzyl-2.3-dimethyl-4-dimethylaminopyrazolon-(5)*, F. 74° (Cyclohexan oder Äthylacetat). a) Zutropfen von $2nH_2SO_4$ u. $2nNaNO_2$ zu 20 g **III** in W. bei 0—5° → *1-Benzyl-2.3-dimethyl-4-nitrosopyrazolon-(5)*, das 1 Std. gerührt, mit 38%ig. $NaHSO_3$-Lsg. u. konz. NaOH versetzt u. 1 Std. auf 80° erhitzt wird, dann wird die *Aminosulfonsäure* 3 Std. mit 50%ig. H_2SO_4, 10 Std. mit 85%ig. HCOOH u. 40%ig. wss. CH_2O gekocht, mit konz. NaOH versetzt u. ausgeäthert; tiefblaue $FeCl_3$-Rk.; 20 g (roh); b) neben nachst. Verb. nach **A** oder **B** bei der Dest. bei 180—185°/2 Torr; 30 g bzw. 21 g, *Hydrochlorid*, $C_{14}H_{19}ON_3 \cdot HCl$, F. 197° (A.). — *1.5-Dimethyl-3-benzyloxy-*, $C_{14}H_{19}ON_3$, F. 64—65° (Äthylacetat), a) nach **A** aus 48 g **IV** u. **V** in 4 Std. bei 180° u. Dest. bei 154—156°/2 Torr; derbe, flache Prismen; 14 g; b) durch ½std. Erhitzen von 48 g **IV** mit $NaNH_2$ in Pseudocumol unter Rühren bis zur Beendigung der NH_3-Entw., Zutropfen von **V** in 10 Min. bei 140°, 1std. Erhitzen auf 150°, Verdünnen mit W., Ausrühren mit 20%ig. HCl, Entfernen des Pseudocumols, Fällen mit NaOH, Ausäthern u. fraktionierte Dest. (Meth. **B**); 14 g. 15 Min. Erhitzen mit konz. HCl → **V** + **IV**. — *1-Δ^2-Cyclohexenyl-2.3-dimethyl-4-dimethylaminopyrazolon-(5)*, $Kp._2$ 154—160°, a) nach **A** aus 43 g **IV** u. **VIII** in 5 Std. bei 170°; 20 g (roh); b) nach **B** aus 48 g **IV** u. Dest. bei 150—152°/1,5 Torr; 4 g. *Hydrochlorid*, $C_{13}H_{21}ON_3 \cdot HCl$, F. 166° (Aceton), tiefblaue $FeCl_3$-Reaktion. — *1.5-Dimethyl-3-Δ^2-cyclohexenyloxy-*, $C_{13}H_{21}ON_3$, F. 55—56° (PAe.), neben vorst. Verb. nach **B** durch Dest. bei 122—126°/1,5 Torr; 40 g. — *1.5-Dimethyl-3-n-octyloxy-*, $C_{15}H_{29}ON_3$, $Kp._2$ 138—140°, nach **A** aus 4 g **IV** mit **IX** in 8 Std. bei 200°; hellgelbes Öl; 20 g. — *1-n-Octyl-2.3-dimethyl-4-dimethylaminopyrazolon-(5)*, $C_{15}H_{29}ON_3$, $Kp._2$ 164—168°, neben vorst. Verb.; hellgelbes Öl mit tiefblauer $FeCl_3$-Rk.; 13 g. (Chem. Ber. **88**. 866—74. 1955. Farbwerke Hoechst Akt.-Ges., Pharmazeut.-Wiss. Labor.) R. PASEDAG. 3122

J. Goerdeler und **O. Tegtmeyer**, *Das 1.2.4-Thiodiazol.* Durch Diazotierung von 5-Amino-1.2.4-thiodiazol, Umsetzung mit HBr u. katalyt. Hydrierung des erhaltenen *5-Brom-1.2.4-thiodiazols* in Ggw. von Ni wurde *1.2.4-Thiodiazol* erhalten, Kp. 121°, F. —33°, $D.^{20}$ 1,3298, λ_{max} 229 mμ (log ε = 3,7; Hexan), das mit starken Säuren, CH_3J, Schwermetallsalzen u. Br_2 Salze bzw. Additionsverbb. bildet; Substitutions-Rkk. konnten nicht durchgeführt werden. (Angew. Chem. **67**. 302. 7/6. 1955. Bonn, Univ., Chem. Inst.) I. SPAETH. 3173

Ch. Glacet und **A. Gaumeton,** *Herstellung und Eigenschaften von α-Butylaminotetrahydropyran und von α-Diäthylaminotetrahydropyran. α-Butylamino-* (**I**) u. *α-Diäthylaminotetrahydropyran* (**II**) werden mit guten Ausbeuten durch Einw. von Butylamin (**VI**) bzw. Diäthylamin (**VII**) auf α-Oxytetrahydropyran (**III**) erhalten, wobei das entstehende W. durch portionsweise Zugabe von K_2CO_3 gebunden wird. Bei der sehr energ. Rk. von **VII** muß gekühlt werden, wobei jedoch noch 4—8% schwer abtrennbares Halbacetal zurückbleiben. — **I** u. **II** sind bereits in n/10 wss. Lsg. hydrolysiert. Bei der Hydrierung in Ggw. von RANEY-Ni entsteht aus **II** quantitativ *ω-Diäthylaminopentanol-(1)*, während sich **I** wie das Amylaminoderiv. verhält u. je nach Arbeitsbedingungen verschied. Reaktionsprodd. liefert (Tabelle). — Bei der chem. Hydrierung mit A. u. Na treten Hydrogenolysen an den Bindungen C_α—N u. C_α—O auf, deren Verlauf bes. vom jeweiligen Ionencharakter der Bindung C_α—N abhängig sind (Tabelle).

V e r s u c h e : *α-Butylaminotetrahydropyran* (**I**), $C_9H_{19}ON$, $Kp._{11,5}$ 89,5—90°, durch Zugabe von **III** zu der theoret. Menge **VI** bei 0° während ½ Std. u. Versetzen mit K_2CO_3; $D.^{18,5}_4$ 0,904; $n_D^{18,5}$ 1,4510; 96,5% (Ausbeute). — *α-Diäthylaminotetrahydropyran* (**II**), $C_9H_{19}ON$, $Kp._{12}$ 70—70,5°, $D.^{18}_4$ 0,904, n_D^{18} 1,4497. 1. Durch Zugabe von **III** zu einem Überschuß (50%) von **VII** bei 36,5° im Laufe von 2 Std.; **II** unrein; 78%. 2. Durch die gleiche Rk. bei —15°, 48 std. Verweilen bei n. Temp., dann Behandlung mit K_2CO_3; 86%, 99,6—99,9% Reinheit des **II**. — *ω-Oxypentanal*, durch Hydrolyse von **I** oder **II**; daneben **VII** (67%) bzw. **VI** (76%). — *ω-Butylaminopentanol-(1)* (**IV**), $C_9H_{21}ON$, F. 32—32,4° (Cyclohexan), $Kp._9$ 130—131°, durch Hydrierung von 31,4 g **I** in absol. A. bei 17° unter 1,05 at H_2 in Ggw. von RANEY-Ni; $D.^{18}_4$ 0,889; n_D^{18} 1,4568; 13,8 g; daneben **VI**, 1,05 g, ferner *Dibutylamin*, $Kp._{762}$ 160—161°, 5,2 g [*Pikrat*, F. 61°. *Chloraurat*, F. 172° (Stahlblock), F. 170° (Capillare), F. 140—145° (Cu-Block)], u. *Bis-[ω-oxyamyl]-amin*, F. 44,5°; 8,5 g. Wird die Hydrierung in Ggw. einer n. alkoh. KOH vorgenommen, dann wird **IV** in 90%ig. Ausbeute gewonnen (Diagramm), während die anderen Verbb. in Mengen unter 1 g anfallen. — *N-Butylpiperidin*, $Kp._{759}$ 175,5—176°, durch Dehydratisierung von **IV** über Al_2O_3 bei 290°; $D.^{18,5}_4$ 0,825; $n_D^{18,5}$ 1,4482; 68%. *Pikrat*, F. 132,5°. — *ω-Diäthylaminopentanol-(1)*, $C_9H_{21}ON$, $Kp._{12}$ 116°, durch Hydrierung von **II** wie oben; $D.^{16,5}_4$ 0,888; $n_D^{16,5}$ 1,4554; 97%. Daneben **VII**; 1,5%. *Hydrochlorid des p-Nitrobenzoats*, $C_{16}H_{25}\cdot O_4N_2Cl$, F. 141—141,5° (Block; A.). — **IV**, auch aus **I** in absol. A. u. Na bei 80—90°; 81%. *Tetrahydropyran*, aus **II** wie vorst.; daneben *α-Äthoxytetrahydropyran* in geringer Menge. (Bull. Soc. chim. France, Mém. [5] **1955**. 224—28. Febr. Lille, Fac. des Sci., Labor. de Chim. Générale et Organ.) E. ROTTER. 3211

Marc Julia (unter techn. Mitarbeit von **Georgette Tchernoff**), *Synthese von in 3- und 6-Stellung disubstituierten Xanthonen.* (Vgl. C. **1954**. 6947.) Bei der Cyclisierung von *o-[m-Acetamidophenoxy]-benzoesäure* (**III**), erhalten aus o-Chlorbenzoesäure (**IIIa**) u. m-Acetamidophenol (**IIIb**), können die beiden Xanthone *1-* (**I**) u. *3-Aminoxanthon* (**II**) entstehen. Zur Unters. der Cyclisierungsrichtung werden **I** u. **II** auf folgende Weise hergestellt: **II** aus o-Chlor-p-nitrobenzoesäure (**IIa**) u. Phenol u. anschließende Red., **I** durch Red. des nach DHAR (J. chem. Soc. [London] **1920**. 1061) hergestellten *1-Nitroxanthons* mit $SnCl_2$ u. HCl. Die Cyclisation von **III** mit konz. H_2SO_4 bei 100° führt nach Hydrolyse mit HCl zu einem mit dem authent. **II** ident. Prod.: Der Ringschluß greift also an die p-Stellung zur $NH\cdot CO\cdot CH_3$-Gruppe. — 3.6-Disubstituierte Xanthone werden wie folgt erhalten: Ausgehend von **IIa** wird *3-Nitro-6-acetamidoxanthon* hergestellt, dessen Acetylgruppe durch Hydrolyse jedoch sehr schwer, bei der Red. der NO_2-Gruppe mit $SnCl_2$ u. HCl aber leicht abgespalten werden kann. — Bei der Kondensation größerer Mengen **IIa** u. **IIIb** ist die Temperaturkontrolle sehr wichtig, da geringe Überhitzung über 170° zu einer sehr stark exothermen Rk. führt. Die Kondensation von **IIIb** mit *o-Chlor-p-acetamidobenzoesäure* (**IV**) erfolgt mit besseren Ergebnissen als mit **IIa**; die anschließende Cyclisation bereitet keine Schwierigkeiten. 2.4-Dichlorbenzoesäure gibt mit **IIIb** u. durch nachherige Cyclisation *3-Amino-6-chlorxanthon.* — Durch die SANDMEYER-Rk. ist es möglich, die NH_2-Gruppe in dem Benzolring des Xanthons, der nicht die Carboxylgruppe trug, durch ein Halogenatom zu ersetzen. Auf diese Weise werden 3-Chlor- u. 3.6-Dichlorxanthone erhalten. Die Ausbeuten sind hoch. — Durch ULLMANN-Kondensation von m-Nitrophenol u. m-Nitrochlorbenzol wird *3.3'-Dinitrodiphenyläther*, von **IIIb** u. m-Chloracetanilid *3.3'-Diacetamidodiphenyläther* erhalten.

V e r s u c h e: Das für die ULLMANN-Rkk. verwendete Cu-Pulver wird durch Red. von $CuSO_4$ mit Zn-Pulver erhalten. — *o-[m-Nitrophenoxy]-benzoesäure*, $C_{13}H_9O_5N$, F. 137° (A.), durch Zugabe von 5 g m-Nitrophenol u. 1,6 g **IIIa** zu einer Lsg. von 0,46 g Na in 10 cm³ Methanol, Abtreiben des Methanols u. 0,5 std. Erhitzen mit 0,1 g Cu auf 180°, 1,6 g (Ausbeute). Misch-F. mit **IIIa** zeigt starke Depressionen. — *1-Nitroxanthon*, F. 199° (A.) (DHAR, l. c., F. 210°) aus vorst. Säure mit konz. H_2SO_4 auf sd. Wasserbad. — *1-Aminoxanthon* (**I**), $C_{13}H_9O_2N$, F. 148—149°, aus A. hellgelbe Nadeln, aus 0,5 g der vorigen Verb. in A. mit 1,9 g $SnCl_2$ u. 2 cm^3 konz. HCl durch kurzes Kochen; 0,25 g. — *o-[m-Acetamidophenoxy]-benzoesäure* (III), $C_{15}H_{13}O_4N$, F. 189° (A.), aus 9 g **IIIa**, 2,75 g Na u. 12 g **IIIb** in Methanol wie oben; 14 g. — *3-Aminoxanthon* (II), F. 224—225° (ULLMANN u. WAGNER [1907], F. 232°), aus A. gelbe Nadeln, aus 14 g III u. 100 cm^3 konz. H_2SO_4 7 Std. auf dem Wasserbad; 6 g; keine F.-Depression mit der aus **IIa**, Phenol u. Red. erhaltenen Verb. **II**. — *p-Nitro-o-[m-acetamidophenoxy]-benzoesäure*, $C_{15}H_{12}\cdot O_6N_2$, F. 241—242° (Essigsäure), aus 9 g **IIa**, 9 g **IIIb** u. 2,1 g Na wie oben u. anschließendes 1std. Erhitzen mit Cu auf 160—170°; 12 g. — *3-Nitro-6-acetamidoxanthon*, $C_{15}H_{10}O_5N_2$, F. 268—269° (A.), durch 7std. Erhitzen der vorst. Säure mit konz. H_2SO_4 wie oben; 70%. — *3-Nitro-6-aminoxanthon*, $C_{13}H_8O_4N_2$, F. 260°, aus A. kleine rote Kristalle, durch mehrstd. Kochen der vorigen Verb. mit konz. HCl. — *3.6-Diaminoxanthon*, $C_{13}H_{10}O_2N_2$, F. 317°, aus A. hellgelbe Nadeln, durch ½std. Kochen des Nitroacetamidoxanthons in n-Butanol mit $SnCl_2$ u. konz. HCl; 75%. — *2-Chlor-4-nitrobenzoesäure* (**IIa**), F. 139—140°; 1. nach ULLMANN u. WAGNER (l. c.) aus o-Toluidin; 2. aus 100 g p-Nitranilin nach FLUERSCHEIM [1908] durch Chlorierung der sd. wss. salzsauren Lsg., Diazotierung von *2-Chlor-4-nitranilin* (F. 105°, aus W., 44%) in Essigsäure, Behandlung mit K-Ni-Cyanid zum *o-Chlor-p-nitrobenzoesäurenitril* (F. 74°; 64%) u. Verseifung mit 70%ig. H_2SO_4 zur Säure; 23—24 g. — *2-Chlor-4-aminobenzoesäure*, F. 213° (W.), aus der vorst. Säure in NH_3 durch Eingießen in eine sd. Lsg. von $FeSO_4$ in W.; 87%. — *2-Chlor-4-acetamidobenzoesäure* (IV), F. 203° (W.), aus vorst. Säure mit Essigsäureanhydrid; 85%. — *2-Phenoxy-4-acetamidobenzoesäure*, $C_{15}H_{13}O_4N$, F. 135—136° (A.), aus **IV**, Phenol u. Na bei 195—200°; 95%; gibt bei 7std. Erhitzen mit H_2SO_4 **II**, F. 228°, das mit dem obigen ident. ist; 16%. — *2-[m-Acetamidophenoxy]-4-acetamidobenzoesäure*, $C_{17}H_{16}O_5N_2$, F. 274°, aus verd. Essigsäure, durch 35minütiges Erhitzen von **IV, IIIb** u. Na auf 215°. Die Cyclisation von 3,5 g dieser Säure mit H_2SO_4 führt zu 1,15 g *3.6-Diaminoxanthon*, das mit dem obigen ident. ist. — *3-Chlorxanthon*, F. 127—128°, nach Chromatographierung der Benzollsg., durch Diazotierung einer essigsauren Lsg. von 0,52 g II mit 0,2 g $NaNO_2$ in konz. H_2SO_4 u. Behandlung mit einer Lsg. von 0,3 g CuCl in Konz. HCl, 0,2 g; das Prod. ist mit dem aus 2.4-Dichlorbenzoesäure u. Phenol nach GOMBERG u. CONE (Liebeigs Ann. Chem. **370**. [1909.] 183), F. 130°, identisch. — *3.6-Dichlorxanthon*, $C_{13}H_6O_2Cl_2$, F. 183°, nach Chromatographierung von 0,5 g 3.6-Diaminoxanthon u. Behandlung wie vorher, 0,4g. — *2-[m-Acetamidophenoxy]-4-chlorbenzoesäure*, $C_{15}H_{12}O_4NCl$, F. 213° (Essigsäure), durch 0,5std. Erhitzen von Dichlorbenzoesäure, **IIIb** u. Na auf 180°; 90%. — *3-Amino-6-chlorxanthon*, $C_{13}H_8O_2\cdot NCl$, F. 255° (A.), durch Cyclisation der vorst. Säure; 50%. — *3.3'-Dinitrodiphenyläther*, $C_{12}H_8O_5N_2$, F. 95°, aus Ligroin sehr hellgelbe Nadeln, aus 2,8 g m-Nitrophenol, 3,1 g m-Nitrochlorbenzol u. 0,46 g Na, 1,2 g. — *3.3'-Diacetamidodiphenyläther*, $C_{16}H_{16}O_3N_2$, F. 143° (A.), aus 3 g **IIIb**, 3,4 g m-Chloracetanilid u. 0,46 g Na, sehr geringe Ausbeute. (Bull. Soc. chim. France, Mém. [5] **19**. 546—49. Mai/Juni 1952. École Polytechn. u. Inst. Nat. de la Rech. agronom.) E. ROTTER. 3211

Robert Damiens und **Raymond Delaby**, *Dinaphthopyrane*. 1. Mitt. *14-Halogenmethyldinaphthopyrane und Derivate*. Um zu wasserlösl. Aminoverbb. von Dinaphthopyranen zu kommen, die pharmakol. Interesse besitzen, werden 14-Halogenmethyldinaphthoyrane (**III**) mit NH_3, Aminen, Alkalicyaniden u. Phthalimidkalium zur Rk. gebracht. — Mit NH_3 in A. u. 14-Brommethyldinaphthopyran (I) tritt bei Erhitzen im Einschlußrohr unerwartet Rk. unter Bldg. (5%) des *14-Methylendinaphthopyrans* (**IV**) ein; bei der fraktionierten Kristallisation mit Essigsäure wird außerdem *Dinaphthopyran* (**II**) gefunden, das, wie **IV**, mit der auf anderem Wege erhaltenen Verb. [Naphthol-(2) u. HCHO] ident. ist. — Die Bldg. von **IV** wird durch Hydrazidabspaltung unter dem Einfl. von NH_3, das wie feste Alkalien wirken muß, erklärt. **II** hingegen dürfte durch Oxydation des verwendeten A. entstanden sein. Wird als Lösungsm. Bzl. statt A.

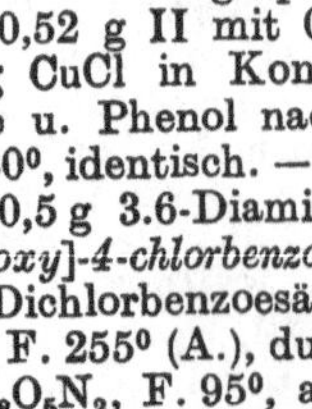

VI

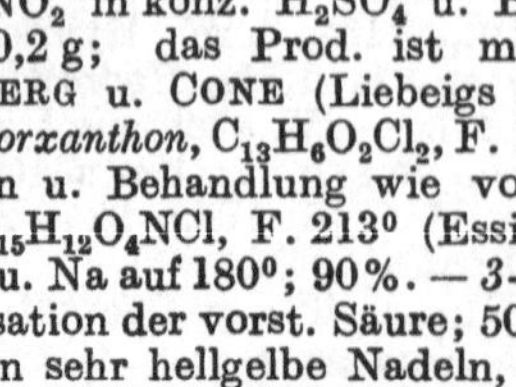

V

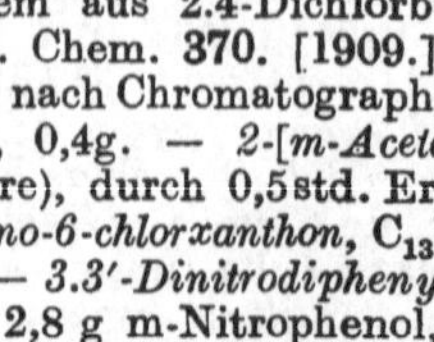

VII

verwendet, dann erhält man statt II ein *Amin*. — Beim Erhitzen eines III mit NaCN oder KCN in wss. alkoh. Lsg. entsteht II mit ausgezeichneten Ausbeuten. Die Bindung $>$CH—CH_2Cl der III ist danach quasielektrovalenter Natur. Dies erweist sich durch die leichte chem. Spaltbarkeit der Bindung unter Ionisation unter dem Einfl. des Milieus (A.–NH_3 oder A.–NaCN). Die reagierenden Ionen sind [Carbenium]$^+$ u. $[CH_2Cl]^-$. Eine ähnliche Erscheinung wurde durch Fosse [1904] beim Dinaphthopyranol beobachtet u. wird hier von Vff. gedeutet. — Wie NH_3, treten prim. u. sek. Amine mit **III** unter Bldg. von *14-[Dialkylaminomethyl]-dinaphthopyranen* (**VI**) in Reaktion. Die **VI** sind krist., in Bzl. oder Ae. lösl. feste Stoffe (Mikrophotogramm). In verd. Säure lösen sie sich unter Rotfärbung u. vermutlich Bldg. von *Pyryliumsalz*; A. wird nicht oxydiert u. kann als Lösungsm. verwendet werden. Mit CH_3J oder C_2H_5J in Bzl. geben **VI** farblose bis schwachgefärbte quaternäre Ammoniumbasen, in der Kälte u. in A. mit einem Überschuß an Halogenalkyl jedoch das *Perjodid* **V** u. das *Dinaphthopyryliumjodid* **VII**, das vermutlich von einer Oxydations-Rk. des A. herrührt. — Mit Phthalimid–K wird ein N- u. halogenfreies gelbgefärbtes Prod. erhalten, das kein Pikrat gibt u. die Zus. $C_{22}H_{14}O$ besitzt. Es dürfte eine tautomere Form des Methylen-(6.14)-dinaphthopyrans sein; ihm dürfte eine der beiden Formeln **VIII** oder **IX** zukommen, die auch der Gelbfärbung Rechnung tragen. Das UV-Spektr. weist vier Banden bei 3490, 3200, 2945 u. 2830 Å auf (Diagramm), von welchen die beiden ersten für Dinaphthopyrane, die beiden letzten für das ungesätt. **IV** charakterist. sind. — Bei der Hydrierung von **I** in Ggw. von Raney-Ni unter Druck wird sehr rasch u. quantitativ *14-Methyldinaphthopyran* erhalten.

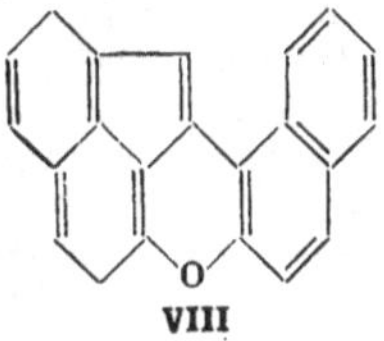

VIII

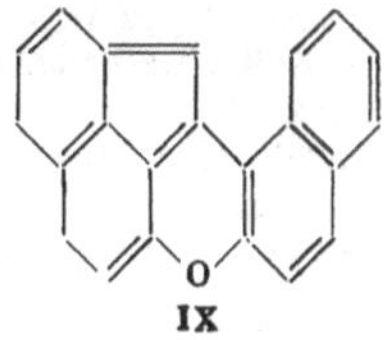

IX

Versuche: *14-Methylendinaphthopyran* (**IV**), $C_{22}H_{14}O$, F. 160—162° (Maquenne-Block), aus Bzl.–A., durch 10std. Erhitzen von **I** mit NH_3 als 10%ig. Lsg. in absol. A. im Einschlußrohr auf 160°, Abtrennen eines gebildeten krist. Hydrobromids, Abdampfen des A. u. Lösen des Begleitstoffes in sd. Eissigsäure; der Misch-F. mit **IV** nach Wizinger u. Mitarbeitern (Helv. chim. Acta **30.** [1945.] 189) zeigt keine Depression. — *Dinaphthopyran* (**II**), $C_{21}H_{14}O$, F. 203,5° (Capillare, korr.), aus absol. A., aus der essigsauren Lsg. bei der Herst. von **IV**; keine F.-Depression mit **II** anderer Herkunft; *Pikrat*, Zers. bei 172°, feine zinnoberrote Kristalle. — Beim Erhitzen von **I** mit NH_3 in Bzl. wird eine Verb. erhalten, Zers. ca. 170°, aus CCl_4 kleine feine Kristalle; *Hydrobromid*, $C_{22}H_{18}ONBr$. — *Verb.* **VIII** oder **IX**, $C_{22}H_{14}O$, F. 203° (Maquenne-Block u. Capillare), aus Isopropanol u. einem Gemisch mit Bzl. goldgelbe kleine Plättchen, Mol.-Gew. 296—300, durch 12std. Erhitzen von **I** + Phthalimid–K auf 170°, 20std. Extrahieren mit Bzl. u. Abtrennung des Harzes aus dem Extrakt durch weiteres Behandeln mit Benzol. — **II** wird ferner durch 6std. Erhitzen von 10 g **I** mit 1,04 g trockenem NaCN in 20 cm³ 60%ig. A. erhalten; 7 g (Ausbeute). — *Amine* der Formel **VI**: 1 Mol **III** in Bzl. wird mit 2 Mol sek. oder 3—4 Mol prim. Amin im Einschlußrohr 6—8 Std. auf 160—170° erhitzt, vom Hydrohalogenid abfiltriert, die Lsg. eingedampft u. durch Ansäuern u. Versetzen mit Lauge weiter aufgearbeitet. Es werden folgende Verbb. erhalten: ($-NR\cdot R' =$)$-NHCH_2C_6H_5$, $C_{29}H_{23}ON$, F. 220°, aus Isobutanol baumwollartige Nadeln. — $-NHCH_3$, $C_{23}H_{19}ON\cdot 2C_2H_5OH$, F. 136°, aus 80%ig. A. kleine hexagonale Platten mit 2 Mol Alkohol. — $-N(CH_3)_2$ (**VIa**), $C_{24}H_{21}ON$, F. 138°, aus A. Plättchen. — $-N(C_2H_5)_2$, $C_{26}H_{25}ON$, F. 83°, aus A. voluminöse zerbrechliche Kristalle. — *Morpholino*, $C_{26}H_{23}O_2N$, F. 160°, aus A. prismat. farblose oder rosarote Kristalle. — $-N(C_2H_5)CH_2CH_2N(C_2H_5)_2$, $C_{30}H_{34}ON_2$, F. 147°, aus Butanon kleine Nadeln. — *Perjodid* **V**, $C_{27}H_{27}ONJ_3$, F. 144° (Capillare), Mol.-Gew. 780 (Rast), durch 2monatiges Stehen von 3,67 g 14-[Diäthylaminomethyl]-dinaphthopyran u. 2,48 g CH_3J in absol. A. blauschwarze Kristalle, die als Pulver braunrot sind; keine Entfärbung von $Na_2S_2O_3$. — *Dinaphthopyryliumjodid* (**VII**), $C_{21}H_{13}OJ$, Zers. ca. 180°, F. 266° (Maquenne-Block; korr.), durch Erhitzen der Mutterlaugen von **V** u. mehrwöchiges Stehenlassen ein Kristallgemisch von dunkelblauem **V** u. kleinen schwarzen Zusammenballungen von **VII**. — **VIa**-*Methojodid*, $C_{25}H_{24}ONJ$, F. 266°, gelblichweißer krist. Nd. durch 17std. Erhitzen von **VIa** mit CH_3J in Bzl. im Einschlußrohr auf 120°. — *14-Methyldinaphthopyran*, $C_{22}H_{16}O$, F. 173,5° (Maquenne-Block), aus A.–Bzl. kleine farblose oder gelbliche Plättchen durch 3std. Hydrieren von **I** in Bzl. bei 100 at in Ggw. von Raney-Ni. (Bull. Soc. chim. France, Mém. [5] **19.** 976—80. Nov./Dez. 1952. Paris, Univ., Fac. de Pharm.) E. Rotter. 3211

Hamed Abu-Shady und **Taito O. Soine**, *Versuche mit Khellin.* 1. Mitt. *Die Darstellung von Desmethylkhellin und einigen seiner Derivate.* Khellin kann durch Behandlung mit HJ oder HBr leicht in *5-Desmethylkhellin* (**I**) übergeführt werden. Das dabei entstehende $C_{(5)}$-phenol. Hydroxyl ist nur sehr schwach sauer. Durch Umsetzung von **I** mit Alkylhalogeniden wurden verschied. Derivv. dargestellt. Eine dem Khellin entsprechende gefäßerweiternde Wrkg. auf die Coronargefäße wurde noch nicht festgestellt.

Versuche: *Desmethylkhellin* (I; *2-Methyl-5-oxy-8-methoxyfurochromon*), C_{13}·$H_{10}O_5$, F. 201°. 10 g Khellin werden mit 50 ml HBr (D. 1,38) 5 Min. gekocht, wobei sich I ausscheidet; aus Aceton hellgelbe Prismen. Mit CH_3J oder CH_2N_2 wurde *Khellin*, $C_{14}H_{12}O_5$, zurückerhalten. *Acetylderiv.*, $C_{15}H_{12}O_6$, F. 173°, aus I mit Acetanhydrid/Na-Acetat; aus A. hellgelbe Prismen. Kochen von I in 5%ig. wss. NaOH-Lsg. während 30 Min. gab ein *Diphenol* $C_{11}H_{10}O_5$, F. 191°, grüngelbe Kristalle. Mit neutraler $AgNO_3$-Lsg. gab das Diphenol keinen Ag-Spiegel. I-*Äthyläther*, $C_{15}H_{14}O_5$, F. 109—110°, aus I u. Äthyljodid; Nadeln aus verd. Alkohol. *n-Propyläther*, $C_{16}H_{16}O_5$, F. 93,5°, aus Bzl./PAe. Nadeln. *Isopropyläther*, F. 93°, aus Bzl./PAe. Prismen. *n-Butyläther*, $C_{17}H_{18}O_5$, F. 99 bis 100°, aus Bzl./PAe. Prismen. *Allyläther*, $C_{16}H_{14}O_5$, F. 104,5°, aus Bzl./PAe. glitzernde, platte Prismen. *Carbäthoxymethyläther*, $C_{17}H_{16}O_7$, F. 159°, aus I u. Chloressigester; aus A. hellgelbe Prismen. *Carboxymethyläther*, $C_{15}H_{12}O_7$, F. 278° (Zers.), durch Säurehydrolyse vorst. Verb.,; aus Eisessig Nadeln. *Aminoformylmethyläther*, $C_{15}H_{13}O_6N$, F. 289° (Zers.), aus Eisessig hellgelbe Prismen. *Phenacyläther*, $C_{21}H_{16}O_6$, F. 202°, aus I u. Phenacylbromid; aus Bzl./PAe. Nadeln. *Diäthylaminoäthyläther*, $C_{19}H_{23}O_5N$, F. 93—94°, aus Ae./PAe. hellgelbe Prismen. (J. Amer. pharmac. Assoc., sci. Edit. **41**. 325—27. Juni 1952. Minneapolis, Minn., Univ. of Minnesota, Coll. of Pharmacy, Dep. of Pharmaceut. Chem.)

K. NEZEL. 3211

Robert E. Lyle und **Gloria G. Lyle**, *Molekulare Umlagerungen.* 5. Mitt. *4-Oxy-1-methylisonipecotonitril als Zwischenprodukt bei der Synthese substituierter Piperidine.* (4. vgl. C. **1954**. 10711.) Aus 1-Methylpiperidon-(4) (**VII**) wurde das Cyanhydrin *4-Oxy-1-methylisonipecotonitril* u. daraus durch Hydrolyse u. Veresterung *4-Oxy-1-methylisonipecotinsäureäthylester* gewonnen, der mit Phenyl–MgBr oder besser mit Phenyl–Li *4-Oxy-1-methylpiperidyl-(4)-diphenylcarbinol* (I) gab. Die Pinakolinumlagerung von I führt zu *1-Methyl-5.5-diphenyl-1-azacycloheptanon-(4)*, dessen Struktur sich durch Infrarotanalyse, Oximbldg. u. Red. zum Alkohol ergab. Mit $ZnCl_2$ in Acetanhydrid gab nur **I**·HCl reines *1-Methyl-4-phenylpiperidyl-(4)-phenylketon* (**II**), während bei der Umlagerung der freien Base **I** viele Nebenprodd. entstanden. — Bei der Darst. von *1-Methylisonipecotinsäuremethylester* (**III**) aus Isonicotinsäure nach SUPNIEWSKI u. SERAFINÓWNA (C. **1937**. II. 73) entstand daneben wahrscheinlich *1-Methyltetrahydroisonicotinsäuremethylester* (**IV**), der auch durch unvollständige Hydrierung von Methylisonicotinatmethojodid gewonnen wurde. Die Rk. von **III** mit Phenyl–Li gab *1-Methylpiperidyl-(4)-diphenylcarbinol* (**V**). Auf die Bldg. von **IV** bei der Darst. von **III** mußte wegen Isolierung von *1-Methyltetrahydropyridyl-(4)-diphenylcarbinol* neben **V** geschlossen werden. Durch Dehydratisierung von **V** wurde *1-Methylpiperidyliden-(4)-diphenylmethan* (**VI**) erhalten. **VI** konnte durch Peroxysäuren nicht zum Epoxyd oder zu **I** oxydiert werden. Dagegen wurde durch Erhitzen von **VI** mit Br_2-W. im Überschuß ein Gemisch von **I** u. **II** erhalten. Als Zwischenprod. dieser Rk. wird *4-Brom-1-methylpiperidyl-(4)-diphenylcarbinolhydrobromid* angenommen, das auch aus dem komplexen Reaktionsgemisch der bei tieferer Temp. durchgeführten Rk. **VI** + Br_2-W. isoliert werden konnte.

Versuche: *4-Oxy-1-methylisonipecotonitril*, $C_7H_{12}ON_2$, F. 137—138° (Äthylacetat), durch Zugabe von **VII** zur gesätt. wss. Lsg. von KCN oder von einer wss. KCN-Lsg. zur Lsg. von **VII**·HCl in W. unter Kühlung, Ansäuern, Zugabe von K_2CO_3 u. Ausäthern; 87% (Ausbeute). *Acetathydrochlorid*, $C_9H_{15}O_2N_2Cl$, F. 187—188° (Aceton–Ae.). — *4-Oxy-1-methylisonipecotinsäureäthylester*, $C_9H_{17}O_3N$, F. 42—45° (aus Ae. bei Aceton-Trockeneis-Temp.), Kp.$_{26}$ 142—147°. Vorst. Verb. 60 Std. in konz. HCl stehenlassen, 5 Std. kochen, trocknen u. mit A./konz. H_2SO_4 5 Std. kochen (70%) oder direkt aus **VII**·HCl (61%). *Pikrat*, $C_{15}H_{20}O_{10}N_4$, F. 181,5—183° (A.). *Benzoathydrochlorid*, $C_{16}H_{22}O_4$·NCl, F. 164—165° (Äthylacetat–Ae.). — *4-Oxy-1-methylpiperidyl-(4)-diphenylcarbinol* (I), $C_{19}H_{23}O_2N$, F. 160,0—160,5° (Bzl.), durch langsames Zugeben vorst. Verb. in trockenem Ae. zur Lsg. von Phenyl–Li, 4 Std. Kochenu. Rühren, 12 Std. Stehenlassen u. in W. gießen; 94%. *Hydrochlorid*, $C_{19}H_{24}O_2NCl$, F. 207—208°. — *1-Methyl-4-phenylpiperidyl-(4)-phenylketon* (II), $C_{19}H_{21}ON$, F. 77—78° (PAe.), Kp.$_2$ 160—170°, durch 1½ std. Erhitzen von **I**·HCl auf 100—110° mit $ZnCl_2$ in Acetanhydrid, dann in Eis + NaOH gießen u. mit Ae. extrahieren; 40%. *Oxim*, F. 184 bis 186°. — *1-Methyl-5.5-diphenyl-1-azacycloheptanon-(4)*, $C_{19}H_{21}$·ON, F. 91—92° (Methanol–W.). I wurde bei 0° in konz. H_2SO_4 gegeben u. 3 Std. stehengelassen; 79%. *Oxim*, $C_{19}H_{22}ON_2$, F. 239,5—240,0° (Isopropanol). — *1-Methyl-5.5-diphenyl-1-azacycloheptanol-(4)*, $C_{19}H_{23}ON$, F. 128,2—129,8° (A. oder Bzl.), aus vorst. Verb. durch Zugeben zu $LiAlH_4$ in Ae. u. 2std. Kochen; 90%. — *1-Methylisonipecotinsäuremethylester* (III), Kp.$_8$ 78—80°. PtO_2-Hydrierung von Methylisonicotinatmethojodid in absol. Methanol bei Raumtemp. 13 at → *1-Methyltetrahydroisonicotinsäuremethylester* (**IV**)-*Hydrojodid*, F. 126—127,5°, daraus **IV**, Kp.$_{14}$ 92—105°; Red. von **IV** bei 100 at mit PtO_2 → 100% **III**. — *1-Methylpiperidyl-(4)-diphenylcarbinol* (**V**), F. 132,0—132,5° (Methanol), durch Zugabe von **III** in Ae. zu Phenyl–Li in Ae., 3 Std. Kochen u. auf Eis gießen; 98% roh oder

74% rein. — *1-Methyltetrahydropyridyl-(4)-diphenylcarbinol*, $C_{19}H_{21}ON$, F. 179,0—179,8° (A.), bei der Rk. von Phenyl-Li mit einem III–IV-Gemisch als in Ae. u. W. unlösl. Anteil. Daneben V durch Ae.-Extraktion. — Hydrierung vorst. Verb. in absol. Methanol bei Raumtemp./60 at mit $PtO_2 \rightarrow$ 96,5% V. — *1-Methylpiperidyliden-(4)-diphenylmethan* (VI), F. 55,0—56,3°, durch 1½std. Erhitzen von V in H_2SO_4-W. (1:1) auf dem Wasserbad, in W. gießen u. neutralisieren, Ae.-Extraktion u. fraktionierte Dest. ($Kp._{12}$ 205—208°); 82,6%. *Hydrobromid*, $C_{19}H_{22}NBr$, F. 264—266°. — Aus 4 g VI·HBr (Suspension in W.) durch Erhitzen mit 62 cm³ Br_2-W. (bei 0° gesätt.) auf dem Dampfbad während ½ Std. u. Zugabe von KOH 1,53 g II (in PAe. lösl. Anteil) u. 1,44 g I (in PAe. unlösl. Rückstand). — *4-Brom-1-methylpiperidyl-(4)-diphenylcarbinol, Hydrobromid*, $C_{19}H_{23}ONBr_2$, F. 150° (Zers.), aus VI in W. u. 48% ig. HBr bei 40—50° unter Zugabe von Br_2-W.; den festen Rückstand abfiltrieren u. mit Aceton extrahieren $\rightarrow$ VI·HBr (in Aceton unlösl.) u. die in Aceton lösl. Verb.; aus dem Filtrat I u. II. (J. Amer. chem. Soc. **76**. 3536—39. 5/7. 1954. Durham, N. H., Univ., Dep. of Chem.) H. MANTHEY. 3231

D. W. Ockenden und **K. Schofield**, *Reaktionen von Methazonsäure*. 4. Mitt. *Weitere Versuche mit 3-Amino-4-arylchinolinen*. (3. vgl. C. **1954**. 10239.) 2-Amino-5-chlor-, 2-Amino-4′-methylbenzophenon u. [2-Aminophenyl]-[naphthyl-(1)]-keton reagieren mit Methazonsäure zu *5-Chlor-2-[2′-nitroäthylidenamino]-* (I), *4′-Methyl-2-[2′-nitroäthylidenamino]-benzophenon* (II) u. *[Naphthyl-(1)]-2-[2′-nitroäthylidenamino]-phenylketon* (III). Bei der Rekristallisation von I entsteht unter Cylisierung *6-Chlor-3-nitro-4-phenylchinolin* (IV). Die Cyclisierung von II zu *3-Nitro-4-[p-tolyl]-chinolin* (V) gelingt erst in wasserfreiem Aceton, andernfalls tritt Hydrolyse ein. III kann aus ster. Gründen nicht mehr cyclisiert werden. Die Red. von IV u. V ergibt *6-Chlor-3-amino-4-phenyl-* (VI) u. *3-Amino-4-[p-tolyl]-chinolin* (VII), einige Acylderivv. von beiden Verbb. werden dargestellt. 3-Amino-4-phenylchinolin (VIII) liefert nach Diazotierung mit Pyridin zwei *4-Phenyl-3-pyridylchinoline*, VII ergibt analog nur ein *4-[p-Tolyl]-3-pyridylchinolin* u. VI zwei *3-Pyridyl-6-chlor-4-phenylchinoline*. Bei der Einw. von P_2O_5 auf 3-Benzamido-4-phenylchinolin bei 270—280° entsteht *1′-Phenylisochinolino-[3′.4′:3.4]-chinolin*. Diese Rk. geht nicht mit 3-Acetamido-4-phenyl-, 3-Acetamido-4-[p-methoxyphenyl]- u. 3-Benzamido-4-[p-methoxyphenyl]-chinolin. Die Verwendung von $POCl_3$ ist ebenfalls erfolglos u. führt bei letzterer Verb. zu einer *Verb.* $C_{16}H_{13}O_2N$. Eine Anzahl 3-Acetamido-, 3-Benzamido- u. 3-[p-Nitrobenzamido]-4-arylchinoline wird dagegen mit $SnCl_2 + POCl_3$ in Nitrobenzol in die entsprechend substituierten *Isochinolino-[3′.4′:3.4]-chinoline* verwandelt. Ebenso entsteht aus 3-Benzamido-4-[p-methoxyphenyl]-chinolin 53% *7′-Methoxy-1′-phenylisochinolino-[3′.4′:3.4]-chinolin*. Verss., hiernach aus 3-Formamido-4-phenylchinolin Isochinolino-[3′.4′:3,4]-chinolin darzustellen, schlugen fehl. Die Einw. von HCHO auf 1′-Methylisochinolino-[3′.4′:3.4]-chinolin (IX) führt zu *1′-[2-Oxy-1-oxymethyläthyl]-isochinolino-[3′.4′:3.4]-chinolin*, das mit CrO_3 wahrscheinlich zu *1′-Carboxyisochinolino-[3′.4′:3.4]-chinolon-(2)* (ferner etwas neutrales Material) oxydiert wird, da bei anschließender Decarboxylierung wahrscheinlich *Isochinolino-[3′.4′:3.4]-chinolon-(2)* entsteht. Von einigen der Isochinolinochinoline werden über die *Methosulfate* die *Methojodide* dargestellt, die alle mit Kristallwasser kristallisieren. Die Quaternisierung findet am Chinolin-N-Atom statt, wie die Oxydation mit $K_3[Fe(CN)_6]$ zu den entsprechenden Isochinolinochinolonen-(2) beweist. Eine pharmakol. Wrkg. gegen *T. Equiperdum* wurde bei keinem der Methojodide festgestellt (UV-Spektren vgl. Original).

V e r s u c h e: *o-[p′-Toluyl]-benzamid*, F. 173—175°, aus 21 g o-[p′-Toluyl]-benzoesäure u. $SOCl_2$ in Chlf. durch 1std. Erwärmen, mehrfaches Abdampfen mit Chlf., 3std. Behandeln in Bzl. mit trockenem NH_3 u. Wasserdampfdest.; 10,5 g (Ausbeute). — *2-Amino-4′-methylbenzophenon*, F. 92—95° (A.), aus 20 g vorst. Verb. in 10% ig. NaOH u. NaOBr bei 0° u. 9std. Erwärmen bei 95°; 12,9 g. — *4′-Methyl-2-[2′-nitroäthylidenamino]-benzophenon* (II), $C_{16}H_{14}O_3N_2$, F. 179—181°, aus 20 g vorst. Verb. u. Methazonsäure in wss. Aceton + konz. HCl in 12 Std.; gelbe Prismen; 88%. — *5-Chlor-2-[2′-nitroäthylidenamino]-benzophenon* (I), F. 186—188°, aus 2-Amino-5-chlorbenzophenon wie vorst.; 92%. — *[Naphthyl-(1)]-2-[2′-nitroäthylidenamino]-phenylketon* (III), $C_{19}H_{14}O_3N_2$, F. 173—175°, wie vorst. aus 2-Aminophenyl-[naphthyl-(1)]-keton; gelbliche Prismen aus wss. Aceton; 76%; kommt auch in einer instabilen *Modifikation vom F. 145—148°* vor. — *6-Chlor-3-nitro-4-phenylchinolin* (IV), $C_{15}H_9O_2N_2Cl$, F. 162—163°, aus 13,8 g I u. aktiviertem Al_2O_3 in Aceton in 12 Std., Filtrieren u. Abdampfen; gelblich grüne Nadeln aus wss. A.; 11,8 g. — *3-Nitro-4-[p-tolyl]-chinolin* (V), $C_{16}H_{12}O_2N_2$, F. 98—100°, aus 13 g II in absol. Aceton wie vorst.; gelbliche Prismen aus A.; 10 g. — *3-Amino-6-chlor-4-phenylchinolin* (VI), $C_{15}H_{11}N_2Cl$, F. 161—162°, a) aus IV in CH_3OH durch Hydrieren über Pd-Kohle in 1 Std., Filtrieren u. Abdampfen; Nadeln aus Ae. + PAe.; 80%; b) aus IV u. $SnCl_2$ + HCl in

1 Std. bei 95°, Alkalisieren u. Ausäthern; 78%. *Benzoylderiv.*, $C_{22}H_{15}ON_2Cl$, F. 208 bis 210°; aus wss. A. Nadeln; 53%. *p-Nitrobenzoylderiv.*, $C_{22}H_{14}O_3N_3Cl$, F. 205—207°, gelbliche Platten aus A.; 51%. — *3-Amino-4-[p-tolyl]-chinolin* (**VII**), $C_{16}H_{14}N_2$, F. 160 bis 162°, aus **V** wie vorst.; gelbliche Nadeln aus Bzl. + Bzn.; 80 bzw. 75%. *Benzoylderiv.*, $C_{23}H_{18}ON_2$, F. 166—168°; Nadeln aus wss. A.; 65%. *p-Nitrobenzoylderiv.*, $C_{23}H_{17}O_3N_3 \cdot {}^1/_2 H_2O$, F. 155—156°; gelbe Platten aus wss. A.; 67%. — *3-Formamido-4-phenylchinolin*, $C_{16}H_{12}ON_2$, F. 135—137°, aus 0,7 g **VIII** u. 98%ig. HCOOH durch 1std. Kochen, Verdünnen u. Alkalisieren; bräunliche Platten aus Bzl. + Bzn.; 0,72 g. — *3-Diacetylamino-4-phenylchinolin*, $C_{19}H_{16}O_2N_2$, F. 139—141°, aus 0,5 g **VIII** u. Acetanhydrid + wenig H_2SO_4 durch 12std. Kochen; bräunliche Platten aus wss. A.; 0,41 g. — *3-[p-Nitrobenzamido]-4-phenylchinolin*, $C_{22}H_{15}O_3N_3$, F. 179—181°, aus p-Nitrobenzoylchlorid u. **VIII** in Pyridin; Nadeln oder gelbliche Prismen aus wss. A.; 50%. — *4-Phenyl-3-pyridylchinolindipikrat*, $C_{20}H_{14}N_2 \cdot (C_6H_3O_7N_3)_2$, F. 177—181°, aus der Diazoniumsalzlsg. von 0,5 g **VIII** in HCl durch Zufügen zu Pyridin bei 50°, 24std. Stehen, Alkalisieren mit wss. NaOH u. Dampfdest., Ausziehen des öligen Rückstandes mit Ae. u. Behandeln mit Pikrinsäure; orangefarbene Nadeln aus Aceton; 0,42 g. Daneben ein löslicheres isomeres *Monopikrat*, $C_{20}H_{14}N_2 \cdot C_6H_3O_7N_3$, F. 169—172°, gelbe Platten aus CH_3OH; 0,15 g. — *4-[p-Tolyl]-3-pyridylchinolinpikrat*, $C_{21}H_{16}N_2 \cdot C_6H_3O_7N_3 \cdot {}^1/_2 C_6H_6$, F. 230—232°, aus 0,5 g **VII** wie vorst.; gelbe Prismen aus Bzl.; 0,55 g. — *3-Pyridyl-6-chlor-4-phenylchinolin*, $C_{20}H_{13}N_2Cl$, F. 170—171°, aus 0,5 g **VI** wie vorst. (nicht über Pikrate) u. Chromatographie an Al_2O_3 in Bzl.; rosafarbene Nadeln; daneben ein *Isomeres vom F. 184—186°*, Prismen aus Ae. + PAe.; 0,55 g (gesamt). — Nachst. Isochinolino-[3'.4':3.4]-chinoline entstehen aus den entsprechenden Acylaminochinolinen in Nitrobenzol durch 4std. Kochen mit $POCl_3$ + $SnCl_2$, Dampfdest. u. Ansäuern der rückständigen Suspension: *1'-Methyl-* (**IX**), $C_{17}H_{12}N_2 \cdot {}^3/_2 H_2O$, F. 134—135°; Nadeln aus Ae.; 65%. — *1'-[p-Nitrophenyl]-*, $C_{22}H_{13}O_2N_3$, F. 250—251°, gelbe Nadeln aus Aceton; 78%. *Methojodid* (**XI**), $C_{23}H_{16}O_2N_3J \cdot {}^1/_2 H_2O$, F. 272—274° (Zers.), aus vorst. Verb. in Bzl. u. $(CH_3)_2 \cdot SO_4$ durch 3std. Kochen, Abdampfen, Aufnehmen in W., Filtrieren u. Zufügen von KJ, oder aus vorst. Verb. in Nitrobenzol u. $(CH_3)_2SO_4$ in 2 Std. bei 150°, Wasserdampfdest., Filtrieren u. Behandeln mit HJ; orangefarbene Nadeln aus Essigsäure; 69%. — *7'-Methyl-1'-phenyl-*, $C_{23}H_{16}N_2$, F. 199—201°; Nadeln aus A.; 90%. *Methojodid* (**X**), $C_{24}H_{19}N_2J \cdot 2 H_2O$, F. 234—235° (Zers.); braune Platten aus A.; 80%. — *7'-Methyl-1'-[p-nitrophenyl]-*, $C_{23}H_{15}O_2N_3 \cdot {}^3/_2 H_2O$, F. 237—238°; gelbe Nadeln aus A.; 84%. *Methojodid*, $C_{24}H_{18}O_2N_3J$, F. 278—281° (Zers.), orangefarbene Nadeln aus wss. Essigsäure; 66%. — *6-Chlor-1'-phenyl-*, $C_{22}H_{13}N_2Cl$, F. 190—192°, bräunliche Platten aus A.; 80%. *Methojodid*, $C_{23}H_{16}N_2ClJ \cdot {}^3/_2 H_2O$, F. 238—240° (Zers.), gelbe Nadeln aus A.; 86%. — *6-Chlor-1'-[p-nitrophenyl]-*, $C_{22}H_{12}O_2N_3Cl$, F. 315—316°, gelbliche Nadeln aus Pyridin; 90%. *Methojodid*, $C_{23}H_{15}O_2N_3ClJ \cdot 5 H_2O$, F. 304—306° (Zers.); rotbraune Platten aus wss. Essigsäure; 42%. — *7'-Methoxy-1'-phenyl-*, $C_{23}H_{16}ON_2$, F. 166—167°, Nadeln aus wss. A.; 53%. — *1'-[2-Oxy-1-oxymethyläthyl]-*, $C_{19}H_{16}O_2N_2$, F. 193—195°, aus 2,3 g **IX** in A. u. 40%ig. wss. HCHO durch 24std. Kochen, Abdampfen, Wiederholen des Prozesses u. Abdampfen; Platten aus Bzl.; 1,55 g. — *1'-Carboxyisochinolino-[3'.4':3.4]-chinolon-(2)* (?), F. 320—325° (Zers.), aus 0,2 g vorst. Verb. in 2nH_2SO_4 u. $K_2Cr_2O_7$ u. Verdünnen; 0,1 g. — *Isochinolino-[3'.4':3.4]-chinolon-(2)* (?), $C_{16}H_{10}ON_2$, F. 337—338°, aus 0,1 g vorst. Verb. durch ½std. Erhitzen in Benzophenon auf 210°, Behandeln mit Ae. u. Ausziehen mit HCl; Nadeln aus Aceton; 0,03 g. — *1'-Phenyl-1.7'-dimethylisochinolino-[3'.4':3.4]-chinolon-(2)*, $C_{24}H_{18}ON_2$, F. 190—191°, aus **X** + $K_3[Fe(CN)_6]$ u. 2nNaOH bei 95° in 1 Std. u. Ausziehen mit Bzl.; Prismen (Bzl. + Bzn.). — *1'-Phenyl-6-chlor-1-methylisochinolino-[3'.4':3.4]-chinolon-(2)*, $C_{23}H_{15}ON_2Cl \cdot {}^1/_2 C_6H_6$, F. 204—205°, analog vorst. Verb.; gelbe Nadeln. — **XI** liefert bei der Rk. in wss. Essigsäure bei 95° mit Fe-Pulver ein unreines *Amin*, rote Nadeln. (J. chem. Soc. [London] **1953**. 3914—19. Dez. Exeter, Washington Singer Labors.)

H. LEHWALD. 3231

R. Hardman und **M. W. Partridge**, *Cyclische Amidine.* 3. Mitt. *2-Acylamino-4-alkoxychinoline.* (2. vgl. C. **1955**. 5070.) Durch Rk. der Na- oder Ag-Salze des 2-Amino-4-oxychinolins (I) mit Alkylhalogeniden bzw. Alkylendihalogeniden wird eine Anzahl *2-Amino-4-alkoxychinoline* synthetisiert; außerdem werden einige *2-Acylamino-4-methoxychinoline* hergestellt. Die Darst. von *2-Amino-4-methoxychinolin* (**II**), das nach der ersterwähnten Meth. nur in 5%ig. Ausbeute erhalten werden konnte, erfolgt durch Methylierung von **I** mit CH_2N_2. *4-n-Butoxy-2-oxychinolin* (**VI**) — erhalten durch Rk. von *2-Amino-4-n-butoxychinolin* (**III**) mit HNO_2 in konz. H_2SO_4 (bei Verwendung von HCl entsteht daneben *4-n-Butoxy-2-chlorchinolin*) — wird durch Dest. mit wss. HBr in *2.4-Dioxychinolin* (**VII**) übergeführt. *2-Acetamido-4-methoxychinolin* wird sowohl durch Acetylierung von **II** als auch durch Methylierung von *2-Acetamido-4-oxychinolin* (**IV**) erhalten. 2-Amino-4-oxy-6- (**XI**) bzw. -8-methoxychinolin (**XII**) werden durch Demethylierung in *2-Amino-4.6-* bzw. *-4.8-dioxychinolin* (**V**) übergeführt. Bei der Umsetzung von Cyanessigester mit o-Oxyaniliniumbenzolsulfonat wird in Analogie zu HÖLLJES u. WAGNER (J. org. Chemistry **9.** [1944.] 31), die die Darst. von Benzoxazolen aus Salzen von o-Oxyanilin u. Nitrilen beschrieben, statt des erwarteten **V** neben *NH_4-Benzolsulfonat 2-Methylbenzoxazol* u. *o.o'-Dioxymalondianilid* erhalten. Bromierung von **I** in Eisessig führt zu *2-Amino-3-brom-4-oxychinolin* (**VIII**), bei Verwendung von HCOOH als Lösungsm. daneben zu einem *Dibromderiv.*; *3-Brom-2.4-dioxychinolin* (**IX**) wird auf verschied. Wegen dargestellt. Analog FRIEDLÄNDER u. OSTERMAIER [1882], die 4-Oxychinolin mit $KMnO_4$ oxydierten, erhalten Vff. bei der $KMnO_4$-Oxydation von **VII** u. **IX** *Isatin*, während nach MEYER u. HEIMANN (C. **1936**. II. 2371) bei der Oxydation von **IX**, für das sie einen wesentlich anderen F. angeben, *3-Brom-2.4-dioxychinolinsäure* entstehen soll. — Einige der dargestellten Verbb. besitzen schwache spasmolyt. Wirksamkeit; *2-Benzamido-4-methoxychinolin* ist am wirksamsten. *2-Amino-4-propoxychinolin* u. seine Homologen sind in vitro — nicht in vivo — etwas amöbicid.

Versuche: *2-Amino-4-methoxychinolin* (**II**), $C_{10}H_{10}ON_2$, F. 195—196°, durch Einw. einer feuchten äther. CH_2N_2-Lsg. in 9 Anteilen auf **I** in Methanol während 6 Std.; nach 3tägigem Stehen Eindampfen im Vakuum u. Extraktion mit NaOH; aus dem alkaliunlösl. Anteil mit Bzl. Platten; 71% (Ausbeute). *Benzolsulfonat*, $C_{16}H_{16}O_4N_2S$, F. 203—204°; aus Isopropanol Prismen. — *2-Amino-4-äthoxychinolin* (**X**), $C_{11}H_{12}ON_2$, F. 164—165°, durch 18std. Kochen von I-Ag-Salz (aus **I**, Na u. $AgNO_3$) in wss. A. mit Äthylbromid, Filtrieren, Eindampfen u. Extrahieren mit NaOH; aus Bzl. Platten; Isolierung über das *Benzolsulfonat*, $C_{17}H_{18}O_4N_2S$, F. 229°, aus Isopropanol Nadeln; 38%. Durch 3std. Kochen von **X** mit 48%ig. HBr, Alkalisieren gegen Titangelb mit NaOH nach Abdest. der Säure u. Neutralisieren mit HCl entstehen 86% *2-Amino-4-oxychinolin* (**I**), F. 300—302° (Zers.; W.). *Pikrat*, F. 263—265° (Zers.). — Analog **X** wurden folgende 2-Aminochinoline gewonnen: *4-n-Propoxy-*, $C_{12}H_{14}ON_2$, F. 142—142,5°, aus Bzl. Nadeln; 65%. *Benzolsulfonat*, $C_{18}H_{20}O_4N_2S$, F. 191,5—192,5°, aus A. Prismen. — *4-Isopropoxy-*, F. 140°, aus Bzl. Prismen; 61%. *Benzolsulfonat*, F. 212°, aus A. Prismen. — *4-n-Butoxy-* (**III**), $C_{13}H_{16}ON_2$, F. 167—169°, aus Bzn. Nadeln; 46%. *Benzolsulfonat*, $C_{19}H_{22}O_4N_2S$, F. 175—176°, aus A. Prismen. *Nitrat*, $C_{13}H_{17}O_4N_3$, F. 172—173°, aus Isopropanol Nadeln. — *4-n-Pentyloxy-*, $C_{14}H_{18}ON_2$, F. 141—142°, aus Bzl. Nadeln; 74%. *Benzolsulfonat*, $C_{20}H_{24}O_4N_2S$, F. 166,5—167°, aus A. Nadeln. — *4-[1'-Methylbutoxy]-*, $C_{14}H_{18}ON_2$, F. 101—102°, aus Cyclohexanol Nadeln; 37%. *Benzolsulfonat*, $C_{20}H_{24}O_4N_2S$, F. 191—191,5°, aus Isopropanol Würfel. — *4-n-Octyloxy-*, $C_{17}H_{24}\cdot ON_2$, F. 128—129°, aus Cyclohexanol Nadeln; 63%. *Benzolsulfonat*, $C_{23}H_{30}O_4N_2S$, F. 145 bis 146°, aus Isopropanol Nadeln. — *1.3-Bis-[2-aminochinolyl-(4)-oxy]-propan*, $C_{21}H_{20}\cdot O_2N_4$, F. 256—258° (Zers.), aus wss. A. Prismen; 49%. *Dibenzolsulfonat*, $C_{33}H_{32}O_8N_4S_2\cdot C_2H_6O$, F. 227,5—228,5° (Zers.), aus A. Nadeln. — *2-Benzamido-4-methoxychinolin*, $C_{17}H_{14}O_2N_2$, F. 77—81°, durch 5std. Kochen von wasserfreiem **II** in Bzl. mit Benzoylchlorid in Ggw. von Triäthylamin u. Eindampfen; aus wss. A., dann Ae. Prismen; 42%. — Analog folgende 4-Methoxychinoline: *2-[p-Anisamido]-*, $C_{18}H_{16}O_3N_2$, F. 133 bis 134°, aus wss. A. Nadeln; 84%. Bei Acylierung nach SCHOTTEN-BAUMANN Rückgewinnung von **II**. — *2-Piperonamido-*, $C_{18}H_{14}O_4N_2$, F. 187,5°, aus A. Nadeln; 75%. *2-[3.4-Dimethoxybenzamido]-*, $C_{19}H_{18}O_4N_2$, F. 154°, aus A. Nadeln; 97%. — *2-Diphenylacetamido-*, $C_{24}H_{20}O_2N_2$, F. 156—157°, aus Methanol Prismen; 77%. — *2-Phenylacetamido-*, $C_{18}H_{16}O_2N_2$, F. 245—246° (Zers.), aus A. Platten; 66%. Bei Acylierung in Pyridin oder wss. NaOH 14 bzw. 31% Ausbeute. — *2-Acetamido-4-oxychinolin* (**IV**), $C_{11}H_{10}O_2N_2$, F. 302—303° (Zers.), durch ½std. Kochen von wasserfreiem **I** mit $(CH_3CO)_2O$ in Eisessig + wenig H_2SO_4 u. Gießen in W.; aus verd. CH_3COOH Nadeln; 73%. *Hydrochlorid*, $C_{11}H_{11}O_2N_2Cl$, F. 315—317° (Zers.), durch 3std. Kochen von I mit CH_3COCl in Pyridin mit etwas Piperidin; aus W. Nadeln; 89%. — *2-Acetamido-4-methoxychinolin*, $C_{12}H_{12}O_2N_2$, F. 250—251°, a) durch Acetylierung von **II** in Ggw. von H_2SO_4; 93%; b) durch Methylierung von **IV** in Methanol mit CH_2N_2; 80%; aus A. Platten. — *2-Amino-4.6-dimethoxychinolin*, $C_{11}H_{12}O_2N_2$, F. 188,5—189°, durch Rk. von 2-Amino-4.6-dioxychinolin mit CH_2N_2; aus Bzl. Platten; 43%. Aus der Mutterlauge 32% *2-Amino-4-oxy-6-methoxychinolin* (**XI**), F. 293—295° (Zers.). — *2-Amino-4.6-dioxychinoliniumbromid*, $C_9H_9O_2N_2Br$, F. 280—281° (Zers.), durch 7std. Kochen von **XI** mit HBr; aus Eisessig Nadeln; 92%. — *2-Amino-4.8-dioxychinolin* (**V**)*-hydrochlorid*, $C_9H_9O_2N_2Cl$, F. 301—302° (Zers.), durch Demethylierung von **XII** mit HJ; aus verd. HCl hygroskop. Nadeln; 95%. *Pikrat*, $C_{15}H_{11}O_9N_5$, F. 253—255° (Zers.), aus wss. A. gelbe Prismen. 48- bzw. 55%ig. HBr demethylieren nicht. — *2-Amino-4.8-dioxy-5-methylchinolinhydrochlorid*, $C_{10}H_{11}O_2N_2Cl$, F. 333—334° (Zers.), durch 12std. Kochen von 2-Amino-5-methyl-4-oxy-8-methoxychinolin mit HJ, Eindampfen u. Zugabe von HCl zu einem wss. Auszug; aus A. Prismen;

95%. *Pikrat*, $C_{16}H_{13}O_9N_5$, F. 268° (Zers.), aus wss. A. gelbe Nadeln. — Durch 1std. Erhitzen von Cyanessigsäureäthylester mit o-Oxyaniliniumbenzolsulfonat ($C_{12}H_{13}O_4NS$, F. 237—238° [Zers.]; aus A. u. Essigester [1 : 1] Nadeln) auf 180°, Extraktion mit Chlf., wobei 67% *NH_4-Benzolsulfonat* ungelöst zurückbleiben, u. Dest. entstehen 22% *2-Methylbenzoxazol*, Kp. 200—201°, charakterisiert durch Überführen in *o-Oxyacetanilid*, F. 209°; außerdem werden aus dem nicht flüchtigen Rückstand 17% *o.o'-Dioxymalondianilid*, $C_{15}H_{14}O_4N_2$, F. 233,5—234,5° (Zers.), aus A. Platten, erhalten. — Bei Einw. von $NaNO_2$ auf **III** in konz. HCl bei 0°, mehrstd. Stehen, Zugabe von weiterem $NaNO_2$ u. 10 Min. Erhitzen auf dem Dampfbad entsteht *4-n-Butoxy-2-oxychinolin* (**VI**), $C_{13}H_{15}O_2N$, F. 184 bis 185°, aus wss. A. Prismen; 78%. Aus der Mutterlauge wird *4-n-Butoxy-2-chlorchinolin*, $C_{13}H_{14}ONCl$, F. 88—89°, aus wss. Methanol Prismen; 19%, erhalten. Durch Dest. von **VI** in 48%ig. wss. HBr, Alkalisieren des Rückstandes mit NaOH gegen Titangelb u. Neutralisieren mit HCl entsteht *2.4-Dioxychinolin* (**VII**), F. 352—354° (Zers.). *Acetylderiv.*, F. 213—214°. **VI** entsteht ebenfalls bei Behandlung mit $NaNO_2$ in konz. H_2SO_4. — *2-Amino-3-brom-4-oxychinoliniumbromid*, $C_9H_8ON_2Br_2$, F. 249—252° (Zers.), durch 10 Min. Einw. von Br_2 auf **I** in Eisessig beim Kp., ½ std. Kochen u. mehrstd. Stehen; aus Eisessig Nadeln; 93%. *Base* (**VIII**), $C_9H_7ON_2Br$, F. 280—281° (Zers.), aus wss. A. Stäbe. *Pikrat*, $C_{15}H_{10}O_8N_5Br$, F. 244—245° (Zers.); aus A. längliche gelbe Prismen. — *3-Brom-2.4-dioxychinolin* (**IX**), $C_9H_6O_2NBr$, F. 231—232° (Zers.), a) durch 20 Min. Behandeln des nach Lösen von **VIII** in konz. H_2SO_4 erhaltenen Prod. mit $NaNO_2$ bei 0°, Erwärmen auf Raumtemp. u. Gießen auf Eis; aus Eisessig Platten. *Monoacetat*, $C_{11}H_8O_3NBr$, F. 228—229° (Zers.), aus Methanol Nadeln; b) durch Behandeln von **VII** mit Br_2 analog **VIII**; 90%; c) durch Einw. von Br_2 auf **VII** in 98—100%ig. HCOOH analog **VIII** u. fraktionierte Kristallisation des Rohprod. aus Methanol; daneben ein *Dibrom-2.4-dioxychinolin*, $C_9H_5O_2NBr_2$, F. 276—278° (Zers.). *Acetat*, $C_{11}H_7O_3NBr_2$, F. 254° (Zers.), aus Eisessig Nadeln. — Bei der Oxydation von **VII** in 10%ig. NaOH mit gesätt. $KMnO_4$-Lsg. bei 80—85°, Entfernen von unverändertem **VII** aus dem bis p_H 6 angesäuerten Filtrat u. Erwärmen der methanollösl. Fraktion des in W. lösl. Anteils in saurer Lsg. werden 41% *Isatin*, F. 200—201°, erhalten. Dieses entsteht ebenfalls bei der Oxydation von **IX** mit $KMnO_4$ unter denselben Bedingungen in 33%ig. Ausbeute. (J. chem. Soc. [London] **1955**. 510—15. Febr. Nottingham, Univ.) I. BUCHTA. 3231

O. C. Dermer und **James P. Yuk**, *Glyoxalacetale.* In Übereinstimmung mit den Ergebnissen von DUVAL, HALL u. HOWE (J. appl. Chem. [London] **2**. [1952.] 546) wurden durch Rk. von Butanol-(1) mit käuflichem wss. Glyoxal (**I**) in Ggw. von Säure *2.3-Di-n-butoxy-1.4-dioxan*, *1.1.2.2-Tetra-n-butoxyäthan* u. *2.3.5.6-Tetra-n-butoxy-1.4-dioxan* erhalten. Dagegen gelang es nicht, auf gleichem Wege 1.1.2.2-Tetramethoxyäthan aus **I** u. CH_3OH darzustellen. Während die Umsetzung von CH_3OH mit wss. **I** u. HCl keinen α-Chloräther lieferte, wurde aus Propanol-(1) auf diesem Wege unreines *1.2-Dichlor-1.2-di-n-propoxyäthan* erhalten. Es gelang nicht, 1.3-Dioxolano-[4.5:d]-1.3-dioxolan aus Glyoxaltetraalkylacetal u. CH_2O darzustellen.

V e r s u c h e: *2.3-Di-n-butoxy-1.4-dioxan*, $C_{12}H_{24}O_4$, Kp.$_{65}$ 140°, durch Dest. von 30%ig. **I**, Butanol-(1) u. wenig konz. H_2SO_4 unter Zurückführung des abdestillierenden Alkohols u. Fraktionierung des Reaktionsprod.; n_D^{29} 1,4324; $D._4^{29}$ 0,984; 1% (Ausbeute); die Ausbeute konnte durch Zugabe von Äthylenglykol zum Butanol erhöht werden. Daneben *1.1.2.2-Tetra-n-butoxyäthan*, Kp.$_{10}$ 139—140°; n_D^{20} 1,4350; $D._4^{20}$ 0,954; 20%, u. *2.3.5.6-Tetra-n-butoxy-1.4-dioxan*, $C_{20}H_{40}O_6$, Kp.$_{10}$ 198°; n_D^{29} 1,4315; $D._4^{29}$ 0,957; 14%. — *1.2-Dichlor-1.2-di-n-propoxyäthan*, $C_8H_{16}O_2Cl_2$, Kp.$_{15}$ 106—107°, durch Einengen von käuflichem wss. **I** auf das halbe Vol., Verdünnen mit Propanol-(1), Sättigen mit HCl bei 0—10°, Gießen auf Eis u. Aufarbeitung der unteren Schicht; n_D^{29} 1,4420; $D._4^{29}$ 1,083. (J. Amer. chem. Soc. **77**. 1285—86. 5/3. 1955. Stillwater, Okla., Oklahoma A. and M. Coll., Dep. of Chem.) HORST BAGANZ. 3252

Pierre Petitcolas und **René Roe**, *Untersuchung über einen neuen, Kohlenstoff-, Sauerstoff-, Stickstoff- und Phosphoratome enthaltenden Ring.* Eine cycl. Verb. mit einem C, O, N u. P enthaltenden Ring, welcher die Formel eines *2-Chlor-2-oxo-6-[phenyltrichloracetamido]-naphtho-[2'.3':4.5]-[cyclo-1-aza-3-oxa-2-phosphatricarbens-(6)]* (**I**) zugeschrieben wird, kann man durch Kondensation von 2-Oxynaphthalincarbonsäure-(3)-anilid (**Ia**) mit N-Tetrachloräthylidenphosphamsäuredichlorid (**Ib**) in absol. benzol. Milieu erhalten. Ein Schema des Reaktionsverlaufs ist angegeben. In **I** kann durch Behandlung mit A.–Mineralsäure die Trichloracetylgruppe durch Bldg. von *Trichloressigsäureäthylester* (Identifizierung als *Amid*) nachgewiesen werden. Wird **Ia** durch das N-Äthylanilid der gleichen Säure ersetzt, dann kann das in der 2. Reaktionsphase gebildete Trichloressigsäurechlorid nicht mehr reagieren, da am N-Atom kein beweglicher H mehr frei ist, u. es entsteht *2-Chlor-2-oxo-6-[äthylphenylamino]-naphtho-[2'.3':4.5]-[cyclo-1-aza-3-oxa-2-phosphatricarben-(6)]* (**II**). Durch W. wird aus **I** die Trichloracetylgruppe unter Bldg.

von *2-Chlor-2-oxo-6-[phenylamino]-naphtho-[2'.3':4.5]-[cyclo-1-aza-3-oxa-2-phosphatricarben-(6)]* (**III**) abgespalten, wobei jedoch nur das *2-Oxyderiv.* (**IV**) u. **V** isoliert werden

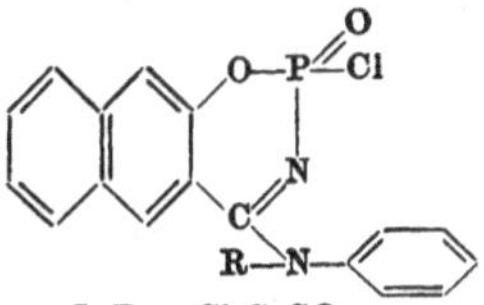

I R = $Cl_3C \cdot CO$
II R = C_2H_5
III R = H

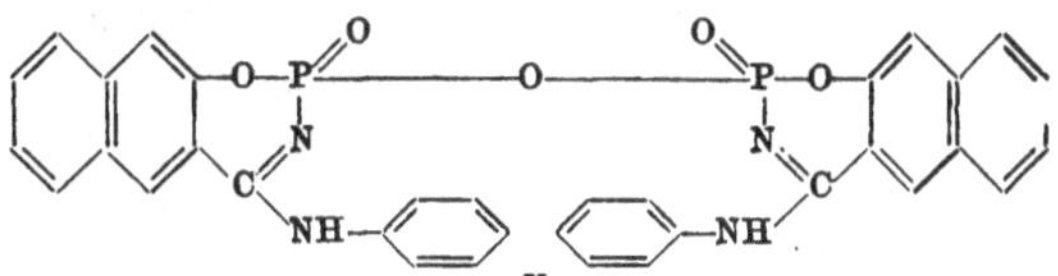

V

können. Die Bldg. von **V** kann nur durch Austritt von HCl zwischen **III** u. **IV** erklärt werden. Die OH-Gruppe in **IV** ist blockiert, denn es kuppelt mit Diazoverbb. nicht. Mit alkoh. NaOH tritt Spaltung des Ringes unter Bldg. von *[2'-Oxynaphthyl-(3')]-N-phenyl-N'-phosphonoformamidin*-(**VI**)-*Tri-Na-Salz* (**VIa**) ein; **VI** kuppelt mit Diazoverbb. augenblicklich u. quantitativ. Durch Behandlung mit Mineralsäuren in alkal. Milieu entsteht aus **IV** ein nicht kuppelnder Ester, das *[2'-Phosphonoxynaphthyl-(3')]-N-phenylformamidin* (**VII**).

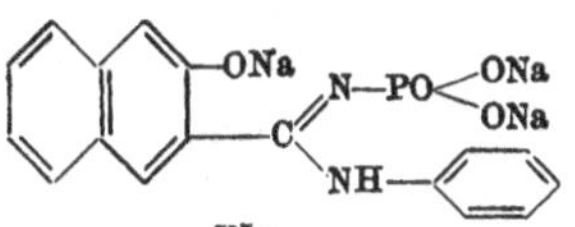

VIa

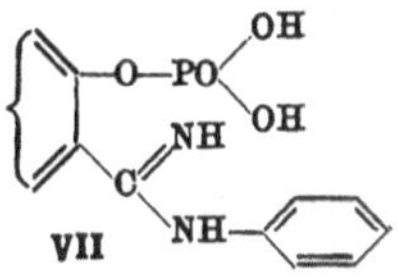

VII

Durch Hydrolyse von **IV**, **VI** oder **VII** bildet sich *[2'-Oxynaphthyl-(3')]-N-phenylformamidin* (**VIII**) u. *2-Oxynaphthalincarbonsäure-(3)-amid* (**IX**). Durch Kondensation des Reaktionsprod. (**X**) aus PCl_5 u. dem **Ia**-Acetylderiv. mit NH_3 u. Verseifung wird das Tautomere von **VIII**, **VIIIa** erhalten; seine Eigg. sind mit jenen von **VIII** identisch. Bei Rk. von trockenem NH_3 mit **X** in wasserfreiem Milieu u. Hydrolyse des Reaktionsprod. wird **VIIIa** nur mit 30% Ausbeute, daneben eine große Menge **Ia** erhalten (Schema); das Primärprod. **XI** konnte nicht isoliert werden.

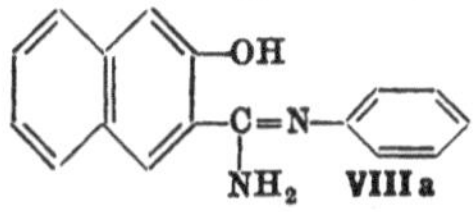

VIIIa

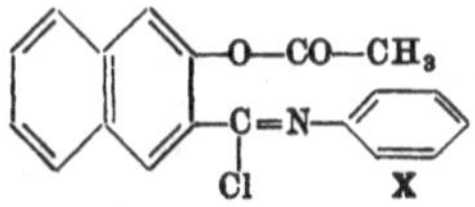

X

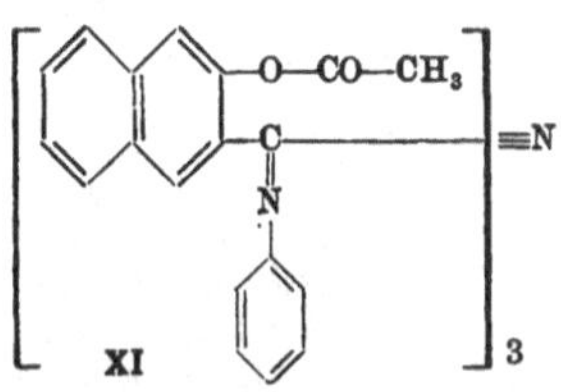

XI

Wird jedoch NH_3 durch ein prim. Amin, z. B. Anilin, ersetzt, dann steigt die Ausbeute an **VIIIa**-Deriv. auf 50%, mit einem N-monoalkylierten aromat. oder einem sek. aliphat. Amin auf über 90%. **IV** wird durch Kondensation von **VIII** mit $POCl_3$ u. Hydrolyse des erhaltenen Prod. dargestellt. Durch saure Hydrolyse von **I** u. **IV** in alkoh. Medium werden Verbb. erhalten, in welchen eine oder zwei saure Gruppen der Phosphonylgruppe mit Methyl-, Äthyl- oder Butylalkohol verestert werden können.

Versuche: *2-Chlor-2-oxo-6-[phenyltrichloracetamido]-naphtho-[2'.3':4.5]-[cyclo-1-aza-3-oxa-2-phosphatricarben-(6)]* (**I**), $C_{19}H_{11}O_3N_2Cl_4P$, F. 206—207° (Bzl. mit Spuren von PCl_5), sehr empfindlich gegen Feuchtigkeit (HCl-Abspaltung), aus 100 g **Ia** in absol. Bzl. u. 175 g geschmolzener **Ib** durch 8std. Kochen; 118 g (Ausbeute). — Durch 4std. Kochen von 100 g **I** mit A.–H_2SO_4 entsteht *Trichloressigsäureäthylester*; 30 g. *Amid*, F. 139°. — *2-Oxy-2-oxo-6-[phenylamino]-naphtho-[2'.3':4.5]-[cyclo-1-aza-3-oxa-2-phosphatricarben-(6)]* (**IV**), $C_{17}H_{13}O_3N_2P$, F. über 300°, cremefarbene Kristalle durch Fällung aus Sodalsg. mit Essigsäure, 1. durch ½ std. Kochen von 60 g **I** mit A.; 20 g; daneben verschied. *Äthylester* u. Zersetzungsprodd. wie **VIII** u. **IX**; 2. aus 100 g **I** u. alkoh. NaOH bei 8—10°; 30 g; daneben *2-Äthoxy-2-oxo-6-[phenylamino]-naphtho-[2'.3':4.5]-[cyclo-1-aza-3-oxa-2-phosphatricarben-(6)]*, $C_{19}H_{17}O_3N_2P$, F. 226° (THIELE-Rohr = **Th.**), F. 236° (MAQUENNE-Block = **M.**; Zers.), aus verd. Essigsäure oder Bzl. Kristalle; ferner **VI**-*Diäthylester*, F. 173—174° (A.); 6 g. — *2-Methoxy-2-oxo-6-[phenylamino]-naphtho-[2'.3':4.5]-[cyclo-1-aza-3-oxa-2-phosphatricarben-(6)]*, $C_{18}H_{15}O_3N_2P$, F. 243°, durch alkal. Hydrolyse wie bei **IV** mit A. + 20% Methanol. Durch längere Behandlung dieser oder vorst. Verb. mit alkoh. Alkalien entstehen **VIII** u. **IX**. — *Ester* **XII**, $C_{36}H_{32}O_7N_4P_2$, F. über 300°, aus sd. Essigsäure oder Nitrobenzol leicht gelbliche Prismen, 1. durch 2std. Behandlung von 100 g **I** in Methanol mit NaOH; 47 g; 2. durch 2½std. Kochen von 30 g **I** in 90% ig. Methanol; 10 g; kuppelt nicht mit Diazoverbb. u. ist sehr schwer löslich. Mit alkoh. Alkalien entstehen **VIII** u. **IX**. — **IV** wird auch durch Kochen von **VIII** mit $POCl_3$ in trockenem Chlorbenzol bis zum Ende der HCl-Bdlg. erhalten. — **V**, $C_{34}H_{24}O_5N_4P_2$,

F. über 300°, durch 2std. Kochen von 15 g **I** in Chlorbenzol oder Nitrobenzol mit wenig W.; 8 g (2 Mikrophotographien). — *[2'-Phosphonoxynaphthyl-(3')]-N-phenylformamidin* (**VII**)*-Monomethylester*, $C_{18}H_{17}O_4N_2P \cdot \frac{1}{2} H_2O$, F. 239—240° (**Th.**), F. 290—292° (**M.**; Zers. unter Wasserverlust), durch 2½std. Kochen von 30 g I mit 90%ig. Methanol,

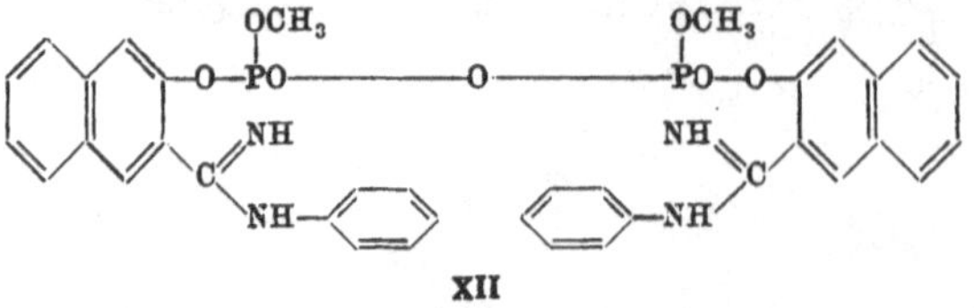

XII

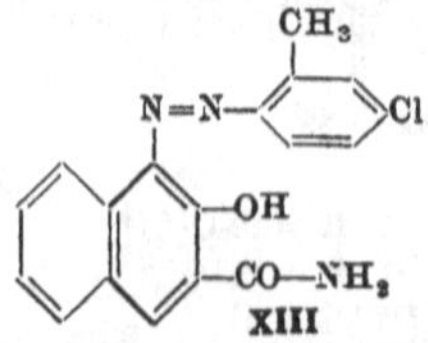

XIII

Abtrennung von **XII** u. Eindampfen des Filtrats; 10 g. *Monoäthylester*, $C_{19}H_{19}O_4N_2P \cdot \frac{1}{2} H_2O$, F. 232—235° (**Th.**), F. 258° (**M.**), aus A.-W., durch ½std. Kochen von 30 g **I** n A.; 15 g; daneben 2 g **IV** u. **V**. *Monobutylester*, $C_{21}H_{23}O_4N_2P$, F. 261° (**Th.**), F. 310° (**M.**), aus Essigsäure feine Kristalle, wie vorher aus 30 g **I** u. n-Butanol; 25 g. **VII**-*Hydrochlorid*, $C_{17}H_{15}O_4N_2P \cdot HCl$, prismat. Kristalle, sehr instabil, durch 2std. Kochen von **IV** in A. + konz. HCl oder durch 20tägiges Stehen von **I** in Bzl. mit Wasser. **VII**, $C_{17}H_{15}O_4N_2P$, Zers. bei 275° unter Wasserabgabe (**M.**), sehr instabil, aus dem Hydrochlorid in Na-Acetatlösung. Mit Alkalien bilden sich **VIII** u. **IX**. — *[2'-Oxynaphthyl-(3')]-N-phosphono-N'-phenylformamidin* (**VI**)*-Diäthylester*, $C_{21}H_{23}O_4N_2P$, F. 173—174°, leicht zersetzliche Kristalle, durch alkal. Hydrolyse von I neben dem **IV**-*Äthylester*. Durch langes Kochen mit Säure oder Alkali werden **VIII** u. **IX** gebildet. **VI**-*Tri-Na-Salz* (**VIa**), $C_{17}H_{12}O_4N_2PNa_3 \cdot 4 H_2O$, gelbe Kristalle, 1. aus dem Diäthylester in A. u. NaOH durch 2 Min. Kochen; sehr große gelbe Prismen; 2. aus **IV** u. NaOH wie vorst.; gibt mit Mineralsäuren **VIII** u. **IX**. — *Verb.* **XIII**, $C_{18}H_{14}O_2N_3Cl$, F. 298—300°, ziegelrot aus o-Dichlorbenzol u. Essigsäure, aus dem vorst. Tri-Na-Salz u. 2-Methyl-4-chlorbenzoldiazoniumchlorid. Der gleiche Farbstoff wird mit **IX** erhalten. — *[2'-Oxynaphthyl-(3')]-N-phenylformamidin* (**VIII**), $C_{17}H_{14}ON_2$, F. 190°, aus A. gelbe Plättchen, bei den beschriebenen Hydrolysen unter Abspaltung von Phosphorsäure, z. B. durch 15 Min. Kochen von 10 g **VII**-Hydrochlorid mit 50%ig. Essigsäure; 6—7 g; daneben **IX**. — *Verb.* **X**, $C_{19}H_{14}O_2NCl$, F. 127°, große, an der Luft HCl abspaltende Prismen aus trockenem Bzl. oder CCl_4, aus 100 g **Ia**-Acetylderiv. in absol. CCl_4 u. 70 g PCl_5 bei 30°; 84 g. — **VIII**, auch aus 84 g **X** in absol. Chlorbenzol u. trockenem NH_3, Abtrennung von NH_4Cl u. Behandlung mit wss. NaOH; 17 g. *Acetylderiv.*, $C_{19}H_{16}O_2N_2$, F. 168—169°, aus Bzl. oder Toluol gelbe Nadeln, aus 20 g **X** in Bzl. u. NH_3 unter Kühlung u. Rühren mit feuchter Luft; 6 g; daneben 13 g **Ia**. Mit alkoh. NaOH entsteht beim Kochen **VIII**. — *Desacetylierte Verb.* **XI**, $C_{51}H_{36}O_3N_4 \cdot H_2O$, F. über 300°, aus Bzl., dann Chlorbenzol feine gelbe Nadeln, durch die gleiche Rk. wie vorst., jedoch in Chlorbenzol. — *[2'-Acetoxynaphthyl-(3')]-N-phenyl-N'-äthylphenylformamidinhydrochlorid*, $C_{27}H_{25}O_2N_2Cl$, Zers. bei 260° (A.), aus 33 g **X** in trockenem Chlorbenzol u. 12,5 g N-Äthylanilin; 19 g. *Base*, $C_{27}H_{24}O_2N_2$, F. 136—137°, aus A. Nadeln, durch Wasserdampfdest. der Chlorbenzollsg.; 19,5 g. — *[2'-Oxynaphthyl-(3')]-N-phenyl-N'-äthylphenylformamidinhydrochlorid*, $C_{25}H_{23}ON_2Cl$, aus A.-HCl Prismen, durch Erwärmung von 5 g des vorst. Hydrochlorids mit alkoh. NaOH; 4 g. *Base*, $C_{25}H_{22}ON_2$, F. 215°, aus A. Prismen, aus dem Hydrochlorid u. Sodalsg. unter Kochen. — *[2'-Oxynaphthyl-(3')]-N-phenyl-N -dibutylformamidin*, $C_{25}H_{30}ON_2$, F. 193°, aus A. Prismen, durch 1std. Kochen von 118 g **X** in Chlorbenzol mit 95 g Dibutylamin, Abtrennung des Hydrochlorids, Behandlung mit 40%ig. NaOH (132 g *Na-Salz*) u. Umsetzung mit alkoh. Essigsäure; 94 g. — *Kondensationsprod. von* **X** *mit Anilin*, $C_{23}H_{18}ON_2$, F. 216°, aus Bzl. feine gelbe Nadeln, aus **X** in CCl_4 u. Anilin; 50%; daneben **Ia**. — *Kondensationsprod. von* **X** *mit o-Toluidin*, $C_{24}H_{20}ON_2$, F. 176°, aus A. große gelbe Prismen, wie vorher aus **X** u. o-Toluidin; 50%; das gleiche Prod. wird aus dem Reaktionsprod. aus dem o-Toluidid der 2-Acetoxynaphthalincarbonsäure-(3) u. PCl_5 mit Anilin erhalten. — *[2'-Oxynaphthyl-(3')]-N-phenyl-N'-[4-chlor-2-methylphenyl]-formamidin*, $C_{24}H_{19}ON_2Cl$, F. 157—158°, aus A. gelbe Prismen, F. 179°, aus Ae. feine gelbe Nadeln, die sich in ein amorphes Pulver vom F. 158° umwandeln, aus 72 g **X** in Chlorbenzol u. 60 g 1-Amino-2-methyl-4-chlorbenzol; nach Abtrennung des Hydrochlorids Behandlung mit alkoh. HCl; 25 g. Das gleiche Prod. wird aus dem Reaktionsprod. von 2'-Methyl-4'-chloranilid der 2-Oxynaphthalincarbonsäure-(3) mit PCl_5 u. Anilin in Chlorbenzol erhalten. — *2-Oxynaphthalincarbonsäure-(3)-amid* (**IX**), $C_{11}H_9O_2N$, F. 217°, aus 80%ig. A. oder verd. Essigsäure gelbe Plättchen, 1. durch ½std. Kochen von **VII** mit W.; 2. durch 4std. Kochen von 12 g **XII** u. alkoh. NaOH u. Hydrolyse des erhaltenen Phosphorsäureesters mit Essigsäure; 5 g; 3. durch 12std. Kochen von 6 g **VIII** mit alkoh. NaOH;

4,5 g. — *2-Chlor-2-oxo-6-[äthylphenylamino]-naphtho-[2'.3':4.5]-[cyclo-1-aza-3-oxa-2-phosphatricarben-(6)]* (**II**), $C_{19}H_{16}O_2N_2ClP$, F. 226—227°, aus Bzl. hellgelbe Kristalle, aus 2-Oxy-naphthalincarbonsäure-(3)-N-äthylanilid in trockenem Bzl. u. **Ib** (8 Std. unter Rückfluß). — *Na-Salz des 2-Oxy-2-oxo-6-[äthylphenylamino]-naphtho-[2'.3':4.5]-[cyclo-1-aza-3-oxa-2-phosphatricarbens-(6)]*, $C_{19}H_{16}O_3N_2PNa \cdot 2\,H_2O$, aus sd. W. hellgelbe Kristalle, durch ½ std. Kochen von **II** mit wss. NaOH. (Bull. Soc. chim. France, Mém. [5] **1954**. 378—86. März. Usine d'Oissel, Comp. Française des Matières colorantes, Labor. de Rech. des prod. intermédiaires.) E. ROTTER. 3292

Reinhold Metze, *Über 1.2.4-Triazine.* 2. Mitt. *Die Synthese di- und trialkylsubstituierter und alkylarylsubstituierter 1.2.4-Triazine.* (1. vgl. C. **1955**. 1049.) Aus Diacetyl (**III**), Acetylpropionyl, Dipropionyl bzw. Acetylbenzoyl werden mit Acet-, Benz-, Form- (**IV**) bzw. Propionsäurehydrazid *Monoacylhydrazone* gewonnen. Bei Verwendung der letzten beiden Verbb. treten hochschm. Nebenprodd. auf, wahrscheinlich die *Bisacylhydrazone*. Die Umsetzung der Monoacylhydrazone mit NH_3 unter Druck bei 120 bis 170° liefert die entsprechenden substituierten *1.2.4-Triazine*. Ein Reaktionsmechanismus wird diskutiert. Ein Überschuß von ~1 Mol NH_3 erhöht die Ausbeute.

Versuche: Hydrazone: *Diacetylmonoformyl-* (**I**), $C_5H_8O_2N_2$, F. 130° (Ae.), durch Vermischen von **III** u. **IV** in W. u. 3std. Stehen; Nadeln; 76% (Ausbeute). — *Diacetylmonoacetyl-*, F. 164°. — *Diacetylmonopropionyl-*, $C_7H_{12}O_2N_2$, F. 132° (Ae.), analog, aber rasches Absaugen; Nadeln; 62%. — *Diacetylmonobenzoyl-*, F. 167°. — *Acetylpropionylmonoformyl-*, $C_6H_{10}O_2N_2$, F. 131° (Ae.); 73%. — *Acetylpropionylmonoacetyl-*, F. 130°. — *Acetylpropionylmonopropionyl-*, $C_8H_{14}O_2N_2$, F. 112° (Ae.), Nadeln; 66%. — *Acetylpropionylmonobenzoyl-*, $C_{12}H_{14}O_2N_2$, F. 140° (A.), Nadeln; 87%. — *Dipropionylmonoformyl-*, $C_7H_{12}O_2N_2$, F. 106° (Ae.), in CH_3OH; Nadeln; 63%. — *Dipropionylmonoacetyl-*, $C_8H_{14}O_2N_2$, F. 91° (CH_3OH-W. [1 : 3]), Nadeln; 81%. — *Dipropionylmonopropionyl-*, $C_9H_{16}O_2N_2$, F. 78° (Ae.), Nadeln; 59%. — *Dipropionylmonobenzoyl-*, $C_{13}H_{16}O_2N_2$, F. 128° (CH_3OH), Blättchen; 83%. — *Acetylbenzoylmonoformyl-* (**II**), $C_{10}H_{10}O_2N_2$, F. 121° (CH_3OH), Blättchen; 76%. — *Acetylbenzoylmonoacetyl-*, F. 154°. — *Acetylbenzoylmonopropionyl-*, $C_{12}H_{14}O_2N_2$, F. 124° (CH_3OH), Blättchen; 76%. — *Acetylbenzoylmonobenzoyl-*, $C_{16}H_{14}O_2N_2$, F. 162° (CH_3OH), Nadeln; 87%. — 1.2.4-Triazine: *5.6-Dimethyl-*, $C_5H_7N_3$, Kp.$_{14}$ 87—88°, F. 5—6°, durch 7std. Erhitzen von **I** mit NH_3 in absol. A. auf 145—150° im Rohr, Einengen u. Dest. (Meth. **A**); schwachgelbliches Öl; 77%. — *3.5.6-Trimethyl-*, $C_6H_9N_3$, Kp.$_{14}$ 96°, F. 49—51° (PAe.), nach **A** bei 135—140°; Nadeln; 91%. — *5.6-Dimethyl-3-äthyl-*, $C_7H_{11}N_3$, Kp.$_{14}$ 102°, F. —6 bis —4°, nach **A** bei 145—150°; 85%. — *5.6-Dimethyl-3-phenyl-*, $C_{11}H_{11}N_3$, F. 82° (A.-W.), wie nach **A** bei 130—135°, aber Ausfällen mit W. am nächsten Tage (Meth. **B**); verfilzte Nädelchen; 78%. — *6-Methyl-5-äthyl-*, $C_6H_9N_3$, F. 96°, nach **A** bei 155—160°; 79%. — *3.6-Dimethyl-5-äthyl-*, $C_7H_{11}N_3$, Kp.$_{14}$ 102°, F. 46—47° (PAe.), nach **A** bei 145—150°; Nadeln; 87%. — *6-Methyl-3.5-diäthyl-*, $C_8H_{13}N_3$, Kp.$_{14}$ 110°, F. 11—12°, nach **A** bei 160—165°; 82%. — *6-Methyl-5-äthyl-3-phenyl-*, $C_{12}H_{13}N_3$, F. 122°, nach **B** bei 140—145°; blaßgelbe Nadeln; 72%. — *5.6-Diäthyl-*, $C_7H_{11}N_3$, Kp.$_{14}$ 105°, nach **A** bei 145—150°; 73%. — *3-Methyl-5.6-diäthyl-*, $C_8H_{13}N_3$, Kp.$_{14}$ 109°, F. 19°, nach **A** bei 130—135°; 89%. — *3.5.6-Triäthyl-*, $C_9H_{15}N_3$, Kp.$_{14}$ 118°, nach **A** bei 150—155°; 71%. — *5.6-Diäthyl-3-phenyl-*, $C_{13}H_{15}N_3$, F. 56°, nach **B** bei 125—130°; verfilzte Nädelchen; 79%. — *6-Methyl-5-phenyl-*, $C_{10}H_9N_3$, F. 96° (verd. A.), durch 8std. Erhitzen von **II** mit NH_3 in absol. A. auf 140—145° im Rohr, Einengen, Aufnehmen des Rückstandes in Ae., Ausschütteln mit 25—30%ig. H_2SO_4, Alkalisieren u. Ausäthern (Meth. **C**); Nadeln; 61%. — *3.6-Dimethyl-5-phenyl-*, $C_{11}H_{11}N_3$, F. 102°, nach **C** bei 145—150°; gelbgrüne Nadeln; 62%. — *6-Methyl-3-äthyl-5-phenyl-*, $C_{12}H_{13}N_3$, F. 64° (PAe.), nach **C** bei 140—145°; große, gelbe Säulen u. Pyramidenstümpfe; 61%. — *6-Methyl-3.5-diphenyl-*, $C_{16}H_{13}N_3$, F. 104—106° (PAe.), nach **B** bei 115—120°; gelbe Nadeln; 74%. (Chem. Ber. **88**. 772—78. 1955. Berlin, Humboldt-Univ., II. Chem. Inst.) R. PASEDAG. 3313

F. C. Cooper und **M. W. Partridge,** *Cyclische Amidine.* 4. Mitt. *5.6.11.12-Tetrahydro-5.11-endomethylenphenhomazin und Trögers Base.* (3. vgl. C. **1955**. 8858.) *5.6.11.12-Tetrahydrophenhomazin* (**I**) u. sein *Dimethylderiv.* (**VI**) werden durch Red. von 6.12-Dichlorphenhomazin (**IV**) bzw. von *6.12-Dichlor-2.8-dimethylphenhomazin* (**V**) mit $LiAlH_4$ synthetisiert, während **I** durch Red. von **IV** mit RANEY-Legierung in alkal. Medium ebensowenig dargestellt werden kann wie durch Red. des durch Einw. von Benzonitril auf 5-Methylanthranilsäuremethylester in Ggw. von feinverteiltem Na neben *4-Oxy-6-methyl-2-phenylchinazolin* erhaltenen *2.8-Dimethyldianthranilids* (**III**). Letzteres

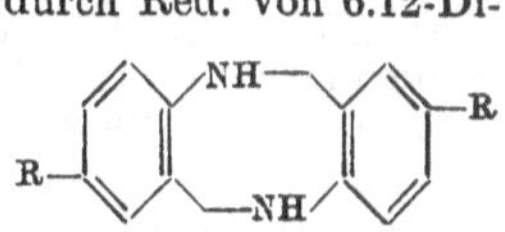

I R = H
VI R = CH_3

wurde mit Dimethylsulfat in sein *N.N'-Dimethylderiv.* u. durch Rk. mit PCl_5 in **V** übergeführt, aus dem durch Umsetzung mit $NaOCH_3$ das *6.12-Dimethoxy-2.8-dimethylphen-*

homazin entsteht. I bzw. VI reagieren mit Formaldehyd unter Bldg. der entsprechenden *5.11-Endomethylenderivv.*, von denen die *Dimethylverb.* (**VII**) ident. mit der TRÖGERschen Base ist. Durch Acylierung oder Nitrosierung von **VII** werden unter Verlust der Endomethylengruppe die entsprechenden *Tetrahydrophenhomazinderivv.* — ident. mit den aus **VI** direkt gebildeten — erhalten. Die entsprechenden Derivv. von **I** werden analog sowohl aus *5.6.11.12-Tetrahydro-5.11-endomethylenphenhomazin* (**II**) als auch aus **I** direkt hergestellt. Das Dinitrosamin von **I** erfährt keine FISCHER-HEPP-Umlagerung. — Von den dargestellten Verbb. — mit Ausnahme von **V** — werden die Lichtabsorptionsmaxima in absol. A. (von **VII** in Hexan) angegeben.

Versuche: *5.6.11.12-Tetrahydrophenhomazin* (**I**), $C_{14}H_{14}N_2$, F. 138,5—139,5°, durch 4std. Kochen von **IV** in Ae. mit $LiAlH_4$, Zers. mit Essigester, Zugabe von W. u. Alkalisieren mit NaOH; aus Bzn. Nadeln; 76% (Ausbeute). *Dihydrochlorid*, $C_{14}H_{16}N_2Cl_2$, Prismen; schm. nicht unter 400°. *Dipikrat*, $C_{26}H_{20}O_{14}N_8$, F. 161—163°; Nadeln. *Diacetylderiv.*, $C_{18}H_{18}O_2N_2$, F. 335—337°, aus wss. CH_3COOH kleine Prismen. *Dibenzoylderiv.*, $C_{28}H_{22}O_2N_2$, F. 306,5—307,5°; aus n-Butanol Plättchen. — *5.6.11.12-Tetrahydro-5.11-dinitrosophenhomazin*, $C_{14}H_{12}O_2N_4$, F. 233—234°, durch Zugabe von $NaNO_2$ zu **I** in verd. HCl; aus Bzl. kleine Prismen. — *5.6.11.12-Tetrahydro-5.11-endomethylenphenhomazin* (**II**), $C_{15}H_{14}N_2$, F. 138—139°, durch Zugabe von feingepulvertem **I** zu einer kalten Mischung aus konz. HCl, 40%ig. HCHO u. A., mehrstd. Stehen, Lösen in heißem W. u. Behandeln mit überschüssigem NH_4OH; aus Bzn. Prismen; 85%. *Hydrochlorid*, $C_{15}H_{15}N_2Cl$, Schrumpfen bei 250° u. Dunkelwerden ab 360°, ohne zu schm.; aus verd. HCl kleine Prismen. *Pikrat*, $C_{21}H_{17}O_7N_5$, F. 190—191° (Zers.), aus n-Butanol kleine Prismen. Die durch Behandlung von **II** mit $NaNO_2$ bzw. Benzoylchlorid erhaltenen Nitroso- bzw. Benzoylderivv. sind ident. mit denen von **I**. — *2.8-Dimethyldianthranilid* (**III**), $C_{16}H_{14}O_2N_2$, F. 298—299°, durch Zugabe von 5-Methylanthranilsäuremethylester u. Benzonitril zu gepulvertem Na in trockenem Bzl., 5std. Kochen, Zugabe von A. u. W. u. fraktionierte Kristallisation aus A.; kleine Stäbchen; 37%. Daneben (etwa die Hälfte der Menge von **III**) *4-Oxy-6-methyl-2-phenylchinazolin*, $C_{15}H_{12}ON_2$, F. 265—266°, blaßgelbe Prismen. — *2.8-N.N'-Tetramethyldianthranilid*, $C_{18}H_{18}O_2N_2$, F. 254—255°, aus **III** mit Dimethylsulfat; aus Bzl.-Bzn. Nadeln. — *6.12-Dichlor-2.8-dimethylphenhomazin* (**V**), $C_{16}H_{12}N_2Cl_2$, F. 209—210°, durch 4std. Kochen von **III** mit PCl_5 in Chlf. u. Einengen des Filtrates; aus Bzn. Prismen; 48%. — *6.12-Dimethoxy-2.8-dimethylphenhomazin*, $C_{18}H_{18}O_2N_2$, F. 155—156°, durch 23std. Kochen von **V** in methanol. CH_3ONa; aus Bzn. Prismen; 90%. — *5.6.11.12-Tetrahydro-2.8-dimethylphenhomazin* (**VI**), $C_{16}H_{18}N_2$, F. 205—206°, durch $2^1/_4$std. Rk. von **V** mit $LiAlH_4$ analog **I** u. Trennen des ätherlösl. Prod. mit wss. Milchsäure in eine neutrale (unverändertes **V**) u. eine bas. Fraktion; aus letzterer mit Bzn. Blättchen; bei Verlängerung der Reaktionszeit auf 8½ Std. 74% Ausbeute. *Dipikrat*, $C_{28}H_{24}O_{14}N_8$, F. 162—164°, aus A. kleine Prismen. — *5.11-Diacetyl-5.6.11.12-tetrahydro-2.8-dimethylphenhomazin*, $C_{20}H_{22}O_2N_2$, F. 297—298°, aus wss. CH_3COOH kleine Prismen. *Dibenzoylderiv.*, $C_{30}H_{26}O_2N_2$, F. 301—302°, aus Xylol Plättchen. Entsteht analog aus TRÖGERs Base in 56%ig. Ausbeute. *5.11-Dinitrosoderiv.*, $C_{16}H_{16}O_2N_4$, F. 247—248°. — *5.6.11.12-Tetrahydro-2.8-dimethyl-5.11-endomethylenphenhomazin* (**VII**), F. 136—137°, aus **VI** u. HCHO; Nadeln; 95%. (J. chem. Soc. [London] **1955**. 991—94. März. Nottingham, Univ.) I. BUCHTA. 3380

H. Mühlemann, *Über Anthrachinone und Anthrachinonglykoside.* 16. Mitt. *Über die Synthese von Chrysazinhydrochinon-1-glucosid und Chrysazin-9-anthron-1-glucosid.* (15. vgl. C. **1953**. 6256.) Die bisherigen Verss., Glykoside des Chrysazinanthrons durch direkte katalyt. Red. oder Glucosidierung von Chrysazinanthron-(9) darzustellen, führten nicht zum Erfolg. Bei der katalyt. Red. kann die Hydrierung wahrscheinlich nicht über die Hydrochinonstufe hinaus. Es gelang nun, durch Red. mit $Na_2S_2O_4$ aus Chrysazinyl-(1)-glucosid *Chrysazinhydrochinonyl-(1)-glucosid* zu isolieren. Die Verb. ist äußerst sauerstoffempfindlich. Die Darst. von *Chrysazinanthron-(9)-yl-(1)-glucosid* (**I**) wurde erreicht durch energ. Red. des im Zucker tetraacetylierten Chrysazinyl-(1)-glucosids mit Pd/H_2. Dabei entstand in mehr oder minder starkem Ausmaß eine noch nicht näher identifizierte *Verb. B*, je nach der Aktivität des Katalysators. Es wird vermutet, daß bei der Verb. B teilweise Kernhydrierung vorliegt (Di- oder Tetrahydroverb. oder ein Gemisch).

Versuche (FF. korr.; THIELE-Block): *1-Glucosido-8.9.10-trioxyanthracen* [*Chrysazinhydrochinonyl-(1)-glucosid*], $C_{20}H_{20}O_9$, F. 152—153°. 2 g Chrysazinyl-(1)-glucosid werden in 200 ml W. u. 5 ml konz. NaOH aufgeschwemmt, mit 10 g $Na_2S_2O_4$ versetzt u. bis zur Lsg. leicht umgeschwenkt; nach Filtration durch Watte wird mit Essigsäure angesäuert u. in der Kälte gut verschlossen aufbewahrt, der sich ausscheidende Nd. rasch abgesaugt u. über P_2O_5 im Vakuum getrocknet; aus 40 ml A. u. 60 ml W.

unter Zusatz von 1 g $Na_2S_2O_4$ lange, gelbe Nadeln; ca. 2 g (Ausbeute). — *Tetraacetylchrysazinanthron-(9)-yl-(1)-glucosid*, $C_{28}H_{28}O_{12}$, F. 177—179°. 5 g Chrysazinyl-(1)-tetraacetylglucosid werden in 100 ml Eisessig zum Sieden unter Rückfluß erhitzt, mit 2 g 5%ig. Pd-Tierkohle versetzt u. unter Einleiten von H_2 2 Std. gekocht; es wird filtriert, mit heißem, ausgekochtem W. bis zur Trübung versetzt, der Nd. aus Isopropanol u. dann aus Chlf./Isopropanol umkrist.; feine, hellgelbe Nadeln. Überwiegt die daneben entstehende *Verb. B*, $C_{28}H_{30-32}O_{12}$, im rohen Reduktionsprod., so liegt dessen Zersetzungspunkt bei 200° anstatt bei 180°; nach entsprechender Kristallisation wie vorst. F. 220 bis 225° (Zers.), hellgelbe Prismen. — *Chrysazinanthron-(9)-yl-(1)-glucosid* (I), $C_{20}H_{20}O_8$, F. 190—210° (Zers.), aus der Tetraacetylverb. durch Zerlegung mit alkoh. Na-Äthylat. Entsprechend auch die *Desacetylverb. B*, F. 205—220° (Zers.). *Chrysazinanthron-(9)* (?), $C_{14}H_{10}O_3$, F. 165—170°, Misch-F. 168—173°, durch Lösen von I oder seiner Tetraacetylverb. in Eisessig u. Hydrolyse mit 25%ig. HCl, 30 Min. Sieden, Einengen u. vollständige Fällung mit H_2O. Hieraus durch Acetylierung mit $(CH_3CO)_2O$ u. Na-Acetat u. Reinigung mit Floridin XXF *Triacetylchrysazinanthranol-(9)*, F. u. Misch-F. 212—213° (Chlf./Isopropanol). — *Aglucon*, $C_{14}H_{12}O_3$ oder $C_{14}H_{14}O_3$ [*Di- oder Tetrahydrochrysazinanthron-(9)*?], F. 124—127°, durch Hydrolyse der in sd. A. gelösten Verb. B oder Desacetylverb. B mit konz. H_2SO_4 + W., 1 std. Rückflußkochen u. Einengen; aus A. braunrote, derbe Nadeln. *Acetat*, F. 164—168° (Chlf./Isopropanol). (Pharmac. Acta Helvetiae **28**. 313—19. 30/11. 1953. Beilage zu: Schweiz. Apotheker-Ztg. Bern, Univ., Pharmazeut. Inst.)
K. NEZEL. 3400

F. Galinovsky, G. Bianchetti und **O. Vogl**, *Über die Racemisierung des Isopelletierins und Methylisopelletierins*. Synthet. Isopelletierin (I) wurde mit d-6.6'-Dinitro-2.2'-diphensäure (III) in die opt. Antipoden gespalten. Die gleiche Spaltung wurde auch mit Methylisopelletierin (II), jedoch mit d-Weinsäure, durchgeführt. Von den opt.-akt. Basen wurde die Racemisierung näher untersucht. Beide Alkaloide zeigen in wss. u. alkoh. Lsg. Autoracemisierung. In W. verläuft die Racemisierung rascher als in Alkohol. Die Racemisierungsgeschwindigkeit ist bei II bedeutend größer als bei I. Im sauren Gebiet bleibt die opt. Aktivität erhalten. Als Racemisierungsmechanismus wird zunächst die Bldg. der Enolform angenommen, dessen H-Atom mit dem N über eine H-Brücke einen 6-gliedrigen Chelatring bildet. Dieser führt dann unter Lösen der NH—CH-Bindung u. Bldg. einer Doppelbindung in α.β-Stellung zur Ketogruppe (Übergang des Protons vom O- zum N-Atom u. Elektronenverschiebung vom O- zum N-Atom) zu einer offenen Verb., die mit II im Gleichgewicht steht u. erst die Racemisierung erklärt. Nach den Ergebnissen halten es Vff. für durchaus möglich, daß die Alkaloide bei der üblichen Isolierung aus der Rinde des Granatapfels racemisierten.

Versuche: *Saures 6.6'-Dinitrodiphenat des (—)-Isopelletierins*, $C_8H_{15}ON \cdot C_{14}H_8O_8N_2$, F. 180—181° (Zers.). 1,25 g synthet. I (aus dem Pikrat, F. 148°) werden in 15 ml CH_3OH gelöst u. mit 2,9 g III in 20 ml CH_3OH versetzt; nach Impfen gelbe Kristalle; 2,3 g (Ausbeute); $[\alpha]_D^{23}$ +156,7° (c = 3,14, Pyridin). — *(—)-Isopelletierin*, $[\alpha]_D^{23}$ —18,1° (c = 8,18, absol. A.). Vorst. Verb. wird mit nHCl zers., III mit Ae. ausgeschüttelt, die salzsaure Lsg. sodaalkal. gemacht, die Base mit Ae. ausgezogen u. der Ae. nach Trocknung mit Na_2SO_4 im Vakuum abgetrieben. — *(+)-Isopelletierin*, $[\alpha]_D^{23}$ +17,9° (c = 9,41, absol. A.), durch entsprechende Behandlung von I mit III über das *saure 6.6'-Dinitrodiphenat des (+)-Isopelletierins*, F. 181° (Zers.); $[\alpha]_D^{23}$ —155,4° (c = 3,32, Pyridin). — *N-Methylisopelletierin* (II), in 56%ig. Ausbeute aus 5,1 g N-Methyl-α-piperidon u. 0,52 g $LiAlH_4$ in 100 ml Ae. während 1 Std. auf dem Wasserbad, dann unter Kühlung Zugabe von 10 g Acetessigester in 300 ml 2,5%ig. KOH u. Stehenlassen während 24 Stunden. Mit 0,1nHCl wird auf p_H 7 gebracht, der Ae. im Vakuum bei 20° abgetrieben u. die Lsg. nach 48 Std. auf 60 ml eingeengt, kongosauer gemacht, mit Ae. gewaschen u. die Base aus der stark alkalisierten Lsg. ausgeäthert. — *(+)-Methylisopelletierin*, $[\alpha]_D^{14}$ +51,5° (c = 4,85, absol. A.), über das *d-Bitartrat des (+)-Methylisopelletierins* [$C_{13}H_{23}O_7N$, F. 130—131°; $[\alpha]_D^{20}$ +21,1° (c = 6,63, W.)]. (Mh. Chem. **84**. 1221—27; S.-B. österr. Akad. Wiss., math.-naturwiss. Kl., Abt. IIb **162**. 1221—27. 1953. Wien, Univ., II. Chem. Labor.)
K. NEZEL. 3500

John C. Sheehan und **Eugene R. Bissell**, *Synthese von Dihydrometeloidin und verwandten Verbindungen*. Die Hydrierung der Benzylidenverb. von *Teloidinon* (I) führt zu *Benzylidenteloidin* (II), dem die natürliche Konfiguration zukommen muß, da es durch Hydrogenolyse in Eisessig oder durch reduktive Spaltung mit Na in fl. NH_3 *Teloidin* (III) bildet. Acylierung von II mit α-Methylbuttersäureanhydrid u. Abspaltung der Benzylidengruppe liefert *Dihydrometeloidin* (IV). — Zur Unters. auf ihre pharmakol. Wrkg. wurden weitere *Benzylidenacylteloideine* u. entsprechende *Isopropylidenverbb.* dargestellt, die sich vom Scopolamin nur durch die Acylgruppe an $C_{(3)}$ u. durch die

Acetal- bzw. Ketalgruppe statt der Epoxygruppe unterscheiden: II-*Acetat* (V) gibt nach Hydrogenolyse das auch aus III zugängliche *Triacetat*. Mit Diphenylketen liefert II *Benzylidendiphenylacetylteloidein*. Auch das wie II gewonnene *Isopropylidenteloidin* (VI) hat natürliche Konfiguration; es kann zu III-*Hydrochlorid* hydrolysiert werden u. wurde wie II in *Acylverbb.* übergeführt. — Die Red. von Isopropylidenteloidinon mit $NaBH_4$ führt zu *Isopropylidenpseudoteloidin*, das also die nicht natürliche Konfiguration besitzt, wie aus der Hydrolyse zu *Pseudoteloidinhydrochlorid* hervorgeht.

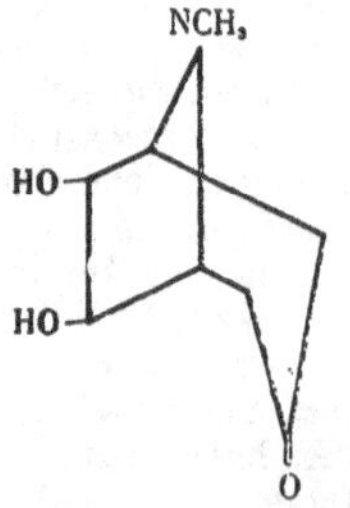

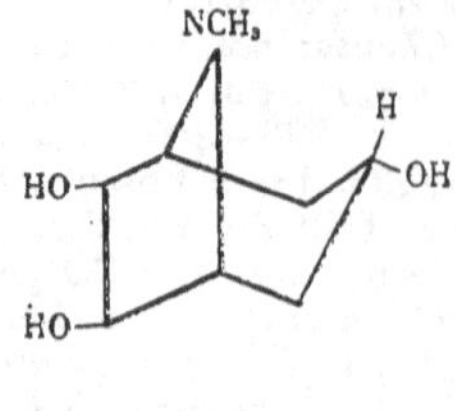

III

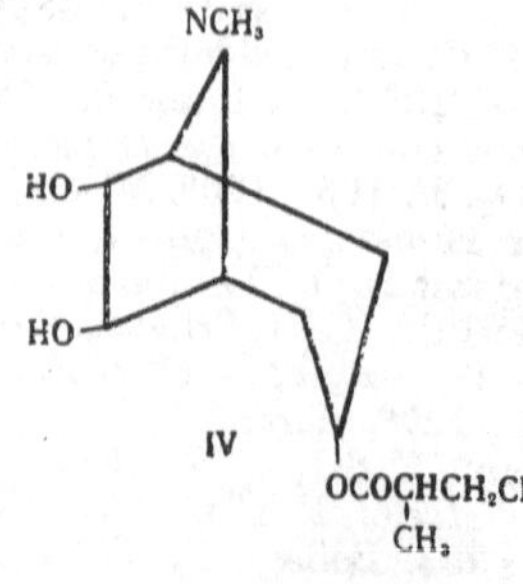

IV

Versuche (FF. korr.): *Benzylidenteloidinon*, $C_{15}H_{17}O_3N$, F. 150—151°, durch 48std. Rk. von I u. p-Toluolsulfonsäuremonohydrat (VII) mit Benzaldehyd bei n. Temp., Zugabe von Ae., Alkalisieren des Nd. u. Ausziehen mit Bzl.; aus Ae. prismat. Nadeln, sublimierbar bei 140—150°/0,05 mm; 89% (Ausbeute). *Hydrobromid*, $C_{15}H_{18}O_3NBr \cdot C_2H_5OH$, Nadeln aus A., F. 215—216° (Zers.). *p-Toluolsulfonsaures Salz*, $C_{22}H_{25}O_6NS$, F. 202—203° unter Zers. (A.). — *Benzylidenteloidin* (II), $C_{15}H_{19}O_3N$, F. 163—165° (Bzl.-Ligroin), durch Hydrierung der I-Benzylidenverb. in 70%ig. A. mit Raney-Ni unter n. Bedingungen; Nadeln; sublimiert bei 120°/0,05 mm; 89,5%. *Pikrat*, $C_{21}H_{22}O_{10}N_4$, gelbe Nadeln aus A., F. 189—190° (Zers.). *Hydrobromid*, $C_{15}H_{20}O_3NBr$, F. 236—237° (Zers.; A.). — Nach Zugabe von Na zu 260 mg II in fl. NH_3, Zugabe von NH_4Cl, Erwärmen auf n. Temp., Ausziehen mit A. u. Zugabe von Ae. wurden 50 mg *Teloidin* (III), F. 166—168° (Zers.; Butanol), erhalten. — *Benzyliden-α-methylbutyrylteloidein*, Kp.$_{0,2}$ 150 bis 160°, durch 24std. Rk. von II mit α-Methylbuttersäureanhydrid bei n. Temp., Einengen, Aufnehmen in nHCl, Ausäthern, Alkalisieren der wss. Phase u. erneutes Ausäthern; Öl; 61%. *Hydrobromid*, $C_{20}H_{28}O_4NBr$, F. 237,5—238,5° (Zers.), aus A. Plättchen. *Pikrat*, $C_{26}H_{30}O_{11}N_4$, aus A. gelbe Nadeln, F. 161—162°. — *Dihydrometeloidin* (IV), $C_{13}H_{23}O_4N$, F. 96—97°, durch Hydrierung vorst. Verb. in Eisessig mit 30%ig. Pd-Kohle bei n. Druck u. Temp.; Isolierung mit Chlf.; aus Bzl.-PAe. Nadeln; 95,5%. *Hydrobromid*, $C_{13}H_{24}O_4NBr$, F. 216—217° (Zers.), aus A.-Ae. Plättchen. — *Benzylidenacetylteloidein* (V), $C_{17}H_{21}O_4N$, F. 110,5—111,5°, nach Kristallisation aus wss. A. u. Sublimation bei 140—150°/0,1 mm, durch 24std. Stehen von II mit Acetanhydrid in Pyridin; 80%. *Hydrobromid*, $C_{17}H_{22}O_4NBr$, Nadeln aus A., F. 276—277° (Zers.). — *Acetylteloidein*, $C_{10}H_{17}O_4N$, F. 178,5—179,5° (Zers.; A.-Ae., dann Sublimation), durch Hydrogenolyse vorst. Verb. wie bei IV; 85%. *Hydrobromid*, $C_{10}H_{18}O_4NBr$, F. 207—208° (Zers.; A.). — *Teloidintriacetat*, $C_{14}H_{21}O_6N$, F. 84,5—85,5° (Tetrahydrofuran-PAe.), a) aus III wie bei V; 65%; b) ebenso aus vorst. Verbindung. — *Benzylidendiphenylacetylteloideinhydrobromid*, $C_{29}H_{30}O_4NBr$, F. 256—257° (Zers.), aus II in Ae. u. Diphenylketen (20 Std. bei n. Temp.), Einengen, Aufnehmen in Aceton u. Neutralisieren mit 40%ig. HBr; Plättchen aus A.; 83%. *Methojodid*, $C_{30}H_{32}O_4NJ$, F. 205—206° (Zers.; A.). — *Isopropylidenteloidinon*, $C_{11}H_{17}O_3N$, F. 89—90°, durch 24std. Kochen von I u. VII in Aceton, Zugabe von 0,5nNaOH, Einengen, 3tägige Extraktion mit Ae. u. Sublimation bei 40°/0,01 mm; 82,3%. *Pikrat*, F. 214—215°, aus A. gelbe Nadeln. *Hydrobromid*, F. 241,5—242,5° unter Zers. (A.). *Methojodid*, $C_{12}H_{20}O_3NJ$, aus wss. A. Prismen, F. 227—228° (Zers.). — *Isopropylidenteloidin* (VI), $C_{11}H_{19}O_3N$, F. 131—133° (Bzl.), wie II aus vorst. Verb.; 94,3%. *Hydrobromid*, $C_{11}H_{20}O_3NBr$, aus A.-Ae. Nadeln, F. 195,5—196,5°. — $^1/_4$std. Erhitzen vorst. Verb. mit nHCl gibt III-*Hydrochlorid*, F. 307—308° (Zers.; A.). — *Isopropylidenacetylteloidein*, $C_{13}H_{21}O_4N$, F. 73,5—75°, wie V; aus Ligroin prismat. Nadeln *Pikrat*, F. 213—214°, aus A. gelbe Nadeln. *Hydrochlorid*, $C_{13}H_{22}O_4NCl$, aus A. Prismen, F. 289—290° (Zers.). *Hydrobromid*, $C_{13}H_{22}O_4NBr$, F. 295—296° (Zers.), aus A. Nadeln. — *Isopropylidendiphenylacetylteloideinhydrobromid*, $C_{25}H_{30}O_4NBr$, F. 165—166,5° (A.-Ae.); 88%. *Methojodid*, $C_{26}H_{32}O_4NJ$, F. 211—212°, aus A. Nadeln. — *Isopropylidenbenzoylteloideinhydrobromid*, $C_{18}H_{24}O_4NBr$, F. 264—265° (Zers.; A.-Ae.), aus VI durch 2std. Erhitzen mit Benzoylchlorid auf dem Dampfbad, Lösen in nHCl, Ausäthern, Alkalisieren der wss. Schicht, Ausäthern u. Sättigen mit HBr; 38%. — *Isopropyliden-*

pseudoteloidin, $C_{11}H_{19}O_3N$, F. 121—123° (Bzl.-Ae.), durch 24std. Kochen von I mit VII in Aceton, Zugabe von 0,5nNaOH, Einengen, 1std. Rk. des wss. Konzentrats mit $NaBH_4$, 24std. Extraktion mit CH_2Cl_2 u. Sublimation des Rohprod. bei 120—130°/1 mm; Prismen; 50%. *Hydrobromid*, $C_{11}H_{20}O_3NBr$, Prismen aus A.-Ae., F. 249—250° (Zers.). *Hydrochlorid*, F. 250—251° (Zers.; A.-Ae.). — 1/4std. Erhitzen vorst. Verb. mit nHCl auf dem Dampfbad u. Eindampfen liefert *Pseudoteloidinhydrochlorid*, F. 265—266° (Zers.; A.); 87%. — *Isopropylidenacetylpseudoteloidein*, $C_{13}H_{21}O_4N$, F. 125—126,5° (Ae.), wie V; 83,7%. (J. org. Chemistry **19**. 270—76. Febr. 1954. Cambridge, Mass., M I T, Dep. of Chem.) H. J. NITZSCHKE. 3500

C. David Gutsche und **Frederick A. Fleming**, *Vorläufige Versuche zur Synthese des Colchicins. Die Synthese des 4b.5.6.7.8.8a.9.10-Oktahydro-2.3.4-trimethoxy-10-keto-phenanthrens und seiner B-Ring- und C-Ring-Homologen.* Das für Synthesen von Verbb. der Colchicinreihe wichtige *4b.5.6.7.8.8a.9.10-Oktahydro-2.3.4-trimethoxy-10-ketophenanthren* u. seine B- u. C-Ring-Homologen wurden von Vff. auf folgendem Wege synthetisiert: 2.3.4-Trimethoxyjodbenzol wurde in die GRIGNARD-Verb. u. nach der Rk. mit Cyclohexanon oder -heptanon in das entsprechende Trimethoxyphenylcycloalken übergeführt. Die Behandlung der Olefine mit Benzopersäure u. anschließend mit H_2SO_4 ergab die Trimethoxyphenylcycloalkanone u. anschließende REFORMATSKI-Rk., gefolgt von Dehydratisierung, Red. u. Verseifung die Trimethoxyphenylcycloalkylessigsäuren, die zu den entsprechenden tricycl. Ketonen cyclisiert wurden. Die ARNDT-EISTERT-Rk. der Essigsäuren führte zu den Propionsäuren, die auf die gleiche Weise zu tricycl. Ketonen cyclisiert wurden. — Das UV-Spektr. der vier Ketone zeigt charakterist. Unterschiede, die auf der Größe des B-Ringes beruhen. Auch das Ultrarotspektr. ist angegeben.

Versuche (FF. korr.): *1-[2'.3'.4'-Trimethoxyphenyl]-cyclohexen* (I), $C_{15}H_{20}O_3$, F. 41,5—43,5°; zu einer heftig gerührten Lsg. von 240 g 4-Jodpyrogalloltrimethyläther, Mg-Spänen u. wasserfreiem Ae. während 24 Std. unter langsamem Kochen Äthylbromid zufügen, dann innerhalb 24 Std. 192 g Cyclohexanon in Ae., weitere 24 Std. kochen, im Eisbad kühlen, mit nH_2SO_4 hydrolysieren u. mit NaCl-Lsg. waschen, den Ae. verdampfen u. den Rückstand dest.; neben 45 g eines Gemisches von *Cyclohexanon* u. *1-Äthylcyclohexanol* (Kp.$_5$ 30—68°), 38 g *Pyrogalloltrimethyläther* (Kp.$_5$ 95—109°), 46 g *Cyclohexenylcyclohexanon* (Kp.$_5$ 110—120°) u. 4,1 g *4-Jodpyrogalloltrimethyläther* (Kp.$_5$ 127—145°) 142 g I (70% Ausbeute), Kp.$_5$ 149—159°; aus PAe. Rhomben; λ_{max} 241 mμ (ε = 9300 in A.). — *2.3.4-Trimethoxyphenylcyclohexan*, $C_{15}H_{22}O_3$, F. 46—48°, durch Hydrierung von I mit 10%ig. Pd-Kohle; aus PAe. Nadeln; 93%. — *2.3.4-Trimethoxybiphenyl*, $C_{15}H_{16}O_3$, durch Dehydrierung von I mit 10%ig. Pd-Kohle bei 310°; Öl, Kp.$_{0,5}$ 128—132°, n_D^{25} 1,5845. — *1.[2'.3'.4'-Trimethoxyphenyl]-cyclohepten* (II), $C_{16}H_{22}O_3$, aus Cycloheptanon analog I; Kp.$_{0,45}$ 145°; n_D^{25} 1,5435; λ_{max} 243 mμ (ε = 11900 in A.); 76%. — *2-[2'.3'.4'-Trimethoxyphenyl]-cyclohexanon* (III), $C_{15}H_{20}O_4$, durch Zufügen von Benzopersäure in Essigester zu einer Lsg. von I in Essigester bei 3° u. 51std. Stehen im Eisschrank, bis 1 Äquivalent Benzopersäure verbraucht ist (Perjodsäuretitration); mit Lauge extrahieren, den Essigester verdampfen, das gelbe Öl in A. lösen u. 24 Std. mit verd. H_2SO_4 kochen; gelbliches Öl; Kp.$_5$ 178—190°; n_D^{25} 1,5390; 78%. *Semicarbazon*, $C_{16}H_{23}O_4N_3$, F. 192—194°, aus Essigester Rhomben. *Oxim*, $C_{15}H_{21}O_4N$, F. 156—158°, aus PAe. Nadeln. *2.4-Dinitrophenylhydrazon*, $C_{21}H_{24}O_7N_4$, F. 112—114°, aus A. orangerote Nadeln. — *1-[2'.3'.4'-Trimethoxyphenyl]-1.2-dioxycyclohexan*, $C_{15}H_{22}O_5$, F. 127—129°, durch Behandlung von 10,2 g des I-Rohprod. u. Benzopersäure in Essigester u. Fällen mit PAe.-Essigester (4:1); 6 g. — *2-[2'.3'.4'-Trimethoxyphenyl]-cycloheptanon* (IV), $C_{16}H_{22}O_4$, aus II u. Benzopersäure; gelbliches Öl; Kp.$_{0,45}$ 164—167°; n_D^{25} 1,5365; 51%. *Semicarbazon*, $C_{17}H_{25}O_4N_3$, F. 148—155°, aus wss. A. stumpfe Nadeln. *2.4-Dinitrophenylhydrazon*, $C_{22}H_{26}O_7N_4$, F. 153—154°, aus wss. A. orangegelbe Platten. — *1-[2'.3'.4'-Trimethoxyphenyl]-1.2-dioxycycloheptan*, $C_{16}H_{24}O_5$, F. 111—112°, aus 4,5 g des II-Rohprod. u. Benzopersäure in Essigester u. Fällen mit PAe.; gelbes Pulver; 2,1 g. — *1-Oxy-2-[2'.3'.4'-trimethoxyphenyl]-cyclohexyl-(1)-essigsäureäthylester*, $C_{19}H_{28}O_6$, durch Behandlung von III in Bzl. mit aktiviertem Zn, Bromessigester, Ae. u. einigen Kristallen Jod (vgl. BACHMANN u. Mitarbeiter, C. **1951**. I. 1720); während 2,5std. Kochen noch 4mal Zn u. Essigester zufügen; Kp.$_{0,5}$ 185—187°; n_D^{25} 1,5188; 90,5%. — *2-[2'.3'.4'-Trimethoxyphenyl]-cyclohexen-(1)-yl-(1)-essigsäureäthylester*, $C_{19}H_{26}O_5$, durch Abspaltung von H_2O aus vorst. Verb. mit $SOCl_2$ u. Pyridin; Kp.$_{0,5}$ 165—167°; n_D^{25} 1,5278; 91%. — *2-[2'.3'.4-Trimethoxyphenyl]-cyclohexylessigsäureäthylester*, $C_{19}H_{28}O_5$, durch Hydrierung vorst. Verb. mit 10%ig. Pd-Kohle; Kp.$_{0,5}$ 163—164°; n_D^{25} 1,5150; 97,5%. — *2-[2'.3'.4'-Trimethoxyphenyl]-cyclohexylessigsäure* (V), $C_{17}H_{24}O_5$, F. 135—136°; durch Verseifung vorst. Verb. erhält man eine *Substanz vom F. 110—127°*; 98%; verschied. Umkristallisationen aus Bzl./PAe. ergaben 50% eines reinen *Isomeren*. *S-Benzylthiuroniumsalz*, $C_{25}H_{34}O_5N_2S$,

F. 161—161,5°, aus absol. A. Rhomben. — *1-Oxy-2-[2'.3'.4'-trimethoxyphenyl]-cycloheptylessigsäureäthylester*, $C_{20}H_{30}O_6$, aus **IV**; Kp.$_{0,5}$ 183—185°; n_D^{25} 1,5234; 90%. — *2-[2'.3'.4'-Trimethoxyphenyl]-cyclohepten-(1)-yl-(1)-essigsäureäthylester*, $C_{20}H_{28}O_5$, Kp.$_{0,5}$ 174,5—175°; n_D^{25} 1,5286; 90,5%. — *2-[2'.3'.4'-Trimethoxyphenyl]-cycloheptylessigsäureäthylester*, $C_{20}H_{30}O_5$, Kp.$_{0,5}$ 167—180°; n_D^{25} 1,5179; 97,5%. — *2-[2'.3'.4'-Trimethoxyphenyl]-cycloheptylessigsäure* (**VI**), $C_{18}H_{26}O_5$, F. 82—83°, gelbes Öl; Kp.$_{0,5}$ 185—200°; 82,5%; drei Umkristallisationen aus PAe. ergaben 37% eines reinen *Isomeren*. — *β-[2-(2'.3'.4'-Trimethoxyphenyl)-cyclohexyl]-propionsäure* (**VII**), $C_{18}H_{26}O_5$, F. 82,5—83°, a) durch Behandlung von **V** mit PCl_5 u. anschließend mit äther. CH_2N_2, Umlagerung des Diazoketons nach der Benzylalkohol–Kollidin-Meth. (vgl. WILDS u. MEADER jr., C. **1948**. E. 31) u. Verseifung des Benzylesters; das dunkle Öl in PAe. mit Kohle behandeln u. über Nacht kühlen; aus PAe. Nadeln; 47%; b) die Benutzung von Oxalylchlorid zur Darst. des **V**-Säurechlorids u. Umlagerung nach der NEWMAN-BEAL-Meth. (vgl. C. **1951**. II. 510) ergab nach Molekulardest. u. Reinigung aus PAe. 51% Ausbeute. *S-Benzylthiuroniumsalz*, $C_{26}H_{36}O_5N_2S$, F. 159,5—160°, aus absol. A. Nadeln. — *4b.5.6.7.8.8a.9.10-Oktahydro-2.3.4-trimethoxy-10-ketophenanthren*, $C_{17}H_{22}O_4$, F. 78—79°, durch 2,5 std. Behandlung von **V** mit wasserfreiem HF unter Luftabschluß; nach Molekulardest. aus PAe. Prismen; 90,5%; λ_{max} 223, 276 u. 317 mμ (ε = 22600, 9500 u. 3700 in 95% ig. A.). *2.4-Dinitrophenylhydrazon*, $C_{23}H_{26}O_7N_4$, F. 242—242,5°, aus A.–Essigester dunkelrote Nadeln (durch Cyclisierung des Isomerengemischs von **V** [F. 110—127°] Nadeln vom F. 86—89,5°, die das gleiche *2.4-Dinitrophenylhydrazon* ergaben). — *6.6a.7.8.9.10.11.11a-Oktahydro-1.2.3-trimethoxy-5-keto-5H-cyclohepta-[a]-naphthalin* (*1.2.3-Trimethoxy-5-keto-7.8-cycloheptano-5.6.7.8-tetrahydronaphthalin*), $C_{18}H_{24}O_4$, F. 109—110,5°, durch 4,5 std. Behandlung von 5,98 g **VI** mit HF; aus wss. A. Nadeln; 5,52 g; λ_{max} 225, 274 u. 315 mμ (ε = 23800, 9450 u. 3700 in 95% ig. A.). *2.4-Dinitrophenylhydrazon*, $C_{24}H_{28}O_7N_4$, F. 201—202° (Zers.), aus A. dunkelrote Nadeln. — *6.7.7a.8.9.10.11.11a-Oktahydro-1.2.3-trimethoxy-5-keto-5H-dibenzo-[a:c]-cycloheptatrien* (**VIII**), durch 25 Min. Erhitzen von **VII** mit P_2O_5 in 90% ig. H_3PO_4 auf 65—70°; Molekulardest. der gelben Substanz; aus PAe. Prismen; 77%; λ_{max} 223, 270 u. 312 mμ (ε = 18800, 5500 2540 in 95% ig. A.). *2.4-Dinitrophenylhydrazon*, $C_{24}H_{28}O_7N_4$, F. 249 bis 251° (Zers.), aus A.–Essigester orangeglänzende Nadeln (bei der Cyclisierung des Isomerengemischs wird ein öliges Keton erhalten, das 2 verschied. *2.4-Dinitrophenylhydrazone* ergibt: a) dunkelrote Nadeln, F. 234—234,5°; b) rote Nadeln, F. 201—203°). — *5.6.7.7a.-8.9.10.11.12.12a-Dekahydro-1.2.3-trimethoxy-5-ketobenzo-[a]-heptalen* (**IX**), $C_{19}H_{26}O_4$, durch ARNDT-EISTERT-Rk. von 2,2 g **VI** unter Benutzung der NEWMAN-BEAL-Meth. (l. c.); das gelbe Öl 25 Min. bei 65—70° mit in 90% ig. H_3PO_4 gelöstem P_2O_5 behandeln u. bei 145°/0,005 mm dest.; 1,46 g; λ_{max} 222, 270 u. 316 mμ (ε = 12700, 5200 u. 2060 in 95% ig. A.). *2.4-Dinitrophenylhydrazon*, $C_{25}H_{30}O_7N_4$, F. 190 bis 191°, aus A. orangerote Nadeln. (J. Amer. chem. Soc. **76**. 1771—75. 5/4. 1954. St. Louis, Mo., Univ., Dep. of Chem.) E. U. FRANCK. 3500

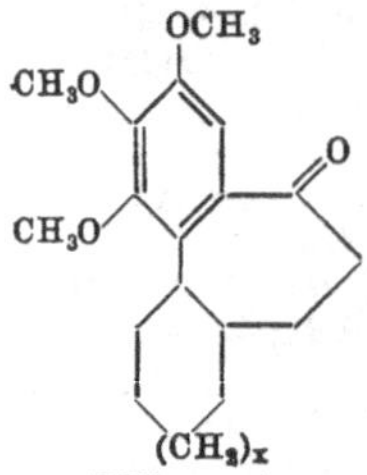

VIII x = 1
IX x = 2

P. Bellet und **P. Régnier**, *Über das 2-Desmethylcolchicin und einige davon abgeleitete Tropaminone.* Die Substitution in der Methoxylgruppe des Tropolonringes des *2-Desmethylcolchicins* (**I**) durch verschied. Aminreste führt zur Gruppe der *Tropaminone* (*2-Desmethylcolchiceinamide*; **II**). Die hier neu beschriebenen Substanzen werden meist bei n. Temp. erhalten u. zeigen in Lsg. starke Linksdrehung. Es wird festgestellt, daß **I** unter Bldg. von definierten Solvaten mit doppeltem F. krist.: aus Aceton lange farblose prismat. Nadeln mit 1 Mol Aceton, F. 180—190° u. 275—280° $[\alpha]_D$ —230° (c = 1%; Methanol); aus Chlf. gelbe Polyeder mit 2 Mol Chlf., FF. 175—178° u. 273—275°; nach Behandlung mit Aceton gehen diese in die aceton. Form über; aus Methanol lange hellgelbe Nadeln mit 1 Mol Methanol FF. 172—175 u. 267—270°, die gleichfalls mit Aceton, Chlf. u. Äthylacetat umwandelbar sind; aus Äthylacetat mit ½ Mol. 4 Mikrophotographien.

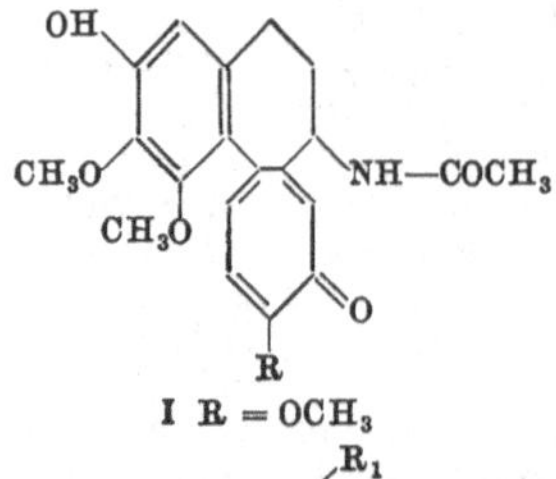

I R = OCH_3
II R = $N(R_1)(R_2)$

Versuche: *2-Desmethylcolchiceinamide* (**II**): R = NH_2, $C_{20}H_{22}O_5N_2$, F. 275 bis 276°, aus A. hellgelbe Prismen, aus 1 g **I**-Acetonsolvat in 3 cm³ W. u. 100 cm³ 17 n NH_4OH, (24 Std. bei n. Temp.); $[\alpha]_D^{15}$ —300° (c = 1%; Methanol); Ausbeute 70%. — R = $NH \cdot CH_3$, $C_{21}H_{24}O_5N_2$, F. 278—281°, aus Chlf.–A. dicke Prismen, wie vorher aus 1 g **I** u. 5 cm³ Monomethylanilin, $[\alpha]_D^{15}$ —71° (c = 1%; Chlf.). — Die folgenden Verbb. werden jeweils aus 1 g **I**–Chlf. oder -Acetonsolvat in 5—7 cm³ A. u. einer mol. Konz. von 3—5 an Amin bei n. Temp. in 2—6 Tagen erhalten; Umsetzung mit Äthylamin bei 50° in 1½ Stunden. — R = *NHC_2H_5*, $C_{22}H_{26}O_5N_2$, F. 265—270°. — R = *NHC_3H_7*, $C_{23}H_{28}O_5N_2$, F. 255—257°; $[\alpha]_D^{15}$ —237° (c = 1%; Methanol). — R = *NHC_4H_9*, $C_{24}H_{30}O_5N_2$, F. 155 bis 160°; $[\alpha]_D^{15}$ —66° (c = 1%; Chlf.), —256° (Methanol). — R = *NHC_5H_{11}*, $C_{25}H_{32}O_5N_2$, F. 155—156°; $[\alpha]_D^{15}$ —226° (c = 1%; Methanol). — R = *NHC_6H_{13}*, $C_{26}H_{34}O_5N_2$, F. 167 bis 168°; $[\alpha]_D^{15}$ —104° (c = 1%; Chlf.), —223° (Methanol). — R = *$N(CH_3)_2$*, $C_{22}H_{26}O_5N_2$, F. 268°; $[\alpha]_D^{15}$ +486° (c = 1%; Chlf.). — R = *$N(C_2H_5)_2$*, $C_{24}H_{30}O_5N_2 \cdot ½ C_2H_5OH$, F. 197—200°; $[\alpha]_D^{15}$ +595° (c = 1%, Chlf.), +67° (Methanol). — R = *Piperidino*, $C_{25}H_{30}O_5N_2$, F. 255°; $[\alpha]_D^{15}$ —195° (c = 1%; Methanol). — R = *Morpholino*, $C_{24}H_{28}O_6N_2$, F. 182—185°; $[\alpha]_D^{15}$ —248° (c = 1%; Methanol). — R = *NHC_2H_4OH*, $C_{22}H_{26}O_6N_2 \cdot C_2H_5OH$, F. 180—257°; $[\alpha]_D^{15}$ —187° (c = 1%; Methanol). — Von allen Verbb. sind die $[\alpha]_D^{15}$ in nNaOH (c = 1%) angegeben. (Bull. Soc. chim. France, Mém. [5] **1954**. 408—10. März. Serv. Sci. Roussel-Uclaf.) E. ROTTER. 3500

A. Stoll und **A. Hofmann**, *Amide der stereoisomeren Lysergsäuren und Dihydrolysergsäuren.* 38. Mitt. *über Mutterkornalkaloide.* (37. vgl. Helv. chim. Acta **37**.[1954.] 2039.) Eine größere Anzahl *substituierter Amide* der *Lyserg-* (I), *Isolyserg-* (II), *Dihydrolyserg-* (III) u. *Dihydroisolysergsäure* (IV) wird durch Umsetzung der durch Rk. der Hydrazide der entsprechenden Säuren mit HNO_2 erhaltenen *Azide* mit prim. oder sek. Aminen synthetisiert (vgl. C. **1943**. II. 222). Das bei der Synth. stets entstehende Isomerengemisch kann auf chromatograph. Wege in die Komponenten zerlegt werden, da die I-Derivv. mit prim. Aminen besser an der Al_2O_3-Säule haften als die entsprechenden II-Derivv., während bei den Verbb. mit sek. Aminen die Verhältnisse umgekehrt liegen. — Das *D-I-Monoäthylamid* zeigt wie das früher dargestellte *Diäthylamid* Wirkungen auf das zentrale Nervensyst., besitzt jedoch in Gegensatz zu letzterer Verb. eine sedative Komponente. Da auch das ebenfalls früher hergestellte *D-I-(+)-Butanolamid-(2)* bedeutende pharmakol. Wirksamkeit besitzt, wurden alle synthetisierten Amide einer pharmakol. Prüfung unterworfen.

Versuche (FF. korr. u. unter Zers.; $[\alpha]_D^{20}$ in Pyridin): *L-I-Amid*, $C_{16}H_{17}ON_3$, F. 241°, durch Behandeln von L-II-Amid mit alkoh. KOH, Aufnehmen des Isomerengemisches in der 25fachen Menge Chlf. u. Umkristallisieren durch Lösen in der 100fachen Menge Methanol bei Raumtemp. u. sofortiges Einengen im Vakuum bei einer 20° nicht übersteigenden Badtemp.; $[\alpha]_D^{20}$ —10°; $[\alpha]_{5461}^{20}$ —19° (c = 0,5 in Pyridin); kurze Prismen. *Methansulfonat*, F. 232°; aus konz. Methanollsg. mit Aceton langgestreckte Prismen. — *L-II-Amid*, $C_{16}H_{17}ON_3$, F. 132—134°; $[\alpha]_D^{20}$ —489°; $[\alpha]_{5461}^{20}$ —616° (c = 0,5 in Pyridin); aus Methanol langgestreckte Prismen mit 1 Mol CH_3OH. — *D-I-Methylamid*, über das *Methansulfonat*, $C_{17}H_{19}ON_3 \cdot CH_3SO_3H$, F. 234°; $[\alpha]_D^{20}$ +90° (c = 0,3 in 50%ig. A.); aus Methanol Nadeln. *Amid*, $[\alpha]_D^{20}$ +26° (c = 0,2). — *D-II-Methylamid*, $C_{17}H_{19}ON_3$, F. 183°; $[\alpha]_D^{20}$ +445° (c = 0,2); aus Methanol kurze Prismen. — *D-I-Äthylamid*, $C_{18}H_{21}ON_3$, F. 153—155°, $[\alpha]_D^{20}$ —66° (c = 0,3 in Chlf.); aus Essigester sechseckige Platten. *Tartrat*, $(C_{18}H_{21}ON_3)_2 \cdot C_4H_6O_6$, F. 148—151°; $[\alpha]_D^{20}$ +72° (c = 0,5 in 50%ig. A.); aus Methanol Nadeln mit 1 Mol CH_3OH. — *D-II-Äthylamid*, $C_{18}H_{21}ON_3$, F. 188°; $[\alpha]_D^{20}$ +476° (c = 0,35); aus Aceton Prismen u. Polyeder. — *D-I-n-Propylamid*, $C_{19}H_{23}ON_3$, Reinigen über das Maleinat; $[\alpha]_D^{20}$ —4° (c = 0,25). *Saures Maleinat*, F. 207°; $[\alpha]_D^{20}$ +59° (c = 0,5 in 50%ig. A.); aus Methanol Nadeln. — *D-II-n-Propylamid*, $C_{19}H_{23}ON_3$, F. 118°; $[\alpha]_D^{20}$ +472° (c = 0,4); aus Methanol + W. Nadeln. — *D-I-Isopropylamid*, $C_{19}H_{23}ON_3$, F. 200—210°; $[\alpha]_D^{20}$ —4° (c = 0,3); $[\alpha]_D^{20}$ —34° (c = 0,3 in Chlf.); aus Bzl. rechteckige Platten. *Tartrat*, $(C_{19}H_{23}ON_3)_2 \cdot C_4H_6O_6$, F. 158—160°, aus Methanol Nadelbüschel. — *D-II-Isopropylamid*, über das *Perchlorat*, $C_{19}H_{23}ON_3 \cdot HClO_4$, F. 176°; aus Methanol drei- u. sechseckige Platten. *Amid*, $[\alpha]_D^{20}$ +432° (c = 0,5). — *D-I-n-Butylamid*, $C_{20}H_{25}ON_3$, F. 110—120°; $[\alpha]_D^{20}$ —10° (c = 0,3); aus Bzl. Polyeder. *Hydrochlorid*, $C_{20}H_{25}ON_3 \cdot HCl \cdot H_2O$, F. 220°; $[\alpha]_D^{20}$ +69° (c = 0,3 in 50%ig. A.); aus 95%ig. A. kurze Prismen. *Saures Maleinat*, $C_{20}H_{25}ON_3 \cdot C_4H_4O_4$, F. 216°; $[\alpha]_D^{20}$ +59° (c = 0,6 in 50%ig. A.); aus Methanol Nadeln. — *D-II-n-Butylamid*, $C_{20}H_{25}ON_3$, F. 140—143°; $[\alpha]_D^{20}$ +430° (c = 0,5); aus Ae. derbe Prismen. — *D-I-n-Amylamid*, $C_{21}H_{27}ON_3$, F. 190°; $[\alpha]_D^{20}$ —12° (c = 0,5); aus Bzl. kurze Prismen. — *D-II-n-Amylamid*, $C_{21}H_{27}ON_3$, F. 153°; $[\alpha]_D^{20}$ +409° (c = 0,5); aus Ae. lange Prismen. — *D-I-Allylamid*, über das *Tartrat*, $(C_{19}H_{21}ON_3)_2 \cdot C_4H_6O_6$, F. 110 bis 115°; $[\alpha]_D^{20}$ +72° (c = 0,5 in 50%ig. A.); aus Methanol Nadeln. *Amid*, $[\alpha]_D^{20}$ + 1° (c = 0,2). — *D-II-Allylamid*, $C_{19}H_{21}ON_3$, F. 156°; $[\alpha]_D^{20}$ +439° (c = 0,4); aus Essigester stumpfe Prismen. — *D-I-(+)-β-Phenylisopropylamid*, $C_{25}H_{27}ON_3$, durch Kondensation von D-I-Azid mit (+)-1-Phenyl-2-aminopropan (Benzedrin), das durch Red. von (—)-Norephedrin in Eisessig-H_2SO_4 in Ggw. von Pd-Mohr erhalten wurde; nach Reinigung über das Tartrat $[\alpha]_D^{20}$ —13° (c = 0,3). *Tartrat*, F. 193°; $[\alpha]_D^{20}$ +52° (c = 0,8 in 50%ig. A.); aus Methanol Nadelbüschel. *Saures Maleinat*, $C_{25}H_{27}ON_3 \cdot C_4H_4O_4$, F. 240°; aus Methanol

Nadeln. — *D*-I-*L*-*3-Methylbutanolamid-(2)* (*Dimethylergobasin*), $C_{21}H_{27}O_2N_3$, F. 110—115°; aus L-(+)-3-Methyl-2-aminobutanol (L-Valinol); $[\alpha]_D^{20}$ —59°, $[\alpha]_{5461}^{20}$ —62° (c = 0,5); aus Chlf., dann A. mit Ae. Prismen u. Polyeder. — *D*-II-*L*-*3-Methylbutanolamid-(2)* (*Dimethylergobasinin*), $C_{21}H_{27}O_2N_3$, F. 188°; $[\alpha]_D^{20}$ +381°, $[\alpha]_{5461}^{20}$ +479° (c = 0,5 in Chlf.); $[\alpha]_D^{20}$ +463°, $[\alpha]_{5461}^{20}$ +583° (c = 0,5); aus Methanol lange Prismen; aus Aceton Polyeder. — *D*-I-(+)-*1-Acetoxybutylamid-(2)* (*O-Acetylmethylergobasin*), $C_{22}H_{27}O_3N_3$, F. 188°, durch 3tägiges Stehen von 1 g D-I-(+)-Butanolamid-(2) (Methylergobasin) mit $(CH_3CO)_2O$ in Pyridin bei Raumtemp. unter N_2 im Dunkeln u. Chromatographie unter Verwendung von Chlf. mit 0,25% A. als Lösungsm.; $[\alpha]_D^{20}$ —45° (c = 0,3); aus Essigester dicke Prismen; 0,71 g (Ausbeute). Daneben 0,29 g offenbar isomerisiertes Acetylierungsprod.; $[\alpha]_D^{20}$ +336° (Chlf.). — *D*-I-*β-[Trimethoxyphenyl]-äthylamid* (*D*-I-*Mezcalid*), $C_{27}H_{31}O_4N_3$, F. 185°; $[\alpha]_D^{20}$ —8° (c = 0,5); aus Aceton oder Methanol Polyeder. — *D*-I-*Dimethylamid*, durch Aufnehmen des aus 1 g D-II-Hydrazid dargestellten u. mit $NaHCO_3$ in Freiheit gesetzten Azids in Ae., Eindampfen im Vakuum bei 10° Badtemp., Lösen in Dimethylamin im Rohr bei —10°, 1 std. Stehen bei 60°, Chromatographie der eingeengten Lsg. an Al_2O_3 mit absol. Chlf. u. Reinigen über das Tartrat; $[\alpha]_D^{20}$ +29° (c = 0,4); 0,68 g. *Hydrochlorid*, $C_{18}H_{21}ON_3 \cdot HCl$, F. 257°; aus Methanol lange Nadeln. *Tartrat*, F. 203°; $[\alpha]_D^{20}$ +47° (c = 0,5 in W.); aus Methanol feine Nadeln. — *D*-II-*Dimethylamid*, $C_{18}H_{21}ON_3$, F. 146°; $[\alpha]_D^{20}$ +199° (c = 0,4), durch Eluierung mit 3% A. enthaltendem Chlf. nach Entfernung der vorst. Verb.; aus Aceton dicke, achteckige Platten; 0,15 g. — *L*-I-*Diäthylamid*, $C_{20}H_{25}ON_3$, F. 80—85°; $[\alpha]_D^{20}$ —17° (c = 0,5); aus Chlf.-Ae., Ae. oder Essigester Prismen. *L-Tartrat*, F. 200°, mit L-Weinsäure in Methanol; $[\alpha]_D^{20}$ —30° (c = 1,0 in W.); Nadelbüschel. — *D*-I-*Diäthylamid-D-tartrat* (*LSD 25* oder *Delysid*), $(C_{20}H_{25}ON_3)_2 \cdot C_4H_6O_6 \cdot 2\,CH_3OH$, F. 198—200°; $[\alpha]_D^{20}$ +30° (c = 1 in W.); aus Methanol Prismen; nach Trocknen im Hochvakuum bei 100° kristallösungsmittelfrei. *Amid*, $[\alpha]_D^{20}$ +17° (c = 0,5); der früher (l. c.) gefundene Wert +30° stammte von der Verunreinigung durch die Isoverbindung. — *L*-II-*Diäthylamid*, $C_{20}H_{25}ON_3$, F. 182°; $[\alpha]_D^{20}$ —219° (c = 0,5); aus Aceton stumpfe Prismen. — *D*-I-*Di-n-propylamid*, $C_{22}H_{29}ON_3$, F. 195°, durch 1 std. Stehen des aus D-II-Hydrazid erhaltenen u. in Di-n-propylamin gelösten Azids bei 80°; $[\alpha]_D^{20}$ +18° (c = 0,4); aus Aceton sechseckige Platten. — *D*-I-*Diisopropylamid*, $C_{22}H_{29}ON_3$, F. 246°; $[\alpha]_D^{20}$ +35° (c = 0,4); aus Aceton dicke, vielflächige Prismen. *Tartrat*, F. 212°; aus Methanol Nadelbüschel. — *D*-II-*Diisopropylamid*, $C_{22}H_{29}ON_3$, F. 260°; $[\alpha]_D^{20}$ +178° (c = 0,4); aus Methanol, Essigester oder Aceton Prismen. — *D*-I-*Di-n-butylamid*, $C_{24}H_{33}ON_3$, F. 97°; $[\alpha]_D^{20}$ +15° (c = 0,4); aus 80%ig. Methanol lange Nadeln. *Tartrat*, $(C_{24}H_{33}ON_3)_2 \cdot C_4H_6O_6$, F. 218°; $[\alpha]_D^{20}$ +37° (c = 0,3 in 50%ig. A.); aus Methanol Nadeln. — *D*-I-(+)-*Methyl-[β-phenylisopropyl]-amid* [*D*-I-(+)-*Desoxyephedrid*], $C_{26}H_{29}ON_3$, F. 186°, durch Kondensation von D-II-Azid mit (+)-Desoxyephedrin (Pervitin), das durch Red. von (—)-Ephedrin in Eisessig–H_2SO_4 in Ggw. von Pd-Mohr erhalten wurde, Chromatographie in alkoh. Benzollsg. an Al_2O_3 u. Eluieren mit Bzl. + ½% A.; $[\alpha]_D^{20}$ +21° (c = 0,4); aus Aceton viereckige Platten. *Tartrat*, F. 150—155°, aus Methanol Nadelbüschel. *Methansulfonat*, F. 240°, aus Methanol Polyeder. — *D*-II-(+)-*Methyl-[β-phenylisopropyl]-amid* [*D*-II-(+)-*Desoxyephedrid*], $C_{26}H_{29}ON_3$, F. 212°, nach Eluieren mit Bzl. +3% A.; $[\alpha]_D^{20}$ +174° (c = 0,4); aus Aceton Polyeder. — *D*-I-*Piperidid*, *Tartrat*, $(C_{21}H_{25}ON_3)_2 \cdot C_4H_6O_6$, F. 145—150°, nach Eluieren mit Bzl.; $[\alpha]_D^{20}$ +15° (c = 0,4 in W.); aus Methanol Nadeln. *Amid*, über das Tartrat; $[\alpha]_D^{20}$ +18° (c = 0,5). — *D*-II-*Piperidid*, $C_{21}H_{25}ON_3$, F. 137—140°, nach Eluieren mit Bzl. + 1% A.; $[\alpha]_D^{20}$ +190° (c = 0,6); aus Methanol Polyeder. — *D*-I-*Morpholid*, $C_{20}H_{23}O_2N_3$, F. 116°; $[\alpha]_D^{20}$ +26° (c = 0,5); aus Bzl. sechseckige Platten. *Tartrat*, F. 180°; $[\alpha]_D^{20}$ +23° (c = 0,3 in W.); aus Methanol Nadeln. *Saures Maleinat*, $C_{20}H_{23}O_2N_3 \cdot C_4H_4O_4$, F. 207°, aus Methanol Nadeln. — *D*-II-*Morpholid*, $C_{20}H_{23}O_2N_3$, F. 188°; $[\alpha]_D^{20}$ +203° (c = 0,5), aus Essigester oder Aceton dünne Plättchen. — *D*-I-*Pyrrolidid*, $C_{20}H_{23}ON_3$, F. 181°, durch 1 std. Erhitzen von aus D-II-Hydrazid hergestelltem, trockenem Azid in Pyrrolidin auf 60°, Chromatographie u. Entw. mit Chlf. + ½% A.; $[\alpha]_D^{20}$ +25° (c = 0,6); aus Aceton oder Essigester Prismen. *Saures Maleinat*, F. 204—206°; $[\alpha]_D^{20}$ +35° (c = 0,5 in W.); aus Methanol langgestreckte Prismen. — *D*-II-*Pyrrolidid*, $C_{20}H_{23}ON_3$, F. 202 bis 203°; $[\alpha]_D^{20}$ +193° (c = 0,5); aus Aceton Plättchen. — *trans-D*-III-*Äthylamid*, $C_{18}H_{23}ON_3$, F. 251°, durch mehrstd. Stehen von D-III-Azid mit Diäthylamin in Ae., Ausschütteln mit $NaHCO_3$-Lsg., Eindampfen, Lösen in Methanol u. Verdünnen der eingeengten Lsg. mit Ae.; $[\alpha]_D^{20}$ —136° (c = 0,7); Nadelbüschel. *Tartrat*, F. 248°; $[\alpha]_D^{20}$ —50° (c = 0,7 in 50%ig. A.); aus Methanol viereckige Blättchen. — *trans-D*-IV-*Äthylamid*, $C_{18}H_{23}ON_3$, F. 238—239°, nach Lösen des Reaktionsprod. in CH_2Cl_2 u. Reinigung durch eine Al_2O_3-Säule; $[\alpha]_D^{20}$ +22° (c = 0,3); aus Essigester oder Aceton Rhomboeder. — *trans-D*-III-*Isopropylamid*, $C_{19}H_{25}ON_3$, F. 255°; $[\alpha]_D^{20}$ —140° (c = 0,6); aus Aceton lange Prismen, die sich beim Stehen in sechseckige Platten umwandeln. *Tartrat*, F. 262°; $[\alpha]_D^{20}$ —50°

(c = 0,4 in 50%ig. A.); aus Methanol stumpfe Prismen. — *trans-D*-III-[*N-Methylpiperidyl-(4)*]*-amid*, $C_{22}H_{30}ON_4$, F. 276°, durch Rk. von D-III-Azid mit N-Methyl-4-aminopiperidin, das durch reduktive Aminierung von N-Methylpiperidon-(4) erhalten wurde; $[\alpha]_D^{20}$ —130° (c = 0,4); aus Aceton lange Prismen. — *trans-D*-III-*Diäthylamid*, $C_{20}H_{27}ON_3$, F. 130—135°; $[\alpha]_D^{20}$ —114° (c = 0,5); aus Bzl. Prismen. *Tartrat*, $(C_{20}H_{27}ON_3)_2 \cdot C_4H_6O_6$, F. 180—185°; $[\alpha]_D^{20}$ —79° (c = 0,9 in W.); aus Methanol Nadeln. — *trans-D*-IV-*Diäthylamid*, $C_{20}H_{27}ON_3$, F. 240—243°, durch 24std. Stehen des bei 0° in Diäthylamin gelösten Azids bei Raumtemp.; $[\alpha]_D^{20}$ —68° (c = 0,3); aus A. Prismen. — *trans-D*-III-*Piperidid*, $C_{21}H_{27}ON_3$, F. 197°; $[\alpha]_D^{20}$ —122° (c = 0,5); aus Chlf. beim Verdünnen mit Ae. lange Prismen. *Tartrat*, F. 197—199°, aus Methanol lange Nadeln. — *trans-D*-III-*Pyrrolidid*, $C_{20}H_{25}ON_3$, F. 214°; $[\alpha]_D^{20}$ —119° (c = 0,5); aus Essigester haarfeine Nadeln. *Tartrat*, F. 188°; $[\alpha]_D^{20}$ —89° (c = 0,4 in W.); aus Methanol rechteckige Platten. — *trans-D*-III-*Morpholid*, $C_{20}H_{25}O_2N_3$, F. 156—158°; $[\alpha]_D^{20}$ —112°; aus Bzl. dünne Plättchen. *Tartrat*, $(C_{20}H_{25}O_2N_3)_2 \cdot C_4H_6O_6$, F. 186—188°; $[\alpha]_D^{20}$ —85° (c = 0,2 in W.); aus Methanol Prismen. (Helv. chim. Acta **38.** 421—33. 15/3. 1955. Basel, Sandoz, Pharmazeut.-chem. Labor.) I. BUCHTA. 3500

Cécile Collin-Asselineau und **Edgar Lederer**, *Synthesen in der Ambreinolidreihe. Darstellung eines wohlriechenden Lactons*, $C_{16}H_{24}O_2$. In Fortsetzung früherer Synthesen in der Ambreinolidreihe (LEDERER u. Mitarbeiter, C. **1952.** 2008) wurde durch REFORMATSKI-Kondensation des Aldehyds $C_{14}H_{22}O$ (**I**) mit Bromessigsäureäthylester der *Oxyester* $C_{18}H_{30}O_3$ (**II**) erhalten. **II** lieferte nach Wasserabspaltung den Ester **III**, der nach Verseifung die *Säure* $C_{16}H_{24}O_2$ (**IV**) lieferte. **IV** konnte durch Hydrierung in CH_3COOH in

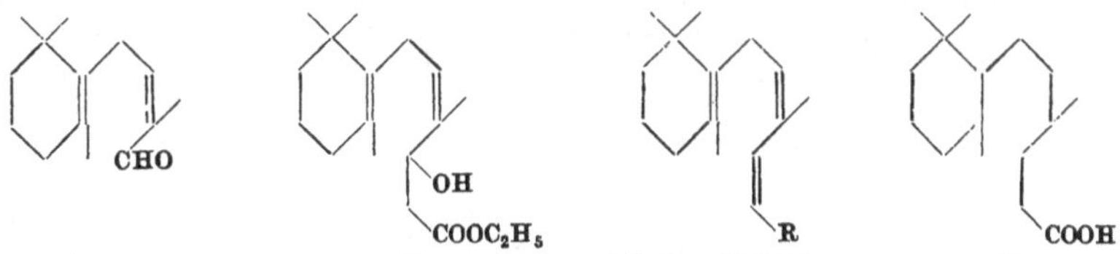

I II III R = $COOC_2H_5$ V
VI R = CH_2OH

Ggw. von PtO_2 in die *gesätt. Säure* **V** übergeführt werden. Das UV-Spektr. von **IV** weist ein Maximum bei 270 mμ auf, während das Spektr. des durch Red. des **IV**-Methylesters mit $LiAlH_4$ erhaltenen *Alkohols* **VI** ein Maximum bei 237 mμ besitzt. Diese Maxima entsprechen den Molekülanordnungen $-CH=C(CH_3)-CH=CH-COOH$ bzw. $-CH=C(CH_3)-CH=CH-CH_2OH$. Die Differenz der Maxima spricht bei **IV** für zwei Doppelbindungen in Konjugation zur Carbonylgruppe. Die Säure wird durch HCOOH in der Kälte u. durch H_3PO_4 in der Siedehitze lactonisiert. Das in der Kälte von n-KOH nicht angreifbare Lacton konnte durch katalyt. Hydrierung in das entsprechende *gesätt. Lacton* übergeführt werden.

Versuche: *Oxyester* **II**, $C_{18}H_{30}O_3$, Kp.$_{0,2}$ 152°, durch Umsetzung von **I** mit Bromessigsäureäthylester nach REFORMATSKI u. Dest. im Vakuum; n_D^{20} 1,4950, $D.^{20}_4$ 1,007; 75% (Ausbeute). — **IV**-*Äthylester* (**III**), $C_{18}H_{28}O_2$, Kp.$_{0,2}$ 116°, durch 2std. Erhitzen von **II** mit Naphthalinsulfonsäure auf 100° u. Chromatographie an Al_2O_3; n_D^{14} 1,5272, blaßgelbes Öl; 60%. — **IV**, $C_{16}H_{24}O_2$, F. 147—148° (korr.), durch Verseifung von **III** mit wss.-alkoh. n-KOH; Nadeln aus Essigester. *Methylester*, $C_{17}H_{26}O_2$, durch Rk. von **IV** mit CH_2N_2 u. Dest. bei 0,2 mm u. 140° Luftbadtemp.; n_D^{19} 1,5363, $D.^{19}_4$ 0,971. — *Säure* $C_{16}H_{30}O_2$ (**V**), durch Hydrierung von **IV** in CH_3COOH in Ggw. von PtO_2; n_D^{20} 1,4786, $D.^{20}_4$ 0,943; 75,68. — *Alkohol* $C_{16}H_{26}O$ (**VI**), *3.5-Dinitrobenzoat*, $C_{23}H_{28}O_6N_2$, F. 97—99° (korr.). — *Lacton* $C_{16}H_{24}O_2$, durch Behandlung von **IV** mit wasserfreier HCOOH u. 5% H_2SO_4, Chromatographie u. Dest.; n_D^{20} 1,5078, $D.^{20}_4$ 1,055; 70,59. — *Lacton* $C_{16}H_{28}O_2$, durch Hydrierung vorst. Lactons in CH_3COOH in Ggw. von PtO_2 u. Dest. bei 0,2 mm u. 130° Luftbadtemperatur. (C. R. hebd. Séances Acad. Sci. **234.** 341—43. 14/1. 1952.) HORST BAGANZ. 3600

Léon Velluz und **Gaston Amiard**, *Untersuchungen über das Precalciferol.* Die Ergebnisse verschied. Abbauverss. an *Precalciferol* (**II**) zeigen, daß zwischen diesem u. *Calciferol* (**I**) größere Unterschiede als nur die einer räumlichen Isomerie bestehen müssen (vgl. Bull. Soc. chim. France, Mém. [5] **15.** [1948.] 1115 u. C. **1950.** I. 1488). — Zur Klärung, ob in 19-Stellung eine Methylengruppe vorhanden ist u. welcher Art die Kette zwischen den Ringen A u. C ist, wird für **I** u. **II** vergleichend festgestellt: Bei der Ozonolyse liefert **I** 3—10mal so viel HCHO wie **II**. Diese Tatsache steht gegen die Annahme der räumlichen Isomerie u. die Ggw. einer Methylengruppe in **II**. Die Infrarotspektren (4 Diagramme) von I u. II sowie ihrer Dinitrobenzoate (Ia u. IIa) zeigen im Bereich von 900 cm^{-1} (für $=CH_2$) verschied. Absorption. — Die Oxydation von Ia mit Pb-Tetraacetat (V) bei n. Temp. führt in Übereinstimmung mit WINDAUS u. RIEMANN (C. **1942.** II. 2367) zum

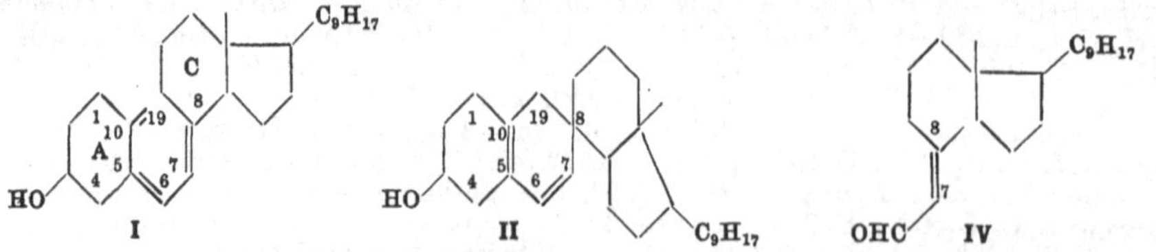

I II IV

5.6-Diacetoxy-5.6-dihydrocalciferoldinitrobenzoat, dessen Verseifung das *5.6-Dioxy-5.6-dihydrocalciferol* (III) liefert. Mit **V** gibt **III** den *Aldehyd* **IV**. Mit **II** können diese Ergebnisse nicht erhalten werden: Trotz Chromatographie der Ausgangs- u. Reaktionsprodd. wird an definierbaren Substanzen nur eine sehr geringe Menge **III**, die von der teilweisen Isomerisierung des **II** während der Oxydation herrührt, gefunden. — Bei der CrO_3-Oxydation entsteht aus **I** der Aldehyd **IV**, nicht aber aus **II**. — Bei der Hydrierung von **I** in Ggw. von RANEY-Ni wird ein *Dihydrovitamin* D_2 mit noch vorhandener konjugierter Dienkette erhalten, während aus **II** ein *Dihydroderiv.* ohne diese entsteht. Die bei **II** langsamer verlaufende Hydrierung ist nach Aufnahme von 1 Mol H_2 beendet, während bei **I** 2 Mole aufgenommen werden. Dies läßt den Schluß zu, daß im Gegensatz zu **II** in **I** eine $=CH_2$-Gruppe vorhanden ist u. Unterschiede in der Substitution an den Doppelbindungen bestehen. Aus diesen Gründen wird für **II** die obenst. Strukturformel vorgeschlagen, die in 19-Stellung keine $=CH_2$-Gruppe trägt, jedoch mit einer reversiblen Umwandlung in **I** vereinbar ist (intramol. Diensynth.); sie spricht dem **II** „spiro-steroide" Struktur zu.

Versuche (unter Mitarbeit von **A. Petit, R. Heymès, B. Goffinet**): Die Ozonolyse wird an $^1/_{4000}$ g-Mol Substanz im CCl_4 bei 0° mit 50—100 cm^3/Min. 4%ig. O_3 ausgeführt; nach Zers. der Ozonide mit Zn wird *HCHO* über die *Dimedonverb.* bestimmt; die *Dinitrobenzoate* der nachst. Verbb. liefern HCHO in folgenden Mengen: *Cholesterin* 50 (γ HCHO); *Ergosterin* 75; *Precalciferol*$_2$ (II) 150; *Precalciferol*$_3$ 200; *Calciferol*$_2$ (I) 780; *Calciferol*$_3$ 2000. — *5.6-Diacetoxy-5.6-dihydrocalciferoldinitrobenzoat*, $C_{39}H_{52}O_{10}N_2$, F. 155 bis 157°, durch Behandlung von **Ia** nach WINDAUS (l. c.); 25% (Ausbeute). — *5.6-Dioxy-5.6-dihydrocalciferol* (III), F. 156—157°, durch Verseifung der vorigen Verb. mit 10%ig. methanol. KOH; 90%. — *Aldehyd* **IV**, $C_{21}H_{34}O$, F. 59°, durch Spaltung von **III** mit **V**; 76%. **II** liefert unter den gleichen Arbeitsbedingungen keine krist. Produkte. — **IV**, auch aus 3 g **I** mit CrO_3 nach HEILBRON u. Mitarbeitern (C. **1937.** I. 892); 2,8 g. *Semicarbazon*, $C_{22}H_{37}ON_3$, F. 241—244° (Zers.). Aus 5 g **II** u. CrO_3 werden 4,6 g einer neutralen Fraktion erhalten, die kein Semicarbazon gibt. — *Dihydrovitamin* D_2, Öl, durch Hydrierung von 2 g **I** in Ggw. von RANEY-Ni; keine Absorption über 230 mμ. Nach Aufnahme von 1 Mol H_2 kann ein *Dinitrobenzoat*, F. 165°, isoliert werden. — *Dihydrocalciferol*, F. 102°, durch Verseifung des vorigen Dinitrobenzoats; λ_{max} 243,5, 251,5, 260,8 mμ (ε = 22400, 25800, 17900). — Durch Hydrierung von 1 g **II** wird ein Prod. gewonnen, das nicht krist. u. keine Absorption über 230 mμ zeigt. (Bull. Soc. chim. France, Mém. [5] **1955.** 205—08. Febr. Serv. de Rech. Roussel-Uclaf.) E. ROTTER. 3800

Walter Siedel und **Helmut Nahm**, *Untersuchungen über Chloramphenicol.* 1. Mitt. *Über die Hydrierung von α-Benzoyl-N-acylserinbenzylestern.* Es wird die katalyt. Hydrierung von α-Benzoyl-N-phenacetylserinbenzylester (I) nach D. B. P. 914 858 (C. **1955.** 416) zu *2-Phenacetamido-1-phenylpropandiol-(1.3)* (II) näher untersucht u. festgestellt, daß die Oxymethylgruppe zu einem wesentlichen Teil als CH_2O abgespalten wird u. *ω-Phenacetamidoacetophenon* u. *1-Phenacetamido-2-oxy-2-phenyläthan* entstehen. Während durch Zusatz von Triäthylamin, Formamid, Phenol, Na-Acetat u. Phosphaten die Abspaltung des CH_2O nicht verhindert wird, gelingt dies durch Zusatz von Essigsäure oder besser Ameisensäure. In 90%ig. Ausbeute kann *2-Phenacetamido-1-phenylpropanol-(3)-on-(1)* isoliert werden, das nach Entfernung der HCOOH zu **II** weiterhydriert werden kann, wobei die Gesamtausbeute des zweistufigen Verf. 80% beträgt. Hierbei entsteht allerdings im Gegensatz zum einstufigen Verf. in der Hauptsache *erythro*-**II**. Manche Zweistufenhydrierungen gaben aber auch bis zu 60% der reinen *threo-Form.* Analog geben α.N-Dibenzoyl- (**III**), α-Benzoyl-N-acetyl- (**IX**) u. α-Acetyl-N-phenacetylserinbenzylester (**X**) *1-Benzoylamino-* bzw. *1-Acetamido-2-oxy-2-phenyläthan* u. *1-Phenacetamido-2-oxypropan.* Der durch Acetylierung von **I** gewonnene *α-Benzyl-O-acetyl-N-phenacetylserinbenzylester* liefert bei der katalyt. Hydrierung *Essigsäure* u. ein Gemisch von *threo-* u. *erythro-2-Phenacetamido-1-oxy-phenylpropan* (**VII**; *erythro-N-Phenacetylnorephedrin*, F. 122°). Zum Konstitutionsbeweis wird **VII** aus Propiophenon über dessen *Nitrosoverb.* u. *α-Phenacetamidopropiophenon* synthetisiert. Bei der katalyt. Hydrierung von α.O-Dibenzoyl-N-phenacetylserinbenzylester (**VI**) entsteht unter Abspaltung von *Phenylessigsäure* (**VIII**) u. Wanderung des Benzoylrestes an die Aminogruppe (1. Benzoylverschiebung) *erythro-2-Benzoylamino-1-oxy-1-phenylpropan* (**IV**; *erythro-N-Benzoylnorephedrin*). Da bei der Hydrolyse von **IV** mit 15—20% ig. HCl weder Benzaldehyd noch Benzoesäure, sondern unter nochmaliger Wanderung des Benzoylrestes (2. Benzoylverschiebung) *erythro-O-Benzoylnorephedrin* (**V**)-*Hydrochlorid* gebildet wird, kann es sich bei **IV** nicht um 2-Phenyl-4-[α-oxybenzyl]-oxazolidin handeln. Benzoyliertes Norephedrin ist mit **IV** identisch. Die 2. Benzoylverschiebung konnte nicht mit Alkali rückläufig gemacht werden. Nach Acylierung der NH_2-Gruppe von **V** mit p-Chlorbenzoylchlorid (**XII**) konnte mit Alkali Benzoesäure abgespalten werden. Ebenso geben α.O.N-Tribenzoylserinbenzylester u. das Acetaldehydacetal von **III** bei der Hydrierung **IV**. Bei der Hydrierung von α-Benzoyl-O.N-bis-[phenacetyl]-serinbenzylester entsteht **VII**. Der Schutz der endständigen CH_2OH-Gruppe von **I** kann also eine Hydrierung derselben zur CH_3-Gruppe nicht verhindern. Während Ersatz des RANEY-Ni durch Pd-Mohr u. der Wechsel der Lösungsmittel von Alkoholen über Äthyl- u. Butylacetat zum Bzl. ohne Einfl. auf die Hydrierung war, erfolgte bei der Behandlung von **VI** mit nur 2 Mol H_2 lediglich die hydrierende Spaltung des Benzylesterrestes u. die Ausbldg. der CH_3-Gruppe unter Bldg. von *2-Benzoylamino-1-phenylpropanon-(1)*. Letzteres bildet sich auch aus der einen Hälfte von **VI** bei Verwendung von nur 1 Mol H_2, wobei die andere Hälfte von **VI** überhaupt nicht umgesetzt wird, u. quantitativ mit 1 Mol H_2 bei Ggw. eines Überschusses von HCOOH, die also selbst die Red. der veresterten CH_2OH-Gruppe bzw. des intermediär anzunehmenden Radikals $-CH_2O$ zur CH_3-Gruppe übernehmen kann. Mit HCOOH u. RANEY-Ni allein erfolgt keine Red. von **VI**.

Versuche: *ω-Phenacetamidoacetophenon*, $C_{16}H_{15}O_2N$, F. 103—104° (Essigester u. Butylacetat), durch Hydrieren von **I** in CH_3OH in Ggw. von Na-Acetat u. Pd unter Schütteln, Einengen u. Verreiben mit Wasser. — *DL-threo-2-Phenacetamido-1-phenylpropandiol-(1.3)* (threo-**II**), $C_{17}H_{19}O_3N$, F. 136° (Essigester, Butylacetat u. Dioxan–PAe.–CH_2Cl_2), analog aus 20,8 g **I** in 5 Std. mit 1730 cm³ H_2; 2,5 g (Ausbeute); wird in *rac. threo-Chloramphenicol* (F. 152°) übergeführt. *erythro*-**II**, F. 186° (Dioxan), aus dem wss. Filtrat; 0,5 g. — *1-Phenacetamido-2-oxy-2-phenyläthan*, $C_{16}H_{17}O_2N$, F. 90° (Butylacetat u. Essigester), aus vorst. Mutterlaugen. — *2-Phenacetamido-1-phenylpropanol-(3)-on-(1)*, $C_{17}H_{17}O_3N$, F. 100° (Bzl.), durch Hydrieren von **I** in CH_3OH in Ggw. von 85% ig. HCOOH u. RANEY-Ni bis zur Aufnahme von 1 Mol H_2, Einengen u. Aufnehmen in Essigester; 90%. Weitere Hydrierung in CH_3OH in Ggw. von RANEY-Ni → *erythro-* u. *threo*-**II**. — *1-Benzoylamino-2-oxy-2-phenyläthan*, $C_{15}H_{15}O_2N$, F. 147° (Essigsäureäthylester), durch Hydrieren von 5 g **III** in CH_3OH in Ggw. von RANEY-Ni; Rhomben; 3 g. — *1-Acetamido-2-oxy-2-phenyläthan*, $C_{10}H_{13}O_2N$, F. 124° (Essigsäureäthylester u. Butylacetat), durch 5std. Hydrieren von **IX** in CH_3OH in Ggw. von Na-Acetat u. Pd. — *threo-* u. *erythro-1-Phenacetamido-2-oxypropan*, $C_{11}H_{15}O_2N$, F. 79° (W.), aus **X** in Ggw. von RANEY-Ni. — *α-Benzoyl-O-acetyl-N-phenacetylserinbenzylester*, $C_{27}H_{25}O_6N$, F. 107° (CH_3OH), durch 30 Min. Rühren von **I** mit Acetanhydrid u. Acetylchlorid bei 60—70° u. Eingießen in Wasser. — *threo-2-Phenacetamido-1-oxy-1-phenylpropan* (*threo-N-Phenacetylnorephedrin*), $C_{17}H_{19}O_2N$, F. 98°, aus vorst. Verb. in Ggw. von RANEY-Ni u. fraktionierte Kristallisation aus Essigester; perlmutterglänzende Blättchen. *erythro-Verb.* (**VII**), F. 122°, kurze spitze Nadeln. — *α.O-Dibenzoyl-N-phenacetylserinbenzylester* (**VI**), $C_{32}H_{27}O_6N$, F. 120° (CH_3OH oder Bzl.), durch 2½ std. Kochen von **I** mit Benzoylchlorid (**XI**) u. Bzl., Gießen in W., Rühren u. Lösen der Benzoesäure mit NaOH; 75%. — *erythro-2-Benzoylamino-1-oxy-1-phenylpropan* (**IV**; *reg.-N-Benzoylnorephedrin*), $C_{16}H_{17}O_2N$, F. 136—138° u. 147—148° (Essigester; dimorph), durch 4std. Hydrieren von 6,5 g **VI** in CH_3OH in Ggw. von Pd oder RANEY-Ni, Einengen u. Ausziehen mit n-Na_2CO_3-Lsg.; 2,6 g. Daneben Phenylessigsäure (**VIII**, F. 77°; 95%). *O-Acetat*, $C_{18}H_{19}O_3N$, F. 140° (Essigsäureäthylester), feine, lange Nadeln. — *erythro-O-Benzoylnorephedrin* (**V**)-*Hydrochlorid*, $C_{16}H_{17}O_2N \cdot HCl$, F. ~ 250° (sublimiert dann), durch 30 Min. Kochen von 10 g **IV** in wss. HCl bis zum Erstarren der M., Lösen in W. u. Ausschütteln mit Essigester; 10 g. **V**, $C_{16}H_{17}O_2N$, F. 110° (CCl_4), mit 20% ig. K_2CO_3. — *erythro-O.N-Dibenzoylnorephedrin*, $C_{23}H_{21}O_3N$, F. 169° (CH_3OH), aus 5,5 g **V** mit Benzoylchlorid/2n NaOH unter Kühlung; 11,5 g roh. — *α.O.N-Tribenzoylserinbenzylester*, $C_{31}H_{25}O_6N$, F. 92° (Essigsäureäthylester), durch langsames Zutropfen von **XI** zu 80 g **III** in CH_2Cl_2 u. Pyridin, 30 Min. Erhitzen auf 70° u. Aufarbeiten über W.–CH_2Cl_2; derbe Prismen; 105 g. Red. mit RANEY-Ni → 98% **IV**. — *Acetaldehydacetal von* **III**, $C_{50}H_{44}O_{10}N_2$, F. 164° (CH_3OH), durch Sättigen einer Lsg. von **III**, Acetaldehyd u. $CaCl_2$ in Chlf. mit HCl bei 20°, 30 Min. Rühren bei 35° u. Aufnehmen in W.; feine Nadelbüschel; 50% Hydrierung in Ggw. von RANEY-Ni → 60% **IV**. — *α-Benzoyl-O.N-bis-[phenacetyl]-serinbenzylester*, $C_{33}H_{29}O_6N$, F. 95° (CH_3OH), durch

30 Min. Erwärmen von 10 g I in Bzl. mit Phenacetylchlorid auf 70—80° unter HCl-Entw. u. Aufnehmen in Essigsäureäthylester; 14 g. 5std. Hydrieren von 40 g in CH_3OH in Ggw. von RANEY-Ni, Einengen, Aufnehmen in Essigester u. Ausziehen mit Na_2CO_3 → 20 g **VII**. — *erythro-O-Benzoyl-N-[4-chlorbenzoyl]-norephedrin*, $C_{23}H_{20}O_3NCl$, F. 159° (A.), durch Zutropfen von **XII** u. 2nNaOH zu 2,5 g **V** in Aceton unter Kühlung, 15 Min. Rühren u. Ausfällen mit W.; 2 g (roh). — *erythro-N-[4-Chlorbenzoyl]-norephedrin*, F. u. Misch-F. 160°, durch 2std. Kochen vorst. Verb. mit 2nNaOH in CH_3OH. — *2-Benzoylamino-1-phenylpropanon-(1)*, F. u. Misch-F. 102—104° (A.-W.), a) durch Hydrierung von **VI** in Ggw. von RANEY-Ni bis zur Aufnahme von 2 Mol H_2; b) analog aus 10 g **VI** mit 1 Mol H_2; 4 g neben 4,3 g **VI** u. 0,95 g **VIII**; c) mit 1 Mol H_2 in Ggw. von HCOOH; 95%. (Chem. Ber. **88**. 900—11. 1955. Farbwerke Hoechst AG., Pharmazeut.-Wiss. Labor.) R. PASEDAG. 3900

Jiban K. Chakrabarti und **Nirmal K. Sen**, *Bitterstoffe der Samen von Corchorus olitorius L., „Corchorgenin" — ein neues herzwirksames Aglykon.* Durch A.-Extraktion von entölten Jutesamen (von *Corchorus olitorius L.*) u. Chromatographie läßt sich ein als *Corchorgenin* (I) bezeichneter Bitterstoff gewinnen, der ein Aglykon darstellt. I enthält weder eine reakt. CO-, noch eine OCH_3-, noch eine freie COOH-Gruppe. Der LEGAL-Test u. die Red. von TOLLENS Reagens sowie das UV-Spektr. weisen auf einen α.β-ungesätt. Lactonring hin. I besitzt offenbar 4 OH-Gruppen u. bildet ein *Monoacetat*. Die pharmakol. Wrkg. entspricht der des Ouabains (1 mg ca. 2 I.E.). Die Wrkg. an Katzen ist stärker als die der isomeren Genine Corchortoxin u. Strophantidin. — Bei der Überführung von I in die *Isoverb.* dürfte eine OH-Gruppe eine Rolle spielen.

Versuche: Aus dem alkoh. Extrakt von entfetteten Jutesamen schied sich beim Abkühlen u. Eindampfen eine feste M. ab; deren wss. Lsg. lieferte nach Eindampfen u. Umkristallisieren aus A. *Raffinose*, F. 74—75°; $[\alpha]_D^{31}$ +102,4° (c = 4,124; W.); 2,5% (Ausbeute auf entfettete Samen). — Nach der Abscheidung der raffinosehaltigen Substanz wurde der alkoh. Samenextrakt eingeengt, mit W. aufgenommen, filtriert, mit Pb-Acetatlsg. heiß behandelt u. nach Entfernung des Pb eingedampft; die auskrist. Substanz lieferte nach Reinigung mit Tierkohle in A. ein *Prod. vom F. 172—175°* (Zers.; verd. Methanol), das auch nach Säurebehandlung FEHLINGsche Lsg. nicht reduzierte. — *Corchorgenin* (I), $C_{23}H_{32}O_6$, F. 227° (Essigester), aus den Fraktionen 4—7 bei der Chromatographie vorst. Substanz in Essigester an $ZnCO_3$; $[\alpha]_D^{21}$ +90° (c = 1,0125; A.). Die Fraktionen 1—3 hatten F. 173—175°. I wurde von 2,5%ig. methanol. HCl bei 38—40° binnen einer Woche prakt. nicht angegriffen; bei 4std. Kochen mit alkoh. 2%ig. H_2SO_4 entstand nur etwas Harz; auch bei 6tägiger Behandlung mit HCl-haltigem Aceton bei 20—21° entstand kein Zucker. I verbrauchte beim Kochen mit wss.-alkoh. KOH 0,0127 g KOH/0,0946 g. *Acetat*, $C_{25}H_{34}O_7$, F. 240—242° (A.), aus 200 mg I u. Acetanhydrid/Pyridin bei Zimmertemp.; chromatograph. einheitlich; gab mit 2%ig. methanol. $KHCO_3$-Lsg. I. — *Isocorchorgenin*, $C_{23}H_{32}O_6$, F. 200° (verd. A.), aus 100 mg I u. 5%ig. methanol. KOH (3 Std. bei Zimmertemp.), Gießen in W., Fällen aus dem mit HCl kongorotsauer gemachten, ca. 5 Min. erwärmten Filtrat; gab keine LEGAL-Rk.; lösl. in Alkali, mit Säure wieder fällbar. (J. Amer. chem. Soc. **76**. 2390—92. 5/5. 1954. Calcutta, Presidency Coll., Dep. of Chem.) W. WILLENBERG. 3950

L. Velluz, G. Muller, A. Petit und **J. Mathieu**, *Über die Dihydroabietin- und Dihydropseudoabietinsäure.* Ergänzend zu den bisher bekannten Tatsachen (27 Literaturangaben) über die *Dihydroderivv.* $C_{20}H_{32}O_2$ (II) der Abietinsäure (I) wird gefunden: Die *rechtsdrehende Dihydroabietinsäure* (**X**) wird aus reiner I durch Hydrierung in Ggw. von RANEY-Ni + 1% Pd bei n. Druck u. Temp. in Übereinstimmung mit der Literatur erhalten. — Die *linksdrehende Säure* (**IX**), die von verschied. Vff. als „α-" oder „B-Dihydroabietinsäure" bezeichnet wird, ist tatsächlich ein Gemisch aus **IX** u. nicht hydrierter I. I kann durch CrO_3-Oxydation entfernt werden, wodurch die bisher noch nicht beschriebene **IX** rein gewonnen werden kann. — Die *Isodihydroabietinsäure* (**XI**) (früher „β-Dihydroabietinsäure") entsteht durch Isomerisation von **X** oder **IX** mit HBr–Eisessig. — Durch Behandlung der reinen **IX**, **X** oder **XI** mit H_2SO_4 entsteht mit ausgezeichneter Ausbeute das von RUZICKA u. MEYER [1922] beschriebene *Lacton* $C_{20}H_{32}O_2$ (**IV**). Durch Öffnung des Lactonringes in **IV** mit CH_3MgJ nach COX (J. Amer. chem. Soc. **66**. [1944.] 865) gelangt man zu einem Gemisch der von diesem beschriebenen *linksdrehenden Dihydropseudoabietinsäure* (**V**) u. einer bisher nicht bekannten *rechtsdrehenden Form* (**VI**). Das von COX beschriebene Prod., F. 151°, $[\alpha]_D$ +70°, stellt eine äquimol. Mischung von **V** u. **VI** dar (Mikrophotogramme der Prodd. I, I + **IX**, **IX** u. **VI**). — Von den 5 II ist nur **V** durch Erhitzen decarboxylierbar u. in ein Nitrosolacton umwandelbar, was für eine bitert. Doppelbindung in 11—12-Stellung spricht; hingegen wird diese für **VI** in 4—12-Stellung angenommen. Beide Strukturen unterscheiden sich von jener der I durch angulare (13-) Stellung der Methylgruppe. Für diese wird die Bezeichnung *Pseudoabietinsäuren* (**IV, V, VI**), für jene mit der Methylgruppe in 12-Stellung die Bezeichnung *Abietinsäuren* (**I, IX, X** u. **XI**) vorgeschlagen. — Zur Festigung der Strukturansichten über die **II** werden die *Tetrahydroderivv.* $C_{20}H_{34}O_2$ (**III**) der Literatur mit den eigenen Ergebnissen verglichen: Die durch direkte Hydrierung von **I** erhaltenen **IX** u. **X** sind mit hoher Ausbeute in Ggw. von ADAMS-Pt weiter zu 2 deutlich verschied. **III** hydrierbar: **X** zu einer *Säure* **VII, IX** zu einer *Säure* **VIII**, die beide der Struktur der **I** angehören. Durch Hydrierung von **XI**, die schwierig vor sich geht, wird ein Gemisch **VII** + **VIII** mit etwa der 3fachen Menge **VII** erhalten. Aus den Eigg. von **XI** wird geschlossen, daß deren C_3H_7-Gruppe in 7-Stellung nicht in der Ebene liegt. **IX** u. **X** sind Stereomere hinsichtlich der 14-Stellung u. besitzen eine Doppelbindung in 7—8-Stellung; die gleiche Stereomerie besitzen **VII** u. **VIII**. Da bei der katalyt. Hydrierung die cis-Form überwiegt, wird diese der Verb. **VII** zugesprochen.

VII 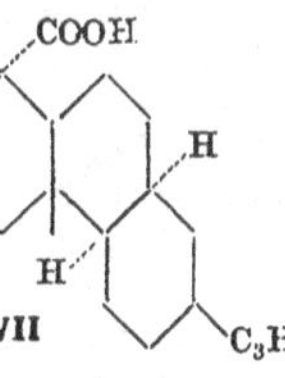 VIII 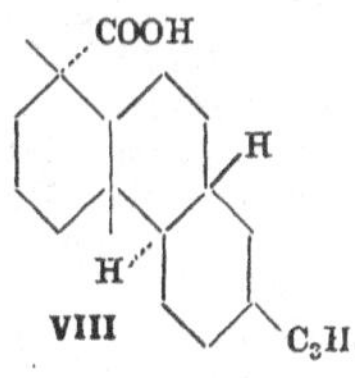

Versuche (unter Mitarbeit von **R. Bardoneschi** u. **A. Poittevin**) (alle FF. im MAQUENNE-Block; alle $[\alpha]_D$ in A., c = 1%): *Abietinsäure* (**I**), $C_{20}H_{30}O_2$, F. 173—175°, aus Kolophonium; 43% (Ausbeute). — *Rechtsdrehende Dihydroabietinsäure* (**X**), $C_{20}H_{32}O_2$, F. 151°, $[\alpha]_D$ +42°, durch Hydrierung von 430 g **I** in Ggw. von RANEY-Ni mit 1% Pd in A.; 406 g Roh-**II**. Schema der fraktionierten Umkristallisation der Piperidinsalze der **II** in Isopropyläther. Reine **X**, aus 131 g **X**-*Piperidinsalz* ($[\alpha]_D$ +23°) durch Fällung mit Essigsäure; 89 g u. weitere 27 g. — *Mol. Additionsverb.* **I** + **IX**, F. 174° (Methanol), $[\alpha]_D$ —37°, aus 13 g Roh-**IX** u. 4,4 g **I**. — *Linksdrehende Dihydroabietinsäure* (**IX**), $C_{20}H_{32}O_2$, F. 164°, $[\alpha]_D$ —16°, aus 25 g der obigen Additionsverb. in Essigsäure u. CrO_3 bei 12°; 5,8 g. — *Isodihydroabietinsäure* (**XI**), $C_{20}H_{32}O_2$, F. 185°, $[\alpha]_D$ +125°, aus 30 g **X** in Eisessig u. 35%ig. HBr in Essigsäure; 27 g. Aus **IX** wird auf diese Weise die gleiche **XI** erhalten. — *Lacton*, $C_{20}H_{32}O_2$ (**IV**), F. 133° (Methanol), $[\alpha]_D$ —6°, aus **IX, X** oder **XI** in H_2SO_4 bei 0°; 90% Roh-, 70% Reinausbeute. — *Rechtsdrehende Dihydropseudoabietinsäure* (**VI**), $C_{20}H_{32}O_2$, F. 182°, aus A., dann Aceton, $[\alpha]_D$ +175°, aus 20 g **IV** in Bzl. u. CH_3MgJ die Molverb. **V** + **VI** (F. 151°, Aceton, $[\alpha]_D$ +70°), welche mit Aceton u. Piperazin das *Piperazinsalz* (F. ca. 140°, $[\alpha]_D$ +124°, aus Aceton Nadeln) gibt u. mit Essigsäure zu **VI** gefällt wird. — *Linksdrehende Dihydropseudoabietinsäure* (**V**), $C_{20}H_{32}O_2$, F. 191°, aus Aceton quadrat. Plättchen, $[\alpha]_D$ —37°, durch Konz. der Mutterlaugen des vorigen Piperazinsalzes. Aus **V** u. **VI** u. H_2SO_4 wird wieder **IV** gewonnen; das mol. Gemisch gibt die obige Molverb., F. 151°. — Die Decarboxylierung von **V** bei 265° führt zu einem neutralen Harz u. CO_2-Entw. (66% der Theorie). — *Tetrahydroabietinsäure* **VII**, $C_{20}H_{34}O_2$, F. 202°, über das *Diäthylaminsalz*, $[\alpha]_D$ +7°, durch Hydrierung von **X** in Essigsäure in Ggw. von ADAMS-Pt; 80%. *Methylester*, $C_{21}H_{36}O_2$, F. 52—53° (wasserfreies Methanol), F. 77° (90%ig. Methanol), $[\alpha]_D$ 0°, mit Diazomethan. — *Tetrahydroabietinsäure* **VIII**, $C_{20}H_{34}O_2$, F. 168°, $[\alpha]_D$ +23°, aus **IX** wie oben; 70—80%. *Methylester*, $C_{21}H_{36}O_2$, F. 96°, $[\alpha]_D$ +15°. — Durch Hydrierung von **XI** wie vorst. wird ein unvollständig hydriertes Prod. erhalten, das durch CrO_3-Oxydation gereinigt wird. Über die *Diäthylaminsalze* (50% Ausbeute) u. *n-Butylaminsalze* fraktioniert, werden **VII** u. **VIII**, ersteres im Überschuß, erhalten u. über die Methylester identifiziert. (Bull. Soc. chim. France, Mém. [5] **1954**. 401—07. März. Serv. Sci. Roussel-Uclaf.) E. ROTTER. 3950

D_3. Makromolekulare Chemie.

Marshall N. Rosenbluth und **Arianna W. Rosenbluth**, *Monte-Carlo-Berechnung der Durchschnittsausdehnung von Molekülketten.* Vff. behandeln das Verh. von Ketten aus sehr vielen Moll. durch Lösen eines beschränkten Zufalls-Schritt-Problems an einem kub. Gitter in 3 Dimensionen u. einem quadrat. Gitter in 2 Dimensionen. Mathemat. wurde dieses Problem mit einer Monte-Carlo-Berechnung mit einem mit hoher Geschwindigkeit rechnendem Elektronengehirn gelöst. Bei dieser Berechnungsart wird allg. eine große Zahl von rein zufällig erzeugten Ketten jeweils konstanter Gliedzahl N der Beschränkung unterworfen, daß Kreuzungen u. doppelte Rückläufigkeit nicht vorkommen sollen. Die Durchschnittsausdehnung der Kette R^2_{AV} ergibt sich dabei als Funktion von N, die Gleichbewertung aller möglichen Kettenformen wird dabei durch Zuordnung statist. Gewichte erreicht. Vff. haben ferner Werte für das wahre Zufalls-Schritt-Problem berechnet. Hierbei werden alle Wahrscheinlichkeiten gleich gesetzt u. lediglich doppelte Rückläufigkeit ausgeschlossen. Die Werte für die Wahrscheinlichkeiten u. R^2_{AV} werden für viele Ketten mit N zwischen 8 u. 64 für das zwei- u. dreidimensionale Gitter tabelliert u. die Abhängigkeit von N graph. dargestellt. Für das dreidimensionale Gitter ergibt sich dabei die Abhängigkeit $R^2 = N^{1,22}$ u. für den zweidimensionalen Fall $R^2 = 0,917 \cdot N^{1,45}$. Ähnliche Berechnungen haben für andere Gitter WALL, HILLER JR. u. WHEELER (C. 1955. 6298) durchgeführt u. ebenfalls den Exponenten 1,22 gefunden. Vff. folgern daher, daß es sich hierbei um ein allg. gültiges Gesetz handelt. (J. chem. Physics 23. 356—59. Febr. 1955. Los Alamos, N. Mex., Los Alamos Sci. Labor.) H. GOETZ. 4000

Harry Wechsler, *Eine Farbreaktion zwischen Vinylchlorid enthaltenden Polymeren und Pyridin.* Vf. beschreibt eine Farb-Rk. zur qualitativen Best. von *Vinylchlorid-Copolymeren.* Eine 0,1%ig. Lsg. von Polyvinylchlorid in Pyridin wird zum schwachen Sieden erhitzt. Bei Zugabe einer 2%ig. alkoh. NaOH-Lsg. tritt Schwarzfärbung auf, beim Stehen fällt ein brauner Nd. aus. Chlorfreie Polymere geben diese Rk. nicht. Neopren, chlorierter Gummi u. fl. Polymere des Chlortrifluoräthylens zeigen nur eine schwache Gelbfärbung. Die Rk. wurde an einer Vielzahl verschied. Verbb. untersucht u. das intermediäre Auftreten von konjugierten Systemen durch HCl-Abspaltung als Reaktionsmechanismus wahrscheinlich gemacht. Vermutlich entsteht unter Mitwirkung von Pyridin u. Alkali aus dem abgebauten Polymeren ein Isocyaninfarbstoff. (J. Polymer Sci. 11. 233—42. Sept. 1953. Hazardville, Conn., De Bell and Richardson, Inc.) W. MEYER. 4010

D. J. Streeter und **R. F. Boyer,** *Viscositäten extrem verdünnter Polystyrollösungen.* Vff. berichten über Messungen der Konzentrationsabhängigkeit der red. spezif. Viscosität (η_{spez}/c) an einer Polystyrolfraktion in Methyläthylketon, Bzl. u. bes. in Toluol. Sie benutzten ein modifiziertes OSTWALD-Viscosimeter mit einem Capillarradius von ca. 0,10 mm u. einer Durchflußzeit von 3893 Sek. für Toluol bei 25°. Besondere Maßnahmen wurden ergriffen, um den Einfl. von Staub auszuschalten. Vff. finden bis zu einer Konz. von 10^{-3} g cm^{-3} herab einen etwa linearen Abfall von η_{spez}/c als Funktion von c. Dann steigt η_{spez}/c bis zu einem Maximum bei 10^{-5} g cm^{-3} an, um dann stark abzufallen. Vff. erklären den Anstieg durch die durch Streulichtmessungen nahegelegte Annahme, daß erst bei sehr niedrigen Konzz. die Molekülknäuel einzeln vorliegen, sich also nicht durchdringen u. verhaken. Den späteren Abfall von η_{spez}/c — (c) erklären sie durch eine steigende Absorption von Polymerem an den Capillarwänden. Vff. geben Daten, die unterhalb 10^{-3} g cm^{-3} auf eine Abhängigkeit von der Zeit hinweisen. Auf Grund ihrer Messungen bei niedrigen Konzz. stellen Vff. den Wert der Viscositätszahl in Frage, wenn diese durch lineare Extrapolation von η_{spez}/c gegen c erhalten wird. (J. Polymer Sci. 14. 5—14. Juli 1954. Midland, Mich., Dow Chemical Comp.) H.-J. CANTOW. 4010

Saul G. Cohen, Howard C. Haas und **Herbert Slotnick,** *Untersuchungen an Oxyäthylpolyvinylalkohol.* Vff. untersuchten die Rkk. zwischen *Polyvinylalkohol* (I) u. *Äthylenoxyd* (II) u. stellten *Oxäthylpolyvinylalkohol* (III) in heterogener Rk. aus fl. I u. festem II sowie in nahezu homogener Rk. durch Aufquellen von I in W. her, wobei die heterogene Rk. selten kommensurable Reaktionsprodd. ergab. III zeigte geringe Flexibilität u. war empfindlicher gegenüber Wärme u. Feuchtigkeit als I, die wss. Lsgg. neigten weniger zur Gelbildung. Zusatz von II bis 25% ergab weiße Pulver, von 25—35% weiße gummiartige Polymere, über 35% semipermeable, schwach bernsteinfarbige, gummiartige Massen. Sämtliche Prodd. waren leicht u. vollständig wasserlöslich. Eine Best. der prim. OH-Gruppen mit p-Toluolsulfochlorid (IV) stieß auf Schwierigkeiten, da ein Teil der sek. OH-Gruppen der Polyvinylketten ebenfalls reagierte, jedoch ließ sich unter Annahme einer quantitativen Rk. der prim. OH-Gruppen mit IV die Anzahl der in Rk. getretenen sek. OH-Gruppen bestimmen. Die Aufnahme von *Pyridin* (V) nahm mit steigendem Geh. an II bis auf das 6,9fache des Eigengewichts zu, während reines I weniger als 1% aufnimmt. Die Röntgenstrahlendiagramme wurden mit zunehmendem Geh. an II diffuser, die Proben mit 34,5% II in heterogener Rk. u. mit 18% II in homogener Rk. zeigten keine klaren Linien mehr.

V e r s u c h e: *Oxäthylpolyvinylalkohol* (III), a) durch Erwärmen von I mit der doppelten Menge II im Autoklaven bei verschied. Tempp., Verdampfen des überschüssigen II, Extrahieren mit Methanol u. Trocknen im Vakuum. Weißes Pulver; der Umsatz war der Reaktionsdauer nicht proportional; b) aus 50 g I, 50 g W. u. 75 g II bei 80° in 16 Stunden. Durchscheinende gelatinöse Masse. — 0,420 g I bzw. III wurden mit 11,10 g IV in 50 cm³ V geschüttelt, mit Hexan aus Aceton umgefällt u. im Vakuum getrocknet. — Die Aufnahme von V wurde in Probiergläsern durch 10std. Erhitzen von ca. 0,1 g I oder III mit V auf 50—60° u. 72std. Stehen bei 25° bestimmt. (J. Polymer Sci. 11. 193—201. Sept. 1953. Cambridge, Mass., Chem. Res. Labor., Polaroid Corp.) W. MEYER. 4010

T. H. Sutherland und **B. L. Funt,** *Dielektrische Relaxation verschiedener Polyvinylacetale.* (Vgl. DYSON, C. 1952. 7984.) Vff. untersuchten die dielektr. Eigg. von *Polydivinylisobutyral, -hexanal* u. *-2-äthylhexanal.* Die Dielektrizitätskonstanten u. Verlustfaktoren wurden bei 8 Frequenzen von 50—10^5 Hz z[illegible]schen 25 u. 130° gemessen sowie die freien Energien, Entropien u. Aktivierungsenthal[illegible]n berechnet, woraus sich auf eine innere Vernetzung der Polymeren schließen läßt. Mit ansteigender Komplexität der Kettenverzweigung sinken dielektr. Relaxationszeit, freie Energie, Entropie u. Enthalpie ab, woraus sich das Ansteigen der Anziehungskräfte innerhalb der Ketten berechnen läßt. Die n. Aldehyde zeigten einen stärker plastizierenden Effekt als die verzweigten. Abschließend wurden die Beziehungen zwischen elektr. u. mechan. Eigg. verglichen u. hierbei gute Übereinstimmung beobachtet. (J. Polymer Sci. **11.** 177—86. Aug. 1953. Winnipeg, Univ. of Manitoba.) W. Meyer. 4010

A. Keller, G. R. Lester und **L. B. Morgan,** *Vorgänge bei der Kristallisation von Polymeren.* 1. Mitt. *Vorläufige Untersuchung der Kristallisationscharakteristik von Polyäthylenterephthalat.* Der Zweck dieser Arbeit ist, festzustellen, wie die Anordnung der Ketten durch äußere Bedingungen bei der Kristallisation u. andererseits der Verlauf der Kristallisation durch die mol. Struktur des Polymeren beeinflußt wird. *Polyäthylenterephthalat* hat einen sogenannten Umwandlungspunkt 2. Ordnung bei 70°. Wird es aus dem geschmolzenen Zustand abgeschreckt, so erhält man bei gewöhnlicher Temp. ein völlig amorphes Produkt. Unterhalb 100° beginnt es nicht zu kristallisieren. Beim weiteren Erwärmen beginnt die Kristallisationsgeschwindigkeit mit der Temp. anzusteigen, durchläuft ein Maximum u. fällt dann wieder ab, um beim F. gleich 0 zu werden. Von einer jeweiligen Temperaturstufe aus kann der erreichte Zustand durch Abkühlen auf gewöhnliche Temp. eingefroren u. nach Belieben untersucht werden. Das Verhältnis Kristall/amorpher Körper wird mit Hilfe der Dichteänderung bestimmt. Es wird außerdem gezeigt, daß die Kristallisationsgeschwindigkeit mit steigendem Mol.-Gew. abnimmt. Dies ist hauptsächlich darauf zurückzuführen, daß der geschmolzene Körper bei steigendem Mol.-Gew. eine höhere Viscosität besitzt. Um den Einfl. der Temp. auf den Verlauf der Kristallisation zu bestimmen, wurde bei verschied. konstanten Tempp. die Änderung der Dichte mit der Zeit verfolgt. Aus der graph. Darst. erkennt man, daß für jede Temp. eine charakterist. Kurve entsteht. Die Deutung dieser Erscheinungen soll in nachst. 2. Mitt. erfolgen. Der F. der gebildeten Kristalle hängt von der Temp. ab, bei der sie vorher krist. waren. Bei der Best. der Wachstumsgeschwindigkeit der Kristallite beim Kristallisieren zwischen 180 u. 220° konnte festgestellt werden, daß alle Keime gleichzeitig entstehen, da alle Kristallite zur gleichen Zeit die gleiche Größe haben. Über diese Unterss. sind Mikroaufnahmen beigegeben. — Die Versuchsdurchführung, das verwendete Mikroskop u. bes. 2 Methoden zur Best. der Dichte sind eingehend beschrieben. Die Versuchsergebnisse sind tabellar. u. graph. wiedergegeben. (Philos. Trans. Roy. Soc. London, Ser. A **247.** 1—12. 10/8. 1954. Manchester, Blackley, Imp. Chem. Ind., Dyestuffs Div.) H. Stuhldreer. 4010

L. B. Morgan, *Vorgänge bei der Kristallisation von Polymeren.* 2. Mitt. *Der Verlauf der Kristallisation.* (1. vgl. vorst. Ref.) Die Arbeit befaßt sich im wesentlichen mit der theoret. Deutung der l. c. vorliegenden Versuchsergebnisse. Um den Mechanismus u. den Verlauf der Kristallisation von Polymeren u. den Einfl. der verschied. Faktoren auf die endgültige Struktur des krist. Körpers sicherzustellen, gehen Vff. nach 2 Meth. vor: 1. Kinet. Unters. des Verlaufs der Kristallisation; 2. Mikroskop. Beobachtung der bei der Kristallisation entstehenden Strukturen. Nach einer Diskussion über die nach verschied. opt. Methoden selbst u. von anderen Autoren untersuchten Strukturen von krist. Polymeren kommt Vf. zu dem Schluß, daß bei den meisten Polymeren, bes. aber bei *Polyäthylenterephthalat,* eine radial-fibrillare Struktur am wahrscheinlichsten ist. Die Keimbildungsgeschwindigkeit ist allg. von 1. Ordnung. Es wird ein Unterschied zwischen den für die Keimbldg. vorbestimmten Keimen u. den nach Zeit u. Ort vereinzelt vorkommenden Keimen gemacht. Zur Entw. einer Gleichung für die Kristallisationsgeschwindigkeit wird eine Beziehung von Poisson über die Ausdehnung von Kugeln u. Kreisen unter der Annahme gegenseitiger Unabhängigkeit benutzt. Mit Hilfe der Gleichung werden alle möglich erscheinenden Fälle, wie sphär., fibrillares u. laminares Wachstum, unter Beachtung der beiden Möglichkeiten der Keimbldg. durchgerechnet. In einer Tabelle sind alle diese Wachstumsmechanismen zusammengefaßt. Für jeden Mechanismus ist eine Exponentialfunktion angegeben, mit der die Abhängigkeit des Bruchteils nicht krist. Substanz von der Zeit berechnet werden kann. Mit Hilfe dieser Funktionen werden nun die l. c. angegebenen Versuchsergebnisse ausgewertet. Es zeigt sich, daß fast für alle dort unter verschied. Bedingungen ausgeführten Kristallisationsvorgänge eine der theoret. abgeleiteten Wachstumsmöglichkeiten zutrifft. Die Übereinstimmung wird im einzelnen graph. demonstriert. Die Unterss. machen als Wachstumsmechanismus ein Aneinanderlegen der Ketten zu einer halbkristallinen fibrillaren Struktur wahrscheinlich, wobei das Wachstum in Richtung der Hauptketten bevorzugt erscheint. (Philos. Trans. Roy. Soc. London, Ser. A **247.** 13—22. 10/8. 1954.) H. Stuhldreer. 4010

F. D. Hartley, F. W. Lord und **L. B. Morgan,** *Vorgänge bei der Kristallisation von Polymeren.* 3. Mitt. *Einfluß der Schmelzbedingungen und der Kristallisationstempera-*

tur auf den Verlauf der Kristallisation von Polyäthylenterephthalat. (2. vgl. vorst. Ref.) In vorst. Mitt. wurde für die Kristallisationsgeschwindigkeit von Polyäthylenterephthalat eine Gleichung abgeleitet, die allg. die Form $\Theta = e^{-Kt^n}$ hat. Θ ist der Bruchteil der unveränderten Phase u. t die Zeit. Die Konstante K ist abhängig von der Art der Keimbldg. u. des Wachstums. n ist eine Zahl, die von der Kristallisationstemp. abhängt, u. kann nur 2, 3, 4 sein. Zur Best. von K stehen 2 Methoden zur Verfügung. Einerseits ist es möglich, die Geschwindigkeit der Phasenänderung durch die Änderung der Dichte mit der Zeit zu bestimmen u. K mit Hilfe der Gleichung zu berechnen. Andererseits kann die Geschwindigkeit der Keimbldg. u. des Wachstums unter dem Mikroskop visuell beobachtet u. gemessen werden. Dazu wurde bei der entsprechenden Kristallisationstemp. ein Schnitt mit dem Mikrotom aus der zu untersuchenden M. gemacht. Wird dieser Schnitt auf gewöhnliche Temp. abgeschreckt, so erfolgt in der nun unterkühlten Schmelze keine Veränderung mehr, u. man kann bequem unter dem Mikroskop alle gewünschten Messungen vornehmen. Nach der ebenfalls in vorst. Mitt. entwickelten Formel $K = \frac{1}{3}\pi \Omega v^3$, in der Ω die Keimbildungs- u. v die Wachstumsgeschwindigkeit bedeuten, läßt sich K berechnen. Damit hat man eine von der 1. Meth. unabhängige Möglichkeit zur Berechnung von K. Die Tempp., bei denen n seinen Wert wechselt, werden durch die Vorgeschichte des Schmelzvorgangs beeinflußt. Bei niedrigen Schmelztempp. können größere Teilchen den Schmelzprozeß überstehen. Diese können dann über der krit. Keimgröße liegen u. damit Ungenauigkeiten in die Berechnungen hineintragen. In diesem Fall muß man die Kristallisationstemp. so hoch legen, daß die krit. Keimgröße die Größe dieser Teilchen übersteigt. Mehrere Verss. unter verschied. Bedingungen zeigten, daß die nach den beiden voneinander unabhängigen Methoden ermittelten Werte für K hinreichend genau übereinstimmen, obwohl bei den kinet. Ableitungen vereinfachende Annahmen gemacht wurden. — Zur Demonstrierung der Messungen unter dem Mikroskop sind einige Mikroaufnahmen beigegeben. Die Best. der Dichte erfolgte wieder nach den bereits in der 1. Mitt. beschriebenen Methoden. Einige kleine Abänderungen werden erläutert. Die Versuchsergebnisse u. Berechnungen sind tabellar. u. graph. angegeben. (Philos. Trans. Roy. Soc. London, Ser. A **247.** 23—34. 10/8. 1954.) H. STUHLDREER. 4010

D. Coleman, *Blockcopolymerisate: Copolymerisation von Äthylenterephthalat mit Polyoxyäthylenglykolen. Polyoxyäthylenglykole* mit Mol.-Gewichten zwischen **1000** u. 6000 ergeben in Anteilen bis zu 30 Gew.-% mit *Polyäthylenterephthalat* Blockcopolymerisate, bei denen der Umwandlungspunkt 2. Ordnung niedriger als der des einfachen Polymeren liegt, während die Kristallinität u. der hohe F. weitgehend erhalten bleiben. Das Material wird hydrophiler u. leichter färbbar. Durch Röntgendiagramme wird gezeigt, daß sich die Kristallite beim Blockcopolymerisat von denen des reinen Terephtalats wenig unterscheiden. Die Glykolkomponente wird also in die amorphen Bereiche eingebaut, welche Annahme auch durch die gefundene Proportionalität zwischen dem Zusatz an Veränderungskomponente u. Farbstoffaufnahme bestätigt wird. Der mol. Aufbau des Blockcopolymerisats zeigt Analogie zu dem des Seidenfibroins, bei dem zwei ca. 170 Å lange Segmente im Gegensatz zum Restmol. massive Seitenketten tragen, wodurch diese Segmente nicht in kristallinen Bereichen eingebaut werden können (vgl. COLEMAN u. HOWITT, C. **1948.** I. 1214). Vf. weist durch Extraktionsverss. nach, daß die von ihm synthetisierten Polymerisate tatsächlich Blockcopolymerisate sind. Die techn. Verwendbarkeit seiner Präpp. als Fasern ist nicht möglich, da sie stark UV-empfindlich sind. Vf. nimmt als wahrscheinlich an, daß der gefundene Copolymertypus im Bereich der Proteine öfters vorkommt, so bei Kollagen u. Gelatine. (J. Polymer Sci. **14.** 15—28. Juli 1954. Manchester, Imperial Chem. Industries Ltd., Res. Labor.)
H.-J. CANTOW. 4010

Sundar L. Aggarwal und **F. A. Long,** *Copolymerisate aus 2-Vinylpyridin, Methylacrylat und Dichlorstyrol. Polymerisation und Eigenschaften in Lösung.* Vff. führten an den 3 Zweikomponentensystemen, die aus den Monomeren *Methylacrylat* (I), *2-Vinylpyridin* (II) u. *Dichlorstyrol* (III) gebildet werden, Unterss. durch u. bestimmten die Reaktionsgeschwindigkeiten der einzelnen Monomeren. Aus I, II u. III wurden Dreistoffmischpolymerisate hergestellt, ihre Zuss. wurden mit den aus kinet. Daten für die dimeren Copolymerisate berechneten verglichen. Der asymm. Faktor im gestreuten Licht, Mol.-Gew. u. Viscosität wurden an Lsgg. eines Mischpolymerisats aus 37 Mol-% I, 47 Mol-% II u. 16 Mol-% III in Essigsäure bzw. Methyläthylketon gemessen. Das Mol.-Gew. war in beiden Lösungsmitteln etwa gleich. Der Quotient aus spezif. Viscosität u. Konz. stieg beim Mischpolymerisat in Nitromethan mit absinkender Konz. stark an, was durch Zusatz einer Lsg. von 0,01 Mol/Liter eines substituierten quaternären Ammoniumjodids unterbunden wurde. Hieraus wurde geschlossen, daß sich das Polymere in Nitromethan als Polyelektrolyt verhält, vermutlich bedingt durch Rk. zwischen der aci-Form des

Lösungsm. u. der Vinylpyridingruppe. (J. Polymer Sci. 11. 127—38. Aug. 1953. Ithaca, N. Y., Cornell Univ., Dep. of Chem.) W. MEYER. 4010

W. J. Dulmage, *Elementarzelle und vorläufige Struktur von Cellulosetriacetat.* Das Röntgendiagramm von kristallinem Cellulosetriacetat weist auf ein orthoromb. Raumgitter hin. Die Bauzellen sind orthogonal u. enthalten bei einer Dimension von a = 24,50 Å, b = 11,56 Å u. c = 10,43 Å vier Cellobiosehexaacetat-Reste. (Nature [London] **172.** 1053. 5/12. 1953. Rochester, N. Y., Eastman Kodak Comp., Res. Labor.) E. SPEYER. 4050

R. W. Kerr und **K. C. Hobbs,** *Substituierte Silylderivate der Stärke.* An einer Reihe von Beispielen beschreiben Vff. die Darst. von Verbb. von *Maisstärke* (I) mit verschied. Silanen (II), wobei 3 Typen von Prodd. durch Anwendung von II mit 1 funktionellen Gruppe, mit 1 hochakt. Gruppe u. einer weniger reaktionsfähigen u. von II mit 2 hochakt. Gruppen erhalten wurden. Die Reaktionsprodd. des 1. Typus sind bei höheren Substitutionsgraden, falls auf 1 Glucopyranosegruppe 2 Substituenten kommen, in fl. KW-stoffen, wie Hexan u. Xylol, lösl.; in Ggw. von W. findet Zers. statt. Die Prodd. des 2. Typus stellen in der Wärme erhärtende unlösl. Kunstharze dar. Auch die Prodd. der 3. Gruppe sind unlösl., sie enthalten Querbindungen.

Versuche: *Trimethylsilylderiv.* von I, durch Einw. einer Lsg. von Trimethylchlorsilan in Hexan auf in Formamid bei höherer Temp. gelöste I bei 110° u. Abdest. des Formamids; Gel, das in Pyridin gelöst wurde; lösl. in Hexan u. Xylol; Zers. in Wasser. — *Diphenyl-n-butoxysilylderiv.* von I, aus *Diphenyl-n-butoxychlorsilan* (gewonnen aus Diphenyldichlorsilan u. n-Butanol in Xylol bei 2°, Fraktion vom $Kp._{0,5}$ 128°) u. einem durch teilweise Hydrolyse von I gewonnenen, in Formamid dispergierten Prod., das in n-KOH bei 35° eine Intrinsicviscosität von 0,2 besaß; das Reaktionsprod. enthält 8,12% Si, auf 1 Glucosegruppe kommen 1,8 Diphenyl-n-butoxysilylgruppen; lösl. in Xylol, Ae., Chlf. u. Dibutylphthalat. Filme hieraus mit Zusatz von 10—20% Dibutylphthalat sind nach Trocknen bei 150° unlösl. in Xylol u. quellen in W. u. Alkohol. — *Di-tert.-butoxymethoxysilylderiv.* von I, aus Di-tert.-butoxymethoxychlorsilan analog; 9,65% Si; lösl. in Xylol, Hexan, Chlf. u. n-Butylalkohol, unlösl. in W. u. Alkohol. — *Di-tert.-butoxy-n-butoxysilylderiv.* von I, aus Di-tert.-butoxy-n-butoxychlorsilan; 8,47% Si; hieraus unter Zusatz von 18% Trikresylphosphat gegossene Filme sind nach Trocknen bei 150° in allen neutralen Lösungsmitteln unlöslich. — *Diphenylsilylderiv.* von I, aus Diphenyldichlorsilan (Fraktion vom $Kp._2$ 114—116°); 9,4% Si; 1,5 Diphenylsilylgruppen/Glucoseeinheit (GE); unlösl. in W. u. A., quillt leicht in Xylol. — *Di-tert.-butoxysilylderiv.* von I, unter Verwendung von aus $SiCl_4$, tert.-Butylalkohol u. NH_3 gewonnenem *Di-tert.-butoxydiaminosilan* (Fraktion vom $Kp._{10}$ 70°); 11,7% Si; Mol.-Gew. 3090; 6 Methylglucosideinheiten u. 2 vernetzte Di-tert.-butoxysilylgruppen/GE. — *Di-tert.-butoxysilylderiv.* von I, aus Di-tert.-butoxydichlorsilan (Fraktion vom $Kp._{5-7}$ 50—55°); 7,9% Si; unlösl. in W., Methanol u. Xylol; negative Jodstärke-Rk., auch nach Kochen in Wasser. — *Dimethylsilylderiv.* von I, Herst. analog; unlösl. in den üblichen Lösungsmitteln; 1—2 Dimethylsilylgruppen/GE. (Ind. Engng. Chem. **45.** 2542—44. Nov. 1953. Argo, Ill., Corn Prod. Refining Co., Moffett Res. Labor.) M. ULMANN. 4050

Michael Laskowski jr. und **Harold A. Scheraga,** *Thermodynamische Betrachtungen von Proteinreaktionen.* 1. Mitt. *Modifizierte Reaktionsfähigkeit polarer Gruppen.* Vff. untersuchen die Thermodynamik von Protein-Rkk. unter Annahme eines Modells mit intramol. Wasserstoffbindungen (I) zwischen den polaren R-Gruppen in den Seitenketten der Aminosäurereste des Proteins. Die im Vgl. zu niedrigmol. Verbb. modifizierte Reaktionsfähigkeit der polaren Gruppen wird quantitativ behandelt unter Benutzung der Gleichgewichtskonstanten für die Bldg. von I. Angenäherte Werte dieser Konstanten können durch Ableitung der entsprechenden Entropien u. Enthalpien erhalten werden. Die Entropie wird bestimmt, indem man den Einfl. der I-Bldg. auf die Rotationsfreiheitsgrade der Donor- u. Acceptorgruppen in den Seitenketten untersucht. Zur Abschätzung der Enthalpien wird angenommen, daß die gebräuchlichen Enthalpiewerte der I durch die Veränderung der Rotationsfreiheitsgrade modifiziert werden. Vff. wenden obige Meth. auf die Ionisation polarer Gruppen an, welche verschiedenartig über I gebunden sind. Es wird gezeigt, daß durch das Vorhandensein von I die Ionisationskonstanten in einem ganz anderen Umfang vergrößert oder verkleinert werden, als normalerweise durch elektrostat. Effekte erwartet werden kann. Man kann auf diese Weise anomale Streuungen oder Anstiege von Titrationskurven erklären, ohne neue Annahmen (z. B. Unzugänglichkeit reaktiver Gruppen oder Entfaltung des Proteinmol.) heranziehen zu müssen. Die verringerte oder vergrößerte Reaktionsfähigkeit kann auf die durch I hervorgerufenen thermodynam. Effekte zurückgeführt werden. Weiter wenden Vff. ihre Betrachtungsweise auf die Bindung kleiner Moll. oder Ionen an Proteine an, wobei angenommen wird, daß das kleine Mol. bzw. Ion mit z. B. einer polaren R-Acceptorgruppe als Bindungspartner für die polare R-Donorgruppe konkurriert. Die normalerweise auftretenden statist. u. elektrostat. Effekte werden dadurch beträchtlich verändert. Anomale Abhängigkeit der Bindungskonstanten von der Menge der ungebundenen Substanz u. das Phänomen der „alles oder nichts"-Bindung können auf diesem Wege ohne Auffaltung des Proteinmol. erklärt werden. (J. Amer. chem. Soc. **76.** 6305—19. 20/12. 1954. Cornell Univ., Dep. of Chem.) I. KARUTZ. 4070

Gyula Gróh und **János Nyilasi**, *Mikrobiologische Untersuchung der Proteinracemisierung.* 1. Mitt. *Messung der Racemisierungsgeschwindigkeit der einzelnen Aminosäuren.* Nach dem mikrobiol. Verf. von Vff. (vgl. C. **1953.** 1185) wurde Gelatine mit NaOH enolisiert bzw. racemisiert, nachher mit HCl hydrolysiert u. die erhaltenen Aminosäuren im Hydrolysat mikrobiol. bestimmt. In einer Tabelle sind die verwendeten Mikroorganismen (Lactobacillus ferm., Leuconostoc mesenteroides verschied. Stämme u. Streptococcus lactis R) u. der Enolisierungsgrad, in zwei Abb. der zeitliche Verlauf in nNaOH bei 9 bzw. 0,1nNaOH bei 25° angegeben. In nNaOH enolisieren *Arginin, Phenylalanin, Prolin* u. *Threonin* vollkommen, *Arginin* in zwei Stufen zu je 50%, Alanin, Methionin u. Glutaminsäure nicht. In 0,1nNaOH enolisieren Alanin, Leucin, Prolin, Glutamin- u. Asparaginsäure überhaupt nicht, *Methionin* bis zu 43%. In manchen Fällen (z. B. *Serin*) verläuft in nNaOH eine so rasche Hydrolyse, daß vorher die Enolisierung nicht eintreten kann. *Threonin* enolisiert in 0,1n wie auch in nNaOH auffallend rasch, *Phenylalanin* nur in 0,1nNaOH. Zur Deutung des Verh. der Proteine gegen Alkalien in Anbetracht der vielen Faktoren, deren Einfl. sehr verschiedenartig sein kann, ist noch eine sehr große Zahl von Modellverss. notwendig. (Acta chim. Acad. Sci. Hung. **2.** 1—4. 1952.) J. PLANK. 4070

Carmen García del Amo, *Untersuchung über die Biochemie der Proteide.* 8. Mitt. *Über die Erhaltung des Tryptophans in sauren Hydrolysaten.* (7. vgl. C. **1954.** 1505.) Verschied. Proteinpräpp. (je 1000 g Trockengeh.) wurden mit 20 ml 6nHCl (aus rauchender HCl [MERCK] nach fünfmaligem Umdest. aus Glas) im Einschmelzrohr bei 96° in 6 bis 24 Std. hydrolysiert. Die Lsgg. wurden dreimal im Vakuum zur Trockene eingedampft, der Rest der HCl mit Ag_2O entfernt. Der erreichte Hydrolysengrad wurde wie l. c. angegeben bestimmt, ebenso der *Tryptophan* (I)-Geh. der Hydrolysate. Es zeigte sich, daß sowohl O_2 wie Verunreinigungen Zers. des I bewirken. So wurden aus *Casein* (II) nach 18 Std. Einw. 45,5% I, auf den I-Geh. im II bezogen, wiedergewonnen, während dasselbe II unter den früheren Bedingungen mit nicht redest. HCl gleicher Konz. höchstens 10% ergeben hatte. Unter gleichen Hydrolysebedingungen mit redest. HCl erhielt man aus *Pepsin* (III) [MERCK] 95,6% I, aus Handels-III 47%. Von den übrigen Proteinen, *Myosin, Fibrin* u. *Edestin* (GÖRLITZ) lieferte nur das letzte gute Hydrolysate mit bis zu 67% Ausbeute an I, während die beiden anderen 50% nicht erreichten. (An. Real Soc. españ. Física Quím., Ser. B **50.** 793—98. Sept./Okt. 1954. Inst. españ. Fisiol. y Bioquím., Dep. Bioquím.) W. METZENER. 4070

Hans Brockmann und **Guntmar Budde**, *Zur Kenntnis des Despeptidoactinomycins.* Vff. untersuchen die Konst. der durch Barythydrolyse aus den vier bekannten Actinomycinen erhaltenen roten, krist. *Despeptidoactinomycine.* Das aus Actinomycin C (Gemisch der Komponenten C_1, C_2 u. C_3) gewonnene Despeptidoprod. (I) erscheint nach 25stufiger Gegenstromverteilung zwischen n-Butanol u. Phosphatpuffer vom p_H 7,8 sowie nach Ringpapierchromatographie (BROCKMANN u. PATT, Naturwissenschaften [1953.] **40.** 221) einheitlich, so daß Actinomycin C_2 u. C_3, die im Ausgangsprod. in etwa gleich großen Mengen vorliegen, die gleiche chromophore Gruppe besitzen. Neue Analysen von I ergaben im Gegensatz zu früheren Befunden (C. **1951.** I. 3192) die Bruttoformel $C_{15}H_{11}O_5N$. Gleiche Zus. u. spektroskop. Eigg. besitzt auch das aus Actinomycin X mit der Hauptkomponente X_2 durch Bryatbehandlung gewonnene Despeptidoderivat. Aus I entsteht mit Acetanhydrid ein gelbes krist. *Diacetat* (II) vom F. 190°, das mit Methanol einen Acetylrest abspaltet. Das erhaltene *Monoacetat* (Zers. > 200°) wird durch Einw. von Acetanhydrid wieder in II übergeführt. Durch reduzierende Acetylierung bilden sich ein *Tetraacetat* vom F. 237° u. ein *Acetat* (III) vom F. 283°. I ist nach Diazotierungsverss. u. spektroskop. Ergebnissen kein Aminooxyanthrachinon. Das durch Zinkstaubdest. gewonnene Destillat ähnelt vielmehr im UV-Absorptionsspektr. dem des in gleicher Weise behandelten Azachinizarins. III besitzt ferner eine ähnliche Absorptionskurve wie Azaanthracen. Diese Befunde sowie die unbeständige Rotfärbung mit Pyroboracetat u. die geringe Basizität sprechen für ein *Azanthrachinonderiv.* nebenst. For-

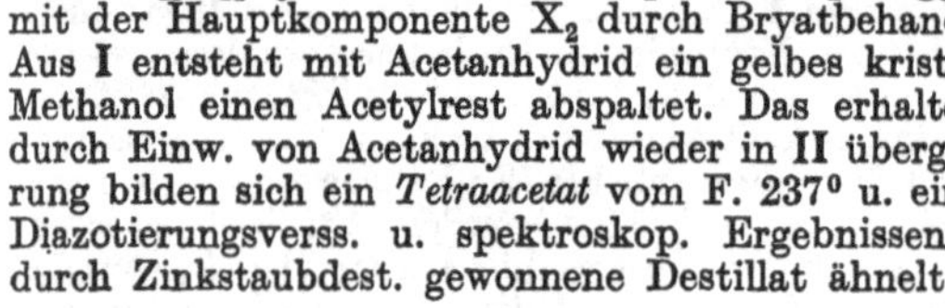

I

mel, das wahrscheinlich auch ident. mit dem Despeptidoprod. Actinomycinol B aus Actinomycin B (JOHNSON, TODD u. VINING, C. **1953**. 1657) ist. (Naturwissenschaften **40**. 529. 2. Okt.-H. 1953. Göttingen, Univ., Organ.-Chem. Inst.) M. ROTHE. 4070

Luciano Del Bufalo, Nuovo formulario di chimica organica. Formule, reazioni caratteristiche e metodi di preparazione dei principali composti organici e numerosi chemi riassuntivi. Genova: Ed. Libreria universitaria Pacetti. 1954. (205 S.).

H. Gilman, Chimica organica superiore. Vol. 1. Torino: Einaudi. 1954. (XX + 916 S.). L. 8.000,—.

V. Grignard, G. Dupont et R. Loquin, Traité de chimie organique. T. XXIII: Cycles pyrimidiques condensés. Paris: Masson et Cie. (360 S.). fr. 8600,—.

E. Biologische Chemie. Physiologie. Medizin.

E_1. Allgemeine Biologie und Biochemie.

F. J. W. Roughton, *Schnelle Reaktionen in der Biologie.* Vf. gibt einen kurzen Überblick über die biol. Grundlagen u. die histor. Entw. der HARTRIDGE-ROUGHTON-Meth. zur Best. schneller Reaktionsgeschwindigkeiten u. beschreibt ihre Anwendung auf 3 biol. interessante Fälle, u. zwar 1. zur Best. der mittleren Kontaktzeit des Blutes mit der Atemluft in der menschlichen Lunge, 2. zur Best. der Geschwindigkeitskonstanten der 4 aufeinanderfolgenden Rkk. des CO mit Hämoglobin u. 3. zur Abschätzung der Geschwindigkeitskonstanten der Bindung eines Enzyms mit seinem Substrat aus kinet. Messungen während einer sehr kurzen Induktionsperiode nach Mischung des Enzyms mit dem Substrat. (Discuss. Faraday Soc. Nr. **17**. 116—20. 1954. Cambridge, Univ., Dep. of Coll. Sci.) W. NIEMITZ. 4100

Jeanne Berducou, *Mutation von Nectria galligena, die mit Heteroauxin behandelt wurde.* Nectria galligena wurde mit 0,02—1000 mg *β-Indolessigsäure*/Liter Kulturmedium gezogen. Über eine Zeit von 75 Tagen reagierte der Pilz mit Wachstumshemmung bei Konzz. von 20—500 mg, höhere Dosen erzielten tox. Wirkungen, danach begannen Kulturen mit 250 mg/Liter erneut zu wachsen, während die Kontrollen ihr Wachstum eingestellt hatten. Aus der langanhaltenden Veränderung wird auf eine echte Mutation bei dem behandelten Stamm geschlossen: Er zeigte doppelt so lange Mycelfäden wie die Kontrollen, kürzere Einzelglieder als jene, größere Chlamydosporen u. Bläschen, die den Kontrollen völlig fehlten. Die Bedeutung der Bläschen ist unklar. Sie treten bei Nectria auch unter schlechten Ernährungsbedingungen auf, verschwinden aber unter normalisierten Verhältnissen, während der mutierte Stamm sie nicht wieder verlor. (C. R. hebd. Séances Acad. Sci. **232**. 1230—32. 19/3. 1951.) I. WEINMANN. 4130

L. Califano, *Die Abgabe von Nucleinsäuren aus Bakterienzellen durch Wärmeeinwirkung.* (Vgl. auch. C. **1953**. 5057.) Die Erwärmung von Bakterien hat den nachweisbaren Austritt von *Nucleinsäuren* (I) zur Folge (Nachw.: UV-Absorption u. BIALsche Rk.). Die Temp., die einen solchen Austritt von I bewirkt, ist der Hemmungstemp. für die jeweilige Bakterienart proportional. Wärmeempfindliche Bakterien geben schon bei geringem Temperaturanstieg I ab, Pneumokokken z. B. bei 45° gegenüber Staphylokokken die erst bei 60—70° I abgeben. Dieser Austritt beginnt schon vor der Eiweißkoagulation; durch die eintretende Eiweißfällung wird der Austritt von I verringert. Junge Bakterienkulturen geben I leichter u. stärker ab als alte, die Sporen von Sporenbildnern geben I erst bei 120° ab. Grampositive u. gramnegative Bakterien verhalten sich gleich. Vorherige UV-Bestrahlung hat Abnahme des Austrittes an I zur Folge. Gegen *Lysozym* resistente Keime werden durch die Erwärmung für Lysozym anfällig. Wahrscheinlich wird eine oberflächige aus I bestehende Schicht entfernt u. die darunterliegende Schicht polymerisierter Polysaccharide angreifbar gemacht. (Rend. Ist. super. Sanità **16**. 24—43. 1953. Napoli, Univ., Mikrobiol. Inst.) H. WRBA. 4150

G. Balboni, *Die Nucleinsäuren in der Hypophyse nach Thiouracilbehandlung.* Vf. untersuchte histolog. Schnitte von Hypophysen von Ratten, die 5—30 Tage lang mit *Methylthiouracil* (I; 1 cg täglich) behandelt worden waren. In den ersten Behandlungstagen sieht man kaum Veränderungen, während später eine Abnahme des Zellkerns an *Desoxyribonucleinsäure* gefunden wird, während das Cytoplasma eine Zunahme der *Ribonucleinsäure* (II) aufweist. In den fortgeschrittenen Stadien sieht man, als Zeichen einer hohen Zellaktivität, eine Zunahme der II in den β-Zellen. I führt auch zu Veränderungen an den (gonadotropen?) δ-Zellen, die an II stark abnehmen. (Boll. Soc. ital. Biol. sperim. **29**. 1849—51. Sept./Nov. 1953. Firenze, Univ., Ist. anatomico.) P. G. SCHEURLEN. 4150

William I. Morse, *Färbbare Ferrieisenteilchen in erythroiden Markzellen und Erythrocyten. Erythrocyten* (I) aus Blut u. orthochrome, kernhaltige Zellen aus Knochenmark wurden auf die Häufigkeit des Vork. von färbbaren Ferrieisenteilchen innerhalb dieser Zellen bei verschied. Zuständen untersucht (9 n. Personen, 59 Patienten mit verschied. anäm. Zuständen). Die Ergebnisse, die im einzelnen beschrieben werden, wurden mit den klin. Befunden, mit dem Körpervorrat an Fe u. dem Serum-Fe in Beziehung gesetzt. Der größte Anteil an veränderten I wurde nach Milzentfernung bei Patienten mit einem großen Anteil an veränderten erythroiden Markzellen beobachtet, womit ein Hinweis gegeben ist, daß die intracellulären Fe-Teilchen von I in deren Vorläufern eingelagert wurden, u. daß die unversehrte Milz solche veränderten I aus der Zirkulation entfernt. Weitere Mechanismen bei diesen Vorgängen werden dargelegt. (Canad. med. Assoc. J. **72.** 418—26. 15/3. 1955. Halifax, N. S., Dalhousie Univ., Camp Hill Hosp. and Dep. of Med.) J. SCHWAIBOLD. 4150

F. Reich, *Zur Insulinbehandlung der Kachexie bei Carcinom.* (Med. Klin. **47.** 936—37. 11/7. 1952. Eutin/Holstein, Elisabeth-Krankenhaus.) F. GÜNTHER. 4160

R. Budnick, H. G. Stoll und **G. Altvater,** *Organspezifische Chemotherapie des Prostatacarcinoms.* Vff. berichten über ihre Erfahrungen an 209 Patienten mit klin. diagnostiziertem Prostatacarcinom mit *ST 52-ASTA* (HONVAN; I). I hat besondere Affinität zum Prostatacarcinomgewebe u. wird in hoher Dosierung intravenös ohne tox. Nebenwirkungen vertragen. Die Wrkg. tritt rasch ein, Metastasenschmerzen werden häufig schon in den ersten Tagen beseitigt, Primärtumor u. Metastasen bilden sich schnell zurück. Die erhöhte *saure Serumphosphatase* normalisiert sich in 84%, klin. Besserung tritt in 90% der Fälle ein. Gute Wrkg. wird auch in der sogenannten „östrogenrefraktären Phase" beobachtet. (Dtsch. med. Wschr. **80.** 143—46. 28/1. 1955. Berlin, St. Hedwigs-Krankenhaus.) K. BÖHM. 4160

E. F. Scheller, *Ein neuartiges Krebschemotherapeuticum.* Über die lebensverlängernde Wrkg. durch ambulant verabreichte *A-Blastomase* [*Cycloheptadion-(1.2)*, *p-Oxyphenylamin* u. einem *Au-Sol*, PHAHERMA, München] bei 2 inoperablen Carcinompatienten wird berichtet. Hinweis auf italien. Erfahrungen. (Therapiewoche **5.** 206. Febr. 1955. München.) F. LEUSCHNER. 4160

M. L. Crossley, J. B. Allison, W. W. Wainio und **J. B. Muenzen,** *Chemotherapie von Tumoren bei Ratten.* 1. Mitt. *Die Behandlung des Sarkoms 231 in der King-A-Ratte mit 2.4.6-Triäthylenimino-symm.-triazin und verwandten Produkten.* (2. vgl. C. **1954.** 1507.) Vff. untersuchen an Ratten die Wirksamkeit von *2.4.6-Triäthylenimino-symm.-triazin* (**I**), *2.4.6-Tris-[2-methyläthylenimino]-symm.-triazin* (**II**) u. *Hexamethylendiäthylenharnstoff* (**III**) auf das Wachstum des transplantierten Sarkoms 231, beginnend mit dem 7. Tag nach der Transplantation. 50—75% der mit **I** oder **II** behandelten Tiere zeigten ein vollständiges Zurückgehen des Tumors; bei Applikation von **III** lag die Quote bei über 70%. Alle Tiere, bei denen der Tumor vollständig zurückging, waren gegen erneute Transplantation resistent; Entfernung des Tumors hatte dagegen keinen Erfolg. Als geeignetste Therapie ergab sich eine 2—3 Wochen lange Behandlung mit zweimal täglich 0,02 mg/kg intraperitoneal oder intratumoral; höhere Dosen lösten tox. Effekte aus. Vff. schließen aus diesen u. anderen Unterss., daß die therapeut. Wirksamkeit auf der Äthyleniminogruppe beruht. (J. nat. Cancer Inst. **12.** 305—21. Okt. 1951. New Brunswick, N. J., Rutgers Univ., Bur. of Biol. Res.) R. REISS. 4160

Pizzetti Federico, Clerici Enrico und **Pietro Sergio,** *Untersuchungen über die Wirkung der N-Lostderivate auf die peripheren Leukocyten.* An Patienten mit verschied. Tumoren wurde festgestellt, daß einmalige therapeut. Dosen von *Chloramin, Oxychlorin* oder *Triäthylenmelamin* nach einem kurzen, geringen Anstieg der Leukocyten eine Abnahme dieser Zellen in den ersten Std. bedingen. Da die osmot. Resistenz der Leukocyten sich ändert, wird angenommen, daß diese Cytostatica nicht nur auf das Knochenmark wirken, sondern direkt auch auf die in die Peripherie ausgeschwemmten Leukocyten. (Tumori **40.** 528—36. Sept./Okt. 1954. Milano, Centro di Oncologia del C. N. R.) P. G. SCHEURLEN. 4160

Aubrey Gorbman und **Abraham Edelmann,** *Die Bedeutung ionisierender Strahlung für die Erregung von Tumoren der Hypophyse.* Nach einer 4wöchigen Spezialfütterung mit J-armer Kost wurden ♂ Mäuse mit 30 μC ^{131}J injiziert. Die Schilddrüse der Tiere wurde auf diese Weise zerstört. Einige dieser Tiere erhielten 7 Tage später Totalbestrahlungen mit 545 r (250 kV, 30 mA, Filter: 0,25 mm Cu + 1 mm Al, HWS 0,9 mm Cu). Andere bekamen eine hohe Dosis (170 μC) ^{131}J u. Normalernährung. Kontrolltiere schließlich erhielten bei Normalnahrung nur die zur Erregung von Hypophysentumoren erforderliche Dosis von 200 μC ^{131}J u. eine letzte Gruppe ausschließlich die Röntgendosis 545 r. Die Unters. sämtlicher Tiere auf Hypophysentumoren ergab: Tiere mit durch Bestrahlung zerstörter Schilddrüse zeigen Tumorbldg., wenn zusätzlich entweder Totalbestrahlung oder weitere ^{131}J-Behandlung appliziert wird. Röntgenbestrahlung allein führt nicht zu Tumoren an der Hypophyse. Vff. deuten die Ergebnisse als ein strahlenindiziertes atyp. Wachstum der Hypophyse, die durch die zerstörte Schilddrüse physiol. modifiziert ist. (Proc. Soc. exp. Biol. Med. **81.** 348—50. Nov. 1952. Upton, Long Island, Brookhaven Nat. Labor., u. New York, N. Y., Columbia Univ.) W. REUSSE. 4160

Aubrey Gorbman, *Die bestimmenden Faktoren bei der Entwicklung von Hypophysentumoren bei Mäusen nach Behandlung mit radioaktivem Jod.* Durch subcutane Injektion von 200 μC ^{131}J wurde die totale Zerstörung der Thyreoidea (Tha.) ausgelöst. Die auf diesen Vorgang bisweilen folgende Bldg. von Hypophysentumoren kann generell nicht bestätigt werden, es bedarf dazu bes. hoher ^{131}J-Dosen (200 μC). Durch Implantation von Schilddrüsengewebe oder durch *Thyroxin*-Injektionen bei Tieren mit zerstörter Tha. kann die Bldg. von Hypophysentumoren verhindert werden, auch wenn die ^{131}J-Dosis sehr hoch liegt. Die strahleninduzierte Thyroidektomie ist daher ein notwendiger, aber nicht der allein bestimmende Faktor bei der Ausbldg. der Hypophysentumoren. Zu den weiteren bestimmenden Faktoren wird lediglich festgestellt, daß diese in ursächlichem Zusammenhang zu der angewandten ionisierenden Strahlung stehen müssen. (Proc. Soc. exp. Biol. Med. **80.** 538—40. Juli 1952. New York, N. Y., Barnard Coll., u. Columbia Univ., Dep. of Zool.) W. REUSSE. 4160

Ulrich K. Henschke, Arthur G. James und **William G. Myers,** *Radiogoldeinlagen in der Strahlentherapie.* (Vgl. auch C. **1954.** 7670.) Zusammenfassender Bericht über ca. 100 Patienten, bei denen Carcinome im Mund, Oesophagus, in Harnblase u. Harnröhre durch Radiogoldeinlagen, ferner tiefliegende Krebsherde durch langfristige Implantate von ^{198}Au unter Verwendung der früher (vgl. C. **1954.** 7670) beschriebenen Anwendungsformen von Radiogold behandelt wurden. (Radiology **63.** 390—99. Sept. 1954. Columbus, O., Ohio State Univ., Med. Center, Dep. of Radiol., Surg. and Med.) W. REUSSE. 4160

Alfred I. Sherman, MacDonald Bonebrake und **Willard M. Allen,** *Applikation von radioaktivem kolloidalem Gold bei der Behandlung des Pelvicumcarcinoms.* An Hand von 10 Fällen mit Cervixcarcinom, 1 Fall mit Carcinom der Vulva u. 2 Fällen mit inguinalen Lymphknotenmetastasen wird die therapeut. Bedeutung von interstitiell appliziertem, radioakt., koll. *Gold* (**I**) (in Pektin suspendiert) studiert. **I** wurde entweder allein oder zusammen mit *Radium* angewandt. Im Parametrium u. in den entsprechenden Lymphknoten konnten Bestrahlungseffekte festgestellt werden. Vff. empfehlen die Anwendung von **I** bei den genannten Krankheiten als Zusatzbehandlung. (Amer. J. Röntgenol. Radium Therapy **66.** 624—38. Okt. 1951. St. Louis, Mo., Washington School of Med., Dep. of Obstetrics and Gynecol., u, Barnes, St. Louis Maternity u. Barnard Free Skin u. Cancer Hosp.) R. REISS. 4160

Karl Scharrer, Biochemie der Spurenelemente. 3. vollst. neubearb. Aufl. Berlin u. Hamburg: Parey. 1955. (VIII + 404 S. m. 8 farb. Taf.). DM 39,60.

E₂. Enzymologie. Gärung.

John Z. Hearon und **Robert Katzman,** *Enzymkinetik: Aus der Hypothese des nichtelastischen Stoßes abgeleitete Hemmungsgleichungen.* Vff. erweitern die Hypothese der nichtelast. Stöße bei der Enzymwrkg. von MEDWEDEW (vgl. Enzymologia **2.** [1937.] 1, 17, 53) auf die Fälle der konkurrierenden u. nichtkonkurrierenden Inhibitoren u. Substrate. Des weiteren überprüfen u. entwickeln Vff. die ursprünglichen Formulierungen von MEDWEDEW, die die Bldg. von Enzym-Substrat-Komplexen vernachlässigen, so weiter, daß die Theorie nunmehr auch die Komplexbldg. einschließt. Die entwickelten Gleichungen werden diskutiert u. mit der MICHAELIS-MENTEN-Theorie verglichen. (Bull. math. Biophysics **16.** 259—77. Dez. 1954. Oak Ridge, Tenn., Nat. Labor., u. Boston, Mass., Harvard Med. School.) K. PRCHAL. 4200

K. Burton, *Die mit der Hydrolyse der Thiolesterbindung von Acetylcoenzym A verbundene Änderung der freien Energie.* Für die freie Energie bei Hydrolyse von *Acetylcoenzym A* ergibt sich als zur Zeit wahrscheinlichster Wert $\Delta G' = -8{,}2$ kcal. — Die früher angegebenen Werte der freien Energie der Bldg. von Citrat^{3-}, cis-Aconitat^{3-} u. D-Isocitrat^{3-} werden in $\Delta G^0 f = -279{,}26$ bzw. $-220{,}63$ bzw. $-277{,}77$ kcal verbessert. (Biochem. J. **59.** 44—46. Jan. 1955. Chicago, Univ., u. Sheffield, Univ., Dep. of Biochem.) A. HESSE. 4210

F. Bramstedt, A. Kröncke und **R. Naujoks,** *Biochemische Untersuchungen zur Fluorwirkung im Speichel cariesanfälliger und -resistenter Personen.* Zür Prüfung der Frage, ob die cariesreduzierende Wrkg. von *F* in einer Einw. auf den Zuckerabbau zu suchen ist, wurde die Einw. von F auf die Oxydation u. Vergärung der *Glucose* im Speichel cariesanfälliger (CA) u. cariesresistenter (CR) Personen untersucht. Sowohl bei CR wie bei CA wird die Glucoseoxydation im Speichel durch F etwa in gleichen Ausmaß gehemmt, dagegen hemmt F die Gärung im Speichel bei den CA wesentlich stärker als bei den CR. Diese Erscheinung wird dahin gedeutet, daß in der stärkeren Hemmung der

Gärung eine Entlastung des — bei den CA gestörten — aeroben Oxydationsweges über den Citronensäurecyclus zu sehen ist. (Dtsch. zahnärztl. Z. **10.** 311—13. 1/3. 1955. Hamburg, Univ., Physiol.-chem. Inst., u. Klinik für Zahn-, Mund- u. Kieferkrankheiten.) G. Klesse. 4210

Warner W. Carlson, Carmen L. Rosano und **Virginia Whiteside-Carlson,** *Untersuchungen über die Dextransaccharase von Leuconostoc dextranicum. Leuconostoc dextranicum,* Stamm *elai,* wurde in 2% ig. Lsg. von Saccharose (I) gezüchtet, u. durch Zentrifugieren nach oder ohne Halbsättigung mit $(NH_4)_2SO_4$ wurden die enzymhaltigen Zellen (in ersterem Falle zusammen mit dem extracellulären Enzym) isoliert. Durch Zerkleinerung der Zellen u. Zentrifugieren bei p_H 6,3 (Citratpuffer) wurde ein zellfreier Extrakt von *Dextransaccharase* (II) erhalten. Die II-Wirksamkeit wurde an 5% ig. I-Lsgg. bei p_H 5,6 (Acetatpuffer) u. 25° getestet. Dabei wurde in 40 Std. mit II cellularen u. extracellularen Ursprungs die theoret. Ausbeute an *Dextran* (III) erreicht, mit nur aus Zellen erhaltener II aber nur 83%. Nach Dialyse war die Fähigkeit von II-Präpp. zur III-Bldg. prakt. unverändert. Die Wirksamkeit von II wird durch Ggw. von Metallen wie Mn, Mg, Ca u. Fe bindendem Na-Äthylendiamintetraacetat nicht beeinträchtigt, ist also an die Ggw. dieser Metalle nicht gebunden. II konnte aus Gemischen von Glucose-1-phosphat u. Fructose (IV) oder Fructose-6-phosphat (V) oder Fructose-1.6-diphosphat (VI) bzw. aus Gemischen von Glucose (VII) u. V oder VI oder IV + Adenosintriphosphat kein III synthetisieren. Ruhende u. gefriergetrocknete Zellen nahmen aus I-Phosphat-Lsg. keinen anorgan. P auf. Zugabe von VII u. IV zum I-II-Ansatz vermindert die Ausbeute an fällbarem III. In 20% ig. I-Lsg. war die III-Ausbeute nur 11% der Theorie, ohne daß dabei die II inaktiviert wurde. Abgebautes III hemmt die III-Synth. durch II nicht, wird aber nicht verwertet. Das p_H-Optimum von II liegt bei 5,6, die Michaelis-Konstante im Mittel bei 15,9 mMol. (J. Bacteriol. **65.** 136—40. Febr. 1953. Birmingham, Ala., Univ., Med. Coll., and School of Dent., Biochem. Dep.) W. Willenberg. 4210

N. I. Belkin, *Fermentative Kennzeichen der Winterhärte von Winterweizen im Zusammenhang mit Abhärtung und Düngung.* Aus der Unters. des fermentativen Kohlenhydratumsatzes von Winterweizen u. Roggen ergibt sich eine enge Beziehung zwischen Ferment-Rk. u. Winterfestigkeit. Die Winterfestigkeit besteht im Vermögen, mit Einbruch des Winters die Hydrolyse zu unterdrücken. Durch N-Düngung wird eine lebhafte Lebenstätigkeit aufrechterhalten, die Hydrolyse aktiviert u. damit die Winterfestigkeit vermindert. Durch K u. P wird die Rk. stark nach der Synth. verschoben. Dadurch wird die Hydrolyse rascher u. vollständiger unterdrückt u. damit die Winterfestigkeit erhöht. (Биохимия [Biochimia] **16.** 429—34. Sept./Okt. 1951. Jaroslawl, Landw. Inst., Lehrstuhl für Agrochem. u. Pflanzenphysiol.) O. Lebtag. 4210

I. Ss. Lukomskaja, *Bildungswege von Fructosediphosphat unter aeroben Bedingungen im Muskelbrei von Küken.* Verss. mit Brei aus Beinmuskeln von 19—25 Tage alten Küken ergaben, daß *Phosphogluconsäure* nicht oxydiert wird u. nicht als Quelle für die Bldg. von *Fructosediphophat* (I) dienen kann. Auch die *Hexosemonophosphate* werden nicht oxydiert, können aber infolge glykolyt. Umwandlung in Phosphotriosen u. Brenztraubensäure als Quelle zur Bldg. von Atmungssubstraten dienen. Die Bldg. von I erfolgt auf dem Wege der Phosphofructokinase-Rk. u. ist an die Oxydation der Gewebssubstrate gekoppelt, hauptsächlich über den Tricarbonsäurecyclus. (Бюллетень экспериментальной биологии и медицины [Bull. exp. Biol. Med.] **39.** Nr. 3. 55—58. März 1955. Moskau, Lomonossow-Univ., Lehrstuhl für Biochem. der Tiere.) E. Rentz. 4210

M. H. Ross und **Justine G. Archer,** *Fehlen eines Einflusses von 2-Desoxy-D-glucose auf Adenosintriphosphatase und Pyrophosphatase der Rattenleber.* Im Anschluß an frühere Unterss. (vgl. C. **1953.** 7571) in denen sich ein Einfl. von *2-Desoxy-D-glucose* (I) auf alkal. Phosphatase ergab, wird gezeigt, daß I auf *Adenosintriphosphatase* u. *Pyrophosphatase* der Rattenleber in vivo (untersucht in den Homogenaten) ohne Einfl. ist. Die zu beobachtende Hemmung der Glykolyse durch I sowie die in Ggw. von I beobachtete Abnahme von anorgan. u. organ. Phosphat in der Leber beruht vermutlich auf anderen Ursachen. (J. Franklin Inst. **255.** 161—62. Febr. 1953. Philadelphia, Pa., Franklin Inst.) A. Hesse. 4210

Gerhard Zetler und **Lucie Schlosser,** *Über die Verteilung von Substanz P und Cholinacetylase im Gehirn.* In Fortsetzung der Verss. (vgl. C. **1954.** 10515) werden in verschied. Teilen des Gehirns die *Substanz P* (I) u. die *Cholinacetylase* (II) bestimmt. Aus den Ergebnissen geht hervor, daß in Bezirken hoher I-Konz. wenig II gefunden wird u. umgekehrt. Dieser Befund wird nicht durch eine antagonist. Wrkg. von I gegenüber II nur vorgetäuscht. (Pflügers Arch. ges. Physiol. Menschen Tiere **259.** 303—05. 1954. Kiel, Univ., Pharmacol. Inst.) U. Baumann. 4210

Wolfgang Hardegg, Elsa Rieken und **Hubert Schmalz,** *Über die Beeinflussung der menschlichen Blutcholinesterasen durch Atropin.* Die Wrkg. von *Atropin* (I) auf Serum-

u. Erythrocyten-*Cholinesterase* wird bei Vorgabe verschied. Substrate untersucht. Die Spaltung von *Acetylcholin* durch Erythrocytencholinesterase wird durch hohe I-Konzz. gehemmt. Die Hemmung ist geringer, als die bei der Serumcholinesterase beobachtete. Die Spaltung von *Butyrylcholin* durch Serumcholinesterase wird ebenfalls durch I gehemmt, die von *Benzoylcholin* wird teils gehemmt, teils gefördert, wobei sowohl die I-Konzz. als auch die Substratkonzz. eine Rolle spielen. Das Optimum der Beschleunigung verschiebt sich bei steigender Substratkonz. zu höheren I-Konzentrationen. Die beobachtete Beschleunigung wird aber nicht als echte Aktivierung aufgefaßt, sondern als Verminderung der „Autokatastase", das heißt der Hemmung des Fermentes durch das Substrat. Es wird die Frage aufgeworfen, ob bei der Spaltung des *Acetylcholins* nicht auch eine Hemmung u. eine Förderung stattfindet, wobei die Aktivierung wegen der hier viel schwächeren Autokatastase nicht beobachtet werden kann. Die Hemmung der Serumcholinesterase durch *Prostigmin* kann durch I aufgehoben werden. Die Versuchsergebenisse werden im Hinblick auf die Frage diskutiert, ob die Cholinesterase als Acetylcholinreceptor aufgefaßt werden kann. (Pflügers Arch. ges. Physiol. Menschen Tiere **259**. 317—33. 1954. Heidelberg, Univ., Physiol. Inst.) U. BAUMANN. 4210

Richard B. Barrueto, M. Moira Davison Reynolds, Burnham S. Walker und **Henry M. Lemon,** *Transphosphorylierung als Fehlerquelle bei der Bestimmung der sauren Serumphosphatase.* Die Best. der *sauren Phosphatase* (I) im Serum von 32 n. Erwachsenen, unter Verwendung von Di-Na-p-Nitrophenylphosphat als Substrat, ergab, daß unter den angegebenen Bedingungen eine geringfügige, jedoch statist. signifikante Phosphatübertragung stattfindet, die jedoch Anwendbarkeit u. Wert der Meth. von ANDERSCH u. SZCZPINSKI zur Serum-I-Best. (Amer. J. clin. Pathol. **24**. [1947.] 570) nicht beeinträchtigt (+9% Fehler). Zur Best. von *Nitrophenol* u. anorgan. Phosphat in Serum wurden die Meth. von ANDERSCH u. SZCZPINSKI u. von LORRY u. LOPEZ (J. biol. Chemistry **162**. [1946.] 421) modifiziert. (Amer. J. clin. Pathol. **24**. 1144—48. Okt. 1954. Boston, Mass., Univ., School of Med.) K. MAIER. 4210

W. K. Berry, K. P. Fellowes, P. J. Fraser, J. P. Rutland und **A. Todrick,** *Der Schutz von Cholinesterase gegen einige organische Phosphorverbindungen in vitro. Cholinesterase* (I) wird durch *Sarin* (*Isopropyl-P-methylphosphonofluoridat*); (II), *Tabun* (*Äthyl-N.N-dimethylphosphoramidocyanid*), *Äthylsarin* sowie *DFP* (*Diisopropylphosphorofluoridat*) gehemmt. Von der Vorstellung ausgehend, daß das Wirkungszentrum von I möglicherweise Aminosäureseitenketten trägt, wurde die Schutzwrkg. von 16 Aminosäuren untersucht, indem II erst nach Zusatz der vermutlichen Schutzstoffe zu I gegeben wurde. Lediglich *3.4-Dioxyphenylalanin* (*Dopa*; III) hat in hohen Konzz. eine gewisse Schutzwirkung. Aus Verss. mit anderen Phenolen usw. ergab sich, daß diese Schutzwrkg. durch jedes Brenzcatechinderiv. ausgeübt, jedoch durch eine Blockierung der OH-Gruppen vermindert wird. Die Schutzwrkg. beruht wahrscheinlich auf einer Rk. zwischen dem Brenzcatechinderiv. u. dem Inhibitor. Keines der Oxydationsprodd. von III hat eine größere Wrkg. als III selbst. (Biochem. J. **59**. 1—5. Jan. 1955. Porton, Wilts., Chem. Defense Exp. Establishment.) A. HESSE. 4210

F. Lundquist, Th. Thorsteinsson und **O. Buus,** *Reinigung und Eigenschaften einiger Enzyme im Plasma von menschlichem Samen.* Durch verschied. Fraktionierungsmethoden (u. a. Adsorption an Gel von Tricalciumphosphat) sowie Zonenelektrophorese an Stärke werden mindestens zwei proteolyt. Enzyme im Plasma der menschlichen Samen-Fl. voneinander getrennt. Die eine *Proteinase* (I) hat gewisse Ähnlichkeit mit Chymotrypsin. I hydrolysiert *Acetyltyrosinäthylester*, wobei Aktivierung durch Metall oder reduzierende Substanzen nicht erforderlich ist. I unterscheidet sich von Chymotrypsin durch die Unempfindlichkeit gegen Diisopropylphosphorfluoridat u. hinsichtlich der Form der p_H/Aktivitäts-Kurve. — Die andere *Proteinase* (II) ist eine *Aminopolypeptidase* mit p_H-Optimum bei 7,8; II wirkt auf Di- u. Tripeptide (anscheinend unter Bevorzugung von Leucylpeptiden), wobei Aktivierung durch Metallionen nicht erforderlich ist. — Ferner wurde noch ein Enzym (III) gefunden, welches *Benzoylargininäthylester* sehr rasch hydrolysiert. III ist von Aminopeptidase verschieden, ist empfindlich gegen Diisophosphorfluoridat u. wird nicht durch Äthylendiamintetraessigsäure gehemmt. Dieses III wurde nicht von Aminopeptidase getrennt; III ist nicht ident. mit Trypsin, Thrombin oder Plasmin. — Von den genannten Enzymen wurde ein fibrinolyt. Faktor abgetrennt, der der *Fibrinokinase* ähnlich zu sein scheint. Reinigung durch Adsorption von Tricalciumphosphat. — *Prostataphosphatase* konnte mit der Zonenelektrophorese weitgehend gereinigt werden. (Biochem. J. **59**. 69—79. Jan. 1955. Kopenhagen, Univ., Inst. of Legal Med.) A. HESSE. 4210

F. R. Bettelheim, *Die aminoendständige Gruppe des Chymotrypsinogens.* Die Unters. von *Chymotrypsinogen* (I) erfolgte nach der SANGERschen Dinitrophenylmethode. Nach Hydrolyse des mit Perameisensäure oxydierten Dinitrophenyl (DNP)-I in 5,7 n HCl bei 105° im Einschmelzrohr wurde das Hydrolysat mit Ae. extrahiert u. im Vakuum eingeengt. Der Rückstand wurde in wenig W. gelöst, 30 Min. mit Dowex 50 in der H^+-Form zur Entfernung von ε-N-DNP-Lysin u. freien Aminosäuren geschüttelt. Die gelbe Verb., die in der Lsg. blieb, ließ sich papierchromatograph. mit Butanol–Essigsäure–W. u. Phenol–NH_3 im Vgl. mit synthet. Material als DNP-L-Cysteinsäure (II) identifizieren. Die quantitative Best. erfolgte spektrophotometr. bei 350 mμ nach Elution der Flecken mit 5 ml 1%ig. $NaHCO_3$-Lsg., 2 Min. bei 100°. Nach Korrektur für die Zerstörung von II während der Hydrolyse ergab sich ein Wert von 0,8 Resten II pro Mol. oxydierten DNP-I.

Versuche: *Monodinitrophenyl-L-cystin*, $C_{12}H_{14}O_8S_2N_4$: 1,2 g L-Cystin u. 2 g Na_2CO_3 in 50 ml W. lösen u. 0,9 g Dinitrofluorbenzol in 5 ml A. gelöst unter Rühren zugeben. Nach 20 Min. mit HCl auf p_H 7 einstellen, unumgesetztes Cystin entfernen, weiter ansäuern, einengen u. NaCl mit Aceton fällen. Lsg. zur Trockne bringen, Rückstand mit Ae. waschen u. aus W. umkrist., F. 187° (unkorr.). Ausbeute 0,6 g. — *K-Salz von Dinitrophenyl-L-cysteinsäure*, $C_9H_7O_9SN_3K_2 \cdot 2\,H_2O$: 0,2 g Bis-[dinitrophenyl]-L-cystin mit 10 ml Perameisensäure 30 Min. oxydieren, zur Trockne einengen, mit wenig W. aufnehmen, mit KOH auf p_H 6 bringen u. durch Zusatz von A. u. Ae. auskristallisieren lassen. Ausbeute 0,2 g. (J. biol. Chemistry **212**. 235—39. Jan. 1955. Seattle, Wash., Univ., Dep. of Biochem.) K. NEHRING. 4210

Earl W. Davie und **Hans Neurath**, *Identifizierung eines Peptids, das bei der autokatalytischen Aktivierung des Trypsinogens freigesetzt wird.* (Vgl. C. **1954**. 2195.) Die Aktivierung des *Trypsinogens* (I) durch Trpysin (II) führt zur Bldg. eines Peptids (III), dem Vff. die Struktur *Valin–[Asparaginsäure]$_4$–Lysin* zuordnen. III wurde durch Säulenchromatographie an Dowex 50 isoliert u. gereinigt u. Hydrolysate von III durch Chromatographie an Dowex 50 auf den Aminosäuregeh. untersucht. R_f-Werte von III in verschied. Lösungsmitteln werden angegeben. Die Eigg. von III stehen in Übereinstimmung mit gewissen Eigg. von I u. II, wie: den N-endständigen Gruppen (I = Valin, II = Isoleucin), der Verschiebung des isoion. Punktes (I = 9,3; II = 10,1), den freien Aminogruppen (I = 15,1 pro 23800; II = 13,8 pro 23100) u. dem Asparaginsäuregeh. (I = 25,0 pro 23800; II = 20,9 pro 23100). III steht in direkter Beziehung zum Auftreten von I-Aktivität. Vff. nehmen an, daß die Aktivierung von I zu II durch die Hydrolyse einer Lysyl–Isoleucin-Bindung erfolgt. (J. biol. Chemistry **212**. 515—29. Febr. 1955. Seattle, Wash., Univ., Dep. of Biochem.) K. NEHRING. 4210

J. Gergely, M. A. Gouvea und **D. Karibian**, *Spaltung von Myosin durch Chymotrypsin. Myosin* (I) wird durch kurze Verdauung mit *Chymotrypsin* (II) unter Abnahme der Viscosität verändert, wobei die *Adenosintriphosphatase* (III)-Aktivität erhalten bleibt, aber die Fällung mit F-Aktin verschwindet. Unterss. mittels Ultrazentrifuge ergaben das Auftreten von 2 Komponenten. Durch wiederholte Dialyse des Reaktionsgemisches gegen 0,015 mol. Phosphatpuffer p_H 7,0 bei 0° ließ sich eine Fraktion erhalten, die frei von III-Aktivität u. in der Ultrazentrifuge ident. mit der langsamer sedimentierenden Komponente war, während eine 2. Fraktion, die eine erhöhte spezif. III-Aktivität aufwies, durch NH_4-Sulfatfällung nach Entfernung der 1. Fraktion erhalten wurde. Die 2. Fraktion besitzt ein modifiziertes Bindungsvermögen für F-Aktin, ist in der Ultrazentrifuge homogen u. ident. mit der schneller sedimentierenden Komponente. Die Fraktionen lassen sich in der Ultrazentrifuge nicht von den durch Trypsin (IV)-Verdauung von I erhaltenen unterscheiden. Vff. untersuchen den Einfl. verschied. Faktoren (p_H, K^+, Ca^{2+}, Mg^{2+}, Äthylendiamintetraacetat) auf natives I, sowie die III- nach II- oder IV-Verdauung. Übereinstimmung u. Unterschiede der beiden Fraktionen, die nach II- oder IV-Verdauung von I auftreten, werden im Hinblick auf die verschied. Spezifität von II u. IV diskutiert, u. die Frage des Auftretens von vorgebildeten Untereinheiten bei I wird erörtert. (J. biol. Chemistry **212**. 165—77. Jan. 1955. Boston, Mass., General Hosp. and Harvard Med. School, Cardiovascular Res. Labor., Dep. of Med.) K. NEHRING. 4210

William J. Williams, Jack Litwin und **Curtis B. Thorne**, *Weitere Untersuchungen über die Biosynthese von γ-Glutamylpeptiden durch Übertragungsreaktionen.* Die durch das Enzympräp. (I) aus Bacillus substilis ATCC 9945 katalysierte Transaminierung zwischen L-Glutamin (II) u. D-Glutaminsäure (III) überwiegt unter den Versuchsbedingungen die Hydrolyse von II. Optimale II-Hydrolyse durch I erfolgt bei p_H 8,8. I katalysiert auch die Bldg. von Hydroxamsäure aus II u. Hydroxylamin, wobei das Optimal-p_H 6,5 beträgt. Längere Bebrütung von II u. III mit I führt zur Bldg. von Verbb., die nach papierchromatograph. Unterss. der Vff. Glutaminsäurepeptide verschied. Kettenlänge mit bis zu 6 Glutaminsäureresten darstellen. I katalysiert bei einem Optimal-p_H von 8,5 ebenfalls eine Transpeptidation, bei der γ-Glutamylreste von dem gebildeten Polypeptid auf III unter Bldg. von γ-Glutamylglutaminsäure übertragen werden

u. die Bldg. einer Hydroxamsäure aus Polypeptid u. Hydroxylamin, während das Optimal-p_H für die Polypeptidhydrolyse 8,8 beträgt. (J. biol. Chemistry **212.** 427—38. Jan. 1955. Frederick, Md., Camp Detrick.) K. NEHRING. 4210

David S. Kinnory, Yoshiro Takeda und **David M. Greenberg,** *Isotopenuntersuchungen über den Valinstoffwechsel.* Die Unterss. über den Valinabbau wurden durch Bebrüten von Rattenleberhomogenaten mit *$^{14}C_{(4.4')}$-Valin* (I), sowie durch intraperitoneale I-Injektion an Ratten durchgeführt. In beiden Fällen konnten durch Säulenchromatographie an Kieselgel, sowie durch Papierchromatographie markierte α-Ketoisovaleriansäure, Isobuttersäure, β-Oxyisobuttersäure u. Propionsäure (II) isoliert u. identifiziert werden. Der stufenweise Abbau von II ergab eine fast gleiche ^{14}C-Verteilung auf $C_{(1)}$ u. $C_{(3)}$, während $C_{(2)}$ nur geringe Menge enthielt. Wurden I oder $^{14}C_{(2)}$-Valin (III) in getrennten Ansätzen mit verstärktem, 3fach gewaschenem Rattennierenhomogenatrückstand (der keine II-Oxydase enthält) bebrütet, so war nur das von III entwickelte CO_2 radioaktiv. Vff. schließen daher, daß Valin durch Transaminierung zunächst in α-Ketoisovaleriansäure übergeführt wird, die durch Decarboxylierung u. Oxydation in Isobuttersäure übergeht. Diese unterliegt einer β-Oxydation unter Bldg. von β-Oxyisobuttersäure, die durch Decarboxylierung u. Oxydation in II übergeführt wird. (J. biol. Chemistry **212.** 385—96. Jan. 1955. Berkeley, Calif., Univ., School of Med., Dep. of Physiol. Chem.) K. NEHRING. 4210

E. Balzer und **K. Werner,** *Über eine Bestimmung der Pankreaslipase im Duodenalinhalt unter optimalen Wirkungsbedingungen.* 1. Mitt. *Begründung und Entwicklung der Methode.* (Vgl. C. **1955.** 846.) Die bisher bestehenden Schwierigkeiten bei der *Pankreaslipase*-Best. im Duodenalinhalt werden durch den Einfl. schwankender Beimengungen von gallensauren Salzen, Albumin u. Ca-Salzen verursacht. Als Substrat für diese Best. sind nur Ester höhermol. Fettsäuren geeignet, da niedrigmol. Ester von der Pankreaslipase langsamer, dagegen stärker von den bei der Sondierung teilweise mit erfaßten lipolyt. Enzymen des Speichels, Magens, Duodenums u. der Galle hydrolysiert werden. Die als einzige geeignete Meth. von WILLSTÄTTER wird entsprechend abgeändert. An Stelle des NH_3–NH_4Cl-Puffers benützt man einen Citronensäurephosphatpuffer mit dem günstigsten p_H-Bereich von 8—6. Als Substrat dient Olivenöl. Es werden vermischt: 1 cm³ Duodenalinhalt, 2 cm³ dest. W., 15 cm³ Olivenöl, 3 cm³ Puffer, 2,5 cm³ 2%ig. $CaCl_2$-Lsg. sowie 2 g $CaCO_3$. Die Aktivatorkombination $CaCl_2$–$CaCO_3$ bewirkt eine größere Aktivierung als physiol. Gallenbeimengungen, reine Gallensäuren, Na-Taurocholat, Na-Thioglykocholat, Na-Desoxycholat u. die entsprechenden Ca-Salze. Die günstigste Verdauungstemp. beträgt 38°. Das vorgelegte Olivenöl kann unter diesen Bedingungen nur bis zu 50—53% gespalten werden. Vor der alkalimetr. Titration mit n/10 NaOH werden dem Verdauungsgemisch 50 cm³ A. zugesetzt. Diese Meth. ist für die Pankreaslipase spezif. u. bei relativ kleiner Fehlerbreite gut reproduzierbar. (Z. klin. Med. **150.** 523—36. 1953. Münster, Univ., Med. Klinik.) G. FAUST. 4210

E. Balzer und **K. Werner,** *Über eine Bestimmung der Pankreaslipase im Duodenalinhalt unter optimalen Wirkungsbedingungen.* 2. Mitt. *Anwendung der Methode bei Gesunden und Kranken. Prüfung der Ergebnisse durch Fettausnutzungsversuche.* (1. vgl. vorst. Ref.) Es wird über ein alkalimetr. Verf. zur Best. der *Pankrealipase* (I) im Duodenalinhalt berichtet. Es wurden die I-Kurven für 42 Gesunde aufgestellt, bei denen Normalwerte innerhalb eines Verbrauchs von 100—160 cm³ n/10 NaOH liegen. Die n. I-Kurve zeigt kleine rhythm., 10—15 Min. andauernde Schwankungen. Nach 1—4 Wochen wiederholte I-Funktionsprüfungen hatten das gleiche Ergebnis. Ferner wurde bei 11 Patienten die I-Wirksamkeit mit der Fettausnutzung verglichen u. beobachtet, daß dem Grad der gestörten Fettausnutzung das Ausmaß der I-Wrkg. parallel geht. (Z. klin. Med. **150.** 537—50. 1953. Münster, Univ., Med. Klinik.) G. FAUST. 4210

C. V. Ramakrishnan, *Die Wirkung des Kulturmediums auf Lipase- und Esteraseaktivität von Aspergillus niger.* Zur Züchtung eines lipolyt. hochwirksamen *A. niger*-Stammes wurden 3 Stämme (1 lipolyt. akt. von Ricinussamen, 2 aus Boden) in einer Versuchsreihe auf einem von RAMAKRISHNAN u. BANERJEE (Enzymol. [Amsterdam] **51.** [1951.] 98) angegebenen Erdnußnährboden, in einer weiteren Serie zuerst 2- oder 3mal auf einem 2% frisches Erdnußöl u. 10% Kulturfiltrat des lipolyt. wirksamen *A. niger*-Stammes enthaltenden Agarmedium u. anschließend auf vorst. Nährboden gezüchtet. Die Best. von *Lipase* (I)- u. *Esterase* (II)-Aktivität mit Erdnußöl bzw. Buttersäureäthylester als Substrat ergab Zunahme des I- u. II-Geh. nach Passage auf Agarnährboden. Einer der Stämme, der vorher fast keine I- u. II-Wirksamkeit besaß, wies nach den Passagen eine sehr hohe I- u. II-Aktivität auf, so daß möglicherweise eine chem. Mutation stattgefunden hat. Der Zusatz von Kulturfiltrat bewirkt, wie RAMAKRISHNAN u. BANERJEE (C. **1952.** 5907) festgestellt haben, auf Grund seines Vitamingeh. eine Steigerung der lipolyt. Aktivität. (Chem. and Ind. **1954**. 250—51. 27/2. Calcutta, Bose Inst.) K. MAIER. 4210

Dana I. Crandall, *Homogentisinsäureoxydase*. 2. Mitt. *Eigenschaften des Rohenzyms in Rattenleber*. (1. vgl. C. **1955**. 6310.) Das Rohenzym der *Homogentisinsäureoxydase* (I) wurde durch Zentrifugieren von homogenisierter Rattenleber u. Abgießen vom Sediment gewonnen (Präp. L.) Durch A.-Fällung wurde das Präp. LA, durch $(NH_4)_2SO_4$-Fällung (75—30% Sättigung) das Präp. LN_{75-30} u. durch kombinierte A.-$(NH_4)_2SO_4$-Fällung LAN_{75-30} gewonnen, das ca. 4fach gereinigt war. Die Aktivitätsmessung erfolgte im WARBURG-App. in O_2-Atmosphäre bei 38°. Durch Vgl. der O_2-Aufnahme mit der entstandenen *Acetessigsäure* wurde sichergestellt, daß nur die Oxydation der *Homogentisinsäure* zu β-Ketosäuren erfaßt wurde. Das p_H-Optimum der **I** liegt bei 7,0. Alkal. Hemmung ist nach Neutralisieren reversibel, saure Hemmung nicht. Bei p_H 6,0 erfolgt vollständige Hemmung, die durch *Ferro*- u. *Ascorbat*-Ionen aufgehoben werden kann (andere Metallionen sind unwirksam). In Ggw. von *Ascorbat* (**II**) findet durch 10^{-5} mol. Fe^{2+} beträchtliche Aktivierung statt. Durch verschied. metallbindende Verbb. z. B. *Bipyridyl, Cyanid, H_2S, Cystein, Diäthyldithiocarbamat* u. *Azid* wird das Enzym vollständig gehemmt. Die Ferro-Aktivierung in Ggw. von **II** wird durch red. Glutathion (**III**) weiter gesteigert. **II** u. **III** können das Enzym bei p_H 7,0, aber nicht bei p_H 6,0 in Abwesenheit von Fe^{2+} stimulieren. Obwohl **I** gegenüber *Jodessigsäure* u. *Maleat* unempfindlich ist, wird sie durch *$HgCl_2$, p-Chlormercuribenzoat* (**IV**) u. *Jodbenzoesäure* (**V**) stark gehemmt. Die **IV**-Hemmung ist nur in Ggw. von **III** u. Fe^{2+} reversibel. An der unvollständigen Reaktivierung des Enzyms nach **V**-Hemmung durch **II** u. **III** ist Fe^{2+} offenbar nicht beteiligt. Dialyse bei p_H 7,0 bewirkt keine Inaktivierung, dagegen wird das Enzym durch O_2 bei 38° u. H_2O_2 irreversibel geschädigt. **I** zeigt hochspezif. Wrkg.; *Gentisinsäure, o-Oxyphenylessigsäure* u. andere verwandte Verbb. werden nicht oxydiert. Die *Benzochinonessigsäure* wirkt sogar stark hemmend. Sie ist möglicherweise ein Zwischenprod. bei der Homogentisinsäureoxydation. Die stimulierende Wrkg. des **II** u. **III** scheint darauf zu beruhen, daß **II** Fe^{2+}, dagegen nicht —SH-Gruppen vor Oxydierung schützt, während **III** die —SH-Gruppen u. weniger das Fe^{2+} schützt. Weder **II** noch **III** sind spezif. Cofaktoren von **I**. Die Möglichkeit, daß das Enzym ein Eisenprotein mit einer Eisen–Schwefel-Bindung ist, wird diskutiert. (J. biol. Chemistry **212**. 565—82. Febr. 1955. Cincinnati, O., Univ., Coll. of Med., Dep. of Biol. Chem.) HANS THIELE. 4210

Winifred J. Angenent und **G. B. Koelle**, *Eine mögliche enzymatische Grundlage für die verschiedene Wirkung der Mydriatica auf helle und dunkle Irides*. Unterss. mit Extrakten aus Albino- u. pigmentierten Augen, unter Zusatz von *Tyramin* (**I**) ergaben keine Unterschiede beider Augentypen in Hinsicht auf die Aktivität der *Monoaminooxydase*, der *Cytochromoxydase* u. der *Cholinesterase*, auch nicht nach Zugabe von *KCN*, das als Inhibitor der *Aminooxydase* wirkt, während *Amphetamin* (**II**) nur in der Albinoiris zu einem Sistieren des O_2-Verbrauchs führte (Annahme eines zusätzlichen **I** oxydierenden Fermentes in der pigmentierten Iris). Substitution von **I** durch *Adrenalin* (**III**), *Noradrenalin* oder *DOPA* (**IV**) ließ eine verminderte O_2-Aufnahme in Albinoextrakten für **III** u. **IV** erkennen, während der O_2-Verbrauch der pigmentierten Extrakte nach Zusatz von **II** oder *Paredrin* stieg, ein Effekt, der nach Austausch von **III** gegen *Ephedrin* oder *Eucatropin* ausblieb oder geringer war. Bei dem Vorgang trat keine wesentliche Decarboxydation oder Desaminierung auf. Die Oxydation wurde verhindert durch *α-Naphthothioharnstoff*, der als Inhibitor der *DOPA-Oxydase* (**V**) oder *Tyrosinase* gilt. Vff. schließen aus den Ergebnissen, daß die in pigmentierten Iriden stärker vertretene **V** bei dem Abbau der adrenerg. Mydriatica die wesentliche Rolle spielt. Dabei erfolgt der Abbau über ein Indolchinonstadium zum Adrenochrom. (J. Physiology **119**. 102—17. 28/1. 1953. New York, N. Y., Columbia Univ., Coll. of Physicians and Surgeons, Dep. of Pharmacol.) D. ZEMKE. 4210

E₃. Mikrobiologie. Bakteriologie. Immunologie.

W. A. Alexejew, *Über die Stickstoffernährung von Bac. felsineus und Granulobacter pectinovorum, den Erregern der anaeroben Flachsröste*. Verss. mit WINOGRADSKI-Nährlsg. u. halbfl. Agar unter Zusatz von *NH_4Cl* (**I**), *$(NH_4)_2SO_4$* (**II**) oder *$(NH_4)_2CO_3$* (**III**) ergaben, daß *Bac. felsineus* (B.f.) u. *Gr. pectinovorum* (G.p.) mineral. N zu assimilieren vermögen. Bei B.f. verläuft die Entw. am günstigsten in Ggw. von **I** oder **II**, bei G.p. in Ggw. von **III**. Als gute N-Quelle für B.f. u. G.p. erwiesen sich *Leucin, Glutaminsäure, Harnsäure, Pepton*. Die *Asparaginsäure* kann als alleinige N-Quelle für B.f. dienen. In den Prodd. des Metabolismus beobachtet man Propion- u. Essigsäure. In Ggw. von Glykokoll u. Alanin ist das Wachstum von B.f. u. G.p. nur schwach. In Ggw. verschied. N-Quellen ist ihr Wachstum auf fl. WINOGRADSKI-Nährboden weniger intensiv als auf halbfl. Nährboden. (Мікробіологічний Журнал (Киев) [Mikrobiol. J. (Kiew)] **17.** Nr. 1. 52—59. 1955. Cherson, Pädagog. Krupskaja-Inst.) O. LEBTAG. 4310

Daisy Robert und **Joseph Tabone**, *Synthese einer labilen Verbindung von Glucose mit Anthranilsäure mittels B. megatherium.* 1. Mitt. B. megatherium synthetisiert aus Glucose u. Anthranilsäure eine Substanz I, die scheinbar eine Verb. von Glucose mit Anthranilsäure darstellt. I wurde papierchromatograph. nachgewiesen u. nach Acetylierung mit Keten als Acetylderiv. isoliert. I wird leicht durch Alkalien gespalten, ist gegen Säure jedoch wesentlich beständiger. Das Acetylderiv. von I gibt mit Alkali Glucose u. das Na-Salz der Acetylanthranilsäure. Vff. vermuten, daß I ein *Glucose-1-anthranilsäureester* ist. (Bull. Soc. Chim. biol. **34.** 1099—1101. 1952. Inst. Pasteur.) K. HEYNS. 4320

Joseph Tabone und **Daisy Robert**, *Biosynthese von Anthranilsäure-β-glucosid durch Bacillus megatherium.* 2. Mitt. (1. vgl. vorst. Ref.) Das in Ggw. von Anthranilsäure u. Glucose von Bacillus megatherium gebildete Kombinationsprod. (vgl. l. c.) konnte als *Anthranilsäure-β-glucosidester* identifiziert werden. (C. R. hebd. Séances Acad. Sci. **234.** 1916—18. 5/5. 1952.) E. SPEYER. 4320

Daisy Robert und **Joseph Tabone**, *Synthese von Glucose-1-anthranilat.* 3. Mitt. (2. vgl. vorst. Ref.) Vff. synthetisierten *Tetraacetylglucoseanthranilsäureester*, F. 172—173° (Zers.), durch Rk. von Acetobromglucose mit dem Na-Salz der Anthranilsäure in wss. Aceton bei Raumtemp. (Ausbeute) 15%, oder besser in der Hitze mit dem Ag-Salz (35%). Desacetylierung mit NH_3 in absol. Methanol in der Kälte liefert *Glucose-1-anthranilat* (I), F. 107—109° (Zers.), hygroskop., $[\alpha]_D^{20}$ 69,4° (in W.), das durch Emulsin vollständig hydrolysiert wird. Vff. ordnen ihm daher β-Konfiguration zu. I-*N-Acetylverb.*, F. 176 bis 179° (Zers.), aus I u. Keten in W., $[\alpha]_D^{20}$ 25,2° (in Pyridin), in W. unlösl., ist ident. mit einem Prod. aus Kulturen des Bacillus megatherium. *Pentaacetylglucose-1-anthranilat*, F. 174—177°, $[\alpha]_D^{20}$ 44,3°, aus vorst. Verb. mit Essigsäureanhydrid in Pyridin. (C. R. hebd. Séances Acad. Sci. **236.** 206—08. 12/1. 1953.) H. LIEBIG. 4320

Joseph Tabone und **Daisy Robert**, *Die biologische Veresterung der Glucose.* 4. Mitt. *Biosynthese zweier labiler Verbindungen der Glucose mit Indolpropionsäure durch B. megatherium.* (3. vgl. vorst. Ref.) In einem Nährmedium, das Glucose (I) u. Indolpropionsäure (II) enthält, bildet B. megatherium nach einer Gärzeit von 24—48 Std. zwei labile aus I u. II aufgebaute Verbb., welche Ester aus I u. II zu sein scheinen. Eine dieser Verbb. ist wahrscheinlich *Glucose-1-indolpropionat.* (Bull. Soc. Chim. biol. **35.** 815—18. 1953. Paris, Inst. Pasteur.) K. HEYNS. 4320

Joseph Tabone und **Daisy Robert**, *Der Abbau des Tryptophans durch B. megatherium.* Unter dem Einfl. von B. megatherium erleidet *l-Tryptophan* einen Abbau unter Bldg. von Kynurenin, Anthranilsäure u. zwei weiteren Substanzen, die mit den bisher bekannten Prodd. des Tryptophanstoffwechsel nicht identifiziert werden konnten. (Bull. Soc. Chim. biol. **34.** 1102—05. 1952. Inst. Pasteur.) K. HEYNS. 4320

Masayuki Katagiri, *Bakterielle Synthese von aromatischen Stoffwechselprodukten.* 1. Mitt. *Synthese einer labilen Vorstufe von Phenylalanin durch ruhende Zellen von auxotrophem E. coli.* Durch eine Verdünnungsmeth. wurde die Anhäufung von Phenylalanin in dem Kulturmedium einer Phenylalaninmangelmutante von E. coli (M–Ph 601) nachgewiesen. Die Synth. einer labilen Vorstufe (*Compound X*) von *Phenylalanin* tritt beim Schütteln von ruhenden Zellen von M–Ph 601 in Ggw. von Glucose, K^+, NH_4^+ u. anorgan. Phosphat ein. Der Einfl. der Konz. der Ergänzungsstoffe u. des p_H-Wertes (Optimum p_H 6—7) auf die Synth. wurden untersucht. Die Synth. gelang nicht mit Shikimisäure u. ATP an Stelle von Glucose; sie wurde gehemmt durch CO u. CN^-, aber nicht durch Penicillin; sie erfolgt auch unter anaeroben Bedingungen. Compound X kann nicht das Wachstum von M–Ph 601 unterstützen u. wird durch Hitze oder Säurebehandlung leicht in *Compound Y* (wahrscheinlich *Phenylbrenztraubensäure*) umgewandelt, welche das Wachstum von M–Ph 601 fördert. Die Synth. der Verb. X wurde nur mit Zellen auf einem Minimalmedium mit Phenylalanin erreicht u. nicht auf Pepton–Fleischbrühe–Agar. Das Medium enthält nach Schütteln der Suspension von M–Ph 601 oder von Tryptophanmangelmutanten (z. B. M–Tr 459) mit den erwähnten Ergänzungsstoffen einen Faktor, der das Wachstum der Shikimisäuremangelmutante M–Sh 508 von E. coli ermöglicht. (J. Biochemistry [Tokyo] **40.** 629—39. Nov. 1953. Osaka, City Med. School, Dep. of Bacteriol. [Orig.: engl.]) F. LINGENS. 4320

Y. T. Chang und **M. L. Smith**, *Stoffwechseluntersuchungen von Mycobacterium 607.* 3. Mitt. *Die Wirkung verschiedener Stickstoffquellen auf Wachstum, Riboflavinerzeugung und Synthese eines pharmakologisch aktiven Stoffwechselproduktes.* (2. vgl. Amer. Rev. Tubercul. **63.** [1951.] 100.) Bericht über Testung N-haltiger Verbb. auf ihre Eig., als einzige N-Quelle a) Wachstum, b) Riboflavinerzeugung u. c) Synth. eines pharmakol. akt. Stoffwechselprod. von Mycobacterium 607 hervorzurufen. Untersucht wurden 24 Aminosäure u. 12 Stereomere. Wirksam in bezug auf a), b), c) waren *L-Asparagin* (I), *L-* u. *β-Alanin* (II), *L-Histidin, L-Glutaminsäure, L-Prolin, L-Asparaginsäure, L-Valin. Arginin, Lysin, Cystein, Leucin* waren weniger wirksam u. *Glycin, DL-Serin, L-* u. *D-Phenylalanin, L-* u. *D-Tyrosin, L-Oxyprolin* prakt. unwirksam. Bei Vgl. der L- mit den DL-Formen ergab sich immer größere Aktivität der L-Formen. Lag Aktivität auf a) vor, dann auch meistens in bezug auf b) u. c). Von 17 organ. u. anorgan. NH_4-Salzen waren entsprechend akt.: das *Chlorid, Bromid, Nitrat, Carbonat, Sulfat, Hydrogenphosphat, Acetat, Sulfamat, Oxalat, Succinat, Tartrat* u. *Citrat.* NH_4*-Benzoat, -Salicylat, -Nitrit* u. *-Borat* eignen sich wegen ihrer bakteriostat. Wrkg. nicht zur N-Verwertung. Von 8 Purinen u. Pyrimidinen zeigte nur *Uracil* Wrkg. auf a)—c). *Guanylsäure, Adenosin, Adenylsäure, Guanin-HCL, Guanosin, Thymin, Adeninsulfat* waren unwirksam. Außerdem günstige Ergebnisse mit den N-Verbb. *Na-Nitrat, Nicotinamid, Guanidin, Glutathion. D-Glucosamin* u. 4%ig. *Streptomycin* waren wirksam für Wachstum u. Riboflavinsynthese. Kein Erfolg mit *Kreatin, Kreatinin, L-Taurin, Cholin, Tyramin, p-Aminobenzoesäure.* Ein quantitativer Vgl. von L-I u. β-II in bezug auf a), b) u. c) zeigte keinen Unterschied, wenn beide in wirksamen Konzz. dem Kulturmedium zugesetzt wurden. (Amer. Rev. Tubercul. **68.** 119—26. Juli 1953. Bethesda, Md., National Inst. of Arthritis and Metabolic Diseases, National Institutes of Health, Federal Sec. Agency Public Health Serv.) H. DOSSMANN. 4320

Robert S. Ingols, *Arten der Giftigkeit.* Vf. diskutiert die verschied. Faktoren, die einen Einfl. auf die Giftigkeit einer gegebenen Substanz für biol. Vorgänge, z. B. in Gewässern, ausüben u. zeigt, daß im allg. 2 Arten tox. Substanzen unterschieden werden können, nämlich Antimetabolite, die den n. Zellbestandteilen ähnlich sind, u. solche, die biol. fremd sind. Bei diesen ist die prozentuale Verringerung des Bakterienstoffwechsels in dem vergifteten Medium zunehmend größer, je weniger günstig die übrigen Umweltfaktoren für das Wachstum sind, während bei den Antimetaboliten die prozentuale Verringerung des Bakterienstoffwechsels bei Abwesenheit der n., dem Antimetabolit entsprechenden Substanz um so größer ist, je günstiger die anderen Umweltfaktoren sind. (Sewage ind. Wastes **27.** 26—33. Jan. 1955. Atlanta, Ga., Georgia Inst. of Techn., Eng. Exp. Stat.) W. NIEMITZ. 4330

M. M. Prisselkow und **W. M. Grigorjewa,** *Veränderung der Eigenschaften von Typhus- und Dysenterie (Flexner)-Mikroben unter dem Einfluß von Kobaltsulfatlösungen.* Kulturen von Typhus- u. Dysenterie (Flexner)-Mikroben können in 0,01—0,025%ig. $CoSO_4$-Lsgg. (I) 6—8 Monate lebensfähig bleiben, wenn auch in dieser Zeit ein großer Teil die Fähigkeit einbüßt, nach Aussaat auf künstlichen Nährböden weiter zu wachsen. Die Virulenz der Typhusbakterien ist bereits nach 1 std. Aufenthalt in 0,05—0,1%ig. I geringer geworden, u. in 0,01—0,025%ig. I nimmt sie im Laufe von 2—6 Monaten um das 20—30fache ab. Die Virulenzabnahme der Dysenteriebakterien erreicht unter gleichen Bedingungen ihr Maximum nach 2 Monaten. Die immunogenen Eigg. der Mikroben nehmen in I ebenfalls ab, die verbliebene Immunogenität ist aber immerhin noch 2—3mal höher als jene der Formalinvaccine. (Журнал Микробиологии, Эпидемиологии и Иммунобиологии [J. Mikrobiol., Epidemiol., Immunobiol.] **1955.** Nr. 3. 70—76. März. Tarassewitsch-Kontroll-Inst.) E. RENTZ. 4330

Michal Korbecki und **Jerzy Kwapinski,** *Der Einfluß von Phenanthrenalkaloiden auf die Atmung von Serratia marcescens. Phenanthrenalkaloide* (I) hemmen für kurze Zeit die Atmung des Stammes P von Serratia marcescens mit Glucose (II) als Substrat. Der Abbau der II durch die farblose Abart desselben Stammes P_3, die durch Züchtung in Ggw. von I erhalten wird, wurde durch I nicht beeinflußt. Die Unterss. wurden nach der manometr. Meth. mit der App. von WARBURG durchgeführt. Die Stämme wurden 36 Std. auf Agar gezüchtet. Als Substrat diente 1%ig. II-Lsg. bzw. 0,001 n Na-Oleatlösung. Die I (*Dionin, Dicodid, Codein*) wurden in 1—5%ig. Lsg. angewendet. (Med. doświadczalna Mikrobiol. **7.** 21—25. 1955. Warszawa, Zakl. Mikrobiol. Lek. A. M.) F. URBAN. 4330

Juliusz Horoszewicz, *Der Einfluß von Chloromycetin auf die Änderung von Escherichia coli unter besonderer Berücksichtigung der L-Form.* Es wurde der Einfl. von *Chloromycetin* (I) auf die Formänderung von E. coli (Ec) untersucht, indem verschied. Mengen von I einer Nährlsg. mit Ec zugegeben wurden. Nach je 24 Std. wurde eine Probe entnommen, auf 3%ig. Agar übertragen u. mkr. untersucht. Kurze Einw. von I ergab hauptsächlich Plasmaänderung u. Auftreten der Form R. Längere Einw. ergab die Form L. Geringe Konz. von I hemmte kaum das Wachstum von Ec, ließ jedoch eine starke Änderung der Formen erkennen (L). Der Einfl. von I scheint also während der Zellteilung einzusetzen. Höhere Konzz. von I verdecken diesen Einfl. dadurch, daß sie das Wachstum von Ec überhaupt hemmen, u. es also gar nicht zur Zellteilung kommt. Ec-Stämme, die resistent gegen I waren, zeigten keine Formänderung. (Med. doświadczalna Mikrobiol. **7.** 5—20. 1955. Łódź, Zakład Bakteriol. A. M.) F. URBAN. 4340

Giacomo Tamburino und **Michele Mazzeo**, *Der Einfluß von Organhomogenaten in vitro auf die antibakterielle Wirkung des Erythromycins.* Vff. versetzen mit physiol. NaCl-Lsg. auf 1 : 10 verd. Homogenate von Leber, Lunge, Milz, Niere u. Muskeln sowie des Blutes des Meerschweinchens mit *Erythromycin* (I) (30, 18, 12, 6 u. 3 μg). Nach ½, 4 u. 12 Std. Incubationszeit bei 37° wird dieses Gemisch mit 24 Std. alten Staphylococcus aureus-Kulturen (Verdünnung 1 : 100) auf Bouillonagar zusammengebracht. Es wird beobachtet, daß Zusatz von Leberhomogenat die antibakterielle Wrkg. von I abschwächt, so daß die Entw. der Mikroorganismen nicht unterbunden wird. Auch die Lungen-, Milz-, Nieren- u. Muskelpräpp. üben in vitro einen leichten negativen Einfl. auf die antibiot. I-Wrkg. aus. Dagegen erhöht das Gesamtblut schon in Mengen, die geringer sind als die der minimalen hemmenden Dosis, die Wrkg. von I, u. die Staphylokokken sterben ab. Dieser die I-Aktivität verstärkende Einfl. des Blutes ist wahrscheinlich auf dessen bakterientötende Wrkg. an sich zurückzuführen. (Klin. Wschr. **33.** 142 bis 143. 1/2. 1955. Rom, Med.-pathol. Inst.) P. FAHRNLAENDER. 4340

Hisako Nishihara, *Aminosäurezusammensetzung vom Mycobacterium tuberculosis H 37 Rv.* Von streptomycinempfindlichen u. streptomycinresistenten Arten von M. tuberculosis H 37 Rv u. von Tuberkulinprotein wurden Aminosäureanalysen nach STEIN u. MOORE durchgeführt. Glutaminsäure, Alanin u. Leucin wurden in relativ großer Menge gefunden, während von Tyrosin u. Phenylalanin weniger vorhanden war. Cystin fehlte in den meisten Fällen. Unter den bas. Aminosäuren war Arginin in größter Menge vorhanden. Es wurde kein wesentlicher Unterschied in der Aminosäurezus. der sensitiven u. resistenten Stämme festgestellt. Ebenso wurde kein herausragender Unterschied zwischen dem Bakterienzellprotein u. dem Tuberkulinprotein beobachtet. (J. Biochemistry [Tokyo] **40.** 641—47. Nov. 1953. Los Angeles, Calif., Labor. of Barlow Sanator. [Orig.: engl.]) F. LINGENS. 4350

E. Gottsacker, *Die Färbung der Tuberkelbakterien mit Carbolfuchsin „Bayer".* Angabe einer Färbetechnik mit *Carbolfuchsin* (I) zur Erzielung eines optimalen Färbeeffekts bei Tuberkelbacillen: unter Berücksichtigung der Eig. von I, gegen Mineralsäuren in wss. Lsg. empfindlich zu sein, werden die mit I gefärbten Tb-Präpp. mit saurem A. differenziert. (Tuberkulosearzt **9.** 151—52. März 1955. Wuppertal-Elberfeld, Farbenfabriken Bayer.) H. DOSSMANN. 4350

F. I. Stowbun, *Ein flüssiges, farbiges Nährmedium mit einem geringen Gehalt an Glucose für die Erkennung der Gruppe der Darmbakterien.* 1%ig. Peptonwasser mit 0,08% Glucose erlaubt die Differenzierung von Paratyphus A- u. B-Bakterien bereits gegen Ende der ersten 24 Std. u. gibt die Möglichkeit zur Beobachtung von Säure-, Alkali- u. Gasbldg. in den Mikrobenpopulationen. In Kohlenhydratmedien der differentialdiagnost. bunten Reihe kann die Konz. des Peptons bis auf 0,1—0,15% u. die der Kohlenhydrate bis auf 0,15—0,2% herabgesetzt werden, ohne daß sich die Resultate verschlechtern. (Журнал Микробиологии Эпидемиологии и Иммунобиологии [J. Mikrobiol., Epidemiol., Immunobiol.] **1955.** Nr. 3. 36—37. März. Tschernowitz, Med. Inst., Lehrstuhl für Mikrobiol.) E. RENTZ. 4350

W. A. Jaroschenko, *Die Bildungsdynamik des Toxins durch Kulturen von Cl. welchii (Bac. perfringens).* 2. Mitt. *Vergleichende Untersuchung der Bildung einzelner Komponenten des Toxins im Zusammenhang mit der Vermehrungsintensität der Mikroben.* (1. vgl. Мікробіологічний Журнал (Киев) [Mikrobiol. J. (Kiew)] **13.** [1951.] 60.) Durch Unters. von 4, 6, 8, 12, 16 u. 20 Std. alten Kulturen von *Bac. perfringens* (B.p.) bein. Wachstum auf verschied. Nährböden konnte gezeigt werden, daß zwischen Vermehrungsintensität u. *Toxin*-Bldg. eine bestimmte Beziehung besteht. Die Anreicherung von *Hämotoxin, Lecithinase* u. *Hyaluronidase* fällt zeitlich mit der Zunahme der Mikrobenzahl zusammen. Das Maximum der Bldg. dieser Komponenten beobachtet man in 8 Std. alten Kulturen, wo die Vermehrung von B.p. am intensivsten ist. Die Titerzunahme der Toxinkomponenten in den ersten 8 Std. verläuft parallel zur gesteigerten Lebensfähigkeit der Zellen. Die Bldg. der Toxinkomponenten hängt nur mit den lebenden Zellen zusammen, nicht jedoch mit dem Absterben u. Zerfall der Mikroben. Die Toxinkomponenten von B.p. werden also von den Mikrobenzellen synthetisiert u. noch vor deren Absterben an die Umgebung abgegeben. (Мікробіологічний Журнал (Киев) [Mikrobiol. J. (Kiew)] **17.** Nr. 1. 46—51. 1955. Mikrobiol. Inst. der Akad. der Wiss. der UkrSSR.) O. LEBTAG. 4370

Halina Dobrowolska, Iwona Richter, Regina Walentynowicz-Stańczyk, *Versuche zur Isolierung des Gelbsuchtvirus.* Es wurden Ratten mit Material infiziert, das aus verschied. Epidemien stammte (Blut, Speichel). Von 33 Fällen konnten nur 3 mit Leberschädigung festgestellt werden. Bessere Ergebnisse wurden mit Hühnerembryonen (HE) erzielt. Es war eine gewisse Regelmäßigkeit in der Sterblichkeit der infizierten HE festzustellen. Infektion mit Leberextrakten der abgestorbenen HE war positiv. Die Infektion von HE kann also als gute Meth. zur Gelbsuchtdiagnose verwendet werden. (Med. doświadczalna Mikrobiol. **7.** 89—96. 1955. Warszawa, Zakt. Wirus. Państw. Zakt. Higieny.) F. URBAN. 4374

Igor Tamm, J. C. Bugher und **F. L. Horsfall jr.**, *Ultrazentrifugenuntersuchungen eines Harnmucoproteins, das mit verschiedenen Viren reagiert.* Das aus n. menschlichem Harn isolierte *Mucoprotein* (I), das sich mit Influenza-, Mumps- u. Newcastle-Viren vereinigt, erweist sich in der Ultrazentrifuge einheitlich. Die Sedimentationskonstante beträgt 29,5 S, extrapoliert auf eine Proteinkonz. von 0. Das Mol.-Gew. beträgt ca. $7 \cdot 10^6$. Die Berechnungen ergaben einen Friktionskoeff. von 5,32 u. ein Achsenverhältnis von 172. 30 Min. Erhitzung von I auf 70° bewirkte einen Rückgang der Viscosität u. das Auftreten einer 2. langsam wandernden diffusen Grenzschicht in der Ultrazentrifuge. Behandlung von I mit akt. LEE-Virus änderte die mol. Dimension nicht wesentlich, jedoch erfolgte eine gewisse Aggregation virusbeeinflußter Moleküle. (J. biol. Chemistry **212.** 125—33. Jan. 1955. New York, N. Y., Rockefeller Foundat., Div. of Med. and Public Health, Hosp. of Rockefeller Inst. for Med. Res.) K. NEHRING. 4374

A. G. Morton, *Bildung von extracellulären Stickstoffverbindungen durch Pilze.* In Verss. mit ruhenden Kulturen von *Scopulariopsis brevicaulis* wird gezeigt, daß bei der Aufnahme von anorgan. N, der sowohl als KNO_3 wie auch als $(NH_4)_2SO_4$ dargeboten werden kann, normalerweise ein überraschend hoher Prozentsatz (10—20%) des verfügbaren N nicht im Mycelium, sondern in Form extracellulärer organ. N-Verbb. (e.N) erscheint. Mindestens 90% vom e.N sind dialysierbar, so daß extracelluläre Enzyme auszuschließen sind. Im Papierchromatogramm der Kulturfiltrate von Verss. mit Ammoniumsalzzugabe sind mindestens 2 mit Ninhydrin reagierende Substanzen (α-Aminoverbb.) nachzuweisen, die jedoch noch nicht identifiziert werden konnten; auch ihr Anteil an den gesamten e.N ist noch nicht bekannt. Die Erscheinung ist allg. verbreitet, wie Verss. mit *Penicillium griseofulvum, P. chrysogenum, Aspergillus niger, Trichoderma viride* u. *Syncephalastrum racemosum* zeigen. Es erklärt sich hiermit das häufige N-Defizit in Pilzkulturen, das beim Vgl. des N-Geh. der Mycelien u. des restlichen Nitrat- bzw. Ammoniumsalzgeh. der Kulturlsgg. mit dem ursprünglich verabreichten N gefunden wird. Die e.N-Verbb. bilden sich im ganzen p_H-Bereich, in dem Pilzwachstum möglich ist, ferner sowohl in ruhenden wie bewegten Kulturen u. bei variiertem C/N-Verhältnis im Ausgangsmedium. Nach völligem Verbrauch des anorgan. N der Nährlsgg. bleibt die Menge des e.N konstant oder steigt noch etwas an. Die Frage, ob es sich um Ausscheidungsprodd. handelt oder ob diese Stoffe eine wesentliche Rolle im Stoffwechsel spielen, bleibt noch offen. (Nature [London] **168.** 333—34. 25/8. 1951. Welwyn, Herts., Imp. Chem. Ind. Ltd., Butterwick Res. Labor.) O. REITZ. 4380

E₄. Pflanzenchemie. Pflanzenphysiologie. Pflanzenpathologie.

S. C. Chakravarti, *Sitz der Vernalisationsänderungen während der Ontogenese von Senf.* Thermostabile Stoffe werden bis zur Erreichung einer der Abkühlung proportionalen optimalen Konz. im Apicalmeristem von Senf bis zu einem gewissen Alter der Pflanze gebildet. Sie sind von autokatalyt. Natur, da ihre Ggw. in wenigen Zellen des ruhenden axillären Meristems genügt, um zu einer frühen Anthesis zu führen. (Sci. and Cult. **17.** 35—36. Juli 1951. Agra Balwant Rayput Coll., Dep. of Botany.) A. JACOB. 4404

Robert Duperon, *Die Zucker der Coniferensamen.* Von insgesamt 20 untersuchten Arten bzw. Varietäten enthielten 18 *Saccharose* (I) + *Stachyose* (II) + *Raffinose* (III), abnehmend in dieser Reihenfolge. *Capsella bursa pastoris* wies stets mehr III als II auf. Bei *Arabis alpina* u. *Diplotaxis diploifolia* wurde nur I festgestellt. Freie reduzierende Zucker u. Stärke wurden nur in Spuren gefunden. Die Gesamtmenge an lösl. Zuckern erreicht zum Teil beträchtliche Werte, so bei *Cheiranthus cheiri* 10—12% u. bei *Iberis umbellata* 10,6%. (C. R. hebd. Séances Acad. Sci. **235.** 1331—33. 24/11. 1952.) H. SCHLOTTMANN. 4420

I. A. Simpson, A. Y. Chow und **C. C. Soh**, *Die Verteilung von Thiamin und Riboflavin in der Mungbohne und ihre während der Keimung auftretenden Veränderungen.* Mit Hilfe der von SIMPSON (C. **1952.** 2272) angegebenen photograph. Meth. wurde die Verteilung von *Thiamin* (I) u. *Riboflavin* (II) im ruhenden u. die Veränderungen in der Verteilung im keimenden Samen der Mungbohne (Phaseolus aureus) untersucht u. festgestellt, daß im ruhenden Samen I vorwiegend in den Zellen des Embryos u. der Kotyledonen vorkommt, während II, wie es scheint, in den Zellen des Wurzelkeims enthalten ist. Nach dem Beginn der Keimung werden im gesamten Gewebe der Kotyledonen beide Vitamine, wahrscheinlich bedingt durch die zunehmende Wasseraufnahme, gefunden. Es wird vermutet, daß die im Gewebe der Kotyledonen ruhender Samen vorkommenden Zellen, die viel II u. wenig I enthalten, zu den Gefäßbündeln gehören. (Cereal Chem. **30.** 222—29. Mai 1953. Kuala Lumpur, Malaya, Inst. for Med. Res.) H. KATHEN. 4425

S. L. Chen, *Gleichzeitige Wanderung von ^{32}P und ^{14}C in entgegengesetzten Richtungen im Phloemgewebe.* In Verss. zur Ermittlung der Nährstoffaufnahme unter Verwendung von ^{32}P wurde festgestellt, daß nach 5 std. Einwirkzeit das Xylem wesentlich mehr ^{32}P enthält als das entsprechende Phloem. Wurde P den Blättern appliziert, so wurde mehr ^{32}P in der Rinde als in dem Holzteil gefunden. ^{32}P wanderte durch das Phloem abwärts. Nach Begasung der Blätter von Geranien mit $^{14}CO_2$ konnte ^{14}C hauptsächlich an Kohlenhydraten im Phloem nachgewiesen werden. Gleichzeitige Behandlung mit ^{32}P u. ^{14}C an zwei verschied. Enden des Stammes zeigten, daß P u. C sich in entgegengesetzten Richtungen im Phloem bewegten. (Amer. J. Bot. **38.** 203—11. März 1951.) G. LENHARD. 4450

Pierre Chouard, *Erhaltung der blütenbildenden Faktoren nach einjähriger Dunkelkultur.* Vf. bewies durch Verss. mit der Waldhyazinthe, daß die Blütenbldg. von der M. der in den Knollen gespeicherten Reserven abhängig ist, selbst wenn eine Erneuerung derselben durch Photosynth. nicht erfolgen kann. (C. R. hebd. Séances Acad. Sci. **232.** 2036—38. 28/5. 1951. Paris. Acad. des Sci.) F. KRUSEN. 4450

A. A. Benson, *Reaktionsfolge der Bildung von Hexosen während der Photosynthese.* Bei Photosyntheseverss. verschied. Dauer (2—60 Sek.) mit *Chlorella, Scenedesmus,* Gerste u. Sojabohnen unter Verwendung von $^{14}CO_2$ zeigt sich, daß die Radioaktivität zuerst in den Fructosephosphaten u. dem Fructoseteil der Saccharose erscheint u. daß mit zunehmender Dauer der Syntheseverss. die relative Radioaktivität der Glucose u. Glucosephosphate ansteigt. Die C_3-Verbb. werden demnach leichter zu Ketosen kondensiert als zu Glucose. Die Verss. stehen im Gegensatz zu der Annahme von ARONOFF u. VERNON (C. **1951.** II. 2203) sowie der von HARTT (Proc. Hawaiian Acad. Sci. 25th Meeting 1949—1950), wonach zuerst Glucose synthetisiert werden soll. (Arch. Biochem. Biophysics **32.** 223—24. Juni 1951. Berkeley, Calif., Univ. of California, Radiat. Labor.) O. REITZ. 4460

Kenneth V. Thimann und **Erasmo Marrè,** *Untersuchungen über Wachstum und Hemmung isolierter Pflanzenteile.* 4. Mitt. *Die Wirkung von Hexosephosphaten auf Avena Coleoptilzylinder.* (3. vgl. MARRÈ, Boll. Soc. ital. Biol. sperim. **26.** [1950.] 1304.) Unterss. über die Wrkg. von *Glucose-1-phosphat, Glucose-6-phosphat, Fructose-6-phosphat* u. *Fructose-1.6-diphosphat* auf das Längenwachstum von Avena Coleoptilzylindern bei Ggw. von Indolylessigsäure ergaben bei allen Hexosephosphaten keine Beeinflussung des Wachstums in Konzz., bei denen Glucose oder Saccharose wirksam sind. Die durch Phloridzinzugabe erzielte Hemmung konnte durch Zugabe von Hexosephosphaten nicht aufgehoben werden. Vff. schließen daraus, daß eine Phosphorylierung für die Aufnahme von Zucker durch die Coleoptilzylinder nicht erforderlich ist u. nicht stattfindet. (Amer. J. Bot. **41.** 556—59. Juli 1954. Cambridge, Mass., Harvard Univ., Biol. Labor.) W. BEINERT. 4480

Hans Linser, *Epidermale Wucherungen bei Tomaten nach Besprühung mit Lösungen des Natriumsalzes der 2.4-Dichlorphenoxyessigsäure.* Nach Besprühen von Tomatenpflanzen mit wss. Lsg. des Na-Salzes der *2.4-Dichlorphenoxyessigsäure* entwickelten sich außer cambiogenen Wurzelanlagen auch epidermale, gallenartige Neubildungen mit differenzierten wandverdickten Zellen. (Mikroskopie [Wien] **6.** 242—45. 1951. Linz/Donau, Österr. Stickstoffwerke A.-G.) D. ITZEROTT. 4485

D. J. Osborne und **R. L. Wain,** *Pflanzenwachstum regelnde Aktivität gewisser Aryloxyalkylcarbonsäuren. Phenyl-, 2-Chlorphenyl-, 4-Chlorphenyl-, 2.4-Dichlorphenyl-, 2-Methyl-4-chlorphenyl-, 2.4.5-Trichlorphenyl-, 1-Naphthyl-* u. *2-Naphthyloxyessigsäure* (I) sowie die entsprechenden am C_α substituierten *-Propionsäure* (II), *-n-Buttersäure* (III) u. *-Isobuttersäure* (IV) wurden in verschied. Testen (Tomaten-, Avenatest usw.) auf ihre Pflanzenwachstum regelnde Aktivität untersucht. Hierbei wurde gefunden, daß die Stoffe, die ein H-Atom am α-C-Atom der Seitenkette (I, II u. III) besitzen, positiv reagieren. Ist das H-Atom jedoch durch eine CH_3-Gruppe (IV) substituiert, dann ist der Stoff in den gebräuchlichen Konzz. unwirksam. Gewisse Stoffe dieser Art scheinen außerdem das n. Wachstum der Zellen zu verhindern. (Science [Washington] **114.** 92—93. 27/7. 1951. Ashford, Kent, England, Univ. of London, Wye Coll.) H. PATZSCH. 4485

Roger Gautheret, *Über die Anwendung von Cocosmilch zur Züchtung von Pflanzengewebskulturen. Cocosmilch* vermag zwar das Wachstum von Pflanzengewebskulturen zu stimulieren, doch führt die Anwendung über mehrere Passagen zu Degeneration, auch zum Absterben der Kulturen, wie Vf. an Karotten-, Wein-, Rutabaga-, Topinambur- u. Endiviengewebe feststellte. (C. R. hebd. Séances Acad. Sci. **235**. 1321—22. 24/11. 1952.) H. SCHLOTTMANN. 4485

Roger Heim und **Roger Cailleux,** *Beobachtungen zu vorstehender Mitteilung.* Vff. erprobten an einer Reihe von Pflanzengeweben die Wrkg. von Cocosmilchzusatz zu den Kulturen. Während wss. Lsgg. von 10, 15 u. 20% reiner Cocosmilch sehr wechselnd u. häufig hemmend beeinflußten, zeigte die Anwendung von Cocosnußbrei als Kulturmedium bemerkenswert stimulierenden Effekt. (C. R. hebd. Séances Acad. Sci. **235**. 1323—24. 24/11. 1952.) H. SCHLOTTMANN. 4485

E_5. Tierchemie. Tierphysiologie. Tierpathologie.

H. E. Hinton, *Radioaktive Tracer bei entomologischen Untersuchungen.* Zusammenfassender Bericht über die Anwendung der Tracermeth. mit akt. Isotopen auf entomolog. Gebiete. (Sci. Progr. **42**. 292—305. April 1954. Bristol, Univ., Dep. of Zool.) W. REUSSE. 4500

Masayoshi Yoneyma und **Kunio Konno,** *Untersuchungen über nichthäminartiges Eisen.* Das nicht häminartig gebundene Fe von Suspensionen von Leber, Niere u. Milz der Ratte wurde in 4 Fraktionen zerlegt. Fraktion 1 (10 Min. in physiol. NaCl-Lsg. auf 80° erhitzt) enthält wahrscheinlich Hämosiderin. Der höchste Wert fand sich in der Milz. Fraktion P_2 (30 Min. auf 100° erhitzt) wurde als Ferritin erkannt. Einen hohen Geh. hatte die Leber. Fraktion P_3 (Zusatz von Acetatpuffer, Ansäuern auf p_H 4,0, 30 Min. auf 100° erhitzt), war sehr geringfügig. Sie wird als Fraktion von Nucleoprotein u. anderen hochmol. Verbb. angesehen. Das sogenannte freie Fe war nicht oder nur in geringen Mengen anwesend. (J. Biochemistry [Tokyo] **40**. 377—81. Juli 1953. Tokyo, Univ., Fac. of Med., Dep. of Biochem. [Orig.: engl.]) J. SCHWAIBOLD. 4510

Dieter Müting, Heinz Langhof und **Volker Wortmann,** *Die Aminosäurenzusammensetzung gesunder menschlicher Haut.* (Vgl. C. **1955**. 4136.) Vff. untersuchten den Aminosäureaufbau der Gesamthaut, des Stratum corneum, der Epidermis u. des Coriums gesunder Menschen nach chem. u. papierchromatograph. Methoden (vgl. C. **1955**. 4136). Das Corium ähnelte in seiner Zus. der Gesamthaut u. enthielt wie Gelatine u. Kollagen bes. viel *Prolin* (I), *Oxyprolin* (II) u. *Glykokoll.* Das Stratum corneum ist reich an S-haltigen u. aromat. Aminosäuren, wie *Cystin, Tyrosin, Tryptophan* u. *Histidin,* enthält dagegen aber nur wenig I u. kein II. Die individuelle Schwankungsbreite der einzelnen Aminosäuren ist nicht bes. groß. Daher ist die Möglichkeit gegeben, patholog. Verschiebungen deutlich zu erkennen. (Z. klin. Med. **152**. 495—99. 1955. Greifswald, Forschungsinst. für Diabetes, Karlsburg, Univ., Hautklin. u. Chirurg. Klin.) HANS THIELE. 4520

C. Zanussi und **G. Gasparini,** *Experimentelle Anaphylaxie und Antihistamine-Verhalten der Komplementbindungsfähigkeit des Serums.* Vff. bestimmten an Meerschweinchen, die gegen Pferdeserum sensibilisiert wurden, die Komplementbindungsfähigkeit des Serums mit der früher (Boll. Ist. sieroterap. milanese **29**. [1950.] 319—27) angegebenen Methodik vor u. nach nochmaliger Pferdeserumgabe, wobei ein Teil der Tiere vorher *Neoantergan* erhielt. Dabei kam es sowohl bei den unbehandelten als auch bei den behandelten Tieren (bei denen kein Schock eintrat) zu einem erheblichen Abfall der Komplementbindungsfähigkeit des Serums. Auf Grund dieses Ergebnisses u. einer Literaturübersicht kommen Vff. zu dem Schluß, daß die Verminderung der Komplementbindungsfähigkeit nicht die Ursache für den Schock ist u. andererseits der Schock auch diesen Abfall nicht verursacht. (Riv. Ist. sieroterap. ital. **27**. 110—19. März/April 1952. Milano, Univ., Ist. di Patol. spec. med. e Metodol. clin.) H. IPPEN. 4551

Florian Prader, *Eigene Fluoruntersuchungen.* Bei Vergleichsunterss. des *F*-Geh. von Zahnschmelz verschied. Herkunft (Zähne von Bewohnern fluorarmer bzw. fluorreicher Gebiete; Schweiz, Tunis, Ägypten, vulkan. Gebiete) ergab sich eine hohe Cariesanfälligkeit auch bei hohem F-Geh. bzw. geringes Cariesvork. in F-armen Gebieten, so daß Vf. den Grund für den Unterschied in der Cariesanfälligkeit in den exogenen Cariesursachen (Genuß von gärfähigem Zucker, schlechte Zahnpflege, das heißt starke Hefebesiedelung bzw. Mycelrasen auf den Zähnen) sieht. F-reicher Schmelz unterliegt der Löslichkeit ebenfalls, nur verfallen F-reiche Zähne langsamer dem Säuretrauma als F-arme. Nach Vf. ist die Caries ein Nacht-Säuretrauma: nur während der Nacht wandelt sich Glucose über 9 Stufen in Brenztraubensäure um. Während des Tages wird der Gärungsablauf dauernd gestört, so daß die krit. p_H-Werte, die zur Entkalkung führen (4,8), nicht erreicht werden. Durch Steigerung des vergärungsfähigen Zuckers vor Beginn der Nacht oder bei hoher Keimzahl kann sich innerhalb der (nächtlichen) 8-Stundengrenze ein p_H von 4,8—4,2 bilden, so daß nicht nur fluorarmer, sondern auch fluorreicher Schmelz dem Säuretrauma erliegt. (Dtsch. zahnärztl. Z. **10**. 308—11. 1/3. 1955. Davos-Platz.) G. KLESSE. 4552

Josef Schunk und **German Schmitt,** *Tagesschwankungen der Magenacidität.* An Magengesunden, vegetativ Labilen u. Ulcuspatienten untersuchten Vff. die Magenacidität u. fanden, daß das Sekretionsoptimum bei Gesunden u. Magenkranken in den frühen Abendstunden liegt. Selbst wenn morgens eine histaminrefrektäre Achylie bestand, konnte zu diesem Zeitpunkt vielfach noch Säure gefunden werden. (Dtsch. med. Wschr. **80.** 347—49. 11/3. 1955. Würzburg, Univ., Med. Klin.) K. BÖHM. 4555

Wilhelm Schmidt-Kessen, *Klinische Ergebnisse der intragastralen p_H-Messung. 1. Mitt. Die Nahrungssekretion.* Mit Hilfe einer zylindr. Glaselektrode u. einer Ag–AgCl–0,1nHCl-Bezugselektrode, die an einer Sonde durch die Nase in den Magen eingeführt wurden, führte Vf. intragastrale p_H-Messungen (insgesamt 246 Probemahlzeiten) aus. Es wurden folgende Befunde erhoben: Bei Nahrungsaufnahme stellt sich die Rk. zunächst im cranialen Teil des Magens auf die Resorption des Speisebreies ein, im caudalen u. präpylor. Teil wirkt sich noch die Rk. des vorhandenen Mageninhaltes aus. Die Nahrungssekretion bewirkt zunächst eine Abnahme des p_H-Wertes im Fundus, zum Antrum hin dagegen wesentlich langsamer, da hier die Aciditätsschichtung die größten p_H-Schwankungen bedingt. Unmittelbar auf der Schleimhaut wird ein Maximum von p_H 0,9—1,4 erreicht. Dieser Wert kann während der Nachsekretion bei Gesunden in allen Magenteilen gemessen werden, ist nicht kostspezif. u. kann als allg. Richtwert der Säuresekretion angesehen werden. Subacidität kommt nach pufferfreier Reizlsg. häufiger als nach n. Nahrungsaufnahme vor, der Säureanstieg wird dabei im unteren Magenteil stark verzögert, Anacidität zeigt gleichbleibend schwach saure Rk. nach der Nahrungsaufnahme im ganzen Magen. Nach einer einzigen Mahlzeit kann in sonst n. Mägen vorübergehende Anacidität auftreten. Superacidität bedingt frühzeitige anhaltend stark saure Rk. im Antrum, wobei der Übergang zum n. Magen fließend ist. (Z. klin. Med. **152.** 469—80. 1955. Greifswald, Univ., Med. Klin.) HANS THIELE. 4555

Wilhelm Schmidt-Kessen, *Klinische Ergebnisse der intragastralen p_H-Messung. 2. Mitt. Die Nüchternacidität.* (1. vgl. vorst. Ref.) Neben der stimulierten gibt es beim Menschen eine basale Sekretion. Da im Wachzustand der Magen kaum ungereizt sein kann, ist eine exakte Messung der Nüchternsekretion nur im Schlaf möglich. Vf. stellte fest, daß während des 1. Teils der Nacht die Rk. noch durch Sekretion u. Nachsekretion der Abendmahlzeit bestimmt wird. Subacide Mägen zeigen häufig erst nach Mitternacht die höchsten Säurewerte des Tages. In der 2. Nachthälfte bedingt das Nebensekret ein Ansteigen der p_H-Werte vom stark sauren zum schwach sauren bis alkal. Bereich. Dabei können die Reparationsvorgänge des Epithels besser u. vollständiger ablaufen. Auch bei Anacidität kann alkal. Rk. vorliegen. Unter der Wrkg. eines organ. oder funktionell bedingten Reizzustandes bleibt die Rk. die ganze Nacht über sauer. Es können in der 2. Nachthälfte zeitlich u. räumlich kurz hinter- oder dicht nebeneinander große p_H-Differenzen vorkommen. Um die Zeit des Erwachens nimmt die Säuresekretion in den meisten Fällen zu. (Z. klin. Med. **152.** 481—88. 1955.) HANS THIELE. 4555

A. G. Ramsay, J. A. Lewis und **N. S. Burt,** *Die Wirkung von Östrogenen auf den Salzstoffwechsel von Hypertonikern.* Eine Anzahl Hypertoniker wurde mit einem *Östrogen*-Präp. (*Premarin*) behandelt. Dabei zeigte sich, daß Östrogene, in üblicher Dosierung, bei Hypertonikern zu keiner Salzretention führen. (Canad. med. Assoc. J. **71.** 472—76. Nov. 1954. London, Ontario, Clin. Invest. Unit. of Westminster Hosp., Dep. of Veterans' Affairs.) K. PFEIFER. 4559

Eduard Leinzinger, *Tierexperimentelle Studien zur hormonalen Steuerung der Milchdrüsen.* Es werden die bisherigen Erkenntnisse der hormonalen Steuerung des Lactationsvorganges unter Berücksichtigung des bis 1949 erschienenen Schrifttums erörtert. Die eigenen Verss. an Meerschweinchen berechtigen zu der Annahme, daß die unter dem Einfl. des zugeführten *Östrogens* im histolog. Bild nachweisbaren Veränderungen des Milchdrüsenparenchyms auf eine periphere, direkt an der Zelle angreifende Wirksamkeit bezogen werden dürfen. Nach den bisherigen Erkenntnissen über den Hemmungsmechanismus der Lactogenesis müßte sonst das von außen zugeführte Milchhormon seine volle Wrkg. in der funktionsbereiten Drüse entfalten u. eine Beeinträchtigung des Lactationsvorganges unterbleiben. (Z. Geburtshilfe Gynäkol. **139.** 306—24. 1953. Graz, Univ., Frauenklin.) H. P. FIEDLER. 4559

Eduard Gitsch und **Herbert Tulzer,** *Über die Wirkung intrauterin applizierter Östrogene auf die gonadotrope Funktion des Hypophysenvorderlappens.* Bei Meerschweinchen intrauterin applizierte *Östrogene* haben keinen Einfl. auf die Follikelreifung. (Z. Geburtshilfe Gynäkol. **137.** 325—29. 1953. Wien, II. Univ.-Frauenklin.) H. P. FIEDLER. 4559

Rodolfo Q. Pasqualini, *Die Funktion des Gonadotropins C* (*Luteotropin, Prolactin*) *beim Männchen.* Kastrierte männliche Ratten erhalten 9mal 100 γ *Testosteronpropionat* (I), in einer 2. Serie 3mal 20 γ I u. zusätzlich 3mal 130 E. *Luteotropin* (II).

Die mit II behandelten Tiere zeigen eine Steigerung der Samenblasensekretion um 170%. II hat die Funktion, die Sekretion der Samenblasen beim männlichen Tier zu stimulieren. (Prensa méd. argent. **40.** 2658—60. 2/10. 1953. Buenos Aires, Inst. Nacional Endocrin.) H. WRBA. 4560

H. O. Burdick, C. Allan Rouse und **M. Jeanne Coats,** *Eine Basis zum Vergleich der Aktivität von gonadotropen Stoffen.* Vf. beschreibt eine neue Testmeth. für gonadotrope Stoffe. Die minimale, 18 Std. nach subcutaner Injektion an Mäusen Ovulation induzierende Dosis, das ist diejenige, die an 70% einer Gruppe von mindestens 10 Tieren wirksam ist, ergibt sich für gonadotropes Hormon aus dem Chorion zu 1,0 I. E., für Serum schwangerer Stuten zu 5,0 I. E., für Pferdehypophysenhinterlappen-Extrakt zu 0,25 FEVOLD-HISHAW-Einheiten. (Proc. Soc. exp. Biol. Med. **82.** 43—44. Jan. 1953. Dep. Biol., Alfred Univ., Alfred N. Y.) W. ZILLIG. 4560

R. Santler, *Einfluß des ACTH bei Thrombopenie nach Salvarsan.* Bericht eines Falles von Thrombopenie tox. Natur, die durch *Neosalvarsan* hervorgerufen worden war. Trotz üblicher Therapie (Vitamine, Ca, Bluttransfusionen) trat keine Besserung ein. Nach 4wöchigem Bestehen des Krankheitsbildes wurde der Vers. mit *ACTH* (I) (3·25 mg täglich) gemacht. Darauf rasche Erholung u. Normalisierung des Blutbildes. Vf. glaubt die Wrk. von I auf eine Anregung des Kernstoffwechsels der Megakaryocyten zurückführen zu können. (Münchener med. Wschr. **95.** 1034—36. 18/9. 1953. Wien, Univ., Klinik für Geschlechts- u. Hautkrankheiten.) L. BERGER. 4560

Grant W. Liddle, Donald Island, Arthur P. Rinfret und **Peter H. Forsham,** *Faktoren zur Empfindlichkeitssteigerung der menschlichen Nebenniere gegen ACTH: Gibt es einen Nebennieren-Wachstumsfaktor?* Konventionelle *ACTH* (I)-Präpp. führen zur Sekretion von Nebennierenhormonen u. zur Steigerung der Empfindlichkeit der Nebenniere für nachfolgende Stimulierung. Um die Unabhängigkeit dieser zwei Funktionen zu beweisen, wurden verschied. I-Präpp. auf diese Eigg. an gesunden u. kranken Menschen untersucht. Der Erfolg der I-Präpp. wurde an der Harnausscheidung der 17-Oxycorticoide mit einer modifizierten Meth. von REDDY u. Mitarbeitern (J. clin. Endocrinol. Metabolism **12.** [1952.] 511) geprüft. Mit einer speziellen Hypophysenfraktion (EX—2b der VICTORY PACKING COMP. of Los Angeles) ohne steroidausschüttende Fähigkeit konnte die Empfindlichkeit der Nebenniere für nachfolgende I-Gaben gesteigert werden. Die Empfindlichkeitssteigerung ist bei Patienten mit CUSHING-Syndrom n., bei Patienten mit prim. oder sek. Nebenniereninsuffizienz erniedrigt. (J. clin. Endocrinol. Metabolism **14.** 839—58. Aug. 1954. San Francisco, Calif., Univ., School of Med., Metabolic Unit f. Res. in Arthritis and Allied Dis.) F. LEUSCHNER. 4561

Bernadette C. Bocklage, E. A. Doisy jr., William H. Elliott und **Edward A. Doisy,** *Resorption und Stoffwechsel von $^{14}C_{(4)}$-Cortisonacetat.* (Vgl. C. **1954.** 6270 u. 10 276.) In Fortsetzung der Arbeiten der Vff. über mit ^{14}C gekennzeichneten Steroiden wird die Resorption u. Verteilung des radioakt. Kohlenstoffs von *$^{14}C_{(4)}$-Cortisonacetat* in der Ratte untersucht. 0,2 mg der Verb. in 1 cm³ 50%ig. A. oder 0,2 cm³ Dibutylsuccinat werden intragastral oder intramuskulär in männliche Ratten injiziert. Eine Resorption durch das intestinale oder periphere Lymphsystem findet in beiden Fällen nicht statt, sondern eine rasche Aufnahme durch die Galle. In n. Ratten reichern sich nach Durchgang durch die Galle u. den gastrointestinalen Teil 60% des verabreichten ^{14}C in den Fäkalien, 40% im Urin an. Bei Ratten mit kanüliertem Gallengang befinden sich 75% des injizierten ^{14}C in der Galle, 18% im Urin, in Tieren mit abgebundenem Gallengang 90% ^{14}C im Urin; beide Versuchsreihen weisen nur geringe Mengen in den Fäkalien auf. Der Unterschied obiger Totalmengen an ^{14}C von 75% in der Galle u. nur 60% in den Fäkalien entsteht zum Teil durch enterohepat. Kreislauf von $^{14}C_{(4)}$-Cortisonacetat oder seiner Stoffwechselprodukte. Eine Wiederaufnahme von ^{14}C aus der Galle vom Intestinum wird durch Unterschiede der Mengen von ^{14}C im Urin n. Tiere von ca. 40%, im Urin von Tieren mit kanüliertem Gallengang von 15—20% bemerkbar. Die ausgeatmete Luft n. Tiere enthält kein ^{14}C. (J. biol. Chemistry **212.** 935—39. Febr. 1955. St. Louis, Univ., School of Med.) ANTJE SCHMIDT. 4561

James B. Wyngaarden, Ralph E. Peterson und **Ann R. Wolff,** *Physiologische Verteilung der Radiostoffwechselprodukte von $^{14}C_{(4)}$-Hydrocortison in der Ratte und im Meerschweinchen.* Nach subcutaner Verabreichung von 50—100 γ Dosen *$^{14}C_{(4)}$-Hydrocortisonacetat* an Ratten u. Meerschweinchen wird die Verteilung des Isotops in der Galle, im Urin, in den Fäkalien u. im ausgeatmeten CO_2 bestimmt. In der Ratte werden nach 3 Std. 83% des injizierten ^{14}C in der Galle, neben 10% im Urin gefunden, während nach 24 Std. nur 60% in den Fäkalien, 30% im Urin ausgeschieden werden. Die auf Grund dieser Resultate vermutete Reabsorption eines Teils der Gallenstoffwechselprodd. beim Eintritt in den Darm sowie ihre Rezirkulation u. spätere Absonderung im Urin wird experimentell bestätigt. An Meerschweinchen mit kanüliertem Gallengang wird eine langsame Absonderung der Radiostoffwechselprodd. im Urin von 25%, in der Galle von 65% in 16 Std. beobachtet; der größte Teil der mit der Galle ausgeschiedenen Stoffwechselprodd. wird im Darm reabsorbiert u. zusätzlich im Urin ausgeschieden, wie aus den Daten n. Tiere von 75% des verabreichten ^{14}C im Urin u. nur 23% in den Fäkalien ersichtlich erscheint. In keiner Versuchsreihe ist das ausgeatmete CO_2 radioaktiv. Die Gallenstoffwechselprodd. der Ratte werden in konjugierter Form ausgeschieden. Im Darm tritt Hydrolyse ein, so daß Urin u. Fäkalien freies Cortison oder andere unkonjugierte Prodd. enthalten. Im Meerschweinchen werden in geringer Menge unkonjugierte Prodd. der Galle ausgeschieden. Glucuronsäure in Verb. mit Hydrocortisonstoffwechselprodd. tritt in beiden Tieren nicht auf. (J. biol. Chemistry **212**. 963—72. Febr. 1955. Bethesda, National Inst. of Health.) ANTJE SCHMIDT. 4561

Jakob Bauer und **Josef Karl**, *Die chromatographische Trennung der C_{21}-Steroide.* Durch Chromatographie der in CCl_4 gelösten Steroide an Al_2O_3 (nach BROCKMANN) u. Entw. u. Elution mit CCl_4, CCl_4 + 10% Ae., CCl_4 + 30% Ae., Ae. + CH_3OH (je 5mal mit 10 ml Lösungsm.) ließen sich trennen: *Desoxycorticosteron* (I) u. *Pregnandiol* (II); *Cortison* (III)-acetat, I u. III; *Chlordehydroepiandrosteron, Dehydroepiandrosteron, Androsteron,* II, I u. III. Die getrennten Hormone ließen sich durch die bekannten spezif. Rkk. in den Eluaten prakt. quantitativ wieder auffinden. Wichtig erscheint sowohl die Trennung der C_{17}- von den C_{21}-Steroiden u. die Trennung der letzteren untereinander. Die Reihenfolge der Elution entspricht der chem. Konstitution der einzelnen Hormone. Die C_{21}-Steroide erscheinen entsprechend ihrer hohen Zahl an Keto- u. OH-Gruppen erst in den letzten Eluatfraktionen. Die Reihenfolge innerhalb der C_{21}-Steroide war: II (2 OH-Gruppen), I (1 OH-Gruppe, 2 CO-Gruppen), III (2 OH-Gruppen, 3 Ketogruppen). (Z. ges. exp. Med. **125**. 5—13. 1955. München, Diakonissenanstalt u. wissenschaftl. Labor. Prof. J. Bauer.) K. F. MÜLLER. 4561

Jakob Bauer und **Josef Karl**, *Die chromatographische Trennung der C_{21}-Steroide, genannt Corticoide.* (Klinischer Teil.) An klin. Fällen wird nachgewiesen, daß trotz saurer Hydrolyse des Harns vor u. nach der Chromatographie (vgl. vorst. Mitt.) C_{21}-Steroide nachzuweisen sind, die nach ihrer Lage im Chromatogramm den reinen Rindenhormonen entsprechen. Es handelt sich dabei vorwiegend um inakt. Steroidkörper. Bei Personen mit Drüsenunterfunktion zeigt sich im Chromatogramm eine Verschiebung der C_{17}-Steroide u. eine Verschiebung u. Verminderung der C_{21}-Steroide. Bei Personen mit Drüsenüberfunktion zeigt sich gegenüber Normalausscheidungskurven eine deutliche Zunahme u. Verschiebung der C_{17}- u. C_{21}-Steroide. (Z. ges. exp. Med. **125**. 14—22. 1955. München, Diakonissenanstalt u. wissenschaftl. Labor. Prof. J. Bauer.) K. F. MÜLLER. 4561

Carsten Müller und **Per Finholt**, *Hydrocortison und Hydrocortisonsalbe.* Überblick über Konst., Synth. u. Eigg. von *Hydrocortison* (*17-Oxycorticosteron*, I), seine Wirkungen u. Anwendungsformen. Hinweis auf Erfahrungen bei der Verwendung von I-Salbe in der Therapie von Hautkrankheiten, bes. pruriginösem Ekzem, Solekzem u. anaphylakt. Kontaktekzemen. (Norges Apotekerforen. Tidsskr. **63**. 113—16. März 1955.) R. K. MÜLLER. 4561

Samuel P. Asper jr., *Der Gebrauch antithyreoid wirkender Mittel bei der Behandlung der Hyperthyreosen.* Vf. gibt eine Übersicht über die Therapie mit *Propylthiouracil* (I), *Methylthiouracil* (II), *Methimazol* (III; *1-Methyl-2-mercaptoimidazol*) u. *Carbimazol* (IV; *2-Carbäthoxythio-1-methylglyoxalin*). Durchschnittliche Dosis von I u. II 300 mg, von III u. IV 30 oder 40 mg täglich. Es wird die Verwendung zur Operationsvorbereitung u. zur Vorbehandlung für Radiojodtherapie, sowie langfristige Behandlung von Hyperthyreosen mit Erhaltungsdosen besprochen. Tox. Rkk. ,wie Agranulocytose, Leukopenie, Urticaria u. andere Hauterkrankungen wurden beobachtet. (Practitioner **173**. 611—19. Nov. 1954. Baltimore, Md., The Johns Hopkins Univ., School of Med.) K. BÖHM. 4562

Roy V. Talmage, H. Nachimson, L. Kraintz und **J. A. Green**, *Der Einfluß von Phenothiazin, N. F. (Green), auf die ^{131}J-Aufnahme in der Schilddrüse der Ratte.* Gruppen von Sprague-DAWLEY-Ratten erhielten jodarmes Futter u. für 1—4 Tage eine Zugabe von *Phenothiazin* (I) derart, daß die mittlere tägliche Zufuhr ca. 100 mg/kg Körpergewicht betrug. 24 Std. vor Tötung der Tiere erhielten diese ^{131}J intraperitoneal. Aktivmessungen an der Schilddrüse lassen erkennen, daß die Aufnahme von ^{131}J bei vorheriger I-Gabe vermindert ist. Die Wrkg. tritt unmittelbar nach der Zuführung des I im Organismus auf. (Science [Washington] **118**. 191—92. 14/8. 1953. Houston, Tex., Rice Inst., Dep. of Biol.) W. REUSSE. 4562

Elmer R. King, Luther W. Brady jr., Harold A. Sparks jr., Malcolm W. Mason und **Bartholomew W. Hogan**, *Die Behandlung der Hyperthyreose mit ^{131}J.* 40 Patienten, die mit den unterschiedlichsten Symptomen an einer Hyperthyreose erkrankt waren, wurden mit ^{131}J behandelt, wobei die Heilungserfolge im allg. gut waren. (U. S. Armed Forces med. J. **5**. 186—95. Febr. 1954. Bethesda, Md., U. S. Naval Hosp.) K. PFEIFER. 4562

Marcus Schaaf und **Lawrence H. Kyle**, *Messung der renalen Phosphorrückresorption in Prozenten bei der Diagnose der Hyperparathyreose.* Vff. berichten, daß die renale Phosphorrückresorption (PR) in Prozenten bei 3 Fällen prim. Hyperparathyreose (HPT) im Durchschnitt 58% betrug im Gegensatz zu Kontrollpersonen mit einem Mittelwert von 91,3 ± 3,3%. Erhöhung des Serumcalciums hatte bei Normalpersonen keinen Einfl. auf die PR. Zugabe von Parathormon zur Calciuminfusion bewirkte einen Abfall der PR auf ähnliche Werte, wie sie bei HPT gefunden wurden. Ein Fall von HPT mit mäßiger Niereninsuffizienz zeigte einen schnellen Anstieg der PR-Werte auf übernormale Werte nach Entfernung eines Nebenschilddrüsenadenoms, ohne sichtbare Besserung der Nierenfunktion. Die Messung der PR in Prozenten scheint brauchbar für die Aufdeckung prim. HPT zu sein. (Amer. J. med. Sci. **228**. 262—68. Sept. 1954. Georgetown, Univ., School of Med., Dep. of Med., Univ. Hosp. Washington, District of Columbia, General Hosp.) K. BÖHM. 4563

Eugène Fredericq, *Reversible Dissoziation des Insulins.* Vf. weist mit Hilfe von Sedimentations- u. Diffusionsmessungen an *Insulin* in Analogie zur Dissoziation in saurem Milieu (p_H 2,7) auch bei p_H 8—10 eine reversible Spaltung in Submoleküle vom Mol.-Gew. um 6000 nach. Die Art der anwesenden Anionen spielt in alkal. Milieu, wo sie nicht gebunden werden, keine Rolle. In beiden Fällen wird zur Erklärung die gleichsinnige Ladung der Untereinheiten — je Teilchen vom Mol.-Gew. 12000 ca. 10 positive bzw. negative Elementar-Einheiten — herangezogen. Auch nach Zusatz von Dioxan zerfallen die Moleküle mit einem Mol.-Gew. von über 30000 in wss. Lsg. infolge Erniedrigung der DK. in Bausteine mit Mol.-Gewichten um 12000. (Nature [London] **171**. 570—71. 28/3. 1953. Liège, Univ., Inst. of Physic. Chem.) W. ZILLIG. 4564

G. Mohnike, *Glukagon und das glykogenolytische Pankreasnucleoproteid.* Vf. führt an, daß bei Menschen u. Versuchstieren unmittelbar nach intravenöser *Insulin* (I)-Injektion eine kurzfristige Hyperglykämie auftritt, die durch eine *leberglykogenolyt. wirksame Substanz* (II) hervorgerufen wird. Sie wurde aus der Bauchspeicheldrüse in krist. Form isoliert, ist frei von I, besitzt einen isoelektr. Punkt bei p_H 4,6 u. die Konstitution eines *Nucleoproteids.* II entfaltet seine Wirksamkeit erst in relativ hohen Dosen (bei Kaninchen: 150—600 γ/kg). Sie läßt aber innerhalb weniger Tage rasch nach, ist aber durch Applikation von *Cystein* oder *Adenosinphosphat* zum Teil aktivierbar. II ist ident. mit dem Eiweißanteil der Phosphorylase aus Kaninchenmuskel, die an Leberschnitten ebenfalls glykogenolyt. Eigg. besitzt. Ferner wird über den von STAUB, SINN u. BEHRENS (Sciene [Washington] **117**. [1951.] 628) isolierten, stabilen, krist., in kleinsten Mengen (0,25 bis 2γ) Hyperglykämie bewirkenden *Pankreasfaktor* (III) berichtet, der wahrscheinlich nur aus einer Peptidkette besteht u. einen isoelektr. Punkt bei p_H 7,5—8,5 besitzt. Es existieren demnach im Pankreas 2 glykogenolyt. Substanzen: III (= *Glukagon*), das die Leberphosphorylaseaktivität beeinflußt u. II, das direkt glykogenolyt. wirkt. (Klin. Wschr. **33**. 132—33. 1/2. 1955. Garz/Rügen, Diabetikerheim u. Karlsburg, Anst. z. Erforsch. u. Behandlung der Zuckerkrankh.) P. FAHRNLAENDER. 4564

Mark D. Altschule, Elaine P. Siegel, Rose Marie Goncz und **John P. Murnane**, *Die Wirkung von Zirbeldrüsenextrakten auf die Blutglutathionwerte bei psychotischen Patienten.* Vff. untersuchten an 9 Patienten mit manisch-depressiven, Rückbildungs- oder schizophrenen Psychosen die Wrkg. von *Zirbeldrüsenextrakten* (I). Es fand sich ein Anstieg der Blutglutathionwerte, der Glucosestoffwechsel bei 2 Patienten mit abnormen Glucosetoleranzkurven wurde normalisiert u. bei einem Patienten durch Kontrolle der 17-Ketosteroide im Urin eine Depression der Nebennierenrindenfunktion festgestellt. Die Mechanismen dieser Änderungen sind unbekannt. Bei allen Versuchspersonen fand sich während der Verabreichung von I ein Anstieg der Eosinophilen. (A. M. A. Arch. Neurol. Psychiatry **71**. 615—18. Mai 1954. Boston, Harvard Medical School, Dep. of Med. and Waverley, Mass., McLean Hosp., Labor. of Clin. Physiol.) K. BÖHM. 4565

H. Junker, *Die Behandlung der Keratoconjunctivitis epidemica mit Acetylcholin.* (Klin. Monatsbl. Augenheilkunde augenärztl. Fortbild. **126**. 336—37. 1955. Vechta, Oldbg.) D. ZEMKE. 4569

H. Matthies, K. Onnen und **F. Jung**, *Über den Stoffwechsel jugendlicher Blutzellen.* Reticulocyten (R.) atmen erheblich stärker als reife Blutzellen. Vff. prüften eine weitere Funktion von R., die Fähigkeit zur Red. des *Methämoglobins.* Diese Red. ist unerläßlich für die Erhaltung der Zellfunktion (O_2-Transportvermögen). Die spontane Rückbldg. war in R. ca. 5mal so groß wie in n. Zellen. *Glucose* (I) beschleunigt in n. Blutzellen des Kaninchens die Rückbldg. um 50%. In R.-reichem Blut ist diese erheblich größer. Mit zunehmender R.-Zahl nimmt die Rückbildungsbeschleunigung durch I annähernd proportional zu. Bei Verwendung von *Milchsäure* (II) als Substrat erfolgt gleichfalls Beschleunigung der Rückbldg.; aber mit zunehmender R.-Konz. verschwindet die durch

II erfolgte Rückbildungsgeschwindigkeit. (Dtsch. Gesundheitswes. **8.** 1562—65. 17/12. 1953. Berlin, Humboldt-Univ., Pharmakol. Inst.) G. BRATFISCH. 4573

Walter Kircher, *Untersuchungen über die Blut–Redox-Reaktion und das Verhalten des Serumcalciumspiegels im Vergleich zum Blutzuckerspiegel.* Die sogenannte Blut–Redox-Rk. (Blrr.) nach MEIER u. SYNEK beruht auf der in vitro-Rk. des Blutes nach Zugabe von *Adrenalin,* das zur Erhöhung des Blutzuckers, u. nach Zugabe von *Cystein–Cystin,* das zu dessen Erniedrigung führt. Bei Kindern mit Krampfkrankheiten oder vegetativen Störungen soll eine umgekehrte Rk. — positiver Ausfall — zu finden sein. Die Unters. zeigt die Unzuverlässigkeit der Rk., für die es im übrigen auch noch keine Deutung gibt. Die in Verb. mit der Blrr. durchgeführten *Serumcalcium*-Bestimmungen nach Glucosegabe zeigen keine Relationen zum Ausfall der Blrr., aber auch keine eindeutigen Beziehungen des Serumcalciums zum Blutzucker. (Z. Kinderheilkunde **73.** 436—44. **1953.** Graz, Univ. Kinderklinik.) H. MATTHIES. 4574

Benjamin Kissin und **Nathan Kreeger,** *Serumcitronensäure bei Paget'scher Krankheit.* Vff. untersuchten bei 15 Patienten mit PAGETscher Krankheit (PK) die Serumwerte der *Citronensäure* u. fanden in 9 Fällen erhöhte Werte. Von 12 Patienten mit PK zeigten beim Glucosetoleranztest 5 eine verminderte Toleranz. Die Befunde werden in bezug auf die PK diskutiert. (Amer. J. med. Sci. **228.** 301—05. Sept. 1954. Brooklyn, N. Y., Dep. of Biochemistry, Jewish Hosp.) K. BÖHM. 4574

Mercedes V. Torregrosa, Francisco Ramos-Morales, Eduardo Pons jr., A. M. de Andino jr. und **R. S. Diaz Rivera,** *Zirkulierendes antithromboplastisches Antikoagulans Wirkungslosigkeit von Cortison und Corticotropin.* Vff. berichten über einen Fall mit zirkulierendem Antikoagulans von antithromboplast. Natur im Blut. Nach massiver retroperitonealer Hämorrhagie trat der Tod im Schock ein. *Cortison* u. *Corticotropin* versagten, den Defekt im Gerinnungsvorgang zu beeinflussen. — Literaturübersicht über 32 ähnliche Fälle. (Amer. J. med. Sci. **228.** 269—74. Sept. 1954. San Juan, Puerto Rico, Univ., Dep. of Pathol. and Med., School of Med., San Juan City Hosp.) K. BÖHM. 4574

H.-J. Christoph, *Zur Anwendung von Thrombin AWD und Gelatineschwamm AWD als lokale Hämostyptica beim Hund.* Besprechung der hämostat. Wrkg. von *Thrombin AWD* (I; VEB-ARZNEIMITTELWERK, Dresden) bei 26 Hunden; bei chirurg. Fällen wurde mit I eine gute blutstillende Wrkg. erzielt. Ferner Angabe der Erfahrungen mit dem sterilen *Gelatineschwamm AWD,* der sich trocken oder mit I- bzw. *Penicillin*-Lsg. getränkt in 15 chirurg. Fällen gut bewährte. (Mh. Veterinärmed. **10.** 121—23. 15/3. 1955. Leipzig, Karl-Marx-Univ., Klinik u. Poliklinik für kleine Haustiere.) H. DOSSMANN. 4574

Naomi Biezunski, E. Shafrir, A. de Vries und **E. Katchalski,** *Die Wirkung von Polylysin auf die durch Koagulase–Thrombin bewirkte Umwandlung von Fibrinogen in Fibrin.* Die Koagulation von Plasma durch *Koagulase* (I) der Staphylokokken erfolgt in zwei Stufen: Rk. der I mit einem im Plasma vorhandenen Faktor unter Bldg. von Koagulase–Thrombin (II); Umwandlung von Fibrinogen in Fibrin durch Einw. von II. Die Wrkg. von II wird durch Ggw. von *Poly-L-lysin* beschleunigt. (Biochem. J. **59.** 55—58. Jan. 1955. Jerusalem, Hebrew Univ.-Hadasdah Med. School, Dep. of Clin. Invest., und Rehovot, Israel, Weizmann Inst. of Science.) A. HESSE. 4574

Gerhard Jörgensen, *Zur Antikoagulantientherapie mit Marcumar.* Vf. berichtet über eigene Unterss., nach denen *Marcumar* (I) = *3-[1'-Phenylpropyl]-4-oxycumarin* ein wirksames Antikoagulans ist, dessen Überdosierungserscheinungen mit *Vitamin* K_1 (*Konakion*) zu beherrschen sind. (Die Medizinische **1955.** 284—87. 19/2. Neumünster/Holst., Friedrich-Ebert-Krankenhaus.) K. BÖHM. 4574

A. Ferstl und **V. Lachnit,** *Die Gefahren der Dicumarintherapie während der Lactation.* Bei 2 Ammen u. 4 Müttern wurde die Konz. von *Dicumarin* (I) in der Muttermilch gemessen. Nach Einnahme von 900 mg *Perthrombon* (*3.3-Äthyliden-bis-4-oxycumarin*) wurde 5 Tage lang die Ausscheidung in der Milch kontrolliert, wobei die mittlere Konz. 297 γ/cm^3 betrug. Dadurch besteht bei peroral wirksamen I-Präpp. die Gefahr der Schädigung der Säuglinge. Vff. fordern, daß nach I-Gaben erst nach wenigstens 5 Tagen wieder gestillt werden darf. (Klin. Wschr. **31.** 539—41. 15/6. 1953. Wien, Univ., II. Med. Klinik.) L. BERGER. 4574

Keith R. Porter und **Igor Tamm,** *Direkte Sichtbarmachung einer Mucoproteinkomponente des Harns.* Proben der Harn-Mucoproteinkomponente wurden elektronenmkr. untersucht. Das *Mucoprotein* besteht aus Fasern von ca. 100 Å Dicke u. einer durchschnittlichen Länge von 25000 Å, die nicht starr zu sein scheinen. Die Fasern zeigen eine knotige Struktur mit erhöhten Punkten in ca. 110 Å Entfernung, woraus Vff. auf einen vermutlichen Aufbau aus Sphäroid-Einheiten schließen. (J. biol. Chemistry **212.** 135—40. Jan. 1955. New York, Rockefeller Inst. for Med. Res., Lab. and Hospital.) K. NEHRING. 4577

Dominic D. Dziewiatkowski, *Sulfatschwefelstoffwechsel beim Rattenfötus mit dem Nachweis durch* ^{35}*Schwefel.* ^{35}S wurde 24 Std. nach intraperitonealer Injektion von $Na_2 \cdot {}^{35}SO_4$ bei trächtigen Ratten in den Embryonen festgestellt, u. zwar in zunehmendem Maße mit fortschreitendem Alter. Am 9. bis 10. Tag der Entw. waren 40% des ^{35}S-Anteils in den Embryonen in 5%ig. CCl_3COOH unlösl., bei 20 Tage alten nahezu 90%. Die überwiegende Menge des ^{35}S war im Skelett abgelagert, u. zwar in dem Knorpelanteil (Abb. von Radioautogrammen u. Photographien von Schnitten). In den meisten Geweben der Embryonen waren die ^{35}S-Konzz. höher als in den entsprechenden Geweben der Muttertiere. (J. exp. Medicine **98**. 119—28. 1/8. 1953. New York, Hosp. of the Rockefeller Inst. for Med. Res.) J. SCHWAIBOLD. 4583

R. Lallier, *Einflüsse von Zink- und Cadmiumionen auf die Entwicklung des Eies des Seeigels Paracentrotus lividus.* Es wird gezeigt, daß Zn^{2+} u. Cd^{2+} auf die Entw. des Eies von *Paracentrotus lividus* bedeutende morphol. Veränderungen hervorrufen. Die Animalisation hängt von der Konz. u. der Einwirkungsdauer des Zn^{2+} u. Cd^{2+} ab. Zn-Sulfat, -Chlorid, -Nitrat u. -Acetat haben gleiche Wirkungen; Cd^{2+} wirkt weniger als Zn^{2+}. *Versen,* das mit Zn^{2+} Komplexe bildet, unterdrückt dessen Wirkung. Die Wrkg. des Zn^{2+} u. Cd^{2+} wird durch deren Fixierung an die Eiproteine erklärt. (Arch. de Biol. **66**. 75—102. 1955. Paris, Inst. de Biologie Physico-Chimique.) K. F. MÜLLER. 4583

B. Salotto und **G. B. Lusiani,** *Weiterer Beitrag zur Prüfung fettreicher Diät bei Kaninchen mit experimenteller Atherosklerose.* Vff. verfütterten an 32 Kaninchen 105 Tage lang täglich 1 g Cholesterin (I) in 6 g Öl, das in Kleie aufgenommen wurde u. untersuchte einen Teil der Tiere sofort, einen weiteren Teil 75 Tage (mit n. Diät) später. Eine dritte Gruppe erhielt weitere 75 Tage lang täglich 12 cm³ Olivenöl, eine vierte erhielt neben I täglich 1 g Phytin (II), eine der dritten entsprechende fünfte Gruppe erhielt statt Öl 1 g II u. eine sechste ohne vorausgegangene I-Gaben 1 g II. Aus den Ergebnissen dieser Unterss. schließen Vff., daß Verfütterung von Olivenöl vermieden werden muß, solange sich I im Verdauungstrakt befindet, da dadurch die I-Resorption (gemessen am Blut-I-Spiegel) begünstigt wird. Beim nüchternen Tier begünstigt Öl dagegen durch bessere Verteilung des Blut-I dessen Ausscheidung über die Galle. II zeigte keinen Einfl. aur I-Speicherung u. Ausscheidung. Nach diesen Verss. halten Vff. die Frage des Vehikels für die Entstehung der Atheromatose für wichtiger als den I-Geh. der Nahrung. (Arch. Scienze med. **98** (**79**). 121—29. Sept. 1954. Modena, Univ., Ist. di Clin. Med. Generale e Terap. Med.) H. IPPEN. 4585

Reidar F. Sognnaes und **James H. Shaw,** *Experimentelle Zahncaries bei Ratten.* 4. Mitt. *Einfluß eines Gemisches natürlicher Salze auf die cariogene Wirkung einer anderen gereinigten Diät.* (3. vgl. J. Nutrit. **39**. [1949.] 147.) Bei Verfütterung einer gereinigten Diät (mit einem Geh. von 2,5 p. p. m. F), die als einzige Quelle für Mineralstoffe nur die Asche (mit 6 p. p. m. F) einer Laboratoriumsdiät enthielt, an junge Ratten mit u. ohne Speicheldrüsen während der Zahnentw. traten bei den n. Tieren wesentlich weniger cariöse Stellen auf als bei n. Tieren, die nur die gereinigte Diät erhalten hatten. Dieser Unterschied wird auf die Anwesenheit gewisser Spurenelemente in dem Ascherückstand zurückgeführt. Bei den Tieren, bei denen die Speicheldrüsen entfernt worden waren, zeigte sich keine carieshemmende Wrkg. der Asche. (J. of Nutrit. **53**. 195—206. 10/6. 1954. Boston, Mass., Harvard School of Dental Med.) G. KLESSE. 4585

James H. Shaw und **Reidar F. Sognnaes,** *Experimentelle Zahncaries bei Ratten.* 5. Mitt. *Einfluß von Fluor auf die cariogene Wirkung einer gereinigten Diät.* (4. vgl. vorst. Ref.) Trotz zusätzlicher Gabe von 6 bzw. 25 p. p. m. F (als NaF) zu einer gereinigten Diät traten bei Ratten, die diese Diät vor dem Durchbruch der Zähne erhalten hatten, zahlreiche ausgedehnte Carieslasionen auf. Auch nach Abschluß der Zahnentw. verhinderten F-Gaben nicht die Entstehung von cariösen Stellen. Die in einer früheren Arbeit (vgl. l. c.) festgestellte carieshemmende Wrkg. der Asche eines bestimmten Futters kann somit nicht allein durch den verschied. hohen F-Geh. der Versuchsdiäten erklärt werden, sondern es müssen noch andere Mineralstoffe (Spurenelemente) dafür verantwortlich gemacht werden. (J. of Nutrit. **53**. 207—14. 10/6. 1954. Boston, Mass., Harvard School of Med.) G. KLESSE. 4585

Rudolf Wohinz, *Ursachen und Bekämpfung der Dentalfluorose in Berggießhübel.* Entgegen den den Befunden von HOFFMANN-AXTHELM (C. **1954**. 371) ist nicht das in der Nähe von Berggießhübel gelegene Fluorwerk die Ursache für das Auftreten der Dentalfluorose bei der dortigen Bevölkerung, sondern ein Bergwerksstollen, der seit 17 Jahren zur Trinkwasserversorgung benutzt wird. In dem Stollen befindliche Stalaktite enthalten 39 mg% *F*. Außerdem kommt eine der in den Stollen mündenden Wasseradern aus einem Flußspatlager. — Zur Behebung der Fluorose wird an Schwangere u. Kinder täglich 1 Tablette *Mg-Lactat* (= 1 mg Mg) verabreicht, da Mg u. F antagonist. wirken, u. ein unphysiol. mg/F-Quotient Verkalkungsstörungen hervorruft. (Dtsch. zahnärztl. Z. **10.** 306—08. 1/3. 1955. Berlin, Univ., Zahnärztl. Inst.) G. KLESSE. 4585

Ss. D. Balachowski, Je. W. Wosskressenskaja und **W. N. Fedorowa,** *Die Verteilung von ^{35}S in den Organen und Geweben des normalen und A-avitaminotischen Organismus nach Einführung von Methionin mit markiertem Schwefel in die Bauchhöhle.* Bei Verss. mit n. Ratten wurden die Ergebnisse von FRIEDBERG, TARVER u. GREENBERG (vgl. C. **1948.** E. 1491) bestätigt. Bei A-avitaminot. Tieren wurden jedoch verschied. Abweichungen beobachtet. Bes. im Leber- u. Nierengewebe verlief der S-Stoffwechsel viel energischer als in der Norm. Die höchsten Werte erreicht der S-Stoffwechsel 17 Std. nach Behandlung mit *Methionin* u. fällt dann allmählich zur Norm ab. (Доклады Академии Наук СССР [Ber. Akad. Wiss. UdSSR] [N. S.] **97.** 115—18. 1/7. 1954. Bach-Inst. der Akad. der Wiss. der UdSSR.) M. ULMANN. 4587

Kazuo Kano, *Der Einfluß von Vitamin B_{12} und Folsäure auf die Blutbestandteile splenektomierter Kaninchen.* Durch *Vitamin B_{12}* u. *Folsäure* lassen sich die durch milzextirpation hervorgerufenen Veränderungen am roten Blutbild beim Kaninchen weitgehend rückgängig machen. (J. Kyoto prefect. med. Univ. **53.** 251—56. Mai 1953. Kyoto, Med. Univ. [Orig.: japan., Auszug: engl. 318—19].) H. MATTHIES. 4587

Andreas Killander und **Bo Vahlquist,** *Die Konzentration von Vitamin B_{12} im Serum von ausgetragenen und frühgeborenen Kindern.* Im Serum von 12 frühgeborenen u. 12 n. Kindern wurde der Geh. an *Vitamin B_{12}* mikrobiol. unter Verwendung von *Euglena gracilis var. bacillaris* bestimmt. Es wurden keine Unterschiede zwischen beiden Gruppen gefunden; die B_{12}-Werte (0,10—0,72 γ/cm³) lagen mit 2 Ausnahmen (über 1 γ/cm³) innerhalb der n. Grenzen für Erwachsene. Zwischen B_{12}-Geh. u. Hämoglobinkonz. wurde keine Korrelation gefunden. Der Vitamin-B_{12}-Geh. im Blutserum des Nabelstranges war stets höher als im Serum der Mutter. (Nordisk Med. **51.** 777—79. 3/6. 1954. Uppsala, Akadem. Sjukhuset.) S. BECKMANN. 4587

W. I. Bobkowa, *Die Verwendung von Vitamin B_{12} zu Heilzwecken.* 17 Patienten mit perniciöser Anämie, aplast. Anämie u. Spätchlorose wurden mit krist. *Vitamin B_{12}* (I) behandelt. Die günstigste Wrkg. erzielte man bei der perniciösen Anämie, während die übrigen Patienten kaum beeinflußt wurden. Das erste Zeichen der Wirksamkeit von I ist die reticulocytäm. Krise am 4. bis 6. Behandlungstag (die maximale Anzahl der Reticulocyten betrug 238‰). Weniger stark ist die Zunahme der Hämoglobinmenge. (Советская Медицина [Sowjet-Med.] **19.** Nr. 3. 37—44. März 1955. Moskau, 2. Med. Stalin-Inst., Hospit. Therapeut. Klin.) E. RENTZ. 4587

H. Gebauer, *Vitamin K als Cariesprophylakticum.* Intraperitoneale Gaben von *Vitamin K* an mit cariogener Diät gefütterte Goldhamster (0,1 cm³ *Synkavit* bzw. *Karanum* MERCK alle 3 Tage je Tier) verhinderten das Auftreten von cariösen Schäden in weit stärkerem Maße als intraorale Gaben (0,05 cm³ alle 2 Tage mit dem Futter). Der Wirkungsmechanismus von Vitamin K ist noch nicht geklärt. (Dtsch. zahnärztl. Z. **10.** 555—56. 1/4. 1955. Potsdam-Rehbrücke, Anstalt für Vitaminforschung u. Vitaminprüfung.) G. KLESSE. 4587

Sidney Grollman und **Norman E. Phillips,** *Eine mögliche Beziehung der Ketonkörper zur Nicht-Milchsäure–Sauerstoffbilanz.* Es wurde der Ketonkörpergeh. von Blut u. Gewebe nach GRUENBERG u. LESTER (J. biol. Chemistry **154.** [1944.] 177) bei trainierten u. untrainierten Ratten untersucht. Nach Erschöpfungsübungen wurden im Muskelgewebe keine Ketonkörper gefunden, jedoch zeigten sich im Blut bei trainierten Tieren 8,66 mg%, bei untrainierten 1,38 mg%. Daraus u. aus Arbeiten anderer Autoren (BARTLETT, Diss., Univ. of Maryland, **1952**) wird geschlossen, daß die Ketonkörper den Nicht-Milchsäureanteil der Sauerstoffbilanz darstellen. (Amer. J. Physiol. **177.** 73—76. April 1954. College Park, Md., Univ., Dep. of Zool.) V. BRAUN. 4595

W. Sławinski, *Proteinstoffwechsel.* Allg. Ausführungen. (Postepy Nauk Rolniczych **2.** 68—77. Jan./Febr. 1955. Bialystok, Med. Akad., Biol. Inst.) P. LOCH. 4596

Harvey M. Levy, Grace Montañez und **Max S. Dunn,** *Wirkung von Äthionin und Fasten auf die freien Aminosäuren der Rattenleber.* An ♂ Ratten wurden die Änderungen an freiem *Methionin* (**I**), *Glycin* (**II**), *Lysin* (**III**), *Asparaginsäure* (**IV**), *Glutaminsäure* (**V**) u. *Serin* (**VI**) in verschied. Zeitabständen nach einer einmaligen Äthionin-Injektion (100 oder 200 mg) mikrobiol. untersucht. Vff. fanden einen Anstieg von **I, II, III, IV** u. **V** u. einen Abfall an **VI.** Die mögliche Bedeutung dieser Beobachtungen wird diskutiert. (J. biol. Chemistry **212.** 985—90. Febr. 1955. Los Angeles, Calif., Univ., Chem. Labor.) K. NEHRING. 4596

Martin B. Williamson und **Herbert J. Fromm,** *Der Einbau schwefelhaltiger Aminosäuren in die Proteine regenerierender Wundgewebe.* Ratten wurde nach Entfernung des Haares von einer runden Stelle an Nacken u. Schulter das Gewebe bis zu den Fascien abgetragen u. in verschied. Zeiträumen nach der Verwundung Proben von Wundgewebe, n. Hautgewebe, Muskel u. Leber untersucht. Es ergab sich, daß im ersten Regenerationsstadium der *Methionin* (I)-Geh. des Wundgewebes größer als der *Cystin* (II)-Geh. ist, während später der II-Geh. den I-Geh. weit übertrifft. Vff. schließen daraus, daß zwei verschied. Proteintypen synthetisiert werden. Durch Verwendung von ^{35}S-markiertem I u. II konnte gezeigt werden, daß der S-Stoffwechsel bei der Regeneration stimuliert wird u. daß Leber-I einen großen Teil des vom Wundgewebe benötigten II liefert. (J. biol. Chemistry **212.** 705—12. Febr. 1955. Chicago, Loyola Univ., Stritch School of Med. and Graduate School, Dep. of Biochem.) K. NEHRING. 4596

Emilio F. Gauna, *Salzmangelsyndrom.* Übersicht über Klinik, Pathologie u. Therapie des Kochsalzmangels. (Prensa méd. argent. **40.** 2893—2901. 23/10. 1953.) H. WRBA. 4596

Mary P. Ham und **M. Doreen Smith,** *Fluorgleichgewichtsuntersuchungen bei vier Säuglingen.* Bei 4 ♂ Säuglingen wurde jeweils während 2 verschied. Entwicklungsstufen (6—14 Wochen u. 16—18 Wochen alt) 3 Tage lang der *F*-Geh. von Urin u. Faeces nach Aufnahme von Milch bestimmter Zus. bzw. (bei den älteren Kindern) nach Beifütterung von täglich 32—50 g eines Kindernährmittels (*Pablum,* MEAD JOHNSON & CO. OF CANADA, LTD.; Belleville, Onsario) mit einem F-Geh. von 11—12 p. p. m. untersucht. Durch dieses Nährmittel wird der F-Umsatz natürlich beträchtlich erhöht. Von den 16—18 Wochen alten Kindern wird sowohl absolut wie auch im Verhäitnis zu den jüngeren Kindern mehr F gespeichert. (J. of Nutrit. **53.** 215—23. 10/6. 1954. Univ. of Toronto, Dep. of Food Chem.) G. KLESSE. 4596

Mary P. Ham und **M. Doreen Smith,** *Fluorgleichgewichtsuntersuchungen bei drei Frauen.* Der *F*-Stoffwechsel von 3 Frauen im Alter von 23—24 Jahren wurde in 3 Versuchsreihen mit verschied. Diät untersucht: 1. n. Diät mit 429—792 μg F pro Tag; 2. n. Diät mit Zusatz von 70 g *Pablum* (vgl. vorst. Ref.), wobei täglich insgesamt 946—1435 μg F aufgenommen wurden, u. 3. n. Diät mit 1360—1815 ml Teeaufguß, insgesamt 1200 bis 1368 μg F täglich. In allen Fällen wird F vom Körper zurückgehalten; auffällig ist die in Versuchsreihe 3 festgestellte höhere F-Speicherung als im Vers. 2, woraus gefolgert werden muß, daß F im Tee in weit leichter resorbierbarer Form vorliegt als in dem Kindernährmittel. (J. of Nutrit. **53.** 225—32. 10/6. 1954. Toronto, Ontario, Univ. of Toronto, Dep. of Food Chem.) G. KLESSE. 4596

Peter Heinz Koecher, mit einem Beitrag von **H. W. Kirchhoff,** *Klinische Diagnostik für den Kinderarzt. Heute gebräuchliche Funktionsprüfungen und Labormethoden.* (Beih. Arch. Kinderheilkunde **29.** 1—167. 1955. Hamburg-Duvenstedt, Kinderkrankenhaus Walddörfer.) F. LEUSCHNER. 4597

Gert Carstensen, *Die Phenolsulfonphthaleinausscheidung als Nierenfunktionsprüfung in der Chirurgie.* Zur Funktionsprüfung der Nierentubuli wird die renale Ausscheidung von *Phenolsulfonphthalein* (I) (FARBENFABRIKEN BAYER, Leverkusen) benutzt. Bei Nierengesunden wurden 15 Min. nach intravenöser Verabreichung von 6 mg I 40,5% ± 4% im Harn gefunden. Der Wert der Probe bei chirurg. wichtigen tubulären Insuffizienzen wird erörtert. (Ärztl. Wschr. **10.** 76—82. 28/1. 1955. Würzburg, Univ., Chirurg. Klin.) F. LEUSCHNER. 4597

M. Je. Raisskina, *Elektrocardiogramm und Gehalt an Glykogen und energiereichen Phosphorverbindungen im Herzmuskel bei experimenteller Hypertonie.* Verss. an 15 Kaninchen mit ausgebildeter experimenteller nephrogener Hypertonie ergaben im Vgl. zu n. Kontrolltieren eine Abnahme von *Glykogen* (I) im Herzmuskel um 37% u. von *Phosphokreatin* (II) um 59%, während die Menge der *Adenosintriphosphorsäure* fast unverändert blieb. Veränderungen des Elektrocardiogramms wurden nur bei 7 der 15 Tiere festgestellt. Die Abnahme von I u. II im Herzmuskel erfolgt früher als die Veränderungen des Elektrocardiogramms. Wenn diese auftreten, wird I u. II stets stark herabgesetzt. (Бюллетень Экспериментальной Биологии и Медицины [Bull. exp. Biol. Med.] **39.** Nr. 3. 36—40. März 1955. Moskau, Zentralinst. für Ärztefortbildung, Lehrstuhl für Pathol. Physiol.) E. RENTZ. 4597

Leandro M. Tocantins, The coagulation of blood. New York: Grune & Stratton. 1955. (210 S. u. Abb.). $ 5,75.

G. E. W. Wostenholme, Ed., Colloquia on endocrinology. Vol. 8: The human adrenal cortex. London: J. A. Churchill. 1955. (682 S. m. Abb.). 55 s.

E₆. Pharmakologie. Therapie. Toxikologie. Hygiene.

Giovanni Baldini, *Die Strahlenschutzwirkung von Glutathion bei Nebennierenektomierten Tieren. Neue Hypothesen über den Wirkungsmechanismus des Glutathions bei der Erhöhung der Strahlenresistenz von Tieren gegenüber ionisierenden Strahlen.* Nephrektomierte weiße Mäuse wurden mit 600 r totalbestrahlt. Bestrahlungsdaten: 180 kV, 8 mA,

Filter: 0,5 mm Cu + 1 mm Al, FOA 40 cm. Ein Teil der Tiere bekam 30 Min. vor der Bestrahlung 1 mg/g *Glutathion* (I) in 10% ig. steriler Lösung. Die Überlebensrate zeigt den bekannten Schutzeffekt des I. Die laufende Beobachtung der Tiere während der Überlebenszeit läßt erkennen, daß die Schutzwrkg. des I sich in zwei verschied. Formen auswirkt. Neben einer Stimulierung der Nebennierenrinde kommt es zu chem. Einflüssen, bes. einem Abbau der sauerstoffreichen Bestrahlungsprodd. im Gewebe. (Radioterap. Radiobiol. Fisica med. [3] **10.** 3—12. 1955. Pavia, Univ., Ist. di Radiologia med. e Terapia fisica.) W. REUSSE. 4601

Z. M. Bacq, A. Herve und **F. Scherber,** *Der Einfluß von Mercaptoäthylamin auf die Leukocytenregeneration bei Mäusen nach Röntgenbestrahlung.* Mäuse wurden mit einer Dosisleistung von 100 r/Min. totalbestrahlt. Bestrahlungsdaten: 250 kV, 18 mA, Filter: 3 mm Cu, FOA 50 cm, Feldgröße 50×50 cm. Ein Teil der Tiere erhielt vor der Bestrahlung intraperitoneale Injektionen von 3 mg *Mercaptoäthylamin* (I). Nach der Bestrahlung mit Gesamtdosen von 700 r wurden die Gesamtgewichte der mit I behandelten u. unbehandelter Kontrolltiere während 20 Tagen beobachtet, wobei sich ergab, daß die Gewichtsverluste anfangs bei beiden Gruppen auftreten, daß aber die I-behandelten Tiere schnell wieder das n. Gewicht erreichen, während die anderen ad exitum kamen. Auch Leukopenie tritt bei beiden Gruppen auf, bei den I-behandelten tritt aber unverzüglich Neubldg. von Leukocyten auf. (Arch. int. Pharmacodynam. Thérap. **94.** 93—102. 1/5. 1953. Liège, Univ., Labor. de pathologie générale et de radiothérapie.) W. REUSSE. 4601

B. M. Grajewskaja, A. M. Kononenko und **Ss. Je. Manoilow,** *Zur Frage der Verteilung des Radiums im Organismus der Ratte und über die Geschwindigkeit seiner Ausscheidung.* In Verss. an weißen Ratten, welchen *Radiumbromid* (I) in verschied. Dosen (Aktivität 0,02—70 μC) subcutan injiziert wurde, fand sich dieses vorwiegend im Knochengewebe wieder. Der größte Teil von I wird innerhalb von 5—6 Tagen aus dem Organismus ausgeschieden, aus den Weichteilen bereits in 48 Stunden. Während der ersten 5—6 Tage ist auch die Ausscheidung durch Harn u. Faeces maximal. Die nachher erfolgende verlangsamte Ausscheidung von I erklärt sich durch die Speicherung im Knochengewebe. (Вестник Рентгенологии и Радиологии [Nachr. Röntgenol. Radiol.] **1955.** Nr. 2. 10—16. März/April. Zentr. Wiss. Röntgenoradiol. Forschungsinst. des Gesunsheitsminist. der UdSSR, Biochem. Abt. u. Radiol. Abt.) E. RENTZ. 4601

W. Chitil und **V. Klare,** *Ultraviolettbestrahlung und ihr Einfluß auf den Kalkgehalt der Knochen.* Zusammenfassende Darst. der Wirkungsweise u. der physiol u. therapeut. Bedeutung der UV-Strahlung für den Ca-Stoffwechsel u. die Knochenbildung. (Wiener med. Wschr. **105.** 136—37. 19/2. 1955.) J. SCHWAIBOLD. 4601

H. Giersberg und **W. Hanke,** *Die Reaktion der Schwimmhautcapillaren des Frosches bei Bestrahlung mit ultraviolettem Licht.* Bestrahlung der Schwimmhaut des Frosches mit UV-Licht (270—290 mμ) ruft Blutstauung in Capillaren, Arterien u. Venen hervor, die nicht auf Adrenalin- u. Histamineinw. zurückzuführen ist. Nach Vff. scheint die Ursache in einer Denaturierung des Bluteiweißes durch UV zu liegen. (Z. vergleich. Physiol. **37.** 128—35. 1955. Frankfurt/M., Univ., Zool. Inst.) H. DOSSMANN. 4601

H. Weisglass, L. Čeljuska und **V. Benić,** *Einige Beobachtungen der Ultraschallwirkung auf menschliches Plasma.* An individuellen u. Mischplasmaproben wurden vor u. nach 1- bzw. 2std. Beschallung die Werte für *Albumin* (I), die *Globuline* (II) u. *Fibrin* (III) bestimmt. Bei allen Verss. ergab sich eine Abnahme von I u. eine entsprechende Zunahme von III, die II-Werte variierten mit jedem Ultraschallversuch. Die festgestellte Zunahme der Plasmakoagulation nach Ultraschalleinw. war auf Veränderungen im Plasma selbst zurückzuführen. Die Gerinnungszeit kann durch *Thrombin*-Präpp. oder Substanzen mit Geh. an *Thrombokinase* verkürzt werden. (Schweiz. Z. allg. Pathol. Bakteriol. **18.** 65—70. 1955. Zagreb, Inst. Rudjer Bošcović, III. Abt., u. Krankenhaus für Infektionskrankheiten.) H. DOSSMANN. 4601

L. W. Kusnetzowa, *Zur Frage der Mangananreicherung im Blut von Kaninchen bei Vergiftung derselben mit Manganverbindungen.* In Verss. mit mehreren Gruppen von Kaninchen, die verschied. Dosen von $MnCl_2$ subcutan oder MnO_2-Inhalationen erhielten, wird festgestellt, daß die Mn-Konz. im Blut im Vgl. zur Norm (0,06 mg%) stark zunimmt (0,09 nach 2; 0,112 nach 3; 0,15 nach 4; 0,25 nach 5; 0,36 mg% nach 6 Monaten Inhalation) u. nach Aufhören der Giftzufuhr nur ganz allmählich wieder zur Norm zurückkehrt. (Гигиена и Санитария [Hyg. u. Sanitätswes.] **1954.** Nr. 7. 40—41. Juli. Moskau, 1. Med. Inst., Lehrstuhl für allg. Hygiene.) E. RENTZ. 4606

Z. Yamamoto, *Einflüsse von Ammoniak auf den Vorgang der Muskelzusammenziehung.* In 4 Kurvendiagrammen u. 6 Tabellen ist der Einfl. von NH_4OH auf die Wärme-

u. Wasserkontraktion des isolierten Musculus sartorius der Bufo vulgaris japonica dargestellt. Bei p_H 7,2—8,7 u. 5° wird die Wasserkontraktion (WK) unterstützt bis zum p_H 8,8, bei dem Hemmung eintritt; bei 9,0—9,3 ist sie nicht mehr zu beobachten u. statt dessen Entspannung der WK festzustellen. Die bei p_H 9,0 beobachtete Entspannung nimmt bei 12—18° noch zu. (Tokyo Jikeikai med. J. **68.** 251—59. 1/10. 1953. [Orig.: japan.]) L. SCHULER. 4606

M. Haruna, *Untersuchung über die Zusammenziehung der Einzelmuskelfaser des Sartorius beim Kaninchen durch Chinin.* An der Sartoriusmuskel-Einzelfaser von Kaninchen wird durch Rk. der *Chinin-HCl* (I)-LOCKE-Lsg. von <0,005—1,0% Kontraktur hervorgerufen. Es wird die innere Bewegung (Erregung) der Faser, bes. in der Längsachse, das Bild u. die Änderung der Doppelbrechung (DB) der Querstreifung untersucht. Die Erregungsgrenzkonz. der I-Lsg. von 0,005% ist gegenüber der bei *Bufo* mit 0,00001% I bemerkenswert hoch. Die Latenzzeit der Erregung in der Längsachse ist 0—180 Sek., die Geschwindigkeit 8—140 μ/Sek., die Fortdauer 30—180 Sekunden. Bes. hervorgehoben wird die Faltung der Querstreifen je nach I-Konzentration. Die DB nimmt nach der Kontraktur durch 0,005% I zu, bei über 0,05% ab. (Tokyo Jikeikai med. J. **68.** 301—05. 1/10. 1953. [Orig.: japan.]) L. SCHULER. 4607

K. W. Osstaschkow, *Der Einfluß von Coffein und Brom auf die Ssetschenow-Hemmung.* Vf. untersuchte den Einfl. von *Coffein* (I) u. *NaBr* (II) auf die von SSETSCHENOW festgestellte zentrale Hemmung der Reflextätigkeit des Rückenmarks beim Frost durch Reizung der Sehhügel mit einem NaCl-Kristall. Die Verss. ergaben, daß I die Hemmung deutlich verstärkt, während II sie abschwächt oder ganz aufhebt. (Бюллетень Экспериментальной Биологии и Медицины [Bull. exp. Biol. Med.] **39.** Nr. 3. 15—19. März 1955. Winnitza, Med. Inst., Lehrstuhl für n. Physiol.) E. RENTZ. 4607

Terttu Arajärvi und **G. R. Wallgren**, *Die lokalen Wirkungen von Äther und anderen Narcoticis auf die Blutgefäße der Augenbindehaut und die roten Blutkörperchen.* Bei 10 gesunden Freiwilligen ergab lokale Einw. von *Ae.* eine Erweiterung der Blutgefäße der Conjunctiva u. eine Zusammenballung der roten Blutkörperchen. Die Erscheinungen verschwanden nach Absetzen von Äther. *Trichloräthylen, Äthylchlorid, A.* u. *Divinyläther* zeigten die gleiche, *Lachgas* eine geringere Wrkg., während O_2 wirkungslos war. Alle Verbb. kamen in Gasform zur Anwendung. (Ann. Med. exp. Biol. fenn. **32.** 168—74. 1954.) E. CARSTENS. 4607

Charles L. Spurr, Ralph V. Ford, John H. Moyer (unter Mitarbeit von **E. Garson** und **G. Weller**), *Die Wirkung von Probenecid (Benemid) auf die Phosphatausscheidung und andere Stoffwechselprozesse. Probenecid* (I, *p-[Di-n-propylsulfamyl]-benzoesäure* hemmt die renale Tubulussekretion von Penicillin, p-Aminohippursäure, p-Aminosalicylsäure u. Phenolsulfonphthalein, es hemmt die renale tubuläre Rückresorption von Harnsäure. Es hat keinen Einfl. auf den renalen tubulären Transportmechanismus von N-Methylnicotinamid, Kreatinin, Mannit, Glucose, Arginin, Harnstoff, Na, K u. Cl oder anorgan. Phosphate. Vff. beobachteten 7 Gichtpatienten u. 7 ohne Gicht unter Stoffwechselkontrollen nach I-Gaben. I hatte keine Wrkg. auf die Phosphatausscheidung bei den Patienten mit n. Nebenschilddrüsenfunktion. Bestätigt wurde die Erhöhung der Harnsäureklärwerte u. die Senkung der p-Aminohippursäureausscheidung. Auf das N-, Na- u. K-Gleichgewicht hatte I keinen Einfluß. (Amer. J. med. Sci. **228.** 256—61. Sept. 1954. Houston, Tex., Baylor Univ., Coll. of Med., Veterans Admin. Hosp. and Dep. of Med. and Pharmacol.) K. BÖHM. 4607

L. W. Jagushinskaja, *Einige Angaben über den Wirkungsmechanismus von DDT und Hexachloran auf Zecken der Gattung Alectorobius.* Der Kontakt der unteren Fläche des Idiosoms mit *Hexachloran* (I) u. *DDT* (II) führt am schnellsten zur Vernichtung der Zecken. I dringt, bes. in Dampfform, besser in den Organismus der Zecken ein als II. I-Dämpfe führen in einer Entfernung von 15 cm zum Exitus der Zecken. II greift nur langsam das periphere Nervensyst. an, I dagegen wirkt auf das gesamte Nervensyst. der Zecken, schädigt die Nervenzentren u. dadurch den ganzen Nervmuskelapparat. (Медицинская Паразитология и Паразитарные Болезни [Med. Parasitol. parasit. Krankh.] **24.** 61—66. Jan./März 1955. Inst. für Malaria, med. Parasitol. u. Helminthol. des Gesundheitsminist. der UdSSR, Entomol. Abt.) E. STEINBERG. 4607

Ss. N. Assratjan, *Einfluß der Präparate aus Pflanzen der Familie der Asclepiadaceen auf die Receptoren des Sinus caroticus.* Fluidextrakte aus *Asclepias incarnata, fruticosus* u. *cornuti*, die in Verss. an decerebrierten Katzen zur Perfusion des Sinus caroticus benutzt wurden, beeinflußten in der aufgeführten Reihenfolge in abnehmender Stärke die Chemoreceptoren des Carotissinus, so daß es in der Mehrzahl der Fälle zur Erhöhung des Blutdrucks, Zunahme der Amplituden der Herzkontraktionen u. Verstärkung der Atmung kam. Nach Ausschaltung der Carotidenreceptoren mittels *Dicain* oder *Novocain* (2%) sind die Extrakte nur noch von geringer Wrkg. auf den Blutdruck. (Фармакология и Токсикология [Pharmakol. u. Toxikol.] **17.** Nr. 6. 18—21. Nov./ Dez. 1954. Omsk, Med. Kalinin-Inst., Lehrstuhl für Pharmakol.) E. RENTZ. 4608

W. Hansel, P. Olafson und **K. McEntee,** *Die Isolierung und Identifizierung des kausal wirksamen Anteils der bovinen Hyperkeratose (X-Krankheit) aus einem bearbeiteten Weizenkonzentrat.* Vff. sammelten Brotkrumen unter einer Schneide- u. Verpackungsmaschine einer Bäckerei u. isolierten daraus in mehreren Arbeitsgängen eine Substanz, die beim Rindvieh die X-Krankheit (Hyperkeratose) verursachte. UV- u. Infrarotabsorptionskurven u. Mikroanalysen ergaben, daß das isolierte Material ein *höher chloriertes Naphthalin* (I) sein muß. I wurde kürzlich als Ursache für die X-Krankheit erkannt. (Cornell Veterinarian **45.** 94—101. Jan. 1955. Ithaca, N. Y., Cornell Univ.) K. BÖHM. 4608

G. Warnecke, *Albothyl, ein neues Therapeuticum in der Gynäkologie.* Vf. berichtet über die Verwendung von *Albothyl* (**I**; 36%ig. wss. polykondensierte m-Kresolsulfonsäure mit Methanal) in der Gynäkologie. Die Ergebnisse bei der Behandlung der unspezif. Cervico-Colpitis mit u. ohne Portioerosionen, der Trichomonaden- u. Soor-Copiltis waren überzeugend. **I** ist unschädlich gegen gesunde Gewebe, wirkt stark baktericid, adstringierend, hämostypt. u. bei selektiver Abstoßung des kranken Gewebes fördernd auf die Zellregeneration. (Die Medizinische **1955.** 396—97. 12/3. Wuppertal-Elberfeld, Krankenhaus, St. Marienheim.) K. BÖHM. 4610

Ss. D. Tscharny, A. F. Bljuger und **M. Ja. Jurik,** *Ein Versuch zur Dysenteriebehandlung bei Erwachsenen mit gereinigtem Furacilin (F-6).* 49 Patienten mit akuter, bisher vergeblich mit Sulfanilamiden bekandelter Dysenterie, erhielten *Furacilin* (I) per os (8 Tage lang zu 0,1 g 5—6mal täglich) u. konnten klin. geheilt werden. Von 26 Patienten mit chron. Dysenterie wurden 20 geheilt. 12,5% der Behandelten blieben jedoch für einige Zeit Bacillenausscheider. I stimuliert die Leukopoese u. die Prozesse der Wundheilung. Ausgesprochene Nebenwirkungen kamen nicht zur Beobachtung. (Журнал Микробиологии, Эпидемиологии и Иммунобиологии [J. Mikrobiol., Epidemiol., Immunobiol.] **1955.** Nr. 3. 59—62. März. Riga, Städt. Infektionskrankenhaus u. Med. Inst., Lehrstuhl für Infektionskrankheiten.) E. RENTZ. 4610

Franz Kleibel, *Die chemische Struktur der Sulfonamide und ihre Wirkung auf die Peristaltik. Sulfathiazol (Cibazol, Eleudron), Sulfapyridin (Eubasin)* u. *Phthalylsulfathiazol (Taleudron)* hemmen die Darmperistaltik in einer Konz. 1 : 2000; *Sulfapyrimidin (Debenal), Sulfadiazin, Sulfacetamid (Albucid), Sulfaguanidin* u. *Phthalylsulfacetamid* hemmen in einer Konz. 1 : 500. *Aminomethylbenzolsulfonamid (Marfinal)* hemmt nicht, sondern regt die Peristaltik an. (Lancet **266.** 882—83. 24/4. 1954. Würzburg, Univ., Poliklinik.) F. GÜNTHER. 4610

J. F. B. Edeson, *Die Behandlung der akuten Malaria mit Azacrin.* Vf. behandelte 78 Patienten mit akuter Malaria mit *Azacrin* (I) = *2-Methoxy-6-chlor-9-[5'-diäthylaminopentyl-(2')]-amino-3-azaacridindihydrochlorid.* 66 hatten akute Falciparum-Malaria. Bei einer Dosierung von 0,6 g I am 1. Tag u. 0,3 g an den nächsten 2—5 Tagen wurden befriedigende klin. Ergebnisse erzielt. 12 Patienten hatten akute Vivax-Malaria, die durch die genannte Dosierung befriedigend beherrscht werden konnte. Tox. Wirkungen wurden nicht beobachtet. I hat keine Wrkg. auf die Gametocyten von Plasmodium falciparum im peripheren Blut, noch kann es die Entw. der Parasiten in Moskitos verhindern. (Ann. trop. Med. Parasitol. **48.** 160—63. Juni 1954. Malaya, Tampin Branch Labor. of Inst. for Med. Res.) K. BÖHM. 4610

Ikednachuku Okpala und **Reginald D. Manwell,** *Chemotherapie der Vogelmalaria. 3. Mitt. Versuche mit gewissen Standard-Antimalariamitteln bei Plasmodium hexamerium und P. elongatum Malaria bei Enten.* Gegenüber experimenteller Hexamerium-Malaria (a) der Ente wurden *Camoquine* (**I**), *Chloroquine* (**II**) + *Chinin* (**III**) u. **II** + *Primaquine* (**IV**), gegenüber Elongatum-Malaria (b) **I, II** u. **IV** auf ihre Wrkg. getestet. Parasitenfreiheit im Blut bei a) wurde mit **I, II + III, II + IV** in 3,7, 3,1, 1,7 Tagen, bei b) mit **I, II, IV** in 5,7, 5,8, 3,8 Tagen erreicht. Völlige Sterilisation, definiert als Nichtauftreten von Rückfällen nach Milzexstirpation, wurde im Höchstfall bei 41% der Fälle a) mit **I** erzielt, die anderen Mittel ergaben bei a) u. b) ungünstigere Resultate, alle reichen nach Vff. nicht an an *Quinacrine* = *Atebrin, Pentaquine* u. *Isopentaquine* heran. (J. Parasitology **41.** 65—70. Febr. 1955. Syracuse, N. Y., Dep. of Zoology.) H. DOSSMANN. 4610

John Robson und **J. K. H. Wilde,** *Prophylaxe gegen Trypanosomiasis bei Zeburindvieh mit Antrycide und Dimidiumbromid.* Vff. gaben als Prophylakticum *Antrycide* (I) u. *Dimidiumbromid* (**II**) mit sichtbarer Schutzwrkg. gegen Trypanosomiasis bei Zeburindvieh. Die Wrkg. von I hielt länger an als die von II. Resistente Trypanosomen wurden bei verschied. Tieren festgestellt. (Brit. veterin. J. **110.** 459—69. Nov. 1954. Mpwapwa, Tanganyika, Veterin. Res. Labor.) K. BÖHM. 4610

Vincent C. Barry, Michael L. Conalty und **Ethna E. Gaffney,** *Einige neue von Oxystärke und anderen Polysacchariden abgeleitete Antituberkulosemittel.* Vff. infizierten Albinomäuse auf intravenösem Wege (a) mit n. u. (b) mit gegen *Isoniazid* (I) resistenten Rindertuberkelbacillen (0,1 mg Trockengewicht), sowie Meerschweinchen durch Impfung mit b (0,025 mg, subcutan), a (0,005 mg intradermal) u. einem Gemisch aus a (0,01 mg) u. b (0,025 mg subcutan). Die Mäuse erhalten vom Tage der Infektion an 14 Tage lang, die Meerschweinchen vom 29. Tage nach der Inokulation an per os Antituberkulosemittel appliziert, die durch Kondensation von *Oxystärke* (II), *Oxyalginsäure* (III) u. *Oxyinulin* (IV) mit I, *p-Aminobenzaldehydthiosemicarbazon* (V), *Thiosemicarbazid* (VI) u. einem Gemisch aus gleichen Anteilen I u. V (= VII) erhalten worden sind. Die täglich verabreichte Dosis beträgt 11,2—528,0 mg/kg. Es wird festgestellt, daß die einfachen Polymeren (II-, III-, IV-I u. -V) gegen a, u. II-, III- u. IV-V gegen b hochwirksam sind. Auch die gemischten Polymeren (II-, III- u. IV-VII) unterdrücken die Entw. von a u. b bei beiden Tierarten, deren Überlebenszeiten sich stark erhöhen. Die Kondensationsprodd. von II, III u. IV mit VI sind jedoch unwirksam. Im Gegensatz zu freiem I, dessen DL_{50} für Mäuse 142 ± 10 bzw. 190 ± 6 mg/kg beträgt, wird die Toxizität durch die Kondensation mit II, III oder IV auf einen Wert von 8—10 g/kg erniedrigt. Die geringe tox. Wirksamkeit, verbunden mit einem hohen therapeut. Index, läßt daher diese Polymeren als wertvolle Antituberkulosemittel erscheinen. (Brit. J. Urol. **27.** 35—41. März 1955. Dublin, Labors. of Med. Res. Counc. of Ireland.) P. FAHRNLAENDER. 4610

Egon Wildbolz und **Walter Kanzler,** *Versuch mit B. 53 gegen Tuberkulose der Blase und Prostata.* Vff. berichten über die Anwendung von B. 35, einer Paste mit *Dialkylbernsteinsäure* (I), bei 8 Fällen von Blasen- u. Prostatatuberkulose. I wird als mit Borax gepufferte (p_H 7,1) 2%ig. wss. Lsg., kombiniert mit 0,2%ig. wss. *Novesin*-Lsg. im Verhältnis 2 : 1 zur Vermeidung von Reizungen, in die Blase eingeträufelt. In den meisten Fällen werden gute Heilerfolge erzielt. (Brit. J. Urol. **27.** 42—44. März 1955. Leysin, Switzerland, High Altitude Centre of Urol.) P. FAHRNLAENDER. 4610

L. M. Golber, R. Ja. Wyssotzki, E. N. Krumin und **Je. I. Saitzewa,** *Zum Wirkungsmechanismus des neuen antituberkulösen Mittels Tubazid.* 1. Mitt. *Der Einfluß von Tubazid auf die morphologischen Indices des peripheren Blutes.* Das Anti-Tbc-Mittel *Tubazid* (I; Isonicotinsäurehydrazid mit einer Beimengung der Hydrazide der Nicotinsäure, Cinchomeronsäure u. 2.6-Pyridincarbonsäure) erwies sich in Verss. an Meerschweinchen nach intraperitonealer Zufuhr ohne wesentlichen Einfl. auf den %-Geh. des Hämoglobins, die Zahl der Erythrocyten u. der Leukocyten sowie der einzelnen Formen derselben, während die Zahl der Reticulocyten im peripheren Blut unter I zunimmt, was aber nicht als Zeichen einer spezif. Wrkg. auf die Reticulocytenbldg. angesehen wird. Wird I chron. zugeführt (über 20 Tage), so nimmt die Anzahl der Thrombocyten im peripheren Blut deutlich zu. Tox. Erscheinungen kamen nicht zur Beobachtung. (Известия Академии Наук Латвийской ССР [Nachr. Akad. Wiss. LettSSR] **1954.** Nr. 6. 55—60.) E. RENTZ. 4610

W. A. Malyschew, *Behandlung von Tuberkulosekranken mit geringen Dosen von Phtivazid.* (Проблемы Туберкулеза [Probleme Tuberkulose] **1954.** Nr. 2. 68—69. März/April.) E. RENTZ. 4610

Paul Veran (unter Mitarbeit von **Lasausse, M. Geffriaud, A. Gaillard** und **A. Moyon**), *Die Wirkung von Isoniazid auf die Lungentuberkulose. Bericht über 100 Fälle. Isoniazid* wird bei 2—5monatiger Behandlungsdauer gut vertragen. Epileptiker dagegen sind von der Behandlung auszunehmen. Am besten sprechen frische Tuberkuloseformen an. Wegen des leichten Auftretens von Resistenz sollte die Therapie mit *PAS* oder *Streptomycin* kombiniert werden. (Semaine Hôpitaux Paris **29.** 834—38. 10/3. 1953. Nantes.) R. RUTKOWSKI. 4610

V. Obrecht und **R. Weidmann,** *Serumeisenspiegel bei Isoniazidbehandlung der Lungentuberkulose.* An 31 Fällen mit Lungentuberkulose unter *Isoniazid* (I)-Behandlung wurden 3—4 Serumeisenbestimmungen sowie laufende Kontrollen von Blutbild u. Blutsenkung (BS) durchgeführt. Sämtliche exsudativen Formen zeigten erheblichen Anstieg bzw. Normalisierung des Fe-Spiegels u. Besserung der BS. Nach Vff. erlaubt die Best. des Fe-Spiegels eine schnellere u. genauere Beurteilung des tuberkulösen Prozesses als die BS-Kontrolle. (Ärztl. Wschr. **10.** 160—61. 18/2. 1955. Berlin, Freie Univ., Med. Poliklinik.) H. DOSSMANN. 4610

Annaliese Lass und **Arnold Rimpau,** *Autoradiographische Verteilungsstudien des ^{14}C-markierten Isoniazids in der Maus.* Injektion von 20 mg *^{14}C-Isoniazid* (I) mit einer

Aktivität von 29,4 μC/mg führt zum Tode der Maus. Die höchste Gesamtaktivität des mit A. extrahierten Gewebebreis wurde in der Niere festgestellt, weiter in abnehmender Reihenfolge in Milz, Skelettmuskulatur, Herz, Lunge, Hirn, Darm, Leber u. Fell. I wird rasch resorbiert. Autoradiograph. Unterss. ergaben beim nicht entbluteten Tier die höchste I-Konz. in den Gefäßen u. Capillaren aller Organe. (Tuberkulosearzt **9.** 191—96. April 1955. Hamburg-Langenhorn, Allg. Krankenhaus Heidberg.) H. DOSSMANN. 4610

G.-D. Pesle und **M. Labéguerie,** *Zwei Fälle von Verdauungsmoniliasis im Verlauf der Isoniazidbehandlung.* Moniliasis im Mund u. in den Verdauungsorganen trat während der *Isoniazid*-Behandlung, der eine Behandlung mit *Streptomycin, Penicillin* u. *Aureomycin* voraufgegangen war, auf. Es wurden zahlreiche Kolonien von *Candida albicans* nachgewiesen. (Rev. Tuberculose [5] **17.** 881—82. 1953. Paris.) R. RUTKOWSKI. 4610

Norbert Klüken, *Nebenwirkungen des Isonicotinsäurehydrazid und ihre Beziehungen zum peripheren Kreislauf.* (Münchener med. Wschr. **97.** 398—99. 1/4. 1955. Darmstadt, Med. Klinik.) K. BÖHM. 4610

Rudolf Bönicke und **Waltraud Reif,** *Enzymatische Inaktivierung von Isonicotinsäurehydrazid im menschlichen und tierischen Organismus.* Angabe von Verss. zum Beweis, daß ein beträchtlicher Teil des verabreichten *INH* (I) im Körper zu unwirksamen Verbb. um- oder abgebaut wird. Vff. nahmen an gesunden u. kranken Versuchspersonen Messungen über die Wiederausscheidung von I vor. Bestimmungsmeth.: Lochtest, Reihenverdünnungstest u. eine abgewandelte Meth. nach KELLY u. POET, wodurch mit Sicherheit das freie I bestimmt wurde, aber nicht die Umwandlungsprodd., die bei früheren I-Bestimmungen die Ursache zu hoher Ausscheidungswerte waren. Verabreicht wurde einmalig 200 oder 300 mg I u. in 86 Fällen wurde nach den 3 Methoden im Mittel eine Wiederausscheidung von 12,4% der verabreichten I-Dosis festgestellt, die pro Person sehr konstant war. Bei a) „schlechten"-I-Ausscheidern enthält der 24 Std.-Urin 68% I in gebundener, tuberkulostat. unwirksamer Form, bei b) „guten"-weniger. Bei a) ergab sich geringer, bei b) hoher I-Blutspiegel. Für gebundenes I im Blut liegen die Konzentrationsverhältnisse gerade umgekehrt. 20—30% vom oral verabreichten I werden im menschlichen Organismus zu *Isonicotinsäure* (II) abgebaut. Von den untersuchten Tierorganen wie Leber, Lunge, Milz, Niere, Muskulatur wird I nur in der Leber zu II abgebaut. (Naunyn-Schmiedebergs Arch. exp. Pathol. Pharmakol. **220.** 321—33. 1953. Borstel, Tuberkulose-Forsch.-Inst., Inst. für exp. Biol. u. Neurol.) H. DOSSMANN. 4610

T. N. Strepetowa, *Intratracheale Zufuhr von Streptomycin bei cavernöser Lungentuberkulose.* (Проблемы Туберкулеза [Probleme Tuberkulose] **1954.** Nr. 2. 35—39. März/April. Leningrad, Wiss. Tbc-Forschungsinst.) E. RENTZ. 4611

J. Calvet, J. Coll und **H. Malhiac,** *Larynxnacherscheinungen und Rezidive bei der mit Streptomycin behandelten tuberkulösen Laryngitis.* Beschreibung der nach abgeschlossener *Streptomycin*-Behandlung der tuberkulösen Laryngitis übrigbleibenden klin. Befunde u. der neu auftretenden Rezidive. (Rev. Tuberculose [5] **17.** 873—75. 1953. Toulouse.) R. RUTKOWSKI. 4611

E. Sommer, *Streptomycin bei Morbus Boeck? Streptomycin- + PAS*-Behandlung des Morbus BOECK ist erfolglos, unter Umständen gefährlich, sie ist nur indiziert bei Nachw. von M. tuberculosis. Diskussion der unbefriedigenden Therapieerfolge bei diesem Krankheitsbild. (Tuberkulosearzt **9.** 143—47. März 1955. Braunwald, Schweiz, Sanatorium.) H. DOSSMANN. 4611

P. Kluyskens, *Die Schutzwirkung von Cysteinamin gegen die Toxizität von Dihydrostreptomycin.* Während im Kontrollvers. nach *Dihydrostreptomycin* (I)-Behandlung die *Ribonucleinsäuren* (II) in den Ganglienzellen des Kaninchens erheblich abnehmen, tritt dies nach Vorbehandlung mit *Cysteinamin* (III) nicht auf. Es blieb auch die schädigende Wrkg. auf den Vestibularapp. aus. In vitro zeigte sich, daß die II-fällende Wrkg. des I durch III aufgehoben werden konnte. (Nature [London] **172.** 912. 14/11. 1953. Ghent, Univ., Dep. of Human Anatomy.) L. WALLIS. 4611

P. Stalder, *Die Behandlung von Komplikationen bei Kehlkopf- und Mandelerkrankungen durch Anwendung von Chloramphenicol und Wismut in Form von Zäpfchen.* Bei 24 Kranken mit infektiösen Komplikationen bei Rachenmandelerkrankungen zeigte eine kombinierte Anwendung von *Chloramphenicol* u. *Bi-Camphocarbonat* in Form von Zäpfchen gute Erfolge ohne Nebenwirkungen. (Praxis [Bern] **43.** 747—49. 2/9. 1954. Lausanne, Schweiz, Univ., Hôpit. canton. Clin. chirurg. d'oto-rhino laryngol.) G. WELTZIEN. 4611

Michele Mazzeo und **Giacomo Tamburino,** *Der Einfluß tierischer Gewebe auf die antibiotische Wirkung des Tetracyclins.* Vff. untersuchten den Einfl. von Organhomogenaten des Meerschweinchens auf die antibakterielle Wrkg. des *Tetracyclins* (I). Leberhomogenat schränkt die antibakterielle Aktivität von I stärker ein, Lungen-, Milz-, Nieren- u. Muskelhomogenat setzen sie mäßig herab. Es ist nicht einfach, die Wirkungsweise der Organhomogenate zu erklären. (Dtsch. med. Wschr. **80**. 355—56. 11/3.1955. Roma, Univ., Istit. di Patologia Medica.) K. BÖHM. 4611

J. M. Grüner, *Die Ausscheidung von Terramycin und Tetracyn in der Muttermilch.* Besprechung der Nachteile der lokalen *Penicillin*-Therapie bei Mastitis puerperalis u. der Vorteile oraler *Aureomycin* (I)-Therapie, die mit 1,5 g/Tag genügend hohe I-Spiegel in der Muttermilch bedingt. Ferner Angabe eigener Verss. mit *Terramycin* (II) u. *Tetracyn* (III), deren Geh. in der Muttermilch bei verschied. Dosierung über 3 Tage bei täglicher Kontrolle nach dem Lochplattentest mit Staph. aureus 17 als Testorganismus bestimmt wurde. Bei Verabreichung von 1,5—2 g II/Tag u. 1,0—1,5 g III/Tag wurden genügend hohe II- bzw. III-Konzz. in der Muttermilch ohne tox. Erscheinungen ausgeschieden. (Geburtsh. u. Frauenhk. **15**. 354—60. April 1955. Bern, Univ., Frauenklinik.) H. DOSSMANN. 4611

N. D. Beklemischew, G. P. Ossipowa, N. F. Senkowa und **Sch. Ch. Bukeichanowa,** *Versuch einer Biomycinbehandlung der Brucellose.* Beobachtungen an 35 Brucellosepatienten ergaben, daß *Biomycin* (I; 7 Tage 4mal täglich zu 300000 I.E. per os verabreicht) im akuten Stadium der Erkrankung therapeut. von ausgezeichneter Wrkg. ist. Zur Vermeidung von Rezidiven muß die Kur wiederholt oder die I-Verabreichung mit der Vaccinetherapie kombiniert werden. Bei subakuter u. chron. Brucellose ist I weit weniger wirksam. Bei 8 von 31 Patienten ließen sich im Anschluß an die I-Behandlung Brucellen aus dem Blut gewinnen. Die immunolog. Rkk. werden durch I nicht wesentlich beeinflußt. Bei einem Teil der Patienten nimmt die Leukopenie zu. (Вестник Академии Наук Казахской ССР [Nachr. Akad. Wiss. KasachSSR] **11**. Nr. 4. 65—70. April 1954.) E. RENTZ. 4611

G. Thaesler, *Über ein neues Depotpenicillin mit langer Wirkungsdauer.* Vf. berichtet Erfahrungen mit *Tardocillin comp.*, einem Depot-Penicillinpräp., das lokal u. allg. gut vertragen wird, einen Blutspiegel von 0,04 E./cm³ Serum in allen Fällen bis zur 72. Std. gewährleistet u. Injektionen in 2tägigem Abstand durchzuführen erlaubt. (Dtsch. med. Wschr. **80**. 349—51. 11/3. 1955. Mainz, Univ., Hautklinik.) K. BÖHM. 4611

D. M. G. Beasley und **M. J. MacPherson,** *Oral verabreichtes Benzathinepenicillin bei Kindern.* Es wird ein Dosierungsschema für *Benzathinepenicillin* (*N.N-Dibenzyläthylendiaminpenicillin*; *Penidural*; JOHN WYETH LTD.) zur Aufrechterhaltung eines aureichenden Blutspiegels bei Kindern verschied. Gewichtsklassen angegeben. (Lancet **266**. 861—62. 24/4. 1954. Sheffield, Univ., Children's Hospital.) F. GÜNTHER. 4611

H. Teller und **Waltraut Fürste,** *Zur unspezifischen Reizwirkung von Omnacillin und Omnamycin.* Die Kombination eines *Antibioticums* (I) mit dem unspezif. Reiztherapeuticum *Omnadin* verhindert das Auftreten von I-Hemmeffekten auf das RES, was durch Verss. an Gesunden u. Kranken mit *Omnacillin* u. *Omnamycin* im Vgl. zu *Novocain-Penicillin* nachgewiesen wird. (Praxis [Bern] **44**. 272—74. 24/3. 1955. Berlin-Britz, Städt. Krankenhaus.) H. DOSSMANN. 4611

Mac Ausland, J. J. Gartland und **H. Hallock,** *Die Anwendung der Hyaluronidase in der orthopädischen Chirurgie.* Die Anwendung in der operativen Orthopädie als Zusatz zur lokalen Anästhesie u. damit besseren Verbreitung u. zur Förderung der Resorption von Hämatomen wird erörtert. (Prensa méd. argent. **40**. 2707—08. 2/10. 1953.) H. WRBA. 4614

W. Ernsting, *Die Behandlung des Parkinson-Syndroms mit Disipal* (*BS 5930*). *Disipal* (I; *β-Dimethylaminoäthyl-2-methylbenzhydryläther-HCl*; N. V. KONINKLIJKE PHARM. FABRIEKEN V/H BROCADES-STHEEMAN & PHARMACIA) steht in enger chem. Strukturbeziehung mit β-Dimethylaminoäthylbenzhydryläther (II; Diphenhydramine; Benadryl; Benodine). Es werden nach kurzer Beschreibung der pharmakol. Eigg. die Krankengeschichten von 23 Patienten (Paralysis agitans u. Parkinsonismus) mitgeteilt, die mit I behandelt wurden, nachdem andere Mittel ergebnislos geblieben waren. 11 Patienten wurden gebessert. Unangenehme tox. Nebenwirkungen wurden nicht beobachtet. (Nederl. Tijdschr. Geneeskunde **99**. 1103—07. 9/4. 1955. Hoorn.) H. PATZSCH. 4620

Je. I. Ljublina, *Der Einfluß verschiedener pharmakologischer Mittel auf die Dauer der durch verschiedene Narkotica hervorgerufenen Narkose. Proserin* (I; 0,2 mg/kg subcutan) bewirkte in Verss. an weißen Mäusen, die man anschließend an die I-Injektion den Dämpfen von *Bzn.* (40 mg/Liter für 30—45 Min.) aussetzte, eine Verlängerung, hingegen bei Anwendung von *Aceton* (II)-Dämpfen (75 mg/Liter für 50 Min.) eine Abkürzung der Narkose. Injizierte man I während der II-Narkose, so kam es zu deren

Verlängerung u. zum Tode eines Teils der Versuchstiere. Die vorausgehende Injektion von *Atropin* (10 mg/kg) verlängerte die II- u. Chloroformnarkose u. verkürzte die Benzin- u. *Barbamyl* (III)-Narkose. *Phenamin* (IV; 5 mg/kg) verkürzt die II-Narkose u. verlängert etwas die Benzinnarkose. Vor III injiziert, verlängert IV den III-Schlaf. Das Sympathicolyticum „933 F" (0,6 mg/kg) verlängert die Benzin- u. verkürzt die III-Narkose. (Фармакология и Токсикология [Pharmakol. u. Toxikol.] **17**. Nr. 6. 6—12. Nov./Dez. 1954. Leningrad, Wiss. Forschungsinst. für Arbeitshygiene u. Berufskrankh., Toxikol. Labor.) E. RENTZ. 4620

P. de Boucaud und **P. Fournial**, *Durch DMDTH hervorgerufene Zwischenfälle an der Haut und im Blut.* Vff. geben eine Literaturübersicht über Nebenwirkungen des *5.5-Dimethyl-2.4-dithiohydantoin* (I) u. berichten über 3 eigene Fälle. Einmal trat nach I ein morbilliformes Erythem auf, bei einem weiteren Falle ekchymot. Purpura mit Verschiebungen im Blutbild. Beim 3. Fall traten schwere Erscheinungen einer Abdominalpurpura nach I auf. (J. Méd. Bordeaux Sud-Ouest **132**. 267—71. März 1955. Château-Picon, l'hôpital psychiatr.) K. BÖHM. 4627

N. A. Kudrjawina, *Der Verlauf des Schlafes unter der Einwirkung von Barbamyl, Nembutal und Luminal bei erhöhter Körpertemperatur.* In Verss. an Kaninchen, deren Körpertemp. durch Injektion von *α-Dinitrophenol* (I; 25 mg/kg u. mehr in 1%ig. alkoh. Lsg. subcutan) erhöht war, erwies sich die Schlafdauer unter *Luminal* (II; 60 mg/kg), *Nembutal* (III; 40 mg/kg) u. *Barbamyl* (IV; 80 mg/kg) als verlängert; einige Tiere kamen dabei um. Die erhöhte I-Temp. wurde während des II- u. III-Schlafes in 7 von 18 Fällen u. während des IV-Schlafes in 2 von 18 Fällen herabgesetzt. In 3 von 25 Fällen wurde die Körpertemp. durch I nicht erhöht, sondern herabgesetzt. Unter der Einw. von I zeigten sich vorübergehende Veränderungen des Elektrocardiogramms u. des Elektroencephalogramms. (Фармакология и Токсикология [Pharmakol. u. Toxikol.] **17**. Nr. 6. 12—18. Nov./Dez. 1954. Inst. für Pharmakol., exp. Chemotherapie u. Chemoprophylaxe der Akad. der med. Wiss. der UdSSR, Pharmakol. Labor.) E. RENTZ. 4627

M. F. Runowa, *Der Einfluß einiger Schlafmittel (Barbiturate) auf das periphere Blutbild bei normalem und krankhaftem Zustand der Tiere.* Die chron. Zufuhr von *Barbamyl* (I; täglich über 21 Tage 0,8—1,6 mg/10 g in Form der 1%ig. Lsg. subcutan) führt bei der weißen Maus zur Herbsetzung von Hämoglobinmenge u. Erythrocytenzahl u. Zunahme der Reticulocytenzahl. Bei Spontananämie ist die Wrkg. von I noch deutlicher als am n. Tier. Die chron. Zufuhr von *Nembutal* (II; 0,5—1,2 mg/10 g in 0,5%ig. Lsg. subcutan) u. von *Medinal* (III; 1,4—2 mg/10 g in 1%ig. Lsg. subcutan) ruft bei der Maus keine Veränderungen des peripheren Blutbildes hervor. In Verss. an Kaninchen sind die durch II hervorgerufenen Veränderungen geringer als nach I. Bei experimenteller Anämie beeinflußt die Zufuhr von II u. III die Normalisierung des Blutbildes nicht, während I sie verzögert. Im tiefen Barbituratschlaf (vor allem nach I, weniger deutlich nach II, am wenigsten nach III) nimmt die Anzahl der Leukocyten im Blut ab; die Leukocytenformel zeigt die Zunahme der Granulocyten mit Linksverschiebung u. Abnahme der Reticulocyten. (Фармакология и Токсикология [Pharmakol. u. Toxikol.] **17**. Nr. 6. 39—44. Nov./Dez. 1954. Inst. für Pharmakol., exp. Chemotherapie u. Chemoprophylaxe der Akad. der med. Wiss. der UdSSR, Pharmakol. Labor.)
E. RENTZ. 4627

Harris E. Hill und **Richard E. Belleville**, *Wirkungen der chronischen Barbituratvergiftung auf Reaktionsgeschwindigkeit und Muskelkoordination.* 10 barbiturat- u. alkaloidsüchtige Patienten erhielten nach Entzug der narkot. Drogen 35—90 Tage lang *Seconal* (*Secobarbital*) in hohen Dosen. In der letzten Woche, nach plötzlicher Entziehung des Mittels u. nach Erholung wurden Reaktionsgeschwindigkeit auf opt. Reize u. Muskelkoordination geprüft. Beide Mechanismen waren während der Vergiftung erheblich gestört, jedoch normalisierte sich die Reaktionsgeschwindigkeit schneller als die Koordinationsstörung. (A. M. A. Arch. Neurol. Psychiatry **70**. 180—88. Aug. 1953. Lexington, Ky., U. S. Dep. of Health, Educat. and Welfare, Nat. Inst. of Mental Health, Addict. Res. Center, Publ. Health Serv. Hosp.) A. DAUTZENBERG. 4627

K. Siemons und **H. Wild**, *Zur Therapie und Klinik der akuten Barbitursäureintoxikationen.* Überblick über die Pathophysiologie u. Therapie der akuten Barbitursäureintoxikation. Es wird eine symptomat. Therapie mit reichlich parenteraler Flüssigkeitszufuhr empfohlen u. vor Anwendung von Weckaminen gewarnt. (Med. Klin. **49**. 1169—72. 23/7. 1954. Düsseldorf, Med. Akad., II. Med. Klinik u. Poliklinik.)
K. PFEIFER. 4627

G. I. Zobkallo und **T. M. Kutscherenko**, *Die Wirkung von Novocain auf da Zentralnervensystem während verschiedener Perioden der ontogenetischen Entwicklung.* (Vgl. C. **1954**. 9571.) In Verss. an Kaninchen, welchen man *Novocain* (I) in 0,2—5%ig. Lsg.

subcutan injizierte, wurde während der embryonalen Periode u. der ersten 10 Tage der postnatalen Periode eine Rk. in Form einer allg. motor. Hemmung festgestellt. Erst 14 Tage nach der Geburt kam es zu allg. ton. u. ton.-klon. Krämpfen. Die motor. Hemmung erfolgt durch Einw. von I auf das Rückenmark, das verlängerte Mark u. das Mittelhirn, während die I-Krämpfe bei den größeren Tieren durch Beeinflussung höher gelegener Teile des Großhirns zustande kommen. (Фармакология и Токсикология [Pharmakol. u. Toxikol.] **17**. Nr. 6. 3—5. Nov./Dez. 1954. Physiol. Pawlow-Inst. der Akad. der Wiss. der UdSSR, Labor. für exp. Pharmakol.) E. RENTZ. 4627

H. J. Küchle, *Zur Wirkung der Oberflächenanästhetica auf die Regeneration des Hornhautepithels.* Nach Verss. an Kaninchenaugen hemmen *Cocain, Cornecain, Psicain* u. *Pantocain* in der Reihenfolge zunehmend die Corneaepithelregeneration. (Klin. Monatsbl. Augenheilkunde augenärztl. Fortbild. **126**. 313—20. 1955. München, Univ., Augenklinik.) D. ZEMKE. 4627

Suzanne Bazin und **Albert Delaunay,** *Untersuchung der Beweglichkeit der Polynucleären in vitro. Einfluß von Lokalanästheticis und Hypnoticis.* Untersucht wurde die Wrkg. folgender Verbb.: *Cocainhydrochlorid, Novocain* (*p-Aminobenzoyldiäthylaminoäthanolhydrochlorid*), *Xylocain* (*Diäthylaminodimethylacetanilidhydrochlorid*), *Veronalnatrium* (*diäthylbarbitursaures Na*), *Gardenalnatrium* (*phenyläthylbarbitursaures Na*), *Pentothal* (*äthylmethylbutylthiobarbitursaures Na*), *Phenergan* (*Dimethylaminomethyläthylphenothiazinhydrochlorid*), *Multergan* (*Phenothiazinylpropyltrimethylammoniumhydroxyd*), *Antistin* (*Phenylbenzylaminomethylimidazolinhydrochlorid*), *Neoantergan* (*Dimethylaminoäthylmethoxybenzylaminopyridinhydrochlorid*). Alle Verbb. hemmen die Leukocytenmotilität reversibel oder irreversibel, je nach der verwendeten Konzentration. Dabei waren keine Strukturveränderungen zu beobachten. Am wirksamsten waren *Phenergan* u. *Neoantergan*. — Die Verss. wurden mit Meerschweinchenleukocyten durchgeführt. (Ann. Inst. Pasteur **84**. 895—902. Mai 1953. C. N. R. S. et Inst. Pasteur, Annexe de Garches.) A. DAUTZENBERG. 4627

E. Wieninger, *Ircodin in der Gynäkologie.* Vf. brauchte Ircodin [Zus.: 0,2 (g) Butazolidin, 0,3 Dipyrin, 0,3 Medomin, 0,02 Cod. phosphor.; J. R. GEIGY AG., Basel] als schmerzstillende Suppositorien bei 197 Fällen u. erzielte bei 174 Fällen ausreichende Analgesie bei Einsparung von Opiaten u. Injektionen. (Praxis [Bern] **44**. 122—23. 10/2. 1955. Graz, Univ., Frauenklinik.) K. BÖHM. 4627

J. B. Frain und **Jeffrey E. Morris,** *Klinische Erfahrungen mit Phenylbutazone.* (*Butazolidin*). 100 Patienten mit schmerzhaften rheumat. Gelenk- u. Muskelerkrankungen wurden mit sehr gutem Erfolg mit *Butazolidin* (GEIGY; *Phenylbutazone*) behandelt. Nebenwirkungen sind selten, wenn man Patienten ausschließt, die allerg. u. arzeimittelüberempfindlich reagieren oder an Magengeschwüren, einer Bluterkrankung, sowie an einer zu Ödemen führenden Erkrankung leiden. (Canad. med. Assoc. J. **71**. 445—49. Nov. 1954. Winnipeg, Manitoba, Winnipeg Clinic.) K. PFEIFER. 4627

Irvin M. Becker und **Martin C. Shea,** *Über die Giftigkeit von Phenylbutazone. Bericht über 2 Fälle.* Ein 50jähriger Mann erkrankte nach einwöchiger Medikation von *Phenylbutazone* (I) wegen rheumat. Beschwerden an einem unklaren fieberhaften, gastrointestinalen Krankheitsbild, das nach den klin. Unterss. auf I zurückgeführt werden mußte. — Bei einem 39jährigen Mann trat nach einer zuvor eingeleiteten Behandlung mit I ein Duodenalulcus auf, das ursächlich mit I in Zusammenhang gebracht werden muß. (U. S. Armed Forces med. J. **5**. 259—65. Febr. 1954. Oakland, Calif., U. S. Naval Hospital.) K. PFEIFER. 4627

Jean Delay, Pierre Deniker und **Yvan Tardieu,** *Hibernotherapie und Heilschlaf in der psychiatrischen und psychosomatischen Therapie.* Kurze Übersicht über Indikationen, Gefahren u. Erfolge der Hibernotherapie (sogenannter künstlicher Winterschlaf) mittels *Chlorpromazin* im Bereich der Psychiatrie an Hand eigener Erfahrungen u. der Literatur. — 29 Literaturangaben. (Presse méd. **61**. 1165—66. 19/9. 1953. Paris.) A. DAUTZENBERG. 4627

A. Ja. Krupko, *Zur Frage des Einflusses von Promedol, Phenatin und Eukodal auf die Gebärmutterkontraktionen beim Tier.* Die Kontraktionen des Kaninchenuterus in situ werden weder durch *Promedal* (I; 1,3—2,3 mg/kg subcutan) noch durch *Phenatin* (II; ein Kondensationsprod. von Phenamin u. Nicotinsäure, in der Dosis 2—5 mg/kg) gehemmt, während die Kombination von I, II u. Eukodal in der Regel die Kontraktilität des Uterus steigert. Am isolierten Uterusharn von Kaninchen wirkt I in der Konz. 1 : 50000—100000 nicht hemmend, in der Konz. 1 : 10000 hemmend. An Hand der Tierverss. werden I u. II zur Analgesierung u. Beschleunigung der Geburt empfohlen. (Акушерство и Гинекология [Geburtshilfe u. Gynäkol.] **1955**. Nr. 1. 8—13. Jan./Febr. Militärmed.. Kirow Akad.) E. RENTZ. 4628

Charles F. Moller und **William A. Weiss**, *Die klinische Anwendung von Succinylcholin als Muskelrelaxans. Succinylcholin* (I; *„Diacetylcholinchlorid"*) ist in saurer Lsg. stabil, wird jedoch im alkal. Medium u. durch die Pseudocholinesterase des Blutserums rasch aufgespalten. Pharmakol. gehört I zu den Relaxantien, die die motor. Endplatte depolarisieren u. so die Reizübertragung Nerv—Muskel blockieren. Cholinesteraseinhibitoren (Prostigmin, Physostigmin usw.) verlängern die Wrkg. von I. Klin. wurde es in Verbindung mit Narcoticis als ultrakurzwirkendes Relaxans intravenös injiziert oder im Dauertropf zur verlängerten Relaxation verabreicht. (U. S. Armed Forces med. J. **5**. 212—19. Febr. 1954. Phoenixville, Pa., Valley Forge Army Hospital.) K. PFEIFER. 4628

M. D. Maschkowski und **Ss. Ss. Liberman**, *Vergleichende Untersuchung des Einflusses von Spasmolytin, Thiphen und Pentaphen beim experimentellen Bronchospasmus.* Verss. an urethannarkotisierten u. curarisierten Katzen ergaben, daß der mittels *Proserin* (0,2 mg/kg intravenös) oder *Carbocholin* (0,01 mg/kg intravenös) sowie durch elektr. Vagusreizung hervorgerufene Bronchospasmus durch 0,5—1 mg/kg *Thiphen, Spasmolytin* u. *Pentaphen* intravenös herabgesetzt u. durch 2—3 mg/kg aufgehoben werden kann. Die bronchiolyt. Wrkg. der genannten Präpp. ist etwa gleich stark u. auch an der isolierten Meerschweinchenlunge nachweisbar. (Фармакология и Токсикология [Pharmakol. u. Toxikol.] **17**. Nr. 6. 45—49. Nov./Dez. 1954. Allunions Wiss. Chem Pharmazeut. Ordshonikidse-Forschungsinst., Pharmakol. Abt.) E. RENTZ. 4628

D. Gross und **J. Meuschke**, *Behandlung des Asthma bronchiale durch subcutane Dauertropfinfusion mit Megaphen.* (Münchener med. Wschr. **97**. 396—98. 1/4. 1955. Höxter, Weserbergland-Klinik.) K. BÖHM. 4628

A. D. Golendberg, *Der gemeinsame Einfluß einiger pharmakodynamischer und physikalischer Mittel auf die Coronardurchblutung beim experimentellen Myocardinfarkt.* Verss. an curarisierten Katzen ergaben, daß beim akuten experimentellen Myocardinfarkt (durch Unterbindung eines Astes der Kranzarterie) die kombinierte Behandlung mittels Diathermie der Herzgegend (40—100 mA) u. *Nitroglycerin* (0,0005 auf die Mundschleimhaut) eine günstigere Wrkg. auf die Coronardurchblutung ausübt als jeder der beiden Faktoren für sich allein. Demgegenüber wirkt sich die Kombination von Diathermie u. *Morphin* (1 ml 1%ig. subcutan) ungünstig aus, indem Phasen von verlangsamter Coronardurchströmung auftreten. (Фармакология и Толсикология [Pharmakol. u. Toxikol.] **17**. Nr. 6. 26—29. Nov./Dez. 1954. Militärmed. Kirow-Akad., Lehrstuhl für Physiol. u. Inst. für Ärztefortbldg., Lehrstuhl für Physiotherapie.) E. RENTZ. 4630

Friedmar Dammann, *Antiphlogistische Percutantherapie mit Cholinstearat (Chomelan).* Vf. berichtet über seine Erfahrungen mit *Chomelan* (*Cholinstearat*) als Antiphlogisticum u. Hyperämicum bei lokalen Entzündungen u. örtlichen Durchblutungsstörungen. (Die Medizinische **1955**. 287—90. 19/2. Neumünster/Holst., Friedrich-Ebert-Krankenhaus.) K. BÖHM. 4630

H. Streitenberg, *Beeinflussung des intraokularen Druckes durch Rivasin.* (Klin. Monatsbl. Augenheilkunde augenärztl. Fortbild. **126**. 335—36. 1955. Karlsruhe.) D. ZEMKE. 4630

Wolfgang Leydhecker und **Eva Helferich**, *Senkung des intraokularen Druckes durch perorale Behandlung mit Diamox.* (Klin. Monatsbl. Augenheilkunde augenärztl. Fortbild. **126**. 323—27. 1955. Bonn, Univ., Augenklinik.) D. ZEMKE. 4630

Karlheinz Heckenhahn, *Erfahrungen bei der Behandlung von Glaukomkranken mit Pyridostigmin.* (Klin. Monatsblatt Augenheilkunde augenärztl. Fortbild. **126**. 334—35. 1955. Bonn, Univ., Augenklinik.) D. ZEMKE. 4630

G. Kraheck, *Apoplexieprophylaxe mit Viscolind „P".* Vf. berichtet über seine Erfahrungen mit *Viscolind „P"*, das während prophylakt. Verabfolgung die Apoplexiehäufigkeit in den Jahren 1950/51—1952/53 von 36—47% aller Hypertoniker eines Altersheims auf 15% in dem Jahr 1953/54 absinken ließ. (Die Medizinische **1955**. 395—96. 12/3. Düsseldorf, Städt. Siechenkrankenhaus u. Altersheim.) K. BÖHM. 4630

H. Granderath, *Klinische Erprobung wasserlöslicher Theophyllinderivate.* Das wasserlösl. *DHT* (*Dioxypropyltheophyllin*; SIEGFRIED) hat geringere Nebenwirkungen als die amingelösten Theophylline. Der Diureseeffekt ist gut. Durch Phoselitzusatz scheint eine Begünstigung des Herzmuskelenergiestoffwechsels u. eine Verbesserung der Strophanthinkombination (*DHT-Strophanthin*) zustande zu kommen. Die Wrkg. ist oral u. parenteral gut u. zuverlässig. (Med. Klin. **50**. 330—31. 25/2. 1955. Düsseldorf.) H. JORDAN. 4630

H. Gaier, *Erfahrungen mit Theobromin-Magnesium-Oleat (ThMO) bei peripheren sklerotischen Durchblutungsstörungen. Theobromin-Magnesium-Oleat* (*Perskleran* I,

GEROT, Wien) erzielte bei ca. 50% von Fällen mit sklerot. Durchblutungsstörungen eine Verbesserung der oscillograph. kontrollierten Durchblutung, wobei beginnende Formen bes. gut ansprachen. I wird deshalb als Prophylakticum für sklerot. bedingte Gefäßschäden empfohlen. (Wiener med. Wschr. **105**. 398—99. 14/5. 1955. Wien, Univ., I. Chirurg. Klinik, Abt. für physikal. Med.) H. JORDAN. 4630

E. F. Scheller, *Hypertoniebehandlung mit standardisiertem Olivenblätterauszug. Olivysat,* ein standardisierter Extrakt aus frischen Olivenblättern, der *Oleosid* u. *Oleuropeosid* als Glykoside enthält, entfaltet eine gute blutdrucksenkende Wrkg. in einer Dosis von 3—4mal 40 Tropfen vor dem Essen, wobei bes. der erhöhte systol. Druck gesenkt wird. (Med. Klin. **50**. 327—29. 25/2. 1955. München.) H. JORDAN. 4630

Edith Lechner, Humberto Nunez, Paul Nemir jr. und **Samuel Bellet,** *Ein Vergleich der Toleranz des normalen Hundes und des Hundes mit Myocardinfarkt gegen ein organisches Quecksilberpräparat (Mercurophylline). Eine Untersuchung über die Serum- und Muskelelektrolyte.* Vff. untersuchten an n. Hunden u. an Hunden mit experimentellem Myocardinfarkt die tox. Wirkungen von *Mercurophylline* (I) auf das Myocard. Die Differenz in der DL von I in beiden Gruppen war statist. nicht signifikant. Die Durchschnittswerte für Na, K u. Mg fielen nach der Zufuhr von I in beiden Gruppen ab. Skelettmuskel-K- u. Mg-Konz. zeigten ansteigende Tendenz nach I-Injektion. Die Änderungen in den Na-Konzz. im Gewebe waren statist. nicht signifikant. Zwischen der Änderung der K-, Na- u. Mg-Werten u. der DL von I bestanden keine Korrelationen. (Amer. J. med. Sci. **228**. 282—87. Sept. 1954. Philadelphia, Pa., Univ., Div. of Cardiology, Philadelphia General Hosp., Robinette Foundat. and Grad, School of Med.) K. BÖHM. 4634

Guy Daynes, *Behandlung nächtlicher Enuresis mit darmlöslichem Amphetamin.* Vf. behandelte Bettnässer mit *Amphetamin* (I)-Tabletten u. I in einer darmlösl. Tablettenform. Dosierung 5 mg einfaches I u. 5 mg darmlösl. Form ansteigend bis zum Erfolg. (Practitioner **173**. 600—01. Nov. 1954. Hove.) K. BÖHM. 4634

Hans Klima, *Ein Beitrag zur Therapie von Gallenwegserkrankungen mit Bilamid.* Vf. berichtet über den Krankheitsverlauf von 38 operationsgefährdeten Patienten, die mit *Bilamid* (CILAG), einer Nicotinsäureamid-Formaldehyd-Verb. rein konservativ mit sehr guten Ergebnissen behandelt wurden. Alle festgestellten Erreger waren Bilamidsensibel. (Die Medizinische **1955**. 290—91. 19/2. Erlangen, Univ., Chir. Klink.) K. BÖHM. 4640

Konstanty Kowalewski, Walter C. MacKenzie, Theodor K. Shnitka und **Gordon O. Bain,** *Die Schutzwirkung von Pro-banthine (SC. 3171) bei experimentellen Magengeschwüren von Ratten. Pro-banthine* (I; *Propanthelinebromid*) vermochte bei Ratten nach Pylorusunterbindung in 91,7% der Fälle akute Magenläsionen zu verhindern. Weiter vermochte I die Menge u. das p_H des Magensaftes einzuschränken, so daß sich bei dem größten Teil der Tiere keine Säure fand, somit auch ein Verlust an Chloriden u. anderen Salzen verhindert wurde. (Canad. med. Assoc. J. **71**. 477—82. Nov. 1954. Alberta, Edm. Univ., Hosp. McEachern, Cancer Res. Labor.) K. PFEIFER. 4645

J. Wanner, *Über ein neues kombiniertes Laxativum.* Vf. berichtet über das Laxativum *Luvax* (Zus.: Semen Psyllii, Karayagummi, Phenolphthalein, Extr. Belladonnae; MAX ZELLER SÖHNE, Romanshorn), keine Organschädigungen. (Praxis [Bern] **44**. 123—25. 10/2. 1955. Arosa, Kantonal-Zürcherische Heilstätte Altein.) K. BÖHM. 4647

R. Wigand und **W. Warnecke,** *Benzinum Petrolii (DAB. 6) in der Therapie der Taeniasis (T. saginata).* Von 20 Rinderbandwurmkuren mit Petroleumbenzin waren 15 erfolgreich. Der Wirkungsmechanismus ist nicht geklärt; offenbar ist die lyt. Wrkg. auf die lipoidhaltigen Hüllen der Würmer von Bedeutung. Intoxikationen wurden nicht beobachtet. (Med. Klin. **48**. 964—65. 3/7. 1953.) G. KERSTEIN. 4649

W. L. P. Dassanayake, *Nachuntersuchung von 230 Fällen von Bancroftia-Filariasis, die an der Filariasis-Klinik in Dehiwala, Ceylon, mit Hetrazan behandelt wurden.* 5 von 230 nachuntersuchten Fällen von Bancroftia-Filariasis, die oral 7 Tage mit 3mal 2 Tabletten *Hetrazan* (*1-Diäthylcarbamyl-4-methylpiperazinhydrochlorid*) vor 29 Monaten behandelt worden waren, hatten noch im peripheren Blut Mikrofilarien, u. der Durchschnittsbefall im dicken Tropfen war von 35 auf 0,15 abgesunken. (Ann. trop. Med. Parasitol. **48**. 123—26. Juni 1954. Ceylon.) K. BÖHM. 4649

G. I. Ssirotkina, *Acrichin als Mittel zur Abtreibung von Bandwürmern.* 150 Patienten mit Taennien erhielten nach vorausgegangener Darmentleerung nüchtern 1 g *Acrichin* (I) im Laufe von 15 Min. per os mit 0,3%ig. Sodalsg. u. anschließend 30 g $MgSO_4$. Die I-Therapie blieb nur in 5% der Fälle erfolglos; in 17% kam es zu Rezidiven. Bei 56% der Patienten gingen die Parasiten mit Kopf ab. Die besten Ergebnisse wurden bei

Diphyllobothriosen u. Hymenolepidosen erzielt, während Ascaridosen u. Enterobiosen auf I nicht reagierten. Die Toxizität von I ist gering u. erlaubt eine Wiederholung der Kur bei Mißerfolg. (Советская Медицина [Sowjet-Med.] **19.** Nr. 3. 72—73. März 1955. Omsk, Klin. Eisenbahner-Krankenhaus, Therapeut. Abt.) E. RENTZ. 4649

M. R. Nasirow, T. P. Glaschkina und **Ss. M. Tuajew,** *Die Behandlung von Helminthose-Patienten mit Acrichin und Sauerstoff.* 19 Patienten mit Taenia wurden mit *Acrichin* (I; *Atebrin*) behandelt (0,8—1 g in Dosen von 0,1 g alle 10 Min. per os, nach 2 Std. ein salines Laxans), ohne daß tox. Erscheinungen auftraten. Die Parasiten wurden nicht abgetötet, sondern nur betäubt. Die zusätzliche O_2-Insufflation hatte wechselnden Erfolg. (Советская Медицина [Sowjet-Med.] **19.** Nr. 3. 70—71. März 1955. Inst. für Ärzteforsch., Lehrstuhl für Malaria u. med. Parasitol.; Inst. für Malaria u. med. Parasitol. des Gesundheitsminister. der Aserbaidshan. SSR.) E. RENTZ. 4649

H. Maurer, *Die hustenstillende Wirkung von Verbindungen der Dromoranreihe.* Vf. untersuchte an 79 ambulanten Patienten mit verschied. Formen von Bronchitis den hustenstillenden Effekt von (+)-*3-Methoxy-N-methylmorphinan-Hydrobromid* (*Romidar*, I). I ist in den angewandten Dosen in der hustenstillenden Wrkg. der des Codeins gleichzusetzen. Der Zusatz von Ephedrin bzw. eines Deriv. der Tropasäure brachte keine Steigerung der hustenstillenden Wirkung. Nebenwirkungen waren selten, Suchterscheinungen traten in keinem Falle auf. (Dtsch. med. Wschr. **80.** 351—53. 11/3. 1955. Bonn, Univ., Med. Poliklinik.) K. BÖHM. 4650

A.-J. Held und **Fréd. Piguet,** *Möglichkeiten der Cariesprophylaxe durch Verabreichung von Knochenvollextrakten* (*Ossopan*). Trotz der zur Zeit noch kurzen Beobachtungszeit von 3 Jahren können Vff. eine Erhöhung der Cariesresistenz des bleibenden Gebisses bei 5—6jährigen Kindern nach regelmäßiger Verabreichung von *Ossopan* (insgesamt 1000—1500 Dragées in 3 Jahren) feststellen. (Praxis [Bern] **44.** 325—27. 14/4. 1955. Genève, Univ., Inst. de Med. dentaire u. Clinique dentaire des Écoles de Genève.) G. KLESSE. 4655

Th. Spreter von Kreudenstein, *Über die Bedeutung der Cariesprophylaxe mit Fluor.* Zusammenfassende Übersicht. — Zahlreiche Literaturstellen. (Arch. Kinderheilkunde **150.** 212—21. 1955. Kiel, Univ., Zahnärztl. Inst. u. Klinik für Zahn-, Mund- u. Kieferkrankheiten.) G. KLESSE. 4655

W. Rathje, *Zur Chemie der Fluorierung des Zahnschmelzes.* Auf Grund der Kenntnis der chem. Zus. des Zahnschmelzes (90% *Hydroxylapatit*) u. des durch Einlagerung von F gebildetem *Hydroxylfluorapatits*, das schwerer lösl. ist, wird die Anwendung von F u. dessen Auswrkg. auf dem Gebiet der Zahnheilkunde besprochen. Die Ursache der die Caries vermindernden Wrkg. von F besteht allein in der Erhöhung der Schwerlöslichkeit des Zahnschmelzes. Da der Zahnschmelz bei Kindern (u. jungen Tieren) sehr fluorarm ist, nimmt er F schon aus sehr geringen F-Konzz. auf, so daß durch örtliche Applikation oder durch F-Medikation ein schnelleres Schwerlöslichwerden des Schmelzes erreicht wird. Durch gleichzeitige Gabe von *Ca, Phosphat* u. *Vitamin D* kann die Wrkg. von F noch verbessert werden. Die Entstehung von geflecktem Schmelz (mottle enamel) durch zu hohe F-Zufuhr wird durch Verminderung der Bindung von Schmelzeiweiß an Apatit erklärt. (Dtsch. zahnärztl. Z. **10.** 289—91. 1/3. 1955. Berlin-Steglitz.) G. KLESSE. 4655

Alfred Kantorowicz, *Die Epidemiologie der Caries in Deutschland und ihre Beziehung zur Fluorprophylaxe.* (Dtsch. zahnärztl. Z. **10.** 292—302. 1/3. 1955. Honnef/Rh., Holterhoff-Stift.) G. KLESSE. 4655

L. J. Baume, *Gegenwärtiger Stand der Fluorforschung in den Vereinigten Staaten.* F-Forschung u. Cariesprophylaxe mit F in USA. — Sehr zahlreiche Literaturangaben. (Dtsch. zahnärztl. Z. **10.** 278—88. 1/3. 1955. Zürich.) G. KLESSE. 4655

A. J. Held, *Erfahrungen und Probleme der Wasserfluorierung.* (Vgl. C. **1955.** 2021.) Besprechung der Wasserfluorierung im Hinblick auf die Cariesprophylaxe. — Sehr zahlreiche Literaturangaben. (Dtsch. zahnärztl. Z. **10.** 271—78. 1/3. 1955. Genf.) G. KLESSE. 4655

Alejandro A. Cordero und **Rodolfo N. Corti,** *Artan in der Behandlung der Sklerodermie. Artan, 3-[Piperidyl-(1)]-1-phenyl-1-cyclohexyl-1-propanolhydrochlorid,* in einer Dosis von 6—8 mg/Tag über längere Zeiträume bringt in 3 Fällen lokalisierter Sklerodermie die Symptome zum Verschwinden. 2 fortgeschrittene Fälle zeigen dagegen bei dieser Therapie keine Besserung. (Prensa méd. argent. **40.** 2911—14. 23/10. 1953. Buenos Aires, Univ., Lehrstuhl für Dermato-Syphilograph.) H. WRBA. 4661

H. Wörner, *Verhütung und Behandlung bedrohlicher Zustände beim Antabus-(Exhorran-)Alkoholtest.* Gegen die beim *Antabus*-Alkoholtest auftretenden, oft lebensbedrohlichen Kollapszustände hat sich eine Vor- u. Nachbehandlung der Probanden mit intravenösen *Eisen-* (I) u. *Ascorbinsäure* (II)-Gaben in höheren Dosen unter gelöster Zugabe von Analepticis bewährt. Man nimmt an, daß mit der Kombination von I + II die durch Antabus herbeigeführte Blockade der Aldehydoxydase in der Leber aufgehoben wird. (Dtsch. med. Wschr. **79.** 778—79. 7/5. 1954. Stuttgart, Bürgerhosp., Neurol. Klinik.) H. JORDAN. 4670

H. Cosack und **A. Strotmeyer,** *Beitrag zur Klinik und Therapie der E–605-Vergiftungen.* Vff. berichten über einen Fall einer *E–605*-Vergiftung, den sie gemäß den Empfehlungen mit hohen intravenösen Dosen von *Atropin* behandelten. Gegen das Lungenödem gaben sie *Salyrgan* u. $^1/_8$ mg *Strophanthin* in der Mischspritze intravenös u. sahen schlagartige Wirkung. (Die Medizinische **1955.** 390—92. 12/3. Soest, St. Marienhosp.) K. BÖHM. 4675

R. S. Scorer, *Rauch.* Allg. Darst. über die Verunreinigung der Luft durch Rauch u. Auspuffgase, die schädliche Wrkg. der in ihnen enthaltenen Bestandteile (SO_2, CO, CO_2) auf die menschliche Gesundheit sowie Maßnahmen zur Beseitigung dieser Mißstände (z. B. Verwendung von ruchlos verbrennenden Brennstoffen, hohen Schornsteinen, elektrostat. Entstaubung). (Sci. Progr. **42.** 396—405. Juli 1954. London, Imp. Coll. of Sci. and Techn.) T. OPPERMANN. 4680

Max Krahnstöver, *Schwere Spätschädigung eines Auges durch Hydrochinon.* Bericht über Auftreten eines Ulcus corneae 1952 bei einem Arbeiter, der bereits 1936 aus einem *Benzochinon* u. *Hydrochinon* herstellenden Betrieb abgelöst war. (Klin. Monatsbl. Augenheilkunde augenärztl. Fortbild. **126.** 340—41. 1955. Bitterfeld.)

D. ZEMKE. 4681

Paul Savy, Traité de thérapeutique clinique. Supplément. 1955. Tome IV. Paris: Masson. 1954. (XII + 973 S. jm. Abb.). fr. 3.500,—.

F. Pharmazie. Desinfektion.

E. Schubert, *Entwürfe zur Gestaltung von Prüfungsvorschriften für den Nachtrag zum DAB. 6 bzw. für das DAB. 7.* (Vgl. C. **1955.** 1792.) Die Vorschläge betreffen folgende Vitamine: Folsäure, Ca-Pantothenat, Vitamin B_{12} (Cyanocobalamin), Vitamin D_2 (Calciferol) u. Vitamin D_3. (Pharmaz. Ind. **17.** 81—83. März 1955. Darmstadt, E. Merck A.-G.) W. BARZ. 4750

F. von Bruchhausen und **W. Küssner** (unter Mitarbeit von **H. Stein, K. Wulzinger** und **K. Lingner**), *Über die Prüfung einiger Alkaloide und Glykoside, die für einen Nachtrag zum DAB. 6 bzw. für ein DAB. 7 in Frage kommen.* (Pharmaz. Ztg. verein. Apotheker-Ztg. **100.** 203—08. 24/2. 1955. — C. **1955.** 6801.) W. BARZ. 4750

—, *Nachtrag 1954 zum DAB. 6. Gültig für die Deutsche Demokratische Republik.* (Vgl. C. **1955.** 8208.) Kurze krit. Besprechung. (Dtsch. Apotheker-Ztg. **95.** 282—83. 24/3. 1955.) W. BARZ. 4750

H. Hager, *Pharmazeutische Groß- und Kleinapparaturen, Hilfsmittel und Utensilien.* 36. Mitt. *Fontavapor, Apparat für die Destillation von Leitungswasser.* (35. vgl. FABER u. MÜNZEL, C. **1955.** 8676.) Beschreibung des „*Fontavapor*" (W. BÜCHI, Flawil SG) (Abb.), eines vollautomat. rationellen Wasserdestillationsapp. mit Elektrodenheizung. Das erzeugte dest. W. entspricht in jeder Beziehung den Anforderungen der Ph. Helv. V u. kann in pharmazeut. Betrieben auch zur Herst. empfindlicher wss. Lsgg. (z. B. von Ascorbinsäure, Adrenalin, Apomorphin) verwendet werden. (Schweiz. Apotheker-Ztg. **92.** 609—12. 21/28. 8. 1954. Zürich, ETH, Pharmaz. Inst., Galen. Abt.) W. BARZ. 4758

K. Münzel und **E. Bütikofer,** *Pharmazeutische Groß- und Kleinapparaturen, Hilfsmittel und Utensilien.* 37. Mitt. *Eine einfache, selbst zusammenstellbare Apparatur zur Abfüllung von wässerigen Injektionsflüssigkeiten unter Fremdbegasung (Inertbegasung, Schutzbegasung).* (36. vgl. vorst. Ref.) Beschreibung einer App. zur Filtration, Aufbewahrung u. Abfüllung von O_2- bzw. CO_2-empfindlichen Injektionslsgg. unter CO_2 oder N_2 (Abb.) u. der Arbeitsweise. Die Konstruktion kann auch anderen, halbautomat. u. mit Dosiermöglichkeit arbeitenden Abfüllapparaturen (z. B. nach BÜCHI-STRNAD) angegliedert werden. Der Reinheitsgrad der Gase aus Druckflaschen genügt meistens. Unterss. des O_2-Geh. verschied. Wasserarten vor u. nach Begasung mit CO_2 u. gereinigtem N_2 bestätigen die gute Wrkg. der vorgeschlagenen Apparatur. Während des Zuschmelzens der Ampullen ist Fremdbegasung unnötig; schnelles Schließen der Ampulle bei der Abnahme von der Gaseinfüllnadel genügt. (Schweiz. Apotheker-Ztg. **92.** 803—09. 16/10. 821—27. 23/10. 1954. Zürich, ETH, Pharmaz. Inst., Galen. Abt.) W. SCHULENBURG. 4758

K. Münzel, *Pharmazeutische Groß- und Kleinapparaturen, Hilfsmittel und Utensilien.* 38. Mitt. *Kleingeräte für die Füllung einer einzigen Salbentube.* (37. vgl. vorst. Ref.)

Beschreibung einer behelfsmäßigen Tubenfüllung auf asept. Wege ohne Gerät, ferner einer Tubenspritze (Abb.), des Tubenfüllapp. nach PARIS (2 Abbildungen) u. des Tubenfüllers ASRA. (Schweiz. Apotheker-Ztg. **92.** 937—42. 4/12. 1954.) W. BARZ. 4758

F. Flury und **K. Münzel**, *Pharmazeutische Groß- und Kleinapparaturen, Hilfsmittel und Utensilien.* 39. Mitt. *Egro-Autoklav zu 32 Liter Inhalt.* (38. vgl. vorst. Ref.) Beschreibung des beweglichen Egro-Autoklaven (Abb.) der Firma EGLOFF & Co., Nd.-Rohrdorf/Aargau, der sich sehr gut für Sterilisation in größerem Umfange in Apotheken eignet. (Schweiz. Apotheker-Ztg. **92.** 973—76. 18/12. 1954.) W. BARZ. 4758

K. Hummel, *Die hochwertige Droge als naturwissenschaftliche Aufgabe: Wie entstehen Flores Chamomillae bester Qualität?* Allg. Ausführungen (Vortrag). (Dtsch. Apotheker-Ztg. **95.** 231—33. 10/3. 1955. Tübingen.) W. BARZ. 4782

Hermann Gubitz, *Die homöopathische Verreibung.* Nach Unterss. des Vf. sind die Milchzuckerverreibungen (hergestellt nach § 7 des HAB. II) von Cuprum metallicum, Graphit, Coccus cacti u. Spongia bzgl. der Größenverhältnisse u. des Verteilungsgrades des Wirkstoffs völlig unbefriedigend. Es wird deshalb die Änderung der Arbeitsvorschriften für die Verreibungen in einer künftigen Neuauflage des HAB. empfohlen. Ferner muß die Ursubstanz hinsichtlich Identität, Reinheit u. Korngröße (mkr. Prüfung) genauer definiert werden. (Pharmaz. Ztg. verein. Apotheker-Ztg. **91/100.** 376—79. 7/4. 1955. Heidenheim/Brenz, Schloßapotheke.) W. BARZ. 4790

—, *Neue Arzneimittel. Arasol* (RÖHM & HAAS, Darmstadt): Verbandfixiermittel auf Kunstharzbasis. — *Hetrazan* (LEDERLE): Tabletten zu 50 mg 1-Diäthylcarbamyl-4-methylpiperazin. Anthelminthicum. — *Subsidon* (PFRIMMER & Co., Erlangen): Blutersatz-Fl. mit Zusatz von Rutin. — *Luvatren* (CILAG, Alsbach): Glycerinmesitoläther. Tabletten zu 0,5 g. Muskelrelaxans. (Subsidia med. [Wien] **4.** 175—83. Okt. 230—35. Dez. 1952.) A. HOTZEL. 4800

Georg Otto, *Neue Arzneimittel und Spezialitäten. Aescorutin* (STEIGERWALD GMBH., Kitzingen): Rutin, Calcium phospholacticum, Aesculus hippocastanum, Millefolium, Hamamelis, Vitamin E. Granulat. Gegen venöse Stase u. ihre Folgen. — *Antisacer* (DR. A. WANDER GMBH., Osthofen u. Frankfurt/M.): Dragees mit Diphenylhydantoin-Na 0,05 (g), KBr 0,2, Phenobarbital 0,025, Coffeincitrat 0,01, Atropinsulfat 0,0002. Antiepilepticum. — *Apydan* (DESITIN-WERK CARL KLINKE GMBH., Hamburg): Tabletten mit 0,25 (g) Bromide, 0,035 Diphenylhydantoin, 0,035 Phenyläthylbarbitursäure u. Coffein. Antiepilepticum. — *AZ 8* (MEDICHEMIA PHARMAZEUTICA GMBH., München): Synthet. Dimethylisopropylazulen. Dragees zu 0,01 (g), Ampullen zu 0, 05. — *Enurisan* (STEIGERWALD GMBH., Kitzingen): Zur kurmäßigen Behandlung der Enuresis nocturna, Salbe, Tabletten, Tropfen. — *Ferrivenin* (MAINLAND GMBH., Frankfurt/M.): Ferrioxydsaccharat, Ampullen zu 0,1 g Fe. — *Herztonicum 72* (BADAG GMBH., Heidelberg): Rutinion, Crataegus, Viscum, Allium als Auszüge. — *Kinetrast* (BYK-GULDEN LOMBERG GMBH., Konstanz): Bariumkontrastkerne, die mit einer Fett- bzw. Eiweißschicht überzogen sind. Zum röntgenopt. Nachw. der Verdauungsfermente: Nach Verdauung des Überzuges zerfallen die Kerne. — *Magnorbin* (E. MERCK, Darmstadt): Ampullen zu 0,5 g Mg-Ascorbat. — *Metatonin* (TEMMLER-WERKE, Hamburg): Tabletten mit N-Dimethylphenylisopropylaminhydrochlorid 0,006 (g) u. Isoamyläthylbarbitursäure 0,05. Bei Vegetativen Dysregulationen. — *Myeleran*: 1.4-Dimethansulfonyloxybutan. Gegen chron. myeloische Leukämien. — *Nalorphine*: N-Allylnormorphin. — *Nephro-Cural* (PHARM. FABRIK F. MAUERMANN, Düsseldorf): Dragees mit Rubia tinctoria, Orthosiphon, Bärentraube, Convallaria u. Theobromin-Na-Salicylat. Diureticum. — *Normotin* (WILHELM SEIDEL, Göppingen): Extrakt aus Veratrum album, Sarothamnus scoparius, Adonis vernalis, Crataegus, Convallaria, Cactus grandiflorus. Gegen Hypotonie. — *Olivysat* (YSATFABRIK GMBH., Goslar): Auszug aus Olivenblättern. Gegen Hochdruck. — *Pectamed* (E. MERCK, Darmstadt): Hustentropfen mit 0,2 (%) Dimethylphenyläthylenimin, 0,75 Ephetonin, NH_4Cl u. expectorierenden Pflanzenextrakten. Auch mit 1% Codeinphosphat. — *Placentormon* (Dr. J. RIESENBERG & Co. GMBH., Berlin): Wirkstoffe der Frischplacenta, Ampullen, Salbe. — *Subtiltryptasin*: Extrakt aus Bacillus subtilis indolasus. Gegen chron. Hepatitiden. — *Sympatektoman* (MAINLAND GMBH., Frankfurt/M.): Ampullen zu 0,5 g Tetramethylammoniumbromid. Ganglienblocker. (Dtsch. Apotheker-Ztg. **93.** 937—38. 17/12. 1953. Berlin.) A. HOTZEL. 4800

—, *Neue Arzneimittel. Raspberin* (MILLER LABORATORIES, INC., Los Angeles): Lsg. von Salicylamid, 6 cm^3 = 65 mg. — *Tolagesic* (E. S. MILLER LABORATORIES, INC., Los Angeles): Tabletten zu je 0,3 g Mephenesin u. Salicylamid. (J. Amer. pharmac. Assoc. pract. Pharmacy Edit. **14.** 205—06. April 1953.) A. HOTZEL. 4800

—, *Neue Arzneimittel. Bredative* (BREON): Tabletten mit 48,6 (mg) Pentobarbital-Na u. 16,2 Phenobarbital. Zweiphasenschlafmittel. — *Calcisalin* (HARROWER): Polyvitamintabletten. — *Centrine* (BRISTOL): Tabletten mit 0,5 mg α.α-Diphenyl-γ-dimethylaminovaleriansäureamid; auch als Tropfen. Es vermindert die Säuresekretion im Magen u. setzt die Motilität herab. Gegen Gastritis, Ulcus. — *Cremacal* (HOBART): Fettfreie Salbe mit Calamin 10 (%), Glycerin 5, Benzocain 1, Phenol 0,5, Menthol 0,25. — *Dalzinate* (PATCH): Tebletten mit Phenobarbital 8,1 (mg), Homatropinmethylbromid 1,3, Dihydroxyaluminiumglycinat 500, Vitamin C 25. Gegen Hyperacidität, Gastritis, Ulcus. — *Deltamide* (ARMOUR): Tabletten mit Sulfadiazin u. Sulfamerazin je 0,167 (g), Sulfamethazin 0,056, Sulfacetamid 0,111. — *Dimethylane* (NATIONAL DRUG): Dünndarmlösl. Kapseln mit 0,25 g 2.2-Diisopropyl-4-methanol-1.3-dioxolan. Antispasmodicum, Anwendung bei Dysmenorrhoe u. in der Menopause. — *Diminic* (DURST): Tabletten mit Pyrilaminmaleat u. Methapyrilenhydrochlorid je 25 mg. Antihistaminicum. — *Gerisal* (GERIATRIC): Tabletten mit Na-Salicylat 300 (mg), Mephenesin 180, Secobarbital 15, Phenobarbital 8, Ascorbinsäure 50, $Al(OH)_3$ 60. Antirheumaticum. — *Manophyllin* (GERIATRIC): Tabletten mit Mannithexanitrat 30 (mg), Aminophyllin 90, KJ 60, Secobarbital 25, Phenobarbital 8, Rutin 10, Ascorbinsäure 25, $Al(OH)_3$ 60. Vasodilator, Diureticum. — *Mejalin* (MEAD JOHNSON): Kapseln mit Vitamin-B-Komplex, Cholin, Inosit, Leber u. Fe. — *Melozets* (SHARP & DOHME): Waffel mit 1,5 g Methylcellulose. Zur Behebung des Hungergefühls bei Magerungskuren. — *Mephate* (ROBINS): Kapseln mit Mephenesin 0,25 (g) u. Glutaminsäurehydrochlorid 0,3. Gegen Übererregbarkeit, psychot. Zustände. — *Multihist* (DORSEY): Kapseln mit Pyrilaminmaleat, Prophenpyridaminmaleat u. Phenyltoloxamindihydrogencitrat je 10 mg. Antihistaminicum. — *Nabadial* (BREON): 50 mg Methylandrostendiol im cm^3. Bei Menopause, Dysmenorrhoe, Krebs. — *Naucaine* (TAYLOR): Tabletten zu 120 mg p-Aminobenzoesäurediäthylaminoäthylesterhydrochlorid, auch als Tropfen. Antiemeticum. — *Neolin* (LILLY): Suspension des unlösl. N.N'-Dibenzyläthylendiaminpenicillin G. — *Nephenalin Pediatric* (LEEMING): Tabletten mit 5 mg Aludrin in der äußeren Schicht u. im Kern Ephedrin 12 (mg), Theophyllin 100, Phenobarbital 8. Gegen Asthma bei Kindern. — *Novadonna Solution* (SHERMAN): Im cm^3 Homatropinmethylbromid 1,512 (mg), Hyoscyaminsulfat 0,283, Hyoscinhydrobromid 0,019. Antispasmodicum. — *Novadonnal Tablets* (SHERMAN): Phenobarbital 16 (mg), Homatropinmethylbromid 0,567, Hyoscyaminsulfat, 0,106, Hyoscinhydrobromid 0,007. Antispasmodicum, Sedativum. — *Nubilic* (HOBART): Tabletten mit Dehydrocholsäure 0,25 g, Belladonna, Phenobarbital je 8 mg. Choleretícum, Antispasmodicum. — *Perihemin Liquid* (LEDERLE): Vitamin B_{12}, Leber- u. Magenfraktionen, Folsäure, Fe-Gluconat. — *Pomalin* (BREON): Sulfaguanidinsuspension. — *Potaba* (GLENWOOD): Tabletten zu 0,5 g K-p-Aminobenzoat. Auch als Pulver. Antiarthriticum. — *Pro-Derna* (WESTWOOD): Fettfreie Siliconcreme als Hautschutz. — *Pronatin* (MCNEIL): Dragees mit den Vitaminen A—D, Ca, P, Fe. — *Sombulex* (SCHENLEY): Tabletten zu 0,26 g N-Methylcyclohexenylmethylbarbitursäure. Hypnoticum. — *Somorsed* (COLUMBUS): Kapseln mit Chloralhydrat 250 (mg), Mephenesin 125, Scopolaminhydrobromid 0,065. Sedativum. — *Stuart Normacid* (STUART): Tabletten mit Betainhydrochlorid 440 (mg), Pepsin 32,4, Methylcellulose 110. — *Stuart Theron* (STUART): Multivitamin-Mineralsalztabletten. — *Sustagen* (MEAD JOHNSON): Nährmittel mit Vitaminen u. Salzen zur künstlichen Ernährung. — *Tolanate* (C. S. C.): Tabletten zu 10 mg Inosithexanitrat. — *Unitensen* (IRWIN, NEISLER): Cryptenamin, ein neu isoliertes Veratrumalkaloid. Gegen Hypotonie. — *Veralba* (PITMAN-MOORE): Tabletten zu 0,2 u. 0,5 mg Protoveratrin A u. B. Gegen Hypotonie. — *Verclysyl* (ABBOTT): Invertzuckerlsg. mit Vitamin-B-Komplex zur parenteralen Anwendung. (Modern Drugs **18**. 545—82. Sept. 1953.)
A. HOTZEL. 4800

H. Eisenlohr und **A. Scharlau,** *Über die Gewinnung von Penicillin mit Luwesta-Extraktoren.* Beschreibung des Aufbaus u. der Arbeitsweise des Luwesta-Extraktors an Hand zahlreicher, zum Teil farbiger Abbildungen. Die Extraktion des *Penicillins* (I) bei der großtechn. I-Erzeugung wird ausführlich erläutert. Der Extraktor liefert hohe I-Ausbeuten u. arbeitet dadurch bes. wirtschaftlich. Der Luwesta-Extraktor eignet sich auch für andere Extraktionen, wie Alkaloide (z. B. Chinin, Strychnin) u. Insekticide (z. B. Pyrethrin). (Pharmaz. Ind. **17**. 207—10. Mai 1955. Frankfurt/M., Lurgi Gesellschaft für Wärmetechnik m. b. H.)
W. BARZ. 4810

E. M. de Sosa, F. A. Goin und **O. Mündel,** *Beitrag zur bakteriologischen Kontrolle von Catgut.* Übersicht mit 27 Literaturangaben. (Rev. farmacéutica **95 (96)**. 107—12. Mai/Juni 1953.)
M. REIHER. 4880

M. M. Perelman, *Der Einfluß der Temperatur auf den Brechungskoeffizienten von Arzneimittellösungen.* Der Vgl. der Brechungskoeffizienten ε von Arzneimittellsgg.

mit den des dest. W. in Abhängigkeit von der Temp. zeigte, daß der ε von der Konz. der Lsg. unabhängig ist. Im Durchschnitt ruft eine Temperaturerhöhung um 1° eine Verringerung um 0,0001 hervor. Daher ist ε einer 50% ig. $CaCl_2$-Lsg. bei 20° 1,3865, bei 15° 1,3870 u. bei 25° 1,3860. (Аптечное Дело [Apothekenwesen] **3.** Nr. 4. 47—49. Juli/Aug. 1954.) O. Pollak v. Emhofen. 4880

Antonín Jindra, Václav Jungr und **Jaroslav Zýka,** *Die polarographische Bestimmung von Cephaelin.* Cephaelin (I) wird nach Nitrosierung in Brechwurzel (II) u. II-Tinktur in Ggw. von Emetin (III) sowie auch in III-Hydrochlorid (in Substanz u. Ampullen) polarograph. bestimmt. Die Nitrosierung erfolgt für 10 Min. bei 20°, die Polarographie nach Alkalisieren u. Gelatinezusatz nach 30 Min. langem Durchperlen mit N_2 mit der Kalomelelektrode. Ausfallendes Emetin wird durch Methanolzugabe in Lsg. gebracht u. stört dann nicht. Die Meth. eignet sich zur Best. von Spuren I in III. — 10 Literaturangaben. (Acta pharmac. int. [Copenhagen] **2.** 397—405. 1953. Prag, Univ., Inst. für pharmaz. Chem.) Ph. Fresenius. 4880

Ole Gry, *Polarographische Bestimmung von Cephaelin.* Cephaelin (I) wird polarograph. nach der von Baggesgard Rasmussen, Hahn u. Ilver (Dansk Tidsskr. Farmaci **19.** [1945.] 41) für Morphin beschriebenen Meth. bestimmt. Die Nitrosierung erfolgt durch 5 Min. lange Behandlung mit KNO_2 in saurer Lsg., die Polarographie nach Alkalisieren u. Tylosezusatz nach 10 Min. langem Durchperlen mit N_2 ohne Bezugselektrode bei Ggw. überschüssiger Cl^--Ionen in der Elektrolytlösung. Die maximale Abweichung der Best. beträgt 5%. Bei einer Konz. von 0,1—1 mg I/5 ml werden reproduzierbare Ergebnisse erhalten. Die Ggw. größerer Mengen des nicht nitrosierbaren Emetins stört hauptsächlich durch Ausfällung der freien Base in der alkal. Flüssigkeit. — 10 Literaturangaben. (Acta pharmac. int. [Copenhagen] **2.** 383—95. 1953. Kopenhagen, Royal Danish School of Pharm.) Ph. Fresenius. 4880

Sharp & Dohme, Inc., Philadelphia, übert. von: **Frank S. Crossley,** Collingdale, Pa., V. St. A., *Bis-quaternäre Ammoniumsalze* der Formel I (Y = Alkylenrest mit 2 bis 20 C-Atomen; X = Anion) zeigen *Curarewirkung.* (*1.1-Bis-[p-(benzyldimethylammonium)-phenyl]-* = II.) II-*Äthandichlorid,* aus 1.1-Bis-(p-dimethylaminophenyl)-äthan u. Benzylchlorid, F. 169—171°. — II-*Äthandibromid,* F. 180 bis 182,5°. — II-*Butandichlorid,* F. 173,5—176°. — II-*Butandibromid,* F. 172—174°. — II-*Butandijodid, -sulfat, -diacetat, -dipropionat, -di-p-toluolsulfonat.* — II-*Pentandichlorid,* F. 168—169°. — II-*Pentandibromid,* F. 177—180°. — II-*3-Methylbutandibromid.* — II-*Dodecandibromid.* — II-*Octadecandibromid.* — *Bis-[p-(benzyldimethylammonium)-phenyl]-phenylmethandibromid* (F. 163—166°), *-p-tolylmethandibromid, -o-chlorphenylmethandibromid.* — *2.2-Bis-[p-(benzyldimethylammonium)-phenyl]-propandibromid* (F. 191 bis 193°), *-4-methylpentandibromid, -octandibromid.* — *3.3-Bis-[p-(benzyldimethylammonium)-phenyl]-1-phenylbutandibromid, -pentandibromid.* — *1.1-Bis-[p-(benzyldiäthylammonium)-phenyl]-butandibromid.* — *1.1-Bis-[p-(benzyldibutyl-ammonium)-phenyl]-butandibromid.* — II-*Cyclohexandibromid,* F. 188—191°. — II-*Cyclopentandibromid.* — *1.1-Bis-[p-(4-chlorbenzyldimethylammonium)-phenyl]-äthandichlorid.* — *1.1-Bis-[p-(4-methoxybenzyldimethylammonium)-phenyl]-äthandichlorid.* (**A. P. 2 623 902** vom 15/3. 1950, ausg. 30/12. 1952.) G. Langer. 4807

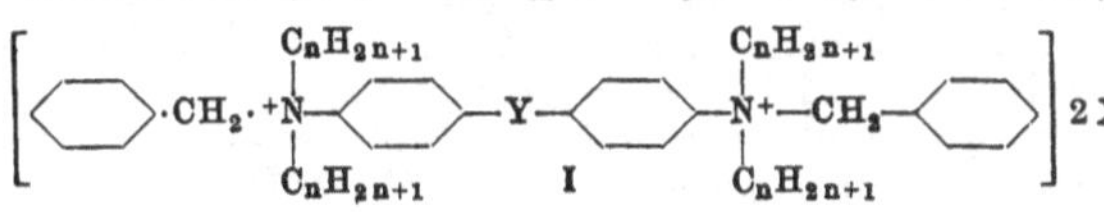

Smith, Kline & French Laboratories, Philadelphia, Pa., übert. von: **Richard T. Arnold,** Minneapolis, und **Glenn E. Ullyot,** Philadelphia, Pa., V. St. A., *Aminovalerolactone* der Formel I, worin R, R_1 u. R_2 = H oder Methyl, R_3 u. R_4 = H, Alkyl, Oxyalkyl u. Monohalogenalkyl oder den Rest eines Piperidino- oder Morpholinoringes bedeuten, wirken *lokalanästhet.* u. *antispasmodisch.* Sie entstehen aus 2.2-Diphenyl-4-pentensäure durch Rk. mit elementarem Halogen u. Erhitzen des entstandenen Halogenvalerolactons mit einem Amin $R_1NH \cdot R_2$. — *Diphenylessigsäureallylester* (II), aus Diphenylacetylchlorid u. Allylalkohol in Chlf. in Ggw. von Pyridin, $Kp._3$ 161—162°. — *2.2-Diphenylpentensäure* (III), aus II u. Mesityl-MgBr, F. 140—142°. — *2.2-Diphenyl-5-brom-4-valerolacton* (IV), aus III u. Br in CCl_4, F. 87—89°. — *2.2-Diphenyl-5-dimethylamino-4-valerolacton,* aus IV u. Dimethylamin in A. im Autoklaven. *Hydrochlorid,* F. 224—225°. — Analog die *Hydrochloride* von: *2.2-Diphenyl-5-diäthylamino-* (F. 202—204,5°), *-5-dibutylamino-* (F. 61,5—63,0°), *-5-morpholino-* (F. 238—240°), *-5-piperidino-* (F. 195—197°), *-5-(N-äthyl-N-2-oxyäthylamino)-* (F. 137,5—139,0°), *-5-(äthyl-β-chloräthylamino)-* (F. 162—165°), *-5-dibenzylamino-* u. *-5-amino-4-valerolacton;* ferner *2.2-Diphenyl-4-methyl-5-piperidino-4-valerolactonhydro-*

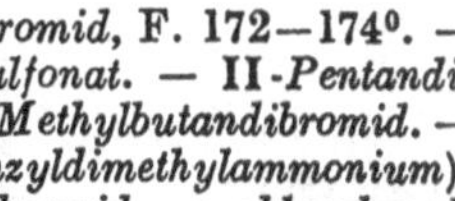

chlorid (F. 195—196°) u. *2.2-Diphenyl-4-methyl-5-morpholino-4-valerolactonhydrochlorid* (F. 57,5—58°). (**A. P. 2 650 231** vom 19/11. 1949, ausg. 25/8. 1953.) G. LANGER. 4807

G. D. Searle & Co., Chicago, übert. von: **Robert R. Burtner,** Skokie, Ill., V. St. A., *Cycloalkylalkylbenzoylalkylcarbonsäuren und deren Salze* der allg. Formel I (R = Cycloalkyl, X = H oder Alkyl, Y = H, Alkyl, OH, Alkoxyl, A u. B = Alkylen, Z = H oder Kation) erhält man durch Kondensation eines Alkoxyphenylalkylcycloalkans II mit einem Dicarbonsäureanhydrid oder -halogenid

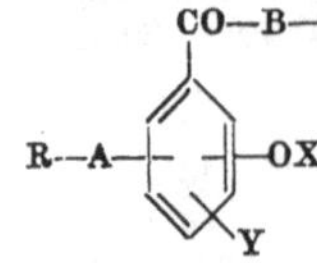
I

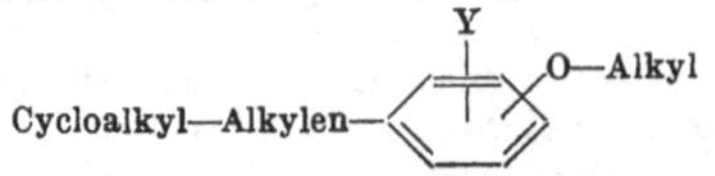
II

in einem organ. Lösungsm. in Ggw. eines FRIEDEL-CRAFTS-Katalysators ($AlCl_3$, $FeCl_3$, $SnCl_4$, BF_3, $ZnCl_2$, HF, $NaAlCl_4$). — 2.4-Dimethoxybenzylcyclopentan wird mit Bernsteinsäureanhydrid (III) u. $AlCl_3$ in Nitrobenzol 3 Std. bei 0—5° behandelt, wodurch man *β-(2.4-Dimethoxy-5-cyclopentylmethylbenzoyl)-propionsäure*, F. 159—160°, erhält, die beim Verseifen mit HJ in Essigsäureanhydrid *β-(2.4-Dioxy-5-cyclopentylmethylbenzoyl)-propionsäure*, F. 201°, liefert. — Cyclohexylacetylchlorid + Anisol → p-Cyclohexylacetylanisol, $Kp._{0,3}$ 135—136°, → p-Cyclohexyläthylanisol, $Kp._{0,8}$ 128—130°, + III → *β-(2-Methoxy-5-cyclohexyläthylbenzoyl)-propionsäure*, F. 103°, → *β-(2-Oxy-5-cyclohexyläthylbenzoyl)-propionsäure*, F. 105—105,5°. — Cyclohexyl-MgBr + 2.3-Dimethoxybenzaldehyd → 2.3-Dimethoxyphenylcyclohexylcarbinol → 2.3-Dimethoxyphenylcyclohexylketon → 2.3-Dimethoxybenzylcyclohexan, $Kp._{0,3}$ 135—136°, + III → *β-(3.4-Dimethoxy-5-cyclohexylmethylbenzoyl)-propionsäure*, F. 144°, → *β-(3.4-Dioxy-5-cyclohexylmethylbenzoyl)-propionsäure*, F. 152—153°. — *β-(2.4-Dimethoxy-5-cyclohexylmethylbenzoyl)-propionsäure*, F. 174°, → *β-(2.4-Dioxy-5-cyclohexylmethylbenzoyl)-propionsäure*, F. 212° (Zers.). — Hydrochinondimethyläther + Hexahydrobenzoylchlorid → 2.5-Dimethoxyphenylcyclohexylketon, $Kp._{0,1}$ 142—144°, → 2.5-Dimethoxybenzylcyclohexan, $Kp._{0,25}$ 115—116°, + III → *β-(2.5-Dimethoxy-4-cyclohexylmethylbenzoyl)-propionsäure*, F. 124°, → *β-(2.5-Dioxy-4-cyclohexylmethylbenzoyl)-propionsäure*, F. ca. 170° (Zers.). — Hexahydrobenzoylchlorid + Veratrol → 3.4-Dimethoxybenzoylcyclohexan, $Kp._{0,3}$ 160 bis 162°, → 3.4-Dimethoxybenzylcyclohexan, $Kp._{0,25}$ 121—122°, + III → *β-(4.5-Dimethoxy-2-cyclohexylmethylbenzoyl)-propionsäure*, F. 148°, → *β-(4.5-Dioxy-2-cyclohexylmethylbenzoyl)-propionsäure*, F. 131—132°. — *β-[2.4-Dimethoxy-5-(β-cyclohexyläthyl)-benzoyl]-propionsäure*, F. 165°, → *β-[2.4-Dioxy-5-(β-cyclohexyläthyl)-benzoyl]-propionsäure*, F. 146°. — δ-Cyclohexylvaleriansäure + Resorcin → δ-Cyclohexylbutyl-2.4-dioxyphenylketon → ω-(2.4-Dioxyphenyl)-pentylcyclohexan, F. 89°, → 1-(ω-Cyclohexylpentyl)-2.4-dimethoxybenzol + III → *β-[2.4-Dimethoxy-5-(ω-cyclohexylamyl)-benzoyl]-propionsäure*, F. 150,5°, → *β-[2.4-Dioxy-5-(ω-cyclohexylamyl)-benzoyl]-propionsäure*, F. 145°. — *δ-(2-Isopropyl-4-methoxy-5-hexahydrobenzylbenzoyl)-valeriansäure*. Sämtliche Verbb. geben mit $FeCl_3$ charakterist. Färbungen. Verwendung als *choleret. Mittel*. (**A. P. 2 580 402** vom 18/3. 1950, ausg. 1/1. 1952.) G. KRAUSS. 4807

Warner-Hudnut, Inc., New York, übert. von: **Frederick Leonard,** Jackson Heights, N. Y., V. St. A., *Basische Ester von Thienyl-(2)-essigsäuren.* Man führt Thienyl-(2)-($Δ^2$-cyclopentenyl)-essigsäure mit $SOCl_2$ in das Säurechlorid über u. setzt dieses mit 1.3-Bis-diäthylaminopropanol-(2) um. Man erhält so den *Thienyl-(2)-($Δ^2$-cyclopentenyl)-essigsäure-1.3-bis-diäthylaminopropanol-(2)-ester*, F. 129,5—130° (Hydrochlorid). Es lassen sich auch Verbb. mit dem $Δ^2$-Cyclohexenylrest u. dem N-Piperidinorest herstellen. — *Antispasmodici.* (**A. P. 2 684 368** vom 21/7. 1951, ausg. 20/7. 1954.) K. FABEL. 4807

Warner-Hudnut, Inc., New York, übert. von: **Frederick Leonard,** Jackson Heights, N. Y., V. St. A., *Ester aus Thienyl-(2)-($Δ^2$-cyclohexenyl)-essigsäure und 3-Diäthylamino-propanol-(1)* der Formel I (R = $Δ^2$-Cyclohexenyl). Man setzt Thienyl-(2)-($Δ^2$-cyclohexenyl)-essigsäure u. 3-Diäthylaminopropylchlorid in Ggw. von K_2CO_3 miteinander um. *Hydrochlorid*, F. 138—139°. Auch für R = Cyclopentenyl sind analoge Rkk. möglich. — *Antispasmodicum.* (**A. P. 2 686 186** vom 21/7. 1951, ausg. 10/8. 1954.) K. FABEL. 4807

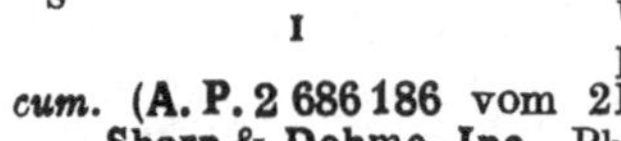
I

Sharp & Dohme, Inc., Philadelphia, übert. von: **James M. Sprague,** Drexel Hill, und **Anthony H. Land,** Ridley Park, Pa., V. St. A., *Aminothiazole* der allg. Formel I (Y = NH_2, die durch Alkyl, Aralkyl, Aryl, Acyl oder alicycl. Reste substituiert sein kann; X = $-CH_2-$, $-(CH_2)_2-$ oder $-CHR_2-CH_2-$, worin R_2 = niedriger Alkylrest; R u. R_1 = Teil eines Ringsyst., wie Piperidin, Morpholin, Tetrahydro-(iso)-chinolin; Z = H oder ein Alkylrest, der an ein C-Atom der Gruppe X gebunden ist u. ein kondensiertes Ringsyst. mit dem Thiazolrest bildet) erhält man durch Rk. von Thioharn-

I

stoff oder dessen Derivv. mit einem α-Bromketon bzw. eines Amins mit einem 2-substituierten Amino-4-chlormethylthiazol. — Dimethylamin in A. + 2-Amino-4-chlormethylthiazolhydrochlorid → *2-Amino-4-dimethylaminomethylthiazol*, F. 150—151°. — *2-Amino-4-diäthylaminomethylthiazol*, F. 63,5—64,5°; Hydrochlorid, F. 206—207°. — *2-Amino-4-piperidinomethylthiazol*, F. 163°. *2-Amino-4-piperidinoäthylthiazol*, F. 134—136°; Dihydrochlorid, F. 188—189°. — *2-Amino-4-[2-(1.2.3.4-tetrahydroisochinolino)-äthyl]-thiazol*, F. 93—93,5°; Dihydrochlorid, F. 209—210° (Zers.). — *2-Amino-4-dimethylaminomethyl-4.5.6.7-tetrahydrobenzothiazol*, F. 106—107,5°; Acetylderiv., F. 179,5—180°. — *2-Amino-4-piperidinomethyl-4.5.6.7-tetrahydrobenzothiazol*, F. 146,5—148°. — *2-Amino-4-(2-dimethylaminoäthyl)-thiazol*, F. 128—129°; Dihydrochlorid, F. 139—141°. — Zwischenprodd. für die Herst. von Arzneimitteln, *Thyreostatica*. (**A. P. 2 636 037** vom 10/10. 1947, ausg. 21/4. 1953.) U. SIEVERS. 4807

Wisconsin Alumni Research Foundation, Madison, übert. von: **Martin Seidman**, Badger, und **Karl Paul Link**, Middleton, Wis., V. St. A., *3.4-substituierte Cumarine*. 4-Oxycumarin + Benzalaceton in Dioxan u. Ggw. von Piperidin → *3-(α-Acetonylbenzyl)-4-oxycumarin* (**I**), F. 161°; + Azetat, F. 117—118°. — **I** + Acetanhydrid (**II**) + $HClO_4$ → *2-Methyl-4-phenyl-5-keto-γ-pyrano-(3.2-c)-benzopyran*, F. 145—146°. **II** kann auch durch Propionsäureanhydrid oder Chloracetylchlorid (ohne $HClO_4$) ersetzt werden. — *2-Methyl-2-acetoxy-4-phenyl-5-ketodihydropyrano-(3.2-c)-(1)-benzopyran*, F. 204—205°. I-*propionat*, F. 135—137°; I-*benzoat*, F. 117—119°; I-*p-nitrobenzoat*, F. 194 bis 196°; I-*p-toluolsulfonat*, F. 169—170°. — *Antikoagulantia*. (**A. P. 2 642 441** vom 21/8. 1950, ausg. 16/6. 1953.) U. SIEVERS. 4807

G. D. Searle & Co., übert. von: **Robert R. Burtner**, Skokie, und **John M. Brown**, Chicago, Ill., V. St. A., *N-Alkylpiperidylalkylester von Diarylessigsäuren* nebenst. Formel (Alk = Alkylen, Ar u. Ar′ = Phenyl, Halogenphenyl, Naphthyl, Xenyl oder zusammen = Arylen, wie o-Biphenylen, 9-Fluorenyl, 10-Xanthyl, 10-Thioxanthyl, 9.10-Dihydro-10-anthryl, R = Alkyl, R′ = H oder Alkyl) erhält man durch Behandeln von N-Alkylpiperidylalkanolen mit Diarylessigsäurehalogeniden. — Aus Diphenylacetylchlorid u. 2-(N-Methyl-γ-piperidyl)-äthanol [hergestellt durch katalyt. Red. von 2-(γ-Pyridyl)-äthanol mit nachfolgender Methylierung, $Kp._{1,5}$ 105°; n_D^{26} 1,4746] → *2-(N-Methyl-γ-piperidyl)-äthyldiphenylacetathydrochlorid*, F. 171—172°. — 9.10-Dihydroanthracen-9-carbonsäure → *3-(N-Äthyl-γ-piperidyl)-propyl-9.10-dihydroanthracen-9-carboxylat; Hydrochlorid*. — *2-(N-Methyl-α-piperidyl)-äthyldiphenylacetathydrochlorid*, F. 152—153°. — *2-(N-Methyl-α-piperidyl)-äthylfluoren-9-carboxylat*. — *1-(N-Methyl-α-piperidyl)-2-propylfluoren-9-carboxylat*. — *1-(N-Methyl-α-piperidyl)-2-propyldiphenylacetat*. — *3-(N-Methyl-α-piperidyl)-1-propyldiphenylacetathydrochlorid*, F. 103—105°. — *3-(N-Methyl-α-piperidyl)-1-propylfluoren-9-carboxylat*. — *2-(N-Methyl-γ-piperidyl)-äthylfluoren-9-carboxylat*. — *3-(N-Methyl-γ-piperidyl)-1-propyldiphenylacetathydrochlorid*, F. 110—111°. — *3-(N-Methyl-γ-piperidyl)-1-propylfluoren-9-carboxylat*. — *2-(6.N-Dimethyl-2-piperidyl)-äthyldiphenylacetat*. — *3-(N-Äthyl-α-piperidyl)-propylphenyltolylacetat*. — *3-(N-Methyl-γ-piperidyl)-methylxanthen-10-carboxylat*. — *(N-Äthyl-β-piperidyl)-methylthioxanthen-10-carboxylat*. — *2-(N-Äthyl-α-methyl-β-piperidyl)-äthyl-9.10-dihydroanthracen-10-carboxylat*. — *1-(N-Propyl-γ-piperidyl)-2-propylxenylphenylacetat*. — *1-(N-Methyl-γ-piperidyl)-2-propylchlorphenylanisylacetat*. — *Therapeutica*. bes. *Antispasmodica*. (**A. P. 2 607 777** vom 10/4. 1947, ausg. 19/8. 1952.) G. KRAUSS. 4807

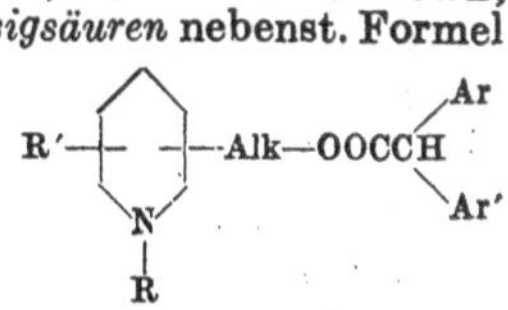

Soc. des Usines Chimiques Rhône-Poulenc, Paris, Frankreich, *Herstellung von Pyrimidinderivv.* der allg. Zus. **I** (R = gesätt. oder ungesätt. aliphat. Rest, Cycloalkyl, Aralkyl, C_1—C_6) durch Rk. von 2-Amino-4-chlor-5-(4′-chlorphenyl)-6-äthylpyrimidin (**II**) oder seiner 2-Acetylaminoverb. mit einem Amin $R—NH_2$ oder dessen Salzen. Man erhitzt z. B. 5 (g) **II**, 10 CH_3NH_2 u. 10 cm³ A. 7½ Std. im Autoklaven auf 160—165°, usw. Man erhält 4,1 g *2-Amino-4-methylamino-5-(4′-chlorphenyl)-6-äthylpyrimidin*, F. 212 bis 213°; *Hydrochloridmonohydrat*, F. 160 u. 245—250°. Man kann als Ausgangsstoff auch die 2-Acetylaminoverb. von **II** verwenden. — *2-Amino-4-äthylamino-5-(4′-chlorphenyl)-6-äthylpyrimidin*, F. 182—183°; *Hydrochlorid*, F. 150 u. 232°. — *2-Amino-4-n-propylaminoverb.*, F. 140 u. 154—157°. *2-Amino-4-isopropylaminoverb.*, F. 210°, *Hydrochlorid*, F. 150 u. 210°. *2-Amino-4-butylaminoverb.*, F. 133°; *Hydrochlorid*, F. 200—205°. Weiter folgende Derivv.: *4-Pentylamino-*, F. 114—115°, *4-n-Hexylamino-*, F. 109—110 u. 118°. *4-(2′-Butylamino)-*, F. 166°. *4-(3′-Pentylamino)-*, F. 164°. *4-(3′-Methylbutylamino)-*, F. 143,4°. — *Cyclohexylamino-*, F. 202°, *Hydrochlorid*, F. 240°. *4-Allylamino-*, F. 150 bis

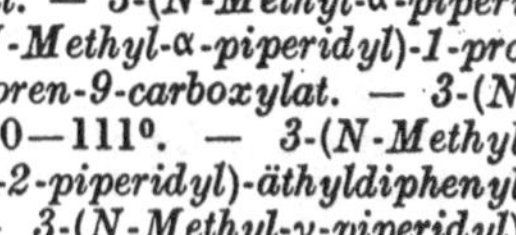
I

151° (A.). *4-Benzylamino-*, F. 140°. — *Chemotherapeutica, bes. Heilmittel gegen Malaria.* (**Ind. P. 48 605** vom 10/12. 1952, ausg. 29/1. 1954. E. Prior. 22/10. 1952.)
O. MÜLLER-MEININGEN. 4807

Soc. des Usines Chimiques Rhône-Poulenc (Erfinder: **Michel Marius Mosnier**), Frankreich, *Herstellung von 6-Propyl-2-thiouracil.* Man versetzt ein Gemisch von 4 (Teilen) S-Methylisothioharnstoffsulfat, 3 Butyrylessigsäureäthylester u. 3 absol. A. nach u. nach mit einer alkoh. Lsg. von Na-Äthylat. Das Ganze läßt man 24 Std. reagieren u. fügt danach zu der M. die dreifache Menge W. hinzu. Nach dem Filtrieren fällt man das entstandene *6-Propyl-2-methylthiouracil,* F. 154°, mit HCl. Diese Verb. erhitzt man im Autoklaven mit einer Lsg. von KSH in Alkohol auf 90—100°. Nach dem Erkalten säuert man das Reaktionsgemisch an. Man erhält einen Nd. von *6-Propyl-2-thiouracil,* Ausbeute fast quantitativ, F. 215—216°. *Therapeuticum.* (**F. P. 1 012 739** vom 20/12. 1948, ausg. 16/7. 1952.)
T. OPPERMANN. 4807

Union Chimique Belge, Soc. An., Brüssel, übert. von: **Henri Gustave Prosper Jacob Morren,** Forrest, Brüssel, Belgien, *1-Alkylpiperazin-4-carbonsäureamide* der allg. Formel I (R = gesätt. Alkylrest mit weniger als 10 C-Atomen usw.; X = Rest eines prim. oder sek. Alkyl- oder Arylamins mit weniger als 20 C-Atomen) erhält man durch Rk. eines 1-Alkylpiperazin-4-carbonylhalogenids mit äquimol. Mengen eines Amins der vorst. genannten Art (II) oder durch Rk. eines 1-Alkyl-1-piperazinhydrohalogenid-4-carbonylhalogenids mit 3 Mol II in einem inerten Lösungsm. unter Rückfluß. — 1-Methyl-1-piperazinhydrochlorid-4-carbonylchlorid + wasserfreies Diäthylamin in Chlf. → *1-Methylpiperazin-4-N.N-diäthylcarbonsäureamid,* F. ca. 50°, Hydrochlorid, F. 156—157°. — *1-Methylpiperazin-4-N.N-diisopropylcarbonsäureamid,* Hydrochlorid, F. 204°. — *1-Methylpiperazin-4-N-äthylcarbonsäureamid,* Kp.$_{0,1}$ 120—122°, Hydrochlorid, F. 176—177°. — *1-Methyl-1-piperazinhydrochlorid-4-thiodiphenylcarbonsäureamid,* F. 229—231°. — *1-Methyl-1-maleatpiperazin-4-N.N-diäthylcarbonsäureamid,* F. 127°. — *1-Methyl-1-fumaratpiperazin-4-N.N-diäthylcarbonsäureamid,* F. 132°. — *1-Methyl-1-citratpiperazin-4-N.N-diäthylcarbonsäureamid,* F. 134°. — Leicht wasserlösl., gegen *Filariasis* wirksame Verbindungen. Vgl. auch A. P. 2 643 254; C. **1955.** 2027. (**A. P. 2 643 255** vom 19/10. 1949, ausg. 23/6. 1953. Belg. Prior. 30/10. 1948.) U. SIEVERS. 4807

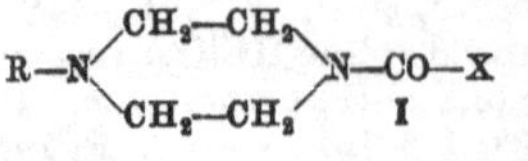

Ole Chr. Pedersen, Ullern, Norwegen, *Gewinnung, Reinigung und Konzentrierung von Vitaminen aus Seetierlebern.* Feinstzerteilte Leber wird mit Adsorptionsmittel, wie Al-Oxyd, akt. Tonerde oder akt. Kieselgur, gemischt u. die fettlösl. Vitamine durch Perkolation mit Bzn. (Kp. 40—90°) extrahiert, das restliche Fettlösungsm. wird mit A. oder Aceton ausgetrieben, danach wird der Vitamin-B-Komplex einschließlich B_{12} mitteles A., Aceton oder W. extrahiert. Es können aber auch erst die letzteren Vitamine extrahiert u. dann erst die fettlösl. gewonnen werden. (**N. P. 82 588** vom 8/3. 1951, ausg. 12/10. 1953.)
K. H. KÄHLER. 4809

Hoffmann-La Roche, Inc., Nutley, N. J., V. St. A., übert. von: **Otto Isler, Nathan Chadwick Hindley** und **Paul Zeller,** Neu-Allschwill, Schweiz, *Vitamin-A-Acetale.* Zu Schwz. P. 275 432; C. **1952.** 3870 ist nachzutragen: Acetale der allg. Formeln (R_1—O—)$_2$C(R_2)$_2$, (R_1—O—)$_2$·CHR_2 u. (R_1—O—)·(R_3—O—)CHR_4 (R_1 = Axerophthylrest, R_2 = niedermol. Alkyl, R_3 u. R_4 = Tetramethylenrest, z. B. *Diaxerophthylacetaldehydacetal* der Formel I. (**A. P. 2 657 219** vom 28/1. 1950, ausg. 27/10. 1953. Schwz. Prior. 11/5. 1949.)
G. KRAUSS. 4809

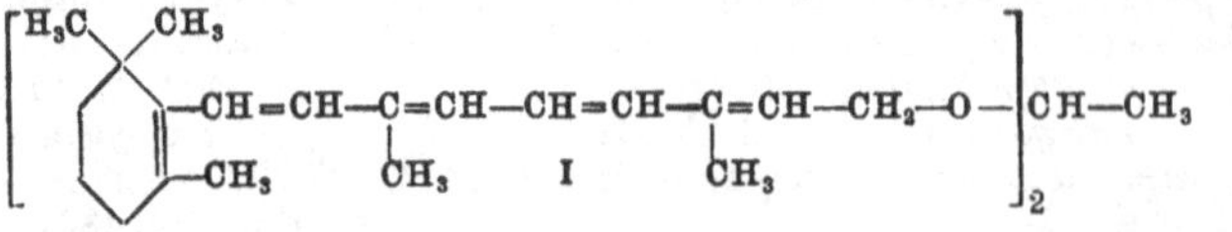

F. Hoffmann-La Roche & Co. Akt.-Ges., Basel, Schweiz, [*4-Methyl-6-{1'.1'.5'-trimethylcyclohexadien-(3'.5')-yl-6'}-hexatrien-(1.3.5)-yl*]*-methylketon,* Kp.$_{0,01}$ 115—120° (Luftbad); viscoses oranges Öl; UV-Maximum 365 mμ; log ε 4,194. 4.5-Dehydro-β-jonon gibt mit Bromessigsäureäthylester u. Zn in trockenem Bzl. u. Reinigung mit GIRARD-Reagens 4.5-Dehydro-β-jonylidenessigsäureäthylester, gelbes Öl, Kp.$_{0,01}$ 100—105°; daraus entsteht mit $LiAlH_4$ in Ae. unter Eiskühlung 4.5-Dehydro-β-jonylidenäthylalkohol, hellgelbes viscoses Öl, Kp.$_{0,01}$ 100—110°, der mit Al-tert. Butylat u. Aceton in Bzl. unter N_2 zum Keton oxydiert wird. — *Zwischenprod.* für Gewinnung von *Vitamin A_2.* (**Schwz. P. 298 133** vom 11/10. 1951, ausg. 1/7. 1954.)
G. KRAUSS. 4809

E. I. du Pont de Nemours & Co., Wilmington, Del., übert. von: **William R. Schmitz,** Grand Island, N. Y., V. St. A., *Thioformamid* (**IV**) erhält man durch Rk. von P_2S_5 (**I**) mit in Tetrahydrofuran (**II**) gelöstem HCO–NH_2 (**III**) nach der Gleichung: 5 **III** + **I** → 5 **IV** + P_2O_5, indem man z. B. zu 2665 (g) **II** u. 300 **III** innerhalb 1½ Std. 50 g-weise

330 I bei 30—35° im Eisbad zugibt, weitere 6 Std. bei Raumtemp. rührt, filtriert, den Vakuumeindampfrückstand mit der gleichen Menge Ae. extrahiert u. aus dem Extrakt 20 Liter IV isoliert. — *Zwischenprod.*, z. B. zur Herst. von *Vitamin* B_1. (**A. P. 2 682 558** vom 20/2. 1952, ausg. 29/6. 1954.) O. MÜLLER-MEININGEN. 4809

Eli Lilly & Co., übert. von: **Reuben G. Jones,** Indianapolis, Ind., V. St. A., *2-Methyl-3-amino-4.5-dioxymethylpyridin* (I) erhält man durch Red. des entsprechenden 4.5-Dicarbonsäurealkyl- oder -benzylesters mit $LiAlH_4$. — 2-Methyl-3-amino-4.5-pyridindicarbonsäuremethylester + $LiAlH_4$ → I, F. 141,5—142°, welches durch Rk. mit $NaNO_2$ in Zn/H_2SO_4 krist. *Pyridoxin,* F. 152—153°, liefert. — I-*Sulfat,* F. 218—219°; I-*Tartrat,* F. 125—130°; I-*Oxalat,* F. 202—203°; I-*Dihydrochlorid,* F. ca. 174—175° (Zers.). I-*Dihydrobromid,* F. ca. 156—157° (Zers.). — Zwischenprodd. für die Herst. von Pyridoxin, *Pyridoxinantagonisten.* (**A. P. 2 650 232** vom 21/10. 1950, ausg. 25/8. 1953.) U. SIEVERS. 4809

Merck & Co., Inc., Rahway, N. J., übert. von: **Stanton A. Harris,** Westfield und **Andrew N. Wilson,** Colonia, N. J., V. St. A., *Pyridoxalphosphat* der allg. Formel I durch Oxydation einer wss. phosphorsauren Lsg. von Pyridoxaminphosphat (II) mit Aktivkohle (Darco G-60) oder mit MnO_2 bei p_H ca. 6 u. 60° sowie anschließende Behandlung mit Aktivkohle, Waschen der Kohle mit W., 0,5—1%ig. HCl, W., Eluieren des I mit 0,5—1%ig. Ammoniakwasser oder Alkali. —

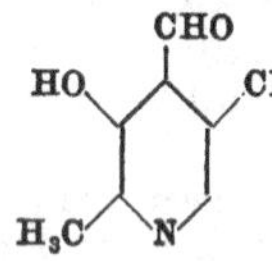
I

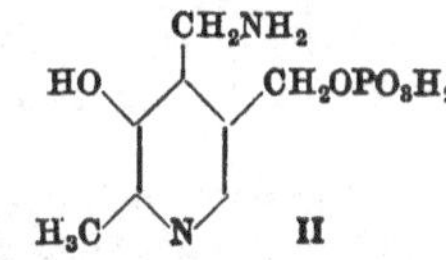
II

NH_4-Salz, braunes, amorphes, hygroskop. Pulver mit Absorptionsmaxima bei 2300, 2625—2715, 3050—3200 u. 3900 Å in NaOH bei p_H 10,5; *Ca-Salz,* leuchtend gelbes Pulver mit Absorptionsmaxima bei 2280, 2650—2750, 3075 u. 3900 Å in NaOH bei p_H 11. — I-*Oxim,* F. 218° (Zers.), Absorptionsmaxima bei 2300, 2865 u. 3600 Å in wss. Lösung. — *Wachstumsfördernde Stoffe* mit starker Codecarboxylasewirksamkeit. (**A. P. 2 666 061** vom 20/1. 1951, ausg. 12/1. 1954.) R. LINK. 4809

Merck & Co., Inc., Rahway, übert. von: **Ralph F. Hirschmann,** Cranford, und **Norman L. Wendler,** Linden, N. J., V. St. A., *Cholansäuren.* Man enolisiert die 7ständige Ketogruppe einer Verb. der allg. Formel I (R = OH, Acyloxy; R' = —COOH u. veresterte —COOH-Gruppe) durch Rk. mit einem Acylierungsmittel in Ggw. eines Säurekatalysators u. hydriert das erhaltene 7-Enolacylat katalyt. zu einer Verb. der allg. Formel II (R_1 = Acyloxy).

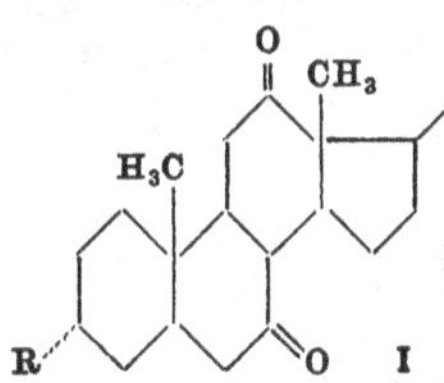
I

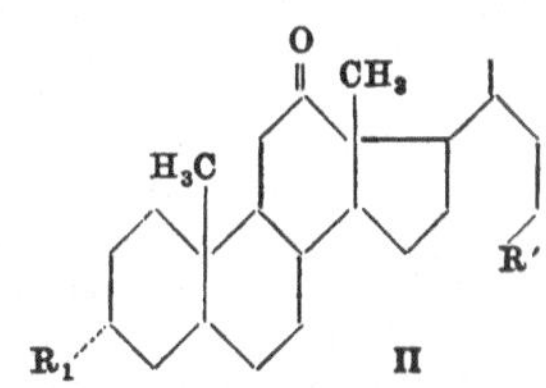
II

— 3α-Acetoxy-7.12-diketocholansäuremethylester (III) + Acetanhydrid + p-Toluolsulfonsäure → *7-Enolacetat des* III, F. 123—124°; daraus durch katalyt. Hydrierung in Ggw. von PtO_2 *3-Acetoxy-12-ketocholansäuremethylester,* F. 149,5—150,5°. — *7-Enolacetat des 3-Carbäthoxyoxy-7.12-diketocholansäuremethylesters,* F. 111,5—113°; $[\alpha]_D^{25}$ +112,4° (Chlf.). — Zwischenprodd. für die Herst. von 3-Oxy-12-ketocholansäure. (**A. P. 2 675 395** vom 14/7. 1951, ausg. 13/4. 1954.) U. SIEVERS. 4809

N. V. Organon, Oss, Holland, *$\Delta^{5,6}$-3β.12α-Dioxyätiocholensäure* (I). Zu Schwz. P. 270 450; C. **1952.** 2925 ist nachzutragen: Als Ausgangsstoff dient 3β.6β-Dimesyloxy-12α-acetoxyätiocholansäuremethylester, der aus 3β.6β-Dioxy-12α-acetoxyätioallocholansäuremethylester mit Mesylchlorid in Pyridin erhalten wird. (**Schwz. P. 287 862** vom 15/11. 1946, ausg. 16/4. 1953.) G. KRAUSS. 4809

Schering Corp., Bloomfield, übert. von: **Temple Clayton,** Parsippany, **Emanuel B. Hershberg,** West Orange, und **Bernard F. Schoen,** Union City, N. J., V. St. A., *Reinigung von durch Selen verunreinigten 9(11)-12-Ketosteroidcarbonsäuren bzw. von deren Estern sowie Reduktion zu den entsprechenden 12-Oxyverbindungen.* Man behandelt die nach der Selendehydrierung von entsprechenden gesätt. Verbb. erhaltenen Se-haltigen Prodd. mit RANEY-Ni (I) u. führt gegebenenfalls gleichzeitig oder anschließend eine Red. der 12-ständigen Ketogruppe durch. — 9(11)-3-Oxy-12-ketocholensäure (Se-haltig) in CH_3OH mit I 16 Std. erhitzt, ergibt nach Entfernung des Katalysators, Zusatz von frischem N-Katalysator u. Hydrierung mit H_2 *9(11)-3.12-Dioxycholensäuremethylester,* F. 157°. — 9(11)-3-Oxy-12-ketocholensäure in wss. NaOH + RANEY-Ni → *9(11)-3.12-Dioxycholensäure.* — Zwischenprodd. für die *Herst. von Steroidhormonen.* (**A. P. 2 669 571** vom 25/8. 1950, ausg. 16/2. 1954.) U. SIEVERS. 4809

Schering Akt.-Ges., Berlin (Erfinder: **Willy Logemann**, Berlin-Friedenau, und **Hans-Herloff Inhoffen**, Berlin-Wilmersdorf), *Oxyätiocholensäure* erhält man aus Pregnenolon u. Carbonylverbb. hergestellten Kondensationsprodd. durch Oxydation mit Oxydationsmitteln, die α.β-ungesätt. Ketone in Carbonsäuren abzubauen vermögen, nach D. R. P. 737 023 (C. **1944**. I. 1457) nach nebenst. Reaktionsschema. — Die aus Pregnenolon u. Benzaldehyd in A. in Ggw. von 6%ig. Na-Äthylat erhaltene Benzal-

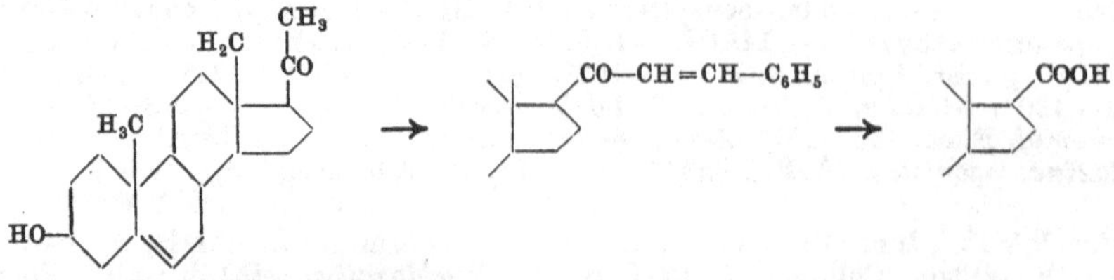

verb., F. 184—186°, gibt nach Schutz der Doppelbindung mit Br_2 bei der Oxydation mit CrO_3 in Eisessig-W. u. der Entbromierung mit Zn-Staub *3-Acetoxyätiocholensäure*, F. 236—237°. (**D. B. P. 870 253** Kl. 12o vom 3/12. 1939, ausg. 12/3. 1953.)
G. KRAUSS. 4809

Pittsburgh Plate Glass Co., übert. von: **Roger M. Christenson**, Milwaukee, Wis., V. St. A., *Gewinnung von Sterinen*. Die bei der Reinigung von Glyceridölen mit Alkalien gewonnenen Rückstände werden angesäuert. Die Mischung wird mit W. gewaschen u. dann mit einem polaren (Furfurol) u. einem nichtpolaren (Naphtha, 6—10 C) Lösungsm., die beide miteinander nicht vollständig mischbar sind, gemischt. Nach der Trennung enthält das polare Lösungsm. im wesentlichen die ungesätt. Fettsäuren u. das nichtpolare die gesätt. Fettsäuren u. die angereicherten Sterine. Nach der Verjagung des Lösungsm. werden aus dem Rückstand durch selektive Extraktion die Fettsäuren abgetrennt. — Vorr., Zeichnung. (**A. P. 2 573 891** vom 9/5. 1950, ausg. 6/11. 1951.)
G. KRAUSS. 4809

Mo och Domsjö Aktiebolag, Örnsköldsvik, Schweden (Erfinder: **C. O. Gabrielson**), *Gewinnung von Phytosterinen aus Tallölpech*. Man behandelt dieses in der Schmelze oberhalb 200° mit Alkali, damit ein bei Raumtemp. festes, fast wasserfreies Gemisch erhalten wird. Dieses wird einer Molekulardest. unterworfen, wobei das Phytosterin nach Umkristallisation in hoher Ausbeute, z. B. 83%, erhalten wird. (**Schwed. P. 136 820** vom 13/9. 1948, ausg. 12/8. 1952.) JÜRGEN SCHMIDT. 4809

Pittsburgh Plate Glass Co., übert. von: **Roger M. Christenson**, Whitefish Bay, Wis., V. St. A., *Steringewinnung* aus Sojaöl u. dgl. durch Verseifung in Ggw. von Methanol, A. oder Isopropanol u. Gegenstromextraktion des Unverseifbaren aus der wss. Seifenlsg. mit Naphtha, welches vorzugsweise aus aliphat. KW-stoffen mit 6—10 C-Atomen besteht. Man kann auch von Vorkonzentraten ausgehen, die z. B. durch Extraktion von Sojaöl mit Furfurol oder fl. Propan erhalten werden, oder von Rückständen der Sojafettsäuredest., oder von Sojamehlextrakten mit A. bzw. Methanol–Hexan, oder von Naphthaextrakten der zur Raffination benutzten Adsorptionsmittel, wie Fullererde. Gewinnung von *Tocopherol*, *Stigmasterin*. Die gewonnenen Konzentrate werden durch Hochvakuumdest. bei gleichzeitiger Hydrierung gereinigt. Für pharmazeut. u. Lebensmittelzwecke; Wrkg. als Antioxydantien. (**A. P. 2 679 503** vom 13/11. 1951, ausg. 25/5. 1954.)
K. HEINZE. 4809

Schering Akt.-Ges., Berlin (Erfinder: **Hans Eysenbach**, Berlin-Zehlendorf), *Abtrennung der Phytosterine* aus unverd. Harzseifen durch Extraktion mit Methylen- oder Äthylenchlorid, wobei sich aus den Extrakten die Phytosterine, zweckmäßig durch Tiefkühlung, abscheiden lassen. (Vgl. D. B. P. 862 603; nachst. Ref.) (**D. B. P. 877 900** Kl. 12o vom 10/1. 1945, ausg. 28/5. 1953.) G. KRAUSS. 4809

Schering Akt.-Ges., Berlin (Erfinder: **Hans Eysenbach**, Berlin-Zehlendorf), *Reingewinnung von Sitosterin* (I) *und Wachsalkoholen* aus Roh-I. Dieses wird nach Überfüllung in wiederaufspaltbare Derivv. der OH-Gruppe oder als solches mit einem organ. Lösungsm. mit einem unter bzw. nur wenig über dem Gefrierpunkt des W. liegenden F. bei tiefen Tempp., bes. —10 bis —50°, in solcher Menge behandelt, daß das im Gemisch enthaltene I bei tiefen den Tempp. in Lsg. bleibt, während sich die Derivv. der Wachsalkohole fast quantitativ abscheiden. Aus den Derivv. kann I in bekannter Weise gewonnen werden. — Aus Tallöl erhaltenes Roh-I, F. 110—115°, gibt nach der Acetylierung in Essigsäureanhydrid ein Acetatgemisch vom F. 107—120°. Die Lsg. in Methylenchlorid wird 6 Std. auf —20° abgekühlt, der Nd. abfiltriert u. aus dem Rückstand nach der Verseifung die Wachsalkohole, F. 70—71°, gewonnen. Die Lsg. gibt nach dem Verjagen des Lösungsm. reines I-*Acetat*, F. 128—130°. — 2 Diagramme. (**D. B. PP. 862 603** vom 21/12. 1944, ausg. 26/3. 1953, u. **870 406** [Zusatz-Pat.], beide Kl. 12o vom 14/2. 1945, ausg. 4/5. 1953.) G. KRAUSS. 4809

Spangenberg-Werke Willy Spangenberg (Erfinder: **Heinrich W. Sandermann**), Hamburg, *Gewinnung von Sterinen* (I) *oder Sterinkonzentraten.* I-haltiges Tallöl wird vor oder während der gegebenenfalls mit Wasserdampf durchgeführten Dest. auf höhere Temp. erhitzt, bis die I mit den im Tallöl vorhandenen Säuren zu sich im Destillationsrückstand anreichernden Estern umgesetzt sind, aus denen die I durch Verseifung u. Extraktion gewonnen werden. Als Veresterungskatalysatoren können 0,1—0,5 (%) $CuCO_3$, 0,01—0,3 PbO oder ZnO oder 0,1—1 p-Toluolsulfonsäure oder BF_3 zugesetzt werden. — Phytosterin. (**D. R. P. 752 689** Kl. 12o vom 13/2. 1940, ausg. 8/3. 1954.) G. KRAUSS. 4809

Zellstoffabrik Waldhof (Erfinder: **Otto Hummel**), Mannheim, *Ergosteringewinnung* aus lipoidhaltigen Materialien, bes. aus Hefe, durch Extraktion mit Methanol u. Verseifung mit Alkalihydroxyden in Ggw. derjenigen Alkohol–W.-Menge, daß Abscheidung von Ergosterin u. Cerebrin beim Abkühlen auf Zimmertemp. erfolgt u. die Seifen in Lsg. bleiben. Die Fettsäuren werden aus der filtrierten Seifenlsg. durch Ansäuern gewonnen. Rohergosterin wird mit Aceton, Ae. oder $CHCl_3$ extrahiert u. der Extrakt mit dem gleichen Lösungsm. auf ein solches Vol. gebracht, daß bei ca. 20—30° Ergosterin gelöst bleibt u. Cerebrin ausflockt. (**D. B. P. 916 847** Kl. 30h vom 18/12. 1951, ausg. 19/8. 1954. Anmeldung bekanntgemacht 15/1. 1953.) K. HEINZE. 4809

Colgate-Palmolive-Peet Co., Jersey City, übert. von: **Hans George Kirschenbauer**, Allendale, N. J., V. St. A., *Gewinnung von Sterinen* (I) aus Ölen u. Fetten. Die Fette werden durch Behandlung mit W. bei 365—600° F u. 150—1600 lbs./sq.in. in eine Fettsäuremasse, die eine wss. Glycerinphase u. die Sterine enthält, gespalten. Die Hauptmenge an Fettsäuren wird im Vakuum abdest. u. der Rückstand, der neben Verseifbarem konz. Sterine aufweist, bei über 100° verseift. Die Sterine, bes. Cholesterin, werden dann bei 225—350° aus der Schmelze mit inerten Gasen im Vakuum abgetrieben. Weitere Aufarbeitung u. Trennung von Cholesterin, Tocopherol u. den höheren Alkoholen durch Molekulardest.; bes. geeignetes Ausgangsmaterial: Talg, Leberöl, Spermöl, pflanzliche Öle, wie Palmoliven-, Soja-, Lein- u. Cocosöl, Wollfett, Wachse, Spermacetiöl u. dergleichen. (**A. P. 2 598 269** vom 27/5. 1949, ausg. 27/5. 1952.) K. HEINZE. 4809

N. V. Koninklijke Veenendaalsche Sajet- en Vijfschachtfabriek voorheen Wed. D. S. van Schuppen & Zoon, Veenendaal (Erfinder: **Johan Overhoff**, Amsterdam, und **Johannes Thomas Hackmann**, Heiloo), Holland, *Verfahren zur Gewinnung von Sterinen* (I) oder deren Additionsprodd. aus I-enthaltenden Mischungen, dad. gek., daß die I mit Metallsalzen oder Stoffen, die unter den Reaktionsbedingungen Salze bilden (bes. Mg-, Al-, Ca-, Mn-, Fe-, Zn-, Cd-, Sn-Chloride, -Nitrate, -Sulfate, -Acetate, -Succinate, -Benzoate, -Salicylate, -Sulfonate), bes. solchen Salzen, die mit niedrigmol. aliphat. Alkoholen oder ein- oder mehrwertigen Phenolen Verbb. bilden, bei n. oder erhöhter Temp. in I-Addukte übergeführt werden, die dann mit organ. Lösungsmitteln abgeschieden u. gegebenenfalls zerlegt werden können. — Aus Wollfettalkoholen mit 32,3% Cholesterin (II) erhält man durch Behandeln mit $MnCl_2 \cdot 4H_2O$ in W. nach ½ std. Erhitzen auf 90°, Extraktion mit Isooctan u. Zers. mit W. 97%ig. II. An Stelle von $MnCl_2$ ist $CaCl_2$ verwendbar. — Acetonextrakt aus frischem Rinderhirn → 90%ig. II. II kann auch aus Eigelb, Rückenmark, Blutmehl oder Fleisch gewonnen werden. (**D. B. P. 882 090** Kl. 12o vom 13/10. 1942, ausg. 6/7. 1953. Anmeldung bekanntgemacht 16/10. 1952. Holl. Priorr. 28/11. 1941 u. 1/9. 1942.) G. KRAUSS. 4809

N. V. Koninklijke Veenendaalsche Sajet- en Vijfschachtfabriek voorheen Wed. D. S. van Schuppen & Zoon (Erfinder: **Hendrik Willem Knol**), Veenendaal, Holland, *Gewinnung von Sterinen aus sterinhaltigem Material*, das mit der 4fachen, bes. bis zur 16fachen Menge wasserfreiem $ZnCl_2$, bezogen auf Sterin, behandelt wird. Die gebildete Sterin–$ZnCl_2$-Additionsverb. wird in bekannter Weise mit organ. Lösungsmitteln abgetrennt u. in seine Bestandteile zerlegt. Als Lösungsm. verwendet man bes. aromat. oder gasolinhaltige, in welchen sich die aus $ZnCl_2$ u. unerwünschten Begleitsubstanzen bildenden Addukte lösen. Man erhält einen Reinheitsgrad u. eine Ausbeute von mehr als 90%. — Man behandelt z. B. Wollwachsalkohole (30,8% Cholesterin) mit der 6fachen Menge $ZnCl_2$ ½ Std. unter Erwärmen u. anschließend mit Isooctan u. erhält 94,7%ig. *Cholesterin.* Als weitere Ausgangsstoffe dienen eine Mischung aus Ergosterin u. Cetylalkohol, konz. Acetonextrakt aus frischem Rinderhirngewebe, Tallöl, Fischöl. Vgl. Oe. P. 168 068; C. **1951**. II. 3635. (**D. B. P. 827 199** Kl. 12o vom 14/12. 1948, ausg. 7/1. 1952. Holl. Prior. 9/2. 1948.) G. KRAUSS. 4809

Nopco Chemical Co., Harrison, übert. von: **William L. Ruigh**, Summit, N. J., **David H. Gould**, New York, und **Kurt H. Schaaf**, Jamaica, N. Y., V. St. A., *Reine*

7-Dehydrosterine. 7-Halogensterine werden mit bas. Mitteln dehydrohalogeniert, bes. mit Chinaldin, zweckmäßig in Ggw. eines aromat. KW-stoffes, bei wenigstens 80°. Die rohe Reaktionsmischung wird dann mit alkoh. KOH partiell verseift. Das 7-Dehydrosterin wird dann nach der Abtrennung mit einer Carbonsäure auf wenigstens 35° erwärmt. — Cholesterylacetat wird mit N-Bromsuccinimid bromiert u. mit Diäthylanilin aus dem Br-Deriv. bei 90—95° unter N_2 HBr abgespalten. Das gebildete 7-Dehydrocholesterinacetat gibt nach dem Verseifen mit alkoh. KOH eine Mischung aus 56,8(%) 7-Dehydrocholesterin u. 32,7 Cholestadienol B, aus der nach Erhitzen mit 95%ig. Essigsäure unter CO_2 86,3%ig. *7-Dehydrocholesterin* gewonnen wird. Die Halogenierung kann auch in Ggw. von Lauroylperoxyd erfolgen. (**A. PP. 2 542 291** vom 22/10. 1947, ausg. 20/2. 1951, **2 546 787** u. **2 546 788** vom 14/5. 1949, ausg. 27/3. 1951 u. **2 563 235** vom 14/4. 1948, ausg. 7/8. 1951.) G. KRAUSS. 4809

Nopco Chemical Co., Harrison, übert. von: **Roland Knapp**, Newark, N. J., **Saul Chodroff**, Brooklyn, N. Y., und **Le Roy Sofield**, Red Bank, N. J., V. St. A., *7-Dehydrosterine* erhält man in erhöhten Ausbeuten u. in großer Reinheit, wenn das in bekannter Weise hergestellte 7-Halogensterin vom Halogenierungsmittel abgetrennt, durch anschließende Abkühlung abgeschieden u. erst dann in bekannter Weise dehydrohalogeniert wird. (**A. P. 2 642 446** vom 7/1. 1950, ausg. 16/6. 1953.) U. SIEVERS. 4809

E. R. Squibb & Sons, New York, N. Y., übert. von: **Homer E. Stavely**, Highland Park, N. J., V. St. A., *$\Delta^{8,9}$-11-Ketosteroide.* *$\Delta^{9,11}$-Steroide* werden mit einem N-Bromamid einer niedermol. Fettsäure behandelt u. die gebildeten 9-Brom-11-oxyderivv. in beliebiger Reihenfolge oxydiert u. reduziert. $\Delta^{9,11}$-3-Acetoxycholensäuremethylester gibt in Aceton mit wss. N-Bromacetamid nach 16 Std. 3-Acetoxy-9-brom-11-oxycholensäuremethylester, daraus entsteht durch Oxydation mit CrO_3 in Eisessig u. Red. mit Zn-Staub *3-Acetoxy-11-ketocholansäuremethylester,* F. 127—129°; $[\alpha]_D$ +71°. Wird dagegen zuerst red. u. dann oxydiert, so bildet sich über den $\Delta^{8,9}$-3-Acetoxy-11-oxycholensäuremethylester der *$\Delta^{8,9}$-3-Acetoxy-11-ketocholensäuremethylester,* F. 145—148°; daraus *$\Delta^{8,9}$-3-Oxy-11-ketocholensäure.* — Zwischenprodukte. (**A. P. 2 545 978** vom 10/2. 1945, ausg. 20/3. 1951.) G. KRAUSS. 4809

Hoffmann-La Roche, Inc., Nutley, übert. von: **William Edwin Scott**, Essex Fells, und **Moses Wolf Goldberg**, Upper Montclair, N. J., V. St. A., *1-Methyl-2-vinyl-4-alkoxycyclohexene* der allg. Formel I (R = niedermol. Alkyl). 2-Oxy-4-alkoxytoluol wird

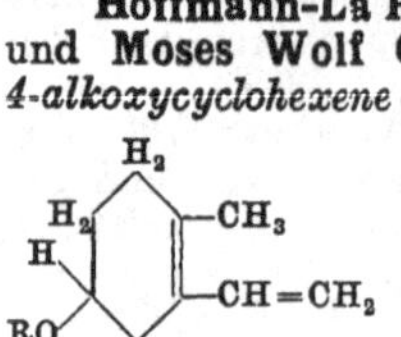

I

zu 1-Methyl-2-oxy-4-alkoxycyclohexan hydriert, dieses zu 1-Methyl-2-keto-4-alkoxycyclohexan oxydiert, durch Kondensation mit Li-Acetylid erhält man 1-Methyl-2-oxy-2-äthinyl-4-alkoxycyclohexan, das entweder durch partielle Hydrierung in 1-Methyl-2-oxy-2-vinyl-4-alkoxycyclohexan oder durch Abspaltung von 1 Mol W. über 1-Methyl-2-äthinyl-4-alkoxycyclohexan u. dessen partielle Hydrierung in I übergeführt wird. Die Hydrierung kann mit RANEY-Ni, die Oxydation mit CrO_3, die Wasserabspaltung mit $SOCl_2$ in Ggw. von Pyridin oder Chinolin durchgeführt werden. — 1-Methyl-2-oxy-4-methoxycyclohexan, $Kp._8$ 74—93°. — 1-Methyl-2-keto-4-methoxycyclohexan, $Kp._8$ 83—87°. — 1-Methyl-2-äthinyl-2-oxy-4-methoxycyclohexan, $Kp._8$ 96—105°. — *1-Methyl-2-äthinyl-4-methoxycyclohexen-(1)*, $Kp._8$ 80—84°. — *1-Methyl-2-oxy-2-vinyl-4-methoxycyclohexan*, $Kp._9$ 84—100°. — *1-Methyl-2-vinyl-4-methoxycyclohexen-(1)*, $Kp._{13}$ 80—84°. — 1-Methyl-2-oxy-4-äthoxycyclohexan, $Kp._8$ 74—93°. — 1-Methyl-2-keto-4-äthoxycyclohexan, $Kp._8$ 92—102°. — 1-Methyl-2-äthinyl-2-oxy-4-äthoxycyclohexan, $Kp._{12}$ 102—117°. — 1-Methyl-2-äthinyl-4-äthoxycyclohexen, $Kp._{14}$ 96—98°. — *1-Methyl-2-vinyl-4-äthoxycyclohexen-(1)*, $Kp._{14}$ 91—93°. Das als Ausgangsstoff verwendete 2-Oxy-4-äthoxytoluol, F. 48,5°, wird aus 2-Nitro-4-oxytoluol über 2-Nitro-4-äthoxytoluol, $Kp._9$ 136—138°, 2-Amino-4-äthoxytoluol, $Kp._8$ 127—128°, erhalten. — Zwischenprodd. für *Steroidsynthesen.* (**A. P. 2 511 815** vom 31/12. 1948, ausg. 13/6. 1950.) G. KRAUSS. 4809

Schering Akt.-Ges. (Erfinder: **Adolf Butenandt**), Berlin, *Pregnane.* Man dehydratisiert 17-Cyanhydrine der Androstanreihe, setzt die erhaltenen ungesätt. Verbb. mit metallorgan. Verbb. der Zus. CH_3MgHal um, hydriert die nach der Spaltung der erhaltenen Ketimine entstandenen ungesätt. Pregnane im Steroidkern u. oxydiert gegebenenfalls in bekannter Weise. — Dehydroandrosteroncyanhydrin-3-acetat + $POCl_3$ in Ggw. von Pyridin im Druckrohr bei 150° → *17-Cyan-3-acetoxy-5.16-androstadien* (I), F. 206°. I + CH_3MgBr → *5.16-Pregnadien-3-ol-20-on* (II), F. 216° (unter Gelbfärbung); λ_{max} 237 mμ. Daraus durch OPPENAUER-Oxydation *4.16-Pregnadien-3.20-dion* (16-Dehydroprogesteron), F. 186—188°; λ_{max} 234 mμ. II + H_2 in Ggw. von NaOH u. RANEY-Ni → *5-Pregnen-3-ol-20-on,* F. 188—190°. — Androsteroncyanhydrinacetat (**III**) → Wasserabspaltungsprod. des **III**, F. 198—200°; daraus durch Rk. mit CH_3MgBr → *16-Epiallopregnen-3-ol-20-on,* F. 226°; $[\alpha]_D^{24}$ +54° (Chlf.); λ_{max} 234 mμ (ε = 9100, Ae.).

Daraus durch Oxydation mit CrO_3 in Eisessig → *16-Allopregnen-3.20-dion*, F. 205—208°; $[\alpha]_D^{24}$ +72° (Chlf.). (**D. B. P. 921 753** Kl. 12o vom 22/4. 1938, ausg. 30/12. 1954. Anmeldung bekanntgemacht 13/11. 1952.) U. SIEVERS. 4809

Schering Corp., Bloomfield, übert. von: **Eugene P. Oliveto**, Long Island, City, N. Y., und **Emanuel B. Hershberg**, West Orange, N. J., V. St. A., *Gesättigte 17-Oxy-20-ketosteroide* erhält man durch Rk. von 20-Ketosteroidenolacylaten mit einer Persäure in einem zweiphasigen Lösungsm., Behandlung mit Na_2SO_3 u. Abtrennung der organ. Phase, die das 17-Oxy-20-ketosteroid enthält. — 3β.20-Diacetoxy-17(20)-allopregnen in Bzl. + Perameisensäure in W. + Na_2SO_3 → *3β-Acetoxyallopregnan-17α-ol-20-on*, F. 184,8—186,8°; $[\alpha]_D$ +17°. — *3α-Acetoxy-17α-oxypregnan-11.20-dion*, F. 184—187°; $[\alpha]_D$ +51°. — Zwischenprodd. für die Herst. von *Steroidhormonen*. (**A. P. 2 677 695** vom 29/5. 1951, ausg. 4/5. 1954.) U. SIEVERS. 4809

Løvens Kemiske Fabrik ved A. Kongsted, Kopenhagen, Dänemark, *Herstellung von Verbindungen der 16.17-Diol-20-on-pregnanreihe*. Verbb. der Pregnanreihe, die eine Doppelbindung zwischen C–16 u. C–17 u. eine Ketogruppe in 20-Stellung haben, werden mit OsO_4 oxydiert. Die Oxydationsprodd. können zu Pregnanderivv. umgewandelt werden, die *Hormoncharakter* haben. — Beispiel: *Δ^4-Pregnen-16.17-diol-3.20-dion*, F. 218 bis 219,5°; *Δ^5-Pregnen-3β.16.17-triol-20-on*, F. 239—240°; *Δ^{11}-Pregnen-3.16.17-triol-20-on*. (**N. P. 82 685** vom 2/2. 1952, ausg. 2/11. 1953. Dän. Prior. 9/2. 1951.) K. H. KÄHLER. 4809

Upjohn Co., übert. von: **Roman P. Hohpz jr.** und **J. Allan Campbell**, Kalamazoo, Mich., V. St. A., *Halogenierung von Steroiden*. Zur Einführung eines 4-ständigen Halogenatoms in 17-Oxy-3-ketopregnane setzt man diese mit Halogenen (Cl_2 oder Br_2) in Ggw. von N.N-Dialkylacylamiden um. — 17α-Oxy-21-acetoxypregnan-3.11.20-trion + Br_2 in Ggw. von Dimethylformamid u. p-Toluolsulfonsäure → *4-Brom-17α-oxy-21-acetoxypregnan-3.11.20-trion*, F. 201° (Zers.); α_D +110°. — *4-Chlor-17α-oxy-21-acetoxypregnan-3.11.20-trion*, F. 227—231°; α_D +100°. — *Zwischenprodd.* für die Herst. von *Steroidhormonen*. (**A. P. 2 662 903** vom 16/7. 1952, ausg. 15/12. 1953.) U. SIEVERS. 4809

Merck & Co., Inc., Rahway, übert. von: **Norman L. Wendler**, Summit, und **Robert P. Graber**, Elizabeth, N. J., V. St. A., *$\Delta^{9(11)}$-Pregnen-17α.21-diol-3.20-dion-21-acylate* erhält man aus Δ^{17}-20-Cyanpregnen-11β.21-diol-3-on-21-acylaten durch Wasserabspaltung, Überführung in den 17.20-Osmiatester u. anschließende saure Spaltung. — Δ^{17}-20-Cyanpregnen-11β.21-diol-3-on-21-acetat + $POCl_3$ bzw. konz. HCl + Eisessig → *$\Delta^{9(11).17}$-20-Cyanpregnadien-21-ol-3-on-acetat*, F. 127—129°; $[\alpha]_D^{25}$ +60,5° (Aceton); $\lambda_{max}^{CH_3OH}$ 2220 Å ($E_{1\,cm}^{1\,\%}$ 413), welches bei der Oxydation mit OsO_4, saurer Spaltung des Osmiatesters mit konz. HCl u. nach erneuter Acetylierung das *$\Delta^{9(11)}$-Pregnen-17α.21-diol-3.20-dion-21-acetat*, F. 204—206°, liefert. — *Zwischenprod.* für die Synth. von *Steroidhormonen*. (**A. P. 2 640 839** vom 22/5. 1952, ausg. 2/6. 1953.) U. SIEVERS. 4809

Research Corp., New York, N. Y., übert. von: **Edward C. Kendall**, und **Gerard A. Fleisher**, Rochester, Minn., V. St. A., *In 17(20)-Stellung ungesättigte 20-Oxy-21-oxosteroide* erhält man durch Erwärmen von z. B. 3α-Acyloxy-21.21-dioxy-11.20-diketo-12α-halogenpregnanen, die als Acylgruppe den Rest einer niederen Fettsäure tragen, mit einer organ. N-Base, wie Pyridin. — 3α-Acetoxy-21.21-dioxy-11.20-diketo-12α-brompregnan + Pyridin in Eisessig bei 60° → *3α-Acetoxy-20-oxy-11-keto-12α-brom-17(20)-pregnen-21-al*, F. 190—191°; λ_{max} 284 mμ; ε = 13650; $[\alpha]_D$ +96°. — *3α.20-Diacetoxy-11-keto-12α-brom-17(20)-pregnen-21-al*, F. 162—164°; $[\alpha]_D$ +86°. — Zwischenprodd. für die *Herst. von Steroidhormonen*. (**A. P. 2 683 153** vom 20/11. 1950, ausg. 6/7. 1954.) U. SIERERS. 4809

Farbwerke Hoechst Akt.-Ges., vormals Meister Lucius & Brüning (Erfinder: **Gustav Ehrhardt**, Bad Soden, **Heinrich Ruschig**, **Josef Schmidt-Thomé**, **Werner Fritsch** und **Werner Haede**), Frankfurt/M., *21-Acyloxysteroide*. Man kondensiert gesätt. oder ungesätt. 3.20-Steroidketone, die substituiert sein können, mit einem Oxalsäureester in 21-Stellung, setzt die erhaltenen 21-Oxalsäureesteralkalienolate mit J_2 um, unterwirft die Jodprodd. einer Säurespaltung u. führt die erhaltenen 21-Jodverbb. mit Salzen organ. Säuren in die 21-Acyloxyverbb. über. — Progesteron (I) + Oxalsäurediäthylester + Na-Alkoholat in Ggw. von N_2 → I-*21-Oxalesternatriumenolat*; daraus mit J_2 unter Kühlung u. durch anschließende Säurespaltung mit CH_3ONa *21-Jodprogesteron*, welches mit K-Acetat in Aceton *Desoxycorticosteronacetat*, F. 155,5 bis 158,5°, ergibt. — *11-Epicorticosteronacetat*, F. 118°; $[\alpha]_D^{20}$ +176±4° (Aceton). — *Dehydrocorticosteronacetat*, F. 175°. — *4.16-Pregnadien-21-ol-3.20-dionacetat*, F. 150 bis 152°. — *Pregnan-21-ol-3.20-dionacetat*, F. 149—151°. — *Steroidhormone*. (**D. B. P. 917 843** Kl. 12o vom 29/9. 1951, ausg. 13/9. 1954. Anmeldung bekanntgemacht 4/2. 1954.) U. SIEVERS. 4809

G. D. Searle & Co., übert. von: **Oscar Hechter, Roger Jeanloz, Harold Levy** und **Gregory Pincus,** Worcester, **Robert P. Jacobsen** und **Victor Schenker,** Shrewsbury, Mass., und **Charles W. Marshall,** Chicago, Ill., V. St. A., *11-Oxysteroide* erhält man aus 11-Desoxysteroiden (I) der allg. Formeln II u. III (X, Z = —OH; =O· Y = H, OH; R = H,OH; niedermol. Acyloxyrest) durch Perfusion einer intakten weiblichen Nebenniere, die I enthält, mit Blutbestandteilen, -ersatz oder deren Mischungen mit wss. Salzlsgg. u. Abtrennung des oxydierten Steroids durch Extraktion mit Lösungsmitteln, Adsorption an z. B. Aktivkohle oder Silicagel u. Elution. — 11-Desoxycorticosteron → *Corricosteron,* F. 173,3—180°; $[\alpha]_D^{30}$ +227° (A.); *21-Acetat,* F. 150,5—152,5°. — 17-Oxy-11-desoxycorticosteron → *17-Oxycorticosteron,* F. 207—209°. — Androsteron → *11-Oxyandrosteron*; *3-Acetat,* F. 238 bis 240°. — Progesteron → *17-Oxycorticosteron, 17-Oxyprogesteron,* F. 213—214°, *11-Oxyprogesteron,* F. 180—184°, u. *Corticosteron.* 4-Androsten-3.17-dion → *11β-Oxy-4-androsten-3.17-dion,* F. 197—199°; $[\alpha]_D^{30}$ +96° (Chlf.); daraus *Androstan-3.11.17-trion,* F. 178 bis 180°, u. aus diesem *Adrenosteron,* F. 220—222°. — 5-Pregnen-3β-ol-20-on → *Corticosteron* u. *17-Oxycorticosteron.* — 17-Oxyprogesteron → *17-Oxycorticosteron.* — *Steroidhormone* u. Zwischenprodd. zu deren Herstellung. **(A. P. 2 666 016** vom 25/1. 1951, ausg. 12/1. 1954.) U. Sievers. 4809

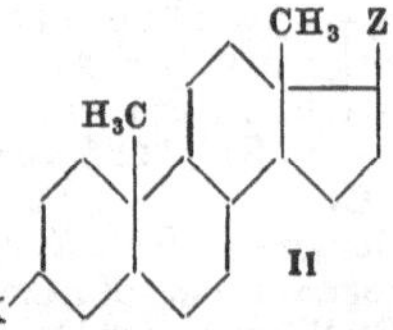
II

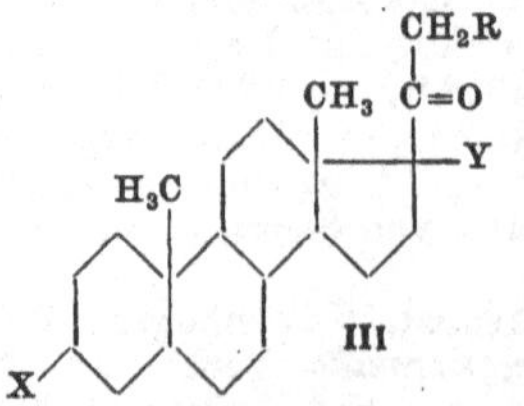
III

Schering Akt.-Ges. (Erfinder: **Hans Eysenbach**), Berlin, *Abbauprodukte der Phytosterine* erhält man in guter Ausbeute durch oxydativen Abbau der Seitenkette von Sitosterin (I)-Gemischen aus Holz (Harzseifen) mit 6wertigen Cr-Verbindungen. — Man acetyliert z. B. 20 g I-Gemisch, F. 133—134°, mit 10 (cm³) Acetanhydrid u. 10 Äthylenchlorid (II), bromiert nach Verdünnen mit 200 II bei —10° mit einer Lsg. aus 2,79 g Br_2 in 80 cm³ II u. 2 (cm³) Pyridin in 30 I, verd. mit 300 Eisessig, oxydiert mit 55g Chromsäure in 68 (cm³) W., 300 Eisessig u. 44 konz. H_2SO_4 (d = 1,84) u. erhält 1 g *Dehydroepiandrosteron* durch Extraktion mit Bzl. u. Reinigung über das Semicarbazon. **(D. B. P. 886 911** Kl. 12o vom 30/12. 1951, ausg. 17/8. 1953.) U. Sievers. 4809

Løvens Kemiske Fabrik ved A. Kongsted, Kopenhagen, Dänemark, *Präparate mit Choriongonadotropinwirkung.* Zu Injektionspräpp. von Choriongonadotropin werden kolloidosmot. Stoffe, wie Tragant oder Karragenextrakt, in Mengen von 1% zugesetzt. **(Dän. P. 76 337** vom 19/6. 1950, ausg. 7/9. 1953.) K. H. Kähler. 4809

G. D. Searle & Co., Skokie, Ill., übert. von: **Zarch Hadidian,** Worcester, Mass., V. St. A., und **Norman W. Pirie,** Harpenden, England, *Hyaluronidaseinhibitoren.* Veresterte Hyaluronsäure, z. B. nitrierte oder acetylierte, wird zur teilweisen Entesterung bei n. Temp. mit einer verd. Lsg. von Alkali in einem mit W. mischbaren organ. Lösungsm. umgesetzt. **(A. P. 2 662 076** vom 3/2. 1948, ausg. 8/12. 1953.) J. Kettner. 4809

G. D. Searle & Co., Chicago, Ill., übert. von: **Zarch Hadidian,** Needham, Mass., V. St. A., und **Norman W. Pirie,** Harpenden, England, V. St. A., *Hyaluronidaseinhibitoren,* bestehend aus einem niedrigen Alkansäureester der Hyaluronsäure (I) oder dessen Salzen mit einem Acylgeh. von ca. 14—36% oder aus einem Salpetrigsäureester der I. **(A. PP. 2 662 077** u. **2 662 078** vom 15/1. 1949, ausg. 8/12. 1953.) J. Kettner. 4809

Winthrop Chemical Co., Inc., New York, N. Y., übert. von: **Wolfgang Huber,** Castelton-on-Hudson, N. Y., V. St. A., *Peripherales Heilmittel* (Vasodilator) für örtliche Anwendung, bestehend aus einem Gemisch eines pflanzlichen Öls mit einem Nicotinsäurealkylester, dessen Alkylrest 4—8 C-Atome enthält. Genannt ist das n-Hexylnicotinat. **(Can. P. 489 709** vom 29/4. 1946, ausg. 13/1. 1953. A. Prior. 22/5. 1945.) M. F. Müller. 4815

Laboratoires Grémy, Frankreich, *Injektionsflüssigkeiten.* Sie enthalten in einem redest. wasserfreien Lösungsm. (Propylen-, Dipropylen-, Diäthylen-, Triäthylenglykol) mindestens eine akt. Substanz (Hormone, Vitamine, Alkaloide, Stilben-, Terpen-, Naphthalinderivv. u. dgl.), ein anästhet. Mittel u. ein Reduktionsmittel. Ein solches Präp. hat z. B. die Zus.: 4 g Methyltestosteron oder Testosteron, 1 g Amylocainchlorhydrat, 0,05 g Cholesterin, 0,04 cm³ wss. 1% ig. Na_2SO_3-Lsg. u. Triäthylenglykol q. s. für 40 cm³. **(F. P. 1 026 779** vom 19/7. 1950, ausg. 4/5. 1953.) T. Oppermann. 4815

Rolf Heinze, Hrsg., Kunststoffe in der Medizin. Unter Mitarb. v. **Fritz Anstett** u. a. Leipzig: J. A. Barth. 1955. (192 S. m. 244 Abb.). DM 20,—.

G. Analyse. Laboratorium.

C. J. Grebenkemper, *Die Verwendung eines nichtgeschmierten Kohlenstoffringkompressors an dem Collinsschen Heliumverflüssigungsapparat.* (Rev. sci. Instruments **25.** 1029. Okt. 1954. Washington, D. C., Naval Res. Labor.) C. GOTTFRIED. 5006

D. B. Cook und **C. J. Danby**, *Ein einfaches Membranmikromanometer.* Die Drucke im Bereich von 0,1—0,001 mm werden auf $5 \cdot 10^{-4}$ mm genau durch eine kapazitative Dose mit Membran von 3 in. Durchmesser gemessen. Besser als Messing erwiesen sich Cu u. reines Ag von ca. 0,001 in. Dicke. Mit einer Einröhrenschaltung wird eine fast geradlinige Eichkurve erreicht. Bei Eichung mit einem MCLEOD mußte eine Hg-Falle zwischengeschaltet werden. (J. sci. Instruments **30.** 238—40. Juli 1953. Oxford, Univ., Phys. Chem. Labor.) H. PAULI. 5016

J. H. Reynolds und **J. Lipson**, *Eine Mehrkreisschaltung für Ultrahochvakuummanometer.* Beschreibung der elektr. Schaltung bei Verwendung eines BAYARD-ALPERT-Manometers. (Rev. sci. Instruments **25.** 1029—31. Okt. 1054. Berkeley, Calif., Univ., Dep. of Phys.) C. GOTTFRIED. 5016

Jean Piccard, Harold Larsen und **John Blomstrand**, *Dünndrahtthermometer für Radiosonden.* Bes. zur weitestgehenden Ausschaltung der Sonnen- u. Erdstrahlung bei der Temperaturmessung in der Stratosphäre mittels Ballons konstruierten Vff. zunächst ein einfaches Thermometer, das aus 2 dünnen Drähten (Durchmesser 0,005 in.) aus Weißgold — einer Au-Ni-Legierung — bestand, die gegeneinander verdreht waren, wobei die Richtung der Verdrehung in der Mitte dieses „Kabels" entgegengesetzt war. Der Draht ist fest in einem Rahmen eingespannt. Beim Abkühlen kontrahiert sich der Draht u. wickelt sich zum Teil auf, während bei Temperaturerhöhung das Umgekehrte der Fall ist. In der Mitte des Kabels ist ein Zeiger eingelötet, dessen Bewegungen völlig frei von jeder Reibung sind. Bei einer 2. Konstruktion bestand das „Kabel" aus 2 Nilvardrähten (Durchmesser 0,01 in.), die End-an-Ende an einen geraden Weißgolddraht angelötet waren. Bei dieser Anordnung hat die Sonnenstrahlung keinen Einfl. auf die Ablesung des Instruments. (Rev. sci. Instruments **25.** 959—63. Okt. 1954. Minneapolis, Minn., Univ., Aeronautical Dep.) C. GOTTFRIED. 5016

T. Land und **R. Barber**, *Der Entwurf von Ansaugpyrometern.* Auf Grund einer theoret.-mathemat. Behandlung von Ansaugpyrometern wurde die Wirksamkeit von Pyrometern verschied. Typs u. unter verschied. Bedingungen bestimmt. Es ergaben sich zwei neue experimentelle Methoden zur Best. der Genauigkeit von Ansaugpyrometern mit abgeschirmten Thermoelementen. (Trans. Soc. Instrument Technol. **6.** 112—30. Sept. 1954. Sheffield, Land Pyrometers Ltd.) C. GOTTFRIED. 5016

C. A. R. Pearce, *Ein elektrischer Drehmomentmesser für die Viscosimetrie.* Dem auf das Gefäß eines Viscosimeters ausgeübten Drehmoment wird das Gleichgewicht gehalten durch eine Drehspule in einem Magnetfeld, deren Strom selbsttätig geregelt wird. Die Instrumentkonstante läßt sich auf $\pm 6\%$ genau bestimmen u. braucht dann jeweils nur mit dem Drehspulstrom multipliziert zu werden. Vgl. mit der Kugelfallmeth. bei Ricinusöl. (J. sci. Instruments **30.** 232—36. Juli 1953. London, Greenwich, Fuel Res. Stat.) H. PAULI. 5040

E. M. Barber, J. R. Muenger und **F. J. Villforth jr.**, *Ein Rotationsviscosimeter für hohe Schergeschwindigkeiten.* Vff. entwickelten ein Rotationsviscosimeter zur Best. der Viscosität von nicht-NEWTONschen Flüssigkeiten. Das Viscosimeter wird beschrieben u. Einzelheiten werden durch Abbildungen erläutert. Die Temperatureffekte, die bei hohen Schergeschwindigkeiten auftreten, werden durch entsprechende Konstruktion der beiden Rotationszylinder u. durch Anwendung sehr dünner Flüssigkeitsfilme kontrolliert. Verss. mit dem Viscosimeter wurden in einem Bereich von 100—200° F u. bei Schergeschwindigkeiten von 5000—460000 sec^{-1} durchgeführt. In Vorverss. gelang es sogar, bei Schergeschwindigkeit bis zu 1200000 sec^{-1} zu arbeiten. Die Ergebnisse für 6 Mineralöle mit Polymeradditiva sind in Tabellen u. graph. Darstellungen wiedergegeben. Aus diesen Ergebnissen geht hervor, daß der Einfl. der Schergeschwindigkeit (die maximale Reduzierung der Viscosität betrug 38%) reversibel ist, das heißt daß keine permanente Abnahme der Viscosität aus steigenden Schergeschwindigkeiten resultiert. Der Viscositäts–Schergeschwindigkeits-Koeff. scheint bei den untersuchten Ölen unabhängig von der Temp. zu sein. (Analytic. Chem. **27.** 425—29. März 1955. Beacon, N. Y., Texas Co., Beacon Labors.) G. WILLE. 5040

C. F. McCourt, *Ein Gerät zur Messung der Dichte wässeriger dissoziierter Lösungen.* Das Gerät wurde zur Messung des Salzgeh. des Meerwassers im Bereich von 1,04 bis 1,08 g/ml entwickelt. Das W. befindet sich in einem Glasrohr ohne innere Elektroden, vielmehr sind außen zwei kapazitativ wirkende Elektroden angelegt, zwischen denen der

Scheinwiderstand bei einer Frequenz von 12 MHz mit einer Brückenschaltung gemessen wird. Die Schaltung ist prakt. temperaturunabhängig zwischen 5 u. 25° u. auf 1‰ genau. (J. sci. Instruments **30**. 241—44. Juli 1953. Holton Heath, Dorset, Roy. Nav. Sci. Serv., Admirality Materials Labor.) H. Pauli. 5042

C. A. Wijckerheld Bisdom, *Einige Bemerkungen über Capillarrohrthermostate.* Gegenüber Temperaturschaltgeräten nach dem Bimetallprinzip arbeitet der Capillarrohrthermostat mit der Druckänderung einer abgeschlossenen, leichtsd. Fl., womit größere Schaltwege u. -kräfte erzielt werden. Ein Thermostat mit biegsamer Capillare wird an Hand von 5 Abbildungen erläutert. Anwendbar von tiefen Tempp. bis weit über 100°, Regelgenauigkeit ca. 1° zwischen —10 u. +20°. (Kälte **6**. 142—45. Mai 1953. Wuppertal.) H. Pauli. 5046

Andrew E. O'Keeffe, J. C. Holmes und **Francis A. Morell**, *Einfache Vorrichtung zur unbeaufsichtigten Einhaltung von Trockeneistemperatur.* Es wird eine „Trockeneiskiste" beschrieben, die es gestattet, bei Laboratoriumsunterss. die Tempp. bis zu 72 Std. ohne Wartung konstant bei —80° zu halten. (Rev. sci. Instruments **25**. 1225. Dez. 1954. Richmond, Va., Philip Morris & Co. Ltd.) C. Gottfried. 5046

H. Bradford Thompson und **Max T. Rogers**, *Dielektrizitätskonstantenapparat aus Kriegsbeständen.* Angaben über kleine Veränderungen u. Zusätze, die einen Frequenzmesser (BC-221) zum Messen von DKK. verwendbar machen (Anschluß der Meßzelle für Fll. u. Lsgg., Netzanschluß usw.). — Bedienung, Eichung u. Literaturangaben für die Berechnung von Dipolmomenten. (J. chem. Educat. **32**. 20—23. Jan. 1955. East Lansing, Mich., Michigan State Coll.) K. Blumrich. 5054

Hilmar Schumann, *Konoskopische Interferenzfiguren bei Beobachtung im Auflicht an nichtopaken Kristallen.* Konoskop. Interferenzfiguren können an durchsichtigen Kristallen auch im Auflicht erhalten werden, wenn es gelingt, eine Reflexion im Inneren des Kristalls an einer natürlichen oder künstlichen Begrenzungsfläche zu erzeugen. Bes. günstig ist es, wenn eine opt. ausgezeichnete Richtung in der Nähe der Normalen der Einstrahlungsfläche liegt. Es können hierzu n. mineralog. oder Erzmikroskope verwandt werden. (Heidelberger Beitr. Mineralog. Petrogr. **4**. 198—206. 1954. Göttingen, Univ., Sedimentpetrograph. Inst.) J.-E. Hiller. 5056

Paula Schneiderhöhn, *Eine vergleichende Studie über Methoden zur quantitativen Bestimmung von Abrundung und Form an Sandkörnern. (Im Hinblick auf die Verwendbarkeit an Dünnschliffen.)* Es werden die Methoden zur Ermittlung von Abrundung u. Form an Sandkörnern beschrieben u. miteinander verglichen. Hierzu werden die an 25 Kornprojektionen mit den verschied. Methoden erzielten Ergebnisse betrachtet. Die Anwendung der gemachten Erfahrungen auf den Dünnschliff werden mit den hierbei auftretenden Fragen u. Schwierigkeiten erörtert. (Heidelberger Beitr. Mineralog. Petrogr. **4**. 172—91. 1954. Göttingen, Univ., Sedimentpetrograph. Inst.) J.-E. Hiller. 5058

I. L. Kuchtewitsch und **A. M. Sanko**, *Versuch zur Anwendung des Flüssigkeitsinterferometers in der quantitativen Analyse.* 4. Mitt. *Über die Abwürfe sowie Bestimmung der Interferenzstreifenanzahl zwischen den Abwürfen.* (3. vgl. C. **1953**. 2167.) Es wird bestätigt, daß die „Abwürfe" (Nullpunktsverschiebungen) bei interferometr. Messungen infolge der verschied. Dispersion des Kompensators (α) u. des gelösten Soffes (β) entstehen. Die Anzahl der Abwürfe wird nach der Formel $Z_1 = (\alpha - 1)/(\beta - \alpha)$ berechnet (beim Interferometrieren im weißen Licht). Es wird angegeben, wie die stufenförmigen Eichkurven für eine Anzahl von Stoffen zu zeichnen sind, ohne deren Konzz. vorher zu messen. An Zahlenbeispielen wird gezeigt, daß die „verworfene" gemessene Streifenanzahl bei HCl, NaOH, $NaHCO_3$ u. Na_2CO_3 den berechneten Werten (9—18) entspricht, sowie daß das Nichtauftreten einer Verschiebung bei Essig- u. Oxalsäure mit den vorher festgestellten Daten der Messungen übereinstimmt. (Журнал Аналитической Химии [J. analyt. Chem.] **8**. 84—89. März/April 1953. Dnepropetrowsk, Pharmazeut. Inst.) A. v. Wilpert. 5063

D. S. Brown, *Anwendung von starkem Kontrast bei der Photographie von Interferenzstreifen.* (Vgl. Hough u. Goldsmith, C. **1955**. 5609.) Mitt. von Einzelheiten hinsichtlich der optimalen Exposition u. Verarbeitung für einen einfachen u. doppelten photograph. Prozeß zur Steigerung der Schärfe von Interferenzstreifen durch Photographie mit starkem Kontrast. (Nature [London] **173**. 443. 6/3. 1954. Newcastle-upon-Tyne, Sir Howard Grubb, Parsons & Co.) H.-J. Eichhoff. 5063

P. A. Tate und **M. W. P. Strandberg**, *Ein einfacher Hochtemperatur-Mikrowellenspektrograph.* Bes. zur Unters. von Substanzen, deren Dampfdruck bei Zimmertemp. zu niedrig ist, um durch Mikrowellenabsorption untersucht werden zu können, konstruierten Vff. eine einfache Mikrowellenabsorptionszelle, die mikrowellenspektrograph. Messungen zwischen 600 u. 1000° gestattet. In dem App. besteht die Wellenführung aus

3 getrennten Stücken, die Ende-an-Ende liegen. Der mittlere Teil ist vakuumdicht umschlossen u. bildet die Substanzzelle. Diese u. die angrenzenden Teile der Wellenführung sind in einem elektr. geheizten röhrenförmigen Ofen untergebracht. Die Substanz wird so lange erhitzt, bis Dampf abgegeben wird. Durch kontinuierliches Pumpen wird die Zelle evakuiert, wobei der Dampf laufend abgezogen wird, der sich in einem kühlen Teil der Pumpleitung wieder kondensiert. Auf diese Weise entspricht der Druck in der Zelle dem Dampfdruck der Substanz. Mit dem App. wurden Absorptionslinien von *KCl*, *NaCl* u. *KBr* gefunden. Die Empfindlichkeit des Spektrographen ist ausreichend, um die stärkeren Linien in den obigen Alkalihalogeniden zu erhalten. (Rev. sci. Instruments **25.** 956—58. Okt. 1954. Cambridge, Mass., MIT, Res. Labor. of Electronics and Dep. of. Phys.) C. GOTTFRIED. 5063

J. Sheridan, *Anwendungen der Mikrowellenspektroskopie auf chemische Probleme.* Kurzer Überblick über die Technik der Mikrowellenspektroskopie mit einigen erläuternden Beispielen. (Chem. and Ind. **1953.** 648—51. 4/7. Birmingham, Univ., Dep. of Chem.) C. GOTTFRIED. 5063

Ja. P. Gochstein, *Diffusion von Elektrolyten und die polarographische Methode des Grenzstroms eines reduzierbaren Ions an der Quecksilbertropfkathode.* Es wurden Lsgg. untersucht, deren Zus. u. Konzz. jenen der polarograph. Analyse ähnlich waren. Die Diffusionskoeffizienten wurden mit einem Beugungsmikrometer bestimmt. Es konnte nachgewiesen werden, daß der Grenzstrom des zu reduzierenden Ions aus Diffusions- u. Zusatzstrom besteht. Dieser wird von der bekannten Gleichung von ILKOVIČ nicht mit berechnet u. beträgt im Mittel ca. 23% des Radialstromes, falls Capillaren von 2 bis 7 Sek. Tropfzeit angewandt werden. Die Gleichung von ILKOVIČ wird für die Red. der Kationen (u. Anionen vom Typ $HPbO_2^{-1}$) wie folgt empir. abgewandelt: $I_{lim} = 744{,}2 \cdot z\,c\,D^{1/2}\,m^{2/3}\,t^{1/6}$, für Anionen vom Typ JO_3^- u. BrO_3^-: $I_{lim} = 465{,}9 \cdot z\,c\,D^{1/2}\,m^{2/3}\,t^{1/6}$. Diese Gleichungen gelten bei Anwendung derselben Capillaren, wenn nur e i n reduzierbares Ion vorliegt, eine Änderung des Grenzstromes durch Ggw. eines anderen (der Red. vorher oder nachher unterliegenden) Ions wird durch die erste Gleichung angezeigt. (Vgl. hierzu **C. 1953.** 4649.) (Журнал Аналитической Химии [J. analyt. Chem.] **8.** 71—83. März/April 1953. Moskau, Vernadsky-Inst. für Geochem. u. analyt. Chem. der Akad. der Wiss. der UdSSR.) A. v. WILPERT. 5066

Paul Gordon, *Isothermes Mantelmikrocolorimeter für Wärmeeffekte langer Dauer.* Vf. beschreibt ein etwas abgeändertes Mantelmikrocolorimeter vom Typ BORELIUS (vgl. hierzu BORELIUS, ANDERSSON u. GULLBERG, Ing. Vetensk. Akad., Handl. **1943.** Nr. 169). Es besteht aus einem Dampfthermostat, welcher eine konstante Temp. um eine Kammer liefert, die die zu untersuchende Probe enthält, u. aus einer hochempfindlichen Differentialthermosäule. Die eine Hälfte der Verbb. der Säule steht in Kontakt mit der auf konstanter Temp. gehaltenen Umgebung, die andere Hälfte mit der Probe. Wenn in dieser eine Rk. stattfindet, ändert sich die Temp. etwas u. erzeugt eine kleine Temperaturdifferenz Δ T durch die Säule. Man verfolgt Δ T in Abhängigkeit von der Zeit t u. wandelt sie durch eine einfache Kalibrierung in Reaktionswärme P pro Zeiteinheit um. Die Messungen ergeben also direkt die Kinetik der isothermen Energieänderungen, die durch die Rk. bedingt sind u. durch Integration unter der P—t-Kurve den gesamten Wärmeeffekt. In Ar-Atmosphäre in der Probekammer beträgt die Grenze des Nachw. eines Wärmeflusses 0,003 gcal/Stunde. Die absol. Genauigkeit der Bestimmungen liegt zwischen 2 u. 5%. Messungen wurden durchgeführt an plast. deformiertem *Cu* beim Anlassen bei 190°. (Rev. sci. Instruments **25.** **1173**—77. Dez. 1954. Chicago, Ill., Univ., Inst. for the Study of Metals.) C. GOTTFRIED. 5084

P. B. Aitken, Helen L. Boxall und **L. G. Cook,** *Neuer Entwurf für ein Vakuumpräzisionsverbrennungscalorimeter.* Bes. zur Messung kleiner Unterschiede in den Verbrennungswärmen verschied. Proben von künstlichem Graphit konstruierten Vff. ein neues Vakuumverbrennungscalorimeter, welches genau beschrieben wird. Bei 4 aufeinanderfolgenden Verbrennungen war die maximale Abweichung vom Mittel der einzelnen Meßergebnisse 1,2 Teile von 10000. Bei 5 aufeinanderfolgenden Verbrennungen von Benzoesäure betrug die Abweichung 1,3 : 10000. (Rev. sci. Instruments **25.** 967—70. Okt. 1954. Chalk River, Ontario.) C. GOTTFRIED. 5084

a) Elemente und anorganische Verbindungen.

Giovanna Mayr, *Aktivierungsanalyse mit Kernemulsionen.* Angabe von Arbeitsverff. zur Best. von *B* bzw. *J* durch Neutronenbestrahlung dünner Proben auf Kernemulsionen mit einer Po–Be-Quelle. Die Probelsgg. in Mengen von 5—60 μl werden auf Glasplatten unter Zusatz eines Netzmittels eingetrocknet oder von einem Filtrierpapier entsprechender Größe aufgesaugt oder in Gelatine gelöst, welche nach dem Erstarren mit einem Mikrotom in 40 μ bzw. 2 mm dicke Scheiben geschnitten wird. Diese Präpp. werden auf Kernemulsionen aufgelegt (KODAK NTA für B-, KODAK NTB für J-Bestimmungen) u. bei einer Neutronendichte von $5{,}35 \cdot 10^3$ n/cm²/sec 10 bzw. 15 Tage lang bestrahlt. Die Best. erfolgt durch Auszählung der α- bzw. β-Bahnspuren im Vgl. zu gleichzeitig exponierten Standards. Wiedergabe einiger Versuchsresultate mit einer Genauigkeit der B-Best. von ±2 bis 3% u. Diskussion von Möglichkeiten zur Verbesserung dieser Methoden. (Nucleonics **12.** Nr. 5. 58—60. Mai 1954. Mailand, Univ. degli Studi.) H.-J. EICHHOFF. G 258

Olof Samuelson und **Eero Sjöström,** *Ionenaustauschmethode zur Bestimmung der Alkalimetalle in Gegenwart von Calcium und Magnesium.* Vff. beschreiben eine schnelle u. genaue Meth. zur Best. von *K, Na* u. *Li* in Ggw. von Ca u. Mg, die darauf basiert, daß Äthylendiamintetraessigsäure mit Ca u. Mg in W.–A.-Lsgg. stabile Chelate bildet. Die Bestimmungen werden wie folgt durchgeführt: Die Analysenlsg. wird zunächst durch eine Säule geschickt, die eine Mischung des Ionenaustauschers *Dowex 2* in der Äthylendiamintetraacetat- u. in der Acetatform enthält. Dabei werden die zweiwertigen Metalle auf der Säule festgehalten, während die Alkalimetalle im Durchlauf bleiben. Der Durchlauf wird direkt über eine zweite Säule geleitet, die den Ionenaustauscher in der OH-Form enthält. Die nach Passieren der zweiten Säule im Durchlauf befindlichen Alkalihydroxyde können dann mit Säuren titriert werden. Eine Best. kann in weniger als 2 Std. ausgeführt werden. (Analytic. Chem. **26.** 1908—10. Dez. 1954. Gothenburg, Chalmers Tekniska Högskola, Dep. of Engng. Chem.) G. WILLE. G 272

Charles W. Gehrke, Harold E. Affsprung und **Yung C. Lee,** *Direkte Äthylendiamintetraacetat-Titrationsmethode für Magnesium und Calcium.* Zur schnellen Best. von Mg in Kalkstein (0,5 g) wurden die Salze in Chlorid übergeführt u. Ca bei p_H 5—7 durch Zutropfen von 10 ml frisch bereiteter 20%ig. Na_2SO_3-Lsg. gefällt. Nach ½ std. Stehen wurde filtriert u. gut mit 1%ig. Na_2SO_3-Lsg. gewaschen. Abgemessene Teile des Filtrats wurden dann mit 50 ml W., 5 ml Pufferlsg. (p_H 10), 2 ml 2%ig. KCN-Lsg. (um Spuren Schwermetalle komplex zu binden) u. 10 Tropfen Eriochromschwarz T-Indicatorlsg. (0,2 g Indicator in 50 ml Methanol + 2 g $NH_2OH \cdot HCl$) versetzt u. mit Di-Na-dihydrogenäthylendiamintetraacetatlsg. (I) (0,1 bzw. 0,4%ig) bis zum Umschlag der weinroten Farbe nach rein blau (künstliches Licht) titriert. Bei 0,89—21,54% MgO in der Probe betrug der mittlere Fehler ±0,03%. Zur Best. von Ca in biol. Material wurden 10 g langsam bei 550° verascht, in 75 ml HCl (1 : 1) + 2 Tropfen konz. HNO_3 gelöst, zur Trockne eingedampft, in 3 ml HCl (1 : 1) gelöst u. auf 250 ml mit W. verdünnt. In 25 ml mit 10—15 mg Ca wurde dann mit 10%ig. KOH-Lsg. auf p_H 3—4 eingestellt u. durch eine Anionenaustauschsäule aus *Amberlite IR-4B* der HCl-Form bei einer Durchlaufgeschwindigkeit von 2—3 ml/Min. PO_4^{3-} entfernt. Nach dem Auswaschen der Säule mit 3mal je 50 ml dest. W. wurden 5 ml 10%ig. KOH-Lsg. u. 50 mg Indicator (40 g K_2SO_4 + 0,2 g Murexidpulver) zu den vereinigten Eluaten gegeben u. Ca durch eingestellte I-Lsg. bis zum Umschlag von rosa nach tief purpurrot titriert. Bei ca. 10 mg Ca betrug der mittlere Fehler ±0,017%. (Analytic. Chem. **26.** 1944—48. Dez. 1954. Columbia, Mo., Missouri Agricult. Exp. Stat., Dep. of Agricult. Chem.) H. PLUSKAL. G 283

Rafael Diaz, *Die polarographische Bestimmung von Zinn in Zinnplattierungslösungen.* Man verd. 1 cm³ der zu untersuchenden Lsg. mit W. auf 100 cm³, versetzt 5 cm³ dieser Lsg. mit einer Mischung von 10 cm³ 4mol. $HClO_4$-Lsg., 10 cm³ 2mol. NaCl-Lsg. u. mit 0,2 cm³ 1%ig. Gelatinelsg., rührt die Mischung u. nimmt das Polarogramm der 25° warmen Lsg. zwischen 0,0 u. −1,0 V auf. Zur Eichung dient eine Lsg. mit bekanntem Sn-Gehalt. Die schnell ausführbare Best. weist eine Genauigkeit von ±2% auf. — Beleganalysen. (Plating **40.** 45—46. Jan. 1953. Minneapolis, Minn., Minneapolis-Honeywell Regulator Co.) W. WESLY. G 327

W. I. Kusnetzow und **L. Ss. Kosyrewa,** *Analytische Reaktionen des vierwertigen Vanadiums.* Zusammenfassender Überblick über das V^{4+}, analyt. gesehen. Formelbilder von 28 Gruppierungen, die O, S, N, Se, As enthalten u. bes leicht mit V^{4+} reagieren. Wenig kennzeichnend sind die Verbb. mit S u. Amin-N. Übersicht des Verh. von 129 anorgan. u. organ. Reagentien zu V^{4+}, nach dem Reaktionseffekt in Gruppen eingeteilt: Farb-Rkk., Fällungsreagentien, maskierende Komplexbildner, Reagentien ohne sichtbare Wrkg., 15 der empfindlichsten Rkk., oxydoreduzierende Reagentien, Ähnlichkeit der Rkk. des V^{4+} mit anderen Elementen (bes. Ti, Al, Mo^{6+}, Fe) sowie die diesen gegenüber unterschiedliche Reaktionsweise des V^{4+}. — 14 Literaturangaben. (Журнал Аналитической Химии [J. analyt. Chem.] **8.** 90—104. März/April 1953. Moskau, Allunions Wiss. Forschungsinst. für chem. Reagentien.) A. v. WILPERT. G 330

M. Nageswara Rao und **Bh. S. V. Raghava Rao,** *Nachweis und Bestimmung von Uran. Eine spektrophotometrische Studie.* Die Eignung von *Fluorescein* (I), *R-Salz*

(*2-Naphthol-3.6-disulfonsäure*) (II) u. *Nitroso-R-Salz* (*1-Nitroso-2-naphthol-3.6-disulfonsäure*) (III) zum Nachw. u. zur Best. des U wurden geprüft. I eignet sich zum qualitativen Nachw. bis herab zu 0,12 γ U: *Meth. a*: Man gibt 2 Tropfen der fast neutralen Uranylsalzlsg. zu 2 ml 0,04% ig. Lsg. von I, schüttelt kräftig mit 3 ml Chlf. u. läßt einige Zeit stehen. Hellrote Färbung an der Grenzschicht. Empfindlichkeit 1 : 417000. — *Meth. b*: 1 Tropfen der U-Lsg., 1 Tropfen einer 0,12% ig. Lsg. von I u. 3 Tropfen 5% ig. NH_4Cl-Lsg. werden auf der Tüpfelplatte gemischt. Rote Färbung innerhalb 30 Min. bei mindestens 0,12 γ U. — II u. III eignen sich beide zur quantitativen Best. des U: Man mischt die Lsg. des Uranylsalzes mit der des Reagenses u. mißt die opt. D. — bei Verwendung von II bei 420 (400—440) mμ, bei III bei 465 (450—470) mμ — gegen das Reagens als Standard. Die Färbung ist etwas p_H-abhängig, die optimalen p_H-Werte betragen für II 4,2 (4,0—4,6) u. für III 4,6 (4,6—6,4). Obwohl die Einführung der Nitrosogruppe bei III die Farbe des Uranylkomplexes vertieft, ist die Empfindlichkeit geringer u. Störungen durch andere Elemente treten mehr hervor als bei II. Die Zus. der beiden Komplexe ist verschieden: UO_2^{2+} : II = 1 : 1 u. UO_2^{2+} : III = 3 : 2. (Z. analyt. Chem. **142**. 161—66. 1954. Waltair, Süd-Indien, Andhra-Univ., Coll. of Sci. and Technol.) F. Umland. G 339

I. I. Kalinitschenko, *Spanlose Bestimmung von Eisen in Kupferlegierungen mit Hilfe von Dimethylglyoxim in saurem Medium.* Auf die gereinigte Oberfläche der Legierung werden einige Tropfen HNO_3 aufgetragen, nach Beendigung der Rk. wird ein paarmal mit 2—3 Tropfen W. nachgespült, 1 Tropfen verd. (1 : 3) H_2SO_4 zugesetzt, zum Sieden erhitzt, dann zur Abscheidung des Cu ca. 0,05 g trockenes CdS zugegeben. Nach dem Filtrieren u. Nachwaschen wird auf 10 ml aufgefüllt, gemischt, 1—3 ml abpipettiert u. zu diesem Teil werden je 3 Tropfen 10% ig. $SnCl_2$- u. 20% ig. Seignettesalzlsg. zugegeben u. zur Red. des Fe wird zum Sieden erhitzt, dann werden 10 Tropfen 1% ig. Dimethylglyoximlsg. (in 5% ig. NaOH), 5 Tropfen 20% ig. NaOH u. (nach Umrühren) zur Auflsg. des Nd. ca. 5—7 Tropfen konz. HCl zugesetzt. Die erhaltene rote Lsg. wird colorimetriert, wobei eine in gleicher Weise behandelte Vergleichslsg. bis zur Farbgleichheit verd. wird. Gesamtdauer 15—20, bei Serienbest. 10—15 Minuten. Empfindlichkeitsgrenze $5 \cdot 10^{-7}$ g/ml (Fe), also dieselbe wie bei der CNS-Rk.; die Färbung ist sehr stabil, sie folgt dem Beerschen Gesetz bei $5 \cdot 10^{-4}$ g Fe u. weniger. Ggw. 100facher Mengen an Mn, Co, Cd, Zn, Pb, Al u. Erdalkalielementen stört nicht; 20fache Mengen an Cu, Bi, Cr u. Ni desgleichen, jedoch bei größeren Cu-Mengen (100—200fach bei Cu-Legierungen) muß Cu wie oben entfernt werden (nicht jedoch die übrigen Beimengungen der Cu-Legierungen). (Журнал Аналитической Химии [J. analyt. Chem.] **8**. 110—13. März/April 1953. Swerdlowsk, Uraler Polytechn. Kirow-Inst.) A. v. Wilpert. G 354

A. K. Babko, *Zur Arbeit von M. B. Schtschigol und N. B. Burtschinskaja „Bestimmung des dreiwertigen Eisens mit Tetraborat“.* Krit. Bemerkungen zum Aufsatz von Schtschigol u. Burtschinskaja (C. **1953**. 2812). Es wird darauf hingewiesen, daß bei ungenügender Kenntnis der theoret. Grundlagen der potentiometr. Analyse, bei Anwendung einer ungeeigneten Indicatorelektrode (Pt–Pt-Schwarz) u. unkrit. Beurteilung der Meßgenauigkeit keine Komplexverbb. u. deren Instabilitätskonstanten, in keinem Falle jedoch aus 17 Beobachtungen eine Kurve mit 7 Unstetigkeiten gefolgert werden können. (Журнал Аналитической Химии [J. analyt. Chem.] **8**. 127—28. März/April 1953.) A. v. Wilpert. G 354

O. Gerke, *Eine neue Hochleistungsapparatur zur Kohlenstoffbestimmung.* Die von der Degussa entwickelte volumetr. Hochleistungsapp. zur C-Best. in *Fe* ist eine Weiterentw. der bisher üblichen App. für die Betriebspraxis zur Erreichung von 30—40 Bestimmungen in der Stunde. Die Bedienung ist durch Preßluft halbautomat. gemacht. Die Ablesung des C-Geh. ist unter Niveauungleichheit bei feststehenden Flaschen möglich u. wird durch einen theoret. begründeten Faktor ausgeglichen. (Durferrit-Hausmitt. **1953**. Nr. 26. 7—27. Dez. Frankfurt/M., Durferrit Versuchsanstalt, Chem. Labor.) H. Pauli. G 354

Erich Fitzer, *Elektrographische Schnellerkennung von legierten Stählen und Legierungen der Eisenmetalle.* Erörtert wird das Wesen des elektrograph. Verfahrens. Die aus der Tüpfelanalyse übernommenen u. für das elektrograph. Verf. umgewandelten Nachweis-Rkk. für die hauptsächlichen Legierungselemente des Eisens, wie Cr, Co, Ni, Mn, Mo, W, Ti, Si u. Cu, werden besprochen u. Möglichkeiten zu deren halbquantitativer Best. angegeben. Ein handliches Gerät zur elektrograph. Schnellerkennung von Metallen wird beschrieben. (Arch. Eisenhüttenwes. **25**. 321—26. Juli/Aug. 1954. Wien, TH.) H. Hochstein. G 354

Ronald R. Miller und **Warren W. Brandt**, *Colorimetrische Bestimmung von Kobalt mit 2.2′.2″-Terpyridyl.* Zur colorimetr. Best. von Co als Co-(2.2′.2″-Terpyridyl)$_2$-Komplex stellten Vff. eine Lsg. von 1—4 mg Co/100 ml her. 25 ml davon wurden mit 3—5 ml

Reagens (0,1% ig. wss. Lsg. von 2.2'.2''-Terpyridyl + wenig HCl zum Lösen) u. 1 Tropfen $HClO_4$ (1 : 1) versetzt, auf p_H 3 (zwischen 2 u. 11) eingestellt u. auf 50 ml verdünnt. Diese Lsg. wurde mit 20 ml Nitrobenzol extrahiert (mindestens 20 Min. Schütteln) u. bei 510 mμ spektrophotometr. mittels Eichkurven ausgewertet (Nitrobenzol als Vergleichslsg.). Die Färbung ist mehrere Tage haltbar. Das BEERsche Gesetz ist gültig für Co-Konzz. zwischen 0,5 u. 25 p.p.m. Lösung. Oxydierende Stoffe, Cyanide u. in größerer Menge Fe, Cu u. Ni stören; die meisten anderen in nicht zu großen Konzz. nicht mehr als 2%. (Analytic. Chem. **26**. 1968—69. Dez. 1954. Lafayette, Ind., Purdue Univ., Dep. of Chem.) H. PLUSKAL. G 355

W. M. Peschkowa, G. A. Gontscharowa, Je. A. Gribowa und **I. W. Pusdrenkowa**, *α-Furyldioxim als Reagens für die Gewichts- und colorimetrische Bestimmung des Nickels.* Gewichtsanalyt. Best. des Ni. Die Ni-Lsg. wird auf 60—80° erhitzt, verschied. Mengen NH_3 sowie 100% Überschuß an 0,2% ig. wss. Lsg. von *α-Furyldioxim* (I) werden zugegeben: rote Färbung, nach 10—15 Min. flockiger (manchmal ziegelroter) Nd.; Filtration durch einen Porzellanmikrotiegel, Waschen mit gesätt. Ni-I-Lsg. u. 1—2mal mit kaltem W., günstigstes Vol. der zu fällenden Lsg. (bei geringen Ni-Mengen) 20—25 ml, Ausfällung quantitativ bei p_H 6,4—10,5, daher wurden NH_4-Acetat-NH_3-Pufferlsgg. verwendet: es wurde Phenolphthalein oder Neutralrot beim NH_3-Zusatz (bis zum Umschlag) verwendet. In Ggw. von 10 (100) Fe oder Al auf 1 Ni wurden 10 (20) ml 10%ig. Seignettesalzlsg. zugegeben. — Colorimetr. Ni-Best.: 20—25 ml Ni-Lsg. wurden im Scheidetrichter mit 1—2 ml 10% ig. Na-Acetatlsg., dann tropfenweise mit 10% ig. NH_3 oder nAlkali bis alkal. (Lackmus) u. noch 2—3 Tropfen versetzt, 10 ml Bzl. oder (besser) $CHCl_3$ u. 1% ig. alkoh. I-Lsg. (50—100% Überschuß) zugesetzt, die organ. Phase abgeschieden, die wss. Phase noch 2mal mit je 5 ml $CHCl_3$ ausgezogen. Zur Entfernung des W. wird durch ein trocknes Filter in einen trocknen Kolben abgegossen. Eichkurve mit Violettfilter (Absorptionsmaximum bei 432 mμ); das BEERsche Gesetz wird von 0,0175 mg Ni an befolgt. In Ggw. von Fe, Al, Mg werden 3—4 ml 10% ig. weinsaures Na- oder Seignettesalzlsg. zugesetzt. Trennung von Co u. Cu (Absorptionsmaximum 465 mμ) nicht möglich oder erschwert. (Журнал Аналитической Химии [J. analyt. Chem.] **8**. 114—18. März/April 1953. Moskau, Lomonossow-Univ.) A. v. WILPERT. G 356

P. S. Keeling, *Cornish Stone: Eine Methode zur quantitativen Mineralanalyse.* Vf. beschreibt eine Meth. für eine quantitative Mineralanalyse bei Cornish Stone, die sich eines beweglichen Objektschlittens u. einer Zähleinrichtung bedient. (Trans. Brit. ceram. Soc. **53**. 67—75. Jan. 1954. Brit. Cer. Res. Assoc.) O. BÄR. 5290

b) Organische Verbindungen.

I. J. Oita und **H. S. Conway,** *Direkte Bestimmung von Sauerstoff in organischen Substanzen. Modifizierte Schütze-Methode.* Es wird eine Modifizierung der Meth. von SCHÜTZE (Z. analyt. Chem. **118**. [1939.] 241) zur direkten Best. von O in organ. Substanzen beschrieben. Die Substanz wird im N_2-Strom (1% H_2) pyrolyt. zers., O_2 im Quarzrohr über platinierter Kohle (Pt-Geh. 50%) bei 900° zu CO umgesetzt, mit J_2O_5 zu CO_2 oxydiert u. gravimetr. bestimmt. Zur Entfernung von CS_2 u. COS wird das Gas nach Passieren des Pt-C-Katalysators bei 900° über Cu u. anschließend über *Ascarit* geleitet. Dabei bildet sich CuS bzw. H_2S infolge des H_2-Geh. im N_2. Die Meth. erlaubt genaue O-Bestimmungen für Substanzen mit verschied. S-Gehalt. Genauigkeit u. Reproduzierbarkeit der Meth. liegen innerhalb 0,15% O (im Durchschnitt 0,06%). Zur Herst. des Katalysators werden 5 g Pt in Königswasser gelöst, fast zur Trockne eingedampft, auf 500 ml verd., 5 g *Spheron 9*-Kohle zugegeben u. gründlich durchmischt. Die Mischung wird bis zur Teigbldg. eingedampft, über Nacht bei 110° zu einem festen Kuchen getrocknet u. zu einem groben Pulver (40—100 Maschen) verrieben. Nach Einfüllen in das Verbrennungsrohr wird der Katalysator im gegengerichteten N_2-Strom allmählich auf 900° erhitzt u. mehrere Std. auf dieser Temp. gehalten. (Analytic. Chem. **26**. 600—03. März 1954. Whiting, Ind., Standard Oil Co. [Ind.], Res. Dep.) HELMUT HOFMANN. 5352

S. Apelgot und **S. Mars,** *Ein Vorschlag zur quantitativen Bestimmung des Kohlenstoffs.* Zur Best. von C in biol. Materialien wird von Vff. Oxydation mit folgender Mischung vorgeschlagen (Probe mit ca. 2 mg C): 150 mg Ag_2CrO_4, 300 mg K_2CrO_4, 200 mg Na_2SO_4 u. 5 cm³ H_2SO_4. C wird zu CO_2 oxydiert u. das Gas in einem geeigneten Agens absorbiert. Reaktionszeit ca. 45 Minuten. (Bull. Soc. Chim. biol. **35**. 691—93. 1953 Paris, Inst. du Radium.) W. KNÖPKE. 5352

P. Ed. Winkler, *Titrimetrische Bestimmung von Acetylen. Anwendung für die Analyse von Acetylen–Luft-Gemischen und für die Bestimmung von Calciumcarbid.* Die Meth. basiert auf der Rk. $C_2H_2 + 3\,AgNO_3 \rightarrow C_2Ag_2 \cdot AgNO_3 + 2\,HNO_3$. Das zu untersuchende C_2H_2–Luft-Gemisch wird durch mehrere hintereinandergeschaltete Absorptionsgefäße geleitet u. das C_2H_2 durch wss.-alkoh. n/1 $AgNO_3$-Lsg. absorbiert. Die dabei je Mol. C_2H_2 frei werdenden 2 Mol HNO_3 werden mit n/10 NaOH-Lsg. gegen Methylrot titriert. 0,0013·verbrauchte cm³ NaOH = g C_2H_2. Dauer einer Best. ca. 15—30 Min., mittlerer Fehler ca. 2—3%. Vf. benutzt diese Meth. zur Best. des Geh. an *CaC_2* in techn. Prodd., indem er aus 0,2 g CaC_2 in einer näher beschriebenen App. mit W. C_2H_2 entwickelt, dieses wie vorst. durch $AgNO_3$ absorbiert u. die dabei frei gewordene HNO_3 mit n/1 NaOH gegen Methylrot titriert. 2·0,013·verbrauchte cm³ NaOH = g C_2H_2 bzw. 2·0,032·verbrauchte cm³ NaOH = g (100% ig.) CaC_2·Dauer einer Best. ca. 2½ Std.; als Verunreinigung im C_2H_2 enthaltenes PH_3 u. H_2S geben zu hohe, NH_3 dagegen zu niedrige Werte. (Ind. chim. belge **19.** 580—84. 1951. Mons, Fac. Polytechn., Labor. Chim. générale.) K.-H. KLASSKE. G 530

Charles D. Hurd, George R. Thomas und **Arthur A. Frost,** *Frontanalyse von Äthern und Sulfiden.* Die Gemische: *Dibutyläther* (Kp. 138,5°)-*1.2-Diäthoxyäthan* (Kp. 118 bis 119°), *Propylsulfid* (Kp. 141—143°)-*1.2-Bis-[äthylmercapto]-äthan* (Kp.$_{40}$ 120°), *Bis-[2-chloräthyl]-sulfid* (I, Kp.$_8$ 95—97°)-*1.8-Dichlor-3.6-dithiaoctan* (F. 47—48°) konnten durch Frontanalyse nach CLAESSON analysiert werden. Etwa 2—2,8 g des jeweiligen bin. Gemisches werden in 250 ml Cyclohexan (bes. gereinigt, F. 5,8°) gelöst u. durch eine Säule (1 × 45 cm) aus Silicagel (28—200 Maschen) oder Al_2O_3 (60 bis 100 Maschen) gegeben. Die Brechungsindices der Eluate werden automat. registriert. Die mit bekannten Testmischungen hergestellten Eichkurven lassen die %-Gehh. der stärker adsorbierten Verbb. (die jeweils an 2. Stelle genannten) erkennen. — Auf die adsorptionschromatograph. Trennung von I enthaltenden Gemischen nach Überführung von I in *Bis-[p-phenylazophenoxyäthyl]-sulfid* (II, F. 151°, aus Aceton-W., durch 1 std. Erhitzen der alkoh. Lsg. von I mit dem Na-Salz des p-Oxyazobenzols) wurde verzichtet, da bei der Darst. von II Neben-Rkk. unter Bldg. weiterer Verbb. stattfinden. (J. Amer. chem. Soc. **72.** 3733—37. Aug. 1950. Evanston, Ill., Univ., Chem. Labor.) K. F. MÜLLER. G 600

Eero Sjöström, *Quantitative Bestimmung von Acetaldehyd in Gegenwart von Crotonaldehyd.* Die Best. von *Acetaldehyd* (I) in Ggw. von Crotonaldehyd (II) beruht auf Behandlung der Bisulfitverbb. von I u. II mit schwachen Alkalien, wobei I freigesetzt wird u. abdest. werden kann, während Butyraldehydsulfonsäure-(3) zurückbleibt. Arbeitsvorschrift: 10—100 ml wss. I-Lsg. mit $<$0,5 g II werden über Nacht mit 25 ml 10% ig. $NaHSO_3$-Lsg. bei 70—80° behandelt. Nach Zugabe von 30 ml 1 mol. $NaHCO_3$-Lsg. werden 25 ml in 10 ml eisgekühlte 2% ig. $NaHSO_3$-Lsg. hineindestilliert. I wird jodometr. oder colorimetr. mit p-Oxydiphenyl nach STOTZ (J. biol. Chemistry **148.** [1948.] 585) bestimmt. (Acta chem. scand. **7.** 1392—94. 1953. Gothenburg, Schweden, Chalmers Tekniska Högskola, Dep. of Engng. Chem.) K. GENEST. G 670

P. Menšík und **D. Broulík,** *Styrolbestimmung nach der Quecksilber(II)-acetatmethode.* Die Styrolbest. nach MARTIN (C. **1950.** II. 1154); MARQUARDT u. LUCE (C. **1949.** II. 684) mit Hg(II)-Acetat gibt rascher genauere Ergebnisse als die Bromierungsmeth. u. kann daher vorteilhaft in Betriebslaborr. zur Unters. von KW-stoffgemischen angewandt werden. — Beschreibung der Arbeitsweise mit Vergleichstabellen. (Chem. Průmysl **4** (29). 300—01. Aug. 1954. Výzkumný ústav synthet. kaučuku.) E. ROTTER. G 1410

C. Portner und **O. Högl,** *Bemerkungen über Methoden zur Bestimmung des Tryptophans.* Literaturübersicht der chem. Best. von *Tryptophan* (I) u. dessen Farb-Rkk. mit Aldehyden (79 Literaturangaben). Die Ergebnisse u. die Empfindlichkeit der verschied. Methoden werden erörtert. Bei Anwendung von p-Dimethylaminobenzaldehyd in HCl-Lsg. erhält man fehlerhafte Werte; die Fehler sind jedoch nicht auf die mangelhafte Spezifität der Meth. zurückzuführen. Als beste Meth. für die Best. von I in Proteinen wird die Meth. von SPIES u. CHAMBERS (C. **1951.** I. 3400 u. früher) angesehen. (Analytica chim. Acta [Amsterdam] **8.** 29—45. Jan. 1953. Bern, Labor. du Serv. fédéral de l'hygiène publ.) K. F. MÜLLER. G 3081

Harold L. Rosenthal, *Über die fluorometrische Bestimmung von N^1-Methylnicotinamid.* Eine Vorbehandlung der Probe mit alkal. oder neutralem H_2O_2 bei der Best. von *N^1-Methylnicotinamid* (I) nach HUFF u. PERLZWEIG (J. biol. Chemistry **167.** [1947.] 157; Kondensation mit Aceton unter alkal. Bedingungen) als fluorescierendes Naphthyridinderiv. kann, je nach H_2O_2-Konz. u. Zeit, I völlig zerstören. H_2O_2 katalysiert jedoch die Rk., wenn es n a c h der Aceton- u. Alkalizugabe zum Reaktionsgemisch gegeben wird. Die optimale Konz. ist $3 \cdot 10^{-3}$ mol.; bei höheren H_2O_2-Konzz. kann I zerstört werden. Zur Erzielung reproduzierbarer Werte bei der fluorometr. Meth. von HUFF u. PERLZWEIG ist deshalb eine genaue Kontrolle der H_2O_2-Konz. notwendig. — Auch anorgan. Salze katalysieren die Bldg. des fluorescierenden I-Derivates. *Ir-* u. *Ce*-Salze haben die beste Wrkg. bei 5- bzw. $8 \cdot 10^{-6}$mol., sind also ca. 1000mal wirksamer als H_2O_2. (Science [Washington] **120.** 231. 6/8. 1954. Rochester, N. Y.) K. F. MÜLLER. G 3231

J. H. Wolff und **F. Bister**, *Die jodometrische Bestimmung des Coffeins in Proben unbekannten Gehaltes.* Die jodometr. Best. des *Coffeins* nach WALLRABE (Apotheker-Ztg. **46.** [1931.] 341) ist nur anwendbar, wenn die zu bestimmende Coffeinmenge von vornherein genügend genau bekannt ist. Weichen die Einwaagen an Reincoffein von den Angaben der Originalvorschrift ab, so ergeben sich größere Fehler. Es wird eine neue Arbeitsvorschrift zur Best. von Coffeinmengen zwischen 10 u. 150 mg angegeben. (Z. analyt. Chem. **137.** 324—27. 1953. Brackwede/Westf., Asta-Werke A.-G., Chem. Fabrik, Chem. Abt.) WALTER SCHULTZE. G 3272

F. Bister und **J. H. Wolff**, *Zur Bestimmung von Coffein neben Antipyrin.* Es wird eine chromatograph. Trennung von *Antipyrin* u. *Coffein*, aufbauend auf dem Verf. von VALENTIN u. BRODERSEN-KIRCHHÜBEL (Apotheker-Ztg. **92.** [1952.] 324), angegeben. Hierdurch lassen sich beide Stoffe aus einer Einwaage jodometr. bestimmen. (Z. analyt. Chem. **137.** 327—31. 1953.) WALTER SCHULTZE. G 3272

J. G. N. Gaskin und **G. C. Hands**, *Der Fällungsfehler beim Polarisieren.* Es wird versucht, die unterschiedlichen Ergebnisse der polarimetr. *Zucker*-Best. bei Fällung der Verunreinigungen mit festem bzw. mit gelöstem Pb-Acetat aufzuklären. Sie rühren zum Teil her von Ungenauigkeiten des Lösungsvol. infolge der Pb-Fällung, zum Teil hängen sie zusammen mit der verschied. Basizität der Pb-Lösungen. Die „trockene“ Meth. gibt die geringeren Volumenfehler, ist aber gegen einen Pb-Überschuß empfindlicher. Die „nasse“ Meth. gibt größere Volumenabweichungen. Es wird empfohlen, Mittelwerte der beiden Methoden zu bilden. (Int. Sugar J. **56.** 63—65. März 1954. London, Governm. Chemist's Dep.) PH. FRESENIUS. G 3400

F. Lupant-André, *Elektrographische Identifizierung von Alkaloiden.* Die Best. von *Alkaloiden* (I) mit Hilfe der Elektrographie bedeutet eine merkliche Verbesserung bei der Unters. mancher I. Durch die Wanderung der I mit dem elektr. Strom erfolgt eine Trennung von ihren Begleitstoffen, u. so wird eine Extraktion mit organ. Lösungsmitteln u. nachfolgende Eindampfung vermieden. Die sich an den Elektroden entwickelnden Gase in statu nascendi können als Oxydations- bzw. Reduktionsmittel bei der Best. der I mitverwendet werden. Zur Durchführung der Bestimmungen werden 1 cm breite Streifen Filtrierpapier (WHATMAN Nr. 1) mit einer Elektrolytlsg. getränkt, auf eine Glasplatte gelegt, u. an beiden Enden im Abstand von 7—9 cm wird je eine Platindrahtelektrode angelegt. Ein Tropfen der zu analysierenden I-Lsg. oder etwas I in Drogenpulvern u. anderen Zubereitungen wird auf dem Papierstreifen in der Mitte oder aber auch in der Nähe der Kathode oder Anode aufgebracht. Nun wird eine Spannung von 120 bzw. 240 V mit einer Stromstärke von 0,01—0,3 A für 1—10 Min. angelegt. Dabei bilden sich teils ohne, teils mit Reagenslsgg., die vor oder nach der Elektrolyse hinzugegeben werden, charakterist., an sich bekannte Färbungen der einzelnen I bzw. ihrer Oxydations- oder Reduktionsprodukte. Vf. untersuchte Zubereitungen von *Strychnin, Brucin, Chinin,* I der *Puringruppe, Colchicin, Eserin, Emetin, Hydrastin, Berberin, Mutterkorn*-I u. *Opium* mit teilweiser Trennung der I, *Morphin, Papaverin* u. *Narcotin.* (Ann. Soc. roy. Sci. méd. natur. Bruxelles **7.** 129—38. 1954. Bruxelles, Univ. libre, Labor. de Chim. analyt. et toxicol.) M. NEGWER. G 3500

Allan G. Gornall und **M. Pamela MacDonald**, *Quantitative Bestimmung der Steroidhormone mit 2.4-Dinitrophenylhydrazin.* Vff. beschreiben eine quantitative colorimetr. Bestimmungsmeth. für Steroidhormone auf Grund der Rk. mit *2.4-Dinitrophenylhydrazin* (I). Dazu werden Proben (Chloroformextrakte aus Urin, Blutplasma oder Geweben), die 3—15 γ (1—20 γ-Äquivalente) *Cortison* (II) enthalten, unter N_2 eingedampft, in 0,50 ml Methanol gelöst, mit 0,50 ml I-Reagens (1 mg I auf 1 ml HCl [D. 1,19]-Methanol 1 : 3, in der Kälte 1 Woche haltbar) versetzt u. 90 Min. auf dem Wasserbad unter Ausschluß von direktem Licht auf 59 ± 1^0 erwärmt bzw. 5 Min. bei 20^0 gehalten. Anschließend werden 0,50 ml 4nNaOH u. 5 ml Methanol zugesetzt, nach 20—30 Min. Stehen die Extinktion bei 475 mμ bestimmt u. mit einer II-Eichkurve verglichen. Bei 20^0 reagieren nur die Δ^4-3-Ketone, bei 59^0 auch die $C_{(20)}$-Ketone mit einer Dioxyacetonseitenkette, dagegen nur teilweise die mit einer Monooxyseitenkette. Die mol. Extinktionen der Hydrazone folgender Steroide wurden bestimmt {in ( ) die maximale Extinktion [λ in mμ] u. ε_{475} nach Rk. bei 59^0, in [ ] ε_{450} u. ε_{475} nach Rk. bei 20^0}: *17-Oxy-11-dehydrocorticosteron* (*Cortison*) (λ_{max} 475, 43600; 43600) [20500, 18700]; *17-Oxycorticosteron-21-acetat* (*Verb.* F, *Acetat*) (λ_{max} 475, 45300; 45300) [20100, 17500]; *17-Oxydesoxycorticosteron* (*Verb. S*) (λ_{max} 470—475, 40100; 40100) [17900, 15100]; *Desoxycorticosteron* (λ_{max} 465, 29100; 27900) [22500, 19500]; *Allopregnan-3β.17.21-triol-11.20-dion* (*Verb. G*) (λ_{max} 495, 26700; 24500) [—, 95]; *Progesteron* (λ_{max} 450—455,

24800; 21100) [24800, 21100]; *Testosteron* (λ_{max} 450—455, 23100; 20500) [20500, 18200]; *17α-Methyltestosteron* (λ_{max} 450—455, 21300; 18800) [21100, 18700]; *1α-Äthinyltestosteron* (λ_{max} 450—455, 20000; 18200) [19300, 17300]; *Pregnan-3α.21-diol-11.20-dion* (λ_{max} 495, 13500; 12400) [1100, 843]; *Δ^5-Pregnen-3β.21-diol-20-on* (λ_{max} 495, 9830; 9230) [1770, 1040]; *Allopregnan-3β.21-diol-20-on* (λ_{max} 495, 9950; 9260) [1820, 1350]; *Allopregnan-3.21-diol-20-on-21-acetat* (λ_{max} 495, 9860; 9420) [760, 470]; *Pregnan-3α.17α-diol-11.20-dion* (λ_{max} 445—450, 8670; 7360) [640, 540]; *Pregnan-3α.17α-diol-11.20-dion-3-acetat* (λ_{max} 445, 9210; 7540) [1000, 670]; *Pregnan-3.20-dion* (λ_{max} 430—435, 10200; 6250) [11800, 7650]; *Allopregnan-3.20-dion* (λ_{max} 430—435, 8780; 5210) [11300, 7430]; *Androsteron* (λ_{max} 425—430, 4900; 2560) [130, 75]; *Epiandrosteron* (λ_{max} 425—430, 4850; 2560) [150, 75]; *Dehydroepiandrosteron* (λ_{max} 425—430, 5330; 2840) [240, 190]; *5-Isoandrosteron* (λ_{max} 425—430, 5170; 2720) [350, 220]; *Δ^5-Pregnen-3β-ol-20-on* (λ_{max} 440, 2070; 1400) [2950, 1890]; *Östriol* (—; 434) [13, 13]; *Pregnan-3α.20a-diol* (—; 285); *Östron* (λ_{max} 425—430, 5380; 2700) [190, 120]. Daraus ergeben sich für die reaktiven Gruppen der Steroide folgende Extinktionen bei 475 mμ: $C_{(3)}$-Keton (4000) [5200], $\Delta^{4,5}$-$C_{(3)}$-Keton (19100) [18400], $C_{(11)}$-Keton (3300) [< 100], $C_{(17)}$-Keton (2700) [140], $C_{(20)}$-Keton (1700) [2300], $C_{(20)}$-Keton + $C_{(17)}$-OH (4100) [600], $C_{(20)}$-Keton + $C_{(21)}$-OH (9200) [960], $C_{(20)}$-Keton + $C_{(17,21)}$-$(OH)_2$ (21100) [< 100]. An verschied. n. u. patholog. Urinen wird die Anwendung dieser Meth. demonstriert. (J. biol. Chemistry **201**. 279—97. März 1953. Toronto, Can., Univ., Dep. of Pathol. Chem.) H.-J. KOCH/Berlin. G 3750

d) Medizinische und toxikologische Analyse.

I. D. P. Wootton, M. D. Milne und **E. J. King,** *Klinische Anwendungen der Biochemie.* Übersicht (bis Sept. 1953). Genauigkeit klin. Bestimmungsmethoden, Plasma-*Na* u. -*K*; ^{131}J zur Diagnose von Schilddrüsenstörungen; Aminosäurenausscheidung im Harn. — 179 Literaturangaben. (Annu. Rev. Biochem. **23.** 437—58. 1954. London, Postgraduate Med. School.) K. MAIER. 5725

Hans Werner Muth, *Flammenphotometrische Calciumbestimmung im Serum.* (Vgl. C. **1953.** 5555.) Vf. untersuchte die Ca-Best. im Serum mit dem Flammenphotometer unter Verwendung von n. Leuchtgas. Bei der direkten Best. störten Na u. organ. Substanzen, was auch durch Vorschaltung verschied. Filter u. Eiweißfällungen nicht ausgeglichen werden kann. Es ist daher notwendig, Ca als Oxalat zu fällen, den Nd. mit 1%ig. NH_3-Lsg. auszuwaschen u. in nHCl zu lösen. Nach Verdünnung muß die flammenphotometr. Messung sofort vorgenommen werden, da bei längerem Stehen die freiwerdende Oxalsäure durch Bldg. kleiner Mengen Ca-Oxalat stört. Bei Kontrollanalysen konnte eine Genauigkeit von ±2% festgestellt werden. (Ärztl. Wschr. **8.** 160—62. 13/2. 1953. Berlin-Schöneberg, Auguste-Viktoria-Krankenhaus, II. Innere Abt.) W. KNÖPKE. 5728

A. Vitelli, C. Grandis und **L. Vitelli Pacces,** *Die Ultraviolettabsorption von Serum zum Studium der Eiweißzusammensetzung und des Gehaltes an aromatischen Aminosäuren.* 1. Mitt. *Die Absorptionskurve von Seren normaler Personen.* Bei 14 n. Versuchspersonen wurde das Serum kjeldahlometr. u. die UV-Absorption bestimmt (Verdünnung 1 : 100 mit 0,01nHCl oder 0,01nNaOH). Die Absorptionskurven entsprechen denen der einzelnen Aminosäuren. Vff. sind der Ansicht, daß die Meth. geeignet sei, patholog. Verhältnisse u. quantitative Unterschiede im Geh. der einzelnen Aminosäuren aufzuklären. (Arch. Scienze biol. **37.** 332. Juli/Aug. 1953. Torino, Univ., Clinica Medica.) P. G. SCHEURLEN. 5728

Maurice N. Mikhail und **M. K. Salah,** *Eine spektrophotometrische Methode zur getrennten Bestimmung der Serumproteine.* Die Globuline (**I**) werden aus dem Serum mit halbgesätt. $(NH_4)_2SO_4$-Lsg. (**II**) gefällt (klares Zentrifugat **III**), gereinigt u. nach Trocknen in n/10 NaOH gelöst u. bei 290 mμ photometriert. Die Albumine (**IV**) werden mit A. aus **III** gefällt u. nach Reinigung u. Trocknen in n/10 NaOH bei 290 mμ oder in **II** oder n/10 HCl bei 277,5 mμ photometriert. Beim Arbeiten aus einem Ansatz ohne vorherige Fällung der **IV** können diese direkt in **III** photometriert werden. Man benötigt 0,1 ml Serum. — 6 Literaturangaben. (Acta pharmac. int. [Copenhagen] **2.** 419—23. 1953. Alexandria, Univ., Dep. of Clin. Pathol. and Biochem.) PH. FRESENIUS. 5728

K. Dirr und **E. Dietz,** *Über ein neues einfaches Verfahren zur Erkennung von γ-Plasmacytomeiweiß.* Die beim Krankheitsbild von γ-Plasmacytom auftretende Rest-N-Erhöhung wird auf einen Eiweißkörper zurückgeführt, der bei der Enteiweißung von 1 Teil Serum u. 3 Teilen W. mit 1,55%ig. Uranylacetatlsg. nicht niedergeschlagen wird, aber aus dem Filtrat mit 20%ig. Trichloressigsäure ausgefällt werden kann. Vermutlich tritt der Eiweißkörper, der bei der Elektrophorese bei der γ-Globulinfraktion erscheint, auch bei anderen Krankheiten auf. — Für das Versagen der argentometr. Cl-Best. mit

Säureviolett 4 BL als Adsorptionsindicator bei γ-Myelomseren wird das starke Adsorptionsvermögen des Farbstoffs zum vorhandenen Eiweiß verantwortlich gemacht. (Röntgen- u. Laboratoriumsprax. **7.** 305—07. Okt. 1954. München, II. Med. Univ.-Klinik, Labor.) R. PASEDAG. 5728

Wilhelm Autenrieth u. **Karl W. Rosenmund**, Qualitative chemische Analyse zum Gebrauch in chemischen und pharmazeutischen Laboratorien. 4. völlig umgearb. Aufl. Dresen u. Leipzig: Steinkopff. 1955. (VIII + 152 S. m. 11 Abb.). DM 10,—.

G. Giacomo Gullizzoni, Elementi di analisi chimica qualitativa. Generalità, reazioni dei cationi e degli anioni. Analisi delle leghe metalliche. Bologna: R. Pàtron. 1954. (215 S.) L. 1.300,—.

H. Angewandte Chemie.

I. Allgemeine chemische Technologie.

J.-F. Clausen, *Die Verwendung von Ebonit bei Einwirkung aggressiver Chemikalien.* Übersicht über die Eigg. des Ebonits, bes. seine Beständigkeit gegenüber aggressiven Chemikalien u. erhöhten Tempp., u. die Formen seiner Anwendung. Hierbei wird bes. auf Verff. zur Prüfung der Porenfreiheit von Ebonitüberzügen auf metall. Apparatebaustoffen hingewiesen. (Revêtement et Protection **1954.** 21—24. März/April. Velsen, Holland, S. A. Plaatwellerij.) GERHARD GÜNTHER. 5804

John Gehant, *Korrosion.* Übersicht über die Korrosion u. über den Schutz durch Anstriche. (Amer. Paint J. **39.** Nr. 10. 71. 74. 76. 78. 80. 82—83. 86. New York, N. Y., Devoe & Raynolds Co., Inc.) J. FISCHER. 5808

Ralph M. Lemen, *Überwachung der Korrosion in industriellen und Dampfkraftanlagen.* Vf. gibt einen Überblick über die Maßnahmen zur Verhinderung der Korrosion in Kochern u. Vorwärmern, in Kochern mit Frischwasserumlauf u. Kondensatumlauf, in Turbinen, in Wärmeaustauschern mit Kühlwassersystem. Als die gebräuchlichsten Maßnahmen werden angegeben: Entgasung (CO_2, O_2), Zugabe von NH_3, Aminen, Morpholin, Na_2SO_3, Hydrazin, CaO, Säuren, Zeolit, Permutit, „*controlled scale treatment*" (Bldg. eines Schutzfilmes von $CaCO_3$ auf der Metalloberfläche). (Combustion [New York] **26.** Nr. 4. 38—44. Okt. 1954. Permutit Comp.) J. FISCHER. 5808

A. H. Newberg und **J. P. Barrett**, *Einschränkung der Korrosion in der Dampfzone von Tanks mit saurem Rohöl.* Im Dampfraum der Tanks wird die Korrosion durch den Angriff von W., H_2S u. O_2 begünstigt. Als Gegenmaßnahmen kommen in Betracht: Änderung des Aufbaues unter Vermeidung einer Dampfzone, Anwendung von widerstandsfähigen Legierungen, z. B. Al-Legierungen, die Verwendung von gasförmigen Inhibitoren. Alle diese Maßnahmen sind nicht voll befriedigend. Am besten haben sich organ. Überzüge bewährt. Die Metalloberfläche muß gut gesandstrahlt werden, wobei die Korngröße des Sandes von großer Bedeutung ist. Der meist aufgespritzte Film muß zusammenhängend u. undurchlässig für das Korrosionsmittel sein. Ein Film, in 3facher Schicht aufgetragen, von einer Gesamtdicke von nur 0,74 mm hat verschied. Tanks 5 Jahre geschützt. (Oil Gas J. **53.** Nr. 28. 189—90. 192. 15/11. 1954.) J. FISCHER. 5808

G. Edwards, *Strömung von Flüssigkeiten, Wärmeübertragung und Massentransport.* Fortschrittsbericht 1950. — 120 Literaturhinweise. (Rep. Progr. appl. Chem. **35.** 843—60. 1950.) M. WINIKER. 5816

A. C. Plewes, R. M. Butler und **H. E. Marshall**, *Die Verdampfung von Feststoffen in laminaren Luftströmungen.* Zur Überprüfung einer von den gleichen Vff. abgeleiteten Gleichung zur Vorausberechnung der Verdampfungsgeschwindigkeit von Feststoffen in laminaren Luftströmen werden Verss. mit 7 verschied. organ. Substanzen beschrieben. Es wird die grundsätzliche Gültigkeit der Gleichung bestätigt. Die Abweichungen der Ergebnisse werden auf Unsicherheiten der nach der Meth. von GILLILAND berechneten Diffusionskoeff. u. Abweichungen der aus der Literatur entnommenen Dampfdrucke sowie auf die Vernachlässigung der Zähigkeitsänderung der mit Dampf gesätt. Luftschicht in unmittelbarer Berührung mit dem verdampfenden Festkörper zurückgeführt. (Chem. Engng. Progr. **50.** 77—80. Febr. 1954.) W. BLAUHUT. 5816

W. N. Koslow, W. M. Araschkewitsch und **B. A. Ssokolow**, *Verwendung von Fuselölen und ihren Verarbeitungsprodukten als Schaumbildner.* Zwecks Gewinnung eines Schaummittels werden vom *Fuselöl* (I) die Fraktionen bis 133° abdest., die zur Herst. von Estern verwendet werden. Beide Rückstände werden mit Kalkmilch neutralisiert u. destilliert. I u. seine Prodd. erwiesen sich in Flotationsverss. mit ZnS-CuS-Erz mit 1,8% Cu u. 1,38% Zn als gleichwertig mit Fichtenöl u. Kresol, waren jedoch stärker selektiv wirkend als diese. Im Flotationsvers. mit Sulfiderzen von Cu u. Fe mit 1,97% Cu, 31,55% Fe u. 35,82% S waren I u. seine Prodd. besser als Fichtenöl. Im Vgl. zu Fichtenöl wurde mit I die Cu-Ausbringung in das Konzentrat um 0,3—0,5% erhöht, das Aus-

bringen von S in das Sulfidkonzentrat um 0,5—1%. Der Cu-Geh. im Sulfidkonzentrat wurde mit I u. seinen Prodd. von 0,4—0,6 auf 0,2—0,3% gesenkt. (Журнал Прикладной Химии [J. angew. Chem.] **27.** 223—25. Febr. **1954.** Inst. für Chem. u. Metallurgie der Ural-Zweigstelle der Akad. der Wiss. der UdSSR, Labor. für Holzchemie.)
O. LEBTAG. 5828

Sabri Ergun, *Strömung durch Festkörperschichten.* Durch eine additive Aufspaltung des Druckverlustes einer Strömung durch Festkörperschichten in ein lineares u. ein quadrat. Glied kommt Vf. zu einer rationellen, im gesamten Geschwindigkeitsbereich gültigen Formel. Diese Aufspaltung entspricht einer Aufspaltung des Energieverlustes durch Zähigkeits- u. Trägheitskräfte. Die Formel wird sowohl an eigenen wie an Verss. anderer Autoren geprüft u. in ausgezeichneter Übereinstimmung gefunden. Sie gilt nur für Festkörperschichten mit geschlossener Oberfläche, nicht für Hohlkörper u. enthält keinerlei empir. Konstanten. — 27 Literaturzitate. (Chem. Engng. Progr. **48.** 89—94. Febr. 1952.) W. BLAUHUT. 5844

R. E. Emmert und **R. L. Pigford,** *Über Grenzflächenwiderstände. Eine Untersuchung von Gasabsorption in fallenden Filmen.* Es wird eine Theorie der Gasabsorption in einem laminaren, wellenfreien fallenden Film durch Einführung der Filmdicke gemäß der Gleichung von FALLAH, HUNTER u. NASH in die Gleichung von PIGFORD für den Massenübergangskoeff. entwickelt, die frei von empir. Konstanten ist u. mit Meßergebnissen bei der Absorption von CO_2 u. O_2 in H_2O verglichen. Die gefundenen Werte weichen von der theoret. Voraussage sämtlich nach unten ab, woraus die Existenz eines Oberflächenwiderstandes gefolgert wird. Für letzteren wird eine Erklärung an Hand der kinet. Gastheorie gegeben. Weiter werden die Stoffübergangszahlen für den nicht wellenfreien Film gemessen u. erwartungsgemäß erheblich höher gefunden, was auf die Oberflächenvergrößerung u. die Filmdurchmischung durch die Wellen zurückgeführt wird. Beim nicht wellenfreien Film ist die Stoffübergangszahl bei Absorption u. Desorption verschieden, was ebenfalls mit der Existenz von Oberflächenwiderständen erklärt wird. Der Umschlag zur turbulenten Strömung erfolgt bei Re-Zahlen von 1200 in Einklang mit der Theorie von DUKLER u. den Versuchsergebnissen von SCHOKLITSH sowie von FALLAH, HUNTER u. NASH. — 22 Zitate. (Chem. Engng. Progr. **50.** 87—93. Febr. 1954.) W. BLAUHUT. 5848

H. Kramers, A. E. F. van Cappelle und **E. E. van der Schraaf,** *Der Wärmeübergang in einem Filmverdampfer (System Müller).* Beschreibung der Arbeitsweise von Filmverdampfern, bes. des Filmverdampfers Syst. MÜLLER (LUWA AKT.-GES., Zürich) u. der an letzterem ausgeführten Messungen des Wärmeüberganges. — Zahlentafel, Abbildungen, Diagramme. (Ingenieur ['s-Gravenhage] **67.** Ch9—15. 25/2. 1955.)
W. WESLY. 5864

O. N. Schtscherban, *Kontinuierlich arbeitendes Methananalysegerät für Gruben.* Das auf dem therm. Effekt der CH_4-Verbrennung beruhende Gerät ermöglicht die CH_4-Best. in der Grubenluft bei einem Geh. von 0,1—5%. Die Genauigkeit der Best. beträgt 0,08%. Es wurde ein Handgerät von ca. 4 kg Gewicht angefertigt. (Вісник Академії Наук УРСР [Nachr. Akad. Wiss. UkrSSR] **26.** Nr. 2. 58—59. 1955.) O. LEBTAG. 5888

Badische Anilin- & Soda-Fabrik Akt.-Ges. (Erfinder: **Max Schütze** und **Richard Sinn**), Ludwigshafen/Rh., *Zerlegen von Gemischen von Stoffen mit verschiedenem Schmelzpunkt durch Zentrifugieren,* dad. gek., daß man die Gemische durch eine auf verschied. Tempp. erhitzte Zentrifuge führt u. aus dieser gleichzeitig bei verschied. Tempp. Stoffe oder Fraktionen von verschied. FF. entnimmt. Das Verf. dient z. B. zum Zerlegen von Paraffinen in verschied. Fraktionen. (**D. B. P. 924 514** Kl. 12o vom 23/12. 1949, ausg. 3/3. 1955. Anmeldung bekanntgemacht 28/6. 1951.) R. SCHWECHTEN. 5829

Walter Kittel, Gmunden, Österreich, *Durchführung von Gaswaschprozessen* mit geringer Löslichkeit des aus dem Gase auszuwaschenden Stoffes, z. B. CO_2 oder C_2H_2 in W., u. *von Gegenstromverfahren* in Kolonnenapparaten mit Austauschböden unter Verwendung von 2 oder mehreren Medien von verschied. D., wobei auf jedem nächstfolgenden Boden der Austritt des schwereren Mediums aus den Abläufen in einheitlicher Richtung erfolgt, welche mit der Austrittsrichtung des leichteren Mediums übereinstimmt, so daß eine Rotationsströmung verbunden mit einem Kavitationseffekt an den Durchtrittsstellen des leichteren Mediums erzielt wird. — Vorrichtung. (**Schwz. P. 302 526** vom 1/7. 1952, ausg. 3/1. 1955. Oe. Prior. 16/7. 1951.) K. DEMMLER. 5853

Rudolf Otto Meyer (Erfinder: **Hans Behrens,** Hamburg, und **Karl Ebner,** Oberursel, Taunus), *Verfahren und Vorrichtung für thermische Zersetzungen.* Den Reaktionsräumen, durch die die zu zersetzenden zerstäubten festen Stoffe hindurchgeführt werden, werden in der Mitte ein Teil der Verbrennungsluft u. konzentr. dazu die gesamte, ebenfalls hocherhitzte Heizgasmenge zugeführt. Konzentr. von außen werden reduzierende Gase u. der restliche Anteil hocherhitzter Verbrennungsluft (500°) als ein weiterer Schutzmantel mit erhöhter Geschwindigkeit gegenüber dem inneren Schutzmantel eingeführt. Die benutzte Vorr. besteht aus einem Reaktionsturm mit einer in der Mitte angeordneten Luftzuführung u. einer diese ringförmig umgebenden Heizgaszuführung. Um diese beiden Zuführungen sind ringförmige Zuführungen für Luft u. reduzierende Gase vorgesehen. — Zeichnung. (**D. B. P. 891 250** Kl. 12g vom 3/12. 1940, ausg. 28/9. 1953. **Zusatz zu D. R. P. 738 146; C. 1943. II. 1567.**) W. MATTHAES. 5897

Union Oil Co. of California, Los Angeles, übert. von: **Grant W. Hendricks,** Compton, Calif., V. St. A., *Kobalt-Molybdän-Katalysatoren.* Der zur Umwandlung von KW-stoffen (Desulfierung, Denitrierung, Hydrierung, Hydroformierung) dienende Katalysator wird durch Tränken eines Trägers aus Al_2O_3, Al_2O_3–SiO_2 oder TiO_2-Gel mit einer wss. Lsg. von Co- u. Mo-Salzen, z. B. $(NH_4)_2MoO_4$ u. $Co(NO_3)_2$, u. zwischenzeitliches Erhitzen erhalten. (**A. P. 2 687 381** vom 16/4. 1949, ausg. 24/8. 1954.) W. MATTHAES. 5905

Deutsche Erdöl-Akt.-Ges. (Erfinder: **Karl Fischer** und **Robert Sydow**), Hamburg, *Herstellung von sphärischen oder linsenförmigen abriebfesten Körpern für katalytische Zwecke* durch Eintropfen einer einen fällbaren Stoff enthaltenden Suspension in ein Fällungsmedium, dad. gek., daß die mehr oder weniger feinkörnige oder gelartige Stoffe enthaltende Suspension mit der wss. Lsg. eines fällbaren Alginsäurederiv., bes. eines Alginates zu einer fließenden bzw. tropfbaren Mischung vermischt u. diese Mischung in ein das Alginsäurederiv. fällendes Medium eingetropft oder eingesprüht wird, die ausgefällten sphär. Teilchen getrocknet u. anschließend gegebenenfalls bis zur Sinterung geglüht werden. Als fällende Medien, denen katalyt. wirkende Stoffe zugesetzt oder die selber katalyt. wirksam sein können, dienen z. B. verd. Säuren, Ca-Salze u. Schwermetallsalze in wss. oder alkoh. Lsg., auch Gase u. Dämpfe in die die Suspension hineingetropft oder gesprüht wird. Zwecks Herabsetzung der Thixotropie u./oder zur Inhibierung der Ausfällung des Alginats können Alkalien, Soda, Phosphate oder Polyphosphate zugesetzt werden. — Z. B. werden 100 (g) Kaolin mit 100 Feldspat gemischt u. in 1000 einer 5%ig. Lsg. von Na-Alginat aufgeschlämmt u. in eine 25%ig. $CaCl_2$-Lsg. eingetropft, nach 5 Min. aus dem Fällungsbad genommen, mit W. abgespült, bei über 100° getrocknet u. bei 1100° gesintert, dem Kaolingemisch kann z. B. 0,5% NiO zugesetzt sein. (**D. B. P. 922 530** Kl. 12g vom 18/1. 1952, ausg. 17/1. 1955. Anmeldung bekanntgemacht 10/6. 1954.) W. MATTHAES. 5905

Fritz Tödt, Hrsg. Korrosion und Korrosionsschutz. Berlin: de Gruyter. 1955. (XXXII + 1102 S. m. 515 Abb. u. zahlr. Tab.). DM 168,—.

III. Elektrotechnik.

E. I. du Pont de Nemours & Co., Wilmington, Del., übert. von: **Fred J. Emig** und **Michael J. Muth,** Chicago, Ill., V. St. A., *Abriebfestes Isoliermaterial.* Eine Kombination von warm härtbarem Phenolformaldehyd–Kunstharz u. Polyvinyl–Kunstharz, ein lineares Polyamid oder ein Ölharz–Firnis erhält einen Zusatz von 0,1—1 Gew.-% koll. Polytetrafluoroäthylen (I). — Beispiel: 206 (Gewichtsteile) hochsd. KW-stoffe (Kp. 229—294°), 518 handelsübliche Phenole u. Kresole, 193 Nylon, 2,55 60%ig. wss. I-Dispersion. (**A. P. 2 668 157** vom 15/3. 1951, ausg. 2/2. 1954.) H. KESSEL. 5957

General Electric Co., New York, N. Y., übert. von: **Theodore R. Walters,** Pittsfield, Mass., V. St. A., *Asbestpapier* enthält 5—35 (Teile) Bentonit, 95—65 von lösl. Verunreinigungen u. leitenden Substanzen freie Asbestfasern mit einem Höchstdurchmesser von ca. 50 μ u. als Bindemittel ein Nitrat oder Acetat von Cu, Pb oder Cr. (**A. P. 2 493 604** vom 6/11. 1944, ausg. 3/1. 1950.) H. KESSEL. 5957

N. V. Philips' Gloeilampenfabrieken, Eindhoven, Holland, *Dielektrische Stoffe* auf der Basis von *Metatitanaten* bestehen aus einer Mischung von TiO_2 (I) mit Oxyden (II) von wenigstens 2 der Metalle Be, Mg, Ca, Sr, Ba, Zn, Cd, Pb u. Cu oder von Verbb., die bei ihrer therm. Zers. diese II bilden, wobei I u. II bis auf ca. 10% äquimol. sind u. das mittlere At.-Gew. der Metalle >130 liegt. (**Oe. P. 174 686** vom 30/12. 1947, ausg. 25/4. 1953. E. Prior. 8/8. 1945.) H. KESSEL. 5957

Douglas Crisp Gall, London, England, *Normalelement.* Das aus Kunststoff hergestellte, runde Gehäuse ist quer durch die Mitte des Bodens nach innen bis zur halben Höhe eingedrückt, so daß 2 durch diese Erhöhung getrennte Räume für die Elektroden entstehen. Auf dem Elektrodenmaterial befindet sich je eine Schicht Glaspulver, Silicagel oder dgl., die durch eine auf die Erhöhung aufliegende poröse gesinterte runde Glasscheibe gehalten werden. Oberhalb der Glasscheibe ist der Elektrolyt angeordnet. Der Deckel des Gehäuses wird eingeklebt. (**E. P. 681 717** vom 19/10. 1949, ausg. 29/10. 1952.) F. LAASS. 5971

Chloride Electrical Storage Co. Ltd., Clifton Junction, England (Erfinder: **Stanley Walsh** und **Montefiore Barak**), *Bleilegierungen für die Gitter von Akkumulatorenplatten.* Die Legierung enthält 0,03—0,1 (%) Ca, 1—2 Sn u. 0,01—0,1 Al, z. B. 0,08 Ca, 1,5 Sn, 0,04 Al u. 98,37 Pb. Oder: 6—12 Sb, 0,3—3,0 Sn u. Rest Pb. — Oder: 4—12 Sb, 0,10—0,25 As, 0,02—0,10 Cu, 0,02—0,20 Sn u. Rest Pb. Alle diese Legierungen sollen das Wachsen der Gitter im Gebrauch vermindern, außerdem sollen trocken gelagerte Zellen die Ladung auch in den Tropen über 3 Jahre halten. (**E. PP. 712 798** vom 11/7. 1952, ausg. 28/7. 1954, **719 737** vom 11/7. 1952, ausg. 8/12. 1954 u. **728 810** vom 23/12. 1953, ausg. 27/4. 1955.) F. LAASS. 5971

Henri Georges André, Seine-et-Oise, Frankreich, *„Formierung" eines Silber-Zink-Sammlers.* Die Elektroden des Sammlers sind bes. in Cellulosetaschen eingebettete Metallpulver. Der Elektrolyt ist eine 50%ig. wss. Lsg. von KOH, die in einem Separator aus regenerierter Cellulose oder Viscose vollständig aufgenommen wird. Das Zn ist zunächst im Überschuß vorhanden. Das Gewichtsverhältnis KOH:Zn ist 1,5—1. — Zur Formierung wird zunächst bei einer Ladespannung von 2,4 V das Ag in Ag_2O_2 umgewandelt. Darauf wird der Sammler langsam, z. B. in 3 Tagen bei Raumtemp. oder in 20 Std. bei 50°, entladen, wobei das Ag-Oxyd zu Ag red. u. das Zn unter Bldg. von $Zn(OH)_2$ u. $Zn(OK)_2$ angegriffen wird. Bei der folgenden, die Formierung abschließenden Aufladung des Sammlers bildet sich aus dem in feiner Verteilung an der Elektrode haftenden $Zn(OH)_2$ das wegen seiner großen Oberfläche erwünschte Schwammzink. (**F. P. 1 011 681** vom 2/3. 1949, ausg. 25/6. 1952.) B. SCHMIDT. 5971

British Thomson-Houston Co. Ltd., London, England, *Gasentladungsleuchtröhre.* Zur Verbesserung der Stabilität erhält der prakt. aus $Ca_3(PO_4)_2$ bestehende, mit Mn u. Ce^{III} aktivierte Leuchtstoff bei der Herst. einen Alkalisalzzusatz in Höhe von 0,001 bis 0,05 Mol Alkalioxyd je Mol CaO. Gebrannt wird bei 1000—1300° in reduzierender Atmosphäre. (**E. P. 695 175** vom 17/10. 1951, ausg. 5/8. 1953. A. Prior. 26/10. 1950.) H. KESSEL. 5975

Siemens & Halske Akt.-Ges., Berlin und München (Erfinder: **Helmut Katz**, München), *Vakuumdichte Glasanschmelzung für elektrische Entladungsgefäße,* bes. Stumpfanglasung an Fe–Ni–Co-Legierungen. Auf die zweckmäßig aufgerauhte Metalloberfläche wird eine dünne Mo-Zwischenschicht aufgebracht, bes. durch Aufsintern einer mit einem Bindemittel aufgetragenen Mo-Pulverschicht. — Zeichnung. (**D. B. P. 924 819** Kl. 21g vom 23/4. 1952, ausg. 10/3. 1955. Anmeldung bekanntgemacht 22/7. 1954.) H. KESSEL. 5975

Thorn Electrical Industries Ltd., London, England, und **Sylvania Electric Products, Inc.**, Salem, übert. von: **Horace H. Homer**, Arlington, Mass., V. St. A., *Leuchtschicht für Gasentladungsleuchtröhren.* Bei der Herst. erhält die Leuchtstoffsuspension einen Zusatz von ca. 1—4% (NH_4)-Oxalat, dessen Zersetzungsprodd. bei der therm. Zers. des Suspensions- u. Bindemittels den oxydationsempfindlichen Leuchtstoff schützen. (**E. P. 693 391** vom 24/1. 1951, ausg. 1/7. 1953. A. Prior. 1/3. 1950. **A. P. 2 647 066** vom 1/3. 1950, ausg. 28/7. 1953.) H. KESSEL. 5975

International Standard Electric Corp., New York, N. Y., V. St. A., *Selengleichrichter.* Bei Gleichrichtern, die aus einer auf eine halogenreiche Se-Schicht aufgebrachten halogenarmen oder -freien Se-Sperrschicht bestehen, erhält zur Verhinderung der Diffusion von Halogen in die Sperrschicht diese einen rekristallisationshemmenden Zusatz von Alkali- oder Erdalkalimetall u. die halogenreiche Se-Schicht einen diffusionshemmenden Zusatz, z. B. von Al_2O_3 oder einem anderen neutralen Metalloxyd. (**Oe. P. 177 839** vom 7/5. 1952, ausg. 10/3. 1954. D. Prior. 25/5. 1951.) B. SCHMIDT. 5977

Centre National de la Recherche Scientifique (Erfinder: **A. Prévot** und **Magat**), Frankreich, *Röntgenstrahlendosimeter* beruht auf der volumetr. erfaßten Polymerisierung geeigneter organ. Monomere [z. B. Acrylnitril (I) oder ein Gemisch aus 80 (%) I u. 20 Methanol] bei Röntgenbestrahlung. (**F. P. 1 002 598** vom 4/10. 1949, ausg. 7/3. 1952.) H. KESSEL. 5979

Dow Corning Ltd., London, England, *Herstellung eines mit Siloxanen beladenen Kieselgels,* bes. für die Verwendung als plast. Dielektrikum, z. B. zum *Abdichten von Zündkerzen.* In einem SiO_2-Hydrogel wird das W. durch ein mit W. mischbares organ. Lösungsm. verdrängt u. dann das Lösungsm. gegen ein fl. Siloxan ausgetauscht, das eine Viscosität von >50 cs. bei 25° aufweist u. das auf 1 Si-Atom 1,9—2,1 KW-stoffreste besitzt. Letztere bestehen aus Phenyl- u. wenigstens 50% Methylgruppen. Statt SiO_2-Hydrogelen können auch Mischgele mit Al-, Fe-, Cu- u. Ti-Oxydgelen verwendet werden. (**E. P. 690 888** vom 18/1. 1951, ausg. 29/4. 1953. A. Prior. 9/3. 1950.) A. ZÜRN. 5983

IV. Wasser. Abwasser.

Theo Hürny, *Über die Möglichkeit der Wasserfluoridierung mit natürlichem Flußspat* (CaF_2). Die Abhängigkeit von Löslichkeit u. Lösegeschwindigkeit bei 5—40° von CaF_2 verschied. Körnung in W. wurde im Labor. untersucht, die erhaltene F-Ionenkonz. bis zu 6 mg F/Liter würde für Fluorierung von Trinkwasser genügen. Prakt. Verss. unter Zusatz feingemahlenen CaF_2 zum Sandfilter ergaben bei Filtriergeschwindigkeit von <3 m/Std. einen ausreichenden Geh. an F von 0,76—1,4 mg/Liter, beim Rückspülen des Filters ist aber ein Abschwemmen des feinen CaF_2 zu befürchten. Splitter von 2—5 mm Korngröße, bei denen dies nicht zu befürchten ist, gaben jedoch ungenügende F-Konzentration. Die techn. Durchführung mit Trockenzuführapp. oder Sättigern ist anzustreben. (Schweiz. Mschr. Zahnheilkunde **65**. 253—62. März 1955. Bern.) H. Mühlmeister. 6018

E. Jimeno und **A. López Ruiz**, *Beitrag zur Berechnung von Zeolithsäulen.* Der Ionenaustauschverlauf in Zeolithsäulen beim Enthärten des W., bes. in einem in Spanien hergestellten Zeolith, wurde experimentell auf seine Anwendbarkeit untersucht. Vorschläge zur schnellen Berechnung von Enthärtungsschichten im techn. Maßstab wurden gegeben. (An. Real Soc. españ. Física Quím., Ser. B **50**. 195. Febr. 1954. Madrid, Fac. de Cienc., Labor. de Quím. inorg.) F. Groh. 6020

F. Walsh, *Wasserbehandlung in Kohlengruben.* Beschrieben werden das Kalk-Soda-Verf., die Enthärtung mit Basenaustauschern, die Kombination beider Verff. zur Verminderung der Bicarbonatalkalität. Nachbehandlung mit Phosphat u. Sulfit zur Beseitigung von Resthärte u. Sauerstoff. Enthärtung innerhalb des Kessels mit Tannin oder anderen organ. Stoffen, um den Kesselstein als Schlamm auszuscheiden. Behandlung von Kühlwasser mit komplexen Phosphaten. (Colliery Engng. **32**. 95—99. März 1955.) H. Dorsch. 6024

Lajos Finály, *Die Qualität des Schmutzwassers.* Vf. ist der Ansicht, daß weder der biochem. O_2-Bedarf (BSB) noch die daraus berechnete Zahl, die Einwohneräquivalente, zur Beurteilung der Abwasserfrage richtig ist. Die chem. Best. des gelösten O_2 zu Beginn u. nach 5 Tagen wird durch viele, bes. in industriellen Abwässern vorkommenden Substanzen beeinträchtigt, außerdem kommen bei der Best. des BSB nur die aeroben biol. Prozesse in Betracht, die anderen oxydativen Rkk. bleiben außer acht, wenn z. B. ein Teil des W. chloriert wurde. Die Einwohneräquivalenzzahl ist nur in manchen Fällen u. da auch nur annähernd gültig, zur Abschätzung der hydraul. Belastung der Reinigungsanlage oder Schlammenge aber ganz unbrauchbar. (Hidrol. Közlöny [Z. Hydrol.] **34**. 326. Juli/Aug. 1954.) J. Plank. 6036

Fritz Preuss, *Die Unschädlichmachung von Molkereiabwasser.* Überblick u. krit. Diskussion der verschied. Verff. zur Unschädlichmachung von Molkereiabwasser, u. a. Faulverf., chem. Fällung, landwirtschaftliche Verwertung, Fischteiche, Ferrobionverf. nach Jung u. Schlammbelebungsverfahren. (Wasser u. Boden **4**. 272—82. Sept. 1952. Osterode/Harz.) W. Niemitz. 6036

Gordon E. Mau, *Versuchsanlage zur Behandlung von Abfällen von Petroleumraffinerien auf Rieselfiltern.* Eine sehr umfangreiche Arbeit mit Fotos, Tafeln u. Tabellen. Das Abwasser hatte einen BSB von 105, eine Trübung von 170 mg/Liter u. einen Ölgeh. von 100 mg/Liter. Genaue Beschreibung der Anlage u. Verlauf der Untersuchung. Sonderunterss. betreffen die Beseitigung von Stickstoffverbb., Phosphaten, Phenolen u. die Änderung des BSB. (Sewage ind. Wastes **26**. 1236—54. Okt. 1954.) H. Dorsch. 6036

W. G. Kessel, *Ein Grubenwasserproblem.* Aus Tagebau u. Schacht geförderte bzw. von Halden ablaufende Grubenwässer wurden durch natürliche Oxydation von Pyrit u. Markasit an der Luft stark sauer, bis p_H 2,1, u. setzten beträchtlichen Fe-Schlamm ab, so daß sie das W. im Vorfluter unbrauchbar machten. Neutralisieren mit Alkalien ist unwirtschaftlich, künstliche Belüftung u. Rieseln über Kalkstein brachte keine Abhilfe, das Problem ist noch ungelöst. (Proc. Indiana Acad. Sci. **62**. 147—49. 1952; ausgeg. 1953. Indiana State Teachers Coll.) H. Mühlmeister. 6036

J. F. Ferns, *Flußverunreinigung und die Beseitigung von industriellem Abwasser.* Es werden die Quellen der Verunreinigungen aufgeführt u. verlangt, daß dort an Stelle der hohen Konz. u. geringen Wassermenge die Reinigung des Abwassers einsetzen muß. Ausführliche Diskussion der Flußamtsakte von 1948. (J. Roy. Inst. publ. Health Hyg. **18**. 16—24. Jan. 1955.) H. Dorsch. 6038

A. B. Horlock, **R. D. Isabell** und **R. S. Jobin**, *Neue Entwicklungen in der Behandlung der Abwässer von Papierfabriken.* Übersicht über die verschied. Verff. zur Reinigung der Abwässer von Papierfabriken aller Art unter besonderer Berücksichtigung der biol. Methoden. — 27 Literaturhinweise. (Proc. techn. Sect., Brit. Paper Board Makers' Assoc. [Inc.] **34**. 47—58. Febr. 1953.) H.-J. Heinrichs. 6044

P. N. Degens jr., H. van der Zee und **J. D. Kommer,** *Einfluß von anion-oberflächenaktiven Mitteln auf das Schlammbelebungsverfahren.* Aus Verss. über den Einfl. von anion-oberflächenakt. Mitteln auf das Schlammbelebungsverf. ergibt sich, daß sek. Alkylsulfate in Konzz. bis zu 50 mg/Liter an akt. Substanz, die in der Praxis nie erreicht werden, nach Gewöhnung der Anlage so gut wie vollständig abgebaut werden u. keinen Einfl. auf die Abbauleistung ausüben. Das letztere gilt auch für Alkylarylsulfonate in Konzz. bis zu 5 mg/Liter, bei höheren Konzz. tritt jedoch ein zunehmend verzögernder Einfl. auf die Abbauleistung auf, der z. B. bei 30 mg/Liter selbst durch eine Red. der Belastung der Anlage um 25% nicht beseitigt werden kann, wohl aber annähernd durch eine Erhöhung der Luftzufuhr auf das Dreifache, bzw. bei n. Luftzufuhr durch eine nachgeschaltete Tropfkörperbehandlung. Jedoch muß berücksichtigt werden, daß wegen des langsamen Abbaues der Alkylarylsulfonate ein beträchtlicher Teil unverändert im Abfluß enthalten ist. Die angewandten Analysenverff. werden genau beschrieben (Sewage ind. Wastes **27.** 10—25. Jan. 1955. Amsterdam, Koninklijke Shell-Labor., u. Publieke Werken, Afdeling Riolering en Waterverversing.) W. Niemitz. 6048

V. Anorganische Industrie.

W. Heyder, *60 Jahre Chloralkalielektrolyse.* Vf. gibt einen Überblick über die geschichtliche Entw. der Chlor–Alkali-Elektrolyse, bes hinsichtlich der Verschiebungen in der Anwendung der verschied Zellentypen, u. diskutiert die voraussichtliche Weiterentwicklung. Zahlreiche wirtschaftliche Daten werden mitgeteilt. (Chem. Techn. **6.** 388—90. Juli 1954. Bitterfeld.) Gerhard Günther. H 247

K. M. Malin, *Die Gewinnung von Schwefelsäure.* Allg. über die Verbrennung von FeS_2 zwecks Gewinnung von SO_2 als Ausgangsmaterial für die Herst. von H_2SO_4, die Reinigung von SO_2 sowie über das Nitrose- u. Kontaktverf. der H_2SO_4-Herstellung. (Химия в школе [Chem. Schule] **9.** Nr. 2. 3—15. März/April 1954.) O. Lebtag. H 253

I. I. Kitaigorodski und **N. M. Pawluschkin,** *Der Mikrolith, ein künstlicher hochfester Stein.* Entscheidend für die Verwendbarkeit des *Korundmikroliths* (I) beim Metallschneiden sind die dichte Kristallpackung u. dünne Kristallzwischenschicht seiner Mikrostruktur, wobei die Kristalle im Durchschnitt nicht größer als 3 μ sind. Während W–Ti–Co-Drehstähle 3—5 Std. hielten, betrug die I-Stabilität bis 43 Stunden. Erprobt wurde ferner die Verwendung von I für Matrizen zum Heißpressen von Buntmetallen, als Fadenführer in der Kunstseidenindustrie u. als Quarzsandstrahldüse zur Oberflächenbearbeitung. Bei n. Temp. gibt es kein chem. Reagens, das auf I-Tiegel einwirkt. Selbst die Einw. von Alkalischmelzen bei sehr hohen Tempp. ist unwesentlich. F reagiert ebenfalls nicht mit I. I besitzt die Rockwell-Härte 92—93, Druckfestigkeit bis 500 kg/mm^2, Warmfestigkeit 1200^0, Biegefestigkeit bis 45 kg/mm^2 u. übertrifft in Warm- u. Druckfestigkeit sowie in der Rockwell-Härte die Metallcarbide. Nach seiner Feinstruktur ist I besser als alle bisher bekannten Korundmaterialien. (Стекло и Керамика [Glas u. Keram.] **10.** Nr. 11. 4—7. Nov. 1953.) O. Pollak v. Emhofen. 6150

Imperial Chemical Industries Ltd., übert. von: **Michael H. M. Arnold,** London, England, *Herstellung von Wasserstoff* durch Behandeln von Fe-Pulver mit Wasserdampf bei 500—600^0 nach dem Wirbelschichtverfahren. Das hierbei gebildete Fe_3O_4 wird in besonderer Stufe mit CO zu Fe red. u. wieder verwendet. (**Can. P. 479 307** vom 8/8.1945, ausg. 11/12. 1951.) W. Wittholz. H 238

Imperial Chemical Industries Ltd., übert. von: **Alfred J. Rudge** und **Wilfrid W. Gleave,** London, England, *Anoden für Schmelzflußelektrolyse.* Bei der Elektrolyse von geschmolzenen Chloriden wird das Cl_2 aus der Elektrolysierzone durch gasdurchlässige Anoden, z. B. poröse Kohle oder Graphit, entfernt. Die Anoden werden vom Elektrolyten u. Cl_2 nicht angegriffen. (**Can. P. 486 736** vom 11/7. 1950, ausg. 23/9. 1952.) W. Wittholz. H 247

VEB Elektrochemisches Kombinat Bitterfeld (Erfinder: **August Harder** und **Rudolf Schulze**), Bitterfeld, *Herstellung von Aluminiumfluorid aus Kryolith.* Kryolith oder kryolithaltige Alkali–Aluminium-Doppelfluoride, wie Chiolit, werden mit der wss. Lsg. eines Al-Salzes mit einer Mineralsäure, z. B. HCl, H_2SO_4, HNO_3, vorzugsweise $AlCl_3$, bei Tempp. zwischen 180 u. 200^0 umgesetzt. (**D. P. [DDR] 4 701** Kl. 12i vom 7/8. 1943, ausg. 20/7. 1953 [Wirtschaftspatent].) W. Wittholz. H 294

Titan Co., Inc., New York, N. Y., V. St. A., *Herstellung von Orthotitansäure* (I). Fe-freie I gewinnt man aus einer Fe-haltigen Ti-Auflsg., z. B. durch H_2SO_4 gelöstes Ilmeniterz, durch Behandlung mit einer Alkalilsg., die ca. 100 g/Liter Soda enthält. Das Reaktionsgemisch wird bei Raumtemp. ca. 30—45 Min. gerührt, p_H-Wert zwischen 3,5 u. 4,5. (**N. P. 82 535** vom 16/12. 1950, ausg. 5/10. 1953. A. Prior. 21/12. 1949.) K. H. Kähler. H 321

Norton Co., Worcester, übert. von: **Samuel S. Kistler**, West Boylston, Mass., V. St. A., *Extraktion von Zirkonoxyd aus Zirkonerzen.* Das Erz wird auf Zersetzungstemp. erhitzt u. das erhaltene Prod. mit wss. Alkalilauge (10—50 Gew.-%) 1—60 Std. bei 75—250° ausgelaugt. (**A. P. 2 696 425** vom 5/1. 1952, ausg. 7/12. 1954.) H. NEBELSIEK. H 322

VEB Elektrochemisches Kombinat Bitterfeld (Erfinder: **Wilhelm Müller** und **Leo Spies**), Bitterfeld, *Hochaktives Mangandioxyd.* Mangannitrat oder im Kristallwasser geschmolzenes Mangannitrat bzw. eine gesätt. Lsg. desselben wird auf Temp. zwischen 150 u. 400° erhitzt u. das abgeschiedene akt., im wesentlichen aus MnO_2 bestehende Prod. aus der Reaktionsmasse entfernt. Die Erhitzung kann zweckmäßig unter vermindertem Druck (5—40 mm Hg) bei 110° erfolgen. (**D. P. [DDR] 4 700** Kl. 12n vom 26/7. 1941, ausg. 20/7. 1953 [Wirtschaftspatent].) W. WITTHOLZ. H 350

Filtrol Corp., Los Angeles, übert. von: **Grant A. Mickelson**, Altadena, Calif., V. St. A., *Tonbehandlung.* Rohe, nicht calcinierte Tone werden mit 10—20% Mineralsäure, berechnet auf den trockenen Ton, befeuchtet u. zu Körnchen im wesentlichen gleicher Größe u. Gestalt gekrümelt. Die Körnchen werden mit der gleichen Mineralsäure, bes. H_2SO_4, in der Wärme behandelt u. anschließend mit W. gewaschen, um die gelösten Salze u. den Säureüberschuß zu entfernen. Durch diese Behandlung wird der Ton oberflächlich aktiviert u. bes. geeignet zum *Entfärben* von vegetabil. oder mineral. Ölen u. als Wärmeüberträger u. Katalysator in Crackprozessen. (**A. P. 2 671 058** vom 21/7. 1951, ausg. 2/3. 1954.) F. REINHART. 6157

VI. Silicatchemie. Baustoffe.

Ss. K. Dubrowo und **Ju. A. Schmidt**, *Chemische Festigkeit glasartiger Silicate und Aluminiumsilicate des Natriums.* Es wurde die chem. Festigkeit von 9 Gläsern der Zus. $Na_2O \cdot SiO_2$–$Na_2O \cdot 6\ SiO_2$ bei 8—12std. Eintauchen in W. oder 0,1n Säure bei 25—100° untersucht. SiO_2 (I)-Erhöhung bewirkt Löslichkeitsverminderung. In der Nähe von Metasilicat gehen die Komponenten, entsprechend ihrer Menge im Glas, in Lösung. Von $Na_2O \cdot 1{,}7\ SiO_2$ an ist der gelöste Na_2O-Anteil geringer als der von I, wodurch sich an der Oberfläche eine I-reiche Schicht bildet. Bei 100° wird nicht nur Bisilicat, sondern auch schon $Na_2O \cdot 2{,}3\ SiO_2$ ausgelaugt. Die Kurven der Löslichkeit in W. zeigen einen flachen Verlauf. In Säure ergeben sich gerade Linien. Einführung von Al^{3+} verringert die Zahl der Si—O—Si-Bindungen, führt zu Depolymerisation des I im Glasskelett. Es wurden Na-Bisilicate mit 0,05—1,0 mol. Al_2O_3-Zusätzen untersucht. Säuren, die selektiv Al^{3+} in Al-reichen Gläsern auswaschen, führen zu abgesondertem SiO_4, wodurch die Destruktion verstärkt wird. Bei $< 0{,}3$ Mol verringert sich der in Lsg. gehende Anteil beträchtlich. Die Vermehrung der Al—O—Si-Bindungen wirkt noch stärker in der Richtung als die äquivalente Zahl der Si—O—Si-Bindungen. 0,4 Mol bewirkt abrupte Desintegrierung. Bei 1 Mol hingegen verlangsamt sich die Auflsg. wegen der geringen Zahl von Na^+, da ein Teil in $(AlO_4)^-$-Gruppen stärker gebunden ist. Die Geschwindigkeit der Destruktion hängt ferner grundlegend vom Zustand des SiO_2 im Glase ab, welches Struktur u. Festigkeit des Oberflächenschutzbelages bestimmt, von der H^+-Konz. u. vom Grad der elektrolyt. Dissoziation der in der Lsg. gebildeten Salze. (Стекло и Керамика [Glas u. Keram.] **11.** Nr. 6. 3—7. Juni 1954.) O. POLLAK V. EMHOFEN. 6200

P. L. Kirby, *Innere Reibung im Glas.* 2. Mitt. *Biegungs- und Torsionsschwingungen.* (1. vgl. C. **1955.** 4186.) Es werden eingehend die Einrichtungen beschrieben, die für die transversalen (0,3—50 Hz) u. die Torsionsschwingungen (1—10 Hz) verwendet werden. Die Verss. werden mit Glasstäben von 0,95—1,1 mm Durchmesser durchgeführt. Quarz-, Soda–Kalk- u. Borosilicatglas werden für die Verss. verwendet. Zwei Vorgänge bestimmen die innere Reibung: Eine Entspannung der Alkaliionen im Glas u. das viscos-elast. Verh. des restlichen Netzwerkes. Das ergibt sich aus der Abhängigkeit der inneren Reibung von der vorhergegangenen Wärmebehandlung. Bei gleichbleibender Temp. nimmt die innere Reibung mit wachsender Frequenz ab, ohne daß ein Maximalwert bei niederen Frequenzen zu erkennen. ist. Bemerkenswert ist, daß bei gleichbleibender Frequenz die Temp., bei der der Spitzenwert von tg δ erscheint, niedriger wird, wenn der Sodageh. steigt. (J. Soc. Glass Technol. **38.** Trans. 383 T—420 T. Aug. 1954.) L. KÜHNERT. 6200

A. W. Bruins, *Vermeidung einer Verunreinigung der Atmosphäre durch Fluorverbindungen in Emailschmelzbetrieben.* Bericht über Vorverss. zur Fluorbeseitigung aus industriellen Abgasen. Da sich die Hauptmenge des F in der fl. Phase ansammelt, muß die Probenahme so erfolgen, daß entstehendes Kondenswasser mitanalysiert wird. Vf. gibt der volumetr. Thoriumnitratmeth. den Vorzug vor der colorimetr. mittels Zirkon–Alizarin-Lösung. Die Bau- u. Wirkungsweise eines amerikan. PEABODY-Gaswäschers (Versuchsbauart) wird beschrieben, der bei Berücksichtigung gewisser, näher umrissener Bedingungen die F-Verbb. bis auf 0,01—0,02% (als HF berechnet) zurückhielt. — 1 Zahlen-, 2 Kurventafeln. 6 Bilder. (Ber. dtsch. keram. Ges. e. V. Ver. dtsch. Emailfachleute e. V. **29.** 52—55. Febr. 1952. Rotterdam.) F. MAUNE. 6212

Takeshi Takei, Hideo Nagasaka und **Yukitomo Tanaka,** *Untersuchung über das Aufsprühen von Glasemail.* 1. Mitt. Die für das Aufspritzen von fl. Metallen gebräuchliche Spritzpistole wird für den Gebrauch zum Aufsprühen von fl. *Glasemail* zweckmäßig verbessert. Die Qualität der Emaillierungen wird untersucht. — Skizzen u. Fotos von Anlage u. Geräten. (Rep. sci. Res. Inst. [Kagaku-Kenkyujo-Hokoku] **29.** 292—96. Nov. 1953. [Orig.: japan.]) L. SCHULER. 6212

S. J. Tonachella, *Experimentalarbeit über die Feststellung der Haftfestigkeit von Email auf Metallen. Anwendung auf Stähle für flugtechnische Konstruktionsteile mit keramischen Überzügen.* Überblick über die für Gasturbinen geeigneten Werkstoffe, auch Überzugswerkstoffe auf keram. Grundlage, wie Emails. Beschreibung einer Vorr. zur Prüfung der Haftfestigkeit von Emailüberzügen. (Métaux **29.** 415—30. Nov. 1954.) F. MARKHOFF. 6212

Kenzo Kato und **Satoyasu Iimori,** *Porzellanphosphore.* Aus Ton u. Glasurmasse, enthaltend Na_2O, K_2O, CaO, Al_2O_3 u. SiO_2 u. aktiviert mit UO_3, werden Porzellanphosphore (I) synthetisiert mit Bandenspektren mit λ_{max}, entsprechend der Serie B nach NICHOLS. Ihre Phosphorescenz wird durch ziemlich starke Beimischung von Seltenen Erdelementen bzw. ihren Säuren nicht stark beeinflußt. I mit hohem H_2WO_4-Geh. u. mit Pb aktiviert zeigen dasselbe Spektr. wie $CaWO_4$–I, u. I mit starkem Zn-Geh. u. mit Mn aktiviert zeigen dasselbe Spektr. wie Zn–Si–I. (Rep. sci. Res. Inst. [Kagaku-Kenkyujo-Hokoku] **29.** 481—87. Nov. 1953. [Orig.: japan.]) L. SCHULER. 6212

Wolfgang Henze, *Die Trockenfestigkeit von Kaolinen, Tonen und keramischen Massen.* Vf. betont die hohe Bedeutung der Bruchfestigkeit nach dem Trocknen der Prüflinge, zumal da die Trockenfestigkeit der verschied. Kaoline, Tone u. keram. Massen stets sehr unterschiedlich sei. Im einzelnen werden Klassifizierung nach Bruchfestigkeit, die Biegefestigkeitsformel, der Einfl. von Luft- u. anschließender Ofentrocknung, der erneuten Anfeuchtung u. der Überschreitung des notwendigen Wassergeh., der Dauer des Maukens, der Zusatz von Wasserglas, Soda, Sulfitablaugen, von Bentoniten u. anderen Stoffen auf Bruch- u. Biegefestigkeit sowie auf Schwindung besprochen. Wasserverhältnisse bei Bentoniten u. anderen Tonarten u. bei ihren Mischungen, VON WARTENBERGs Festigkeitsverss., Mindestfestigkeiten, Bildsamkeit, Wrkg. von Magermitteln, von Alkalien u. Säuren auf Formbarkeit, Biegefestigkeit, Trockenzeit, das Basenaustauschvermögen u. ähnliches werden näher erörtert. In 2 Tabellen sind Trockenfestigkeitswerte vieler Tone u. Kaoline alphabet. geordnet mit Angaben ihrer Beobachter zusammengestellt. (Silikattechnik **3.** 496—501. Nov. 1952.) H. WINGCHEN. 6216

Riccardo Sersale, *Bei mittleren Temperaturen durch Kristallisation von glasartigen Pulvern erhältliche keramische Materialien.* Materialproben wurden in geeignete Formstücke gepreßt u. gesintert. Der %-Geh. an SiO_2 (I), Al_2O_3 (II), CaO (III) in Probe 1: 34,85 **I**, 10,43 **II**, 46,17 **III**; in Probe 2: 45,50; 10,10; 35,01; in Probe 3: 50,27; 10,97; 31,31; in Probe 4: 43,00; 12,13; 36,78; in Probe 5: 47,46; 13,24; 36,00; an MgO, FeO u. MnO unter 4%. Ergebnisse der therm. Behandlung u. röntgenograph. Unters.: Probe 1: bei 950° krist., Melilithstruktur mit β-2 CaO·SiO_2-Linien; Probe 2: wie 1 mit Wollastonit (**IV**)-Spektrogramm ähnlich β-CaO·SiO_2; Probe 3: wie 2; Probe 4: bei 825° Akermanit (**V**)-Linien, bei 950° **V**- u. **IV**-Linien: β-CaO·SiO_2; Probe 5: bei 825° Pseudo-**IV**: α-Ca·SiO_2 mit **V**-Linien, bei 950° **IV**-Linien: β-Ca·SiO_2. Solche Glasmassen besitzen Härte, Druck- u. Biegungswiderstand wie gute Porzellane u. Steingut u. können als Matrizen für Schleifmittel wie Korund u. Carborund dienen. (Ricerca sci. **23.** 1993—2008. Nov. 1953. Neapel, Univ., Ist. Chim. industr.) G. PLATZER. 6220

Ch. Kiefer, *Beständigkeit und Einteilung der phyllitischen Mineralien. Anwendung auf die Tone der Zementindustrie.* In Fortsetzung der C. **1951.** II. 201 u. 2937 referierten Arbeit werden Vork., Zus. u. Eigg. von Nontronit, Talk, Muskovit, Glaukonit, Phlogopit, Lepidolith u. Klinochlor behandelt. (Rev. Matér. Construct. Trav. publ., Édit. C **1951.** 84—86. März. 109—14. April. 141—46. Mai. 191—94. Juni. 225—32. Juli. 258—68. Aug./Sept.) M. WINIKER. 6222

R. W. Nurse, *Hydrophober Zement.* Die im Hinblick auf die Entw. in der UdSSR durchgeführten Verss. ergeben trotz gewisser Versuchsmängel eindeutig, daß Zement durch geeignete Zusätze, die um die Zementkörner einen geschlossenen wasserabstoßenden Film bilden, wirksam gegen Qualitätsverschlechterung bei der Lagerung an feuchter Luft geschützt werden kann. Am wirksamsten hat sich Ölsäure erwiesen, während, im Gegensatz zu russ. Angaben, Betainhydrochlorid unwirksam war. — Versuchsergebnisse in Tabellen. (Cement Lime Manufact. **26.** 47—51. Juli 1953.) W. GELMROTH. 6222

Kurt Walz, *Eigenschaften von Zementsuspensionen zum Auspressen.* Unterss. an Zementsuspensionen mit Wasserzementwerten von 0,55, 1,00 u. 1,45 unter Verwendung von Zementen verschied. Feinheit sowie von mineral. Zusatzstoffen u. Betonzusatzmitteln im Hinblick auf Eigg., die bes. beim Auspressen von Spannkanälen wesentlich erscheinen. Für letzteren Zweck müssen Suspensionen oder Mörtel in erster Linie auf den kleinstmöglichen Wasserzementwert eingestellt werden. (Beton- u. Stahlbetonbau **49.** 205—11. Sept. 1954. Stuttgart, TH, Forschungs- u. Materialprüfungsanst. für das Bauwesen, Otto-Graf-Inst.) W. GELMROTH. 6222

Hubert Woods, *Beobachtungen über den Widerstand von Beton gegen das Frieren und Tauen.* Krit. Übersicht über die wichtigeren Unterss. der letzten Jahre über den Einfl. des Frierens u. Tauens auf Beton. (J. Amer. Concrete Inst. **26.** 345—49. Dez. 1954. Chicago, Ill., Portland Cement Assoc.) D. BREDTSCHNEIDER. 6224

K. Nochratjan, *Theorie und Praxis einer Schnellmethode zum Brennen von Ziegeln.* Darlegung der wichtigsten prakt. Vorzüge des Schnellbrennens nach DUWANOW u. theoret. Begründung seines Einfl. auf Senkung des Brennstoffverbrauchs u. Erhöhung des Durchsatzes an Brenngut im Ringofen. In der Erkenntnis funktioneller Zusammenhänge zwischen aerodynam. Widerstand der Einsätze u. der Brenngeschwindigkeiten wendet man einen aufgelockerten, den Durchzug begünstigenden Einbau des Brennguts u. einen gesteigerten Durchsatz an Heizmaterial mit häufigerer Beschickung in kleinen Mengen an. Großes Gewicht wird der Vermeidung des Ansaugens falscher Luft durch sorgfältige Abdichtung der Kammergewölbe u. Beschickungsanlagen beigemessen. Das Verf. beruht auf der Senkung des aerodynam. Widerstandes im Brennkanal, wodurch eine andere Verteilung der Luftströme im Ofen erzielt wird. (Строительные Материалы Изделия и Конструкции [Baumater., Fertigteile, Konstruktionen] **1.** Nr. 1. 33—37. Jan. 1955. Inst. für lokale Baumaterialien des Ministeriums für Bauwesen der RSFSR.) M. NOETZEL. 6228

Alfred Stützel, *Thermische, chemische und optische Untersuchungen am Muskovit.* Auf mkr., opt., gewichtsanalyt. u. röntgenograph. Wege wird das Verh. von **14** granit- oder gneispegmat. Muskoviten beim Erhitzen beobachtet. Zur Erklärung der auftretenden Fragen werden die kristallchem. Unterschiede zwischen Heptaphylliten u. Octaphylliten erläutert. (Tonind.-Ztg. keram. Rdsch. **78.** 269—78. Sept. 1954. Tübingen, Min. Inst.) O. BÄR. 6234

H. Jebsen-Marwedel, *Verbesserung der mikrophotographischen Darstellung durch Verwendung gemischter Beleuchtung (Beispiele aus der Glas- und keramischen Technik).* 2. Mitt. (1. vgl. Silicates ind. **18.** [1953.] 225.) Es werden eine Anzahl von Mikrophotos besprochen u. an ihnen die Vorteile von gleichzeitiger Verwendung von Auf- u. Durchleuchtung der Präpp. demonstriert (hochfeuerfeste Steine, Glasdekore, Fremdkörper im Glas, Beeinflussung von Ofenwänden durch das Glas, Blasenbldg. im Glas usw.). (Silicates ind. **18.** 276—81. Aug./Sept. 1953.) L. KÜHNERT. 6240

—, *Sande für die Herstellung von farblosen Gläsern.* Es werden alle wichtigen Eigg. u. ihre Prüfung eingehend behandelt, so Feuchtigkeit, Körnung u. chem. Zusammensetzung. Die Methoden der Probenahme u. der Prüfung werden mit allen Einzelheiten beschrieben, ebenso der genaue Gang der chem. Analyse zur Feststellung der einzelnen Bestandteile, vor allem der färbenden Oxyde. Bes. aufgeführt werden verwendete Filterpapiere u. Standardlösungen. (J. Soc. Glass Technol. **38.** Proc. 41 P—50 P. Aug. 1954.) L. KÜHNERT. 6242

F. W. Wilburn, *Thermische Differentialanalyse.* In einem beschriebenen Doppeltiegel werden Testprobe u. zu untersuchendes Material nebeneinander im Ofen erhitzt, wobei die Tempp. beider Proben durch Pt/PtRh-Thermoelemente gemessen wird. Der Strom des Elementes wird durch einen Wechselstromverstärker deutlich ablesbar gemacht. Die elektr. Einrichtung des Verstärkers ist ebenso wie die Heizung des Ofens eingehend beschrieben u. durch Schaltskizzen erläutert. Die Ergebnisse werden diskutiert. Durch den Verstärker werden auch geringste endotherm. Spitzen der Kurven kenntlich gemacht. (J. Soc. Glass Technol. **38.** Trans. 371 T—382 T. Aug. 1954.) L. KÜHNERT. 6242

E. B. Allison, *Die Bestimmung der spezifischen Wärmen und Reaktionswärmen von Tonmineralien durch thermische Analyse.* Die differentialtherm. Analyse wird als Untersuchungsmeth. in der Metallurgie, Keramik, Chemie u. Geologie angewandt, um die Tempp. festzustellen, bei denen spezif. Phasenänderungen oder Rkk. auftreten. VOLD hat eine mathemat. Analyse der Differential–Thermal-Kurve durchgeführt, nach der die Wärme der Rk. festgestellt werden kann, vorausgesetzt, daß die spezif. Wärme der Probe bekannt ist. Im vorliegenden Aufsatz wurde VOLDs Analyse auf MURRAYs therm. Daten über die Dehydratation von Tonmineralien angewandt. Eine Vereinfachung dieser Meth. wurde von SMITH entwickelt, der die Wärmeübertragung auf eine Probe durch Kalibrierung gegen eine Probe bekannter spezif. Wärme mißt. SMITHs konstante Wärmeflußmeth. wird im folgenden auf die Best. spezif. Wärmen bei der Dehydratation gepulverter Tonproben angewandt. Die Dehydratationswärmen von *Kaolin* wurden hierbei mit 70—115 cal, die für *Montmorillonit* mit 20—50 Cal/g Ton gemessen. Die Veränderung des Dehydratationsbetrages mit der Temp. wird berechnet u. gezeigt, daß der Dehydratationsprozeß einer Reaktionskurve 1. Ordnung folgt. (Silicates ind. **19**. Nr. 11. 363—73. Nov. 1954.) R. Walcker. 6248

N. M. Neschtschadimowa und **I. W. Bogdanowa,** *Bestimmung der plastifizierenden Zusätze in Zement und Schlamm.* Zur Best. von 0,05—0,5%ig. Zusatz an *Sulfitalkoholschlempe* (I) zu Zement oder Schlamm werden 2 g Prüfstoff 3 Min. mit 10 ml essigsaurem Lösungsm. verrührt (27,2 g Na-Acetat in 50 ml heißem W. gelöst, 10,3 ml HCl, D. 1,19 u. 10 g $ZnSO_4$ zu 1 Liter verd.), unter Absaugen filtriert, 3 mal mit 30 ml. Lösungsm., jedesmal absaugend, nachgewaschen; die Lsg. wird zum Sieden erhitzt u. 30 ml heißes Oxydationsgemisch zugegeben (20 ml 0,1%ig. $K_3[Fe(CN)_6]$-Lsg. u. 10 ml n. NaOH), 3 Min. gekocht, abgekühlt, 5 ml HCl (1 : 1), etwas Soda u. 1 g KJ zugegeben, umgerührt u. nach 3 Min. das J mit $Na_2S_2O_3$ wie üblich titriert. % I = $(0,89\ V_0 - V) \cdot T \cdot 100/A$ (V_0 u. V = cm^3 bei Blind- u. Probetitration, T = Titer nach Schlempe, A = Einwaage); T wird als Mittel aus der Titration von 2 g Prüfstoff mit 2—6 mg I ermittelt. Bestimmungsdauer 40 Minuten. (Цемент [Zement] **21**. Nr. 1. 25—26. Jan./Febr. 1955.) A. v. Wilpert. 6252

Pittsburgh Plate Glass Co., Pittsburgh, Pa., V. St. A., *Elektrisch leitender Gegenstand.* Zur Herst. eines transparenten, elektr. leitenden Films auf einer Unterlage aus Glas, Porzellan, teuerfestem Material oder dgl. wird die Unterlage bei Tempp. in der Nähe des Erweichungspunktes erhitzt u. mit einem ungleichförmigem Strahl der Lsg. eines Salzes, z. B. des Acetats oder eines Halids des Sn, mit Zusatz geringer Mengen eines Oxyds des Sb, Cu, Zn, Tl, V, Cd oder dgl. besprüht. Um gegebenenfalls elektr. Anschlüsse an der Unterlage anbringen zu können, wird an den Kanten der Unterlage ein dichterer Strahl angewendet als an der übrigen Fläche. Das Besprühen wird abgebrochen, wenn der Film eine Dicke von ca. 800 mμ erreicht hat. Das Verf. ist bes. für Scheiben für Autos u. Kanzeln von Flugzeugen geeignet. (**E. P. 704 793** vom 31/7. 1951, ausg. 3/3. 1954. A. Prior. 11/4. 1951.) F. Reinhart. 6201

Emil Schmidtmann, Gelsenkirchen, *Herstellen von Betonsteinen für den Grubenausbau.* Zwecks Herst. von Betonsteinen höchster Festigkeit werden der erdfeucht angemachten Betonmasse chem. Mittel, wie HCl, $CaCl_2$, $AlCl_3$, $FeCl_3$ oder dgl., in optimalen Mengen zugesetzt, worauf die M. zur Verformung gerüttelt u. anschließend gestampft oder gepreßt wird. Die Formlinge werden dann im Wasserbad bei n. Temp., gegebenenfalls im Wasser- oder Dampfbad bei erhöhter Temp. gehärtet. Die Außenflächen der Formlinge werden eben, gegebenenfalls durch Schleifen, abgerichtet. Neben den chem. Mitteln kann der erdfeuchten M. noch Kaolinit oder $Al(OH)_3$ zugesetzt werden. (**D. B. P. 816 672** Kl. 80a vom 9/5. 1950, ausg. 11/10. 1951 u. **859 873** [Zusatzpatent] Kl. 80b vom 1/11. 1950, ausg. 18/12. 1952.) Hans Hoffmann. 6229

Herman Weber, Harriman, Tenn., V. St. A., *Herstellung eines porösen Leichtbaustoffes.* Feingemahlener natürlicher Anhydrit, welcher durch ein 175 Maschensieb hindurchgeht, wird mit in Ggw. von Säuren gasabspaltenden silicat. Stoffen, wie Flugasche oder dgl. Verbrennungsrückständen, unter Zusatz von verd. Säurelsgg. vermischt. Beispiel für eine Massezus.: 100 (Teile) natürlicher Anhydrit, 70 Flugasche u. 50 einer 5%ig. H_2SO_4-Lösung. (**A. P. 2 606 126** vom 25/3. 1949, ausg. 5/8. 1952.) Hans Hoffmann. 6229

Herman Weber, Harriman, Tenn., V. St. A., *Herstellung eines Leichtbaustoffes aus künstlichem Anhydrit.* 100 (Teile) eines säurehaltigen künstlichen Anhydrits, wie er bei der HF-Herst. aus CaF_2 anfällt, werden unter Zusatz von W. mit 50—75 gasbildenden SiO_2-haltigen Stoffen, wie Flugasche oder dgl. Verbrennungsrückständen, vermischt. — Beispiel für die Zus. einer Mischung: 100 säurehaltiger Anhydrit, 60 Flugasche u. 45 Wasser. (**A. P. 2 606 127** vom 25/3. 1949, ausg. 5/8. 1952.) Hans Hoffmann. 6229

Versorgungsministerium, London (Erfinder: **Albert Etheridge Williams**), *Körper aus porigem Berylliumoxyd.* BeO, das bei ca. 1400° gebrannt ist, wird zu Teilchen von weniger als 5 μ gemahlen u. in W. dispergiert, das durch Zusatz von HCl auf einen p_H-Wert von 4 oder darunter gebracht ist. Die Dispersion wird in bekannter Weise in eine schaumige M. verwandelt, die getrocknet, durch Schneiden geformt u. bei 1500—2000° gesintert wird. Es entstehen Prodd. mit einem Raumgewicht von ca. 0,5. (**E. P. 650 597** vom 26/8. 1948, ausg. 28/2. 1951.) F. Reinhart. 6229

G. Duchange, Frankreich, *Bauelemente aus wasserabstoßend imprägnierten Massen.* Durch Kaltverformung bei mäßigen Drücken lassen sich polierfähige, säg- u. nagelbare Bauelemente herstellen, wenn man cellulosehaltige Abfälle, wie z. B. Papier,

Pappe, Textilabfälle, Holzsplitter, zerkleinertes Stroh u. a. m. mit höchstens 1/3 Gewichtsteilen W. verrührt, die Fl. abgequetscht u. der feuchten M. 10—20 Gew.-% (bzgl. Gewicht der M.) gebrannte Magnesia u. 10—20% einer Lsg. von Cumaron-Inden-Harzen zusetzt. Letztere Lsg. besteht zu 5/11 aus Cumaron oder/u. Indenharz mit einem F. von 125—130°, weiteren 5/11 aus einem Lösungsm., z. B. Trichloräthylen, Solventnaphtha, Terpentinöl, einzeln oder in Mischungen, oder schweren Lösungsmitteln, wie: Xylol, Toluol, Bzl. oder Lösungsmitteln auf Basis der organ. Ester, wie Methylacetat, Äthylacetat, u. dem restlichen 1/11 aus Leinöl als Weichmacher. Die hiermit behandelte M. wird in poröse Formen eingefüllt u. die Formstücke nach Entfernen des W. zum Trocknen aufgestellt. (**F. P. 1 026 266** vom 19/10. 1950, ausg. 27/4. 1953.) R. GLAFEY. 6229

Mayor & Cie., Société en commandite par actions, Lausanne, Schweiz, *Herstellung hitzebeständiger Formlinge von großer Festigkeit.* Ein Gemisch aus pulverförmigem Serpentin (I) mit einem geringeren Anteil von Asbest (II) wird mit Zement vermengt, worauf das Ganze mit W. angemacht u. verformt wird. Beispielsweise werden 1000—1400 Liter eines Gemisches, welches 1,75—2,2mal so viel I wie II enthält, mit 250 kg eines schnell erhärtenden Zementes vermengt. (**Schwz. P. 285 063** vom 19/4. 1952, ausg. 1/6. 1953.) HANS HOFFMANN. 6229

Mo och Domsjö Aktiebolag, Örnsköldsvik, Schweden (Erfinder: **N. J. Ögland**), *Herstellung von in Wasser unlöslichem, gegen atmosphärische Stoffe widerstandsfähigem Material.* Man behandelt feinverteilte Rinde u. nichtoxydiertes oder gespaltenes Tallölpech bei 200—400° ca. 5—90 Min.; das Verhältnis von Rinde zu Tallölpech soll 1 : 4 bis 1 : 2 betragen. Man kann außerdem geringe Mengen von Schwermetallverbb., z. B. Salzen oder Oxyden von Fe, Co, Ni, Mn oder Cr, zufügen. Die Massen dienen z. B. zur Herst. von Platten, zur Bekleidung der Außenseiten von Häusern. (**Schwed. P. 135 974** vom 7/3. 1950, ausg. 3/6. 1952.) ——————— JÜRGEN SCHMIDT. 6229

—, Überwachung der Schmelze durch physikalische Methoden. Frankfurt/Main: Verl. d. Dt. Glastechn. Ges. 1955. (31 S. m. 33 Abb.) = Fachausschußbericht d. Dt. Glastechn. Ges. Nr. 53. DM 12,—.

VII. Agrikulturchemie. Schädlingsbekämpfung.

F. A. Dieckmann, *Kalkdüngung im Forst.* Die Kalkung verbessert den Waldboden u. steigert seine Erträge qualitativ u. quantitativ u. verbürgt bei geringen Kosten einen hohen Reinertrag. Sie übertrifft wirkungsmäßig alle anderen waldbaulichen Maßnahmen. (Natur u. Nahrung **4.** 11—12. Sept. 1950.) C. GRIMME. 6288

Jac Kortleven, *Der Einfluß der Kalkung auf den Humusgehalt.* Verss. über die Beziehungen zwischen Kalkung u. p_H-Wert einerseits u. Humus (I)-Geh. andererseits zeigen: Kalkung vermindert den I-Geh., weil eine der 1,8fachen $CaCO_3$-Menge entsprechende I-Menge verloren geht. Einer durch Kalkung hervorgerufenen p_H-Veränderung um 1 Einheit entspricht eine Verminderung des I-Geh. um 4%. (Landbouwkund. Tijdschr. **67.** 33—44. Jan. 1955. Groningen, Landbouwproefstat. u. Bodemkundig Inst., T. N. O.) W. WESLY. 6288

A. J. McGregor, *Phosphatbewegung und natürliche Entwässerung.* Vf. stellte fest, daß bei der Phosphatbewegung außer der Acidität des Bodens auch der Entwässerung eine ausschlaggebende Bedeutung zukommt. Gut drainierte Böden wiesen nach Superphosphatgaben einen höheren Geh. an pflanzenverfügbarem Phosphat auf, u. zwar bis 7 in. Tiefe. Bei schlecht entwässerten Böden wurden dagegen die Phosphate sehr rasch festgelegt u. gingen auch nicht tiefer als 3—4 in. (J. Soil Sci. **4.** 86—87. Jan. 1953. West of Scotland Agric. Coll., Chem. Dep.) W. SCHUPHAN. 6302

A. M. Smith und **L. A. Mabbitt,** *Der Beitrag von Getreiderückständen und untergesäten Pflanzen zum Gehalt des Bodens an organischer Substanz und Stickstoff.* Die Verss. wurden auf einem leicht sauren, mittleren, gut mit Nährstoffen versorgten Lehm durchgeführt. Der Geh. an organ. Substanz wurde durch untergepflügte Getreidewurzeln u. -stoppeln verbessert, mehr aber noch durch Untersaat von Gras oder Klee. Während Rotklee durch seinen hohen N-Geh. der nachfolgenden Kultur zu einem weit besseren Wachstum verhalf als lediglich die Getreiderückstände, hatte italien. Raigras diese Wrkg. nur, wenn nach der Getreideernte mit Stickstoff gedüngt wurde. (J. Soil Sci. **4.** 98—106. Jan. 1953. Edinburgh and East of Scotland Coll. of Agric.) W. SCHUPHAN. 6304

A. Daujat, *Der Humus und seine Beziehungen zu den Düngemitteln.* Übersicht über Begriff u. Aufgaben des Humus (I), das I-Gleichgewicht des Bodens u. die Wechselwrkg. zwischen I u. Düngemitteln. (Engrais **68.** Nr. 76. 1—3. Nov. 1954. **69.** Nr. 77. 3. 5—7. Dez. 1954/Jan. 1955.) W. WESLY. 6304

B. G. Balabanow, *Die Wirkung von granuliertem und grobkristallinem Kaliumchlorid auf den Ernteertrag der Pflanzen und ihre Qualität.* Gekörntes u. grobkrist. KCl (I) steht in seiner Wrkg. dem nichtgekörnten, feiner krist. I nicht nach. Da die physikal.

Eigg. des grobkörnigen I wesentlich besser sind, ist dies von Bedeutung für das Ausstreuen der Düngemittel. Die Verss. erfolgten mit Zuckerrübe, Futterrübe, Kartoffel u. Timotheusgras. (Земледелие [Ackerbau] **3.** Nr. 3. 75—76. März 1955.) A. JACOB. 6304

R. C. Rossiter, *Untersuchungen über die Düngung von Weidepflanzen im Südwesten von Westaustralien.* 1. Mitt. *Die Wirkung von Kupfer, Zink und Kali auf das Wachstum von Trifolium subterraneum L. (Dwalganup) auf Sandböden.* Vf. stellte Gefäß- u. Feldverss. mit *K, Cu,* u. *Zn* an. Cu hatte auf Cu-Mangelboden im zweiten Jahr die bessere Wirkung. Während bei Cu-Mangel etwa mit Beginn der Blüte die Blattfläche kaum noch größer wurde, in einigen Fällen sogar abnahm, schädigte K- u. Zn-Mangel die Pflanzen von diesem Zeitpunkt ab durchschnittlich nicht mehr so stark wie vorher. (Austral. J. agric. Res. **2.** 1—13. Jan. 1951. Nedlands, W. A., Univ. of Western Australia, Div. of Plant Ind.) W. SCHUPHAN. 6304

R. C. Rossiter, *Untersuchungen über die Düngung von Weidepflanzen im Südwesten von Westaustralien.* 2. Mitt. *Sichtbare Symptome von Mineralstoffmangel bei Trifolium subterraneum L. (Dwalganup).* (1. vgl. vorst. Ref.) Phosphorsäure-, N- u. Mo-Mangel: verminderte Blattproduktion u. Blattgröße, sowie Verfärbung der Blätter. S-Mangel: geringere Blattproduktion, Gelbfärbung der älteren Blätter. K- u. Zn-Mangel: starke Beeinträchtigung der Blattgröße, bei K-Mangel außerdem Nekrose an den Blatträndern, bei Zn-Mangel grundlegende Veränderung der Blattform. Cu-Mangel: geringerer Samenertrag, hellgrüne Farbe der Blätter. Ca- u. Mn-Mangel: ohne sichtbare Erscheinungen. (Austral. J. agric. Res. **2.** 14—23. Jan. 1951. Nedlands, W. A., Univ. of Western Australia, Div. of Plant Ind.) W. SCHUPHAN. 6304

Wm. A. Albrecht, Wm. G. Blue und **V. L. Sheldon,** *Bodenfruchtbarkeit und Aminosäuresynthese der Pflanzen.* Mikrobiol. Unterss. auf 9 Aminosäuren bei Medicago sativa, Soja max., Agrostis stolonifera major u. Sorghum vulgare ergaben Unterschiede, die auf verschied. Düngungsverhältnisse zurückzuführen waren. Der *Methionin*-Geh. im Sudangras wurde z. B. durch Schwefelgaben, der *Tryptophan*-Geh. in Luzerne u. Soja durch *Bor-, Mangan-* u. *Eisen*-Düngung stark erhöht. (Proc. nat. Inst. Sci. India **19.** 89—95. Jan./Febr. 1953. Missouri, Univ.) W. SCHUPHAN. 6304

C. Bloomfield, *Untersuchungen über die Podsolierung.* 1. Mitt. *Die Mobilisierung von Eisen und Aluminium durch Kiefernnadeln (Scots-pine).* Ein wss. Extrakt getrockneter, gemahlener Kiefernnadeln löst sowohl Eisen- als auch Aluminiumoxyd, wobei das dreiwertige Eisen red. wird u. einen ferro-organ. Komplex bildet. Der Umfang der Löslichkeit u. der Reoxydation war bei verschied. p_H-Wert sehr unterschiedlich. Bei p_H 4 gab es einen Nd. der Oxydationsprodd., bei p_H 7 erhielt man einen lösl. Ferrikomplex, bei p_H 8 wurde der Ferrokomplex nicht völlig zers., so daß große Eisenmengen in Lsg. blieben. Vf. bemerkt zusammenfassend, daß der Prozeß der Podsolierung dem der Gleibldg. wahrscheinlich sehr ähnlich sei. (J. Soil Sci. **4.** 5—16. Jan. 1953. Harpenden, Rothamsted Exp. Stat.) W. SCHUPHAN. 6304

C. Bloomfield, *Untersuchungen über die Podsolierung.* 2. Mitt. *Die Mobilisierung von Eisen und Aluminium durch Blätter und Rinde von Agathis australis (Kaurifichte).* (1. vgl. vorst. Ref.) Die Wrkg. der wss. Extrakte aus Kaurifichtenblättern u. -rinde war ähnlich wie bei früher untersuchten Kiefernnadeln (Scots-pine), wobei die Rinde weniger wirksam war. Eisen- u. Aluminiumoxyde wurden gelöst, u. zwar auch unter aeroben Bedingungen, während z. B. Eichenblätterextrakt diese Oxyde nur anaerob löste u. das entstandene Prod. an der Luft sofort ausfiel. Da Blätter von Nadelbäumen bzgl. der Podsolierung sehr viel wirksamer waren als die von Laubbäumen, nimmt Vf. an, daß das Harz bei diesem Prozeß beteiligt ist. (J. Soil Sci. **4.** 17—23. Jan. 1953. Harpenden, Rothamsted Exp. Stat.) W. SCHUPHAN. 6304

K. Starr Chester, *Bakterien als Düngemittel?* Krit. Diskussion russ. Arbeiten (PIKOWSKAJA, ALEXANDROW u. Mitarbeiter) zum Problem Phosphat u. K mobilisierender Bakterien. Vf. fordert Verss. dieser Art in prakt. Maßstab. (Agric. Chemicals **8.** Nr. 12. 32/33. Dez. 1953. Columbus, O., Battelle Mem. Inst.) W. SCHUPHAN. 6304

C. M. Donald und **D. Spencer,** *Die Bekämpfung von Molybdänmangel in Trifolium subterraneum durch Anfeuchten des Saatgutes mit Natriummolybdatlösung.* Ein vorheriges Anfeuchten des Saatgutes mit 0,1 oder 1%ig. Na-Molybdänlsg. ergab ein größeres Wachstum als eine Bodendüngung mit entsprechenden Na-Molybdatmengen, ebenso einen höheren N-Gehalt. (Austral. J. agric. Res. **2.** 295—301. Juli 1951.) W. SCHULTZE. 6312

I. D. Blair und **L. G. Copp,** *Saaterbsendesinfektion: Eine statistische Untersuchung.* Durch Saatbeizung mit *Premasan* (Tetramethylthiuramdisulfid) oder *Spergon* (Tetrachlor-p-benzochinon) wird die Keimkraft von Saaterbsen stark u. gleichmäßig stimuliert. Organ. Hg-Verbb. u. Ölbehandlung wirkten schwächer. — 10 Literaturhinweise. (New

Zealand J. Sci. Technol., Sect. A. **34.** 397—404. Febr. 1953. Lincoln, Canterbury Agric. Coll. u. Corp. Res. Div., Dep. of scient. and ind. Res.) C. GRIMME. 6312

J. E. R. Greenshields und **W. J. White,** *Die Wirkung verwehter Besprühungen mit 2.4-D auf Kleepflanzen (Sweet Clover) im 2. Wachstumsjahr.* Vom Winde abgetriebene Besprühungen mit 2.4-D-Butylester wirkten in einer Menge von 6 Unzen per acre (= 4,2 g je ar) nicht tödlich, führten aber zu einem Abwerfen der Blätter, zu einem Verkrümmen von Blatt u. Stengeln sowie zu einem Abwerfen der Blüte. Mit zunehmender Entfernung nahmen diese Wirkungen ab, sie waren aber noch deutlich in einem Abstand von 96 Ruten (= ca. 480 m) festzustellen. 51 Tage nach der Behandlung war der Samenertrag auf der Kontrollparzelle 25,1, auf der Nachbarparzelle 2,3 u. auf der 96 Ruten entfernten Parzelle 18,9. Auch die Qualität der Saat nahm mit Annäherung an das besprühte Gebiet ab. (Canad. J. agric. Sci. **34.** 389—92. Juli/Aug. 1954. Saskatoon, Sask., Forage Crop Labor.) A. JACOB. 6312

L. A. Jacobson, H. McDonald, I. S. Lindsay und **P. E. Blakeley,** *Vorläufige Untersuchungen zur chemischen Bekämpfung von Agrotis orthogonia Morr. (Lepidoptera: Phalaenidae).* Chlordane, Dieldrin u. Toxaphen waren bei Verss. zur Bekämpfung des Schädlings wirksamer als Aldrin, BHC u. Heptachlor. (Sci. Agric. **32.** 592—96. Nov. 1952. Lethbridge, Alta., Field Crop Insect Labors.; Saskatoon, Sask.) M. WINIKER. 6312

D. S. Bertram, E. W. Roberts und **H. Edwards,** *Eine Schnellmethode der Probeentnahme für Damalinia (Bovicola) Bovis L. an Vieh und ihre Verwendung im Vergleich der Wirksamkeit von „Gammexan" und DDT gegen diese Parasiten.* Biol. Verss. über die Wirksamkeit von $C_6H_6Cl_6$ u. DDT gegen Befall mit Damalinia (Bovicola) bovis L. (Ann. trop. Med. Parasitol. **46.** 7—24. Mai 1952. Liverpool, Univ., School of Trop. Med. and Vet. Field Stat.) A. LIEBNER. 6312

A. F. Wilhelm, *Neue und ältere Mittel zur Rebschädlingsbekämpfung.* Allg. Überblick. (Dtsch. Weinbau **10.** 204—06. 20/4. 1955. Freiburg/Br., Staatl. Weinbauinst.) G. TREWENDT. 6312

—, *Systemische Insekticide und „swollen shoot"-Erkrankung des Kakaos.* Hinweis auf biol. Verss. mit einem Gemisch von *Bis-(dimethylamino)-fluorphosphinoxyd* u. *Bis-(bis-dimethylamino)-phosphonsäureanhydrid (Hanane).* (Nature [London] **169.** 536. 29/3. 1952.) A. LIEBNER. 6312

F. S. Chamberlin, *Insekticide zur Bekämpfung von Heliothis virescens (F.) bei im Schatten wachsendem Tabak.* Bei 4jährigen Freilandverss. wurde der Schädling Heliothis virescens durch wöchentliches Stäuben der Tabakpflanzen mit 10%ig. *DDT* oder *TDE*-Staub wirksamer bekämpft als mit *CS-708, Methoxychlor* oder *Toxaphen.* Zusatz von 1% *Parathion* zu den Insekticiden erhöhte die Wrkg. nur unwesentlich. Schadwirkungen an den Blättern waren nicht feststellbar. (J. econ. Entomol. **47.** 172—73. Febr. 1954. U. S. D. A., Agric. Res. Adm., Bur. of Entomol. and Plant Quarantine.) F. RANG. 6312

Luis W. Levy und **Raul E. Estrada,** *Pyrethrumanalyse. Colorimetrische Schnellbestimmung der Gesamtpyrethrine durch Reaktion mit Schwefel.* Die zu untersuchende Probe wird so in Petroleum gelöst oder damit verd., daß 1 ml 0,2—1,0 mg *Pyrethrine* (**I**) enthalten, u. eine Lsg. bekannten Geh. mit 0,5 mg I/ml hergestellt. Je 1 ml dieser Lsgg. wird mit genau 3 ml einer Lsg. von 2,5 g Schwefelblume in 1000 ml CCl_4 u. dann mit 3 ml einer Lsg. von 0,25 g Schwefelblume in 1000 ml wasserfreiem ca. 1n alkoh. KOH versetzt, 15 Sek. geschüttelt, genau 73 Min. (vom Mischen der Reagentien an gemessen) in ein Wasserbad von 30° verbracht. Danach wird filtriert u. die Lichtdurchlässigkeit 75 Min. nach dem Mischen bei 560 mμ gemessen. Als Leerwert dienen gleichbehandelte Proben, bei denen jedoch in den Reagentien die Schwefelblume weggelassen wurde. Das Verf. erfaßt noch 0,04 mg I/ml, entspricht dem BAERschen Gesetz bis zu 1,4 mg I/ml u. wird durch DDT u. einige übliche Synergisten nicht gestört. Es kann zur I-Best. in Pyrethrumblüten, I-Extrakten u. zur Verfolgung der I-Wrkg. angewendet werden. (J. agric. Food Chem. **2.** 629—32. 9/6. 1954. Quito, Ecuador, Instria Interameric. de Instanticidas.) F. KRUSEN. 6328

Edmund v. Herz, Köln, *Herstellung eines Schädlingsbekämpfungsmittels.* Durch Selbstentzündung eines Gemisches aus $Ca_3(PO_4)_2$ u. Al- oder Mg-Pulver erhält man Calciumphosphid (Ca_3P_2), das, in Gasform angewendet, ein wirksames Mittel gegen warmblütige u. insekticide Schädlinge darstellt. (**E. P. 716 643** vom 2/4. 1952, ausg. 13/10. 1954.) H. NEBELSIEK. 6313

California Research Corp., San Francisco, übert. von: **Richard D. Stayner,** Albany, Calif., V. St. A., *Baktericide Verbindungen,* gek. durch einen Geh. an 10—60 (Gew.-%) Kiefernöl u. 40—90 einer quaternären Ammonverb. der allg. Formel I, in der wenigstens einer der Reste R_1—R_4, die am N-Atom sitzen, ein hydrophob-aliphat., ungesätt. aliphat., cycloaliphat., araliphat. oder aliphat.-aromat. Rest mit 2—26 C-Atomen ist. Die hydrophoben Reste können langkettige Alkyle, Alkoxyaryle oder Alkylaryle, halogensubstituierte Alkylaryle, Alkylphenoxyalkyle, Arylalkyle usw. sein. Die dann noch (außer den hydrophoben) am N-Atom übrigbleibenden Reste können Substituenten von n. KW-stoffstruktur sein, die zusammen nicht > 12 C-Atome enthalten. Von besonderer Wirksamkeit sind Verbb. der allg. Formel II, in der bedeuten: R_1 eine Alkylgruppe mit 8—18 C-Atomen, Ar ein Aryl-KW-stoffkern, R' H oder ein Methylrest, m 1—4, Y H oder ein Halogen, n 1—8, R_2, R_3 u. R_4 Substituenten von KW-stoffstruktur mit nicht > 12 C-Atomen u. X ein salzbildender, anion. Rest, der derselbe sein kann wie Y, z. B. ein Halogenid, Sulfat u. andere. — Man kann diese II-Verbb. mit langkettigen Alkylarylmethylresten herstellen durch Chlormethylierung einer langkettigen Alkylarylverb., um ein Alkylarylmethylchlorid zu erhalten, das dann mit irgendeinem tert. Amin kondensiert werden kann, um das gewünschte Prod. zu erhalten, oder man erhält die II-Verbb. durch direkte Halogenierung einer langkettigen Alkylarylverb., die 1—4 Methylreste am Arylkern hat. Wenn die Halogenierung in Abwesenheit eines Katalysators durchgeführt wird, der übrigens nur die Substitution der Ringe fördern würde, erhält man ein

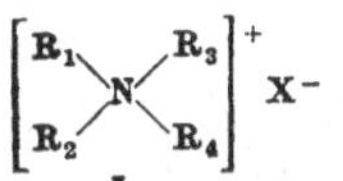
I

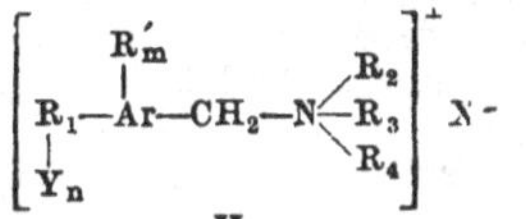
II

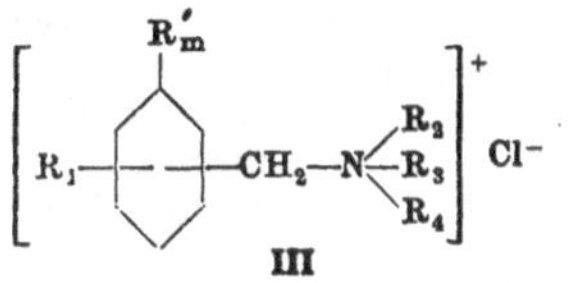
III

Prod., das das Halogen sowohl in dem langkettigen Alkylrest als auch in einem der Methylreste, die am Arylkern sitzen, besitzt. Diese Verb. kann dann mit einem tert. Amin kondensiert werden. — Beispiele für II: Octylbenzyltrimethyl-, Nonylnaphthyltrimethylammonchlorid, Octylbiphenylyltriäthylammonnitrat. — Setzt man den II-Verbb. noch besondere Verstärker zu, z. B. langkettige aliphat. Amine, langkettige aliphat. Alkohole, cycloaliphat. Alkohole, Alkylphenole, Alkylcyclohexanole, Alkylphenylglykoläther, bes. aber Octylphenylmonoäthylenglykoläther u. Octylphenyldiäthylenglykoläther in Mengen von 10—70, so erhält man Verbb. der allg. Formel III, in denen bedeuten: R_1 eine Alkylgruppe mit 8—18 C-Atomen, R' H oder ein CH_3-Rest, m = 1—4 u. R_{2-4} Substituenten von KW-stoffstruktur mit nicht > 12 C-Atomen. (**A. PP. 2 666 009** u. **2 666 010** vom 5/9. 1950, ausg. 12/1. 1954.) H. NEBELSIEK. 6313

VIII. Metallurgie. Metallographie. Metallverarbeitung.

M. W. Thring, *Die Zukunft des Stahlschmelzens.* Erörtert wird die mögliche Entw. des Gegenstromprinzips beim SIEMENS-MARTIN-Ofen, welcher im derzeitigen Zustand nicht das Ideal des Temperaturverlaufs darstellt. Mit einem Vorschlag zum Gegenstromprinzip werden Verbesserungsmöglichkeiten bzgl. des Brennstoffverbrauchs u. des Ofenwirkungsgrades erwartet. Der Schrotteinsatz soll durch das Gewölbe erfolgen. (J. Iron Steel Inst. **176.** 424—32. April 1954. Sheffield, Univ.) H. HOCHSTEIN. 6370

H. M. Cyr, C. W. Siller und **T. F. Steele,** *Rösten metallischer Sulfide im Wirbelschichtverfahren.* Die Entw. einer neuen metallurg. Röstvorr. wird beschrieben. Sie besteht in einem feuerfest ausgekleideten Gehäuseschacht, in dem Luft in verschied. Höhenlagen derart eingeblasen wird, daß sich mehrere übereinanderliegende Wirbelschichten ohne Zuhilfenahme von Stützrosten ausbilden. Bei Verwendung von pelletisierten ZnS-Konzentraten als Beschickung dieser Vorr. brauchen die gerösteten Erzeugnisse vor der Red. zum Metall nicht weiter gesintert zu werden. — Schrifttumsangaben. (J. Metals **6.** 900—04. Aug. 1954. Palmerton, Pa., New Jersey Zinc Co.) H. HOCHSTEIN. 6378

Walter Götz, *Kritische Prüfung der Normen für die Kontrolle der Formerden.* Übersicht: Eigg. der Formerden u. wichtigste Systeme ihrer Kontrolle; Besonderheiten des Formfüllverf. der DIN-Normen; Einfl. des W. auf Widerstand u. Durchlässigkeit der mit Ton agglomerierten Sande; Erörterung der verschied. Kontrollverff. für Formerden. (Fonderia ital. **2.** 483—88. Juni. 524—30. Juli. 555—62. Aug. 1953.) R. K. MÜLLER. 6382

D. V. Atterton, *Die scheinbaren Wärmeleitfähigkeiten von Formsanden bei hohen Temperaturen.* Die Versuchseinrichtung zum Messen der Wärmeleitfähigkeit (I) von gepreßten Formsandproben bei Innenbeheizung u. Temperaturmessung in zwei Entfernungen von der Beheizung wird beschrieben. Die Ergebnisse der Best. der I an Silika-, Olivin- u. Zirkonsand verschied. Vorkk. bei Tempp. von 20—1600° werden mitgeteilt. Es wird gezeigt, daß bei gepreßten Proben aus mit Bentonit gebundenen Silikasanden die I bei niedrigen Tempp. bei ca. 0,002 c.g.s.-Einheiten liegt. Sie nimmt beim Erhitzen auf ca. 500° schwach ab, wächst bei Tempp. über 500° bis zu ca. 1300° rasch an, u. dann noch bis auf ca. 0,005 c.g.s-Einheiten bei 1600°, jedoch mit verringerter Zunahmegeschwindigkeit. Die I u. ihre Zunahmegeschwindigkeit mit der Temp. wächst mit der Sandkorngröße u. schwankt mit der chem. Zus. des Sandes. Eine Zunahme der D. des Preßkörpers u. des Geh. an Bindemittel erhöht die I merklich bei niedrigen Temperaturen. Für mit Bentonit gebundene Olivin- u. Zirkon–Sand-Preßlinge sind die gemessenen Werte bei Raumtemp. ähnlich denen des Silikasandes. Ihre Veränderung mit der Temp. ist für Olivinsand klein, für Zirkonsand gleich der des Silikasandes. Die Anwendung der Meßergebnisse auf das Problem des Eindringens von geschmolzenem Metall in den Formsand wird erörtert. — Anhang. 157 Schrifttumsstellen. (J. Iron Steel Inst. **174**. 201—11. Juli 1953. Cambridge, Univ.) H. HOCHSTEIN. 6382

T. P. Hoar, D. V. Atterton und **D. H. Houseman,** *Einfluß des Ausstampfens und des Sinterns auf das Eindringen von geschmolzenen Metallen in kompakte SiO_2-Sandgemische.* Der Eindringdruck (I) wächst sowohl bei fein- als auch grobkörnigen Sandmischungen beträchtlich mit dem Grad des Ausstampfens an. Es besteht eine enge Beziehung zwischen der Oberflächendichte u. dem I. Siebanalysen zeigen, daß der I umgekehrt proportional der Sandkorngröße ist. Während diese Unterss. mit fl. Sn als eindringendes Metall bei 650° ausgeführt wurden, wurde bei fl. Eisen u. 1600° der gemeinsame Einfl. des Ausstampfens u. Sinterns auf den I bei den gleichen Sanden ermittelt. Es zeigte sich, daß hierbei die Werte des I zunahmen. — 14 Schrifttumsangaben. (J. Iron Steel Inst. **175**. 19—29. Sept. 1953. Cambridge, Univ., bzw. Birmingham, Foundry Services Ltd.) H. HOCHSTEIN. 6382

M. E. Nixon, *Metalldurchdringung.* Übersicht über Ursachen u. Erscheinungen der Metalldurchdringung in Gießereien als Funktion vieler Faktoren u. die Maßnahmen zu ihrer Bekämpfung (Verminderung der Sanddurchlässigkeit oder Verwendung eines feuerbeständigeren Sandes). (Canad. Metals **14**. 42—44. 46. 47. Aug. 1951. Canadian Car & Foundry Co., Ltd.) W. WESLY. 6382

F. Pölzguter, *Das Formmaskenverfahren nach Croning. Ein neues deutsches Formverfahren zum Herstellen von Guß mit hoher Maßgenauigkeit.* Überblick über Ausführung, Vorzüge u. Anwendungsgebiete des Verfahrens. (Z. Ver. dtsch. Ing. **95**. 238—39. 11/3. 1953. Bochum.) H. HOCHSTEIN. 6382

D. M. Lewis, *Technik für die Untersuchung der Wärmeverhältnisse beim Stranggießen.* Theoret. Berechnungen u. Messungen der Wärmeverhältnisse beim Stranggießen von *Al*-Legierungen unter Verwendung von *Cu* als Spurelement sowie von radioakt. Spurelementen werden ausgeführt. Hierbei werden die Tempp. bei der Erstarrung von Knüppeln u. Blöcken gemessen u. aus den erhaltenen Meßwerten rechner. Angaben über die in der Gießkokille auftretenden Wärmeübertragungsverhältnisse gemacht. — 45 Schrifttumsangaben. (J. Inst. Metals **82**. 395—413. April 1954. Banbury, Aluminium Labors., Ltd.) H. HOCHSTEIN. 6382

John J. Howard, *Ein neuer Weg zur Taconitverwertung.* Vf. schlägt ein neues Verf. vor zur Verwertung der ausgedehnten *Taconit*-Vorkk. (25—30% Fe neben 50% Hartquarz), wobei der gemahlene Taconit mit Koks red., calciniert, zerkleinert, magnet. separiert, zu Briketts agglomeriert u. ohne Hochofenzwischenstufe direkt der Stahlerzeugung zugeführt wird. (Mining Engng. **187**. 560—63. Mai 1950. Philadelphia, Pa.) H. ECKHARD. 6390

Aurelio Possenti, *Das Schleudern von Gußeisen (Schleuderguß).* Nachgelassene zusammenfassende Darst. des Vf. († 1950) über die Grundlagen u. die wichtigeren Ausführungsformen des Verfahrens. (Fonderia ital. **2**. 477—82. Juni 1953.) R. K. MÜLLER. 6402

Hans Wilhelm Grönegress, *Einfluß des Gefüges auf die Brennhärtbarkeit von Grauguß.* Bei Unters. verschied. Graugußsorten über ihre Eignung zum Brennhärten wird festgestellt, daß die Größe der Graphitausscheidungen ausschlaggebend ist. Grobe Graphitausbldg. ergibt Ausbrennungen u. Ausbröckelungen beim Schleifen, die beim Härten auch durch das Abschreckmittel nicht verhindert werden können. Es zeigte sich, daß Graphit die Größe 5 nach der Richtreihe der American Society for Testing Materials nicht überschreiten soll. Die erreichte Härte hängt außer von der chem. Zus. vom Grundgefüge ab, die viel Perlit enthalten soll. Bei Gußeisen mit Kugelgraphit wird eine bes. gute Eignung zum Brennhärten nachgewiesen, weil hierbei der Ferrit in der Grundmasse aus den Graphitkugeln C löst u. damit C-reicher wird. — Schrifttumsangaben. (Stahl u. Eisen **75**. 89—95. 27/1. 1955. Gevelsberg.) H. HOCHSTEIN. 6402

—, *Gußeisen mit Kugelgraphit. Eigenschaften — Anwendungen.* Übersicht über Herst., Eigg. u. Anwendungen. (Usine nouv. **1953**. Sondernummer 11. 13. 15. 16. Mai.) W. WESLY. 6404

K. D. Millis, *Wärmebehandlung von Kugelgraphitgußeisen.* Beschreibung der Wärmebehandlung u. Eigg. des behandelten Kugelgraphitgußeisens. (Fonderia ital. 2. 629—30. Okt. 1953.) A. SANDER. 6404

Pierre Coheur und **Hans Kosmider,** *Über das Thomas-Verfahren.* Überblick über die Zustellung u. Haltbarkeit von Konvertern in Europa. Es wird ein Bericht vom KLÖCKNER-HÜTTENWERK HASPE AKT.-GES. u. den belg. Werken über Arbeiten mit an O_2 angereicherter Luft gegeben u. hierbei der prozentuale Anteil des THOMAS-Stahles in den europäischen Ländern im Jahre 1952 genannt. Der Schmelzverlauf beim Blasen mit an O_2 angereicherter Luft u. Wasserdampfzusatz in Haspe wird geschildert, u. es werden Angaben über den O_2-Geh. im Stahl im Verhältnis zum Fe-Geh. der Schlacke gemacht. Häufigkeitskurven zeigen den P-Geh. im Stahl bei einer Einzel- oder Doppelschlacke (Höchstwert 0,035 gegenüber 0,020% P). Der Einfl. der Entschwefelung bei Sodazusatz in der „Teetopfpfanne" wird erörtert, u. Häufigkeitskurven von S hinter dem Mischer im Roheisen u. Stahl werden mitgeteilt. Die N_2-Gehh. im Stahl beim Blasen mit Walzzunderzusatz sowie die physikal. Eigg. der so hergestellten Stähle werden angegeben. (J. Metals 6. Trans AIME 829—35. Juli 1954. Liège, Belgien, Centre Nat. de Rech. Metallurg. bzw. Haspe, Klöckner-Hüttenwerk.) H. HOCHSTEIN. 6408

H. B. Emerick, *Europäische Stahlherstellung unter Verwendung von Sauerstoff.* Nach Beschreibung einer LINDE-FRÄNKL-Anlage zur O_2-Herst. wird über das O_2-Blasen auf Stahlwerken in Deutschland, Österreich, Schweiz, Belgien u. Frankreich berichtet u. Angaben über die Verwendung von O_2 in den verschiedensten Konzz. u. Beimengungen mit Dampf usw., über Vorblasen in der Roheisenpfanne u. Haltbarkeit der feuerfesten Zustellung gemacht. Die verschied. Blasmöglichkeiten werden unter Berücksichtigung des deutschen Schrifttums einander gegenübergestellt. — Schrifttumsangaben. (J. Metals 6. 804—06. Juli 1954. Pittsburgh, Pa., Jones & Laughlin Steel Corp.) H. HOCHSTEIN. 6408

Otwin Cuscoleca, *Entwicklung des Sauerstoffstahl-Verfahrens.* Überblick über die österr. Sauerstoff-Stahlherstellungsverff. sowie über die Eigg. der so hergestellten Stähle. — 37 Schrifttumsangaben. (J. Metals 6. Trans. AIME 817—27. Juli 1954. Wien-Leoben, Östereich.-Alpine Montangesellschaft.) H. HOCHSTEIN. 6408

Alfred Krüger, *Einfluß von Kaltverformung und Alterung auf Festigkeit und Zähigkeit kohlenstoffarmer windgefrischter Sonderstähle.* Mit O_2–Wind- oder O_2–Wasserdampf-Gemischen erblasene unberuhigte u. beruhigte weiche THOMAS-Stähle werden mit entsprechenden üblichen THOMAS-, SIEMENS-MARTIN- u. Elektrostählen hinsichtlich ihrer chem. Zus. u. mechan. Eigg. nach einer Kaltverformung verglichen. Die N_2- u. P-Gehh. entsprechen denen der SIEMENS-MARTIN- u. Elektrovergleichsstähle u. heben sich im Gegensatz zu den O_2-Gehh. deutlich vom üblichen THOMAS-Stahl ab. Es zeigte sich, daß mit steigender Kaltverformung eine geringere Verfestigung der mit Wasserdampf- u. auch O_2-Zusatz erblasenen Stähle als der üblichen THOMAS-Stähle auftritt. Ein großer Einfl. der künstlichen oder natürlichen Alterung auf die Festigkeits-, Einschnürungs- u. Bruchdehnungswerte wird bei verschied. Verformungsgraden u. eine gewisse Abhängigkeit von der Walzabmessung festgestellt. Bei absichtlich hohen Gehh. an N_2 u. P ergeben sich für diese Stähle mit wachsender Kaltverformung die höchsten Kaltverfestigungen, geringsten Brucheinschnürungs- u. Bruchdehnungs- u. auch Kerbschlagwerte. Ein hoher P-Geh. allein scheint ausschlaggebender als ein hoher N_2-Geh. zu sein. Bei Raumtemp. können die verschied. Stähle an ihren Alterungskerbschlagzähigkeiten nach einer Kaltverformung durch Ziehen oder Recken besser als durch Stauchen unterschieden werden. Die Zugfestigkeit im Walzzustand sowie nach Kaltverformung u. Alterung zeigte einen Zusammenhang mit der von STROMEYER gefundenen Einflußgröße (% P + 5% N). Das gleiche gilt für die Kerbschlagzähigkeit im gealterten Zustand. Das Streckgrenzenverhältnis liegt bei den mit Wasserdampfzusatz erblasenen Stählen höher als bei den Vergleichsstählen, wenn außer einer Kaltverformung durch verschieden starke Verdrehung noch zusätzlich eine Reckung um höchstens 1,5% angewandt wurde. — Diskussion. (Stahl u. Eisen 74. 1757—66. 30/12. 1954. Hagen-Haspe, Klöckner-Hüttenwerk Haspe A.-G.) H. HOCHSTEIN. 6408

Åke Josefsson, *Die Übergangstemperaturen einiger perlitfreier Stähle nach einer Wärmebehandlung im α-Gebiet.* Untersucht wird der Einfl. der Abschrecktemp., der Wärmebehandlung u. der Alterung auf die Übergangstemp. (I) von Stählen mit 0,002 bis 0,020 C bei der Kerbschlagprobe. Hierbei zeigt sich, daß die I stark von der Abkühlungsgeschwindigkeit im α-Bereich beeinflußt werden. Auch ein Abschrecken vom A1-Punkt ruft eine sehr niedrige I selbst nach einer Kaltverformung hervor. In einem mit Ti beruhigten Stahl u. in einem Stahl mit 0,05% C konnte die letztgenannte Wrkg.

nicht beobachtet werden. — 13 Schrifttumsangaben. (J. Metals **6.** Nr. 5. Sect. 2. 652—59. Mai 1954. Domnarvet, Schweden, Stora Kopparbergs Bergslags Aktiebolag.) H. HOCHSTEIN. 6408

N. I. Tschernjak und **I. P. Petrenko,** *Der relative Einfluß der Rollenbehandlung und plastischen Dehnung auf die Ermüdungsgrenze von Stahl 12ChN3A.* In Verss. mit Stahl 12ChN3A wurden folgende Werte für die Ermüdungsgrenze (kg/mm²) erhalten: unbehandelt 32,0; Rollenbehandlung 39,0; Dehnung 28,0; Rollenbehandlung mit anschließender Dehnung 33,3; plast. Dehnung mit anschließender Rollenbehandlung 39,8. Diese Werte zeigen, daß die Herabsetzung der Ermüdungsgrenze durch eine plast. Dehnung auch dann eintritt, wenn die Dehnung nach einer Verfestigung durch Rollenbehandlung erfolgt. Bei Rollenbehandlung ist die Ermüdungsgrenze nicht nur höher als der Ausgangswert, sondern auch höher als nach plast. Dehnung. (Доповіді Академії Наук Української РСР [Ber. Akad. Wiss. UkrSSR] **1955.** 50—51. Inst. für Baumechanik der Akad. der Wiss. der UkrSSR.) O. LEBTAG. 6408

J. Dauvergne, *Die Herstellung nahtloser Rohre aus gewöhnlichen und Sonderstählen.* Überblick über Entw. u. heutige Technik der Herst. nahtloser Rohre aus gewöhnlichen u. legierten Stählen. (Doc. métallurg. **1954.** 117—29. Juli/Sept.) A. SANDER. 6408

F. C. Langenberg und **R. W. Lindsay,** *Entfernung von Kupfer aus Eisen–Kupfer–Kohlenstoff-Legierungen.* Zur Entfernung von über Cu-haltigen Schrott in den Stahl gelangtem Cu, welches die Warmverformbarkeit u. die Tiefziehfähigkeit des Stahles ungünstig beeinflußt, werden Cu-haltige Stähle, bes. hochgekohlte, im geschmolzenen Zustand entweder mit *Pb* oder mit Na_2S-Schlacke behandelt, wodurch eine starke Cu-Entfernung, z. B. von 0,37 auf 0,08% Cu durch Pb u. von 0,77 auf 0,1% Cu durch Na_2S, erzielt wird. Als Schwierigkeit tritt bei Pb eine sehr starke Verdampfung dieses Metalles u. bei Na_2S ein starkes Schäumen der Sulfidschlacke auf. — Schrifttumsangaben. (J. Metals **6.** Nr. 9. Sect. 1. Trans. AIME **200.** 967—68. Sept. 1954. State Coll., Pa., Pennsylvania State Univ.) H. HOCHSTEIN. 6410

A. J. Lena und **M. F. Hawkes,** *Die Versprödung von nichtrostenden Stählen bei 475° C (885° F).* Sehr reine Fe–Cr-Legierungen zeigen eine nur geringe Neigung zur Versprödung, wenn sie bei 475° gealtert werden, es sei denn, daß sie vor der Alterung beansprucht werden. Die Veränderungen in der Härte, in den Zugfestigkeitswerten, dem Feingefüge, dem elektr. Widerstand u. den Röntgenbeugungsbildern zeigen, daß Gitterspannungen für die Versprödung von ferrit. nichtrostenden Stählen, die kurzzeitig auf 475° erhitzt werden, erforderlich sind. Es wird angenommen, daß die 475°-Versprödung von der beschleunigten Bldg. einer Zwischenstufe in der Bldg. der σ-Phase unter dem Einfl. dieser Spannungen abhängt. — 25 Schrifttumsangaben. (J. Metals **6.** Nr. 5. Sect. 2. Trans. AIME **200.** 607—15. Mai 1954. Brackenridge, Pa., Allegheny Ludlum Steel Corp, u. Oahn, Hawai, Naval Ammunction Depot.) H. HOCHSTEIN. 6410

Karl Bungardt und **Heribert Sychrovsky,** *Zusammenhang zwischen Gefüge und Zeitstandverhalten austenitischer Chrom–Molybdän–Nickel-Stähle.* Aus Gefüge- u. Zeitstandunterss. an austenit. Cr–Mo–Ni-Stählen mit ca. 16 (%) Cr u. 13 bzw. 16 Ni wird festgestellt, daß ein Mo-Zusatz bis zu ca. 2,6% weder im abgeschreckten Zustand noch nach Langzeitglühen zwischen 600 u. 800° zur Ausscheidung einer selbständigen Mo-Phase führt. Das im Mischkristall nach Abschrecken gelöste Mo beteiligt sich beim Glühen an dem Entstehen der σ-Phase u. ersetzt wahrscheinlich auch Nb in der Verb. Fe_3Nb_2. Nb ist nach dem Abschrecken von Tempp. bis 1350° zum größten Teil noch ungelöst als *NbC* u. bei bereits geringfügiger Überschreitung des Verhältnisses Nb/C $\approx$ 10 als intermetall. Verb. Fe_3Nb_2 gebunden. Glühen bewirkt ein Ausscheiden des bei Abschrecktemp. gelösten NbC u. Fe_3Nb_2. Ein Einfl. von Nb auf die Bildungsgeschwindigkeit der σ-Phase trat bei den untersuchten Stählen nicht auf. Sowohl Fe_3Nb_2 als auch die σ-Phase haben oberhalb 600° eine verhältnismäßig starke Neigung, sich zusammenzuballen. Eine Erhöhung des Ni-Geh. von 13 auf 16% verringert Ausscheidungs- u. Diffusionsvorgänge u. erweitert den γ-Raum auch bei hohen Abschrecktempp. bis 1350°. Für die Entstehung der σ-Phase ist eine gleichzeitige oder vorausgehende Ferritbldg. keine Voraussetzung. Die σ-Phase kann sich auch unmittelbar aus dem Austenit ausscheiden. Die Zähigkeit im abgeschreckten Zustand wird durch Mo fast nicht beeinflußt. Nb-Zusätze über die zum Abbinden von C erforderliche Menge verringern die Zähigkeiten im abgeschreckten Zustand. Gleichartig wirkt auch die Erhöhung des C-Geh. bei gleichem Nb-C-Verhältnis. Die Kaltversprödung durch Glühen zwischen 600 u. 800° wird durch Mo stärker als durch Nb beeinflußt; das Umgekehrte gilt für die Warmversprödung. Mit zunehmendem Mo- u. Nb-Geh. nimmt die Verfestigungsneigung der abgeschreckten Stähle zu. Die Kaltverfestigung erhöht die Ausscheidungsgeschwindigkeit beim Glühen, so daß ein Glühen der kaltverfestigten Stähle bei 600° bereits zu deutlicher Zähigkeitsabnahme bei Raumtemp. führt. Erholungs- u. Rekristallisationsvorgänge werden bei 700° u. ausgeprägter noch bei 800° beobachtet. Die Temp. dieser Vorgänge wird durch erhöhten Mo-Geh. heraufgesetzt. Die Warmzugfestigkeit wird durch Mo u. Nb erhöht. Die Zeitstandfestigkeit wird durch einen Nb-Geh. von ca. 10mal % C in einem Mo-freien Stahl stärker heraufgesetzt als durch einen Mo-Geh. von ca. 2,6% in einem Nb-freien Stahl. Bei gegebenem Verhältnis von Nb/C von ca. 10 erhöht der Mo-Zusatz weiter die Zeitstandfestigkeit, dabei liegt der günstigste Mo-Geh. bei einem Stahl mit 13 (%) Ni bei 1,5 u. bei einem Stahl mit 16 Ni bei 2. Ein wesentlicher Nb-Überschuß setzt die Zeitstandfestigkeit deutlich herab, bedingt durch die zunehmende Fe_3Nb_2-Ausscheidung u. deren starke Neigung zur Zusammenballung. Sämtliche Stähle zeigen das übliche Kriechverh. ohne besondere Unregelmäßigkeiten. Der Legierungseinfl. auf das sek. Kriechen ist gleich dem bei der Zeitstandfestigkeit. Bemerkenswert ist der frühzeitige Beginn des tert. Kriechens, der bei den Stählen mit 13 Ni im allg. noch vor der halben Standzeit eintritt, während bei den Stählen mit 16 Ni das tert. Kriechen bei der halben Standzeit oder später beginnt. — 25 Schrifttumsangaben. (Stahl u. Eisen **75**. 25—39. 2 Tafeln. 13/1. 1955. Krefeld, Deutsche Edelstahlwerke Akt.-Ges.) H. Hochstein. 6410

W. G. Woolf und **A. Y. Bethune,** *Das Burt-Filter.* Das Burt-Filter ist ein Leinwandfilter besonderer Konstruktion, dessen Bauweise u. Anwendung zur Abtrennung heißer, gesätt. $ZnSO_4$-Lsg. von schleimigen Rückständen in einer Elektrolytzinkanlage mit vielen Konstruktionseinzelheiten beschrieben wird. (Mining Engng. **187**. 585—90. Mai 1950. Kellogg, Id., Sullivan Mining Co.) H. Eckard. 6426

Wolf Wolf, *Gußverarbeitung von Zinklegierungen für neue Anwendungsgebiete.* Den Feinzinklegierungen muß auf Grund ihrer guten Gießeigg. sowie ihrer befriedigenden mechan. u. technolog. Werte ein größerer Verwendungsbereich auch in ihrer Verarbeitung zu Sand- u. Kokillengußteilen zuerkannt werden. Es werden die Fälle erörtert, bei denen Gußstücke aus Feinzinklegierungen allen anderen in Frage kommenden Metallen u. Legierungen überlegen sind. — 13 Schrifttumsangaben. (Giesserei **41**. 429—33. 19/8. 1954. Frankfurt/M.) H. Hochstein. 6426

—, *Die Spritzguß-Zink-Legierungen.* Übersicht über geschichtliche Entw., Herst., Eigg. u. Anwendung der Spritzguß-Zn-Legierungen. (Usine nouv. **1953**. Sondernummer 31—33. 35. 37. Mai.) W. Wesly. 6426

W. M. Raynor, *Eigenschaften und Anwendungen von hochreinem ziehbarem Jodidzirkonium.* Das nach dem Jodidverf. aus $ZrSiO_4$ gewonnene Zr ist 99,70%ig., einschließlich 2—3% *Hf* u. leicht kalt zieh- u. walzbar. Tabellar. Zusammenstellung der mechan. Eigg., Beschreibung der Verwendung als O_2- u. N_2-Absorber in Elektronenröhren, als Schutzüberzug gegen viele Säuren u. Basen (Tabelle) sowie als chirurg. Material mit Vorteilen gegenüber Ti u. Ag. Nach dem gleichen Verf. wird hochreines *Hf*, *Si* u. *Ti* hergestellt. — 6 Literaturzitate. (Foote Prints **24**. 25—32. 1952. Philadelphia, Pa., Foote Mineral Co.) H. Eckhard. 6448

Pascal Levesque, *Eine neue Technik für die Herstellung homogener Legierungen.* Theoret. Betrachtung über die Anwendung des Zonenschmelzverf. zum schnelleren Homogenisieren von aus mindestens 2 Elementen bestehenden Legierungen. (J. Metals **6**. 772—73. Juni 1954. Waltham, Mass., Raytheon Mfg. Co.) H. Hochstein. 6470

Walter Jäniche und **Wilhelm Puzicha,** *Zugversuche an sehr langen Proben.* An Proben von 4 verschied. *Stahldrahtwerkstoffen*, nämlich von gezogenem, unlegiertem Walzdraht mit 0,30—0,69 (%) *C*, patentiert gezogenem unlegiertem Draht mit 0,92 C u. vergütetem Walzdraht mit 0,71 C, 0,66 *Si* u. 1,17 *Mn*, wurden Zugverss. mit Meßlängen von 0,2—19 m unter Messen der Dehnung bis zum Bruch durchgeführt. Mit steigender Meßlänge nimmt die Zugfestigkeit u. bes. die Gleichmaßdehnung ab. Der Abfall der Gleichmaßdehnung prägt sich erst kurz vor dem Eintritt des Bruches aus u. wird, wie auch der Abfall der Zugfestigkeit, durch Schwachstellen erklärt, die ein vorzeitiges Einsetzen der Einschnürdehnung bewirken u. damit den Bruchvorgang einleiten. — Schrifttumsangaben. (Arch. Metallhüttenwes. **25**. 589—93. Nov./Dez. 1954. Rheinhausen.) H. Hochstein. 6480

G. Malmberg, *Prüfung von Methoden zur Bestimmung der Grunddehnung.* Von 4 besprochenen Methoden werden 2 experimentell geprüft: die Grunddehnung wird einmal (a) direkt gemessen, im anderen Fall (b) durch eine Berechnungsmeth. bestimmt, die auf den am gleichen Probestab (Durchmesser d) gemessenen Verlängerungswerten für 10d u. 5d beruht. Bei warmgewalztem Material ist sie im Durchschnitt nach a um 1—2 Einheiten höher als nach b, bei kaltgerecktem Material stimmen die nach a u. nach b erhaltenen Werte prakt. überein, die Methoden sind also gleichwertig. (Jernkontorets Ann. **138**. 39—52. 1954.) R. K. Müller. 6480

P. Grodzinski, *Mikroeindruckhärte.* Die Form u. Größe des Eindruckes ist abhängig von der elast. u. plast. Verformung sowie von Brucherscheinungen. — Schrifttum. (Metallurgia [Manchester] **50.** 125—31. Sept. 1954.) K. STEIN. 6480

C. E. Phillips und **A. J. Fenner,** *Untersuchung der Rockwell-Härteprüfung auf einer Maschine mit direkter Gewichtsbelastung.* Es wurde eine Maschine für 150 kg Gesamtlast mit hängender direkter Gewichtsbelastung entwickelt. Der Träger für den Prüfdiamanten ist reibungsfrei zwischen Spanndrähten geführt. Die opt. Tiefenmeßvorr. mit Kippspiegel ist mit der Auflage fest verbunden. Bei Prüfdiamanten, deren Formabweichungen innerhalb der Toleranzen nach B. S. 891 liegen, können durch Fehler in der Spitzenabrundung Abweichungen bis zu 3 ROCKWELL-Einheiten auftreten. Der Einfl. von Fehlern des Kegelwinkels kann vernachlässigt werden. Die Belastungsdauer hat starken Einfluß. (Engineering **172.** 57—61. 13/7.; Machinist **95.** 1183—89. 11/8. 1951. London, Nat. Phys. Labor.) W. DEUTSCH. 6480

E. Martin und **K. Werner,** *Werkstoffprüfung mit Ultraschall, insbesondere Prüfung von Schweißungen.* (Schweißen u. Schneiden **5.** Nr. 12. [Sonderh.] 74 S—81 S. Dez. 1953. Minden.) J. PAHL. 6480

G. Syke, *γ-Strahlendickenlehre für warme Stahllamellen und -rohre.* Eine γ-Strahlendickenlehre zur Messung von 0,05—0,30 in. starken, warm gewalzten Stahllamellen wird beschrieben. Die Lehre ist mit einem Kristalldetektor ausgerüstet u. vermittelt genaue Anzeigen in kurzen Zeitintervallen, wobei jede Anzeige die mittlere Dicke der Lamelle während des vorhergehenden Intervalls wiedergibt. Die Ergebnisse werden einem Lampenbrett übermittelt, das das Längsprofil der Lamellen widerspiegelt. Das Gerät dient in etwas veränderter Form auch zur Messung von Wandstärken warmer Stahlrohre. (Brit. Steelmaker **20.** 364—69. Sept. 1954. Dartford, Baldwin Instrument Co. Ltd.) W. WESLY. 6484

J. L. Putman, *Die Anwendung der Autoradiographie zur Auffindung der Erstarrungsgrenze in stranggegossenem Aluminium.* Berichtet wird über Vorverss. zwecks Ermittlung, ob ^{198}Au u. ^{64}Cu zur Verwendung von radioakt. Spurelementen bei der Festlegung der fl./festen Zwischenschicht in stranggegossenen Al-Knüppeln geeignet sind. Hierbei wurden sehr gute Resultate mit den Au-Zusätzen erzielt. Ein sehr kleiner Betrag einer nicht akt. Au-Legierung wird dem Gießstrahl beim Einlaufen zugesetzt, u. Au wird im fl. Al verteilt. Ein geeigneter Querschnitt des festen Knüppels wird durch einen Neutronenstrom bestrahlt. Autoradiographien werden von der polierten Oberfläche genommen. Ungewöhnliche Streifungen auf deren Durchleuchtungsbild werden einer komplizierten, noch nicht erklärbaren Erscheinung zugeschrieben. (J. Inst. Metals **82.** 414—16. April 1954. Harwell, Atomic Energy Research Establish.) H. HOCHSTEIN. 6484

F. T. Cleaver und **H. J. Miller,** *Ausführung und Zubehör der Drahtzieherei.* Übersicht. (Wire Ind. **18.** Nr. 214. 893—96. Okt.; Nr. 215. 959. 961. 963. 964. Nov.; Nr. 216. 1071—73. Dez. 1951. British Insulated Callender's Cables Ltd.) W. WESLY. 6490

D. J. Binkhorst, *Die mechanischen Eigenschaften von hochwertigem Stahldraht.* Übersicht über Herst., Prüfung u. Eigg. von Stahldraht. (Metalen **10.** 75—82. 31/3. 1955. Utrecht, Kon. Demka Staalfabrieken, N. V.) W. WESLY. 6490

A. R. Bailley und **H. C. Skevington,** *Einfluß der Abkühlungsgeschwindigkeit auf die Härte verschiedener Legierungen. Stirnabschreckversuche mit Aluminiumbronze.* Mittels Stirnabschreckproben wurden an Legierungen aus 86—90 (%) *Cu* u. 10—12,4 *Al* mit oder ohne 1,55—3,02 *Ni* Unterss. über den Einfl. der Abkühlungsgeschwindigkeit auf die erreichbare Härte ausgeführt. Hierbei zeigt sich u. a., daß bei reinen eutektoiden Legierungen das abgeschreckte Probenende im Vgl. zur Restprobe weich war u. die volle Abschreckwrkg. erst 1 Zoll vom Probenende entfernt auftrat. Die maximal mögliche Härte wurde in dieser Probe nicht erzielt. Der Einfl. von Ni äußerte sich in einer Verzögerung der Zers. der Hochtemperatur-β-Phase. Bei den untereutektoiden Legierungen jedoch trat am Abschreckende eine beträchtliche Härtung ein, die in einer Länge von 2 Zoll von diesem Ende weg stetig abfällt. Die Ggw. von Ni zeigt hierin einen härtesteigernden Einfluß. Gefügeunterss. der abgeschreckten Proben lassen erkennen, daß der weicheste Zustand in einer fast eutektoiden Legierung ein Martensitgefüge aufweist. Eine Härtesteigerung ist mit einem größeren Zerfall dieses Gefüges verbunden. Die größte Härte in den untereutektoiden Legierungen ist mit einer Ausscheidung der voreutektoiden α-Phase verbunden. Tritt jedoch diese Ausscheidung in einem wesentlichen Ausmaße auf, dann fällt die Härte beträchtlich. Nach einer Glühung bei 750 bzw. 935° zeigte sich, daß selbst im geglühten Zustande die Ni-haltigen Legierungen härter waren als die binären. Bei den untereutektoiden Legierungen wurde die Härte von der Dauer der Überführung der Proben aus dem Ofen ins Abschreckwasser nicht beeinflußt. — Schrifttumsangaben. (Metal Ind. [London] **85.** 285—88. 1/10. 1954.) H. HOCHSTEIN. 6492

M. Pfender, *Ausgleich und Steuerung von Eigenspannungen durch autogenes Erwärmen.* Es werden zunächst Begriffsbestimmungen für die möglichen Arten von Eigenspannungen u. die Einflüsse von Werkstoff, Temp., Zeit u. Beanspruchung auf die Beständigkeit von Eigenspannungen erörtert u. dann der Ausgleich u. die Steuerung der Eigenspannungen durch örtliches Erwärmen der Werkstücke behandelt. — Schrifttumsangaben. (Schweißen u. Schneiden **5.** Nr. 12, Sonderh., 62 S—69 S. Dez. 1953. Berlin-Dahlem.) H. Hochstein. 6492

F. Danhier, *Die Metallurgie des Sauerstoffschneidbrennens im elektrischen Lichtbogen.* Übersicht über geschichtliche Entw. u. Wesen des O_2-Lichtbogenschneidverf., bes. Verh. der O_2-Lichtbogenflamme gegenüber Fe, schwach legierten Stählen, Al, Ni, rostfreien Stählen, Cu, Gußeisen, Zn u. Mg. — Diskussion. (Soudure Techn. connexes **4.** 197—201. Sept./Okt. 1950.) W. Wesly. 6502

H. H. Emschermann, *Messen der in der Autogentechnik und beim Schweißen auftretenden Einflußgrößen.* Erörtert wird das Messen von Tempp., Formänderungen u. Eigenspannungen. (Schweißen u. Schneiden **5.** Nr. 12, Sonderh., 170 S—176 S. Dez. 1953. Berlin-Dahlem, Materialprüfungsamt u. Chem.-Techn. Reichsanstalt.) J. Pahl. 6506

W. Hofmann und **J. Ruge,** *Die Kaltpreßschweißung als neuartiges Verbindungsverfahren.* Zu den Bedingungen, unter denen eine Kaltpreßschweißung möglich ist, gehört eine peinliche Säuberung der Oberfläche. Der zeitliche Zwischenraum zwischen Reinigung u. Verschweißung sowie die Preßgeschwindigkeit üben auf die Güte der Schweißung prakt. keinen Einfl. aus. *Al* kann noch bei -150^0 verschweißt werden. Nach höheren Tempp. hin wurden Verss. bis in das Gebiet des Warmpreßschweißens fortgeführt. Wesentlich ist in allen Fällen eine sehr große Verformung der Oberfläche. Die erforderliche Oberflächenvergrößerung bei Al beträgt mindestens 160%. Bei weichen Metallen, z. B. bei Al u. Cu, läßt sich das Verf. gut anwenden. Das Kaltpreßschweißen von *Stahl* ist möglich. Als Ergänzung des Überlapptschweißens wurde das Stumpfschweißen entwickelt. Der Grundvorgang des Kaltpreßschweißens wird in der engen Berührung der reinen Oberflächen gesehen, hervorgerufen durch die starke Verformung. — Schrifttumsangaben. (Z. Ver. dtsch. Ing. **95.** 233—37. 11/3. 1953. Braunschweig.) H. Hochstein. 6506

D. L. Mathias, *Für die Ausführung von Eisenschweißelektroden maßgebende Faktoren.* Vf. schildert eingehend u. auf Grund langer prakt. Erfahrung die an die Ummantelung von Schweißelektroden zu stellenden Forderungen bzgl. Lichtbogenstabilität u. -energie, Schutz der Schweißung vor atmosphär. Einw., Schlackenausscheidung u. a., sowie die hierzu bewährten Arten der Ummantelung nach Zus., Korngrößen von Zusätzen, Bindemitteln usw. (Foote Prints **24.** 7—24. 1952. Sparrows Point, Md., Arcrods Corp.) H. Eckhard. 6506

J. D. Cobine und **C. J. Gallagher,** *Elektroden zur Stabilisierung von Schutzgaslichtbögen.* Zur Entzündung u. Stabilisierung der für Schutzgasschweißungen verwendeten Flamme eignen sich W-Elektroden. Die Kennwerte dieser Elektroden werden mit denen von ZrO_2- u. ThO_2-Elektroden verglichen. (Welding Engr. **36.** Nr. 6. 32—34. Juni 1951. Schenectady, N. Y., General Electric Res. Labor.) W. Wesly. 6506

H. Gerbeaux, *Das Schweißen von Gußeisen.* Übersicht über Ausführung u. Anwendung des autogenen u. Lichtbogenschweißens von Gußeisen. (Usine nouv. **1953.** Sondernummer 73, 75, 77, 79, 80, 81, 83. Mai. Office Central, Inst. de Soudure.) W. Wesly. 6506

H. Gerbeaux, *Vergleich der verschiedenen Verfahren zum Schweißen von Gußeisen.* Ein Vgl. der zum Schweißen von Gußeisen (Grauguß, schmiedbarem Guß, Guß mit Kugelgraphit) angewandten Verff. zeigt, daß die autogenen Verff. zu den besten Ergebnissen führen. (Soudure Techn. connexes **4.** 188—95. Sept./Okt. 1950.) W. Wesly. 6506

Fr. Erdmann-Jesnitzer, *Beitrag zum Werkstoffübergang beim Bündelschweißen von Stahl.* Erster Auswertungsbericht eines Zeitlupenfarbfilmes. — 25 Literaturangaben. (Schweißen u. Schneiden **5.** Nr. 12, Sonderh., 106 S—192 S. Dez. 1953. Freiburg/Sa., Bergakademie, Inst. für Metallkunde u. Materialprüfung.) J. Pahl. 6506

John Wargo und **Ray C. Brunner,** *Abschmelzschweißung und das Schnellkaltwalzen von Bandstahl für Weißblech.* Beschreibung der maschinellen Vorrichtungen zum Abschmelzschweißen u. zum Betrieb von Weißblechwalzen. (Iron Steel Engr. **30.** Nr. 8. 59—64. Aug. 1953. Aliquippa, Pa., Jones and Laughlin Steel Corp.) W. Wesly. 6506

George Pettit, *Die Schutzgasschweißung von Aluminium und rostfreiem Stahl.* Beschreibung von Arbeitsweise, Zubehör u. Anwendung des *Aircomatic*-Verfahrens. (Canad. Metals **14.** 52. 54. 56. Aug. 1951. Orillia, E. Long Ltd.) W. Wesly. 6506

G. P. Ssachatzki, *Kaltverschweißung von Aluminium- und Kupferdrähten.* Nach dem durch das Russ. Patent Nr. 97 024 geschützten Verf. zur Kaltverschweißung von Cu mit

Cu, Al mit Al u. Cu mit Al (nicht näher beschrieben) werden Erzeugnisse erhalten, die bei der Zerreißprobe eine Zerstörung im Grundmetall u. nicht an der Kaltschweißstelle zeigen. (Вісник Академії Наук УРСР [Nachr. Akad. Wiss. UkrSSR] **26.** Nr. 2. 51—52. 1955.) O. LEBTAG. 6506

A. R. Moss, *Preßschweißen von Molybdän.* Die Temperatur- u. Verformungsbedingungen, die zur Herst. ausreichender Preßschweißungen von handelsüblichen Sinter-Mo-Blechen erforderlich sind, wurden in einer Ar- u. einer H_2-Atmosphäre bestimmt, u. der Einfl. der Oberflächenbeschaffenheit u. -sauberkeit auf die Schweißbarkeit wurde untersucht. Preßschweißungen wurden bei Tempp. von 690° durchgeführt, u. es wurde auch nachgewiesen, daß ein Verschweißen unterhalb der Rekristallisationstemp. von ca. 1200° möglich ist. Bei Verwendung von Einlagen aus verschied. Werkstoffen kann der zur Ausführung von Preßschweißungen erforderliche Verformungsbetrag beträchtlich verringert werden. Elektrolyt. niedergeschlagenes Cr kann die Güte der Schweißverb. wesentlich verbessern, weil Cr u. seine Legierungen auf Mo als oxydationsbeständige Überzüge wirken. Preßschweißungen mit hoher Festigkeit u. Kaltbildsamkeit bei Raumtemp. wurden auch an warmverformtem Mo erzielt. — Diskussion. (J. Inst. Metals **82.** 374—78. April. 599—600. Aug. 1954. Fort Halstead, Armament Research Etablish.)
H. HOCHSTEIN. 6506

Henry B. Linford und **Edward B. Saubestre,** *Reinigung und Vorbereitung von Metallen für das Elektroplattieren.* 1. Mitt. *Kritische Übersicht über die Literatur.* Übersicht mit 192 Literaturzitaten. (Plating **37.** 1265—69. Dez. 1950. **38.** 60—65. Jan. 158—66. Febr. 1951. New York City, Columbia Univ.) M. GEHLEN-KELLER. 6508

Otto Peltzer, *Chemisches oder mechanisches Entzundern von Stabstahl?* Die chem. Entzunderungsverff. für Walzwerkserzeugnisse mit ihren Schwierigkeiten u. Unzuträglichkeiten werden unter Bezugnahme der einschlägigen Bestimmungen der bestehenden u. kommenden Wassergesetze sowie deren Auswrkg. auf Beizereibetriebe erörtert. Anschließend werden die mechan. Entzunderungsverff. u. ihre Möglichkeiten, bes. das Entzundern mit Strahlmitteln, z. B. bei der Herst. von Blankstahl, behandelt. — 28 Schrifttumsangaben. (Stahl u. Eisen **75.** 129—40. 10/2. 1955. Düsseldorf.) H. HOCHSTEIN. 6508

Berthold Wenderott, *Säurefreies chemisches Verfahren zum Entzundern nichtrostender und hitzebeständiger Stähle.* Hochlegierte nichtrostende u. hitzebeständige Stähle bilden bei der Warmverformung u. beim Glühen Zunderschichten, die in Mineralsäuren nur schwer lösl. sind. Durch Vorbehandlung in Ätznatron–Salpeter-Schmelzen kann die Säurelöslichkeit verbessert werden. Die Beizzeiten werden verkürzt u. die Beizverluste verringert, obwohl der Säureverbrauch groß bleibt. Bei einem neu entwickelten Arbeitsverf. werden die Stahlteile in Ätznatron–Salpeter-Schmelzen vorbehandelt, von Salzrückständen befreit u. dann reduzierend geglüht. Die hierbei erreichbaren Oberflächen entsprechen mindestens der Güte des gebeizten Zustandes u. sind für die meisten Zwecke ohne Nachbehandlung geeignet. Für eine weitere Kaltverformung sind die bei der reduzierenden Glühung auf der Oberfläche gebildeten Fe- oder Fe–Ni-Schichten bes. geeignet. Auch das Blankglühen wird durch die Vorbehandlung in Ätznatron–Salpeter-Schmelzen erleichtert. Auch beim Plattieren von nichtrostenden u. hitzebeständigen Stählen bietet eine Vorbehandlung der zu plattierenden Teile in dem Salzbad Vorteile. Deckbleche u. Platinen können mit dem in den Salzbädern entstandenen, braun- bis schwarzgefärbten Umwandlungsschichten in den Ofen eingesetzt u. verschweißt werden. (Stahl u. Eisen **75.** 141—44. 10/2. 1955. Altena.) H. HOCHSTEIN. 6512

H. E. Zentler-Gordon, *Neue Entwicklungen auf dem Gebiet des elektrolytischen Polierens.* Zusammenfassende Übersicht: Technik des elektrolyt. Polierens von C-Stahl, nichtrostenden u. Spezialstählen, Messing, Neusilber, Al u. Al-Legierungen. — Anwendungsbeispiele. (J. Electrodepositors' techn. Soc. **26.** 55—62. 1950. London, Modern Electrolytic Patents and Processes, Ltd.) W. SKALIKS. 6514

A. Pollack, *Neue Verfahren der Oberflächenbehandlung von Eisen vor dem Lackieren.* Übersicht über die gebräuchlichen Phosphatierungsverff.; apparative Fortschritte durch Automatisierung, chem. Verbesserungen, bes. Kaltphosphatierung, Dünnschichtphosphatierung, Passivierung mit H_3PO_4, Reinigung u. Phosphatierung in einer Stufe, Elektrophosphatierung werden besprochen. (Ind.-Lackier-Betrieb **21.** 71—74. April 1953.)
K. STEINER. 6532

Maria G. Breyer und **M. Mrost,** *Versuche über die relative Korrosionsbeständigkeit von unlegiertem und vier schwach legierten Stählen.* Unters. des Korrosionsverh. unlegierten Stahles sowie 4 verschied. schwach legierter Stähle (0,3—0,5 *Cu*; 0,3—0,5 Cu u. 0,1 *P*; 0,3—0,5 Cu u. 0,1 *Al*; 0,3—0,5 Cu u. 1,0 *Cr*) gegenüber Einfll., die im Bergwerksbetrieb unter Tage auftreten. Die Prüfungen erfolgten im Naturvers. an verschied. Orten u. im Laborversuch. Für die Laborverss. wurde ein Prüfgerät entwickelt, in dem die Proben wechselweiser Kondensation u. Verdampfung saurer, alkal. oder Salzlsgg. ausgesetzt werden. Die Cu-Stähle erwiesen sich in keinem Falle als ungünstiger, an einigen Orten als günstiger. Der Cr-legierte Stahl zeigte bei einigen Beanspruchungsverhältnissen schlechteres Verhalten. (South African ind. Chemist **7**. 207—10. Nov. 1953.) H. SPINDLER. 6538

V. V. Kendall, *Beurteilung der Veränderungen in mit Beschleunigung arbeitenden Korrosionsprüfkammern.* Erfahrungen u. Arbeitsanweisungen über Verf. u. Bedingungen, die bei Unterss. in 5 Korrosionsprüfkammern verschied. Konstruktion an Probetafeln aus Stahl ohne u. mit Überzügen angewandt wurden, um reproduzierbare u. untereinander vergleichbare Ergebnisse zu erzielen. (Year Book Amer. Iron Steel Inst. **1953**. 215—34. U. S. Steel-Corp., National Tube Div.) W. HAUG. 6540

Monsanto Chemical Co. (Erfinder: **Manuel F. Drumm** und **Robert Ruffin Cook**), V. St. A., *Masse zur Herstellung von Kokillen für den Metallguß* besteht aus 100 (Teilen) eines oberhalb 1370° schm. Minerals (*Gießereisand* oder dgl.), 1—15 eines pulverförmigen schmelzbaren, durch Hitze härtbaren Gases (*Phenol-Formaldehyd* oder dgl.) u. 0,1—20 pulverförmigem *Kryolith*, *Kryolithionit*, *Pachnolit* oder Mischungen hiervon. Beispiel für die Zus. einer M.: 100 Gießereisand, 6 eines pulverförmigen Phenol-Formaldehyd-Kondensationsprod. u. 5 Kryolith. (**F. P. 1 071 221** vom 14/11. 1952, ausg. 27/8. 1954. A. Prior. 17/11. 1951.) HANS HOFFMANN. 6383

Monsanto Chemical Co. (Erfinder: **Manuel F. Drumm** und **Robert J. Schatz**), V. St. A., *Masse zur Herstellung von Kokillen für den Metallguß* besteht aus 100 (Teilen) eines oberhalb 1371° schm. Minerals (*Gießereisand* oder dgl.), 1—15 eines pulverförmigen, schmelzbaren, durch Hitze härtbaren Harzes (*Phenol-Formaldehyd*, *Melamin-Formaldehyd* oder *Harnstoff-Formaldehyd* oder dgl.) u. 0,1—20 einer pulverförmigen, O_2-haltigen Metallverb. mit einer Schmelztemp. zwischen 260 u. 1371°. Als Metallverbb. kommen in Frage: *Oxyde*, *Carbonate*, *Oxymetallsäuren* u. deren Salze, Gemische hiervon u. deren Schmelzgemische mit komplexen Metallsilicaten. Eine solche M. besteht z. B. aus 100 Gießereisand, 6 Phenol-Formaldehyd, 2,5 B_2O_3 u. 2,5 PbO. (**F. P. 1 071 231** vom 19/11. 1952, ausg. 27/8. 1954. A. Prior. 3/12. 1951.) HANS HOFFMANN. 6383

Monsanto Chemical Co. (Erfinder: **Robert Ruffin Cook** und **Robert J. Schatz**), V. St. A., *Masse zur Herstellung von Kokillen für den Metallguß* besteht aus 100 (Teilen) eines oberhalb 1371° schm. Minerals (*Gießereisand* oder dgl.), 1—15 eines pulverförmigen, schmelzbaren, durch Hitze härtbaren Harzes (*Phenol-Formaldehyd* oder dgl.) u. pulverförmigen Verbb. der *Phosphorsäuren*. Beispiel für eine Massezus.: 100 Gießereisand, 6 Phenol-Formaldehydharz u. 5 $Na_4K_2(PO_3)_6$. (**F. P. 1 071 232** vom 19/11. 1952, ausg. 27/8. 1954. A. Prior. 3/12. 1951.) HANS HOFFMANN. 6383

Monsanto Chemical Co. (Erfinder: **Manuel F. Drumm** und **Robert Ruffin Cook**), V. St. A., *Masse zur Herstellung von Kokillen für den Metallguß* besteht aus 100 (Teilen) eines oberhalb 1371° schm. Minerals (*Gießereisand* oder dgl.), 1—15 eines pulverförmigen schmelzbaren, durch Hitze härtbaren Harzes (*Phenol-Formaldehyd* oder dgl.), 0,1—20 einer pulverförmigen, O_2-haltigen Metallverb. (I) mit einer Schmelztemp. zwischen 260 u. 1371° u. einem Doppelsalz (II) der H_2F_2 mit NH_4 oder Alkalimetallen als Kationen, wobei das Gewichtsverhältnis von I:II zwischen 0,5:1 u. 10:1 liegen soll. Als I kommen in Frage: *Oxyde*, *Carbonate*, *Oxymetallsäuren* u. deren Salze, Gemische hiervon u. deren Schmelzgemische mit komplexen Metallsilicaten. Beispiel für eine Massezus.: 100 Gießereisand, 6 Phenol-Formaldehydharz, 2,5 B_2O_3 u. K_2F_6Ti. (**F. P. 1 071 233** vom 19/11. 1952, ausg. 27/8. 1954. A. Prior. 3/12. 1951.) HANS HOFFMANN. 6383

Pre-Vest, Inc., übert. von: **Claude H. Watts jr.,** Lyndhurst, O., V. St. A., *Einbettmasse für Wachsmodelle für den Metallguß.* Die mit W. anzumachende u. dadurch zum Erhärten zu bringende Einbett-M. besteht einesteils aus *Quarz* von verschiedenartiger Korngröße u. anderenteils aus einem anorgan. Bindemittel. Es kommt eine Quarzmischung von folgenden Korngrößen in Frage: 2—10 (%) eines 5—10-, 25—35 eines 20—40-, 15—25 eines 40—60- u. 10—35 eines 100-Maschensiebes u. darunter. Als Bindemittel wird ein Gemisch aus 5—9,5 geschmolzenen *MgO*-Pulver, 4—6 $(NH_4)H_2PO_4$ u. 1,5—4 $Mg(H_2PO_4)_2$ verwendet. (**A. P. 2 675 322** vom 20/6. 1951, ausg. 13/4. 1954.) HANS HOFFMANN. 6383

Bergische Stahl-Industrie, Remscheid, und **Indugas Industrie & Gasofen-Bauges. m. b. H.,** Essen (Erfinder: **Fritz Schulte,** Remscheid, und **Werner Heiligenstaedt,** Saarbrücken), *Glühfrischen von Gußstücken im Gasstrom.* Bei einer unterhalb der Gleichgewichtskonz. liegenden O_2-Konz. im Gas wird das O_2-Angebot ausschließlich mit der Gasmenge dergestalt eingeregelt, daß mit dem Gas mindestens 35, höchstens 150% mehr reaktionsfähiger O_2 eingebracht wird, als nach der Umsetzungsgleichung für die Vergasung der zu entfernenden CO_2-Menge notwendig wäre. (**D. B. P. 861 705** Kl. 18c vom 10/12. 1939, ausg. 5/1. 1953.) H. HOCHSTEIN. 6407

Georg Juretzek und **Richard Slowik,** Hennigsdorf (Erfinder: **Wolfgang Küntscher** und **Kurt Steinheisser,** Hennigsdorf), *Entschwefeln im Siemens-Martin-Ofen.* Die Kammern werden mit Gittersteinen ausgerüstet, die, wie Dolomit, in reduzierender Atmosphäre S aufnehmen u. ihn in oxydierender Atmosphäre als SO_2 abgeben. (**D. P.** [**DDR**] **4 308** Kl. 18b vom 18/6. 1952, ausg. 14/5. 1954 [Wirtschaftspatent].) H. HOLM. 6409

Max Baermann, Bensberg-Wulfshof, Bez. Köln (Erfinder: **Max Baermann,** Bensberg-Wulfshof, und **Hermann Dehler,** Köln), *Dauermagnetstahl,* der zum Verpressen von aus zerkleinertem Magnetstahl bestehenden Preßmagneten geeignet ist, bei denen während des Herstellungs- bzw. Preßverf. ein der gewünschten Magnetisierung des fertigen Magneten entsprechendes magnet. Richtfeld angewandt wird. Damit die magnet. Vorzugsrichtung u. die Richtung des größten magnet. Momentes der Kristallite prakt. übereinstimmen, erfolgt bei Legierungen, die zur Bldg. länglicher Kristalle neigen, die Wärmebehandlung im Magnetfeld an den Gußstücken vor dem Zerkleinern bei einer Feldrichtung, die mit der Richtung der längeren Kristallachsen im erstarrten Gußstück übereinstimmt. (**D. B. P. 924 163** Kl. 21g vom 25/1. 1942, ausg. 28/2. 1955. Anmeldung bekanntgemacht 19/2. 1953.) H. KESSEL. 6411

Soc. d'Électro-Chimie, d'Électro-Métallurgie et des Aciéries Électriques d'Ugine, Frankreich, *Gewinnung von Mangan aus basischer Martinofenschlacke.* Die bas. Schlacke wird zunächst durch Zusatz saurer Bestandteile in eine saure Schlacke umgewandelt, worauf diese einer teilweisen Red. derart unterworfen wird, daß der größte Teil an P u. S daraus entfernt, aber fast der gesamte Geh. an Mn darin erhalten bleibt. Anschließend wird aus der so gereinigten Schlacke Mn in Form von *Ferromangan* wiedergewonnen. (**F. P. 1 058 260** vom 12/6. 1952, ausg. 15/3. 1954.) H. HOCHSTEIN. 6419

Siemens & Halske Akt.-Ges., Berlin und München (Erfinder: **Hellmut Bumm,** Berlin-Dahlem, und **Horst Guido Müller,** Berlin), *Legierungen mit großer Temperaturunabhängigkeit ihrer magnetischen Eigenschaften.* Es werden solche kaltverformte *Fe–Ni–Cu*-Legierungen verwendet, deren Bestandteile eine Mischungslücke bilden u. die nach ihrer Zus. in dem Gebiet der Mischungslücke liegen für Zwecke, bei denen es darauf ankommt, daß durch vorübergehende Erwärmung auf höhere Temp., die jedoch unterhalb der Rekristallisationstemp. liegt, keine wesentliche bleibende Veränderung der magnet. Eigg. eintritt. (**D. R. P. 765 311** Kl. 40b vom 15/4. 1938, ausg. 3/5. 1954. Anmeldung bekanntgemacht 25/1. 1945.) C. GÖTZE. 6419

Tor Fjalar Holmberg, Finnland, *Wiedergewinnung von metallischem Eisen aus zinkhaltigem Gut, wie Zinkverbindungen und Ferrozink,* dad. gek., daß das Zn-haltige Gut in ein Pb-Bad von 600° eingetragen wird, wodurch das Zn in Lsg. geht, während das ungelöste Fe an die Badoberfläche steigt u. von dort abgezogen wird. Das verbleibende Bad wird dann entweder auf ca. 420° abgekühlt, wobei sich das Zn vom Pb trennt, indem es erstarrt, an die Badoberfläche steigt u. von dort abgezogen wird, oder auf 440—450° erkalten gelassen, wobei das im Pb gelöste Zn sich als fl. Schicht über dem geschmolzenen Pb absetzt u. dann durch Schmelzflußelektrolyse gewonnen wird. Wenn das Zn durch Schmelzflußelektrolyse gewonnen werden soll, kann auch so verfahren werden, daß das Zn-haltige Gut in ein Pb-Bad von ca. 430° eingebracht wird. Dabei bilden sich zwei geschmolzene Schichten, die obere aus Zn, die untere aus Pb. Das Bad wird dann elektrolysiert, wobei sich zwischen den beiden Schichten Ferrozink bildet, das abgezogen u. in einem zweiten Bad mit Pb auf 600° erhitzt u. das auf die Oberfläche steigende Fe von dort abgezogen wird. Das so vom Fe befreite Pb wird in das erste Bad geleitet, die Schmelze dort auf 430—460° abgekühlt u. durch Elektrolyse das Zn gewonnen. — Zeichnung. Vgl. D. B. P. 909 863; C. **1954.** 11 291. (**F. P. 1 050 934** vom 18/2. 1952, ausg. 12/1. 1954. Finn. Prior. 26/9. 1951.) G. APEL. 6427

Klöckner-Humboldt-Deutz Akt.-Ges., Deutschland, *Gewinnung von Blei und Zink* aus Erzen durch chlorierende Röstung, z. B. mit einem Gemisch aus $NaCl + CaCl_2$, bei Tempp., bei denen sich die Chloride des Pb u. Zn verflüchtigen, worauf diese kondensiert werden, dad. gek., daß die chlorierende Röstung in zwei Stufen durchgeführt wird. In der ersten Stufe wird das $PbCl_2$ bei 650—700°, in der zweiten das $ZnCl_2$ bei 750—800° verflüchtigt. Die Röstgase werden durch Waschtürme geleitet, wo die Wasch-Fl. die Chloride löst, die Lsg. wird bei 80—90° über Alteisen geleitet, wobei das Pb durch Zementation ausgefällt u. aus der verbleibenden Lsg. das Zn mittels CaOH als $Zn(OH)_2$ gewonnen wird. (**F. P. 1 071 416** vom 23/2. 1953, ausg. 31/8. 1954.) G. APEL. 6427

Henry Lepp, Paris, Frankreich, *Raffination von Zinklegierungen.* In einem geschlossenen Ofen wird die Legierung, z. B. Messing mit Zusätzen an Al, Fe, Mn, Cu, Ni oder dgl., in einer CO-Atmosphäre, die frei von O_2, CO_2 u. Feuchtigkeit ist, erschmolzen bis eine Temp. erreicht wird, bei der eine Rk. zwischen Zn u. CO_2 kaum eintritt oder sehr gering ist (ca. 1200°). Darauf wird CO_2 in die Ofenatmosphäre eingeleitet u. die bezeichnete Temp. solange aufrechterhalten bis die Raffination beendet ist. Zweckmäßig wird der Prozeß bei einem ca. 120—150° g/cm über dem Atmosphärendruck liegenden Druck durchgeführt. (**E. P. 697 677** vom 6/2. 1951, ausg. 30/9. 1953. F. Prior. 13/2. 1950.) C. GÖTZE. 6427

Heinrich Lanz Akt.-Ges., Mannheim (Erfinder: **Toni Litzenburger**, Ludwigshafen/Rh.), *Lagerlegierung* besteht aus 25—35 (%) *Al*, Rest *Zn*. Sie kann außerdem noch ca. 1 *Cu* u./oder *Mn* enthalten, wodurch eine höhere Festigkeit u. eine größere Wärmehärte erzielt wird. Die Legierung ist nicht nur als Lagerlegierung, sondern auch als Knetlegierung verwendbar. (**D. B. P. 914 785** Kl. 40b vom 15/8. 1942, ausg. 8/7. 1954. Anmeldung bekanntgemacht 22/1. 1953.) C. GÖTZE. 6427

Electric Storage Battery Co. (Erfinder: **Hector Louis di Giacomo**), Philadelphia, Pa., V. St. A., *Legierungen für Sammlerbatterien* bestehen aus 0,065—0,1 (%) *Ca*, 0,1 bis 0,6 *Ag*, Rest *Pb*. Die Legierungen können außerdem noch 0,3—3 *Sn* enthalten u. zeichnen sich durch gute Gießbarkeit, elektr. Leitfähigkeit u. Korrosionsfestigkeit aus. (**E. P. 692 820** vom 8/1. 1951, ausg. 17/6. 1953.) C. GÖTZE. 6431

Siemens & Halske Akt.-Ges., Berlin und München (Erfinder: **Walter Dannöhl** und **Hans Neumann**, Berlin), *Legierung für Dauermagnete* besteht aus 2—35 (%) *Fe*, 10—45 *Ni*, 1—70 *Co* u. 20—80 *Cu*, wobei die Anteilsverhältnisse von Fe: Ni: Co: innerhalb der Grenzen 1:7:49 u. 1:0,28:0,04 liegen. Das Ni kann bis 9 durch eines oder mehrere der Elemente *Al, Mn, Cr, V, Sb, Ag, Be, Bi, Cd, Zn* u. *Sn* ersetzt sein. Durch diese Elemente werden die magnet. Eigg., bes. die Koerzitivkraft, erhöht. (**D. R. P. 765 611** Kl. 40b vom 28/9. 1937, ausg. 2/8. 1954. **Zusatz zu D. R. P. 755 029; C. 1954. 8897.**) C. GÖTZE. 6423

British Driver-Harris Co. Ltd., Manchester, England, *Elektrisches Widerstandselement* besteht aus 50—60 (%) *Cu*, 1,5—2,5 *Co*, Rest *Ni*. Es hat einen Temperaturkoeff. des Widerstandes zwischen $-3{,}3 \cdot 10^{-5}$ u. $+2{,}3 \cdot 10^{-5}$ in dem Temperaturgebiet von 20 bis 100°, der in einem Koordinatensyst. in Abhängigkeit vom Co-Geh. eingetragen ist. (**E. P. 700 650** vom 8/11. 1951, ausg. 9/12. 1953. A. Prior. 31/7. 1951.) C. GÖTZE. 6433

Reinhard Straumann, Schweiz, *Kupfer-Nickel-Mangan-Legierungen* bestehen aus mindestens 50 (%) *Ni* + *Mn*, Rest *Cu* u. eignen sich für Anker, Unruhen, Federn u. dgl. Gegenstände in der Uhrmacherei. Nach F. P. 1 049 189 bestehen die Legierungen aus mindestens 65 Cu, Rest Ni u. Mn zu etwa gleichen Teilen. (**F. PP. 1 049 188** u. **1 049 189** vom 16/1. 1952, ausg. 28/12. 1953. Beide Schwz. Prior. 24/1. 1951.) C. GÖTZE. 6433

Reinhard Straumann, Schweiz, *Einzelteile für Uhren*, z. B. Unruhen, Federn, Räder, Pendel u. dgl., werden aus einer härtbaren Legierung hergestellt, die aus mindestens 50 (%) *Ni* + *Mn*, 1—20 *Co*, Rest *Cu* mit den üblichen Verunreinigungen besteht. Zweckmäßig besteht die Legierung aus 20—43 Cu, 1—20 Co, 10—34 Ni u. 23—48 Mn. (**F. P. 1 060 729** vom 1/8. 1952, ausg. 5/4. 1954. Schwz. Prior. 7/8. 1951.) H. HOCHSTEIN. 6433

Reinhard Straumann, Schweiz, *Teile für Taschenuhren und für verschiedene Geräte* werden aus einer durch Abschrecken härtbaren, korrosionsbeständigen *Cu-Ni-Mn*-Legierung hergestellt, die aus 44—80 (%) Cu, 5—40 Ni, Rest jedoch höchstens 50 Mn besteht. Die Legierung kann auch bis 10 *Co* enthalten. Aus der Legierung werden Uhr-Unruhefedern, Räder u. Pendel hergestellt. (**F. P. 1 069 506** vom 8/1. 1953, ausg. 8/7. 1954. Schwz. Prior. 8/1. 1952.) H. HOCHSTEIN. 6433

Karl Schaarwächter, Düsseldorf, *Kupferlegierung für Stehbolzen* besteht aus 0,2—1,2 (%) des *Phosphids* eines der Metalle *Fe, Cr, V, Co, W* oder *Mo*, Rest *Cu*. Beim Fe-Phosphid z. B. ist das Verhältnis von P zu Fe wie 1:3 bis 8. Der Werkstoff wird bei einer Zwischenglühung, bes. bei der letzten, bei 600° u. höher ausgeglüht, danach 2 Std. bei 300—500° geglüht u. dann langsam abgekühlt oder abgeschreckt. (**D. B. P. 915 392** Kl. 40b vom 24/5. 1942, ausg. 22/7. 1954. Anmeldung bekanntgemacht 17/12. 1953.) C. GÖTZE. 6433

Aluminum Co. of America, Pittsburgh, Pa., übert. von: **Robert Thomas Wood** und **Marvin Everett Gantz**, Cleveland, O., V. St. A., *Behandlung von geschmolzenem Magnesium und Magnesiumlegierungen*. Zur Strukturverfeinerung werden die Schmelzen vor dem Gießen mit einem aliphat. oder aromat. KW-stoff oder einer KW-stoffverb. versetzt, welche bei Zimmertemp. fest ist, unter 600° sd. u. bei der die Anzahl der C-Atome nicht kleiner ist als die der H-Atome. — Z. B. erhitzt man Schmelzen von Mg-Legierungen mit 2—15% *Al* auf 1300—1550° F u. versetzt die Schmelzen mit 0,01—0,1 Gew.-% *Naphthalin*. (**Can. P. 480 413** vom 11/4. 1946, ausg. 22/1. 1952. A. Prior. 8/10. 1945.) T. OPPERMANN. 6445

Leichtmetallwerk Rackwitz VEB, Rackwitz über Delitzsch (Erfinder: **Hans Mäder**), *Schweißbare Al-Mg-Legierungen* enthalten bis zu 10% *Mg* u. Zusätze von zusammen bis zu 1% *Ti, Th, Zn, Be, B, Zr, As, Ta* oder *Si* u. weitere Zusätze von *Li* u. *Ca*.

Die Schweißrißanfälligkeit der Legierungen wird vermieden. (**D. P. [DDR] 2216** Kl. 40b vom 30/10. 1943, ausg. 6/10. 1952 [Wirtschaftspatent].) H. HOLM. 6447

Hanson-Van-Winkle-Munning Co., Matawan, übert. von: **Otto Kardos,** Keyport, N. J., V. St. A., *Erzeugen glänzender galvanischer Silberniederschläge.* Als Elektrolyt dient eine *AgCN*-Lsg. mit dem Zusatz eines in W. u. Säuren unlösl., aber in Alkali lösl. Reaktionsprod. eines *Ketons* mit CS_2 u. *Alkalihydroxyd.* Als Keton kommt in Frage ein solches mit der Formel RCH_2COCH_3, wobei R sein kann: H, die Alkyl-, Acetonyl- u. die Alkalicarboxymethylgruppe. Das Reaktionsprod. wird mit einer starken Säure ausgefällt u. von Alkalisulfid u. H_2S befreit. Ein weiterer Zusatz von *Türkischrotöl* verbessert die Glanzwirkung. (**A. P. 2 666 738** vom 15/9. 1950, ausg. 19/1. 1954.) F. MARKHOFF. 6527

John Wernli, S. à r. l., Bern, Schweiz, *Erzeugen glänzender galvanischer Silberüberzüge.* Es wird ein cyankal. Versilberungsbad verwendet mit einem Zusatz von 0,15 bis 0,30 g/Liter eines Prod., das in Ggw. eines Alkalihydroxydes durch Rk. zwischen CS_2 u. einem *Keton* erhalten wird, welches mindestens eine CH_2COCH_2-Gruppe enthält. Das Reaktionsprod. muß vor dem Zusatz so gereinigt werden, daß es frei von S, H_2C u. Sulfhydrat ist. Z. B. wird das Reaktionsprod. von Acetonylaceton mis CS_2 verwendet. (**Schwz. P. 298 147** vom 27/8. 1951, ausg. 1/7. 1954. A. Prior. 15/9. 1950.) F. MARKHOFF. 6527

N. V. Metallic Industry (Erfinder: **Rolf Cransberg** und **Hendrikus Andreas van Oosterhout**), Loosdrecht, Holland, *Abscheiden glänzender Silberüberzüge aus alkalischen Cyanidbädern.* Dem Bad werden als Glanzmittel *Thiothiazolidon* oder eines seiner Derivv. zugesetzt. (**D. B. P. 917 584** Kl. 48a vom 6/3. 1953, ausg. 6/9. 1954. Anmeldung bekanntgemacht 4/2. 1954.) F. MARKHOFF. 6527

Johnson, Matthey & Co. Ltd., England, *Herstellen von Edelmetallüberzügen auf Metallen.* Die Gegenstände, z. B. aus W oder Mo, werden mit *Au-*, *Ag-*, *Pt-* oder *Pd-Resinaten* oder *Sulforesinaten*, gelöst in Bzn. oder ihren Mischungen mit Chlf. oder CCl_4, überzogen u. so hoch erhitzt, daß die organ. Verbb. verbrennen. Durch Nacherhitzen auf 600 bis 1000° in H_2 kann die Haftfestigkeit der Überzüge erhöht werden. (**F. P. 1 053 490** vom 7/4. 1952, ausg. 2/2. 1954.) F. VIER. 6527

Aktiebolaget Bofors, Bofors, Schweden, *Erhöhung der Korrosionsbeständigkeit von rostfreiem Stahl.* Der Stahl wird bei nicht unter 100° (185—230°) u. unter Druck (30 bis 40 at) mit H_3PO_4 oder deren Salzen (Na-, β-Picolinsalz) in Ggw. von HNO_3 u. einer durch diese bis zu NO oxydierbaren Verb. (p-Nitrotoluol, Pyridin) behandelt. (**E. P. 719 909** vom 30/10. 1952, ausg. 8/12. 1954. Schwed. Priorr. 2/11. 1951 u. 26/3. 1952.) W. GRÄGER. 6529

Hard Aluminium Surfaces Ltd., England, *Elektrolytische Erzeugung harter Oxydschichten auf Aluminium und seinen Legierungen.* Während der Oxydation wird eine konstante Stromdichte aufrechterhalten unter Verwendung eines höchstens 10° warmen Elektrolyten. Die relative Bewegung zwischen Elektrolyt u. zu oxydierender Oberfläche soll eine Geschwindigkeit von mindestens 10 cm/Min., bes. 70 cm/Min., aufweisen. Als Elektrolyt können die üblichen Elektrolyte, wie *Oxalsäure* oder H_2SO_4, verwendet werden. (**F. P. 1 068 102** vom 3/10. 1952, ausg. 22/6. 1954.) F. MARKHOFF. 6531

General Electric Co., übert. von: **Gerald W. Young,** Schenectady, N. Y., und **John L. Hain,** Bethlehem, Pa., V. St. A., *Erzeugen einer flexiblen Oxydschicht auf Aluminium.* Al wird in einer *Oxalsäurelsg.* anod. oxydiert u. dann stromlos bei 80—95° in eine Oxalsäurelsg. getaucht. (**A. P. 2 665 243** vom 15/2. 1952, ausg. 5/1. 1954.) F. MARKHOFF. 6531

Ekco Products Co., Chicago, übert. von: **John James Russell,** Des Plaines, und **Herbert Nestor Headland,** Chicago, Ill., V. St. A., *Erzeugen einer wärmeabsorbierenden Zinnoxydschicht auf Gegenständen aus Zinn.* Die Gegenstände werden zunächst in einem Elektrolyten, z. B. aus *Weinsäure* u. *Na-Tartrat*, anod. behandelt u. dann auf ca. 190 bis 230° erhitzt. Es bildet sich eine grüne Oxydschicht. (**A. P. 2 687 994** vom 17/3. 1950, ausg. 31/8. 1954. **E. P. 717 912** vom 15/3. 1951, ausg. 3/11. 1954. A. Prior. 17/3. 1950.) F. MARKHOFF. 6531

Pyrene Co. Ltd., Montagu Hyams und **Andrew Nicholson,** Brentford, Middlesex, England, *Erzeugen von Phosphatschichten auf Eisen.* Es wird eine Lsg. von *Alkali-* oder *Ammoniumphosphat* oder eines *Phosphates einer organ. Base* vom p_H-Wert 4,2—5,8 verwendet, die als Beschleuniger nicht mehr als 4% eines *Chlorates* enthält. (**E. P. 714 321** vom 23/7. 1948, ausg. 25/8. 1954.) F. MARKHOFF. 6533

Cyril M. Rice, Montreal, Quebec, Canada, *Färben von anodisch behandeltem Aluminiumblech.* Auf das Blech, das mit einem einen Film bildenden gefärbten Farbstoff-

träger überzogen ist, wird ein Muster eingeprägt; das Blech wird dann in eine Farbstofflsg. getaucht, die den Farbstoffträger nicht löst. Durch kochendes W. wird der Farbstoffträger von den nichtbedruckten Stellen gelöst. Nach dem Trocknen des ersten Musters kann ein zweites, anders gefärbtes Muster auf gleiche Weise aufgebracht werden, welches das erste zum Teil überdeckt. (**Can. P. 490 377** vom 16/4. 1946, ausg. 10/2. 1953.)
H. Holm. 6535

IX. Organische Industrie.

P. M. Heertjes, W. A. Holve und **H. Talsma,** *Die Stoffübergangszahl zwischen Isobutanol und Wasser in einer Sprühkolonne.* Bericht über Verss. zur Best. der Stoffübergangszahl zwischen Isobutanol u. Wasser. Die Konz. der kontinuierlichen Phase wurde in weiten Bereichen der Kolonnenlänge als konstant gefunden. Die Stoffübergangszahl in der dispersen Phase ist niedriger, als die Rechnung nach den Theorien von Newman oder Kronig u. Brink ergibt, was sich aus den Abweichungen der wirklichen Tropfen von der Kugelform u. den Anlaufvorgängen bei der Tropfenbldg. erklärt. Die Stoffübergangszahl in der kontinuierlichen Phase kann genügend genau durch die Sheerwood-Gleichung ausgedrückt werden, wobei die dimensionslose Sheerwood-Zahl proportional der Wurzel aus der Reynold-Zahl u. der Schmidt-Zahl ist. Der Proportionalitätsfaktor ist abhängig von den Zähigkeiten der beiden Medien u. erweist sich abhängig vom Verhältnis $\eta_c/\eta_c + \eta_D$. (Chem. Engng. Sci. **3.** 122—42. Juni 1954.)
W. Blauhut. H 560

P. C. Crofts, *Organische Phosphorverbindungen.* Fortschrittsbericht 1950. — 109 Literaturhinweise. (Rep. Progr. appl. Chem. **35.** 328—39. 1950. Birmingham, Oldbury, Albright & Wilson Ltd.)
M. Winiker. H 980

Monique de Clercq, *Synthesen auf dem Gebiet der cancerogenen Kohlenwasserstoffe. Die Reaktion von Elbs.* Übersicht über die bisher mit Hilfe der Elbs-Rk. dargestellten polycycl. KW-stoffe u. Heterocyclen u. Darst. der Reaktionsmechanismen. — 51 Literaturangaben. (Ind. chim. belge **20.** 157—69. Febr. 1955. Paris, Univ.)
G. Trewendt. H 2950

N. V. de Bataafsche Petroleum Mij., Den Haag, Holland, *Durchführung von Reaktionen in flüssiger Phase.* Bei der Durchführung von Rkk. in fl. Phase, die unter dem katalyt. Einfl. eines adsorbierten Gases erfolgen, läßt man die Fl. als Film entlang der inneren Oberfläche eines röhrenförmigen Absorptionsgefäßes fließen, durch das gleichzeitig das katalyt. wirksame Gas geleitet wird. Die Temp. der Oberfläche des Gefäßes, entlang der die Fl. fließt, wird mit Hilfe eines wärmeaustauschenden Mittels geregelt. Man kann hierbei eine Anzahl röhrenförmiger Absorptionsgefäße nebeneinanderschalten, die mit einem gemeinsamen Speisegefäß für die Reaktions-Fl. u. einer gemeinsamen Vorlage für die Reaktionsprodd. versehen sind. Reaktions-Fl. bzw. gasförmiger Katalysator können zusammen mit einem fl. bzw. gasförmigen Verdünnungsmittel angewendet werden. Das Verf. ermöglicht eine Kontrolle der Absorption des gasförmigen Katalysators, so daß lokale Überdosierung vermieden wird. Das Verf. ist z. B. anwendbar bei der Zers. aromat. Hydroperoxyde zu *Phenolen* u. *Ketonen* bzw. *Aldehyden* in Ggw. von SO_2 bei 10—40°. Äthylbenzolhydroperoxyd wird hierbei zu *Phenol* u. *Acetaldehyd,* p-Cymol zu *p-Kresol* u. *Aceton* zersetzt. Ferner läßt sich nach dem Verf. die Polymerisation von Leinöl zu *Standöl* unter dem Einfl. von SO_2 u. kleinen Mengen O_2 sowie die *Polymerisation von Diallylphthalat* in Ggw. von O_2 oder O_3 durchführen. Ferner ermöglicht das Verf. die Umsetzung von Phenolen mit Ketonen oder Aldehyden in Ggw. von HCl zu *Dioxydiarylalkanen.* Die gleichen Verbb. kann man durch Umsetzung von aromat. Hydroperoxyden mit einem Phenol herstellen. So erhält man aus Phenol, Cumolhydroperoxyd u. HCl *2.2-Di-(4-oxyphenyl)-propan.* (**E. P. 705 640** vom 16/5. 1952, ausg. 17/3. 1954. Holl. Priorr. 17/5., 13/12. 1951 u. 24/3. 1952.)
R. Schwechten. 6557

E. I. du Pont de Nemours & Co., Wilmington, Del., übert. von: **Martval John Paul Hartig,** Glen Ridge, N. J., V. St. A., *Katalysator zur Oxydation organischer Verbindungen,* bestehend aus Mo-Oxyd u. Co- u. Ni-Oxyd im Verhältnis Mo : Co = 1 : <1 u. 0,1—15% eines Aktivierungsmittels aus B-, P- u. V-Oxyden. — Mo-Trioxyd wird in NH_4OH gelöst u. mit einer wss. Lsg. von $Co(NO_3)_2 \cdot 6\,H_2O$ in der Hitze versetzt. Der Nd. wird bei 450° an der Luft 4 Std. getrocknet. Dieser Katalysator dient zur Oxydation von Butan mit Luft zu *Maleinsäureanhydrid,* Ausbeute 48%. Mit einem Katalysator aus Mo : Co = 1 : 0,9 u. B-Oxyd beträgt die Ausbeute an *Maleinsäure* bei der Oxydation von Butan 60%. Ferner können oxydiert werden: Butylene, Butadiene, Bzl., Naphthalin, Alkohole u. Aldehyde. Die Katalysatoren sind auch zur *Hydrierung, Dehydrierung,*

Hydroformierung u. *Entschwefelung* verwendbar. (**A. P. 2 625 519** vom 7/3. 1950, ausg. 13/1. 1953.) G. KRAUSS. 6583

I. G. Farbenindustrie Akt.-Ges., Frankfurt/M. (Erfinder: **Arno Scheuermann** und **Eugen Marecek**, Ludwigshafen/Rh.), *Umsetzung von Kohlenoxyd mit Wasserstoff zu Kohlenwasserstoffen* mit >1 C-Atom bei n. oder erhöhtem Druck in Ggw. von Fe u. Ni enthaltenden Katalysatoren, die durch Fällen von reduzierbaren Fe- oder Ni-Verbb. aus ihren Lsgg. durch Eintropfen in das alkal. Fällungsmittel hergestellt wurden, dad. gek., daß eine Fällungszeit von >3 Std. eingehalten wurde u. man Katalysatoren verwendet, denen vor oder nach der Fällung Ag oder Ag-Verbb. zugesetzt wurden. Als Aktivatoren können unter Reaktionsbedingungen nicht reduzierbare Metalloxyde (Al_2O_3) zugegen sein. Co-haltige Katalysatoren bei Drucken <2 at sind ausgenommen. (**D. R. P. 767 899** Kl. 12o vom 26/3. 1939, ausg. 4/10. 1954.) W. HEROLD. H 500

Rheinpreußen Akt.-Ges. für Bergbau und Chemie, Homberg/Ndrh., *Kohlenoxydhydrierung zur KW-stoffsynthese* bei n. Druck in Ggw. von Fe-Katalysatoren, dad. gek., daß das Synthesegas auf einen Wassergeh. von <30 g, bes. 4—15 g, je Nm^3 Gas vorgetrocknet wird. Je schärfer das Gas getrocknet wird, um so rascher wird das Umwandlungsmaximum erreicht u. um so höher liegt es, z. B. mit einem nicht vor Einsatz red. Katalysator aus 100 (Teilen) Fe, 65 Dolomit, 7,5 Cu u. 2 K_2CO_3 bei 225° Synthesetemp. mit 15,4 g W./m^3 enthaltendem Gas nach 130 Std. maximal bei 40% Umwandlung, während mit über $CaCl_2$ u. Aktivkohle getrocknetem Gas schon nach 40 Std. ein Maximum bei 80% erreicht wird. (**E. P. 712 117** vom 16/8. 1951, ausg. 21/7. 1954. D. Prior. 1/10. 1948.) W. HEROLD. H 500

Standard Oil Development Co., Del., übert. von: **Charles E. Hemminger**, Westfield, N. J., V. St. A., *Kohlenwasserstoffsynthese* aus CO u. H_2 zur *Herst. von fl. KW-stoffen* ohne Nd. aus Wachs oder fester C-haltiger Masse. Da ermittelt wurde, daß die Ndd. bes. auf Katalysatorteilchen <20 μ sich ablagern, wird bei der CO-Hydrierung an Fe-haltigen Katalysatoren bei 125—175 lbs./sq.in. H_2-Druck (ca. 250—450 lbs./sq.in. Gesamtdruck) u. 600—700°F nach dem Wirbelbettverf. (Gasgeschwindigkeit 0,7—1,5 Fuß pro Sek.) aus dem Raum oberhalb des Dichtbettes der bes. Teilchen <20 μ enthaltende Katalysatoranteil laufend entfernt. Der abgezogene Katalysator kann gesintert, abgeschreckt, gemahlen, klassiert, red. u. zurückgeführt werden. In 100 Std. müssen 20 bis 50% des Katalysators in dieser Weise erneuert werden. (**A. P. 2 674 611** vom 1/2. 1949, ausg. 6/4. 1954.) W. HEROLD. H 500

Standard Oil Development Co., Del., übert. von: **James F. Black**, Roselle, und **Kenneth K. Kearby**, Cranford, N. J., V. St. A., *Kohlenwasserstoffsynthese* aus CO u. H_2 an feinverteilten (aufgewirbelten) Fe-Katalysatoren. Die bei hohen Tempp. leicht auftretende Sinterung u. Agglomeration der Katalysatorteilchen wird vermieden, wenn als Katalysator ein wenigstens teilweise red. u. durch Alkali aktivierter hoch-Fe-haltiger Bauxit verwandt wird. Beispiel für die Herst. eines Katalysators aus *Arkansas-Bauxit* (10,2% Fe u. 3,4% TiO_2 im red. Katalysator) durch Behandeln mit 13,2%ig. Lsg. von $K_2CO_3 \cdot 1^1/_2 H_2O$, Trocknen bei 250°F u. Red. mit H_2 bei 1000 Vol./Vol./Std., ferner wird ein aus *Ilmenit* hergestellter Fe_2O_3–TiO_2-Katalysator für die Oxydation von KW-stoffen zu CO + H_2 bei 1400—1800° F beschrieben. (**A. P. 2 682 552** vom 3/7. 1948, ausg. 29/6. 1954.) W. HEROLD. H 500

Standard Oil Development Co., Del., übert. von: **Isidor Kirshenbaum**, Rahway, und **Kenneth K. Kearby**, Cranford, N. J., V. St. A., *Kohlenwasserstoffsynthese und Katalysator*. Zur Herst. fl. KW-stoffe aus CO u. H_2 (bes. bei 550—750°F u. 150 bis 650 lbs./sq.in.) wird ein im wesentlichen aus einer red. Mischung von $ZnCO_3$ (oder auch $CaCO_3$, $BaCO_3$) u. $FeCO_3$ (bes. im Verhältnis 80: 20) mit K-Verbb. (z. B. 2% K_2CO_3) bestehender Katalysator benutzt, der am besten durch Fällen von $FeCO_3$ auf $ZnCO_3$, Waschen, Trocknen, Formen u. Red. hergestellt wird. Der Katalysator arbeitet ohne C-Nd. u. ist beständig gegen mechan. Einfll., also bes. für Wirbelschichtverf. geeignet. (**A. P. 2 686 196** vom 23/3. 1950, ausg. 10/8. 1954.) W. HEROLD. H 500

Phillips Petroleum Co., übert. von: **Charles S. Lynch**, Bartlesville, Okla., V. St. A., *Abtrennung geradkettiger Kohlenwasserstoffe* von verzweigtkettigen oder cycl. KW-stoffen mittels Harnstoff bzw. Thioharnstoff. Man fügt dem Gemisch eine methanol. Lsg. von Harnstoff zu u. dann noch n-Pentan bzw. Isopentan. Nun dest. man das Reaktionsgemisch, wobei ein azeotrop. Gemisch von Methanol u. dem Pentan übergeht. Aus dem Rückstand isoliert man das Additionsprod. aus dem Harnstoff u. dem geradkettigen KW-stoff. — Abbildung. (**A. P. 2 695 283** vom 2/1. 1951, ausg. 23/11. 1954.) A. BRÖSAMLE. H 500

Phillips Petroleum Co., Del., übert. von: **Martin R. Cines**, Bartlesville, Okla., V. St. A., *Azeotrope Destillation geradkettiger Paraffine aus Gemischen mit verzweigtket-*

tigen mit Perfluorverbindungen, z. B. Perfluorparaffinen, Perfluordialkyläthern, Perfluortrialkylaminen, Perfluorcycloparaffinen u. Perfluoralkylcycloparaffinen, wobei diese innerhalb 70°F des Siedebereiches der geradkettigen Paraffin-KW-stoffe sieden. Man gewinnt die geradkettigen Paraffine aus dem Destillat, die verzweigtkettigen aus den Rückständen. — Zeichnung. (**A. P. 2 692 227** vom 20/12. 1950, ausg. 19/10. 1954.) P. Unger. H 510

DEHYDAG Deutsche Hydrierwerke G. m. b. H., Düsseldorf (Erfinder: **Christoph Grundmann**, Columbus, O., V. St. A.), *Nitroparaffinkohlenwasserstoffe* erhält man in Abänderung des Verf. des D. R. P. 748 977 dadurch, daß man höhermol. Paraffin-KW-stoffe an Stelle von HNO_3 in fl. Phase oberhalb 100° mit höheren Stickoxyden (NO_2) für sich oder im Gemisch mit anderen Gasen in feinverteilter Form behandelt. (**D. B. P. 906 693** Kl. 12o vom 11/2. 1943, ausg. 18/3. 1954. Anmeldung bekanntgemacht am 11/6. 1953. **Zusatz zu D. R. P. 748 977; C. 1945. II. 296.**) P. Unger. H 510

Standard Oil Co., Chicago, Ill., übert. von: **Leonard W. Russum**, Whiting, Ind., V. St. A., *Kohlenwasserstoffumwandlung mit Katalysatoren aus $AlCl_3$-Kohlenwasserstoff-Komplexen*, z. B. *Olefinpolymerisation* (C_4H_8 im Gemisch mit C_4H_{10}), Isomerisieren, Alkylieren usw., wobei $AlCl_3$ auch durch andere Al-Halogenide ersetzt werden kann. Einem Reaktionsturm, der im Mittelteil ein sehr wirksames Rührwerk besitzt, wird die Olefincharge von unten an einer Stelle oberhalb eines Absetzraumes u. das Kontaktöl im Oberteil zugeführt. Der Mittelteil ist mit Kühlvorrichtungen versehen. Der oberste Teil des Reaktionsturmes dient zum Absetzen des Kontaktes aus dem abzuziehenden Reaktionsprodukt. Im unteren Absetzraum sammelt sich das durch den Reaktionsturm gefallene Kontaktöl, das im Kreis geführt wird. Bes. wichtig ist das gute Funktionieren der Rührung, da hierdurch die feine Verteilung des Kontaktöles in dem Reaktionsgut u. eine gleichmäßige Temperierung bei hohem Wärmeaustausch gewährleistet wird. Zur Polymerisation gasförmiger Olefine wird die Temp. auf 20—80°F (für n-Buten im Gemisch mit C_4H_{10} auf 20—50°F, für n- u. Isobutengemisch in Ggw. von C_4H_{10} auf 20 bis 80°F bei 0—30°F der eintretenden Gase) gehalten. Ein Teil des umlaufenden Kontaktöls wird stetig abgezogen u. durch $AlCl_3$-Zusatz kompensiert, so daß ein Rücklaufverhältnis von ca. 25 gewahrt wird. — Zeichnungen. (**A. P. 2 677 000** vom 27/2. 1951, ausg. 27/4. 1954 u. **E. P. 711 441** vom 12/2. 1952, ausg. 30/6. 1954. A. Prior. 27/2. 1951.) W. Herold. H 520

Standard Oil Co., Chicago, Ill., übert. von: **Nathan Fragen**, Whiting, Ind., V. St. A., *Verstärken des $AlCl_3$-Kohlenwasserstoff-Katalysators* für die *Polymerisation*, bes. von gasförmigen Olefinen [z. B. n-C_4H_8 u. Iso-C_4H_8 in Ggw. von C_4H_{10}] zu schweren u. leichten Polymerisaten (Viscosität von 500 Saybolt-Sek. als Grenze zwischen beiden), bes. nach A. P. 2 677 000, vgl. vorst. Referat. Zur Herst. des Kontaktöles wird das leichte Polymerisat getrocknet, je Gallone mit 0,1—1 lbs. trockenem $AlCl_3$(Teilchengröße 20 mesh) gut verrührt (wobei strengstens auf Abwesenheit von HCl u. W. zu achten ist!) u. innerhalb 2 Min. der Polymerisationszone in solcher Menge zugeführt,daß auf 1 (Gewichtsteil) Olefin 0,1—2,0 $AlCl_3$ entfallen. (**A. P. 2 677 001** vom 27/2. 1951, ausg. 27/4. 1954.) W. Herold. H 520

Standard Oil Co., Chicago, Ill., übert. von: **Robert L. Yahnke**, Munster, Ind., und **Judd W. Healy**, Alton, Ill., V. St. A., *Olefinpolymerisation mit $AlCl_3$–Kohlenwasserstoff-Komplexkatalysatoren*. Zur Polymerisation von C_3—C_5-Olefinen in Ggw. eines leichten Paraffins in fl. Phase (z. B. C_4H_8/C_4H_{10}) — wie in A. P. 2 677 001, vgl. vorst. Ref. — bei 0—80°F (bes. $<30°$, z. B. 0—20°F) wird eine Suspension des Kontaktöls in KW-stoffen mit 1—10facher Menge der Olefincharge im Kreis geführt unter Auffrischung durch $AlCl_3$-Zusatz in Mengen von 0,5—1,5% der Olefincharge. Die in der unteren Absetzzone auf 5—50 Vol.-% $AlCl_3$-Komplex angereicherte Katalysatorsuspension wird laufend in kleine Tropfen zerschlagen u. im Kreis geführt. Das Polymerisat wird in eine leichte u. schwere Fraktion getrennt, letztere abgetrennt u. die leichte mit suspendiertem Kontaktöl unter Zusatz von frischem $AlCl_3$ zurückgeführt, bevor die Kontaktöltropfen agglomerieren. (**A. P. 2 677 002** vom 19/4. 1952, ausg. 27/4. 1954.) W. Herold. H 520

Phillips Petroleum Co., Del., übert. von: **Walter A. Goldtrap**, Bartlesville, Okla., V. St. A., *Gleichzeitige mehrfache Umwandlung mit Hilfe von Wärmesteinen* für Rkk. mit verschied. Reaktionstemp., z. B. *Umwandlung von C_2H_6 u. von C_3H_8 in C_2H_4*, dad. gek., daß die in einer Heizzone abwärts bewegten Wärmesteine durch ein aufsteigendes Heizmittel erhitzt u. am unteren Teil der Heizzone Wärmesteine (von ca. 1300—2500°F) entnommen werden, welche zur direkten Wärmeübertragung bei einer $C_2H_6 \rightarrow C_2H_4$-Umwandlung benutzt werden, während an einer oberhalb der genannten Abzugsstelle liegenden Stelle etwas weniger heiße (z. B. 1200—2400°F) Steine entnommen werden, die zur Wärmeübertragung bei einer $C_3H_8 \rightarrow C_2H_4$-Umwandlung dienen. Die an den

Unterteilen der beiden Reaktionstürme austretenden Wärmesteine werden der Heizzone oben wieder zugeführt. (**A. P. 2 671 122** vom 13/6. 1949, ausg. 2/3. 1954.) W. HEROLD. H 520

Rohm & Haas Co., übert. von: **Warren D. Niederhauser,** Philadelphia, Pa., V. St. A., *Alkenylhalogenide mit einem quaternären Kohlenstoffatom.* Zur Herst. läßt man 1.3-Butadien mit einem tert. aliphat. Halogenid in einem inerten Lösungsm. (aliphat. KW-stoff, Äthylendichlorid, CCl_4, Ameisen- oder Essigsäure) in Ggw. eines FRIEDEL-CRAFTS-Katalysators (Halogenide von Al, Ti, Sb, Bi, Fe, B oder Zn, bes. $ZnCl_2$) bei n. oder Überdruck, zweckmäßig unter Kühlung, reagieren. So erhält man aus tert.-Butylchlorid die Verb. $CH_3-C(CH_3)_2-CH_2CH{=}CHCH_2Cl$ mit Kp.$_{18}$ 61—68° u. JZ. 173; aus tert.-Amylchlorid $C_2H_5-C(CH_3)_2-CH_2CH{=}CHCH_2Cl$, Kp.$_{10}$ 66—68°; aus tert.-Octylchlorid $(CH_3)_3\cdot C-CH_2-C(CH_3)_2-CH_2CH{=}CHCH_2Cl$, das zur Herst. von Alkoholen, Aminen, Säuren, Reinigungsmitteln oder Baktericiden weiterverarbeitet werden kann. (**A. P. 2 689 873** vom 1/12. 1950, ausg. 21/9. 1954.) W. GRÄGER. H 520

Ruhrchemie Akt.-Ges., Oberhausen/Rhld. (Erfinder: **Friedrich Martin,** Mühlheim/Ruhr, und **August Hageman** und **Herbert Heger,** Duisburg), *Gewinnung olefinreicher flüssiger Kohlenwasserstoffe* durch katalyt. Rk. von CO u. H_2 enthaltenden Gasen bei Überdruck u. Kreislaufführung eines Teiles der Reaktionsprodd., dad. gek., daß an Co-Kontakten mit Synthesegas von $<1{,}5$ (Vol.) H_2 je 1 CO auf 1 Frischgas ca. 3 Rücklaufgas, das leichtsd. KW-stoffe enthält, geführt werden. Man erhält hohe Ausbeuten an ungesätt. Kohlenwasserstoffen bei 5—20 atü u. Tempp. um 200°. (**D. R. P. 765 188** Kl. 12o vom 26/11. 1940, ausg. 18/10. 1954.) W. HEROLD. H 520

Standard Oil Development Co., Del., übert. von: **Isidor Kirshenbaum,** Union, und **Charles W. Skarstrom,** Hazlet, N. J., V. St. A., *Kontrolle der exothermen Reaktion bei der Olefinpolymerisation* mit Phosphatkatalysatoren auf festen Trägern. Überhitzen u. Hydratisieren der Katalysatoren wird vermieden, wenn der Olefincharge das Hydrat eines Co-, Cu- oder Ni-Phosphates zugemischt wird, das sich beim Durchleiten durch das Katalysatorbett endotherm zersetzt. Die Erfindung ist durch Verwendung von hitzezersetzlichen anderen Hydraten ($MgSO_4\cdot H_2O$, $ZnSO_4\cdot H_2O$, $CoSO_4\cdot 7\,H_2O$, $BaCl_2\cdot 2\,H_2O$) oder Carbonaten (Pd-, Pb-, Mg-, Fe-, Cd-, Zn-Carbonat) bei Oxydationen, Hydrierungen, KW-stoffsynthesen u. anderen exotherm. Rkk. brauchbar. (**A. P. 2 686 210** vom 9/1. 1951, ausg. 10/8. 1954.) W. HEROLD. H 520

Phillips Petroleum Co., übert. von: **Lee H. Boyer,** Bartlesville, Okla., V. St. A., *Herstellung von Acetylen und Äthylen.* In einem Reaktionsturm führt man im Gegenstromprinzip auf 1800—2800°F erhitzten Kies (oder Kugeln) dem von unten einströmenden aus KW-stoffen, bes. Propan, bestehenden Gas entgegen. Entsprechend der Abkühlung des Kieses (bis unter 500°F) kann in der Mitte des Turmes Äthylen (30—90% der eingesetzten Menge) abgezogen u. auch zugeführt werden, während im obersten Teil Acetylen gebildet u. nach oben abgezogen wird. (**A. P. 2 692 294** vom 19/10. 1950, ausg. 19/10. 1954.) W. GRÄGER. H 520

Mathieson Chemical Corp., Baltimore, übert. von: **Maynard M. Baldwin,** Columbus, V. St. A., *Kupferoxydkatalysatoren.* Die bes. zur katalyt. *Oxydation* von *Olefinen* dienenden Katalysatoren werden hergestellt durch Aufbringen einer Schicht von Cu-Phthalocyanin auf eine Trägerschicht aus Al_2O_3, MgO, SiO_2 oder Bimsstein, sowie Erhitzen bis zum Abscheiden des CuO u. Entfernen der organ. Substanz. Auch andere Cu-Verbb. von hohem Mol.-Vol., wie Hydrochinolin, Resinate oder Aminobenzoate, können verwendet werden, ebenso auch Verbb. anderer Metalle, z. B. Co-, Mn-, Fe-, Cd-, Pb- u. Ni-Salze der Naphthensäuren. (**A. P. 2 688 603** vom 24/4. 1948, ausg. 7/9. 1954.) W. MATTHAES. H 520

Badische Anilin- & Soda-Fabrik Akt.-Ges., Ludwigshafen/Rh. (Erfinder: **Wilhelm Wenzel,** Frankfurt/M.), *Herstellung dichter Eisenkatalysatoren für die Umsetzung von Kohlenoxyd mit Wasserstoff* zu *KW-stoffen* u. *O-haltigen Verbb.* durch Red. mit H_2 oder H_2-haltigen Gasen, dad. gek., daß man das reduzierende Gas mit >500, bes. >800 m³, je Std. u. je m³ Katalysator so lange über den (bes. $<1{,}50$ m Schichthöhe besitzenden) Katalysator leitet, bis das Prod. aus m³ Gas/m³ Katalysator/Std. u. der Zeit in Tagen mindestens 1000 beträgt. Das Reduktionsgas kann nach Entfernen des W. im Kreis geführt werden. (**D. B. P. 923 008** Kl. 12o vom 5/8. 1941, ausg. 31/1. 1955. Anmeldung bekanntgemacht 21/2. 1952.) W. HEROLD. H 550

Badische Anilin- & Soda-Fabrik Akt.-Ges., Ludwigshafen/Rh. (Erfinder: **Wilhelm Wenzel,** Frankfurt/M.), *Umsetzung von Kohlenoxyd mit Wasserstoff* zu bes. O-haltigen geradkettigen Verbb. neben mehrgliedrigen KW-stoffen bei 205—250° u. >12 at mit Fe-Katalysatoren, die bei hoher Durchsatzgeschwindigkeit mit H_2 oder H_2-haltigen Gasen red. wurden, dad. gek., daß man das Reaktionsgemisch von O-haltigen

Prodd. befreit u. die KW-stoffe ganz oder teilweise (bes., nach Abtrennung der höhersd. Anteile, die 3—4 C-Atome enthaltenden KW-stoffe) mit den nicht umgesetzten Gasen im Kreis führt. (**D. B. P. 919 951** Kl. 12o vom 21/8. 1941, ausg. 8/11. 1954. Anmeldung bekanntgemacht 3/4. 1952.) W. HEROLD. H 550

Phillips Petroleum Co., übert. von: **John S. Cromeans,** Dewey, und **Norman C. Carter,** Bartlesville, Okla., V. St. A., *Gewinnung von O-haltigen organischen Verbindungen* aus der wss. Phase des fl. Prod. der katalyt. CO-Hydrierung, die einen Geh. von 85—90% W. hat u. im übrigen aus Alkoholen, Ketonen, Aldehyden u. organ. Säuren besteht. Eine Propanol u. niedrigersd. Verbb. enthaltende Fraktion wird bei einer bei Arbeitsdruck unter dem Kp. des W. liegenden Temp. abdestilliert. In einem Trenngefäß wird die sich bildende, höhersd. organ. Verbb. (Aldehyde u. Ketone) enthaltende Schicht abgetrennt. Während die wss. Schicht in die Fraktionierkolonne zurückgeführt wird, werden die Aldehyde u. Ketone weiter zu den entsprechenden Säuren oxydiert. (**A. P. 2 696 495** vom 4/1. 1950, ausg. 7/12. 1954.) W. GRÄGER. H 550

Ruhrchemie Akt.-Ges., Oberhausen, und **Lurgi Gesellschaft für Wärmetechnik m. b. H.,** Frankfurt/M., *Abtrennung höherer Alkohole aus Alkohol–KW-stoffgemischen.* Alkohole mit >3 C-Atomen werden aus den Gemischen, wie sie z. B. bei der katalyt. CO-Hydrierung entstehen, gegebenenfalls bei 150—250° u. einem Druck von nicht >100 at in etwa gleicher Menge mit einem Lösungsm. extrahiert, das z. B. zur Hälfte aus W. u. im übrigen aus einem C_{1-3}-Alkohol besteht. Aus dem Extrakt werden die niederen Alkohole abdestilliert. Der Destillationsrückstand trennt sich in 2 Schichten, deren leichtere die höheren Alkohole neben geringen Mengen KW-stoffen enthält. Vgl. auch D. B. P. 867 993; C. **1953.** 6567 u. Oe. P. 171 713; C. **1954.** 2047. (**E. P. 716 131** vom 15/11. 1951, ausg. 29/9. 1954. D. Priorr. 20/11., 29/11. 1950 u. 12/9. 1951.) W. GRÄGER. H 550

Standard Oil Development Co., Del., übert. von: **Paul T. Parker,** Baton Rouge, La., V. St. A., *Octylalkohole* erhält man bei der Einw. von H_2 u. CO im Verhältnis 1,0 bis 1,2 : 1 auf Heptene in Ggw. von lösl. Co-Salzen von organ. Säuren, wie Öl- oder Naphthensäuren bei 300—360°F u. 2900—3400 lbs./sq.in. Man hält einen Olefinstrom von ca. 0,4—0,6 Vol./Vol./Std. ein u. leitet einen Teil des Reaktionsprod. im Kreislauf in den Reaktionsraum, während der andere Teil, enthaltend den gelösten Co-Katalysator, einer therm. Behandlung zur Zers. des Co-Carbonyls unterworfen wird. Die von Co befreite Lsg. wird einer katalyt. Hydrierung unterworfen, wobei man aus den Aldehyden die entsprechenden Alkohole erhält. — Zeichnung. (**A. P. 2 637 746** vom 12/8. 1948, ausg. 5/5. 1953.) G. KÖNIG. H 560

Standard Oil Development Co., Elizabeth, N. J., V. St. A., *Herstellung von Isooctylalkohole,* bes. von *3.5-, 3.4-* u. *4.5-Dimethylhexanol.* Eine Heptenfraktion Kp. 165 bis 215°F bzw. Heptene, die durch Polymerisation eines Gemisches von 90% Propylen u. 10% n-Butylen erhalten wurden, werden mit CO u. H_2 in Ggw. von Co-Katalysatoren bei erhöhten Tempp. u. Drucken umgesetzt. (**E. P. 721 540** vom 29/8. 1951, ausg. 5/1. 1955. A. Prior. 13/12. 1950.) W. GRÄGER. H 560

E. I. du Pont de Nemours & Co., übert. von: **Walter M. Bruner,** Wilmington, Del., V. St. A., *Verzweigkettiges primäres Heptadecanol* (I), Kp.$_{4-5}$ 140—145°, u. dessen *Schwefelsäureester.* Tetraisobutylen wird mit CO + H_2 (2 : 1) in Ggw. von Co-Naphthenat bei 200—230° u. 500—700 at 2 Std. behandelt. Die gebildete Fraktion mit Kp.$_3$ 80—143° wird dann in Dioxan bei 150—156° u. 700 at in Ggw. eines Ni-Kieselgurkatalysators hydriert. Das entstandene I wird nun mit $ClSO_3H$ in den Schwefelsäureester übergeführt, der mit NaOH neutralisiert wird. — *Oberflächenakt. Mittel.* (**A. P. 2 633 473** vom 7/1. 1948, ausg. 31/3. 1953.) G. KRAUSS. H 560

Rohm & Haas Co., Philadelphia, Pa., V. St. A., *Herstellung eines Gemisches isomerer Dimethoxydecadiene.* Ein Gemisch von isomeren Methoxychlorpentenen (CH_3O–C_5H_8–Cl) (I), in einem Lösungsm. (A. oder Acetonitril) gelöst, wird bei 10—20° mit darin feinverteiltem Fe zur Rk. gebracht, wobei wenigstens $^1/_2$ (Mol) Fe auf 1 I verwendet wird. Dem Reaktionsgemisch wird noch ein Aktivierungsmittel (Cd, Co, Ni, Sn, Pb, Pa, Cu, Hg, Ag, Au, Pt als Metall oder deren Salze, bes. Sulfate oder Chloride, bzw. deren Gemische) in Mengen von 1—15% (bezogen auf die Fe-Menge) zugesetzt. Das Reaktionsprod. besteht im wesentlichen aus *1.10-Dimethoxydecadien-(3.7),* CH_3O–$C_{10}H_{16}$–OCH_3. Geeignet zur Herst. von Sebacinsäure. (**E. P. 718 844** vom 18/9. 1952, ausg. 24/11. 1954. A. Prior. 10/10. 1951.) W. GRÄGER. H 570

Farbwerke Hoechst Akt.-Ges., vormals Meister Lucius & Brüning (Erfinder: **Gerhard Cramer, Hermann Wagner, Ludwig Orthner,** Frankfurt/M., **Hans Gruschke,** Bad Soden, **Roderich Graf** und **Kurt Schimmelschmidt,** Frankfurt/M.), *Sulfonsäuren.* Gesätt., nicht aromat. KW-stoffe (I) werden gleichzeitig mit SO_2 + O_2 in Ggw. von O_3

behandelt u. die begonnene Rk. ohne Zusatz von O_3 weitergeleitet. Man kann gleichzeitig auch mit photoakt. Strahlen belichten u. an Stelle von O_3 organ. Persäuren zusetzen, wobei die Rk. dann in Ggw. niedermol. aliphat. Carbonsäureanhydride oder -chloride oder von Keten, bes. bei erhöhter Temp., weitergeführt wird. An Stelle der I können auch gesätt., nichtaromat. Alkohole, Äther oder Ester, nichtaromat. Halogen-KW-stoffe oder Carbonsäuren u. deren funktionelle Derivv., wie Chloride, Anhydride, Amide, Nitrile oder Carbonsäureester, verwendet werden. — Aus α-Äthylhexan in Ggw. von $2^1/_2$ Vol.-% O_3 enthaltendem O_2 bei 20° → *α-Äthylhexanmonosulfonsäure*, neben etwas *Disulfonsäure* u. H_2SO_4. — Cyclohexan → *Cyclohexanmonosulfonsäure* + wenig *Disulfonsäure*. — KW-stoffgemisch, erhalten durch Hydrierung einer durch Rk. von CO + H_2 gewonnenen Fraktion mit Kp. 220—230°, → *Alkylsulfonsäure*. — Butan → *Butansulfonsäure*. — Methanol → *methylschwefelsaures Na*. — *Octanolsulfonsaures Na*. — *Mono-* u. *Disulfonsäuresalze des Dibutyläthers*. — *Hexahydroanisolsulfonsäure*. — n-Butylacetat → *Butylacetatmonosulfonsäure*. — *Disulfonsäuren* von *Oxydodecan*. — 1-Chlor-n-butan → *Chlorbutansulfonsäure*. — 1-Chlor-n-dodecan → *Chlordodecansulfonsäure*. — Propionsäure → *Sulfopropionsäure*. — Vorlauffettsäure, $Kp._{12}$ 150°, → *Sulfocarbonsäure* + Butanol. → *Sulfocarbonsäurebutylester*. — Lauronitril → *Sulfolauronitril*. —Essigsäureanhydrid → *Sulfoessigsäure*. — Laurinsäurechlorid → *Sulfolaurinsäure*. — Zwischenprodd. bzw. *capillarakt. Mittel*. (**D. B. PP. 903 814** vom 1/6. 1941, ausg. 11/2. 1954. Anmeldung bekanntgemacht 29/1. 1953; **903 815** vom 16/5. 1941, ausg. 11/2. 1954. Anmeldung bekanntgemacht 6/11. 1952; **907 053** u. **907 054** beide vom 4/6. 1941, ausg. 22/3. 1954. Anmeldungen bekanntgemacht 29/1. 1953 u. **907 174** Kl. 12o vom 10/4. 1942, ausg. 22/3. 1954. Anmeldung bekanntgemacht 6/11. 1952. **Sämtliche Zusätze zu D. R. P. 735 096; C. 1943. II. 2331.**) G. KRAUSS. H 600

Farbwerke Hoechst Akt.-Ges., vormals Meister Lucius & Brüning (Erfinder: **Roderich Graf,** Frankfurt/M.), *Sulfonsäuren*. Gesätt., nicht aromat. KW-stoffe (Butane, Hexan, Heptan, 3-Methylheptan, n-Hexadecan, Methylcyclohexan, CO + H_2-Hydrierungsprodd.) werden gleichzeitig mit SO_2 u. O_2, zweckmäßig bei erhöhter Temp., gegebenenfalls in Ggw. von Sulfonsäure lösenden Extraktionsmitteln unter Zusatz von Alkylsulfonylacylperoxyden umgesetzt, wobei der dem Peroxyd zugrunde liegende KW-stoff von dem mit SO_2 u. O_2 umzusetzenden KW-stoff verschied. sein soll. — Aus Cyclohexan, SO_2 u. O_2 (ca. 2 : 1) in Ggw. von W. u. Methylcyclohexylsulfonylacetylperoxyd (durch Rk. eines Gemisches aus gesätt., nichtaromat. KW-stoffen u. nichtaromat., acylierend wirkenden Mitteln mit SO_2 u. O_2, zweckmäßig unter Belichten, Zusatz von O_3 oder Persäuren hergestellt) bei 50° → *Cyclohexansulfonsäure*, krist. als Hydrat. (**D. B. P. 917 427** Kl. 12o vom 25/3. 1943, ausg. 2/9. 1954. Anmeldung bekanntgemacht 6/11. 1952. **Zusatz zu D. R. P. 735 096; C. 1943. II. 2331.**) G. KRAUSS. H 600

Standard Oil Co., Chicago, Ill., übert. von: **Donald E. Burney,** Griffith, Ind., und **William J. Cerveny,** Lansing, Ill., V. St. A., *Selektive Hydrierung von Aldehyden aus dem Oxoprozeß* an Copolymeren aus sek. u. tert. Olefinen [z. B. Propylen u. n-Buten-(1) bzw. -(2) einerseits z. Isobuten u. 2-Methylbutene andererseits], wobei die Aldehyde (I) noch in Mischung mit den Olefinen (II) sind, derart, daß **I** zu Alkoholen red. werden ohne Hydrierung der Doppelbindungen, so daß die **II** im Kreislauf der Oxosynth. zugeführt werden können. Die selektive Red. erfolgt in Ggw. von Co-Katalysator (bes. als Metall auf Träger) bei 150—700°F (bes. 300—600°F) bei Drucken >500 lbs./sq.in. (bes. 500—4000) u. einem Flüssigkeitsdurchsatz von 0,1—5,0 (0,2—2,0) Vol./Bruttovol. Katalysatorzone/Stunde. — Z. B. wird ein C_7-Schnitt aus C_3H_6-C_4H_8-Polymerisat bei 325—250°F u. 3000 lbs./sq.in. mit CO : H_2 1 : 1 umgesetzt, das aus 48 (Mol.-%) C_7-KW-stoffen, 36 C_8-Aldehyden, 12 C_8-Alkoholen u. 4 höheren Prodd. bestehende Reaktionsprod. mit 5%ig. H_2SO_4 u. W. gewaschen u. dann bei 375°F, 3000 lbs./sq.in. u. einem Durchsatz von 0,5 Vol./Vol./Std. mit der 1000fachen Menge H_2 über Co auf Bimsstein geleitet, wobei prakt. alle I in Alkohole umgewandelt, aber nur 3% der **II** hydriert werden. (**A. P. 2 658 083** vom 26/4. 1951, ausg. 3/11. 1953. **E. P. 703 100** vom 19/6. 1951, ausg. 27/1. 1954.) W. HEROLD. H 660

Standard Oil Development Co., Del., übert. von: **Cecil H. Hale,** Baton Rouge, La., V. St. A., *Entfernen von Kobalt und Eisen aus Aldehyden der Oxosynthese*, die bereits in einer üblichen Katalysatorzers. mittels Hitze von dem größten Teil des mitgeführten Metalls befreit sind, dad. gek., daß die Aldehyde mit einer wss. Lsg. einer bifunktionellen Verb., welche mit Co oder Fe Komplexe bilden, bes. OH- u. COOH-haltigen Verbb., wie *Weinsäure* oder *Milchsäure*, behandelt werden. Auch Acetylaceton, Phosphate u. Fluoride sind geeignet. Es tritt keine Emulsionsbldg. ein. — Z. B. wird durch Behandlung während $^1/_2$ Min. mit 10%ig. Weinsäure bei 85°F u. nachfolgende Neutralisation mit NH_3 der Co-Geh. einer Aldehydprobe von 0,163 ‰ auf 0,008‰ herabgesetzt. — Zeichnung. (**A. P. 2 681 368** vom 21/10. 1949, ausg. 15/6. 1954.) W. HEROLD. H 660

Dow Chemical Co., übert. von: **Ludo K. Frevel** und **John William Hedelund,** Midland, Mich., V. St. A., *Methylal* erhält man bei der katalyt. Oxydation von Methanol, gemischt mit einem Halogen oder Halogenwasserstoff, in Ggw. von Cu-, Cu-Verbb. oder Cu in Mischung mit bekannten Oxydationskatalysatoren, wie Ag, bei 350—500° u. n. oder erhöhten Drucken. Halogen oder Halogenwasserstoffe können auch in Mengen von 0,01—0,2 Mol-Äquivalten auf 1 Mol Methanol allein angewandt werden. (**A. P. 2 663 742** vom 22/5. 1948, ausg. 22/12. 1953.) G. KÖNIG. H 670

Titan Co., Inc., V. St. A., *Herstellung von fettsauren Metallseifen.* Zur Herst. dieser Seifen unter Verwendung von Fettsäuren mit mehr als 6 C-Atomen stellt man aus der geschmolzenen Fettsäure u. W. eine Emulsion her u. gibt diese zu einer wss. Suspension eines Oxyds oder Hydroxyds eines Metalles (Li, Ca, Sr, Ba, Mg, Al, Zn, Pb) in Ggw. einer geringen Menge einer N-haltigen Base (z. B. Allylamin, 4-Amino-2-butanol, 2-Aminoäthyläthanolamin, 2-Amino-2-äthylpropandiol-(1.3), 1.3-Diaminobutan, Morpholin, Piperidin, Pyrrolidin, Hydrazin, Hydroxylamin, Lysin, Methylamin). Die N-haltige Base kann auch mittels $(NH_4)_2SO_4$ in situ gebildet werden. — Zur Herst. von *Ca-Stearat,* D. 1,07, n 1,52—1,53, suspendiert man 5,6 g CaO in 300 cm³ 55° warmem W. u. versetzt diese Suspension in 2 Std. mit einer Emulsion von 56,9 g geschmolzener chem. reiner Stearinsäure in 350 cm³ ca. 70° warmem W. unter Zusatz von 0,75 g Diäthanolamin als Katalysator. Auf analoge Weise kann man unter Verwendung von handelsüblicher Laurin-, Stearinsäure, Ricinusöl *Zn-Laurat, zweibas. Pb-Stearat Ba-Ricinoleat* herstellen. (**F. P. 1 051 308** vom 22/9. 1951, ausg. 14/1. 1954.) T. OPPERMANN. H 810

Frederick C. Bersworth, Verona, N. J., und **Arthur M. Martell,** Shrewsbury, Mass., V. St. A., *Glykolsäure oder ihre Salze* erhält man durch Rk. von CH_2O mit Alkalicyanid in wss. Lsg. bei 40—80° in Ggw. von freiem Alkalihydroxyd bei p_H 10,5. (**A. P. 2 686 797** vom 18/5. 1949, ausg. 17/8. 1954.) O. MÜLLER-MEININGEN. H 850

— (Erfinder: **Paul Schlack,** Berlin-Treptow, und **Paul Rössler,** Schmöckwitz bei Berlin), *Herstellung von Acylmercaptocarbonsäuren* mit aliphat. gebundener Acylmercaptogruppe. Ungesätt. Mono- u. Polycarbonsäuren, in denen die Doppelbindung von der nächsten Carboxylgruppe durch bis zu zwei zu einer offenen Kette gehörige C-Atome getrennt ist, oder funktionelle Derivv. davon, z. B. Ester, Nitrile, Anhydride, werden in Ggw. von Peroxyden mit Thiocarbonsäuren, z. B. Thioessigsäure, umgesetzt. — Geeignete Thiosäuren sind ferner Thiopropionsäure u. Thiobenzoesäure. — Geeignete ungesätt. Ausgangscarbonsäuren sind z. B. Vinylessigsäure, γ-Äthylidenbuttersäure, Piperylendicarbonsäure, Allylbernsteinsäure, Maleinsäuremonomethylester. Weitere Ausgangsstoffen sind Acrylsäurebutylester, Vinylessigsäurenitril, Allylessigsäurenitril, Maleinsäureanhydrid. — Allylessigsäure reagiert mit Thioessigsäure in Ggw. von Benzoylperoxyd unter Bldg. von *δ-Acetylmercaptovaleriansäure,* F. 53°. (**D. P. [DDR] 4 274** Kl. 12o vom 31/1. 1942, ausg. 22/5. 1954 [Ausschließungspatent].) M. F. MÜLLER. H 850

National Distillers Products Corp., New York, N. Y., übert. von: **Merton H. Douthitt,** Ossining, N. Y., V. St. A., *Alkylester der Kohlensäure* erhält man bei der Rk. von gleichen mol. Mengen Alkoholen (I) u. Alkylchlorformiaten (II) in der Wärme, wobei die aus dem Reaktionsgefäß entweichenden Dämpfe von I u. II vom HCl in einem Dephlegmator über eine Abtreibkolonne getrennt werden. I u. II leitet man aus dem Dephlegmator in den Kopf der Abtreibkolonne, wobei der Rücklauf vor dem Einleiten erhitzt wird. Gleichzeitig werden in den Erhitzer I u. II laufend zugeleitet u. gelangen in den Kopf der Abtreibkolonne. Aus dem Reaktionsgefäß wird laufend gebildeter Alkylester der Kohlensäure abgezogen. Durch verschied. Wahl der Alkylgruppen u./oder der Alkohole kann man gemischte Alkylcarbonate erhalten. Erhöhter oder erniedrigter Druck kann angewendet werden. *Diäthylcarbonat* ist bes. geeignet als Lösungsm. für Lacke u. als Zwischenprodukt. Es ist beständig u. besitzt einen milden Geruch. — Skizze. (**A.P. 2 687 425** vom 21/12. 1951, ausg. 24/8. 1954.) G. KÖNIG. H 880

E. I. du Pont de Nemours & Co., übert. von: **Richard J. Gobeil,** Wilmington, Del., V. St. A., *Dinatrium-Äthylenbisdithiocarbamat* erhält man durch Rk. von CS_2, Äthylendiamin u. NaOH in wss. Medium, unter Aufrechterhaltung von p_H 8,5—11,0 während der ganzen Umsetzungsdauer. (**A. P. 2 693 485** vom 22/5. 1952, ausg. 2/11. 1954.) A. BRÖSAMLE. H 880

Paul Schlack, Berlin-Treptow, *Herstellung von Urethan- oder Thiourethancarbonamidverbindungen.* Aminocarbonsäure-N-carbonsäureester werden mit ein- oder mehrwertigen Isocyanaten oder Isothiocyanaten, gegebenenfalls in Ggw. von Beschleunigern, umgesetzt. — Carbomethoxy-6-aminocapronsäure u. Hexan-1.6-diisocyanat werden 3 Std. bei 100—140° unter CO_2-Entw. erhitzt. Das erhaltene Produkt hat F. 145—155°. — Mit Stearylisocyanat entsteht das *Carbomethoxy-6-aminocapronsäureoctadecylamid,*

F. 80°. — Textilhilfsmittel, Austauschstoffe für Wachse. (**D. P.** [DDR] **4 803** Kl. 12o vom 11/2. 1942, ausg. 4/2. 1954 [Ausschließungspatent].) M. F. MÜLLER. H 880

Farbenfabriken Bayer (Erfinder: **Wolfgang Lehmann, Peter Kurtz** und **Herbert Schwarz,** Leverkusen), *Acrylsäurenitril* erhält man durch Anlagerung von HCN an C_2H_2 in Ggw. von Katalysatoren, die C_2H_2 zu polymerisieren vermögen, nach D. R. P. 728 767 u. D. B. P. 877 302 (C. **1953.** 8993), indem man in Ggw. von Monovinylacetylen arbeitet, das mit dem nichtverbrauchten C_2H_2 im Kreislauf geführt wird. (**D. B. P. 884 643** Kl. 12o vom 24/8. 1941, ausg. 27/7. 1953. **Zusatz zu D. R. P. 728 767; C. 1943. I.** 2758.) G. KRAUSS. H 890

— (Erfinder: **Paul Schlack,** Berlin-Treptow), *Herstellung von Cyanhydrinen aus* Halogenhydrinen durch Rk. mit Cyaniden. 1.4- oder 1.5-Halogenhydrine werden in Form ihrer am Sauerstoff durch abspaltbare Reste substituierte Derivv. in einem Nitril gelöst u. mit Cyaniden zur Rk. gebracht. Als Ausgangsstoffe sind z. B. genannt 4-Chlorbutylacetat, 4-Chlorbutylbenzoat, 5-Chloramylbenzoat, 4.4'-Dichlorbutylcarbonat, 4.4'-Dichlorbutylformal. — 1 (Mol) δ-Chlorbutylacetat u. 1,05 KCN in Acetonitril werden 12 Std. bei 150° u. danach 12 Std. bei 200° erhitzt. Es entsteht dabei *δ-Acetoxyvaleriansäurenitril*, $Kp._8$ 115—120°. — Mit ε-Chloramylacetat entsteht dabei das *ε-Acetoxycapronitril.* (**D. P.** [DDR] **4 500** Kl. 12o vom 5/3. 1942, ausg. 28/1. 1954 [Ausschließungspatent].) M. F. MÜLLER. H 890

E. I. du Pont de Nemours & Co., übert. von: **Charles J. Albisetti jr.** und **Norman G. Fisher,** Wilmington, Del., V. St. A., *Ungesättigte Nitrile* erhält man durch Erhitzen von 2-Alkennitrilen $R-CH=C(R_1)-CN$ (R u. R_1 H, Alkyl) mit einem Olefin ohne konjugierte Doppelbindungen, die die Gruppe $-\overset{|}{C}=\overset{|}{C}-\overset{|}{C}H-$ u. bes. 3—12 C-Atome enthalten, auf 215—330° u. 25—1020 at. — Aus Isobutylen u. Acrylsäurenitril (I) in Ggw. von Hydrochinon bei 235° nach 4 Std. → *5-Methyl-5-hexennitril*, $C_7H_{11}N$, Kp. 182°; n_D^{25} 1,4321; daraus mit alkoh. Alkali *5-Methyl-5-hexensäure* → *p-Bromphenacylester*, F. 48—51°. — Methacrylsäurenitril + Isobutylen → *2.5-Dimethyl-5-hexennitril*, $C_8H_{13}N$, Kp. 186—187°; n_D^{25} 1,4308. — Diisobutylen (80% 2.4.4-Trimethyl-1-penten u. 20% 2.4.4-Trimethyl-2-penten) + I → *5-Methylen-7.7-dimethyloctannitril*, $C_{11}H_{19}N$, Kp. 234—238°; n_D^{25} 1,4444; neben *4-tert.-Butyl-5-methyl-5-hexennitril.* — Propylen + Methacrylsäurenitril → *2-Methyl-5-hexennitril*, $C_7H_{11}N$, Kp. 159—162°; n_D^{25} 1,4288. — I + Tetramethyläthylen → *4.4.5-Trimethyl-5-hexennitril*, $C_9H_{15}N$, Kp. 206—209°. — 5-Methyl-5-hexennitril + I → *5-Methylen-1.9-nonadinitril*, $C_{10}H_{14}N_2$, $Kp._{0,5}$ 132—137°; Ausbeute 71%. — 5-Methyl-5-hexensäuremethylester + I → *5-Methylen-8-cyanoctansäuremethylester*, $C_{11}H_{17}O_2N$, $Kp._{0,9}$ 112—115°. — Allylcyanid + I → *2-Heptendinitril*, $C_7H_8N_2$, $Kp._{0,5}$ 82—85°. — Mesityloxyd + I → *4-Acetyl-5-methyl-5-hexennitril*, $C_9H_{13}ON$, $Kp._{12,5}$ 139—142°. — β-Pinen + I → *6.6-Dimethyldicyclo-[3.1.1]-2-hepten-2-butannitril*, $C_{13}H_{19}N$, $Kp._5$ 127—129°. — Methallylalkohol + I → *5-(Oxymethyl)-5-hexennitril*, $Kp._{0,8}$ 102°. — Dimethallyl + I → Mischung aus *5.8-Dimethyl-5.8-nonadiennitril* u. *5.8-Dimethylennonannitril*, $C_{11}H_{17}N$, $Kp._{30}$ 140—142°; n_D^{25} 1,4623. — Cyclohexen + I → *3-(2-Cyanäthyl)-cyclohexen*, $C_9H_{13}N$, Kp. 228°. — Weitere Olefine sind: Triisobutylen; α-Methylstyrol; 1-Penten; 1-Decen; Allylbenzol; 5-Hexennitril. Die Nitrile geben bei der Red. die entsprechenden Amine, durch Hydrolyse Carbonsäuren. — *Zwischenprodukte.* (**A. P. 2 641 607** vom 15/6. 1950, ausg. 9/6. 1953.) G. KRAUSS. H 890

Farbenfabriken Bayer Akt.-Ges., Leverkusen (Erfinder: **Gerhard Schrader,** Opladen, und **Walter Lorenz,** Wuppertal-Elberfeld), *Neutrale Thiophosphorsäureester* erhält man durch Kondensation von Alkylrhodaniden mit Trialkylphosphiten bei erhöhter Temp. z. B. gemäß $(C_2H_5O)_3P + C_2H_5SCN \rightarrow (C_2H_5O)_3P(CN)(SC_2H_5) \rightarrow C_2H_5SPO\cdot(OC_2H_5)_2$. — Aus Triäthylphosphit in Xylol u. β-Äthylmercaptoäthylrhodanid anfangs bei 110°, dann Selbsterwärmung auf 140° → *O.O-Diäthyl-S-β-äthylmercaptoäthylthiophosphat*, $Kp._2$ 132—134°, Ausbeute 52%. — Äthylrhodanid + Triäthylphosphit → *O.O.S-Triäthylthiophosphat.* (**D. B. P. 926 488** Kl. 12o vom 31/5. 1953, ausg. 18/4. 1955. Anmeldung bekanntgemacht 23/9. 1954. **Zusatz zu D. B. P. 818 352; C. 1952. 3246.**) G. KRAUSS. H 980

Standard Oil Development Co., Del., übert. von: **James A. Dinwiddie** und **Charles J. G. Leesemann,** Baytown, Tex., V. St. A., *Herstellung aromatischer Kohlenwasserstoffe.* Gesätt. paraffin. oder naphthen. KW-stoffe werden (bes. in Ggw. von H_2) bei 1—500 lbs./sq.in. u. 800—1300° F an einem Katalysator aromatisiert, der (neben Al_2O_3 —mit höchstens 20% SiO_2 —, ZrO_2 oder MgO als Träger) 10—50% Ca-, Mg-, Be-, Ba- oder Sr-Molybdat u. 0,01—10% K_2O, KOH oder Salze (bes. K_2CO_3) enthält. Bes. geeignet ist γ-Al_2O_3 ohne SiO_2-Geh. als Träger. Das Verf. wird am besten mit 20—200 μ großen Teilchen in Wirbelschicht durchgeführt. (**A. P. 2 689 265** vom 12/10. 1949, ausg. 14/9. 1954.) W. HEROLD. H 1010

Shell Development Co., Emeryville, übert. von: **Otto Redlich**, Berkeley, und **Charles M. Gable**, El Cerrito, Calif., V. St. A., *Zerlegung von Kohlenwasserstoffgemischen durch Destillation*, wobei ein Gemisch isomerer Aromaten mit Alkylgruppen unterschiedlicher Größe in Ggw. einer Perfluorcarbonsäure (Kp. ca. 25°/innerhalb des 50%-Kp. der Mischung) dest. wird. Man nimmt ein Kopfprod. ab, in dem eines der isomeren Aromaten angereichert ist, u. ein Bodenprod., in dem mindestens ein anderes Isomeres der aromat. KW-stoffe angereichert ist. (**A. P. 2 684 935** vom 24/6. 1952, ausg. 27/7. 1954.)
P. UNGER. H 1010

Ethyl Corp., New York, N. Y. (Erfinder: **Glaser Merritt**, Oak Park, Mich.), V. St. A., *Herstellung von polychloraromatischen Verbindungen* durch HCl-Abspaltung aus einem Polychlorcyclohexan (I), bes. vom γ-Isomeren befreitem Hexachlorcyclohexan, bei höherer Temp. (z. B. 180—400°), dad. gek., daß geringe Mengen eines elementaren Halogens in die Reaktionsmischung eingeführt werden, wobei die Gesamtmenge des eingeführten Halogens nicht >4 Gew.-% des behandelten I beträgt. (**D. B. P. 927 328** Kl. 12o vom 7/11. 1952, ausg. 5/5. 1955. Anmeldung bekanntgemacht 14/10. 1954. A. Prior. 23/1. 1952.) W. HEROLD. H 1010

Standard Oil Development Co., Elizabeth, N. J., übert. von: **Rufus B. Bennett**, Baytown, Tex., V. St A., *Gewinnen von Durol* (I) aus dem Aromatenschnitt mit Kp. 350 bis 425°F, der I u. gegebenenfalls andere Tetramethylbenzole enthält, dad. gek., daß das Gemisch 4—10 Std. auf —105 bis —95°F gekühlt wird, das dabei erhaltene Gemisch aus Kristallen u. Mutterlauge dann 15—60 Min. auf —75 bis —25°F erwärmt wird u. die an I reichen Kristalle (durch Zentrifugieren, Filtrieren oder dgl.) abgetrennt werden; die Kristalle werden bei 110—150°F geschmolzen, auf 80—105°F gekühlt u. die hierbei gebildeten I-Kristalle von der Mutterlauge getrennt, welche einem neuen Aromatenansatz zugesetzt wird. — Zeichnung. (**A. P. 2 665 316** vom 21/10. 1950, ausg. 5/1. 1954.) W. HEROLD. H 1010

Soc. des Usines Chimiques Rhône-Poulenc (Erfinder: **Michel Mosnier** und **André Fournet**), Frankreich, *Herstellung von Cumolhydroperoxyd* durch Oxydation von Cumol mit O_2 oder O_2-haltigen Gasen in Ggw. von Alkali- oder Erdalkaliformiaten. (**F. P. 1 032 010** vom 2/2. 1951, ausg. 29/6. 1953.) M. F. MÜLLER. H 1060

Eastman Kodak Co., Rochester, N. Y., übert. von: **David C. Hull**, Longview, Tex., V. St. A., *Oxydation substituierter aromatischer Kohlenwasserstoffe* mit O_2 in fl. Phase erfolgt in Ggw. eines aldehyd-aktivierten Metallkatalysators bei 5—90°. — Man füllt z. B. die Oxydationsvorr. mit einer 3%ig. Co-Acetat (I)–Eisessig-Lsg., bläst $1^1/_2$ Std. bei 30° Luft ein, hält dann durch Kühlen mit W. 2 Std. auf 50—60°, setzt nochmals so viel I zu, bis der Gesamtgeh. an Co 6% beträgt u. bis nach 3 Std. die Katalysatorlsg. ihre vollkommene Aktivität erreicht hat. Nun speist man die Vorr. bei 50° 14 Std. mit einem Gemisch aus 39 lbs. CH_3CHO u. 19 lbs. Toluol (II) u. erhält durch Abkühlen der Reaktionslsg. auf 5° 8 lbs. *Benzoesäure* (**III**) (Ausbeute 90%, Umsatz 32%, berechnet auf II) durch Zentrifugieren der Reaktionslsg., die man wieder in das Reaktionsgefäß zurückführt. — Weitere Beispiele: o-Xylol → *o-Toluylsäure*; Mesitylen → *Mesitylsäure*; Allylbenzol → **III**; Vinylbenzol → **III**; Benzylalkohol → **III**. Das Verf. eignet sich bes. zur Oxydation von aromat. Nitro-KW-stoffen. — Vorr., Zeichnung. (**A. P. 2 673 217** vom 21/9. 1951, ausg. 23/3. 1954.) O. MÜLLER-MEININGEN. H 1210

Allied Chemical & Dye Corp., New York, übert. von: **Allen Walter Sogn**, Buffalo, N. Y., V. St. A., *Reduktion aromatischer Stickstoffverbindungen*, bei denen sich der N in einer Stufe höherer Oxydation befindet als der Hydrazostufe, geschieht durch ein Metallalkoholat, wobei eine Oxynaphthalinverb., wie *1.8-Dioxynaphthalin*, *8-Amino-1-naphthol*, *5-Amino-2-naphthol*, *2-Naphthol-4-sulfonsäure* u. *2-Naphthol-3-carbonsäure* als Beschleuniger zugesetzt wird. — Red. von *Nitrobenzol* zu *Azobenzol* u. *Azoxybenzol* durch Na-Methylat in Ggw. von verschied. Oxynaphthalinen. (**A. P. 2 684 359** vom 8/1. 1952, ausg. 20/7. 1954.) G. LANGER. H 1300

Dow Chemical Co., Midland, übert. von: **James L. Amos**, Midland, und **Frederick J. Soderquist**, Essexville, Mich., V. St. A., *Herstellung von ar-Methylstyrolen*. Im Kern methylsubstituierter Styrole werden aus ar-Äthyltoluolen, die im wesentlichen aus dem m- u. p-Isomeren bestehen, erhalten, indem man das Gemisch mit auf $>600°$ überhitztem Dampf durch einen mit Dehydrierungskatalysatoren ausgefüllten Reaktionsraum leitet. Dabei wird dieser mit dem überhitzten Dampf von außen derart beheizt, daß größere Schwankungen der Reaktionstemp. als 15° nicht auftreten. Aus dem sofort gekühlten Prod. werden m- u. p-Methylstyrol durch fraktionierte Dest. gewonnen. — Vorrichtung. (**A. P. 2 683 180** vom 28/2. 1952, ausg. 6/7. 1954.) W. GRÄGER. H 1410

Robert Pfleger (Erfinder: **Robert Pfleger**, Bamberg, **Hermann Dimroth**, Ziegelhausen/Neckar, **Erich Garthe**, Bamberg, und **Hermann Kaspareck**, Erlangen), *α-halo-*

genierte Styrolderivate. Weitere Ausbldg. des Verf. nach D. B. P. 886 905 zur Herst. von α-halogenierten Styrolderivv. der allg. Formel R_1—C(Hal)=C(R_4)—NR_2R_3, in welcher R_1 einen gegebenenfalls substituierten Arylrest, R_2 einen Arylrest, R_3 ein H-Atom oder einen Alkyl- oder Aralkylrest u. R_4 eine gegebenenfalls veresterte oder amidierte Carboxylgruppe oder einen Acylrest bedeuten, dad. gek., daß man an Stelle von Halogen halogenabgebende Verbb., bes. solche von der Art des SO_2Cl_2, als Halogenierungsmittel anwendet. — Durch Rk. von α-Acetaminozimtsäureäthylester u. SO_2Cl_2 in Chlf. erhält man den *β-Chlor-α-acetaminozimtsäureäthylester*, F. 160°. (**D. B. P. 896 639** Kl. 12o vom 11/4. 1951, ausg. 12/11. 1953. **Zusatz zu D. B. P. 886 905; C. 1954. 5176.**)
R. Schwechten. H 1750

E. I. du Pont de Nemours & Co., übert. von: **Benjamin W. Howk**, Wilmington, und **John E. Castle**, New Castle, Del., V. St. A., *Cycloalkane* (mit dem gleichen C-Skelett wie die Ausgangsstofe) erhält man durch katalyt. Hydrierung von Cycloalkanolen, Cycloalkanalen u. Cycloalkanonen mit H_2 unter n. Druck in der Gasphase bei 140—350° in Ggw. eines Pt-Katalysators (auch auf Trägern), der z. B. wie folgt hergestellt wird: Cocosnußkohle wird mit H_2 bei 450° 20 Std., dann 6 Std. mit 10%ig. HNO_3 bei 100° behandelt, dann mit dest. W. gewaschen, bei 100° getrocknet u. 1 Std. in N_2 auf 450° erhitzt. Die Kohle wird dann mit H_2PtCl_6 getränkt. — Cyclohexanon gibt in Ggw. dieses Katalysators mit H_2 bei 155° *Cyclohexan* (I), 30%ig. Umwandlung. — Cyclohexanol → I, 72%ig. Umwandlung. — Tetrahydro-2-furanpentanol → *2-Amyltetrahydrofuran*, $C_9H_{18}O$, Kp. 150°; n_D^{25} 1,4161; $D.^{25}$ 0,8193. Weitere Ausgangsstoffe sind: Cyclobutylketon, 2-Methyl-1-cyclohexyl-1-propanon; Tetrahydro-2-furanäthanol. (**A. P. 2 599 089** vom 20/9. 1948, ausg. 3/6. 1952.) G. Krauss. H 1810

E. I. du Pont de Nemours & Co., Wilmington, Del., übert. von: **Peter L. Pauson**, Chicago, Ill., V. St. A., *Dicyclopentadienyleisen*, $C_{10}H_{10}Fe$, erhält man durch Rk. von Cyclopentadienyl-MgBr mit wasserfreiem $FeCl_3$ in Ae., orange Nadeln, F. 173—174° aus Methanol, unlösl. in W., lösl. in organ. Lösungsmitteln, wie Bzl., aliphat. KW-stoffen, Alkoholen, unlösl. in 10%ig. NaOH u. konz. HCl, lösl. in verd. HNO_3 u. in 96%ig. H_2SO_4 (tiefrote, blau fluorescierende Lsg.), UV-Absorptionsspektren in Isooctan 3240 u. 4390 Å. — *Antioxydationsmittel, Katalysator* u. *Zwischenprodukt.* (**A. P. 2 680 756** vom 3/6. 1952, ausg. 8/6. 1954.) G. Krauss. H 2180

Sprague Electric Co., übert. von: **Moushy Markarian**, North Adams, Mass., V. St. A., *Fluorierte Biphenylderivate*, bes. Trifluormethylderivv., des Biphenyls u. seiner Homologen, die sehr stabil gegen chem. u. elektr. Einw. sind u. daher als Dielektrika, Schmiermittel, Wärmeüberträger usw. geeignet sind, werden nach bekanter Meth. dargestellt: *3.3'-Bitrifluormethylbiphenyl*, $Kp._1$ 78,5—79,5°, $\alpha^{20}{}_4$ 1,3675, n^{20} 1,4899 aus m-Brombenzotrifluorid mit $CuCl_2$ + Mg in Äther. — *4.4'-Bistrifluormethylbiphenyl*, F. 91—92° (W. + Methanol) aus p-Brombenzotrifluorid, Mg + Ae. u. AgBr oder aus 2.2'-Diamino-4.4'-bistrifluormethylbiphenyl über die Diazoverb., F. 93—94,5°, mit vorst. Verb. keine Depression. — *3-Trifluormethyl-x'-methylbiphenyl*, $Kp._{0,25-0,3}$ 65—68°, farblose Fl. $\alpha^{20}{}_4$ 1,192, n^{20} 1,5226, aus der Diazoverb. des m-Aminobenzotrifluorids u. Toluol in alkal. Lösung. (**A. P. 2 680 770** vom 28/11. 1951, ausg. 8/6. 1954.)
W. Herold. H 2210

American Cyanamid Co., New York, N. Y., übert. von: **Wyvona A. Lane**, Washington, D. C., und **Delton W. Hein**, Somerville, N. J., V. St. A., *Dichlordiaminostilbendisulfonsäuren.* Stilbendisulfonsäuren oder -disulfonate der allg. Formel **I**, in der

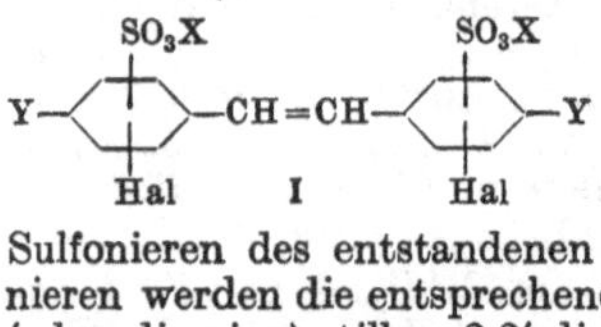
I

für X H, NH_4 oder Alkalimetall, Y für eine Nitro-, Azo-, Azoxy- oder Aminogruppe u. Hal für Halogen, bes. Cl, stehen, sind zur Herst. von Farbstoffen u. Aufhellungsmitteln geeignet. Man erhält sie durch Rk. von Nitrochlortoluol mit Alkalihypochlorit u. anschließendes Sulfonieren des entstandenen Dinitrodichlorstilbens. Durch Hydrieren vor dem Sulfonieren werden die entsprechenden Diaminverbb. erhalten. Z. B. 5.5'-Dichlor-4.4'-dinitro-(oder diamino)-stilben-2.2'-disulfonsäure oder 6.6'-Dichlor-4.4'-dinitro-(oder diamino)-stilben-2.2'-disulfonsäure bzw. deren Na-Salze. (**A. P. 2 681 926** vom 17/7. 1951, ausg. 22/6. 1954.) W. Gräger. H 2290

E. I. du Pont de Nemours & Co., Wilmington, übert. von: **Gerald M. Whitman**, New Castle, Del., V. St. A., *Bis-(4-aminocyclohexyl)-methan*, $C_{13}H_{26}N_2$, $Kp._4$ 141—143°; $n_D^{32,5}$ 1,5030; erhält man durch katalyt. Hydrierung von Bis-(p-aminophenyl)-methan mit H_2 bei 20—125° in Ggw. eines Rh-Katalysators (Rh-Halogenide, Perruthenite, Perruthenate, Ruthenate, z. B. von Ba, Na, Sr, Ca, Mg, Ag, Rh-Sulfide) auch auf einem Träger (Kohle, Silicagel, Kieselgur, Zeolith, Al_2O_3). Die fl. Verb. besteht aus einem Gemisch von *3 Stereoisomeren* mit den FF. 36, 61 u. 65°. Durch Kondensation mit Adipinsäure oder Sebacinsäure erhält man zu Fasern verspinnbare u. in der Kälte verstreckbare zähe Harze. — *Zwischenprod.* für Farbstoffe, Germicide, oberflächenakt. Mittel, Pharmazeutica, Korrosionsschutzmittel u. Kautschukhilfsmittel. (**A. P. 2 606 924** vom 9/6. 1949, ausg. 12/8. 1952.) G. KRAUSS. H 2510

Rütgerswerke, Akt.-Ges., Frankfurt/M. (Erfinder: **Johannes Turowski** und **Herbert Buffleb**, Castrop-Rauxel), *Gewinnung von Anthracen aus technischen Anthracenfraktionen.* Hohe Ausbeuten von guter Reinheit werden erhalten, wenn die Dehydrierung durch kurzes (bis $^1/_2$ Std.) Erhitzen bei n. Druck auf ca. 300° in Abwesenheit von Katalysatoren in Ggw. O_2-abgebender der O_2-enthaltender Gase erfolgt. — Z. B. erhält man durch 20 Min. lange Dehydrierung mittels Luft bei 300° aus 1000 g einer techn. Anthracenfraktion (Kp. 300—350°), wie sie bei der prim. Dest. des entwässerten Teeres anfällt, bei anschließender selektiver Bzl.–Basen-Behandlung 65—70% Kristallgut mit 98% Anthracen (I), während bei 9 std. Erhitzen auf 220° an Luft nur 60% Kristallgut mit 91,4% I erhalten werden, welches nicht auf höhere Reinheit gebracht werden kann. (**D. B. P. 914 004** Kl. 12o vom 16/6. 1950, ausg. 24/6. 1954. Anmeldung bekanntgemacht 9/8. 1951.) W. HEROLD. H 2800

Chempatents, Inc., New York, N. Y., V. St. A., *Regenerieren von Silberkatalysatoren,* die bei der Oxydation von Olefinen zu *Olefinoxyden* verwendet wurden, erfolgt durch Behandeln mit Olefinoxyden bei gleichen Synthesebedingungen hinsichtlich Temp. (220—350°) u. Druck (5—25 at). Der Ag-Katalysator kann durch Au, Cu oder Ba aktiviert sein. Anschließend an die Olefinoxydbehandlung kann man dem Synthesegasstrom (Olefine u. Luft) noch geringe Mengen (<0,1 Vol.-%) Olefinoxyde zusetzen. Vorteilhaft wird das bei der Oxydation des Olefins entstehende Olefinoxyd als Regenerierungsmittel angewendet. (**E. P. 688 242** vom 27/4. 1951, ausg. 4/3. 1953. A. Prior. 1/5. 1950.) G. KÖNIG. H 3030

Walter Freund, Elwood, Melbourne, Australien, *2-Styrylfurane,* die in 5-Stellung durch eine Arylgruppe substituiert sind, werden durch Rk. von Furylacrylsäure (I) mit Diazolsgg. von aromat. Aminen bzw. deren Derivv. oder Verbb., wie Acetylnitrosoverbb., die sich leicht in Diazoverbb. umlagern, bes. in schwach saurem Medium bei p_H ca. 6, gegebenenfalls mittels Katalysatoren, z. B. einer wss. Lsg. von Cu-Chlorid, hergestellt. — 13,8 g p-Nitranilin werden diazotiert, die Diazolsg. filtriert u. zu einer Lsg. von 13,8 g I in 200 cm³ Aceton gegeben, in der krist. Na-Acetat suspendiert ist, die Lgs. mit $CuCl_2$ versetzt. *5-(4-Nitrophenyl)-2-(4-nitrostyryl)-furan,* rote Nadeln (aus Eisessig), F. 236°. — Aus dem Filtrat *5-(4-Nitrophenyl)-furan-(2)-β-acrylsäure,* rotbraune Prismen, F. 262°. — Die verbleibende feste M. kann mit A. usw. ausgezogen werden. Aus der alkoh. Lsg. *2-(4-Nitrostyryl)-furan* gelbe Nadeln, F. 131—132° (PAe. dann A.). — In entsprechender Weise werden erhalten: Aus p-Chloranilin u. I *2-(4-Chlorstyryl)-furan,* schwach gelbliche Nadeln, F. 97—98° (A.). — *5-(4-Chlorphenyl)-furan-(2)-β-acrylsäure,* F. 195—196° (Bzl.).— *5-(4-Chlorphenyl)-2-(4-chlorstyryl)-furan,* hellgelbe Prismen, F. 79—80°, gelbliche Prismen, F. 135° (A.). — p-Aminobenzoesäureäthylester u. I → *5-(4-Carbäthoxyphenyl)-furan-(2)-β-acrylsäure,* Nadeln, F. 202—203°. — *5-(4-Carbäthoxyphenyl)-2-(4-carbäthoxystyryl)-furan,* F. 83—84°. — p-Aminobenzonitril u. I → *2-(4-Cyanstyryl)-furan,* F. 90°. — *5-(4-Cyanphenyl)-furan-(2)-β-acrylsäure,* gelbgrüne Nadeln, F. 272°. — *5-(4-Cyanphenyl)-2-(4-cyanstyryl)-furan,* gelbe Nadeln, F. 213°, neben bei 113° schm. orangefarbenen Plättchen, leicht lösl. in sd. Alkohol. Stoffe mit starker *Fluorescenz, Pharmazeutica, Zwischenprodd.* zur Herst. von *Pharmaceutica, Farbstoffen* u. *plast. Massen.* (**D. B. P. 919 291** Kl. 12q vom 28/3. 1950, ausg. 18/10. 1954. Anmeldung bekanntgemacht 18/3. 1954. Aust. Prior. 31/3. 1949.) R. LINK. H 3061

I. G. Farbenindustrie Akt.-Ges. (Erfinder: **Werner Zerweck** und **Heinrich Salkowski**), Frankfurt/M., *Guanamine.* Das Verf. gemäß D. R. P. 731 309 wird dahin abgeändert, daß man zunächst in dem Reaktionsgefäß eine gewisse Menge Carbonsäurenitril oder ein indifferentes Verteilungs- bzw. Lösungsm., gegebenenfalls zusammen mit der Base, vorlegt u. dann bei der vorgesehenen Reaktionstemp. allmählich die restlichen Anteile der Reaktionskomponenten gleichzeitig oder gemischt einträgt. — Benzonitril (I) + Dicyandiamid + Piperidin + Soda geben bei 190° *2.6-Diamino-4-phenyltriazin* (*Benzoguanamin*) in 90%ig. Ausbeute. Hierbei wird ein Teil I vorgelegt. (**D. R. P. 759 607** Kl. 12p vom 21/5. 1942, ausg. 5/4. 1954. **Zusatz zu D. R. P. 731 309; C. 1943. II. 1320.**) A. BRÖSAMLE. H 3313

Robert A. K. A. Benesch, Frankreich, *Herstellung von Nucleinsäure* aus einzelligen Mikroorganismen, bes. aus Hefen, wie Bierhefe. Vor der Extraktion der Nucleinsäure wird die Hefe vorbehandelt mit einer Zuckerlsg., welche Stickstoffverbb. u. assimilierbare Phosphorverbb. enthält, z. B. Ammoniak- oder Aminosäuresalze u. Phosphorsäure oder phosphorsaure Salze. — 100 kg Hefe werden mit 5000 Liter W. von 30° u.

p_H 4,5 verdünnt. Zu der Lsg. werden 50 (kg) Melasse, 1,5 $(NH_4)_2SO_4$ u. 0,5 H_3PO_4 in 300 Liter W. gegeben. Es wird 4—6 Std. bei 30° u. konstantem p_H 4,5 Luft durchgeleitet. Die Hefe wird danach geschleudert u. abgepreßt. (**F. P. 1 053 376** vom 3/4. 1952, ausg. 2/2. 1954.) M. F. MÜLLER. H 4090

X. Färberei. Organische Farbstoffe.

Charles Weimann, *Verwendung französischer Alginate im Textildruck.* Übersicht über Darst., Eigg. u. Verwendung der Alginate als Verdickungsmittel beim Textildruck. Zum Drucken mit den verschied. Farbstoffklassen u. Textilfasern werden ausführliche Rezepturen angegeben. (Teintex **20.** 189—94. 15/3. 1955.) A. SANDER. 7006

—, *Farbstoffe und Textilhilfsmittel.* Prodd. der COMPAGNIE FRANÇAISE DES MATIÈRES COLORANTES, Paris: *Diazollichtgrau 6 BL* ergibt auf Baumwolle sowie auf Viscose graublaue Färbungen, die in hellen u. mittleren Tönen ätzbar sind. Das Prod. egalisiert gut u. weist gute Lichtechtheit sowie Wasser-, Wasch- u. Schweißechtheit auf. — *Diazollichtblau 3 LGN* ergibt einen lebhaften, grünstichigen Farbton, der bei Nachbehandlung mit *Fixogen TN extra fl.* grünstichige Blautöne aufweist. — *Diazollichtrosa 2 GL extra konz.* ist sehr gut löslich. Bes. anwendbar im Zeugdruck, namentlich für helle Böden, werden die Druckfarben mit Zusatz von Solutene GD (50 g/kg), Harnstoff (100 g/kg), Dinatriumphosphat (20 g/kg) u. Na-Chlorat (2—3 g/kg) angesetzt. Die Wasserechtheit der Druckeffekte wird durch eine Nachbehandlung während 15 Min. mit 2 g/Liter Fixogen TN extra fl. verbessert. (Melliand Textilber. **36.** 374. April 1955.) P. ECKERT. 7018

W. Bradley, *Farbengebende Substanzen.* Übersicht mit Literaturangaben über die zur Zeit gebräuchlichen Farbstoffe (Azo- bzw. Diazo-, Metall enthaltende bzw. metallisierbare H_2O-lösl. u. Anthrachinonfarbstoffe), Färbe- u. Echtheitseigg., Azokupplungsmechanismus, chromatograph. u. spektroskop. Unterss. zur Identifizierung der Einzelkomponenten bei Farbstoffkompositionen, Wechselwrkg. zwischen Farbstoff u. Lösungsm. (stark- u. schwachpolare), Photooxydation von Farbstoffen. (Rev. Textile Progr. **4.** 299—308. 1952.) I. SCHOENMANN. 7020

C.-H. Fischer-Bobsien, *Metallisierbare und metallisierte Farbstoffe bereichern fortlaufend die moderne Färbereitechnik.* 1. Mitt. Chronolog. Übersicht der Entw. färber. Metallkomplexverbb. von der Antike bis zur Gegenwart. (Z. ges. Textilind. **56.** 1442—45. 5/12. 1954.) I. SCHOENMANN. 7020

C.-H. Fischer-Bobsien, *Metallisierbare und metallisierte Farbstoffe bereichern fortlaufend die moderne Färbereitechnik.* 2. Mitt. (1. vgl. vorst. Ref.) Grundlagen über die Metallisierbarkeit (beizenziehende Gruppen im Mol.). Schemat. Darst. der Bildungs- u. Strukturformen beim Metalleinbau u. die färber. Bedeutung desselben. Beispiele (mit Konstitutionsformeln) u. Anwendungsverf. für Naturbeizenfarbstoffe, wie Blauholzextrakt, Farbstoffe des Gelbholzes, der Rothölzer, Färberginster, die tier. Anthrachinonderivv. des Kermes u. der Cochenille u. des Krapp, das Alizarin. (Z. ges. Textilind. **56.** 1501—03. 20/12. 1954.) I. SCHOENMANN. 7020

C.-H. Fischer-Bobsien, *Metallisierbare und metallisierte Farbstoffe bereichern fortlaufend die moderne Färbereitechnik.* 3. Mitt. (2. vgl. vorst. Ref.) Metallisierbare Farbstoffe u. bas. Farbstoffe in der Cellulosefärberei (Farbstoff — Tannin — Sb-Lack). Die Anwendung von Tannin-Metallsalz zur Vorbehandlung (Quellmittel) beim Färben mit bas. Farbstoffen in der Acetat-, Polyamid- u. Polyacrylfärberei sowie als Reservierungsmeth. (Blockierung färber. reaktionsfähiger NH_2- u. Nitrilgruppen). Metallisierbare Farbstoffe der Wollfärberei (Vorbeiz-, Metachrom-, Nachchromierverf.) u. der Bindungsmechanismus, Farblack-Wolle; des weiteren metallisierbare Pelz- u. Substantivfarbstoffe der Cellulosefärberei, die verschied. Methoden zur Fixierung der letzteren an die Faser (durch Nachkupfern bzw. -chromieren) u. eine Übersicht der Farbstoffsortimente. (Z. ges. Textilind. **57.** 156—58. 5/2. 209—11. 20/2. 1955.) I. SCHOENMANN. 7020

Dierkes, *Fortschritte in der Herstellung und Anwendung von Metallkomplexfarbstoffen.* (Reyon, Zellwolle, andere Chemiefasern **32.** 774—78. Dez. 1954.) P. ECKERT. 7020

Arne Smevige, *Einige Gesichtspunkte zum Apparatfärben oberhalb 100°.* Nach Erörterung der apparativen Probleme wird darauf hingewiesen, daß beim Hochtemperaturfärben (HF.)Farbstoffe Verwendung finden können, die unter 100° schlecht aufziehen, wie Chlorantinlichtgrün BLL oder Siriuslichtgrau VGL. Auch Küpenfarbstoffe können über 100° pigmentiert u. bei gewöhnlicher Temp. red. werden, wenn man beim Pigmentieren ein anionakt. Textilhilfsmittel verwendet. Die Vorteile der HF. beim Färben von Wolle, Halbwolle u. ähnlichen Mischfasern sowie von synthet. Fasern werden besprochen. (Färgeriteknik **30.** 296. 299—300. 303. Dez. 1954.) R. K. MÜLLER. 7020

A. Victor, *Die neuzeitlichen Kontinue-Färbverfahren und die mikrodispergierenden Küpenfarbstoffe.* Übersicht über Grundzüge, Ausführung u. Anwendung der verschied. Kontinu-Färbeverff. (Klotz–Jigger-, Klotz–Dampf-, Williams Unit-, Heißöl- u. Standfestmetall-Verf.). — Abbildungen. (Rev. Textilis **11.** Nr. 3. 41—50. März 1955.) W. Wesly. 7020

H. Egli, *Das Färben von Polyacrylnitrilkunstfasern nach dem Sandocrylverfahren.* Färbevorschrift für das Sandocrylverf. (modifiziertes Cu-Verf.) mit Angabe eines Spezialsortiments von Sandocrylfarbstoffen, deren besondere Licht- u. Wetterechtheit hervorgehoben werden; des weiteren prakt. Beispiele zum Färben von Kreuzspulen, losem Material, Strickgarn in Strangform u. Stückware. (SVF Fachorgan Textilveredlung **10.** 179—83. April 1955.) I. Schoenmann. 7020

Bernard Jomain, *Neue Entwicklungen in der Anwendung unlöslicher Azofarbstoffe für den Textildruck.* (Vgl. C. **1955.** 3740.) Übersicht über die heutige Technik des Textildrucks mit Hilfe unlösl. Azofarbstoffe. Die einzelnen Farbstoffgruppen, ihre Eigg. sowie ihre Anwendung für die verschied. Textilfasern u. Druckverff. werden mit den entsprechenden Rezepturen ausführlich dargestellt. (Tinctoria [Milano] **52.** 92—103. März 1955.) A. Sander. 7022

Maurizio Reiner, *Organische Metallkomplexe für die Farbstoffindustrie.* Vf. gibt an Hand der neueren Literatur (24 Literaturhinweise) einen kurz gefaßten Überblick über die Natur der organ. Metallkomplexe, über die Konst. der metallisierbaren Farbstoffe, über die Oxyanthrachinon- u. die Chromfarbstoffe aus Azoderivv. der Salicylsäure. (Chimica [Milano] [N. S.] **10 (30).** 357—64. Nov. 1954.) G. Platzer. 7048

Aktiebolaget Pluria, Stockholm, Schweden (Erfinder: **F. W. J. Karrer**), *Bleichen und Färben von Textilien.* Das zu behandelnde Material wird zunächst mit der Behandlungs-Fl. in einem geschlossenen Behälter völlig bedeckt, darauf wird der größte Teil der Fl. wieder entfernt u. nur so viel im Material belassen, wie zur Behandlung erforderlich ist. Hieraufwird ein Luft- oder Gasstrom im Kreislauf durch das Material geblasen, der die Fl. im feinverteilten Zustand mitreißt u. somit ständig durch das Material führt. Durchführung des Bleichprozesses in 40 Min. statt bisher 2—3 Stunden. (**Schwed. P. 141 001** vom 15/8. 1951, ausg. 30/6. 1953.) K. H. Kähler. 7021

Standfast Dyers & Printers Ltd., Lancaster (Erfinder: **William Kilby** und **Walter Hargreaves Hindle**), England, *Färben von Celluloseacetat mit Küpen- oder Schwefelfarbstoffen.* Die Färbung wird in einem wss. Bad, das außer dem Farbstoff ein kaust. Alkali u. ein Reduktionsmittel enthält, bei ca. 80—100° durchgeführt. Dem Bad können auch Färbehilfsmittel u. Quellungsmittel für das Celluloseacetat zugesetzt werden. Das zu färbende Material kann zur Erhitzung auf die erforderliche Temp. durch ein Bad von geschmolzenem Metall geführt werden. (**E. P. 716 954** vom 2/12. 1950, ausg. 20/10. 1954.) H. v. Schiller. 7021

American Cyanamid Co., New York, N. Y., übert. von: **Joseph Seruto,** Meriden, Conn., V. St. A., *Azoderivate des Carbostyrils* erhält man durch Cyclisierung eines Acylessigsäurearylids, das in o-Stellung zum Amid-N unsubstituiert ist u. in α-Stellung einen Arylazorest, der wenigstens 2 carbocycl. Ringe enthält, trägt. Die Cyclisierung erfolgt durch Erhitzen mit konz. H_2SO_4. — 2-Amino-4-nitrophenol-6-sulfonsäure → Acetessigsäure-o-toluidid (I); der erhaltene *Azofarbstoff* wird mit konz. H_2SO_4 5 Min. auf 75° erhitzt. — 2-Amino-6-nitrophenol-4-sulfonsäure → **I**; der nach dem Cyclisieren erhaltene Farbstoff färbt Wolle rötlichorange. — 1-Amino-2-naphthol-4-sulfonsäure → **I**, cyclisiert, chromiert, braune bis olivfarbene Töne. (**A. P. 2 640 825** vom 17/6. 1949, ausg. 2/6. 1953.) U. Sievers. 7053

Sandoz Akt.-Ges., Basel (Erfinder: **Franz Frisch,** Arlesheim), Schweiz, *Saure, metallisierbare Monoazofarbstoffe* erhält man durch Kupplung der diazotierten Aminoverbb. der allg. Formel **I** u. z. B. **II** (X = Alkyl, Cycloalkyl, Aryl, Aralkyl, $-NH_2$ oder $-NH-R_0$, wobei R_0 höchstens 14-C-Atome enthalten soll; R = Arylrest mit —COOH u. —OH in o-Stellung; Y = H oder $-CH_3$) mit Aminonaphthalinverbb. der allg. Formel

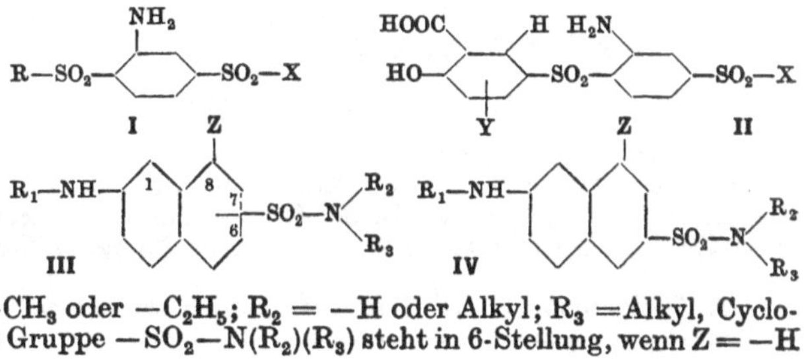

III u. z. B. **IV** [R_1 = —H, $-CH_3$ oder $-C_2H_5$; R_2 = —H oder Alkyl; R_3 = Alkyl, Cycloalkyl, Aryl oder Aralkyl; die Gruppe $-SO_2-N(R_2)(R_3)$ steht in 6-Stellung, wenn Z = —H

oder —OH, in 7-Stellung, wenn Z = H]; 2-Amino-4-methylsulfon-4'-oxy-1.1'-diphenylsulfon-3'-carbonsäure (**V**) → 2-Amino-8-oxynaphthalin-6-sulfonsäure-N-äthyl-N-phenylamid. Wolle (**B**) aus neutralem oder schwach saurem Bade blaurot. — **V** → 2-Methylaminonaphthalin-6-sulfonsäuremethylamid. Das Ammoniumsalz des Farbstoffes färbt **B** aus saurem oder alkalischem Bade rot. — **V** → 2-Aminonaphthalin-6-sulfonsäurephenylamid. **B** aus neutralem oder schwach saurem Bade orange. (**D. B. P. 921 096** Kl. 22a vom 8/1. 1953, ausg. 9/12. 1954. Anmeldung bekanntgemacht 6/5. 1954. Schwz. Priorr. 9/1. u. 5/11. 1952.) U. SIEVERS. 7053

Farbwerke Hoechst Akt.-Ges., vormals Meister Lucius & Brüning, Frankfurt/M., *Herstellung von Vinylsulfonfarbstoffen.* 1-Aminophenyl-4-vinylsulfon → 1-Amino-8-oxynaphthalin-3.6-disulfonsäure. Wolle (**B**) blauschwarz. — 1-Amino-2-methoxyphenyl-5-vinylsulfon → 1-Oxybenzol-2-carbonsäure. Der Farbstoff wird in das K-Salz übergeführt. **B** chromiert gelb. — 1-Aminophenyl-3-(α-bromvinylsulfon) → 1-(2'-Chlor-5'-sulfophenyl)-3-methyl-5-pyrazolon. **B** gelb. — 1-Amino-4-methylbenzol-3-sulfonsäure-(2'-methoxy-5'-vinylsulfonyl)-phenylamid → 1-(6'-Chlor-2'-methyl-4'-sulfophenyl)-3-methyl-5-pyrazolon. **B** gelb. — Alle Farbstoffe zeigen gute Echtheitseigenschaften. (**Schwz. PP. 302 016, 302 017, 302 018** u. **302 019** vom 16/7. 1951, ausg. 1/12. 1954. **Zusätze zu Schwz. P. 296 001; C. 1955. 4942.**) U. SIEVERS. 7053

J. R. Geigy Akt.-Ges., Basel, Schweiz, *Herstellung eines Diazofarbstoffes.* 1-Amino-2.4-di-(2'-methylphenoxy)-benzol → 1-Amino-2-methoxynaphthalin-6-sulfonsäure → 1.8-Dioxynaphthalin-3.6-disulfonsäure; Gelatineschichten werden blaugrün gefärbt. (**Schwz. P. 302 911** vom 31/7. 1951, ausg. 17/1. 1955.) U. SIEVERS. 705

Sandoz Akt.-Ges. (Erfinder: **Markus Kappeler, Willy Steinemann** und **Walter Wehrli**), Basel, Schweiz, *Gelbe metallisierbare substantive Diazofarbstoffe.* Man kuppelt 2 (Mol) einer Diazoverb. aus einer 1-Aminobenzol-2-carbonsäure der allg. Formel **I** (Y = H oder $-SO_3H$) oder insgesamt 2 derartiger Diazoverbb. mit 1 eines Dipyrazolons der Zus. II (A = H, Cl, Br oder $-CH_3$) u. behandelt die erhaltenen Diazofarbstoffe in Substanz oder auf der Faser mit metallabgebenden Mitteln. — 1-Aminobenzol-2-carbon-

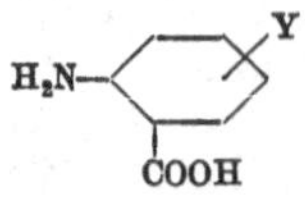

I

$R_1-CH=CA-R_1$

II

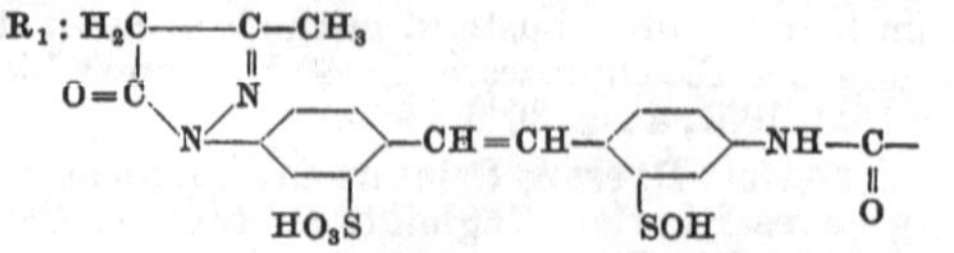

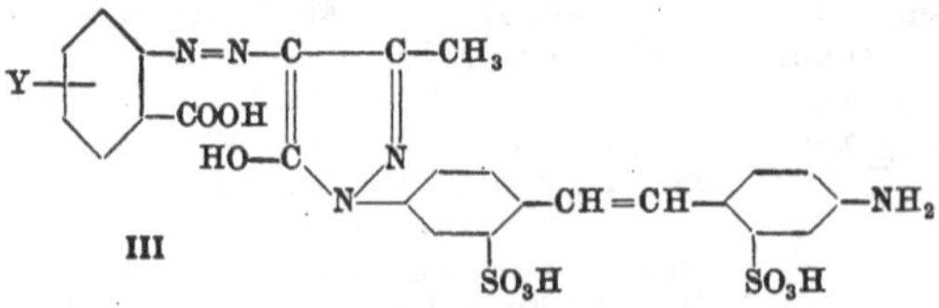

III

Hal—CO—CH=CA—CO—Hal IV

säure (**VIII**) → **II** (A = H); Baumwolle (**B**) nachgekupfert gelb. — Man kann auch 2 einer gegebenenfalls metallisierten Aminoazoverb. der Zus. **III** (Y = H oder $-SO_3H$) in Ggw. eines säurebindenden Mittels mit 1 eines Dicarbonsäurehalogenids der Zus. **IV** (Hal = Cl oder Br; A = H, Cl, Br oder $-CH_3$) kondensieren u. die erhaltenen Diazofarbstoffe erforderlichenfalls in Substanz oder auf der Faser mit metallabgebenden Mitteln behandeln. **III** (Y = $-SO_3H$ in m-Stellung zur Azogruppe) + Fumarsäuredichlorid (**VII**) in Chlorbenzol; **B** u. Fasern aus regenerierter Cellulose (**G**) reingelb, metallisiert sehr licht- u. naßecht. — 1-Aminobenzol-2-carbonsäure-4-sulfonsäure (**V**) → **II** (A = H); **B** u. **G**, gekupfert, gelb. — **V** → 4-Amino-4'-(3''-methyl-5''-pyrazolonyl)-stilben-2.2'-disulfonsäure (**VI**) + 2-Diazobenzol-1-carbonsäure → **VI** + **VII**; **B** u. **G**, gekupfert, reingelb. — **V** + **VIII** (beide) → **VI**, kupfern u. mit **VII** kondensieren; **B** u. **G** gelb. — Die Farbstoffe zeichnen sich durch gute Licht- u. vorzügliche Naßechtheit aus. (**D. B. P. 889 661** Kl. 22a vom 3/10. 1951, ausg. 5/11. 1953. Schwz. Priorr. 4/10. 1950, 13/6. u. 21/7. 1951. **Schwz. P. 297 669** vom 21/7. 1951, ausg. 1/6. 1954. **Zusatz zu Schwz. P. 285 139; C. 1954. 657.**) U. SIEVERS. 7055

XIa. Farben. Anstriche. Lacke. Naturharze.

E. Saffre, *Herstellung von Farben für Bemusterung.* Allg. Ausführungen. Besprochen werden: Wesen der Farbe, Farbtonkarten; Auswahl der Farben in Färberei u. Anstrichtechnik vom Standpunkt der Lichtbeständigkeit; Farbenmischungen; colorimetr. Best.; Bemusterung, statist. Daten. (Peintures, Pigments, Vernis **30.** 120—26. Febr. 1954.) K. STEINER. 7090

R. S. Robinson, *Natürliche und synthetische Harze.* Fortschrittsbericht 1950. — Behandelt werden natürliche u. synthet. Harze in bezug auf ihre Bedeutung für die Herst.

von Anstrichen. — 43 Literaturhinweise. (Rep. Progr. appl. Chem. **35.** 434—41. 1950. Manchester, Sale, Styrene Co-Polymers Ltd.) M. WINIKER. 7096

R. S. Robinson, *Natürliche und synthetische Harze.* (Vgl. vorst. Ref.) Fortschrittsbericht 1951. — 38 Literaturhinweise. (Rep. Progr. appl. Chem. **36.** 434—40. 1951.) M. WINIKER. 7096

R. Montequi und **F. J. López Morales,** *Standölkochung von Leinöl in Gegenwart von Katalysatoren.* Unters. der Leinölstandölbildung bei 295—300° ohne u. mit Zusatz von Katalysatoren. Als Katalysatoren dienten *Zn-resinat* (8,2% ZnO), *Superbeckacite 1001, Anthrachinon, Benzyldisulfid* u. *S.* Der Fortschritt der Polymerisation wurde durch Messung von Viscosität, JZ., SZ. u. n. verfolgt. Die erhaltenen Standöle wurden geprüft auf Trockenfähigkeit, Filmhärte u. Beständigkeit gegen kaltes u. warmes W. sowie gegen Alkalien. Resultate: Als beste Katalysatoren erwiesen sich Anthrachinon u. Benzyldisulfid, die höherwertige Standöle lieferten als das ohne Katalysator gewonnene Leinölstandöl. Auch Superbeckacite ergab ein gutes Standöl, während S zwar ein etwas alkalibeständigeres, aber in seinen sonstigen Eigg. nicht so günstiges Standöl lieferte. (An. Real Soc. españ. Física Quím., Ser. B **50.** 859—64. Nov. 1954. Recibido, Inst. Alonso Barba, Abt. f. angewandte analyt. Chem.) B. SCHEIFELE. 7096

H. L. Howard, *Lösungsmittel.* (Vgl. C. **1948.** E. 828.) Bericht über Fortschritte auf dem Gebiet der Lacklösungsmittel für das Jahr 1950. — 5 Literaturhinweise. (Rep. Progr. appl. Chem. **35.** 456—57. 1950.) M. WINIKER. 7100

A. E. Lain und **V. P. Gellay,** *Lösungsmittel.* (Vgl. vorst. Ref.) Fortschrittsbericht 1951. — 25 Literaturhinweise. (Rep. Progr. appl. Chem. **36.** 457—60. 1951.) M. WINIKER. 7100

H. L. Howard, *Celluloseester- und -ätherlacke.* (Vgl. C. **1948.** E. 828.) Fortschrittsbericht 1950. — 14 Literaturhinweise. (Rep. Progr. appl. Chem. **35.** 454—56. 1950.) M. WINIKER. 7106

A. E. Lain und **V. P. Gellay,** *Celluloseester- und -ätherlacke.* (Vgl. vorst. Ref.) Fortschrittsbericht 1951. — 40 Literaturhinweise. (Rep. Progr. appl. Chem. **36.** 452—57. 1951.) M. WINIKER. 7106

Max Leavenworth, *Schutz von durch hohe Temperaturen beanspruchten Raffinerieeinrichtungen durch Siliconlacke.* Siliconlacke mit Al-Pulver, Zn-Staub, geschupptem rostfreiem Stahl oder gepulvertem Glimmer sind bis zu 538° dauernd beständig. (Corrosion [Houston] **8.** Nr. 2. Topic of the Month 1. Febr. 1952. Dow Corning Corp.) J. FISCHER. 7106

American Chemical Paint Co., Ambler, Pa., V. St. A., *Vorbehandeln von Metalloberflächen vor dem Aufbringen von Anstrichen.* Die gereinigte Metalloberfläche wird mit einer *Chlorid- oder Bromid-, komplexe Fluorid-* u. *Chromationen* enthaltenden Lsg. vom p_H-Wert 0,8—5,5 behandelt. Beispiel: 5 (g) CrO_3, 5 NH_4Cl, 5 $(NH_4)_2SiF_6$ u. *W.* zur Auffüllung auf 1 Liter. (**E. P. 714 541** vom 26/6. 1952, ausg. 1/9. 1954. A. Priorr. 27/6. 1951 u. 29/3. 1952.) F. MARKHOFF. 7091

Columbian Carbon Co., New York, N. Y., V. St. A., *Herstellung von Ofenruß,* dad. gek., daß ein gasförmiger Brennstoff in Ggw. von freien O_2 enthaltendem Gas (Luft) am Umkreis einer intermediären Zone einer senkrechten, langgestreckten Kammer verbrannt u. diese intermediäre Zone einer intensiven Wärmestrahlung aus der resultierenden Flamme unterworfen wird, ein Strom von fl. KW-stoffen nach oben durch die intermediäre Zone ohne Berührung mit der Flamme u. ohne wesentliche Verbrennung versprüht wird u. dadurch die KW-stoffe dieses Stromes erhitzt, verdampft u. therm. gespalten werden, eine partielle Verbrennung der KW-stoffe dieses Stromes in einer Zone der Kammer oberhalb der intermediären Zone unter Bldg. eines Baldachins aus stark leuchtenden Flammen bewirkt wird, die in die intermediäre Zone Wärme ausstrahlen, die KW-stoffe in der Zone der partiellen Verbrennung unter Bldg. von Ruß, suspendiert in den Ofengasen, zers. werden, die Suspension vom oberen Ende der Ofenkammer abgezogen u. der suspendierte Ruß abgetrennt wird. — Abbildungen. (**E. P. 722 869** vom 17/11. 1952, ausg. 2/2. 1955. A. Prior. 14/3. 1952.) R. SCHREINER. 7093

General Mills, Inc., Del., übert. von: **Malcolm M. Renfrew,** Minneapolis, Minn., V. St. A., *Phenolharzmischester.* Von Phenolharzen werden 80—100% der Hydroxylgruppen verestert mit einer Mischung von ungesätt., höhermol. Fettsäuren (8 bis 18 C-Atome) u. von Benzoesäure bzw. durch KW-stoffreste substituierter Benzoesäure. — Beispiel: 162 (g) p-tert.-Butylphenol-CH_2O-Harz, 224 dest. Sojabohnenölfettsäure, 36 p-tert.-Butylbenzoesäure, 3 Triphenylphosphit u. 50 cm³ Xylol werden unter Rückfluß u. Rühren 12 Std. erhitzt, wobei 17,4 W. sich sammeln; das Lösungsm. wird abgedampft. Eine 60%ig. Lsg. des Phenolharzmischesters in Testbenzin ergibt nach Zusatz von Blei- u. Kobaltsikkativ *schnelltrocknende Überzüge*. (**A. P. 2 676 158** vom 21/2. 1952, ausg. 20/4. 1954.) M. BÖTTCHER. 7107

Chemische Werke Albert (Erfinder: **Felix Schlenkar** und **Kurt Hultzsch**), Wiesbaden, *Styrolisierte Fettsäurepolyester enthaltende Lacke*, gek. durch einen Geh. an Alkoholaten 2- oder mehrwertiger Metalle, bes. an *Aluminiumbutylat* (I), gelöst in β-Ketocarbonsäureestern, Malonsäureestern oder β-Diketonen. — Beispiel: 100 (Gewichtsteile) einer 56%ig. Lsg. eines styrolisierten ricinensäuremodifizierten Glycerinphthalatharzes [42 (%) Öl, 20 Phthalsäure, 38 Styrol-Methylstyrol-Gemisch] werden in KW-stoffen gelöst u. mit 20 einer 50%ig. Lsg. von I in Toluol vermischt. — Filmaufstriche zeigen kein Erweichen oder Klebrigwerden, kein Hochziehen beim Überlackieren (Autolackierung). (**D. B. P. 923 931** Kl. 22h vom 25/12. 1951, ausg. 24/2. 1955.) M. BÖTTCHER. 7107

El Dorado Oil Works, übert. von: **Robert M. Silverstein, Aloysius P. Brady** und **Arthur G. Brown,** Menlo Park, Calif., V. St. A., *Nichtschäumende, synthetischen Kautschuk enthaltende Emulsionsfarbe*. Den Latexemulsionsfarben werden als Antischaummittel 0,05—1 Vol.-% eines Alkohols, wie Tetramethylolcyclohexanol, Pentaerythrit, Di- oder Tripentaerythrit, der nur mit einer einwertigen Fettsäure von 2—18 C-Atomen (Capryl-, Caprin-, Laurin-, Stearin-, Capron-, Myristin-, Isovalerian-, Arachin-, Eläostearin-, Buttersäure, Leinöl-, Öl- oder Cocosnußölfettsäure) verestert sein kann, gegebenenfalls mit einer geringen Menge NaOH zugesetzt. (**A. P. 2 686 766** vom 6/10. 1952, ausg. 17/8. 1954.) W. GRÄGER. 7107

Sherwin-Williams Co., Cleveland, O., übert. von: **Harvey T. Gehring,** Chicago, Ill., V. St. A., *Gefrierbeständige Latexanstrichmittel*. Den pigmentierten Öl-W.-Emulsionen, die Mischpolymere (z. B. aus Styrol u. Butadien) in Latexform enthalten, werden 1—15 (bezogen auf den Polymergeh.), bes. 4—8%, Thioharnstoff oder einer Verb. der allg. Formel RNH—CO—NHR, in der R H, OH, ein Alkylol- oder ein Alkylrest ist, wie Harnstoff, Oxy-, Diäthyl-, Dimethylol- oder n-Butylharnstoff zugesetzt. (**A. PP. 2 683 699** u. **2 683 700** vom 25/2. 1952, ausg. 13/7. 1954.) W. GRÄGER. 7107

Farbenfabriken Bayer Akt.-Ges. (Erfinder: **Heinrich Meckbach**), Leverkusen, *Schmelztauchmassen*, bestehend aus *Celluloseacetobutyrat* u./oder *Äthylcellulose* u. *niedrigchloriertem Diphenylen* u./oder *Terphenylen*. — Beispiel: 54 (Teile) eines 3 Chloratome enthaltenden Diphenyls, das durch partielles Chlorieren entsteht, werden mit 24 Dibutylphthalat u. 54 Terphenylharz (mit 6—8 Cl-Atomen) auf 140—150° zu einer fl. Schmelze erhitzt, worauf 36 Celluloseacetobutyrat zugesetzt werden. Entschäumer, wie Siliconöl, säurebindende Stoffe, wie Epichlorhydrin, können zugegen sein. — *Filmbildner*. (**D. B. P. 926 022** Kl. 22h vom 27/1. 1952, ausg. 4/4. 1955. Anmeldung bekanntgemacht 9/9. 1954.) M. BÖTTCHER. 7107

Industrielackwerke G. m. b. H. (Erfinder: **Karl-Heinz Agethen** und **Herbert Fuchs**), Düsseldorf, *Plastische Massen*, bes. für Überzugszwecke, bestehend aus bzw. enthaltend ein Gemisch eines oder mehrerer Kondensationsprodd. aus mehrbas. organ. Säuren u. Substitutionsprodd. von cycl. Carbinolen der allg. Formel $(R_1)(R_2)C—CHOH—C(R_3)(R_4)$, worin die Zahl der ringbildenden C-Atome 5—7, bes. 6, beträgt u. R_1—R_4 zumindest hälftig, vorzugsweise durchweg Methylolgruppen sind u. bis zu zwei hiervon H sein können, einerseits u. eines oder mehrerer in organ. Lösungsmitteln lösl., mit den Kondensationsprodd. verträglicher Filmbildner, bes. Nitrocellulose, Celluloseäther, Chlorkautschuk, nachchlorierten Polyvinylchlorids, Mischpolymerisate von Vinylchlorid mit Vinyläther, Acrylester u. dgl. andererseits. In die Kondensationsprodd. können einbas. trocknende oder nichttrocknende Fettsäuren oder Oxyfettsäuren eingebaut sein; die Massen können die üblichen Zusätze enthalten. Herst. von *Anstrichen*. (**D. B. P. 922 793** Kl. 39b vom 1/6. 1951, ausg. 24/1. 1955. Anmeldung bekanntgemacht 16/6. 1954.) G. SALZMANN. 7107

Sheffield Bronze Paint Corp., übert. von: **Morris Braunstein,** Cleveland, O., V. St. A., *Nichtverfärbendes, in der Wärme filmbildendes Mittel*. Zur Herst. wird ein Cumaron–Inden-Harz geschmolzen u. mit 7,5—12 (%) eines neutralen Paraffinwachses, 0,5—1 TiO_2 u. 0,5—1 Al-Silicat gemischt. Dieses Gemisch wird mit aromat. KW-stoffen u. Lackbenzin verd. u. dann mit den üblichen Anstrichgrundstoffen vermahlen. (**A. P. 2 676 935** vom 6/12. 1951, ausg. 27/4. 1954.) W. GRÄGER. 7107

Sheffield Bronze Paint Corp., übert. von: **Morris Braunstein,** Cleveland, O., V. St. A., *Nichtabblätternde hitzebeständige Cumaron–Inden-Aluminiumfarbe*, bestehend aus 8—14 (Teilen) Ca-Naphthenat, -Phthalat, -Palmitat, -Oleat oder -Stearat, 112 Cumaron–Inden-Harz, 10—50 Paraffinöl (Neutralöl), 250—350 eines aromat. KW-stoffes (Toluol) u. genügend (2 lbs. auf 1 Gallone Anstrichmittel) Al-Pulver. (**A. P. 2 694 691** vom 13/5. 1952, ausg. 16/11. 1954.) W. GRÄGER. 7107

General Electric Co., New York, N. Y., übert. von: **Shannon Jones,** East Cleveland, O., V. St. A., *Fluorescierendes Überzugsmittel*, bestehend aus einer Suspension von feinverteiltem Phosphor in einem Cellulosebindemittel (Nitro- oder Äthylcellulose, Celluloseacetat oder -butyrat), das in einem im wesentlichen mit W. nicht mischbaren Lösungsm. (Naphtha im Gemisch mit Butylacetat, Amylacetat, Nitropropan, Methyläthylketon u. Toluol mit Alkohol) gelöst ist. Diese Suspension enthält noch 0,1—0,7%, bezogen auf den P-Geh., dispergierte Borsäure, die in der Lacklsg. durch Hydrolyse eines Borsäureesters (Alkyl-, wie Butyl-, Äthyl- oder Methylborat; Phenyl- oder Glykolborat) auf den Zusatz von 1% W. zusammen mit einem Lösungsvermittler (auf 8 Teile W. 92 Äthylenglykolmonoäthyläther) entsteht. (**A. P. 2 686 158** vom 18/3. 1952, ausg. 10/8. 1954.) W. GRÄGER. 7107

Anton J. Zoeller, West New York, N. J., V. St. A., *Korrosionsschutz für Metalle,* bes. Gußeisen. Das zu schützende Metall wird auf 600—1000° F erhitzt u. heiß in geschmolzenes Petrolatum mit F. 95—125° F u. einem Flammpunkt nicht <250° F 4—7 Sek. getaucht; sofort danach wird ein Schutzanstrich oder Einbrennlack aufgebracht. (**A. P. 2 671 736** vom 11/10. 1950, ausg. 9/3. 1954.) W. GRÄGER. 7107

Shell Development Co., San Francisco, Calif., übert. von: **Knapel F. Schiermeier,** Alton, Ill., V. St. A., *Korrosionsschutzmittel,* bestehend aus einem nichtgeblasenen, mittels Propan ausgefällten Petroleumharz mit 5—25 (%) eines trocknenden Öles (geblasenen Rapssamen- oder Sojabohnenöls, polymerisierten Fischöls) u. 15—40 Lackbenzin. Diesem Gemisch können noch Sulfonate, Glycerinester u. Asphalt zugesetzt werden. (**A. P. 2 687 965** vom 1/5. 1950, ausg. 31/8. 1954.) W. GRÄGER. 7107

Dow Chemical Co., übert. von: **Elmer K. Stilbert jr., Ira J. Cummings** und **William B. Guerrant,** Midland, Mich., V. St. A., *Feuerschützende Überzugsmittel,* die außer den schaumbildenden Stoffen [$NH_4H_2PO_4$. $(NH_4)_2HPO_4$, H_3PO_4, $(NH_4)_2SO_4$, Sulfaminsäure, NH_4-Sulfamat, NH_4Br, Na-Wolframat, Na_3BO_3 oder H_3BO_3] noch 20—70 (%, bezogen auf die Menge der Schaumbildner) Harnstoff-CH_2O-Harz, mindestens 5% Kohlenhydrate (Stärke, Traganth) u. 15—35% eines latexförmigen Mischpolymeren von Vinylidenchlorid u. Vinylchlorid oder eines anderen Mischpolymeren enthalten. Die Schaumbildner sollen mindestens zu 50% in dem Gemisch vorhanden sein. (**A. P. 2 684 953** vom 29/3. 1952, ausg. 27/7. 1954.) W. GRÄGER. 7107

British Sidac Ltd., St. Helens, England, übert. von: **Ralph T. K. Cornwell,** Rosemont, Pa., V. St. A., *Mit einer in der Hitze erweichenden Schicht überzogenes Verpackungsmaterial.* Das übliche hydrophile Cellulosematerial aus regenerierter Cellulose oder Papier wird mit einer Schicht aus Polyäthylen mit einem Mol.-Gew. con 10000—38000 u. einem Erweichungspunkt von 100—112° überzogen, wobei diese Schicht mittels eines in der Hitze härtbaren, aber noch nicht ausgehärteten u. wasserlösl. Harzes, wie Harnstoff- oder Melamin-CH_2O-Harzes, auf den Untergrund verankert ist. Derartiges Material schließt nach Hitzeeinw. auf die Überlappungsstellen das Verpackte luftdicht ab. (**E. P. 721 714** vom 11/8. 1952, ausg. 12/1. 1955.) W. GRÄGER. 7107

Kemisk Vaerk Køge A/S, Kopenhagen, Dänemark, *Phthalocyaninpigmente enthaltende Anstrichmittel und Tinten.* Um das Wachsen der Kristalle von metallfreiem Phthalocyanin, von Cu- oder Monochlorkupferphthalocyanin bzw. in deren Gemischen zu verhindern, wird als Stabilisierungsmittel Mg-Phthalocyanin oder eines seiner wasserunlösl. Derivv., bes. Halogenderivv., wie Chlormagnesiumphthalocyanin, gegebenenfalls zusammen mit einem oder mehreren Hilfsstoffen, bes. Aminen, wie Dodecylamin, zugesetzt. (**E. P. 716 324** vom 24/8. 1951, ausg. 6/10. 1954. Holl. Prior. 29/8. 1950.) W. GRÄGER. 7107

—, Fortschrittsbericht Lacke und Anstrichstoffe. Ein Compendium der Literatur d. Lack- u. Farbenfaches. Berichtszeitraum 1952. Garmisch-Partenkirchen: Fachliteratur Ermittlungs- u. Berichtsdienst für Industrie u. Forschung; Moser. 1954. (116 S.). DM 100,—.

XIb. Plaste (Kunstharze. Plastische Massen).

V. R. Gray und **R. N. Haward,** *Polymerisationsprodukte.* Fortschrittsbericht 1950. Behandelt werden: Kinetik der Polymerisation u. Copolymerisation, Thermodynamik der Polymerisation, Polymerisationsmethoden, mechan. u. sonstige Eigg. der Plaste sowie Herst. u. Anwendungen derselben. — 212 Literaturhinweise. (Rep. Progr. appl. Chem. **35.** 568—87. 1950.) M. WINIKER. 7170

V. R. Gray und **R. N. Haward,** *Polymerisationsprodukte.* (Vgl. vorst. Ref.) Fortschrittsbericht 1951. — 352 Literaturhinweise. (Rep. Progr. appl. Chem. **36.** 599—620. 1951.) M. WINIKER. 7170

S. R. Finn, *Polykondensationsprodukte.* Fortschrittsbericht 1950. Behandelt werden: Phenolharze, Aminoplaste, Polyesterharze, Polyamide, Polyurethane, Silicone. — 116 Literaturhinweise. (Rep. Progr. appl. Chem. **35.** 588—607. 1950.) M. WINIKER. 7170

S. R. Finn und **J. W. G. Musty,** *Polykondensationsprodukte.* (Vgl. vorst. Ref.) Fortschrittsbericht 1951. — 87 Literaturhinweise. (Rep. Progr. appl. Chem. **36.** 583—98. 1951.) M. WINIKER. 7170

—, *Nomograph für die Zusammensetzung von Alkydharzen.* (Amer. Paint J. **39.** 19—21. 19/11. 1954.) B. SCHEIFELE. 7176

I. I. Iwanow, *Zur Methodik der Bestimmung der Wasseraufnahmefähigkeit geschichteter plastischer Massen.* Vf. zeigt, daß die Geschwindigkeit der Wasseraufnahme von *Getinax* u. *Textolit* wesentlich von der Dicke der Platten abhängt u. verlangt eine entsprechende Abänderung der Bestimmungsmeth. nach GOST (Allunions-Standard) 4650—49. (Электричество [Elektrizität] **1953.** Nr. 2. 45. Febr.) J. v. SCHROEDER. 7210

Universal Oil Products Co., Chicago, übert. von: **Alexander G. Petkus,** La Grange, Ill., V. St. A., *Entfernen von verbrauchtem Polymerisationskatalysator* aus einem geschlossenen Reaktionsraum, dad. gek., daß ein Dampfstrom (Hochdruckdampf) durch das Katalysatorbett geleitet wird, um alle niedrigsd. u. wenigstens einen Teil der hochsd. teerigen Ndd. zu entfernen u. den Katalysator zu erweichen, der Raum unterhalb des Katalysatorbettes geöffnet u. der Katalysator durch einen von oben nach unten ausgeübten hinreichend hohen hydraul. Druck auf die ganze obere Oberfläche des Katalysators ausgestoßen wird. Der hydraul. Druck kann z. B. durch einen Heißwasserstrahl ausgeübt werden. (**A. P. 2 669 531** vom 22/12. 1947, ausg. 16/2. 1954.) W. HEROLD. 7171

Wingfoot Corp., V. St. A., *Trocknen thermoplastischer Harze.* Die wasserhaltige gefällte Harzpaste wird oberhalb der Agglomerationstemp. des Harzes gehalten, bis eine wesentliche Wassermenge in fl. Form ausgeschieden ist. — Man koaguliert einen Styrol-Butadien (85:15)-Mischpolymerisat enthaltenden Latex mit Alaun bis 55—58°, filtriert bei 26,5°, preßt die feuchte M. zu Stäbchen, die kurze Zeit in feuchter Luft, die eine Feuchtetemp. von 60° u. eine Trockentemp. von 65,5° aufweist, bei 6,35 mm stat. Druckabfall gehalten werden. Die restliche Feuchtigkeit wird mit warmer Luft bei einer Feuchtetemp. von 39° u. einer Trockentemp. von 65,5° entfernt. Entsprechend können andere Vinylharze getrocknet werden. Die trocknenden Stäbchen lassen sich leicht in organ. Lösungsmitteln lösen. (**F. P. 1 060 049** vom 7/5. 1952, ausg. 30/3. 1954.) M. PANKOW. 7171

Usines de Melle, Saint-Léger-lès-Melle (Erfinder: **Henri Martin Guinot,** Versailles), Frankreich, *Polymerisation von Diolefinen,* bes. von Butadien oder seinen Derivv., unter Verwendung von Katalysatoren, gek. durch die Verwendung von Peroxyden von Dioxanderivv. mit der Gruppe **I,** in der die C-Atome α u. β einerseits u. α' u. β' andererseits entweder unmittelbar durch eine einfache oder ungesätt. Bindung oder mittelbar durch Vermittlung eines gesätt. oder ungesätt. aliphat. oder aromat. Radikals verbunden sind, während die freien restlichen Valenzen mit H bzw. aliphat. oder cycl. KW-stoffradikalen besetzt werden können, u./oder von Peroxyden von Dioxolanderivv. mit der Gruppe **II,** in der die beiden endständigen C-Atome miteinander entweder unmittelbar durch eine einfache bzw. ungesätt. Bindung oder durch Vermittlung eines aliphat. oder cycl. Radikals verbunden sind, wobei die freien restlichen Valenzen mit H oder einem beliebigen organ. Radikal von der gleichen Art wie die freien restlichen Valenzen des ersten C-Atoms besetzt werden können. Bevorzugt werden die Peroxyde von α.α.β'.β'-Tetramethyldioxan u. von α.β'-Dimethyldioxan, bes. bei 20—100°. (**D. B. P. 925 912** Kl. 39c vom 7/9. 1940, ausg. 31/3. 1955. Anmeldung bekanntgemacht 2/9. 1954. F. Prior. 7/9. 1939.) W. OVERBECK. 7173

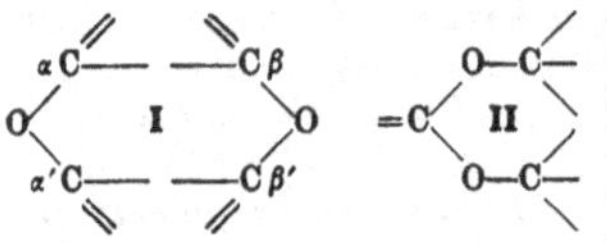

Petrocarbon Ltd., England, übert. von: **Michael Mojzesz Szwarc, Alec Norman Roper** und **Herbert Max Emil Steiner,** *Herstellung polymerer aromatischer Kohlenwasserstoffe* durch Pyrolyse von Dämpfen von Polymethylbenzolen mit 2—6 Methylresten am Kern, davon 2 Methylresten in p-Stellung, bei 850—950°. — Eine Mischung aus Wasserdampf u. p-Xylol im Verhältnis 11:1 (Gesamtdampfspannung ca. 100 mm Hg) streicht 0,08 Sek. bei 900° in ein SiO_2-Rohr. Man kühlt ab u. erhält eine schwammartige M., die mit Aceton gewaschen wird. (**F. P. 1 067 959** vom 26/8. 1952, ausg. 21/6. 1954. E. Prior. 29/8. 1951.) M. PANKOW. 7173

Scado Kunstharzindustrie N. V., Zwolle (Erfinder: **Willem Johan Taat,** Delft), Holland, *Herstellung von klaren, zu klaren Lackschichten trocknenden Mischpolymeren,* indem man nichtpolymerisiertes oder isomerisiertes, niedrigviscoses Leinöl mit gegebenenfalls einem geringen Zusatz Öl, das konjugierte Doppelbindungen enthält, bis auf 250° mit *Styrol* (**I**) oder **I**-α-*Methylstyrol* (**II**)-Mischung erhitzt. Man nimmt hierfür Mischungen, die im Dreikomponentendiagramm etwa zwischen den Punkten 85 (%) Öl, 15 **I**; 55 Öl,

45 I; 14 Öl, 56 I; 30 II u. 42,5 Öl; 27,5 I u. 30 II liegen u. erhitzt in Ggw. eines organ. Peroxydkatalysators (Di-tert.-butylperoxyd, Di-tert.-amylperoxyd Bis-triphenylmethylperoxyd), der eine Zersetzungshalbwertszeit von wenigstens 5 Min, in Benzollsg. bei 160° aufweist, bis zur Bldg. eines Mischpolymeren mit einer Viscosität von wenigstens 10000 cP. Die I-Menge soll um so höher sein, je höher die JZ. des Leinöls liegt. (**Oe. P. 181 426** vom 4/9. 1952, ausg. 25/3. 1955. Holl. Priorr. 26/4. 1951 u. 11/2. 1952.) M. PANKOW. 7173

Petrolite Corp., Ltd., Wilmington, Del., übert. von: **Melvin De Groote,** University City, und **Bernhard Keiser,** Webster Groves, Mo., V. St. A., *Veresterte oxalkylierte Phenol-Aldehyd-Harze und quartäre Verbindungen hieraus.* Durch C_4—C_{12}-Alkyl substituierte Phenolharze, die aus difunktionellen einwertigen Phenolen u. aus Aldehyden mit <9 C erhalten sind, werden mit Äthylen-, Propylen-, Butylenoxyd oder (Methyl-) Glycid oxalkyliert u. dann — nach A. P. 2 581 382 — mit α-Halogenmonocarbonsäuren, wie (Di)-chlor- oder -bromessigsäure oder Brombuttersäure, verestert. — Quartäre Ammoniumverbb. dieser Verbb. werden nach A. P. 2 581 383 durch Rk. mit heterocycl. Aminen, z. B. Pyridin oder (Iso-) Chinolin erhalten; ferner nach A. P. 2 581 384 durch Rk. mit bas. acylierten Aminoalkoholen, z. B. Monooleyl-, Monostearyl- oder Monoricinoleyltriäthanolamin; oder nach A. P. 2 581 385 mit oxylierten Glyoxalidinen, z. B. 1-Oxypropyl-2-heptadecenylglyoxalidin; oder nach A. P. 2 581 386 mit oxylierten hochmol. Aminen, z. B. mit Äthylen-, Propylen-, Butylenoxyd oder (Methyl-) Glycid umgesetzten Octyl- bis Octadecylamin oder Harzaminen; oder schließlich nach A. P. 2 581 387 mit dimethylierten Alkylaminen mit C_{10}—C_{22}-Alkylrest, z. B. Cetyldimethylamin. — Die Prodd. dienen als *Netz-*, *Wasch-*, *Emulgier-* u. *Schmiermittel* in der *Textil-*, *Asphalt-* oder *kosmet. Industrie.* (**A. PP. 2 581 382, 2 581 383, 2 581 384, 2 581 385, 2 581 386** u. **2 581 387** vom 13/12. 1948, ausg. 8/1. 1952.) H. MÖLLERING. 7177

Borden Co., New York, N. Y., übert. von: **George Karl Vogelsang,** La Mott, Pa., V. St. A., *Resinoide Umsetzungsprodukte.* Schmelzbare, lösl. u. nicht harzartige Prodd. aus CH_2O u. Methylketonen der Formel $CH_3 \cdot CO \cdot R$ (R = Alkylrest mit 1—4 C) u. fl. oder feste, reaktionsfähige Phenol-CH_2O-Kondensate werden nach Mischung, gegebenenfalls unter Zusatz von A., Methyläther oder Äthylenglykol, u. Alkali als Katalysator einer geregelten Rk. unterzogen. Man erhält wasserdünne bis hochviscose Fll., die als Resinoide bezeichnet u. in verschied. Weise vergütet u. verwendet werden, z. B. als Lösungsvermittler für W.-Lösungsm.-Gemische, zur Herst. von Filmen oder als Verschnitt oder Weichmacher für Kunstharze. (**A. P. 2 634 249** vom 22/7. 1948, ausg. 7/4. 1953.) H. MÖLLERING. 7177

E. I. du Pont de Nemours & Co., Wilmington, Del., übert. von: **Roe C. Blume,** Waynesboro, Va., V. St. A., *Hydrolyse von in Wasser unlöslichen Polyvinylalkoholestern* (I). Die wss. Lsg. einer quartären NH_4-Base, deren Alkylrest mehr als 3 C-Atome enthält u. die partiell in I lösl. ist, z. B. einer 1—20% ig. Lsg. von Cetyldimethylbenzylammoniumchlorid, Tetrabutylammoniumjodid, Dodecyl- oder Tetradecyltrimethylammoniumchlorid, wird auf $p_H > 9$ eingestellt, mit einer wss. Dispersion von Polyvinylacetat, Polymethylacrylat oder ähnlichen (Misch-) Polymerisaten versetzt u. 3—12 Std. auf 90—95° erwärmt. (**A. P. 2 581 832** vom 5/9. 1947, ausg. 8/1. 1952.) H. MÖLLERING. 7177

E. I. du Pont de Nemours & Co., V. St. A., übert. von: **John E. Bristol, Norris Turnbull** und **Warrin A. Harrington,** *Emulsionspolymerisation.* Außer den in A. PP. 2 614 087 u. 2 614 088; C. **1953.** 7672, 2 662 863; C. **1955.** 5437, u. 2 662 866; C. **1955.** 5437 angegebenen Verff. ist noch der Zusatz von Äthylenoxydkondensationsprodd. bei der Vinylacetatpolymerisation angegeben; z. B. Kondensationsprodd. mit höhermol. Carbonsäuren, ihren Estern, Amiden, Aminoalkoholen oder Phenolen mit 8—30 C-Atomen im Mol. der Formel $R \cdot X \cdot [(CH_2CH_2O)_mH]_n$ (X = —COO—, —CON=, —N=,. —O— u. Aryl-O—; R = aliphat., auch ungesätt. u./oder cycl. KW-stoffrest mit 8 bis 30 C-Atomen; m ganze Zahl von 1—100; n = 1 oder 2). Hiermit hergestellte Dispersionen zeigen Polymere kleinerer Teilchengröße u. sind mechan. stabiler. — Ein Polymerisationsansatz besteht aus: 600 g W., 30 g völlig verseiftem Polyvinylalkohol hoher Viscosität, 0,765 g $NaHCO_3$, 5,4 cm^3 Lorol, 10 cm^3 Xylol, 6,2 g „Emulphor Ela“ (Kondensationsprod. aus Äthylenoxyd u. langkettiger Fettsäure), 35 cm^3 6% Zn-Formaldehydsulfoxylat. letztere 4 Anteile in Vinylacetat gelöst, u. 35 cm^3 4% ig. H_2O_2-Polymerisationstemp. 84—90°. (**F. P. 1 064 700** vom 13/12. 1951, ausg. 17/5. 1954. F. Priorr. 14/12. 1950 u. 25/1. 1951.) M. PANKOW. 7177

Dow Chemical Co., übert. von: **Edgar C. Britton** und **Peter S. Petrie,** Midland, Mich., V. St. A., *Polymeres Gemisch von Polyglykolen,* bestehend aus Zwischenpolymerisaten aus 0,1—9 (Mol) Styroloxyd (I) u. 1 Alkylenoxyd mit 2—4 C-Atomen. Die Prodd. mit Mol.-Geww. > 300 sind abhängig vom I-Geh. mit W., Lösungsmittel, thermoplast.

Harzen (Polystyrol), Äthylcellulose oder dgl. verträglich. Sie dienen als *Emulgier-* bzw. *Dispergiermittel*, als *Weichmacher* u. *Schmiermittel für Preßmassen.* — 29 (g) 1.2-Propylenoxyd, 10 1.2-Propylenglykol u. 540 I werden nach Zusatz von 1,3 NaOH im Autoklaven 6 Std. unter Rühren auf 130° erwärmt. Bei 100° leitet man CO_2 ein, trennt Soda als Nd. ab u. dest. 65 unverändertes I ab. Als Ausbeute erhaltenes 455 halbfestes Prod. mit Mol.-Gew. 730 ist in Bzl. lösl. u. dient als *Plastifizierungsmittel für Polystyrolfilme.* — Ein aus 360 I, 1188 Äthylenoxyd u. 30 Styrolglykol in Ggw. von 2,5 KOH erhaltenes Prod. mit Mol.-Gew. 2000 ist in W., CH_3OH u. Bzl. lösl., in Heptan unlöslich. (**A. P. 2 641 614** vom 2/1. 1951, ausg. 9/6. 1953.) H. MÖLLERING. 7177

Lewis Berger & Sons Ltd., London (Erfinder: **Leslie-Ernest Wakeford, Frank Armitage, Wallace Thomas Craven Hammond**), *Mischpolymerisate aus Styrol und fettsäuremodifizierten Alkydharzen.* Beispiel: 98 (g) Phthalsäureanhydrid, 146 Ricinusölfettsäure, 56 Glycerin u. 60 Styrol werden in einer bes. App. unter Rückfluß erhitzt, bis 21,4 cm³ W. ausgetrieben sind. (**E. P. 716192** vom 14/8. 1952, ausg. 29/9. 1954.) M. BÖTTCHER. 7177

Libbey-Owens-Ford Glass Co., Toledo, O., übert. von: **Thomas F. Anderson**, Huntsville, Ala., V. St. A., *Hitzevergütbares Kunstharz*, bestehend aus polymerisierbarem ungesätt. Alkydharz mit einer Mehrzahl polymerisierbarer reaktionsfähiger $\Delta^{2.3}$-Endionlgruppen, einem organ. Peroxyd oder Ozonid als Katalysator u. einem die Lagerfähigkeit stabilisierenden Zusatz einer alkoxysubstituierten Oxybenzoesäure, bes. *4-Oxy-3.5-dimethoxybenzoesäure* (I). — Von einem Alkydharz, das aus 20 (Mol-%) Propylenglykol, 80 Äthylenglykol, 12,5 Phthal- u. 87,5 Maleinsäureanhydrid erhalten ist, werden 21,3 (Teile) mit 11,5 Diallylphthalat, 2 Zn-Stearat, 48 Ton, 20 Asbest, 1,3 Peroxyd u. 0,1 I auf dem Banburymischer gemischt. Der Ansatz ist bei 32° u. 30—50% Luftfeuchtigkeit ca. 30 Tage lagerfähig. (**A. P. 2 635 089** vom 7/6. 1951, ausg. 14/4. 1953.) H. MÖLLERING. 7177

N. V. de Bataafsche Petroleum Mij., Den Haag, Holland (Erfinder: **H. Dannenberg**), *Herstellung von harten Produkten aus Äthoxylinharzen.* Man härtet diese mit Sulfonsäuren oder deren Halogeniden; geeignet sind bes. m-Benzoldisulfonsäure, Methandisulfonsäure, Methandisulfonylchlorid u. p-Toluolsulfonsäure. (**Schwed. P. 139 915** vom 23/2. 1952, ausg. 14/4. 1953. A. Prior. 26/2. 1951.) JÜRGEN SCHMIDT. 7177

Comp. Française Thomson-Houston, Seine, Frankreich, *Herstellung von sauren Polyester–Äthoxylin-Harzen.* Man erhitzt eine Mischung eines Polyesters mit einer SZ. $>$ 150, bes. $>$ 200 mit einem Äthoxylinharz auf 80—150°. Die Rk. kann unterbrochen werden, wenn das Harz noch schmelzbar u. lösl. ist, oder bis zum unschmelzbaren u. unlösl. Zustand fortgeführt werden. — Man erhitzt 438 g Adipinsäure u. 92 g Glycerin in indifferenter Atmosphäre 2 Std. bei 190—240° (SZ. danach 390), mischt 20 (Teile) dieses Harzes mit 80 Äthoxylinharz Epon 1004, löst die Mischung in Aceton zu einer 20%ig. Lsg., imprägniert Papier damit u. formt bei 150° u. 7 kg/cm² mehrere Std. zu einem zähen Isoliermaterial. Solcher Mischung kann auch magnet. Material beigemischt werden. Verwendung für Überzüge, Imprägnierungen, Preßmassen, Klebstoffe. (**F. P. 1 068 087** vom 1/10. 1952, ausg. 22/6. 1954.) M. PANKOW. 7177

Allgemeine Elektricitäts-Gesellschaft, Berlin (Erfinder: **Edmond F. Fiedler, Adams** und **Gustave D. Holmberg**, Pittsfield, Mass., V. St. A., *Herstellung von Kunstharzen* aus polymerisierbaren, fl. Furanderivv. in Ggw. eines Polymerisationskatalysators, dad. gek., daß als solche Salze von Mineralsäuren mit organ. Basen, bes. solchen, die N enthalten, verwendet werden, z. B. Harnstoff-, Thioharnstoff-, Methylharnstoff-, Benzoylharnstoff-, Guanidin-, Dicyandiamid-, Aminotriazol- u. Äthanolaminsalze. — 100 (Teile) Furfuralkohol werden mit 1 Harnstoffmonohydrochlorid unter Rückfluß auf 90° erhitzt. Bei Unterdruck wird W. entfernt. Man erhält ein dunkles Harz von niederer Viscosität. (**D. B. P. 926 812** Kl. 39c vom 27/3. 1941, ausg. 25/4. 1955. Anmeldung bekanntgemacht 23/9. 1954. A. Prior. 26/3. 1940.) J. MÜHLEISEN. 7177

Ruhrchemie Akt.-Ges. (Erfinder: **Otto Raelen**), Oberhausen-Holten, *Herstellung von Harzen*, dad. gek., daß *Cyclopentadiene* bei erhöhten Tempp. u. Drucken in der Größenordnung von 125° bzw. 150 atü in Ggw. von Katalysatoren, welche eine Anlagerung von CO u. H an ungesätt. Verbb. vermitteln, der Einw. von $CO-H_2$-Gemischen, bes. von Wassergas, unterworfen werden. (**D. B. P. 927 117** Kl. 39c vom 19/5. 1944, ausg. 28/4. 1955. Anmeldung bekanntgemacht 7/10. 1954.) J. MÜHLEISEN. 7177

Rohm & Haas Co., Philadelphia, übert. von: **Robert S. Yost**, Oreland, und **Robert W. Auten**, Jenkintown, Pa., V. St. A., *Polyharnstoffe* erhält man durch Rk. eines. höchstens 3 C-Atome aufweisenden Dihalogenalkans (I) mit einem Polyäthylenpolyamin (II), das ein Mol.-Gew. von mindestens 146 aufweist, bei 70—150°. Das Mol-Verhältnis von I : II soll mindestens 0,7 : 1 u. nicht $>$ 1,6 : 1 sein. Man kondensiert, bis

eine 60—65%ig. Lsg. eine GARDNER-HOLDT-Viscosität von G — Z_3 bei 25° aufweist u. setzt das Reaktionsprod. mit Harnstoff bei 100—200° um, bis die wss. Lsg. eine Viscosität von B — M bei 25° zeigt. Das Verhältnis von Harnstoff zu dem N-Kondensationsprod. beträgt 0,2 : 1 bis 1,5 : 1. Die Prodd. dienen als *modifizierende Zusätze* bei der Herst. von *Harnstoff- bzw. Melaminharzen.* (**A. P. 2 696 504** vom 12/7. 1952, ausg. 7/12. 1954.)
J. MÜHLEISEN. 7181

Monsanto Chemical Co., St. Louis, Mo., V. St. A., *Modifizierte harzartige Melamin-Formaldehyd-Kondensationsprodukte,* die wasserlösl. sind, erhält man durch Erhitzen einer Lsg. von Melamin, CH_2O u. Salicylsäure oder einem Alkalisalz hiervon, wobei letztere Verb. in einer Menge von 0,5—2 (Mol) pro 1 Melamin vorhanden ist. — Imprägnierungsmittel bes. für Papier u. Textilien, Herst. von Preßmassen, Farben u. Klebstoffen. (**E. P. 720 068** vom 28/8. 1952, ausg. 15/12. 1954.) J. MÜHLEISEN. 7181

E. I. du Pont de Nemours & Co., übert. von: **Donald C. Pease,** Wilmington, Del, V. St. A., *Lineare transparente Polyamide* erhält man durch Rk. von ungefähr äquimol. Mengen an bei 25° fl. Bis-(4-aminocyclohexyl)-methanisomeren (I) mit Isophthalsäure oder einem Amid bildenden Deriv. bei 100—350°. I erhält man durch Hydrierung von Di-(p-aminophenyl)-methan mit Ru-Katalysatoren bei niedrigen Temperaturen. (**A. P. 2 696 482** vom 19/7. 1951, ausg. 7/12. 1954.) J. MÜHLEISEN. 7181

Horst Sauer, Rudolstadt, *Verminderung des Lactamgehaltes von Polyamiden.* Die lactamhaltigen Polyamide werden so lange auf 130—215° erhitzt, bes. in Ggw. eines indifferenten Gases, bis der Geh. an niedermol. Anteilen auf einen Mindestwert gesunken ist. — Ein bei 255° in 8 Std. aus ε-Aminocapronsäurelacton mit 5% Hexamethylenadipat hergestelltes Polyamid wird aus der Schmelze zu einem Band verformt u. dieses unter N_2 bei 179° 50 Std. erhitzt. Geh. an Niedermolekularem 5,7%. (**D. P. [DDR] 4 423** Kl. 39c vom 8/12. 1948, ausg. 2/11. 1953 [Wirtschaftspatent].) M. PANKOW. 7181

General Mills, Inc., übert. von: **Harold Wittcoff und Malcolm M. Renfrew,** Minneapolis, Minn., V. St. A., *Stabilisierung von Polyamiden* (I). Durch Rk. von polymeren Fettsäuren mit Polyaminen, wie Äthylendiamin u. Dyäthylendiamin, erhaltene I werden mit 0,1—0,5, bes. ½—2%, Phenol-CH_2O-Harzen versetzt, die aus KW-stoffsubstituierten Phenolen gewonnen sind. (**A. P. 2 695 908** vom 9/4. 1951, ausg. 30/11. 1954.)
J. MÜHLEISEN. 7181

Cassella Farbwerke Mainkur Akt.-Ges., Frankfurt/M., *Formkörper,* bes. durch Tauchen gewonnene; ferner Überzüge, Folien u. dgl. unter Verwendung von polymeren Körpern, z. B. Vinylharzen, Polyamiden u. dgl., dad. gek., daß Pasten verwendet werden, die den polymeren Körper in feinster Verteilung in einem Flüssigkeitsgemisch enthalten, das bei Tempp. bis zu 60° auf den polymeren Körper noch nicht lösend wirkt u. aus zwei oder mehreren Bestandteilen besteht, von denen mindestens einer ein Löser, mindestens einer ein Nichtlöser für des Polymerisat ist u. der letztere niedrigersd. als der Löser oder das Lösergemisch u. in jedem Verhältnis mit dem lösenden Anteil mischbar ist. — Z. B. Film aus einer Paste, die aus ε-Caprolactamsuperpolyamid — feinst dispergiert in einem Gemisch aus Methanol, W. u. Isohexylresorcin. (**D. B. P. 922 441** Kl. 39b vom 3/12. 1942, ausg. 17/1. 1955. Anmeldung bekanntgemacht 13/8. 1953.) G. SALZMANN. 7181

Farbwerke Hoechst Akt.-Ges., vormals Meister Lucius & Brüning (Erfinder: **Herbert Bestian** und **Wilhelm Luce**), Frankfurt/M., *Herstellung von Formkörpern* durch Polymerisation von mehrwertigen Äthyleniminestern der Formel I, worin n eine ganze Zahl von 2—4, X einen aliphat. KW-stoffrest, der durch O, S oder eine N-haltige Gruppe unterbrochen sein kann, u. R einen aliphat. oder isocycl. KW-stoffrest bedeuten, dad. gek., daß man die Polymerisation auf Unterlagen oder in Formen durchführt, die einer Vorbehandlung mit Siliconen oder deren Ausgangsstoffen unterworfen worden sind. Als Ausgangsstoffe dienen z. B. Organochlorsilane. (**D. B. P. 927 831** Kl. 39c vom 27/9. 1949, ausg. 16/5. 1955. Anmeldung bekanntgemacht 28/10. 1954.)

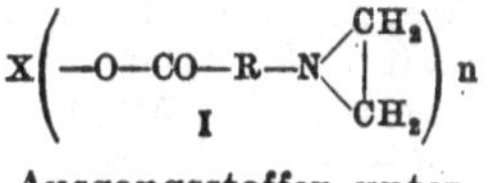

I

J. MÜHLEISEN. 7281

Ciba Akt.-Ges., Basel, Schweiz, *Oxydativ trocknende Masse,* bestehend aus einem härtbaren CH_2O-Kondensationsprod. eines mindestens 2 NH_2-Gruppen enthaltenden Aminotriazins, in dem durchschnittlich mindestens 2 Methylolgruppen pro Mol. Aminotriazin durch Allylgruppen veräthert sind, u. einem Metallsikkativ, wie Co-, Pb-, Fe-, Ni-, Cr-, Al-, Ca- oder Zn-Naphthenat. Verwendbar sind z. B. die Allyläther von Methylolamin, Methylolbenzoguanamin oder Methylolacetoguanamin. Es können noch andere Bindemittel (trocknende Öle, Styrol oder dessen Verbb.) u. Peroxyde (Benzoylperoxyd) neben Pigmenten zugesetzt sein. (**Schwz. P. 302 550** vom 28/11. 1951, ausg. 3/1. 1955.)
W. GRÄGER. 7181

— (Erfinder: **Paul Schlack,** Berlin), *Herstellung von schwefelhaltigen Linearpolymeren.* Man läßt Dimercaptanverbb. mit einer der gewünschten Mol.-Vergrößerung ent-

sprechenden Menge Di- oder Polynitril u. Halogenwasserstoff reagieren, worauf das Reaktionsprod. noch mit hydrolyt. Mitteln in saurem oder alkal. Medium nachbehandelt werden kann. Als Dimercaptane werden genannt: Tetramethylen-, β-Methylhexamethylen-, Decamethylen-, p-Xylylendimercaptan, Di-γ-mercaptohexylsulfid oder -mercaptohexylsulfon, Di-β-mercaptoäthylsulfon, auch Verbb. wie $HS\cdot(CH_2)_6\cdot S\cdot(CH_2)_6\cdot S\cdot(CH_2)_6\cdot SH$; als Nitrile sind genannt: Glutar-, Adipin-, Sebacin-, Isophthalsäuredinitril, Dibutyläther-δ.δ-dicarbonsäuredinitril, $CH_3\cdot C(CH_2O\cdot CH_2\cdot CH_2\cdot CN)_3$. — Ein durch 5std. Rühren von 1 (Mol) Hexamethylenbromid mit 3 15%ig. wss. Na_2S-Lsg. bei 95° erhaltener Polythioäther (F. 74—75°) wird mit 2% (seines Gewichtes) Adipinsäuredinitril u. 50% Methylchloroform bei 50° verflüssigt u. bei 40 Torr mit HCl gesättigt. Man läßt 24 Std. unter HCl-Druck bei 50—60° stehen, entfernt HCl u. Lösungsm., verd. mit Methylenchlorid u. schüttelt 6 Std. mit W.; das Reaktionsprod. hat F. 75—77° u. läßt sich aus der Schmelze zu orientierbaren Fäden spinnen oder zu zähen Folien verwalzen. (**D. P. [DDR] 5 025** Kl. 39c vom 10/11. 1944, ausg. 24/4. 1954 [Ausschließungspatent].)
M. PANKOW. 7185

Phillips Petroleum Co., Bartlesville, Okla., V. St. A., *Stabilisierung von Polysulfonharzen mit Nitrilen.* SO_2-Olefin-Polymere werden wärmebeständiger u. weniger spröde, wenn man als Weichmacher 1—150% eines Nitrils zufügt, das oberhalb 77° sd. u. ein Mol.-Gew. zwischen 40 u. 1000 besitzt. Die Nitrile der Formel R—CN, in denen R = Alkyl, Cycloalkyl, Alkenyl, Aralkyl, Aryl bedeutet, werden dem Harz im Latex oder auf der Walze zugesetzt. In Beispielen sind genannt: Diphenylacetonitril, Phenylacetonitril, Benzonitril, Chloracetonitril, Adipinsäuredinitril. — Tabellen. (**E. P. 719 252** vom 28/4. 1952, ausg. 1/12. 1954.) H. SCHINDLER. 7185

Dow Corning Ltd., London, England, *Pulverförmige Organosiloxane oder SiO_2.* Man verdampft ein Silan der Formel R_nSiCl_{4-n} (R = Alkyl mit weniger als 7 C-Atomen, Phenylrest oder H, jedoch nicht mehr als 1 H pro Si-Atom, n = 0—1,5), mischt die Dämpfe mit einem inerten Gas (z. B. Luft, N, O, H, CO_2, CO, SO_2, NO_2, KW-stoffe, Äther, KW-stoffhalogenide) in einer Menge, daß der Silandampf weniger als 80% ausmacht, u. hydrolysiert das Dampfgemisch mit W., bes. in Ggw. von Säure. — Ein bei der Rk. von Ferro-Si mit CH_3Cl u. HCl anfallendes Gasgemisch, das 5% $HSiCl_3$, CH_3SiCl_3 u. $SiCl_4$ sowie 95% CH_3Cl, H u. KW-stoffe enthält, wird durch 20—25%ig. HCl geblasen, wobei sich auf der Oberfläche pulverförmiges Siloxan abscheidet. (**E. P. 719 430** vom 28/8. 1952, ausg. 1/12. 1954. A. Prior. 31/10. 1951.) J. MÜHLEISEN. 7189

Allgemeine Elektricitäts-Gesellschaft, Berlin (Erfinder: **Eugene G. Rochow**, Winchester, Mass., V. St. A.), *Herstellung organischer Silicone* der allg. Formel $R_xSiO_{4-x/2}$, in der R einen Alkyl-, einen Aryl- oder einen anderen organ. Rest darstellt u. x eine Zahl von nicht > 3 ist, aus Silicolen der Formel $R_xSi[OH]_{4-x}$, wobei R u. x die gleiche Bedeutung wie oben haben, durch Dehydratation bzw. Kondensation, dad. gek., daß die Dehydratation bzw. Kondensation unter Anwendung wasserentziehender bzw. wasseranziehender Mittel durchgeführt wird. Als solche dienen Sb-Halogenide, P_2O_5, P-Halogenide u. -Oxyhalogenide, B-Halogenide, Äthylen- u. Polyäthylenamine, H_2SO_4, Portlandzement, SiO_2-Gel u. bes. die Ester von $B(OH)_3$. (**D. B. P. 926 811** Kl. 39c vom 1/5. 1941, ausg. 25/4. 1955. Anmeldung bekanntgemacht 23/9. 1954. A. Prior. 30/4. 1940.)
J. MÜHLEISEN. 7189

Badische Anilin- & Soda-Fabrik Akt.-Ges., Ludwigshafen/Rh. (Erfinder: **Erich Escales**, Wiesbaden), *Plastische Massen.* Acetyl-, Benzyl-, Äthylcellulose oder Chlorkautschuk werden in feinpulvriger Form, unter Vermeidung von Druck u./oder Erwärmung, in einem fl. Plastifizierungsmittel, das bei der Arbeitstemp. noch nicht lösend wirkt, u. in Abwesenheit eines flüchtigen Lösungsm. durch Mischen dispergiert, bevor Gelatinierung eintritt; dann wird die Gelatinierung der erhaltenen Dispersion durch Erwärmen ohne Anwendung von Druck durchgeführt. (**D. B. P. 903 139** Kl. 39b vom 13/5. 1938, ausg. 1/2. 1954. **Zusatz zu D. R. P. 742 329; C. 1944. I. 1457.**)
G. SALZMANN. 7199

Chemische Werke Albert (Erfinder: **Ludwig Cserny**), Wiesbaden, *Hochfeste wasserbeständige Preßmasse,* bestehend aus Halbzellstoff, der mit härtbaren fl. oder gelösten Kondensationsprodd. aus Phenolen, Carbamiden, Thiocarbamiden u./oder Cyanamiden oder deren Derivv. u. Aldehyden (CH_2O) imprägniert u. auf Preßmassen verarbeitet worden ist. (**D. B. P. 923 624** Kl. 39b vom 22/7. 1951, ausg. 17/2. 1955. Anmeldung bekanntgemacht 8/10. 1953.) G. SALZMANN. 7205

Agfa Akt.-Ges. für Photofabrikation, Leverkusen, *Magnetische Tonaufzeichnungsmittel,* bestehend aus einer Schicht eines nicht magnet. Bindemittels, z. B. eines hochmol. Polyamids, in welchem pulverisierte magnet. Stoffe, bes. Fe_2O_3 u. CoO, dispergiert sind. Außer den genannten werden noch die Oxyde des Se, Ti, V, Cr, Mn, Ni, Cu u. Zn verwendet. Man erhält sie durch Fällen aus wss. Lsgg., z. B. als Carbonate oder Hydroxyde, die durch Glühen bei < 500° in die entsprechenden Oxyde übergeführt werden. (**E. P. 717 537** vom 3/4. 1952, ausg. 27/10. 1954. D. Prior. 9/4. 1951.) H. Nebelsiek. 7205

XII. Kautschuk. Guttapercha. Balata.

W. C. Davey und **F. A. Jones,** *Kautschuk.* Fortschrittsbericht 1950. Behandelt wurden: Latex, natürlicher u. synthet. Kautschuk (I), I-Derivv., Verarbeitung, Vulkanisation, für die I-Industrie wichtige Textilien, Klebmittel u. -verff., Analyse u. Testmethoden. — 187 Literaturhinweise. (Rep. Progr. appl. Chem. **35.** 458—76. 1950. Birmingham, Dunlop Rubber Co. Ltd., Res. Centre.) M. Winiker. 7220

George F. Bloomfield, *Kautschuk.* (Vgl. vorst. Ref.) Fortschrittsbericht 1951. — 182 Literaturhinweise. (Rep. Progr. appl. Chem. **36.** 461—78. 1951. Welwyn Garden City, Herts., Brit. Rubber Producers' Res. Assoc.) M. Winiker. 7220

W. A. Kargin und **T. W. Gatowskaja,** *Einfluß der Kristallisation auf die Sorption von Kohlenwasserstoffen durch natürlichen Kautschuk und durch Guttapercha.* An natürlichem Kautschuk (NK) wird gezeigt, daß die Sorptionsisothermen von n-Hexan bei 25 u. 0° bei krist. u. amorphem NK den gleichen Verlauf haben. Die Isothermen von 25° liegen etwas höher als die von 0°. Die Isothermen von krist. u. amorph. Guttapercha liegen wesentlich niedriger als die von NK. Die gleiche Sorption der krist. u. amorph. Phase der Polymeren weist auf die Abwesenheit von volumkrist. Bildungen u. die prakt. Unveränderlichkeit der Biegsamkeit der Ketten hin. (Доклады Академии Наук СССР [Ber. Akad. Wiss. UdSSR] [N. S.] **99.** 1037—39. 21/12. 1954. Phys.-Chem. Karpow-Inst.) J. v. Schroeder. 7222

L. L. Schanin, *Diffusion und Löslichkeit von Sauerstoff und Wasserstoff in Natriumbutadienkautschuk in verschiedenen Stadien seiner Oxydation.* In Verss. mit dünnen (ca. 50 μ) Na-Butadienkautschukplättchen wird gezeigt, daß die Formel von Fick für die Diffusion u. Löslichkeit hier nicht mehr gültig ist. Die Abweichungen haben kinet. Charakter u. sind mit dem Auftreten von Grenzwiderständen an der Grenzfläche Kautschuk-Gas verbunden. Hierfür wird eine neue Formel angeführt, in welcher ein Koeff. K (Gasdurchlässigkeit der Grenzschicht) auftritt. Er kann aus der Geschwindigkeit des Gasstromes an Plättchen verschied. Dicke bzw. verschied. Oxydationsgrades bestimmt werden. In einer Tabelle werden die Diffusions- (DK) u. Löslichkeitskoeffizienten (LK) für H_2 u. O_2 bei verschied. Tempp. u. Oxydationsgraden des Kautschuks angeführt. Der DK von H_2 u. O_2 steigt mit der Temp. an u. nimmt mit Erhöhung des Oxydationsgrades ab. Der LK ist ziemlich unabhängig von der Temp., nimmt aber ebenfalls mit Erhöhung des Oxydationsgrades ab. Offenbar spielt die Natur der die Verknüpfung der Ketten bedingenden Substanzen keine große Rolle bei der Veränderung der DK u. LK. (Доклады Академии Наук СССР [Ber. Akad. Wiss. UdSSR] [N. S.] **99.** 1053—56. 21/12. 1954. Dagestaner Zweigstelle der Akad. der Wiss. der UdSSR.) J. v. Schroeder. 7224

G. S. Cook und **J. C. Fitch,** *Mischen von Neoprenlatex auf Grund von Titrationen.* Die prakt. Bedeutung von freiem Alkali in Neoprenlatex (I) (im Rohzustand u. in Mischung) auf dessen Verarbeitungseigg. u. Lagerbeständigkeit wird gezeigt. Zur Best. des Alkaligeh. in I sind Titrationen empfindlicher als p_H-Messungen (die Meth. wird beschrieben). Durch zunehmenden Alkaligeh. wird die Beständigkeit von I stark erhöht, aber die ursprüngliche Viscosität der Mischungen u. die Viscositätszunahme während der Alterung reduziert. Der Alkaligeh. hat nur geringen Einfl. auf die physikal. Eigg. der Filme. (Rubber Chem. Technol. **27.** 277—85. Jan./März 1954. Wilmington, Del., E. I. du Pont de Nemours & Co., Rubber Chem. Div.) R. Schäff. 7224

Johann Ernst Nyrop, Hellerup b. Kopenhagen, Dänemark, *Elektrisches Verfahren zur Durchführung physikalischer oder chemischer Veränderungen in Flüssigkeiten.* Die in einer Fl. vorhandenen Teilchen verschied. Teilchengröße werden dem Einfl. eines elektr. Feldes unterworfen, das sich period. von positiv nach negativ ändert, wobei die positive Periode länger ist als die negative u. die positive Feldstärke schwächer als die negative, oder umgekehrt. Während die Wanderungsgeschwindigkeit (I) der Ionen oder ionenähnlichen Teilchen innerhalb der üblichen Feldstärke (II) annähernd konstant ist, wird die I der größeren Teilchen mit steigender II wesentlich erhöht. Es werden daher II u. Dauer der positiven u. der negativen Periode so gewählt u. asymm. verändert, daß die größeren Teilchen sich beschleunigt nach einer Elektrode bewegen, indem die diese Bewegung hervorrufende Periode länger u. die II wesentlich stärker gewählt werden als bei entgegengesetztem Stromdurchgang. — Beispiel: Konz. von Kautschukteilchen in *Latex.* (**E. P. 696 813** vom 10/11. 1949, ausg. 9/9. 1953.) E. Reichelt. 7223

United States Rubber Co., New York, N. Y., übert. von: **Hendrik Romeyn jr.,** Montclair, und **Francis Petras,** Glen Rock, N. J., V. St. A., *Herstellen von Elastomer-*

Harz-Mischungen, dad. gek., daß man ein unelast. Material (A) aus Mischpolymerisaten von 50—90 (%) Styrol u. 50—10 Acrylsäurenitril, Polyvinylchlorid oder Mischpolymerisaten aus einem größeren Anteil Vinylchlorid u. einem kleineren Anteil Vinylacetat mit einem kautschukartigen Mischpolymerisat (B) aus 1.3-Butadien u. Acrylsäurenitril mischt, ferner mit einem kautschukartigen polymeren Material (C), bestehend aus kautschukartigen Homopolymeren aus 1.3-Butadien, dessen Homologen oder halogenierten Analogen, oder bestehend aus kautschukartigen Mischpolymerisaten aus einem größeren Anteil 1.3-Butadien oder dessen Homologen mit einem kleineren Anteil Styrol, Methylmethacrylat oder eines Monovinylpyridins, wobei die Gewichtsverhältnisse von A, B u. C derart sind, daß A zwischen 50 u. 90 der Summe von A, B u. C u. C zwischen 2 u. 35, bes. zwischen 4 u. 16, der Summe von B u. C schwankt. C kann bes. ein kautschukartiges Mischpolymerisat aus 90—95 1.3-Butadien u. 10—5 Styrol sein. (**D. B. P. 925 314** Kl. 39b vom 8/1. 1952, ausg. 17/3. 1955. Anmeldung bekanntgemacht 5/8. 1954. A. Prior. 8/2. 1951.) W. OVERBECK. 7225

Deutsche Shell Akt.-Ges., Hamburg, und **Metallgesellschaft Akt.-Ges.**, Frankfurt/M. (Erfinder: **Carl Zerbe**, Hamburg, **Johann Jaenicke** und **Otto Schweitzer**, Frankfurt/M.), *Herstellen von Kunstkautschuk* durch Polymerisation von Butadien u. seinen Homologen, durch deren Mischpolymerisation mit Vinylverbb., z. B. Styrol oder Acrylsäurenitril, gek. durch den Zusatz von bei der Raffination von Mineralölen mittels selektiver Lösungsmittel oder aus den bei der Raffination mit konz. H_2SO_4 entstehenden Säureharzen durch bekannte Maßnahmen wie Neutralisation, Extraktion, Hydrolyse oder Dest. gewonnenen, teilweise ungesätt., teilweise in H_2SO_4 lösl. u. reaktionsfähigen KW-stoffgemischen zu den zur Polymerisation gelangenden oder darin begriffenen Ausgangsstoffen. (**D. B. P. 926 759** Kl. 39c vom 23/12. 1939, ausg. 25/4. 1955. Anmeldung bekanntgemacht 23/9. 1954.) W. OVERBECK. 7225

Phillips Petroleum Co., übert. von: **Carl A. Uraneck**, Phillips, und **Richard J. Sonnenfeld**, Borger, Tex., V. St. A., *Synthetische Kautschukdispersionen* werden hergestellt, indem man eine größere Menge Butadien-(1.3) u. eine kleinere Menge Styrol in wss. Emulsion polymerisiert, wobei die Polymerisation in einem bis -40^0 gefrierfesten Medium ausgeführt wird, das ein Polyamid u. ein organ. Peroxyd enthält, u. in Ggw. von 1. 0,0036—0,72 mMol (auf 100 Monomere) eines in W. lösl. Fe-, Co-, Va-, Mn- oder Cu-Salzes u. 2. einer kleinen Menge eines Komplexmittels, wie 2.2'-Dipyridyl, Äthylendiamintetraessigsäure oder deren Alkali- oder NH_4-Salze, wobei das Verhältnis 1. : 2. wie 1 : 1 bis 1 : 5 ist. (**A. P. 2 697 700** vom 6/8. 1951, ausg. 21/12. 1954. **E. P. 715 434** vom 1/8. 1952, ausg. 15/9. 1954. A. Prior. 6/8. 1951.) W. OVERBECK. 7225

Reconstruction Finance Corp., Washington, D. C., übert. von: **Franklin O. Davis**, Trenton, N. Y., V. St. A., *Polymerisation cyclischer Disulfide*. Monomere Disulfide der Formel $S-(CH_2)_nX(CH_2)_n-S$ (n = 1—3, X = O, S, $-OCH_2O-$, $-O(CH_2)_2O-$, $-SCH_2S-$, $-S(CH_2)_2S-$ u. $-CH_2-$) werden in Ggw. von Alkalialkoholat, NH_3, alkyl- oder aralkylsubstituierten NH_3-Verbb., z. B. Triäthanolamin, Diäthylentriamin usw., oder Alkalisulfiden, Hydrosulfiden oder Polysulfiden polymerisiert. Man erhält vergütbare, fl. bis *kautschukartige* Prodd., die auch zu Thiolen oxydiert werden können. — Z. B. werden polymerisiert: cycl. Dithiodiäthyloxyd oder -sulfid oder Dithiodiäthyl-(thio-) formal sowie andere höhermol. cycl. Disulfide. (**A. P. 2 657 198** vom 2/8. 1951, ausg. 27/10. 1953.) H. MÖLLERING. 7225

Ethyl Corp., New York, N. Y., übert. von: **Eugene F. Hill**, Detroit, und **David O. De Pree**, Birmingham, Mich., V. St. A., *Alterungsschutzmittel für Kautschuk*, bestehend aus substituiertem Harnstoff oder Thioharnstoff, in dem mindestens 1 N-Atom durch Oxy-, Amino- oder Alkylaminophenyl u. das andere durch Alkyl oder Aryl substituiert ist, z. B. N.N'-Bis-(p-dimethylaminophenyl)-thioharnstoff, N-Phenyl-N'-p-dimethylaminophenylthioharnstoff, N-Phenyl-N'-p-oxyphenylthioharnstoff oder N.N'-Bis-(p-oxyphenyl)-thioharnstoff. (**A. P. 2 651 620** vom 9/12. 1950, ausg. 8/9. 1953.) W. OVERBECK. 7227

Ethyl Corp., New York, übert. von: **Eugene F. Hill**, Birmingham, und **David O. De Pree**, Royal Oak, Mich., V. St. A., *Alterungsschutzmittel für Kautschuk*, bestehend aus substituiertem Harnstoff, in dem mindestens 1 N-Atom durch Oxy-, Amino- oder Alkylaminophenyl u. das andere durch Aryl substituiert ist. (**A. P. 2 651 623** vom 9/12. 1950. ausg, 8/9. 1953.) W. OVERBECK. 7227

Ethyl Corp., New York, N. Y., übert. von: **Eugene F. Hill**, Birmingham, und **David O. De Pree**, Royal Oak, Mich., V. St. A., *Alterungsschutzmittel für Kautschuk*, bestehend aus N.N'-Bis-(p-aminophenyl)-, N.N'-Bis-(p-monoalkylaminophenyl)- oder N.N'-Bis-(p-dialkylaminophenyl)-thioharnstoff. (**A. P. 2 651 667** vom 15/8. 1951, ausg. 8/9. 1953.) W. OVERBECK. 7227

Firestone Tire & Rubber Co., übert. von: **Harry E. Albert**, Akron, O., V. St. A., *Alterungsschutzmittel für Kautschuk*, bes. Kunstkautschuk, ohne verfärbende Eigg., bestehend aus einem Sn^{2+}-Komplex mit einem Phenol, der erhalten wird durch Rk. des Sn^{2+}-Salzes einer starken Säure, eines Alkalis u. einer aromat. Verb. mit einer oder mehreren Phenolgruppen; ausgenommen sind solche Verbb., die o-Oxygruppen enthalten, wobei der Komplex mehr Sn enthält als das n. Sn^{2+}-Salz des Phenols. Als Phenole sind genannt: Phenol, p-tert.-Octyl-, p-Cyclohexyl- u. p-tert.-Butylphenol, Kresylsäure (Phenolgemisch aus Petroleum), 4.6-Di-tert.-butyl-m- u. 2.6-Di-tert.-butyl-p-kresol, Salicylsäure, p-Oxybenzoesäure, p-Amino- u. p-Nitrophenol, α-Amino- u. α-Chlor-β-naphthol, o-Chlor- u. p-Phenylphenol, 4-tert.-Butyl-m-kresol, p-Bromphenol, α- u. β-Naphthol, tert.-Butyl-β-naphthol, 1.5-Dioxynaphthalin, Hydrochinon u. Resorcin. (**A. P. 2 690 435** vom 4/4. 1949, ausg. 28/9. 1954.) W. OVERBECK. 7227

Firestone Tire & Rubber Co., übert. von: **Harry E. Albert**, Akron, O., V. St. A., *Alterungsschutzmittel für Kautschuk*, bes. Kunstkautschuk, ohne verfärbende Eigg., bestehend aus einem Phenol u. einem Sn^{2+}-Phenolkomplex, wie er nach A. P. 2 690 435, vorst. Ref., verwendet wird. (**A. P. 2 690 436** vom 4/4. 1949, ausg. 28/9. 1954.) W. OVERBECK. 7227

United States Rubber Co., V. St. A., übert. von: **Byron Alexander Hunter**, *Stabilisieren von Kunstkautschuk*, wie GR–S, GR–N u. a., durch Zusatz einer wss. Emulsion eines Triphenylphosphits, das in jedem Ring eine oder 2 Alkylgruppen mit wenigstens 8 C-Atomen enthält, in Mengen bis zu 5% (des Kautschuks) zu der Kunstkautschukdispersion. Genannt werden z. B.: *Tri-(p-octylphenyl)-phosphit*, Fl.; $D.^{250}$ 0,9925; n^{20} 1,5289; Viscosität 247 Poise; durch allmählichen Zusatz von PCl_3 zu p-Octylphenol bei 90° u. 4std. Erhitzen auf 150°. — *Tri-(nonylphenyl)-phosphit*, Öl; $D.^{250}$ 0,9840; n^{20} 1,5262; Viscosität bei 25° 375 Poise. — *Di-(nonylphenyl)-monooctylphenylphosphit*, hellgelbe Fl.; $D._{25}$ 0,9960; n^{20} 1,5302; Viscosität bei 25° 77,3 Poise; hergestellt über das Octylphenoxyphosphordichlorid, $Kp._2$ 146—151°. — *p-Nonylphenyl-di-(p-octylphenyl)-phosphit*, Öl; $D._{25}$ 0,9920; n^{20} 1,5292; Viscosität bei 25° 141,2 Poise; über das Mononoylphenoxyphosphordichlorid vom $Kp._{1,5}$ 138—141° hergestellt. — *Tri-(dodecylphenyl)-phosphit*, Fl.; $D._{255}$ 0,9652; n^{20} 1,5176, Viscosität bei 25° 141 Poise. — *Tri-(dinonylphenyl)-phosphit*, $D._{25}$ 0,9494; n^{20} 1,5088; Viscosität bei 25° 421 Poise. (**F. P. 1 063 960** vom 6/8. 1952, ausg. 10/5. 1954. A. Prior. 12/10. 1951.) M. PANKOW. 7227

Rhein-Chemie G. m. b. H., Heidelberg (Erfinder: **Rudolf Kern**, Neustadt/Weinstraße), *Herstellen von Kautschukmischungen*, dad. gek., daß man den Kautschukmischungen oder deren Gemischen, bes. mit weißen oder hellen Füllstoffen, auch mit Ruß, Aminsalze von Sulfonsäuren, Alkylschwefelsäureestern oder deren Gemischen unter wahlweiser Hinzufügung geringer Mengen W. zusetzt. (**D. B. P. 923 219** Kl. **39b** vom 21/2. 1951, ausg. 7/2. 1955. Anmeldung bekanntgemacht 24/12. 1952.) W. OVERBECK. 7227

United States Rubber Co., V. St. A., übert. von: **Alfred N. Iknayan, Lester C. Peterson** und **Harvey J. Batts**, *Verbesserung von Butylkautschuk* durch Erhitzen mit 0,25—2% (der Mischung) eines 4-Alkylphenols (I) oder dessen harzartigen, öllösl. Resolen, bis wenigstens 10% des Butylkautschuks bei 24std. Liegen in Bzl. unlösl. geworden sind; man erhitzt vorzugsweise auf 149—188°. So behandelter Butylkautschuk ist weniger klebend u. nimmt größere Mengen KW-stofföle (wichtig für Luftschläuche) u. Füllstoffe auf u. zeigt geringere Torsionshysteresis. Zusätze, wie Metallseifen (Zn-Stearat), Säuren (Stearinsäure) u. Aminalterungsschutzmittel, wie Phenyl-β-naphthylamin, verzögern die Wrkg. von I. — Man gibt in 100 (Gewichtsteile) Butylkautschuk 30 Ruß EPC u. 0,75 p-Octylphenol–CH_2O-Harz (Amberol St–137®), steigert im BANBURY auf 165° u. hält 7½ Min., gibt 10 Mineralöl zu u. mischt 14 Min. unter Steigerung auf 185°. Zu der kalten M. werden dann die weiteren Zusatzstoffe gegeben. (**F. P. 1 068 006** vom 12/9. 1952, ausg. 22/6. 1954. A. Priorr. 12/1. u. 27/5. 1952.) M. PANKOW. 7227

E. I. du Pont de Nemours & Co., Wilmington, Del., übert. von: **Ernest A. Rodman**, Newburgh, N. Y., V. St. A., *Verhinderung der voreilenden Oberflächenvulkanisation von halogen-, besonders chlorsulfonierten Olefinpolymerisaten*. Das Mischen des Polymerisates mit den Zusätzen u. das Vergüten der aufgearbeiteten Mischung erfolgt unter Zugabe von Oxyden mehrwertiger Metalle bei 52—149°, wobei der Wassergeh. $<$0,75% sein soll. — 100 (Teile) chlorsulfoniertes Polyäthylen, 80 $CaCO_3$ u. 20 MgO (beide bei 110° getrocknet) werden unter Zusatz von 1 Dipentamethylenthiuramtetrasulfid u. 2,5 hydriertem Harz verarbeitet. In einer Tabelle ist der Einfl. des Zusatzes von 0—3,15% W. auf die voreilende Oberflächenvulkanisation gezeigt. (**A. P. 2 630 425** vom 6/12. 1949, ausg. 3/3. 1953.) H. MÖLLERING. 7229

Metzeler Gummiwerke Akt.-Ges. (Erfinder: **Heinz Vieweg**), München, *Künstliche Alterung von Kautschukvulkanisaten* u. sonstigen *Kunststoffen*, dad. gek., daß diese, bes. bei erhöhter Temp., in einer Atmosphäre von gasförmigem H_2O_2, die auch noch andere Gase u./oder Dämpfe, z. B. O_3, O_2, Luft oder Wasserdampf, enthalten kann, gegebenenfalls unter Hinzutritt aktin. Lichtes, gealtert werden. Es kann auch Unter- oder Überdruck, z. B. 20 atü, angewendet werden. (**D. B. P. 925 315** Kl. 39b vom 23/1. 1953, ausg. 17/3. 1955. Anmeldung bekanntgemacht 19/8. 1954.) W. OVERBECK. 7231

Armstrong Cork Co., Lancaster, Pa., V. St. A., *Herstellen von Textilwalzenbezügen.* Der für die Herst. benötigte Butadien–Acrylsäurenitril-Kautschuk wird vor dem Mischen in Ggw. von O_2 5—50 Min. bei 120—190° mastiziert, dann wie üblich verarbeitet. (**E. P. 693 641** vom 11/11. 1949, ausg. 1/7. 1953.) W. OVERBECK. 7231

XIII. Ätherische Öle. Parfümerie. Kosmetik.

—, *Geruch und Konstitution.* Besprechung der verschied. Arbeiten, die im Laufe der letzten Jahre über dieses Thema veröffentlicht wurden. (Perfum. essent. Oil Rec. **43**. 151—53. 171. Mai 1952.) H. P. FIEDLER. 7260

—, *Weniger bekannte Eigenschaften von synthetischen Riechstoffen und ätherischen Ölen.* Für über 250 natürliche u. synthet. Riechstoffe werden die Werte für Oberflächenspannung γ u. Viscosität μ angegeben. Aus γ, Mol.-Gew. M, D der Fl., D′ des Dampfes ergibt sich nach $P = M \cdot \gamma^{1/4}$: D—D′ der Parachor. Die Quotienten der beobachteten u. berechneten P/μ zeigen Differenzen, von denen die Minuswerte auf Kettenassoziation, die Pluswerte auf „scorpioide", das heißt Chelatringbindung, zurückgeführt werden. — 16 Literaturangaben. (Seifen-Öle-Fette-Wachse **80**. 449—51. 18/8. 1954.) H. MÜHLMEISTER. 7262

Harry Hilfer, *Haarwellenfixative und -lacke.* Übersicht u. Hinweise auf die Vor- u. Nachteile von Lsgg. von verschied. Gummen, Quittenkernen, Mineralöl, Ricinusöl, deren Emulsionen mit synthet. Emulgatoren u. Schellackpräparaten. (Drug Cosmet. Ind. **71**. 172—73. Aug. 1952.) H. MÜHLMEISTER. 7284

Andres E. Cabona, *Zahnpasta — eine seltsame Veränderung.* Als Ursache von braunen Flecken u. H_2S-Geruch in Zahnpasta, die in verzinnte Tuben abgefüllt war, wurde S ermittelt, der durch benachbarte Lagerung $CaCO_3$ in so geringen Spuren verunreinigt hatte, daß er bei n. Unters. nicht gefunden wurde. Im alkal. Medium, das durch Hydrolyse der Seife entstanden war, reagierte S mit Al unter Bldg. von H, mit Sn u. Pb von H_2S, in Glas trat keine Rk. ein. (Amer. Perfumer essent. Oil Rev. **64**. 431—32. Dez. 1954. Buenos Aires, Argentina S. A.) H. MÜHLMEISTER. 7284

Marchon Products Ltd., London (Erfinder: **Albert Taylor**), *Parfümieren kosmetischer Pulver*, z. B. Schampoos u. Gesichtspuder. Man verwendet als Träger für die Parfümstoffe (I) wasserlösl. sprühgetrocknete Substanzen, z. B. Na_2SO_4, Na_2CO_3, NaCl, Zucker, Dextrin; sprühgetrocknet adsorbieren diese Stoffe ca. 10—20% ihres Gewichts an I. Die parfümierten Trägerstoffe stellen freifließende Pulver dar, die in üblicher Weise den zu parfümierenden kosmet. Prodd. in Mengen von ca. 0,5—1% zugesetzt werden. (**E. P. 716 882** vom 17/9. 1951, ausg. 13/10. 1954.) E. PETERSEN. 7277

Lever Brothers & Unilever N. V., Holland (Erfinder: **Hans Schlichenmaier**), *Herstellung von Haarpflegemitteln, insbesondere Shampoon.* Man stellt wss. Lsgg. her, welche zwei oder mehrere verschied. capillarakt. Substanzen enthalten, von denen mindestens eine ein Alkyl- oder Alkylarylsulfonat ist u. von denen mindestens eine allein bei gleichen Temperaturbedingungen sich nicht völlig löst. — Z. B. vermischt man 20 Gewichtsteile einer Paste, welche aus 35% Kondensationsprod. von Oleylchlorid u. Methyltaurin, 8% NaCl u. 57% W. besteht, mit 40 Gewichtsteilen einer Lsg. von 30% Alkylsulfonat, 2% NaCl u. 68% W., bis die entstehende Fl. homogen u. klar geworden ist. Durch Vermischen dieser Fl. mit W. im Verhältnis 1 : 9 erhält man einen ausgezeichnet schäumenden u. reinigenden Shampoon. (**F. P. 1 046 639** vom 30/6. 1951, ausg. 8/12. 1953. D. Prior. 30/6. 1950.) T. OPPERMANN. 7285

Soc. An. Sarmio, Casablanca, Marokko, *Haarfärben.* Man verwendet eine H_2O_2 enthaltende cremeartige Paste, die z. B. aus 7—15 (g) Cetylalkohol, 2—5 NH_4-Sulfolaureat, der erforderlichen Menge H_2O_2 u. W. zum Auffüllen auf 250 cm³ besteht u. die kurz vor dem Färben des Haares mit einer Lsg. eines Oxydationsfarbstoffes so vermischt wird, daß eine dickfl. M. entsteht, die nicht abläuft. Auf diese Weise erhält man leichter ein Färbemittel von geeignetem Konsistenz, als wenn man von einer Creme mit der Färbesubstanz ausgeht u. diese vor dem Färben mit einer Lsg. von H_2O_2 vermischt. (**E. P. 716 950** vom 12/11. 1952, ausg. 20/10. 1954. F. Priorr. 17/11. 1951 u. 6/10. 1952.) E. PETERSEN. 7285

Colgate-Palmolive-Peet Co., Jersey City, N. J., V. St. A., *Antischweißmittel*, bestehend aus 5—50(%) Al-Sulfamat in wss.-alkoh. Lsg. (z. B. aus 25—90 W. u. 5—70 Alkohol, bes. A. u. Isopropylalkohol) u. gegebenenfalls einem Netz- u. einem Desinfektionsmittel, z. B. einem quaternären NH_4-Salz. — Beispiel: 18,0 Al-Sulfamat, 36,8 W., 40,0 A., 5,0 Harnstoff, 0,2 Parfüm. Die Präpp. können durch Zusatz von geeigneten fl. Gasen, wie halogenierten KW-stoffen, in bekannter Weise zu Sprays verarbeitet werden. (**E. P. 718 342** vom 17/10. 1952, ausg. 10/11. 1954. A. Prior. 19/12. 1951.) E. Petersen. 7285

XIV. Zucker. Kohlenhydrate. Stärke.

Rudolf Pytlík, Jan Votava und **Vojtěch Beneš,** *Reinigung und Verwertung der Schnitzelabwässer von Zuckerfabriken in Klärteichen.* Die Klärungsmeth. für Zuckerrübenschnitzelabwässer (ZA) besteht darin, daß man sie, nach Beseitigung des Hauptteils an Schnitzelteilchen, in ausreichend große Teiche strömen läßt. Ihre Tiefe muß ca. 1 m betragen (zur Karpfenaufzucht optimal). Die ZA werden mit insgesamt 5000 kg CaO/ha Wasserfläche alkalisiert, wodurch Ausfällung der Verunreinigungen u. die neutrale bis schwach alkal. Rk. während der biol. Reinigung im Winter unter der Eisdecke hervorgerufen wird. Im Frühjahr ist der Vorgang beendet. Es treten dann Mikroorganismen auf, die photosynthet. das W. mit O_2 versorgen. Die Karpfen sind zu diesem Zeitpunkt auszusetzen. Da das W. der Klärteiche während der gesamten Vegetationsperiode n. bleibt, kann es im Herbst zur Zuckerproduktion benutzt werden. Zweckmäßig ist die Einrichtung zweier solcher Klärteiche, von denen einer zur Versorgung der Zuckerfabrik mit W. dient. Je Jahr u. ha ist mit einem Karpfenzuwachs von 500 kg zu rechnen. (Sborník českoslov. Akad. zemědělských Věd, Řada B **27.** 337—44. Mai 1954. Vodňany, Výzk. úst. rybářský, u. Praha, Výzk. úst. cukrovarnický.) H. Freytag. 7406

C. W. Brabender und **B. Pagenstedt,** *Einfluß von Getreide- und Pilzamylasen auf die Verkleisterungseigenschaften von Weizenstärke.* Bei Verss. mit Weizenstärke wurde festgestellt, daß der Wirkungsmechanismus der verschied. handelsüblichen Pilz- u. Bakterien–Amylase-Prodd. nicht nur unter sich verschieden ist, sondern sich auch wesentlich von der Wrkg. der Getreideamylase (Malzmehl) unterscheidet. Prakt. Hinweise zur Unters. der Wirksamkeit von derartigen Präpp. mittels des Brabender-Viscographen. (Getreide u. Mehl **2.** 73—81. Juli 1952. Beilage zu Mühle. Duisburg, Brabender o. H., Inst. für Mehlphysik.) M. Winiker. 7448

Ss. Ss. Afanassenko, *Bemerkungen zu Unstimmigkeiten bei Analysen der Produktionserzeugnisse.* (Сахарная Промышленность [Zucker-Ind.] **26.** Nr. 7. 18—20. Juli 1952.) M. Gordienko. 7470

S. C. Johnson & Son, Inc., übert. von: **Donald E. Whyte** und **Edward A. Wilder,** Racine, Wis., V. St. A., *Modifizieren von Zuckerrohrwachs.* Man schm. ein Gemisch aus raffiniertem Zuckerrohrwachs, das zu 97(%) in sd. Isopropanol lösl. ist, u. 3—20 Kolophonium, Kolophonium–Maleinsäureanhydrid-Additionsprodd. oder Harzsäure-Ester u. leitet durch die 80—155° heiße Schmelze O_2-haltige Gase, bis die SZ. mindestens auf 25, aber nicht >38 gestiegen ist. (**A. P. 2 683 092** vom 15/5. 1952, ausg. 6/7. 1954.) C. Lüttgen. 7441

Max Seidel, München, *Übertragung der Wärme heißer Holzzuckerwürzen* (**I**) *beim Scholler-Holzverzuckerungsverfahren* an das für den Perkolationsprozeß anzuwärmende Frischwasser nach Patent 732 776, dad. gek., daß neben den I-Fraktionen auch die nach der Vergärung der **I** u. dem Abtrieb des entstandenen A. anfallende heiße Schlempe in gleicher Weise wie die I-Fraktionen abgekühlt wird u. die Dämpfe aus den Entspannungsstufen der Schlempe in den Kondensatoren für die Dämpfe aus den druckgleichen Entspannungsstufen der **I** oder I-Fraktionen gemeinsam mit diesen niedergeschlagen werden. Wärmeökonomie. (**D. R. P. 759 120** Kl. 89i vom 10/3. 1939, ausg. 22/3. 1954. **Zusatz zu D. R. P. 732 776; C. 1943. I. 2452.**) H. Schindler. 7443

Hoffmann's Stärkefabriken Akt.-Ges. (Erfinder: **Hans Ritter**), Bad Salzuflen, *Gewinnung von Roggenstärke* nach D. R. P. 742 638, dad. gek., daß der zerkleinerte Roggen mit stark verd. Alkalilauge (z. B. 0,04—0,08%) ausgewaschen, die alkal. gebliebene Waschlauge von der Stärke abgetrennt u. diese analog der Reisstärke gegebenenfalls nach weiterem Alkalizusatz verarbeitet wird, während die Waschlauge neutralisiert u. eingedampft wird. Keine Quellungserscheinungen. (**D. B. P. 926 240** Kl. 89k vom 16/7. 1943, ausg. 7/4. 1955. Anmeldung bekanntgemacht 26/8. 1954. **Zusatz zu D. R. P. 742 638; C. 1944. I. 710.**) H. Schindler. 7449

Hoffmann's Stärkefabriken Akt.-Ges. (Erfinder: **Hans Ritter**), Bad Salzuflen, *Verarbeitung von Roggen auf Stärke und Kleber* (**I**) nach D. R. P. 742 638, dad. gek., daß die angesäuerten I-Laugen vor der Filtration ein- oder mehrmals erhitzt werden,

u. der abgesetzte I, gegebenenfalls nach Abheben der blanken I-Laugen dann in Filterpressen abgeschieden wird. Die grobflockige Form des I erleichtert das Filtern. (**D. B. P. 918 440** Kl. 89k vom 8/10. 1941, ausg. 27/9. 1954. Anmeldung bekanntgemacht 25/2. 1954. **Zusatz zu D. R. P. 742 638; C. 1944. I. 710.**) H. Schindler. 7449

Coöperatieve Verkoopen Productieverenigung van Aardappelmeel en Derivaten „Avebe" G. A., Veendam (Erfinder: **Willem Christiaan Bus**, Den Haag, **Johannes Muetgeert**, Rotterdam, und **Pieter Hiemstra**, Delft), Holland, *Fraktionieren von Stärke* mit Hilfe von wss. Salzlsgg., dad. gek., daß Stärke durch Erhitzen unter Druck in einer wss. Lsg. von mindestens einem Salz aufgelöst wird, das imstande ist, sie aut einer wss. Lsg. niederzuschlagen, worauf die Fl. abgekühlt, die ausgeschiedene Amylose abgetrennt u. durch weiteres Abkühlen der Fl. das Amylopektin ausgeschieden u. von der Mutterlauge getrennt wird. — Z. B. können 3—8 Gew.-% Stärke in einer wss. Lsg. von 25—30 g $MgSO_4 \cdot 7H_2O$/100 cm³ Lsg. oder 8—20 Gew.-% in einer Lsg. von 12 bis 30 g/100 cm³ aufgelöst werden. Arbeitstemp. 150—160°. Zwecks Vermeidung einer Verfärbung kann Na_2SO_3 oder $Na_2S_2O_3$ zu 0,006% zugesetzt werden. An Stelle oder zusammen mit dem $MgSO_4$ können noch Na_2SO_4 u./oder $(NH_4)_2SO_4$ verwendet werden. In gleicher Weise sind Isopentanol, sek. n-Octanol oder Diisopropylketon in Konzz. bis zu 12% bei Arbeitstempp. bis zu 100° brauchbar. Anwendbar bei Kartoffel-, entfetteter Mais- oder Weizenstärke. (**D. B. P. 927 140** Kl. 89k vom 13/12. 1952, ausg. 28/4. 1955. Anmeldung bekanntgemacht 7/10. 1954. **E. P. 722 586** vom 12/12. 1952, ausg. 26/1. 1955. Beide Holl. Prior. 15/12. 1951. **E. P. 713 899** vom 19/6. 1952, ausg. 18/8. 1954. Holl. Prior. 22/6. 1951.) H. Schindler. 7449

XV. Gärungsindustrie.

I. A. Preece, *Die Gärungsindustrien.* (Vgl. C. **1951**. II. 3665.) Fortschrittsbericht 1950. — 250 Literaturhinweise. (Rep. Progr. appl. Chem. **35**. 738—63. 1950. Edinburgh, Heriot-Watt Coll.) M. Winiker. 7500

G. Marteau und **P. Galzy**, *Die Hefen und der Wein.* Für den Praktiker bestimmte Übersicht über die Herkunft u. Zus. der Mikroflora des Traubenmostes, die Bestandteile des Traubenmostes, die auf die Hefe von Einfl. sind, die Gewinnung u. Konservierung der Reinzuchthefen, ihre Vermehrung u. Anwendung in der Praxis. (Progr. agric. viticole **142** (**71**). 53—64. 1/8. 8. 81—89. 8/15. 8. 108—17. 22/29. 8. 1954. Montpellier, École Nat. d'Agricult. Labor. de Technol.) E. Kielhöfer. 7506

D. Sch. Taubina und **Ss. Je. Milakowa**, *Eine kältefeste Rasse für die Vergärung von Früchte- und Beerenmaischen.* Zur Vergärung von Beerenmosten ist eine optimale Temp. von 24—28° erforderlich. Diese ist schwer zu erreichen. Vff. verwendeten die Heferasse 101, welche bereits bei 12—14° gut arbeitet, wobei die Temp. bei stürm. Gärung um 6—9° ansteigt. (Виноделие и Виноградарство СССР [Weinbereit. Weinbau UdSSR] **15**. Nr. 1. 12. 1955. Moskau, Weinfabrik der Weinhauptverwaltung.) A. Ecke. 7506

H. F. P. Webber und **L. Taylor**, *Die Wirkung von Fluor auf die Gärung.* Normaler F-Zusatz bei öffentlicher Wasserversorgung beträgt 1 mg/Liter. Verss. zeigten bis 10 mg/Liter keinen nachteiligen Einfl. auf die Vergärung bei obergäriger Hefe, bei 2 mg/Liter möglicherweise eine Steigerung. Bei höheren Dosen wird F von der Hefe stark aufgenommen. Eine kumulierende Übertragung von F von einer Vergärung zur nächsten wurde bei 9 Führungen bei Mengen bis 20 mg/Liter nicht beobachtet. NaF u. Na_2SiF_6 hatten gleiche Wrkg. auf Vergärungsgrad, das letzte erhöhte den p_H-Wert. (J. Inst. Brewing **60** ([N. S.] **51**). 427—30. Sept./Okt. 1954. London, Anchor Brewhouse, Labor.) H. G. Schultze-Berndt. 7510

Ed. Hofmann und **J. Niggemann**, *Die Proteinasewirksamkeit in verschieden gedüngter Braugerste.* Eine Steigerung der N-Düngung bewirkt erst bei hohen Gaben eine Erhöhung von Eiweiß- u. Proteinasengeh. bei Braugerste. Volldüngung mit K erniedrigt gegenüber einseitiger N-P- u. fehlender Düngung den Geh. an diesen Stoffen. (Brauwissenschaft **1954**. 41—42. März. Beilage zu: Brauwelt, Ausg. B. München, TH., u. Weihenstephan, Agrikulturchem. Inst.) W. Janicke. 7540

G. A. Howard, *Die Chemie des Cohumulons und sein Verhalten beim Brauen. Eine Übersicht. Cohumulon* umfaßt 5—30% der bleiacetatfällbaren Fraktion; die Menge scheint von der Hopfensorte abhängig zu sein. Seine analyt. Unterscheidung vom *Humulon* ist nur durch Gegenstromverteilung möglich. Die Summenformel ist $C_{20}H_{28}O_5$. An Stelle der Isovalerylseitenkette des Humulons hat Cohumulon eine Isobutyrylseitenkette. Die Bitterkraft von *Isohumulon* u. *Isocohumulon* ist quantitativ u. qualitativ nicht zu unterscheiden. Die Ausnutzung von Cohumulon beim Kochen scheint größer zu sein. (J. Inst. Brewing **60** ([N. S.] **51**). 410—13. Sept./Okt. 1954. Nutfield, Surrey, Brewing, Ind. Res. Foundat.) H. G. Schultze-Berndt. 7540

R. D. Hall und **G. A. Watson,** *Der Schwefel bei der Nachbehandlung von Hopfen. Einfluß auf die Bitterkraft des Hopfens. Anhang: Nachbehandlung und Handbonitierung von Hopfenversuchsmustern.* Verschied. Hopfensorten wurden mit n. u. doppelter Menge geschwefelt. Zum Vgl. diente ungeschwefelter Hopfen, der bei Handbonitierung am schlechtesten beurteilt wurde. In der Versuchsbrauerei wurden Sude mit den 3 verschieden behandelten Hopfen (I) gekocht, das Bier von je 25 Kostern 3—4mal verkostet. Geschwefelter u. ungeschwefelter I unterschied sich nicht im Humulongeh. u. Bitterwert nach WÖLLMER, dagegen signifikant in der Bittere des Bieres, da ungeschwefelter I deutlich Bier von stärkerer Bittere ergab. Geschwefelter I verliert bei Aufbewahrung bei Zimmertemp. seine Bitterkraft schneller als ungeschwefelter I. (J. Inst. Brewing **60.** ([N. S.] **51**). 405—09. Sept./Okt. 1954. Nutfield, Surrey, Brewing Ind. Res. Foundat., u. Kent, Wye Coll., Dep. of Hop Res.) H. G. SCHULTZE-BERNDT. 7540

H. Bausch, *Möglichkeiten zur Hopfeneinsparung und das Hopfenkochen.* Vortrag. Ausgehend von der Hopfenbitterstoffbilanz für den Brauprozeß, nach welcher 20% Bitterstoff (I) nur in das fertige Bier gelangen, während 20% mit dem Hopfentreber, 50% mit dem Trub u. 10% mit der Gärdecke u. der Hefe verlorengehen, wird zunächst darauf hingewiesen, daß durch Zerkleinern des Hopfens (II) bzw. nasses Vermahlen eine bis zu 11% bessere Auslaugung des I zu erreichen ist, wenn dabei eine Erhitzung u. Luftzutritt vermieden werden. Der im Trub, Hopfentreber u. Decke verlorengehende I ist einer Rückgewinnung wert, indem dieser der Maische des nachfolgenden Sudes als I-Lieferant zugesetzt wird. Ferner wird auf ein Gerät zur Heiß-Hopfen-Trub-Filtration hingewiesen. Eine gesonderte Extraktion (III) des II ist ferner möglich, indem erst ein vorangegangener II-Auszug der Würze zugesetzt wird, wobei die III mit W. vorgenommen wird. Durch diese Art der II-Entlaugung besteht die Möglichkeit einer II-Ersparnis bis zu 15%. Alkal. Auslaugen ermöglicht eine noch bessere III des Hopfenbitterstoffes. Bei der Verwendung von Hopfenextrakten zwecks II-Ersparnis gilt, daß aus 100 kg Frisch-II ca. 42 kg Extrakt zu gewinnen sind, dessen Bitterkraft gleichwertig ist einer II-Gabe von 168 kg desselben **II**. In diesem Zusammenhang wird auf die Hopfenextrakte Hopcon u. Hopulon verwiesen. Die jüngste Meth. zur II-Einsparung ist die Ultrabeschallung, welche bes. am Beispiel des Hopfen-Doppelextraktionsverf. **(IV)** genannt wird. Die Löslichkeit der I ist von der Temp. u. der Frequenz der Ultraschallwellen abhängig. Zu empfehlen ist eine Temp. von 100^0 bei einer Frequenz von 800000 Hz. Das **IV** soll eine II-Ersparnis von 50—60% ermöglichen. (Mallasjuomat **1954.** 207—15.) K.-H. ANDERS. 7544

H. Rentschler, H. Tanner und **R. Schäppi,** *Über das Vermögen der Birnsäfte, schweflige Säure zu binden.* Säfte aus teigigen Birnen binden erheblich mehr SO_2 als Apfelsäfte, bei den Verss. der Vff. ca. 220—240 mg/Liter nach 3std. Einwirkung. Die Bindung wird durch Acetaldehyd bewirkt. Es wird angenommen, daß dieser aus A. entsteht, auch ohne Gärung durch intracellulare Atmung bei der Nachreife. So wurden in einem gärungsfreien Birnensaft 0,41% A. festgestellt. Damit 25—35 mg/Liter freies SO_2 im Saft vorhanden sind, muß bei der Schwefelung in der Praxis dieser erhöhten SO_2-Bindung Rechnung getragen werden. (Schweiz. Z. Obst- u. Weinbau **62.** 467—70. 28/11. 1953.) E. KIELHÖFER. 7552

Gerhard Troost, *„Praktisch steril" in der Füllpraxis der Kellereibetriebe.* Da bei alkoholhaltigem Wein im Gegensatz zum alkoholfreien Süßmost Schimmelpilzinfektionen nicht nachteilig sind, läßt sich hierbei die sterile Abfüllung etwas vereinfachen. Auf restlose Beseitigung der Hefe durch entkeimende Filtration kann allerdings nicht verzichtet werden u. infolgedessen auch nicht auf die Sterilisation des Filters u. Füllers. Bzgl. der Flaschensterilisation werden Angaben über die Sterilisationswrkg. der beiden in der letzten Zeit auf dem Markt erschienenen Sprühgeräte „Sterilo" u. „Sulfix" gemacht, im Vgl. zu dem bisher benutzten Schwefelrad. Sie sind zur Flaschensterilisation geeignet, wenn eine 2%ig. Lsg. benutzt wird u. die Flaschen während einer Austropfzeit von 15 Min. der Wrkg. des SO_2-Gases ausgesetzt sind. (Weinberg u. Keller **1.** 186—90. Mai 1954. Geisenheim/Rh., Lehr- u. Forschungsanst., Inst. für Weinbau u. Kellerwirtschaft.) E. KIELHÖFER. 7554

A. Querouil, *Technische und wirtschaftliche Gesichtspunkte der Kältekonzentration des Weines.* Angaben über das Prinzip, die dazu notwendigen Apparate u. die erforderliche Kühlleistung. Kostenberechnung, gesetzliche Vorschriften in Frankreich (Erhöhung des Alkoholgeh. bis zu 2 Vol.-% ist zulässig). Analysendaten eines Weines, der über diese Vorschrift hinaus auf etwa den doppelten Alkoholgeh. konz. wurde vor u. nach der Konzentration: Einige Bestandteile werden weniger angereichert als A., bes. Weinsäure u. Kali. Vorteile dieses Verf. u. Verwendung derartiger Weine. (Ind. agric. aliment. **71.** 525—33. Juni 1954.) E. KIELHÖFER. 7554

Fr. Villforth und **W. Schmid,** *Über höhere Alkohole im Wein.* 2. Mitt. (1. vgl. C. **1954.** 8689.) Bei Zusatz von Aminosäuren (*l*-Leucin, dl-Valin, *l*-Asparagin) zum Gärsubstrat (Apfelsaft, Traubensaft, synthet. Nährlsg.) werden erheblich mehr höhere Alkohole (I) gebildet, ebenso auch bei Zusatz von abgetöteter Hefe. Bei Zusatz von $(NH_4)_2 \cdot SO_4$ entstehen dagegen weniger I. Bei Gärung unter CO_2-Druck werden weniger I als bei n. Gärung gebildet. Höherer Zuckerzusatz zum Gärsubstrat bewirkt eine absol., aber auch relative (bezogen auf den Alkoholgeh.) Mehrbldg. von I. Übersicht über den Geh. an I bei Weißweinen u. Rotweinen verschied. Jahrgänge, Rebsorten u. Herkunft: 0,176 bis 0,640 cm^3 je Liter Wein bzw. 1,34—4,79 cm^3 je Liter Alkohol. (Weinwissenschaft **8.** 107—21. Aug. 1954. Weinsberg, Staatl. Lehr- u. Versuchsanstalt für Wein- u. Obstbau.) E. KIELHÖFER. 7554

H. Rentschler, *Zur Entfernung von Eisen aus eisenhaltigen Weinen.* Hinweis darauf, daß nunmehr in der Schweiz die Anwendung von Salzen der Inositphosphorsäuren zur Eisenentfernung aus dem Wein versuchsweise zugelassen ist. Einige Ratschläge für die Durchführung dieser Behandlung. (Schweiz. Z. Obst- u. Weinbau **63.** 327—28. 24/7. 1954.) E. KIELHÖFER. 7554

E. Urion, *Kontrolle des physikalischen Zustandes des Gerstenkornes.* Zur Prüfung der Unversehrtheit des physikal. Zustandes der Gerste wird vorgeschlagen, eine Probe 5—6 Std. in eine Lsg. von *Tetrazoliumsalz* zu tauchen. Die Prüfung der eventuellen Färbung der Körner erlaubt, Verletzungen der inneren Umhüllungen in der Nachbarschaft des Keimes zu entdecken u. dadurch den Widerstand gegen den Anfall durch Mikroorganismen, die das Keimvermögen beeinträchtigen, zu ermessen. (Petit J. Brasseur **62.** 467—71. 16/7. 1954.) H. BENISCHKE. 7598

Archer-Daniels-Midland Co., Minneapolis, übert. von: **Ralph O. Weber,** St. Paul, Minn., V. St. A., *Bierherstellung.* Vor der Hauptgärung werden der aus Gerstenmalz u. Hopfen hergestellten pasteurisierten Würze 0,5—15% pasteurisierte Feststoffe von entfetteten Sojabohnen zugesetzt, die so erhaltene Würze wird mit Hefe angestellt in einer Menge von 0,1—1,25%, bezogen auf 16,5% Hefetrockensubstanz enthaltende, dickbreiige Hefe, die Gärung bei ca. 7—9° eingeleitet u. unter Aufrechterhaltung einer 15° nicht übersteigenden Temp. fortgesetzt u. das Bier abgekühlt, sobald sich die Hauptgärung dem Abschluß nähert. (**A. P. 2 692 199** vom 29/2. 1952, ausg. 19/10. 1954.) J. KETTNER. 7551

Otto Bienz, Koblenz, und **Wilhelm Eberhard Schultheis,** Weißenthurm, *Verbesserung der Bierbereitung.* Die Roh- u. Zwischenprodd., wie Hopfen, Trub, Hopfentreber, werden ganz oder teilweise einer Ultrabeschallung unterworfen. Bei der Hopfenextraktion werden die Bitterstoffe mittels Ultrabeschallung dem Hopfen entzogen, die gerbstoffhaltigen Hopfentreber zur Eiweißfällung in der Würze verwendet u. der gewonnene Bitterstoffextrakt gesondert der Würze oder dem Bier bei der Gärung oder Lagerung zugesetzt. Bei der Maischebeschallung werden störende Geruchs- u. Geschmacksstoffe beseitigt u. die Verzuckerung wird beschleunigt. Die Beschallung wird vorteilhaft in der Vorderwürze in der Wärme unter wiederholter Umwälzung vorgenommen. Vgl, Schwz, P. 288 713; C, **1954**. 8003, (**E. P. 715 948** vom 30/3. 1951, ausg. 22/9. 1954. D. Priorr. 27/10., 30/10. u. 20/11. 1950.) J. KETTNER. 7551

Texaco Development Corp., New York, N. Y., übert. von: **Rhett G. Harris,** Charleston, S. C., und **Raymond J. Strawinski** bzw. **David L. Cramer,** Long Beach, Calif., V. St. A., *Biotechnische Verarbeitung von Kohlenwasserstoffen.* Fettähnliche, verseifbare Stoffe u. organ. Säuren aus KW-stoffen werden in der Weise gewonnen, daß KW-stoffe in Abwesenheit von anderem organ. Material in einem anorgan. Nährsubstrat dispergiert werden, die Mischung mit Schimmelpilzen, wie Penicillium- oder Aspergillusarten oder Hefen (Monilia-, Saccharomycesarten) angestellt, die Organismen ausreichende Zeit bei optimalen Bedingungen gezüchtet u. die gebildeten, fettähnlichen Stoffe u. organ. Säuren abgetrennt werden. Dabei kann zur Bereitung der KW-stoffe enthaltenden Nährlsg. ein Lipoid, wie Lecithin oder Cephalin, beigegeben werden. (**A. PP. 2 697 061** vom 17/8. 1950 u. **2 697 062** vom 30/3. 1951, beide ausg. 14/12. 1954.) J. KETTNER. 7579

XVI. Nahrungs-, Genuß- und Futtermittel.

—, *Nahrungsmittel.* Fortschrittsbericht 1949—1950. Behandelt werden: Gemüse u. Früchte (R. G. Tomkins); Getreide u. Getreideprodd. (W. H. Templeton u. J. B. M. Coppock); Molkereiprodd. (J. I. Anderton); Fleisch- u. Fleischwaren (F. H. Banfield); Fisch u. Fischprodd. (J. M. Shewan, C. L. Cutting, A. Banks, J. W. Selby, J. A. Lovern, J. G. Sharp); gefrorene u. gekühlte Lebensmittel (T. N. Morris). — 422 Literaturhinweise. (Rep. Progr. appl. Chem. **35.** 769—816. 1950.) M. WINIKER. 7630

—, *Nahrungsmittel.* (Vgl. vorst. Ref.) Fortschrittsbericht 1951. Behandelt werden: Allg. Fragen der Nahrungsmitteltechnologie (T. N. Morris); Fleisch u. Fleischwaren (T. N. Morris); Eier u. Eiprodd. (T. N. Morris); Fisch u. Fischprodd. (C. A. Reay); Milch u. Milchprodd. (E. R. Ling); Getreide u. Getreideprodd. (W. H. Templeton u. J. B. M. Coppock); Konservieren u. Eindosen; Schokolade u. Süßwaren; gefrorene Lebensmittel (T. N. Morris); Konservierungsmittel u. andere Zusätze (T. N. Morris). — 397 Literaturhinweise. (Rep. Progr. appl. Chem. **36.** 786—827. 1951.) M. WINIKER. 7630

C. P. Natarajan und **G. D. Bains,** *Fortschritte in der Lebensmitteltechnologie im Jahre 1953.* Kurzer Übersichtsbericht mit 100 Literaturangaben. (Bull. centr. Food technol. Res. Inst., Mysore **3.** 227—30. Juni 1954. Mysore, Indien, Central Food Technol. Res. Inst.) F. KRUSEN. 7630

N. Galanin und **N. Golowkin,** *Die Anwendung von Ultraviolettstrahlen in der Nahrungsmittelindustrie.* Zusammenfassende Ausführungen über die Anwendung der UV-Bestrahlung zur Entkeimung der Luft u. von Verpackungsmaterial sowie bei der Lagerung von Käse u. Citrusfrüchten. Danach blieb 2 Std. bestrahlter Käse bei —3 bis —4° 6 Monate lang ohne Schimmelbefall. Die UV-Bestrahlung von Mandarinen bewirkte bei 3—4° eine 50—80%ig. Abnahme des Schimmelbefalls, bei 25° eine solche von 15 bis 25% im Vgl. zur Kontrolle. (Холодильная Техника [Kälte-Techn.] **31.** Nr. 2. 57—59. April/Juni 1954.) H. SCHMEISS. 7630

G. N. Revie, *Probleme bei der Verwendung von Chemikalien in Lebensmitteln.* Sammelbericht über die Verff. der Mehlbleichung u. den Ersatz natürlicher Geschmacksstoffe durch synthet. Produkte. (Chem. and Ind. **1952.** 259—62. 22/3.) C. GRIMME. 7642

Joseph Cryns, Doris Howes Calloway, Marion Bollman und **R. A. Larsen,** *Hitzestabilisiertes Weizengrundmehl.* Die zur Heeresversorgung verwendeten Vollweizenmehle besitzen nur geringe Lagerfähigkeit. Zur Gewinnung eines vollwertigen Prod. von längerer Haltbarkeit wird ein Gemisch von Weizenkeimen u. Kleie nach Zusatz von 25% W. auf 95° erhitzt, bis der Wassergeh. auf 8% gesunken ist. Durch Vitaminbestimmungen u. im Rattenvers. wird nachgewiesen, daß die Hitzebehandlung keine entscheidende Wertminderung bedingt. Das Prod. wird mit hellem Weizenmehl im Verhältnis von 1:9 vermischt. (Trans. Amer. Assoc. Cereal Chemists **11.** 5—12. Febr. 1953. Chicago, Ill., Quartermaster Food and Container Inst. for Armed Forces.) M. W. ROTHE. 7670

E. F. Seeborg, *Bewertung der Vermahlungscharakteristika für Weizen durch Laboratoriumsmethoden.* (Vgl. C. **1953.** 3327.) Um die Vermahlungsqualität eines Weizens zu ermitteln, ist die Best. folgender Faktoren notwendig: Optimale Mahlzeit, optimale Vermahlungsfeuchtigkeit, Gesamtausbeute, Weißmehlausbeute, Aschegehalt. — Vergleichende Unterss. von 10 Pacific-Northwest-Weichweizen. (Trans. Amer. Assoc. Cereal Chemists **11.** 1—5. Febr. 1953. Pullman, Wash., State College of Washington, Western Wheat Qual. Labor.) M. W. ROTHE. 7670

J. J. Ghosh, *Untersuchungen über den Nährstoffbedarf der den Reis befallenden Pilze.* Nichtpolierter Reis ist empfindlicher gegen Pilzbefall beim Aufbewahren. Der Nährstoffbedarf der in Frage kommenden Pilze wurde untersucht. (Sci. and Cult. **17.** 135—36. Sept. 1951. Calcutta, Univ., Coll of Sci. and Technol.) A. JACOB. 7686

Paul L. Harding, James S. Wiant, H. W. Hruschka, M. Bryan Sunday und **J. Kaufman,** *Schadensbekämpfung bei eingelagerten Floridaorangen.* Zur Vermeidung von vorzeitigem Verderb empfehlen Vff. eine Vorbehandlung mit *Dowicid A-Hexamin* u. eine Lagertemp. von 32°F. (Citrus Ind. **33.** 5—7. 11—12. Aug. 1952.) C. GRIMME. 7688

S. I. Ssischnenko, *Über einige Eigenschaften der Marktmilch.* Die Unters. der Marktmilch von Nowotscherkassk ergab eine bedeutende Verunreinigung durch Mikroorganismen (im Mittel 5048617 Mikroben in 1 ml), vor allem im Frühling u. Sommer, am wenigsten im Winter. Der Colititer lag zwischen 1 u. 0,0001 ml, er war im Winter am höchsten, im Sommer am niedrigsten. Am häufigsten fand sich B. coli commune (vor allem im Frühling u. Sommer). Sank die Anzahl der B. coli commune ab, so nahm dafür die Anzahl von B. aerogenes u. B. coli communior zu u. umgekehrt. (Гигиена и Санитария [Hyg. u. Sanitätswes.] **1954.** Nr. 8. 49. Aug. Nowotscherkassk, Zoo-Vet. Inst., Lehrstuhl für Vet.-san. Expertise.) E. RENTZ. 7756

L. Tumerman, H. Fram und **K. W. Cornely,** *Die Wirkung der Lactosekristallisation auf die Proteinstabilität von gefrorener konzentrierter Milch.* Vff. konnten nachweisen, daß die *Casein* (**I**)-Koagulation bei der Lagerung von gefrorener konz. Milch (35% Trockensubstanz) eine Folge der *Lactose* (**II**)-Kristallisation ist. Diese kann durch enzymat. Spaltung der **II** verzögert oder gehemmt werden, wobei die Stabilität des gefrorenen Prod. mit dem Hydrolysegrad der **II** in direktem Zusammenhang steht. Die **II**-Kristallisation u. die abhängige **I**-Gerinnung setzen nach einer von der Gefriertemp.

abhängigen Induktionsperiode ein, wobei das Ausmaß der Kristallisation durch polarimetr. Verfolgung der zunehmenden α-II bestimmt werden kann. Bei einer Gefriertemp. von 15° F sind in einer 27% Trockensubstanz enthaltenden konz. Magermilch 75% des vorhandenen W. gefroren, u. es kommt zu einer raschen II-Kristallbildung. Bei Tempp., bei denen dagegen mehr als 90% des W. gefroren sind, liegt die II in einer gegen Kristallisation stabilen amorphen Phase vor; hier bleibt auch die I-Flockung aus. (J. Dairy Sci. **37**. 830—39. Juli 1954. Oakdale, Long Island, N. Y., Nat. Dairy Res. Labor. Inc.) F. Krusen. 7756

J. Schormüller, H. Liese und **H. Winter**, *Beiträge zur Biochemie der Käsereifung. 3. Mitt. Das Verhalten des Arginins im Verlauf der Reifung.* (1. vgl. C. **1955**. 5924.) Nach Hinweis auf die bisherigen Kenntnisse über Abbau- u. Synthesemöglichkeiten des *Arginins* (I) berichten Vff. über Unterss. an reifendem Sauermilchkäse, in denen festgestellt wurde, daß bei n. Reifung (Zusatz üblicher Salzmengen) der I-Geh. der Gesamt-N-Substanz in 14—16 Tagen um 8—9% abnimmt. Bei extrem ausgedehnter Reifung waren stärkere I-Verluste zu beobachten. In schnell gereiftem Käse trat dagegen kaum I-Abnahme auf. Innerhalb der einzelnen N-Fraktionen erfolgt mit zunehmender Reifung starke Abnahme des I-Geh. im wasserunlösl. Protein, während seine Konz. im wasserlösl. Protein ansteigt. Der I-Abbau scheint vorzugsweise im alkal. Gebiet, d. h. unter hauptsächlicher Mitwrkg. von Arginase u. I-Desaminase abzulaufen. Bei anomaler Käsereifung, die durch das Weglassen von Salzen erzielt wird, entstehen beträchtliche Mengen freies I, die an der Entw. des unerwünschten Geschmackes solcher Käse beteiligt sind. — 75 Literaturangaben. (Z. Lebensmittel-Unters. u. -Forsch. **98**. 347—58. Mai 1954. Berlin-Charlottenburg, Techn. Univ., Inst. für Lebensmittelchem. u. Lebensmitteltechnol.) F. Krusen. 7760

K. D. Bolotow, *Erhöhung der Ausnutzung von Winterroggen als Grünfutter.* Der Proteingeh. in der grünen M. des Winterroggens stellte sich auf 5,16 dz/ha bei der Mahd im Stadium des Schossens u. auf 4,78 dz/ha in dem der Ährenbildung. Als Grünfutter in Mengen von 30—35 kg pro Kopf u. Tag verfüttert, bewirkte Winterroggen eine bedeutende Steigerung der Milchleistung der Kühe. Zur Silobereitung muß der Roggen zu Beginn der Ährenbldg. gemäht werden. N-Düngung im zeitigen Frühjahr bewirkte eine 23,6%ig. Steigerung des Ertrags der Grünmasse, NPK-Düngung eine 31,5%ige. (Достижения Науки и Передового Опыта в Сельском Хозяйстве [Errungenschaften Wiss. u. fortschr. Erfahrung Landwirtsch.] **1953**. Nr. 10. 24—26. Okt. Wiljams Allunions Wiss. Forschungsinst. für Futtermittel.) M. Gordienko. 7780

Frant. Hovorka, *Das tierische Eiweiß im Schweinefutter und sein Ersatz durch pflanzliches Eiweiß.* Fütterungsverss. an Schweinen ergaben, daß die gegenwärtig hergestellten Futtergemische tier. Eiweiß enthalten, das einen schlechteren biol. Wert besitzt. Pflanzliches Eiweiß erwies sich als wirksamer. Es ist daher eine Überprüfung des biol. Wertes der heutigen Eiweißfuttergemische erforderlich. (Sborník českoslov. Akad. zemědělských Věd, Řada A **27**. 163—76. März 1954. Uhříněves/Praha, Výzkumný úst. živočisné, výroby českosl. Akad. zemědelské Hěd.) H. Freytag. 7786

D. A. A. Mossel und **E. F. Drion**, *Bakteriologische Anforderungen und Prüfung von sterilisierter Milch und sterilisierten Milchprodukten.* Es wird gefordert, daß als steril bezeichnete Prodd. tatsächlich keimfrei sein müssen, u. zur Prüfung folgendes Verf. empfohlen: Bei 7tägiger Incubation bei 32° darf keine Veränderung der Proben eintreten. Falls die Waren in trop. Gegenden verbraucht werden sollen, muß die Incubation bei 55° erfolgen. Es müssen mindestens 7 Proben desselben Herstellers geprüft werden. Außerdem werden von jeder Probe 1 u. 0,1 ml mit Agar (0,5% Trypton, 0,1% Dextrose, 0,25% Hefeextrakt u. 0,1% lösl. Stärke) von p_H 7,0 u. mit einem festen Anaerobiermedium incubiert. Nach 3 Tagen darf die Zahl der Kolonien das 5fache der in Blindverss. ermittelten nicht überschreiten. — 24 Literaturangaben. (Nederl. Melk- en Zuiveltijdschr. **8**. 106—14. Juli/Sept. 1954. Utrecht, Centr. Inst. for Nutr. Res. T. N. O.; Hague, Statistics Dep. T. N. O.) F. Krusen. 7856

Melville Edward Dunkley, Modesto, Calif., V. St. A., *Verhinderung der Verderbnis von Lebensmitteln und anderen organischen Produkten durch Enzyme.* Man läßt auf diese Stoffe durch unvollständige Verbrennung von Leuchtgas gewonnenes Gas, das bis zu 0,05 Vol.-% O_2, CO u. aus der Umsetzung mit H_2, CO_2, CO u. ungesätt. KW-stoffen entstandene Gase enthält, in Ggw. von Wasserdampf einwirken. (**E. P. 715 351** vom 6/2. 1952, ausg. 15/9. 1954.) H. Maass. 7635

Miag Mühlenbau und Industrie G. m. b. H., Hannover, **Karl Wille**, Mülheim/Ruhr, und **Eugen Fritsch**, Krefeld (Erfinder: **Karl Wille**, Mülheim/Ruhr, **Eugen Fritsch** Krefeld, und **Heinz Gehle**, Braunschweig), *Behandlung von Getreide von minderwertiger*

Backfähigkeit mittels Flüssigkeiten nach D. R. P. 730 662, bei dem das Getreide oder dgl. in trockenem oder evakuiertem Zustand vollkommen mit Fl. umgeben wird, dad. gek., daß solche Fll. verwendet werden, die bekannte enzymbeeinflussende Mittel, wie Formalin, NaCl oder Milchsäure, enthalten. (**D. B. P. 902 452** Kl. 53c vom 16/11. 1939, ausg. 21/1. 1954. Schwed. Prior. 27/10. 1939. **Zusatz zu D. R. P. 730 662; C. 1943. I. 2157.**) H. MAASS. 7665

Oscar Mayer & Co., Inc., Chicago, Ill., übert. von: **Edward C. Sloan** und **Marcus I. Wegner**, Madison, Wis., V. St. A., *Herstellung von Fleischprodukten.* Man entzieht Fleisch mittels Vakuum die eingeschlossene Luft, leitet N_2 ein u. zerkleinert das Fleisch in der N_2-Atmosphäre. — Zeichnung. (**A. P. 2 681 279** vom 3/8. 1950, ausg. 15/6. 1954.) H. MAASS. 7751

Chas. Pfizer & Co., Inc., V. St. A. (Erfinder: **Herbert G. Luther**), *Herstellung von milchartigen Futtermitteln für junge Tiere.* Die Futtermittel enthalten Fette, Vitamine, Antibiotica, Lecithin als Emulgator, mineral. Substanzen u. gegebenenfalls Milchproteine u. sind leicht in W. zu einer milchartigen Fl. dispergierbar. — Z. B. vermischt man: 34 kg Trockenmagermilch, 11,3 Maisöl, 1,8 Lecithin, 550000 (E.) Vitamin A, 70000 Vitamin D_2, 3 (g) Ascorbinsäure, 0,14 Thiaminhydrochlorid, 0,18 Riboflavin, 0,94 Niacin, 0,16 Pyridoxinhydrochlorid, 2 Ca-Pantothenat, 3,8 Inosit, 454 Vitamin B_{12} (Bi-Con 3^+), 240 Terramycin (Bi-Con TM 5) u. Spuren mineral. Prodd. (Co, Fe, Zn, Sn usw.) miteinander. (**F. P. 1 065 242** vom 18/3. 1952, ausg. 21/5. 1954. A. Prior. 21/4. 1951.) T. OPPERMANN. 7787

XVII. Fette. Seifen. Wasch- u. Reinigungsmittel. Wachse. Bohnermassen usw.

Émile André und **Pierre Delaveau**, *Chemische Untersuchungen über die Zusammensetzung der schwefelhaltigen Öle der Samen von Colza und Navette.* Es wurden verschied. Öle von Colza (Brassica napus L. Metzger) (I), die aus den Samen verschied., ausgewählter Sorten erhalten wurden, untersucht. Die 3 Senföle, Crotonylsenföl (II), α-Methylcrotonylsenföl (III) u. Phenyläthylsenföl (IV), deren Vorhandensein in Ölen, gewonnen aus handelsüblichen Ölkuchen von I, festgestellt worden war, fanden sich wieder in den aus Samen gewonnenen Ölen. II ist vorherrschend, u. zwar zu 85% im Öl von Colza Lembke (V) (Winterqualität) u. zu 61% in Colza Liho (VI) (Frühjahrssorte). Dagegen ist III nur zu 4% in V u. zu 18% in VI enthalten. In allen Ölen wurde die Anwesenheit von IV festgestellt. Im Vgl. wurden Samen von Navette (VII) untersucht, deren Zus. homogener ist. 2 von 3 der untersuchten Öle von VII enthielten 89,5—91% II, das 3. 84%. III u. IV waren nur zu 2—3% bzw. 1—2% vorhanden. Auf Grund obiger Feststellungen schließen Vff., daß V aus einer Kreuzung von I u. VII entstanden sein kann. (Oléagineux **9**. 773—80. Nov. 1954. Bellevue, Labor. des Oléagineux Metropolitains de L'I.N.R.A.) J. BÖSS. 7894

Saburō Komori, Akira Shinsugi und **Shō-ichi Ōkawa**, *Halbtechnische Molekulardestillation von Fetten und Ölen.* 3. Mitt. *Molekulardestillation von Leinöl.* (2. vgl. J. chem. Soc. Japan, ind. Chem. Sect. [Kogyo Kagaku Zassi] **55**. [1952.] 468.) *Tocopherol* (I) in *Leinöl* (II) wird in einer halbtechn. Anlage (1. u. 2. Mitt.) (14—16 kg II) bei 250°, dann 200—210° von 1 mg I/g II auf 30—60 mg I konzentriert. I scheint im Vakuum besser haltbar zu sein. Das zurückbleibende II härtet zweimal so rasch als das unbehandelte II. (J. chem. Soc. Japan, ind. Chem. Sect. [Kōgyō Kagaku Zassi] **56**. 433—35. Juni 1953. Osaka, Univ. [Orig.: japan.]) L. SCHULER. 7894

R. W. Moncrieff, *Verwendung von Alginaten.* 3. Mitt. (2. vgl. C. **1952**. 7535.) Eigg., die Alginate als Zusatz zu Seifen u. Reinigungsmitteln geeignet machen (wohltuende u. gelegentlich heilende Wrkg. auf die Haut, Neutralität, nicht fettend, bilden in weitem Umfange viscose Lsgg. bzw. Gele), haben zu weiteren Verss. angeregt: die Seifen bilden einen kleinblasigen Schaum, beim Waschen von Wolle wird die Tendenz zum Schrumpfen gemindert, ein Niederschlagen des von der Faser gelösten Schmutzes wird gehindert. Mit Zusatz von Alginaten hergestellte Prodd. (Angabe der Rezepte für Rasiercreme, Geleeseife u. Reinigungscreme) haben den an sie gestellten Anforderungen entsprochen. (Chem. Products chem. News [N. S.] **14**. 353—55. Okt. 1951.) I. SCHOENMANN 7912

W. Wachs und **Chr. Heine**, *Darstellung von Monoglyceriden ungesättigter Fettsäuren mit Hilfe der Molekulardestillation und Untersuchung ihrer emulgierenden Eigenschaften.* Durch partielle Veresterung von Glycerin mit rein dargestellter Öl-, Linol-, Linolen- u. Ricinolsäure wurde ein techn. Glyceridgemisch gewonnen, aus welchem durch Molekulardest. in einer verbesserten App. nach UTZINGER die Monoester (I) als ca. 90%ig. Konzentrate erhalten wurden. Einige emulgierende Eigg. dieser Monoglyceride wurden bestimmt u. mit denen von Stearinsäuremonoester verglichen. Hierbei wurde festgestellt: a) Die I der ungesätt. C_{18}-Säuren zeigen bei sehr geringen Konzz. (0,5—2%)

eine stärkere Wrkg., die Grenzflächenspannung Öl/W. herabzusetzen, als Monostearat (II); b) das Wasserbindungsvermögen der I der ungesätt. C_{18}-Säuren ist ca. 60—70mal größer als das von II. Ricinolsäuremonoglycerid zeigt kein Wasserabsorptionsvermögen, aber eine gute Netzfähigkeit. (Fette Seifen einschl. Anstrichmittel **54**. 760—62. Dez. 1952. Berlin, Techn. Univ., Inst. für Lebensmittelchem. u. Technol.) J. BÖSS. 7912

R. S. McKinney und **R. L. Holmes,** *Bestimmung des Ölgehaltes von Tungprodukten durch eine Petroleum–Naphtha-Schnellmethode.* Tungfrüchte, Preß- oder Filterkuchen werden mit dem doppelten Gewicht eines hochsd. KW-stoffgemisches 10 Min. verrührt, die D. des Extraktes mit einem Pyknometer oder mit einer BECKER- bzw. WESTPHAL-Waage gemessen u. der Ölgeh. graph. oder tabellar. bestimmt. Gute Übereinstimmung mit der offiziellen Meth. der A.O.C.S. (J. Amer. Oil Chemists' Soc. **31**. 172—74. Mai 1954. Bogalusa, La., U. S. Tung Oil Labor.) H.-J. HAASE. 7932

XVIIIa. Holz. Cellulose. Zellstoff. Papier. Papierdruck. Celluloid. Linoleum.

A. I. Folomin, *Hochtemperaturtrocknung von Holz in Petrolatum. Petrolatum* (I), ein Abfallprod. der Erdölindustrie, ist zum Trocknen von Holz bei höherer Temp. recht geeignet, wobei mit offenen Fe-Behältern gearbeitet werden kann. Bei Nadelhölzern empfehlen sich Tempp. bis zu 140°, bei harten Laubhölzern von 110—120°, wobei keinerlei Rißbldg. im Holzinneren zu befürchten ist. Bei einer Trocknungstemp. von 110° kann eine Endfeuchtigkeit von ca. 10% im Holz erreicht werden, bei 140° von 3%. Die Behandlungsdauer beträgt bei Brettern mit einer Feuchtigkeit von 45—50% u. einer Dicke von 2 cm 3 Std., falls bei 120° auf 5% Feuchtigkeit heruntergetrocknet wird, bei 6,5 cm dicken Brettern 16 Stunden. Verbrauch an I 300—350 g/m². In I getrocknetes Holz zeigt eine erniedrigte Hygroskopizität, außerdem ist es gegenüber Pilzbefall u. sonstige Schädlinge widerstandsfähiger geworden. (Деревообрабатывающая Промышленность [Holzverarb. Ind.] **4**. Nr. 4. 3—7. April 1955.) M. ULMANN. 7952

Hans Dolmetsch, *Über die Struktur der Lockerstellen im fibrillären Gefüge der nativen Cellulosefasern.* An Hand früherer u. neuer Beobachtungsergebnisse über die period. „Lockerstellen" der nativen Cellulose werden die theoret. Möglichkeiten der Feinstruktur dieser Bereiche einer krit. Betrachtung unterzogen. Die Zonen der Lockerstellen unterscheiden sich von den dazwischenliegenden resistenteren Bereichen entweder durch eine geringere Packungsdichte auf Grund anomaler Ausbildung oder durch das Fehlen einer in den widerstandsfähigen Bereichen anzunehmenden Vernetzung. — 30 Literaturnachweise. (Holz Roh- u. Werkstoff **13**. 85—91. März 1955.) P. ECKERT. 7954

K. Barker und **P. F. Corbett,** *Die Auswirkung einer Kohlen-Hilfsfeuerung auf den SO_3-Gehalt der Schornsteingase eines mit Kohlen befeuerten Kochers.* Besprochen werden die experimentelle Technik u. die Einzelheiten der Kocher, die Verbrennung von gepulvertem Pech, die kontrollierte Verbrennung von zusätzlicher gepulverter Kohle, die zusätzliche Kohle–Öl-Feuerung u. Kreosotpechfeuerung. — Reiches Kurven- u. Zahlenmaterial. (J. Inst. Fuel **27**. 495—502. Okt. 1954.) E. BOYE. 7956

Jan Rutkowski, *Über die Verbesserung der Qualität der Viscosecellulose.* Übersicht über die Rohstoffherst. u. die Fabrikationsstufen mit besonderer Berücksichtigung der Betriebskontrolle. (Przegląd Papierniczy **10**. 205—09. Juli 1954.) R. K. MÜLLER. 7956

R. L. McEwen und **I. C. MacGugan,** *Peroxydbleiche von Zellstoff aus südlichen Hölzern.* (Vgl. C. **1954**. 681 u. **1955**. **1639**.) H_2O_2 wird in der Endstufenturmbleiche als Tauchbleiche vor der Trockenpartie u. in einem 2-Stufen-Hypochlorit-H_2O_2-Verf. bei mäßiger oder auch hoher D. angewendet. (Paper Ind. **36**. 996—97. 1007. Jan. 1955. Food Machinery & Chem. Corp.) H. BECKER. 7956

P. H. West, T. T. Collins jr. und **R. E. Bergstrom,** *Das Auswaschen des Sulfatzellstoffs bei Thilmany.* Die Modernisierung des Sulfatzellstoffwaschsyst. der THILMANY PULP & PAPER CO. wurde nach Erfahrungen, die mit verschied. Systemen in USA u. Schweden gemacht wurden, vorgenommen. Es erfolgte der Einbau eines 5-Stufen-SWENSON-Syst., mit welchem nach verschied. Verbesserungen bei einer TAPPI-Permanganatzahl des Zellstoffs von 21 u. Verdünnungsfaktoren von ca. 1,5 bis auf einen Na_2SO_4-Geh. von ca. 7 kg/t lutro Zellstoff ausgewaschen werden kann. Betriebliche Maßnahmen zur Verringerung der Chemikalienverluste, wie Verhinderung von Seifenausscheidungen im Filtratbehälter der 1. Stufe, Änderung von Stoffdichten, Anbringung von Sprühdüsen usw., werden beschrieben u. eine Übersicht über analyt. Methoden zur Best. des Na_2SO_4-Geh. im ausgewaschenen Stoff gegeben. (Tappi **37**. 137—42. April 1954. Kaukana, Wis., Thilmany Pulp & Paper Co.) L. G. SCHEURING. 7960

Alsedo Leprevost, *Zellstoff aus Cellulose von Bracatinga.* Die schnellwachsende Mimosa bracatinga, ein brasilian. Leguminose, liefert nach einem 22std. Calciumbisulfitaufschluß bei Anwesenheit von 4,5% SO_2 einen gut verwendbaren Zellstoff mit 3 mm langen harten Fasern. (Rev. Quím. ind. **21**. Nr. 246. 26. Okt. 1952.) H.-J. HEINRICHS. 7962

W. P. Kowalew, *Beseitigung von Harzschwierigkeiten bei der Erzeugung von Papier.* Durch Koagulation von Alkali- oder Erdalkalisalzen meist fl. Fettsäuren ergeben sich Harzschwierigkeiten bei der Herst. u. Verarbeitung von Sulfitzellstoff. Diese sind durch Ansäuerung des gesamten Betriebswassers vermeidbar. Angeführte Formeln gestatten die Berechnung des Neutralisationsmittels. (Papier u. Druck **2**. Zellstoff u. Papier 67—70. Mai. 89—92. Juni 1953.) H.-J. HEINRICHS. 7962

T. E. Detcher und **R. M. Jones**, *Papierzellstoffherstellung mit Ammoniumbisulfit. Anwendung und Zukunft im Sulfitzellstoffbetrieb.* (Vgl. C. **1953**. 3816.) Die an sich bekannte Herst. von Papierzellstoff mit Hilfe von Ammoniumbisulfit in Ggw. eines Überschusses von H_2SO_3 gewinnt im Vgl. zu bisher üblichen Verff. wachsende Bedeutung. (Paper Mill News **74**. Nr. 36. 12—16. 8/9. 1951.) H.-J. HEINRICHS. 7962

E. Borchers, *Schwefligsäure-Rückgewinnung aus Sulfitablauge durch Entgasung mit Dampf.* An Hand der neueren Literatur werden Theorie u. Praxis der in den letzten 10 Jahren in Canada u. in den USA entwickelten Entgasung bereits entspannter Sulfitzellstoffablauge mit einer mit Dampf beheizten Siebboden- oder Füllkörpersäule erörtert. Die Vorteile dieser Entgasung liegen, abgesehen von der SO_2-Rückgewinnung, in wesentlicher Ersparnis an Kalk für die Neutralisation vor der Sprit- oder Hefegewinnung bei gleichzeitiger Verbesserung der Ablaugebeschaffenheit für die biol. Zuckerverwertung. Daneben ergeben sich auch Vorteile durch Verringerung der Gispkrusten in Maischkolonnen oder Verdampfern. — Literaturnachweis. (Wbl. Papierfabrikat. **83**. 276—78. Mitte April 1955.) P. ECKERT. 7962

J. V. Karabinos und **A. T. Ballun**, *Tallöluntersuchungen.* 2. Mitt. *Entfärben von Polyglykoltallaten mit Ozon und Wasserstoffperoxyd.* (1. vgl. STOLTZ u. Mitarbeiter, C. **1954**. 3835.) Polyglykoltallat (aus Tallöl + Äthylenoxyd bei 170—210° mit 0,5% K_2CO_3) ist dunkel gefärbt. Nach Vff. wird die Färbung durch Oxydation der Harzsäuren zu chinonartigen Körpern mit O_2 (aus dem teilweisen Zerfall des Äthylenoxyds) hervorgerufen. Mit O_3 oder H_2O_2 gelingt die Entfärbung (Bldg. von Ozoniden bzw. Glykolen der Harzsäuren). Dabei ist die Menge des Zusatzes, um eine 90%ig. Lichtdurchlässigkeit (colorimetr. Vgl. mit H_2O = 100%) zu erzielen, abhängig von dem %-Geh. an Harzsäuren. O_3 wirkt besser als H_2O_2. Behandelt man mit H_2O_2 vor, so ist bei Kondensationsprodd. mit einem niedrigen Harzsäuregeh. nur ein geringer O_3-Zusatz erforderlich. (J. Amer. Oil Chemists' Soc. **31**. 71—74. Febr. 1954. Joliet, Ill., Blockson Chem. Comp., Res. Labor.) H.-J. HAASE. 7966

F. A. Abadie, *Der Prozentgehalt an Stickstoff und der damit zusammenhängende Einfluß auf die Fraktionierung, die Viscositätsmessung und die Heterogenität von Nitrocellulose.* Unterss. über den Einfl. des Nitrierungsgrades auf die Viscosität u. auf Ergebnisse der Fraktionierung von Nitrocellulose werden häufig durch die Heterogenität der Nitrocellulose verfälscht. Die einzige Meth., richtige Kurven über die Verteilung der Kettenlängen bei einer Fraktionierung zu erhalten, ist die Best. des Nitrierungsgrades u. der Viscosität von jeder Fraktion. Bevor man die Kurven zeichnet, müssen diese Werte auf den Polymerisationsgrad umgerechnet werden. — 39 Literaturangaben. (Norsk Skogind. **7**. 68—74. März 1953.) H.-J. HEINRICHS. 7970

Otto Maass, *Einflüsse bei der Herstellung von Papierzellstoff.* 1. Mitt. Die rein mechan. Herst. von Papierzellstoff ergibt Papiere mit schlechten mechan. Eigenschaften. Die chem. Herst. führt zu guten Ergebnissen, aber schlechten Ausbeuten. Einen Mittelweg verfolgt die sogenannte halbchem. Zellstoffherst., die eine modifizierte chem. Behandlung umfaßt, der sich die Entfaserung in einem Läutergefäß anschließt. Die bei diesem Verf. bes. wichtigen Faktoren der natürlichen u. erzwungenen Durchdringung sowohl mit Fll. als auch mit Gasen werden diskutiert. (Paper Ind. **34**. 471—74. Juli 1952. Pulp & Paper Res. Inst. of Canada.) H.-J. HEINRICHS. 7974

Walter Brecht und **Karlheinz Klemm**, *Das Komponentengemisch in einem mechanischen Holzschliff als Schlüssel zur Kenntnis seiner technologischen Eigenschaften.* Ausgehend vom Gesichtspunkt, daß die techn. Eigg. von n. Holzschliffen durch den kombinierten Effekt der im Holzschliff enthaltenen Strukturelemente bestimmt sind, wird eine Klassifizierung dieser Elemente entwickelt. Die Wirkungen, die durch die einzelnen Bestandteile u. in ihren Gemischen hervorgerufen werden, werden auf der Grundlage experimenteller Daten angegeben. Es wird gezeigt, daß der größere Teil der Eigg. des Holzschliffs in einem quantitativen Zusammenhang mit dem Verhältnis zwischen Faserstoffen (Faserlang- u. -kurzstoffe) u. Feinstoffen (Schleim- u. Mehlstoff) besteht. Die anfängliche Naßfestigkeit hängt hauptsächlich von der Ggw. eines Mischungsoptimums ab. Folglich wurde eine Theorie entwickelt, die im wesentlichen in der Annahme eines

Grenzzustandes besteht, gemäß dem das Maximum der Naßfestigkeit erfordert, daß alle Hohlräume mit feinen Teilen gefüllt sein sollen. — 10 Literaturzitate. (Cellulosa e Carta 5. Nr. 7. 3—16. Juli 1954.) G. PLATZER. 7974

J. R. Istas, *Die Bedeutung der Biometrie für die Untersuchung der Rohstoffe einer Zellstoffindustrie des Kongogebietes.* Beschreibung der in Belgisch-Kongo zur Papierherst. verfügbaren Pflanzen (Laubholz, Bambus u. Papyrus) u. Übersicht über ihre biometr. Kennwerte (Faserlänge u. -breite, Zellhöhlung, Wandstärke, Geschmeidigkeits- u. Verfilzungskoeff.). — Zahlentafeln. (Bull. agric. Congo belge **45.** 1249—76. Okt. 1954. Tervuren, Labor. voor Scheikundige Onderzoekingen.) W. WESLY. 7974

—, *Die chemischen und physikalischen Eigenschaften des Pigmentpapiers.* 1. Mitt. Kurzgefaßte Hinweise auf die chem. u. physikal. Eigg. von Pigmentpapier zur Vermeidung von Schwierigkeiten bei der Verarbeitung. (Polygraph **5.** 554—55. 20/11. 1952.) H.-J. HEINRICHS. 7984

—, *Die chemischen und physikalischen Eigenschaften des Pigmentpapiers.* 2. Mitt. (1. vgl. vorst. Ref.) Techn. Hinweise für das Sensibilisieren, Trocknen u. Aufbewahren von Pigmentpapier. (Polygraph **5.** 580. 5/12. 1952.) H.-J. HEINRICHS. 7984

J. J. Creasey, *Die Verwendung von Nitrocelluloselacken und -emulsionen für Papierüberzüge.* Allg. Ausführungen u. Arbeitsvorschriften. (Paper-Maker Brit. Paper Trade J. **125.** 398—404. Mai 1953.) H.-J. HEINRICHS. 7986

P. J. Thoma und **Frank Lincoln,** *Papierqualitätsschwankungen und deren Auswirkungen auf das Bedrucken.* Vff. erörtern die Vorsicht, die beim Prüfen von Papier zur Erreichung einheitlicher vergleichbarer Bedingungen anzuwenden ist, u. zeigen, wie nachteilig sich bes. bei leichtem Papier u. hoher Druckgeschwindigkeit Qualitätsschwankungen des Papiers (von Rolle zu Rolle, oder innerhalb einer Rolle usw.) beim Schwarz-Weiß sowie bes. beim Farbendruck auch wirtschaftlich auswirken kann. (Pulp Paper Mag. Canada **56.** Nr. 4. 91—93. März 1955.) H. L. DU MONT. 7988

Jack Watson, *Drucken und Druckfarben.* Den verschied. Druckverff. entsprechend unterscheiden sich die Druckfarben, die neben Pigmenten, Harze oder Kunstharze u. Binder enthalten, bes. durch die Art der Lösungsmittel. Absorptionsdruckfarben für schnellen Druck auf saugendem Papier (Zeitungen usw.) verwenden nichttrocknende Mineralöle; flexograph. Druckfarben („Anilinfarben") für Gummiwalzendruck auf Packmaterial, Cellophan usw. enthalten Alkohol; Hitze wegschlagende Druckfarben für Schnelldrucke von Broschüren, Reklamen usw. benutzen Lösungsmittel, die in besonderen Trockenkammern oder -tunneln mit Heißluft, Infrarotstrahlung oder Flammen schnell verdampfbar oder wegbrennbar sind. Die Papierschädigung durch Hitze stört zwar, doch nimmt das Verf. an Bedeutung zu. Die Feuchtigkeit wegschlagenden Druckfarben enthalten Polyalkohole, aus denen durch Dampf oder W. die gelösten Harze u. Pigmente niedergeschlagen werden. Wegen der Geruchlosigkeit der Lösungsmittel sind sie für Nahrungsmittelverpackung wertvoll. Nach 1 Std. sind die Farben reibfest. Die ältesten Farbtypen, die Oxydationsfarben mit pflanzlichen trocknenden Ölen für Buchdruck werden heute häufig mit anderen Typen gemischt oder ersetzt. Den guten Drucken steht die lange Trocknungszeit gegenüber. Die in neuerer Zeit aufkommende Verwendung von Fluorescenzfarben zur Erzielung besonderer Leuchtkraft ist sowohl beim Buchdruck, Gummiwalzendruck oder Seidenrasterdruck usw. möglich, doch sind die Farben meist wenig lichtecht. (Paper Mill News **78.** Nr. 3. 11—14. 15/1. 1955.) H. L. DU MONT. 7990

Nikolaj Nikitin, Die Chemie des Holzes. Berlin: Akademie-Verl. 1955. (XII + 569 S. m. 86 Abb.) DM 33.50.

XVIIIb. Textilfasern.

W. G. Macmillan, I. B. Chakraverti und **P. N. Pal,** *Untersuchungen über Tamarindenkernpulver.* 4. Mitt. *Vergleiche des Schimmelpilzbefalls von Schlichtemitteln und die Wirkung des Tauchens auf die Schlichteeigenschaft von T.K.P.* (3. vgl. J. sci. ind. Res. [New Delhi] **11 B.** [1952.] 438.) Unterss. über die Wachstumsgeschwindigkeit von Schimmelpilzen u. Bakterien auf verschied. Schlichtepasten u. den durch diese bewirkten Zersetzungsgrad haben gezeigt, daß die Empfänglichkeit für Mikroorganismen bei Maisstärke mäßig ist u. in der Reihenfolge T.K.P. mit verringertem Albumingeh., ausgewaschenes (von lösl. Zuckern befreites) T.K.P., Weizenmehl, entfettetes T.K.P. u. unbehandeltes, handelsübliches T.K.P. zunimmt. Verss., die Neigung zum Bakterien- bzw. Schimmelbefall von T.K.P. durch Tauchen in W. (Fermentieren unter aeroben Bedingungen) zu mindern u., wie durch diese Behandlung beim Weizenmehl beobachtet, eine Verbesserung der Schlichteeigg. zu erreichen, haben ergeben, daß nur die Empfindlichkeit gegen Mikroorganismen unwesentlich herabgesetzt wird. (J. sci. ind. Res. [New Delhi] **13 B.** 66—71. Jan. 1954. Calcutta, Indian Jute Mills Assoc. Res. Inst.) I. SCHOENMANN. 8030

Nils Gunne Bergendahl, *Sanforisierung.* Zusammenfassender Vortrag über das als „kontrollierte kompressive Schrumpfung" bezeichnete Verf. mit schemat. Darst. des Verfahrensganges u. seiner Grundlagen. (Färgeriteknik **31.** 2. 4. Jan. 1955.) R. K. MÜLLER. 8032

Heinz Joachim Reese, *Die permanente Flammenfestausrüstung von Textilien.* Vf. geht allg. auf Sinn u. Zweck dieser Spezialausrüstung ein u. beschreibt kurz die Methoden zur Best. der Flammenfesteigg. von Textilien. Die *Aflamman*-Ausrüstung (QUEHL u. CO.) wird besprochen, u. zwar bzgl. der Wirkungsmöglichkeiten u. Grenzen, des Einfl. auf das textile u. sonstige Verh. der Ware u. bzgl. einer gewissen Lenkung von Ausrüstungsvorgängen anderer Art, um gegenseitige Störungen zu vermeiden. — Literaturangaben. (Textil-Prax. **10.** 375—78. April 1955.) E. WAGNER. 8036

H. Krässig, *Einwirkung oxydativer Waschmittel auf Baumwollgewebe.* 412. Mitt. *Über makromolekulare Verbindungen.* (411. vgl. C. **1955.** 5807.) Vf. beschreibt durch Viscositätsmessung in Kupferhydroxydammoniak gemessene Waschgangkontrollen an Hand der DP-Werte. Best. der DP-Werte polymeranalog nitrierter Proben, gemessen durch Viscositätsmessungen in Aceton u. Vgll. mit osmot. gemessenen Mol.-Geww. polymeranalog nitrierter Proben. Durch die Zahl der vorhandenen nativen u. durch die Vorbehandlung sek. entstandener Fehlerstellen u. deren Oxydationsgrad ist der Schädigungsgrad bedingt. Vom Standpunkt des Faserschutzes aus ist dem Geh. des selbsttätigen Waschmittels an sauerstoffabspaltender Substanz eine Grenze von ca. 15% $NaBO_2 \cdot H_2O_2 \cdot 3\,H_2O$ (rund 1,5% akt. O_2) zu setzen. Prodd. mit höherem Geh. sollten als Bleichmittel bezeichnet werden. (Melliand Textilber. **36.** 55—58. Jan. 163—66. Febr. 265. März 1955.) P. ECKERT. 8044

G. L. Clark und **V. E. Buhrke,** *Wirkung von elementarem Schwefel in der Diät auf das zugelastische Verhalten (Hysterese) von einzelnen Wollhaaren.* S in der Diät von Schafen erscheint nach 2 Wochen im Wollhaar. Fütterungsverss. mit S-haltiger Diät (bis 0,7%) wurden durchgeführt u. die Dehnungs–Entdehnungs-Kurven der zugehörigen Wollhaare statist. ausgewertet. Mit steigendem S-Geh. im Futter nimmt die Entdehnungsfähigkeit der Wollhaare ab, d. h. die Hysterese zu. (Science [Washington] **120.** 40. 2/7. 1954. Urbana, Ill., Univ. of Illinois, Dep. Chem. Engng.) H. ZAHN. 8060

J. B. Speakman, *Chemie der Woll-, Seiden- und synthetischen Proteinfasern.* Literaturübersicht über die Biosynth. u. histolog. Unterss. über mol. Gestalt u. strukturellen Aufbau der Wollfaser; das Reaktionsvermögen der Polypeptidbindungen gegen hydrolysierende Einflüsse (H_2O- u. Farbstoffaufnahmevermögen) u. der Disulfidbindung des Cystins (gegen Säuren Alkali, Oxydations-, Reduktionsmittel u. Ca-haltiges H_2O), die für das Filzen der Wolle verantwortlich gemacht wird; des weiteren Verss. zur Modifizierung derselben (Aufsprengen bzw. Einbau von Ca-Ionen oder organ. Verbb.). Schädigungen der Wollfaser während des fabrikator. Ablaufes. Unterss. über die Bldg. der Seide während des Wachstums der Raupe, über die chem. Zus. von Sericin u. Fibroin, Mol.-Gew.-Best. von Fibroin u. Reaktionsvermögen gegen chem. Verbindungen. Über die Herst. von Lanital, Ardil, von Fasern aus einer Mischung von Keratin u. Casein u. Zein. Das Härten dieser Fasern mit CH_2O allein oder in Ggw. anorgan. Salze bzw. von Proteinfasern aus Sojabohnen mit bas. Cr-Chlorid. Verh. von Caseinfasern gegen Mikroorganismenangriff. (Rev. Textile Progr. **4.** 73—89. 1952.) I. SCHOENMANN. 8060

A. Domleo, *Fasern aus der Cellulose. Herstellung.* Übersicht u. Literaturangaben über Methoden zur Herst. von Zellstoff (aus Holz, Stroh u. Baumwolle) für die Herst. von Viscose- u. Acetatreyon. App. zur kontinuierlichen Herst. von Alkalicellulose bzw. Cellulosexanthat, Filtrieren, Entlüften, Strukturunterss., Spinnprozeß u. -app. der Viscose. Herst. von (sek. acetonlösl.) Celluloseacetat, Trocken-, Naßspinnen u. Strecken der Faser, Pigmentfärben der Spinnlsgg., Herst. von Stapelfasern. (Rev. Textile Progr. **4.** 154—71. 1952.) I. SCHOENMANN. 8074

A. Sippel, *Neues von der Acetatfaser.* Allg. gehaltene Ausführungen an Hand der Literatur (20 Zitate). (Reyon, Zellwolle andere Chemiefasern **32.** 737—41. Dez. 1954.) P. ECKERT. 8076

G. Loasby, *Herstellung regenerierter Proteinfasern.* Übersicht u. Literaturangaben über Produktionshöhe, -prozeß u. Rohstoffe für *Ardil* (Erdnüsse), *Vicara* (Zein), die Caseinfasern *Lanital, Merinova* u. *Casolana,* die japan. Fasern *Cetalon* (Walfischspeck), *Cuojesco* (subcutane Hautschichten) u. *Silkool* (Sojabohnen). Verss. zur Herst. von Proteinfasern auf Basis Federn, Wollabfällen, Horn u. Hufen. Das Spinnen, Härten u. Strecken der Fasern. (Rev. Textile Progr. **4.** 145—49. 1952.) I. SCHOENMANN. 8078

N. M. Turkewitsch, *Einfluß von Ammonium- und Kaliumsalzen auf die Beständigkeit und Viscosität von Labcaseinlösungen.* Ein Zusatz von saurem citronensaurem,

saurem fluorwasserstoffsaurem, saurem weinsaurem u. saurem oxalsaurem NH_4, ebenso von saurem oxalsaurem K zum W. bei der Quellung von *Labcasein* (I) erzeugt ein Material, das bei dem Lösen in Alkalilauge leicht filtrierbare Lsgg. von geringer u. nur langsam ansteigender Viscosität gibt. Möglicherweise könnten derart erhaltene I-Lsgg. zur Herst. von Kunstfasern dienen. (Журнал Прикладной Химии [J. angew. Chem.] **25.** 104—08. Jan. 1952. Lwow, Med. Inst., Lehrstuhl für Pharmaz. Chem.) R. KNOBLOCH. 8078

G. Loasby und **A. R. Munden,** *Herstellung synthetischer Fasern.* Übersicht u. Literaturangaben über Produktionshöhe der einzelnen Herstellungsländer von Polyamid-, -ester-, -acryl- u. -vinylfasern. Neue faserbildende Polymere (Kondensationsprodd. aromat. Polyester mit heterocycl. Ringen, Linearpolymere aus Epichlorhydrin, Triazole mit u. ohne Sulfongruppen, Polysulfonamide). Herst. von Acryl- u. Vinylpolymeren mit verbesserter Löslichkeit, Schmelz-, Lösungs- u. Trockenspinnprozeß. Kontinuierliche Prodd. (VK-Prozeß) von Polyamiden. Strecken u. Krumpen der Fasern. Herst. von Stapelfasern. (Rev. Textile Progr. **4.** 172—85. 1952.) I. SCHOENMANN. 8080

Rowland Hill, *Polyester und die Terylenfaser.* Ausgehend von den grundlegenden Arbeiten von CAROTHERS u. WHINFIELD, gibt Vf. einen kurzen Überblick über die chem. u. wirtschaftliche Entw. der Polyesterfasern bis zum heutigen Stand. (J. Roy. Inst. Chem. **79.** 19—21. Jan. 1955. J. C. J. Terylene Council.) E. WAGNER. 8080

M. Bryner, *Das Bleichen synthetischer Fasern mit Natriumchlorit.* Rezepte zum Bleichen von Polyamid-, Polyacrylnitril-, Polyester-, Polyvinylchlorid- u. Dynelfasern. (SVF Fachorgan Textilveredlung **10.** 183—88. April 1955.) I. SCHOENMANN. 8080

R. Meredith, *Spannungsabfall bei gestreckten Cellulosefasern.* Ein App. zur Aufnahme von Spannungsabfallbeziehungen an Garnen oder Monofils bei konstanter Temp. u. Feuchte für Versuchszeiten von $^1/_{20}$ Sek. bis mehrere Wochen wird beschrieben. Messungen an rasch gestreckten Baumwoll-, Flachs-, Viscose- u. Acetatgarnen bei 65% Feuchte führen zu Aktivierungsenergien des Spannungsabfalls von 26 kcal für Viscose u. 27 kcal für Acetat bei Dehnungen von 2—20%. Die Arbeit enthält eine physikal. u. mathemat. Analyse der mit dem Spannungsabfall in gestreckten Fäden verbundenen Einzelvorgänge. (J. Textile Inst., Trans. **45.** T438—T61. Juni 1954. Manchester, Brit. Cotton Ind. Res. Assoc.) H. ZAHN. 8096

Horst Kirchner, *Vergleichende Untersuchungen über den Feuchtigkeitsgehalt von Textilien. Prüfungen mit dem Universal-Schnell-Elektro-Feuchtigkeitsmesser System F 8 W/K von Weiß und dem Konditioniergerät System Hahn.* Nach Beschreibung der Geräte u. der Meßverff. mit krit. Eörterung der Vor- u. Nachteile gibt Vf. eine kurze Darst. von Vergleichsunterss. u. von deren Auswertung bes. im Hinblick auf die günstigere Verwertbarkeit des Elektromeßgerätes. — 5 Literaturangaben. (Textil- u. Faserstofftechn. **4.** 365—68. Juni 1954.) E. WAGNER. 8096

J. S. Barlow und **J. F. Manery,** *Ein Vergleich der Methode der Flammenphotometrie mit den chemischen Methoden zur Bestimmung der Kationen in Geweben.* Vff. beschreiben die Möglichkeit des Gebrauchs des PERKIN-ELMER-Flammenphotometer Modell 52 A bei der Best. von Na u. K in veraschten Geweben u. Seren. Na u. K können in einer Lsg. bestimmt werden, die 0,5mÄquivalente/Liter enthält, als obere Grenze hat sich ca. 1 mÄquivalent/Liter bei beiden Elementen ergeben. Der Spielraum der Ergebnisse liegt bei 5% für K u. bei 12% für Na. Zur Best. von Ca u. Mg ließ sich die Meth. nicht verwenden, da die Empfindlichkeit hier nicht ausreichte. Die Meth. wird ausführlich beschrieben u. mit Analysenergebnissen belegt. Beim Vgl. mit den üblichen chem. Bestimmungen konnte gute Übereinstimmung erzielt werden: Na $-3,2 \pm 2\%$, K $-1,2 \pm 2\%$. Bei der Na-Best. macht sich die Zeit- u. Materialersparnis bes. fühlbar. (Canad. J. med. Sci. **31.** 326—37. Aug. 1953. Toronto, Ontario, Univ., Dep. of Chem.) W. KNÖPKE. 8096

H. Brocher, *Methoden zum Nachweis der heute gebräuchlichsten Textilfasern.* (Vgl. C. **1955.** 6425.) Arbeitsanleitung zum Nachw. der Faserarten, einzeln oder in Gemischen, durch Anfärben mit Neocarmin. (Färber-Ztg., kleine Ausg. **8.** Jan. 1955. Krefeld, Färbereilabor. der T. I. S.) I. SCHOENMANN. 8096

Dwight F. Mowery jr., *Eine direkte Messung der Haarerweichung bei verschiedenen relativen Feuchten.* Mit Hilfe eines Grenzflächenspannungsmeßgerätes wurde die Kraft bestimmt, welche erforderlich ist, um eine scharfe Rasierklinge in ein Menschenhaar zu drücken. Auf diese Weise ließ sich ein Maß für das Weicherwerden von Haar bei Aufnahme von Feuchtigkeit gewinnen. Bei Feuchten zwischen 25 u. 75% ist die Beziehung zwischen der Erweichung des Haars u. der Menge adsorbierten W. etwa linear. Das Verhältnis zwischen %ig. Erweichung u. adsorbiertem W. beträgt 2,3. (Textile Res. J. **24.** 711—15. Aug. 1954. Hartford, Conn., Trinity Coll., Dep. of Chem.) H. ZAHN. 8108

W. J. Roff, *Eine Farbprüfung auf Nylon 66 und Terylen.* Ein mit einer alkoh. Lsg. von o-Nitrobenzaldehyd (I) getränktes Filterpapier färbt sich mit den Dämpfen von auf 350—400° erhitztem *Nylon 66* (II) blauschwarz, mit den Dämpfen von erhitztem *Terylen* (III) blau. Die II-Färbung läßt sich mit verd. H_2SO_4 auswaschen, während die III-Färbung hierbei beständig ist. Als farbbildenden Bestandteil der Pyrolyseprodd. nimmt Vf. im Falle von II Cyclopentanon, im Falle von III Acetaldehyd (Bldg. von Indigo) an. Etwa 40 andere, vom Vf. untersuchte Fasern (darunter Nylon 6, 11 u. 610, sowie Perlon U) u. Hochpolymere ergeben mit I diese Färbungen nicht. (Analyst **79**. 306—07. Mai 1954. Manchester, British Cotton Ind. Res. Assoc., Shirley Inst., Didsbury.) P. KÜHN. 8116

Böhme Fettchemie G. m. b. H., Düsseldorf, *Walken von tierischen Fasern oder diese enthaltenden Gemischen* erfolgt mit wss. Dispersionen von in W. unlösl. oder schwer lösl. Gleitmitteln, z. B. Wachs oder Paraffin (I), oder in W. unlösl., aber wasserbindenden Gleitmitteln, z. B. Fettalkoholen oder (cyclo-) aliphat. Aminogruppen enthaltenden Verbindungen. — Zu verfilzende Wolle, Kammzug oder Tuch werden mit einer Lsg. von 50 (g) Na-Dodecylsulfat u. 500 geschmolzenem Hexadecanol in 1000 W. gewalkt. — Ferner geeignet ist eine Dispersion des Gemisches aus 320 I, 30 Stearinsäure u. 10 Triäthanolamin in 1000 Wasser. (**D. B. P. 926 602** Kl. 8k vom 5/11. 1936, ausg. 21/4. 1955. Anmeldung bekanntgemacht 3/9. 1953.) H. MÖLLERING. 8033

Bradford Dyer's Association Ltd., Bradford (Erfinder: **John Gwynant Evans, George Landells, Bertram Everard Screeton, John Milton Holmes** und **Gowan Coendoz Rogers**), England, *Wäschekragenversteifung.* Zwei Textilschichten u. eine dazwischen angeordnete Versteifungseinlage (I) werden durch Wärmeeinw. zwischen Heizwalzen gleichzeitig gekrumpft u. verbunden. — Als I geeignet ist z. B. eine Polyäthylenfolie oder ein alternierend aus 2 Baumwoll- u. 1 Celluloseacetatfäden hergestelltes Gewebe, bei dem der Acetatanteil durch Behandlung mit einem Aceton–A.–Diacetonalkohol-Gemisch gequollen ist. (**E. P. 727 591** vom 28/5. 1951, ausg. 6/4. 1955.) H. MÖLLERING. 8033

Ciba Akt.-Ges., Basel, Schweiz, *Gleitmittel für Wirkgarne, insbesondere für Damenstrümpfe,* bestehend aus einem anionakt. Weichmacher u. einer hochsd., mit Wasserdampf flüchtige u. in W. teilweise neutral lösl. organ. Verb. sowie gegebenenfalls Lösungsvermittlern u. Korrosionsschutzmitteln. — Geeignet ist z. B. ein Ansatz aus 21 (Teilen) Na-Salz des Phthalsäuremonooctadecylesters, 9 Na-Salz der N-Benzyl-2-heptadecylbenzimidazoldisulfonsäure, 15 Terpineol, 5 Äthylenglykolmonoäthyläther, 3,5 $NaNO_2$ u. 46,5 W., der mit 10% ig. wss. NaOH-Lsg. auf p_H 9 eingestellt wird. (**Schwz. P. 301 410** vom 13/11. 1951, ausg. 16/11. 1954.) H. MÖLLERING. 8033

Karl Rathgeber, Fabrik orthopädischer Fußmittel (Erfinder: **Peter Rathgeber†**), Heilbronn, *Herstellen eines wasserdichten Stoffes,* bes. für *Regenbekleidung,* nach D. B. P. 903 741, dad. gek., daß der für die Erzeugung des wasserdichten Überzuges bestimmten, die üblichen Zusatzstoffe enthaltenden verschäumten Kautschukdispersion verseiftes Wachs oder ein ähnliches Gemisch höherer Fettsäuren u. Fettalkohole, bes. in Mengen von ca. 20% zugegeben wird. (**D. B. P. 927 829** Kl. 39b vom 14/5. 1953, ausg. 16/5. 1955. Anmeldung bekanntgemacht 14/10. 1954. **Zusatz zu D. B. P. 903 741; C. 1954. 8481.**) W. OVERBECK. 8037

Chemische Fabrik Joh. A. Benckiser G. m. b. H., (Erfinder: **Hermann Rudy** und **Anton Volz**), Ludwigshafen/Rh., *Walken von Wolle und Haaren.* Der Walk-Fl. mit einem Geh. an alkal., neutralen oder sauren Mitteln setzt man bei erhöhter Temp. erhaltene Reaktionsprodd. aus Phosphorsäuren, die wasserärmer als Orthophosphorsäure sind, u. Säureamiden oder deren Derivv., z. B. Harnstoff, Urethane, Carbaminsäurederivv., zu. Durch die Behandlung wird die Walkzeit abgekürzt u. der Walkeffekt auf eine, z. B. um 20% stärkere Schrumpfung erhöht. Bes. geeignet sind die Reaktionsprodd. nach D. R. P. 715 540; C. **1942**. II. 116. (**D. B. P. 919 709** Kl. 8k vom 25/4. 1943, ausg. 2/11. 1954. Anmeldung bekanntgemacht 11/3. 1954.) H. MÖLLERING. 8067

Chemische Fabrik Pfersee G. m. b. H. (Erfinder: **Rolf Zörkendorfer**), Augsburg, *Knitterfestmachen von Textilgut,* bes. aus *Cellulosehydratfasern.* Man behandelt das Gut mit wss. Lsgg. von Vorkondensaten aus CH_2O u. N-enthaltenden Verbb., wie Harnstoff, wobei zur Verminderung der Absinkgeschwindigkeit des p_H-Wertes u. zur Verlängerung der Gebrauchsfähigkeit der Flotte als Katalysator Gemische von NH_4-Salzen starker Mineralsäuren u. schwacher Säuren, z. B. der Essigsäure, verwendet werden. — Geeignet ist z. B. eine Lsg. mit einem Geh. von 8—9 (%) Dimethylolharnstoff, 0,5 NH_4Cl u. 0,25 NH_4-Acetat. (**D. B. P. 927 871** Kl. 8k vom 3/11. 1950, ausg. 20/5. 1955. Anmeldung bekanntgemacht 21/2. 1952.) H. MÖLLERING. 8075

Celanese Corp. of America, New York, N. Y., V. St. A., *Schmelzspinnverfahren* für Polyamide, Polysulfone, Polyurethane oder Polytriazole. Der Grundstoff tritt senkrecht von oben in ein rechteckig profiliertes Rohr, das von einem Heizschacht umgeben ist u. im unteren Drittel zwecks restloser Auflösung des Spinnstoffes über der Spitze eines Kegels Ringform annimmt. In der Spinndüse liegen einige Filter oder eine Sandschicht. — Zeichnung. (**E. P. 713 207** vom 22/1. 1952, ausg. 4/8. 1954. A. Prior. 24/1. 1951.) G. SALZMANN. 8081

Perfogit, Mailand, Italien, *Verfahren und Vorrichtung zum Schmelzspinnen von Polyamiden und Polyestern,* die eine Bldg. von Gasblasen innerhalb des Spinngutes durch dessen entsprechende Führung vermeiden, wird an Hand von Zeichnungen beschrieben. (**Ind. P. 47 539** vom 26/6. 1952, ausg. 15/12. 1953.) O. MÜLLER-MEININGEN. 8081

British Celanese Ltd., übert. von: **Edward William Wheatley** und **James Wotherspoon Fisher,** Spondon, England, *Polyamide* mit hohem F. erhält man durch Kondensation von p-Aminobenzoesäure oder deren amidbildenden Derivv. mit Di-prim.-polymethylendiaminen oder deren amidbildenden Derivv. von Polymethylendicarbonsäuren u. deren amidbildenden Derivv., wobei die Diamine u. die Dicarbonsäuren gleiche Anzahl Methylengruppen u. zusammen höchstens 14 C-Atome enthalten. Nach dem Beispiel werden Hexamethylendiamin, Adipinsäure u. p-Aminobenzoesäure unter N_2 bis auf 280° erhitzt. Die Reaktionsmasse hat F. 248—250° u. eignet sich bes. zur Herst. von *Fäden.* (**A. P. 2 688 011** vom 13/3. 1952, ausg. 31/8. 1954. E. Prior. 16/3. 1951.) H. SCHINDLER. 8081

Chemstrand Corp., Decatur (Erfinder: **Alfred B. Craig,** Dayton), V. St. A., *Polymerengemisch zur Herstellung anfärbbarer Fäden oder Fasern,* bestehend aus 60—98 (%) eines Polymeren mit einem Geh. von wenigstens 75 Acrylsäurenitril u. aus 2—40 eines Polymeren von Vinylpyridin (I) oder alkylsubstituiertem I, in denen die Pyridinkerne durch Rk. mit einem Sulfonsäurealkylester oder H_2SO_4-Ester, wie p-Toluolsulfonsäuremethylester oder Dimethylsulfat, quaternär gemacht worden sind. Die 2. Komponente kann auch aus einem Mischpolymerisat aus 30—70 Acrylsäurenitril u. 70—30 modifiziertem Vinylpyridin bestehen. Als Lösungsm. empfiehlt sich N.N-Dimethylacetamid, als Fällbad Wasser. (**D. B. P. 914 306** Kl. 29b vom 27/2. 1951, ausg. 1/7. 1954. Anmeldung bekanntgemacht 26/11. 1953. A. Prior. 27/2. 1950. **Schwz. P. 298 466** vom 5/6. 1951, ausg. 16/7. 1954.) G. SALZMANN. 8081

Chemstrand Corp., Decatur, Ala., V. St. A., *Färbbares faserbildendes Polymerengemisch,* bestehend aus mindestens 75% eines Acrylnitrilpolymeren oder dieses überwiegend enthaltenden Mischpolymerisats u. 2—15% Poly-N-vinylimidazol, oder mindestens 30% davon enthaltenden Mischpolymerisats mit Acrylnitril. Die Fasern erschöpfen in 60 Min. 2 u. 10%ig. „Wool Scarlet" enthaltende Färbebäder. (**Schwz. P. 301 401** vom 26/11. 1951, ausg. 16/11. 1954. A. Prior. 27/11. 1950.) G. SALZMANN. 8081

Vereinigte Glanzstoff-Fabriken Akt.-Ges., Deutschland, *Herstellung von Polyestern* aus aromat. Dicarbonsäuren u. Diolen durch Kondensation in Ggw. von Oxyden, Chloriden, Sulfaten, Acetaten, Alkoholaten oder Salzen von höheren aliphat. oder aromat. Monocarbonsäuren mit den Elementen der 3. u. 4. Gruppe u. der 2. Untergruppe des Period. Syst.; z. B. $AlCl_3$, Al-Acetat, -Äthylat, -Isopropylat, B_2O_3, TiO_2, Ti-Hydroxyd, Zn-Benzoat, ZnO. — Man erhitzt langsam unter N_2 25,5 (Gewichtsteile) Terephthalsäurediglykolester (F. 110,5°) mit 0,005 $AlCl_3$ auf 250°, senkt den Druck unter 10 mm Hg, steigert unter Rühren in $^1/_2$ Std. auf 270—280° u. hält bis zu 1 Stunde. Das Polymere kann zu *Fäden* versponnen werden. (**F. P. 1 056 276** vom 2/2. 1952, ausg. 25/2. 1954. D. Prior. 3/2. 1951.) M. PANKOW. 8081

XIX. Brennstoffe. Erdöl. Mineralöle.

L. Horton, *Brennstoff.* Fortschrittsbericht 1950. Behandelt werden: Vork., chem. u. physikal. Eigg. von Kohle (I), I-Förderung u. -Bearbeitung, Koksgewinnung u. -eigg., Verbrennung, Analyse von I u. Koks. — 82 Literaturhinweise. (Rep. Progr. appl. Chem. **35.** 7—23. 1950.) M. WINIKER. 8120

E. M. Myers, *Brennstoff.* (Vgl. vorst. Ref.) Fortschrittsbericht 1951. — 64 Literaturhinweise. (Rep. Progr. appl. Chem. **36.** 56—70. 1951.) M. WINIKER. 8120

Graham Thomson, *Pyrit in Kohle.* H_2SO_4 kann aus elementarem S, S-haltigen Röstgasen u. Pyrit (I) hergestellt werden. Vf. erörtert hierfür die Rohstoffgrundlagen in Großbritannien. Zunächst wurde der I mit 38—42% S-Geh. aus der Kohle ausgelesen, später bei der Naßwäsche mit 40% S getrennt u. schließlich bei der Trockenreinigung mit 46% S gewonnen. Vf. erörtert die Schwierigkeiten durch den geringen S- u. C-Gehalt. Teilweise wird deswegen der Kohlenpyrit mit I-Erz verschnitten. Der Arsenikgeh. des

Kohlenpyrits schwankt zwischen 0,03—0,08%, der P-Geh. beträgt in der Regel 0,05% P_2O_5. Neben C sind die gewöhnlichen Bestandteile der Kohlenasche SiO_2, Al_2O_3, MgO u. CaO die Hauptbestandteile. Schließlich berichtet Vf. über frühere u. bestehende Kohlenpyrit-Gewinnungsanlagen. (Mining J. [London] **236**. 584—85. 15/6. 1951.) H. G. SCHÄFER. 8126

Kiyosi Kobayasi, *Experimentelle Untersuchung über die Verbrennung eines einzelnen Kraftstofftropfens.* Die Verss. wurden im Film festgehalten. Vf. fand, daß bei der Verbrennung eines Tropfens reinen Kraftstoffes die Querschnittsabnahme proportional der Zeit ist. Die Verbrennungsgeschwindigkeit eines Tropfens wird durch die proportionale Konstante ausgedrückt, die Vf. „Koeff. der wahren Verbrennungsgeschwindigkeit" nennt. Die Zündverzögerung des Tropfens fällt meist völlig mit der Anfangsverdampfungsperiode zusammen, u. für diese Zeitspanne wählt Vf. den Ausdruck „Koeff. der wahrscheinlichen Verbrennungsgeschwindigkeit". Es folgen experimentelle Unterss., die den Mechanismus der Zündung des Tropfens klären. Ein Tropfen Bzn. verbrennt in ähnlicher Weise wie ein Tropfen reinen KW-stoffes. Petroleum u. Schwerbenzin brennen unter Spaltung in fl. Phase in heißer Luft, aber mit Verdampfung ohne Spaltung bei niedriger Temperatur. Schweröle verbrennen unter Schäumen u. Spritzen u. Nachverbrennen der viscosen Rückstände, die ihrerseits wieder verspritzen; erst dann erfolgt die Restverbrennung des C. Das Schäumen u. Verspritzen wird durch Blasen u. deren Platzen, das durch therm. Spaltung entsteht, verursacht. (Technol. Rep. Tôhoku Univ. Sendai, Japan **18**. 89—97. 1954. Tôhoku Univ. [Orig.: engl.]) K. O. MÜLLER. 8128

Je. G. Ssemenido, *Wirkungsmechanismus von zähen Zusätzen.* Über den Mechanismus der Einw. der Zusätze (Polyisobutylene, Polyvinyle, Voltöle, Polymethacrylate u. Alkylpolystyrole) bestehen zwei entgegengesetzte Anschauungen: Nach einer von diesen erhöhen die gelösten knäuelartigen Moll. der Polymeren die Viscosität der Öle; nach der anderen tritt eine Verringerung derselben ein. Auf Grund vergleichender Unterss. verschied. Öle in bezug auf die Temperaturabhängigkeit ν_{50}/ν_{100} ihrer Viscosität sowie das Verhältnis der Zähigkeiten des mit Polymeren verdickten Öls (ν) zum unverdickten (ν_0) wurde festgestellt, daß Zusätze von Polymeren wohl die Viscosität der Ölbasis erhöhen, nicht aber die Temperaturabhängigkeit der Zähigkeit der Lsg. verbessern. Das Auflösen von Polymeren in einer Ölbasis ist dem Vermischen von Ölen ähnlich. Dabei behalten die Moll. der Polymeren ihre gewöhnliche ungedehnte, knäuelartige Gestalt bei, die auch beim Abkühlen oder Erwärmen unverändert bleibt, sofern die Lsgg. keiner Dehnung unterworfen werden. (Нефтяное Хозяйство [Petroleum-Wirtsch.] **32**. Nr. 2. 52—55. Febr.; Nr. 3. 38—41. März 1954.) E. v. PEZOLD. 8136

Louis Gagnaire, *Über die Möglichkeit der Verbrennung einiger industrieller Gase.* Ein Vgl. über den Wirkungsgrad der Vergasung von festen Brennstoffen. — Zahlentafeln, Abbildungen, Diagramme. (Métallurgie Construct. mécan. **84**. 853—59. Nov. 1952. Soc. des Fours et Gazogènes Heurtey.) W. WESLY. 8148

C. A. Masterman, *Unterirdische Vergasungsversuche in England 1951—1952.* (Vgl. C. **1951**. II. 1228 u. **1953**. 631.) Das Problem der Nutzbarmachung nichtabbauwürdiger Kohlevorkk. wird ausführlich behandelt. Durch Anlage geeigneter Verteilungskanäle in den Flözen kann man durch Zuführung von Luft oder Sauerstoff zusätzlich zur Luft eine nutzbare Vergasung des Kohlevork. durchführen. 2 Großverss. an verschied. Orten werden in ihrer techn. Durchführung u. Nutzung ausführlich besprochen. (J. Inst. Fuel **25**. 426—35. Mai 1953.) J.-H. HEINRICHS. 8148

E. A. Coulson, *Teer und Teerprodukte.* Fortschrittsbericht 1950. Behandelt werden: Teer (I)-Dest., Roh-I, Kreosot, Pech, neutrale I-Bestandteile, I-Phenole, synthet. Phenol, I-Basen. — 145 Literaturhinweise. (Rep. Progr. appl. Chem. **35**. 41—54. 1950.) M. WINIKER. 8176

E. A. Coulson, *Teer und Teerprodukte.* (Vgl. vorst. Ref.) Fortschrittsbericht 1951. — 133 Literaturhinweise. (Rep. Progr. appl. Chem. **36**. 19—32. 1951.) M. WINIKER. 8176

W. Langhein und **H. Rolfs,** *Lichtelektrische Geräte in der Erdölverarbeitung und Kohleveredlung.* Vff. beschreiben an Hand von Bildern den Einsatz von Photozellen, Photowiderständen u. Photoelementen bei der Kontrolle, Überwachung u. Prüfung, beim Messen, Zählen, Steuern, Regeln u. Schützen von Arbeitsvorgängen in der Erdölverarbeitung u. Kohleveredlung, um die menschliche Tätigkeit zu ersetzen bei mechan. Tätigkeiten, die einen gleichförmig wiederkehrenden visuellen Reiz zur Voraussetzung haben oder bes. Vorgänge, die sich durch hohe Geschwindigkeit den menschlichen Beobachtungsmöglichkeiten entziehen oder wo es darauf ankommt, visuelle Vgll. kleiner u. kleinster Farb-, Helligkeits-, Glanz- oder Trübungsunterschiede zu beobachten. Weitere Vorteile werden angeführt. (Erdöl u. Kohle **7**. 573—75. Sept. 1954.) K. O. MÜLLER. 8186

H. N. Dunning, J. W. Moore und **A. T. Myers,** *Eigenschaften der Porphyrine im Erdöl.* (Vgl. C. **1954.** 1387.) Aus einem North Beldridge (Calif.) Rohöl wurden die grenzflächenakt. Stoffe durch Sprühextraktion mit W. angereichert. Von den Konzentraten werden Porphyringeh., Metallgeh. u. Grenzflächenaktivität bestimmt. Die Extraktion erfolgt in mit Bzl. verdünntem Rohöl, der wss. Extrakt wird in Pentanlösl. u. Pentanunlösl. aufgeteilt. Weitere Aufteilung erfolgt mit Alkohol, Hexan, Isooctan, Cyclohexan u. Benzol. Ni- u. V-Gehh. des Rohöls wurden durch die Extraktion nur unwesentlich verringert, der Aschegeh. fiel um 5%. Die Hauptmenge des Ni u. V war im Pentanunlösl. angereichert. (Ind. Engng. Chem. **46.** 200—07. Sept. 1954.) H. SYDOW. 8188

L. A. Sselski, *Über die wichtigsten Gesetzmäßigkeiten der Bildung und Zerstörung von Emulsionen und über die einfachste Methode zur Deemulgierung und Entsalzung von Erdöl.* Es wird gezeigt, daß zur Zerstörung der Stabilität des hydrophoben Emulsionshäutchens dafür gesorgt werden muß, daß durch Zusatz eines Deemulgators zum bereits anomalen Medium in der Umgebung der Emulsionsglobula die Emulsionshaut zerstört wird. Die Reinigung von Erdöl besteht in einer zerstäubenden Behandlung mit W. u. muß für wirtschaftlicher gehalten werden als die elektr. Entwässerung u. gewöhnliche Entsalzung. Sie ist immer dann zu empfehlen, wenn eine fertige oder leicht herstellbare App. zur Durchführung des Verf. vorliegt. (Нефтяное Хозяйство [Petroleum-Wirtsch.] **32.** Nr. 4. 61—65. April 1954.) E. v. PEZOLD. 8190

W. van Klaveren, J. Cornelissen, C. Boelhouwer und **H. I. Waterman,** *Die Untersuchung eines Öles aus dem mittleren Osten.* Beschreibung einer Destillationsanlage im halbtechn. Maßstab zur Fraktionierung eines Rohöles aus dem mittleren Osten u. der mit Hilfe von statist. Verff. ermittelten Zus. der Fraktionen. — Zahlentafeln u. Diagramme. (Ingenieur ['s-Gravenhage] **66.** Ch. 1—5. 22/1. 1954.) W. WESLY. 8192

E. Willig, *Moderne Crackverfahren in der Erdölindustrie.* Vf. bespricht an Hand von Fließdiagrammen das Reforming-, das Noudry (Noudryflow u. TCC)-Verf. sowie das Spalten mit Fließkatalysatoren (Katcracken) der STANDARD OIL CO. u. zeichnet damit die derzeitige Entwicklungslinie in der Bundesrepublik auf. (Erdöl u. Kohle **7.** 561—65. Sept. 1954.) K. O. MÜLLER. 8200

M. G. Pelipetz, L. V. Frank, H. H. Ginsberg, M. L. Wolfson und **E. L. Clark,** *Erproben von reproduzierten Gasphasenkatalysatoren.* Es wird über die Verss. berichtet, erbeutete deutsche Katalysatoren zur Benzinherst. aus Mittelölen u. aus Kohle nachzumachen; die Eigg. der nachgemachten Katalysatoren werden getestet. (Chem. Engng. Progr. **50.** 626—28. Dez. 1954. Bruceton, Pa., Bur. of Mines.) M. SCHMIDT. 8200

S. Ss. Stepanowa und **G. M. Schipow,** *Erhöhung der Schmierfähigkeit von Mineralölen.* Verss. zur Erhöhung der Schmierfähigkeit der Mineralöle durch Zusatz oberflächenakt. Stoffe u. der damit verbundenen Herbsetzung des Verbrauchs an elektr. Energie beim Betrieb von Textilmaschinen werden beschrieben. Als bes. günstig erwies sich der Zusatz von Ölsäure in einer Menge von 0,5—1,0%. — Tabellen. (Текстильная Промышленность [Textil-Ind.] **14.** Nr. 2. 40—41. Febr. 1954.) K. HOINKIS. 8220

Ss. Ja. Weiler und **L. A. Schreiner,** *Über die Untersuchungsmethode zur Bestimmung der Wirksamkeit von Schmiermitteln, die bei der Behandlung von Metallen unter Druck verwendet werden.* Das den Tiefziehprozeß modellierende Verf. zur Unters. der Schmiermittelwrkg. beruht auf der gleichzeitigen Best. der tangentialen Zugkraft P u. der radialen Druckkraft N beim Ziehen eines Metallstreifens. Hauptkennzahlen der Schmiermittelwrkg. sind die effektive Ziehspannung σ_1 u. der Reibungskoeff. P/N. Verss. mit Stahl bei Anwendung von CCl_4 (**I**), Spindelöl (**II**), 60%ig. Gelatinegel (**III**) u. oxydiertem Paraffin (**IV**) als Schmiermittel ergaben, daß σ_1 eine invariante, vom Deformationsgrad unabhängige Größe ist. Bei Anwendung der genannten Schmiermittel ist σ_1 106 bzw. 67 bzw. 61 bzw. 44 gegenüber 72 ohne Schmiermittel. Das Schmiermittel erhöht den maximal möglichen Deformationsgrad ε_m 49% mit **I**, 57% mit **II** u. **III**, 65% mit **IV**. P/N hat folgende Werte: 0,28 mit **I**, 0,12 mit **III**, 0,15 mit **IV**. Das Oberflächefließen des Metalls ist mit **I** sehr groß u. fehlt mit **III** fast völlig. Die vergleichende Unters. der Wirksamkeit eines Schmiermittels ergab für Stahl u. Messing (Werte in Klammer) folgende σ_1-Werte: ohne Schmiermittel 71 (55); **I** 106 (83); **IV** 43 (25); 5%ig. Na-Oleatlsg. 63 (33). (Академия Наук СССР. Труды Института Физической Химии [Akad. Wiss. UdSSR, Arb. Inst. physik. Chem.] **1950.** Nr. 1. 178—83.) O. LEBTAG. 8222

N. M. Turkeltaub, *Neue Adsorptionsmethoden zur Analyse von Kohlenwasserstoffgasen.* An Hand der Literatur (9 Literaturangaben) werden Grundlagen u. Ausführung der chromatograph. Entwicklungsanalyse u. der Chromathermographie behandelt. (Нефтяное Хозяйство [Petroleum-Wirtsch.] **32.** Nr. 4. 72—77. April 1954.) E. v. PEZOLD. 8242

D. J. K. Kreulen, *Bestimmung der Bitumina, Huminsäuren, Lignin- und Cellulosesubstanz in Ligniten und Braunkohlen.* Zusammenstellung von Normen für die Säurebehandlung, Best. von Bitumen (Extraktion der bei 105° getrockneten Probe mit 96% ig. A. + Bzl. 1 : 1), Huminsäuren (Kochen mit verd. NaOH, Abtrennen durch Zentrifugieren, Titration mit $KMnO_4$), Lignin u. Cellulose (TAPPI-Verf.: Zentrifugieren mit verd. HCl, A. u. Ae., Verrühren mit 72% ig. H_2SO_4, Verdünnen auf 3%, 4 Std. Kochen am Rückfluß, Filtrieren). Analysendauer 4 Tage. (Combustibles [Zaragoza] **14.** 120—23. Mai/Juni 1954.) R. K. MÜLLER. 8244

—, *Bestimmung der verschiedenen Formen von Schwefel in minderwertigen Kohlen. Von der Sektion Zaragoza des Instituto Nacional del Combustible angewandte Methode.* Auf 0,2 mm gemahlene u. gesiebte Kohle wird mit 5nHCl (100 cm³ auf 5 g) 30 Min. gekocht, filtriert, mit insgesamt ~ 20 cm³ HCl gewaschen, durch Zusatz von 1 cm³ Br-W., Kochen u. Zusatz von NH_4OH Fe^{3+} gefällt u. abfiltriert (Best. des nichtpyrit. Fe), im Filtrat Sulfat-S als $BaSO_4$ bestimmt. Zur Best. des Pyrit-S verascht man 1 g Kohle, kocht die Asche mit 50 cm³ 6nHCl 20—30 Min. (bis zum Weißwerden des Rückstands), dampft auf 20 cm³ ein, setzt der heißen Lsg. tropfenweise $SnCl_2$-Lsg. zu (5 g in 50 cm³ konz. HCl + 50 cm³ W.), bis die gelbe Farbe des Fe^{3+} verschwindet, dann weitere 5 Tropfen, kühlt rasch ab, versetzt mit 10 cm³ $HgCl_2$-Lsg. (6% ig.) u. 15 cm³ einer Lsg. von 150 cm³ H_2SO_4 (D. 1,84) + 150 cm³ H_3PO_4 (D. 1,75) in 1 Liter, verd. mit 150—200 cm³ W., gibt 5 Tropfen 0,2% ig. Lsg. von Na-Diphenylaminsulfonat zu u. titriert mit 0,0179n$K_2Cr_2O_7$-Lsg. (0,8780 g/Liter) bis zum Umschlag von Grünlich nach Violett. Der organ. S ergibt sich als Differenz gegenüber dem Gesamt-S. (Combustibles [Zaragoza] **14.** 181—82. Juli/Aug. 1954.) R. K. MÜLLER. 8246

Koppers Co., Inc., Pittsburgh, Pa., V. St. A. (Erfinder: **Herbert A. Gollmar** und **Bernhard J. C. van der Hoeven,** Beaver), *Entfernung von Schwefelwasserstoff und anderen sauren Verunreinigungen aus Kohlendestillationsgasen oder anderen Gasen* durch eine Wäsche des Gases mit einer Alkaliphenolate enthaltenden Fl., aus der nach der Gaswäsche die Verunreinigungen durch Erhitzen unter Zusatz von Wasserdampf abgetrieben werden, der durch Verdampfen des aus den Abtreiberdämpfen erhaltenen phenolhaltigen Kondensats zwecks Entfernung der Phenole daraus erhalten wird, nach D. R. P. 714 231. Der Phenolatlsg. wird im Aktivierturm ein prakt. wasserunlösl., verdampfbares Lösungsm. für Phenole von ca. dem Kp. des W. zugesetzt u. das Kondensat der Abtreiberdämpfe in eine wass. Schicht u. eine die übergegangenen Phenole enthaltende Lösungsmittelschicht zerlegt, die in den Aktivierturm zurückgeführt wird. (**D. B. P. 905 879** Kl. 26d vom 29/8. 1939, ausg. 8/3. 1954. Anmeldung bekanntgemacht 25/9. 1952. A. Prior. 27/8. 1938. **Zusatz zu D. R. P. 714231; C. 1942. I. 1834.**) K. DEMMLER. 8173

Socony-Vacuum Oil Co., Inc., New York, N. Y., übert. von: **Thomas E. Watkins,** Dallas, Tex., V. St. A., *Verhinderung des Verlustes wässeriger Bohrflüssigkeiten* durch Zugabe von 0,1—4 engl. Pfund/barrel Fl. an Karaya Gummi, der in trockenem Zustand auf 90—100° für eine Zeit T = 28—0,2 t erhitzt wurde, wobei T die Zeit in Std. u. t die Temp. in °C ist. Die Bohr-Fl. enthält Ca-Salze u. Ton als thixotropes Mittel. — Beispiel: 1 barrel enthält 8 (engl. Pfund) $Ca(OH)_2$, 18 NaCl, 1 NaOH, 1 Quebracho, 30 Bentonit, 64 Ca-Montmorillonit, 1 behandelten Gummi. (**A. P. 2 660 561** vom 28/8. 1950, ausg. 24/11. 1953.) E. DREWS. 8191

Deutsche Erdöl-Akt.-Ges. (Erfinder: **Karl Fischer,** Ahrensburg, **Karl-Heinz Grodde, Herbert Sydow** und **Ernst Streckebach,** Hamburg), *Verhindern oder Abbrechen von Depolymerisationsvorgängen bei polymeren Kohlenhydraten,* deren Abkömmlingen bzw. Derivv., z. B. Stärke, Pektin, Alginsäure, Cellulose u. deren Ester u. Äther, in *wss. Tonspülungen (für Tiefenbohrungen)* bzw. Ansätzen für solche, dad. gek., daß die polymeren Stoffe mit red. wirkenden Mitteln, bes. mit Polyoxybenzolen, Sulfiden, Hexosen, Hexobiosen, Uronsäuren, Traubenzucker oder Aldehyden versetzt werden. Diese Reduktionsmittel können den Polymeren bereits beim Gewinnungs- oder Reinigungsprozeß in Mengen von 0,1—10% (bezogen auf das trockene Polymere) zugesetzt werden. (**D. B. P. 923 091** Kl. 39b vom 14/6. 1951, ausg. 3/2. 1955. Anmeldung bekanntgemacht 12/2. 1953.) G. SALZMAN. 8191

Sinclair Refining Co., New York, N. Y., übert. von: **Everett N. Case,** Homewood, Ill., V. St. A., *Vorreinigung von Roherdölen, insbesondere Entfernung von Asphalten.* Das Gut, z. B. venezuel. Rohöl, wird mit HCl bei 0,9—14, bes. bei 3,5 at gesättigt; der Nd. wird abgetrennt u. das Gut, gegebenenfalls nach Zusatz von Bzn., durch Dest. von HCl befreit. — Schema. (**A. P. 2 650 898** vom 27/10. 1951, ausg. 1/9. 1953.) H. MÖLLERING. 8195

Sinclair Refining Co., New York, N. Y., übert. von **Stanley C. Haney,** Homewood, und **James D. Moore,** Salt Lake City, Utah, V. St. A., *Entschwefelung von*

Erdöldestillaten in einem Zweistufenprozeß, wobei man das Destillat vom Dieselölsiedebereich in der Dampfphase mit „Floridin" bei 600—700° F behandelt u. das Destillat in der fl. Phase mit fl. SO_2 unter Extraktionsbedingungen extrahiert. Man erhält ein mercaptanfreies Dieselöl von niedrigem S-Gehalt. — Zeichnung. (**A. P. 2 697 063** vom 24/4. 1952, ausg. 14/12. 1954.) P. UNGER. 8195

N. V. de Bataafsche Petroleum Mij., 's-Gravenhage, Holland (Erfinder: **Han Hoog**, Shell Haven, England, **Jacob Koome** und **Krijn Arnout Weeda**, Amsterdam, Holland), *Raffinieren hochsiedender Kohlenwasserstofföle.* Das Verf. des Holl. P. 71 308 (vgl. A. P. 2 608 521; C. **1953**. 4629) wird dahingehend geändert, daß die Menge des H_2 oder H_2-haltigen Gases für die Entschwefelung so groß ist, daß nach Abkühlen u. Entfernen des H_2S 250—500 Liter Gas/kg Ausgangsöl vorhanden ist. (**Holl. P. 74 348** vom 24/12. 1948, ausg. 15/4. 1954.) W. HEROLD. 8195

Standard Oil Co., Chicago, Ill., übert. von: **Eugene P. Goodmann**, Highland, Ind., und **George E. Thompson**, Chicago, Ill., V. St. A., *Wiedergewinnung gebrauchter „Doktor"-Lösung.* Beim Süßen eines H_2S-freien, sauren KW-stofföls, das erhebliche Mengen an Phenolen u. Mercaptanen enthält, behandelt man 1. das saure Öl mit einer gebrauchten Alkaliplumbitlsg., trennt 2. das bleimercaptidhaltige saure Öl von der verbrauchten Lsg., behandelt 3. das Öl aus Stufe 2 mit einer Alkaliplumbitlsg. (unter Bedingungen, bei denen Mercaptane in Pb-Mercaptide übergehen) u. genügend freiem S, um die Pb-Mercaptide in PbS u. Disulfide umzuwandeln, trennt 4. das im wesentlichen süße Öl von der gebrauchten Doktorlsg. (die Öl, PbS, Phenole, Alkalisalze u. Alkaliplumbit enthält) ab, regeneriert 5. sie u. leitet die regenerierte Lsg. in Stufe 3 zurück. Man setzt diese Behandlung so lange fort, bis die verbrauchte Doktorlsg. eine solche Menge von Phenolen u. Alkalisalzen enthält, daß sie nicht mehr vollständig regeneriert werden kann. Dann trennt man 6. die nicht mehr regenerierbare Doktorlsg. in eine Ölschicht u. eine Emulsionsschicht, die aus PbS u. wss. Alkali besteht, u. eine verbrauchte Alkaliplumbitlsg. (bestehend aus geringen Ölmengen, Alkalisalzen u. PbS sowie mindestens 15 Vol.% Phenolen). Man gewinnt 7. einen gewissen Teil des Plumbitgeh. dieser verbrauchten Lsg. wieder, indem man sie in Stufe 1 leitet. Als saures KW-stofföl verwendet man Spaltbenzin. — Zeichnung. (**A. P. 2 690 419** vom 11/3. 1952, ausg. 28/9. 1954.) P. UNGER. 8195

Standard Oil Co., Chicago, Ill., übert. von: **Jack H. Krause**, Hammond, Ind., V. St. A., *Kupfersüßen von Spaltbenzinen.* In mercaptanhaltigen Spaltbenzinen wird eine bestimmte Menge eines körnigen $CuCl_2$-Katalysators, W. u. ein Träger in Ggw. von freiem O_2 dispergiert u. die Dispersion genügend lange aufrechterhalten, um das Spaltbenzin zu süßen. Dann trennt man das gesüßte Bzn. vom Katalysator ab. Der Katalysatorträger besteht zu 60—80 Gew.-% aus einem nichtadsorbierenden Material (Bimsstein) u. zu 40—20 Gew.-% aus einem Adsorbens (Fullererde). — Zeichnung. (**A. P. 2 695 263** vom 5/3. 1952, ausg. 23/11. 1954.) P. UNGER. 8195

Sun Oil Co., übert. von: **Robert M. Kennedy** und **Abraham Schneider**, Philadelphia, Pa., V. St. A., *Raffination von Erdöl mit Bortrifluorid und einem tertiären Alkylmonofluorid.* Um aus einer Petroleumfraktion nicht alkylierbare Aromaten (**I**) abzutrennen, behandelt man die Erdölfraktion in homogener Phase mit BF_3 u. einem tert. Alkylmonofluorid (tert. Butylfluorid, 2-Fluor-2-methylbutan, 2-Fluor-2.3-dimethylbutan), wobei das BF_3 u. das Alkylfluorid in Ggw. der Petroleumfraktion zusammengebracht werden. Die I fallen augenblicklich als Schlamm aus, der von der Reaktionsmischung abgetrennt wird. — Zeichnung. (**A. P. 2 691 622** vom 14/7. 1950, ausg. 12/10. 1954.) P. UNGER. 8195

Standard Oil Co., Chicago, Ill., V. St. A., übert. von: **Bernard Harvey Shoemaker**, *Klären von Erdölen.* Zur Reinigung paraffinfreier Erdöle, deren Fließpunkt niedrig genug liegt, um ein Ausfrieren der Öle bei niedrigen Tempp. zu verhindern, wobei sich ein sichtbarer Schleier bilden würde, behandelt man die Öle gründlich u. genügend lange, gegebenenfalls in Verdünnung mit einem KW-stofflösungsm. niedriger Viscosität (das mit Harnstoff nicht reagiert) mit Harnstoff. Dabei setzen sich die trübenden Stoffe mit Harnstoff um u. das Prod. wird aus dem Öl entfernt, wodurch man nicht trübende Öle erhält. (**E. P. 715 322** vom 22/3. 1951, ausg. 15/9. 1954.) P. UNGER. 8195

Mannesmann Akt.-Ges., Düsseldorf (Erfinder: **Hans Weghofer**, Rio de Janeiro, und **Gerhard Naeser**, Duisburg), *Herstellung von Hydrierungskatalysatoren* aus Fe oder Fe-Legierung, bes. für die CO-Hydrierung zu KW-stoffen, dad. gek., daß Fe-Pulver aus vorzugsweise spratzigen oder zerklüfteten Fe-Körnern durch Zerstäuben von fl. Schmelzen (bes. durch Druckverdüsung bei niederer Temp. unter solcher Abstimmung von Gießstrahlstärke u. Preßgasdruck, daß großoberflächige Körner von 2—15 mm entstehen) hergestellt wird u. ein Legierungselement (Al, Si, Mg, Zn, Cr, Mn, Cu, Ni, Co,

Th oder Ag) entweder der Schmelze zugesetzt oder nach dem Zerstäuben auf die Oberfläche der Fe-Körner aufgebracht wird, u. daß dieses Legierungselement auf chem. Wege, bes. unter Erhaltung der Kornform, mindestens teilweise wieder entfernt wird. Die Katalysatoren sind hochakt. für die FISCHER-TROPSCH-, bes. für die FISCHER-TROPSCH-PICHLER-Synthese. (**D. B. P. 920 363** Kl. 12o vom 20/8. 1949, ausg. 22/11. 1954. Anmeldung bekanntgemacht 16/10. 1952.) W. HEROLD. 8201

Gelsenberg Benzin Akt.-Ges., Gelsenkirchen (Erfinder: **Paul Hofmann**, Brauck bei Gladbeck), *Entfernen von Mercaptanen aus Benzin durch Laugenwäsche* wobei sich in der wss. Alkalihydroxydlsg. A-Kohle befindet. — Zeichnung. (**D. B. P. 924 886** Kl. 23b vom 26/9. 1951, ausg. 10/3. 1955. Anmeldung bekanntgemacht 5/8. 1954.) P. UNGER. 8201

Phillips Petroleum Co., Del., übert. von: **Gerald T. Leatherman**, Bartlesville, Okla., V. St. A., *Abspalten von Fluorwasserstoff aus organischen Verbindungen*, z. B. zur Entfernung F-haltiger Verunreinigungen, wie sie bei der *KW-stoff-Umwandlung* an F-haltigen Katalysatoren auftreten. Die die organ. F-Verb. enthaltenden Gase werden (bes. bei 150—300° F) über nichtadsorbierende Kohle als einzigen Katalysator geleitet. Diese Kohle hat (z. B. im Gegensatz zu Aktivkohle mit 500—2000 m^2/g) pro g nur eine Oberfläche von $<5\ m^2$, bes. 0,2—1 m^2. 0,1—1 Gew.-% HF begünstigt die katalyt. Wrkg. der Kohle. (**A. P. 2 636 912** vom 29/7. 1949, ausg. 28/4. 1953.) W. HEROLD. 8201

Standard Oil Development Co., Elizabeth, N. J., übert. von: **Peter K. Baumgarten, Edward J. Hoffmann** und **Edward F. Wadley**, Baytown, Tex., V. St. A., *Selektive Hydrierung von Spaltbenzinen*, die Mono- u. Diolefine enthalten, zwecks Verbesserung ihrer Qualität als *Motortreibstoffe* durch Behandlung mit einem Ni-W-Sulfidkatalysator bei 500—600° F unter 15—500 lbs./sq.in. u. bei einer Raumgeschwindigkeit der Fl. von 3—12 Vol./Vol./Std. in Ggw. einer hinreichenden Menge eines H_2-haltigen Gases mit mindestens 10 Mol-% H_2, um ein Mol-Verhältnis von Gas zu Spaltbenzin von 1 : 1 für eine feste Reihe von Bedingungen (Tempp., Drucke, Raumgeschwindigkeiten) aufrechtzuerhalten, die eingehalten werden müssen, um eine maximale Selektivumwandlung konjugierter Diolefine zu niedrigen Monoolefinen zu erreichen. — Zeichung. (**A. P. 2 694 671** vom 1/9. 1950, ausg. 16/11. 1954.) P. UNGER. 8205

Texas Co., New York, N. Y., übert. von: **Nelson B. Haskell**, Port Arthur, Tex., V. St. A., *Stabilisieren von Mineralölen* gegen Korrosion u. Gumbildung. Man setzt einem ungesätt., leichten Mineralöl (Gasolin oder Dieselöl) als Antikorrosionsmittel alkylsubstituierte Mercaptobenzimidazole der allg. Formel I, in der R Alkylreste C_{1-30} u. n = 1—4 sind, u. eine SCHIFFsche Base [aus 1 (Mol) eines aliphat. Amins mit 2 prim. NH_2-Gruppen u. 2 eines aromat. Aldehyds] der allg. Formel A—CH=N—R—N=CH—A (II) zu, in welcher A einen Arylrest u. R einen Alkylrest bedeuten, der beide N-Atome an verschied. C-Atome gebunden enthält.

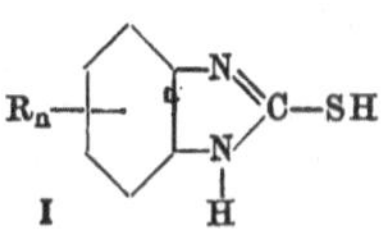
I

Beispiel für I: 2-Mercapto-5-tert.-amylbenzimidazol; für II Disalicylalpropylendiamin. Zusatzmenge für I 1—60 (lbs.), für II 0,5—10 auf 1000 barrels Öl. (**A. P. 2 692 191** vom 24/6. 1952, ausg. 19/10. 1954.) E. DREWS. 8213

California Research Corp., San Francisco, Calif., V. St. A., *Schmieröl für Verbrennungskraftmaschinen*, bestehend aus einem Mineralöl vom V.I. 30—110, mit einem Geh. eines Äthers oder Esteräthers eines Polypropylenglykols mit einem V.I. >125, dessen Äthergruppe ein einwertiger Alkohol mit mindestens 5 C-Atomen ist. — Beispiel: Isooctylpolypropylenglykolmonoäther, bzw. dessen Acetat. Zusatzmenge 40—60 Gew.-% des Gesamtschmieröles. Das Schmieröl kann weiterhin Detergents, z. B. Alkalipetroleumsulfonate, Alkylphenolsulfide, Erdalkalisalze von Phosphorsäurealkylestern, Zn- u. Cd-Alkylmercaptide, u. Inhibitoren, z. B. Thiophosphorsäuresalze u. -ester, N-Phenyl-α-naphthylamin in Mengen von 1—10%, enthalten. (**E. P. 711 484** vom 14/3. 1951, ausg. 7/7. 1954. A. Prior. 7/8. 1950.) E. DREWS. 8221

Esso Standard Soc. An. Française, Paris, Frankreich, *Raffination von Schmierölen* mit Adsorptionsmitteln, z. B. Fullererde. Man behandelt ein Schmieröl mit Fullererde (I), zieht I ab u. behandelt mit dieser ölbeladenen I ein höhersd. Schmieröl. Durch Dest. aus I wird über Kopf das leichtere Schmieröl, durch Filtrieren das schwere abgetrennt. — Reaktionsschema. (**E. P. 716 586** vom 13/5. 1952, ausg. 6/10. 1954. F. Prior. 11/7. 1951.) E. DREWS. 8221

Heinrich Gröppel, Hamburg, *Erhöhung der Druckaufnahmefähigkeit von Ölen und Fetten*, bes. von *Schmiermitteln*, dad. gek., daß denselben geringe Mengen der unverseifbaren Prodd. aus sulfohalogenierten Substanzen zugesetzt werden. Weiterer Zusatz geringer Mengen geschwefelter Prodd., z. B. faktisierter Öle oder Fette, sowie Nitrobenzol. — Beispiel: 92 (kg) Spindelöl, 8 Unverseifbares, 1,75 faktisiertes Fettöl, 0,25 Nitrobenzol. Druckfestigkeitserhöhung von 150 auf 380 kg. (**D. B. P. 925 671** Kl. 23c vom 21/7. 1951, ausg. 28/3. 1955. Anmeldung bekanntgemacht 11/9. 1952.) E. DREWS. 8223

Phillips Petroleum Co., Del., übert. von: **William B. Whitney,** Bartlesville, Okla., V. St. A., *Schmierfett* auf Mineralölbasis. Man erhitzt Mineralöl mit dem Alkali- oder Erdalkalisalz eines Mischesters, u. kühlt rasch ab. Der Ester ist aus äquimol. Mengen Laurin-, Palmitin-, Öl- oder Stearinsäure u. 2-Oxy-4.6.6-trimethylheptansäure in Ggw. von $ZnCl_2$ bei 150° hergestellt. Weiche, nicht blutende Schmierfette. (**A. P. 2 628 938** vom 17/3. 1950, ausg. 17/2. 1953.) E. DREWS. 8223

Hans Kroepelin und **Hans Steinbrecher,** Braunschweig, *Herstellung von farblosem und lichtbeständigem Paraffin bzw. Ceresin aus dunkelgefärbten, gatschartigen paraffinhaltigen Rückständen der Mineralöl- und Teerverarbeitung,* wobei die Rückstände zunächst entölt u. erst dann in einem Lösungsm. gelöst u. mit Bleicherde behandelt werden. Man nimmt eine zur vollständigen Lsg. des Paraffins nicht ausreichende Menge Lösungsmittel. (**D. B. P. 927 287** Kl. 23b vom 11/8. 1951, ausg. 5/5. 1955. Anmeldung bekanntgemacht 22/1. 1953.) P. UNGER. 8227

Forschungsinstitut für Kraftfahrwesen und Fahrzeug-Motoren an der Technischen Hochschule Stuttgart (Erfinder: **Otto Widmaier**), Stuttgart, *Bestimmung des Bleigehaltes von bleitetraäthylhaltigen Kraftstoffen* mittels Jodlsg., nach deren Zusatz der Jodüberschuß mit $Na_2S_2O_3$-Lsg. zurücktitriert u. aus dem Jodverbrauch der Bleitetraäthylgeh. ermittelt wird, dad. gek., daß das Jod dem Kraftstoff in alkoh. Lsg. zugesetzt wird. (**D. R. P. 758 834** Kl. 42 l vom 30/3. 1940, ausg. 16/2. 1953.) W. v. HUHN. 8255

Robert Meldau, Auswertung von Gekörn-Analysen des Musterstaubes „Flugasche Fortuna 1". Köln u. Opladen: Westdt. Verl. 1955. (28 S. m. 14 Abb.) = Forschungsberichte d. Wirtschafts- u. Verkehrsministeriums Nordrhein-Westfalen. Nr. 105. DM 8,50.

XXI. Leder. Gerbstoffe.

D. McCandlish und **J. P. Danby,** *Leder und Leim.* Fortschrittsbericht 1950. Behandelt wird die gesamte Ledertechnologie sowie die Gewinnung von Leim u. Gelatine. — 122 Literaturhinweise. (Rep. Progr. appl. Chem. **35.** 477—96. 1950. Leeds, Univ., Leather Ind. Dep.) M. WINIKER. 8330

D. McCandlish und **J. P. Danby,** *Leder.* (Vgl. vorst. Ref.) Fortschrittsbericht 1951. — 102 Literaturhinweise. (Rep. Progr. appl. Chem. **36.** 479—92. 1951.) M. WINIKER. 8330

G. I. Kutjanin, *Lederbildungsvermögen von Gerbstoffen.* Als Lederbildungsvermögen der Gerbstoffe wird die durch sie bewirkte Volumenzunahme der Haut bezeichnet. Die Chromsalze vergrößern das Vol. des Leders stärker als pflanzliche Gerbstoffe. Der Koeff. des Lederbildungsvermögens beträgt bei bas. Chromsalzen 21,10, bei Gerbstoffen der Eichenlohe hingegen nur 0,87—5,70. Vf. nimmt an, daß dieser Koeff. als eine der Kennzahlen für die Intensität der Querverfestigung der Kollagenketten beim Gerben angesehen werden kann. (Легкая Промышленность [Leicht-Ind.] **14.** Nr. 10. 26—28. Okt. 1954.) A. AMBURGER. 8336

Farbenfabriken Bayer Akt.-Ges. (Erfinder: **Martin Meister,** Leverkusen, **Gustav Mauthe** und **Hermann Noerr,** Opladen), *Gewinnung von Abbau- und Umwandlungsprodukten von Ligninstoffen* unter den Bedingungen einer Alkalischmelze, dad. gek., daß man die Alkalien in weniger als der dreifachen Menge, bezogen auf das Gew. der Ligninstoffe, bei Tempp. $>200°$ verwendet. — 4 (kg) ligninsulfosaures Na werden mit 5 NaOH trocken 2 Std. auf 270° erhitzt. Man löst in 11 Liter W., fällt mit konz. HCl, wäscht u. trocknet. Ausbeute 1300 g eines Prod., das auf Zusatz von CH_3COONa in H_2O mit schwach saurer Rk. lösl. ist. — *Gerbmittel.* (**D. B. P. 927 630** Kl. 12o vom 14/3. 1939, ausg. 12/5. 1955. Anmeldung bekanntgemacht 26/6. 1952.) J. MÜHLEISEN. 8337

Chemische Fabrik Joh. A. Benckiser G. m. b. H., Ludwigshafen/Rh. (Erfinder: **Kurt Lindner,** Berlin), *Gerben von Häuten und Fellen* nach D. R. P. 743 175, dad. gek., daß als gerbende Stoffe Polyphosphorsäuren oder ihre in W. lösl. Salze mit ein- oder mehrwertigen Metallen, NH_3 oder organ. Basen, sowie wasserlösl. Silicate, getrennt oder im Gemisch oder auch in Kombination mit anderen Gerbmitteln, zur Anwendung gelangen. — Gebeizte u. gepickelte Ziegenblößen werden mit 10 (%) eines Polyphosphates der Zus. $Na_{12}P_{10}O_{31}$, 3 NaCl u. 7,5 Wasserglas von 10° Bé, berechnet auf das Blößengewicht, ausgegerbt, wobei der p_H-Wert durch Säurezusatz allmählich von 4,5 auf 2,5 herabgesetzt wird. Nach erfolgter Gerbung wird gespült, mit 2,5 $Na_2S_2O_4$ neutralisiert u. mit einem Gemisch von 2 Eigelb, 1 Klauenöl u. 0,5 Fettalkoholsulfonat gelickert. Es entsteht ein weißes Ziegenleder von guter Festigkeit. (**D. B. P. 906 135** Kl. 28a vom 30/10. 1936, ausg. 11/3. 1954. **Zusatz zu D. R. P. 743 175; C. 1944. I. 1458.**) TH. SEIZ. 8337

Monsanto Chemical Co., St. Louis, Del., übert. von: **Ell Dee Compton,** Greenwood, Mass., V. St. A., *Synthetischer Gerbstoff.* Entwässerter Novolak, hergestellt aus 1 (Mol) Phenol (**I**) u. 0,65—0,75 CH_2O (**II**) in Ggw. von H_3PO_4 als Katalysator, wird unter Druck auf 90—100° erhitzt, 0,4—0,5 H_2SO_4 auf 1 **I** zugesetzt, mit 40—150% W., ber. auf Novolak, verd. u. auf 75—95° erhitzt. Nach dem Neutralisieren mit Alkalien wird die Lsg. mit einem organ. Säurepuffer, wie Glykol- oder Essigsäure, auf p_H 3—4,7 eingestellt. Der so hergestellte Gerbstoff dient zum Gerben von gepickelten Schafsblößen, die ein weißes Leder ergeben, das sich nicht verfärbt. — Z. B. werden 30,4 (Teile) **I** u. 1,75 H_3PO_4 in einem Rührwerk mit Rückflußkühler auf 90—95° erhitzt. Nach dem Zusatz von 70,75 **II** (37%ig.) während 85 Min. wird 4 Std. erhitzt. Nach dem Verschließen des Kessels wird auf 140° erhitzt u. 40,5 H_2SO_4 (93%ig.) bei 38—42 mm Hg während 45 Min. zugesetzt. Dann wird auf 95° abgekühlt. Bei n. Druck werden 16 Liter W. von 95° zugesetzt u. nach dem Abkühlen auf 40° mit 15,2 NaOH (50%ig.) neutralisiert. Durch Zusatz von 6,9 Glykolsäure wird die Gerbstofflsg. mit einem Geh. an 50% synthet. Gerbstoff auf p_H 3,5 eingestellt. (**A. P. 2 663 698** vom 11/4. 1950, ausg. 22/12. 1953.) TH. SEIZ. 8337

Badische Anilin- & Soda-Fabrik Akt.-Ges., Ludwigshafen/Rh. (Erfinder: **Bruno von Reibnitz,** Mannheim, und **Eugen Immendörfer,** Ludwigshafen/Rh.), *Behandlungsmittel für Haut und Leder* nach D. R. P. 742 813; C. **1944.** I. 847, bzw. D. B. P. 904 339, C. **1954.** 7571, dad. gek., daß die den Behandlungsmitteln zugrunde liegenden Oxydationsprodd. von ihren bei n. Temp. festen Anteilen soweit befreit sind, daß dickfl. bis salbenartige Prodd. zurückbleiben, worauf sie noch mit Alkylenoxyden umgesetzt bzw. mit ein- oder mehrwertigen Alkoholen verestert sein können. — 100 (Teile) einer bei 15 mm zwischen 150 u. 275° sd. Fraktion eines von unverseiften Anteilen befreiten Oxydationsprodd. von Braunkohlenparaffin werden in 300 95%ig. CH_3OH in der Wärme gelöst. Man kühlt ab u. saugt den Nd. ab. Er besteht nach dem Verdampfen des anhängenden CH_3OH aus 55 einer harten, stearinartigen M. (SZ. 168). Aus dem Filtrat werden 45 eines salbenartigen Prod. (SZ. 183) u. (VZ. 227) gewonnen. Dieses Prod. wird mit 6 Äthylenoxyd umgesetzt. Man erhält ein vorzügliches *Lederfettungsmittel* von dégrasartigem Charakter. (**D. B. P. 906 976** Kl. 28a vom 18/3. 1943, ausg. 18/3. 1954.) TH. SEIZ. 8339

Badische Anilin- & Soda-Fabrik Akt.-Ges., Ludwigshafen/Rh., *Überziehen von Leder.* Das Leder wird mit einer koll. Lsg. eines NH_4-Salzes eines Carboxylgruppen enthaltenden Mischpolymeren aus einer Acrylsäure oder Methacrylsäure u. deren Estern in einem Gemisch von W. u. einem mit W. mischbaren organ. Lösungsm. (A., Methanol), der eine wss., koll. Lsg. von Casein, Albumin, Pektin oder dgl. zusammen mit einem Pigment zugesetzt sein kann, behandelt. Das Leder wird dadurch glänzend. (**E. P. 717 883** vom 4/7. 1952, ausg. 3/11. 1954. D. Priorr. 11/7. u. 1/12. 1951.) W. GRÄGER. 8341

XXII. Leim. Klebstoffe usw.

D. Fysh, *Klebstoffe: Tierische Leime.* Fortschrittsbericht. — 35 Literaturhinweise. (Rep. Progr. appl. Chem. **36.** 635—39. 1951.) M. WINIKER. 8384

P. M. C. Lacey, *Das Mischen von Caseinleimen.* Die beim Mischen von Caseinleimen mit W. auftretende Klumpenbildung u. Lufteinschließung kann dadurch beseitigt werden, daß die Operation kontinuierlich vorgenommen wird u. dabei Zentrifugalkräfte angewandt werden, die die Teilchen untertauchen. Es wurde ein App. gebaut u. beschrieben, in dem genau abgemessene Ströme von Caseinpulver u. W. in einen bes. konstruierten Zentrifugenbecher gebracht werden, der oben kontinuierlich durch ein schaufelförmig endendes Rohr entleert wird; ein Kratzer bewirkt den Rückfl. nahe der Basis, u. die Luft wird zentripetal entfernt, wenn die Materialien an den Wänden aufsteigen. Die Maschine verbraucht nur $^1/_{15}$ h. p. u. gibt fehlerfreie Mischungen bis zu 20 lb./Minute. (J. appl. Chem. **2.** 408—13. Juli 1952.) R. WALCKER. 8384

L. K. Dalton, *Harze von sulfitbehandelten Tanninen als Holzleime.* Tanninlsgg. haben nach dem Erhitzen mit Sulfiten niedrigere Viscositäten u. eignen sich nach Mischung mit Paraformaldehyd (z. B. 6 Gew.-% bezogen auf Tanninextrakt) u. einem Füllstoff (z. B. 10% Holzmehl bezogen auf die Lsg.) als Klebstoffe für die Sperrholzverleimung, da sie trenn- u. wasserfeste Bindungen liefern. Die Bedingungen der Sulfitbehandlung (Einfl. des p_H-Werts, der $Na_2S_2O_5$-Konz. u. der Erhitzungsdauer) wurden für Baumrindenextrakte der Eucalyptus crebra F. v. M., Pinus radiata D. Don u. Acacia mollissima Willd. ermittelt. Die Leime werden mit Harnstoff-CH_2O- u. Phenol-CH_2O-Leimen verglichen. (Austral. J. sci. Res., Ser. A **4.** 136—45. März 1953. Melbourne, C. S. I. R. O., Div. Ind. Chem.) ——————— R. SCHÄFF. 8384

Masonite Corp., übert. von: **William Schoen**, Laurel, Mass., V. St. A., *Klebstoff*. Holzcellulose wird unter Druck bei hoher Temp. in Ggw. von W. gemäß A. P. 2 224 135; C. **1941**. II. 691, hydrolysiert u. das getrocknete Hydrolysat zwecks Reinigung mehrmals mit CH_3OH u. wasserfreien aliphat. Lösungsmitteln mit Kp. 25—100°, bes. Ae. u. Aceton, extrahiert. (**A. P. 2 643 953** vom 1/7. 1949, ausg. 30/6. 1953.) C. LÜTTGEN. 8389

Ciba Akt.-Ges. (Erfinder: **Gustav Widmer**), Basel, Schweiz, *Klebstoff*, bestehend aus einem härtbaren Klebmittel, bes. vom Amino- oder Phenoplasttyp oder Natureiweiß, u. einem Härtemittel, das mit einem inerten, in dem zur Herst. des gebrauchsfertigen Klebstoffes verwendeten Lösungsm. bei n. Temp. lösl. oder zerfallenden Material überzogen ist. (**D. B. P. 924 943** Kl. 22i vom 10/4. 1942, ausg. 10/3. 1955. Anmeldung bekanntgemacht 17/7. 1952. Schwz. Prior. 23/3. 1942.) C. LÜTTGEN. 8389

Lonza Elektrizitätswerke und Chemische Fabriken Akt.-Ges. (Gampel), Basel, Schweiz, *Verkleben von Kunststoffen*, die mindestens teilweise aus Polymethylmethacrylat (**I**) bestehen, dad. gek., daß man mindestens die eine der zu verklebenden Flächen mit einer Lsg. von CCl_3COOH in einem Lösungsm., das **I** nicht löst, anquillt u. dann die Verklebung vornimmt. (**Schwz. P. 303 673** vom 16/4. 1952, ausg. 16/2. 1955.) C. LÜTTGEN. 8389

XXIV. Photographie.

Carl Zeiss, Heidenheim/Brenz (Erfinder: **Karl Gundlach**), Jena, *Photographische Herstellung von Skalen usw.* Zur Herst. der lichtempfindlichen Schicht beim Verf. nach D. R. P. 743 261 (C. **1944**. I. 1458) wird statt der Gelatine oder eines ähnlichen Koll. ein Kunstharz verwendet, das beim Einbrennen der Skalenstriche auf dem Träger aus Glas oder keram. Stoffen rückstandsfrei verbrennt. (**D. B. P. 918 608** Kl. 57d vom 1/7. 1941, ausg. 30/9. 1954. Anmeldung bekanntgemacht 25/2. 1954.) A. KALIX. 8601

Agfa Akt.-Ges. für Photofabrikation (Erfinder: **Oskar Riester** und **Fritz Bauer**), Leverkusen, *Methinfarbstoffe*. Verbb. der allg. Formel I werden in neutralem oder schwachbas. Medium, gegebenenfalls unter Zusatz von organ. oder anorgan. Basen mit Verbb. umgesetzt, die reaktionsfähige Methyl- oder Methylengruppen enthalten, z. B. mit Chinaldin, Lepidin, mit quaternären Salzen von Methylbenzoxazol, Thiazolin, Furodiazol, Indol, Selenazol, oder mit Rhodanin, Pyrazolon, Thiohydantoin, Indandion, Oxythionaphthen, Acetyl- u. Benzoylaceton, Acetessigester u. -amide, Malonsäure u. α-Cyancrotonsäureester. Dabei entstehen Verbb., in den die Gruppe SR_2 in I durch $=CR_5—C^{\bullet}R_6R_7$ ersetzt ist. Hierbei bedeuten R_1 u. R_2 Alkyl-, Aryl-, Aralkyl-, Acyl- oder Acylestergruppen, R_3 u. R_4 H-Atome, Alkyl-, Aryl-, Aralkylgruppen oder N-freie Heterocyclen wie Thienyl, R_1 u. R_3 können miteinander verbunden sein; R_5 ist ein H-Atom, eine Alkyl-, Aryl-, Aralkyl-, Alkoyl-, Aroyl-, Acylester-, Acylamid-, NHR_1-, NR_1R_2- oder $—CH{=}CH$-Gruppe, R_6 u. R_7 sind gleiche oder verschied. R_5-Gruppen, wobei entweder R_5 mit R_6 oder R_6 mit R_7 durch nichtmetall. Atome zu einem 5- oder

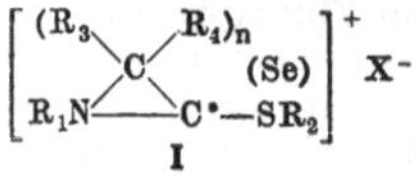

I

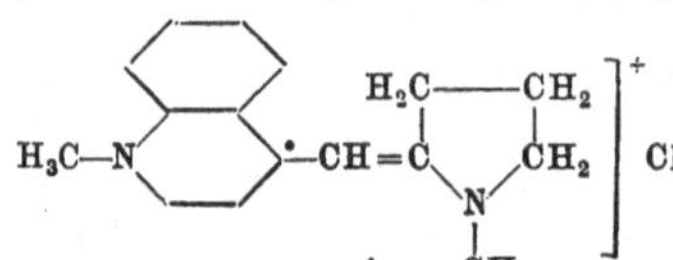

A

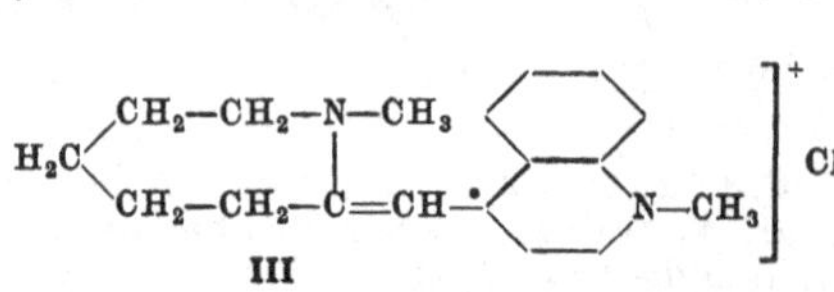

III

6-Ring verbunden sein können, X ist ein Säurerest, n = 3—6. — Beispiel: N-Methylthiopyrrolidin wird mit Lepidin u. Dimethylsulfat (**II**) versetzt, wobei die Temp. auf 100° steigt, dann wird 2 Std. auf 100° erhitzt u. mit $NaClO_4$ der Farbstoff **A** ausgefällt. Absorptionsmaximum: 460 mμ, geeignet als Gelbfilter. Aus Thiocaprolactam, **II** u. Lepidin die Verb. **III**. Absorptionsmaximum 475 mμ. (**D. B. P. 927 043** Kl. 22e vom 15/4. 1943, ausg. 28/4. 1955. Anmeldung bekanntgemacht 7/10. 1954.) A. KALIX. 8605

Herausgeber u. verantwortlich für den Inhalt: Prof. Dr. Maximilian Pflücke, Berlin NW 7, Schiffbauerdamm 19, Fernsprecher: 42 55 71. Redaktion: Chefredakteure Dr. Eugen Klever und Prof. Dr. Maximilian Pflücke. Verlag: Akademie-Verlag GmbH, Berlin W 8, Mohrenstraße 39 (Fernsprecher 20 03 86, Postscheckkonto Berlin 35021), u. Verlag Chemie, GmbH, Weinheim/Bergstraße (Postscheckkonto Frankfurt/M. 145314 u. Berlin [West] 7430, Fernsprecher: Weinheim 2017). Bestell- u. Verlags-Nr. dieses Heftes: 1007/126/38. Das Chemische Zentralblatt erscheint wöchentlich. Satz u. Druck: VEB Leipziger Druckhaus, Leipzig, III/18/203, IX. 55.
Veröffentlicht unter der Lizenznummer 1212 des Amtes für Literatur und Verlagswesen der Deutschen Demokratischen Republik.
Printed in Germany. DDR.